中国——二十一世纪的园林之母

第一卷

CHINA

Mother of Gardens, in the Twenty-first Century

Volume 1

马金双　贺　然　魏　钰　主编

Editors-in-Chief: MA Jinshuang　HE Ran　WEI Yu

中国林业出版社

CFPH China Forestry Publishing House

内容提要

《中国——二十一世纪的园林之母》为系列丛书，记载今日中国观赏植物研究与历史以及相关人物与机构。其宗旨是总结中国观赏植物资源及其现状，弘扬园林之母对世界植物学与园林学的贡献。全书拟分卷出版。本书为第一卷，共17章：第1章，中国——二十一世纪的园林之母；第2章，中国苏铁科植物；第3章，松科银杉属；第4章，松科——金钱松；第5章，中国柏科植物研究及柏木属、扁柏属和福建柏属介绍；第6章，独特而小众的大百合属；第7章，中国兰科兰属植物；第8章，中国古老月季的贡献及其对园艺的影响；第9章，梅的应用栽培历史、文化及研究进展；第10章，茜草科滇丁香属；第11章，木樨科丁香属；第12章，神秘而又多姿多彩的东方之花——菊花；第13章，哈佛大学与中国植物分类学的历史渊源；第14章，邱园的历史、现状与未来——兼述中国植物对邱园的影响；第15章，香格里拉高山植物园的发展历程（1999—2022）；第16章，威尔逊与园林之母——中国；第17章，北美中国植物考察联盟的采集。

图书在版编目(CIP)数据

中国——二十一世纪的园林之母. 第一卷 / 马金双,贺然, 魏钰主编. -- 北京 : 中国林业出版社, 2022.9

ISBN 978-7-5219-1839-7

Ⅰ. ①中… Ⅱ. ①马… ②贺… ③魏… Ⅲ. ①园林植物－介绍－中国 Ⅳ. ①S68

中国版本图书馆CIP数据核字（2022）第159639号

责任编辑：贾麦娥　张　华

出版　中国林业出版社（100009　北京市西城区刘海胡同 7 号）
网址　http://www.forestry.gov.cn/lycb.html
电话　010-83143566
发行　中国林业出版社
印刷　北京雅昌艺术印刷有限公司
版次　2022 年 9 月第 1 版
印次　2022 年 9 月第 1 次印刷
开本　889mm × 1194mm　1/16
印张　39.5
字数　1200 千字
定价　498.00 元

《中国——二十一世纪的园林之母》
第一卷编辑委员会

编写说明

《中国——二十一世纪的园林之母》由多位作者集体创作，先完成的组成一卷先行出版。

《中国——二十一世纪的园林之母》记载的顺序为植物分类群在前而人物与机构在后。收录的类群以中国具有观赏和潜在观赏价值的种类为主；其系统排列为先蕨类植物后种子植物（即裸子植物和被子植物），并采用最新的分类系统（蕨类植物：CHRISTENHUSZ et al.，2011，裸子植物：CHRISTENHUSZ et al.，2011，被子植物：APG，2016）。人物和机构的排列基本上以汉语拼音顺序记载，其内容则侧重于历史上采集或研究中国植物的主要人物以及研究与收藏中国观赏植物的重要机构。

植物分类群的记载包括隶属简介、分类历史与系统、分类群（含学名以及模式信息）介绍、识别特征、地理分布和观赏植物资源的海内外引种以及传播历史等。人物侧重于其主要经历、与中国观赏植物和机构的关系及其主要贡献；而机构则侧重于基本信息、自然地理概况、历史变迁、现状以及收藏的具有特色的中国观赏植物资源等。

全书不设具体的收载内容，不仅仅是因为类群不一、人物和机构的不同，更考虑到多样性以及其影响。特别是通过这样的工作能够使作者（们）充分发挥其潜在的挖掘能力并提高其研究水平，借以提高对观赏植物资源的开发利用和保护的认识。

欢迎海内外同仁与同行加入编写行列。在21世纪的今天，我们携手总结中国观赏植物概况，不仅仅是充分展示今日园林之母的成就，同时弘扬中华民族对世界植物学与园艺学的贡献；并希望通过这样的工作，锻炼、培养一批有志于该领域的人才，继承传统并发扬光大。

本丛书起始阶段曾得到贺善安、胡启明、张佐双、管开云、孙卫邦、胡宗刚等各位的鼓励与支持，特此鸣谢！本书所使用的各类照片均标注拍摄者或者提供者。感谢首卷各位作者们的积极参与和真诚奉献，感谢各位照片提供者，感谢各位特约审稿人的大力帮助，感谢国家植物园（北园）有关部门的协调，感谢中国林业出版社编辑的努力与付出，使得本书出版面世。

诚挚地欢迎各位批评指正。

编者

2022年中秋

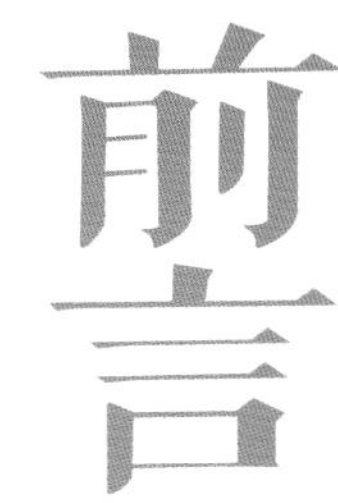

前言

中国是世界著名的文明古国，同时也是世界公认的园林之母！数千年的农耕历史不仅积累了丰富的栽培与利用植物的宝贵经验，而且大自然还赋予了中国得天独厚的自然条件，因而孕育了独特而又丰富的植物资源。多重因素叠加，使得我们成为举世公认的植物大国！中国高等植物总数超过欧洲和北美洲的总和，高居北半球之首，而且名列世界前茅。然而，园林之母也好，植物大国也罢，我们究竟有多少具有观赏价值或者潜在观赏价值（尚未开发利用）的植物，要比较准确或者可靠地回答这个问题，则是摆在业界面前比较困难的挑战。特别是，中国观赏植物在世界园林历史上的作用与影响，我们还有哪些经验教训值得总结，更值得我们深思。

百余年来，经过几代人的艰苦奋斗，先后完成《中国植物志》（1959—2004）中文版和英文版（*Flora of China*，1994—2013）两版国家级植物志和几十部省市区植物志，特别是近年来不断地深入研究使得数据更加准确，这使得我们有可能进一步探讨中国观赏植物的资源现状，并总结这些物种及其在海内外的传播与利用，辅之学科有关的重要人物与主要机构介绍。这在21世纪的今天，作为园林之母的中国显得格外重要。一方面我们要清楚自己的家底，总结其开发与利用的经验教训，以便进一步保护与利用；另一方面，激发民族的自豪感与优越感，进而鼓励业界更好地深入研究并探讨，充分扩展我们的思路与视野，真正引领世界行业发展。

改革开放40多年来，国人的生活水准有了极大的改善与提高，国民大众的生活不仅仅满足于温饱而更进一步向小康迈进，尤其是在休闲娱乐、亲近自然、欣赏园林之美等层面不断提出更高要求。作为专业人士，我们应该尽职尽责做好本职工作，充分展示园林之母对世界植物学与园林学的贡献。另一方面，我们要开阔自己的视野，以园林之母主人公姿态引领时代的需求，总结丰富的中国观赏植物资源，以科学的方式展示给海内外读者。中国是一个14亿人口的大国，将植物知识和园林文化融合发展，讲好中国植物故事，彰显中华文化和生物多样性魅力，提高国民素质，科学普及工作可谓任重道远。

基于此，我们组织业界有关专家与学者，对中国观赏植物以及具有潜在观赏价值的植物资源进行了总结，充分记载中国观赏植物的资源现状及其海内外引种传播历史和对世界园林界的贡献。与此同时，对海内外业界有关采集并研究中国观赏植物比较突出的人物与事迹，相关机构的概况等进行了介绍；并借此机会，致敬业界的前辈，同时激励民族的后人。

国家植物园（北园），期待业界的同仁与同事参与，我们共同谱写二十一世纪园林之母新篇章。

贺　然　魏　钰　马金双

2022年中秋

目录

内容提要

编写说明

前言

第1章　中国——二十一世纪的园林之母 …… 001

第2章　中国苏铁科植物 …… 011

第3章　松科银杉属 …… 089

第4章　松科——金钱松 …… 103

第5章　中国柏科植物研究及柏木属、扁柏属和福建柏属介绍 …… 115

第6章　独特而小众的大百合属 …… 171

第7章　中国兰科兰属植物 …… 195

第8章　中国古老月季的贡献及其对园艺的影响 …… 291

第9章　梅的应用栽培历史、文化及研究进展 …… 327

第10章　茜草科滇丁香属 …… 357

第11章　木樨科丁香属 …… 373

第12章　神秘而又多姿多彩的东方之花——菊花 …… 413

第13章　哈佛大学与中国植物分类学的历史渊源 …… 463

第14章　邱园的历史、现状与未来——兼述中国植物对邱园的影响 …… 491

第15章　香格里拉高山植物园的发展历程（1999—2022） …… 513

第16章　威尔逊与园林之母——中国 …… 553

第17章　北美中国植物考察联盟的采集 …… 577

植物中文名索引 …… 617

植物学名索引 …… 619

中文人名索引 …… 621

西文人名索引 …… 623

Contents

Explanation

Preface

1 China, Mother of Gardens, in the Twenty-first Century ······ 001

2 Cycadaceae in China ······ 011

3 Pinaceae: *Cathaya* ······ 089

4 Pinaceae, *Pseudolarix amabilis*, Golden Larch ······ 103

5 Cypresses Research in China & Introduction of *Cupressus*, *Chamaecyparis* and *Fokienia* ······ 115

6 Unique and Niche：the Genus of *Cardiocrinum* ······ 171

7 The *Cymbidium*, Orchidaceae, in China ······ 195

8 The Contribution and Effects on Horticulture of Old China Roses ······ 291

9 Application and Cultivation History, Culture and Research Progress of *Prunus mume* ······ 327

10 *Luculia* Sweet, Rubiaceae ······ 357

11 *Syringa* of Oleaceae ······ 373

12 *Chrysanthemum*: Mysterious and Colorful Oriental Flower ······ 413

13 Historical Origins of Harvard University and Plant Taxonomy in China ······ 463

14 The Brief History, Current Situation, and Future Prospects of the Royal Botanic Gardens Kew with an Introduction of the Special Influence of Chinese Plants on the Gardens ······ 491

15 The Development History (1999—2022) of Shangri-la Alpine Botanical Garden ······ 513

16 Ernest Henry Wilson and Mother of Gardens, China ······ 553

17 Collections of North America-China Plant Exploration ······ 577

Plant Names in Chinese ······ 617

Plant Names in Latin ······ 619

Persons Index in Chinese ······ 621

Persons Index ······ 623

园林之母
China

01

-ONE-

中国——二十一世纪的园林之母①

China, Mother of Gardens, in the Twenty-first Century

贺 然 魏 钰 马金双*
[国家植物园（北园）]

HE Ran WEI Yu MA Jinshuang*
[China National Botanical Garden (North Garden)]

① 本文在 2021 年《中国植物园》（第 24 期）基础上修改而成。

* 邮箱：jinshuangma@gmail.com

摘　要： 中国"园林之母"已经提出近百年，然而中国观赏植物资源以及对世界园林界的贡献，至今没有详细总结。经历几代人一个多世纪的努力，特别是完成《中国植物志》中文版（1959—2004）和英文版*Flora of China*（1994—2013），以及几十部省、市、区级植物志的今天，编写系列之作《中国——二十一世纪的园林之母》，不仅彰显其对世界园林的贡献，同时总结我们的观赏植物资源并予以利用保护，十分必要。

关键词： 中国　园林之母　二十一世纪

Abstract: Though China has been called *Mother of Gardens* since nearly a hundred years ago, its contribution of Chinese plants to the horticultural world has never been summarized. Now after hard work by several generations of plant taxonomists in the past century, particularly with the completion of *Flora Reipublicae Popularis Sinicae* (Chinese edition, 1959—2004) and *Flora of China* (English Edition, 1994—2013) as well as several dozens of local floras in provinces, it is very necessary not only to show their contributions to the world but also to summarize our work on ornamental plants as well as to use and protect them, with a series of books entitled *China, Mother of Gardens, in the Twenty-first Century*.

Keywords: China, Mother of Gardens, Twenty - first century

贺然，魏钰，马金双，2022，第1章，中国——二十一世纪的园林之母；中国——二十一世纪园林之母，第一卷：001-009页

中国是世界上著名的文明古国，在长期的农业社会历史发展过程中积累了丰富的植物学知识（张孟闻，1987；吴征镒，2017）。东魏贾思勰的《齐民要术》、明代朱橚的《救荒本草》和李时珍的《本草纲目》、清代汪灏《广群芳谱》和吴其濬《植物名实图考》等便是其中的代表。这些著作既是我国古人在适应自然和改造自然过程中积累的宝贵财富，也是前人留给后人的丰富遗产。晚清，英国传教士、博物学者韦廉臣（Alexander Williamson，1829—1890）和李善兰（1810—1882）合作编译我国介绍西方近代植物学的第一部著作《植物学》（1858年，墨海书馆），英国人傅兰雅（John Fryer，1839—1928）创办传播知识的《格致汇编》（1876—1892）期刊等（马金双，2020），开始了我国近现代植物学的启蒙（罗桂环，2018a）；19世纪教会学校的设立，使得博物学教育正式进入中国（罗桂环，2014）；20世纪初第一代留学人员的相继归来，如陈嵘（1888—1971）[1]、钱崇澍（1883—1965）[2]，之后陈焕镛（1890—1971）[3]、胡先骕（1894—1968）[4]、董爽秋（原名董桂阳，1897—1980）[5]、刘慎谔（1897—1975）[6]、林镕（1903—1981）[7]等先后建立相关的高等院校系所并撰写教科书、培养人才，同时设立相关的研究机构及标本馆，开展研究，出版专著与发行刊物，开启了国人执掌中国植物学研究的新篇章（罗桂环和李昂，2011；张孟闻，1987；Hass，1988；Hu et al.，2003）。经历百余年来四代人的艰苦努力，终于完成了首部《中国植物志》中文版（1959—2004）和英文版*Flora of China*（1994—2013），以及几十部各类省、市、区级植物志，基本掌握了我国的植物资源（马金双，2020；Du et al.，2020b）。

中国地理上位于亚洲东部，并向内地延伸进入中亚；从沿海湿地至内陆荒漠跨越5 000km（从最东端黑龙江和乌苏里江的主航道中心线的相交处135°2′30″E，至最西端帕米尔高原73°29′59.79″E），南北纵跨热带、温带和寒温带（从海南省三沙市的

1 陈嵘，1907年赴日本留学，1913年毕业于北海道帝国大学林科、1923年赴美国留学获得哈佛大学硕士学位、1924年再赴德国进修，1925年回国（中国林学会，1988，《陈嵘纪念集》）；著有《中国树木分类学》（1937）。
2 钱崇澍，1911年赴美国留学，1916年发表首篇中国学者描述中国植物新类群的论文《滨州毛茛的两个亚洲近缘种》。
3 见《陈焕镛纪念文集》（陈焕镛纪念文集编辑委员会编，1996，广州：中国科学院华南植物研究所（内部刊物），350页。
4 见《胡先骕文存》（上卷，张大为、胡德熙、胡德焜，1995，南昌：江西高校出版社，744页）、《胡先骕文存》（下卷，张大为、胡德熙、胡德焜，1996，南昌：中正大学校友会，内部印刷，913页）。
5 见《著名教育家董爽秋》（吴汉卿，池州日本B3版——人生驿站 人文池州，2012-05-11）、《兰州大学生命科学学院院志》（兰州大学生命科学学院院志编撰委员会，2016；兰州：兰州大学出版社，414页）。
6 见《刘慎谔文集》（刘慎谔文集编辑委员会，1985，北京：科学出版社，342页）。
7 见《林镕文集（1903—1981）》（陈艺林、林慰慈，2013，北京：科学出版社，945页）。

立地暗沙3°31′00″N，至最北端漠河以北黑龙江主航道的中心线53°33′N），且自然地理地貌丰富多样，不但江河湖泊星罗棋布，而且高山峻岭纵横交错，特别是拥有著名的世界屋脊——青藏高原及其东部的横断山脉。中国陆地总面积约960万km^2，分别小于欧洲（1 016万km^2）、加拿大（约998万km^2），略多于美国（约937万km^2）；但中国维管植物有3万多种[《中国植物志》记载31 228种（Ma & Clemants，2006），*Flora of China*记载31 362种（Zhang & Gilbert，2015）]，外加苔藓植物3 221种（何强和贾渝，2017），以及近20年来净增加的2 000种左右维管植物（Du et al.，2020a，杜诚 等，2021），现阶段中国高等植物总数应该在3.6万种左右[8]；远远超过《欧洲植物志》（1.1万种）[9]和《北美植物志》（2.2万种）[10]中记载的植物数量总和。中国植物种类在世界上名列前茅，特别是在北温带首屈一指，不仅种类丰富、类群多样，而且富有大量的古老孑遗植物，其中很多是具有观赏价值的类群！然而，百余年来，中国植物种类，对于中国植物学者，也只是百年后的今天才比较清楚而已，还没有详细整理出具有观赏价值的类群并展现给世人；尽管很久以前中国植物已经在欧美等地获得了美誉，不管是花卉也好，经济植物也罢，特别是数千年文明古国的栽培历史以及辉煌成就（陈文华，2005；罗桂环，2018b）。

我国现代构造和地貌，晚古生代海西运动后已初步形成轮廓，中生代燕山运动以后奠定了基础，喜山运动则完成了现时构造和地貌轮廓。中国的地形可以大体上分为3个阶梯：东部的平原（平均海拔500m以下，从北向南的大兴安岭、太行山、巫山、武陵山、雪峰山以东）、中部的高原（平均海拔1 000～2 000m，大约以昆仑山、祁连山以北和横断山以东）和西南部的青藏高原（又称为世界屋脊，平均海拔4 000m以上，地理范围大致是横断山以西，喜马拉雅山以北，昆仑山和阿尔金山、祁连山以南）。今天我国的地形现状，无疑是喜马拉雅山运动和青藏高原形成的影响（金建华 等，2003；吴征镒 等，2011；应俊生和陈梦玲，2011；中国科学院《自然地理》编辑委员会，1983）。喜马拉雅山脉的隆起是由于南半球的印度板块向北移动并与北半球的古亚洲大陆相撞，而我国境内的横断山脉就是随着青藏高原的隆起而产生的皱褶山脉，包括期间的一系列断陷盆地等。横断山脉山川交错，从东至西依次是邛崃山、大渡河、大雪山、雅砻江、沙鲁里山、金沙江、芒康山（宁静山）—云岭、澜沧江、他年他翁山—怒山、怒江和伯舒拉岭—高黎贡山，于是有了我国境内今天以横向为主的地质构造和山脉走向，并在第四纪冰期阻挡了来自北半球高纬度的寒冷袭击，成为众多第三纪古老生物类群的避难所，使得一些第三纪遗留的古老生物类群得以保存下来。加之地质时期的第三纪和第四纪期间，横断山活动尤为突出，而这期间正是被子植物种类强烈分化时期，造就了我国植物种类不仅有古老的成分，更富有新鲜的类群。这也是为什么我国的植物种类在横断山地区特别多，而且特有种类非常丰富的主要原因（吴征镒 等，2011；中国科学院《中国自然地理》编辑委员会，1983）。正是这样的自然地理背景条件下，孕育了中国植物资源，并具有种类丰富、起源古老、成分复杂、特有种类繁多的特色，高居北半球之首，而且名列世界前茅！特别是北半球的观赏植物种类，具有长期的栽培与驯化历史，远在欧美等地发现并引种之前，就已经有成百甚至上千年的栽培历史（顾孟潮，2011；罗桂环，2000，2004；郑殿升 等，2012；郑殿升，杨庆文，2014）。

中国是世界温带国家和地区中观赏植物资源和多样性最突出者，也是最出色者。全球观赏植物约3万种，其中较常用者约6 000种，栽培品种40万以上；而我国原产观赏植物约2万种，较常用者2 000余种（陈俊愉，2000；He & Xing，

8 接近三四年前的统计数字35 784种（覃海宁、赵莉娜，2017），略高于五六年前的统计数字35 112种（王利松 等，2015）。据最新《中国植物物种名录》2022版（https://www.plantplus. cn/doi/10.12282/plantdata. 0061，2022年6月22日进入），中国高等植物已达483科4 275属38 287种和7 506种下等级。

9 数据来自《欧洲植物志》第五卷（Tutin et al.，1980），《欧洲植物志（2版）》第一卷（Tutin et al.，1993）。

10 数据来自北美植物志网站 http://floranorthamerica.org/Introduction。

2003）。中国更是很多名花的原产地，诸如梅花、牡丹、菊花、百合、芍药、山茶、月季、玫瑰、玉兰、珙桐、杜鹃花、绿绒蒿、报春花等，还有那些古代珍贵的松、杉、柏等著名观赏类群。中国原产花卉种类繁多、近缘类群丰富、遗传多样性高，特别是栽培植物的历史源远流长，孕育并为当今世界提供了极其丰富的观赏植物资源（陈俊愉，1980；陈俊愉和程绪珂，1990；俞德浚，1962，1985；He & Xing，2003）。业界著名的《中国花经》记载2 354种（陈俊愉和程绪珂，1990），另一部著名的《中国作物及其野生近缘植物（花卉卷）》记载约6 000种（费砚良 等，2000），后续文章则记载5 525种（刘旭 等，2008）。中国植物在传统文化中丰富多彩，如岁寒三友（青松、翠竹、华梅），四君子（梅、兰、竹、菊），还有著名的高山花卉（杜鹃花、报春花、龙胆、绿绒蒿等），以及20世纪80年代评选的十大传统名花（梅花、牡丹、菊花、兰花、月季、杜鹃花、山茶、荷花、桂花、水仙）等，可谓家喻户晓、学人皆知（张艳红和赵凤军，2001a，2001b）。

西方开始研究并引种中国观赏植物的时间至少可追溯到大约300年前（毕列爵，1983；毕列爵和李建强，1984；罗桂环，2000，2005；张孟闻，1987；Menzies，2021），其历史大体上可分为几个阶段（李真，2018；Menzies，2021）：17世纪以前的欧洲文艺复兴时期（朦胧阶段），17～18世纪文艺复兴之后的开拓时期（起始阶段），19世纪的大规模专业引种时期（高峰阶段），以及20世纪之后直至今天（持续阶段）[11]（武建勇 等，2011；Dosmann & Del Tredici，2003；McNamara，2013；Roy Lancaster，1989，2008）。朦胧阶段实际上就是欧洲的文艺复兴（14～16世纪的西欧思想解放文化运动）时期，开始对中国的观赏植物有所认识，无论是研究、引种的规模还是数量都非常有限，而且时间与过程都比较漫长。欧洲文艺复兴之后，社会开始文化启蒙，各地大学的建立、植物园的设立等，特别是随之而来的地理发现以及殖民地的开拓，便有了规模性引种以及相关的商业行为，而且使得园林成为一门艺术。进入19世纪大规模的引种阶段，特别是由于工业革命的兴起，英国取代荷兰称雄世界，成为园林界的主角，不仅产生了一批专家学者，更出现嫁接、驯化、繁殖等技术并逐渐成为真正的行业（尤其成为一些欧美发达国家富有者的嗜好或者爱好）。进入当代，欧美等发达国家持续不断的引领，使其不仅成为世界公认的学科，更成为当代人类日常生活所需（Kilpatrick，2007；2014；Menzies，2021；Taylor，2009）。

西方对中国园林乃至观赏植物的认识，起始于初期旅行者乃至商人从中国带回欧洲的花卉装饰品以及花草或者其绘画之后，引起西方对中国花卉的强烈兴趣（Menzies，2017），特别是随着海上交通的便利，商业行为成为主因，开始只是从东南亚华人手里获得或者想方设法从东南沿海贸易进行获得，后期才有进入内地的外国人，尤其是传教士以及各类商人等，直接获取各类种苗、种子以及相关信息等（李真，2018；Menzies，2021）。鸦片战争之后，中国开放各类沿海和内地通商口岸，于是丰富的中国植物资源，成为西方涉猎的主要对象（罗桂环，2000，2004，2005）。历史上曾经有300多位西方各类人士来华采集或者收集中国植物资源（毕列爵，1983；王印政 等，2004）。在此简单介绍如下几位比较瞩目的代表。

苏格兰Robert Fortune（罗伯特·福琼，1812—1880），著名植物资源考察与引种专家，1843—1861年间4次受英国皇家园艺学会及东印度公司的派遣到中国考察农业并采集资源植物，不仅成功地引种无数园林观赏植物（苏雪痕，1987；俞德浚，1962），而且还引种了茶树的种子和苗木，以及栽培和制作技术（俞德浚，1962；Rose，2000），并发表诸多相关著作(Fortune，1847，1852，1853，1857，1863)，且后人还撰写或翻译了诸多(福琼，2020；Rose，2010；Watt，2017)。

11 Special Issue of *Arnoldia* 68(2): 1-76, 2010; Celebrates the upcoming twentieth anniversary of the North America – China Plant Exploration Consortium (NACPEC); six papers pertaining to the NACPEC's past, present and future.

苏格兰George Forrest（傅礼士，1873—1932）[12]，20世纪初在中国西南采集了大量植物标本并以引种高山花卉而著名；1904—1932年，他先后在中国云南进行了7次考察，采集了3万多份标本，引种1 000多种活植物，特别是杜鹃花（耿玉英，2010；武建勇 等，2011）；后人有关的著作很多（Scottish Rock Garden Club，1935；Cowan，1952；McLean，2004）。

英国Francis Kingdon Ward（金敦·沃德，1885—1958）[13]，另外一位西方采集中国植物的代表；1909—1956年在中国西南、缅甸、泰国和印度以及东喜马拉雅等地大规模采集植物种子与标本，并于1913—1914年间发现滇西北著名的“三江并流”自然地理奇观；发表很多采集及其相关著作（金敦·沃德，2002；杨庆鹏，2003；杨图南，1987；Kingdon Ward，1913，1921，1923，1924a，1924b，1924c，1930，1931，1934，1935，1937）。他故去之后，还有后人的工作（Schweinfurth，1975；Lyte，1989；Christopher，2003）。

英国Ernest H. Wilson（威尔逊，1876—1930）[14]，一生来华5次，其中第一次（1899—1902）和第二次（1903—1905）是为英国的维奇（Veitch）园艺公司采集珙桐以及绿绒蒿等观赏植物，第三次（1907—1909）和第四次（1910—1911）是为哈佛大学阿诺德树木园来中国采集木本植物以及观赏类群等；1913年他发表著名的《一个博物学家在华西》（*Naturalist in Western China*，1913）；第五次（1917—1919）作为哈佛大学阿诺德树木园的学者，经过琉球群岛、小笠原群岛，到达东北和朝鲜半岛，最后抵达我国台湾（Howard，1980a，1980b）；1920年夏，作为哈佛大学的著名人物，经过英国赴澳大利亚和新西兰，然后北上印度，1921年赴非洲的肯尼亚、南非，直到1922年夏天经过英国返回波士顿；1927年威尔逊发表环绕世界之旅的名著《植物猎奇》(*Plant Hunting*，1927)。

首任哈佛大学阿诺德树木园主任、著名植物学家萨金特（Charles S. Sargent，1841—1927）不仅慧眼识才，而且果断地雇佣了两次为英国维奇园艺公司成功赴华采集的威尔逊（罗桂环和李昂，2011），后来更是根据威尔逊等人采自中国湖北和四川等地的木本植物，亲自主持编辑了三卷本的《威尔逊采集植物志》（*Plantae Wilsonianae*，1911—1917）。全书记载木本植物100科429属2 716种640变种或变型，其中4新属521新种356新变种和新变型为威尔逊所采集。特别是威尔逊在四川和湖北大规模采集，不仅包括植物标本，还有大量的种子、苗木和插条等；其所引种的植物在欧美享有崇高的地位，被称为‘Chinese’ Wilson，即“中国的威尔逊”（Briggs，1993；Foley，1969；Howard，1980a，1980b）。威尔逊是历史上西方在中国考察、采集与引种植物的杰出代表，为西方今天的园艺学事业作出了巨大的贡献。正因为如此，威尔逊故去之后，其相关的专著至今还在出版中（印开蒲 等，2009；威尔逊，2015；威尔逊，2017；Briggs，1993；Farrington，1931；Foley，1969；Flanagan & Kirkham，2010）。正如威尔逊所言，世界上没有一个园子可以没有中国植物而成为真正的园子！这就是为什么中国被称为园林之母（陈之端 等，2020；威尔逊，2015；威尔逊，2017；Li，1959）。

《中国——园林之母》（*China*: *Mother of Gardens*，1929）是威尔逊1929年将1913年发表的《一个博物学家在华西》（两卷本）（Wilson，1913），去掉动物部分并增加照片而重新整理后，以一卷本发表（Wilson，1929）；更改之后的主要内容本质上并没有变化：其中，第一至第三章是自然地理介绍（中国西部——山岳和水系、湖北西部——地貌和地质、旅行方略——道路和住宿），第四至二十章为中国西部植物介绍（宜昌、湖北、四川、红盆地、川东、巴国、成都、松潘、西番人、汉藏交界、加绒、巴郎山、大炮山、打箭炉、峨眉山、瓦屋山、瓦山），第二十一章至第三十章则为中国植物资源介绍（西

12 又译作福里斯特。
13 又作 Francis (Frank) Kingdon-Ward。
14 原译威理森。

部植物介绍、用材树种、水果、中药材、花卉、农业粮食作物、经济树种、栽培乔灌木、茶叶、白蜡虫）。历史上，胡先骕（1917年、1918年、1919年）曾经先后将威尔逊1913年《一个博物学家在华西》一书的植被和果树两章，以及Sargent的序言部分翻译；近来有1929年版本《中国——园林之母》一书的阿坝相关内容编译出版（红音和干文清，2009）；紧接着的是著名的《百年追寻——见证中国西部环境变迁》一书的出版（印开蒲，2010），使得我们回到百年前，见证了中国西部环境的变化；然而最近几年，威尔逊的《中国——园林之母》在中国再次走红；首先是2015年8月28～30日，三集电视纪录片《中国威尔逊》在央视九台每晚20:00播出；紧接着，胡启明、包志毅的两个翻译版相继问世（威尔逊，2015，2017）。仅仅间隔两年，两个翻译版本问世，不能不让人惊喜（谭文德，2018）。

上述的简介只是西方引种中国植物的人物代表，他们的引种工作对欧美乃至世界的园艺界产生深远的影响（范发迪，2011，2018；Bretschneider，1881，1898；Cox，1945；Fan，2004；Fairchild，1919；Grey-Wilson & Cribb，2011；Kilpatrick，2007，2014；Lauener，1996；Li，1959；Ryerson，1976；Schneebeli-Graf，1991，1992；Taylor，2009）。中国在世界上以“园林之母”的美称而著名，因为这个名字出自于著名的“中国”威尔逊之手（何勇，1999a，1999b；罗桂环，2000）。然而，如果仔细翻阅原著或者译著，不难发现其实这本书就是一部采集随感或游记。中国植物种类的丰富程度以及对世界园林界的贡献并没有完整体现或者展示。当然，我们不可能要求威尔逊在百年前仅来过中国几次、到过有限的地方、而且在有限的时间内，能够记载多么翔实或者如何全面，就更不要说当时对中国的植物种类的了解远远没有今天这样清楚或者详细。

中国，“园林之母”，世界上独一无二，确实是当之无愧！真正能够展示园林之母的实质，还是经过百年后的今天，尤其是两版《中国植物志》以及各省、市、区级植物志完成的情况下，显得格外必要。“园林之母”提出百余年后的今天，国人有责任与义务做以详细的介绍展示园林之母真正内涵！重要的是，如何掌握自己的资源，同时利用好资源并保护好资源，真正做到既合理开发又永续利用（张金政，2002）。中国植物园有责任更有义务，承担这一历史使命！

《中国——二十一世纪的园林之母》由国家植物园（北园）牵头，联合国内外业界同仁，整理并记载中国的观赏以及具有潜在观赏价值的植物资源，包括这些类群的分类学和园艺学以及引种驯化和传播历史，以及相关的人物和机构等。力争“园林之母”提出百年之际，完成（八至十卷）今日园林之母丛书。

在此，欢迎业界各位同仁的积极参与，并期待真诚合作，让我们一起谱写二十一世纪中国园林之母的新篇章。

参考文献

毕列爵，1983. 从19世纪到建国之前西方国家对我国进行的植物资源调查[J]. 武汉植物学研究（1）：119–128.

毕列爵，李建强，1984. 从19世纪到建国之前西方国家对我国进行的植物资源调查（续）[J]. 武汉师范学院学报（自然科学版）(1)：77–84.

陈俊愉，1980. 关于我国花卉种质资源问题[J]. 园艺学报，7（3）：57–64.

陈俊愉，2000. 跨世纪中华花卉业的奋斗目标——从“世界园林之母”到“全球花卉王国”[J]. 花木盆景(花卉园艺)(1)：5–7.

陈俊愉，程绪珂，1990. 中国花经[M]. 上海：上海文化出版社.

陈文华，2005. 中国原始农业的起源和发展[J]. 农业考古（1）：8–15.

陈之端，路安民，刘冰，等，2018. 中国维管植物生命之树[M]. 北京：科学出版社.

杜诚，刘军，叶文，等，2021. 中国植物新分类群、新名称2020年度报告[J]. 生物多样性，29（8）：1011–1020.

范发迪，2011. 清代在华的英国博物学家——科学、帝国与文化遭遇[M]. 袁剑，译. 北京：中国人民大学出版社.

范发迪，2018. 知识帝国——清代在华的英国博物学家[M]. 袁剑，译. 北京：中国人民大学出版社.

费砚良，刘青林，葛红，2000. 中国作物及其野生近缘植物：花卉卷[M]. 北京：中国农业出版社.

福琼，2020. 两访中国茶乡[M]. 敖雪岗，译. 南京：江苏人民出版社.

耿玉英，2010. 乔治福磊斯特在中国采集的杜鹃花属植物[J]. 广西植物，30（1）：13–25.

顾孟潮，2011. 纪念《园冶》问世380周年——从中国园林是“世界园林之母”说起[J]. 中国园林（10）：40.

何强，贾渝，2017. 中国苔藓植物濒危等级的评估原则何评估结果[J]. 生物多样性，25（7）：774–780.

何勇，1999 a. 中国“世界园林之母”的称号的来历[J]. 园林（冬季版）：41–42.

何勇，1999 b. 中国“世界园林之母”的称号的来历[J]. 生命世界：40.

红音，于文清，2009. 威尔逊在阿坝——100年前威尔逊在四川西北部汶川、茂县、松潘、小金旅行游记[M]. 成都：四川民族出版社.

胡先骕（译），1917. 中国西部植物志[J]. 科学，3（10）：1079–1092.

胡先骕（译），1918. 中国西部果品志[J]. 科学，4（10）：1010–1919.

胡先骕（译），1919. 中美木本植物之比较[J]. 科学，5（5）：478–491.

胡先骕（译），1919. 中美木本植物之比较[J]. 科学，5（6）：623–836.

简·基尔帕特里克，2011. 异域盛放——倾靡欧洲的中国植物[M]. 俞蘅，译. 广州：南方日报出版社.

金敦·沃德，2002. 神秘的滇藏河流——横断山脉江河流域的人文与植被[M]. 李金希，尤永弘，译. 成都：四川民族出版社.

金建华，廖文波，王伯荪，等，2003. 新生代全球变化与中国古植物区系的演变[J]. 广西植物，23（3）：217–225.

李真，2018. 传教士汉学研究中的博物学情节——以17、18世纪来华耶稣会士为中心[J]. 福建师范大学学报（哲学社会科学版），2（209）：97–105.

刘旭，郑殿升，董玉琛，等，2008. 中国农作物及其野生近缘植物多样性研究进展[J]. 生物多样性，9（4）：411–416.

罗桂环，2000. 西方对“中国——园林之母”的认识[J]. 自然科学史研究，19（1）：72–88.

罗桂环，2004. 从“中央花园”到“园林之母”——西方学者的中国感叹[J]. 生命世界，20–29.

罗桂环，2005. 近代西方识华生物史[M]. 济南：山东教育出版社.

罗桂环，2014. 中国近代生物学的发展[M]. 北京：中国科学技术出版社.

罗桂环，2018 a. 中国生物学史：近现代卷[M]. 南宁：广西教育出版社.

罗桂环，2018 b. 中国栽培植物源流考[M]. 广州：广东人民出版社.

罗桂环，李昂，2011. 哈佛大学阿诺德树木园对我国植物学早期发展的影响[J]. 北京林业大学学报（社会科学版），10（3）：1–8.

马金双，2020. 中国植物分类学纪事[M]中英文版. 郑州：河南科学技术出版社：665.

覃海宁，赵莉娜，2017. 中国高等植物濒危状况评估[J]. 生物多样性，25（7）：689–695.

宋宗元，2006. 十七世纪至二十世纪中叶西方引种中国园林和经济植物史记[J]. 仙湖（1）：2–12.

苏雪痕，1987. 英国引种中国园林植物种质资源史实及应用概况[J]. 园艺学报，14（2）：133–138.

谭文德，2018. 威尔逊China, Mother of Gardens两个中译本的比较阅读[N]. 中华读书报，01–03(16).

王利松，贾渝，张宪春，等，2015. 中国高等植物多样性[J]. 生物多样性，23（2）：217–224.

王印政，覃海宁，傅德志，2004. 中国植物采集简史[M]// 中国科学院中国植物志编辑委员会. 中国植物志：第一卷. 北京：科学出版社：658–732.

威尔逊，2015. 中国——园林之母[M]. 胡启明，译. 广州：广东科技出版社：305.

威尔逊，2017. 中国乃世界花园之母[M]. 包志毅，主译. 北京：中国青年出版社：580页.

吴征镒，2017. 中华大典·生物学典·植物分典[M]. 昆明：云南教育出版社.

吴征镒，孙航，周浙昆，等，2011. 中国种子植物区系地理[M]. 北京：科学出版社.

武建勇，薛达元，周可新，2011. 皇家爱丁堡植物园引种中国植物资源多样性及动态[J]. 植物遗传资源学报，12（5）：738–743.

杨庆鹏，2003. 西南史地文献：第35卷　中国西南文献丛书110[M]. 兰州：兰州大学出版社.

杨图南，1987. 西康之神秘水道记[M]. 台北：南天书局.

印开蒲，等，2009. 百年追寻——见证中国西部环境变迁（中英文版）[M]. 北京：中国大百科全书出版社.

应俊生，陈梦玲，2011. 中国植物地理[M]. 上海：上海科学技术出版社.

俞德浚，1962. 中国植物对世界园艺的贡献[J]. 园艺学报，1（2）：99–108.

俞德浚，1985. 中国植物对世界园艺的贡献[J]. 植物学通报，3（2）：1–5.

张金政，孙国锋，石雷，2002. 中国观赏植物资源现状与展望[J]. 园艺学报，29（增刊）：671–678.

张孟闻，1987. 中国生物分类学史述论[J]. 中国科技史料（8）：3–27.

张艳红，赵凤军，2001a. 漫话中国传统十大名花：上[J]. 盆景花卉（9）：52–53.

张艳红，赵凤军，2001b. 漫话中国传统十大名花：上[J]. 盆景花卉（9）：54–55.

郑殿升，刘旭，黎裕，2012. 起源于中国的栽培植物[J]. 植物遗传资源学报，13（1）：1–10.

郑殿升，杨庆文，2014. 中国作物野生近缘植物资源[J]. 植物遗传资源学报，15（1）：1–11.

中国科学院《中国自然地理》编辑委员会，1983. 中国自然地理：植物地理[M]. 北京：科学出版社.

BRETSCHNEIDER E V, 1881. Early European researches into flora of China [M]. Shanghai: American Presbyterian Mission Press: 194.

BRETSCHNEIDER E V, 1898. History of European botanical discoveries in China: Volumes 1 & 2 [M]. London: Sampson Low: 1167.

BRIGGS R W, 1993. Chinese Wilson - A life of Ernest H. Wilson 1876-1930 [M]. London: HMSO: 154.

CHRISTOPHER T, 2003. In the land of the blue poppies - The collected plant hunting writings of Frank Kingdon Ward [M]. New York: Modern Library: 288.

COWAN J M, 1952. The journeys and plant introductions of George Forrest V. M. H [M]. London: Oxford University Press: 252.

COX E H M, 1945. Plant hunting in China, A history of botanical exploration in China and the Tibeatan Marches [M].

London: Collins: 240.

DOSMANN M, DEL TREDICI P, 2003. Plant introduction, distribution, and survival: A case study of the 1980 Sino-American botanical expedition [J]. BioScience, 53(6): 588-597.

DU C, LIAO S, BOUFFORD D E, MA J S, 2020a. Twenty years of Chinese vascular plant novelties, 2000 through 2019 [J]. Plant Diversity, 42: 393-398.

DU C, LIU Q R, WANG Y, et al, 2020b. Introduction to the local floras of China [J]. Journal of Japanese Botany, 95(3): 177-190.

FAIRCHILD D, 1919. A hunter of plants [J]. The National Geographic Magazine (36): 57-77.

FAN F T, 2004. British naturalists in Qing China - science, empire, and cultural encounter [M]. Cambridge: Harvard University Press: 268.

FARRINGTON E, 1931. Ernest H. Wilson, plant hunter - with a list of his most important introductions and where to get them [M]. Boston: The Stratford Com: 197.

FLANAGAN M, KIRKHAM T, 2009. Wilson's China, A century on [M]. London: Kew Publishing: 256.

FOLEY D J, 1969. The flowering world of 'Chinese' Wilson [M]. New York: Macmillan: 334.

FORTUNE R, 1847. Three years' wandering in the Northern Provinces of China - A visit to the tea, silk, and cotton countries, with an account of the agriculture and horticulture of the Chinese, New Plants, etc [M]. London: John Murray: 420.

FORTUNE R, 1852. A journey to the Tea countries of China; Including Sung-Lo and The Bohea Hills; with a short notice of the East India Company's Tea Plantations in the Himalaya Mountains [M]. London: John Murray: 398.

FORTUNE R, 1853. Two visits to the tea countries of China and the British tea plantations in the Himalaya: with a narrative of adventures, and a full description of the culture of the tea plant, the agriculture, horticulture, and botany of China: Vols. 1 [M]. London: John Murray: 315.

FORTUNE R, 1853. Two visits to the tea countries of China and the British tea plantations in the Himalaya: with a narrative of adventures, and a full description of the culture of the tea plant, the agriculture, horticulture, and botany of China: Vols. 2 [M]. London: John Murray: 299.

FORTUNE R, 1857. A residence among the Chinese; Inland, on the coast and at sea; being a narrative of scenes and adventures during a third visit to China from 1853 to 1856 [M]. London: John Murray: 440.

FORTUNE R, 1863. Yedo and Peking; A narrative of a journey to the capitals of Japan and China, with notices of the natural productions, agriculture, horticulture and trade of those countries and other things met with by the way [M]. London: John Murray: 395.

GREY-WILSON C, CRIBB P, 2011. Guide to the flowers of Western China [M]. Kew: Royal Botanic Gardens Publishing: 504.

HASS W J, 1988. Transplanting botany to China, the cross - cultural experience of Chen Huanyong [J]. Arnoldia, 48(2): 9-25.

HE S A, XING F W, 2003. Chapter 19, ornamental plants[M]// Hong D Y, Blackmore S. Plants of China – A companion to the flora of China, Beijing: Science Press: 342-356.

HOWARD R A, 1980a. E. H. Wilson as a botanist (Part I) [J]. Arnoldia, 40(3): 102-138.

HOWARD R A, 1980b. E. H. Wilson as a botanist (Part II) [J]. Arnoldia, 40(4): 154-193.

HU Z G, MA H Y, MA J S et al, 2003. Chapter 13, History of Chinese botanical institutions[M]//Hong D Y, S. Blackmore. Plants of China – A companion to the flora of China, Beijing: Science Press: 237-255.

KILPATRICK J, 2007. Gifts from the gardens of China – The introduction of traditional Chinese garden plants to Britain 1698-1862 [M]. London: Frances Lincoln Ltd: 288.

KILPATRICK J, 2014. Fathers of botany - The discovery of Chinese plants by European Missionaries [M]. Kew: Royal Botanical Gardens & Chicago: University of Chicago Press: 254.

KINGDON WARD F, 1913. The land of the blue poppy - travels of a naturalist in eastern Tibet [M]. Cambridge: University Press: 283.

KINGDON WARD F, 1921. In Farthest Burma, The record of an arduous journey of exploration and research through the unknown frontier territory of Burma and Tibet [M]. London: Seeley, Service & co., limited: 311.

KINGDON WARD F, 1923. The Mystery Rivers of Tibet - A description of the little-known land where Asia's mightiest rivers gallop in harness through the narrow gateway of Tibet, its peoples, fauna and flora [M]. London: Seeley, Service & Co. Limited: 316.

KINGDON WARD F, 1924a. The romance of plant hunting [M]. London: Edward Arnold & Co: 275.

KINGDON WARD F, 1924b. From China to Hkamti Long [M]. London: Edward Arnold & Co: 317.

KINGDON WARD F, 1924c. The riddle of the Tsangpo Gorges [M]. London: Edward Arnold & Co: 328.

KINGDON WARD F, 1930. Plant hunting on the edge of the World [M]. London: Edward Arnold & Co: 383.

KINGDON WARD F, 1931. Plant hunting in the wilds [M]. London: Figurehead: 78.

KINGDON WARD F, 1934. A plant hunter in Tibet [M]. London: Jonathan Cape Ltd: 317.

KINGDON WARD F, 1935. The romance of gardening [M]. London: Jonathan Cape: 271.

KINGDON WARD F, 1937. Plant hunter's paradise [M]. London: Jonathan Cape: 347.

LAUENER L A, 1996. The introduction of Chinese plants into Europe [M]. Amsterdam: SPB Academic Publishing: 269.

LI H L, 1959. The garden flowers of China [M]. New York: Ronald Press Co: 240.

LYTE C, 1989. Frank Kindon-Ward - The last of the great plant hunters [M]. London: John Murray: 218.

MA J S, CLEMANTS S, 2006. A history and overview of the

Flora Reipublicae Popularis Sinicae (FRPS, Flora of China, Chinese Edition, 1959—2004) [J]. Taxon, 55(2): 451-460.

McLEAN B, 2004. George forrest plant hunter [M]. Woodbridge, Suffolk: Antique Collectors' Club: 239.

MCNAMARA W A, 2013. Botanic garden profile: Quarryhill botanical garden [J]. The Journal of Botanic Garden Horticulture, 11: 15-24.

MENZIES N K, 2017. Representations of the camellia in China and during its early career in the west [J]. Curtis's Botanical Magazine, 34(4): 452-474.

MENZIES N K, 2021. Ordering the myriad things – From traditional knowledge to scientific botany in China [M]. Seattle: University of Washington Press: 312.

ROSE S, 2010. For all the tea in China, How England stole the World's favorite drink and changed history [M]. London: Penguin Books: 261.

ROY LANCASTER C R, 1989. Roy Lancaster Travels in China—A plantsman's paradise [M]. Woodbridge: Antique Collectors' Club: 516.

ROY LANCASTER C R, 2008. Plantsman's paradise—Travels in China [M]. Woodbridge: Garden Art Press: 511.

RYERSON, K A, 1976. Plant introduction [J]. Agricultural History, 50(1): 248-257.

SARGENT S C, 1911-1917. Plantae Wilsonianae, An enumeration of the woody plants collected in Western China for the Arnold Arboretum of Harvard University during the years 1907, 1908, and 1910 by E H Wilson [M]. Publications of the Arnold Arboretum No. 4, Cambridge: The University Press.

SCHNEEBELI-GRAF R, 1991. Zierpflanzen Chinas Botanische Berichte und Bilder aus dem Blutenland, Teil I: Zierpflanzen notiert [M]. Köln: Diederichs Verlag: 158.

SCHNEEBELI-GRAF, R, 1992. Zierpflanzen Chinas Botanische Berichte und Bilder aus dem Blutenland, Teil 2: Nutzpflanzen und Heilpflanzen Chinas [M]. Köln: Diederichs Verlag: 158.

SCHWEINFURTH U, 1975. Exploration in the Eastern Himalayas and the River Gorge Country of Southeastern Tibet - Francis (Frank) Kingdon Ward (1885—1958) [M]. Wiesbaden: Steiner: 114.

SCOTTISH ROCK GARDEN CLUB, COOPER R E (ed.), 1935. George forrest - V. M. H. Explorer and botanist who by his discoveries and plants successfully introduced has greatly enriched our gardens [M]. Edinburgh: Stoddart & Malcolm Ltd: 89.

TAYLOR J E, 2009. The global migration of ornamental plants - How the world got into your garden [M]. St. Louis: Missouri Botanical Garden Press: 312.

TUTIN T G, HEYWOOD V H, BURGES N A, et al, 1980. Flora Europaea: Vols. 5. [M]. Cambridge: Cambridge University Press: 452.

TUTIN T G, BURGES N A, CHATER A O, et al, 1993. Flora Europaea:Vol. 1 [M]. 2nd ed. Cambridge: Cambridge University Press: 581.

WATT A, 2017. Robert fortune, A plant hunter in the orient [M]. London: Kew, Royal Botanic Gardens: 420.

WILSON E H, 1913. Naturalist in western China, with vasculum, camera, and gun; being some account of eleven years' travel, exploration, and observation in the more remote parts of the Flowery Kingdom: Vols. 1 [M]. London: Methuen & Co. Limited: 251.

WILSON E H, 1913. Naturalist in western China, with vasculum, camera, and gun; being some account of eleven years' travel, exploration, and observation in the more remote parts of the Flowery Kingdom: Vols. 2 [M]. London: Methuen & Co. Limited: 229.

WILSON E H, 1927, Plant Hunting: Vols. 1 [M]. Boston: The Startford Com: 248.

WILSON E H, 1927, Plant Hunting: Vols. 2 [M]. Boston: The Startford Com: 276.

WILSON E H, 1929. China, mother of gardens [M]. Boston: The Startford Com: 408.

ZHANG L B, GILBERT M G, 2015. Comparison of classifications of vascular plants of China [J]. Taxon, 64(1): 17-26.

作者简介

贺然（黑龙江省鸡西人，1981年生），北京林业大学园林专业本科（2003）、硕士（2013）,中国林业科学研究院森林保护学博士（2020），先后任职于八大处公园（2003—2011）、石景山区公园管理中心（2011—2015）、北京市公园管理中心（2015—2017）、北京市植物园（2017—2022）、国家植物园（2022—），现任国家植物园管委会主任，正高级工程师；兼任中国野生植物保护协会常务理事兼迁地保护工作委员会主任，中国公园协会常务理事兼植物园专业委员会主任。主要专业领域：园林和植物保护。

魏钰（女，北京人，1976年生），中国农业大学观赏园艺专业学士（1998）、园林植物与观赏园艺硕士（2013）、在读博士（2019—），1998—2017年任职于北京市植物园，先后任部门科员、副部长、队长、部长、主任，2017年任北京市植物园副园长，正高级工程师；兼任中国野生植物保护协会常务理事兼迁地保护工作委员会副主任、秘书长；中国花卉协会球宿根花卉分会理事兼中国花境专家委员会副主任委员。主要从事球宿根花卉的研究与应用。

马金双（吉林长岭人，1955年生），东北林学院林学本科（1982）、树木学硕士（1985）、北京医科大学生药学博士（1987）；先后于北京师范大学（1987—1995）、哈佛大学植物标本馆（1995—2000）、布鲁克林植物园（2001—2009）、中国科学院昆明植物研究所（2009—2010）、中国科学院上海辰山植物科学研究中心（上海辰山植物园，2010—2020）、北京市植物园从事教学与研究（2020年12月至今）；专长都市植物、植物分类学历史、植物分类学文献及外来入侵植物，特别是马兜铃属、关木通属、大戟属、卫矛属和“活化石”水杉等。

China

-TWO-

中国苏铁科植物

Cycadaceae in China

王祎晴[1] 席辉辉[1] 刘 健[1] 冯秀彦[1] 湛青青[2] 许 恬[3] 龚奕青[4] 龚 洵[1*]
([1]中国科学院昆明植物研究所；[2]中国科学院华南植物园；[3]广西壮族自治区南宁植物园；[4]深圳市中国科学院仙湖植物园)

WANG Yiqing[1] XI Huihui[1] LIU Jian[1] FENG Xiuyan[1] ZHAN Qingqing[2] XU Tian[3] GONG Yiqing[4] GONG Xun[1*]
([1]Kunming Institute of Botany, Chinese Academy of Sciences; [2]South China Botanical Garden, Chinese Academy of Sciences; [3]Nanning Botanical Garden; [4]Fairy Lake Botanical Garden, Shenzhen & Chinese Academy of Sciences)

* 邮箱：gongxun@mail.kib.ac.cn

摘　要： 苏铁属（*Cycas*）植物**在我国俗称铁树，又称凤尾蕉、避火蕉、番蕉、千岁子，民间也称山菠萝、凤尾苞、仙鹅抱蛋等，有着悠久的栽培历史，在《花镜》《广群芳谱》《本草纲目拾遗》等著作中都有相关的记载。苏铁属植物有极高的观赏价值，可用于园林绿化，还可进行盆栽和插花；苏铁属植物具有一定食用和药用价值，部分苏铁产地的人们会食用苏铁的茎干和种子；此外，苏铁属植物是比较原始的植物类群，因此具有重要的文化和科研价值。

我国约有22种苏铁属植物，集中分布在中国西南部和南部，这些类群形态多样，或高大，适宜孤植、列植、群植；或矮小，适宜盆栽，庄重且常绿，颇具观赏价值。苏铁（*C. revoluta*）的繁育技术成熟，且易于栽培，已广泛应用于园林绿化和盆栽中，在市场上大量流通。苏铁属的其他类群在市场上也时有发现，但多为盗采的野生植株，这对我国的野生苏铁造成了严重的破坏。除人为采挖外，我国的苏铁属植物还面临栖息地丧失和小种群更新能力差的威胁。目前，苏铁属国产种类全部被列入2021年版的《国家重点保护野生植物名录》，禁止采挖和贩卖。此外，我国还建立了苏铁种质资源保存中心和各级自然保护区，进行苏铁属植物的种质资源保存、迁地保护和就地保护。许多植物园设有苏铁专类园，长期对苏铁进行引种保育，并向公众集中展示我国的原生苏铁属植物以及国外的苏铁类植物，让人们一睹这古老植物类群的丰采。

关键词： 苏铁属植物　珍稀濒危物种　园林观赏　园林景观　保护措施

Abstract: In China, *Cycas* plants are commonly known as the iron tree, also known as Fengweijiao, Bihuojiao, Fanjiao, Qiansuizi, also as Shanboluo (meaning mountain pineapple), Fenghuangbao (meaning phoenix treasure), Xianebaodan (meaning goose-holding-egg plants) and so on in the folk. It has a long history of cultivation. In ancient books such as *Hua Jing*, *Guang Qunfang Pu*, *Compendium of Materia Medica Collection* and other works, there were related records. *Cycas* is of great ornamental value and can be used for landscaping, or as potted plants and the material of flower arrangement. *Cycas* has edible and medicinal value. People in the distribution area of *Cycas* would eat the stems and seeds of *Cycas* during the famine. In addition, as an ancient plant group, *Cycas* has important cultural and scientific value.

There are about 22 species of *Cycas* in China, mainly distributing in southwest and south China. The breeding technology of *C. revoluta* is mature, owing to its easy-to propagate and easy-to -grow. *C. revoluta* is the only species widely used as landscaping or pot plant and is circulated in the market in a big scale. However, other species of *Cycas* can be seen sometimes on the market, but most of them were illegally moved from the wild, which caused serious damage to the wild *Cycas* populations in China. Despite the illegal collection from the wild, *Cycas* are also threatened by habitat loss and poor regeneration ability of small populations. At present, the whole genus is listed in *the List of State Key Protected Wild Plants*, collecting and trading are forbidden. In addition, China has set up *Cycas* germplasm conservation centers and nature reserves at all levels, and *ex situ* and *in situ* conservation of *Cycas* were carried out. Many botanical gardens have themed collection for the introduction and conservation of *Cycas*, and a variety of Chinese *Cycas* and foreign Cycad are collected and displayed to the public, in this way of these ancient plants can be enjoyed by the public.

Keywords: *Cycas* plants, Rare and endangered plants, Ornamental values, Landscape, Conservation measures

王祎晴，席辉辉，刘健，冯秀彦，湛青青，许恬，龚奕青，龚洵，2022，第2章，中国苏铁属植物；中国——二十一世纪的园林之母，第一卷：010-087页

** 苏铁属植物：指苏铁科苏铁属植物；苏铁类植物：包括苏铁科和泽米铁科；苏铁：指苏铁属苏铁（*Cycas revoluta*）一种，也可泛指苏铁属植物。

序言

苏铁属植物俗称铁树，又称凤尾蕉、避火蕉、番蕉，民间也称山菠萝、凤尾苞、仙鹅抱蛋等，我国具有悠久的苏铁栽培历史，许多古籍中都有记载。苏铁“树如鳞甲，叶如棕榈，坚硬光滑，经冬不凋”，深受人们喜爱，并被赋予美好的喻义：苏铁属植物代表神圣、庄严、公正和铁面无私，铁树“开花”也被看成是吉祥和幸福的征兆。

我国拥有丰富的苏铁属（*Cycas*）植物资源，约有22个物种，且半数以上为我国特有种。目前，我国苏铁属植物的野外资源调查已基本完成，明确了各个物种的分布范围、种群数量和生境类型；并采用形态性状和分子标记相结合的方法解决了中国苏铁属的分类问题；我国的大多数苏铁分布区已被划入保护区范围，得到较好的保护。本文对古代典籍中“苏铁”的相关记载进行考证，基本明确了古籍中所记载的“苏铁”。然后从植物分类、园林观赏、栽培管理和保护等方面较为全面地介绍中国的苏铁属植物，旨在让大家了解我国的苏铁属植物，依法保护我国野生苏铁类群，可持续利用苏铁资源。

1 苏铁类植物分类、分布和资源概况

苏铁类植物是现存种子植物中最原始的类群之一，在形态上，其羽状复叶和幼叶拳卷等性状与蕨类植物相似，近年来的分子系统学研究表明苏铁类植物和银杏最先从整个裸子植物中分化出来，二者互为姐妹类群（Burleigh et al., 2012; Wu et al., 2013; Stull et al., 2021; Liu et al., 2022）。苏铁类植物的起源可追溯到晚二叠纪，在中生代晚三叠纪至早白垩纪最为繁盛，晚白垩纪逐渐衰退（朱家柟，1981；Gao and Thomas，1989）。在地球环境变迁的过程中，大部分苏铁类植物已经灭绝，只有少数类群不断适应演化，生存繁衍至今。现存苏铁类植物主要分布在东南亚、非洲、澳大利亚、太平洋岛屿及美洲的热带和亚热带地区（Jones，2002；Hill et al.，2004）。根据羽片是否有明显中脉将现存的苏铁类植物分为叶片具侧脉的泽米铁科（Zamiaceae）和仅具中脉的苏铁科（Cycadaceae）。泽米铁科包含9属，约246种：波温铁属（*Bowenia*）2种，分布于澳大利亚北部昆士兰州；角果泽米铁属（*Ceratozamia*）32种，分布于中美洲；双子铁属（*Dioon*）17种，分布于中美洲；非洲铁属（*Encephalaros*）65种，分布于非洲大陆；鳞叶铁属（*Lepidozamia*）2种，分布于澳大利亚东部；大泽米铁属（*Macrozamia*）41种，分布于澳大利亚；小苏铁属（*Microcycas*）1种，分布于古巴；蕨叶铁属（*Stangeria*）1种，分布在南非东海岸；泽米铁属（*Zamia*）76种，分布于北美洲南部、中美洲、南美洲以及加勒比海岛。苏铁科仅有苏铁属（*Cycas*），为林奈1753年所建立，属下120余种（Calonje et al., 2021），分布于亚洲东部及东南部、大洋洲以及周围岛屿、非洲东部及马达加斯加岛的热带和亚热带地区，是苏铁类植物中种类最多，分布最广的一个属。

中国仅有苏铁科苏铁属植物分布。在《中国植物志》（1978）中介绍了8种苏铁：篦齿苏铁（*Cycas pectinata*）、四川苏铁（*C. szechuanensis*）、苏铁（*C. revoluta*）、台湾苏铁（*C. taiwaniana*）、海南苏铁（*C. hainanensis*）、云南苏铁（*C. siamensis*）、华南苏铁（*C. rumphii*），其中7种中国原产，华南苏铁也称为刺叶苏铁，是从国外引种栽培的，云南苏铁为错误鉴定，其学名为暹罗苏铁（*C. siamensis*），中国没有分布（王定跃，2000）。20世纪八九十年代，中国苏铁属植物的调查和研究出现高峰，攀枝花苏铁（*C. panzhihuaensis*）、贵州苏铁（*C. guizhouensis*）、多歧苏铁（*C. multipinnata*）等几十个物种被先后发表（周林 等，1981；陈家瑞，1994；韦发南，1994；陈家瑞，1997；张宏达，1997a，1997b，1998；刘念，1998；王定跃，2000；黄玉源，2001），《中国苏铁》《中国苏铁植物》《中国苏铁科植物的系统分类与演化研究》等专著相继出版，极大地推动了中国苏铁植物的研究和保护。在《中国苏铁》（王发祥 等，1996）一书中介绍了27种苏铁，其中22种中国原产。

基于长期广泛的野外调查，并综合考虑胚珠被毛、大孢子叶形和种子解剖结构等生殖特征，Hill K. D.（2004）将苏铁属划分为6个组，分别是东方苏铁组（Sect. *Asiorientales*）、蕨叶苏铁组（Sect. *Strangeriodes*）、暹罗苏铁组（Sect. *Indosinenses*）、苏铁组（Sect. *Cycas*）、攀枝花苏铁组（Sect. *Panzhihuaenses*）和韦德苏铁组（Sect. *Wadeae*）。Xiao等（2014）基于nrITS基因对31个苏铁属物种进行系统发育分析，刘健（2016）基于4个叶绿体基因和7个核基因对苏铁属下的104种5个亚种进行系统发育关系的研究，结果都支持将苏铁属下分为6个组，且与Hill的分组一致。在*Flora of China*中记录了16种苏铁属植物（1999）。《中国苏铁科植物的系统分类和演化研究》中描述了40种中国苏铁属植物，其中4种（越南篦齿苏铁、暹罗苏铁、刺叶苏铁和爪哇苏铁）引种于国外，仅在植物园栽培；余下36种均在我国有自然分布（黄玉源，2001）。Hill（2008）在*The genus Cycas* (Cycadaceae) *in China*中指出中国有22种苏铁属植物。通过标本查阅、野外考察和分子系统学研究，刘健（2016）认为中国存在23种苏铁属植物，分别隶属于东方苏铁组、攀枝花苏铁组、蕨叶苏铁组和暹罗苏铁组。*The World List of Cycads*中记录中国有25种苏铁属植物分布，此外还记录了23个异名。截至2021年，合格发表的中国苏铁属植物有52种，这些新种多是根据叶片和大孢子的形态特征发表的，且不同学者对物种的理解和把握不同，因此部分物种没有得到广泛的认同。近年来，有研究者采用形态特征结合分子手段进行苏铁属植物的物种界定，将多裂苏铁（*C. multifida*）、厚柄苏铁（*C. crassipes*）、西林苏铁（*C. xilingenesis*）、长球果苏铁（*C. longiconifera*）、尖尾苏铁（*C. acuminatissima*）归并到叉孢苏铁（*C. segementifida*）中，隆林苏铁（*C. longlinensis*）归并到贵州苏铁（*C. guizhouensis*）（图1）（Feng et al., 2016）；七籽苏铁（*C. sexseminifera*）、长孢苏铁（*C. longisporophylla*）、刺孢苏铁（*C. spiniformis*）和短叶苏铁（*C. brevipinnata*）归并到石山苏铁（又名六籽苏铁，*C. sexseminifera*）中（钱丹，2009）；海南苏铁、葫芦苏铁（*C. changjiangensis*）和念珠苏铁（*C. lingshuiensis*）归并到台湾苏铁，仙湖苏铁（*C. fairylakea*）归并到四川苏铁（图2）（Feng et al., 2021）；把关河苏铁（*C. baguanheensis*）被归并到攀枝花苏铁；元江苏铁（*C. parvula*）、多胚苏铁（*C. multiovula*）和蔓耗苏铁（*C. manhaoensis*）归并到滇南苏铁（*C. diannanensis*）（Liu et al., 2015）等等。

基于以上苏铁属植物的分类处理，目前认为中国约有22种苏铁属植物，包括：东方苏铁组的苏铁和台东苏铁（*C. taitungensis*），攀枝花苏铁组的攀枝花苏铁，蕨叶苏铁组的四川苏铁、台湾苏铁、叉叶苏铁（*C. bifida*）、叉孢苏铁、长叶苏铁（*C. dolichophylla*）、德保苏铁（*C. debaoensis*）、贵州苏铁、陈氏苏铁（*C.*

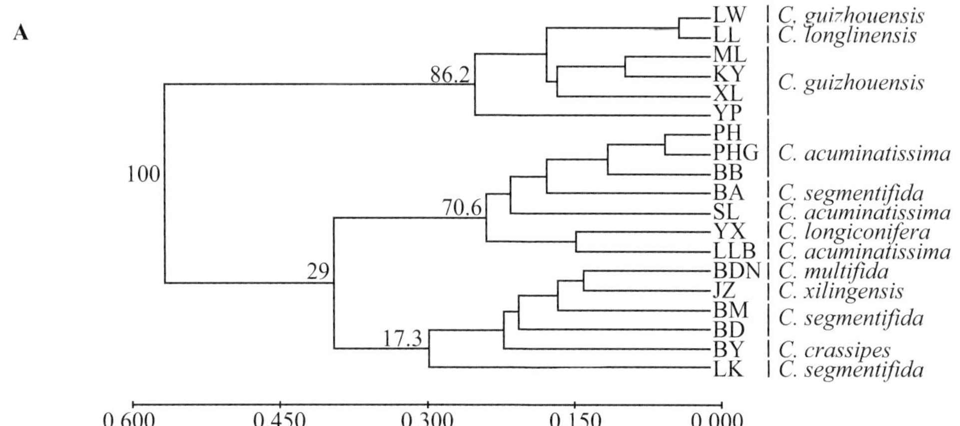

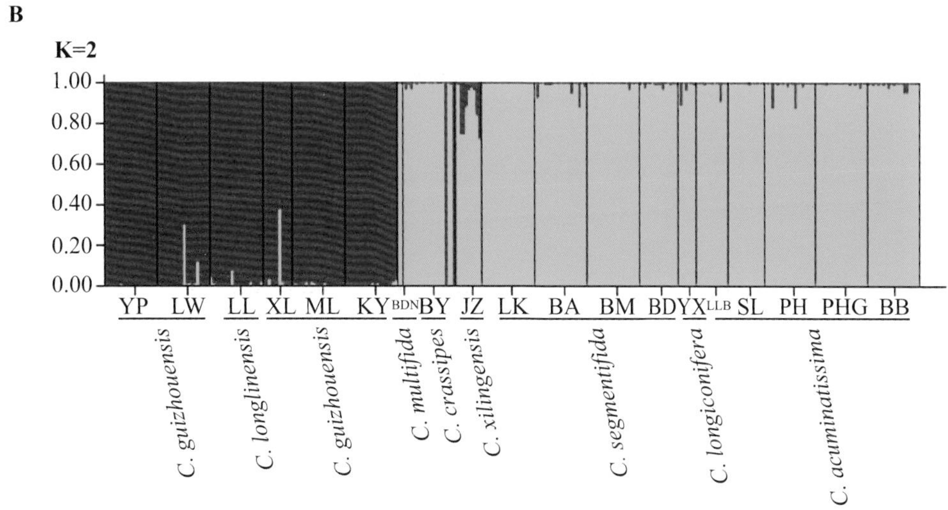

图1 基于SSR数据构建的叉孢苏铁复合群的UPGMA聚类树（A）和Structure（K=2）（B）

（A为基于微卫星分子标记数据构建的UPGMA聚类树，将8个物种分为两个支系（clade），隆林苏铁（*C. longlinensis*）和贵州苏铁（*C. guizhouensis*）一支，多裂苏铁（*C. multifida*）、厚柄苏铁（*C. crassipes*）、西林苏铁（*C. xilingenesis*）、长球果苏铁（*C. longiconifera*）、尖尾苏铁（*C. acuminatissima*）和叉孢苏铁（*C. segementifida*）一支，支持率为100%。B为基于微卫星分子标记数据进行遗传成分分析，在最优K值（K=2）时的结果。不同颜色代表不同的遗传成分，隆林苏铁和贵州苏铁为红色遗传成分，多裂苏铁、厚柄苏铁、西林苏铁、长球果苏铁、尖尾苏铁和叉孢苏铁为绿色遗传成分）（引自Feng et al., 2016）

chenii）、滇南苏铁、多歧苏铁、单羽苏铁（*C. simplicipinna*）、谭清苏铁（*C. tanqingii*）、石山苏铁、锈毛苏铁（*C. ferruginea*）、宽叶苏铁（*C. balansae*）、多羽叉叶苏铁（*C. multifrondis*）和长柄叉叶苏铁（*C. longipetiolula*），以及暹罗苏铁组的篦齿苏铁和灰干苏铁（*C. hongheensis*）。其中，长柄叉叶苏铁和多羽叉叶苏铁是根据栽培植株发表的新种，在野外尚未发现野生居群，分类地位仍需后续研究加以明确。

我国的苏铁属植物主要分布在云南、广西、贵州、四川、广东、福建、海南、台湾等地。基于祖先分布区重建的研究表明，东亚可能是苏铁属的起源中心（Liu et al., 2021），而中国西南地区可能是现代苏铁的多样化中心之一，其中广西、云南和贵州分布有20种，仅云南省就有15种，其中滇南苏铁、陈氏苏铁和灰干苏铁是云南特有种。广西有11种苏铁属植物，数量上仅次于云南，在分布面积上则超过云南位居全国第一。贵州省分布有贵州苏铁和叉孢苏铁，广东省分布有四川苏铁，四川省分布有攀枝花苏铁，海南省分布有台湾苏铁，台湾分布有台东苏铁，福建省分布有四川苏铁和苏铁。

我国的苏铁属植物零散状或聚团状分布，且多沿江河流域分布。红河流域分布有多歧苏铁、灰干苏铁、滇南苏铁、陈氏苏铁、长叶苏铁、叉叶苏铁等种类，南盘江流域分布有贵州苏铁、叉孢苏铁、德保苏铁、叉叶苏铁、石山苏铁等种类，澜沧江流域分布有篦齿苏铁、单羽苏铁、长叶苏铁等种类，而金沙江流域只有攀枝花苏铁1种。我国苏铁属植物生境多样，多歧苏铁、篦齿苏铁、单羽苏铁、长叶苏铁、宽叶苏铁、谭清苏铁等种类主要分布在热带季雨林下，攀枝花苏铁、灰干苏铁、贵州苏铁、叉孢苏铁、德保苏铁、叉叶苏铁、石山苏铁主要分布在石灰岩山地灌丛、草坡中和常绿阔叶林下。多样化的生境为苏铁属植物在冰期避难以及后续的生存和演化提供了有利的条件。

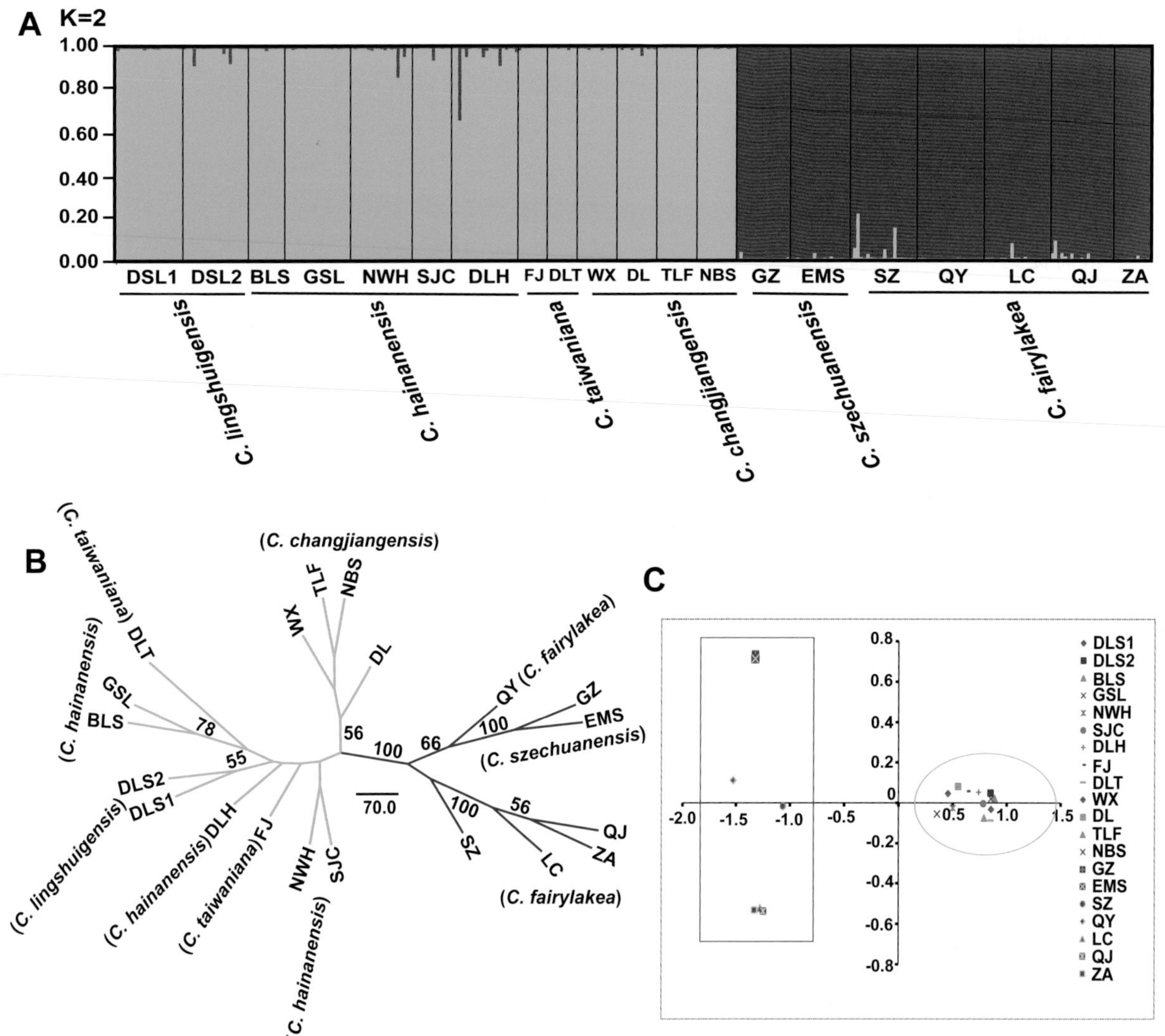

图2　基于SSR数据构建的台湾苏铁复合群的Structure（K=2）（A）和UPGMA聚类树（B）

（A为基于微卫星分子标记数据进行遗传成分分析，在最优K值（K=2）时的结果。不同颜色代表不同的遗传成分，海南苏铁（*C. hainanensis*）、葫芦苏铁（*C. changjiangensis*）、念珠苏铁（*C. lingshuiensis*）和台湾苏铁（*C. taiwaniana*）为绿色遗传成分，仙湖苏铁（*C. fairylakea*）和四川苏铁（*C. szechuanensis*）为红色遗传成分。B为基于微卫星分子标记数据构建的UPGMA聚类树，6个物种分为两个支系（clade），海南苏铁、葫芦苏铁、念珠苏铁和台湾苏铁为一支，仙湖苏铁和四川苏铁为一支，支持率为100%。C为基于微卫星分子标记数据进行主成分分析（PCA）结果，不同的形状和颜色表示不同的物种，点之间的距离表示不同物种间的遗传距离）（引自Feng et al., 2021）

2 古代典籍中苏铁植物的考证

苏铁类植物在我国俗称铁树，又称凤尾蕉、避火蕉、番蕉，在云南也称山菠萝、凤尾苞、仙鹅抱蛋等。据考证，苏铁的相关描述未见先秦古籍如《尔雅》《诗经》《楚辞》等，也未见于汉、魏、六朝的志书（张钧成，1995）。多见于宋代以及明清时期的志书和杂著之中。

关于“苏铁”“铁树”和“凤尾蕉”名字的由来，在民间有两个传说。在很久以前，南方的一个富商捉到只金凤凰，将它关在笼中驯养其开屏以供欣赏，但这只凤凰顽强反抗而不被驯服。富商一气之下命人放火将凤凰活活烧死，后来在灰烬中长出一棵小树，此树的树干坚硬如铁，为了赞扬金凤凰不屈服于淫威的刚强品格，故称为“铁树”。由于铁树叶片与金凤凰的尾巴相似，又有“凤尾蕉”的别名。另一个传说与唐宋八大家之一的苏轼有关，苏轼为人公正廉明，受奸臣构陷被贬至海南岛，奸臣诅咒他若要回朝除非“铁树开花”。不久，铁树果真开花了，其花英武庄严。之后也传来召苏轼回京的指令。相传他在离开海南时拒绝了所有的礼物，只将铁树带回中原，自此，铁树在北方繁衍起来。因是苏轼带来的，所以人们称之为“苏铁”，也象征苏轼的坚贞不屈。这两个传说具有浓重的传奇色彩，大概是依据苏铁的形态特征和植物名杜撰产生，目前尚未发现苏轼和铁树相关的任何记载。

2.1 凤尾蕉

苏铁一名“凤尾蕉”，因其顶生大型羽状复叶，形似凤尾而得名；据传产于铁山，枯萎时在土中掺入铁屑，或以铁钉钉其根上则繁茂，又名“铁蕉”；或从琉球来，亦得名番蕉；栽于庭院可辟火患，也名“避火蕉”。

2.1.1 明代

在万历年间，陆以载等人编纂的《福安县志》卷一中记载：“凤尾蕉如芭蕉而叶细。”对凤尾蕉的形态进行简单的描述。

谢肇淛的随笔札记《五杂俎》称：“凤尾蕉，其本粗巨，叶长四五尺，密比如鱼刺，然高者亦丈余。又有番蕉，似凤尾而小，相传从琉球来者。云种之能辟火患，是水精也。枯时以铁屑粪之，或以铁钉钉其根上则复活，盖金能生水也。植盆中不甚长，一年才落下一叶，计长不能以寸，亦不甚作花。予种之三十年，仅见两度花。其花亦似芭蕉，而色黄不实。”这里记载的“凤尾蕉”和“番蕉”有明显的形态差异，前者植株高大，后者来自琉球且植株较矮小，应该是苏铁属不同的物种。凤尾蕉喜铁，不耐盆栽，作者种植三十年仅见两次开花，一是苏铁从幼苗长到开花所需年限较长，二是苏铁开花对温度和光照的要求较高，作者所处环境可能不太适宜其生长。其花“而色黄不实”，描述的应该是苏铁的小孢子叶球。

明代农学家和植物学家王象晋在家督率仆人经营园圃，种植各种蔬菜水果，广泛收集古籍，花费十多年时间撰写了介绍栽培植物的著作《二如亭群芳谱》，集16世纪以前的农学之大成。清朝汪灏等人奉康熙帝之名，在《群芳谱》的基础上增删改编成《广群芳谱》。其中记载：“凤尾蕉一名番蕉，能避火患，此蕉产于铁山，如少萎，以铁烧红穿之即活，平常以铁屑黄泥壅之则茂而生子，分种易活。江西塗州有之。”这里的“铁山”可以理解为一处产铁的矿山，也可能是湖北黄石的自古以来盛产铁矿的铁山区，因为湖北和江西迄今尚未发现野生苏铁，明朝时期这两地是否有苏铁分布尚不可考。

明末方以智编纂的自然科学著作《物理小

识》卷二“风雷雨旸类”称：“种凤尾蕉辟火，患者见屋焚，蕉枯者多矣，种成高大可杀火势。”指出植株高大的凤尾蕉不怕火，而且能够一定程度上减小火势。

2.1.2 清代

明末清初的曹溶在《倦圃莳植记》总论中记载：“铁蕉比凤尾叶精密而色苍翠，即古《琉球绿》记载彼国正宫所重者，种传闽中、浙、广，故又名番蕉。以铁屑壅之则盛。偶遇憔悴，烧铁钉贯其根即复荣，物性之异者也。余得一株，曾植久经年，枯槁而明春复茁。”指出铁蕉的叶片不同于凤尾蕉，原产于琉球，引种至我国福建、浙江、广东栽培，故得名番蕉。

陈淏子总结花木果树栽培经验，写成园艺巨著《花镜》，卷三“花木类考”中记载：“凤尾蕉一名番蕉。产于铁山，江西、福建皆有。叶长二三尺，每叶出细尖，瓣如凤毛之状，色深青，冬亦不凋。如少萎黄，即以铁烧红钉其木上，则依然生活。平常不浇壅，惟以生铁屑和泥壅之自茂。且能生子，分种易活。极能辟火患，人多盆种庭前，以为奇玩。”较为系统的记录了凤尾蕉的产地、形态特征、栽培技艺和用途。

医学家赵学敏编著的《本草纲目拾遗》，对前人的记载进行总结，并指出铁树叶的药性：“同一铁树，而花开与枝叶又不同如此。今洋中带来，及世俗所用入药之铁树，叶形如篦箕，据云其树须壅以铁屑乃盛，则番蕉叶也。以其食铁，故亦名铁树。其性亦平肝，取其相制为用，亦颇验。”“友人唐振声在东瓯见凤尾蕉，土人皆呼为铁树，则知今人所用及洋舶带来之叶皆番蕉叶，而非真正铁树叶也。濒湖於隰草部祗列甘蕉蘘荷，而於虎头凤尾等蕉概不及焉。或当时未有知其性者，今録之以补其缺。”

吴其濬的植物学著作《植物名实图考》卷三七书：“凤尾蕉，南方有之，安南（今越南）尤多，树如鳞甲，叶如棕榈，坚硬光滑，经冬不凋。欲萎时，烧铁钉烙之，则复茂。”指出凤尾蕉分布在中国南方和越南地区，与现存苏铁的分布区相似。《植物名实图考新释》中认为凤尾蕉指代苏铁科苏铁属苏铁（*C. revoluta*）。

郝玉麟等纂修的《广东通志》卷五二：“铁蕉，叶如凤尾草而坚劲，根出土上如芋头，烧铁钉钉其根则繁茂。”

嵇曾筠、沈翼機等纂修的《浙江通志》卷一〇一：“铁蕉。《青田县志》叶如凤尾，干如龙鳞，根能食铁，燃铁铺入之愈茂。”

黄任、郭赓武编纂的《泉州府志》卷十九：“铁蕉一名番蕉，一名凤尾蕉。相传从琉球来。其本粗巨，叶长四五尺，密比如鱼刺。高者亦丈余，然好以铁为粪，将枯，钉其根则复生。”

黄之隽等编纂的《江南通志》卷八六：“凤尾蕉，木本，有合圍高数丈者。”

鲁曾煜等编纂的《福州府志》卷二五：“铁蕉一名番蕉，一名凤尾蕉。相传从琉球来。其本粗巨，叶长四五尺，密比如鱼刺。高者亦丈余，然好以铁为粪，将枯，钉其根则复生。”

褚景昕等编纂的《赣县志》卷九：“凤尾蕉一名铁树，株似棕榈，形如凤尾，叶长数尺，凌冬不凋。”

郑方坤的《全闽诗话》卷七《何乔远》：“闽中多凤尾蕉，相传树之亭中可避火灾。蕉性宜铁，种者每埋铁其下。”

周亮工的《闽小纪》卷二：“闽中多凤尾蕉，相传植于庭中，可避火灾。蕉性宜铁，种者每埋铁其下。何镜山《前辈诗》云：欲比麒麟能食铁，真同凤凰不群鸡。公自注：蕉影照日，其中梗虚，空若无梗，然亦奇闻也。”

余樾编纂的《镇海县志》卷三八：“铁蕉与凤尾蕉同类而稍异，以铁为粪。将枯，钉其根则复生，亦异物也，云能辟火。”

综上，凤尾蕉、番蕉、铁蕉在中国古代典籍中均用来表示苏铁属植物，对番蕉产地和形态的描述，与苏铁属苏铁一致，而凤尾蕉和铁蕉没有指向具体的物种。

凤尾蕉除称苏铁外，还可称指其他植物。元末明初的陶宗仪在《辍耕录》中称为“凤尾蕉”的金果树可能不是苏铁：“成都府江渎庙前有树六株，世传自汉唐以来即有之。其树高可五六十丈，围约三四寻，挺直如矢，无他柯，干顶上才生枝叶，若棕榈状，皮如龙鳞，叶如凤尾，实如枣而加大。每岁仲冬，有司具牲馔，祭毕，然后采摘，金鼓仪卫，迎入公廨，差点医工，以刀逐筒，去青皮，石灰汤焯过，入熬熟，冷蜜浸五七日，漉起控干，再换熟蜜，如此三四次，却入瓶缶，封贮进献。不如此制则生涩，不可食。泉州万年枣三株，识者谓即四川金果也。番中名为苦鲁麻枣，盖凤尾蕉也。”一丈为十尺，一寻约八尺，一尺约30cm，推测四川金果树高逾100m，直径近1m，可能会有夸张的成分，但苏铁类植物中暂未发现这么高大粗壮的类群。张钧成也认为这里的四川金果不是苏铁，而是李时珍《本草纲目》里记载的无漏子：“释名千年枣、万年枣、海枣、波斯枣、番枣、金果、木名海棕、凤尾蕉。”学名海枣（*Phoenix dactylifera*）。

2.2 铁树

苏铁又名铁树，但在古今书籍中，“铁树”一词并非专指苏铁。在陈嵘的《中国树木分类学》中，铁树为3种植物的别称：榆科的榔榆（*Ulmus parvifolia*）、大戟科的青珊瑚（*Euphorbia tirucalli*）、百合科的朱蕉（*Cordyline* fruticosa）。

2.2.1 北宋

“铁树”一词最早见于宋代。北宋文学家黄庭坚（1045—1105）的《采桑子 赠黄中行》词：“西邻三弄争秋月，邀勒春回。个里声催。铁树枝头花也开。”1993年出版的《汉语大辞典》第十三卷认为此铁树即为苏铁。黄庭坚曾在宣城（安徽）、鄂州（武汉）、黔州（四川彭水）为官，张钧成（1995）认为词中的“铁树”应为苏铁。但诗文中没有关于铁树形态的描述，此处的“铁树”是不是苏铁，只能猜测，难以证实。

2.2.2 南宋

南宋诗人杨万里（1127—1206）《岁朝发石塔寺》诗云：“佛桑解吐四时艳，铁树还如九节蒲。”自注写道：“又有小木名铁树，叶似蒻而紫，干似密节菖蒲。”杨万里曾经在漳州、常州、广东等地做官，所指铁树应是岭南之物。蒻指嫩的香蒲，九节蒲指菖蒲，是一种多年生草本之物，叶狭长，似剑形。管中天认为此处的“铁树”应该不是铁树，而是百合科的朱蕉（*Cordyline* fruticosa），又名红竹、红叶铁树，其叶紫红色，愈顶部愈红。很显然，此“铁树”并非苏铁植物。

2.2.3 明代

明代高濂（1573—1620）的《遵生八笺》卷十六称：“铁树产广中，色俨类铁，其枝丫穿结，甚有画意。又闻有铁树，花叶密而花红，想又一种也，未见。”此处描述的两种铁树应该都不是苏铁，苏铁通常为单个主干，顶端簇生羽状复叶，不符合“枝丫穿结”的形态特征；苏铁为裸子植物，没有花的结构，生殖器官为大小孢子叶球，不存在“花红”的特征。

2.2.4 清代

清代赵学敏（1719—1805）的《本草纲目拾遗》引《家宝传真》云：铁树“亦名铁连草，生于铁山铜壁上，有铁石之上亦生，并非草本，形如屏风，状如孔雀尾分张，黑色细枝，刀砍不断，斧之乃折。”

清朝李调元（1734—1803）的《南越笔记 朱蕉》称：“朱蕉，叶芭蕉而干棕竹，亦名朱竹。以枝柔不堪直挺，故以为蕉。叶绀红，生于干上，干有节，自根至杪，一寸三四节或六七节，甚密。然多一干独出无旁枝者。通体铁色，微朱，以其难长，故又名铁树。”此树实际是一种粗壮灌木，高1～3m，夏季开花，果为浆果。

陈淏子《花镜》第四卷中有铁树的描写：“铁树葉类石楠，质理细厚，幹、葉皆紫黑色。花紫白如瑞香，四瓣，较少团，一开累月不凋，嗅之乃有草气。因忆古人尝见事或难成，便云：‘除须铁树开花’”，疑无是树，及至驯象卫殷指挥园中，见有此树。高可三、四尺，询其名，则曰“铁树”。每遇丁卯年便放花，其年果花。

移置堂上，治酒欢饮，作诗称贺。若非到此目睹，则安知真有是木耶？及闻海南人言，此树黎州极多，有一、二尺长者。葉密而花红，树俨类铁，其枝椏穿结，甚有画意，盆玩最佳。但人所罕见，故称奇耳。五臺山有铁树，每年六月开花。”苏铁是裸子植物，雌雄异株，由大、小孢子叶聚合生长成大、小孢子叶球，没有被子植物的花结构；且苏铁均为常绿的大型羽状复叶。这里描述的铁树“葉类石楠”“幹、葉皆紫黑色”“花紫白如瑞香，四瓣”，明显不是苏铁。

在吴其濬的《植物名实图考》卷36《木类 铁树果》记载：“铁树，滇南十二岁一实。树端丛叶长七八寸，形如长柄勺，四旁细縷，正如俗画凤尾。色黄，果生柄傍，扁圆中凹陷。有核，滇人呼为凤凰蛋。盖《本草纲目》所谓波斯枣，然嚼之无味，滇圃但以罕实为异，不入果品也。”文中的“树端丛叶”是苏铁的大孢子叶球，“长七八寸，形如长柄勺”形容的是大孢子叶，“四旁细縷”描述的是大孢子不育顶片上的裂片，“果生柄旁”即种子着生在大孢子叶柄上。此处描述铁树的形态特征和苏铁一般无二，现在云南的一些地区仍称呼苏铁种子为凤凰蛋。在《植物名实图考新释》中，认为此处描述的铁树与云南苏铁（*C. siamensis*）相似，但根据考证，云南苏铁指代的不是一种苏铁属植物，可能是篦齿苏铁或单羽苏铁，云南苏铁的拉丁名*C. siamensis*实际上是暹罗苏铁，中国没有野生分布。上述的铁树指云南野生分布的苏铁属植物，具体指代哪种苏铁尚不可考证。

刘国光、谢昌霖等编纂的《长汀县志》卷三十一：“铁树，干直，无枝，周遭皆茎，攒簇重叠而上。茎三棱如刺，长二三尺。叶对生，茎旁排如梳齿，四时不凋。”

王士禛的《香祖笔记》卷八《岭海见闻》言：“铁树生海底石上。（略）於一指挥家圃中亲见此树，历言其六十年开花之详。予在羊城学使署亦见铁树，高大不殊诸树，乃木本，非玉石之属，但以铁培护其根则茂，与他树以水浇灌者差异，与前所云云不类，岂同名实两种耶。”生长在海底石上的明显不是铁树，但第二种铁树的栽培方式与前文中的凤尾蕉极为相似，可能是指苏铁。

由此可见，在中国古代典籍中，“铁树”一词虽非专指苏铁，但确实为苏铁的别称。

2.2.5 “铁树开花”

提到铁树，常常会捎带出一个成语——铁树开花，形容事情很难成功。但“铁树开花”中的“铁树”为何物，古今说法莫衷一是。

南宋福州西禅寺僧人释守净（16世纪）写了首佛偈：

流水下山非有意，
片云归洞本无心。
人生若得如云水，
铁树开花遍界春。

大意为高山流水行云归岫为自然现象，开示人生要豁达，如同行云流水一样无所挂碍，那么即便是很难开花的铁树也会遍地开放。

《续传灯录—或庵师体禅师》：“淳熙乙亥八月朔示微疾，染翰别郡守曾公。逮夜半书但偈辞众曰：‘铁树开花，雄鸡生卵，七十二年，摇篮绳段。’掷笔云寂。”淳熙是南宋的年号，此处“铁树”指代何物呢？台湾1968年出版的《中文大辞典 第三十五册》认为此处的铁树“喻铁制之树也，如俗谚以事之难成曰铁树开花。”

在明朝王济（公元？—1540）的杂著《君子堂日询手镜》称：“吴浙间有俗谚，见事难成，则云须铁树开花。及在广西驯象卫，见一树高可三四尺，干叶紫黑色，叶小类石榴，质理细厚，问之，铁树也，每遇丁卯年花一开，知俗谚有自来矣。”这种六十年开一次花的树不知是何树。

明代田艺衡《留青日札》称：“铁树花海南出，树高一、二尺，叶密而红，枝皆铁色，生于海底，谚云：铁树开花，喻难得也。”

明代洪楩《清平山堂话本·五戒禅师私红莲记》：“铁树花开千载易，坠落阿鼻要出难。”

明代来集之（1604—1682）《铁氏女》：“顿开鹦鹉笼，扭上鸳鸯配。定教那铁树开花还结子。”

清代杨潮观（1712—1788）《灌口二郎初显

圣》："看夏王鼎上支祁号，铁树花开还早。"

上述文学著作里的"铁树开花"究竟为何物？是"铁打之树"还是指某种植物，这种植物是否是"苏铁"都有待考证。但可以知道的是，铁打之树不会开花；苏铁是热带植物，从种子萌发到开花通常需要数十年，在光、温资源不足的北方地区，开花确实难得一见，甚至终身都不会开花；这两者均符合"铁树开花"喻事难成的喻义。

2.3 千岁子

在一些文学著作的记载中，千岁子、仙掌子也是苏铁的别名。

西晋植物学家嵇含的《南方草木状》中记载："千岁子有藤蔓出土，子在根下，须绿色，交加如织，其子一苞恒二百余颗，皮壳青黄色，壳中有肉如栗，味亦如之，干者壳肉相离，撼之有声，似肉豆蔻，出交趾。"交趾是古代的地名，位于今越南北部的红河流域，是苏铁的主要分布区之一。

宋代范成大记述广南西路（今广西）风土民俗和物产资源的著作《桂海虞衡志》写道："千里里，一作岁。子，如青黄李，味甘。"

南宋周去非的《岭外代答》记载了岭南地区（今两广）的社会经济、风土民俗和物产资源等，称："千岁子，丛生，如青黄李，味甘。"

清代汪灏的《广群芳谱》卷九二"卉谱"："明黄佐《仙人掌赋序》：仙人掌者，奇草也。多贴石壁而生，惟罗浮黄龙金沙洞有之。茎劲而长，若龃龉状，发苞时外类芋魁，内攒瓣如翠球，各擎子珠如掌。然青赤转黄而有重壳，剖之厚者在外如小椰，可为匕勺，薄者在裹，如银杏衣而裹圆肉。煨食之味兼芡栗，可补诸虚，久服轻身延年，俗呼为千岁子云。移植惟宜沙土，粤州书院精舍中、庭院后皆有之，予以其奇赋焉。"此处所记的"仙人掌"与今仙人掌科仙人掌属（*Opuntia*）无关，应是苏铁科苏铁属植物。黄佐是广东香山（今中山）人，结合"罗浮黄龙金沙洞"和"粤州书院"这两个地点描述，可推断出"仙人掌"分布在广东，根据标本记载广东分布有台湾苏铁（*C. taiwaniana*），但后来的调查表明广东没有台湾苏铁，仅有四川苏铁（*C. szechuanensis*），所以此处描述的极有可能是四川苏铁。

清代关涵《岭南随笔》："'千岁子多子根须，乾则壳肉相离，撼之有声。'千岁子'味甘平，主和中益胃，利肺，除热止渴，醒酒解暑。''小便闭塞，千岁子十数枚，打碎水煎，清饮下，即通利。''发背恶疮，千岁子不拘多少，捣烂如泥，调涂三次见效。'"

清代沈青崖编纂的《陕西通志》卷四四称："仙人掌，汉武帝扶荔宫植千岁子百余本。发苞时外类芋魁，内攒瓣如翠球，各擎子珠如掌，俗称千岁子，惟宜沙地。"而且，汉代的《三辅黄图》中也有记载："扶荔宫在上林苑中。汉武帝元鼎六年破南越，起扶荔宫于荔枝得名。以植所得奇草异木。荔枝、槟榔、橄榄、千岁子、柑橘，皆百余本，上木，南北皆宜，岁时多枯瘁。"证明汉武帝时期，在扶荔宫中栽培有千岁子。

在《中华大典》的《生物学典》中，将千岁子和仙掌子处理为苏铁科的巴兰萨苏铁（*C. balansae*）和越南叉叶苏铁（*C. micholitzii*），将铁树、凤尾蕉、铁蕉、番蕉等处理为苏铁科的苏铁（*C. revoluta*）。根据上述典籍中分布地点和形态特征的记载，可以推测是指代苏铁属植物，但书中描述的具体是哪些物种，只能依据分布和形态进行推测，难以证实。

"凤尾蕉""铁树""仙掌子"这些名称是如何最终变成苏铁的呢？苏铁的拉丁名是"Cycas"，Cycas这一词来源于希腊语"koikas"，意为"棕榈"，是由希腊博物学家Theophrastus创造的，把苏铁当做一种未知的棕榈植物，目前仍有许多人把苏铁叫做"Sago Palm"。"Cycas"中文翻译为"苏铁"，据说是由日语"ソテツ"音译而来，也写作"蘇鉄"。我国的植物学家引用西方的分类，将Cycas和我国古代的铁树相结合，产生了这一文中名"苏铁"。

3 苏铁属植物的形态特征

苏铁属植物雌雄异株，为灌木或乔木，茎圆柱形或球形，大型羽叶簇生于顶。幼叶拳卷，小羽片革质、薄革质或纸质。鳞叶与营养叶呈轮状相间排列，集中生于茎顶。鳞叶三角形或披针形，棕红色，主要起保护顶芽的作用。雄株小孢子叶球卵圆形或纺锤形，生于茎顶，小孢子叶多数，厚鳞片状或盾状，螺旋排列于小孢子叶轴上，小孢子叶远轴面聚生小孢子囊群。大孢子叶球冠状，由许多大孢子叶组成，螺旋式向顶排列在茎顶。大孢子叶上部是羽状分裂的不育顶片，下部是大孢子叶的柄，柄两侧着生数枚胚珠。种子由种皮、胚和胚乳组成。种皮由肉质外种皮、硬质中种皮和纸质内种皮组成；胚乳直接从雌配子体发育而来，含大量淀粉，供胚萌发之用，通常一个种子只有一个发育完全的胚，且胚存在后熟现象。

3.1　苏铁属形态术语和定义

羽叶：大型羽状的营养叶，分为叶柄、叶轴和着生在叶轴两侧的小羽片三部分（图3A）。

小羽片：着生在羽叶叶轴两侧的单片小叶，通常为纸质、薄革质或革质（图3B）。

鳞叶：一种鳞片状特化的叶，轮状着生于茎顶，与羽叶相间排列，多为狭长的三角形或披针形，主要起保护茎干顶芽的作用（图3C、D）。

小孢子叶球：雄性生殖器官，中间具轴，小孢子叶螺旋排列在轴上，聚集成球果状，通常为卵球形或纺锤形（图4A）。

小孢子叶：产生花粉的生殖叶，厚鳞片状或盾状，下表面具大量花粉囊（图4B、C）。

大孢子叶球：雌性生殖器官，由数枚大孢子叶组成，通常为半球形（图4D）。

大孢子叶：着生胚珠或种子的生殖叶，呈叶状，上部为不育顶片，一般为倒卵形、菱形或扇形，边缘篦齿状分裂；下部为大孢子叶柄，两侧着生两枚或多枚胚珠（图4E）。

种子：卵形或球形，成熟时黄色至橙红色，主要分为4部分：色彩鲜艳的肉质外种皮，坚硬的木质中种皮，膜质内种皮，含大量淀粉的胚乳和胚（图4F）。

珊瑚根：苏铁类植物特有的一种背地性生长的二叉分枝状根，外形似珊瑚得名珊瑚根，多生长在表层土壤或地表。珊瑚根常常与蓝藻共生，在皮层中部形成蓝藻细胞层，发挥固氮作用（图3E）。

图3 苏铁属形态特征（A：单羽苏铁的羽叶；B：单羽苏铁的小羽片C：滇南苏铁鳞叶；D：十万大山苏铁鳞叶；E：苏铁珊瑚根，左图示珊瑚根在苏铁植株上着生的位置，中间图示珊瑚根，右图为珊瑚根纵切和横切，示蓝藻细胞层）（席辉辉 摄）

图4　苏铁属形态特征（A：灰干苏铁小孢子叶球；B：灰干苏铁小孢子叶上表面；C：灰干苏铁小孢子叶下表面，示孢子囊群；D：灰干苏铁大孢子叶球；E：灰干苏铁大孢子叶；F：攀枝花苏铁种子，左图示种子纵切，中间图示去除外种皮的种子，右图示外种皮包被的种子）（刘健 摄）

中国苏铁属植物检索表

1a 叶为三至四回羽状复叶 …………………………………………………………………… 2

2a 小羽片较窄（0.7～1.2cm）；顶端常狭长急尖；大孢子叶侧裂片16～25对；胚珠4（～6）枚 ……………………………………………………………………………… 1. 德保苏铁 *C. debaoensis*

2b 小羽片较宽（1～2.4cm）；顶端常尾状渐尖；大孢子叶侧裂片13～17对；胚珠(6～)8枚 ……………………………………………………………………………… 2. 多歧苏铁 *C. multipinnata*

1b 叶为一至二回羽状复叶 …………………………………………………………………… 3

3a 叶为二回羽状复叶 ……………………………………… 3. 长柄叉叶苏铁 *C. longipetiolula*

3b 叶为一回羽状复叶 ……………………………………………………………………… 4

4a 一回羽片分叉 …………………………………………………………………………… 5

5a 羽叶1～4（～8）枚；大孢子叶裂片粗壮，2～3mm ……………………… 4. 叉叶苏铁 *C. bifida*

5b 羽叶4～10枚；大孢子叶裂片较细，3～4mm ……………… 5. 多羽叉叶苏铁 *C. multifrondis*

4b 一回羽片不分叉 …………………………………………………………………………… 6

6a 茎干顶部有绒毛 ……………………………………………………………………… 7

7a 胚珠光滑，无毛 ………………………………………… 6. 攀枝花苏铁 *C. panzhihuaensis*

7b 胚珠密被绒毛或白粉 ……………………………………………………………………… 8

8a 羽叶“V”型；叶背反卷 ………………………………………………… 7. 苏铁 *C. revoluta*

8b 羽叶平展；叶背平或微弯 ………………………………… 8. 台东苏铁 *C. taitungensis*

6b 茎干顶部无绒毛 ……………………………………………………………………… 9

9a 大孢子叶和小孢子叶顶裂片明显较长 ………………………………………………… 10

10a 羽叶“V”型；茎干灰白，无宿存叶痕；外种皮橙红色 … 9. 灰干苏铁 *C. hongheensis*

10b 羽片平展；茎干具鳞片状宿存叶痕；外种皮黄色 ………… 10. 篦齿苏铁 *C. pectinata*

9b 大孢子叶和小孢子叶顶裂片和侧裂片长度差异不明显 ………………………………… 11

11a 茎干基部通常膨大，或茎干不规则；叶基脱落 ……………………………………… 12

12a 小叶柄明显且被锈色毛；羽片边缘如鹰喙状尖锐；大、小孢子叶球被锈色绒毛 ……………………………………………………………… 11. 锈毛苏铁 *C. ferruginea*

12b 小叶柄不明显，无锈色毛；羽片边缘圆钝；大、小孢子叶背黄色绒毛 ……………………………………………………………… 12. 石山苏铁 *C. sexseminifera*

11b 茎干基部不膨大，圆柱形；叶基常宿存 ……………………………………………… 13

13a 胚珠较少，2～4（～6）枚；羽叶较少，2～4（～8）枚 ………………………… 14

14a 胚珠通常较少，2～4枚；大孢子叶顶片先端裂片周围钻状，无短小裂片 ……………………………………………………………………… 13. 陈氏苏铁 *C. chenii*

14b 胚珠通常较多，4～6枚；大孢子叶顶片先端裂片扁平状，周围有短小裂片 ……………………………………………………………… 14. 单羽苏铁 *C. simplicipinna*

13b 胚珠较多，4～8枚；羽叶较多，（4～）9～40（～60）枚 ………………………… 15

15a 大孢子叶顶裂片扁平化 ………………………………………… 15. 台湾苏铁 *C. taiwanniana*

15b 大孢子叶顶裂片钻状 ………………………………………………………………… 16

16a 茎干明显，常长于1.5m ……………………………………………………………… 17

17a 鳞叶狭三角形，长15～20cm；大孢子叶顶片基部近心形

……………………………………………… 16. 滇南苏铁 *C. diannanensis*

17b 鳞叶三角形，长3～9（～13）cm；大孢子叶顶片基部楔形或近截形 … 19

19a 叶柄刺长一般不超过4mm ……………………………………………… 20

20a 大孢子叶侧裂片8～22对，常二歧分叉……17. 叉孢苏铁 *C. segmentifida*

20b 大孢子叶侧裂片7～8对，不分叉 …………… 18. 谭清苏铁 *C. tanqingii*

19b 叶柄刺长于4mm ……………………………………………………… 21

21a 羽叶4～9枚；羽片基部楔形；种子长3～3.5cm

……………………………………………… 19. 宽叶苏铁 *C. balansae*

21b 羽叶10～40枚；羽片基部圆形；种子长4～5cm

……………………………………………… 20. 长叶苏铁 *C. dolichophylla*

16b 茎不明显，常短于1.5m ……………………………………………… 18

18a 鳞叶长3～5cm；种子长2.3～2.9cm………………21. 贵州苏铁 *C. guizhouensis*

18b 鳞叶长8～13cm；种子长3.1～3.7cm ………… 22. 四川苏铁 *C. szechuanensis*

3.2 德保苏铁（*Cycas debaoensis*）

Cycas debaoensis Y.C. Zhong & C.J. Chen, *Acta Phytotaxonomica Sinica* 35(6): 571, 1997. TYPUS: CHINA（中国）, Guangxi（广西）, Debao County（德保县）, 106°14'E, 23°30'N, alt. 850m, 27 Aug. 1997, *Y.C. Zhong 8762*（Typus: PE）.

别名：秀叶苏铁，竹叶苏铁。

形态特征：二至三（四）回羽状复叶，羽片3～11（～15）枚，长150～360cm，小羽片线形，叶尖渐尖。小孢子叶球纺锤形，密被浅黄色绒毛，后渐脱落，大孢子叶两面密被棕色绒毛（图5）。胚珠4（～6）枚，种子近球形，外种皮成熟时黄色。花粉期4～5月，10～12月种子成熟。

分布和生境：中国特有种，主要分布在广西百色靖西市、德保县、那坡县、乐业县，云南富宁县。生长在海拔200～1 000m的石灰岩山地常绿灌丛或砂页岩山地常绿阔叶林下。

主要观赏价值：三回羽状复叶，远看似竹叶，姿态优美，树影婆娑，近看叶片革质有光泽，叶柄粗壮具刺，似是刚与柔的结合。

3.3 多歧苏铁（*Cycas multipinnata*）

Cycas multipinnata C.J. Chen & S.Y. Yang, *Acta Phytotaxonomica Sinica* 32(3): 239, 1994. TYPUS: CHINA（中国）, Yunnan（云南）, Jianshui County（建水县）, near Red River（红河边）, 1100m, Apr. 1987, *S.Y. Yang 9202*（Typus: PE）.

别名：龙爪苏铁，独把铁，独脚铁。

形态特征：茎干不明显，一般不高于40cm。羽叶平展，1～2（～3）枚，偏生茎顶一侧，三或四回羽状复叶；一回羽片6～11对，二回羽片6～11对，5～7次二叉分歧，三回羽片（2～）3～5次二叉分歧。小羽片薄革质至革质，边缘平或微波状，叶尖长约2cm。大孢子叶顶片篦齿状分裂，胚珠6～8枚（图6）。种子熟时黄褐色。花粉期4～5月，10～11月种子成熟。

分布和生境：主要分布在云南省红河哈尼族彝族自治州（简称红河州）的个旧市、屏边苗族自治县（简称屏边县）、河口瑶族自治县（简称河口县）和金平苗族瑶族傣族自治县（简称金平县）的元江及其支流沿岸；越南也有分布。生长在海拔150～1 000m的低山石灰岩山地季雨林下。

主要观赏价值：大型三回羽状复叶生于地面，姿态优美，树影婆娑；小羽片骤尖，圆润可爱；小孢子叶球颜色金黄。

图5　德保苏铁（A：华南植物园的栽培植株 湛青青 摄；B：富宁县的野生植株 肖斯悦 摄；C：叶片 富宁县 席辉辉 摄；D：大孢子叶球 富宁县 刘健 摄；E：小孢子叶球 富宁县 刘健 摄）

图6　多歧苏铁（A：河口县口岸森林公园的栽培植株　席辉辉　摄；B：叶片　金平县石洞村　席辉辉　摄；C：大孢子叶球　河口　席辉辉　摄；D：小孢子球　昆明植物园　刘健　摄）

3.4 长柄叉叶苏铁（*Cycas longipetiolula*）

Cycas longipetiolula D.Y. Wang, *Cycads in China*: 68, 1996. TYPUS: CHINA（中国）, Yunnan（云南）, Yuanjiang River valley（元江河谷）, 23 Apr. 1994, *D.Y. Wang & H. Peng 5523*（Typus: SZG）.

形态特征：茎干通常不明显。羽叶2～3片，为二回羽状复叶，一回羽片21～25对，对生或近对生，二回羽片1～2次二叉分歧（图7）。小叶柄长5～8cm。小孢子叶球纺锤状长圆柱形，黄褐色，干后褐棕色。大孢子叶球未见。种子未见。花粉期4～5月。

分布和生境：分布在云南省红河流域。该种是以栽培植物发表的，缺乏具体的原产地记录。目前尚未发现野生居群。

主要观赏价值：地上茎不明显，羽叶似丛生于地面，小羽片二叉分歧，排列整齐。

图7 长柄叉叶苏铁（A：栽培植株；B：羽片 金平县石洞村 刘健 摄）

3.5 叉叶苏铁（*Cycas bifida*）

Cycas bifida（Dyer）K. D. Hill, *The Botanical Review, interpreting botanical progress*. 70（2）: 161–163, 2004.≡*Cycas rumphii* var. *bifida* Dyer, Journal of the Linnean Society, Botany 2（179–180）: 560，1902. TYPUS: CHINA（中国），Guangxi（广西），Longzhou County（龙州县），*H.B. Morse 273*（Typus: K）.

别名：龙口苏铁，叉叶凤尾草，虾爪铁。

形态特征：亚地下茎，羽叶1～4片；小羽片1～2（～3）次二叉分歧，条形，小叶柄长2～7mm。幼年植株叶片有时不分叉。大孢子叶不育顶片篦齿状深裂，侧裂片较粗壮整齐，顶裂片和侧裂片差异不显著。胚珠4～6枚，种子成熟后黄色。花粉期为4～5月，9～12月种子成熟（图8）。

分布和生境：主要分布于广西百色市、崇左市，云南红河州、文山壮族苗族自治州（简称文山州）；越南东北部。生长在海拔130～1 200m的常绿和落叶混交林或竹林下。

图8　叉叶苏铁（A：富宁县的野生植株；B：小孢子叶球　南宁植物园　席辉辉　摄）

主要观赏价值：叶片硕大且地上茎不明显，羽叶似丛生于地面，小羽片二叉分歧，仿若竹林。小孢子叶球似一座座金塔矗立，十分壮观。

3.6 多羽叉叶苏铁(*Cycas multifrondis*)

Cycas multifrondis D.Y. Wang，*Cycads in China*: 80，1996. TYPUS: CHINA（中国），Fujian，（福建）Xiamen Botanical Garden (cultivated)（厦门植物园栽培），28 Jun. 1994，*D.Y. Wang 5024*（Typus: SZG）.

形态特征：亚地下茎，羽叶4～10片，羽片27～44对，1～2（～3）次二叉分歧，条形，深绿色，有光泽，坚纸质至革质。鳞叶三角状披针形，背面密被棕色绒毛。小孢子叶球纺锤状圆柱形，小孢子楔形，密被短柔毛（图9）。大孢子叶密被锈色绒毛，后逐渐脱落，顶片卵形至卵圆形，边缘篦齿状深裂，两侧16～19对侧裂片，纤

图9　多羽叉叶苏铁（福州植物园 刘健 摄）

细；胚珠6～8枚，无毛。种子近球形，熟时黄褐色。花粉期4～5月，10～11月种子成熟。

分布和生境：多羽叉叶苏铁是以厦门植物园的栽培植株发表的一个新种，据记录该植株引自云南一苗圃，无具体的引种信息和原产地记录。可能分布在云南和广西的交界处，生长在100～1 000m的中低石灰岩山地雨林中。

主要观赏价值：地上茎不明显，羽叶似丛生于地面，小羽片二叉分歧，远看形似竹叶。

3.7 攀枝花苏铁（*Cycas panzhihuaensis*）

Cycas panzhihuaensis L. Zhou & S.Y. Yang, *Acta Phytotaxonomica Sinica* 19(3): 335–337, pl. 10,

图10　攀枝花苏铁（A：昆明植物园的栽培植株 龚洵 摄；B：茎顶绒毛 王祎晴 摄；C：大孢子叶球 冯秀彦 摄；D：小孢子叶球 王祎晴 摄）

f. 1–6, pl. 11, f. 1–10, 1981. TYPUS: CHINA（中国）, Sichuan（四川）, Dukou（渡口）, Baguan River, S.Y. *Yang 10*（Typus: PE）.

别名：把关河苏铁。

形态特征：具地上茎，叶痕宿存，茎顶密被红棕色绒毛。羽叶平展，10～35枚，长65～150cm；羽片条形，厚革质，边缘平或微反卷。小孢子叶球黄色，常微弯，密被锈褐色绒毛；小孢子叶先端有长0.3～0.5cm的短尖头，背面密被锈褐色绒毛。大孢子叶密被脱落性黄褐色绒毛；胚珠（1～）4～5（～6）枚，光滑无毛，橘黄色。种子成熟时种皮橘红色至橘黄色，外种皮易碎易剥离。花粉期4～5月，9～10月种子成熟（图10）。

分布和生境：中国特有种，主要分布在四川西南部和云南北部的金沙江及其支流的干热河谷，生长在海拔1 100～2 000m河岸的稀疏灌丛中，尤以四川攀枝花苏铁自然保护区的居群规模最大，昆明禄劝彝族苗族自治县（简称禄劝县）保留有部分居群，在四川凉山彝族自治州（简称凉山州）和云南丽江市也有零星分布。

主要观赏价值：主干粗壮，羽叶多而密集，羽片深绿具光泽，茎顶密生锈色绒毛，成熟种子橘红色。适合孤植，展现个体的姿态美。

3.8 苏铁（*Cycas revoluta*）

Cycas revoluta Thunb., *Verhandelingen uitgegeeven door de Hollandse Maatschappye der Wetenschappen te Haarlem* 20（2）: 424, 426–427, 1782. TYPUS: JAPAN（日本）, *C.P. Thunberg*

图11　苏铁（A：昆明植物园栽培植株 席辉辉 摄；B：茎顶绒毛 刘健 摄；C：大孢子叶球 席辉辉 摄；D：小孢子叶球 席辉辉 摄）

s.n.（Typus: UPS）.

形态特征：茎高1～3（～8）m，茎顶密被黄色绒毛，叶痕宿存。鳞叶三角状披针形，背面密被棕色绒毛。羽叶"V"字形开展，长75～200cm；羽片119～140对，中部羽片条形，厚革质，上面深绿色，具光泽，下面浅绿色，中脉在下面显著隆起，两侧有柔毛或微毛。大孢子叶球近球形，密生淡黄色宿存绒毛；大孢子叶长顶片卵形至长卵形，边缘篦齿状深裂，叶柄着生胚珠（2～）4～6枚，密被绒毛。种子成熟时红褐色或橘红色，密生灰黄色短绒毛。花粉期5～6月，种子10～11月成熟（图11）。

分布和生境：分布于福建福州市、宁德市；琉球群岛。生长在沿海山坡林地，全国各地均有栽培，全世界热带、亚热带地区广泛栽培。

主要观赏价值：主干粗壮，萌生能力强；叶多而密集，羽片短、深绿，具光泽，四季常青，成熟种子橘红色。南方多植于庭前阶旁及草坪内；北方宜作大型盆栽，置庭院、屋廊及厅室，殊为美观。

3.9 台东苏铁（*Cycas taitungensis*）

Cycas taitungensis C. F. Shen, K. D. Hill, *Botanical Bulletin of Academia Sinica* 35（2）: 135–138, f. 1, 1994. TYPUS: CHINA（中国）, Taiwan（台湾）, Taidong Xian（台东县）, Yanping（延平）, in the Cycad Reserve（苏铁保护区）, 22°52'N, 121°00'E, alt. ca. 500m, 28 Jun. 1993, *Chi-Hua Tsou 825*（Typus: HAST）.

形态特征：茎干圆柱形，稀分枝，叶痕宿存，茎顶密被绒毛。鳞叶三角状披针形，顶端刺尖，密生淡棕色绒毛。羽叶平展，深绿色；羽片条形，革质，叶缘不反卷。大孢子叶密被褐色绒毛，叶柄着生（2～）4～6枚胚珠，胚珠密被棕色绒毛（图12）。种子椭圆形至扁阔椭圆形，成熟时深红色或橘红色，干后变紫红色或黑色，密被或疏被棕色绒毛。花粉期4～5月，9～10月种子成熟。

分布和生境：中国特有种，分布于台湾台东市，生长在海拔300～950m的悬崖或林中。

主要观赏价值：主干粗壮，萌生能力强；羽

图12　台东苏铁（A：栽培植株；B：大孢子叶球　台湾特有生物保育中心　许再文　摄）

叶多而密集，羽片深绿具光泽，四季常青；成熟种子橘红色。

3.10 灰干苏铁（*Cycas hongheensis*）

Cycas hongheensis S.Y. Yang & S. L. Yang, in D. Y. Wang, *Cycads in China*: 62, 1996. TYPUS: CHINA（中国），Yunnan（云南），Gejiu（个旧），17may 1993，*S.Y. Yang 9301*（Typus: 四川省攀枝花园林科研所标本室）。

别名：红河苏铁，细叶苏铁。

形态特征：茎干圆柱形直立，高可达5m，基部稍膨大，树皮光滑，灰白色，有时具突出的同心环，茎顶无毛，叶基只在茎干上部宿存。鳞叶披针形，背面密被黄褐色绒毛。羽叶15～25枚，灰绿至微蓝绿色；羽片110～140对，中部羽片“V”字形开展，长14～20cm，宽约0.7cm，中度或极反卷（对生羽片呈80°～120°嵌入叶柄），幼时被黄褐色绒毛。大孢子叶密被灰白色或黄白色绒毛，边缘篦齿状浅裂，顶裂片明显区别于侧裂片；胚珠4～6枚，光滑（图13）。种子成熟时深橙黄到橙红色，无粉霜覆盖。花粉期3～5月，10～12月种子成熟。

分布和生境：中国特有种，主要分布在云南个旧市的干热河谷中，生长在海拔较低的石灰岩山坡灌丛。

主要观赏价值：主干高大挺拔，基部略膨大，树皮灰白色；羽叶多而密集，小羽片呈“V”字形排列，深绿具光泽，四季常青。小孢子叶球金黄色，种子橘红色，颜色极为艳丽。

图13　灰干苏铁（A：植株；B：大孢子叶球；C：小孢子叶球　个旧市　刘健　摄）

3.11 篦齿苏铁（*Cycas pectinata*）

Cycas pectinata Buch.-Ham., *Memoirs of the Wernerian Natural History Society* 5: 322–323. 1824. TYPUS: INDIA（印度），Bengal（孟加拉国），Chittagong（吉大港），1855, *J. D. Hooker & Thompson 6*（Typus: K）.

形态特征：茎干圆柱形，高可达15m，叶痕脱落，树皮光滑，仅茎上部覆被宿存的叶痕。羽叶开展，羽片条形或条状披针形，厚革质，小孢子叶楔形，先端具钻形长尖头，长0.8～3cm。大孢子叶密被褐黄色至锈色宿存绒毛，胚珠2～4（～6）枚，种子卵圆形，成熟时黄褐色或红褐色，外种皮具海绵状纤维层，不易与中种皮分离（图14）。花粉期为11月至翌年3月，种子9～10月成熟。

分布和生境：主要分布在云南德宏傣族景颇族自治州（简称德宏州）、临沧市、普洱市、西双版纳傣族自治州（简称西双版纳州）；孟加拉国、不丹、印度、老挝、缅甸、尼泊尔、泰国、越南等。生长在海拔500～1 800m的石灰山灌丛或杂木林中。

主要观赏价值：主干高大粗壮，羽叶多而舒展，羽片深绿具光泽，宜孤植，作为主景，展现姿态美；或作为行道树整齐地栽植在道路两边。

图14　篦齿苏铁（A：野生植株 普洱市 肖斯悦 摄；B：大孢子叶球 攀枝花公园苏铁园 王祎晴 摄；C：小孢子叶球 普洱市普文林场 龚洵 摄）

3.12 锈毛苏铁（*Cycas ferruginea*）

Cycas ferruginea F. N. Wei, *Guihaia* 14（4）: 300, f. 1–6, 1994. TYPUS: CHINA（中国），Guangxi（广西），Guilin（桂林），Guilin Botanical Garden（cultivated）（桂林植物园栽培），introduced from Guangxi, Longzhou County（引自广西龙州县），31 Aug. 1994, *F. N. Wei 2220*（Typus: IBK）.

形态特征：常绿灌木，基部膨大，叶痕脱落。羽叶平展，16 ~ 20枚，叶柄叶轴幼时密被（老时疏被）易脱落的锈色或黑色长绒毛或老时变无毛；羽片56 ~ 80对，具短柄，边缘极度背卷，厚革质，初时密被易脱落的锈色长绒毛。小孢子叶楔形，先端具易脱落的短喙，不育区密被锈色短绒毛。大孢子叶两面密被锈色长绒毛，不育顶片卵状菱形，边缘深羽裂，偶尔先端分叉；胚珠4 ~ 6枚（图15）。种子扁卵形，熟时黄色无

图15　锈毛苏铁（A：生长在崖壁上的植株 田东县；B：茎干 攀枝花公园苏铁园；C：大孢子叶球 田东县 刘健 摄）

毛。花粉期3～5月，9～12月种子成熟。

分布和生境：主要分布在广西百色市、崇左市、河池市、南宁市；越南北部。常生长在石灰岩峭壁上。

主要观赏价值：茎基膨大为球形，造型奇特；叶片翠绿，叶柄密被锈色绒毛，颜色反差较大，极具观赏性。

3.13 石山苏铁（*Cycas sexseminifera*）

Cycas sexseminifera F. N. Wei，*Guihaia* 16: 1，1996. TYPUS: CHINA（中国），Guangxi（广西），Guilin（桂林），Guilin Botanical Garden（cultivated）（桂林植物园栽培），introduced from Guangxi, Longzhou County（引自广西龙州县），1994，*F.N. Wei 2223*（Typus: IBK）.

别名：六籽苏铁，山菠萝，神仙米。

形态特征：茎干圆柱形或基部膨大，灰色至灰褐色，茎顶无绒毛，叶基常脱落。鳞叶披针形，暗棕色，背面密被短绒毛。羽叶平展，羽片条形，革质。小孢子叶球圆柱形，黄褐色。胚珠2～4（～5）枚，扁球形，无毛（图16）。种子圆球形，成熟时黄色、橘黄色至橘红色。花粉期4～5月，种子11～12月成熟。

分布和生境：主要分布在广西百色市、崇左市、南宁市等地的石灰岩山地，常生长在石缝

图16　石山苏铁（A：野生植株 崇左市 肖斯悦 摄；B：栽培植株 龙州县 席辉辉 摄；C：大孢子叶球 龙州县 农正权 摄；D：小孢子叶球 龙州县 农正权 摄）

中；越南也有分布。

主要观赏价值：茎干基部膨大，常为圆球形或葫芦形，造型奇特；羽叶多而密集，羽片短、深绿，具光泽，四季常青。

3.14 陈氏苏铁（*Cycas chenii*）

Cycas chenii X. Gong & W. Zhou, *Journal of Systematics and Evolution* 53(6): 497, 2015. TYPUS: CHINA（中国），Yunnan（云南），Shuangbai County（双柏县），Dutian（独田），24°31'15.5"N，101°31'55.8"E，alt. 1100m，2012，*W. Zhou 201235* (Typus: KUN).

形态特征：地上茎不明显，羽叶平展，2～8枚，长70～190cm，羽片革质，亮绿至深绿色。小孢子叶球纺锤形，被锈色绒毛。大孢子叶不育顶片菱形或卵形，被褐色绒毛（图17）。胚珠2～4枚，光滑。种子卵球形，熟时黄色。花粉期4～5月，10～12月种子成熟。

分布和生境：中国特有种，主要分布在云南楚雄彝族自治州（简称楚雄州）、红河州、玉溪市。生长在元江及其支流沿岸，海拔500～1 300m的石灰岩坡地和河谷中。

主要观赏价值：叶多而密集，羽片短、深绿，具光泽，四季常青。种子金黄。

图17 陈氏苏铁（A：植株 石屏县 席辉辉和肖斯悦 摄；B：大孢子叶球 双柏县 刘健 摄）

3.15 单羽苏铁（*Cycas simplicipinna*）

Cycas simplicipinna（Smitinand） K. D. Hill, *Proceedings of the Third International Conference on Cycad Biology* 150, 1995. ≡*Cycas micholitzii* var. *simplicipinna* Smitinand, Natural History Bulletin of the Siam Society 24: 164, f. 2, 3e, 4f., 1971. TYPUS: THAILAND（泰国）,Chiang Mai Province（清迈）, Doi Suthep（素贴山）, alt. 1 100m, 19 Jul. 1958, *Smitinand 4757*（Typus: BKF）.

形态特征： 茎干不明显，羽叶（1）3～8（～12）枚，长（100～）150～255cm；羽片条形，深绿色，有光泽，纸质至薄革质。大孢子叶长16cm，顶片近菱状至卵形，边缘篦齿状深裂；大孢子叶柄部被毛，着生胚珠2～5枚（图18）。种子为椭圆形，成熟时黄褐色。花粉期4～5月，9～10月种子成熟。

分布和生境： 分布在云南临沧市、普洱市、西双版纳州；缅甸、泰国、越南也有分布，生长在海拔600～1 400m的热带雨林下。

主要观赏价值： 羽叶多而舒展，羽片翠绿具光泽，四季常青，宜观叶；小孢子叶球金黄形似宝塔，光彩夺目。

图18　单羽苏铁（A：植株 双江县 席辉辉 摄；B：小孢子叶球 泰国 刘健 摄）

3.16 台湾苏铁（*Cycas taiwaniana*）

Cycas taiwaniana Carruth., *Journal of Botany, British and Foreign* 31(1): 2, pl. 331, 1893. TYPUS: CHINA（中国），Fujian（福建），Zhangzhou（漳州），Chenyuanguang temple (cultivated)（中国）or Fujian, Xiamen (cultivated), Aug. 1867, *Swinhoe s.n.* (Typus: BM). ≡*Cycas revoluta* var. *taiwaniana* (Carruth.) J. Schust. Das Pflanzenreich 99, 4(1): 84, 1932.

别名：广东苏铁，闽粤苏铁，海南苏铁，葫

图19　台湾苏铁（A：植株；B：大孢子叶球 福州植物园 刘健 摄）

芦苏铁，三亚苏铁，陵水苏铁，念珠苏铁，环纹苏铁。

形态特征：茎干高达3.5m，叶痕后期脱落，茎顶无绒毛。羽叶长150～300cm，中部羽片条形，薄革质，边缘平或有时波状。小孢子叶近楔形，下面及顶部密生暗黄色或锈色绒毛。大孢子叶密生黄褐色或锈色绒毛，成熟后逐脱落（图19）；胚珠4～6枚，无毛。种子球形至倒卵状球形，熟时红褐色。花粉期4～5月，11～12月种子成熟。

分布和生境：主要分布在福建厦门市、漳州市，广东汕头市，海南昌江黎族自治县（简称昌江县）、琼中黎族苗族自治县（简称琼中县）、陵水黎族自治县（简称陵水县）、定安县、万宁市、保亭黎族苗族自治县（简称保亭县）等地，生长在低海拔山坡灌丛或热带雨林下。

主要观赏价值：主干粗壮，萌生能力强；羽叶多而密集，羽片深绿具光泽，四季常青。

3.17 滇南苏铁（*Cycas diannanensis*）

Cycas diannanensis Z.T. Guan & G.D. Tao, *Sichuan Forestry Survey and Design* 1995（4）: 1, 1995. TYPUS: CHINA（中国）, Yunnan（云南）, Gejiu（个旧）, Manhao（蔓耗）, alt. 700～1 120m. *G.D. Tao 95014*（Typus: SFEDI）.

图20 滇南苏铁（A：植株 个旧市 龚洵 摄；B：大孢子叶球 昆明植物园 刘健 摄；C：小孢子叶球 昆明植物园 刘健 摄）

形态特征：茎干高0.8～3m，具环状叶痕，下部渐脱落。羽叶平展，12～50枚，羽片67～138对，条形，革质。小孢子叶不育，顶端被黄褐色绒毛，大孢子叶顶片背面密被黄褐色绒毛，腹面无毛，胚珠2～7枚，疏生毛或无毛（图20）。种子球形，熟时黄色。花粉期4～5月，11～12月种子成熟。

分布和生境：中国特有种，主要分布在云南楚雄州、红河州、玉溪市。生长在红河流域，海拔700～1 500m的阔叶林下或灌丛中。

主要观赏价值：主干粗壮坚挺；羽叶多而密集，羽片翠绿具光泽，四季常青。单株自成一景，丛植更为壮观。

3.18 贵州苏铁（*Cycas guizhouensis*）

Cycas guizhouensis K. M. Lan & R. F. Zou, *Acta Phytotaxonomica Sinica* 21(2): 209–210, pl. 1, 1983.

图21 贵州苏铁（A：植株 师宗县 肖斯悦 摄；B：大孢子叶球 昆明植物园 刘健 摄；C：小孢子叶球 昆明植物园东园 刘健 摄）

TYPUS: CHINA（中国），Guizhou（贵州），hospital of Xingyi (cultivated, originally introduced from Wantun, Xingyi)（兴义医院栽培，引自兴义万屯），10 Aug. 1981, *K.M. Lan et R.F. Zou 81-8-0001*（Typus: GFAC）.

别名：南盘江苏铁，兴义苏铁，俗称凤尾草，鹅抱蛋。

形态特征：茎干高可达2m，叶痕宿存。羽叶10～25枚，长50～160cm，羽片47～82对，厚革质，上表面深绿色，下面淡绿色。小孢子叶顶端反折，密被棕色柔毛。大孢子叶密生黄褐色绒毛或锈褐色绒毛，顶片边缘篦齿状至羽状深裂，两侧具钻形裂片7～23对，胚珠（2～）4～6（～9）枚，无毛（图21）。花粉期4～5月，10～12月种子成熟，熟时黄色。

分布和生境：我国特有种，主要分布在广西百色市，贵州西南部，云南红河州、曲靖市、文山州。生长在海拔400～1 200m河谷沿岸的石山疏林灌丛或草丛中。

主要观赏价值：羽叶稀疏且舒展，十分清爽，羽片深绿具光泽，四季常青，适合观叶；小孢子球似金黄宝塔，掌状大孢子叶紧密包裹着种子，成熟后展开。

3.19 四川苏铁（*Cycas szechuanensis*）

Cycas szechuanensis Cheng & L. K. Fu, *Acta Phytotaxonomica Sinica* 13（4）: 81–82, pl. 1, f. 7–8, 1975. TYPUS: CHINA（中国），Sichuan（四川），Mt. Emei（峨眉山），Fuhu temple（cultivated, introduced from Guangdong）（伏虎寺栽培，引自广东），15 Oct. 1952, *J.H. Zhiong* et al. *33221*（Typus: PE）.

别名：仙湖苏铁。

形态特征：羽叶多数，长200～310cm；羽片66～113对，边缘平至微反卷，有时波状，薄革质至革质。小孢子叶楔形，密被褐色短绒毛，顶端具0.3cm的小尖头。大孢子叶密被黄褐色绒毛，后逐渐脱落仅柄部有残留（图22）；胚珠（2～）4～6（～8），无毛。花粉期4～5月，种子8～9月成熟，熟时黄褐色。

分布和生境：中国特有种，主要分布在福建三明市、漳州市，广东河源市、江门市、清远市、韶关市、深圳市，广西贺州市、桂林市，四川成都市，生长在亚热带常绿阔叶林下。

主要观赏价值：羽叶较多而舒展，羽片翠绿具光泽，四季常青，宜观叶。

3.20 叉孢苏铁（*Cycas segmentifida*）

Cycas segmentifida D.Y. Wang & C.Y. Deng, *Encephalartos* 43: 11, 1995. TYPUS: CHINA(中国), Guangdong（广东），Guangzhou（广州），South China Botanical Garden (cultivated) (华南植物园栽培), 16may 1994, *D.Y. Wang & H. Peng 2967* (Typus: SZG).

别名：多裂苏铁，厚柄苏铁，西林苏铁，长球果苏铁，尖尾苏铁。

形态特征：茎干通常不明显，羽叶平展，长260～330cm；羽片薄革质，叶缘有时波浪状。小孢子叶球狭圆柱形，黄色；大孢子叶不育，顶片卵圆形，被脱落性棕色绒毛，边缘篦齿状深裂，裂片通常二叉分裂（图23）；胚珠（2～）4～6枚，种子球形，成熟时黄色至黄褐色。花粉期5～6月，种子11～12月成熟。

分布和生境：主要分布在广西百色市、崇左市、南宁市，贵州黔西南布依族苗族自治州（简称黔西南州），云南文山州；在越南也有分布，生长在低海拔的阔叶林下。

主要观赏价值：羽叶较多而舒展，羽片翠绿具光泽，四季常青，宜观叶。

3.21 谭清苏铁（*Cycas tanqingii*）

Cycas tanqingii D.Y. Wang, *Cycads in China*: 134, 1996. TYPUS: CHINA（中国），Yunnan（云南），Luchun County（绿春县），*D.Y. Wang 5538*（Typus: SZG）.

别名：绿春苏铁。

形态特征：羽叶4～7枚，长192～335cm；羽片57～59对，条形，硬纸质至薄革质。小孢子

图22　四川苏铁（A：植株；B：大孢子叶球　福州植物园　刘健　摄）

图23　叉孢苏铁（A：野生植株 广南县；B：小孢子叶球 广南县；C：大孢子叶球 望谟县 刘健 摄）

图24 谭清苏铁（A：栽培植株 金平县林业保护站；B：大孢子叶球 昆明植物园 刘健 摄）

叶球圆柱形，小孢子叶顶端不育部分密被褐色短柔毛。大孢子叶长10～12cm，顶片近圆形至卵圆形，密被锈色短柔毛，边缘篦齿状分裂，两侧具6～9枚侧裂片，顶裂片与侧裂片近等大（图24）；胚珠2枚，种子倒卵状球形，中种皮具皱纹。花粉期4月，9～10月种子成熟。

分布和生境：分布在云南省绿春县李仙江和小黑江流域；越南黑水河附近也有分布。生长在海拔320～1 100m的热带雨林和山地雨林中。

主要观赏价值：羽叶较多而舒展，羽片翠绿具光泽，四季常青，宜观叶。

3.22 宽叶苏铁（*Cycas balansae*）

Cycas balansae Warb., *Monsunia* 1: 179, 1900. TYPUS: VIETNAM（越南），near Hanoi（河内附近），*Balansa 4084* (Typus: P). ≡*Cycas siamensis* subsp. *balansae* (Warb.) J. Schust, Das Pflanzenreich 99: 81, 1932.

别名：巴兰萨苏铁，十万大山苏铁。

形态特征：亚地下茎，4～9枚羽片集生于茎顶，羽叶平展，长135～175cm，叶轴与叶柄被黄褐色至黑褐色长柔毛。羽片条形，革质，深绿

图25　宽叶苏铁（A：野生植株 防城港 席辉辉 摄；B：大孢子叶球 防城港 覃毅 摄）

色有光泽，边缘平，有时稍反卷或波状。小孢子叶球窄长圆柱形，被黄褐色绒毛；大孢子叶长8～10cm，边缘篦齿状深裂（图25）；胚珠2～6枚，无毛。花粉期3～5月，9～10月种子成熟，熟时黄色。

分布和生境：主要分布于广西防城港市；在越南、老挝、泰国也有分布，生长在海拔600～900m的山谷热带雨林和石灰山季雨林下。

主要观赏价值：羽叶多而舒展，羽片深绿具光泽，四季常青。

3.23　长叶苏铁（*Cycas dolichophylla*）

Cycas dolichophylla K. D. Hill, T. H. Nguyên & P. K. Lôc, *The Botanical Review Interpreting Botanical Progress* 70(2): 157–160, 2004. TYPUS: VIETNAM（越南），Tuyen Quang（宣光），Na Hang（那坑），Pu La Mountain（普拉山），2 Nov. 1996, *H.T. Nguyen 2124* (Typus: HN).

形态特征：茎高可达1.5m。羽叶平展或稍龙

图26　长叶苏铁（A：植株 屏边县 刘健 摄；B：刘健博士和长叶苏铁羽叶 麻栗坡县 冯秀彦 摄；C：大孢子叶球 麻栗坡县 刘健 摄；D：小孢子叶球 马关县古林箐 刘健 摄）

骨状，8～40枚，亮绿色到深绿色，具光泽；羽片75～135对，条形，边缘波浪状，被红褐色绒毛，两面不同色。小孢子叶球狭长卵形或纺锤形，黄色，小孢子叶柔软。大孢子叶不育，顶片被褐色绒毛，篦齿状深裂，侧裂片较粗，顶部裂片与侧裂片相似（图26）；胚珠2～4枚。花粉期3～5月，9～12月种子成熟，熟时黄色。

分布和生境：主要分布于云南红河州、文山州、西双版纳州，广西德保县；越南北部。生长在海拔500～900m的季雨林和山地雨林中。

主要观赏价值：羽叶硕大，多而舒展，羽片深绿具光泽，四季常青。

3.24 ‘剑苏铁’

‘剑苏铁’是以海南苏铁（*C. hainanensis*）为母本，台东苏铁（*C. taitungensis*）为父本，通过人工杂交技术培育的我国第一个杂交苏铁品种。‘剑苏铁’在树干形状、羽叶形状和羽片特征上与其亲本存在明显差别。其树干呈两头略有收缩的纺锤状圆柱形，茎干有鳞叶包裹，鳞叶三角状披针形，有少量棕色绒毛；茎顶无绒毛；羽叶长190cm，宽40cm，深绿色；小羽片条形，革质，边缘稍反卷，先端渐尖，顶端有短尖头。小孢子叶长35cm，宽1.5～1.8cm，有短尖头。适宜栽植于南亚热带地区、肥沃疏松的土壤里（中国林业知识产权网）。

4 苏铁的价值

4.1 园艺观赏

苏铁在我国具有悠久的栽培历史，深受人们的喜爱，“树如鳞甲，叶如棕榈，坚硬光滑，经冬不凋。”因其四季常青，羽叶繁茂，常用于布置庭院和园林绿地。与古建筑搭配，烘托庄严肃穆的氛围；与现代建筑搭配，彰显热带风情。苏铁生长缓慢，适合盆栽；且耐荫蔽，可以进行室内装饰；还可与山石搭配，制作盆景，体现自然野趣；由于其羽叶苍翠，长久不凋，还可作各式插花的搭配材料。

4.1.1 寺院栽培

自古名山出古刹，古刹常常栽植有苏铁。苏铁与我国的佛教文化似乎有千丝万缕的联系，现存的古苏铁多栽植于寺庙中。苏铁四季常青，羽叶繁茂，寓意寺庙香火旺盛，佛教文化发扬光大；苏铁起源古老，暗示佛教文化历史悠久，源远流长；苏铁长寿，象征佛教文化千秋万代永流传。福州鼓山涌泉寺普义大师曾云：“只有千年的铁树，没有百日的鲜花”。还有“一棵铁树立千载，海变山来山变海”的说法，形容沧海桑田，铁树依旧，也暗指王朝历史不断更迭，佛教文化永留人间。由此可见，苏铁的植物特性，正好符合佛教文化的愿望和要求，使得古苏铁在佛教文化的庇护下历经人间沧桑，完整地保留下来（图27）。

始建于唐建中四年（783）福州鼓山涌泉寺有3棵千年苏铁，其中，两株是雌树，一棵是雄树；其3m高，主干很粗，其中一株主干有2m多粗。枝叶长得很茂盛，几乎每一棵都伸出了十几个枝干，每年都会形成大、小孢子叶球；雄株的一个茎顶偶尔会产生十多个小孢子叶球。

福建南平开平禅寺始建于五代梁开平四年（910），距今已有1 112年的历史。栽培有一雌一雄两株苏铁，依然生长茂盛。

福建三明市沙县淘金山华山寺（殿）始建于宋代，种植有大量的四川苏铁（*C. szechuanensis*），树龄在800～1 000年以上，但全是雌株铁树，靠不定芽繁殖。

广西贺州市梵安寺建于北宋宣和年间（1118—1125），有一株近千年的四川苏铁，俗称“凤尾草”“凤尾蕉”，其根如盘龙卧地，茎叶似硕大的孔雀开屏，青翠可爱，名曰“凤尾长春”。

图27 寺院栽培的苏铁（A：福建三明市沙县淘金山华山寺种植的四川苏铁 卢珍红 摄；B：四川省峨眉山的伏虎寺和报国寺的四川苏铁 李策宏 摄；C：昆明妙高寺种植的苏铁 席辉辉 摄；D：福州涌泉寺栽培的苏铁 江宝月 摄）

四川省峨眉山的伏虎寺始建于晋代，报国寺始建于明代万历四十三年（1615），种植有不少四川苏铁，亦全是雌株，靠不定芽繁殖。

从现存的古老苏铁植株和文献记载来看，苏铁种植很可能始于寺院。

4.1.2 园林绿地

苏铁类在园林应用上形式多样，选用树形高大、姿态挺拔的类群进行孤植，将高大的篦齿苏铁单独种植在开阔草丛中，洪荒古木的个体美和姿态美极其吸引游客的目光（吴剑龙，2014）。选择不同种类的苏铁进行丛植，作主景或建筑假山的配景，体现其本身的风韵；或与林灌草结合作花境展示，富有自然野趣，宁静致远。另外苏铁类植物可进行规则式种植，在建筑或大门前，两株或两排苏铁栽种在中轴线两侧，能够展现出庄重的氛围，栽种时需采用同一树种，且大小和姿态相似（图28）。

图28　园林绿地中的苏铁（A：仙湖植物园的苏铁 龚奕青 摄；B：深圳博物馆门口的苏铁花坛 袁明灯 摄；C：华南植物园的苏铁 湛青青 摄；D：四川宜宾一宾馆门口的苏铁 龚洵 摄）

4.1.3 庭院栽培

苏铁植物四季常青，羽叶繁茂，萌生能力强，能长成一大丛，寓意兴旺发达；其树形优美，给人以庄严肃穆的感觉，代表神圣、庄严、公正和铁面无私；铁树“开花”被看成是吉祥和幸福的征兆。因此，自古以来，都喜欢在庭院中种植苏铁，最有代表性的可能是广东梅州客家围龙屋栽培的四川苏铁。现在，南方的一些公安、法院、海关等执法部门的大门两侧常常种植或摆放大型苏铁植物，象征着国家法律与主权尊严的神圣与至高无上；宾馆、银行等门前种植或摆放大型苏铁植物，希冀生意兴隆、吉祥如意（图29）。

4.1.4 行道树

株型较为高大的苏铁类群，如篦齿苏铁和越南篦齿苏铁，按照一定的间距进行栽种，可

图29 庭院栽培的苏铁（AB：广东梅州客家围龙屋栽培的四川苏铁 陈彬 摄；C：云南双柏鄂嘉中学栽培的滇南苏铁 龚洵 摄；D：云南元江依萨河水电站的滇南苏铁 龚洵 摄；E：成都武侯祠栽培的四川苏铁 龚奕青 摄；F：贵州兴义县林泉农庄大门口栽培的苏铁 席辉辉 摄）

以作为行道树（图30）。

4.1.5 配花

苏铁的叶是插花中常见的背景材料或作为造型的骨干枝。其叶色苍翠富有光泽，羽叶长条形，挺拔刚劲，羽片凤尾状，水养持久，叶柄具韧性，易于造型，具有多样的弧形变化，可组成极其生动的构图，加上人工的剪、曲、扭等艺术加工，应用方式更为丰富。大多数苏铁属的植物都可用于切花，常见的有苏铁和贵州苏铁，这两种苏铁叶形规则，羽片排列整齐，较短，且贵州苏铁的叶柄韧性最好，尤其适合制作插花艺术多变的造型。

4.1.6 盆栽

苏铁植物喜阳、耐阴、耐瘠薄，对水肥要求

图30　苏铁作为行道树（A：越南篦齿苏铁作为行道树 越南芽庄 张寿洲 摄；B：广西防城港的篦齿苏铁行道树 刘健 摄；C：南宁植物园苏铁园 许恬 摄）

均不苛刻，生长缓慢，适宜盆栽；株型美观，其鳞状表皮苍老古朴，富有韵味。苏铁树形坚韧挺拔，叶形优美，全年常绿，是上乘的观叶植物。摆放在室内，浓郁苍翠、叶影摇曳，给人以静谧安详的感觉；摆放在大型会场，能使会场充满生气，同时也显庄严之感（图31）。

4.1.7 盆景

盆景是一种特殊的园林造型艺术、视觉艺术，以盆为“纸”，以树为“笔”，咫尺水石可纳万里之势，通过艺术处理和精心培育，集中而又典型地再现大自然风姿神采的艺术，具有以小观大、小中见大、寓情于景的特点。苏铁、石山苏铁和锈毛苏铁等类群萌生能力较强，茎常多分枝，矮而粗，羽叶短、厚革质，常被用作盆景；且石山苏铁和锈毛苏铁的茎基部膨大，造型奇特，极具观赏性。此外，苏铁羽叶酷似鸟类的尾羽；树干具有宿存的叶痕，颜色古朴，尽显苍劲

图31　苏铁盆栽（A：昆明植物园种质库楼内栽培的苏铁 席辉辉 摄；B：河南开封市开封府门口盆栽的苏铁 王祎晴 摄）

图32　苏铁盆景（A：深圳市仙湖植物园苏铁盆景 龚奕青 摄；B：深圳市仙湖植物园石山苏铁盆景 龚奕青 摄；C：北京市植物园的石山苏铁雄株盆景 王祎晴 摄）

之态；树干易于造型，萌生能力强。这些给予创作者无尽的灵感和创作源泉，附于石山之上，呈现“虽由人作，宛自天开”之景（图32）。

4.2　食用

篦齿苏铁、石山苏铁、锈毛苏铁、谭清苏铁等原产地居民有食用苏铁的传统，食用部位包括茎干髓部、种子和嫩叶以及小孢子叶球。苏铁属植物的茎干具有大而显著的皮层和髓部，其薄壁细胞含有丰富的淀粉。发生饥荒时，苏铁产地的村民砍伐高大粗壮的苏铁，去除叶片，削去树皮，切成薄片后碾成粉末在水中漂洗，去除有毒成分，然后制成淀粉食用，俗称“西米”。种子经过一些处理后也可食用，在饥荒年代挽救了许多人的生命，故在广西苏铁有“神仙米”的美称。贵州兴义地区的农民将种子剥皮后炖猪脚；还有人将苏铁茎干去皮用作酒曲的原料，据说能提高出酒率（1987，王用平）。在西双版纳地区，人们会采集篦齿苏铁的嫩叶作为一种野菜，焯水后食用（图33）。苏铁种子和茎叶中的毒素，在水中经过多次漂洗方可去除（肖春玲，2000）

已有研究表明，苏铁类植物普遍含有苏铁苷（cycasin），一般认为无毒，但经消化道内细菌β-糖苷酶水解生成神经毒素，甲基氧化偶氮甲醇（Methylazoxymethanol，简称MAM），急性中毒表现为在食用苏铁种子0.5～2小时后出现呕吐、恶心、腹泻、头痛和心肌酶异常等神经和消化道症状，经过催吐、洗胃等措施可解除中毒反应（孙皓，2009；吴顺芬和卓文玉，2009；赖维远，孙皓，2010；潘春记 等，2014；李超 等，2015；黄绍伟 等，2021），长期慢性中毒易导致脊髓侧索硬化症等神经性疾病，并会诱发癌症。肌萎缩侧索硬化症（ALS）是一种罕见的神经性疾病，又称渐冻症。在20世纪中叶，科学家发现马里亚纳群岛的查莫罗人（Chamorro）有极高的患病比例，在20世纪50年代患者比例逐年下降。排除遗传因素后，有学者认为这可能与当地人将密克罗尼西亚苏铁（*Cycas micronesica*）的种子作为药物并食用狐蝠有关。苏铁根部共生的念珠藻会产生BMAA（β–甲氨基–L–丙氨酸），这是一种潜在的神经毒素，会导致渐冻症和帕金森。BMAA吸收进入苏铁体内，狐蝠取食苏铁种子，查莫罗人猎杀狐蝠，相当于食用高浓度的BMAA。20世纪50年代后，当地人的生活习惯改变，患病率才得以下降。

虽然经过特殊处理后的苏铁植物可以食用，也曾在饥荒年代拯救过无数人的性命，但苏铁全株含有苏铁苷，极易引发中毒反应，不建议食用。

4.3 药用

苏铁是一种亟待开发的天然植物药源，民间记载了很多苏铁的药用功效。苏铁全株可入药，性甘、平、淡，有小毒。羽叶收敛止血，解毒止痛，用于治疗各种出血，胃炎、胃溃疡、肝胃气痛、高血压、神经病、闭经、难产、跌打损伤和刀伤。大孢子叶理气止痛，益肾固精，用于治疗吐血、胃痛、咳嗽、遗精等症。种子平肝，降血压，用于治疗高血压、遗精、白带、咳嗽、痢疾、消化不良、哮喘、支气管炎、腰酸腿痛，跌打损伤等症。根祛风活络，补肾止血，用于治疗肺结核、慢性肝炎、黄疸、难产、癌症、咯血、肾虚、牙痛、痛经、腰痛、风湿关节炎、无名肿痛和跌打损伤等症。民间有一些苏铁治病的案例：福建省宁化县和口镇坡下村村民用苏铁树干熬汤，治疗胃病；连江县马鼻乡村民用苏铁茎顶绒毛止血；还有人指出苏铁可以治疗癌症，曾有用叉孢苏铁树干与七叶一枝花煮稀粥治愈肝肿大

图33 村民采集的篦齿苏铁嫩叶（景洪市大渡岗乡 席辉辉 摄）

和肝癌的例子（王定跃，1996）。

现代对苏铁药理作用的研究主要集中在抗肿瘤和抗菌方面。孙玲玲 等（2001）发现铁树叶提取液能明显抑制K564（白血病细胞株）和HL–60（白血病小细胞株）的增殖，其作用机制可能与苏铁叶中的苏铁苷类和新苏铁苷A、B等成分相关，为苏铁叶提取物用于治疗白血病提供理论基础。孔繁翠等（2008）研究发现苏铁提取物可通过改变和凋亡有关的基因表达水平，诱导人肺腺癌细胞A549细胞凋亡。苏铁小孢子叶球提取物能抑制肿瘤组织细胞的凋亡，保护脾脏系统，提高脾脏的免疫功能（寇光，2016）。苏铁提取物还能有效抑制胃癌细胞的转移和侵袭，与经典的抗胃癌药物5–氟尿嘧啶共同使用能提高5–Fu对胃癌细胞的抑制作用（Cui et al.，2019）。苏铁甲醇提取物能降低结肠癌细胞（HCT–8）的增殖和诱导细胞凋亡，显示出明显的抗结肠癌活性（Bera et al.，2018）。将200mg/kg的苏铁提取物灌给受到高剂量电离辐射引起脑和胰腺损伤的小鼠，苏铁提取物通过降低氧化应激，改善血细胞数量，减轻血清、大脑和胰腺组织中的炎症递质，从而降低电离辐射的影响（Ismail et al.，2020）。此外，苏铁种子提取物具有广谱抗菌活性（袁素素，2017），在苏铁种子中分离到3种抗菌肽，能抑制尖孢镰刀菌和白地霉两种植物病原真菌，以及马铃薯环腐病菌、萎蔫短小杆菌和发根农杆菌等植物病原细菌的生长（Yokoyama，2008），还在种子中发现具有丝氨酸蛋白酶抑制剂活性的蛋白（Konarev，2008）和V型几丁质酶（Taira，2010）。

科研人员对苏铁的根、茎、叶和种子进行化学成分和药理活性的研究，发现苏铁中含有大量的双黄酮类、黄酮类、苏铁苷类、甾类和木质素类化合物（周燕，1994；周燕，2001；刘颖杰，2020）。黄酮类或黄酮类衍生物在癌症的预防和化疗中起着关键作用，其抗癌活性可能与抑制细胞增殖、黏附、侵入和诱导细胞分化、细胞周期停滞和细胞凋亡等有关。双黄酮类是由2个单黄酮偶联而成，药理活性和黄酮类相似。近年来，从苏铁中分离出的双黄酮类化合物中主要是穗花杉双黄酮类、扁柏双黄酮衍生物和苏铁双黄酮等（王用平，1987；史红艳 等，2015）。苏铁总黄酮可以调剂免疫细胞因子白介素–2和白介素–10的表达水平，抑制Lewis肺癌模型小鼠肿瘤细胞的生长和转移并提高其免疫功能；分离得到的苏铁双黄酮能够抑制非小细胞肺癌细胞A549细胞的生长，成为非小细胞肺癌的潜在治疗药物（王绍辉，2019）。从苏铁中分离得到的苏铁苷类化合物分为两大类，按所连糖链不同分为苏铁苷和大查米苷，二者结构相似且具有相同的苷元（Kawaminami et al.，1981；Nair et al.，2012）。

除此之外，苏铁中还含有丰富的糖类、脂肪类、肌醇类、微量元素及非蛋白质氨基酸类等化合物。

4.4 民俗文化

我国人们不仅喜爱苏铁，还把铁树开花看成是吉祥和幸福的征兆。有些地方认为苏铁能辟邪驱鬼，保佑人们平安、健康。福建沿海地区把苏铁栽种在坟墓边作为风水树，连江县送葬后会把苏铁羽叶插在门上，以驱鬼邪，愿死者灵魂早日安息；妇女生产后娘家送鸡和鸡蛋道贺，并在鸡笼上插两片苏铁羽叶以保佑母子平安；沙县一带以往有人生病，会在家门上插苏铁羽叶，祈求除病消灾（王发祥 等，1996）。虽然这种朴素的信念具有迷信色彩，但也反映出苏铁在人们心中崇高的地位。

苏铁树冠呈棕榈状，给人富贵博大的气派，象征着高贵和权势。历史上只有名山古刹和名门望族的庭院中才可以栽培。现在各省市的政府机关、银行、宾馆等门前庭院常常栽植。在国家领导人会见外宾的重要场合也常布置大型盆栽苏铁衬托隆重的气氛。苏铁树形优美，给人以庄严肃穆的感觉，代表神圣、庄严、公正和铁面无私。在公安、法院、海关等执法部门的大门两侧常栽植苏铁，暗示国家法律和主权尊严的神圣和至高无上。

5 苏铁的栽培管理

5.1 苏铁的繁殖

5.1.1 种子繁殖

种子繁殖是苏铁类植物繁殖的主要方式，出苗率能达到80%以上。但自然状态下苏铁的结实率较低，往往需要人工授粉来提高其结实率，克服雌雄异熟或异地而不能结实的情况。

人工授粉

当雄球花由淡黄色转变为鲜黄色，小孢子叶大部分张开时，即可采集花粉。在小孢子叶球下方放置一张报纸，或者直接将小孢子叶球整个摘下，放在报纸上，轻轻拍打小孢子叶，收集散落在纸上的花粉，直接授粉或者装入瓶中置于4℃冰箱中冷藏保存。当大孢子叶球完全张开，胚珠上出现白色黏液时，即可授粉。可以将花粉直接撒在雌球花上，也可以用毛笔蘸取花粉刷在胚珠上；将花粉直接撒在雌球花上后，可以用手握式喷雾器喷射清水，使花粉慢慢滑落到胚珠上，增加授粉概率；还可以将花粉融入水中，喷洒在雌球花上；或者直接采摘小孢子叶撒在雌球花上（图34A）。以上授粉方法均可以显著提高苏铁的结实率，在授粉2～3天后，进行二次授粉可以进一步提高结实率。

种子采收

苏铁种子成熟时为橙红色、黄色或者黄褐色，不同种的颜色和大小有差异。大部分苏铁类群的种子成熟时间在10～12月，当大孢子叶变得松散再次张开，种子和大孢子叶柄连接处形成离层，轻触即掉，且种子手感较重，便可采摘（图34B）。

贮藏

苏铁种子采收时胚未完全发育，有明显的后熟现象，休眠期约为6个月。选择饱满、发育良好的种子，去除外种皮，使用5%的高锰酸钾溶液消毒，清水洗净后进行湿沙藏，湿沙藏150天种子的发芽率为80%左右。若要进行短时间的储藏，干沙藏、5℃冷藏和湿沙藏均可，发芽率没有显著差异。沙藏的土可以采用普通的沙土，也可以用吸水能力较强、密度较低的珍珠岩代替（图34C）。

播种

沙藏至翌年4～5月，种子开始萌动，即可准备苗床进行播种。基质采用泥炭、椰糠或腐殖土混合适量的珍珠岩和轻石，要求疏松透气，排水性好，使用高锰酸钾对苗床和基质消毒。将种子点播在苗床上，表面覆土，深度约为种子直径的2倍，不可过深或过浅，株行距为10cm×10cm。播种完成后覆膜，保温保墒，还能防止啮齿类动物取食。播种后要经常浇水，保持土壤湿润，以潮湿而不积水为宜。通常播种1～2个月内种子会长出胚根和叶片，在发芽时要去掉覆膜。在苗床生长2年后，即可移栽到大田中（图34D、E、F）。

杂交试验

苏铁属不同物种间基本没有严格的生殖隔离，杂交授粉后往往可以获得大量种子并育成幼苗。南宁树木园的郑惠贤（1986）以石山苏铁为父本[1]、苏铁（*Cycas revoluta*）为母本进行杂交，收获种子并育成幼苗，3～4年生的杂交苏铁茎干形态特征与母本植株上的萌生的不定芽相似，叶片具有父本云南苏铁的特征。福州植物园的潘爱芳（2014）以石山苏铁为父本，攀枝花苏铁为母本进行杂交，得到大小不等的近百粒种子，杂交后代的小羽片色泽、质地和性状与父本一致，兼有母本的形态特征。在野生环境中，楚永兴（2013）以多歧苏铁为父本、以长柄叉叶苏铁为母本进行人工授粉，

1 在原文中，父本为云南苏铁（*Cycas siamensis*），2020年，到南宁树木园实地调查和访谈，发现父本为石山苏铁，云南苏铁为错误鉴定。

图34　苏铁的种子繁殖（A：以灰干苏铁雄球花给灰干苏铁雌球花人工授粉 个旧市；B：采收的攀枝花苏铁种子；C：种子沙藏；D：沙藏后萌动的种子；E：播种；F：1年生滇南苏铁苗）（昆明植物所 刘健 摄）

得到200余粒杂交种子，种子的出苗率可达80%。不同物种间杂交为苏铁育种提供了丰富的材料。

5.1.2 营养繁殖

营养繁殖是指利用苏铁的营养器官，如不定芽、茎干或羽片进行繁殖。

分蘖繁殖

选择2～3年生（直径2～4cm）的不定芽，用消过毒的锋利小刀将其从母株连接的基部切下（如芽上有叶，应全部剪掉，减少蒸腾），切面用多菌灵进行杀菌。待切口晾干后种植在已消毒的扦插床中，种植深度为不定芽的1/2。在25～30℃的环境中，扦插苗20～30天生根，生根率可达到90%。

切干繁殖

将茎高30cm以上或直径15cm以上的苏铁茎干挖出，采用横切或者纵切的方法切成小段，用多菌灵消毒后埋入土中。切面下部萌发新根，茎的不同部位萌生芽苞，此时可进行分栽。切干繁殖应选择保水透气的基质，既要保持土壤湿润，又不可过湿，否则材料容易腐烂。若发现切面腐烂，则将腐烂部位切去，用多菌灵消毒，晾干后再次栽种（汪志铮，2015）。

嫁接繁殖

嫁接是指将一株苏铁的部分营养器官移接到另一株苏铁上，使接口愈合长成一棵新植株的繁殖方法，常用来制作苏铁盆景。用3～4年生以上的实生苗或茎干上萌生的不定芽作为砧木和接穗，二者直径相近。挖出供嫁接的植株并剪去大部分叶片，在砧木和接穗相对的部位用刀切出5～6cm长、3.5cm宽的切面（保留顶芽），深度约为茎粗的1/3。将两个切面紧密结合，用铜丝固定，再用保鲜膜包裹茎干即可。4个月后切面逐渐愈合，根据愈合程度选择解绑时间。

植物组织培养

选择苏铁幼嫩的羽叶、茎干、鳞片、主根作为外植体，以MS为基础培养基，可诱导产生愈伤组织，通过调控生长素类似物（NAA，1-萘乙酸；IBA，吲哚乙酸）和细胞分裂素类似物（6-BA，6 苄氨基腺嘌呤）的浓度促进生根（罗在柒，2011），并诱导产生不定芽，长成完整植株。

5.2 苏铁的栽培管理

目前，苏铁（*Cycas revoluta*）已广泛种植于全国各地的公园、行政机关、小区等地，是优良的园林绿化树种。一些地方的植物园逐步建设苏铁专类园，引种栽培国内乃至国外的多种苏铁类植物。合理的栽培管理措施对于成功的引种驯化和园林应用至关重要（揭建群，1998）。

土壤

苏铁原生在裸露的石灰岩山地或者郁闭度较高的山地河谷，土层较薄且伴有砾石，含有较多的腐殖质，土壤呈酸性，通气透水。栽培时，应选择疏松肥沃、排水良好、微酸性的砂质壤土，最适pH在5～6.5之间（王春焕，2003），地栽时避免低洼积水处，盆栽时可以将基质分层处理，最下方铺设轻石或陶粒等透水性好的颗粒，上方采用常规的栽培用土。

光照

苏铁耐阴喜光，既可种植在光照强烈的空地上，也可栽植于大型乔木的树荫下，还可以种在光线不足的室内。种植在不同环境中的苏铁状态存在差异，强光照下苏铁小羽片通常短而厚，叶色浓绿；若置于弱光环境下，羽片柔弱细长，小羽片宽而薄，叶色较浅。为增加盆栽苏铁的观赏性，新生抽叶期间，应使苏铁接收充足的光照。但也应避免长时间在高温烈日下暴晒，使新叶灼伤出现干尖变黄的现象（石久宁，2007）。

温度

苏铁原产于热带和亚热带地区，喜温暖，不耐寒。我国南方基本能满足其对温度的需求，只要冬季温度不下降到10℃以下，霜期短且对顶端生长点进行保护，无论室内室外均适合种植苏铁。一般认为0℃以上可安全越冬，还有报道认为冬季短暂的-5℃对其影响不大，但不同种类间存在差异（管中天，1996）。若当地气温较低，盆栽苏铁在冬季应放入室内，防止冻

图35 苏铁和石山苏铁的杂交后代（南宁树木园 席辉辉 摄）

害。地栽的苏铁若发现因低温导致的叶片变黄凋萎，可用稻草将茎叶全体自上而下扎缚，至春季回暖后解开，待新叶萌发后剪去枯叶（王艳，2015）。

水分

苏铁非常耐旱，许多野生居群分布在干热河谷和石灰岩山地，苏铁小羽片多为革质或薄革质，叶表皮有一层蜡质结构，能够减少水分的蒸发。但在水分充足的条件下，苏铁生长更为旺盛。苏铁不耐涝，在积水条件下极易烂根，导致整株死亡。在旱季要适时灌溉以补充水分，在雨季开沟排水，防止土壤积水。盆栽一般选择疏松透气、排水良好的砂质壤土，防止积水。

施肥

苏铁属植物耐贫瘠，在养分稀缺的情况下能够存活，充足的养分能加快其生长速度，使叶色浓绿。在春季长叶开花前，施足基肥，以有机肥为主加适量过磷酸钙和硫酸亚铁。5～6月授粉后种子快速发育，可以追施尿素或复合肥1～2次。10～11月采集种子后重施基肥，补充营养防止植株衰退。肥料中要有足够的磷钾肥，钾能够参与苏铁体内多种代谢活动，是数十种酶的活化剂，对叶片增绿、茎干增粗伸长、增强植株活力有重要作用。在长叶过程中，少量喷施磷酸二氢钾，生长的叶子会更加浓绿而有光泽。欲使叶片浓绿油亮，还可施用含铁质的肥料，如黑矾水（Fe2SO4）、EDTA螯合铁等，也可用生锈的铁钉、铁皮放入土壤中，任其铁质渗入土中，供植株吸收。

中耕除草

在苏铁生长期间，中耕除草能疏松土壤，改善土壤通气情况，减少杂草争夺养分，减轻病虫害。

修剪

秋冬季节剪去3～4年生的枯黄老叶及有病虫害的叶片，集中烧毁，避免成为病菌和虫卵的越冬场所。还可以促进苏铁的通风透光，减少病虫害的发生，保持优美的树形。

5.3 盆景制作

苏铁盆景既可观叶，又可赏姿，其生性强健，容易莳养，尤其是那些造型优美、叶浓绿有光泽、端庄典雅、奇秀隽永的作品，深得盆景爱好者的钟爱。

5.3.1 苏铁盆景的常见形式

苏铁盆景造型多样，常见的有卧干式、斜干式、悬崖式、枯干式、多头式、附石式、提根式和丛林式等多种。卧干式盆景似雷击风倒之木，仍倔强生长；斜干式盆景主干倾斜一侧，枝叶分布自然，动势均衡；悬崖式盆景干枝悬垂，示人以顽强不屈精神；枯干式盆景树干苍老，然枝叶繁茂，犹如枯木逢春；附石式盆景树石一体，大有屹立于山岭之势；提根式盆景盘曲多姿，龙盘虎踞，别具一格；而丛林式盆景树势繁茂，三五成景，一派生机盎然。

5.3.2 苏铁盆景的制作技术

虽然苏铁盆景造型多样，制作技艺也不同，但有许多技术是通用的，包括伤口防腐、促叶与控长、叶片造型、修剪整形、多头造型等。而要制作一盆优秀的苏铁盆景，往往需要综合运用各项技术才能获得理想的效果。

伤口防腐

制作苏铁盆景，往往会在茎干上造成伤口，伤口应尽可能小并及时加以处理，防止发生腐烂。用0.2%高锰酸钾溶液进行伤口消毒，然后在伤口处涂多菌灵粉或草木灰，放置于单层遮光网下，晾晒2～3天，促使伤口干燥愈合；如果伤口仍有汁液流出，则可用0.2%高锰酸钾溶液消毒两次后，再蜡封伤口，或用干净的黏性黄泥揉搓成团后封口。盆土要严格消毒，或经烈日暴晒数日灭菌，或用0.1%～0.3%高锰酸钾溶液浇淋消毒。栽种后浇水要宁干勿湿，新根未长出前避免雨淋。

促叶与控长

种植时植株浅栽能促发羽叶，深埋能促进不定芽萌发；种植后放在荫蔽处，并用黑布或黑色塑料薄膜遮罩无叶的苏铁植株，能促进伤口快速愈合，生根，萌芽，待叶片长出后再转到光照充足处。栽种时，茎干斜栽，让不定芽向上，能够加快不定芽生长发育；适量剪去主茎叶片，能抑制主茎生长（朱贞佳，1993）。从观赏角度看，苏铁盆景叶片短小更具有观赏价值，可采取一系列相应的控长措施。常用的控制叶片生长方法有两种：一是新叶萌发时控水控肥，使根茎处于水分和养分不足的状态，但过分干旱易导致小羽叶发黄，影响观赏效果；二是用50%的矮壮素200倍液喷在初生叶上，重复喷施3～4次（王春焕，2003；王艳，2015）。

修剪整形

及时剪去多余的根，切除茎干上多余的不定芽，并在新叶开始萌发时，及时剪去老叶。为了提高苏铁盆景的观赏价值，常对叶片进行蟠扎造型，使其自然向内弯曲，形成“羊角式”。叶片造型常用细铜丝或细铅丝进行蟠扎，选择新生嫩叶，一端固定在刚抽叶片的顶端，慢慢地朝下向内侧弯曲，直到达到需要的弯曲度为止，并将另一端固定在叶柄的基部上，待到1～2个月后基本定型时再拆除蟠扎物。但蟠扎要小心，切勿用力过大，以免损伤或拉断嫩叶片。也可将茎干上的老叶全部剪除，待新芽露出时，用铝线缠绕新叶芽，诱导其按设计好的形态发育，定型后再解除铝线。甚至有报道说，只要将苏铁剪叶后用浅盆种植，严格抑制根部纵深生长，也可使新生叶自然卷曲。此外，还可利用趋光性和不同的栽培角度使苏铁茎干弯曲成一定形状，如S形，以增加茎干的观赏价值。

多头造型

培育多头苏铁，最常用的方法是切除顶芽。一般在春季进行，切顶前一个月不要浇水，也不要淋雨，有利于切顶后伤口结痂。切顶时将苏铁植株从地上挖出，剪去叶片和老根、枯根、烂根，然后在0.1%～0.2%的高锰酸钾溶液浸泡20分钟，捞出晾干，用消过毒的利刀切除顶芽，切到纤维组织的髓心部，并削去基部老皮，切口涂上防腐剂后重新上盆种植。苏铁切顶后，去除顶端优势，促进内源激素在体内的重新分配，刺激分生组织形成，从茎干上分化出新芽（图36）。断头切顶芽后的植株，要加强管理，细心养护。一是遮罩黑布或黑色塑料薄膜，使植株在黑暗环境中，促进伤口快速愈合生根，进而长出新芽；二要保持适当干燥，除上盆后浇足定根水外，平时要严格控制浇水，并防止伤口淋水，避免烂根或切口腐烂；三是固定位置养护，不要随意搬动，保持环境相对稳定，以提高嫩叶的适应性，确保其正常生长；四是及时去芽定头，新株发芽稳定后，要及时去除过多、弱小、位置不当、畸形的不定芽，并根据造型的需要，适当保留几个健壮饱满的芽，作为多头培育。

除此之外，常用的方法还有烙伤法、嫁接法、分干法、连球法以及组织培养法等多种。烙伤法是将苏铁顶芽用烙铁烫伤，数月后就会从基部长出许多小球，经过逐年雕琢也可成为多头式盆景。嫁接法是将2个或2个以上的具有完整顶芽的小苏铁，用利刀斜切去1/3的茎干侧面，再将切口对接在一起，用塑料条缚紧，经愈合而成。分干法则是将树干横锯或斜锯成几段后，再纵劈成块状，切口向下横埋或斜埋于沙床上，会萌生出许多不定芽，选留造型需要的不定芽继续培育。连球法则是直接挖取老树干上的连生小球栽植而成。此外，应用组织培养技术也可以培育多头苏铁。

5.3.3 苏铁盆景的上盆与养护

苏铁盆景通常采用较浅的陶釉盆，花盆选用浅绿色、淡黄色、深紫色均可，椭圆形或长方形效果较好。盆土宜用酸性或微酸性的砂质壤土，上盆时结合造型确定栽植的角度和位置。平时，苏铁盆景宜放置于阳光充足、温暖湿润、通风良好的地方。夏季需适当庇荫，冬季置于室内，室温不要低于0℃。每隔2～3年还要换盆换土一次，换盆时要剪掉坏根烂根，并

图36　苏铁茎干上的不定芽（昆明植物园 席辉辉 摄）

换去大约2/3的宿土，培以新的肥沃培养土。盆景中所用的花盆通常较浅，因此应注意薄肥勤施。此外，为保持良好的观赏性，苏铁盆景要适时修剪，通常在清明时节，剪掉全部叶片，促发新叶生长，但抽叶后切勿碰伤，避免叶片畸形。叶片成熟后，适当剪去不符合造型需求的叶片。修剪应有层次，有空间，疏密结合，左右开张，这样既能让苏铁叶片短促，羽片稠密，又能达到好的观赏效果。

5.4 常见病虫害及其防治

苏铁虽生性强健，但仍存在一些病虫害，若防治不及时则会降低其观赏价值，造成不必要的损失。常见的虫害有介壳虫、小灰蝶等，病害有苏铁斑点病、炭疽病、根腐病、茎腐病等（卢小根，2014）。

介壳虫

介壳虫是同翅目蚧总科（Coccoidea）昆虫的统称，其体型小、分布广，多以成虫或若虫集群分布在苏铁羽叶的叶片、叶柄和种子表面。刺吸式口器插入植物组织内吸取汁液，排泄的蜜露会诱发煤污病，阻碍植物光合作用，严重影响苏铁的生长发育和观赏价值，甚至会导致植株死亡。

介壳虫危害时由点及面，逐步蔓延，初期不易发现，一旦发现已大量发生。且成虫体外有一层介壳保护，药剂难以穿透，刚孵化的若虫介壳较薄，药剂较易穿透。采取“预防为主，综合防治”的方法。首先，加强检疫，将被危害植物隔离，剪去病叶集中烧毁，用刷子刷去茎干表面的介壳虫，或用棉球蘸取食醋擦拭受害叶片，不仅能除虫，还能使叶片重新变绿变亮。然后，抓住若虫幼龄期进行药物防治，选择穿透力强的触杀剂和内吸式农药，如20%的杀灭聚酯乳油、50%的杀螟松、25%亚胺硫磷/马拉硫磷/DDVP等，喷施时加入一些助剂，如有机硅，效果更好。对于成虫，选用15%的涕灭威颗粒埋入土中或向根部浇灌40%的氧化乐果乳油1 000倍液，经植物根部吸收进入植物体内毒杀。还可以利用介壳虫的天敌如鸟类、瓢虫、寄生蜂、蚂蚁、方头甲、草蛉等，以控制介壳虫的大量发生。

灰蝶

灰蝶是鳞翅目灰蝶科（Lycaenidae）的害虫，目前已知危害苏铁的有苏铁灰蝶（*Chilades pandava*）、紫灰蝶（*Chilades lajus*）和银线灰蝶（*Spindasis lohita*）3种。灰蝶成虫在苏铁幼叶上产卵，幼虫集群分布在嫩叶上，将新叶啃食得残缺不全，严重时幼嫩叶片全部被吃完，仅剩干枯叶轴。往往几次抽叶均被灰蝶啃食，整株只剩下老叶，严重影响苏铁的生长。

灰蝶幼虫隐藏在拳卷羽叶、叶轴和叶柄上，不易发现，应以防为主，综合防治。冬季做好清园修剪工作，清除越冬虫卵。春季在根周围埋呋喃丹可预防（于素杰，2007）。苏铁萌发新叶时以纱网罩住，防止雌虫在上面产卵或人工捕杀成虫。加强虫情调查，在成虫产卵期和幼虫低龄期及时喷药，20%杀灭菊酯乳油2 500 ~ 3 500倍液或20%灭扫利乳油1 000倍液杀卵效果较好；幼虫发生时，用5%抑太保1 000 ~ 2 000倍液、0.3%印楝素500 ~ 1 000倍液或水胺硫磷800倍液喷洒。

白蚁

白蚁是等翅目白蚁科（Termitidae）昆虫，是热带、亚热带地区的一种常见农林害虫，多危害富含纤维、糖分和淀粉的植物。苏铁因茎干富含淀粉，常受白蚁危害。目前危害苏铁的主要是黄翅大白蚁（*Macrotermes barneyi*）、黑翅土白蚁（*Odontotermes formosanus*）。

种植地若发现有白蚁，在种植前1 ~ 2天，在种植坑和填土上喷洒5%毒杀酚粉或3%呋喃丹颗粒，或者用亚砷酸钠稀释液喷面。也可诱杀白蚁：如挖诱杀坑（在白蚁活动较多的地方挖诱杀坑，用松树皮、枯木和蔗渣做诱饵，加少量糖、淀粉和灭蚁药剂）、配制诱杀袋（将松树皮粉、糖、灭蚁灵粉按4:1:1的比例均匀混合并分带包装，投放在白蚁活动处）、黑光灯诱杀有翅成虫等。或者沿泥线、分飞孔找蚁主道和主巢，用灭蚁灵粉喷杀或用烟雾熏杀。此外，还可以引入白蚁的天敌如青蛙、小黑蚁等。

拟扣头虫

拟扣头虫（Languriidae）主要危害苏铁嫩叶，在平南、福州均有发生。每年4月新叶萌发时，成虫骤发，集群啃食嫩叶，致使新叶全部被吃光，叶轴枯萎，仅存老叶。如果连续几次的新叶均被拟扣头虫吃光，将威胁苏铁的生长。

在嫩叶萌发时，用纱网将整株苏铁罩上，待新叶老化后揭除，防止铁树拟扣头虫危害。还可以喷施1‰的磷酸铵或甲胺磷直接杀灭害虫。

根腐病

根腐病会导致植物根部坏死腐烂，严重时全株干枯。潮湿时病株基部和附近土壤会长出伞状子实体。病原为假蜜环菌（*Armillariella tabescens*），子实体为小菌伞，菌伞表面黄褐色，中心色深，背面菌褶白色，有菌环，菌柄在中央，长度可达10cm以上。菌索缠绕在地下腐朽根上越冬，有一定的腐生性，但以寄生为主。寄主长势弱时易受此菌危害，造成根部腐烂。

防治根腐病，应加强栽培管理，培育壮苗，提高植物自身的抗病性。发现病株后及时清除腐根及周围土壤，余下部分消毒后重新种植在消毒的沙土中，待长出新根后移栽至消过毒的土壤中。土壤消毒常用40%的福尔马林、70%的五氯硝基苯或80%的代森锌粉混合粉。

茎腐病

苏铁茎腐病是苏铁植物的毁灭性病害。通常从茎顶部或基部一侧开始发病，由白色、黄白色变为粉褐色，水渍状，逐渐形成疏松如海绵状软腐。当病菌侵染整个茎干，深入至髓部，横切茎干可见靠近髓心木质部组织环状深褐色腐烂，整个木质部呈褐色，最终全株茎干腐烂，地上部羽叶萎缩倒伏，病部表面产生小黑点，断面有白色霉状物。

栽植苏铁前，对土壤进行杀菌，采用50%克菌丹200～400倍液淋灌或每平方米用95%敌克松5～7g混于土中。发病前用50%甲基托布津200倍液或波尔多液喷洒并涂抹茎干，或在植株基部撒生石灰。发病初期及时检查，切除病部，用硫黄粉涂抹病部，待其干燥后用70%代森锰锌或50%苯莱特与50%多菌灵混合粉涂抹伤口（冯惠玲，2002）。

苏铁白斑病

病斑近圆形或不规则形状，直径1～5mm，中央暗褐色至灰白色，边缘红褐色，有黑色小点。病斑多从羽片尖端向基部延伸，有时也发生在叶片中部或基部，病斑连接使羽片成段干枯，严重时全株枯死（吴向军，1995）。病原菌为苏铁壳二孢，病菌以菌丝或分生孢子器在病叶上越冬。

栽培上要通风透光，发现病斑及时剪除病叶并集中销毁。发病初期用炭福美500倍液、50%多菌灵500倍液或托布津500～1 000倍液喷施。

叶斑病

通常叶柄发病，沿叶缘分布不规则长形病斑，正面病斑边缘有褐色细线，中部淡褐色至灰白色，其上生小黑点，叶背病斑不分层，褐色，无小黑点。

防治方法：①在早春抽叶时，剪去病斑多的老叶，喷洒1%的波尔多液，50%多菌灵500倍液和27%高脂膜150倍液。②喷0.5%的硫酸亚铁溶液，一周后喷50%托布津800～1 000倍液，隔10天再喷一次托布津液。③用25%敌力脱2 000倍液或77%氢氧化铜400～600倍液交替喷洒（冯惠玲，2002）。

苏铁叶斑病

小羽片从叶尖开始变黄，黄色发展到1/2小叶时，叶尖开始干枯，背散生小黑点。防治方法同上。

炭疽病

发病初期，病部产生褪绿小点，病斑逐渐扩大，病部变黄、枯死。发病后期，病部着生有点状黑色子实体，小黑点中心污白色，潮湿时涌出粉红色胶状的分生孢子堆。引起羽片成段枯死或整叶枯死，严重影响植株生长。病原为刺盘孢属真菌（*Colletotrichum* sp.），病菌以菌丝及分生孢子盘在植株上越冬，第二年产生分生孢子，进行危害。高温多雨季节易发病，植株冬季遭遇冻害后易发病。

秋冬季节，及时清除枯枝落叶和病叶，并集中销毁。喷施70%炭疽福镁500倍液，或50%多菌灵可湿性粉剂500倍液，每隔10～15天喷1次，喷

2～3次。在药液中加0.1%黏着剂(如聚乙烯醋酸酯)可提高药效。

烟煤病

烟煤病又称煤污病，多发生在羽片或叶柄上，产生黑色、辐射状霉斑，逐渐蔓延至全叶，使羽片和叶柄覆盖一层烟煤状物，影响植物的光合。病菌以介壳虫分泌的蜜露为营养，介壳虫发生严重时本病也严重。

栽培环境要通风、透光，发现介壳虫危害后及时防治。发病后，喷洒0.3波美度石硫合剂（冯惠玲，2002）。

白化病

白化病是一种生理性病害，主要发生在新抽羽叶上，小羽片先产生黄色或黄白色的不定型病斑，病斑彼此联合形成大枯斑，整个叶片只有基部保持绿色。后期小羽片呈不规则卷曲，严重影响新叶生长。苏铁白化病是缺少锰元素引起的，一般发生在碱性土壤或通气不良的地方。

增施有机肥，改良土壤为偏酸性。追施叶面肥，调整缺素状况。在抽叶前和抽叶时，喷施0.3%～0.5%硫酸锰和0.2%的磷酸二氢钾加少量尿素混合液，隔7～10天再喷施一次，连续2～3次，效果较好（王学贵，2009）。

生理性黄化

若是由于浇水过于频繁引起的黄化，典型特征是幼叶变黄，老叶影响不大，如果2～3年不发鲜叶或叶片黄化干枯，应及时检查根系是否腐烂。若是由于养分不足引起的黄化，典型特征是幼叶嫩茎失绿，如缺铁性黄化，特征是幼叶明显、老叶较轻，脉间失绿（赵春田，2010）。因此要注意养植环境，选择合适的基质和浇水频率，薄肥勤施，避免此类生理性黄化。

6 栽培现状

6.1 国内栽培

由于株型奇特美观，苏铁属植物在园艺领域颇受欢迎，在我国有悠久的栽培历史。

6.1.1 苏铁类植物的栽培和应用

现在市面上出售以及广泛应用于园林绿化的是苏铁（*Cycas revoluta*）。我国福建省沿海岛屿是苏铁的原产地之一，野生苏铁曾经在此广泛分布，产量极其丰富，主要产区为闽东沿海的连江县、罗源县、宁德市、霞浦县、福安县等（郑芳勤 等，2000）。1958年福建省福州市园林部门从连江县收购苏铁，之后参与苏铁经营的地区、部门、人员不断增加，经营规模不断扩大。福建最大的苏铁交易集散地在连江县马鼻镇，该镇地处海滨内湾，四通八达，利于水路运输。早在20世纪六七十年代，当地的苏铁商人在附近山区发动农民进山采挖，贩卖。80年代末，福建省的苏铁野外灭绝，广东、福建开始加强栽培技术，并从境外引进苏铁人工实生苗和种子。

我国的苏铁已经大规模生产经营，全国广泛栽培。苗圃主要集中在福建、广东等地，浙江、上海、江西、湖南、河南、四川等也陆续有苗圃经营苏铁。如湖南省的苏铁苗圃主要从福建购入芽球或小苗，经大圃培育后再销售，目前培育苏铁苗木以长沙地区的浏阳市柏加镇最为著名。

在20世纪80年代，除上述的苏铁，我国其他苏铁产地的野生苏铁也纷纷被各地的花农和园林部门大量收购，使我国的苏铁资源遭到严重的破坏。1999年，苏铁属所有种均以Ⅰ级国家重点保护野生植物列入《国家重点保护野生植物名录（第一批）》中；2021年，苏铁属所有种以Ⅰ级国家重点保护野生植物列入调整后的《国家重点保护野生植物名录》中。目前，除苏铁外，苏铁属其他种尚未进行大规模的人工栽培，市场上流通大多为野生植株，根据《中华人民共和国野生植物保护条例》，禁止采集、出售、收购国家一级保护野生植物。若想一睹苏铁属植物的风姿，可以选择去植物园或者自然保护区一饱眼福。

国内几乎所有的植物园、公园都引种栽培了苏铁属植物，其主要目的是迁地保护，并通过模拟自然生境为这些珍稀植物提供最佳的种植条件。攀枝花苏铁、石山苏铁等种类生长在干旱的石灰岩山地，特别耐干旱，适合在干旱的石灰岩生境中造景。在南方以露地栽培营造大的景观，例如，深圳市中国科学院仙湖植物园（国家苏铁种质资源保护中心）、广西南宁青秀山植物园、广西桂林植物园、中国科学院华南植物园、中国科学院昆明植物研究所植物园，而在北方以设施栽培为主。

6.1.2 国家苏铁种质资源保护中心

深圳地处亚热带气候区，自然分布有仙湖苏铁的野生居群，气候适合苏铁类植物生长。2002年由国家林业局与深圳市政府联合建设的全国野生动植物保护及自然保护区建设工程——苏铁种质资源保护中心在仙湖植物园挂牌成立。该园自1998年开始收集苏铁的种质资源，先后引进国内外苏铁类植物2科10属240余种、变种和品种，保育面积3.3hm^2，建有苏铁活体保育区、苏铁化石博物馆、苏铁盆景展区和苏铁繁育苗圃（图37）。

依据地理分布和不同产地的历史民俗风情，形成以越南篦齿苏铁为主的古苏铁林、攀枝花苏铁石山小区，以玛雅文化和热带雨林为特点的美洲区、大洋洲红石区、非洲区和东南亚区等景观。在美洲苏铁区，通过嵌入玛雅神坛、玛雅柱等标志凸显美洲文化元素，通过喷雾网络的增湿效果营造热带雨林环境，通过各种美洲植物的点

图37　中国科学院仙湖植物园国家苏铁种质资源保护中心（龚奕青 摄）

缀反映当地的植被类型。建成国内唯一以苏铁文化元素为主的景观平台。

为了更好地演绎和展现苏铁植物的漫长演化历史，苏铁化石博物馆展示了苏铁类及其伴生植物化石100余件，尤以“辽西中生代”植物化石标本最为丰富和珍贵。此外，还有精美图片、互动展柜以及“苏铁花开世界香”科教影片，充分展示苏铁类植物的多样性，再现苏铁植物的演化历史，向公众展示苏铁类植物前世今生的奥秘。

深圳市中国科学院仙湖植物园同广西壮族自治区林业厅、广西黄连山自然保护区、广东省林业厅一起承担了由国家林业局资助的“德保苏铁回归自然项目”。

国家苏铁种质资源保存中心集苏铁物种景观配置展示、保育、科研、化石展览和科普教育为一体，其保育种类之多、规模之大、展示形式之丰富令人惊叹。

6.1.3 南宁植物园——青秀山苏铁园

2020年，南宁青秀山风景区、南宁园博园和五象岭森林公园三个区域共同组建成南宁植物园，青秀山为南宁植物园的主园。青秀山苏铁园是青秀山风景区的植物专类园之一，位于青秀山核心板块，于1998年建成开放，占地面积约12hm^2。青秀山风景区从20世纪90年代以来，一直开展苏铁植物的迁地保育工作（图38）。工作之初主要进行国内苏铁尤其是广西野生苏铁的迁地保育，如石山苏铁、多裂苏铁（现已归并至叉孢苏铁）、贵州苏铁等。随着苏铁园的建设，逐步引进国外物种，如暹罗苏铁（*Cycs siamensis*）、鳞粃泽米铁（*Zamia furfuracea*）、摩瑞大泽米铁（*Macrozamia moorei*）等。目前已收集2科（苏铁科和泽米铁科）6属（苏铁属、泽米铁属、大泽米属、双子铁属、非洲铁属、角果铁属）52种苏铁类植物。苏铁园原址是一片马尾松林及粉单竹林，整体设计上运用自然式布局，依山势而建。在苏铁园主入口处，以树型较高的越南篦齿苏铁（*Cycs elongata*）作为上层骨架，德保苏铁、锈毛苏铁为中层，蕨类植物为地被，错落配植，并点缀石刻字，形成主入口景观。用茎干高且粗壮的篦齿苏铁打造一条以苏铁作为行道树的林荫道，搭配巢蕨等阴生植物，营造出原生林荫景观。将苏铁与蕨类植物进行造景，在其间点缀花岗岩制作的大小不一、形态各异的恐龙和恐龙蛋雕塑，仿若置身于侏罗纪。此外，青秀山苏铁园中有我国年龄最大的一株篦齿苏铁——千年苏铁王，树龄约1 360年，堪称稀世之宝。精心打造的青秀山苏铁园，以各种苏铁类植物为骨干树种，根据其形态特征进行高低错落、疏密有致的搭配，充分考虑植物的生态习性，选配合适的物种，形成结构合理、类群丰富且展示效果极佳的园林景观，实现了苏铁保护与园林造景的完美结合，有力地推动了中国苏铁尤其是广西苏铁的保护、研究和发展（欧振飞，2016；秦萱，2018；罗芸，2019）。

6.1.4 中国科学院昆明植物研究所昆明植物园

昆明植物园始建于1938年，隶属于中国科学院昆明植物研究所。立足我国云南高原，面向西南山地和横断山南段，昆明植物园是以引种保育云南高原和横断山南端地区的珍稀濒危植物、特有类群和重要经济植物等为主要内容，以资源植物的引种驯化和种质资源的迁地保护为主要研究方向，是集科学研究、物种保存、科普与公众认知为一体的综合性植物园。

在园区入口的主景观花坛中，矗立着一棵高大的攀枝花苏铁，把人们带入裸子植物的世界。沿着松柏大道向前走，映入眼帘的就是苏铁小区，在松柏的环抱中，苏铁、攀枝花苏铁、贵州苏铁、篦齿苏铁等类群错落有致地生长着，展现自己独特的姿态。在扶荔宫温室群的热带荒漠区，种植了自然分布在干热河谷和石灰岩山地的苏铁类植物，如石山苏铁、灰干苏铁、篦齿苏铁等，还有引自哥伦比亚的鳞秕泽米铁和非洲铁。在温暖潮湿的热带雨林区，种植有自然分布在热带亚热带林下的叉叶苏铁和多歧苏铁（图39）。除引种栽培外，昆明植物园还开展了苏铁属植物的育苗回归工作。将野外调查时采集的种子进行沙藏，次年种植在苗床中，培育了大量攀枝花苏铁、滇南苏铁、单羽苏铁、陈氏苏铁等苏铁属植

图38　南宁植物园青秀山的苏铁区（许恬 摄）

图39　昆明植物园苏铁植物（A：裸子植物区；B：扶荔宫热带雨林区的多歧苏铁；C：扶荔宫热带雨林区的叉叶苏铁；D：扶荔宫的热带荒漠区）（王祎晴 摄）

物的幼苗。2018年回归1 000多株攀枝花苏铁到云南轿子雪山国家级自然保护区的普渡河片区的试验区，还回归滇南苏铁和长叶苏铁到云南省红河州国营芷村林场，目前长势良好。

6.1.5 中国科学院华南植物园

中国科学院华南植物园是我国历史最久、保存物种最多、面积最大的植物园之一，秉承“科学内涵、艺术外貌、文化底蕴”之理念，集科学研究、物种保育、科普教育及旅游休闲之功能。苏铁园始建于1983年，占地约35亩（2.3hm^2），集中展示2科7属50余种苏铁类植物。在苏铁园主入口处，高大的越南篦齿苏铁高耸于粗犷的黄岗岩景石旁，凸显苏铁园的特色景观园。步入园中，形态各异的苏铁郁郁葱葱，其中点缀着栩栩如生的大型恐龙模型，沿着蜿蜒的小路，伴着潺潺的流水，仿佛穿越时空回到远古的侏罗纪公园（图40）。

图40　华南植物园的苏铁区（湛青青 摄）

6.1.6 中国科学院西双版纳热带植物园

中国科学院西双版纳热带植物园成立于1959年，是集科学研究、物种保存与科普教育为一体的综合性研究机构和国内外知名的风景名胜区，也是我国面积最大、收集物种最丰富、植物专类园区最多的植物园。苏铁专类园占地约2.2hm^2，收集、保存了我国的绝大多数苏铁种类和部分分布于世界热带的种类。如我国分布的篦齿苏铁、攀枝花苏铁、贵州苏铁、石山苏铁等，和引自国外的泽米铁科植物（图41）。此外，版纳植物园有一棵生长近千年的篦齿苏铁，是云南省迄今为止发现的最古老的苏铁属植物，有铁树王之称。

图41 中国科学院西双版纳热带植物园的苏铁区（莫海波 摄）

6.1.7 广西植物研究所桂林植物园

桂林植物园始建于1958年，由著名植物学家陈焕镛和钟济新先生创立，是我国唯一以石灰岩植物资源迁地保护为目标的综合性植物园，在全国生物多样性保护布局中占有不可或缺的地位。在桂林植物园的苏铁棕榈园中，栽培有我国大多数苏铁属植物，如德保苏铁、叉叶苏铁、锈毛苏铁、贵州苏铁等，还有我国没有野生分布的越南篦齿苏铁、鳞秕泽米铁（*Zamia furfuracea*）、双子铁（*Dioon edule*）等类群（图42）。此外，以园区内栽培的植株为模式物种，韦发南先生发表了长孢苏铁和刺孢苏铁两个苏铁属新种（现被归并为石山苏铁）。

图42 桂林植物园的苏铁区（席辉辉 摄）

6.1.8 攀枝花公园苏铁园

攀枝花公园苏铁园位于攀枝花公园南部，占地$2.8hm^2$。为迎接1996年第四届国际苏铁生物学大会，在1994年的全国首届苏铁研讨会上，专家倡导兴建苏铁迁地繁殖保护基地，收集国内外苏铁物种，开展异地保护研究并进行科普教育。现已引进国内外40余种苏铁类植物，是我国建立较早的苏铁植物专类园（图43）。园区收集了国内外的苏铁类群，进行热带乔木和热带阴生植物的共生模拟，展示了苏铁和热带植物在园林景观方面的应用成果。攀枝花苏铁园最吸引人眼球的是攀枝花苏铁，每年3～6月，攀枝花苏铁雌雄竞相开放，岁岁结实，堪称一大奇观。

6.1.9 厦门植物园

厦门植物园的苏铁专类园始建于1962年，早期以引种国产苏铁种类为主，如苏铁、贵州苏铁、单羽苏铁、台湾苏铁等，后来逐步开展国外苏铁的引种，至2005年已从国内外引种苏铁植物9属64种（蔡邦平，2005）。在苏铁园扩建时充分考虑苏铁植物的原生境，将专类园划分为石山生境区和热带（亚热带）雨林生境区，为不同类型的苏铁种类提供良好的生长环境。专类园的核心部分为国产苏铁区，外围是国外苏铁区，两个区域均跨两种生境，体现国内外苏铁种类和生境的多样性。此外还建有苏铁盆景区，将盆景艺术作为重要的景观来展示，充分展现了苏铁植物种类丰富、生境多样、景观优美的特点，是景观艺术和植物科普的完美结合。

6.1.10 福州植物园

福州植物园（原名福州树木园）从20世纪60年代开始收集保育苏铁类植物，经过多年的引种，于1993年建成福州树木园苏铁专类园（图44）。园中引种栽培20余种苏铁植物，其中有苏铁、海南苏铁、台湾苏铁、四川苏铁、攀枝花苏铁、暹罗苏铁、石山苏铁、元江苏铁、越南篦齿苏铁、篦齿苏铁、多歧苏铁、叉叶苏铁、台东苏铁及刺叶苏铁等（郑芳勤，2000）。

图43　攀枝花公园的苏铁区（王祎晴 摄）

图44　福州植物园的苏铁区（廖荣丽 摄）

苏铁四季常青，树形美观，寿命长，具有很高的观赏价值，但大多数苏铁在野生状态下濒临灭绝，建造苏铁专类园是对苏铁植物一种重要的迁地保护方式，在热带亚热地区的植物园中十分常见。除上面介绍的几个具有代表性植物园外，还有许多的植物园建有苏铁园，引种并保育了大量的苏铁属植物（表1），用于科学研究、保护和教育，向公众展示植物多样性之美。

表1　我国苏铁属植物引种栽培名录

物种名	引种栽培单位
宽叶苏铁 *C. balansae*	赣南树木园，桂林植物园，昆明植物园，南宁植物园（青秀山），华南植物园，深圳市中国科学院仙湖植物园，武汉植物园，兴隆药用植物园，西双版纳热带植物园，红河苏铁园
叉叶苏铁 *C. bifida*	福州植物园，赣南树木园，桂林植物园，南宁树木园，南宁植物园（青秀山），华南植物园，深圳市中国科学院仙湖植物园，红河苏铁园
陈氏苏铁 *C. chenii*	昆明植物园，西双版纳热带植物园
德保苏铁 *C. debaoensis*	南京中山植物园，赣南树木园，桂林植物园，湖南省森林植物园，北京市植物园，昆明植物园，南宁植物园（青秀山），华南植物园，深圳市中国科学院仙湖植物园，兴隆药用植物园，西双版纳热带植物园
滇南苏铁 *C. diannanensis*	南京中山植物园，福州植物园，赣南树木园，桂林植物园，昆明植物园，南宁植物园（青秀山），华南植物园，深圳市中国科学院仙湖植物园，西双版纳热带植物园，红河苏铁园
长叶苏铁 *C. dolichophylla*	南宁植物园（青秀山），红河苏铁园
锈毛苏铁 *C. ferruginea*	南京中山植物园，赣南树木园，桂林植物园，南宁植物园（青秀山），华南植物园，西双版纳热带植物园，深圳市中国科学院仙湖植物园
贵州苏铁 *C. guizhouensis*	赣南树木园，桂林植物园，北京市植物园，景东亚热带植物园，昆明植物园，南宁植物园（青秀山），华南植物园，深圳市中国科学院仙湖植物园，兴隆药用植物园，西双版纳热带植物园，红河苏铁园
灰干苏铁 *C. hongheensis*	北京市植物园，南宁植物园（青秀山），华南植物园，深圳市中国科学院仙湖植物园，西双版纳热带植物园，红河苏铁园
长柄叉叶苏铁 *C. longipetiolula*	西双版纳热带植物园，红河苏铁园，深圳市中国科学院仙湖植物园
多羽叉叶苏铁 *C. multifrondis*	福州植物园，南宁植物园（青秀山），厦门植物园，深圳市中国科学院仙湖植物园
多歧苏铁 *C. multipinnata*	南京中山植物园，福州植物园，北京市植物园，昆明植物园，南宁植物园（青秀山），华南植物园，上海辰山植物园，武汉植物园，西双版纳热带植物园，金平石洞村苏铁保护园，红河苏铁园，河口极小种群植物园，深圳市中国科学院仙湖植物园
攀枝花苏铁 *C. panzhihuaensis*	南京中山植物园，福州植物园，赣南树木园，桂林植物园，北京市植物园，景东亚热带植物园，昆明植物园，庐山植物园，南宁植物园（青秀山），华南植物园，深圳市中国科学院仙湖植物园，兴隆药用植物园，西双版纳热带植物园，红河苏铁园，攀枝花园林科研所，攀枝花公园苏铁园，广西凭祥大青山热带林业实验站
篦齿苏铁 *C. pectinata*	福州植物园，赣南树木园，桂林植物园，北京市植物园，景东亚热带植物园，庐山植物园，昆明植物园，南宁植物园（青秀山），华南植物园，深圳市中国科学院仙湖植物园，兴隆药用植物园，西双版纳热带植物园，红河苏铁园
苏铁 *C. revoluta*	南京中山植物园，福州植物园，桂林植物园，北京市植物园，昆明植物园，南宁树木园，南宁植物园（青秀山），华南植物园，深圳市中国科学院仙湖植物园，武汉植物园，兴隆药用植物园，西双版纳热带植物园，红河苏铁园
叉孢苏铁 *C. segmentifida*	赣南树木园，桂林植物园，北京市植物园，昆明植物园，南宁植物园（青秀山），华南植物园，深圳市中国科学院仙湖植物园，西双版纳热带植物园
石山苏铁 *C. sexseminifera*	福州植物园，赣南树木园，桂林植物园，北京市植物园，昆明植物园，南宁植物园（青秀山），华南植物园，深圳市中国科学院仙湖植物园，西双版纳热带植物园
单羽苏铁 *C. simplicipinna*	桂林植物园，景东亚热带植物园，昆明植物园，南宁树木园，南宁植物园（青秀山），深圳市中国科学院仙湖植物园

（续）

物种名	引种栽培单位
仙湖苏铁 *C. szechuanensis*	南京中山植物园，赣南树木园，桂林植物园，昆明植物园，南宁植物园（青秀山），华南植物园，深圳市中国科学院仙湖植物园，武汉植物园，兴隆药用植物园，西双版纳热带植物园
台东苏铁 *C. taitungensis*	福州植物园，赣南树木园，桂林植物园，华南植物园，深圳市中国科学院仙湖植物园，兴隆药用植物园，西双版纳热带植物园，攀枝花苏铁园
台湾苏铁 *C. taiwaniana*	南京中山植物园，福州植物园，赣南树木园，桂林植物园，南宁植物园（青秀山），华南植物园，深圳市中国科学院仙湖植物园，兴隆药用植物园，西双版纳热带植物园，红河苏铁园
谭清苏铁 *C. tanqingii*	昆明植物园，红河苏铁园， 深圳市中国科学院仙湖植物园

6.2　国外栽培

中国苏铁属植物种类丰富，近半数类群为我国特有种，如攀枝花苏铁、灰干苏铁、德保苏铁、四川苏铁、台东苏铁等。这些类群是研究苏铁类植物起源和演化的重要材料，也是珍贵的观赏植物种质资源，具有极高的观赏和园林应用价值。

一些国外的植物园引种栽培了中国的苏铁属植物，如泰国东芭热带植物园（Noog Nooch Tropical Botanical Garden, Thailand）收集了几乎所有的中国苏铁属植物种类（图45）。泰国东芭植物园是在1954年由Nong Nooch Tansacha先生创立的，最初的苏铁来源包括购买和私人机构或植物园捐赠，后来Anders Lindstrom多次进行中国、越南、泰国、老挝、菲律宾、印度尼西亚、马来西亚、印度、斯里兰卡、巴布亚新几内亚以及太平洋岛屿的苏铁考察。至2020年登记在册的苏铁类植物已有1 415 069株，是世界上最大的苏铁类植物活体保存且科学记录的机构之一，收集的种类和数量以及栽培繁育面积均位于世界前列，目前已收集有苏铁属植物110种。植物园具有严格的栽培管理和种子繁育体系，在栽培上，采用排水性好的土壤，种植在砖垒的无底苗床中，并根据不同类群的原有生境对栽培基质进行细微调整；严格进行人工授粉，保证获得种子的纯净性。目前，该植物园虽不售卖苏铁植株或种子，但乐于与科研机构或私人收藏家交换种子和植物材料（Lindstrom，2022）。此外，东芭植物园在2002年举办了苏铁生物学国际会议（International Conference of Cycad Biology），并在2017年和2019年举办苏铁园艺研讨会（Conferences in Cycad Horticulture），还与中国科学院昆明植物研究所合作，对苏铁属属下的系统关系进行研究，重建苏铁属的演化历史。

一些协会（Society）也致力于苏铁类植物的栽培和保护。如由美国路易斯安那州Baton Rouge大学的沃尔特·哈曼博士（Dr.Walter Harman）于1977年组建的苏铁协会（The Cycad Sociey, TCS），该协会实行会员制，会员享有苏铁协会发行的杂志（*Cycad Newsletter*）和苏铁种子银行（Cycad Society Seedbank）福利，该协会旨在通过教育和科学研究保护苏铁类植物。南非苏铁协会（Cycad Society of South Africa）则通过将苏铁类植物作为园艺对象进行栽培繁殖引起人们兴趣，鼓励科学研究和记录以保证这些野生植物在未来得以保存和延续，并安排会员之间进行合法的苏铁花粉、种子和幼苗交换，以促进苏铁类植物的保护。

除植物园和社会团体外，还有许多私人苗圃栽培繁育并出售苏铁类植物，其中涵盖了我国大部分的苏铁属植物，如德保苏铁、滇南苏铁、贵州苏铁、攀枝花苏铁、苏铁、台东苏铁等，此外，部分网站还出售个人培育的杂交后代，如苏铁 × 台东苏铁、攀枝花苏铁 × 台东苏铁、攀枝花苏铁 × 贵州苏铁等组合的杂交小苗。

图45　泰国Nong Nooch热带植物园（A：栽培的苏铁植物　龚奕青　摄；B：锈毛苏铁　刘健　摄；C：德保苏铁　刘健　摄；D：苏铁　龚奕青　摄）

7 苏铁属植物面临的威胁

随着社会经济的发展以及全球气候变化，苏铁类植物遭受到严重的破坏，许多类群处于濒危状态。IUCN红色名录中收录98种苏铁属植物中，57种被评为易危及以上等级，24种被评为近危。Mankge（2017）结合生物学、生态学和系统发育学，揭示了导致苏铁属植物濒危的9个因素：栖息地丧失、过度采集、大火、繁殖障碍、森林砍伐、药用、放牧、干旱或洪水、入侵植物。在我国，苏铁属植物面临的主要威胁是栖息地丧失和人为采挖。

7.1 栖息地丧失

栖息地丧失是苏铁属植物面临的主要威胁。我国的苏铁属植物多生长在热带和亚热带的山坡沟谷中，但随着农田和经济林的扩张，原始森林面积不断缩小，苏铁属植物的栖息地持续减少。此外，采矿、修路、建水电站等工程建设也在不断侵占着苏铁的生境。南盘江流域的多依河—鲁布革电站淹没了贵州苏铁和叉孢苏铁的部分栖息地，澜沧江流域的糯扎渡水电站淹没了单羽苏铁和篦齿苏铁的栖息地。庆幸的是，在水电站蓄水前，对淹没区域的苏铁进行了迁地栽培，使部分的植株及其所拥有的遗传资源得以保存。

7.2 人为采挖

20世纪60年代，受三年自然灾害的影响，苏铁分布地的村民大量砍伐苏铁粗壮的茎干，取其茎髓制成淀粉食用。七八十年代园林上兴起的“苏铁热”致使苏铁属植物被大量采挖和贩卖，预计云南因此损失一半以上的野生苏铁。虽然现在苏铁类植物在园艺上的热度已过，但不少地区仍然存在采挖和收购的现象。一些当地村民意识到苏铁的价值，往往会将山上的苏铁挖回家中栽培，据为己有，待价而沽。特别是多歧苏铁这种造型奇特、观赏价值高的种类。多歧苏铁的调查结果显示：2014年两个分布点分别调查到25株和22株，2019年再次调查仅发现2株和1株。总体来讲，分布在保护区内的苏铁得到了较好的保护，但保护区外的苏铁易遭到严重的破坏。攀枝花苏铁国家级自然保护区的苏铁生存、更新良好，而在保护区外的云南巧家、华宁和四川宁南的攀枝花苏铁已野外绝迹，仅残存有栽培个体。

7.3 种群数量少，更新能力差

苏铁属植物为雌雄异株，雄株的小孢子叶球成熟时间要略早于雌株的大孢子叶球，主要靠风媒以及迁徙能力较差的甲虫传粉，传粉距离有限。当苏铁的野生居群遭到破坏后，种群数量急剧较少，个体间距离增大，降低了授粉的机会，形成传粉障碍。所以小居群的苏铁往往授粉困难且结实率低，甚至不结实。

7.4 不严格生殖隔离

苏铁属植物没有严格的生殖隔离，栽培条件下，种间往往能发生杂交，难以保持物种界限。云南省金平县石洞村栽培有一定数量的多歧苏铁和叉叶苏铁，其子代的形态性状常常有介于二者之间的表型，很可能是杂交个体；深圳市仙湖植物园的种质资源保存中心也有类似的情况。因此，在迁地栽培保存种质资源的环境中，如果需要采收种子进行繁殖，必须进行人工授粉和套袋，避免杂交而造成基因污染；否则，应及时清除自然结实的种子。

8 苏铁属植物的保护现状

8.1 苏铁属植物保护

1999年，苏铁属所有种均以Ⅰ级国家重点保护野生植物列入《国家重点保护野生植物名录（第一批）》中；2021年，苏铁属所有种以I级国家重点保护野生植物列入调整后的《国家重点保护野生植物名录》中；《中华人民共和国野生植物保护条例》明确规定，禁止采集、出售、收购国家Ⅰ级保护野生植物。叉叶苏铁、陈氏苏铁、德保苏铁、滇南苏铁等十余种苏铁属植物被列为《中国极小种野生植物拯救保护工程规划》（2011—2015）物种，有关部门开展了其保护研究和实践。

全世界都在关注苏铁类植物的野外生存状况，世界自然保护联盟（International Union for the Conservation of Nature，IUCN）的濒危物种红色名录中将苏铁类植物列为旗舰类群，成立国际苏铁专家组开展苏铁类植物的研究与保护工作，定期发布全球苏铁类植物的保护现状和物种清单。在最新版清单中，非洲铁属（*Encephalartos*）和角果泽米铁属(*Ceratozamia*)、小苏铁属（*Microcycas*）和苏铁属的贝德姆苏铁（*Cycas beddomei*）被列入《濒危野生动植物物种国际贸易公约》（Convention on International Trade in Endangered Species of Wild Fauna and Flora，CITES）的附录I中，其他苏铁类植物均被列入附录Ⅱ中，禁止贸易和野外采集。我国同样极度重视苏铁属植物的保护，将苏铁属所有物种列为国家重点保护野生植物I类，此外，我国陆续建立以保护苏铁属植物为主要目的或目的之一的自然保护区进行就地保护，如1980年建立的台湾苏铁自然保护区（Osborne，1989），1983年建立的攀枝花苏铁自然保护区，以及以“叉孢苏铁”为主要保护对象的贵州望谟苏铁自然保护区和以“德保苏铁”为主要保护对象的德保苏铁保护小区。目前，我国苏铁属植物的保护已取得一定的成效，缓解了部分苏铁物种的濒危状态。

8.2 苏铁种质资源保存中心

深圳市中国科学院仙湖植物园的“国家苏铁种质资源保护中心”是2002年由国家林业局和深圳市城市管理局合作共建。该园自1998年开始收集苏铁的种质资源，先后引进国内外2科10属240余种苏铁类植物，保育面积3.3hm^2。建有苏铁繁育苗圃、苏铁类植物科普展览室、古苏铁林和苏铁盆景园等，形成集保育、科研和科普旅游于一体的苏铁种质资源保存中心。

深圳市中国科学院仙湖植物园于2007—2014年承担了我国首个由政府主导的珍稀濒危植物回归自然项目——德保苏铁回归自然。该项目的实施对我国野生植物保护具有重要意义，为我国珍稀濒危植物物种回归自然树立了典范。

8.3 攀枝花苏铁的保育案例

攀枝花市是移民城市，人口增长压力下的农业开垦和毁林开荒破坏了苏铁林的原始生境；1960—1962年的三年自然灾害期间农民大量砍伐攀枝花苏铁食用；20世纪80年代园林界的“苏铁热”诱发大规模盗挖和贩卖攀枝花苏铁植株风潮，交通便利的分布区基本被盗挖一空；90年代初，仅攀钢石灰石矿开采作业，就埋没了约20hm^{2}的攀枝花苏铁林。

为切实保护攀枝花苏铁资源，1983年市政府发布《渡口市人民政府关于建立攀枝花苏铁自然保护区的通知》，对保护区缓冲区的人员进行强制迁出。1994年在攀枝花召开中国首届苏铁研讨会，1996年在攀枝花召开第四届国际苏铁生物学会议，会议主题是“挽救苏铁多样性”。与会专家参观考察了把关河的攀枝花苏铁居群，听取了攀枝花市开展苏铁保护工作的介绍，各国的专家、学者围绕苏铁保护进行了广泛的学术交流。通过此次会议，攀枝花苏铁保护区被国内外专家公认为是世界绝无、中国仅有的攀枝花苏铁科学研究和科学普及的天然基地。同年12月攀枝花苏铁自然保护区由市级提升为国家级，以保护攀枝花苏铁及其生态环境为主，是目前我国唯一以苏铁类植物为主要保护对象的国家级自然保护区。1999年颁布《攀枝花苏铁自然保护区管理办法》，形成一套完整的保护体系，使保护区建设步入规范化、法制化管理道路。强制化管理轨道，2021年，该市又起草了《四川攀枝花苏铁国家级自然保护区管理办法（征求意见稿）》，为加强苏铁保护区的保护、建设和管理，确保攀枝花苏铁资源的安全，维护以攀枝花苏铁为主要保护对象的生长环境提供进一步的保障。

攀枝花苏铁保护区地处我国西南的云贵高原西北部，位于北纬26°35'31"~ 26°38'24"，东经101°32'15"~ 101°35'46"，最高峰团山包海拔2 259.6m，最低海拔1 120.0m，总面积1 358.3hm^2，保护区内有野生攀枝花苏铁38.5万株，是我国自然分布最北、面积最大、株数最多的攀枝花苏铁林。该区域地处金沙江下游河谷地区，河谷深切，地势低凹，呈封闭状，焚风作用显著，气候炎热干燥，是典型的干热河谷气候，适合攀枝花苏铁生长。保护区内的攀枝花苏铁岁岁含苞，年年开花，单株如佛手捧珠，成林似彩毯铺地，万绿丛中黄色点点，形成一道奇异景观。

8.4　仙湖苏铁的保育案例

仙湖苏铁（*Cycas fairylakea*）是王定跃先生在1996年根据深圳市仙湖植物园的栽培植株发表的新种。1999年在深圳市塘朗山首次发现大面积分布的野生居群，约有2 600株（长源村深秋龙山沟1 830株、梅林水库库尾850株），随后在广东省曲江县的罗坑镇罗坑水库上游发现11珠、樟市镇狮子山12株、鹤山市古劳镇红星村后山4株。根据世界自然保护联盟（IUCN）红色名录的标准，仙湖苏铁为濒危物种（Endangered），认为应当对其采取更多保护措施。

在发现之初，梅林水库的仙湖苏铁因薇甘菊绞杀、郁闭度过大和病虫害的影响，植株普遍生长不良或处于濒死状态，生存状况堪忧，面临种群灭绝的风险。作为深圳市仅有的一种保护植物，仙湖苏铁得到社会的广泛关注。2008年，深圳市梅林水库管理处开展了仙湖苏铁的抢救性工作。2009年，对每一株仙湖苏铁进行抢救性抚育，清除覆盖的薇甘菊，增加光照，防治病虫害，进行GPS定位建档。同年9月保护工作已初见成效，99%的植株抽出新叶并茁壮成长。2011年种群的生殖生长恢复，普查到雄球花85株、雌球花21株，采收种子6 200粒。2011年12月，世界自然保护联盟物种保育委员会苏铁专家组主办的第九届国际苏铁生物学大会在深圳召开，参会代表到梅林水库考察了仙湖苏铁野外生境和保护状况，对保护工作给予高度评价。2014年3月，深圳市政府设立深圳市第一个自然保护小区——梅林水库仙湖苏铁自然保护小区，由深圳市水务局直属事业单位梅林水库管理处管理，由深圳市林业局负责行业监管。同年11月，保护小区被中国野生植物保护协会纳入我国首批11家苏铁保育网络成员之一。2016年，梅林水库仙湖苏铁个体数达5 233株，种群规模扩大4倍以上。梅林水库仙湖苏铁保育成为深圳市生态文明建设的一张名片。

注：基于多基因片段和SSR标记的物种界定结果表明，仙湖苏铁和四川苏铁为同一物种（Feng et al., 2021）。四川苏铁是1975年以四川峨眉山伏虎寺栽培的苏铁雌株为模式发表的一个种，自发表以来尚未找到雄株。根据国际植物命名法规的优先权原则，将仙湖苏铁归并为四川苏铁，采用拉丁名*Cycas szechuanensis*。

8.5 德保苏铁的保育案例

德保苏铁（*Cycas debaoensis*）是钟业聪和陈家瑞于1997年在广西德保县发现的新种，主要分布在广西百色市德保县、那坡县和右江区以及云南富宁县的石灰岩山地。与苏铁属其他类群相比，德保苏铁具有婆娑优雅的气质，它的叶片为三回羽状复叶，身姿柔软，远看仿佛竹叶，具有极高的观赏价值。在德保苏铁被发现后的几年时间，一些商人和植物猎人前来高价收购，使这种珍稀植物流入花木市场；当地村民意识到其价值，则“先下手为强”，上山采挖大量德保苏铁据为己有，待价而沽。昔日郁郁葱葱翠竹遍布山坡的德保苏铁景观面目全非，种群数量锐减，德保苏铁野生资源受到严重威胁。

为加强德保苏铁的保护，广西壮族自治区政府建立黄连山兴旺和大王岭两个自然保护区，并为保护区外的德保苏铁建立保护小区。为更好保护德保苏铁，深圳市中国科学院仙湖植物园“国家苏铁种质资源保护中心”同广西壮族自治区林业厅、广西黄连山自然保护区、广东省林业厅一起开展由国家林业局资助的“德保苏铁回归自然项目”。2007年，国家林业局和深圳市中国科学院仙湖植物园联合举行“德保苏铁回归自然启动仪式”。2008年，国家林业局和深圳市仙湖植物园等单位在广西德保黄连山—兴旺自然保护区举行“德保苏铁现场定植活动”，深圳市仙湖植物园国家苏铁种质资源保护中心2002—2007年间人工培育的506株德保苏铁苗从深圳定植到广西德保的保护区内。为每一株回归苗木挂上标签，建立回归苗木管理档案，记录并观测物候、开花和采摘种子情况。对护林员进行培训，内容包括栽培管理、病虫害防治、档案及物候观测、人工授粉及采摘等。

2011年，回归的德保苏铁首次开花。2012年，回归种群首次雌雄同放，雌雄共计86株（甘金佳，2013）；至2013年，回归的506株德保苏铁存活485株，存活率95.8%，开花植株281株，开花率57.4%，雌雄比大致为1：2，同时发现回归地已有2012年自然散种长出的子一代幼苗。这表明该回归种群已具备了在自然环境中的自我更新能力，标志着德保苏铁回归自然项目已取得初步成功。2014年，国家林业局野生动植物保护与自然保护区管理司在深圳召开德保苏铁回归自然项目验收评审会，专家一致认为德保苏铁回归自然成功。

德保苏铁已经成为广西以及德保的一张名片，依托德保苏铁开展了各种形式的宣传活动，显著提升了当地群众的野生植物保护意识。在德保县敬德镇扶平村的郎卡玛山下还有一所“德保苏铁小学”，这是中国首个以濒危植物命名的校园，保护野生动植物、与大自然和谐共处已经成为老师和同学们的共识。

8.6 保护区建设

保护区建设是苏铁属植物最直接有效的保护措施。攀枝花苏铁国家级自然保护区保护了约38万株的野生攀枝花苏铁；以叉孢苏铁为主要保护对象的“贵州望谟县级自然保护区”位于珠江上游的贵州西南部，前身是1990年经望谟县人民政府批准成立的渡邑县级自然保护区和2000年成立的乐旺苏铁自然保护区，保护了6 700余株叉孢苏铁。此外，还有14个国家级自然保护区、10个省级自然保护区、1个州级自然保护区、2个保护小区等，这些保护地保存着我国珍稀的苏铁资源。

篦齿苏铁：云南西双版纳州国家级自然保护区，云南纳板河流域国家级自然保护区，云南糯扎渡省级自然保护区，云南铜壁关省级自然保护区，云南景洪市苏铁保护小区。

叉孢苏铁：广西岑王老山国家级自然保护区，广西雅长兰科国家级自然保护区，广西龙虎山自治区自然保护区，云南广南八宝省级自然保护区，云南驮娘江省级自然保护区，贵州望谟县级自然保护区。

叉叶苏铁：广西崇左白头叶猴国家级自然保护区，广西恩城国家级自然保护区，广西弄岗国家级自然保护区，云南金平分水岭国家级自然保护区，广西青龙山自治区级自然保护区。

陈氏苏铁：云南元江国家级自然保护区，云南双柏县陈氏苏铁保护小区。

单羽苏铁：云南西双版纳国家级自然保护区，云南纳板河流域国家级自然保护区，云南糯扎渡省级自然保护区，云南威远江省级自然保护区。

德保苏铁：广西大王岭自治区级自然保护区，广西黄连山—兴旺自治区级自然保护区，富宁驮娘江省级自然保护区。

滇南苏铁：云南哀牢山国家级自然保护区，云南大围山国家级自然保护区，云南元江国家级自然保护区，云南恐龙河州级自然保护区，云南金平县滇南苏铁保护小区，云南个旧市保和乡滇南苏铁保护小区。

多歧苏铁：云南大围山国家级自然保护区，云南金平分水岭国家级自然保护区。

多羽叉叶苏铁：云南大围山国家级自然保护区屏边管护分局。

贵州苏铁：广西金钟山黑颈长尾雉国家级自然保护区，云南向阳省级自然保护区，云南丘北省级自然保护区，云南省师宗县菌子山市级自然保护区。

灰干苏铁：云南大围山国家级自然保护区。

石山苏铁：广西崇左白头叶猴国家级自然保护区，广西大明山国家级自然保护区，广西恩城国家级自然保护区，广西弄岗国家级自然保护区，广西龙虎山自治区级自然保护区，广西青龙山自治区级自然保护区，广西扶绥县渠楠屯白头叶猴保护小区，广西扶绥县中华村黑叶猴保护小区。

攀枝花苏铁：四川攀枝花苏铁国家级自然保护区，云南轿子山国家级自然保护区，云南禄劝省级自然保护区。

宽叶苏铁：广西金花茶国家级自然保护区，广西十万大山国家级自然保护区。

谭清苏铁：云南绿春黄连山国家级自然保护区。

锈毛苏铁：广西弄岗国家级自然保护区，广西百东河市级自然保护区，广西达洪江县级自然保护区。

长柄叉叶苏铁：云南金平县勐桥乡石洞村多歧苏铁保护小区。

长叶苏铁：云南大围山国家级自然保护区，云南纳板河流域国家级自然保护区，云南西双版纳国家级自然保护区，云南古林箐省级自然保护区，云南麻栗坡老山省级自然保护区。

四川苏铁：广东南岭国家级自然保护区，广东梅林水库仙湖苏铁保护小区。

台东苏铁：海岸山脉台东苏铁自然保护区，台东红叶村台东苏铁自然保留区。

台湾苏铁：海南三亚抱龙国家森林公园，海南鹦哥岭国家级自然保护区，海南霸王岭国家级自然保护区，海南吊罗山国家级自然保护区，海南铜鼓岭国家级自然保护区，海南五指山国家级自然保护区，海南甘什岭省级自然保护区，海南陵水县南湾省级自然保护区，海南三亚河红树林市级自然保护区。

参考文献

蔡邦平，2003. 泰国的苏铁[J]. 亚热带植物科学，32（4）：57-61.

陈家瑞，杨思远，1994. 多歧苏铁——中国苏铁属一新种[J]. 植物分类学报，32（3）：239.

陈家瑞，钟业聪，1997. 德保苏铁——中国苏铁一新种[J]. 植物分类学报，35（6）：571.

楚永兴，2013. 多歧苏铁和长柄叉叶苏铁杂交育种的初步研究[J]. 山东林业科技，43（3）：13-15.

冯惠玲，2002. 苏铁植物主要病虫害及其防治[J]. 花木盆景：花卉园艺（10）：14-15.

甘金佳，李楠，梁飞飞，等，2013. 德保苏铁扶平居群与“回归项目”居群的调查[J]. 广西农学报，28（2）：31-37.

管中天，1996. 中国苏铁植物[M]. 成都：四川科学技术出版社.

黄绍伟，赵群远，李芳，等，2021. 血液灌流联合连续性静脉血液滤过救治铁树果中毒一例[J]. 海南医学，32（9）：1216-1217.

黄玉源，1998. 中国苏铁科植物的系统分类与演化研究[D]. 广州：中山大学.

黄玉源，2001. 中国苏铁科植物的系统分类与演化研究[M]. 北京：气象出版社.

揭建群，1998. 浅谈苏铁的栽培与发展[J]. 江西林业科技（1）：22-24.

孔繁翠，顾昊，王鹤尧，等，2008. 铁树提取物对人肺腺癌细胞凋亡的诱导及相关机制的初步研究[J]. 中国新药杂志，17（8）：667-672.

寇光，张五萍，伍锡栋，等，2016. 铁树雄花提取物对鼻咽癌的抑制作用研究[J]. 江西医药，51（12）：1337-1339.

赖维远，孙皓，2010．铁树果中毒30例临床分析[J]．现代临床医学，36（2）：141．

李超，刘俊，陈卫国，等，2015．江西省某学校一起食用铁树果导致的中毒事件调查[J]．现代预防医学，42（20）：3792-3793，3812．

刘健，2016．苏铁属的分子系统学和生物地理学研究[D]．北京：中国科学院．

刘念，1998．海南岛苏铁一新种[J]．植物分类学报，36（6）：73-75．

卢小根，2014．苏铁的培育及开发利用[J]．浙江林业（12）：28-29．

罗芸，2019．南宁青秀山苏铁园景观调查及评价[D]．南宁：广西大学．

罗在柒，刘兰，李文刚，等，2011．贵州苏铁植株体内矿质养分含量特征分析[J]．北方园艺（15）：107-110．

欧振飞，2016．南宁青秀山风景区苏铁植物迁地保育探讨[J]．绿色科技（13）：40-41．

潘春记，徐芸锋，潘雷灵，等，2014．铁树果急性中毒38例临床分析[J]．中国当代医药，21（6）：158-159．

潘爱芳，2014．石山苏铁和攀枝花苏铁杂交育种试验（简报）[J]．亚热带植物科学，43（3）：264-265．

钱丹，2009．广西石山苏铁复合体的资源调查和分类学研究[D]．广州：中山大学．

秦萱，欧振飞，肖长生，2018．南宁青秀山苏铁专类植物景观应用[J]．绿色科技（17）：102-103．

石久宁，姚远，2007．如何在室内养好苏铁[J]．现代园艺（5）：33．

史红艳，朱海萍，杨培君，2015．苏铁叶黄酮类化合物的检测与提取工艺研究[J]．中国现代中药，17（2）：125-129+152．

孙皓，2009．铁树果中毒1例[J]．四川医学，30（11）：1819．

孙玲玲，毕富勇，凌烈峰，等，2001．铁树叶提取液对白血病细胞株K_（562）、HL-60增殖抑制作用的实验研究[J]．九江医学，16（4）：192-193．

汪志铮，2015．名贵的盆栽观赏植物——苏铁[J]．科学种养（4）：26．

王春焕，2003．苏铁的栽培技术与管理[J]．新疆农业科技（S1）：71．

王定跃，2000．"云南苏铁"考[J]．江西农业大学学报，22（2）：236-238．

王定跃，2000．苏铁科形态结构、系统分类与演化研究[D]．南京：南京林业大学．

王发祥，梁惠波，1996．中国苏铁[M]．广州：广东科技出版社．

王锦秀，汤彦成，吴征镒，2021．《植物名实图考》新释[M]．上海：上海科学技术出版社．

王绍辉，2019．壮药苏铁抑制NSCLC生长的活性成分及作用机制研究[D]．北京：中央民族大学．

王学贵，2009．盆景苏铁病虫害防治技术[J]．现代农村科技（15）：23．

王艳，2015．苏铁栽培管理技术要点[J]．农村实用科技信息（2）：49．

王用平，1987．珍贵稀有植物——贵州苏铁[J]．中国野生植物（4）：25-26．

韦发南，1994．广西一种新的苏铁[J]．广西植物，14（4）：300．

吴剑龙，2014．苏铁类植物的园林配置与应用[J]．现代园艺（14）：137．

吴顺芬，卓文玉，2009．小儿误食铁树果中毒12例救治体会[J].新医学，40（8）：504，552．

吴向军，1995．苏铁斑点病的防治[J]．园林（5）：29．

肖春玲，贾永清，2000．食品中的自然致癌物[J]．中国食物与营养（3）：38-39．

于素杰，2007．苏铁的栽培与管理技术[J]．种子世界（8）：37．

袁素素，秦武洒，张耀，等，2017．铁树种子提取物的抑菌活性[J]．安徽农业科学，45（31）：12-14，17．

张钧成，1995．苏铁、铁树、铁木辩证[J]．北京林业大学学报（S4）：59-62．

张宏达，钟业聪，1997．广西苏铁植物新种[J]．中山大学学报（自然科学版），36（3）：67-71．

张宏达，1998．中国苏铁科植物增补[J]．中山大学学报（自然科学版），37（4）：6-8．

张宏达，钟业聪，1999．广西苏铁一新种[J]．中山大学学报（自然科学版），38（3）：121-122．

赵春田，2010．苏铁栽培技术[J]．现代农村科技（1）：34．

郑芳勤，陈家瑞，2002．福建省的台湾苏铁[J]．林业勘察设计（1）：53-56．

郑芳勤，张晓萍，潘爱芳，2000．福建苏铁调查研究初报[J]．植物学通报，17（4）：302-305．

郑惠贤，1991．苏铁杂交试验[J]．广西林业科技，20（3）：149-150．

中国科学院中国植物志编辑委员会，1978．中国植物志：第七卷[M].北京：科学出版社．

周林，杨思源 等，1981．在四川发现两种新苏铁[J]．植物分类学报，19（3）：334-338．

周燕，蒋舜媛，李朝銮，等，1994．攀枝花苏铁的化学成分[J]．应用与环境生物学报，5（4）：34-37．

周燕，张晓瑢，彭树林，等，2001．苏铁植物研究概况[J]．世界科学技术——中医药现代化（1）：47-50，58．

朱家柟，杜贤铭，1981．中国始苏铁（新属、种）*Primocycas chinensis* gen. et sp. nov. 在我国早二叠世的发现及其意义[J]．植物学报，23（5）：401-404，436-437．

朱贞佳，1993. 多头盆景苏铁的人工诱发[J]．中国花卉盆景（10）：24-25.

BERA S, DAS B, D E A, et al, 2020. Metabolite profiling and in-vitro colon cancer protective activity of *Cycas revoluta* cone extract[J]. Natural product research, 34(4): 599-603.

CALONJE M, STEVENSON D W, OSBORNE R, 2021. The World List of Cycads. online edition [Internet]. Available from: http://www.cycadlist.org.

CHEN J R, DENNIS W S, 1999. Cycadaceae [M]// Wu Z Y, Raven P H, Hong D Y (Eds.), Flora of China: Vol. 04. Beijing: Science Press & St. louis: Missouri Botanical garden Press.

CUI X L, LI K J, REN H X, et al, 2019. Extract of *Cycas revoluta* Thunb. Enhance the inhibitory effect of 5–fluorouracil on gastric cancer cells through the AKT-mTOR pathway[J]. World journal of gastroenterol, 25(15): 1854-1864.

FENG X Y, 2016. Species Delimitation of the *Cycas segmentifida* Complex (Cycadaceae) resolved by phylogenetic and distance analyses of molecular data[J]. Frontiers in plant science, 7: 134.

FENG X Y, WANG X H, CHIANG Y C, et al, 2021. Species delimitation with distinct methods based on molecular data to elucidate species boundaries in the *Cycas taiwaniana* complex (Cycadaceae) [J]. Taxon, 70(3): 477-491.

GAO Z F, THOMAS B A, 1989. A review of fossil cycad megasporophylls, with new evidence of *Crossozamia* Pomel and its associated leaves from the lower Permian of Taiyuan, China[J]. Review of paleobotany and palynology, 60: 205-223.

HILL K D, STEVENSON D W, OSBORNE R, 2004. The world list of cycads[J]. Botanical review, 70(2): 274-298.

HILL K D, 2008. The genus *Cycas* (Cycadaceae) in China[J]. Telopea,12: 71-118.

ISMAIL A, HOSSAM H M, MOAWAD A S, et al, 2020. Chemical composition and therapeutic potential of three *Cycas* species in brain damage and pancreatitis provoked by γ -radiation exposure in rats[J]. Journal of radiation research and applied sciences, 13(1): 200-214.

BURLEIGH J, WILLIANM B, DAVID J M, et al, 2012. Exploring diversification and genome size evolution in extant gymnosperms through phylogenetic synthesis[J]. Journal of botany, 292857.

JONE D L, 2002. Cycads of the world, ancient plants in today's landscape[J]. Second editon, Washington: Smithsonian Institution Press.

KAWAMINAMI M, KAWANO I, KOBAYASHI A, et al,1981. The fundamental structure of cycasin, (methyl - ONN-azoxy) methyl β -d-glucopyranoside[J]. Acta crystallographica section B, 37(11): 2026-2029.

KONAREV A V, LOVEGROVE A, SHEWRY P R, 2008. Serine proteinase inhibitors in seeds of *Cycas siamensis* and other gymnosperms[J]. Phytochemistry, 69(13): 2482-2489.

LINDSTROM A J, 2022. The Cycad Collection at Nong Nooch Tropical Botanical garden, Thailand[J]. Cycads, 6(1): 5-9.

LIU J, 2015. Species delimitation, genetic diversity and population historical dynamics of *Cycas diannanensis* (Cycadaceae) occurring sympatrically in the Red River region of China[J]. Frontiers in plant science, 6: 696.

LIU J, LINDSTROM A J, MARLER T E, et al, 2021. Not that young: combining plastid phylogenomic, plate tectonic and fossil evidence indicates a Palaeogene diversification of Cycadaceae[J]. Annals of botany, 129(2): 217-230.

LIU Y, WANG , LI L, et al, 2022. The Cycas genome and the early evolution of seed plants. Nature plants, 8: 389-401.

NAIR J J, VAN STADEN J, 2012. Isolation and quantification of the toxic methylazoxymethanol glycoside macrozamin in selected South African cycad species[J]. South african journal of botany, 82: 108-112.

OSBORNE R, 1995. The world cycad census and a proposed revision of the threatened species status for cycad taxa[J]. Biological conservation, 71: 1-12.

STULL G W, QU X J, PARINS–FUKUCHI C, et al, 2021. Gene duplications and phylogenomic conflict underlie major pulses of phenotypic evolution in gymnosperms[J]. Nature plants, 7: 1015-1025.

TAIRAT T, FUJIWAM R A M, DENNHART N, et al, 2010. Transglycosylation reaction catalyzed by a class V chitinase from cycad, *Cycas revoluta*: A study involving site-directed mutagenesis, HPLC, and real-time ESI-MS[J]. Biochimica et biophysica acta–proteins and proteomics, 1804 (4): 668-675.

WU C S, CHAW S M, HUANG Y Y, 2013. Chloroplast phylogenomics indicates that Ginkgo biloba is sister to cycads[J]. Genome biology and evolution, 5(1): 243-254.

XIAO L Q, MICHAEL M, 2015. Nuclear ribosomal its functional paralogs resolve the phylogenetic relationships of a late–Miocene radiation cycad *Cycas* (Cycadaceae) [J]. PLoS ONE, 10(1): e0117971.

YOKOYAMAS S, KATO K, KOBA A, et al, 2008. Purification, characterization, and sequencing of antimicrobial peptides, Cy-AMP1, Cy-AMP2, and Cy-AMP3, from the Cycad (*Cycas revoluta*) seeds[J]. Peptides, 29(12): 2110-2117.

作者简介

王祎晴，女，河南滑县人，1997年6月出生，博士研究生。2018年毕业于华中农业大学，2021年在中国科学院大学获得理学硕士学位。从事苏铁属植物物种分化和遗传多样性的研究。

席辉辉，男，湖南永顺县人，1993年3月出生，博士研究生。2016年毕业于湖南科技大学，2019年在中国科学院大学获得工程硕士学位。从事广西西南石灰岩地区苏铁属植物物种分化和遗传多样性的研究。

刘健，男，江西南昌人，1990年3月出生，博士，副研究员。2011年毕业于华中农业大学，2016年在中国科学院大学获得理学博士学位，博士期间主要从事苏铁属的系统发育和生物地理学研究。2018年获国家公派博士后资助，赴加州科学院开展东南亚和大洋洲苏铁属植物研究（2018—2019）。现于中国科学院昆明植物研究所主要从事苏铁类植物的起源、多样性和演化机制等研究。主持国家自然科学基金青年项目、云南省应用基础研究面上及青年项目、中科院西部之光等项目。在*New Phytologist*，*Ecography*，*Annals of Botany*，*Molecular Phylogenetics and Evolution*等期刊上发表论文15篇。

冯秀彦，女，山东郓城人，1986年11月出生，博士，助理研究员。2010年毕业于菏泽学院，2013年在云南大学获得理学硕士学位，2016年在中国科学院大学获得理学博士学位，研究生期间主要研究单羽苏铁的保护遗传学和叉孢苏铁复合群的物种界定及群体遗传。主持国家自然科学基金青年项目、云南省应用基础研究面上及青年项目、中科院西部之光等项目。自2016年起，在中国科学院昆明植物研究所从事苏铁属植物的物种形成和保护遗传学研究，参与了攀枝花苏铁基因组的研究，在*BMC Plant Biology*等期刊上发表论文11篇。

龚洵，男，湖南新化人，1965年9月出生，博士，研究员。1987年毕业于华中师范大学，1990年在中国科学院昆明植物研究所获理学硕士学位，2005年在中山大学获理学博士学位，1995年在日本进修。1990年至今，在中国科学院昆明植物研究所从事濒危物种保护生物学和杂交育种等研究，在*New Phytologist*、*Microbiome*、*Annals of Botany*、*Journal of Integrative Plant Biology*等期刊上发表论文260多篇，出版《中国云南珍稀濒危植物Ⅰ》《中国迁地栽培植物志·木兰科》等专著5部，获国家授权发明专利7件，国家注册登记新品种7个。2007年获云南省自然科学一等奖，2012年获云南省有突出贡献专业技术人才二等奖，2014年享受国务院政府特殊津贴。

湛青青，女，湖南岳阳人，1984年2月出生，博士，工程师。2005年毕业于湖南科技大学，2011年获中国科学院昆明植物研究所理学博士学位，博士期间主要研究叉叶苏铁复合群的谱系地理学。2012年起在中国科学院华南植物园《中国迁地栽培植物志》编研办公室工作，参编《中国迁地栽培植物志名录》《中国迁地栽培植物大全》《广东珍稀濒危植物的保护与研究》《中国植物园》《*The Chinese Garden Flora - Introduction to Encyclopedia of Chinese Garden Flora*》等多部专著，在*Conservation Genetics*等期刊上发表论文3篇。

许恬，女，广西南宁人，1990年1月出生，硕士，工程师。2012获得广西大学农学学士学位，2021年获得广西大学农学硕士学位。先后于南宁东亚糖业集团（2012—2014）、南宁植物园（2014年9月至今）从事种植施工及植物养护工作，为青秀山苏铁园仿生栽培区规划建设的主要负责人，致力于苏铁植物的迁地保育工作。

龚奕青，女，浙江金华人，1987年2月出生，博士，高级工程师。2009年毕业于浙江农林大学，2012年获中山大学专业硕士学位，2015年获中国科学院大学理学博士学位，博士期间主要研究了叉叶类苏铁的物种分化和遗传多样性。自2015年起，在深圳市中国科学院仙湖植物园工作，从事苏铁植物的保育研究与科普工作，参与了攀枝花苏铁基因组的研究，正在开展苏铁目泽米科系统发育及地理分布格局研究，在*Tree Genetics & Genomes*等期刊上发表论文5篇。

摄影（按姓氏拼音顺序排列）

陈彬（上海辰山植物园）
冯秀彦（中国科学院昆明植物研究所）
龚洵（中国科学院昆明植物研究所）
龚奕青（深圳市中国科学院仙湖植物园）
江宝月（福州黎明职业技术学院）
李策宏（峨眉山生物站）
廖荣丽（福州植物园）
刘健（中国科学院昆明植物研究所）
卢珍红（云南省农业科学院）
莫海波（中国科学院西双版纳热带植物园）
莫明忠（红河州林业和草原局）
农正权（广西弄岗国家级自然保护区）
覃毅（广西壮族自治区防城金花茶国家级自然保护区管理中心）
王祎晴（中国科学院昆明植物研究所）
席辉辉（中国科学院昆明植物研究所）
肖斯悦（中国科学院昆明植物研究所）
许恬（广西壮族自治区南宁植物园）
许再文（台湾特有生物保育中心）
袁明灯（中山大学）
湛青青（中国科学院华南植物园）

China

松科银杉属

Pinaceae: *Cathaya*

杨永川[*]　钱深华
（重庆大学环境与生态学院）

YANG Yongchuan[*]　QIAN Shenhua
(College of Environment and Ecology, Chongqing University)

[*] 邮箱：ycyang@cqu.edu.cn

摘　要：银杉为我国特有第三纪孑遗植物，自其发现以来，备受国内外学者关注，并已被国内外众多植物园先后引种。银杉起源古老，同时具有重要的观赏和文化价值，其研究还对松科植物的系统发育、进化、古气候和古生态等方面都有重要意义。然而其残存个体稀少，种群更新存在诸多问题，随时面临不确定因素导致的灭绝风险。因此，加强对于银杉的系统和深入了解，对该物种的保育和园林引种栽培工作都有重要意义。

关键词：银杉　种群结构　引种栽培　园艺价值

Abstract: *Cathaya argyrophylla* is an endemic Tertiary relict plant in China. It is known as the 'plant panda' and the 'living fossil'. Since its discovery, it has attracted much attention from scholars both domestically and globally. Right now, *Cathaya argyrophylla* has been introduced and cultivated by many Chinese and foreign botanical gardens. Its ancient origin is of great significance for the study of the phylogeny and evolution, the paleoclimate and paleoecology of the pine species. Furthermore, this species has important ornamental and cultural values. However, its remnant wild populations are scarce, and many of which are having problems in their population regeneration thus have a high extinction risk. Therefore, it is important to gain a systematic understanding about *Cathaya argyrophylla* for both conservation and cultivation purposes.

Keywords: *Cathaya argyrophylla*; Population structure; Introduction and cultivation; Horticultural value

杨永川，钱深华，2022，第3章，松科银杉属；中国——二十一世纪的园林之母，第一卷：088-101页

1 银杉的发现与生物学特征

1.1　银杉的发现与命名

银杉是我国特有的世界级“活化石”植物、国家一级重点保护野生植物。银杉的消息传出后立即引起世界各国植物学界的轰动，受到世界各国植物学界的高度重视，并认为这是20世纪50年代植物界的一件大喜事。银杉和它的家族曾广布于亚洲、欧洲和北美洲，如今仅残存于中国重庆、广西、湖南和贵州的部分山地。在距今200万～300万年前的第四纪大冰期中，我国西南有着特殊的地貌，冰川间断性分布；在一些低纬度高山峡谷中，温暖湿润的环境成了很多动植物最后的避难所，银杉也残存于这些特殊的地点（毛宗铮，1989；谢宗强和陈伟烈，1994；谢宗强，1995；谢宗强 等，1999；杨永 等，2017）。在国务院1999 年8月4日批准的《国家重点保护野生植物名录（第一批）》和2021年9月7日调整后的《国家重点保护野生植物名录》中，银杉均被列为国家一级重点保护物种。同时，

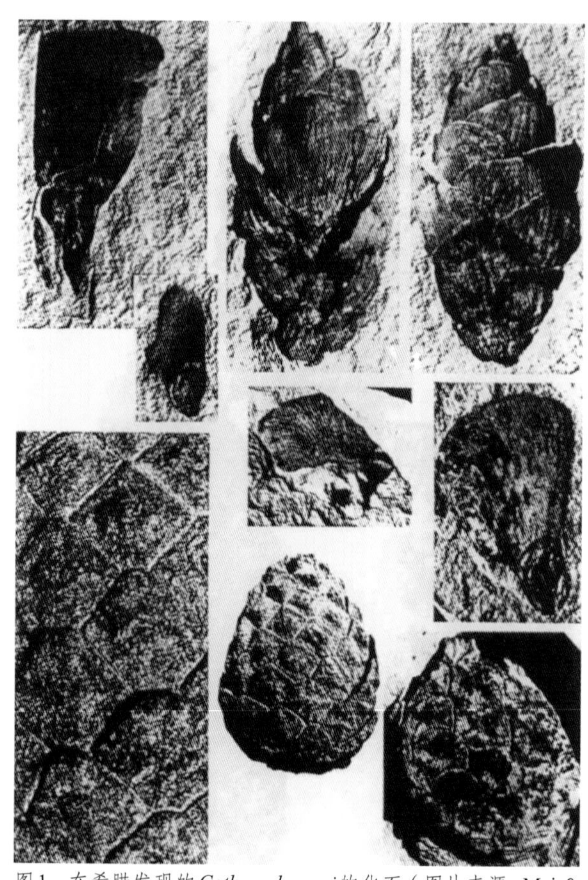

图1　在希腊发现的*Cathaya bergeri*的化石（图片来源：Mai & Velitzelos, 1992）

银杉也是《全国野生动植物及自然保护区建设工程总体规划》确定的首批重点保护的120种极小种群野生植物之一。周恩来总理曾赞誉银杉为中国的“植物国宝”；1972年尼克松访华，曾向周恩来总理提出，希望一睹有“世界活化石”之称的银杉风采，足见其稀有和珍贵（张雷，2017）。

银杉属现仅剩银杉这一个现生种，因此银杉属也是一个单种属。从叶片、球果和花粉等化石证据推测，银杉在最繁盛时曾广布于北半球的亚洲、欧洲和北美洲，古生物学家在加拿大北极地区的始新世地层（当时北极的气候远较现在温暖）中也发现了银杉属的花粉化石（王红卫 等，2007；杨永 等，2017）。

我国植物学家钟济新于1955年4月在广西龙胜的花坪原始森林（即现在的花坪国家级自然保护区）调查时最早发现银杉。此后不久，在我国的重庆市金佛山又发现了400多株，以后在湖南新宁、贵州道真、广西金秀等地也陆续有发现。尤其是1986年，在广西金秀县发现的40多株银杉，是世界上纬度最低的银杉群落，并且其中一株高达31m，胸径80cm，树龄500多年，可谓是银杉之最（孙治强，2001）。

1958年4月，陈焕镛和匡可任在苏联《植物学杂志》第43卷第4期上用俄文和拉丁语发表了《中国西部南部松科新属——银杉属》一文，正式建立了银杉这一新属。文中描述了银杉的两个现生种：①根据在广西采集的标本发表了银杉，种加词意为“银色的叶片”；②根据杨衔晋在金佛山采集的标本发表了南川银杉（*Cathaya nanchuanensis*），种加词点明了产地。不过文中并未指定银杉属的模式种，因为同时存在两个物种被描述的情况，该发表按照植物命名法规被认为无效。随后，陈焕镛和匡可任于1962年再次于《植物学报》发表银杉的描述（陈焕镛和匡可任，1962），并将银杉命名为*Cathaya argyrophylla* Chun & Kuang，并将南川银杉归并，至此，南川银杉成为银杉的异名。银杉的属名“Cathaya”为拉丁语，其词根“Cathay”意为“中国、华夏、契丹”，整个词谓之“华夏树”（傅立国和程树志，1981）。

1.2 银杉的生物学特征

银杉是常绿乔木。树干通直，成年植株高达24m，胸径通常达40cm，稀达85cm。树皮暗灰色，裂成不规则的薄片。树冠塔形，分枝平展，枝条多集中于树冠上部，叶片密集于枝端。小枝节间上部生长缓慢、浅黄褐色，无毛或初被短毛，后变无毛，具微隆起的叶枕。冬芽无树脂，卵圆形或圆锥状卵圆形，顶端钝，淡黄褐色，无毛，通常长6～8mm，芽鳞脱落。叶螺旋状着生于小枝顶部，呈辐射状伸展，在枝节间上部排列密集，呈簇生状；叶条形，微曲或直，通常长4～6cm，宽2.5～3mm，先端圆或钝尖，基部渐窄成不明显的叶柄；叶缘微反卷，上面中脉凹陷，下面中脉隆起，沿两侧有明显的白色气孔带，横切面上有2个边生树脂道；成熟叶呈深绿色，被疏柔毛，幼叶边缘具睫毛。雌雄同株，雄球花通常单生于2年生枝叶腋，雌球花单生于当年生枝叶腋。雌球果当年成熟，常多年不脱落，无梗，呈卵圆形，长3～5cm，直径1.5～3cm，熟时淡褐色或栗褐色。种鳞13～16枚，初时覆瓦状紧贴，成熟时张开，木质，蚌壳状，背面有短毛，腹面基部着生两粒种子，宿存。苞鳞小，卵状三角形，具长尖，不露出。种子倒卵圆形，长5～6mm，暗橄榄绿色，具不规则斑点。种翅膜质，黄褐色，呈不对称的长椭圆形，长10～15mm，宽4～6mm。染色体$2n=24$。银杉木材为有脂材，心材淡红褐色，边材灰白色，纹理直（Fu 等，1999）。

银杉生长缓慢，成株高大挺拔，生长期短，4月下旬抽梢到8月下旬即停止生长，年生长期仅4个月。其雄球花开放较早，于4月中、下旬达到开花盛期，而雌球花开放盛期为4月下旬到5月上旬，时间相差10天左右，导致花期不遇，受精率低；而且花期正值梅雨季节，不利于授粉，又导致坐果率下降。银杉一般隔年结实或隔多年结实，结实量少，种子可育率低（谢宗强，1995；谢宗强和陈伟烈，1999）。

银杉根系为直根系，幼苗时即有明显的主根，随着树龄的增大，逐步形成强大的根系，侧根和须根都比较发达，能在土层浅薄、岩石裸露的山脊生存下来，并有大量的菌根（贺军辉，1990）。

银杉喜温凉湿润气候，生长的最适温度为20℃，温度低于15℃时植株停止生长，但绝对低温为–14.4℃时，植株也没有明显的受冻害症状，说明具有一定的抗寒性，此外并且低温处理的银杉种子具有更高的萌发率和发芽速度。银杉幼苗对土壤水分要求较高，随着树龄增加，对水分依赖性减小，能在裸露的山脊生长，表现出较强的抗旱性（谢宗强，1995；谢宗强和陈伟烈，1999）。银杉在土壤结构疏松、排水良好、上层较厚的酸性土壤中生长茂盛。遇到土层浅薄的条件也能生长、结实，展现出一定的耐瘠薄能力（Qian 等，2016）。

光照对银杉的分布和生长影响十分明显。银杉苗期需要一定荫蔽，但随着年龄增加，对光照要求逐渐增强，此时过于荫蔽常导致植株死亡。银杉天然更新的好坏与林分郁闭度大小有密切的关系，即疏林中更新较好，密林中几乎无银杉的幼苗与幼树。因此，银杉多分布在山地的阳坡或半阳坡，阴坡较少出现；植株的结实量，长在阳坡的明显多于长在阴坡的个体。在郁闭度较小的林分中，银杉的幼苗和幼树比较多，随着郁闭度增大，银杉幼苗幼树量通常逐渐减少（贺军辉，1990；谢宗强，1999）。

1.3 银杉的分类与系统位置

1.3.1 银杉属

Cathaya Chun & Kuang, Acta Botanica Sinica 10:245. 1962, nom. cons. prop., against Karav. 1961 (Trudy Moskovsk. Obshch. Isp. Prir. 3: 127. 28 Jan 1961 [Foss.], nom. rej. prop. Typus: *C. jacutica* Karav. Fide: Doweld, 2016)

TYPE: *C. argyrophylla* Chun & Kuang.

1.3.2 银杉

Cathaya argyrophylla Chun & Kuang, Acta Botanica Sinica 10:245. 1962. TYPE: China, Guangxi, Longsheng Xian（龙胜县），16 may 1955, *Guang Fu Lin Qu Exped.*（广福林区考察队）*198* (Holotype: BSC; Isotype: PE).

Syn: *Cathaya nanchuanensis* Chun & Kuang Bot. Zhurn. (Moscow & Leningrad) 43: 466 (1958); *Pseudotsuga argyrophylla* (Chun & Kuang) Greguss, Bot. Közlem. 57: 54 (1970); *Tsuga argyrophylla* (Chun & Kuang) de Laub. & Silba, Phytologia Mem. 7: 75 (1984); *Cathaya argyrophylla* subsp. *nanchuanensis* Silba, J. Int. Conifer Preserv. Soc. 15(2): 47 (2008); *Cathaya argyrophylla* subsp. *sutchuenensis* Silba, J. Int. Conifer Preserv. Soc. 18(1): 5 (2011).

银杉属的学名是一个保留名：即基于化石材料的银杉属（*Cathaya* Karav.，1961）早于现生物种的银杉属（*Cathaya* Chun & Kuang，1962）发表（Doweld，2016）。在国际化石植物分类命名数据库International Fossil Plant Names Index（IFPNI）（http://ifpni.org/about.htm）中，现生银杉物种的银杉属下包括了23个基于各类化石材料考证发布的化石物种记录。但实际上这些基于化石材料考证的银杉属（*Cathaya* Karav. 1961）比陈焕镛和匡可任发表的银杉属（Chun & Kuang，1962）在球果和种子大小等方面均存在较大的差异。因此，有学者认为基于化石材料发表的银杉属物种可能是一个与现存黄杉属亲缘关系接近，但已经灭绝的独立类群（Doweld，2016）。但由于基于化石材料考证的银杉属记录发表较早，而现生银杉种的银杉属（*Cathaya* Chun & Kuang）又不存在化石记录，两者不同但是学名一样，所以基于活植物的银杉属（*Cathaya* Chun & Kuang）被作为保留名（Doweld，2016）。另一个相关的问题也是关于保留名的，但是对象是类似的拼写 *Cathayeia* Ohwi（傅立国，1981）。针对以上两个的保留均写入法规（参见深圳法规附录）。

银杉属根据其叶、芽鳞、雄蕊、苞鳞、珠鳞和种鳞均螺旋状排列，苞鳞与种鳞分离（仅基部合生），雄蕊具2个花药，每一珠鳞具2枚胚珠，种子具膜质长翅等形态性状，隶属于松科是无可非议的。但同时银杉属植物又有其固有的特征，例如，叶辐射伸展，线形，叶内具2个边生树脂道；雄球花常单生于2年生枝叶腋，雄蕊的药室纵裂，花粉有气囊；雌球花单生于当年生枝叶腋，授粉到受精相隔约1年之久；球果翌年成熟，种鳞近圆形，苞鳞三角状而不外露，种子无树脂囊、基底无种翅包裹等，这些形态性状与松科的其他属又有区别（傅立国，1981）。由于松科物种在地质历史时期曾发生较强的分化，且绝大部分类群现已绝灭，其现存属间存在很大的间断，很难得到性状的演化系列，利用形态性状重建其系统发育过程十分困难。因此，银杉属在松科物种中的系统位置也一直存在较大的争论。从胚珠结构和雌配子体发育、花粉形态、染色体数目和核型来看，银杉属和松属（*Pinus*）具有较近的亲缘关系（Chen 等，1995），而依据木材解剖的研究结果，银杉属更接近于黄杉属（*Pseudotsuga*）（王伏雄，1990）。

除了以形态性状特征为依据，基于化学成分的研究发现，银杉属与松属和云杉属（*Picea*）也较为近缘（何关福 等，1981；Hart，1987）。通过薄层层析法对松属、云杉属、落叶松属、雪松属和冷杉属进行锯齿烯族化合物的初步检测所得结果发现，除银杉属以外，松科物种中仅松属和云杉属物种含有锯齿烯族这一类化合物。基于银杉属、松属和云杉属化学成分的具体比较，发现这3个属不仅都含有锯齿烯族这一类化合物，并且还含有相同的锯齿烯族成分。这一共同性可能支持了分类学家和形态学家关于银杉属在松科中系统位置的意见，即在松科各属中，银杉属是近缘于松属和云杉属。并且，通过对银杉属、松属和云杉属比较，又可看出，银杉属所含的锯齿烯族化合物中，既与后两属有相同的成分，又有不同的成分，这一差异性，也许正说明了这个属的独立性。关于分类学家和形态学家认为的银杉属与黄杉属在亲缘上的关系，不仅没有见到关于黄杉属锯齿烯族成分的报道，甚至连普通三萜成分也未见报道。因此，在化学上是否能找到两属间亲缘的证据，有待进一步对两属化合物作深入的比较研究（何关福 等，1981）。此外，汪小全等（1997）基于cpDNA片段进行了研究，发现黄杉属、落叶松属（*Larix*）、银杉属和松属构成了一个单系群，银杉属与松属的亲缘关系更近于与另外二属的亲缘关系。此外，遗传多样性和谱系地理的研究还证实了银杉残遗特性的同时，表现出了较低水平的遗传多样性和强烈的种群间遗传分化，可能是其濒危的原因之一（Wang 等，1997；Wang 等，1998a；Wang 等，1998b）。

2 银杉的价值

2.1 银杉的观赏和实用价值

银杉的树冠像一座宝塔，分枝平展，树干曲直，挺拔秀丽，枝繁叶茂。其树皮深褐色，开裂成不规则的薄片，较大的枝丫横生，如同一级级阶梯。叶片在小枝上排列紧密，几乎呈簇生状。条形的叶片长5cm左右，先端较圆，叶片宽度两三毫米，用手触摸，能感觉出叶片边缘略微向下反卷。叶片上面深绿色，被有稀疏的柔毛；叶片下面的中脉两侧，各有一条粉白色的气孔带，极为醒目。山风吹拂时枝丫翻动，气孔带会在阳光下闪烁银光，这也是“银杉”一名的由来。银杉的球果尚未成熟时为绿色，成熟时则会变成暗褐色。球果卵圆形、长卵圆形或长椭圆形。种翅膜质，黄褐色，呈不对称的长椭圆形或椭圆状倒卵形（张雷，2017；金文驰 等，2021）。

银杉除了有很高的观赏价值外，它也是建筑造船、家具的良材。它的问世同水杉一样，为古植物、古地质、古气候及现代植物学提供了宝贵资料。

2.2 银杉的文化价值

1992年3月10日，中国植树节前夕，原邮电部门发布了《杉树》特种邮票，全套四枚，分别为水杉（*Metasequoia glyptostroboides*）、银杉、秃杉（*Taiwania cryptomerioides*）、百山祖冷杉（*Abies beshanzuensis*），邀请了中国科学院昆明植物研究所曾孝濂先生设计。在我国以往发行的被子植物邮票里，表现主要以花冠为主，“杉树”邮票另辟蹊径，表现以球果为主。曾孝濂选择银杉成熟后期的球果枝，将其置于画面的主要部位，准确地刻画球果的形状和种鳞的数量及排列方式，树形作为远景，描绘了银杉的整体形态。整套邮票具有一种素雅宁静的气氛，《杉树》邮票被评为1992年度全国最佳邮票，获首届专家奖（张雷，2017）。此外，市面上还出现过以中国科学院华南植物园冯钟元先生的《银杉》科学绘画作品为素材的明信片发行（图2至图4）。

图2 1992-3T（4-2）《银杉》（图片来源：张雷，2017）

图3 冯钟元先生《银杉》科学绘画作品为素材的明信片正面（图片来源：马金双）

图4 冯钟元先生《银杉》科学绘画作品为素材的明信片背面（图片来源：马金双）

3 银杉的种群现状

3.1 种群数量与现状

银杉现存种群规模较小，只在我国亚热带山地的局部地区有零星的残存，间断分布于大娄山、越城岭、八面山和大瑶山。根据最新统计数据，我国现存银杉个体数量约为3 018株；其中，大娄山分布有1 549株，越城岭分布有267株，八面山分布有879株，大瑶山分布有323株（Qian 等，2016）。

Qian等（2016）在银杉种群分布的核心区域大娄山设立了22个植物群落调查样方对现存银杉种群结构进行调查，其中12个位于金佛山自然保护区（老龙洞2个、银杉岗7个、中长岗2个、奔杉1个），10个位于大沙河自然保护区（甑子岩1个、沙凼1个、水井湾2个、狮子岭2个、下瓢湾1个、石香炉3个）。在22个调查样方中，共记录到589株银杉个体，其中522株为存活个体，23株死亡个体（株高1.3m），44株为幼苗（株高<1.3m）。大娄山银杉种群整体呈现逆-J型胸径和年龄结构。大部分死亡个体分布在0 ~ 10cm胸径级和40 ~ 80年的年龄级区间。大娄山银杉种群整体的年龄结构在10 ~ 40年的区间内有明显间断。同时，在不同核心调查地点，银杉的种群年龄结构也不连续，说明即便是现存的银杉核心种群，在近几十年间也存在着明显的更新障碍（Qian 等，2016）。

此外，基于2003—2013年的10年间银杉幼苗动态普查，结果表明高度小于0.2m的银杉幼苗数量在10年间急剧减少。这种幼苗的大量死亡现象在狮子岭和沙凼两个地点尤为明显。由于较大的幼苗（0.2m<株高<0.5m和0.5m<株高<1m）数量并没有明显增加，所以高度小于0.2m的银杉幼苗数量减少是由于幼苗死亡所造成（Qian 等，2016）。

图5　重庆南川区金佛山自然保护区的银杉。红色箭头指向个体为银杉个体（杨永川 摄；拍摄时间：2013年7月）

3.2 种群濒危因素及保护

我国在第四纪冰期时，冰川地带很多，银杉现代分布的越城岭、大瑶山及川东大娄山均有冰川发生。但中国第四纪冰川是局部冰盖所形成的小型冰川，各山地的冰流多不相连，因此气候变冷幅度较小。银杉和大多数植物一样，经过我国东北迁移获得成功。由于当时我国境内冰川作用是局部的山地冰川，银杉在冰期首先迁移到我国低纬度和海拔较低的平原、丘陵地区。间冰期时气候变暖变干，银杉又向高纬度和高海拔处移动。但在这些迁移过程中，植物种类和数量每一次都继续减少。经过几次冰期和间冰期作用，银杉不断地进退转换。第四纪冰期结束后，全球气候变化虽不剧烈，但仍有波动。这种波动虽不会对银杉的分布产生重大作用，但对现有银杉群落孢粉分析的结果表明，第四纪冰期结束后的其后波动对银杉群落的演替造成了很大的影响（谢宗强和陈伟烈，1999；王红卫 等，2007）。

此外，银杉的生境和资源在过去遭到过严重

图6　重庆南川区金佛山自然保护区的银杉群落外貌（杨永川 摄；拍摄时间：2013年7月）

图7　贵州大沙河自然保护区银杉群落典型生境。红色箭头指向个体为银杉个体（杨永川 摄；拍摄时间：2013年7月）

图8　重庆南川区金佛山自然保护区不同生境中银杉幼株、幼苗的生长情况。红色箭头指向个体为银杉个体（杨永川 摄；拍摄时间：2013年7月）

破坏，例如对森林的乱砍滥伐和过度利用等。目前的银杉大多沿山脊生长，地势险峻，人迹罕至（图7）。正是这种地势，使银杉免遭进一步破坏。此外，金佛山老龙洞的银杉，生长在一面为悬崖的平坦台地，另一面为敬神的庙，宗教信仰中的风水地成为银杉免遭人为破坏的避难所（谢宗强，1999；谢宗强和陈伟烈，1999；Qian 等，2016）。

由于银杉相对于群落中大量阔叶树种的竞争力较弱，自然保护区的严格保护措施（杜绝一切人为干预）实际上并不能很好地促进银杉种群的生长和更新。相反，适当对群落中阔叶树种进行切枝和树冠的修整以保证林下的光环境，应当是更适合的保护和管理的对策。除了保证林下的光环境，在调查时还发现，一些特殊微生境也有利于银杉幼苗的存活和生长。例如，在湿润的苔藓上，银杉幼苗的存活和生长情况较为良好。相反，在干燥或是小径竹分布较密的干旱土壤上，则基本没有存活的银杉幼苗（图8）。因此，在针对银杉进行保护和管理时，应当注重局部特殊微生境条件的修饰和维护（张旺锋 等，2005；Qian 等，2016）。

4 银杉的引种与栽培

4.1 自然保护区引种和培育

银杉枝繁叶茂，挺拔秀丽，树姿优美，具有很高的观赏价值。但由于银杉的种群分布通常在海拔1 000m以上的高海拔森林中，自然分布范围很小，生长缓慢，个体稀少，不便于人们的参观。我国科学工作者经过多年的努力，尝试利用各种方法对银杉进行移栽或繁殖。但银杉的迁地移植成功率可能与立地条件、栽培技术、管护方法以及特有菌根关系密切，其移植成功率的提升，仍有待更多的研究和探索（张耀尹 等，2017）。

贵州大沙河国家级自然保护区自从发现银杉以来，有不少单位先后进行带土保湿移植到国内其他地点，但是成功的案例仍然较少。记录到的从该地迁地移植的银杉有60株（其中幼苗50株，幼树10株），最终成活的只有11株，占总数的18%，且移植的成活个体长势均不佳。武汉植物园于1983年从大沙河自然保护区（取苗地点：石香炉）迁地移植幼苗2株、幼树1株，随后成活率100%，长势一般。贵州省植物园于1982年从大沙河自然保护区（取苗地点：沙氹）迁地移植幼苗5株，随后成活率40%，长势一般。截至2021年，贵州省植物园的贵州稀有濒危种子植物迁地保护基地还从道真大沙河、桐梓柏芷山引种栽培保育了银杉10株，存活率达到了90%（贵州省林业厅，2006；邹天才 等，2021）。

在重庆金佛山国家级自然保护区，作为银杉核心种群的自然分布地之一，银杉保护繁育也是一项重要课题。由于银杉的自然更新较为困难，不仅要对银杉开展原地保护，促进自然更新，也着眼于开展人工繁育，并实现银杉野外回归，力争提升银杉数量。经过多年研究和摸索，金佛山银杉的人工繁育已基本取得成功。金佛山的银杉繁育从20世纪90年代初即已开始，累计育苗3 000余株，野外回归1 700多株（贵州省林业厅，2006；金文驰 等，2021）。

在广西花坪国家级自然保护区，相关人员栽培了1 600余株银杉，长势一直良好。另外，保护区人员还根据银杉的生活习性，特别设计了一套分两次移植的方法。

4.2 植物园的引种和培育

银杉在海外的移植和栽培近年来也陆续有见到报道。银杉的种子和个体最早在20世纪90年代伴随着贸易禁令的缓和被引种到部分国外植物园和培育基地。据记载，国外最早的银杉引种记录是1993年的悉尼皇家植物园（Royal Botanic Gardens, Sydney），但遗憾的是该引种植株由于偶然因素移出植物园后相关生存记录遗失。1995年，爱丁堡皇家植物园（Royal Botanic Garden, Edinburgh）正式收到来自中国深圳市中国科学院仙湖植物园的鲜活银杉种子，他们将银杉种子送到了不同植物园进行种植。1999年哈佛大学阿诺德树木园（Arnold Arboretum）成功培育了182株银杉幼苗，但目前国外仍然没有较大的成年个体（Spongberg 等，1995；Callaghan，2009）。据报道，英格兰格洛斯特郡的韦斯顿伯特国家树木园（Westonbirt Arboretum）于近年种植了3株银杉，其中1株雌株已经成功结实并产生了种子（https://www.fowa.org.uk/blog/one-of-westonbirts-rarest-trees/）。据当地管理人员估计，这几株银杉的最终树高仍然未知，当前一段时期内可能维持在10m左右的状态，长势较为一般。

利用广西花坪国家级自然保护区的移植方法，北京市植物园也已成功培植了5株银杉。2019年，昆明植物园内于1996年引种成活的唯一一株银杉结实且长势良好，树形优美（何忠伟 等，2012）。

4.3 银杉引种栽培的技术途径

银杉的结实率很低、球果的出种量也很少，空粒比例很高，种群遗传多样性水平很低而种群间遗传分化明显。对于银杉的引种栽培，可从以下两方面考虑：

（1）采用人工辅助手段，促进银杉基因交流。银杉生长缓慢、结实量小、种子成苗率低，因而天然更新困难。根据其群体遗传分化极高这一独特的群体结构，选取遗传差异明显的种群，尝试采用传统的人工授粉方法，在不同种群的个体间开展杂交，来恢复银杉的天然种群。

（2）利用菌根接种技术提高银杉引种栽培的成活率。银杉保护区一般用人工种子繁殖法来繁育银杉小苗，在一定程度上提高了种子的发芽率，但是小苗的成活率不高。外生菌根的功能越来越引起人们的关注，目前外生菌根技术在引种、菌根化育苗造林、逆境造林、植物病虫害防治方面的应用都已在许多树种上取得了显著成效。银杉是典型的外生菌根植物，可通过组织培养法诱导银杉无菌小苗，进行培养基和外生菌根菌的筛选，找到同时适合银杉幼苗与外生菌根菌生长的培养条件，成功地建立起银杉快速人工菌根苗的诱导法，实现银杉菌根苗的大批量生产，从而实现大量人工繁殖银杉的目标。

参考文献

陈焕镛，匡可任，1962. 银杉——我国特产的松柏类植物[J]. 植物学报，10（3）：245-246.

傅立国，1981. 建议银杉属名*Cathaya* Chun et Kuang作保留属名[J]. 植物分类学报，19（2）：269-270.

傅立国，程树志，1981. 银杉的发现及命名[J]. 植物杂志（4）：42-43.

贵州省林业厅，2006. 大沙河自然保护区本底资源[J]. 贵阳：贵州科技出版社：492-499.

何关福，马忠武，印万芬，等，1981. 银杉的锯齿烯族成分与系统位置的讨论[J]. 植物分类学报（19）：440-442.

何忠伟，胡仁传，黄日波，等，2012. 广西银杉林主要树种种群生态位分析[J]. 林业科学研究，25（6）：761-766.

贺军辉，1990. 银杉动苗成活法式[J]. 植物杂志（6）：5.

金文驰，王霞，张钦伟，等，2021. 金佛山中藏银杉[J]. 森林与人类（4）：88-99.

毛宗铮，1989. 我国特有植物银杉的资源、分布及其环境[J]. 广西植物（1）：1-11.

孙治强，2001. 植物中的熊猫——银杉[J]. 化石（4）：9-10.

汪小全，韩英，邓峥嵘，洪德元，1997. 松科系统发育的分子生物学证据[J]. 植物分类学报，35（2）：97-106.

王伏雄，1990. 银杉生物学[J]. 北京：科学出版社.

王红卫，邓辉胜，谭海明 等，2007. 银杉花粉生命力及其变异[J]. 植物生态学报（6）：1199-1204.

谢宗强，陈伟烈，1994. 中国特有植物银杉林的现状和未来[J]. 生物多样性（1）：11-15.

谢宗强，1995. 中国特有植物银杉及其研究[J]. 生物多样性，5（2）：99-103.

谢宗强，陈伟烈，刘正宇，等. 1999. 银杉种群的空间分布格局[J]. 植物学报（1）：95-101.

谢宗强，陈伟烈，1999. 中国特有植物银杉的濒危原因及保护对策[J]. 植物生态学报（1）：2-8.

谢宗强，1999. 银杉（*Cathaya argyrophylla*）林林窗更新的研究[J]. 生态学报（6）：775-779.

杨永，王志恒，徐晓婷，2017. 世界裸子植物的分类和地理分布[J]. 上海：上海科学技术出版社：410-411.

张雷，2017. 植物“国宝”银杉——方寸之间话林业之八[J].

广西林业（10）：34.

张旺锋，樊大勇，谢宗强，等. 2005. 濒危植物银杉幼树对生长光强的季节性光合响应[J]. 生物多样性（5）：387-397.

张耀尹，李乔明，冯育才，等. 2017. 贵州大沙河自然保护区天然银杉优良母树选择初探[J]. 贵州林业科技，45（1）：34-38.

邹天才，李媛媛，洪江，等，2021. 贵州稀有濒危种子植物物种多样性保护与利用的研究[J]. 广西植物，41（10）：1699-1706.

CALLAGHAN C B, 2009. The Cathay Silver Fir: its discovery and journey out of China [J]. Arnoldia, 66(3): 15-25.

CHEN Z K, ZHANG J H, ZHOU F, 1995. The ovule structure and development of female gametophyte in *Cathaya* (Pinaceae) [J]. Cathaya, 7:165-176.

DOWELD A B, 2016. (2420) Proposal to conserve the name *Cathaya* Chun & Kuang against *Cathaya* Karav. (Gmnospermae: Pinales) [J]. Taxon, 65(1): 187-188.

FU L, LI N, MILL R R, 1999. Pinaceae [M]// Flora of China : Vol. 4. Beijing: Science Press; St. Louis: Missouri Botanical Garden: 11-52.

HART J A, 1987. A cladistic analysis of conifers: preliminary results [J]. Journal of the Arnold Arboretum, 68:269-307.

MAI D H, VELITZELOS E, 1992. Über fossile Pinaceen - Reste im Jungtertiär von Griechenland [J]. Feddes Repertorium, 103(1/2):1-18.

SPONGBERG S A, 1995. *Cathaya* comes to the Arnold Arboretum [J]. Arnoldia, 55(3): Fall News 1-2.

QIAN S, YANG Y, TANG C Q, et al, 2016. Effective conservation measures are needed for wild *Cathaya argyrophylla* populations in China: insights from the population structure and regeneration characteristics [J]. Forest Ecology and Management, 361:358-367.

WANG X Q, ZOU Y P, ZHANG D M, et al, 1997. Genetic diversity analysis by RAPD in *Cathaya argyrophylla* Chun et Kuang [J]. Science In China (Series C), 40(2): 145-151.

WANG X Q, HAN Y, HONG D Y, 1998a. A molecular systematic study of *Cathaya*, a relic genus of the Pinaceae in China [J]. Plant Systematics and Evolution, 213: 165-172.

WANG X-Q, HAN Y, HONG D-Y, 1998b. PCR-RFLP analysis of the chloroplast gene trnK in the Pinaceae, with special reference to the systematic position of *Cathaya* [J]. Israel Journal of Plant Sciences, 46: 265-271.

致谢

本研究得到国家自然科学基金项目“孑遗植物银杉种群更新限制研究”（32071652）和科技基础资源调查项目“中国植被志（针叶林卷）”（2019FY202300）的资助。作者感谢重庆金佛山国家级自然保护区管理事务中心、贵州大沙河国家级自然保护区管理局、广西大瑶山国家级自然保护区管理局、广西花坪国家级自然保护区管理局、湖南郴州市林业局、湖南城步苗族自治县林业局、湖南龙山县林业局等单位在银杉野外调查工作中给予的支持。

作者简介

杨永川，男，博士，教授，重庆铜梁人（1977年生），2000年和2005年于华东师范大学获得学士学位和博士学位；2005—2008年重庆大学博士后，2010—2011年日本横滨国立大学访问学者；2005年开始，于重庆大学环境与生态学院从事教学科研工作，主要研究方向：植物群落结构与动态、珍稀濒危植物生存对策及保育、城市化生态环境效应及生态修复。

钱深华，男，博士，副教授，江苏南京人（1987年生），2009年获得南京林业大学学士学位，2012年和2015年获得横滨国立大学硕士学位和博士学位；2015—2017年重庆大学博士后；2017开始在重庆大学环境与生态学院从事教学科研工作，主要研究方向：植物种群生态学、生物多样性保护与管理、植物功能多样性。

03

园林之母
China

04

-FOUR-

松科——金钱松

Pinaceae, *Pseudolarix amabilis*, Golden Larch

董雷鸣*
［国家植物园（北园）］

DONG Leiming*

［China National Botanical Garden (North Garden)］

* 邮箱：dongleiming@chnbg.cn

摘　要：金钱松针叶入秋叶色转为金黄色，状似金钱，是极优的公园、庭园及盆景树种，是世界五大园林观赏树之一。形态上与落叶松、雪松和冷杉较似，故其学名经多次变更，而与铁杉(*Tsuga canadensis*)和长苞铁杉(*Nothotsuga longibracteata*)关系更近。曾广泛分布于欧亚大陆和北美的中高纬度地区，经第四纪大冰期成为中国特有树种。自然分布于长江中下游温暖地区，国内有诸多引种，也被引种到欧美地区，其中美国哈佛大学阿诺德树木园的引种有详细记载。

关键词：金钱松　园林观赏树　引种

Abstract: The golden larch (*Pseudolarix amabilis*) is one of the top five garden ornamental trees in the world. It's a very attractive tree for parks, gardens, and bonsai. The needles turn a golden yellow color in the autumn, resembling Chinese ancient coins. Its scientific name has been changed several times due to the morphological similarities to larch, cedar, and fir. However, it is more closely related to *Tsuga canadensis* and *Nothotsuga longibracteata* demonstrated by recent discrimination technologies. It was widely dispersed in Eurasia and North America's middle and high latitudes, and endemic to China during the Quaternary period. It is naturally distributed in the warm areas in the middle and lower reaches of the Yangtze River. It has been extensively introduced to other suitable regions in China, as well as in a number of European and American countries. The introduction of golden larch into the Arnold Arboretum of Harvard University was well-documented.

Keywords: *Pseudolarix amabilis*; Golden larch; Garden ornamental tree; Introduction

董雷鸣，2022，第4章，松科——金钱松；中国——二十一世纪的园林之母，第一卷：102–113页

1 金钱松属

Pseudolarix Gordon, Pinetum: 292, 1858, *nom. cons*. **TYPE**: *P. kaempferi* Gordon [correct name *P. amabilis* (J. Nelson) Rehder]. ——*Laricopsis* A. H. Kent, Man. Conif., ed. 2: 403, 1900, *nom. illeg.*, non Fontaine, 1889. **TYPE**: *L. kaempferi* (Gordon) A. H. Kent (*Pseudolarix kaempferi* Gordon). ——*Chrysolarix* H. E. Moore, Baileya 13: 133, 1965. **TYPE**: *C. amabilis* [J. Nelson, H. E. Moore (*Larix amabilis* J. Nelson].

金钱松

Pseudolarix amabilis (J. Nelson) Rehder, J. Arnold Arbor. 1: 53, 1919；杨永，世界裸子植物的分类和地理分布 627, 2017. **TYPE**: United Kingdom. England, cultivated, *G. Gordon s. n.* (Holotype: K). ——*Abies kaempferi* Lindl, Gard. Chron. 255, 1854, *excl. basonym*. *Pinus kaempferi* Lamb. non Lindl, 1833. ——*Pseudolarix kaempferi* (Lindl.) Gord. Pinet. 292, 1858. ——*Larix amabilis* J. Nelson, Pinaceae 84, 1866; *Chrysolarix amabilis* (J. Nelson) H. E. Moore, Baileya 13: 133, 1965. ——*Pseudolarix fortunei* Mayr, Monogr. Abietin. Japan. Reich. 99, 1890.

1.1　命名沿革

对裸子植物物种进行编目是生物多样性保护中的一项重要工作（杨永，2012）。尽管金钱松是单种属植物，但因为其独特的生物学特性、分类学家的认知差异和信息交流不畅等原因，历史上对它的命名经过多次变更和争论。

1854年福琼（Robert Fortune）在一封信件中称他在中国发现了一种落叶松（Larch），而此前只有坎普法（Engelbert Kaempfer）提到过一种名为Seosi的日本落叶松。兰伯特（Aylmer Lambert）

图1　金钱松的形态特性（引自Hooker, 1908）
1.雄球花枝；2.雌球花；3–4.雄蕊；5.球果枝；6–7.种鳞及苞鳞背腹面；8.球果；9.种子

通过日本艺术家的画作，将Seosi命名为*Pinus Kaempferi* Lamb.（Lambert，1824）。因为1833年林德利（John Lindley）已将该落叶松归入冷杉属（*Abies* Mill.），便有了*Abies kaempferi* Lindl.（Lindley，1854）。然而，林德利根据手中的标本很清楚知道福琼发现的"落叶松"与已知的有别：虽然也落叶，但种鳞会脱落，更像雪松；这种非常绿且有"洋蓟头"状球果的特性（图1）与任何已知的雪松和冷杉种的都不同，不能说它比雪松更像落叶松或比落叶松更像雪松（Lindley，1854），但林德利依旧将它命名为*Abies kaempferi* Lindl.。

1858年戈登（George Gordon）以金钱松这一模式种对金钱松属（*Pseudolarix* Gordon）进行了描述和命名，并基于林德利的命名将金钱松定名为*Pseudolarix kaempferi*（Lindl.）Gord.（Gordon，Glendinning，1858）。

1866年纳尔逊（John Nelson）在他的著作*Pinaceae*中将金钱松命名为*Larix amabilis* Nelson（Nelson，1866）。摩尔（Harold Moore）分析说纳尔逊之所以改名仅仅是因为戈登把金钱松归功于福琼（Moore，1966）。

1890年迈尔（Heinrich Mayr）将金钱松命名为*Pseudolarix fortunei* Mayr（Mayr，1890），很明显，他没有注意到纳尔逊之前的命名（Rehder, 1919）。

1919年雷德（Alfred Rehder）的命名*Pseudolarix amabilis*（Nelson）Rehd.是至今沿用的名称（Rehder，1919）。

1965年摩尔将金钱松属*Pseudolarix* Gord.更名为*Chrysolarix* Moore，于是金钱松也被更名为*Chrysolarix amabilis* (Nelson) Moore（Moore，1965）。布洛克（A. Bullock）和亨特（D. Hunt）提出了反对意见（Bullock，Hunt，1966），摩尔据理力争（Moore，1966），但不久放弃了*Chrysolarix*的命名，并认为金钱松的正确名称应该是*Pseudolarix kaempferi* (Lindl.) Gord.（Moore，1973），但被原宽（H. Hara）否决（Hara，1977）。

1.2　形态特性

落叶乔木。树干通直，树皮粗糙，灰褐色，裂成不规则的鳞片状块片。枝平展，树冠宽塔形；枝有长枝与短枝。叶条形，镰状或直，先端锐尖或尖，上面绿色，中脉微明显，下面蓝绿色，中脉明显，每边有5～14条气孔线，气孔带较中脉带为宽或近于等宽。长枝之叶螺旋状散生，辐射伸展，叶枕下延，微隆起；距状短枝之叶簇状密生，辐射平展呈圆盘形，叶脱落后有密集成环节状的叶枕；秋后叶呈金黄色。雌雄同株；球花生于短枝顶端；雄球花黄色，圆柱状，下垂，多数簇生；花粉有气囊；雌球花紫红色，直立，椭圆形，有短梗。球果卵圆形或倒卵圆形；当年成熟，成熟前绿色或淡黄绿色，熟时淡红褐色，有短梗；种鳞木质，中部的种鳞卵状披针形，两侧耳状，先端钝有凹缺，腹面种翅痕之间有纵脊凸起，脊上密生短柔毛，鳞背光滑无毛；苞鳞小，卵状披针形，边缘有细齿，基部与种鳞结合而生，熟时与种鳞一同脱落，发育的种鳞各有2粒种子；种子卵圆形，白色，有宽大三角状披针形种翅，淡黄色或淡褐黄色，连同种子几乎与种鳞等。花期4月，球果10月成熟。染色体2n=44。

1.3 分类地位

金钱松隶属松科冷杉亚科金钱松属。金钱松同时具有的二型分枝系统和针叶排列，及针叶和球果鳞片落叶的特性，在松科中是特有的。三角形的球果鳞片和半卵形到三角形的种翅也是区分金钱松与松科其他成员的特征。Lu等（2014）利用两个单拷贝核基因*LFY*和*NLY*开展的系统发育分析发现，金钱松与云南铁杉（*Tsuga dumosa*）和长苞铁杉（*Nothotsuga longibracteata*）的关系极为密切。随后，另一项联合形态特征、质体与核DNA序列推断松科现存11个属之间的系统发育关系，也证实了金钱松与铁杉（*Tsuga canadensis*）和长苞铁杉（*Nothotsuga longibracteata*）的关系更近（图2）。

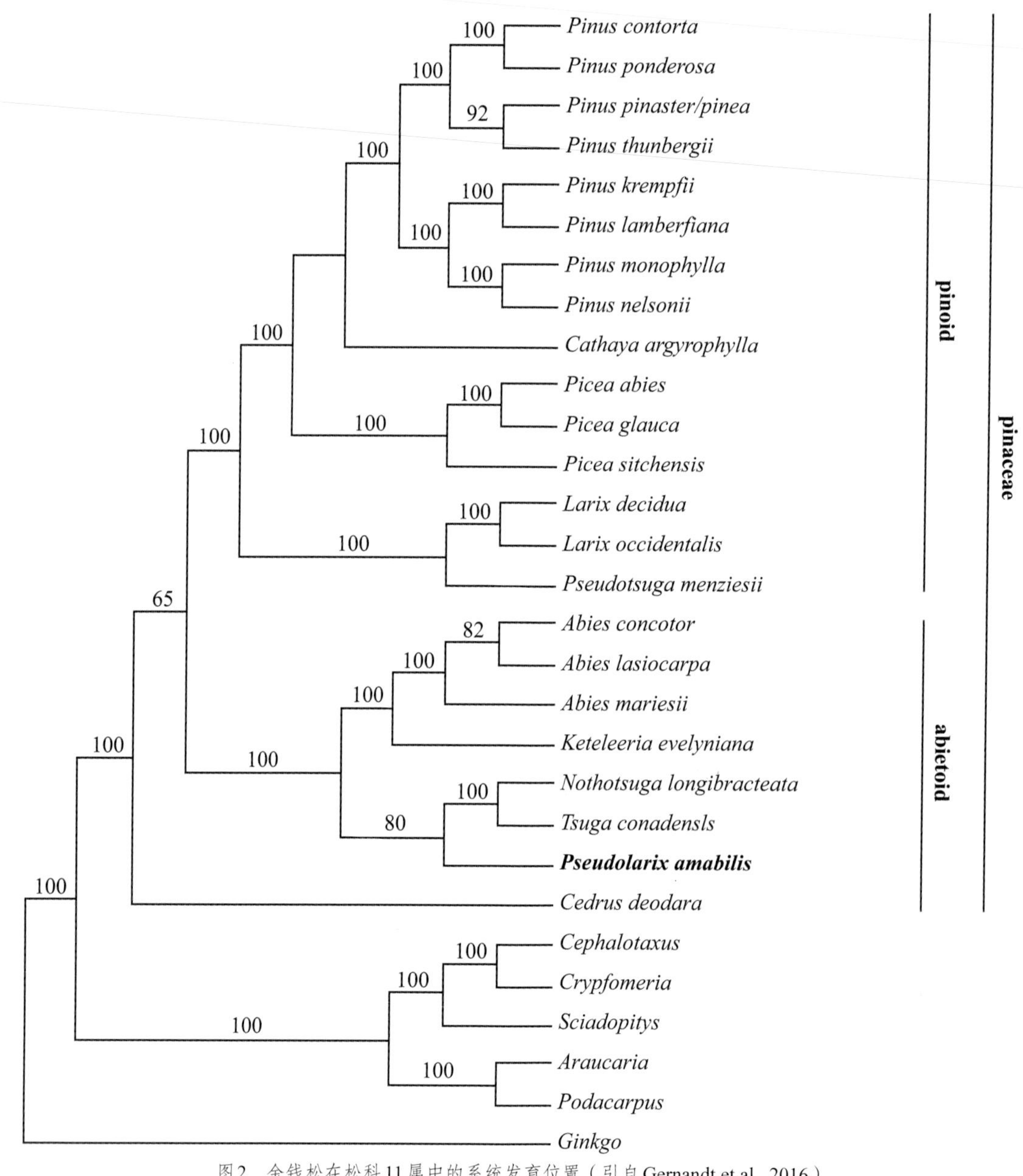

图2 金钱松在松科11属中的系统发育位置（引自Gernandt et al., 2016）

1.4 地理分布

松科植物的分布范围受湿润指数影响最大，其次是海拔梯度、末次冰期以来气温变化和年均温（吕丽莎 等，2018）。化石记录显示，金钱松在白垩纪和第三纪期间广泛分布于欧亚大陆和北美的中高纬度地区（LePage，Basinger，1995；李楠，1995）。在北美和亚洲中部金钱松似乎出现后不久便消失了，而欧洲和日本则一直保存至更新世第一次冰期降临（Farjon，1990）。在我国目前只有中新世的化石记录，在中更新世以前，该属植物也曾分布于华北地区(中国科学院南京地质古生物研究所《中国新生代植物》编写组，1978）。经历第四纪大冰期后，仅存活于我国，成为中国特有树种（魏学智 等，1999）。

金钱松生长较快，比落叶松更耐夏季高温高湿，喜生于温暖、多雨、土层深厚、肥沃、排水良好的酸性土山区。自然分布于长江中下游温暖地区，西起川鄂交界处的利川和万县（现重庆市万州区），东至江苏宜兴、溧阳，浙江东部天台山、西北部的西天目山及安吉，福建的蒲城、崇安及永安；南达湖南安化、新化、莲源，北至河南南部的固始及安徽的霍山、岳西、黟县、黄山和绩溪等（应俊生，1989；魏学智 等，1999）。垂直分布幅度较大，自海拔100～2 300m都有分布，但在1 000m以下生长较好（中国科学院中国植物志编辑委员会，1978）。金钱松在美国东南部生长极好，而那里不适合大多数落叶松和冷杉存活；在欧洲地中海地区生长良好，其中意大利北部最为适合；在英国等更北的地方可以生长，但由于夏季气候凉爽，生长速度非常缓慢（https://conifersociety.org/conifers/pseudolarix/，2021–08–05访问）。

利用生态位模型对金钱松的潜在适生区进行预测，发现金钱松在浙江西北部、安徽南部、湖北南部、湖南北部以及江西北部表现为高度适生，并以这些地带为中心向外延伸至北纬24.43°～33.35°和东经106.41°～123.42°之间；从当前到2070年，金钱松未来分布区会在南方大面积收缩，向北扩张（王国峥 等，2020）。

1.5 观赏价值

金钱松树干通直，树姿优美，针叶早春浅绿色，夏季深绿色，入秋叶色转为金黄色，状似金钱，颇为美观，是极优的公园和庭园观赏树种（杨和健，2009，童再康，2019）。金钱松与金松、雪松、南洋杉和北美红杉合称世界五大园林观赏树（植物杂志编辑部，1999），曾获英国皇家园艺学会颁发的园艺功勋奖（https://www.rhs.org.uk/plants/trials-awards/award-of-garden-merit/agm-lists，2021–08–05访问）。可孤植或列植用作庭荫树种或行道树栽培，也可作为风景树栽培与常绿树种及花灌木配置，群植造景，适于公园、居住小区、城市广场、街道、风景区等各类场景，形成独特的彩色景观（童再康，2019）。

金钱松优美的叶片构型、金钱寓意及生物学特性，使其成为重要的盆景观赏用植物（童再康，2019）。金钱松最宜于制作合栽式，表现出丛林的景象，或与竹柏等植物混栽，间或配以假石成“小森林”盆景；也可大小株混合种植，配以假石、人物小石雕等制作成“森林景观”盆景；单株栽植选用3年生稍大的树苗，通过扭曲树干，钢丝定型，可制作成直干式、斜干式或曲干式等，并可将枝叶攀扎成“云片”状，培养成树干造型盆景（邓泽东，2017；童再康，2019）。金钱松盆景以春季嫩叶初展及入秋后叶转金黄色时，观赏效果最佳，冬季落叶后，合栽式、丛林式盆景可观赏寒林景色。金钱松盆景造型优美，易于管理，耐阴，适于室内盆景观赏，深受国内外群众喜爱，是浙江盆景出口的主要树种（童再康，2019），2019年全国出口金钱松盆景103万盆（张吉红 等，2021）。

1.6 国内保护现状与引种

金钱松是著名的古老孑遗植物，被世界自然保护联盟（IUCN）红色名录及中国生物多样性红色名录均列为易危（Vulnerable, VU）（Yang，Christian，2013；环境保护部和中国科学院，2013）。经国务院国函〔1999〕92号批准，由国

图3　位于浙江天目山国家级自然保护区享有“中国最美古树”和“浙江十大树王”之称的金钱松（引自浙江省林业局网站http://lyj.zj.gov.cn）

家林业局、农业部第4号令发布施行的《国家重点保护野生植物名录（第一批）》将金钱松划为Ⅱ级重点保护物种。此后，各相关省份林业部门通过金钱松古树保护、资源普查、种苗繁育技术研究、采伐移植监管、保护野生植物法律法规宣传等途径进行保护，或通过建立自然保护区、森林公园、康养公园等进行就地近地保护，或通过植物园形式进行迁地保护，或通过建立种子园、母树林、基因保存库等进行种质资源保存。

1.6.1　金钱松的古树保护

浙江省拥有全国最多的金钱松古树：天目山国家级自然保护区开山老殿前的悬崖深处，生长着一株高达58m，胸围3.22m，平均冠幅15m，树龄660年的金钱松，是“浙江十大树王”之一（图3）；临安大山村林家塘金钱松林康养公园分布着180多株百年以上树龄的金钱松和黄山松等古树名木，2002年被临安市政府公布为三级古树名木保护群，并立牌保护；余姚柿林村有一处古树林有千年金钱松；奉化市绿化办帮助大堰镇李家村对金钱松古树进行重点保护；衢州保安乡的戴笠故居内有一棵树龄超过80年的金钱松（浙江省林业局，http://lyj.zj.gov.cn，2021-12-01访问）。湖南省娄底市古仙界村有树龄超过500年的金钱松，专家建议有必要对古树建立围栏，防止过度踩踏（湖南省林业局，http://lyj.hunan.gov.cn，2021-12-01访问）。江西庐山林区及周边的一些自然村落中分布的金钱松等百余古树得到挂牌保护（江西省林业局，http://ly.jiangxi.gov.cn，2021-12-01访问）。随着生态文明建设的兴起，金钱松分布主要省份已系统开展金钱松古树的普查、建档、监测、保健等工作，加大保护力度，加快建立古树公园，发展古树文化等是当地林业发展的重要内容。

1.6.2　金钱松资源的就地近地保护主要依赖自然保护区

有多个自然保护区内有金钱松天然群落分布：自然保护区如浙江清凉峰、湖南乌云界、湖南小溪、安徽古井园、安徽鹞落坪、江西赣江源；森林公园如浙江四明山、浙江天台县华顶、浙江大奇山、浙江瑶琳、浙江钱江源、湖北七峰山、江西峰山、江苏宜兴、福建三明仙人谷；国家地质公园如广西罗城。另外，国家林业局从2009年开始实施的极小种群野生植物拯救保护工程，通过种群保护、原生境改造与野外种群恢复等方法，使金钱松等珍稀濒危野生植物生境得到有效保护，濒危状况逐步缓解（国家林草局，http://www.forestry.gov.cn，2021-12-01访问）。

1.6.3　金钱松的迁地保护

金钱松在我国多个植物园有引种栽培，如南京中山植物园、南京药用植物园、湖南省森林植物园、湖南省南岳树木园、深圳仙湖植物园、桂林园林植物园、湖北孝感市植物园、陕西延安树木园。城市绿化中使用金钱松苗木也是对它的一种间接保护，南京、杭州、厦门等市区种植有金钱松。

1.6.4　金钱松的种质资源保存和保育基地建设

浙江林木育种中心在安吉森博园建立了全国唯一的金钱松种子园，用于金钱松的异地保存和种苗繁育（浙江省林业局，http://lyj.zj.gov.cn，2021-12-01访问）。江苏宜兴市林场建有金钱松母树林；省野保站将和溧阳龙潭林场联合实施省林业三新工作《珍稀植物金钱松繁育与示范推广》，用于金钱松野生种群栖息地保护和繁育苗圃建设，促进金钱松种群的保护和发展；常州市金钱松繁育基地建有金钱松等一批乡土、珍稀濒危植物保护小区（江苏省林业局，http://lyj.jiangsu.gov.cn，2021-12-01访问）。江西九江市珍稀濒危植物保护中心保存有金钱松等珍稀濒危植物122种（江西省林业局，http://ly.jiangxi.gov.cn，2021-12-01访问）。

1.6.5 金钱松的人工繁育

林场是金钱松人工林造林的主力军。浙江安吉县灵峰寺林场、桐庐国有林场、新昌县小将林场、缙云县林场、莫干山林场、长乐林场、淳安富溪林场等均种植有金钱松人工林。湖南隆回县望云山国有林场建设有全省最大的一片金钱松林5 000亩，株数达100万株，漫山遍野的金钱松成为望云山林场一道靓丽的景观（湖南省林业局，http://lyj.hunan.gov.cn，2021-12-01访问）。江西省安福县北华山林场的职工盛宏章于1982年春季造林时节栽种金钱松，经过34年精心培育，如今这棵金钱松松叶满树、郁郁葱葱，长势良好，高约15m，胸围100cm（江西省林业局，http://ly.jiangxi.gov.cn，2021-12-01访问）。浙江2009年开始实施千万珍贵树木发展行动，随后开展珍贵树种进万村活动，期间培育并种植了大量金钱松（浙江省林业局，http://lyj.zj.gov.cn，2021-12-01访问）。这些人类活动显著增加了金钱松的活植株数量，在对金钱松的保护工作中做了很大贡献。

1.6.6 金钱松的引种

国内有诸多引种。南至福建厦门，北至辽宁营口，西至陕西黄土丘陵区均有引种成功的报道（林捷 等，2004；李文华 等，2006；于德林 等，2010）。

1.7 海外引种

根据生物多样性信息机构数据库（Global Biodiversity Information Facility，https://www.gbif.org/）的记录信息，金钱松被引种到美国、新西兰、西班牙、加拿大、荷兰、波兰、英国、意大利、日本、德国、韩国、俄罗斯、比利时、乌克兰、瑞典、法国等国。

1919年，位于美国波士顿的哈佛大学阿诺德树木园（Arnold Arboretum）的信息公报（Anonymous，1919）中详细记录了金钱松如何从中国引种到美国的经过。英国植物采集家福琼（Robert Fortune）首次将金钱松引种到欧洲。1843年，他被伦敦园艺学会派往中国，在一处寺庙中发现栽植于花盆中长势较差的金钱松。直到1854年，在浙江省的一次旅行中，在一处寺院附近再次发现金钱松，收集种子并送往英国。由于只有小部分种子发芽，次年秋福琼在浙江西部考察了一个据说有更多金钱松的地区。在那里他找到许多大小不一的金钱松，但恰逢小年，未采集到球果，便挖了一些植株送往英国。第二个引种金钱松的是英国植物旅行家玛丽（Charles Maries）。1878年她在江西庐山山脉发现金钱松并将其种子送往英国。在二者的努力下，金钱松逐渐被引种到意大利、法国、德国和比利时等欧洲国家。1859年，帕森斯（Samuel Parsons）将福琼1854年送到英国的2～3株金钱松中最大的一株移植到他位于美国长岛的苗圃中。1866年，美国园艺爱好者亨内维尔（Horatio Hunnewell）从英国苗圃维奇父子公司（James Veitch & Sons）手中购买了一棵长在花盆中的幼苗，而后移植到马萨诸塞州的韦尔斯利（Wellesley）松柏园。这株也是福琼从中国引种的。普罗巴斯科（Probasco）说他在辛辛那提附近种的金钱松松比韦尔斯利的树大得多，这株可能也来自福琼引种到英国原始株。达纳（Dana）在长岛种的两株可能来自玛丽在1878年送到英国的种子。

在哈佛大学阿诺德树木园中有3处金钱松：靠近沃尔特街入口的布西山路左侧的金钱松中，两棵较大的于1871年引种自英国，其余则是1906年1

图4　美国哈佛大学阿诺德树木园(Arnold Arboretum)中的金钱松（A-B：全株春夏景观；C：全株秋景；D：夏季枝叶；E：秋季枝叶；F：雄球花）

C
F

月由韦尔斯利那株的种子培育而来（图4）；位于彼得斯山上于1994年从浙江省野外采集的一个群体；布西山背面有一孤植。

美国波士顿郊外的奥本山墓地（Mount Auburn Cemetery）的Thistle Path，Sedum Path，Camellia Path，Cosmos Path，Pyrola Path，Hawthorn Path，Larch Avenue，Viburnum Avenue，Pond Road和Meadow Road等地点也种植有金钱松（https://mountauburn.org/golden-larch-pseudolarix-amabilis/，2021–08–13访问）。

Monumental Trees（纪念树）网站（https://www.monumentaltrees.com/）详细记录了部分引种到欧洲的金钱松的位置和生长信息（2021–08–13访问）如下：

捷克共和国（Czechia）

奥斯塔克，克拉斯特雷克纳德奥赫里城堡公园（The park of castle, Klasterec nad Ohri, Ústecký）中的金钱松‘33024’，胸围1.54m，高21.50m（2015年测量），可能是捷克国内最高的一株。

比利时（Belgium）

弗拉芒·布拉班特，赫伦特，伯利恒修道院（The monastery of Bethlehem, Herent, Flemish Brabant）中的金钱松‘18243’，胸围2.03m，高20.20m（2012年测量）。该树种植于1930年前后。

安特卫普卡，尔姆霍特树木园（The arboretum Kalmthout, Antwerp）中的金钱松‘18242’，胸围2.79m，高度未知（2018年测量）。该树种植于1930年前后。

英国（England）

法尔茅斯，佩拉纳沃瑟尔的Carclew House花园（The garden of Carclew House, Perranarworthal, Falmouth）中的金钱松‘15296’，胸围2.96m，高20.00m（2014年测量）。

霍尔舍姆的莱昂纳多斯里花园（The garden of Leonardslee, Horsham）中的金钱松‘41438’，胸围2.38m，高度未知（2019年测量）。

德国（Germany）

北莱茵-威斯特伐利亚州，本拉思施洛斯-本拉思（the Schloss Benrath, Benrath, North Rhine-Westphalia）的金钱松‘17210’，胸围未知，高20.00m（2014年测量）。

汉堡（Hamburg）的im Jenischpark街上的金钱松‘12419’，胸围2.90m，高14.00m（2018年测量）。

勃兰登堡，维森堡的卡塞尔街（The street Schlosspark, Wiesenburg, Brandenburg）上的金钱松‘37956’，胸围67cm，高度未知（2018年测量）。该树种植于1990年前后。

斯洛文尼亚（Slovenia）

波德拉夫斯卡，马里博尔的Stadt Maribor公园（The park of the Stadt Maribor, Maribor, Podravska）中的金钱松‘10238’，胸围和树高未知。该树种植于1950年前后。

斯洛伐克（Slovakia）

特伦钦，博伊尼茨的城堡（The castle, Bojnice, Trencín）附近的金钱松‘46470’，胸围和树高未知。

参考文献

邓泽东，2017. 金钱松繁育造林与盆景制作技术 [J]. 种子科技，35（7）85-86.

环境保护部和中国科学院，2013. 中国生物多样性红色名录—高等植物卷 [EB].

李楠，1995. 论松科植物的地理分布、起源和扩散 [J]. 植物分类学报（2）：105-130.

李文华，吴万兴，张忠良，等，2006. 陕西黄土丘陵区金钱松和花旗松引种效果分析 [J]. 西北林学院学报（6）：99-101.

林捷，叶功富，谢大洋，等，2004. 厦门市郊景观树种引种及其观赏利用价值的探讨 [J]. 防护林科技（4）：83-86.

吕丽莎，蔡宏宇，杨永，等，2018. 中国裸子植物的物种多样性格局及其影响因子 [J]. 生物多样性，26（11）：1133-1146.

童再康，2019. 金钱松叶型独特似铜钱 [J]. 浙江林业（11）：26-27.

王国峥，耿其芳，肖孟阳，等，2020. 基于4种生态位模型的金钱松潜在适生区预测 [J]. 生态学报，40（17）：6096-6104.

魏学智，胡玉熹，林金星，等，1999. 中国特有植物金钱松的生物学特性及其保护 [J]. 武汉植物学研究（S1）：73-77.

杨和健，2009. 优良风景观赏树种——金钱松 [J]. 林业实用技术（3）：35-36.

杨永，2012. 全球裸子植物物种编目：现状和问题 [J]. 生物多样性，20（6）：755-760.

应俊生，1989. 中国裸子植物分布区的研究（1）——松科植物的地理分布 [J]. 中国科学院大学学报（27）：27-38.

于德林，王东，梁朋，等，2010. 金钱松在北方的引种及繁育技术 [J]. 北方园艺（10）：140-142.

张吉红，徐瑛，王佳莹，等，2021. 金钱松实时荧光PCR鉴定方法的建立[J]. 植物检疫（35）：50-54.
植物杂志编辑部，1999. 世界五大园林观赏树种[J]. 植物杂志（4）：39.
中国科学院南京地质古生物研究所《中国新生代植物》编写组，1978. 中国植物化石：第三册 中国新生代植物——中国新生代植物[M]. 北京：科学出版社.
中国科学院中国植物志编辑委员会，1978. 中国植物志：第七卷[M]. 北京：科学出版社.
ANONYMOUS, 1919. *Pseudolarix amabilis* [J]. Bulletin of Popular Information, 5:57-60.
BULLOCK A A HUNT D, R. 1966. The Generic Name of the Golden Larch [J]. Taxon, 15:240-241.
HOOKER W. J, 1908. *Pseudolarix* Fortune China [J]. Curtis's botanical magazine, 134:8176.
FARJON A, 1990. Pinaceae [M]. Germany: Korltz Scientific Books.
GERNANDT D S, HOLMAN G, CAMPBELL C, et al, 2016. Phylogenetics of extant and fossil Pinaceae: methods for increasing topological stability [J]. Botany, 94:863-884.
GORDON G, GLENDINNING R, 1858. The Pinetum: Being a Synopsis of All the Coniferous Plants at Present Known, with Descriptions, History, and Synonyms and Comprising Nearly One Hundred New Kinds [M]. Henry G. Bohn.
HARA H, 1977. Nomenclatural Notes on Some Asiatic Plants, with Special Reference to Kaempfer's *Amœnitatum exoticarum* [J]. Taxon, 26:584.
LAMBERT A B, 1824. A Description of the Genus Pinus (2nd edition) [M]. London: Weddell.
LEPAGE B A, BASINGER J F, 1995. Evolutionary history of the genus *Pseudolarix gordon* (Pinaceae) [J]. International Journal of Plant Sciences, 156:910-950.
LINDLEY J, 1854. New plants: *Abies kaempferi* [J]. The Garden Chronicle, 16:255.
LU Y, RAN J - H, GUO D - M, et al, 2014. Phylogeny and Divergence Times of Gymnosperms Inferred from Single-Copy Nuclear Genes (S Buerki, Ed.) [J]. PLoS ONE, 9(9):e107679.
MAYR, 1890. Monographie der Abietineen des Japanisch Reiches [M]. Muchen:Rieger'sche Universitats-Buchhand.
MOORE H E, 1965. Chrysolarix, a new name for the Golden Larch [J]. *Baileya*, 13:131-134.
MOORE H E, 1966. In defense of *Chrysolarix* [J]. Taxon, 15:258-264.
MOORE H E, 1973. *Chrysolarix* renounced - a comedy of restoration [J]. Taxon, 22:587-589.
NELSON J, 1866. Pinaceae: being a handbook of the firs and pines [M]. Hatchard Company.
REHDER A, 1919. New species, varieties and combinations from the collections of the Arnold Arboretum [J]. Journal of the Arnold Arboretum, 2:44-60.
YANG Y, CHRISTIAN T, 2013. *Pseudolarix amabilis*. The IUCN red list of threatened species 2013.

04

致谢

感谢马金双老师提供的美国哈佛大学阿诺德树木园金钱松照片及对本文的指导和审阅。

作者简介

董雷鸣，男，河南长垣人（1987年生）。先后于河南科技大学林学院获得学士学位（2010）、浙江农林大学林业与生物技术学院获得硕士学位（2013）、中国林业科学研究院林业研究所获得博士学位（2018）；2018至2020年在中国林业科学研究院从事博士后研究工作；2020年12月至今在北京市植物园［现国家植物园（北园）］植物研究所工作。研究方向为林木遗传育种。

题图：山西晋祠周柏，摄影：李岗

05

-FIVE-

中国柏科植物研究及柏木属、扁柏属和福建柏属介绍

Cypresses Research in China & Introduction of *Cupressus*, *Chamaecyparis* and *Fokienia*

郝 强*

［国家植物园（北园）］

HAO Qiang

［China National Botanical Garden (North Garden)］

* 邮箱：haoqiang@chnbg.cn.

摘　要： 柏科植物（CUPRESSACEAE）是在全球范围广泛分布的重要常绿针叶树种。柏树与人类的命运息息相关，其常绿长寿、质坚芳香的特性使生活在地球上不同地区的人类对柏的认识具有相通性。千百年来，人类与柏树的相互关系也从最初的崇拜和利用发展为保护和研究。本章对柏科植物的研究利用历史、园林育种应用现状和分类与进化进行了综述和展望，并对柏木属、扁柏属和福建柏属等3个属9个国产种的基本特征和保育现状进行了介绍。松柏常青，期望未来有更多人能够投入到柏科植物的研究和保护中来，共同努力为人类带来新的认识和更加美好的未来。

关键词： 柏科　柏木属　扁柏属　福建柏属

Abstract: Cupressaceae are important evergreen conifers which distributed all over the world. Cypress trees affect the fate of mankind. Its evergreen, long-lived, hard and fragrant characteristics make people living in different parts of the earth have the same understanding of cypress. The relationship between human beings and cypress has developed from initial worship and utilization to protection and research throughout history. Here we present a summary and prospect of cypress research, including the history of research and utilization, current situation in garden breeding application and the taxonomy and evolution. Further we introduce the basic characteristics and conservation status of nine domestic cypress species in three genera, including *Cupressus*, *Chamaecyparis* and *Fokienia*. Research on conservation and application of evergreen cypresses deserved that more and more people engage in and it will bring new knowledge and a better future to us.

Keywords: Cupressaceae, *Cupressus*, *Chamaecyparis*, *Fokienia*

郝强，2022，第5章，中国柏科植物研究及柏木属、扁柏属和福建柏属介绍；中国——二十一世纪的园林之母，第一卷：114–169页

序言

柏树是一种起源古老的裸子植物。“岁寒，然后知松柏之后凋也。”《论语》中的这句名言既表述了松柏能够抵抗寒冷气候的特点，又赋予了它们坚韧的品格，后人称之为“松柏比德”，而今更演化成中华民族独立自强的精神内蕴（王颖，2012）。松柏常绿而长寿，木质坚硬而有芳香，我国传统文化常常将松柏合在一起作为“高尚、长寿”的象征。《楚辞·山鬼》云：“山中人兮芳杜若，饮石泉兮荫松柏。”魏晋诗人何劭《游仙诗》云：“青青陵上松，亭亭高山柏。”南朝宋鲍照《松柏篇》云：“松柏受命独，历代长不衰。”他又在《中兴诗十首》中写道：“愿君松柏心，采照无穷极。”这些诗歌将松柏意象融入其中，使人得到精神上的升华（黄彦延，2019）。长期以来，在植物分类学中松和柏都放在松柏亚纲（Pinidae）中一起阐述，也表明它们存在许多共同的生物学特征。在中国，松柏是宫殿庙堂的守护之神，特别是作为社树受到华夏人民的尊崇。今天我们能够看到的古柏往往都生长在古庙和古建筑周围。“丞相祠堂何处寻，锦官城外柏森森。”“孔明庙前有老柏，柯如青铜根如石。”除了唐朝诗人杜甫（712—770，字子美）在《蜀相》和《古柏行》中提到的四川成都武侯祠古柏，还有陕西延安黄陵轩辕柏、山东泰安岱庙汉柏、山西太原晋祠周柏、河南郑州嵩阳书院将军柏、云南昆明黑龙潭宋柏、福建长汀双柏和北京天坛古柏林等，反映了柏与宫殿庙宇之间相互依存的关系。

柏的英文名称“Cypress”来源于古法语“*cipres*”、现代法语“*cyprès*”、拉丁语“*cupressus*”“*cypressus*”和希腊语“*kyparissos*”[1]。不同于我国广泛分布的侧柏和刺柏等物种，欧洲地中海地区多分布地中海柏木（*Cupressus sempervirens*，种加词的意思是“永远活着”），该树种有一个圆锥形的树冠。荷兰

画家文森特·梵高（Vincent Willem van Gogh，1853—1890）喜欢描绘它，著名的作品有《柏树》《麦田与柏树》等（图1A）。地中海岛国塞浦路斯的名称（Cyprus）意思就是"长满柏树的土地"。柏在欧洲的花语是"死亡、哀悼"。在希腊神话里，美少年库帕里索斯（Kyparissos）误杀了他的宠物鹿，为了哀悼，众神将他变成了柏树，这便是柏树西文名称的由来。

本文通过总结柏和人类之间的相互关系，摘录威尔逊在游记中对中国柏树资源的描述，梳理柏树育种与研究的脉络，综述柏科植物在物种进化与分类方面的研究进展，并介绍柏木属、扁柏属和福建柏属3个属9个国产种的基本特征和世界各国对它们的引种栽培情况及研究历史，期望读者能够从中获得柏科植物相关知识，提升大众对生物多样性保护的意识。

图1　柏树绘画作品。（A：荷兰画家梵高油画作品《柏树》；B：清代赵之谦国画作品《古柏灵芝图》；C：徐悲鸿国画作品《柏树》；D：清代佚名宫廷画师绘制的《雍正帝祭先农坛图》局部）

1 柏树与人类的关系

1.1 柏与人：从图腾神灵到风俗名称

古人对雄伟挺拔的巨树多怀有崇敬之情，以松柏为代表的林木图腾文化在我国源远流长。据考证始自商周时期邦之君主称谓“公”“伯”就源自于“松”“柏”两种图腾，即“公”“伯”两个邦君是由以松柏为图腾的两个氏族首领演变而来，这些氏族首领掌管着长满松柏的山林，而氏族发展所需要的物产贡赋都出自这些山林（李莉，2005）。现如今习近平总书记所提倡的“绿水青山就是金山银山”的理论也体现了这种文化传承。

我国是个多民族国家，各个民族都会将生活区域内的古树视为神灵，在其上悬挂各种颜色的布条，象征树木崇拜。柏树因长寿而被彝族、纳西族、土族、藏族、侗族、普米族、朝鲜族等视为神树。生活在我国西北青海、甘肃地区的土族就以柏树作为神灵，民间经常在歇脚的山嘴和关隘等处设立柏木桩，称为“安镇桩”，取逢凶化吉、保佑平安之意。土族有忌门的习惯，遇见有生子、安建新门、染病等事件发生时，外人不得进入庭院，称为忌门。标志就是门旁贴一方红纸，插上柏树枝或者在门旁煨一堆火。土族的传统习俗是火葬，在火葬时会将柏枝点燃与灵轿一起投入火中。裕固族在祭祀萨满天神的时候会在供桌上放置一个草墩，中间插着缠有布条的柳枝、柏枝等。藏族在玛尼堆里会埋有喇嘛用辛红写满梵文咒语的柏木牌。羌族在祭祀时也会点燃柏枝，祈求去灾多福（古开弼，2002）。汉族自古以来即对松柏梅竹等树木普遍崇拜，并将其神化为高尚品德和抗争精神的象征。《尚书·逸篇》曰：“大社唯松，东社唯柏，南社唯梓，西社唯栗，北社唯槐。”可见古人将这些树木作为社树来进行祭拜。汉族先民在祭祀五谷神时会在祭坛左右各栽植一株彩树，左为柏树，右为竹子，意为“百（柏）祥富足（竹）”。在浙江临安地区有拜树习俗，将未成年子女寄拜给古树名木做干儿子、干女儿，祈求子女一生平安，柏树便是其中常见的树干爹娘之一（古开弼，2002）。

我国北方生活的汉族在除夕夜也会在收获后的芝麻秆垛上面放上柏枝，燃起旺火来祈求平安和福气，称之为“柏枝火”。这种旺火燃烧时会发出类似于鞭炮的噼啪声，具有浓厚的年味。据记载清时北京民间会在大年三十夜里将松柏枝杂柴燎院中，曰“烧松盆，熰岁也”。皇宫和富人家中要在香炉中焚松枝、柏叶、南苍术、吉祥丹，名曰“煏岁”。古人因柏长寿而视其柏枝为仙药，从汉朝时就有正月初一要敬献椒柏酒给长辈以示祝寿拜贺之意（张次溪，2018）。而生活在我国南方福建、广东等地的客家人也将柏树视为“寿星”，在迎亲嫁娶、乔迁志喜、庆贺寿诞、办满月酒、逢年过节及办理丧事时都要把柏树枝叶插挂在门楣上，以示吉利。一些客家人至今还保留着除夕夜用柏叶烧水洗澡的传统，谓之洗涤旧年秽气，也有用柏水沐浴能延年益寿之说（兰灿堂，2016）。

柏是我国百家姓之一。其起源有多种不同的传说，一说柏翳（伯益）是柏姓的祖先，柏翳是舜帝的司徒，掌管畜牧之事，也曾帮助大禹治水。另一说柏姓源于柏皇氏，是远古东方部族的首领，名叫芝。因以柏木为图腾，所以称为柏芝，据说他曾任伏羲氏的助手，勤劳于天下而不居功，造福于民众而无所求，所以深得百姓们的拥戴，被尊为皇柏，称柏皇氏。柏皇氏是华夏古老的一个族群，在很多典籍中都有记载[2]。在我国少数民族蒙古族、满族、回族、布依族、土家族和羌族中都有柏姓，多由汉化改姓而来。在日本也有众多与柏相关的姓氏，如柏原、柏村、柏崎、柏木、柏田、柏户、柏井、柏仓、柏野、柏谷、柏山等。柏树因长寿而为人们所崇敬，因此我国民众也喜爱用蕴含美好期许的柏年、柏龄等作为名字。

柏也常常用做地名。中国国家地名信息库中

中国地名中含柏的有28 478条数据，其中四川省最多（6 521条），湖南省次之（4 091条）[3]。著名的地名有柏海、柏谷、柏兴、柏举、柏乡、双柏、西柏坡、桐柏等[4]。

1.2 人与柏：从砍伐利用到欣赏保护

我国古代建筑多以木结构为主，柏树木材坚硬而且防腐，人类最早利用柏树可能是用作建造房屋、宫殿、庙堂和桥梁。《诗经·商颂·殷武》中记载："陟彼景山，松柏丸丸。是断是迁，方斫是虔。松桷有梴，旅楹有闲，寝成孔安。"描述的是人们砍伐松柏建造商王武丁（？—前1192）寝庙的过程。晋代《三辅故事》记载元鼎二年（前115）汉武帝刘彻（前141—前87）修建柏梁台，"台高二十丈，用香柏为殿，香闻十里。"在经年累月的改朝换代过程中，大量的森林被砍伐，"蜀山兀，阿房出"即是对砍伐过程的写照（李莉，2005）。

松柏与中国的丧葬礼仪关系密切，《礼记·丧服大记》记载："君松椁，大夫柏椁，士杂木椁。"体现了当时尊卑有序的礼制特点。古代皇帝和诸侯王崇尚厚葬，在他们的墓室中使用多层木棺，木棺以外设椁，椁以外置"题凑"。"题凑"是指椁室外围用松柏木枋子头贴头、尾贴尾垒砌的木墙。在战国时期只称"题凑"是因为当时主要使用松木。"黄肠题凑"是汉代墓葬的一种形制。侧柏在我国分布最广，其木材纹理细腻便于加工而且具香气耐腐蚀，适于在阴暗潮湿的墓室中保存。侧柏心材为黄褐色，加工成方方整整的柏木枋子称为"黄肠"。根据汉代礼制，"黄肠题凑"与玉衣、梓宫、便房和外藏椁同属于帝王陵墓的主要部分，是帝王身份的标志。1976年在陕西省宝鸡市凤翔县南指挥村秦雍城墓葬遗址中秦公一号大墓主椁室发掘出的"黄肠题凑"椁具，是我国迄今为止发掘出的周、秦时代最高级的葬具。这座墓室的主人秦景公赵石（？—前537）是秦始皇的第14代先祖，其墓葬采用天子葬仪，面积超过了5 300m^2，棺椁全部由侧柏木制成，墓内还有186人一同殉葬，是西周以来发现殉葬人数最多的墓葬。有关黄肠题凑的文字记载最早见于《汉书·霍光传》，霍光死后，皇帝赐他"梓宫、便房、黄肠题凑各一具"的天子葬制。具有黄肠题凑制式的墓葬还有北京大葆台汉墓、河北省石家庄市小沿村汉墓、湖南长沙和江苏高邮汉墓等。汉代厚葬是浪费木材的大宗，东汉思想家王符（约85—约163）在《潜夫论》中写道："计一棺之成，工将万夫矣。"黄肠题凑的使用在西汉为鼎盛时期，如大葆台西汉广阳顷王刘建（前73—前45）墓的整个地宫都为木质结构，使用了15 880根柏木黄肠，垒成42m长、3m高的威严耸立的高墙，用材之多，令人惊叹。由于柏树生长缓慢，砍伐以后难以复生，至东汉时期柏树资源几近枯竭（李莉，2005）。

除了在墓室内使用柏木棺椁，古人也喜爱在墓室外种植柏树以营造肃穆的氛围和祈求灵魂的永生。《春秋纬》记载："诸侯墓树柏。"汉乐府诗《孔雀东南飞》中在坟墓周边"东西植松柏，左右种梧桐。"和《古诗三首·十五从军行》中"遥望是君家，松柏冢累累。"等诗句则表明在汉朝之后平民百姓也崇尚在墓前种植松柏，寄托对亡者永垂不朽、思念不绝的祈愿（李莉，2005）。

日常生活中柏还有许多其他的用途，如木材用作祭祀器物、造船、建造桥梁、家具等。柏在《尔雅》中释为"椈"。宋代陆佃（1042—1102）所作《埤雅》是对《尔雅》的解释，其中写道"椈性坚致，有脂而香，故古人破为臼，用以擣郁。"意即古人使用柏木作为畅臼，在其中捣和祭祀用酒。柏木心材能抵抗白蚁和真菌的破坏，在古代常常被用来造船，"泛彼柏舟，亦泛其流。"《诗经》中就有对柏木舟的记载。柏木也用作桥梁建材，位于陕西省西安市东北的灞桥在清道光十四年（1834）重建后一直保存至新中国成立后，主要原因就是在建桥打桩时采用了柏木桩（李莉，2005）。柏树在古代也作为护堤林，《管子·度地》记战国时期古河堤上"树以荆棘，以固其地，杂之以柏杨，以备决水。"

柏子是一味中药，《神农本草经》记载："柏实，味甘平。主惊悸，安五藏，益气，除湿痹。久服，令人悦泽美色，耳目聪明，不饥不老，轻身延年。生山谷。"侧柏的种子柏子仁作为传统中药具有镇静、促进睡眠、改善记忆和神经保护等功效，主要成分有二萜类、甾醇类等，还含脂肪油、挥发油等。现代研究表明柏子仁提取物具有显著的抗痴呆活性，针对老年痴呆中常见的阿尔兹海默症（Alzheimer's disease, AD）开展的抗性实验表明，柏子仁中的二萜类和脂肪酸类成分是其抗AD的活性成分（苏薇薇 等，2021）。柏木油是由柏科树种柏木、圆柏等的根、干、枝、叶经蒸馏而得的一种精油，其主要成分为柏木脑和柏木烯、松油烯、松油醇等。柏木脑亦称“柏木油醇”，是存在于柏木油中一种倍半萜醇，分子式$C_{15}H_{26}O$，纯品为白色晶体，具有持久的柏木香气，溶于乙醇。柏木油和柏木脑多用于香料及医药方面[5]。柏木油为重要的出口物资，新中国成立之后从1950年开始在浙江建德生产提取柏木油和柏木脑，之后在贵州等地也开始开发柏木油资源。然而柏木生长缓慢，经济价值不及生长速度快的杉木（*Cunninghamia lanceolata*），研究表明杉木油的主要成分与柏木油相似，因此国内柏木油系列香料生产公司现在大多采用杉木作为原材料。目前我国是世界上最大的柏木油（杉木油）和柏木油系列香料的生产国和出口国（刘树文和穆旻，2019）。

柏在中国古典园林中的应用历史悠久。古典园林讲究师法自然，天人合一，以山林景观为主。松柏树型挺拔，常绿长寿，适宜用作园林植物景观配置的骨干和基础。既可用作天际线刻画、又可用作视觉屏障、还可孤植作为主景。如北京天坛是明清两代皇帝祭天祈谷的场所，也是我国面积最大的坛庙园林，集中种植了几千株古柏，营造了庄严肃穆的氛围（图2）。天坛“九龙柏”、紫禁城御花园“连理柏”“灵柏”等都拥有一段美丽的传说。国人对松柏文化的推崇还体现在园林中用于点景的匾额楹联中，如在颐和园颐乐殿门口的楹联为：“松柏蔼长春画图集庆，蓬莱依胜境杰构灵光。”反映了园内的自然风光和建园理念。而苏州拙政园得真亭前栽植圆柏四株作为亭前主景，取左思（约250—305，西晋文学家）《招隐》诗句：“峭蒨青葱间，竹柏得其真。”之意而命亭之名，亭上隶书联曰：“松柏有本性，金石见盟心。”表达了园主人的心志。在狮子林五松园中的“揖峰指柏轩”是狮子林中现存的唯一一座禅意园林，轩内有一联为：“看十二处奇峰依旧，遍寻云虹雪月溪山，最爱轩前千岁柏。喜七百年名迹重新，好展朱赵倪徐图画，并赓元季八字诗。”这副对联既体现了“祖师西来意，庭前柏树子。”这句著名的佛教禅宗的公案，又将“揖峰指柏轩”的柏树所渲染的古老幽深的意境与佛教的禅宗境界相吻合，烘托出了一种禅境，使人从眼前的植物景观悟出禅意，内涵极其深远（徐建辉，2013）。日本园林传承自我国并发展出独具一格的特色，松柏的利用是日式园林的一大特色。在讲究规整对称的欧洲园林中，柏树常常对植用作常绿林荫道，或者作为丛林树种的主体，也作为形成迷宫的可修剪树种（董杰，2020）。

柏树作为行道树由来已久。我国四川省剑阁县以柏木之乡著称，境内有柏5属10种，这些柏树林覆盖县境80%以上。以剑阁县城为中心分别向西、南和北延伸的古驿道上现存8 000余株千年古柏，巍峨屹立，被清人乔钵称为“翠云廊”，是四川省现存栽植规模最大、数量最多、保护较完好的一批古柏，称为世界古行道树之最。据剑阁州县志记载，明代正德年间（1506—1521）剑阁知府李璧（？—1525）从剑阁南到阆中，西到梓潼，北到昭化的300里古驿道上用青石铺路，两旁植柏树数十万株，造成绿荫覆道，夏日不知炎暑，有“三百长程十万树”之称（李莉，2005）。后来，当地政府在四川省剑阁县翠云廊景区内新建一祠，专祀李璧，以颂扬他植柏、护柏的功绩。

松柏常常用于盆景艺术中，因其生长缓慢、四季常青、枝干遒劲、干皮苍古，是绝佳的盆景植物材料。松柏盆景起源于我国唐代的石上松，备受人们推崇。如著名的明代古圆柏盆景“郭子仪带子上朝”，是泰州盆景园的镇园之宝。我国柏树盆景的制作已成为一种独特的技艺，常用圆柏、侧柏和刺柏中的一些品种作为盆景树种，圆柏因兼有鳞叶和刺叶被称之为“文武柏”。《植物名实图考》中记有“三友柏”，兼有圆、侧、刺三种柏枝，或为嫁接所致（王锦秀 等，2021）。松柏盆景传至日本后深受推崇，发展成

图2　北京天坛古柏（A：祈年殿东侧长廊旁侧柏；B：天坛侧柏　郝强 摄）

别具特色的日本“盆栽道”并扩散至全世界，如英文“Bonsai”一词即为“盆栽”的日文音译（宋德钧，1984），每年日本盆栽爱好者都要参加日本国风盆栽展，这一展览始于1934年，塑造了日本盆栽端庄、稳健的风格（张先觉，1996）。圆柏是日本盆栽最喜欢使用的植物之一，培育出许多优秀的品种称之为“真柏”。在日本建有多处盆景园和盆景美术馆，如日本皇宫盆景园就收藏了包括“三代将军五针松”“鹿岛黑松”和“真柏”等代表性盆景，据说树龄在600年以上的古老盆景就有300多盆（李敏，2000）。柏树盆景的制作要对选材的外部特征和每个部位的细节都观察仔细，创作时要做到先审材立意，意在笔先，合理取舍，用中国传统艺术章法指导创作。受我国和日本盆景文化的影响，如今在欧美地区也有许多园艺爱好者也钟情于松柏盆景制作和观赏（周士峰和王选民，2020）（图3）。在屋内装饰中我国还有过年时将松柏枝制作成摇钱树的做法。《燕京岁时记》记载：“取松柏枝之大者，插于瓶中，缀以古钱、元宝、石榴花等，谓之‘摇钱树’。”这种装饰与欧美国家圣诞节装饰的圣诞树有着异曲同工之妙（张次溪，2018）。

柏树在我国传统绘画作品中也是重要的元素之一，常常有坚毅和长寿的寓意。晚清及近代著名的画家赵之谦、吴昌硕、齐白石、徐悲鸿、张大千、刘海粟等均有以柏为主题的画作（图1）。柏树在树干纹理和叶片形态上与松树有着明显的区分，这些形态特征能够在画作中清晰分辨，如清佚名宫廷画师作《雍正帝祭先农坛图》中描绘了先农坛栽植的松树和侧柏树林（图1D）。

图3　柏树盆景（日本扁柏盆栽‘Chabo-hiba’，现存于美国哈佛大学阿诺德树木园）

2 威尔逊对中国柏树资源的记载

威尔逊（Ernest Henry Wilson，1876—1930，英国植物学家，早年曾译作威理森）在其著作 *China: Mother of Gardens*《中国——园林之母》中记载了1899年至1911年12年间其在我国各地尤其是西南地区进行植物采集的过程和见闻。其中有许多关于川藏地区柏树的描述，是研究柏科植物重要的历史文献资料（图4）。

如柏科植物物种描述："干香柏（*Cupressus duclouxiana*）是一种漂亮的材用树种，通常高80～100英尺（1英尺=0.3048m），在四川和西藏之间的河谷内长得非常好，可能在某一时期覆盖了这附近相当大的面积。对于在暖温带干旱地区造林的工作者，这个树种很值得受到重视。""在二道桥我拍摄到一株巨大的高山柏（*Juniperus squamata* var. *fargesii*），此树高75英尺，干围22英尺，具有雅致、下垂的枝条。""在长江河谷至海拔2 000英尺耕作带地区基本属暖温带气候。柏木（*Cupressus funebris*）是代表性植物之一，柏木和油桐特别常见于多石处。""一种方枝柏，土名'香柏杉'（*Juniperus saltuaria*）在松潘北部常见，当地用于建筑。干香柏生长于西部干旱河谷。"（威尔逊，2015）。

柏科植物生境描述："四川东部开县和东乡县红色和灰色砂岩地带松树很多，但是柏树在此生长不很适应，认为松树比柏树更适应砂岩生长。""四川西北部黄龙寺附近的三岔子周边高

图4　威尔逊拍摄的我国川藏地区的针叶树风貌

山上随着海拔不断升高，灌丛植物种类一个接一个消失，最后只剩下刺柏（Juniper）一种，直至海拔15 000英尺。刺柏灌丛高1～2.5英尺，非常密集，难以穿过，但提供了优良的薪材。”“在四川保宁河合溪关柏树是唯一常见的树种。”“打箭炉陡峭的悬崖上散生有干香柏和叶有刺的常绿栎树。”“四川小金河地区植物种类贫乏。杨树最常见，还有开满了成簇黄色小花的栾树，在山崖上星散生长着干香柏，这三种是当地仅能见到的树种。”“在峨眉山海拔6 500英尺处高山上生长的针叶树只剩下矮化的高山柏（*Juniperus squamata*）了。”“离开青衣江河谷后见不到松树和柏树是一个很明显的特点，杉木极多，也是唯一见到的针叶树。”（威尔逊，2015）。

柏科植物用途描述：“孔桥附近土店子以上10华里处有柏木桥（Peh-mu chiao），存放着扎成木排的周边山区砍伐的木材。”“懋功地区的嘉绒富人的房屋有3～4层，墙很厚，有枪眼和数个有格子的窗户。房顶四角建有角楼，在角楼上插有经幡，并常有刺柏的绿色枝条。屋顶上安放有一香炉，用于祭祀时焚烧芳香的柏树枝，如同烧香一样。”“瓦山曾经是茂密的冷杉林，但很早已被砍伐。烧炭和生产钾碱都是无情破坏植被的行为，除冷杉外其他的针叶树只有云南铁杉、刺柏（*Juniperus formosana*）和油麦吊云杉。”等（威尔逊，2015）。

关于松柏类植物在中国的整体分布亦有描述，如“所有的温带针叶树属，除北美红杉属（*Sequoia*）、落羽杉属（*Taxodium*）、扁柏属（*Chamaecyparis*）、金松属（*Sciadopitys*）和雪松属（*Cedrus*）外，都能在中国见到。”“中国植物的分布展现出许多有趣的问题。翠柏属（*Libocedrus*）的种类分布于美国加利福尼亚州、智利和新西兰，在中国也有一种翠柏（*L. macrolepis*），一点也不奇怪。中国植物区系真正的亲缘关系是大西洋彼岸的美国。”“在北京附近的庙宇地界有高大壮观的圆柏（*Juniperus chinensis*）、榆树和槐树林荫大道。在中国的南部、中部和西部，马尾松、杉树、柏木、楠木、樱木石楠、柘木、黄葛树和其他几个树种经常出现，这些树种中有许多在这些宗教圣地外已很稀少。”（威尔逊，2015）。这些记述忠实地描述了一位欧美植物学者对当时中国植被与社会环境的理解和记录，是我们今天进行植物分类学、植物地理学和植物分类历史研究方面宝贵的参考资料。

非常有意义的是中国植物的命名方面，威尔逊在书中给出了他客观的见解：“以往，甚至是一个世纪以前，地球上那块我们认为是中国的部分被泛指为‘东印度群岛’（Indies），而这一地理名称的错误被永久固定为‘印度’（*Indica*）这一特定名称，植物学家又把这一名称附加到一些植物上。19世纪中叶，许多观赏植物引种自日本，植物学家误以为原产于该国，因而以‘*Japonica*’作种名，后来的研究完全证实许多原来认为是日本的植物在日本仅为栽培，原产地在中国。因此地理学家和植物学家也无意中影响了中国称为‘花的王国’的权利。”（威尔逊，2015）。

3 柏树育种与研究

中国是世界上裸子植物资源最为丰富的国家，原产于中国的松科和柏科植物约占全球的50%。2001年国家林业局公布的《中华人民共和国主要林木目录（第一批）》中有6种松科植物和6种柏科植物，2016年公布的《中华人民共和国主要林木目录（第二批）》中有3种松科植物和8种柏科植物，柏科植物的物种数量要多于松科植物，但是在育种上我国已有众多松科植物的新品种，柏科植物的新品种数量明显不足。从2009年至今我国共公布3批国家林木种质资源库共计161处，其中松科植物10处，占6.21%，而柏科植物仅有2处，仅占总数的1.24%。在已公布的3批296处国家重点林木良种基地名单中，松科植物的良种基地数量（121处，占总数40.87%）也远远超过柏科植物（13处，占总数4.39%）。同为常绿针叶树种，松树的生长速度一般要快于柏树，更能够满足人们对速生木材的需求，这可能是二者在受重视程度上差异巨大的原因。但是柏树的材质优异，倘若能够科学规划种植和采伐计划，做到可持续性经营，则可以为柏科植物的育种研究提供更加光明的未来。以邻国日本为例，日本扁柏（*Chamaecyparis obtusa*）是日本特有的主要森林树种，时至今日仍然是该国木材的主要来源。原因主要表现在两个方面：一是政府全力推动，将日本扁柏作为林木育种事业主要对象之一；二是持续科研投入，在国家地方各级层面上长期稳定支持林木育种的基础性科学研究。近年来随着我国国民经济的飞速发展，对基础研究和林木育种事业的投入不断加大，特别是2017年国家林业局《主要林木品种审定办法》的颁布实施，加速了我国林木种质资源研究的步伐。柏科植物育种中福建柏已经走到了前列，福建省林业科学研究院已经育成“闽柏1–20号”等多个福建柏材用新品种[24]。

柏科植物的木材纹理细致、坚实耐用，是优良的材用树种。中国林业科学研究院木材工业研究所的刘波在《中国裸子植物木材志》中对柏科植物中原产我国的扁柏属的红桧和台湾扁柏、柏木属的干香柏、柏木、喜马拉雅柏木（西藏柏木）和福建柏属的福建柏的木材特征进行了详细的描述。该志书以国际木材解剖学家协会（International Association of Wood Anatomists, IAWA）制定的《IAWA针叶树材识别显微特征一览表》为标准，对这些材用树种的分布、宏观和微观结构特征、物理力学特征、加工性质和木材用途分别进行了阐述（姜笑梅 等，2009）。

柏树作为观赏植物在我国园林中的应用极广，有丰富的品种，如血柏、三友柏等（《植物名实图考》）。但由于长期以来国人缺乏对知识产权特别是品种权的深刻认识，目前有代表性的品种较少。以龙柏为例，1767年桧柏（*Juniperus chinensis*）首次引至英国，1804年W. Kerr又自广州引去桧柏苗至邱园。我国自1920年自日本引进‘龙柏’（*J. chinensis* ‘Kaizuka’）。我国是桧柏的故乡，已知全国栽培和记载品种超过50个以上，但缺乏系统搜集整理，在新品种选育和知识产权保护方面与国外已形成代差。陈俊愉（1917—2012，中国工程院院士、园林及花卉专家）在2000年建议参考Krussmann（1985）以种系作为1级标准，株姿（乔木、灌木、匍匐地被）作为2级标准，叶型、叶色分别作为3、4级标准建立二元多级桧柏品种分类体系（陈俊愉，2000）。

作为园林观赏植物，柏科植物的育种目标主要体现在树型和叶色两方面。矮生和彩叶是两个主要的育种目标。从自然生长群落中选择出矮化的类型，再通过人工选择获得稳定遗传的矮生针叶树，矮生种对园艺造景和盆景制作而言是非常适用的（孙敬爽 等，2007）。彩叶品种的应用可以在改善城市生态环境的同时弥补色彩不足的缺陷。已报道的柏科彩叶种中黄叶达100种，蓝叶有60种，叶色伴有白色有16种，灰绿色叶有3种，紫色叶有3种，红棕色叶1种（刘娜娜 等，2015）。自20世纪以来我国从国外引种柏科植物共有9个属200余种，如北京市植物园从荷兰引进48个品种新优针叶树，从中筛选出10个叶色变异的柏科针叶树品种，进行了繁殖和应用推广（樊金龙 等，2012）；北京林业大学自比利时引种圆柏属的‘金色羽毛’圆柏等7个品种（孙敬爽，2007）；上海辰山植物园曾引种柏科植物种和品种9属188种（胡永红 等，2014）。这些引进的柏树多为观赏性状优良的园艺品种，如彩叶品种洒金柏（*Juniperus chinensis* ‘Aurea’），和金冠柏（*Cupressus macroglossus* ‘Goldcrest’）已在我国一些城市广泛用作园林树种（江泽平和王豁然，

05

1997b）。

国外对柏科植物的保护和研究非常值得我们借鉴和学习，如法国维拉德贝尔树木园（Arboretum de Villardebelle）位于该国西南部丘陵地带，海拔在510～670m之间，距离地中海53km，最低温度-12.6℃，温度高于30℃的年平均天数为10.7天，年平均降雨量1 074mm，园内岩石主要是来自泥盆纪和石炭纪的石灰岩，土壤pH范围很广，从低至4.1到高达8.5。1994年创建以来一直致力于种植、保护和研究来自世界各地的针叶树，目前有250多种不同的裸子植物种或亚种。出于保护目的该园不对公众开放，但是公众可以通过网站来了解公园运营和开展科学研究的情况，学习有关针叶树的种类、分布、种植和科学研究的相关知识，网址是：http://www.pinetum.org/。该树木园的使命是：①保护：帮助保护濒危的针叶树种。②科研：广泛收集种质资源，研究这些物种的生长特性。③教育：介绍针叶树的多样性。④美育：建造一座绿色的“大教堂”。⑤环保：保护土壤不受侵蚀。⑥试验：为本地针叶树种植提供更多选择。维拉德贝尔树木园还发起了柏树保护计划（Cupressus Conservation Project），在其网址cupressus.net上有35个柏科物种，收集了英国植物学家Michael P. Frankis的球果收藏，收录了2010年之前的13本柏科植物书籍，2012年之前的15篇文献，从2012年6月5日至2021年6月21日共出版发行了10卷20期《柏科保护计划简报（*Bulletin of the Cupressus Conservation Project*）》，内容包含柏科植物命名的发表和修订、柏科植物研究论文、柏科植物图片、柏科相关研究人物简介及专业书评等。

国际树木学会（The International Dendrology Society，IDS，网址：https://www.dendrology.org/）成立于1952年，最初由几位著名的园艺家提议并创建，包括比利时人罗伯特·贝尔德和乔治·贝尔德兄弟（Robert de Belder & Georges de Belder，拥有卡尔姆霍特树木园Arboretum Kalmthout，网址：https://www.arboretumkalmthout.be/）、德国人约翰·克吕斯曼夫妇（Johann Gerd Krüssmann & Mrs Gerd Krüssmann，约翰·克吕斯曼是树木学家，1947年主持位于德国多特蒙德的罗姆伯格公园植物园Botanischer Garten Rombergpark）、荷兰园艺家利翁巴特（Jacques Lombarts）。学会创办的目的是促进对木本植物的研究和欣赏，汇集全世界树木学家，保护和养护世界各地的珍稀濒危植物物种。该学会通过组织旅行活动来使会员认识和观赏到不同的木本植物，学会下设旅行委员会和保护委员会。2018年该学会成为一家慈善法人组织（Charitable Incorporated Organisation，CIO）。英国植物学家比恩（William Jackson Bean，1863—1947）长期在英国皇家植物园邱园工作并曾担任园长。他所著的*Trees and Shrubs Hardy in the British Isles*（《不列颠群岛的耐寒乔木和灌木》）第一版在1914年问世，定期更新至第八版（1988年），这部书是研究温带木本植物非常棒的参考书，被英国园丁亲切地称为“Bean”。国际树木学会建立网站http://beanstreesandshrubs.org/，将比恩的这本栽培树木学圣经变成了方便查阅的网络资源，读者可以通过网站搜索获得栽培温带木本植物和灌木的参考信息。之后该学会还推出了“乔木和灌木在线”项目，网址是：https://www.treesandshrubsonline.org/，该项目旨在创建一本现代的、基于网络的世界温带地区耐寒木本植物百科全书，核心数据就来自比恩的著作和另一部2009年邱园出版的*New Trees：recent introductions to cultivation*，任何人在任何地方都可以通过网络连接来免费获取这些开放性的知识。

美国生态学家厄尔（Christopher J. Earle）在1997年建立裸子植物数据库（Gymnosperm database）网站，网址：https://www.conifers.org/，该网站对裸子植物的分类、形态描述、生态学、民族植物学等知识和信息进行了汇总，并对分类、生态和植物学历史等专业话题进行了整理，同时也有相关专业书籍的购买链接。

阿尔乔斯·法尔容（Aljos Farjon，1946—）是英国皇家植物园邱园的针叶树分类专家，著有《世界针叶树清单和书目（*World Checklist and Bibliography of Conifers*）》《世界针叶树手册（*A Handbook of the World's Conifers*）》和《世界针叶树地图集（*An Atlas of the World's Conifers*）》，对

研究针叶树系统学、生物地理学、进化和保护等具有重要价值。特别是他在2005年出版的《柏科和金松属专论（*A Monograph of Cupressaceae and Sciadopitys*）》是研究世界柏科植物的重要参考文献，书中几乎每个种都配有法尔容手绘的植物图谱，显示出他在针叶树特别是柏科植物分类学上数十年来的认真钻研和持续积累。法尔容无疑是当今世界植物分类学研究者的楷模。

1962年国际园艺学会（International Society for Horticultural Science，ISHS）将针叶树园艺品种国际登录权威（International Registration Authority, IRA）授予英国皇家园艺学会（Royal Horticultural Society, RHS）。该学会在1987、1989、1992、1998和2009年分别出版了6期国际针叶树种登录信息，其中约翰·刘易斯（John Lewis, 1921—2009, 时任RHS国际针叶树登录专家）在1992年整理出版的第三期为柏科植物名录专辑：International Conifer Register Pt. 3 The Cypresses （Chamaecyparis, Cupressus And X Cupressocyparis）汇总了1992年以前的扁柏属、柏木属的种和品种以及这两个属的属间杂交种的名称共计1 232种。书中指出扁柏属物种和扁柏–柏木属间杂交种更加耐寒，而柏木属物种的生长需要更加温暖的环境，在移栽时需要精心的照料（Lewis, 1992）。

松柏类针叶树具有巨大的基因组，即使在生物信息学飞速发展的今天基因组信息被完全解析的松柏类物种还屈指可数。2011年，一种柏科植物落羽杉（*Taxodium distichum* var. *distichum*）的基因组细菌人工染色体（Bacterial Artificial Chromosome，BAC）文库在美国密西西比州立大学测序完成，为人们研究柏科植物的系统发育和基因功能提供了数据支持（Liu et al., 2011）。2018年江苏省中国科学院植物研究所殷云龙课题组利用特异位点扩增片段测序（Specific-Locus Amplified Fragment sequencing, SLAF-seq）技术构建了落羽杉属‘中山杉’高密度遗传图谱（Yang et al., 2018）。2021年底北京林业大学联合6个国家11家单位的科研人员共同组装完成了油松（*Pinus tabuliformis*）的染色体水平基因组，基因组大小高达25.4 Gb，为深入理解针叶树的演化机制提供了重要参考（Niu et al., 2021）。

柏科植物是和恐龙同时代的远古生物的遗存，人类和柏科植物的关系是相互依存和共同发展的。当今时代工业发展日益增长、人类碳排放居高不下，全球变暖已成为国际社会讨论的重大科学议题。在这种大环境下，生物多样性受到的威胁持续加剧，期望通过本文的讲解能够吸引更多的人们有兴趣去研究和保护这些古老的精灵，无论在濒危物种保护还是园艺和医药开发研究中都有大量工作需要我们去完成。

4 柏的系统与分类

柏科植物是裸子植物的代表性物种之一。裸子植物是指无心皮包被的种子植物，英文名称是gymnosperms，来源于希腊词源*gymnos*（意为“裸露的”）和*sperma*（意为“种子”）。希腊植物学家特奥夫拉斯图斯（Theophrastus, 约公元前371—前287）最早使用“裸子植物”一词来描述那些种子缺少保护的植物。他是古希腊著名思想家亚里士多德（Aristotle，公元前384—前322）的学生和接班人，著作有《植物史（*De Historia Plantarum*）》和《植物的本源（*De Causis Plantarum*）》等，他第一次对植物进行系统分类并注释它们的用途，在欧洲被尊称为“植物学之父”。1897年德国植物学家恩格勒（Gustav Heinrich Adolf Engler，1844—1930，著作有《植物自然分科志（*Die natürlichen Pflanzenfamilien*）》《植物自然分科纲要（*Syllabus der Pflanzennamen*）》等）将裸子植物分为苏铁类、银杏类、松柏类和买麻藤类等四大类，奠定了裸子植物分类系统的基础，后续不同的分类系统都在此基础上发展。裸子植物是维管植物演化的关键群，在演化关系中处于蕨类植物和被子植物之间，有承前启后的性质（杨永 等，2017）。而且裸子植物现存物种的性状与其化石祖先高度相似，即在性状进化上具有高度保守性，因此被认为是植物中的“活化石”（Nagalingum et al., 2011）。

裸子植物起源于三亿多年前的泥盆纪晚期至石炭纪。1903年英国古植物学家奥利弗（Francis Oliver，1864—1951）和斯科特（Dukinfield Henry Scott，1854—1934）发现裸子植物的祖先种子蕨（pteridosperms），这种名叫*Lyginodendron oldhamium*的苏铁蕨（Cycadofilices）生活在石炭纪，具有蕨类一样的营养器官（叶），但用种子繁殖，之前被认为是蕨类和苏铁类的过渡类型。在二叠纪之后盘古大陆（Pangea）形成，苏铁和松柏类植物蓬勃发展，然而之后长达百万年的火山喷发导致地球上95%的生物灭绝。但是裸子植物依然存活下来，在三叠纪和恐龙伴生，并在随后的侏罗纪迎来鼎盛时期，特别是苏铁和银杏类最为昌盛。而在6 600万年前白垩纪引发恐龙灭绝的那次小行星撞击事件发生后，地球环境产生巨大的生态变化，裸子植物因此遭受了大范围的灭绝。一些群体被完全消灭，如银杏只剩下我国的一个种。与之相比，被子植物起源于1.2亿～1.35亿年前的白垩纪，自起源后凭借生长速度快、传粉能力强的特性几乎占据了全部陆地生态系统，严重威胁裸子植物的生存。但是裸子植物并没有走向衰亡，而是随着全球气候环境的变化不断产生新的性状和分化出新的物种（Pittermann et al., 2012；吕丽莎 等，2018）（图5）。今天的裸子植物遍布世界各地，已进化出习性各异的现代种群来适应不同的自然环境（Wu & Raven, 1999）。中国科学院昆明植物研究所李德铢、伊廷双联合美国密歇根大学史密斯（Stephen A. Smith）团队的研究结果表明一些裸子植物群体在2 000万年前开始卷土重来，恰逢地球向更凉爽、更干燥的气候过渡。自被子植物崛起以来的裸子植物大多数支系的多样化与全基因组复制事件不相关，而与裸子植物适应出现的较干冷气候环境相关（Stull et al., 2021）。

化石是研究植物起源和演化的重要依据。王士俊等在2016年出版的《中国化石裸子植物》

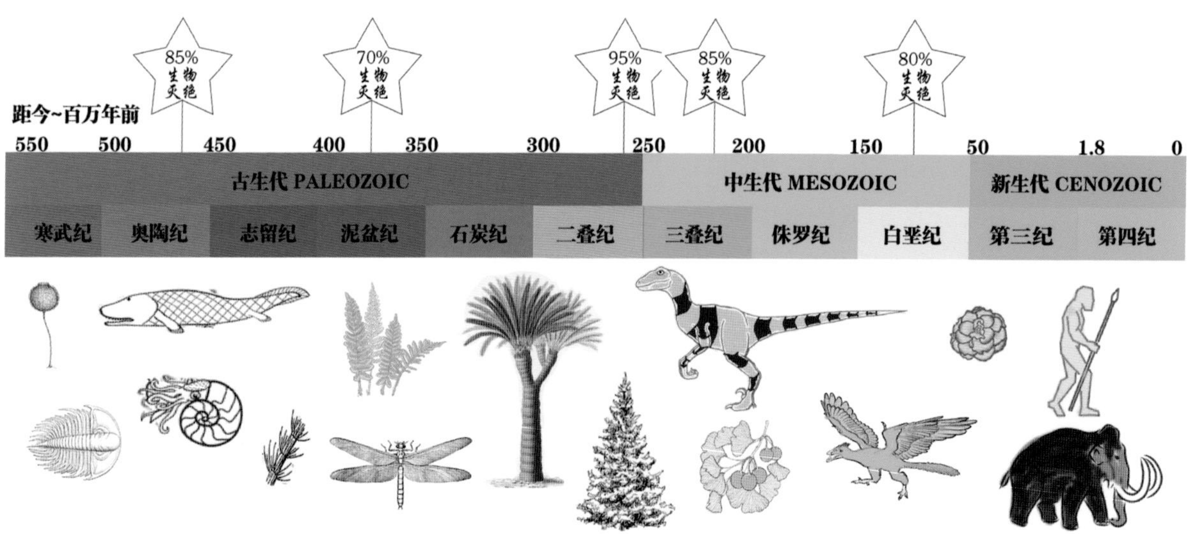

图5　地球生命发展地质时间线。时间跨度是从寒武纪生物大爆发至今，上方五角星表示5次地球生物大灭绝时间，下方不同生物的位置对应其出现的时间

下册中将柏科植物化石分为9个属：①柏形枝属 *Cupressinocladus* Seward, 1919；分布与时代：欧洲、亚洲，早侏罗纪至第三纪；模式种：*C. salicornides* (Unger) Seward, 1919。②对枝柏属 *Ditaxocladus* Guo et Sun, 1984；分布与时代：中国新疆，古新世；模式种：*D. planiphyllus* Guo et Sun, 1984。③福建柏属 *Fokienia* Henry et Thomas, 1911；分布与时代：化石种发现于北美和东亚，古新世至现代；模式种：浙江天台嵊州市福建柏 *F. shengxianensis* He, Sun et Liu, 2012。④柏木属 *Cupressus* Linn. 1737；化石在始新世出现，我国目前仅在广西渐新世发现1种：广西柏*C. guangxiensis* Shi et Zhou, 2011；产地与时代：广西宁明县宁明组，渐新世。⑤翠柏属 *Calocedrus* Kurz, 1873。⑥准柏属 *Cyparissidium* Heer, 1874。⑦刺柏属 *Juniperus* Linn., 1753。⑧似圆柏属 *Sabinites* Tan et Zhu, 1982。⑨崖柏属 *Thuja* Linn., 1754（王士俊 等，2016）。

进化生物学认为形态上明显间断的现代类群来源于历史上的共同祖先，共同祖先像桥梁和纽带一样将不同的现代类型联系在一起。在早三叠纪和中侏罗纪之间所有大陆连接在一起形成盘古大陆。大约在1.6亿～1.38亿年前，盘古大陆分裂成两个超级大陆亚科劳亚古大陆（Lauasia），包括最终形成北美、欧洲和亚洲大部分地区的部分，和冈瓦纳古大陆（Gondwana），包括后来产生了南美洲、非洲、印度、南极洲和澳大利亚的部分。化石记录表明，裸子植物在盘古大陆的植被中占主导地位，但从白垩纪中期开始，其优势度和丰度下降。柏科针叶树是在少数能反映盘古大陆解体的种子植物。柏树分布于除南极洲以外的所有大陆，包括32属162种。其化石记录经研究可以追溯到侏罗纪。而且裸子植物中现存的柏科物种都来自古近纪的渐新世或更年轻世代，又反映了大约2 300万年前渐新世/中新世边界气候变冷期间的大灭绝。利用现代基因组学手段并结合使用多个古代化石进行年代校准有利于提高定年的准确性和可信度。兰州大学刘建全研究组和合作者收集了柏科32属162个物种的质体、线粒体和核基因组DNA序列信息，对涵盖柏科所有属的122个代表性物种进行了系统发育研究，并结合16个化石校准点和3种分子定年方法，推测柏科植物的共同祖先起源于三叠纪盘古大陆。柏科化石记录的分化反映出盘古大陆的解体，分子系统学表明柏科植物在解体后分离的大陆上继续进行分化。通过计算发现柏科植物的两个亚科柏木亚科（Cupressoideae）和澳柏亚科（Callitroideae）在大约153Ma（million years ago, 百万年前）左右发生分离，与劳亚古大陆和冈瓦纳古大陆的分离时间相吻合（Mao et al., 2012）。

裸子植物分类的依据是植物形态特征特别是生殖器官的特征。如苏铁和银杏类的精子有鞭毛，这与蕨类植物普遍的游动精子受精特征相一致；银杏类植物一方面具有与苏铁类似的在精子有鞭毛、花粉为单槽型、花粉管多分枝、具吸器功能等特征，另一方面其单轴分枝方式、具有原始的苞鳞种鳞复合体结构、木材密木型等特征则与松柏类相似；买麻藤类的胚珠具有外被盖，是其他三类裸子植物的裸露胚珠和被子植物的由心皮包被的胚珠的中间过渡类型。松柏类植物的精子无鞭毛，但其胚珠裸露，在演化上处于苏铁类、银杏类和买麻藤类的中间位置（杨永 等，2017）。

松柏类的胚珠着生在种鳞上，种鳞生于苞鳞叶腋，苞鳞和种鳞一起构成一个生殖单位，称为苞鳞种鳞复合体。1915年美国植物学家Aase将苞鳞和种鳞（Seed–scale）合称之为大孢子叶（Megasporophyll）（Aase，1915），雌球果是以苞鳞种鳞复合体为生殖单位构成的。苞鳞种鳞复合体在形态、大小、长度、数量、融合程度等方面的变异构成了松柏类植物雌球果的结构差异，是进行松柏类物种分类的基础和依据。种鳞的发生机制存在多种假说，中国科学院植物研究所杨永等归纳了其中最具代表性的7类：①叶性说（Foliar Nature theory），主张种鳞为叶性器官。②叶舌说（Ligular theory），认为种鳞相当于叶舌。③独特结构说（*Sui generis* structure theory），认为种鳞是胚珠合点端增生的结果。④假种皮学说（Aril nature theory），将生胚珠构造看作假种皮。⑤半枝学说（Partial–

Shoot theory），将种鳞笼统称为半枝。⑥珠被说（Integumental theory），认为生胚珠构造为珠被性质。⑦枝性说（Brachyblast theory），认为种鳞是次级枝变态、融合的产物。认为Schleiden和Braun在1839年和1842年分别提出并由Florin发展的种鳞发生的枝性说——种鳞复合体理论以充分的证据论证了种鳞的枝性本质（杨永和傅德志，2001）。

我国植物学者对柏科植物曾进行过简单分类，如李时珍（1518—1593，明代名医，湖北蕲春人）在《本草纲目》中将柏、松、杉连排归在香木类（陈德懋，1993），而吴其濬（1789—1847，清代官员，河南固始人）在《植物名实图考》中根据形态将柏分为圆柏（栝、桧）、侧柏和刺柏（刺松）三种（王锦秀 等，2021）。自1753年瑞典植物学家卡尔·林奈（Carolus Linnaeus，1707—1788）使用拉丁文双名法描述地中海柏木（*Cupressus sempervirens*）以来，对柏科植物进行分类命名研究的学者很多，最初主要以形态学、解剖学、细胞学、化学和古植物学等方面的研究依据为基础建立分类系统，其中以我国植物学家李惠林（1911—2002，江苏苏州人，1948年创刊植物分类学杂志*Taiwania*，著有《台湾木本植物志》《台湾植物志》）提出的分类系统应用最广，许多研究支持他的亚科级分类，但族级以下的分类争议较大（李惠林，1953）。李惠林根据可育球果种鳞的着生方式将柏科划分为两个亚科：柏木亚科Cupressoideae，球果种鳞数目较多（通常6～12片）、覆瓦状排列、分布在北半球；澳柏亚科Callitroideae，球果种鳞数目较少（多为4～6片）、瓣状排列、分布在南半球。然而两个亚科在种鳞数目和排列方式性状上的差异并不明显，美国热带针叶树专家戴维·劳本菲尔斯（David John de Laubenfels，1925—2016，命名了原产新喀里多尼亚的南洋杉*Araucaria laubenfelsii*）认为球果种鳞的瓣状排列是种鳞数目减少的结果。基于以上结果，中国林业科学研究院林业科学研究所的江泽平和王豁然认为两个亚科的主要区别在于球果可育种鳞的着生位置，柏木亚科上部种鳞不育，种子只见于中下部种鳞，而澳洲柏亚科则是上部种鳞可育（江泽平、王豁然，1997a）。

德国植物学家皮尔格（Robert Knud Friedrich Pilger，1876—1953）在1926年单独撰写和1954年与梅希奥（Hans Melchior，1894—1984，德国植物学家）合作撰写了恩格勒植物分类系统中裸子植物的分类部分，1978年出版的郑万钧和傅立国编辑的《中国植物志》第七卷裸子植物部分即沿用了他们1954年出版的恩格勒系统（Pilger，1926；Pilger and Melchior，1954；郑万钧和傅立国，1978；杨永 等，2017）。为纪念他的贡献，Florin在1930年将智利南部特有的火地柏属命名为皮尔格柏*Pilgerodendron*。皮尔格将狭义柏科植物（Cupressaceae sensu stricto）与杉科植物分离，但艾肯瓦尔德（James Emory Eckenwalder）在1976年通过对这些植物中酚类物质的分析质疑这种分离并建议将二者归并为单一科。随着分子生物学技术的进步，基于DNA序列的相似性来构建物种系统进化树较以往通过形态学进行分类在可信度和准确性上有了本质上的提高。2000年Gadek等利用*matK*和*rbcL*基因序列，构建了广义柏科（Cupressaceae sensu lato）的概念，广义柏科包括了杉木亚科（Cunninghamioideae）、台湾杉亚科（Taiwanioideae）、紫杉亚科（Athrotaxidoideae）、红杉亚科（Sequoioideae）、落羽杉亚科（Taxodioideae）、澳柏亚科（Callitroideae）和柏木亚科（Cupressoideae）等7个亚科（Gadek et al.，2000）。之后随着科技的进步和研究的深入，裸子植物的分类系统一直在不断修正和完善。现今分子系统学依据分支分类学原理，利用DNA序列数据重建系统发育已经解决了裸子植物的一些系统发育关系和分类问题，但是还有许多问题存在争论。在2011年荷兰植物学家马尔滕·克里斯滕许斯（Maarten J. M. Christenhusz）及其合作者通过线粒体DNA分子方法研究了裸子植物的系统发育，在*Phytotaxa*期刊上发表新的裸子植物分类系统，简称克氏系统。克氏系统与之前2009年切斯（Mark W. Chase）和里维尔（James L. Reveal）提出的有胚植物系统一脉相承，将现有裸子植物分成4个亚纲，包括苏铁亚纲、银杏亚纲、松柏亚纲和买麻藤亚纲等，共含8个目12个科85个属。克氏系统在科级分类上有很多变化，如将苏铁类分为苏铁科和泽米铁科，三尖杉科并入红豆杉科。在克氏系统中将杉科并入柏科，保留了原来柏科的名称，所以目前柏科共包含32个属159种植物（Christenhusz et al., 2011；杨永 等，2017）。

5 柏科植物介绍

本书采用克里斯滕许斯系统，本章节仅讨论柏木亚科的13个属（图6，绿色背景部分），即克氏系统柏科32个属中除去杉科9个属和澳柏亚科的10个属（图6，蓝色背景部分）后的其他部分。在这13个属中有8个属包含中国原有种（图6，星号标注）。我国早期分类学研究（如1983年郑万钧主编的《中国树木志》第一卷）中将柏科分为3个亚科：侧柏亚科（THUJOIDEAE）、

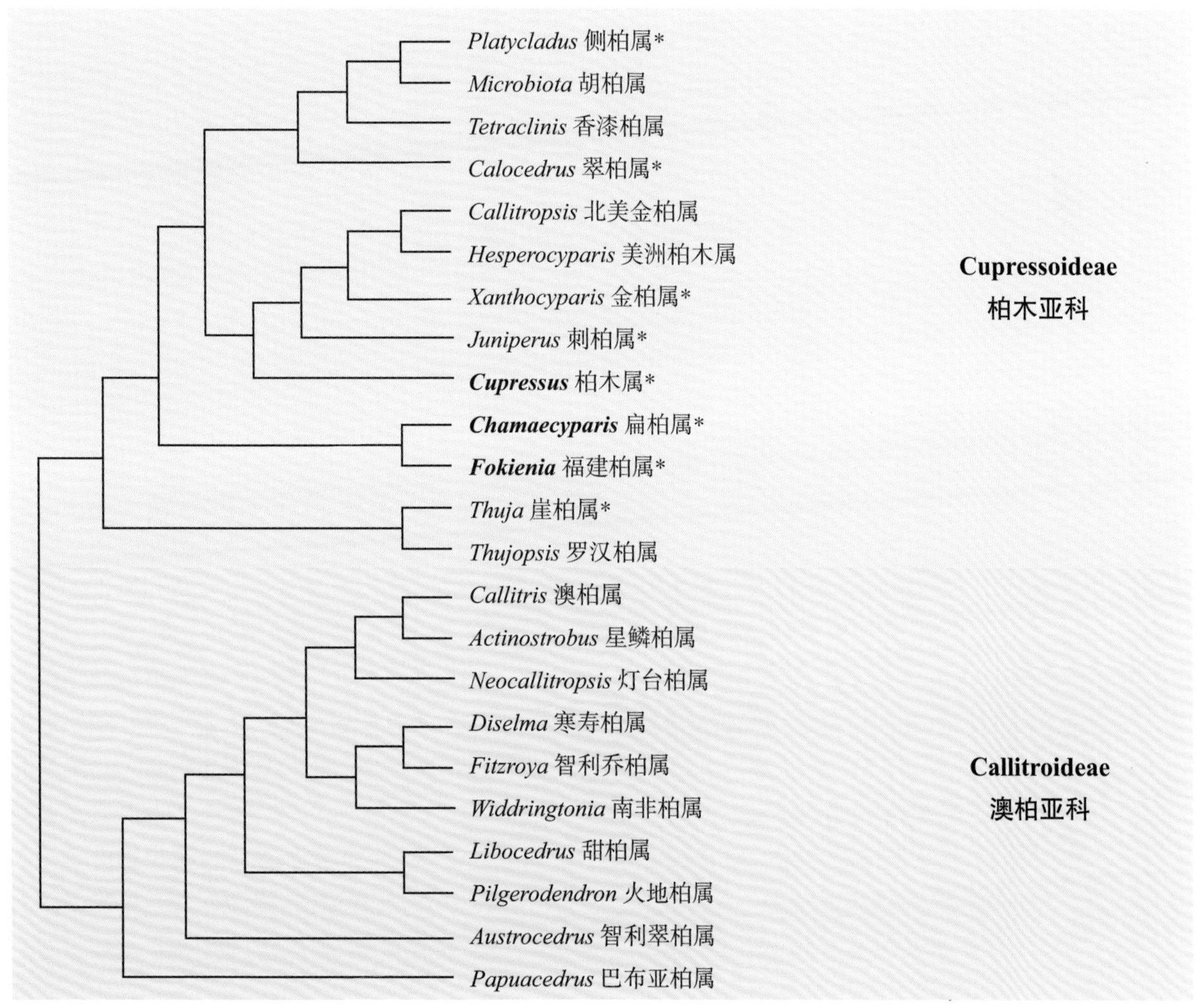

图6　狭义柏科23个属的亲缘关系（注：*号标注是包含中国原产种的属，加粗字体是本章节要介绍的属。改自Christenhusz et al., 2011）。

柏木亚科（CUPRESSOIDEAE）和圆柏亚科（JUNIPEROIDEAE），柏木属、扁柏属和福建柏属3个属因形态相近同分在当时的柏木亚科，本卷介绍这3个属中国原产种的基本信息和相关研究历史（图6，字体加粗部分）。克氏系统柏木亚科的其余5个包含中国原有种的属将在后续其他卷中予以介绍。

5.1 CUPRESSACEAE柏科

Cupressaceae Gray, Nat. Arr. Brit. Pl. 2: 222. (1821), *nom. cons.*, [“Cupressideae”]. TYPE: *Cupressus* L.

柏科共32属约159种，分布于南北两半球。我国产16属44种，全国分布。

识别特征：

常绿乔木或灌木。叶交叉对生、3叶轮生或螺旋状排列，鳞形、刺形、或兼有两型叶。球花单性，雌雄同株或异株，单生枝顶或叶腋；雄球花具3～8对交叉对生的雄蕊，每雄蕊具2～6花药，花粉无气囊；雌球花有3～16枚交叉对生或3～4片轮生的珠鳞，苞鳞与珠鳞完全合生，球果圆球形或卵圆形；种鳞扁平或盾形，木质或近革质，熟时张开，或肉质合生呈浆果状，熟时不裂或仅顶端微开裂，发育种鳞有1至多粒种子；种子周围具窄翅或无翅。

本科模式属：柏木属 *Cupressus* Linn.

应用价值：

木材具树脂细胞，结构细密，通常坚韧耐用，有香气。可供建筑、桥梁、舟车、器具、文具、家具等用材；叶可提取芳香油，树皮可提单宁。多数种类在造林、固沙及水土保持等方面占有重要地位，不少种类的树形优美，叶色翠绿或浓绿，常被栽培作庭园树（郑万钧和傅立国，1978）。

分属检索表

1 鳞叶小，长2mm以内；球果具4～8对种鳞；种子两侧具窄翅：

2 生鳞叶的小枝四棱形或圆柱形，多不排成平面；球果翌年成熟；发育的种鳞具5至多数种子 ……………… 1. 柏木属 *Cupressus* L.

2 生鳞叶的小枝扁平，多排成平面；球果当年成熟；发育的种鳞具2～5种子 ……………… 2. 扁柏属 *Chamaecyparis* Spach

1 鳞叶较大，两侧的鳞叶长4～6mm，稀至10mm；球果具6～8对种鳞；种子上部具有两个大小不等的翅 ……………… 3. 福建柏属 *Fokienia* A. Henry & H.H. Thomas

5.1.1 柏木属

Cupressus Linn. Sp. Pl. 2: 1002. 1753. TYPE: *Cupressus sempervirens* Linn.

本属11种，分布于亚洲东部喜马拉雅山区、北美南部及地中海等温带和亚热带地区。我国有6种，其中柏木（*Cupressus funebris*）、干香柏（*Cupressus duclouxiana*）、岷江柏木（*Cupressus chengiana*）、剑阁柏木（*Cupressus jiangeensis*）、巨柏（*Cupressus gigantea*）中国特有；而西藏柏木（*Cupressus torulosa*）除我国之外，尼泊尔、不丹和印度等地也有分布。

识别特征

常绿乔木；小枝多斜上伸展。叶鳞形，交叉对生，排列成4行，叶背有腺点，边缘具极细的齿毛。雌雄同株，球花单生于枝顶；雄球花具多枚小孢子叶；雌球花近球形，具4～8对盾形珠鳞；球果第二年夏初成熟，球形或近球形；种鳞4～8对，木质，盾形，顶端中部常具凸起的短尖头；种子有棱角，两侧具窄翅；染色体2n=22。

分布与保存现状

柏木属是柏科的模式属，林奈在1753年根据法国植物学家图内福尔（Joseph Pitton de Tournefort，1656—1708，1694年出版*Éléments de botanique*，最早在属名后使用种加词来描述物种）的命名'*Cupressus ramos extra se spargens*'用双名法重新命名了该属的模式种地中海柏木（*Cupress sempervirens* Linn.）。我国柏木属植物主要作为用材树种，优良的园林园艺品种尚待开发。

我国柏木属植物原产地均在秦岭以南及长江流域以南，且多处于濒危状态。多年来由于植物保护法律法规的缺失和人们环境保护意识的薄弱等原因，人们受经济利益驱动乱砍滥伐使得这些特有或濒危物种的生境遭受到了严重的破坏，其生存现状不容乐观。巨柏和岷江柏木被《中国濒危植物红皮书》收录并列为国家二级保护植物（覃海宁 等，2017）。

系统位置和遗传多样性

柏木属与同在柏木亚科的美洲柏木属和金柏属关系密切，分子系统学研究已证明广义的柏木属为多系群（de Laubenfels et al., 2012）。通过对不同产地的10种柏木属植物进行核型分析并结合细胞学观察结果，李林初和傅煜西认为柏木属可能在侏罗纪或者更早时代起源于地中海地区，之后在中新世或上新世由东亚经白令地区迁移至北美，加利福尼亚州、新墨西哥州、墨西哥及危地马拉等现代分布区。地中海地区的地中海柏木可能最原始，分布于东亚–中国的种类居中，北美洲的种较进化，墨西哥、危地马拉的墨西哥柏木可能最进化（李林初和傅煜西，1996）。佛朗哥（João Manuel António Paes do Amaral Franco，1921—2009，葡萄牙植物学家）曾主张将柏木属归并到扁柏属，将柏木名称改为*Chamaecyparis funebris*（Endl.）Franco，并指出柏木可能是柏木属和扁柏属的中间类型（Bailey et al., 1976）。但是柏木的球果第二年成熟则系柏木属种类共有的特征，而且柏木的小枝下垂，两面同型，不同于扁柏属的小枝平展，两面异形，因此达利莫尔（Dallimore W.）和杰克逊（Jackson A. B.）及郑万钧等仍将它保留在柏木属之内（Dallimore & Jackson，1966；郑万钧和傅立国，1978）。管中天认为巨柏、西藏柏木、干香柏、岷江柏木和剑阁柏木亲缘关系极近，而与之仅仅一山之隔的柏木与它们的关系较为疏远（管中天，1981）。江洪和王琳通过同工酶分析也将巨柏、西藏柏木、干香柏、岷江柏木和剑阁柏木划分为同一类群，而柏木作为单独的类群（江洪和王琳，1986）。我国产柏木属植物种类丰富，还有一些种的命名如*C. gansuensis*、*C. microcephala*和*C. chengiana* var. *wenchuanhsiensis*等相互之间的亲缘关系还需要通过进一步研究来确定。

柏木属植物是中国西部地区特有的区域内天然森林的建群树种，对维持全球生态系统的平衡起着巨大推动作用，其遗传多样性决定了生态功能。我国学者对中国柏木属特有种的遗传多样性进行了多种研究方法的分析，如利用扩增片段长度多态性（Amplified Fragment Length Polymorphism，AFLP）（姚莉 等，2005；扎西次仁，2008）、细胞色素氧化酶同工酶（兰小中 等，2006）、简单重复序列间扩增（Inter-Simple Sequence Repeat，ISSR）（Hao et al., 2006）和随机扩增多态性DNA标记（Random Amplified Polymorphic DNA，RAPD）（Xia et al., 2008）、简单重复序列（Simple Sequence Repeat，SSR）（Xu et al., 2008；徐海燕 等，2011）和叶绿体DNA片段（Xu et al., 2010）等，对柏木属物种的遗传多样性、遗传结构和种内遗传分化情况进行了研究，发现柏木属不同物种之间存在显著分化，特别是岷江柏木和干香柏内部各分化出两个与地理分布相关的基因型族。

如今柏木属植物自然分布区域狭窄、分布面积小、群体数量少，为防止其遗传多样性的降低和丧失，应采取针对性的保护策略、建立有效保护单元、原地保护和迁地保护都应尽量涵盖所有现存自然居群，才能真正将这些古老的精灵保护起来。

柏木属分种检索表

1 生鳞叶的小枝扁平，排成平面，下垂；球果小，径0.8～1.2cm，每种鳞具5～6粒种子 …… 1. 柏木 *C. funebris*

1 生鳞叶的小枝圆或四棱形，不排成平面；球果较大，径1～3cm；每种鳞具多数种子。

2 鳞叶背部有纵脊，生鳞叶的小枝四棱形。

3 球果有白粉，种鳞3～5对；生鳞叶的小枝较细，末端枝径约1mm；鳞叶背部有明显的纵脊 …… 2. 干香柏*C. duclouxiana*

3 球果无白粉，种鳞6对；生鳞叶的小枝较粗，末端枝径1.5～2cm；鳞叶背部具钝脊 …… 3. 巨柏 *C. gigantea*

2 鳞叶背部无明显的纵脊，生鳞叶的小枝圆柱形。

4 生鳞叶的小枝细长，排列较疏，末端枝径略大于1mm，微下垂或下垂；鳞叶背部宽圆或平；球果径1.2～1.6cm，深灰褐色 …… 4. 西藏柏木*C. torulosa*

4 生鳞叶的小枝粗短，排列密，末端枝径1.2～2mm，不下垂，鳞叶背部拱圆；球果径1.2～2cm，红褐色或褐色。

5 种鳞顶部中央的尖头大而明显；生鳞叶的小枝常被蜡粉，腺点位于鳞叶背面的下部，常不明显 …… 3. 巨柏 *C. gigantea*

5 种鳞顶部中央的尖头较短尖；生鳞叶的小枝无蜡粉，腺点位于鳞叶背面的中部。

6 球果具4～5对种鳞，球果球形 …… 5. 岷江柏木 *C. chengiana*

6 球果具6对种鳞，球果卵圆形 ……6. 剑阁柏木 *C. jiangeensis*

5.1.1.1 柏木（bǎi mù）

Cupressus funebris Endl., *Syn. Conif.* 58. 1847. TYPE: China: Zhejiang, [“China, prov. of Chekiang, Sir. Geo. Staunton”], *G. L. Staunton s.n.* (Lectotype BM, Farjon, 2005)（图7）.

别名：香扁柏，垂丝柏，垂柏，黄柏，扫帚柏，柏木树，柏香树，柏树，密密柏。

识别特征：生鳞叶的小枝扁，排成平面，下垂；球果小，径0.8～1.2cm，每种鳞具5～6粒种子。

柏木是我国特有树种，大乔木分布于浙江、福建、江西、湖南、湖北、四川、贵州、广东、广西、云南和江苏等海拔2 000m以下温暖湿润地带。在四川北部沿嘉陵江流域、渠江流域及其支流两岸的山地常有生长茂盛的柏木纯林（图8）。模式标本采自浙江杭州。

柏木生长快，用途广，适应性强，在长江以南地区普遍分布，如同侧柏在北方地区之分布一样常见。心材黄褐色，边材淡褐黄色或淡黄色，纹理直，结构细，质稍脆，耐水湿，抗腐性强，有香气，密度0.44～0.59g/cm^3。可供建筑、造船、车厢、器具、家具等用材；枝叶可提芳香油；枝叶浓密，小枝下垂，树冠优美（图8），可作庭园树种。

1847年奥地利植物学家恩德利歇尔（Stephan L. Endlicher，1804—1849）根据采自我国的标本命名了柏木（*Cupressus funebris* Endl.），资料显示早在1793年英国马嘎尔尼（George Macartney，1737—1806）访华使团副使乔治·斯汤顿（George Leonard Staunton, 1781—1859）首次记录该物种，1848年罗伯特·福琼（Robert Fortune，1813—1880）引种至英国。俗称“Chinese Weeping Cypress”（中国垂枝柏）、“Mourning Cypress”（哀悼柏）和“Chinese Coffin Tree”（中国棺椁树）[6]。

图7　柏木的模式标本。1792年斯当东采集于浙江杭州，现藏于英国自然历史博物馆

图8　柏木生境与细部观察。（A：四川省野生柏木生境；B. 野生的柏木幼苗；C. 球果小枝；D. 鳞叶；E. 球果；F. 种子。朱鑫鑫 摄）

柏木幼苗因叶形奇特而常常引人注意，浅绿色的叶片常3或4片轮生呈线状或锥状。扁平成年小枝上的小球果与扁柏有些相似，每个鳞片上的种子很少（3～5个）。柏木小枝下垂的特征增加了其观赏性，在我国和世界各地都有引种栽培。云南省嵩明县嵩阳镇黄龙山和地藏寺各有2株五代后晋时期所植古树，昆明市黑龙潭公园现存宋代古柏木，树龄800多年。成都武侯祠传有诸葛孔明手植柏木，对此唐代诗人杜甫在七律《蜀相》中有“锦官城外柏森森”的诗句。南京明孝陵有1934年引种的垂柏，其生长速度快于侧柏和圆柏，而且生长周期长，后期生长迅速（汪企明 等，1992）。陕西汉中城固县博望乡饶家营村张骞陵前有十多株垂丝柏，张骞（？—前114）是西汉著名外交家，曾受汉武帝之命出使西域，开辟了世界著名的“丝绸之路”，回国后被封为博望侯，其陵墓前的垂丝柏是家乡后人所植（吴圣地，1997）。国内植物园栽培有柏木的单位有：中国科学院西双版纳热带植物园、中国科学院武汉植物园、中国科学院昆明植物园、深圳市中国科学院仙湖植物园、中国科学院广西壮族自治区广西植物研究所、厦门市园林植物园、中国科学院庐山植物园和江苏省中国科学院植物研究所（南京中山植物园）（黄宏文，2014）和麦积植物园（裴会明，2000）等。

柏木产于我国江南气候暖热地区，不耐低温，在我国山东南部和河南郑州、大别山等地有栽培，其中在山东泰山海拔200m以上栽培的柏木经常会有冻害（华北树木志编写组，1984）。在英国不列颠群岛也只能在最温暖的地区种植，如英国皇家植物园邱园中种植的幼树就经常死亡。在英国德文郡的基勒顿（Killerton, Devon），巴斯植物园（The Bath Botanic Garden），艾尔（Eire），厄舍山（Mount Usher）和基尔马库拉（Kilmacurragh）等地均有栽培[6]。柏木在美国许多植物园和树木园都有引种栽培，如佐治亚州的考克斯树木园（Cox Arboretum），还有许多苗木公司如Keeping it Green Nursery在网上亦有售卖，价格约15美元/株。澳大利亚阿德莱德植物园（Adelaide Botanic Garden）和洛夫蒂山植物园（Mount Lofty Botanic Garden）也有引种栽培[7]。我国苗木公司有从国外引种的柏木观赏品种‘蓝冰’柏（*Cupressus funebris* ‘Blue Ice’），引种驯化品种证书编号：豫林审证字332号，其叶片四季呈现霜蓝色，不返绿（谭运德，2016）。

5.1.1.2　干香柏（gàn xiāng bǎi）

Cupressus duclouxiana B. Hickel, *Encycl. Econ. Sylvicult*.: 91. 1914. TYPE：China: Yunnan, Kunming Xian, (introduced), *F. Ducloux 3452* ((Lectotype P, Farjon, 2005)（图9）.

别名：冲天柏，干柏杉，云南柏，滇柏。

识别特征：生鳞叶的小枝四棱形；鳞叶灰绿色，有蜡质白粉，背部无明显的腺点；生鳞叶的小枝较细，末端枝径约1mm，不下垂，鳞叶先端微钝或稍尖，球果大，有白粉，径1.6～3cm，种鳞4～5对（图10）。

干香柏为我国特有树种，产于四川西南部及云南中部、西北部海拔1 900～3 400m地带；散生于干热或干燥山坡之林中，或成小面积纯林（如丽江石鼓等地）。喜生于气候温和、夏秋多雨、冬春干旱的山区，在深厚、湿润的土壤上生长迅速，适生土质以石灰性土壤为好，是喜钙树种。被《中国高等植物受威胁物种名录》定为易危物种（VU, Vulnerable）（覃海宁 等，2017）。

木材淡褐黄色或淡褐色，结构细密，纹理直密，材质坚硬，有香气，耐久用，易加工（图10）。可作建筑、桥梁、车厢、造纸、电杆、器具、家具等用材。可作造林树种。

有关干香柏最早的记录是法国天主教传教士赖神甫（Pierre Jean Marie Delavay，1834—1895），他在1867年来到中国西南部进行了十多年的采集，总共收集了约20万份标本，用他的名字命名了中国云南的冷杉、玉兰和牡丹等多种植物，1895年病逝于云南（Stern, 1944）。后来法国传教士迪克卢（Pere Francois Ducloux，1864—1945）又一次发现该物种，之后分类学家便以他的名字命名了干香柏。大约在1900年维尔莫兰（Maurice de Vilmorin，1849—1918，曾任法国植物学协会主席）将其引入欧洲，当时由法国植物学家弗朗谢（Adrien René Franchet，1834—1900）鉴定为*C. sempervirens*的中国类型，但是它的小枝更加细长，叶子更小更尖，球果更小，鳞片更少，种子更小，几乎没有翅。

干香柏生长速度快，树冠窄适于密植，在我国云南省西北部和中部常作为河堤树和风景树广

图9　干香柏的模式标本。1905年迪克卢采集于云南，现藏于法国自然历史博物馆

图10 干香柏植株与细部观察（A：云南省野外植株；B：球果；C：树干横切面；D：种子；E：小枝。朱鑫鑫 摄）

泛栽培。干香柏又称冲天柏，其生长健壮、病虫害少，宣威市彝族同胞将冲天柏称为“龙树”，每年进行祭祀，祈求平安幸福。在宣威松鹤寺内有一株树龄200年的冲天柏，在树干基部的2m高内，自下而上沿顺时针方向扭曲两圈有余，被称为“左扭柏”[8]。在昆明市金汁河埂、西山太华寺、云南民族大学莲华校区和丽江市木府、指云寺、北岳庙、狮子山公园以及维西傈僳族自治县白鹤山文昌阁旧址等处尚存有许多百年大树，冲天柏曾被推选为云南省省树候选树种（张鸿信，1986）。陕西省汉中市城固县上元坝镇四合村的山脊上有6株古干香柏，相传是西汉初年留侯张良（约前250—前186）在此处退隐时所植（吴圣地，1997）。湖南省张家界市慈利县林科所章祥云等曾于1978年开始引种栽培苗424株，后又通过播种育苗对干香柏进行栽培条件和适应性观察（章祥云，1985）。国内植物园栽培有干香柏的单位有：麦积植物园（裴会明，2000）和中国科学院昆明植物园和江苏省中国科学院植物研究所（南京中山植物园）等（黄宏文，2014）。

干香柏在英国栽培中较罕见，而在爱尔兰生长较好，在英国贝吉伯里的国家松树园（National Pinetum at Bedgebury）中经过多次尝试也未能种植成功[9]。澳大利亚堪培拉国家树木园（National Arboretum Canberra）和洛夫蒂山植物园也有引种栽培[7]。

5.1.1.3 巨柏（jù bǎi）

Cupressus gigantea W.C.Cheng & L.K.Fu, *Acta Phytotax. Sin*. 13(4): 85. 1975. TYPE: China: Xizang[“Tibet”], [“22km from Jia-mei-xi, Lang-bei Dong”], *Qinghai-Xizang Exped. 3318* (Holotype PE)（图11）.

别名：雅鲁藏布江柏木。

识别特征：本种生鳞叶的小枝粗壮、排列紧密，末端枝不下垂而与西藏柏木不同。与岷江柏木的区别在其生鳞叶的小枝常呈四棱形，通常较粗，排列紧密，多被蜡粉；球果具6对种鳞，种鳞顶部中央有明显而凸起的尖头（图12、图13）。

分布和用途

产于西藏雅鲁藏布江流域，常在海拔3 000～3 400m地带生于沿江地段的漫滩和有灰石露头的

图11　巨柏的模式标本。1974年青藏队植被组采集于西藏，现藏于中国科学院植物研究所植物标本馆

图12　巨柏野生生境。西藏林芝的巨柏林（陈燕 摄）

阶地阳坡的中下部组成稀疏的纯林。材质优良，能长成胸径达6m的大树，可作雅鲁藏布江下游的造林树种。

巨柏是藏香的主要原料。藏香相传起源于公元7世纪，距今已有1 400多年的历史。最早由松赞干布命大臣吞米·桑布扎研制供佛香料，桑布扎使用藏族医药研制成藏香，主要成分为柏木树干，配料有藏红花、雪莲花、麝香和藏蔻等。藏香最早用于佛教祭祀等宗教仪式，而今已逐步发展出各种居家保健和药用等新功能。2008年藏香制作技艺被列入国家级非物质文化遗产。作为藏香主料的柏木并不是单种树木的树干，而是包括柏木属的巨柏和西藏柏木、圆柏属的方枝柏（*Sabina saltuaria*）、大果圆柏（*Sabina tibetica*）和高山柏（*Sabina squamata*）以及侧柏属的侧柏（*Platycladus orientalis*）等西藏地区生长的柏科植物的所有种类，因巨柏和西藏柏木都已列入中国珍稀濒危植物红皮书，目前多采用分布广泛、资源更为丰富的大果圆柏、方枝柏和侧柏作为制作藏香的原料（唐宇丹，2021）。

命名、保护和研究

之前巨柏一直被误认为是圆柏属植物而被忽略，1975年郑万钧和傅立国等命名该种，种加词“*gigantea*”意思就是“巨大的”（郑万钧 等，1975）。巨柏英文俗称‘Tsangpo Cypress’（藏布柏），据记载1947年Ludlow, Sherriff 和Elliot曾在该区域发现并采集到该物种，当时佛朗哥根据标本将其命名为*Cupressus fallax* Franco，这一命名包含了巨柏和岷江柏木[10]。

巨柏面临着分布区狭窄和种群衰退的问题，受到修路和传统资源利用的双重影响而导致种群数量减少（杨永 等，2017）。北京林业大学任宪威教授在1979年最早提出应对巨柏进行保育，东北林业大学刘永春教授在1980年最早建议设立巨

图13　世界巨柏王（陈燕摄于西藏林芝巨柏公园）

柏天然保护区，1982年国务院批准巨柏为国家二级保护植物，1983年西藏自治区人民政府批准建立林芝巴结巨柏自然保护区，在1984年公布的第一批《中国珍稀濒危保护植物名录》中巨柏被列为二级保护物种，1999年《国家重点保护野生植物名录（第一批）》将巨柏列为一级保护植物，在2021年修订的《国家重点保护野生植物名录》中列为一级重点保护野生植物（国家林业和草原局、农业农村部，2021）。被中国高等植物受威胁物种名录定为易危物种（VU）（覃海宁 等，2017）。

巨柏的分布地域极其狭窄，根据分布距离和生态环境的差异将巨柏划分为4个种群：朗县种群、米林种群、林芝种群和易贡种群。其中朗县种群分布区面积最大。而林芝种群生长状况最好，树体粗壮高大并形成郁闭的森林，90%的单株平均树龄在千年以上，目前已开发成当地的特色景观和旅游风景保护区，即林芝巨柏公园。该公园为国家4A级景区，园内有一株“世界巨柏王”，树龄3 239岁，高50m，胸围14.8m，需要10个人才能合抱，是我国现存柏科植物中树龄最长、胸径最大的巨树（图13）。易贡种群与其他种群距离较远，处于孤立的特殊状态。通过对我国西藏地区的巨柏群落的种群结构进行调查发现，我国巨柏种群在幼龄时期都出现不同程度的缢缩，更新不良导致种群比例失调，进而导致种群扩展困难（郑维列 等，2007）。

西藏自治区在林芝市朗县启动了巨柏野外回归种群恢复工程，通过人工培育的方式，将13 800株巨柏引入到适合它生长的150亩自然环境中。旨在通过科学进行引种和人工种植不断壮大巨柏野外种群数量、提高自然更新和繁育能力。此次回归的巨柏有3年生、5年生、7年生等不同苗龄，将有效增加巨柏野外种群数量。近年来，林芝市已累计投入资金2 000多万元，开展巨柏资源调查、监测和救护工作，设立了巨柏种群重点保护点3个，人工繁育巨柏苗木50 000株。截至目前，种群恢复工程已完成苗木栽植8 500余株，配套建设围栏3 400m和1座水池，安装牵水管逾3 500m[11]。

通过对巨柏群落的种子植物区系地理成分分析，西藏高原生态研究所的罗建等发现巨柏群落植物区系的组成既有温带亲缘，又表现出与热带成分有一定关联。巨柏群落的74个种子植物属中，温带分布的有45个，占总属数目的76.27%，热带分布的属有5个，占总属数目的8.47%。在巨柏群落中除巨柏是国家一级重点保护植物外，还有金荞麦和大花黄牡丹两种国家二级重点保护植物。与林芝云杉林相比巨柏群落的物种多样性偏低，巨柏在群落中处于优势地位，除在里龙附近少数地段与高山松（*Pinus densata* Mast.）混交外，多独自占据乔木层。巨柏更新时种子萌发、幼苗生长所需要的环境对湿度和遮阴条件要求相对较高，但是总体而言巨柏种群生长的环境却在相对干燥的阳坡和半阳坡。对幼苗不利的生存环境、成树的结实性差、种子活力低下等因素加剧了巨柏物种的濒危（罗建 等，2006，张国强 等，2006）。

巨柏为雌雄同株，一般在3月中下旬开花；4～7月是球果生长的旺盛期。球果最初为绿色，在同年10月开始变为棕色，第二年3月变为棕褐色，此时种子形态成熟，4月生理成熟并具有发芽能力，因此巨柏采种时间为4～10月，5～7月最好（常馨月 等，2021）。东北林业大学尹泽超优化了巨柏种子萌发的条件并采用蛋白质组学方法研究了巨柏种子萌发过程中蛋白质组分的变化规律（尹泽超，2020）。

海内外栽培

巨柏的引种和育苗实验已经在我国广西凭祥、福建福州、甘肃天水、北京房山、山东青岛等地及世界多地开展（尹金迁 等，2019）。国内植物园栽培有巨柏的单位有：麦积植物园（裴会明，2000）和中国科学院华南植物园、中国科学院植物研究所北京植物园、江苏省中国科学院植物研究所（南京中山植物园）等（黄宏文，2014）。位于美国西雅图的华盛顿大学植物园曾引进并培育该种，后来在美国所有栽培的该物种都来源该处所繁育的幼树。巨柏耐寒且抗逆性强，适合在需要高大树木的空地上孤植[10]。

5.1.1.4 西藏柏木（xī zàng bǎi mù）

Cupressus torulosa D. Don, in Lambert,

Descr. Pinus 2:18. 1824. TYPE：India: Himalaya, [“Sooreh”], *W. S. Webb W 6046A* (Lectotype K-W, Farjon, 2005)（图14）.

别名：喜马拉雅柏木，喜马拉雅柏，大果柏。

识别特征：生鳞叶的小枝圆柱形，细长，排列较疏，末端枝径略大于1mm，微下垂或下垂，鳞叶背部宽圆或平；球果径1.2～1.6cm，深灰褐色（图15）。

产于西藏东部及南部，生于雅鲁藏布江及其支流易贡藏布海拔1 560～3 670m的河谷地带。印度、尼泊尔、不丹也有分布。在2021年修订的《国家重点保护野生植物名录》中列为一级重点保护野生植物（国家林业和草原局、农业农村部，2021）。

1802年布钦南·汉密尔顿（Francis Buchanan Hamilton，1762—1829）在尼泊尔发现该种，1824年引入英国，俗称“Himalayan Cypress（喜马拉雅柏）”或“Bhutan cypress（不丹柏）”。邓恩根据其小枝的形状用“*torulosa*”作为其种加词，来自拉丁文“*torosus*”或“*torulosus*”，意为“torose（略微扭转的）”[12]。

中国科学院昆明植物研究所、重庆市涪陵林科所、河南省林业技术推广站和中国林业科学研究院热带林业实验中心等机构曾在昆明、涪陵、河南鸡公山、贵州镇宁和广西大青山等地引种栽培，发现利用种子繁殖和扦插繁殖均可成活，但在不同生长条件下藏柏的适应性存在差异（杨维志，1988；张克聚，1990；李运兴，2005；袁恩贤，2014）。2014年河南省国有郏县林场将从西藏引种的西藏柏木通过审定为引种驯化品种，证书编号是：豫林审证字376号，该品种树冠窄，呈塔形，主干明显，适宜在河南省侧柏适生区种植（谭运德，2016）。2015年昆明市富民县散旦镇杨善洲纪念林栽植藏柏。国内植物园栽培有西藏柏木的单位有：中国科学院华南植物园、中国科学院植物研究所北京植物园、中国科学院昆明植物园、中国科学院广

图14 西藏柏木的模式标本。1818年韦伯采集于喜马拉雅山脉印度一侧，现藏于邱园

图15　西藏柏木植株与细部观察（A：云南省栽培的西藏柏木；B：鳞叶；C：小枝；D：球果。朱鑫鑫 摄）

西壮族自治区广西植物研究所和江苏省中国科学院植物研究所（南京中山植物园）等（黄宏文，2014）。西藏柏木非常娇嫩，只有在英国西南部才能生长，在该国萨默塞特（Somerset）、康沃尔（Cornwall）和珀斯（Perths）等地有引种栽培[14]。在意大利北部的帕兰扎（Pallanza）的马焦雷湖（Laggo Maggiore）的湖滨有一株树龄超过100年的巨大的西藏柏木曾在2019年的一次龙卷风袭击中被吹倒（Maerki, 2021）。在澳大利亚阿德莱德植物园有引种栽培，洛夫蒂山植物园种植有两个西藏柏木的园艺品种‘Arthur Green’和‘Corneyana’[7]。

5.1.1.5　岷江柏木（mín jiāng bǎi mù）

Cupressus chengiana S. Y. Hu, *Taiwania* 10: 57. 1964. TYPE: China: Sichuan, Wenchuan Xian, (Min River), *W. C. Cheng 2066* (Type A).

别名：川柏。

识别特征：生鳞叶的小枝粗壮或较粗，排列较密，无蜡粉，末端枝径1.2～2mm，不下垂，鳞叶背部拱圆，腺点位于鳞叶背面的中部；球果径1.2～2cm，红褐色或褐色；球果具4～5对种鳞，种鳞顶部中央的尖头较短小（图16、图17）。

产于甘肃南部（舟曲、石门、武都）及四川西部、北部（岷江上游茂县、汶川、理县、大金、小金）等地，生于海拔1 200～2 900m干燥阳坡。被世界自然保护联盟（IUCN）濒危物种红色名录定为易危（VU）物种，在2021年修订的《国家重点保护野生植物名录》中列为二级重点保护野生植物（国家林业和草原局、农业农村部，2021）。甘肃腊子口康多寺有一株岷江柏木古树，树高30m，胸围3.4m，冠幅86m^2，树龄约600年。

胡秀英（1910—2012，江苏徐州人，植物分类学家，曾任哈佛大学阿诺德树木园研究员，对冬青、萱草、泡桐、菊、兰等植物的分类有深入研究）于1964年根据郑万钧（1904—1983，江苏徐州人，林学和树木学家。曾于1930年10～11月在四川和西藏地区进行考察，采集柏科植物标本2 000余份，包括岷江柏木的模式标本2066号，后主编《中国植物志》第七卷裸子植物部分和《中国树木志》等）在四川西北部采集的*Cheng 2066*号标本建立了本种，正确地把本种和干香柏区别开来，并用标本采集者郑万钧的姓氏来命名[13]。

岷江柏木木材密度大，质地坚硬，纹理细致而美观，是优良的建筑和家具用材。由于全株含有香味，民间称其为“柏香树”，多用于祭祀熏香或粉碎后制作成香料制品。岷江柏木在四川的分布区域属于羌藏文化民族聚居区，在民俗活动中多有用熏香制品，岷江柏木则作为制作这些熏香制品的主要原料被用来熏制香肠、腊肉，以让猪肉制品去腥留香、抑制霉菌生长，形成了风味独特的民族特色佳肴（胡君，2021）。

Li等使用高通量测序方法从生长在中国西部岷江、大渡河、白龙江流域的82株岷江柏木个体中鉴定了266 884个高质量单核苷酸多态性（Single nucleotide polymorphisms, SNP），分析表明在取样的3个地区形成了3个不同的谱系，不同谱系之间的分化程度很高并存在不同的重要进化单元。这项研究对我们保护岷江柏木的多样性提供了种群基因组学信息。对白龙江流域舟曲县憨班乡成片分布的岷江柏木种群开展的调查发现，该区域岷江柏木种群除憨班乡成片分布外，其余植株均散生于寺庙或房屋周围，多以“风水林”“护庙林”形式存活，而且处于生理衰退期，种群更新困难。白龙江流域岷江柏木群落结构简单，乔木树种单一基本为岷江柏木，林下灌木层和草本层植物种类稀少，群落结构稳定性差（魏海龙，2018）。

由于岷江柏木所在生境多处于河流的两侧，因此水电站的建设对岷江柏木的野生居群影响巨大。如大渡河双江口水电站项目工程建设区域分布27万株岷江柏木，为保护受该项目影响区域分布的岷江柏木遗传资源，四川大渡河双江口水电开发有限公司委托四川省林业调查规划院、中国科学院成都生物研究所等7家单位编制了《大渡河上游水电开发对岷江柏木的影响及创新保护机制研究》报告，并根据专家组意见于2017年1月20日前完成了枢纽工程占用区域岷江柏木种质资源的采集工作。其中，将采集的6个居群620个球果备存到种质资源库。种质资源库将定期监测该批种子的活力，确保该批种子在冷库长期、安全地保存，这将有效保护该区域岷江柏木遗传资源的多样性，避免灭绝[14]。

国内植物园栽培有柏木的单位有：中国科学院华南植物园、中国科学院武汉植物园和中国科学院昆明植物园（黄宏文，2014）和麦积植物园（裴会明，2000）等。1981年美国人约翰·希尔巴（John Silba，1961—2015，长期从事针叶树的野外调查和引种）从四川康定将岷江柏木引入西方园林，其中一棵树生长在邱园维克赫斯特广场（Wakehurst Place），该区域栽培的其他一些岷江柏木是邱园的吉尔·考利（Jill Cowley）在云南省玉龙雪山茶花寺附近收集的栽培种。在美国北卡罗来纳州劳尔斯顿树木园（JC Raulston Arboretum）和加州大学戴维斯分校树木园均有引种栽培且生长良好[15]。在澳大利亚洛夫蒂山植物园有栽培[7]。

图16 岷江柏木的模式标本。1930年郑万钧采集于四川汶川，现藏于美国哈佛大学植物标本馆

图17　岷江柏木生境与细部观察（A：野生生境　宋鼎 摄；B：小枝与球果　聂廷秋 摄；C：树干　李波卡 摄）

5.1.1.6　剑阁柏木（jiàn gé bǎi mù）

Cupressus jiangeensis N. Zhao, *Acta Phytotax. Sin.* 18(2): 210. 1980. TYPE: China: Sichuan, Longmen Shan, Jian'ge Xian, *L. S. Cai & T. Z. Min 101–104* (Holotype SCFI).

该种与岷江柏木非常相似，曾被认为是岷江柏木的一个变种（图18）。二者在球果形状（剑阁柏木为卵圆形，岷江柏木为球状）和种鳞数量（剑阁柏木12，岷江柏木8～10）上存在差异，且剑阁柏木叶片更加鲜绿。剑阁柏木在《中国物种红色名录》列为极度濒危，原生地现存仅1株，株高27m。在中国四川北部剑阁县海拔840m处剑阁古驿道两旁的行道树“皇柏树”中发现，当地人称为“松柏树”，意为球果形状像松树球果的柏树，当地人描述为“干如松，皮如柏，果如松，裂纹如柏”。剑阁柏木所在生境为山区丘陵地带，年平均气温14.9℃，最低温度–7℃，最高温度39℃，平均年降雨量1 000mm左右，日照1 280～1 620小时；树下土壤为紫色土，pH约6.7。周围森林为柏桤混交天然次生林，其中柏木约占八成，林下是以黄荆为主的灌木。1978年6月21日，四川省林业科学研究院育种室蔡霖生和闵通知在四川省剑阁县后阳区后阳公社采集到模式标本，同年8月30日经郑万钧鉴定确认。1980年四川省林业科学研究所赵能在《植物分类学报》上作为新种正式发表。希尔巴在1981年将其

图18　剑阁柏木的模式标本。1978年蔡霖生和阎通知采集于四川剑阁，现藏于四川省林业研究所标本馆

作为岷江柏木的一个变种发表，之后在1982年又认为是岷江柏木的一种[15]。Hoch和Maerki认为*C. jiangeensis*是*C. fallax*的异名（Hoch and Maerki, 2020），而我国学者已将*C. fallax*作为岷江柏木的异名来处理，可见这三者之间的名称确定仍有争议。

1978—1981年四川省剑阁县林业局赵增惠等曾成功开展剑阁柏木的播种育苗实验，发现其苗期生长速度要快于一般柏木（赵增惠，1981）。2005年兰州大学刘建全教授曾调查采集该树的标本，并收集果实17枚；小陇山林业试验局林业科学研究所研究人员刘林英等用这批果实中的种子又成功培育13株幼苗（刘林英 等，2008）。英国邱园将希尔巴在1990年收集的苗木分发到英国南部的几个花园，由于其非常娇嫩，都生长在温室里来预防寒冷。美国北卡罗来纳州劳尔斯顿树木园1998年种植了一株倾斜的植株，尽管外形不佳但仍然茁壮成长，剑阁柏木在园艺栽培条件适宜时其美丽的嫩枝十分具有观赏吸引力[13]。澳大利亚洛夫蒂山植物园也有引种栽培。

5.1.2 扁柏属 (biǎn bǎi)

Chamaecyparis Spach. Hist. Nat. Vég. 11: 329. 1841. TYPE：美国尖叶扁柏*Chamaecyparis thyoides* (Linn.) Britton, Sterns et Poggenburg.

本属共6种，分布于我国台湾、北美及日本。我国有2种，均产自台湾地区，为主要森林树种。

识别特征

常绿乔木；生鳞叶的小枝扁平，排成一平面。叶鳞形，通常二型，交叉对生，小枝上面中央的叶卵形，侧面的叶对折呈船形。雌雄同株；雄球花黄色或暗褐色，卵圆形，雄蕊3～4对交叉对生，每雄蕊有3～5花药；雌球花圆球形，珠鳞3～6对交叉对生，胚珠1～5枚。球果圆球形，当年成熟，种鳞3～6对，木质，盾形，顶部中央有小尖头。染色体2n=22。

命名历史

法国植物学家斯帕克（Edouard Spach，1801—1879）在1841年命名了扁柏属，属名来源于希腊语“*chamai*”，意思是矮小、贴着地面生长的，“*kyparissos*”意思是柏树，组合起来的意思即dwarf-cypress，矮小之柏木，但是这一命名并不准确，因为该属所有种都是直立的，而且有很多大树。扁柏属植物的英文俗称有“White cedar”（白柏）、“False cypress”（错柏）。

红桧和台湾扁柏合称桧木（日本称为Hinoki，意为“火之木”，因全株皆含精油，取火容易而称），是我国台湾的特有树种。19世纪之前宝岛台湾由于清政府的闭关锁国政策及其特殊的地理位置仍然对外界保持着神秘（此前西班牙和荷兰殖民者曾短期占据台湾岛）。自1840年第一次鸦片战争开始，随着中国近代史上第一个不平等条约中英《南京条约》的签订，清政府被迫开放口岸、割让领土，中国逐步沦为半殖民地半封建社会。1854年福琼由福州乘船抵淡水进行采集，其采集记录为最早。1858年第二次鸦片战争失败后中国被迫与列强签订《天津条约》，开放台湾（台南）为通商口岸，各国植物猎人（如英国人C. Wilford、R. Swinhoe，德国人A. Schetlilig，日本人粟田萬次郎，美国人J. B. Steer等）纷纷前往台湾岛采集植物，这些标本大多由Henry Fletcher Hance、William Botting Hemsley、Carl Johann Maximowicz等人整理发表（彭镜毅和楊遠波，1992）。但由于岛上严酷的气候地理条件以及岛内原住民的剽悍限制了这些植物猎人的活动范围，他们所采集的台湾植物数量有限。1896年英国人亨利（Augustine Henry, 1857—1930，曾于1892—1895年至台湾采集）发表《台湾植物目录》，记载了1 297种显花植物和149种隐花植物。1894年中日甲午战争爆发，清政府战败后被迫签订《马关条约》，将台湾岛及附属各岛屿割让给日本。在日本侵占我国台湾时期（1895—1945），正值世界植物大命名时代末期，为开发利用岛内植物资源和抢占植物新种命名权，日本在台湾设立总督府，其下设立殖产局对台湾天然资源开展调查。自1896年开始，牧野富太郎（Tomitaro Makino, 1862—1957，被称为“日本植物学之父”）、田代安定（Yasusada Tashiro，1857—1928，于1896—1920年任台湾总督府技师）、川上泷弥（Takiya Kawakami，1871—

1915，1903年任台湾总督府技师，1905年主持台湾有用植物调查，1910年出版《台湾植物目录》，记录2 368种植物，1915年病逝于台湾）、中原源治（Genji Nakahara，生卒年不详，曾任川上泷弥助手）、森丑之助（Ushinosuke Mori，1877—1926，曾任川上泷弥助手）、小西成章（Nariaki Konishi，1862—1909，1896年任殖产局林务课技师）和早田文藏（Bunzo Hayata，1874—1934，1900—1927年间十余次至台湾采集，1922年任东京帝国大学植物分类学教授，他命名了约1/4的台湾植物，如台湾杉属*Taiwania*，著有《台湾植物图谱》共十卷、《台湾植物总目录》等）等人深入到之前植物猎人未能到达的台湾岛内部对台湾乡土物种进行了大规模采集，所获标本大多数送回东京帝国大学由植物分类学教授松村任三（Jinzo Matsumura, 1856—1928）和早田文藏等人研究，通过发表一系列有关台湾植物的学术论文对绝大多数台湾乡土植物进行了命名（吴永华，2016；大场秀章，2017）。至1920年早田氏《台湾植物图谱》第十卷发表后，台湾植物总数达170科3 658种。之后山本由松（Yamamoto Yoshimatsu，1893—1947，早田文藏之学生）在1925—1932年完成《续台湾植物图谱》五卷；佐佐木舜一（Syuniti Sasaki，1888—1961，采集台湾标本最多的日籍学者）1928年和1930年分别出版《台湾植物名汇》和《林业部腊叶馆植物标品名录》；至1936年正宗严敬（Genkei Masamune，1899—1993）发表的《最新台湾植物总目录》共收录维管植物188科、1 174属、3 841种、12亚种及396变种（彭镜毅和楊遠波，1992）。

植物分类学研究中常常使用物种的原产地作为物种名称以显示其独特性，早在16世纪葡萄牙殖民者便开始使用“Formosa”来指代台湾岛这样未标注过的岛屿，意为“美丽的岛”，因此产自台湾的植物大多带有‘*formosana*’‘*formosensis*’这样的种加词。

玉山是我国东部最高山脉，最高峰海拔3 952m，而阿里山为玉山支脉，现存最大的红桧和台湾扁柏都出自阿里山。1896年10月日本林学博士本多静六（Seiroku Honda，1866—1952）在去往玉山东峰的途中采集到第一份红桧标本，与日本花柏在叶形上非常相似，确认为一种未曾发现的扁柏属植物，该标本被送至日本东京后1901年松村任三将其作为新种发表为台湾红桧*Chamaecyparis formosensis*，记录采集地点为摩里逊山（Mt. Morrison）。摩里逊山是欧美国家对玉山的旧称，1857年美国商船亚历山大号（USS Alexander）的船长摩里逊（W. Morrison）首次向欧美国家描述玉山，因此欧美称之为摩里逊山（图19）。台湾扁柏的发现稍晚，模式标本由川上泷弥与森丑之助于1906年6月采自玉山山区，而由早田文藏于1908年发表（图20），早田文藏是东京帝国大学植物分类学教授松村任三的学生，后来接替其导师任东京帝国大学植物分类学教授并兼任小石川植物园（Koishikawa Botanical Gardens）园长，松柏科植物是早田氏一生最关注的研究对象，《台湾植物总目录》中记载早田氏共命名了15种产自台湾的松柏科植物，如台湾杉（*Taiwania cryptomerioides* Hayata, 1906）、峦大杉（*Cunninghamia konishii* Hayata, 1908）、刺柏（*Juniperus formosana* Hayata, 1908）、台湾油杉（*Keteleeria formosana* Hayata, 1908）和台湾粗榧（*Cephalotaxus wilsoniana* Hayata, 1914）等（吴永华，2016）。

分布和研究保护现状

红桧和台湾扁柏林是台湾山区海拔1 000 ~ 2 000m地带最主要的森林，也是台湾木材生产的主要来源。红桧在分布带上部常组成纯林，在下部与台湾扁柏组成混交林；台湾扁柏在海拔1 300 ~ 2 900m地带组成纯林或与红桧组成混交林。在中部山区这种森林中常混生台湾杉和峦大杉（郑万钧，1983）。1975年台湾省林务局设置包含107块林地，总面积2 449hm^{2}的母树林以保存31个重要树种。其中红桧3 419株，台湾扁柏2 056株。之后台湾省林业试验所建立包含红桧和台湾扁柏的10种重要林木种子园并开展种源后裔试验（林讚標和楊政川，1992）。1992年台湾地区邮政部门曾发行一套台湾森林资源特种邮票（编号D303），包含红桧、台湾扁柏、台湾肖楠、峦大杉和台湾杉共5种台湾特有的常绿针叶树，以唤起

图19　红桧标本。此标本为1996年德布赖齐（Zsolt Debreczy，美国树木学家）等采集于中国台湾，现藏于中国科学院植物研究所标本馆。模式标本在日本东京大学植物标本馆，无照片

图20　台湾扁柏标本。此标本为1990年彭镜毅采集于中国台湾，现藏于中国科学院昆明植物研究所标本馆。模式标本在日本东京大学植物标本馆，无照片

图21　台湾森林资源邮票局部

人们对保护森林资源的认识（图21）。

红桧和台湾扁柏具有不同的生态位可能与它们的气体交换能力差异有关。红桧幼苗在林隙内占优势，而台湾扁柏幼苗在林冠下占优势。Huang等比较了两种植物的气体交换参数和对高温的敏感性，发现红桧的CO_2同化率和蒸腾速率都高于台湾扁柏，高温会降低二者的CO_2同化率和气孔导度（Huang et al., 2021）。台湾大学森林学系郭幸荣主持的《红桧及台湾扁柏的生理生态特性之研究》对二者在苗圃中不同土壤养分状况、水分供应及庇荫环境生长的潜力进行了研究，获得了二者自然分布差异的线索，即叶部和根系对营养元素的吸收利用反应存在差异（郭幸荣 等，2003）。

红桧与台湾扁柏均为我国台湾重要的乡土树种且材质优异，可作为优良家具用材。天然林目前已禁伐。运用育林技术，永续并集约经营现有人工林，使之成为林业物供应的主要来源，已经成为林业经营的一项主要课题。通过人工林栽植实验，邱志明等发现台湾扁柏的自我疏伐曲线斜率和截距均大于红桧（邱志明 等，2018）。

系统位置和遗传多样性

扁柏属隶属柏木亚科，与福建柏属亲缘关系最近。分子系统学研究表明扁柏属内关系还有待确定。从植物地理学研究角度来看，扁柏属为典型的东亚–北美间断分布。现存6种，其中东亚4种：我国2种（红桧和台湾扁柏），日本2种（日本花柏和日本扁柏）；北美东部（美国尖叶扁柏）和西部（美国扁柏）各1种。Li等利用内部转录间隔区（Internal Transcribed Spacers，ITS）序列分析发现北美东部的美国尖叶扁柏与东亚的日本扁柏关系更近，而与北美西部的美国扁柏更远些，因此其认为扁柏属可能是东亚起源，通过不断扩散和隔离分化等多次地理学事件最终形成东亚—北美间断分布格局（Li et al., 2003）。而Wang等通过估测扁柏属植物的分化时间，发现日本花柏和美国尖叶扁柏分化的时间为14Ma，而美国扁柏和日本扁柏的分化时间为5.5Ma，这一时期处于中新世晚期，而日本花柏与红桧、日本扁柏与台湾扁柏的分化时间都较晚，因此他们推测扁柏属可能是北美起源，通过至少2次洲际迁移事件形成今日之间断分布格局。认为发生洲际迁移事件的时间与新近纪全球变冷和更新世冰期造成的温带植物南迁处于同一时期，而我国台湾地区的2个种可能是通过琉球长距离跳跃扩散而来（Wang et al., 2003）。以上两种推测的结果截然相反。Liao等认为核基因组ITS序列存在网状进化、渐渗杂交等影响不适于重建谱系，转而采用叶绿体序列重建扁柏属的系统发育。他们的结果认为扁柏属可能是北美起源，至少有2次独立的扩散事件经白令陆桥进入东亚，这一结果与Wang等结果相一致（Liao et al., 2010）。

对裸子植物这样起源古老的类群而言，由于经历了大迁移和大灭绝事件，仅基于现代分布区来重建其历史地理过程非常困难。Liu等调查了扁柏属的化石记录，发现最早的扁柏属化石记录是加拿大北极群岛的尤里卡扁柏（*C. eureka*），似乎扁柏属在古近纪的地理分布局限于北美洲和欧洲的中高纬度地区，在古近纪晚期扁柏属向南扩散占据北美西部，这一点有渐新世的化石记录可以佐证。之后穿越高纬度地区的白令陆桥向西扩散至东亚，后来才得以在日本和我国台湾幸存，但是在亚洲并没有找到可靠的化石记录（Liu et al., 2009）。近期徐小慧等在我国内蒙古固阳盆地发现了白垩纪唯一一个扁柏属的化石记录，命名为*Chamaecyparis chinense* X. H. Xu et B. N. Sun，该化石与现生种日本花柏十分相似，与分布在北美西部的*Ch. lawsoniana*也具有相似特征（徐小慧，2017）。她们认为扁柏属植物可能在早白垩纪起源于东亚地区，之后经白令陆桥向北美西部扩散；欧洲扁柏可能是在渐新世由北美通过北大西洋陆桥传播而来，或从东亚地区传播而来；受新近纪干冷气候和第四纪冰川影响，扁柏属植物逐渐在欧亚大陆中西部和北美中部局部灭绝，而在东亚不断向南迁移至日本和我国台湾（徐小慧 等，2019）。综合以上结果，将扁柏属、福建柏属和柏木属的现有植物基因组信息与化石记录相结合来开展大规模系统学分析才有望能够明晰这些柏科精灵的前世今生。

我国现存扁柏属植物仅2种且分布地局限在台湾岛，由于多年来的不断砍伐使野生种群趋于濒危，开展针对红桧和台湾扁柏的遗传多样性研究不仅有利于濒危物种保护，更有利于林木育种事业。基于简单序列重复（Simple Sequence Repeat, SSR）富集的红桧基因组文库和转录组数据，Huang等用300对引物检测了92个单株，最终选择了19对SSR多态性和8对表达序列标签（Expressed Sequence Tag, EST）位点多态性引物，将这些受测单株划分为17种等位基因。经检测大部分标记也能够在台湾扁柏中扩增。这些特异性标记可以用于区分红桧和台湾扁柏进行物种鉴定，并有助于合法木材贸易的认证以及种群遗传多样性和遗传结构的研究，还有利于当前非法采伐严重威胁下红桧的保护和管理（Huang et al., 2021）。台北中研院生物多样性研究中心的吴忠贤等使用完整的质体DNA和*35S rDNA*序列能够正确将扁柏属物种和品种区分开来，并发现3个短的易突变位点（*3'ETS, ITS1*和*trnH-psbA*）可以作为条形码来对扁柏属植物种和品种进行鉴定（Wu et al., 2020）。

福建省林业科学研究院徐俊森等曾开展台湾优良用材和观赏树种引进与繁育技术研究，从台湾引进21个树种，在近10年的引种栽培过程中，通过建立试验林、示范林及推广应用比较，陆续将一些适应性强，生长较好的树种在闽南、闽北及沿海地区进行造林试验，通过对主要台湾引种树木的综合调查和评价，发现红桧适宜山地造林，台湾扁柏适宜观赏绿化（徐俊森 等，2006）。在园艺新品种选育方面，扁柏属植物中日本扁柏和日本花柏由于开展育种较早并且最先传入北美园艺界，针对株型和叶色两个主要观赏性状在北美洲已经选育出了近百个品种，如1986年出版的《北美洲东北部原生和栽培针叶树指南（*Native and Cultivated Conifers of Northeastern North America: A Guide*）》中记载了日本扁柏矮化（Dwarf）品种64个、黄叶（Yellow）品种23个、白叶（White）品种6个（Cope, 1986）。对我国特产的扁柏属植物也非常有必要开展育种工作以满足人民群众日益增长的精神文化需求。

扁柏属分种检索表

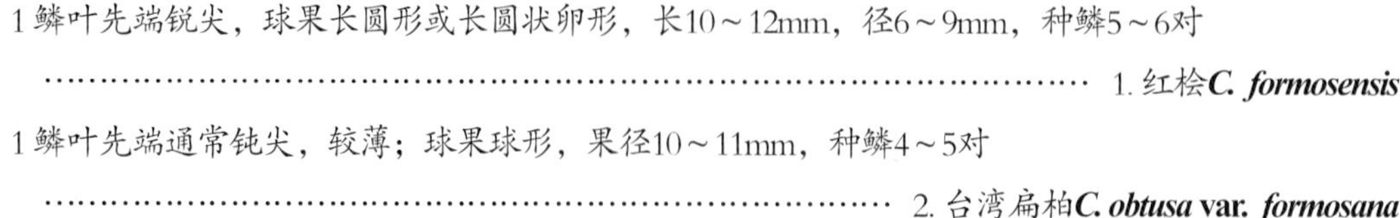

1 鳞叶先端锐尖，球果长圆形或长圆状卵形，长10～12mm，径6～9mm，种鳞5～6对 ………… 1. 红桧***C. formosensis***

1 鳞叶先端通常钝尖，较薄；球果球形，果径10～11mm，种鳞4～5对 ………… 2. 台湾扁柏***C. obtusa* var. *formosana***

5.1.2.1 红桧（hóng kuài）

Chamaecyparis formosensis Matsum., Bot. Mag. (Tokyo) 15(177): 137. 1901. TYPE: China: Taiwan, Nantou, Chia-I Pref., Yu-shan, [Mt. Morrison], *S. Honda s. n.* (Lectotype TI, Farjon, 2005).

别名：台湾红桧，薄皮松罗，松梧，台湾花柏，水古杉。

识别特征：常绿乔木，高达57m，干径达6.5m。干皮灰红色至红褐色，长条状剥落；鳞叶先端锐尖，球果长圆或长圆状卵形，长10～12mm，径6～9mm。其与日本花柏主要不同处在于其树冠之巨大，球果长圆或长圆状卵形，种子两侧具窄翅（图22）。

红桧是我国台湾的特有树种，产于中央山脉、阿里山、北插天山等海拔1 700～2 900m处。本种为东亚最大之树，阿里山一株树高57m，干径6.5m，树龄约2 700年。红桧材质优良，为台湾主要用材树种之一。被世界自然保护联盟（IUCN）濒危物种红色名录定为濒危物种（EN），在2021年修订的《国家重点保护野生植物名录》中列为二级重点保护野生植物。

在系统发育进化上红桧与日本花柏（*Chamaecyparis pisifera*）最为接近。*Pisifera*来源于拉丁语单词“*pissum*”和“*ferre*”组合而成，意为“pea”和“to bear”，非常小的球果（图22B）。红桧与日本花柏的差别在于其球果球形，种子具宽翅，叶片下有清晰白色条纹。

红桧在台湾被称为“神木”，因树皮赤褐色

图22 红桧林与细部观察（A：台湾省阿里山红桧林 徐晔春 摄；B：球果小枝 杨雁 摄；C：树干 林秦文 摄；D：鳞叶小枝 林秦文 摄）

而得名（图22C），在台湾五大山脉皆有生长，尤以阿里山的红桧最为著名（图22A）。阿里山红桧身躯挺拔粗壮，高达五六十米，顶天立地，而且寿命长，一般在千年以上，因此称为长寿树，受人顶礼膜拜（惠金义，2015）。台湾少数民族极为尊崇这些巨树，泰雅人的语言里将红桧称为“Parung mhway”，意为“软软地垂下来”，形容巨树下垂的枝叶（图22D），并把特别巨大的树赋予了神性，称之为“Qparung utux”，意为“巨木神灵”，而将盗伐这些巨木的人称之为“山老鼠”[15]。

红桧是制作建材、家具和工艺品的好材料，日据时期侵略者曾对宝岛红桧大肆砍伐，并修建了铁路专运线“阿里山森林铁路”用于木材运输，1912年邱园的威廉·普莱斯（William Robert Price，1886—1975，1912年2月作为埃尔威斯的采集助手至台湾采集植物，近一年时间共采集1 142份植物标本）在其采集笔记中曾描述过红桧森林的无与伦比的奇观和当地少数民族对抗殖民者采伐的血腥历史，据统计在此期间有30万株红桧被砍伐。1945年在台湾光复以后红桧和台湾扁柏作为重要的木材资源仍被大量采伐。20世纪70年代以后因为一系列保护和禁伐措施的实施，特别是1991年正式宣布全面禁伐天然林，最后的部分红桧林才被保留下来[16]。直至今日，林业采伐与民间抢救桧木林运动依然是一对难以调和的矛盾，甚至常常作为岛内政治斗争的筹码来被反复使用。

红桧是台湾旅游的明星，最著名的一株红桧是寿命超过3 000年的“阿里山神木”，又称“周公桧”。树高53m，材积达500m^3，曾是闻名中外的台湾地标之一。在1956年遭遇雷击，树心油脂被焚毁，复育无望，残株在一场大雨中裂开而半身倒下，1998年6月29日因安全考量而被伐倒，阿里山神木从此走入历史，倾倒的树身就此横置于原地，成为遗迹供人瞻仰。之后台湾林务局整理出阿里山森林游乐区内的38株红桧巨木，称为阿里山神木群。2006年嘉义县政府和阿里山风景管理处等举办“阿里山二代神木票选活动”，光武桧得票最多，超过了香林神木和千岁桧，成为阿里山第二代神木[16]。

威尔逊在1917—1919年第六次也是最后一次到东亚采集植物。他在1918年到达台湾，终于见到了他梦寐以求的红桧等植物，之前他曾向早田索求一些台湾针叶树标本但一直没有得到。这一次他终于见到了最大的红桧，高约200英尺，树干周长65英尺。同时他被告知被日本当局砍伐掉的最大的红桧大约有3 000年的年轮。他在笔记中写道：“这些红桧树干大多是中空的，但是木材略带红色，芳香而有美丽的光泽，是日本人非常推崇的室内装饰材料。”（Wilson，2019；图23、图24）。

红桧含有高丰度的特殊代谢物，有助于优良的木材耐久性。从红桧木材和针叶中分离的萜类化合物具有抗真菌和细菌的生物学活性，可能参与植物对病原菌的防御。在红桧提取物中不仅有杜松烯（cadinene）和弥罗松酚（ferruginol），也有特殊的二萜物质（diterpenoids），包括pisferal，totarol和异枞醇（isoabienol）衍生物，二萜合成酶（diterpene synthases）参与二萜骨架的形成和分化。Ma等在红桧转录组数据中鉴定了8个二萜合成酶，并分析了它们在二萜类化合物生物合成中的活性（Ma et al., 2021）。红桧心材精油成分具有体外抗霉菌活性，其中的萜类化合物的合成速率和组成结构在不同树龄和不同季节存在差异。Chen等通过不同季节在田间观测不同年龄的红桧中萜类化合物的组成和排放速率发现单萜类化合物在红桧中占主要地位（占总萜类化合物的80%以上）。幼树和成年树排放模式相反。冷季幼树的排放高于暖季，光合有效辐射（Photosynthetically Active Radiation, PAR）是影响幼树萜类排放的最主要因素；与之相反，成年树在暖季排放较高，温度是主要影响因素。而一些化合物（如β–月桂烯、α–松油烯、反式–β–月桂烯、松油烯–4–醇、α–苯乙烯和反式–β–法尼烯）在寒冷季节含量较高（Chen et al., 2019）。

红桧在台北、杭州等地区有引种栽培（张若蕙 等，1991），福建林科院与闽清县美菰国有林场通过播种和扦插育苗开展红桧造林实验，发现红桧幼时喜阴湿，能耐一定的庇荫，可与速生

图23　阿里山红桧。这棵大树树干直径有20英尺（6m）（威尔逊拍摄于1918年）

图24 阿里山针叶树。左侧为红桧，右侧为台湾杉（威尔逊拍摄于1918年）

阔叶树混交种植（程良绥，2005）。在浙江景宁的低山丘陵和中高山地区种植时生长速度超过日本扁柏（金民忠 等，2013）。国内植物园栽培有红桧的单位有：中国科学院华南植物园、中国科学院武汉植物园、中国科学院昆明植物园和深圳市中国科学院仙湖植物园等（黄宏文，2014）。国外在英国皇家植物园邱园及英国南部萨塞克斯（Sussex）的谢菲尔德公园（Sheffield Park and Garden）[17]、澳大利亚洛夫蒂山植物园等地有引种栽培。

5.1.2.2　台湾扁柏（tái wān biǎn bǎi）

Chamaecyparis obtusa var. ***formosana*** (Hayata) Rehder, *Stand. Cycl. Hort*. 2: 731. 1914. TYPE: China: Taiwan, [Shinko, Shirakku], *T. Kawakami & U. Mori 1329* (Lectotype TI, Farjon, 2005).

别名：黄桧，厚壳，松梧，松罗，扁柏。

识别特征：具有较短的鳞叶，叶片通常较薄，具有亚急性先端。球果通常较小。台湾扁柏常形成纯林或与红桧一起形成混交林。台湾扁柏与红桧可以通过球果形状（球形对长方形）和种鳞数目（8～10对10～13）进行区分，而且台湾扁柏比红桧分布海拔更高（Flanagan & Kirkham, 2005）。《中国植物志》第七卷中台湾扁柏认为是日本扁柏的一个变种，与日本扁柏的主要区别是：鳞叶较薄，先端常钝尖（而非钝圆）；球果较大，径10～11mm（而非径8～10mm）；种鳞4～5对（而非4对）。台湾扁柏的英文俗称是：Taiwan Yellow False Cypress意为台湾黄扁柏，体现了其树皮橙黄色的特征（图25）。

分布在台湾嘉义、花莲、宜兰、台中和台北地区海拔1 800～3 000m的气候温和湿润、雨量多、相对湿度大、富腐殖质的黄壤、灰棕壤及黄棕壤土上。在分布带的上段组成大面积单纯林，下段与红桧混生成林。被世界自然保护联盟（IUCN）濒危物种红色名录列为易危物种（VU）。

到台湾旅游的人都会对红桧和台湾扁柏的高大树干赞叹不已。1912年到达台湾的英国植物学家埃尔威斯（Henry John Elwes, 1846—1922）可能是第一位在野外观察到它们的欧洲树木学家。他指出它们的叶子颜色很容易区分，红桧是灰绿色叶，而台湾扁柏是亮绿色（图25），被称为“形状优美的金字塔（Shapely pyramids）”，而且红桧分布地海拔较低，台湾扁柏的分布地海拔较高。他在一根直径3英尺的台湾扁柏原木上计数了400个年轮而认为它是一个生长缓慢的树种，但这可能是由于上坡上密集的森林造成的（Elwes, 1935）。

第一次有记录的引种是1910年松村任三从台湾将种子寄给英国南部的赫特福德郡（Hertfordshire）贝福德伯里（Bayfordbury）的亨利·克林顿·贝克（Henry Clinton-Baker, 1865—1935），但只有1粒种子发芽（Dallimore et al., 1966）。1976年英国植物学家佩奇（Christopher Nigel Page）收集到这种树种植在本莫尔植物园（Benmore Botanic Garden）。爱丁堡植物园和邱园派员在台湾进一步的考察也收集到更多的种质。台湾扁柏生长缓慢，1993年Kirkham和Flanagan收集并种植在邱园维克赫斯特广场的一棵树到2005年仅株高2.2m。台湾扁柏精致的、有些像蕨类植物的枝叶很吸引人(Rushforth, 1987)，深绿色枝叶在幼苗期会被晒伤变黑[18]。其原生地在气候相对温和而且有充足的水分和湿度的森林中，在美国东部气候相似地区有利于红桧和台湾扁柏的种植。斯科特树木园（The Scott Arboretum）1984年从长木花园（Longwood Garden）引入台湾扁柏，目前共有9株[19]。

台湾扁柏为台湾最主要的森林树种，占台湾木材生产的第一位。边材淡红黄色，心材淡黄褐色，有光泽，有香气，材质坚韧，耐久用，供建筑、桥梁、造船、车辆、电杆、家具、器具及木纤维工业原料等用材。

台湾大学的李学勇（Li Siao-Jong）在1968—1977年间对生长在台湾阿里山的红桧和台湾扁柏的生殖习性进行了仔细的观察记录和实验，观察了球果的鳞片和胚珠的数目和排列组成以及鳞片上种子的数目、小孢子和花粉粒的发育、分枝的生长和对位球果之间的关系，种鳞的数目和生长活力的关系，基本摸清了两种台湾特有的扁柏属植物的生殖发育过程和规律（Li，1972，1975，1977）。

台湾扁柏是重要的木材资源，为了永续利用

图25　台湾扁柏生境与细部观察（A：台湾野生扁柏林　林秦文 摄；B：球果小枝　甄爱国 摄；C：雌球花小枝　区崇烈 摄；D：野生幼苗　林秦文 摄）

台湾扁柏资源，需要对其在天然生境下的生长更新规律进行了解。廖志诚等调查研究了塔克金溪流域的鸳鸯湖自然保留区及邻近司马库斯村的森林中台湾扁柏的林相组成、族群结构、生长基质及更新特性。研究发现在所选择的不同地理位置的3块样地中植物组成和群落结构存在差异，在存在枯倒木的森林中台湾扁柏具有持续的更新能力（Liao et al., 2003）。

5.1.3　福建柏属（fú jiàn bǎi）*Fokienia* Henry et Thomas

本属仅一种。

福建柏 ***Fokienia hodginsii*** (Dunn) A. Henry & H. H. Thomas, *Gard. Chron., ser.* 3 49: 66. 1911. TYPE: China: Fujian, [“Fokien”], Min Jiang, Nanping, [“Yenping”], *A. E. N. Hodgins HK 3505* (Holotype K).

别名：建柏，滇柏，广柏，阴沉木，红花树，杜杉。

识别特征：常绿乔木；小枝扁平，三出羽状分枝排成一平面。鳞叶交叉对生，二型，小枝上中央叶紧贴，两侧叶覆瓦状排列于中央叶的边缘，叶背面有粉白色气孔带。雌雄同株，球花单生于小枝顶端；雌球花有6～8对交叉对生珠鳞。

球果翌年成熟；种鳞6～8对，熟时张开，木质，盾形，基部渐窄，顶部中央微凹，有一凸起的小尖头；种子卵形，具明显的种脐，上部有两个大小不等的薄翅（图26、图27）。

分布：福建柏广泛分布在中国东南部、老挝和越南的山区。在中国分布区域北至浙江，西至四川，包括福建、广东、贵州、湖南、江西、四川、云南及浙江等地，其中最大的亚群体在贵州。在越南和老挝交界的安纳米特山脉的喀斯特地区和越南北部红河沿岸的黄莲山脉存在分散分布。野生福建柏在我国零散分布，被列入《中国物种红色名录》和《中国高等植物受威胁物种名录》，被世界自然保护联盟（IUCN）濒危物种红色名录定为易危物种（VU），在2021年修订的《国家重点保护野生植物名录》中列为二级重点保护野生植物。

福建柏分布在海拔350～2 300m的范围，大部分低海拔地区的植株已被砍伐，剩余的大部分分布在1 000m以上。通常生活在亚热带到暖温带的常绿森林中的高降雨量地区。分布区土壤类型各不相同，但最常出现在酸性沙壤土上。伴生针叶树种因地理位置而异，在中国南岭山区与长苞铁杉（*Nothotsuga longibracteata*）和广东松（*Pinus kwangtungensis*）共生，在老挝和越南的边境地区和杉木（*Cuninnghamia konishii*）和穗花杉（*Amentotaxus argotaenia*）共生，在越南南部与红松（*Pinus krempfii*）和达拉特松（*Pinus dalatensis*）共生。

历史上福建柏在福建省的分布区域较广，在永泰县白杜乡、华安县草仔山和闽西梅花山等地都有成片的天然林分布。由于人为砍伐和开发和自身更新能力弱，天然福建柏纯林受到严重破坏。目前在长汀圭龙山自然保护区保存有70多公顷天然福建柏林分，是福建省存有面积最大的群落。在华安县草仔山和德化县戴云山也有小面积纯林。在福建省闽西客家母亲河——汀江河的发源地大悲山南麓有一片小面积的天然福建柏林，其中一株近300年树龄，树高21m，胸径达110cm，堪称福建省“福建柏之王”。长汀县人民政府于1996年批准设立大悲山自然保护小区，面积约1 014hm^2，这片珍贵罕见的天然福建柏林作为保护区的核心区受到更加严格的保护。在村落里福建柏大树常被作为“风水树”而侥幸留存，如明溪县夏阳乡际头村生长着一株珍贵的福建柏古树，树高33m，胸径98cm，树冠冠幅15m，据传是当地一位名“洪宪公”的先祖在明朝正德年间建祖宅种植的宅荫，距今已有480年（兰灿堂，2016）。福建省连城县姑田镇上余村福建柏古树群被福建省绿化委员会拟定为首批“福建最美古树群”称号[20]。福建柏在越南被列为濒危物种，在自然保护区受到严格保护，1986年越南曾发行一枚福建柏邮票来宣传对它的保护。

命名历史

福建柏模式标本采自福建福州，采集者是霍金斯（A. E. Hodgins），他在19世纪末20世纪初担任香港一艘货轮“Haiching”号的船长，1907年霍金斯在福州附近永福县（今永泰县）采到了福建柏的球果，送给了英国邱园工作的植物分类学家邓恩（Stephen Troyte Dunn，1868—1938）。邓恩曾被邱园派到香港工作，1905年他在福建南平（Yenping）朦瞳洋三千八百坎采到了福建柏的枝叶标本，最初认为甜柏属（*Libocedrus*）物种，在收到霍金斯的标本后，邓恩确定这是一个未发表的新物种，将其命名为CUPRESSUS (CHAMAECYPARIS) HODGINSII, Dunn, sp. n.。福建柏模式标本编号HH3505，现存于英国皇家植物园邱园和香港植物园。1911年英国植物分类学家亨利和托马斯（Hugh Hamshaw Thomas，1885—1962）创立福建柏属，将其学名改为*Fokienia hodginsii* (Dunn) Henry et Thomas[21]。

我国古代人民对福建柏的认识及利用已有2 600多年的历史。根据侯伯鑫等考证，福建柏在《山海经·海内西经》中称“不死树”，在秦代《吕氏春秋·本味篇》中被称为“寿木”，寿木之称来源于我国南方古越语，最早认识和利用福建柏的是我国南方古越人。由于地域方言的差异，福建柏的名称经历过“寿木、梌木、杜木”等主流文字和音韵的演变，也有“梌杉、塗杉、陀杉、柁杉、杜树、杜松”等（侯伯鑫 等，2004）。

系统位置

福建柏是单种属，目前国内外学者对福建柏

图26　福建柏的模式标本。1907年霍金斯采集于福建，现藏于邱园

属（*Fokienia*）在柏科中的系统分类位置意见不同。1908年邓恩发表该种时，将其归为柏木属（*Cupressus*），定名为*Cupressus hodginsii*。亨利和托马斯在1911年创立福建柏属，将其学名改为*F. hodginsii*。1917年早田文藏将河合钟太郎（Shitarō Kawai，1865—1931，日本东京帝国大学森林学教授，阿里山森林铁路倡建者）从我国云南与越南边界地区采到的植物标本以河合的姓氏命名为*Fokienia kawaii* Hayata，认为是福建柏的一个新种；1922年梅尔［Elmer Drew Merrill，1876—1956, 美国植物学家，著有《菲律宾植物志》(*The Enumeration of Philippine Flowering Plants*)］依据莫古礼（Floyd Alonzo McClure, 1897—1970, 美国植物学家，1919—1940年间在岭南大学开展竹类植物研究并在我国多地进行植物采集）采自我国云南的标本发表新种*Fokienia maclurei* Merr.。郑万钧等则认为这2个新种的分类特征均属于不稳定的枝叶生长变异性状，故不能成立，将上述3个种归并为1种（郑万钧，1983）。

李惠林和Mclver等认为福建柏属和扁柏属近缘，福建柏属可能起源于扁柏属；Pilger，Moseley和Buchholz将福建柏属放在侧柏亚科（Thujoideae）；陈祖铿等根据胚胎学资料，认为福建柏属与柏木属、扁柏属亲缘关系较近，应属于柏木亚科（Cupressoideae），其系统分类位置可能介于扁柏属和圆柏属（*Sabina*）之间；江泽平等建立的柏科分类系统中，将福建柏属列为柏木亚科，认为该属很可能起源于柏木属、杂交柏属（*Cupress* × *Chamaecyparis*）、扁柏属；李林初等则通过对柏木亚科的柏木属、扁柏属、福建柏属和杂交柏属4属共约30种植物的细胞分类学研究，提出在柏木亚科中，柏木属最原始，福建柏属和杂交柏属居中，扁柏属最进化，福建柏属起源于柏木属，扁柏属起源于福建柏属的观点（林峰 等，2004）。有分子证据支持将福建柏划分到扁柏属（Gadek et al., 2000），本文按照克氏系统将其独立列出。

经济和观赏价值

福建柏树干通直圆满，树形优美，四季常绿，生长快，适应性强，材质佳，是优良的用材和园林绿化树种（图27）。在裸子植物中福建柏是较好的木材树种（云南林学院，云南省林业

图27　福建柏植株与细部观察（A：云南省栽培的福建柏植株；B：鳞叶与球果；C：顶端分别着生雌雄球花小枝；D：种子；E：雄球花小枝。朱鑫鑫 摄）

厅，1988）。

福建柏木材的边材淡红褐色，心材深褐色，纹理细致，坚实耐用。可供房屋建筑、桥梁、土木工程及家具等用材。以前曾用作棺材，老挝人常常用其板材来分隔屋顶和墙壁。从福建柏叶片中提取出的精油，具有非常有效的杀灭蚊虫的作用；张艳平等发现福建柏叶片挥发油物质具有抑菌和抑癌的能力，因此福建柏精油可被用来制作化妆品和药品（张艳平 等，2008）。早在1930年英国人戈顿（F. G. Gorton）就曾在越南西贡（Saigon，今胡志明市）用福建柏木材和树桩提取福建柏精油，称之为柏木油（Oil of Pe-Mou），其气味与雪松木材精油相似，被用来制作肥皂[22]。

海内外引种栽培

福建柏作为国家二级保护植物被列为昆明市重点保护珍稀植物，在昆明安宁有栽培（昆明市园林绿化局，2011，昆明市城市生物多样性保护规划2010—2020）；云南乌蒙山国家级自然保护区在2021年3月首次监测到其辖区细沙管护站火烧岩区域福建柏首次开花，推测其树龄超过30年[23]。

由于长期的乱砍滥伐导致野生的福建柏资源消耗巨大，福建柏在原生地的自然分布呈星散状态，在武夷山自然保护区海拔500～1 500m有分布，较大的野生种群只在越南的3个自然保护区（Pu Mat, Vu Quang & Bi Doup）容易找到，如今我国分布的福建柏大多数为人工栽培林，主要分布在长江以南地区。国内植物园栽培有福建柏的单位有：中国科学院华南植物园、中国科学院西双版纳热带植物园、中国科学院武汉植物园、中国科学院昆明植物园、深圳市中国科学院仙湖植物园、中国科学院广西壮族自治区广西植物研究所、厦门市园林植物园、中国科学院庐山植物园和江苏省中国科学院植物研究所（南京中山植物园）等（黄宏文，2014）。由于叶片极具观赏性，国外育种家从我国引种了大量福建柏到美国和欧洲等地。据记载，1911年贝克曾将一株来自福建的福建柏植株送到邱园栽培[21]。澳大利亚洛夫蒂山植物园有引种栽培[7]。

福建柏育种与栽培

李兆丰和周东雄在福建省沙县自然环境中发现一种天然窄冠福建柏新变型 [*F. hodginsii* (Dunn) Henry et Thomas f. *columnaris* Z. F. Li et D. X. Zhou, *forma nov*.]。该变型树冠较狭窄，呈圆柱形，浓密且无分层，侧枝细短呈35°角上升，末级小枝密集斜展，不为水平面展开。核型分析发现与原种存在染色体变异（具4个随体，而原种仅具2个）。窄冠福建柏树形较原种更加优美，适应性和抗性更强，具有极高的园林应用价值，可用作行道树、陵园树种（李兆丰和周东雄，1995；李兆丰 等，1995；周东雄 等，1997）。

福建省林业科学研究院林业研究所郑仁华和杨宗武团队多年来持续开展福建柏育种和应用研究。承担“九五”国家攻关课题“福建柏珍贵建筑材树种良种选育及培育技术研究”和福建省课题“福建柏优树子代测定和优良遗传材料选择研究（闽林鉴字［2006］第2号）”，依托下属莆田市仙游县溪口林场、泉州市安溪县丰田林场等国家福建柏良种基地，开展福建柏优良家系、个体的选择，筛选出生长量大、干型好的福建柏优良家系35个、优良个体187株。从中选育出闽柏1号–20号等通过省级林业部门审定的速生品种，均为大径材、无节材良种，可用于营造速生丰产林，这些品种都已通过福建省林业局审定为林木良种；该团队制定的《福建柏播种育苗技术规程》2017年通过福建省地方标准审定；郑仁华作为第一完成人的“福建柏优良种源和家系选择及培育技术”被国家林业和草原局列为2021年重点推广林草科技成果100项；通过福建省林业科研项目“福建柏良种选育与栽培技术研究”（闽林科[2008]4号）收集、保存福建柏各类育种种质119份，建立种质资源库4.5hm^2，阐明了11年生福建柏优树子代家系间存在显著的遗传差异，生长性状受中等以上的遗传控制。针对福建柏资源稀少的特点，制定了优树选择方法，在福建柏较为集中的福建省和湖南道县开展福建柏优树选择。选择优树175株，并按种质资源收集保存标准，嫁接保存131份优良种质资源，在国内建成第一个福建柏种质资源库[24]。

在栽培育苗方面，上述团队已申请“一种改进福建柏种子园提高嫁接成活率的方法（专利号：ZL201410273257.4）”“一种福建柏播种育苗方法（专利号：ZL201410273398.6）”等多项专利；开展福建柏人工林在低地位级立地环境中应用的研究（闽科鉴字[1999]第75号）和福建柏无节良材培育技术研究（闽科鉴字[2003]第50号），研究了福建柏人工林生物量积累、养分循环、生长与土壤微生物的关系，确定了人工林间伐和主伐的适宜年龄，提出了施肥、修枝和密度管理等大径材和无节良材培育技术措施，为科学培育福建柏人工林提供依据[25]。

福建柏人工林栽培要点：12月至翌年2月造林为宜。林地应选择土层深厚，质地疏松、富含腐殖质，酸性反应，湿润而又排水良好的Ⅰ、Ⅱ类地。地形以山洼、山坡中下部半阳坡为宜。初植密度3 100株/hm^2。造林当年劈草2次，施复合肥（50g/株）2次；第2至第3年，每年劈草2次，施复合肥（100g/株）1次；10～14年抚育间伐，强度15%～20%。造林初期加强白蚂蚁防治[25]。

福建省清流国有林场余孟杨研究发现15个福建柏无性系扦插苗对干旱胁迫的生理耐受性存在差异。福建省宁德福口国有林场的张瑞秀通过对福建闽东地区营造的福建柏混交林的生长情况进行调查发现按照福建柏、马尾松和杉木的搭配比例为7∶2∶1进行混交造林能显著促进福建柏单株的生长量，提升林分单位蓄积量（张瑞秀，2020）。

2020年福建农林大学周成城等建立并优化了福建柏的组织培养体系，利用福建柏鳞叶作为外植体诱导愈伤组织，成功实现了福建柏植株的快速扩繁（周成城 等，2020）。

福建柏的遗传多样性和进化

中山大学廖文波和凡强团队从中国和越南采集了427株福建柏植株的DNA样本，用12个简单序列重复标签分析了其遗传多样性，结果发现福建柏的遗传多样性水平略低于扁柏，群体间的遗传分化遵循距离隔离模型（Isolation By Distance Model），福建柏现有种群可划分为4个群：中国西部群，主要分布在云贵高原；中国中部群：主要分布在罗霄山和南岭山脉；中国东部群，主要分布在武夷山；越南群，包括越南两个小的种群（Yin et al., 2018）。

历史气候振荡和构造事件影响了物种形成和演化，利用第三纪孑遗针叶树福建柏为研究材料可以推断新近纪（Neogene）以来的裸子植物驯化历史。Yin等从来自28个群体的497个单株中克隆并测序5个叶绿体基因组片段和两个单拷贝核基因序列用于数据分析。叶绿体基因数据表明福建柏存在高度遗传多样性（$HT=0.860 \pm 0.0279$）和显著的系统地理结构（$NST > GST$, $P < 0.05$）。基于这些基因序列信息，通过BEAST分析，两个主要世系的分化时间可追溯到早中新世（约1934万～1995万年），这与亚洲季风的开始和加强时间相吻合。在此期间，田中线两侧不同气候条件下的环境适应可能在维持或加强这两个主要谱系的分化过程中发挥了重要作用。生态位建模结果表明在末期冰期最大期福建柏经历了生境破碎化和生殖隔离的加强，然后在冰后期出现了局部扩张。该项研究结果表明新近纪以来的古气候变化可能引发了物种大灭绝，而福建柏在这一灭绝中孑遗，代价是种内谱系分化。还表明亚热带和热带地区的第三纪遗迹可能具有复杂的演化历史，其种内分化时间可能早于预期（Yin et al., 2021）。有趣的是在加拿大萨斯喀彻温省西南部的早古新世地层中发现类似福建柏的球果化石，表明其在第三纪就已经进化并稳定保持了与现在相似的球果特征（Mclver & Basinger, 1990）。

福建柏的发现和命名还有一段趣事。日本森林学家河合钵太郎的汉学造诣颇深，他偶然读到我国清代文人赵翼所写《瓯北诗抄七言古第二卷》中的《树海歌》，从最关键的诗句“白骨僵立将成精”研判出描述的是松柏科植物，而从“但见高低千百层，併作一片碧云冻”和“绿荫连天密无缝，那辨乔峰与深洞”可知诗里描述的是密林与树海，又根据“交趾连界处”得知位置在中国云南与越南东京（今河内市）的边界一带。1917年1月河合终于有机会有经费至该地调查，果然发现了一大片森林。采集的标本送到东京后由早田文藏发表，共9种松柏科植物，其中两种*Fokinia kawaii* Hayata（福建柏的同种异名）和*Cryptomeria kawaii* Hayata（日本柳杉的同种异名）作为新种发表，两者都用了河合的姓氏作为纪念（吴永华，2016）。今将此诗歌全文列出，请读者欣赏前人对柏树森林盛景的描述，并以此作为本文的结尾。

树海歌

清　赵翼

自下雷州至云南开化府，
凡与交趾连界处八百里皆大箐，
望之如海，爰作歌纪之。

洪荒距今几万载，人间尚有草昧在。
我行远到交趾边，放眼忽惊看树海。
山深谷邃无田畴，人烟断绝林木稠。
禹刊益焚所不到，剩作丛箐森遐陬。
托根石罅瘠且钝，十年犹难长一寸。
径皆盈丈高百寻，此功岂可岁月论。
始知生自盘古初，汉柏秦松犹觉嫩。
支离夭矫非一形，尔雅笺疏无其名。
肩排枝不得旁出，株株挤作长身撑。
大都瘦硬干如铁，斧劈不入其声铿。
苍髯蝟磔烈霜杀，老鳞虬蜕雄雷轰。
五层之楼七层塔，但得半截堪为楹。
惜哉路险运难出，仅与社栎同全生。
亦有年深自枯死，白骨僵立将成精。
文梓为牛枫变叟，空山白昼百怪惊。
绿荫连天密无缝，那辨乔峰与深洞。
但见高低千百层，并作一片碧云冻。
有时风撼万叶翻，恍惚诸山爪甲动。
我行万里半天下，中原尺土皆耕稼。
到此奇观得未曾，榆塞邓林讵足亚。
邓尉香雪黄山云，犹以海名巧相借。
况兹荟翳径千里，何啻澎湃重溟泻。
怒籁吼作崩涛鸣，浓翠湧成碧浪驾。
忽移渤澥到山巅，此事直教髡衍诧。
乘篮便抵泛舟行，支节略比刺篙射。
归田他日得雄夸，说与吴侬望洋怕。

参考文献

常馨月，万路生，赵垦田，2021. 巨柏种子成熟时间的确定[J]. 高原农业，5（2）：115-119.

陈德懋，1993. 中国植物分类学史[M]. 武汉：华中师范大学出版社.

陈俊愉，2000. 中国花卉品种分类学[M]. 北京：中国林业出版社.

程良绥，2005. 台湾红桧的生物学特性及引种栽培[J]. 林业实用技术（4）：15-16.

大场秀章，2017. 早田文藏[M]. 汪佳琳，译. 台北：农委会林试所.

董杰，2020. 西方古典园林植物运用研究[D]. 哈尔滨：东北林业大学.

樊金龙，孙宜，曹颖，2012. 新优针叶树品种扦插繁殖[C]. 2012北京园林绿化与宜居城市建设：198-203.

古开弼，2002. 中华民族的树木图腾和树木崇拜[J]. 农业考古（1）：136-153，205.

管中天，1981. 四川松杉类植物分布的基本特征[J]. 植物分类学报，19(4)：391-407.

郭幸荣，游啟皓，陳秋萍，2003. 红桧及台湾扁柏的生理生态特性之研究[D]. 台北：台湾大学.

侯伯鑫，程政红，林峰，等，2004. 福建柏名称的历史演变[J]. 湖南林业科技，31（3）：68-71.

胡君，2021. 倾听珍稀植物的密语[M]. 成都：成都时代出版社.

胡永红，黄卫昌，黄姝博，等，2014. 上海辰山植物园栽培植物名录[M]. 北京：科学出版社.

华北树木志编写组，1984. 华北树木志[M]. 北京：中国林业出版社.

黄宏文，2014. 中国迁地栽培植物志名录[M]. 北京：科学出版社.

黄彦延，2019. 魏晋南北朝诗歌松柏意象的生成与衍变[D]. 北京：北京外国语大学.

惠金义，2015. 从红桧之殇说起[N]. 山西日报，07-03（C01）.

江洪，王琳，1986. 柏木属植物过氧化物酶同工酶的研究[J]. 植物分类学报，24（4）：253-259.

江泽平，王豁然，1997a. 柏科分类和分布：亚科、族和属[J]. 植物分类学报，35（3）：236-248.

江泽平，王豁然，1997b. 中国引种的柏科树种概况[J]. 林业科学研究（3）：21-29.

姜笑梅，程业明，殷亚方，等，2009. 中国裸子植物树木志[M]. 北京：科学出版社.

金民忠，赵昌高，桌春兰，等，2013. 台湾红桧在浙江景宁的引种造林研究[J]. 宁夏农林科技，54（3）：32，34.

兰灿堂，2016. 福建树木文化[M]. 北京：中国林业出版社.

兰小中，王景升，郑维列，等，2006. 巨柏细胞色素氧化酶同工酶变异分析[J]. 山地农业生物学报（4）：297-301，306.

李莉，2005. 中国传统松柏文化研究[D]. 北京：北京林业大学.

李林初，傅煜西，1996. 柏木属的核型及细胞地理学研究[J]. 植物分类学报，34（2）：117-123.

李敏，2000. 日本皇宫的盆景[J]. 园林（5）：46.

李运兴，2005. 藏柏引种试验研究初报[J]. 广西林业科学（3）：29-31.

李兆丰，周东雄，1995. 福建柏属一新变型[J]. 福建林学院学报，15（4）：391-392.

李兆丰，周东雄，安平，1995. 福建柏变异类型的核型研究[J]. 林业科学（3）：215-219，290.

林峰，侯伯鑫，杨宗武，等，2004. 福建柏属的起源与分布[J]. 南京林业大学学报（自然科学版）(5)：22-26.

林讚標，楊政川，1992. 台灣林木種原庫的建立[C]. 台灣生物資源調查及資訊管理研習會論文集（彭镜毅编），中央研究院植物研究所專刊第十一號：319-330.
刘树文，穆旻，2019. 柏木油系列的合成香料[J]. 香料香精化妆品（5）：71-74.
吕丽莎，蔡宏宇，杨永，等，2018. 中国裸子植物的物种多样性格局及其影响因子[J]. 生物多样性，26（11）：1133-1146.
罗建，王景升，罗大庆，等，2006. 巨柏群落特征的研究[J]. 林业科学研究，19（3）：295-300.
裴会明，2000. 柏科植物的引种栽培[J]. 植物引种驯化集刊，104-108.
彭镜毅，楊遠波，1992. 台灣種子植物之研究與現況[C]. 台灣生物資源調查及資訊管理研習會論文集（彭镜毅编）. 中央研究院植物研究所專刊第十一號：55-85.
覃海宁，杨永，董仕勇，等，2017. 中国高等植物受威胁物种名录[J]. 生物多样性，25（7）：696-744.
邱志明，彭炳勳，唐盛林，2018. 紅檜與台灣扁柏林分自我疏伐之初探[J]. 臺灣林業科學，33（1）：77-88.
宋德钧，1984. 日本盆栽道[J]. 广东园林（2）：39-41.
苏薇薇，刘海滨，解向群，等，2021. 中药柏子仁基于计算化学基因组学的研究[M]. 广州：中山大学出版社.
孙敬爽，2007. 引进矮生型针叶树繁殖技术及适应性研究[D]. 北京：北京林业大学.
唐宇丹，2021. 柏木：西藏文化精髓藏香之主原料[J]. 生命世界（9）：36-38.
汪企明，吴礼才，余金柱，等，1992. 柏木属引种研究[J]. 江苏林业科技（1）：1-7，45.
王锦秀，汤彦承，吴征镒，2021.《植物名实图考》新释[M]. 上海：上海科学技术出版社.
王士俊，崔金钟，杨永，等，2016. 中国化石植物志：第三卷 中国化石裸子植物（下）[M].北京：高等教育出版社.
王颖，2012. 中国古代文学松柏题材与意象研究[D]. 南京：南京师范大学.
威尔逊，2015. 中国——园林之母[M]. 胡启明，译. 广州：广东科技出版社.
魏海龙，2018. 白龙江流域岷江柏木种群结构特征分析及更新研究[D]. 兰州：甘肃农业大学.
吴圣地，1997. 汉中名人与名树[J]. 中国林业（1）：42.
吴永华，2016. 早田文藏：台湾植物大命名时代[M]. 台北：台湾大学.
徐海燕，2011. 中国柏木属四个物种的遗传多样性研究[D]. 兰州：兰州大学.
徐建辉，2013. 松柏文化在园林中的应用研究[D]. 石家庄：河北农业大学.
徐俊森，罗美娟，吕月良，等，2006. 台湾优良用材和观赏树种引进与繁育技术研究[D]. 福州：福建省林业科学研究院.
徐小慧，2017. 内蒙古中东部早白垩世几种裸子植物微细构造及其意义[D]. 兰州：兰州大学.
徐小慧，杨柳荫，孙柏年，等，2019. 柏科扁柏属（Chamaecyparis, Cupressaceae）的生物地理演化历史[J]. 地质学报，93（7）：1563-1570.
杨维志，1988. 藏柏引种初报[J]. 四川林业科技（4）：44-45.
杨永，傅德志，2001. 松杉类裸子植物的大孢子叶球理论评述[J]. 植物分类学报（2）：169-191.
杨永，王志恒，徐晓婷，2017. 世界裸子植物的分类和地理分布[M]. 上海：上海科学技术出版社.
姚莉，王丽，唐铭霞，2005. AFLP在濒危植物岷江柏中的应用初探[J]. 西南农业大学学报（自然科学版）(4)：547-550.
尹泽超，2020. 西藏巨柏种子萌发条件优化及其蛋白质组学分析[D]. 哈尔滨：东北林业大学.
尹金迁，赵垦田，2019. 西藏高原巨柏的研究进展与展望[J]. 林业与环境科学，35（2）：116-122.
余孟杨，2019. 干旱胁迫对福建柏不同无性系的生理特性影响[J]. 福建林业（3）：24-28，33.
袁恩贤，2014. 镇宁县石漠化地区藏柏引种造林生长调查初报[J]. 贵州林业科技，42（2）：20-23.
云南林学院，云南省林业厅，1988. 云南树木图志：上[M]. 昆明：云南科技出版社.
宰步龙，2001. 日本的林木育种事业[J]. 世界林业研究，14(5)：50-55.
扎西次仁，2008. 西藏巨柏（*Cupressus gigantea*）的遗传多样性与精油化学成分变异及其保护生物学意义[D]. 上海：复旦大学.
张次溪，2018. 老北京岁时风物《北平岁时志》注释[M]. 尤李，注. 北京：北京日报出版社.
张国强，罗大庆，王景升，2006. 西藏濒危植物巨柏的生物学与生态学特性研究[J]. 林业科技，31（2）：1-5.
张鸿信，1986. 冲天柏宜作省树[J]. 云南林业（4）：21.
张克聚，1990. 藏柏引种试验初报[J]. 河南林业科技（3）：20，36.
张瑞秀，2020. 福建柏在混交林与纯林中的生长调查分析[J]. 福建林业（5）：36-38，42.
张若蕙，刘洪谔，沈锡康，等，1991. 红桧及台湾扁柏引种初报[J]. 浙江林学院学报（4）：78-84.
张先觉，1996. 日本盆栽印象——访日本盆栽专家中村章次先生[J]. 花木盆景（花卉园艺）(3)：19.
章祥云，1985. 干香柏引种试验[J]. 湖南林业科技（2）：24-25.
张艳平，杨守晖，曹奇龙，等，2008. 福建柏挥发油的化学成分及其生物活性研究[J]. 安徽农业科学（17）：7290-7291，7298.
赵能，1980. 柏木属一新种[J]. 植物分类学报，18（2）：210.
赵增惠，1981. 古驿道旁的柏木——剑阁柏木[J]. 林业科技通讯（12）：12-13.
郑万钧，1983. 中国树木志：第一卷[M]. 北京：中国林业出版社.
郑万钧，傅立国，诚静容，1975. 中国裸子植物[J]. 植物分类学报，13（4）：56-123.
郑维列，薛会英，罗大庆，等，2007. 巨柏种群的生态地理分布与群落学特征[J]. 林业科学，43（12）：8-15.
中国科学院中国植物志编辑委员会，1978. 中国植物志：第7卷[M]. 北京：科学出版社.
周成城，余江洪，陈凌艳，等，2020. 福建柏组织培养体系的建立及优化[J]. 西北农林科技大学学报（自然科学版），48（11）：42-53，62.
周东雄，卢健，苏建华，1997. 福建柏的天然新变型——窄冠福建柏的研究[J]. 林业科技通讯（11）：18-20.
周士峰，王选民，2020. 柏树盆景造型与养护技艺[M]. 福州：福建科学技术出版社.
AASE H C, 1915. Vascular anatomy of the megasporophylls of conifers [J]. Bot. gaz., 60:277-313.

05

BAILEY L H, BAILEY E Z, 1976. Hortus third: A concise dictionary of plants cultivated in the United States and Canada [M]. New York: Macmillan Publishing Corp: 254.

CHEN Y J, LIN C Y, HSU H W, et al, 2019. Seasonal variations in emission rates and composition of terpenoids emitted from *Chamaecyparis formosensis* (Cupressaceae) of different ages [J]. Plant physiology and biochemistry, 142: 405-414.

COPE E A, 1986. Native and cultivated conifers of Northeastern North America: A Guide [M]. New York: Cornell University Press.

DALLIMORE W, JACKSON A B, HARRISON S G, 1966. A handbook of coniferae and Ginkgoaceae, [M]. 4th. ed. London: Edward Arnold Ltd: 194-218.

DE LAUBEFELS D J, 2012. Further nomenclatural action for the Cypresses (Cupressaceae) [J]. Novon: a journal for botanical nomenclature, 22(1): 8-15.

ELWES H J, 1935. Memoirs of travel, sport and natural history[M]. London: Ernest Benn Ltd.

FARJON A, 2005. A monograph of cupressaceae and sciadopitys. [M]. Richmond, Surrey, UK : Royal Botanic Gardens, Kew.

GADEK P A, ALPERS D L, HESLEWOOD M M, et al, 2000. Relationships within Cupressaceae sensu lato: a combined morphological and molecular approach [J]. American journal of botany, 87(7): 1044-1057.

HAO B Q, WANG L, MU L C, et al, 2006. A study of conservation genetics in *Cupressus chengiana*, an Endangered Endemic of China, Using ISSR Markers [J]. Biochemical genetics, 44: 29-43.

HOCH J, MAERKI D, 2020. About *Cupressus jiangeensis* N. Zhao [J]. Bull. Cupressus Conservation Proj., 9(2):15-22.

HUANG Y L, KAO W Y, YEH T F, et al, 2021. Effects of growth temperature on gas exchange of *Chamaecyparis formosensis* and *C. obtusa* var. *formosana* seedlings occupying different ecological niches [J]. Trees, 35: 1485-1496.

KRUSSMANN G, 1985. Manual of cultivated conifers. Second revised edition [M]. Portland: Timber Press, Oregon, U. S. A.

LEWIS J, 1992. International Conifer Register Pt. 3 THE CYPRESSES (*Chamaecyparis*, *Cupressus* and X *Cupressocyparis*) [M]. London: The Royal Horticultural Society.

LI H L, 1953. A reclassification of Libocedrus and Cupressaceae [J]. Journal of arnold arboretum, 34:17-35.

LI J H, ZHANG D L, DONOGHUE M J, 2003. Phylogeny and biogeography of *Chamaecyparis* (Cupressaceae) inferred from DNA sequences of the nuclear ribosomal ITS region [J]. Rhodora, 105(922):106-117.

LI S J, 1972. The female reproductive organs of *Chamaecyparis* [J]. Taiwania, 17:27-39

LI S J, 1975. Reproductive biology of *Chamaecyparis* II. Pollen development and pollination mechanism [J]. Taiwania, 20:139-146

LI S J, 1977. Reproductive biology of *Chamaecyparis* III. Development of Flowering Branches and Seed Production [J]. Taiwania, 22:123-129

LIAO C C, CHOU C H, WU J T, 2003. Population structure and substrates of taiwan yellow false cypress (*Chamaecyparis obtusa* var. *formosana*) in yuanyang lake nature reserve and nearby szumakuszu, Taiwan [J]. Taiwania, 48(1):6-21.

LIAO P C, LIN T P, HWANG S Y, 2010. Reexamination of the pattern of geographical disjunction of *Chamaecyparis* (Cupressaceae) in North America and East Asia [J]. Botanical studies, 51(4):511-520.

LIU W, THUMMASUWAN S, SEHGAL S K, et al, 2011. Characterization of the genome of bald cypress [J]. BMC genomics, 12:553.

LIU Y S, MOHR B A R, BASINGER J F, 2009. Historical biogeography of the genus *Chamaecyparis* (Cupressaceae, Coniferales) based on its fossil record [J]. Palaeobio palaeoenv, 89:203-209.

MA L T, WANG C H, HON C Y, et al, 2021. Discovery and characterization of diterpene synthases in *Chamaecyparis formosensis* Matsum. which participated in an unprecedented diterpenoid biosynthesis route in conifer [J]. Plant science: an international journal of experimental plant biology, 304:110790.

MAERKI D, 2021. The fall of a large *Cupressus torulosa* in Italy [J]. Bull. cupressus conservation proj. 10(1):39-43.

MAO K S, MILNE R I, ZHANG L B, et al, 2012. Distribution of living Cupressaceae reflects the breakup of Pangea [J]. Proceedings of the national academy of sciences, USA 109(20):7793-7798.

MCIVER E E, BASINGER J F, 1990. Fossil seed cones of *Fokienia* (Cupressaceae) from the Paleocene Ravenscrag Formation of Saskatchewan, Canada [J]. Canadian journal of botany, 68(7):1609-1618.

NAGALINGUM N S, MARSHALL C R, QUENTAL T B, et al, 2011. Recent synchronous radiation of a living fossil[J]. Science, 334: 796-799.

NIU S H, LI J, BO W H, et al, 2021. The Chinese pine genome and methylome unveil key features of conifer evolution [J]. Cell,185: 204-217

PILGER R, 1926. Gymnospermae. In: *Die Naturlichen Pflanzenfamilien* (ed. Engler A) [M]. Leipzig: Verlag von Wilhelm Engelmann.

PILGER R, MELCHIOR H, 1954. XVI: Abteilung: Gymnospermae. Nackstamer. (Archispermae). In:12th ed, *A Engler's Syllabus der Pflanzenfamilien*. Vol. I. *Allgemeiner Teil Bakterien bis Gymnospermen* (eds Melchior H, Werdermann E) [M]. Berlin-Nikolassee: Gebruder Borntraeger.

PITTERMANN J, STUART S A, DAWSON T E, et al, 2012. Cenozoic climate change shaped the evolutionary ecophysiology of the Cupressaceae conifers [J]. Proceedings of the national academy of sciences, USA 109:9647-9652.

STULL G W, QU X J, Parins-Fukuchi C, et al, 2021. Gene duplications and phylogenomic conflict underlie major pulses of phenotypic evolution in gymnosperms [J]. Nature plants 7:1015-1025.

WANG W P, HWANG C Y, LIN T P, et al, 2003. Historical biogeography and phylogenetic relationships of the genus

Chamaecyparis (Cupressaceae) inferred from chloroplast DNA polymorphism [J]. Plant systematics and evolution, 241(1):13-28.

WU C S, SUDIANTO E, HUNG Y M, et al, 2020. Genome skimming and exploration of DNA barcodes for Taiwan endemic cypresses [J]. Scientific reports, 10(1):20650.

WU Z Y, RAVEN P H, 1999. Flora of China: Vol. 4 [M]. Beijing: Science Press, & St. Louis: Missouri Botanical Garden Press.

XIA T, MENG L B, MAO K S, et al, 2008. Genetic variation in the Qinghai-Tibetan Plateau Endemic and Endangered Conifer *Cupressus gigantea*, Detected Using RAPD and ISSR Markers [J]. Silvae genetica, 57:85-92.

XU H Y, SHI D C, WANG J, et al, 2008. Isolation and characterization of polymorphic microsatellite markers in *Cupressus chengiana* S. Y. Hu (Cupressaceae) [J]. Conservation genetics, 9: 1023-1026.

XU T T, ABBOTT R J, MILNE R I, et al, 2010. Phylogeography and allopatric divergence of cypress species (*Cupressus* L.) in the Qinghai-Tibetan Plateau and adjacent regions [J]. BMC evolutionary biology, 10:194.

YANG Y, XUAN L, YU C G, et al, 2018. High-density genetic map construction and quantitative trait loci identification for growth traits in (*Taxodium distichum* var. *distichum* × *T. mucronatum*) × *T. mucronatum* [J]. BMC plant biology, 18(1): 263.

YIN Q y, CHEN S f, GUO W, et al, 2018. Pronounced genetic differentiation in *Fokienia hodginsii* revealed by simple sequence repeat markers [J], Ecology and evolution, 8(22):10938-10951.

YIN Q Y, FAN Q, LI P, et al, 2021. Neogene and Quaternary climate changes shaped the lineage differentiation and demographic history of *Fokienia hodginsii* (Cupressaceae s. l.), a Tertiary relict in East Asia [J]. Journal of systematics and evolution, 59(5):1081-1099.

参考网络资源和其他资料：

[1] https://www.etymonline.com/word/cypress. Accessed 2021-10-30.

[2] https://baike.baidu.com/item/柏姓/6091325. Accessed 2021-11-29.

[3] https://dmfw.mca.gov.cn/online/map.html?keyWordPlaceName=%E6%9F%8F&isIndex=true. Accessed 2021-11-29.

[4] https://www.cihai.com.cn/search/words?q=柏. Accessed 2021-11-29.

[5] https://baike.baidu.com/item/%E6%9F%8F%E6%9C%A8%E6%B2%B9/7726255/. Accessed 2021-11-29.

[6] http://treesandshrubsonline.org/articles/cupressus/cupressus-funebris/. Accessed 2021-10-30.

[7] http://botanicgdns.rbe.net.au/collections/online/. Accessed 2021-11-22

[8] 奇特的“左扭柏”.云南林业，1995(04):17.

[9] http://treesandshrubsonline.org/articles/cupressus/cupressus-duclouxiana/. Accessed 2021-10-30.

[10] http://treesandshrubsonline.org/articles/cupressus/cupressus-gigantea/. Accessed 2021-10-30.

[11] http://xz.workercn.cn/10930/202008/12/200812145430315.shtml/Accessed 2021-11-22.

[12] http://treesandshrubsonline.org/articles/cupressus/cupressus-torulosa/. Accessed 2021-10-30.

[13] http://treesandshrubsonline.org/articles/cupressus/cupressus-chengiana/.Accessed 2021-10-30.

[14] http://www.bulletin.cas.cn/publish_article/2019/Z2/2019Z214.htm/Accessed 2021-11-22.

[15] https://www.guokr.com/article/460254/. Accessed 2021-11-30.

[16] https://baike.baidu.com/item/阿里山神木群. Accessed 2021-11-30.

[17] http://treesandshrubsonline.org/articles/chamaecyparis/chamaecyparis-formosensis/. Accessed 2021-10-30.

[18] http://treesandshrubsonline.org/articles/chamaecyparis/chamaecyparis-obtusa/. Accessed 2021-10-30.

[19] https://www.scottarboretum.org/chamaecyparis-obtusa-var-formosana/ Accessed 2021-11-22.

[20] http://lyj.fujian.gov.cn/zwgk/gsgg/202111/t20211111_5772155.htm/ Accessed 2021-11-22.

[21] http://treesandshrubsonline.org/articles/fokienia/fokienia-hodginsii/ Accessed 2021-10-30.

[22] Bulletin of Miscellaneous Information (Royal Botanic Gardens, Kew), Vol. 1931, No.2 (1931), pp. 105-112.

[23] http://lcj.yn.gov.cn/html/2021/zuixindongtai_0324/61822.html/ Accessed 2021-11-22.

[24] http://fjforest.org/InfoShow.aspx? Info ID=3955 & Info Type ID=5/Accessed 2021-11-22.

[25] http://fjforest.org/InfoShow.aspx? Info ID=25 & Info Type ID=9/Accessed 2021-11-22.

致谢

非常感谢马金双博士对本章撰写提供了许多直接的建议和帮助，在文献资料收集、撰写思路、文章格式等方面给予了诸多耐心指导。感谢中国科学院植物研究所杨永博士、李敏和国家植物园（北园）李菁博、陈燕、董雷鸣博士，信阳师范学院朱鑫鑫博士、美国宾夕法尼亚大学邱琦博士在文献和图片方面的支持。感谢东北林业大学郑宝江博士提出修改意见。本章是在查阅文献和与同行讨论中产生的，感谢参与讨论的各位老师。因时间和专业知识所限，错误和疏漏在所难免，不当之处还请读者加以指正。

作者简介

郝强（1983年生，山西翼城人），现就职于国家植物园（北园）植物研究所。2006年本科毕业于山西农业大学生物技术专业；2010年硕士毕业于北京农学院园林植物与观赏园艺专业；2015年博士毕业于中国科学院大学遗传学专业；2015—2021年在中国科学院遗传与发育生物学研究所作博士后；2021年作为引进人才加入北京市植物园。对植物学和园艺植物育种怀有浓厚兴趣，曾获得国家自然科学基金青年项目和博士后科学基金面上项目资助。

05

China
园林之母

06

-SIX-

独特而小众的大百合属

Unique and Niche：the Genus of *Cardiocrinum*

魏　钰[1*]　郭晓波[2]　董知洋[1]　张　蕾[1]　张　辉[1]　杨　芷[1]

[[1]国家植物园（北园）；[2]中国园林博物馆]

WEI Yu[1*]　GUO Xiaobo[2]　DONG Zhiyang[1]　ZHANG Lei[1]　ZHANG Hui[1]　YANG Zhi[1]

[[1] China National Botanical Garden (North Garden); [2] The Museum of Chinese Gardens and Landscape Architecture]

[*] 邮箱：weiyu @chnbg.cn

摘　要：大百合属是百合科多年生草本植物，为东亚特有属，在百合科系统演化上具有重要地位。其植株高大挺拔，花朵硕大雅致，不仅具有极高的观赏价值，鳞茎还可供食用，果实可以入药，是珍稀的球根花卉，在19世纪50年代作为商业花卉被引入欧洲后，逐渐被认知并受到喜爱，享有“百合王子”的美誉。大百合属植物是中国具有代表性的野生花卉资源之一，今后应加强在繁殖方式、育种与药用成分等方面的研究，以更好地发挥其价值。

关键词：大百合属　种质资源　植物分类学　引种栽培

Abstract: *Cardiocrinum* is an endemic genus of lily family in East Asia. It plays an important role in system evolution of *Liliaceae*. The plants are with high ornamental values due to their large and strait, beautiful and whitish flowers, as well as the values of edible and medicinal uses. *Cardiocrinum* has been cognized and loved by the people and wins the reputation of'Prince of lilies'since introduced to Europe in 1850s. It is one of the representational wild flowers which is native to China. For better use its value, deep studies in the fields of reproduction, breeding and medicinal ingredients are strongly needed.

Keywords: *Cardiocrinum*, Germplasm resource, Taxonomy, Introduction and culture

魏钰，郭晓波，董知洋，张蕾，张辉，杨芷，2022，第6章，独特而小众的大百合属；中国——二十一世纪的园林之母，第一卷：170–193页

1 百合科百合族大百合属

Cardiocrinum (Endl.) Lindl.The Vegetable Kingdom 205. 1846.

Syn: *Lilium Cardiocrinum* Endl., Genera Plantarum (Endlicher) 141. 1836.

Typus：*Cardiocrinum giganteum* (Wall.) Makino（*Lilium giganteum* Wall.）。

1.1　形态特征

大百合属（*Cardiocrinum*）是百合科植物中的一枝奇葩，在百合科的系统演化上具有重要地位。该属均为多年生一稔草本植物，株形高大挺拔，茎直立，中空。叶片分为基生叶和茎生叶两种，均为纸质，多为卵状心形。花期6～8月，总状花序，花狭喇叭形，乳白色，内部具紫色条纹。果期9～10月，蒴果近球形，三瓣裂；种子扁平，红棕色，周围具半透明膜质翅（中国科学院中国植物志编辑委员会，1980）。

1.2　分类学与种质资源

1.2.1　分类学

多年生草本，具鳞茎。小鳞茎数个，卵形，具纤维质鳞茎皮，无鳞片。茎高大，无毛。叶基生和茎生，后者散生，通常卵状心形，向上渐小；叶脉网状，具叶柄。总状花序，小花3～20朵；花狭喇叭形，白色，内被片具紫色条纹；花梗短；苞片宿存或早落。花被片6，离生，多少靠合。花两性，雄蕊6，着生在花被片基部；花丝扁平，花药丁字背着，狭椭圆形。子房圆筒状，3室；每室很多胚珠；花柱拉长；柱头3浅裂。蒴果室背开裂。种子红棕色，扁平，周围具狭翅。

大百合属含大百合［*C. giganteum* (Wall.) Makino］、荞麦叶大百合［*C. cathayanum* (E.H.Wilson) Stearn］和日本大百合［*C. cordatum* (Thunb.) Makino］3个种，分布于中国、不丹、印度、日本、缅甸、尼泊尔。中国有大百合和荞麦叶大百合两种，其中大百合包括大百合（原变种）（*C. giganteum* var. *giganteum*）

和云南大百合（*C. giganteum* var. *yunnanense*）；荞麦叶大百合为我国特有种，2021年被列入《国家重点保护野生植物名录》（国家林业和草原局、农业农村部2021年第15号）二级保护植物。

分种检索表

1. 总状花序，具花3～5朵，每花具1枚苞片，宿存；花丝长约为花被片的2/3。植株略小，高0.8～1m，直径1～2cm（湖北、湖南、江西、浙江、安徽、江苏）… ***C. cathayanum*荞麦叶大百合**

1. 总状花序，具花10～16朵，花具苞片，开花时脱落；花丝长约为花被片的1/2或稍长。植株粗壮，高1～2m，直径2～3cm（西藏、四川、陕西、湖南、广西）…………… ***C. giganteum*大百合**

  1a. 茎秆绿色，株高1.5～3m；花被片内部具紫色条纹，外被片淡绿色 ………………………………………………………………… var. *giganteum*大百合(原变种)

  1b. 茎秆暗绿色，株高1～2m；花被片内部具紫红色条纹，外被片乳白色 ………………………………………………………………… var. *yunnanense*云南大百合

1. 总状花序，具花2～15朵，长度为12～18cm，每花具1枚苞片，宿存；花被片淡绿色。植株高度位于前两种之间，高0.7～2m（日本北海道、本州岛、九州岛、四国岛，千岛群岛，俄罗斯库页岛等）…………………………………………………………………………………… ***C. cordatum*日本大百合**

  1a. 高1～2m，绿白色喇叭状花10～20朵，花被片长10～15cm（日本海一侧和北部、关东地区以西、北海道、本州中部地区以北）…………………………………… var. *glehnii*大姥百合

  1b. 花朵内被片紫红色（熊本县和长崎县）…………………………… f. *rubrum* 红花姥百合

大百合

Cardiocrinum giganteum (Wall.) Makino in Botanical Magazine, Tokyo 27(318):125-126,1913. Syn. *Lilium giganteum* Wall., *Tentamen Florae Napalensis Illustratae* 1: 21-23, pl. 12-13. 1824.

Wallich在1824年出版的《尼泊尔植物图志》中第一次公开发表并详细描述了大百合这个物种，当时将其归为百合属（*Lilium giganteum*），没有指定模式标本，是以两幅插图作为凭证，按当时的命名法规属于合格发表（图1）。现在被接受的大百合学名（*Cardiocrinum giganteum*）是1913年Makino在*Botanical Magazine*公开发表的，但是也没有指定模式标本。

现存最早的大百合标本是由Wallich于1821年采自尼泊尔（K000523917—18），共2份腊叶标本（图2），现保存于英国皇家植物园邱园标本馆。

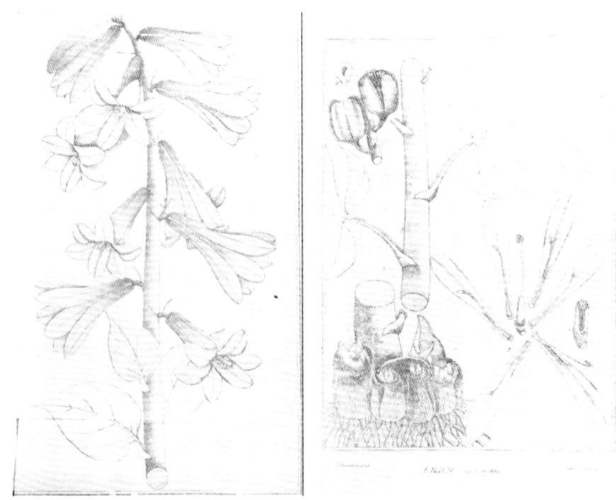

图1 大百合最早发表时的植物学凭证（1824年）

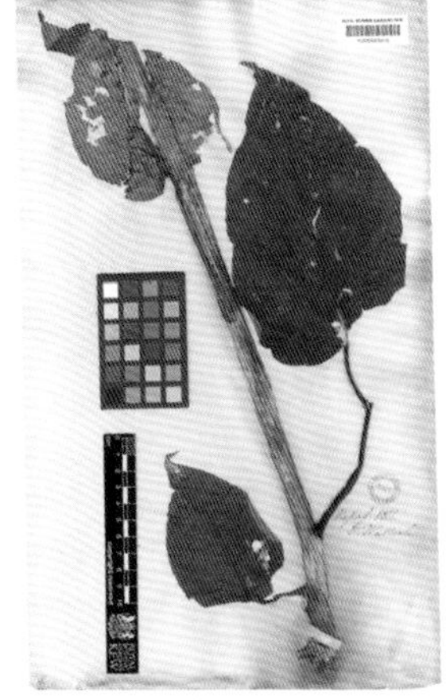

图2 Wallich采集制作的第一份大百合标本（K000523917—18）（图片来源：http://apps.kew.org）

图3　大百合（魏钰摄于四川雅安天全县，2019）

大百合在我国主要分布：

重庆（南川、城口、开县、巫溪、彭水）；

甘肃（陇南、天水）；

贵州（六盘水、遵义、都匀、台江、独山、龙安）；

广西（融水、全州、兴安、龙胜、资源、凌云、隆林、金秀）；

湖北（竹溪、鹤峰、神农架）；

湖南（武冈、洪江、永顺）；

陕西（蓝田、周至、鄠邑区、陇县、太白、华阴、南郑、佛坪、安康、石泉、宁陕、平利、山阳、眉县）；

四川（峨边、马边、峨眉山、兴文、屏山、汉源、石棉、天全、宝兴、茂县、松潘、金川、黑水、康定、泸定、金阳、越西、甘洛、雷波）；

西藏东南部（吉隆、聂拉木、林芝、波密、察隅）；

云南（景东、镇康、金平、文山、广南、大理、漾濞、永平、泸水、贡山、德钦、维西）。

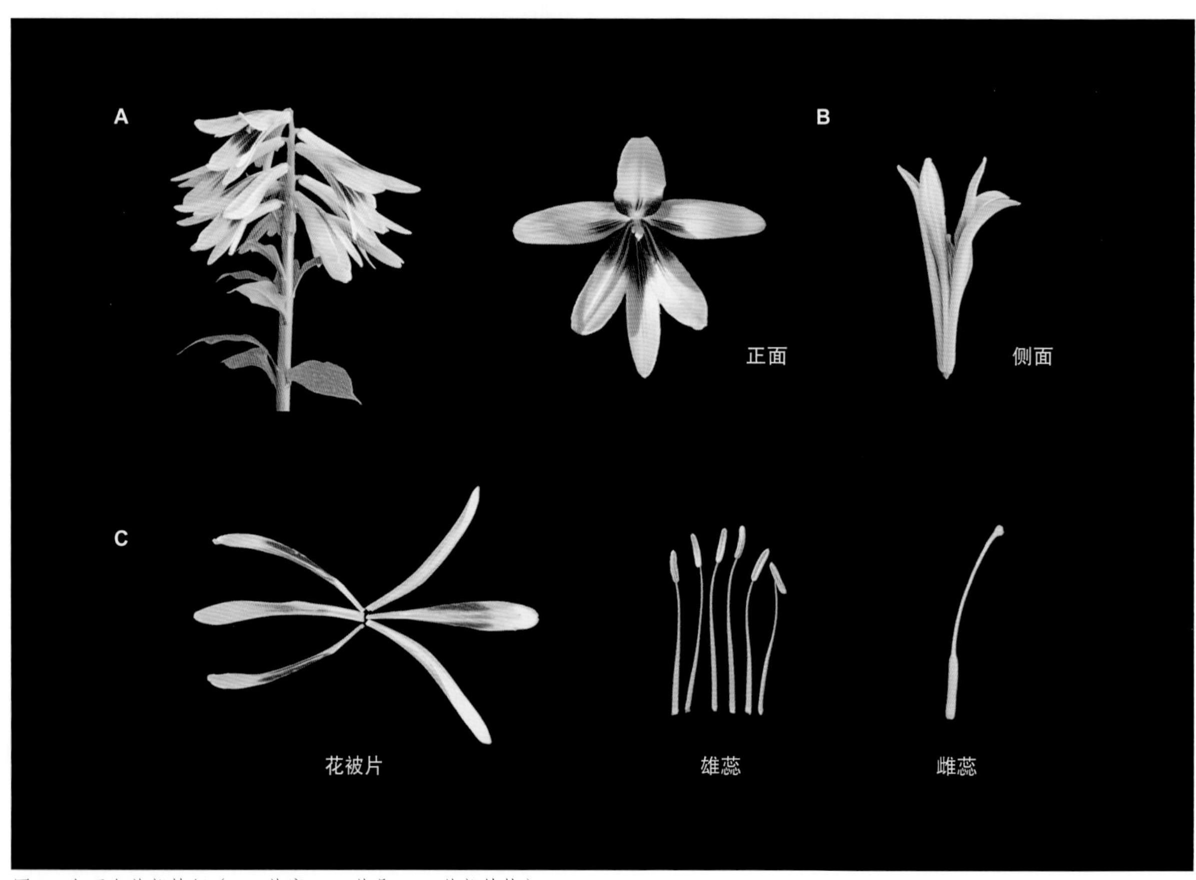

图4　大百合花部特征（A：花序；B：花朵；C：花部结构）

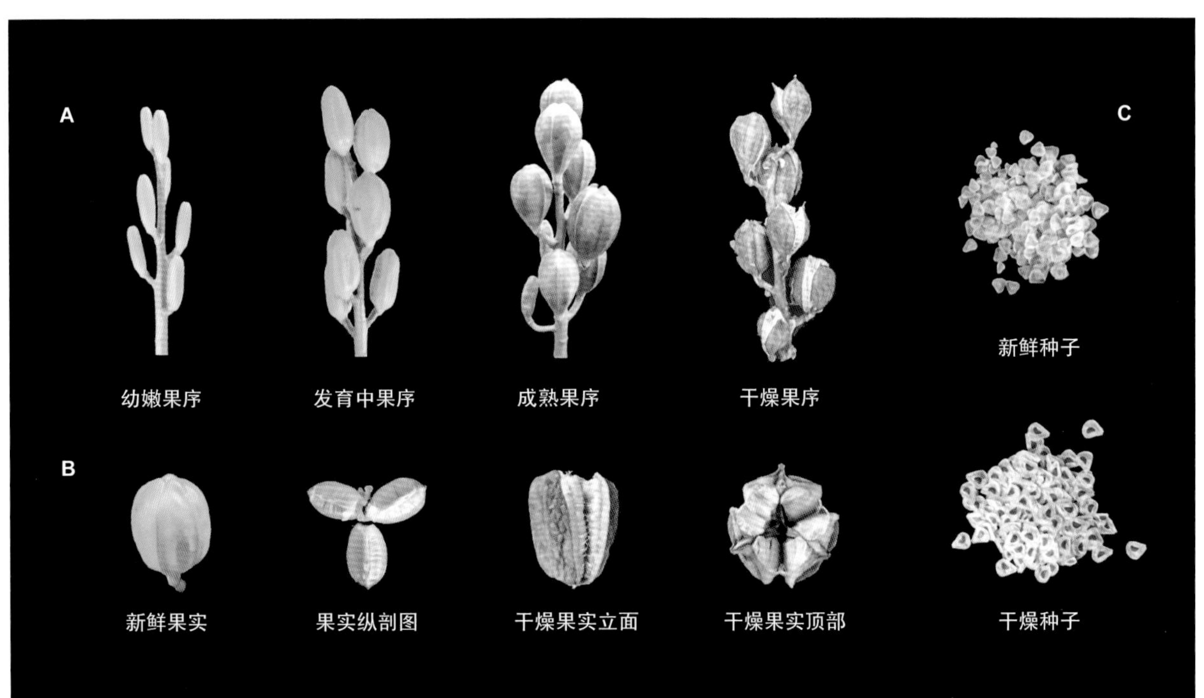

图5 大百合果实及种子不同发育时期形态（A：果序；B：果实；C：种子）

海拔700～3 700m不等。此外印度东北部、尼泊尔、不丹、缅甸北部也有分布。

特征为植株高大，野外最高纪录为3.5m；茎秆粗壮，绿色或带有紫色斑纹，中空；总状花序，有花10～16朵；苞片在花朵开放时脱落；花期5～6月（图3、图4）。蒴果近球形，较为光滑，成熟后三瓣裂；种子扁平，红棕色，周围具半透明膜质翅，果实成熟期10～11月（图5）。大百合为该属中植株最高大且最具观赏价值的种。

大百合又分为2个变种：大百合（原变种）（*C. giganteum* var. *giganteum*）和云南大百合（*C. giganteum* var. *yunnanense*）。两者的主要区别：大百合茎秆绿色，高1.5～3m，花朵内被片内部具紫色条纹，外被片带绿色；云南大百合茎秆深绿色，高1～2m，内被片带紫红色条纹，外被片白色（Flora of China，2000）（图6）。

云南大百合最早于1892年由Franchet命名为*Lilium mirabile*（*Jour.De Bot.*, VI., 310.）；1913年牧野富太郎将其命名为*Cardiocrinum mirabile*(Franch.) Makino（Bot. Mag. (Tokyo) 27: 126）；1916年，H. J. Elwes和M. Leichtlin认为其

图6 云南大百合（刘冰摄于陕西宝鸡）

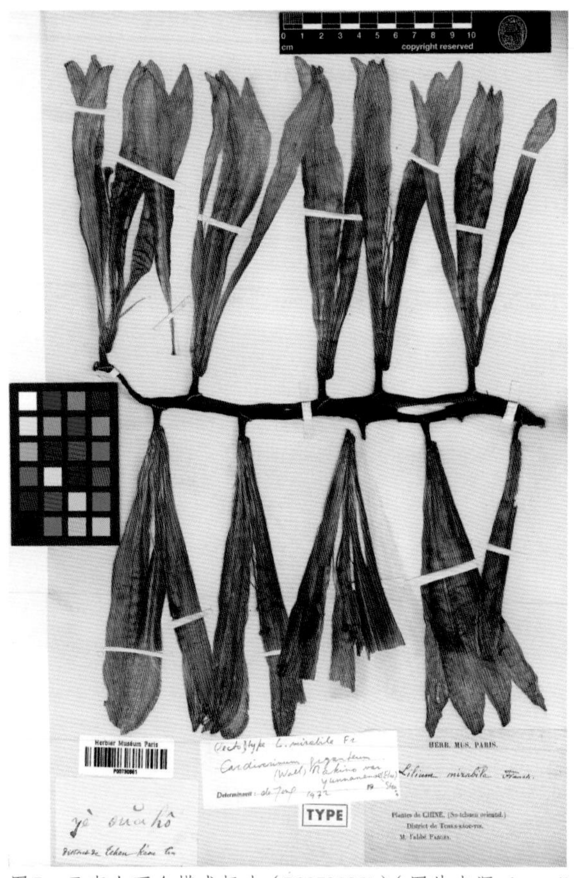

图7　云南大百合模式标本（P00730861）（图片来源：https://www.mnhn.fr）

只能算是大百合的变种，称之为*Lilium giganteum* var. *yunnanense*（The Gardeners' Chronicle: a weekly illustrated journal of horticulture and allied subjects. ser. 3 60: 49, f. 18.）。后由英国植物学家William T. Stearn于1948年命名为*Cardiocrinum giganteum* var. *yunnanense*（The Gardeners' Chronicle: a weekly illustrated journal of horticulture and allied subjects. ser. 3 124: 4.）。模式标本由法国天主教神甫（P. Farges）于1892—1898年间采自中国四川东部（现重庆市）城口县，1972年进行鉴定，现存放于巴黎法国国家自然历史博物馆（P00730861）（图7）。

但是这两个变种之间划分的合理性一直存在争议，因为张金政等（2002）在对四川都江堰3 000余株野生的大百合观察发现，95%以上的植株茎秆为绿色带紫晕，个别植株的茎秆为全绿色或全紫色，因此将茎秆颜色作为分类依据有待进一步研究验证。

荞麦叶大百合

Cardiocrinum cathayanum (E.H.Wilson) Stearn in The Gardeners' Chronicle: a weekly illustrated journal of horticulture and allied subjects. ser. 3 124: 4. 1948. Syn. *Lilium cathayanum* E.H. Wilson.

最早是由Wilson于1925年命名为*Lilium cathayanum*，发表于The lilies of eastern Asia；1948年由Stearn命名为*Cardiocrinum cathayanum*并被后人所接受。Typus：由Wilson于20世纪初采于中国湖北宜昌南沱村(Nanto)附近山林，该标本于1920年鉴定，共4份腊叶标本（K000523919–22）现保存于邱园（图8）。

荞麦叶大百合为我国华中至华东的特有种，海拔多在1 000m以下，主要产地包括：

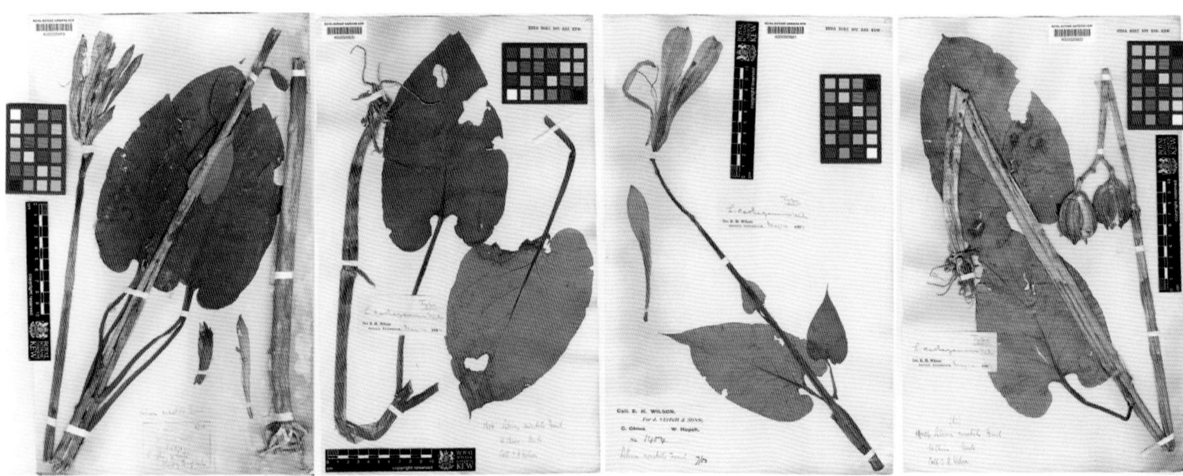

图8　荞麦叶大百合模式标本（K000523919 ~ 22）

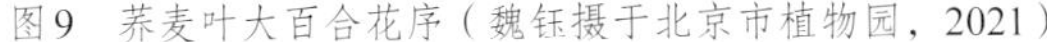

图9　荞麦叶大百合花序（魏钰摄于北京市植物园，2021）

图10　荞麦叶大百合果序（魏钰摄于北京市植物园，2021）

安徽（黄山、休宁、霍山）；

重庆（江津、南川、巫溪、石柱、彭水）；

福建西北部（厦门、将乐、武夷山）；

贵州（都匀）；

河南（嵩县、西峡、信阳、商城）；

广西（融水、梧州、金秀）；

湖北（阳新、宜昌、兴山、长阳、崇阳、通山、建始、巴东、宣恩、咸丰、鹤峰、神农架）；

湖南（衡山、洞口、临湘、石门、慈利、桑植、宜章、沅陵、湘西、永顺）；

江苏（宜兴）；

江西（庐山、九江、武宁、彭泽、上犹、寻乌、遂川、安福、井冈山、宜春、铜鼓、铅山、婺源）；

陕西（镇坪）；

浙江（杭州、淳安、临安、宁波、奉化、文成、泰顺、安吉、磐安、天台、临海、遂昌、景宁、龙泉）。

株高0.5～1.5m，茎秆绿色、中空。鳞茎直径1～2cm。除基生叶外，约离茎基部25cm处开始有茎生叶，最下部几枚常聚集在一处，其余散生。总状花序有花3～5朵，花朵向上斜伸，每花具1枚苞片，花期苞片尚存，果期脱落；花狭喇叭形，乳白色或淡绿色，内具紫色条纹（图9），花期7～8月，较大百合晚。蒴果近球形，和大百合相比有明显的棱，三瓣裂，顶端尖凸；种子扁平，红棕色，周围具半透明膜质翅，果实成熟期10～11月（图10）。

荞麦叶大百合的株高是3个种中最矮的，植株与花部特征与日本大百合接近。由于自然繁殖系数低以及人为干扰，其野生种群越来越少，在2021年8月被国家林草局列为国家重点保护野生植物（二级）。

日本大百合

Cardiocrinum cordatum (Thunb.) Makino in Bot. Mag. Tokyo 27:124(1913)

Syn.*Hemerocallis cordata* Thunb.in J.A.Murray, Syst. Veg. ed. 14: 339 (1784)、*Lilium cordifolium* Thunb. in Trans. Linn. Soc. London 2: 332 (1794)、*Saussurea cordifolia*(Thunb.) Salisb.in Trans. Linn. Soc. London 8: 11 (1807)、*Hemerocallis cordifolia*(Thunb.) Salisb. in Trans. Linn. Soc.

图11　日本大百合花序（Dr. Sawagami摄于日光植物园，日本）

图12　日本大百合果序（图片来源：https://powo.science.kew.org）

London 8: 11 (1807)、*Lilium glehnii* F.Schmidt in Reis. Amur-Land., Bot.: 187 (1868)、*Cardiocrinum glehnii*(F.Schmidt) Makino in Bot. Mag. (Tokyo) 27: 125 (1913)、*Lilium cordatum*(Thunb.) Koidz. & Airy Shaw in Bull. Misc. Inform. Kew 1931: 159 (1931)。

原产日本北海道、本州、四国和九州岛，俄罗斯库页岛，千岛群岛等。株高0.5～1m，茎秆光滑，淡绿色，中空。叶片松散地轮生在茎秆的下半部；叶片长卵圆形至阔椭圆形，基部心形，叶端锐尖，灰绿色。总状花序，小花数朵（图11）；苞片狭长，脱落；花期7～8月，花朵呈水平方向，长7～10cm，花瓣白绿色，罕有紫红色。蒴果成熟时垂直地面（图12），种子三角形，带翅。

该种有1个变种，即大姥百合（*C. cordatum* var. *glehnii* Hara）。其特点为植株高度在1～2m，花序上有2～15朵花，花被片淡绿色，长度为12～18cm，花期初夏；果实秋季成熟。但是也有学者认为以上只是日本大百合的表型多样性而已（Kunio Iwatsuki et al., 1993—2020）。

日本大百合有1个变型红花姥百合（*C. cordatum* f. *rubrum*），花瓣颜色为紫红或暗红色，应为自然变异的类型，仅出现在熊本县和长崎县两个地方，地域分布非常狭小，个体数量也很少，该照片摄于2016年7月12日（图13）。

研究人员使用Illumina双向测序法对大百合属下的全部3个原种进行了叶绿体全基因组测序并进行了系统演化史分析，结果支持大百合属为单系类群，且在该属中荞麦叶大百合与日本大百合的亲缘关系更为紧密。从外部形态上看，荞麦叶大百合与日本大百合也更为接近。

1.2.2　园艺品种

大百合种间杂交品种未见报道。由于大百合属与百合属具有较近的亲缘关系，园艺学家进行了属间杂交育种的研究工作，但是由于杂交不亲

图13　自然变异的紫红色日本大百合

图14　大百合园艺品种

和性，尚未获得新品种。在英国和美国的苗圃网站有见园艺品种*C. giganteum* var. *yunnanense* 'Big & Pink'，图片显示其花瓣外被片具不规则粉晕（图14），应为从自然变异中选育的园艺品种。

1.3　系统位置与历史沿革

大百合属植物原产于喜马拉雅地区、中国、日本及俄罗斯远东地区，为东亚特有属。1821年，丹麦植物学家沃利克在尼泊尔第一次见到了大百合这种植物，深受震撼，他对大百合的形态特征进行了描述，由于其花朵外形与百合非常相似，当时列入百合属，定名为*Lilium giganteum*（张金政 等，2002）。该属与百合属近缘，因此众学者对其分类地位的意见一直不一致。英国植物学家John Lindley（1799—1865）于1846年出版的*The Vegetable Kingdom*上首次将其列为一个独立的属*Cardiocrinum*，该属名来自希腊语，kardio是心形，krinum是百合，意思为具有心型叶片的百合。Baker（1874年）和Wilson（1925年）则认为其是百合属下的一个亚属；Elwes（1877 年）和Makino（1913年）先后将此种自*Lilium*属中划分出，定名为*Cardiocrinum giganteum*，《中国植物志（第十四卷）》大百合属的编写者梁松筠也采用了此名，认同大百合为百合科下独立的一个属（中国科学院中国植物志编辑委员会，1980）。

国内保存记录的大百合标本有800余份，采集地分布于15个省市，东至福建、南至广东、西至西藏，北至甘肃，其中最多的为四川省有297份；采集时间最早的标本由R.P.Soulie于1903年7月8日采于中国西藏，现存于中国科学院华南植物园标本馆（IBSC 0620801）。荞麦叶大百合标本有250余份，采集地分布于我国华东、华中和华南等省份，其中最多为浙江省66份；采集时间最早的为1923年6月6日，由钟观光（K.K.TSOONG）采于中国浙江，该标本现存于北京大学生物系植物标本室（PEY 0049780）。此外，大百合属植物的标本也广布世界，除了之前提到的英国皇家植物园邱园、法国国家自然历史博物馆等处之外，在英国爱丁堡皇家植物园、美国密苏里植物园等科研机构的标本馆里也有不同种、不同时期的标本保存。

通过对百合科（狭义）各属的地理分布分析显示：大百合属在内的百合族集中分布于中国西南至喜马拉雅地区，表明中国—喜马拉雅地区是百合族的多样化中心，也是研究百合科（狭义）植物演化的关键地区之一。大百合为东亚地区（Eastern Asiatic Region）的一个特有属，从该属植物的形态及地理分布来看，自西向东呈水平替代现象。大百合和云南大百合分布偏中国—喜马拉雅森林植物亚区；而荞麦叶大百合与日本大百合的分布则偏于中国—日本森林植物亚区，因此该属植物被作为把东亚植物区分成两个亚区的实例（梁松筠，1995）。

为了探索百合科下不同属之间系统遗传与进化关系，西川等人（Nishikawa，1999）对百合、大百合以及云南豹子花等15个属55种植物内转录间隔区的18S–25S核糖体DNA序列分析，结果显示百合属与豹子花属（*Nomocharis*）的亲缘关系要比与大百合属的关系更近。林和彦和河野昭一（Hayashi & Kawano，2005）运用叶绿体基因rbcL和MyarK对大百合属、百合属、豹子花属、假百合属（*Notholirion*）和贝母属（*Fritillaria*）等百合族的5个属植物进行分析，结果显示：大百合属、百合属和豹子花属三者的亲缘关系很近；贝母属、假百合属的亲缘关系相对比较接近大百合属，特别是假百合属与大百合属的遗传距离最近。从分子水平上看，大百合属和豹子花属是联系百合属和贝母属的重要类群，同时大百合属还是联系假百合属与百合属的重要类群，可见大百合属在分类学研究上具有重要意义（图15）。

Yang等（2016）以不同地理分布区的54个大百合种群为样本，在对6个叶绿体DNA片段和3个低拷贝核基因研究的基础上，评估其基因结构并分析了系统发育的关系。分子水平数据显示：这些样本在cpDNA（98.37%）和LCNG（94.53%）序列上的基因高度相似。生物地理学分析显示：在第三纪中新世（–7.32Mya）的中国中部，大百合属的祖先出现了多样化。在横断山脉的造山运动中（–4.11Mya），大百合与云南大百合形成两个分支分别向喜马拉雅和中国西南部迁移；荞麦叶大百合的部分种群则在约4.97Mya，通过大陆桥向东迁移到了日本南部，为日本大百合这一物种的形成提供了可能。卢瑞森（2020）的研究结果与其接近，只是时间上略早，该研究通过近似贝叶斯计算表明：大百合属的祖先在9.08Mya进行了第一次分化，形成了大百合及其分支，该分支在5.09Mya再次进行分化，形成了荞麦叶大百合与日本大百合两个分支；这两次分化的时间分别与晚中新世青藏高原东部的地质运动和气候干旱化的时间（约9Mya ~ 7Mya），以及日本群岛与亚欧大陆完全分离的时间（–5Mya）相吻合，由此推测，第四纪前的地质运动和气候变化对大百合属的物种分化起到了至关重要的作用。

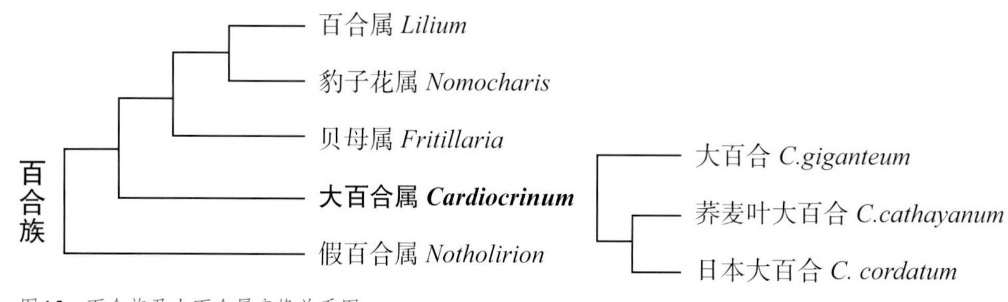

图15　百合族及大百合属亲缘关系图

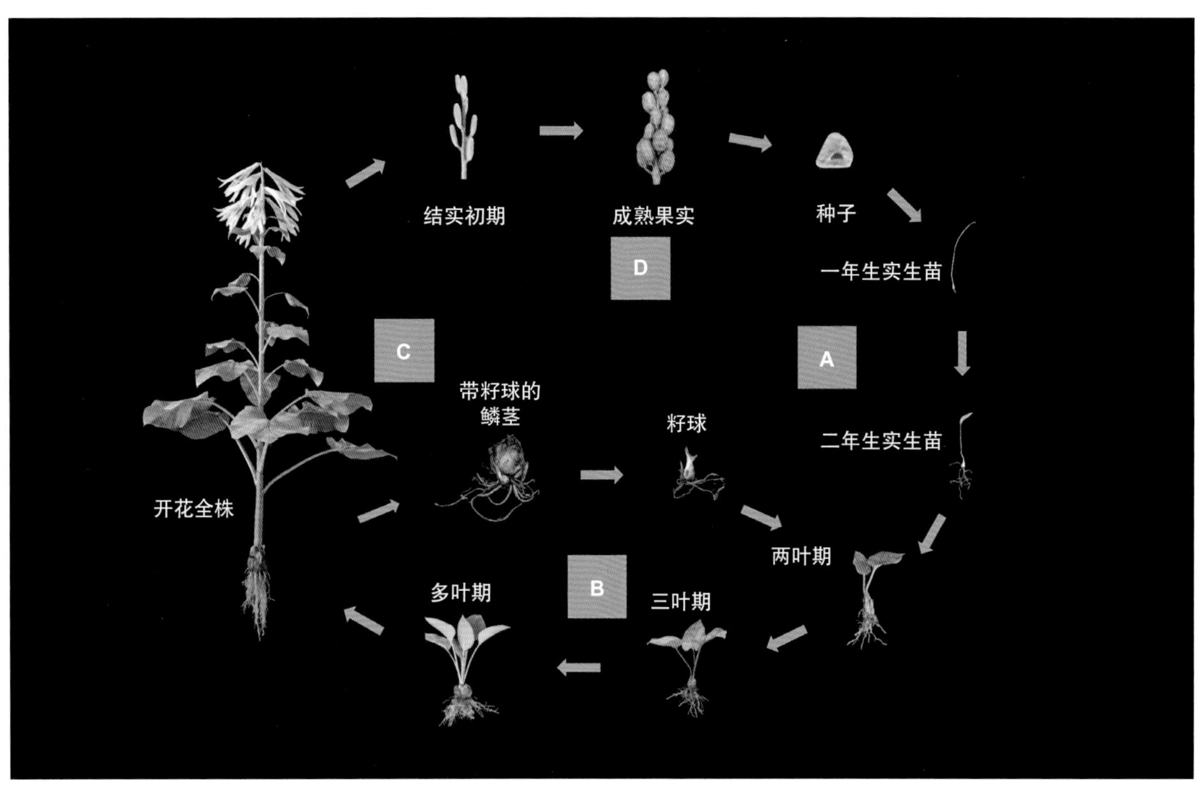

图16　大百合全生活周期图（A：单叶期；B：莲座状多叶期；C：开花期；D：结实期）

1.4　生活习性与育种研究

对大百合生活史的研究认为其属于一稔宿根草本植物（Monocarpic perennial herb），生长过程分为几个明显的阶段：单叶阶段→莲座状多叶阶段→开花阶段→结实阶段（图16）。研究显示：花芽分化始于莲座状3片叶之后，具有5～6片叶的植株超过70%在第二年都能够开花（Ohara et al., 2006）。

大百合的蒴果多在秋季成熟，其内有数百粒种子；种子呈扁钝三角形，红棕色，周围具半透明的膜质翅，胚极小。大百合是温带林地草本植物中少有的靠风传播种子的植物，但是其种子传播的机理和方式还有待进一步研究。日本大百合每个植株能开2～15朵花，单朵花期大约5天，有淡淡的香气；每朵花有600～670个胚珠，平均能产生410粒种子；每朵花的平均结实率高达65%～79%；每个植株能产生800～6 000粒种子（Ohara et al., 2006）。大百合的种子在散布后不能立即发芽，要经历长达约17个月的休眠才能萌发，原因是其种子在散布时胚尚未发育完全，无明显的胚根、胚轴和子叶的分化，萌发前须经历形态后熟和生理后熟过程，其种子休眠类型为形态生理休眠（Morphophysiological dormancy）（Baskin &Baskin, 2004）。

影响大百合种子萌发的主要因子是温度和光照，适宜的光、温组合能够明显提高种子的萌发率，特别是温度的影响更为主要。在5℃干燥条件下储存12个月的种子出芽率达到90%，而在25℃干燥条件下、室温干燥和室温非干燥条件下种子出芽率则不到1%。对原产于四川的大百合播种繁殖技术的研究显示：光照对其种子萌发具有明显的促进作用，以24小时光照20℃恒温最佳；避光条件下温度对萌发率有影响，最适温度为20℃，高于或低于此温度则种子萌发率都会下降（伍丹，2006）。

由于大百合属与百合属具有较近的亲缘关系，园艺学家进行了属间杂交育种的研究工作。

李守丽 等（2006）以大百合为母本、园艺品种百合‘索蚌’（*L.* ‘Sorbonne’）为父本进行杂交，运用荧光技术，以父本、母本的自交花柱、子房为对照，进行花粉管生长发育观察，结果表明：杂交后，花粉萌发与花粉管的伸长速度相对于自交滞后；虽然个别花粉管出现末端分叉、膨胀或变细，胼胝质大量不规则沉积及在伸长过程中受阻等不亲和现象，但绝大部分花粉能够正常萌发，穿过花柱道，进入子房并到达胚珠。林凤琼等（2012）以野生大百合为母本，分别以百合属的‘贵族’（*L.* ‘Noblesse’）、‘西伯利亚’（*L.* ‘Siberia’）、‘提伯’（*L.* ‘Tiber’）、铁炮百合（*L.longiflorum*）及王百合（*L. regale*）为父本进行杂交试验，结果显示杂交后形成的果实生长缓慢，大小普遍小于自然授粉，但可形成少量饱满的种子，其中‘贵族’和‘西伯利亚’两者的花粉活力强、萌发率高且花粉管伸长速度快，具有较强的杂交亲和力。目前尚未见到大百合属与其他属之间杂交成功的报道。

1.5 遗传多样性研究

黑泽首次对大百合的染色体做了核型分析（Kurosawa，1966），除个别材料外，大百合染色体数目为2n=24，但是产地不同的大百合其核型公式略有不同：产自金佛山的大百合核型公式为2n=2x=4m+6st（2SAT）+14t（2SAT）=24，而产于峨眉山的大百合核型公式为2n=2x=4m+8st（2SAT）+12t（2SAT）=24（罗昌海，1991），说明大百合染色体结构不仅因产地而异，而且即使在相近分布区也明显不同。Chauhan和Brandham（1985）对1个日本大百合样本及2个大百合样本的染色体观察显示，日本大百合和其中一个大百合样本（from Myawphlong forest）的染色体数均为2n=24；但是另一个大百合样本（from Auly Ridge）染色体数为2n=22，其中11号染色体为单体，而10号和12号染色体则发生了罗伯逊融合，即10号染色体形成了杂合体，12号染色体的小染色体丢失，因此该个体的染色体为11对。这一现象在该个体的多个根部样本中得到了广泛验证，但是并未改变其染色体的构成方式。大百合属的染色体组型与百合属的非常相似，都是2n=24且4条着丝粒在中间，20条着丝粒在近端，这也说明了二者的亲缘关系非常近。

从山西中条山、四川都江堰及云南石屏3处引种的大百合生物学观察发现花特征具有多样性，即在花色、内外被片的条斑以及花姿等方面均有差异，认为是种群在群居环境中长期相互影响的结果（张金政 等，2002）。虽然不同种群的大百合在形态上有些许差异，但是其具有一定程度的遗传稳定性，对3个不同种源39份大百合的POD同工酶研究显示有3条共同的谱带；但是几个酶谱中来自不同种源的酶带数量、位点及活性强度等存在着一定差异，说明大百合物种存在着丰富的遗传变异（李婷 等，2010）。利用随机扩增多态性DNA（RAPD）分子标记技术对分布于四川的5个天然大百合居群进行遗传多样性水平分析，显示其多态性比率（PPB）为86.54%，90个样品间的遗传相似系数（GS）变化范围是0.2727 ~ 0.9091，平均值为0.5698；遗传距离（GD）变化范围是0.2082 ~ 2.6224，平均值为0.6948（伍丹，2006），也证明了大百合具有丰富的遗传多样性，而一种植物在居群中的遗传多样性越高，说明其对环境变化的适应能力及进化能力就越强。因此开展遗传多样性的研究，对于了解该物种的进化历史、分析其进化潜力具有重要意义（Soltis &Soltis，1991）。

使用Illumina双向测序法对大百合属下的全部3个原种进行了叶绿体全基因组测序并进行系统演化史分析。测序结果：大百合、荞麦叶大百合和日本大百合的叶绿体基因组长度分别为152 653，152 415和152 410bp，各自包含一对被一段大单拷贝基因（82 186 ~ 82 368pb）和一段小单拷贝基因（17 309 ~ 17 344pb）分隔开的反向重复序列（26 364 ~ 26 500pb）。这3个种的叶绿体全基因组除了因IR/SC边界压缩或扩展造成的长度不同外，其基因内容、基因序列、AT含量以及IR/SC边界结构等几乎一样。通过叶绿体全基因组和74个蛋白质编码基因分析，强烈支持大百合属为单系类群，且荞麦叶大百合与日本大百合的亲缘关系更为紧密（Lu et al.，2017）。

张晓芸等（2019）对云南、贵州、重庆、湖南和湖北等地10个大百合野生居群，采用基因测序法，利用cpDNA rpl16序列进行了遗传多样性和遗传结构分析，结果显示rpl16序列矩阵长度为699bp，共检测到14个变异位点和12个单倍型，总的遗传多样性HT=0.660，居群间的遗传变异为71.53%，大于居群内遗传变异28.47%，显示居群间变异是这些居群变异的主要来源。研究结果表明大百合居群遗传多样性较高，且居群间遗传分化也很高（图17）。

四川雅安居群　四川都江堰居群

湖北恩施居群　陕西秦岭居群

云南怒江居群　湖南邵阳居群

图17　大百合在我国不同地区的野生居群

1.6 引种栽培及园林应用

1.6.1 大百合在国外的传播与应用

大百合在19世纪50年代作为观赏花卉被引入英国，于1852年7月在爱丁堡Comely-Bank苗圃第一次开花，其挺拔的植株及美丽的花朵为世人所倾倒，在欧洲享有“百合王子”的美誉（Wilson，1925）。大百合喜欢冷凉湿润气候，因此非常适宜在欧洲栽植，19世纪中叶以来，英国及欧洲很多植物园及私家庭院都通过植物猎人或苗圃引种或购买大百合作为观赏植物栽培（图18、图19）。

根据爱丁堡植物园植物名录（Rae，2011）记载，该园先后于1981年、1991年、1996年、2003年等多批次从中国云南和四川引种大百合栽植（图20）。英国皇家植物园邱园（图21）、威斯利花园，美国密苏里植物园（图22）、哈佛大学阿诺德树木园等知名植物园均有引种栽植。此外，大百合深受园艺爱好者喜爱，在欧美很多苗圃都有大百合种球销售，因此不少私家花园中也有栽培（图23）。

图18　伯克利夫人家花园栽植的云南大百合（图片来源：Miss Ellen Willmott，1916）

图19　盆栽的荞麦叶大百合（H. F.Comber摄于1939年8月）（图片来源：Comber H. F., 1945, Lilium Cathayanum, Journal of the Royal Horticultural Society Vol.70:78-79.）

1.6.2 大百合在中国的引种栽培与应用

大百合在国外声名远扬，但是在我国属于没有引起重视的类群，由于多种原因，大百合在中国的栽培历史以及相关记录甚少，至今在国内尚未被广泛认知和栽培应用，仅在一些植物园或科研机构进行引种栽植及开展相关研究。中国科学院植物研究所北京植物园于2000年从华西亚高山植物园引种大百合鳞茎3 000多个，分别栽植在常绿针叶林、水杉林和阔叶林（悬铃木）下，大百合能够正常生长开花，但是未能采收到发育成熟的种子，同时观测到不同栽植条件下大百合的物候期不同：阔叶林下最早、水杉林下次之，常绿针叶林下最晚（孙国峰 等，2001），说明不同遮阴程度对大百合生长发育及光合特性具有一定的影响。苏州地区引种原产四川的大百合研究显示：大百合能够正常生长开花，但是花后的6月苏州进入梅雨季节，其果实的生长受到抑制，出现大量落果、茎基部腐烂及茎秆倒伏的现象，地下鳞茎也出现不同程度的腐烂（陈立人 等，

图20　英国爱丁堡皇家植物园引种栽植的大百合（图片来源：The Living Collection, Royal Botanic Garden Edinburg）

图21　英国皇家植物园邱园引种栽植的大百合（图片来源：https://powo.science.kew.org/）

图22　美国密苏里植物园引种栽植的大百合（图片来源：https://www.miss ouribotani cal garden. org）

图23　丹麦一个私家花园栽植的大百合（图片来源：https://powo.science.kew.org/）

图24　北京市植物园引种栽植的大百合（魏钰 摄，2021）

2009），说明大百合不太适合于梅雨地区栽植。北京市植物园于2008年第一次从四川都江堰引种野生大百合，栽植于宿根花卉园的林下，能够正常生长开花；从2016年至今，先后从四川雅安、都江堰，湖南邵阳、湖北恩施等地引种大百合（图24），从浙江天目山引进荞麦叶大百合栽培，均获得成功。我国的上海植物园、上海辰山植物园、杭州植物园、湖南省森林植物园、太原植物园等均有引种栽培。

大百合不仅可用于园林绿化中，适合阴生花境、林缘片植以及庭院栽植等，还是花园中难得的林下竖线条植物材料，同时也可用于室内盆栽摆放和切花观赏等。在原产地当地居民庭院中也有人工栽培大百合（图25）。

图25　四川都江堰当地居民庭院栽植的大百合（魏钰 摄，2019）

1.7　经济价值

大百合属植物的花朵硕大雅致，具有极高的观赏价值，是珍稀的球根花卉，此外，其还具有食用及药用等经济价值。但是由于其多分布于山地林下的潮湿地带，长期以来处于野生状态，加之其繁殖率较低，因而未能够被广泛认知并应用。

其鳞茎能够食用，研究显示大百合种球中含有K、Ca、Mg、Fe、Zn、Mn等多种微量元素，特别是Ca、Mg、Fe的含量高于普通叶菜类蔬菜，具有较高的营养价值（王元忠 等，2007），在湖南、湖北、广西等地常被当地人用来提取淀粉食用。其鳞茎的蛋白质中含有17种氨基酸，其中7种为人体所必需；此外粗纤维和粗脂肪含量明显高于6种常用蔬菜，属于高纤维且营养全面的野生食用蔬菜，具有很大的开发潜力（关文灵 等，2003，2011）。此外，大百合还具有药用价值，云南民间用其果实入药，俗称“兜铃子”，具有清肺、平喘、止咳的功效，用以治疗咳嗽、气喘、肺结核咯血等症。用云南大百合的干燥果实为原料，从提取物中分离到一个异海松烷型二萜化合物。海松烷型二萜类化合物在松科、柏科、杉科、罗汉松科的许多裸子植物中均有发现，在被子植物中，双子叶植物的菊科、番荔枝科、马鞭草科和茄科中，都发现这类二萜存在，但在单子叶植物中发现不多。从百合科贝母属以及大百合属等植物中分离到该化合物对于研究单子叶植物特别是百合科的化学分类学具有一定意义（刘润民，1984）。

对原产中国的13种百合以及荞麦叶大百合进行花香成分分析，显示大百合的花香成分中除了含有（E）–β–罗勒烯（57.7%）、苯甲酸甲酯（12.4%）、芳樟醇（5.6%）外，还含有很高比例的（E, E）–α–金合欢烯（12.7%）和水杨酸甲酯

（7.3%），这与其他所报道过的百合属植物有所不同。通过聚类分析显示：荞麦叶大百合的香气成分与淡黄花百合、通江百合及岷江百合比较接近（Kong et al., 2017）。

由于人类活动及人为过度采挖，大百合的生境频频遭到破坏，导致其自然居群数量不断减少，因此对大百合开展繁育生物学研究，解决其繁殖瓶颈，对大百合的保护以及合理开发利用具有重要意义。华西亚高山植物园已完成大百合生物学、栽培学及商业化过程的全部技术方法研究，并建成了年产种球100万个的研究开发基地（冯正波，2001），为今后开展大百合的研究、保护及利用奠定了基础。

1.8 与大百合有关的历史人物

1.8.1 大百合的发现者——丹麦植物学家纳撒尼亚尔·沃利克（图26）

纳撒尼亚尔·沃利克（Nathanial Wallich，1786—1854）生于丹麦哥本哈根，对生物学非常感兴趣，具有传奇的一生。他早年学习医药学和植物学，1807年作为医生随同丹麦殖民者前往孟加拉国的塞兰坡（Serampore, Bengal），后来英军占领了该地区，他也被捕入狱。然而，由于他在植物学方面的造诣以及印度科学植物学创始人威廉·罗克斯堡（Willian Roxburgh）的请求，1809年他被假释并作为威廉·罗克斯堡的助手为东印度公司工作。1815年，受英国东印度公司雇佣，沃利克博士作为加尔各答皇家植物园（现在的A. J. C. Bose Indian Botanic Garden）的临时主管，1817—1846年担任该园的正式主管，前后长达34年。精力旺盛的他周游了整个印度以及周边的国家，收集了大量的植物标本并进行了分类，大约有9 000种植物共20 500份标本，对全世界植物标本的收集发挥了重要贡献。现在这些标本大多保存在英国皇家植物园邱园，按照数字的顺序进行排列，被称为“沃利克目录”（Wallich Catalogue）。另有一部分标本副本保存在印度中央国家标本馆（CAL）。同时他还撰写了大量植物学书籍，如：《印度木本植物名录》《亚洲稀有植物名录》《尼泊尔植物图志》，其在植物学领域的贡献远高于同辈的其他植物学家（Basuet al., 2008；Prakash, 2016）。

沃利克博士于1821年在尼泊尔谢奥波伦（Sheopore）的潮湿隐蔽的林地第一次见到了大百合这种植物，并被其高大的植株和壮观的花序所吸引，他对大百合的形态特征做了详细描述，由于大百合花朵特征与百合非常相像，因此当时他将大百合归入百合属，定名为*Lilium giganteum*。同时，一株完整的大百合被采集制作成标本并被送到东印度公司的博物馆保藏，现由邱园标本馆保存。纳撒尼亚尔·沃利克是第一位公开对大百合进行详细植物学描述的人（Tentamen Florae Napalensis Illustratea 1: 21–23, pl. 12–13. 1824），也是第一位制作大百合标本的人，是他让大百合走出深山密林，让欧洲甚至全世界的人们认识了这种具有独特魅力的东方植物。

图26　纳撒尼亚尔·沃利克（图片来源：Thothathri K, Basak R K. Nathaniel Wallich (1786—1854) and his Contributions to the Botany of India and Neighbouring Countries, 1989）

1.8.2 大百合的命名者——日本植物学家牧野富太郎（图27）

牧野富太郎（Makino, Tomitarô，1862—1957）生于日本高知县佐川町的一个经营杂货业和酿酒业的富裕家庭，年幼时期开始对植物情有独钟，小学中途辍学，自学与植物有关的知识。其职业生涯丰富而曲折，曾任东京帝国大学（现东京大学）理工学院助教和讲师，65岁时获得理学博士。他走遍日本全国进行植物调查和研究，广泛地采集植物，描述了许多新种，还绘制了出色的植物画，不仅是野生植物，还包括蔬菜、花卉等；他绘制的植物画从萌芽到开花至果期，并在周围留白处画出其余解剖的部分，把植物的各个成长阶段及器官完整展示出来，被称为“牧野式植物图”。他既从事植物学术研究，又进行一般植物知识的科学普及工作，其一生曾为1 500种以上的植物命名，制作了约40万件标本和植物画，牧野博士参与创立的刊物《植物学杂志》（The Botanical Magazine Tokyo，1887）与《植物研究杂志》（Journal of Japanese Botany，1916）至今还在发行，并持续有学者在其发表论文，是日本学术杂志里的重中之重。1940年，其在78岁时出版了集大成之作《牧野日本植物图鉴》（Makino's Illustrated Flora of Japan）并不断修订，直至逝世半个多世纪后的今天还被后人继续修订，不愧为当代日本著名的经典植物分类学工具书；1948年以86岁高龄为天皇讲授植物学，1950年90岁高龄被授予日本学士院会员。牧野博士为日本植物分类学奠定了雄厚的基础，被称为“日本植物学之父”。1958年其家乡高知县鉴于他的卓越成就以及丰富的标本和植物学文献收藏（特别是日本和中国的经典植物学文献，其中《本草纲目》的中日文就有20多个版本），特别在高知市郊五台山成立高知市立牧野植物园与牧野纪念馆；其珍贵的文献收藏也是牧野植物园著称于日本的特色所在（牧野植物园，2000，2001）。为纪念他为日本植物学的贡献，2012年4月在牧野富太郎150周年诞辰时，政府还发行了一套纪念邮票；他出生的日子被定为“植物学日”。

图27 牧野富太郎（图片来源：牧野日本植物图鉴，1942）

牧野富太郎是大百合和日本大百合的命名人，这两个物种的命名出自他在东京帝国大学理工学院植物学讲座中的内容——日本植物区系观察（Observations on the flora of Japan），1913年发表于*Botanical Magazine*，从此大百合及日本大百合的科学名称被广泛接受。

1.8.3 荞麦叶大百合的命名人及大百合的传播者——植物猎人厄尼斯特·亨利·威尔逊（图28）

厄尼斯特·亨利·威尔逊（Ernest Henry Wilson，1876—1930），英国人，20世纪初世界著名的园艺学家、植物学家、探险家，被西方称为“打开中国西部花园的人”，为西方国家引种了大量的园林花卉植物，以他命名的植物品种多达200多个，对植物的研究和推广做出了巨大贡献。

威尔逊一生中5次造访中国采集野生植物，在其记录在中国采集植物和探险经历的著作*China*，

*Mother of Gardens*中至少有3次对大百合进行了记录和描述，并留下了宝贵的照片。

第一次是在1903年7月初，在攀登瓦山（峨眉山的姐妹山，东经 103°14′，北纬29°21′）的过程中，大约在海拔2 000m处见到了云南大百合（*L.giganteum* var. *yunnanense*），周围混合着多种灌木和草本植物，主要有西蜀丁香、藤绣球、川康绣线梅、长序荼蘼子、椭圆果绿绒蒿、纤细草莓等。

第二次是1908年6月20日，从成都前往打箭炉（现康定）的路途中，经过灌县（现都江堰）牛头山豪竹坪地区，在海拔约1 981m（6500ft.）的河谷中见到了大量正在开花的大百合（*L. giganteum* var. *yunnanense*）并拍下了照片（现存于美国哈佛大学阿诺德树木园园艺图书馆，编号：Z-110）（图29），这是目前为止查到的最早的大百合照片。周边的植物还有猫儿刺和鬼灯檠等。

第三次时间为1910年6月，从湖北宜昌出发前往四川成都途中，在神农架巴东县（Patung Hsien）海拔1 500～2 000m山谷中见到了成片的大百合，书中记载“在庇荫处，珍贵的大百合（*L.giganteum* var. *yunnanense*）很常见，其花呈管状，颜色雪白，上面有红色斑点，亮绿的叶片呈心形。”伴生植物有白蜡、盘叶忍冬、绣球藤、五味子、五月瓜等（胡启明，2015；包志毅，2017）。

威尔逊当时书中对大百合记录名称均为*L. giganteum* var. *yunnanense*，经过查询阿诺德树木园图书馆该照片的注释，以及书中文字描述和照片可以确定，当时其所见即云南大百合，这个目前被接受的名字是Stearn于1948年发表的，当时的大百合还被归在百合属。

威尔逊是荞麦叶大百合命名人也是该物种模式标本的采集人，他于1925年出版了*The lilies of eastern Asia: a monograph*（Wilson，1925），书中对大百合属3个种分别进行了详细的描述，但当时他把大百合归为百合属的一个亚属，属名均为*Lilium*。该书提到他先后在1901、1903—1904年分别将大百合种球寄给英国维奇（Veitch）苗圃；于1907年和1908年将种子寄给了美国，但是没有发芽（现在看来可能是由于大百合种子休眠期长

图28　厄尼斯特·亨利·威尔逊（图片来源：http://zhibao.yuanlin.com/ News Detail_yh.aspx?ID=255763）

图29　威尔逊于1908年在中国四川灌县（现都江堰）山谷中拍摄的云南大百合照片（图片来源：https://arboretum.harvard.edu/）

达一年半，当时人们误以为没有萌发）。Myax Leichtlin从旅居云南的法国神父那里获得了大百合并进行了传播。当时英国花园里栽植的大百合基本上都是由Bees进口的种子而来。威尔逊对大百合在欧美的传播起到了重要作用。

1.8.4 植物绘画与植物画家

在植物学研究中，植物绘画（植物科学画）是对文字描述的强调和补充，它与文字相互呼应，相辅相成，使植物科学画在植物学研究中具有不可或缺的作用（邹贤贵，1998）。植物科学画不但可以直观地表现植物体的宏观部分，更能展示植物体的微观细节，一目了然。特别是在摄影技术不发达的时期，植物画是人们认识和了解植物的主要手段，其对植物标本是很好的补充和辅助，因为腊叶标本在干燥后会失去原有的形态和颜色，而彩色的植物画能够让人更直观的认识该植物原有的状态，甚至一些变形、虫蛀等情况也可以通过画家进行完善，这是摄影也无法做到的。

16世纪起，英国园艺开始蓬勃发展。18世纪以来，随着英国的殖民扩张，使得大量海外植物流入英国。但直至18世纪上半叶，英国大众接触的科普类植物学书籍仍以介绍英国及其周边地区欧洲国家的植物为主，科普书籍中域外植物的介绍较少。由于活体植物运输死亡率较高，外来植物更多是以标本和绘画的形式进入英国，它们更多出现在植物学家的专业书籍中，作为植物分类学研究的依据。

威廉·柯蒂斯（William Curtis）于1787年创办了植物学杂志。他本人是药剂师出身，后从事植物学研究和出版工作。柯蒂斯在世时，杂志出版了13卷，1799 年他去世后，杂志更名为《柯蒂斯植物学杂志》（Curtis's Botanical Magazine）。当威廉·杰克逊·胡克（William Jackson Hooker, 1785—1865）到皇家植物园当主任后，杂志于1841 年开始由邱园负责出版，因此可以充分利用植物园的资源，使得该杂志最终成为邱园的期刊，许多知名的植物画家都曾为该杂志绘图，直至今天，该杂志依然由邱园的员工和艺术家们负责制作。

其中最著名的植物画家是沃尔特·胡德·菲奇（Walter Hood Fitch，1817—1892），他是19世纪最有才华和多产的植物艺术家之一，也是英国皇家植物园邱园的专职画师。菲奇为《柯蒂斯植物杂志》绘画40多年，仅在这个杂志就发表了2900幅植物插图，还为Hooker父子及其他植物学著作画过大量插图，总数超过10 000幅。

目前发现最早的大百合彩色绘画即由菲奇绘画（图30），来自1852年出版的《柯蒂斯植物学杂志》（V.78 or ser.3 v.8），该画线条流畅，形象逼真，其中还有与实物等大的雌蕊特写，即使在170年之后的今天看起来依然栩栩如生。

此外，1880年H. J. Elwes和W. H. Fitch合作出版了百合属专著（*A monograph of the genus Lilium*），书中的文字是Elwes撰写的，其中有关于大百合的描述，配图是由Fitch绘制（图31），比前一幅更完整地描绘了大百合的花序以及整株的形态，更具科学价值。

英国博物学家及植物学插画家玛丽安娜·诺思（Marianne North，1830—1890）也为大百合留下了画作。她在1871—1885年间，独自一人前往巴西、南美、日本、印度等15个国家，用画笔记录了她所看到植物、景观和人，为后人留下

图30 菲奇绘制的大百合植物画（《柯蒂斯植物杂志》，1852年）

图31　菲奇绘制的大百合植物画（百合属专著，1880年）

图32　玛丽安娜·诺思关于大百合的画作（1880年）

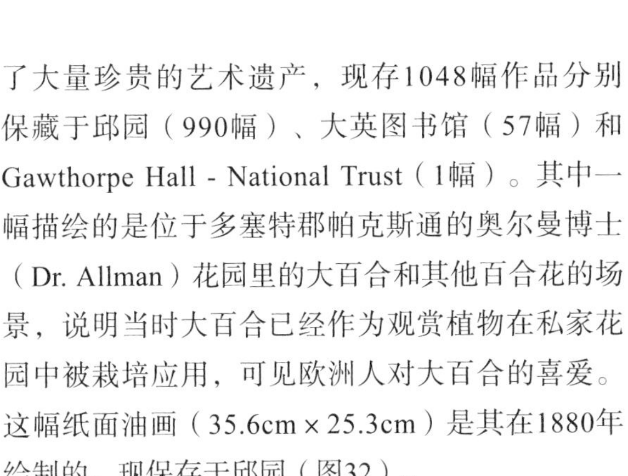

了大量珍贵的艺术遗产，现存1048幅作品分别保藏于邱园（990幅）、大英图书馆（57幅）和Gawthorpe Hall - National Trust（1幅）。其中一幅描绘的是位于多塞特郡帕克斯通的奥尔曼博士（Dr. Allman）花园里的大百合和其他百合花的场景，说明当时大百合已经作为观赏植物在私家花园中被栽培应用，可见欧洲人对大百合的喜爱。这幅纸面油画（35.6cm × 25.3cm）是其在1880年绘制的，现保存于邱园（图32）。

这些惟妙惟肖的绘画不仅在早期对植物分类学研究起到了促进作用，而且让西方人认识了大百合这个独特而美丽的东方物种，从而喜爱它、应用它，同时也从侧面证明了中国的植物资源对西方花园以及世界园林的贡献。

参考文献

陈立人，金立敏，蔡曾熷，等，2009. 野生大百合的引种适应性研究[J]. 安徽农业科学，37（17）：7947-7947.

冯正波，张超，2001. 花中新贵大百合[J]. 植物杂志（3）：22-22.

关文灵，李世峰，李叶芳，等，2011. 大百合鳞茎营养成分分析与评价[J]. 西部林业科学，40（1）：8-11.

关文灵，李枝林，黄建新，2003. 野生花卉大百合的引种栽培[J]. 北方园艺，(4)：33-33.

李婷，关文灵，陈贤，2010. 不同地理种源大百合（*Cardiocrinum giganteum*）过氧化物酶同工酶分析[J]. 西南农业学报，23（5）：1481-1483.

李守丽，石雷，张金政，2006. 大百合与百合属间授粉后花粉管生长发育的观察[J]. 园艺学报，33（6）：1259-1262.

梁松筠，1995. 百合科（狭义）植物的分布区对中国植物区系研究的意义[J]. 植物分类学报 Acta Phytotaxonomica Sinica, 33(1)：27-51.

林凤琼，朱昌叁，黎素平，等，2012. 大百合与百合属优良品种杂交试验[J]. 南方农业学报，43（11）：1733-1736.

刘润民，1984. 大百合果实中的异海松烷型二萜化合物[J]. 云南植物研究（2）：219-222.

卢瑞森，2020. 中国——日本森林植物区系广布类群大百合属（*Cardiocrinum*）的物种形成与亲缘地理学研究[D]. 杭州：浙江大学.

罗昌海，毛淑芬，1991. 大百合的核型分析和减数分裂的研究

[J]. 西南师范大学学报：自然科学版（1）：113-116.

孙国峰，张金政，庄平，2001. 大百合的引种栽培[C]. 中国植物学会植物园分会第十六次学术讨论会论文集：125-128.

王元忠，李淑斌，郭华春，等，2007. 大百合中微量元素测定的研究[J]. 光谱学与光谱分析，27（9）：1854-1857.

威尔逊，2017. 中国乃世界花园之母[M]. 包志毅，主译. 北京：中国青年出版社.

威尔逊，2015. 中国——园林之母[M]. 胡启明，译. 广州：广东科技出版社.

伍丹，2006. 四川大百合繁殖及遗传多样性研究[D]. 雅安：四川农业大学硕士论文.

张金政，龙雅宜，孙国峰，2002. 大百合的生物多样性及其引种观察[J]. 园艺学报，29（5）：462-466.

张晓芸，杨妙琴，徐英，等，2019. 基于rpl16序列分析大百合的遗传多样性及遗传结构[J]. 植物遗传资源学报，20（1）：203-210.

中国科学院中国植物志编辑委员会，1980. 中国植物志：第 14 卷[M]. 北京：科学出版社：157-159.

邹贤桂，1998. 植物科学画在植物学研究中的意义[J]. 广西植物（3）：118-121.

BAKER J G, 1878. *Lilium cordifolium*[J]. Curtis's Botanical Magazine, v.104(= ser.3 v.34):Tab 6337.

BASKIN J M , BASKIN C C，2004.A classification system for seed dormancy[J].Seed Science Research,14(1):16.

BASU S K, RUDRA S, 2008. Nathaniel Wallich's collection of Pteridophytes in Central National Herbarium (CAL)[J]. Bulletin of the Botanical Survey of India, 50(4): 23-38.

CARDIOCRINUM (Endlicher) Lindley, 2000.Veg. Kingd., Flora of China, 24: 134-135.

CHAUHAN K P S, BRANDHAM P E，1985. Significance of Robertsonian Fusion and Monosomy in *Cardiocrinum* (Liliaceae)[J].Kew Bulletin, 40(3):567-571.

COMBER H F, 1945. *Lilium Cathayanum*[J]. Journal of the Royal Horticultural Society, Vol.70:78-79. DAVID R，2011.

The living collection Royal Botanical Garden Edinburgh[M]. Oriental Press，Dubai：15.

ELWES H J, FITCH W H, 1880. Lilium giganteum [M]. A Monograph of the Genus Lilium, 66-67.

ELWES H J, LEICHTLIN M, 1916. Notes from a Cotswold Garden[J]. The Gardeners' Chronicle: a weekly illustrated journal of horticulture and allied subjects. ser. 3, 60: 49, f. 18 (Gard. Chron., ser. 3).

FRANCHET A R, 1892. Les Lis de la Chine et du Thibet[J]. Journal de Botanique (Morot) VI: 305-321.

HAYASHI K, KAWANO S，2005. Bulbous monocots native to Japan and adjacent areas--their habitats, life histories and phylogeny[J]. IX International Symposium on Flower Bulbs, 673(673):43-58.

KONG Y, BAI J R, LANG L X, et al, 2017. Flora scents produced by Lilium and Cardiocrinum species native to China[J]. Biochemical SysteMyatics & Ecology, 70:222-229.

HIDEAKI O, KUNIO I, David E, et al, 2020. [M]. Flora of Japan, Vols. 1-4, Kodansha Ltd, Tokyo, 4b: 110.

LINDLEY J, 1846. The Vegetable kingdom[M]. Lendon: Bradbury and Evans. printers, 205.

LU RS, LI P, QIU YX，2017. The complete chloroplast genomes of three *Cardiocrinum* (Liliaceae) species: comparative genomic and phylogenetic analyses[J]. Frontiers in Plant Science:7.

MYASASHI O, TADASHI N, TOMOKO Y, et al, 2006. Life-history monographs of Japanese plants. 7: *Cardiocrinum cordatum* (Thunb.) Makino (Liliaceae) [J]. Plant Species Biology, 21(3):201-207.

NISHIKAWA T, OKAZAKI K, UCHINO T, et al，1999. A molecular phylogeny of Lilium in the internal transcribed spacer region of nuclear ribosoMyal DNA[J]. Journal of Molecular Evolution, 49(2):238-249.

PRAKASH R O, 2016. Wallich and his contribution to the Indian natural history[J]. Rheedea, 26(1):13-20.

SOLTIS P S, SOLTIS D E，1991. Genetic variation in endemic and widespread plant species: examples from Saxifragaceae and Polyslichum[J]. Alisa, 13:215-223.

STEARN W T, 1948.The botanical name of some lilies[J]. The Gardeners' Chronicle: a weekly illustrated journal of horticulture and allied subjects. ser. 3 124: 4 (Gard. Chron., ser. 3).

WILSON E H，1925. The lilies of Eastern Asia : a monograph [M]. London，Dulau & Company，LTD.

YANG L Q, HU H Y, XIE C, et al, 2016. Molecular phylogeny, biogeography and ecological niche modelling of *Cardiocrinum* (Liliaceae): insights into the evolutionary history of endemic genera distributed across the Sino-Japanese floristic region[J]. Annals of Botany, 119(1):59.

致谢

本文在撰写过程中得到北京林业大学张启翔老师、高亦珂老师的指导，以及国家植物园（北园）马金双博士、周达康高工、牛夏工程师、蒋靖婉工程师以及中国科学院植物研究所孙国峰老师、中国科学院昆明植物所王仲朗老师的帮助，在此致以衷心的感谢！

作者简介

魏钰（女，北京人，1976年生），中国农业大学观赏园艺专业学士（1998）、园林植物与观赏园艺硕士（2013）、在读博士（2019—），1998至2017年任职于北京市植物园，先后任部门科员、副部长、队长、部长，2017年任北京市植物园副园长，现任国家植物园（北园）执行副主任、正高级工程师；兼职中国野生植物保护协会常务理事兼迁地保护工作委员会副主任、秘书长；中国花卉协会球宿根花卉分会理事兼中国花境专家委员会副主任委员。主要从事球宿根花卉的研究与应用，邮箱：weiyu @chnbg.cn。

郭晓波（男，陕西人，1974年生），北京林业大学林业经济管理专业本科（1997），1997至2017年任职于北京市植物园，先后任部门科员、副科长、科长，2017年任中国园林博物馆（北京筹备办）组织人事部部长，馆员，主要从事园林文化研究，邮箱：875133345@qq.com。

董知洋（男，北京人，1987年生），北京农学院园林工程技术专科（2009），北京林业大学园林本科（2013）、农业推广硕士（2017），2009年至今任职于国家植物园（北园），现任园林科科员，工程师。主要从事植物信息管理工作，邮箱：dongzhiyang@chnbg.cn。

张蕾（男，北京人，1987年生），中国农业大学园林专业本科（2013），2006年至今任职国家植物园（北园）园艺中心，工程师，主要从事园林绿化养护管理，邮箱：598495982@qq.com。

张辉（男，北京人，1982年生），北京农学院园艺专业本科（2006）、观赏园艺专业硕士（2012），2006年至今任职于国家植物园（北园）专业技术人员，高级工程师；主要从事观赏花卉引种与栽培邮箱：79379385@qq.com。

杨芷（女，辽宁省丹东市人，1993年生），日本东京农业大学风景园林本科（2018），2018年至今任职于国家植物园（北园），现任温室中心科研温室技术员，助理工程师。主要从事多浆植物养护管理科研工作，邮箱：tadayoo7899@126.com。

06

园林之母
China

07

-SEVEN-

中国兰科兰属植物

The *Cymbidium*, Orchidaceae, in China

王 涛[1*] 池 淼[1**] 江延庆[2]
[[1]国家植物园（北园）；[2]海南珈钗]

WANG Tao[1*] CHI Miao[1**] GANG Yanqing[2]
[[1]China National Botanical Garden (North Garden); [2]Hainan Jiachai]

[*] 邮箱：wangtao@chnbg.cn
[**] 邮箱：chimiao@chnbg.cn

摘　要：兰属*Cymbidium*隶属兰科（Orchidaceae）树兰亚科（Epidendroideae），世界范围内多分布在亚洲热带和亚热带地区。全世界有记载的兰属植物约89种，中国分布约67种，主要分布于秦岭以南地区，但目前绝大部分野生种为珍稀濒危。据刘仲健等2006年兰属分组系统，中国兰属植物在除南兰组、婆洲组2个组之外的其他13个组都有分布。兰属是兰科植物的重要类群之一，具有重要的文化、社会、经济和科研价值。兰属植物中分布于我国的部分地生种类，称为“中国兰”，在我国有悠久的栽培历史，是世界上最早栽培的兰花之一。中国兰是我国十大名花之一，兰文化历史悠久，兰品即人品是中国兰文化的精髓。在此基础上，中国兰品种在形成与演化过程中，形成和保持了统一而厚重的中国兰鉴赏和品评标准。许多国家对中国兰及中国兰文化也十分崇尚，兰花已经成为世界各国人民最喜爱的花卉之一。中国兰产业通过品种创新、技术创新，传承中国兰文化，使中国兰优良品种融入世界兰花产业体系，发展成为可持续的中国兰产业。

关键词：兰属植物　中国兰　兰文化

Abstract: The *Cymbidium* genus belongs to the Orchidaceae Epidendroideae, and nearly 89 *Cymbidium* species have been recorded in the world, mostly in tropical and subtropical Asia. Among them, at least 67 species distributed in China, mainly in the south of the Qinling Mountains, but most of the wild species are rare and endangered. Following the grouping system of *Cymbidium* genus by Liu et al. (2006), the *Cymbidium* in China were belonged to 13 sections except sect. *Austrocymbidium* and sect. *Boeneensia*.

Cymbidium is an important taxa of Orchidaceae and has important cultural, social, economic and scientific value. *Cymbidium* species distributed in China are also called “Chinese orchids”, which have a long history of cultivation in China and are the earliest cultivated orchids in the world. Chinese orchid is a traditional and precious flower in China. Moreover, the Chinese orchid culture has a long history. The characters of *Cymbidium* is the essence of Chinese orchid culture. On this basis, in the long evolution process, the Chinese *Cymbidium* varieties formed and maintained a unified and thick Chinese orchid appreciation and evaluation standards. Presently orchids have become one of the most popular flowers in the world, and many countries also admire *Cymbidium* and Chinese orchid culture. Through breed innovation and technology innovation, Chinese orchid industry inherits Chinese orchid culture, makes Chinese orchid excellent varieties enter the mass consumption market, integrates into the world orchid industry system, and will become a sustainable development industry.

Keywords: *Cymbidium*, Chinese orchid, Chinese orchid culture

王涛，池森，江廷庆，2022，第7章，中国兰属植物；中国——二十一世纪的园林之母，第一卷：194–289页

1 科属特征及其分组演化

1.1　兰属特征

Cymbidium Sw., *Nova Acta Regiae Soc. Sci. Upsal., ser.* 2, 6: 70, 1799（Type Species：纹瓣兰 *Cymbidium aloifolium* (L.) Sw., *Nova Acta Regiae Soc. Sci. Upsal., ser.* 2, 6: 73. 1799）（中国植物志第18卷，1999）

兰属隶属兰科（Orchidaceae）树兰亚科（Epidendroideae），全属约89种，主要分布在亚洲热带和亚热带地区。中国是该属的多样性中心之一，目前发现中国分布至少有67种（包括刘仲健等2006年以来记载的18种），占世界总数的3/4以上。我国野生兰属植物主要分布在西南、东南地区。

兰属植物分布广，适应性强，生态类型多

样。常可分为三大类：①附生类，具较大假鳞茎，叶片宽厚，花序弯曲或下垂；②地生类，假鳞茎较小，叶片狭窄而薄，花序直立；③腐生类，缺乏叶绿素而无自养能力，仅少数种，我国目前发现4种。

兰属植物多数具假鳞茎，叶带状或线状，极少数叶呈狭椭圆状倒披针形至狭椭圆形，近基部有关节或罕有关节存在。花葶自假鳞茎基部或叶腋发出，总状花序，具多花或少数为单花；花苞片宿存。花被外轮为花萼，萼片3；1枚中萼片，俗称“主瓣”，2枚侧萼片，俗称“副瓣”；内轮为花瓣，2枚分居左右，俗称“捧心”，中间下方1枚特化为唇瓣，俗称“舌”；唇瓣3裂或不明显，具2褶片；雌雄蕊合生形成蕊柱，俗称“鼻头”，蕊柱较长，前倾；花粉团2或4，蜡质，有裂隙，生于蕊柱顶部，具黏盘（图1）。

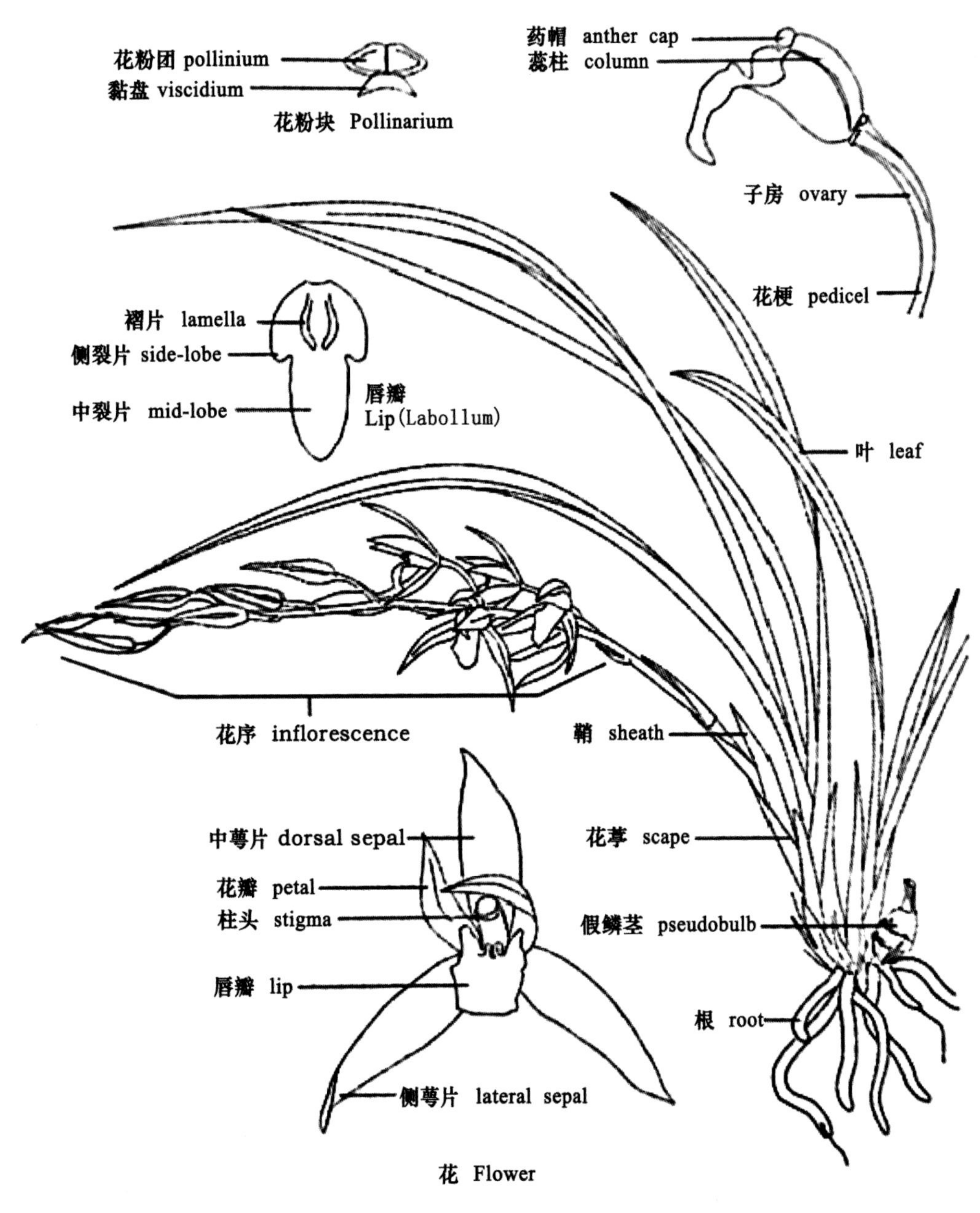

图1 兰属植物的形态（图片来源：陈心启，2011）

1.2 分组演化

兰属植物分布很广，生活习性不同，形态也各不相同。除少数腐生和宽叶类型外，绝大多数的种都具有带状的叶片，形态上也很相似，作为主要分类元素的花的构造也相当一致。在分类方面，古代没有明确的标准。历代兰谱，最初多分为紫兰和白兰，以后多分别叙述为春兰和蕙兰等。我国古书上记载黄庭坚所说“一干一花而香有余者兰，一干五七花而香不足者为蕙”，可能是兰花分类的开始，比西方兰属分类要早600多年（图2）。

兰属于1799年由Swartz建立以来，根据形态学和解剖学，对兰属植物进行了大量的分类研究，若干属下分类系统也相继建立起来。John Lindley是第一个对兰科进行有效分类的人（1830—1840），他把兰属*Cymbidium*归入Vandeae族。Blume（1848，1849，1858）将莎草兰*C. elegans*从兰属移出，归并到*Cyperorchis*属；同样是在1858年，Blume将黄蝉兰*C. iridioides*归并到*Iridioides*属。Hooker 1890年将莎草兰、垂花兰*C. cochleare*、和大雪兰*C. mastersii*纳入*Cyperorchis*属。

随着更多兰属植物新种的发现与发表，德国学者R. Schlechter在J. Lindley对兰科植物分类的基础上，融合了其他植物学家的诸多想法，于1924年完成并发表了第一个兰属植物的大规模修

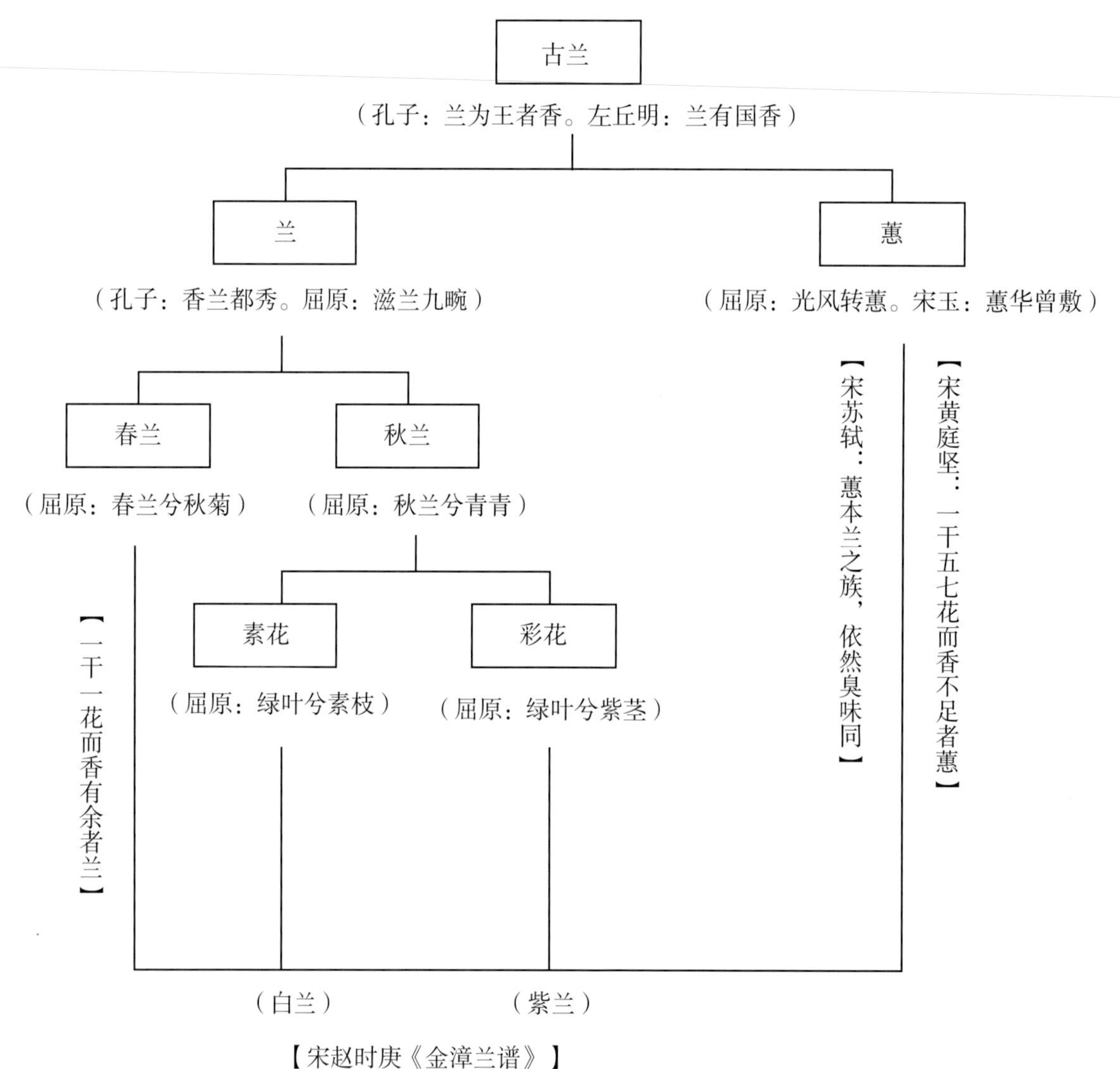

图2　春秋战国时代古兰分类图（陈彤彦，2004）

订，为其现代分类奠定了基础。他把兰科植物分为两个亚科——Monandreae和Diandreae亚科，并使用Pfitzer（1887）发表的名称进行命名。他进一步将Monandreae分为3个族，把兰属归为Kerosphaerae族，并于1924年首先将兰属植物，根据花序、蕊柱、唇瓣等特征分为8组。其中，除*Austrocymbidium*和*Bigibarium*组外，其他6组都有我国兰属植物（标*号）：

五叶兰组*（Sect. *Macrorhizon*）

地兰组*（Sect. *Geocymbidium*）

春兰组*（Sect. *Maxillarianthe*）

建兰组*（Sect. *Jensoa*）

东凤兰组*（Sect. *Himatophyllum*）

真兰组*（Sect. *Eucymbidium*）

Hunt（1970）对兰属植物分类再次进行了修订，他将*Cyperorchis*属归并入兰属，且保留了R. Schlechter（1924）对兰属植物的分组。Seth & Cribb（1984）将兰属分为3个亚属——subgenus *Cyperorchis*，subgenus *Cymbidium*和subgenus *Jensoa*亚属。

后来，1992年吴应祥等采用Hunt（1970）的见解，将莎草兰属并入兰属之内，作为一个组；同时将大花类型的长柱组由莎草兰属之下归并在兰属之内，也作为一个组。将我国兰属植物，根据文献资料，把R. Schlechter和Hunt所承认的8个组，合并为6个组。

长苞组（Sect. *Maxillarianthe*）

短苞组（Sect. *Cymbidium*）

长柱组（Sect. *Iridorchis*）

垂花组（Sect. *Cyperorchis*）

宽叶组（Sect. *Geocymbidium*）

腐生组（Sect. *Macrorhizon*）

Du & Cribb（1988）沿用Seth & Cribb（1984）兰属3个亚属的分类，在1988年将兰属分为3个亚属14个组42个种。其中，分布在中国的有22个种，分属于3个亚属，10个组。后来，刘仲健、陈心启等（2006）在Du & Cribb系统的基础上作了一些必要的更改和增补，将建兰亚属中的Sect. *Maxllarianthe*并入Sect. *Jensoa*，新增无关节组和地生腋花组，同时将婆洲组Sect. *Borneense*从兰亚属中移至建兰亚属内，并更名为*Borneensia*，最终将兰属分为3个亚属16个组68个种。其中，中国49种，在除南兰组、婆洲组2个组之外的其他组都有分布。下附兰属亚属与组检索表（陈心启 等，2006）。

兰亚属subgenus *Cymbidium*

兰组（Sect. *Cymbidium*）

带叶组（Sect. *Himantophyllum*）

多花组（Sect. *Floribunda*）

南兰组（Sect. *Austrocymbidium*）

福兰组（Sect. *Bigibbarium*）

大花亚属 subgenus *Cyperorchis*

大花组（Sect. *Iridorchis*）

腋花组（Sect. *Eburnea*）

红柱兰组（Sect. *Annamaea*）

莎草兰组（Sect. *Cyperorchis*）

斑舌兰组（Sect. *Parishiella*）

建兰亚属 subgenus *Jensoa*

婆洲组（Sect. *Borneensia*）

地生腋花组（Sect. *Axillaria*）

建兰组（Sect. *Jensoa*）

无关节组（Sect. *Nanula*）

兔耳兰组（Sect. *Geocymbidium*）

大根兰组（Sect. *Pachyrhizanthe*）

2021年刘仲健教授和兰思仁教授课题组，依据70种（包含变种）兰属植物的7个叶绿体cpDNA序列（*rbcL*, *trnS*, *trnG*, *matK*, *trnL*, *psbA*, 和*atpI*）和1个细胞核核糖体序列（*nrITS*）构建进化树，对兰属植物进行分子系统进化分析，结果发现：基于cpDNA序列构建的进化树，可以将兰属植物分为4个组，而基于核*nrITS*序列构建的进化树，可以将兰属植物分为3个组；而且不同种间的同源性存在差异，且分子进化分析的结果与依据传统形态学分类存在很大不同，推测其可能经历了复杂的网状进化（reticulate evolution）过程。兰属植物分类演化过程可能需要多维度、多角度，更多翔实且科学严谨的试验数据综合起来，使之得以论证（图3、图4）。

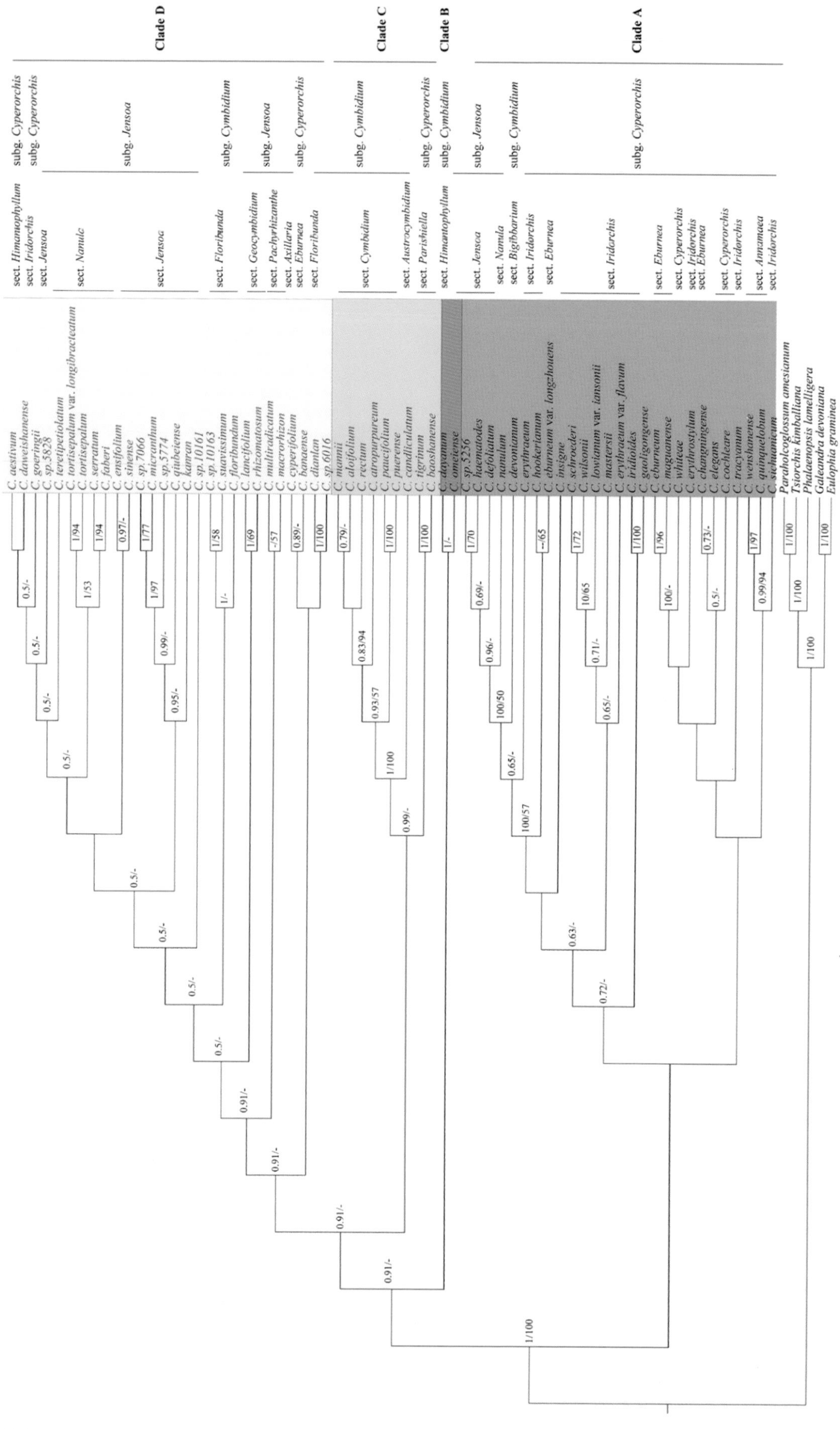

图3　基于叶绿体cpDNA序列（*rbcL*，*trnS*，*trnG*，*matK*，*trnL*，*psbA*，和*atpI*）构建的兰属植物进化树（Zhang 等，2021）。节点处标注bootstrap值。连接号（-）表示值小于50%。分类分组依据Liu 等（2006）

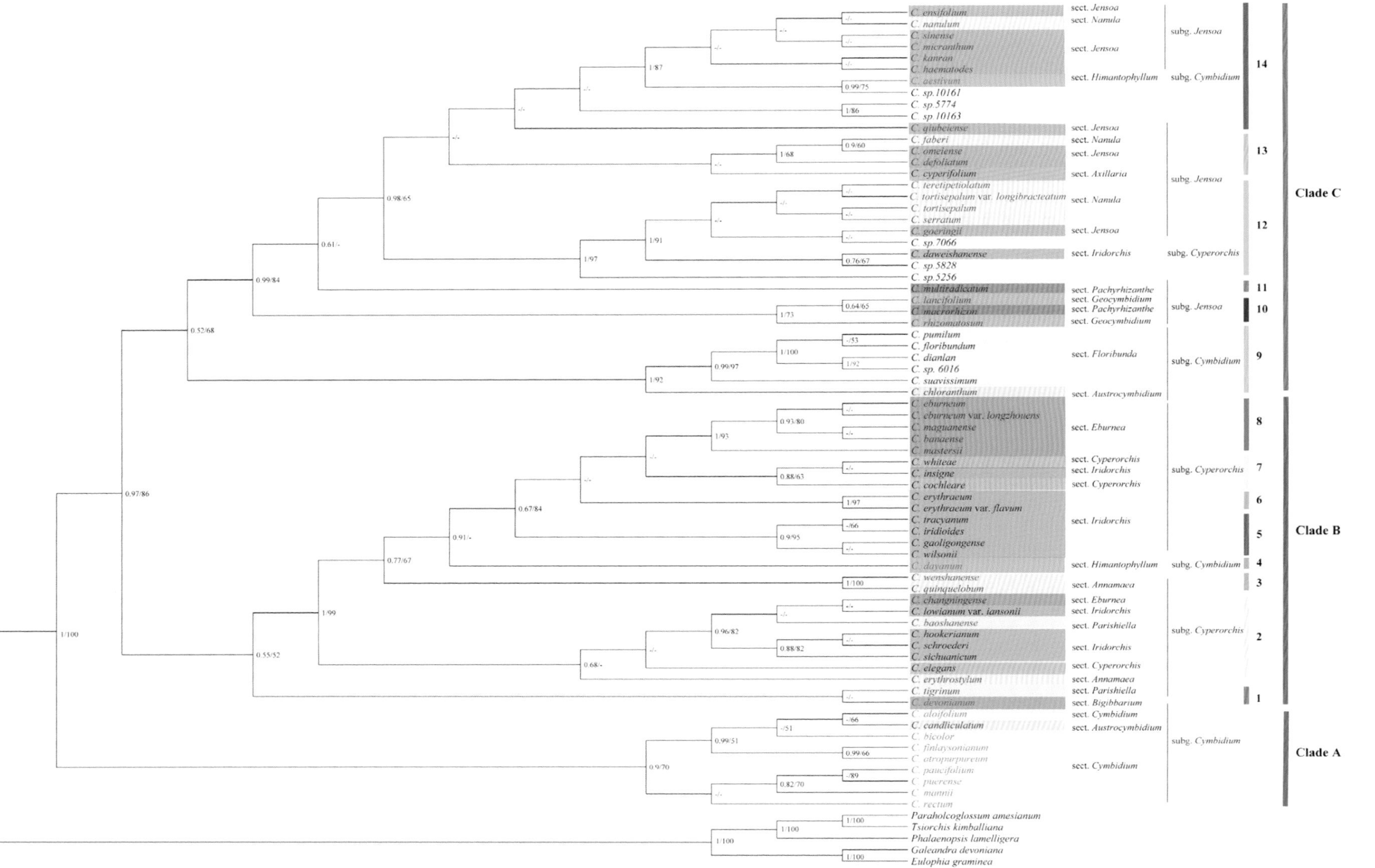

图4 基于核*nrITS*序列构建的兰属植物进化树（Zhang 等，2021）。
节点处标注 bootstrap 值。连接号（-）表示值小于50%。分类分组依据 Liu 等（2006）

07

表1　兰属的分组演化［在Du and Cribb (1988) 和Liu et al. (2006) 基础上改编］

Blume (1848, 1849, 1858)	Schlechter (1924)	Hunt (1970)	Seth and Cribb (1984)	Du and Cribb (1988)	Liu et al. (2006)
Cymbidium Sw.	*Cymbidium* Sw.	*Cymbidium* Sw.	*Cymbidium* subgen. *Cymbidium*	*Cymbidium* subgen. *Cymbidium*	*Cymbidium* subgen. *Cymbidium*
	Eucymbidium	*Cymbidium*	*Cymbidium*	*Cymbidium*	*Cymbidium*
				Borneense	
	Himantophyllum	*Himantophyllum*	*Himantophyllum*	*Himantophyllum*	*Himantophyllum*
	Austrocymbidium	*Austrocymbidium*	*Austrocymbidium*	*Austrocymbidium*	*Austrocymbidium*
			Floribundum	*Floribundum*	*Floribundum*
			Suavissimum		
	Bigibarium	*Bigibarium*	*Bigibarium*	*Bigibarium*	*Bigibarium*
	Cyperorchis Bl.		*Cymbidium* subgen. *Cyperorchis*	*Cymbidium* subgen. *Cyperorchis*	*Cymbidium* subgen. *Cyperorchis*
Iridorchis Bl.	*Iridorchis*	*Iridorchis*	*Iridorchis*	*Iridorchis*	*Iridorchis*
			Eburnea	*Eburnea*	*Eburnea*
	Annamaca	*Annamaca*	*Annamaca*	*Annamaca*	*Annamaca*
	Eucyperorchis	*Cyperorchis*	*Cyperorchis*	*Cyperorchis*	*Cyperorchis*
	Parishilla	*Parishilla*	*Parishilla*	*Parishilla*	*Parishilla*
Cyperorchis Bl.	*Cymbidium* Sw.		*Cymbidium* subgen. *Jensoa*	*Cymbidium* subgen. *Jensoa*	*Cymbidium* subgen. *Jensoa*
	Jensoa	*Jensoa*	*Jensoa*	*Jensoa*	*Jensoa*
	Maxllarianthe	*Maxllarianthe*	*Maxllarianthe*	*Maxllarianthe*	
	Geocymbidium	*Geocymbidium*	*Geocymbidium*	*Geocymbidium*	*Geocymbidium*
	Macrorhizon	*Macrorhizon*	*Pachyrhizanthe*	*Pachyrhizanthe*	*Pachyrhizanthe*
					Borneensia
					Axillaria
					Nanula

兰属亚属与组检索表（刘仲健 等，2006）

1a.花粉团2，每个有裂隙。

2a.唇瓣离生，以基部着生于蕊柱基部或偶见着生于短蕊柱足的顶端 ………………………………………………………………………… **亚兰属subgen. *Cymbidium***

3a.叶狭椭圆形，有明显的叶柄；唇瓣上具2枚胼胝体 ………………………… **福兰组sect. *Bigibbarium***

3b.叶带形或近带形，不具明显的叶柄；唇瓣上具2条纵褶片或纵脊从唇盘延伸至中裂片基部或近中裂片基部。

4a.花葶直立；唇瓣上的纵褶片或纵脊具细圆齿 ……………… **南兰组sect. *Austrocymbidium***

4b.花葶下垂、外弯或近直立；唇瓣上的纵脊或褶片不具细圆齿。

5a.假鳞茎甚大，有时呈茎状，长（10～）12～130cm ……… **南兰组sect. *Austrocymbidium***

5b.假鳞茎较小，长3～7（～10）cm。

6a.花葶下垂，叶厚革质，坚挺 …………………………………………兰组sect. *Cymbidium***

6b.花葶外弯或近直立，极罕近下垂（只偶见于冬凤兰*C. dayanum*）；叶纸质或厚纸质。

7a.花葶水平伸展或外弯，偶见稍下垂；花序疏生5～13花 带叶组sect. *Himantophyllum*

7b.花葶近直立稍外弯；花序密生（10～）15～50花…………… 多花组sect. *Floribunda*

2b.唇瓣基部与蕊柱基部边缘合生约2～6（～10）mm ……………… 大花亚属subgen. *Cyperorchis*

8a.假鳞茎全部或部分裸露；叶狭椭圆形，明显具叶柄 ……………… 斑舌兰组sect. *Parishiella*

8b.假鳞茎通常包藏于叶基内；叶带形或近带形，不具明显的叶柄。

9a.植株非每年出生新假鳞茎；花葶从叶腋内发出 ……………………… 腋花组sect. *Eburnea*

9b.植株每年出生新假鳞茎；花葶从接近假鳞茎基部发出。

10a.花通常下垂，呈钟形 …………………………………………… 莎草兰组sect. *Cyperorchis*

10b.花不下垂，非钟形。

11a.侧萼片下垂或下弯；花瓣围抱蕊柱；唇瓣的中裂片明显短于侧裂片
…………………………………………………………………… 红柱兰组sect. *Annamaea*

11b.侧萼片近平展；花瓣不围抱蕊柱；唇瓣的中裂片与侧裂片近等长
………………………………………………………………………… 大花组sect. *Iridorcis*

1b.花粉团4，成2对 ……………………………………………………… 建兰亚属subgen. *Jensoa*

12a.腐生植物，无绿叶 …………………………………………………… 大根兰组sect. *Pachyrhizanthe*

12b.自养植物，有绿叶。

13b.唇瓣在中裂片基部有2枚小胼胝体 …………………………………… 婆洲组sect. *Boeneensia*

13b.唇瓣具2条纵褶片或纵脊从唇盘延伸至中裂片基部或近中裂片基部。

14a.叶狭椭圆形或椭圆状倒披针形，基部明显具柄 …………… 兔耳兰组sect. *Geocymbidium*

14b.叶带形或近带形，基部无明显叶柄

15a.叶9～20枚，基部强烈套叠；花葶发自叶腋…………………… 地生腋花组sect. *Axillaria*

15b.叶2～8（～10）枚，基部不套叠或稍套叠；花葶发自植株基部或假鳞茎基部的叶鞘内。

16a.叶基部有关节 …………………………………………………… 建兰组sect. *Jensoa*

16b.叶基部无关节 …………………………………………………… 无关节组sect. *Nanula*

中国兰属植物分种检索表

——基于刘仲健等（2006）改编

1a. 植物在花期不具绿叶。

2a. 绿色自养植物，2片绿叶在花后出现 …………………………………… 64. 二叶兰*C. rhizomatosum*

2b. 腐生植物，不具绿叶。

3a. 根多条，或有分枝，长8～10cm。

4a. 花开1季，花序具3～10花；萼片与花瓣不具紫红色纵线 … 66. 多根兰*C. multiradicatum*

4b. 花开2季，花序具1～2花；萼片与花瓣的中央通常有1条紫红色纵线… 65. 两季兰*C. biflorens*

3b. 根1～2条，短，有时不存在；根状茎斜生或近直立，花直立 … 67. 大根兰*C. macrorhizon*

1b. 植物在花期具绿叶。

5a. 叶狭椭圆形或狭椭圆状倒披针形，基部明显具柄。

6a. 花序具20～40花；唇瓣不裂或不明显3裂，上面具2个肉质胼胝体……12. **福兰*C. devonianum***

6b. 花序通常具1～9花；唇瓣明显3裂，上面一般具2条纵褶片或纵脊。

7a. 假鳞茎长为宽的2倍以上；唇瓣基部不与蕊柱基部边缘合生；花粉团4个。

8a. 假鳞茎多少压扁，唇瓣侧裂片有紫斑。

9a. 叶倒披针状矩圆形至狭椭圆形，叶柄有节；花序具2～8花；花葶发自假鳞茎下部或上部的节上 …………………………………………………… 62. **兔耳兰*C. lancifolium***

9b. 剑状叶，叶柄"V"形，腹部有凹槽；花葶从假鳞茎基部产生，花4朵 ………………………………………………………………… 51. **长叶兔耳兰*C. × oblancifolium***

8b. 假鳞茎圆筒状，不压扁，末端不变狭；叶柄长1～2.5cm；花序具单花；唇瓣侧裂片紫色 ………………………………………………………………… 63. **长茎兔耳兰*C. recurvatum***

7b. 假鳞茎长与宽近相等或稍长于宽；唇瓣基部与蕊柱基部边缘合生约2～3mm；花粉团2个。

10a. 叶长15～21cm；花葶长10～20cm；花序具2～5花；唇瓣中裂片不具V形的斑块 ………………………………………………………………… 39. **斑舌兰*C. tigrinum***

10b. 叶长20～40cm；花葶长29～40cm；花序具6～9花；唇瓣中裂片通常沿边缘具V形的紫红色斑块 ………………………………………………… 40. **保山兰*C. baoshanense***

5b. 叶带形或近带形，基部无明显叶柄（仅丘北冬蕙兰*C. qiubeiense*与奇瓣红春素*C. teretipetiolatum*有例外）。

11a. 花粉团4个，成2对。

12a. 叶近基部不具关节。

13a. 唇瓣不裂或不明显3裂，上面不具纵脊或褶片 …… 57. **奇瓣红春素*C. teretipetiolatum***

13b. 唇瓣明显3裂，上面具纵脊或褶片。

14a. 植物在地下具1个多节的、近圆筒状、粗约1cm、常具短分枝的根状茎；蕊柱长6～7mm ………………………………………………………………… 56. **珍珠矮*C. nanulum***

14b. 植物不具上述根状茎；蕊柱长1cm以上。

15a. 假鳞茎不明显

16a. 叶具半透明的脉；唇瓣中裂片边缘常皱波状；花序中部的花苞片短于带梗子房 ………………………………………………………………… 55. **蕙兰*C. faberi***

16b. 叶不具半透明的脉；唇瓣中裂片3裂；花序中部的花苞片短于带梗子房；植株矮小密生 …………………………………………………… 61. **小蕙兰*C. brevifolium***

15b. 假鳞茎明显。

17a. 花质地厚。

18a. 叶3～5枚，宽5～7mm；叶具半透明的脉；花序通常具单花；萼片宽11～13mm；花序中部的花苞片长于带梗子房 ………… 53. **豆瓣兰*C. serratum***

18b. 叶6～9枚，宽10～16cm；叶不具半透明的脉；花序具2～5花；萼片宽6～7mm；花序中部的花苞片短于带梗子房 ……… 58. **怒江兰 *C.×nujiangense***

17b. 花质地薄；叶不具半透明的脉。

19a. 花葶青黄色；花大3～7朵，唇瓣有浅紫色斑，萼片和花瓣中间有浅色条纹；花苞片与带梗子房近等长 ………………………………… 54. **莲瓣兰*C. tortisepalum***

19b. 花葶深紫色；花小2朵，唇瓣深紫色，萼片和花瓣中间有深紫色条纹；花苞片长于带梗子房 ………………………………………………60. **黑唇兰*C. atrolabium***

12b. 叶近基部具关节。

20a. 假鳞茎只有顶端1个或罕有2个具叶；叶在冬季脱落 ………… 45. 落叶兰*C. defoliatum*

20b. 假鳞茎通常多个均具叶；叶在冬季不脱落。

21a. 花小，直径2～3cm，萼片与花瓣短于2cm；唇瓣不明显3裂 … 46. 细花兰*C. micranthum*

21b. 花较大，直径4～7cm；萼片与花瓣长于2cm；唇瓣明显3裂。

22a. 叶基部具明显的二列套叠并具宽阔的膜质边缘。

23a. 假鳞茎小；叶9～13枚或更多；花瓣和萼片具5～7条红棕色或紫色纵条纹，唇瓣中裂片斑点或斑块不成明显V形 ……………………… 41. 莎叶兰*C. cyperifolium*

23b. 假鳞茎大；叶5～6枚，硬叶；淡绿色萼片较宽；花瓣具深色脉，唇瓣中部具V形斑块 ……………………………………………………… 52. 施甸兰*C. shidianense*

22b. 叶2～7（～10）枚，基部不为明显的二列套叠，亦不具宽阔的膜质边缘。

24a. 花序具1（～2）花；花苞片明显长于带梗子房 …………… 50. 春兰*C. goeringii*

24b. 花序具3至多花；花苞片短于或近等长与带梗子房。

25a. 假鳞茎小或不明显；花苞片近等长与带梗子房；植物一年开2次花 ……………………………………………………………… 49. 峨眉春蕙*C. omeiense*

25b. 假鳞茎较大，明显；花苞片短于带梗子房；植物一年开花1次。

26a. 花序中部的花苞片长度为带梗子房的一半或过之。

27a. 叶基部收狭而成近圆柱形的长柄，常带紫色。

28a. 花葶绿色，唇瓣白绿色，侧裂片略带棕绿色，唇盘上有3条纵褶片 ……………………………………………………… 59. 西畴兰*C. xichouense*

28b. 花葶紫色，唇瓣基部有暗紫色斑，唇盘上有2条纵褶片从基部延伸至接近中裂片基部 …………………………… 48. 丘北冬蕙兰*C. qiubeiense*

27b. 叶基部不具近圆柱形的长柄，一般不带紫色 ………… 47. 寒兰*C. kanran*

26b. 花序中部的花苞片长度不到带梗子房的一半。

29a. 叶一般不超过1m。

30a. 叶长30～60cm，关节位于距基部2～4cm处；花葶通常短于叶；花序具3～9（～13）花 ………………………………… 42. 建兰*C. ensifolium*

30b. 叶长一般不超过1m，关节位于距离基部3.5～7cm处；花葶通常长于叶；花序具10～20花，花期多在冬季 ……………… 43. 墨兰*C. sinense*

29b. 叶通常长达1～2m，花葶短于或近等长于叶，花序具9花，花期多在秋季 ……………………………………………………… 44. 秋墨兰*C. haematodes*

11b. 花粉团2个，有裂隙。

31a. 唇瓣基部不与蕊柱基部边缘合生。

32a. 萼片与花瓣暗紫红色或黑紫色，边缘黄色或淡黄色。

33a. 叶厚革质，蕊柱基部具短的蕊柱足

34a. 叶极坚挺，先端钝；具花6～11朵；萼片先端钝 … 3. 少叶硬叶兰*C. paucifolium*

34b. 叶斜生，顶端尖；密生30～40花，花厚革质；萼片顶端有齿.
……………………………………………………………………………… 5. 密花硬叶兰*C. puerense*

33b. 叶纸质，无蕊柱足；花7～33朵，椰香味；蕊柱深栗色，有时先端较浅 ……………………………………………………………… 4. 椰香兰*C. atropurpureum*

32b. 萼片与花瓣非上述色泽。

35a. 1年2次花，根状茎分枝 …………………………………………… 8. 黎氏兰*C. lii*

35b. 1年1次花，根状茎不分枝。

36a. 叶厚革质，极坚挺，先端明显为不等的2裂；唇瓣上的2条褶片常在中部断开 ……………………………………………………………… 1. 纹瓣兰*C. aloifolium*

36b. 叶革质或纸质，先端不裂或不明显的2裂；唇瓣上的2条褶片不断开。

37a. 中萼片长37～48mm，浅褐色而有多条深色纵脉 ……… 7. 夏凤兰*C. aestivum*

37b. 中萼片长14～27mm，非上述色泽。

38a. 花葶下垂或外弯；花序疏生5～20花；萼片与花瓣有1条栗色或紫红色纵带从基部延伸至中部以上。

39a. 叶革质；花序具10～20花；中萼片长14～20mm……… 2. 硬叶兰*C. mannii*

39b. 叶纸质；花序具5～9花；中萼片长22～27mm …… 6. 冬凤兰*C. dayanum*

38b. 花葶直立或稍外倾；花序常密生（10～）15～50花；萼片与花瓣不具上述色彩的纵带。

40a. 叶宽8～18mm；花葶近等长于叶或短于叶；蕊柱基部无耳。

41a. 花葶短于叶；萼片与花瓣浅红棕色或偶见浅绿黄色，极罕灰褐色；唇瓣白色，侧裂片和中裂片具淡紫红色斑 ………… 9. 多花兰 *C. floribundum*

41b. 植株矮小，高45～60cm；花葶近等长于叶或短于叶；萼片、花瓣和蕊柱白色具淡紫色斑点，唇瓣白色，侧裂片密生淡紫色斑点，中裂片具大的紫红色斑点 ………………………………………… 11. 滇兰*C. dianlan*

40b. 叶宽20～50mm；花葶近等长于叶或略长与叶；蕊柱基部有一对耳 …………………………………………………… 10. 果香兰*C. suavissimum*

31b. 唇瓣基部与蕊柱基部边缘合生长度达2～6（～10）mm。

42a. 花葶下垂；花钟形。

43a. 萼片与花瓣乳黄色至浅黄绿色；唇瓣上不具紫红色斑点；唇盘上的褶片较长，从近基部延伸至近中裂片基部。

44a. 花不完全开放，呈狭钟型；唇瓣每条褶片下部无明显附属物 ……………………………………………………………………………… 35. 莎草兰*C. elegans*

44b. 花宽钟型；唇瓣每条褶片下部外侧各有1枚狭披针形的附属物 ……………………………………………………………36. 泸水兰*C. lushuiense*

43b. 萼片与花瓣茶褐色；唇盘上的褶片较短，从中部延伸至近中裂片基部。

45a. 花葶长50～60cm，花13～22朵；唇瓣黄绿色，具小且密集的紫红色斑点；唇盘顶端无明显扩张 …………………………………………………… 37. 垂花兰*C. cochleare*

45b. 花葶短，花3～7朵；唇瓣白色略带淡紫红色；唇盘顶端明显扩张 …………………………………………………… 38. 钟花兰*C. codonanthum*

42b. 花葶近直立或外弯；花非钟形。

46a. 每2年或数年长出新假鳞茎；叶先端稍2裂或罕有不裂；花葶自叶腋发出。

47a. 叶先端不裂。

48a. 花序具多花，一般5～27朵。

49a. 花乳黄色；萼片与花瓣具浅紫色的、由细斑点组成的纵脉纹；唇瓣中裂片具

1个V形的紫红色斑块和1个同色的短中线 ………… 29. 丽花兰*C. concinnum*

49b. 花黄白色；萼片和花瓣，具浅黄色绿色条纹；唇瓣中裂片紫红色斑块不明显呈V形 ……………………………………………………31. 巍山兰 *C. weishanense*

48b. 花序一般2花。

50a. 萼片和花瓣浅黄绿色，具浅紫红色纵条纹和斑点；唇瓣白色，侧裂片上有紫红色条纹，中裂片具浅紫色斑 ………………32. 麻栗坡长叶兰*C.* × *malipoense*

50b. 萼片和花瓣紫红色，唇瓣白色 ………………… 30. 江城兰*C. jiangchengense*

47b. 叶先端多少2裂；花序具1～7花。

51a. 唇瓣中裂片上具一个"V"形的紫红色斑块 …… 27. 昌宁兰*C. changningense*

51b. 唇瓣中裂片不具上述"V"形斑块。

52a. 假鳞茎茎状，不断延长，长10～30cm；唇瓣侧裂片上有浅紫色斑 ……………………………………………………………… 28. 大雪兰*C. mastersii*

52b. 假鳞茎非茎状，通常卵形至粗圆筒形，一般短于10cm；花不完全开放，唇瓣侧裂片上无浅紫色斑。

53a. 花序具1花，罕有2（～3）花；花瓣长5.5～7cm，宽1.3～1.8cm ………………………………………………………… 25. 独占春*C. eburneum*

53b. 花序具2～3（～4）花；花瓣长4.6～5.2cm，宽0.8～1.2cm ………………………………………………………… 26. 象牙白*C. maguanense*

46b. 每年长出新假鳞茎；叶先端不裂；花葶从假鳞茎基部发出。

54a. 萼片与花瓣白色，有时有淡红棕色或乳黄色晕。

55a. 花葶长于或近等长于叶；侧萼片平展或近平展；花瓣展开，不围抱蕊柱 ……………………………………………………………………24. 美花兰*C. insigne*

55b. 花葶通常短于叶；侧萼片下垂或下弯；花瓣多少围抱蕊柱。

56a. 花序具3～7花；唇瓣3裂，基部与蕊柱基部边缘合生3～4mm；两条褶片的顶端彼此分离 ……………………………………33. 文山红柱兰*C. wenshanense*

56b. 花序具7～12花；唇瓣5裂，基部与蕊柱基部边缘合生达8～10mm；两条褶片的顶端汇合 …………………………………… 34. 五裂红柱兰*C. quinquelobum*

54b. 萼片与花瓣非白色。

57a. 唇瓣中裂片上有一个红色至浅栗色的、密被天鹅绒毛的V形斑块 ……………………………………………………………… 22. 碧玉兰*C. lowianum*

57b. 唇瓣中裂片上具或不具斑块；斑块上绝无天鹅绒毛。

58a. 唇瓣中裂片上有2～3行长毛，从中部下延到褶片的顶端。

59a. 唇盘上在2条褶片之间不具1行长毛 ………………… 15. 黄蝉兰*C. iridioides*

59b. 唇盘上在2条褶片之间具1行长毛。

60a. 花大，直径13～14cm，萼片与花瓣明显具暗红棕色脉纹与斑点；唇瓣长4.5～6cm，具暗红棕色斑，其中裂片上具3行长5～6mm近直立的毛 ………………………………………… 14. 西藏虎头兰*C. tracyanum*

60b. 花小，直径7～8cm，萼片与花瓣不具或具模糊的浅红棕色脉纹；唇瓣长3～3.2cm，不具红棕色斑，其中裂片上具3行长1～3mm的柔毛 ………………………………………… 14.金蝉兰*C. gaoligongense*

58b. 唇瓣中裂片上不具2~3行长毛。

61a. 花瓣纯黄色 ……………………………………………19. **黄花长叶兰*C. flavum***

61b. 花瓣浅绿色或浅绿黄色，有时有浅紫红色晕或具浅褐红色条纹，或基部有红色斑点。

62a. 蕊柱背面浅紫红色；唇瓣中裂片上具多条由紫红色小点组成条纹 ……………………………………………… 16. **川西兰*C. sichuanicum***

62b. 蕊柱背面非浅紫红色；唇瓣中裂片上不具上述条纹。

63a. 唇瓣中裂片上具1个紫红色的V形大斑块，斑块并非由斑点与小斑块组成 ……………………………………………… 23. **薛氏兰*C. schroederi***

63b. 唇瓣中裂片不具或具V形斑块，后者是由斑点和小斑块组成的。

64a. 叶宽7~15mm；花瓣镰刀形，宽4~8mm；萼片与花瓣具明显的浅红棕色的纵条纹和斑点

65a. 花大，唇瓣基部与蕊柱合生达2~3 mm，蕊柱下部有疏毛，两侧具翅 ……………………………………………… 17. **长叶兰*C. erythraeum***

65b. 花小，唇瓣与蕊柱基部离生，蕊柱无毛，具紫色斑点 ……………………………………………18. **大围山兰*C. daweishanense***

64b. 叶宽14~25mm；花瓣不为镰刀形，宽7~13mm；萼片与花瓣略具少数不明显的浅红棕色脉络或只在基部具深红色斑点。

66a. 萼片与花瓣绿色，不具浅红棕色纵脉；唇瓣中裂片先端边缘的栗色环由疏松的斑块与斑点组成 …………20. **虎头兰*C. hookerianum***

66b. 萼片与花瓣浅黄绿色，具少数不甚明显的红棕色纵脉；唇瓣中裂片先端边缘的栗色V形斑由密集斑块与斑点组成 ……………………………………………… 21. **滇南虎头兰*C. wilsonii***

1.3 中国分布兰属亚属、组与种的名录

本篇沿用刘仲健（2006）记载兰属植物种及其分组，总结近年文献报道的新种，补充18个种，共记录我国分布兰属植物67种，更新版中国分布兰属亚属、组与种的名录详见表2：

表2 中国分布兰属植物亚属、组和种的名录

兰亚属 Subgenus		Cymbidium	在我国主要分布
	兰组 Section	***Cymbidium***	
1	纹瓣兰	*Cymbidium aloifolium*	广东、广西、贵州和云南
2	硬叶兰	*Cymbidium mannii*	广东、广西、海南、贵州和云南
3	少叶硬叶兰	*Cymbidium paucifolium*	云南
4	椰香兰	*Cymbidium atropurpureum*	海南
5	密花硬叶兰	*Cymbidium puerense*	云南
	带叶组 Section	***Himantophyllum***	
6	冬凤兰	*Cymbidium dayanum*	福建、广东、广西、海南、台湾和云南

（续）

兰亚属 Subgenus		Cymbidium	在我国主要分布
7	夏凤兰	*Cymbidium aestivum*	云南（勐腊、普文）
8	黎氏兰	*Cymbidium lii*	海南
	多花组 section	***Floribunda***	
9	多花兰	*Cymbidium floribundum*	福建、贵州、广东、广西、湖北、湖南、江西、四川、台湾、云南和浙江
10	果香兰	*Cymbidium suavissimum*	贵州和云南
11	滇兰	*Cymbidium dianlan*	云南
	福兰组 section	***Bigibbarium***	
12	福兰	*Cymbidium devonianum*	云南
大花亚属 subgenus		***Cyperorchis***	
	大花组 section	***Iridorchis***	
13	西藏虎头兰	*Cymbidium tracyanum*	贵州、西藏和云南
14	金蝉兰	*Cymbidium gaoligongense*	云南（保山、高黎贡山）
15	黄蝉兰	*Cymbidium iridioides*	四川、云南、西藏
16	川西兰	*Cymbidium sichuanicum*	四川（西部）
17	长叶兰	*Cymbidium erythraeum*	四川、云南和西藏
18	大围山兰	*Cymbidium daweishanense*	云南
19	黄花长叶兰	*Cymbidium flavum*	云南（高黎贡山、文山）
20	虎头兰	*Cymbidium hookerianum*	广西、贵州、四川、云南和西藏
21	滇南虎头兰	*Cymbidium wilsonii*	云南（蒙自）
22	碧玉兰	*Cymbidium lowianum*	云南
23	薛氏兰	*Cymbidium schroederi*	云南（东南部）
24	美花兰	*Cymbidium insigne*	海南
	腋花组 section	***Eburnea***	
25	独占春	*Cymbidium eburneum*	广西、海南（崖州、昌江）和云南
26	象牙白	*Cymbidium maguanense*	海南、云南
27	昌宁兰	*Cymbidium changningense*	云南（昌宁）
28	大雪兰	*Cymbidium mastersii*	云南
29	丽花兰	*Cymbidium concinnum*	云南（西部）
30	江城兰	*Cymbidium jiangchengense*	云南
31	巍山兰	*Cymbidium weishanense*	云南（巍山）
32	麻栗坡长叶兰	*Cymbidium×malipoense*	云南（麻栗坡）
	红柱兰组 section	***Annamaea***	
33	文山红柱兰	*Cymbidium wenshanense*	云南
34	五裂红柱兰	*Cymbidium quinquelobum*	云南
	莎草兰组 section	***Cyperorchis***	
35	莎草兰	*Cymbidium elegans*	四川（南部）、云南和西藏（东南部）
36	泸水兰	*Cymbidium lushuiense*	云南（泸水）
37	垂花兰	*Cymbidium cochleare*	云南和台湾（台北、高雄）
38	钟花兰	*Cymbidium codonanthum*	云南（德宏）
	斑舌兰组 section	***Parishiella***	
39	斑舌兰	*Cymbidium tigrinum*	云南（西部）
40	保山兰	*Cymbidium baoshanense*	云南（西南部）

（续）

兰亚属 Subgenus		Cymbidium	在我国主要分布
建兰亚属 subgenus		***Jensoa***	
	地生腋花组 section	***Axillaria***	
41	莎叶兰	*Cymbidium cyperifolium*	广东、广西、贵州、海南和云南
	建兰组 section	***Jensoa***	
42	建兰	*Cymbidium ensifolium*	安徽、福建、广东、广西、贵州、海南、湖南、江西、四川、台湾、云南和浙江
43	墨兰	*Cymbidium sinense*	安徽、福建、广东、广西、贵州、海南、江西、四川、台湾和云南
44	秋墨兰	*Cymbidium haematodes*	广东、广西、海南、云南
45	落叶兰	*Cymbidium defoliatum*	贵州、四川和云南
46	细花兰	*Cymbidium micranthum*	云南（马关）
47	寒兰	*Cymbidium kanran*	安徽、福建、广东、广西、贵州、海南、湖南、江西、四川、台湾、云南和浙江
48	丘北冬蕙兰	*Cymbidium qiubeiense*	贵州和云南
49	峨眉春蕙	*Cymbidium omeiense*	四川（峨眉山）
50	春兰	*Cymbidium goeringii*	安徽、福建、甘肃、广东、广西、贵州、河南、湖北、湖南、江苏、江西、陕西、四川、台湾、云南和浙江
51	长叶兔耳兰	*Cymbidium×oblancifolium*	四川（南部）和台湾
52	施甸兰	*Cymbidium shidianense*	云南（施甸）
	无关节组 section	***Nanula***	
53	豆瓣兰	*Cymbidium serratum*	贵州、湖北、四川、台湾和云南
54	莲瓣兰	*Cymbidium tortisepalum*	贵州、四川、台湾和云南
55	蕙兰	*Cymbidium faberi*	安徽、福建、甘肃、广东、广西、贵州、河南、湖北、湖南、江西、陕西、四川、台湾、西藏、云南和浙江
56	珍珠矮	*Cymbidium nanulum*	贵州、海南和云南
57	奇瓣红春素	*Cymbidium teretipetiolatum*	云南
58	怒江兰	*Cymbidium×nujiangense*	云南（泸水）
59	**西畴兰**	*Cymbidium xichouense*	云南（西畴、马关）
60	**黑唇兰**	*Cymbidium atrolabium*	云南（西部）
61	小蕙兰	*Cymbidium brevifolium*	河南、湖北和四川
	兔耳兰组 section	***Geocymbidium***	
62	**兔耳兰**	*Cymbidium lancifolium*	福建、广东、广西、贵州、海南、湖南、四川、台湾、西藏、云南和浙江
63	**长茎兔耳兰**	*Cymbidium recurvatum*	云南（保山）
64	**二叶兰**	*Cymbidium rhizomatosum*	云南（麻栗坡、广南）
	大根兰组 section	***Pachyrhizanthe***	
65	**大根兰**	*Cymbidium macrorhizon*	贵州、四川和云南
66	**多根兰**	*Cymbidium multiradicatum*	云南（麻栗坡）
67	两季兰	*Cymbidium biflorens*	云南（麻栗坡）

2 国产野生种介绍

2.1 分类与分布

2.1.1 国产兰属概况

1.纹瓣兰 ***Cymbidium aloifolium***（L.）Sw., *Nova Acta Regiae Soc. Sci. Upsal., ser.* 2, 6: 73. 1799［Lectotype: Illustration in Rheede, *Hortus Indicus Malabaricus 12(8): t..1703*］, chosen by Seth（1982）.

附生植物。假鳞茎卵球形，包藏于宿存的叶基内。叶4～6枚，带形，厚革质，先端钝且有明显不等的2裂，基部有节。花葶从假鳞茎基部穿鞘而出，下垂，具花20～48朵，无香气；萼片与花瓣中央具1条宽阔的栗褐色纵条纹；唇瓣侧裂片与中裂片上具栗色脉纹；唇盘上具2条略呈S形褶片，褶片常在中部断开并在两端膨大；蕊柱稍弧曲；花粉团2个，有裂隙（图5）。花期4～5月，果期翌年5～6月。

生于疏林中树上或溪谷旁岩壁上或岩石上，生长的海拔高度为100～1100m。广泛分布于自喜马拉雅热带地区至斯里兰卡、印度尼西亚等地，以及我国的贵州、云南、广东和广西。濒危等级NT。

2.硬叶兰 ***Cymbidium mannii*** H. G. Reichenbach, *Flora* 55: 274. 1872［Type: NE India, Assam, *Mann s. n.*（Holotype W）］.

附生植物。假鳞茎狭卵形，稍两侧压扁，包藏于宿存的叶基内。叶5～7枚，带形，革质，先端钝并稍2裂或近于不裂，基部有节。花葶从假鳞茎基部生出，下垂或外弯，具花10～20朵；花苞片近三角形；萼片与花瓣中央有1条浅紫红色或栗棕色纵带；唇瓣除基部与边缘外均密布紫红色或

图5 纹瓣兰*Cymbidium aloifolium*（A：花果同期植株；B：植株基部；C-D：花。丁长春提供）

紫褐色斑点和条纹，或几乎整个呈此种颜色；唇盘上有2条纵褶片，近两端稍增厚；蕊柱稍弯曲，基部具极短的蕊柱足；花粉团2个，有裂隙（图6）。花期3～4月，果期翌年4～5月。

生长于100～1 600m的林中或灌木林中的树上。在我国主要分布于广东、海南、广西、贵州和云南。尼泊尔、不丹、印度、缅甸、越南、老挝、柬埔寨、泰国也有分布。濒危等级NT。

硬叶兰与纹瓣兰常被混淆，二者区别十分明显：硬叶兰叶革质，先端近于不裂或微凹，唇盘上2条褶皱不在中部断开，而纹瓣兰的叶厚革质，极坚挺，先端常为明显的不等2圆裂，唇瓣上的褶片多在中部断开。纹瓣兰通常花序较长，具有较多的花。

3. 少叶硬叶兰***Cymbidium paucifolium*** Z. J. Liu & S. C. Chen, *J. Wuhan Bot. Res.* 20: 350. 2002 ［Type: China, S. Yunnan, Xishuangbanna, *Z.J. Liu 3112*（Holotype SZWN）］.

附生植物。假鳞茎狭卵球形，稍两侧压扁，幼嫩包藏于叶基内。叶2～4，带形，厚革质，先端钝且为稍微不等的2裂或近于不裂，基部有节。花葶生于假鳞茎基部叶鞘内，拱形或下垂，具花6～17朵；花苞片三角形；花暗紫红色或黑紫色，稍有香味；萼片与花瓣具黄色边缘；唇瓣基部有浅黄色斑点，侧裂片有白色细点，中裂片有黄色边缘；唇盘上具2条褶片；蕊柱基部具很短的蕊柱足；花粉团2个，有裂隙（图7）。花期10～11月。生长于林中树上。在我国主要分布于云南。CITES保护Ⅱ级。

此种叶厚革质，极坚挺，与纹瓣兰类似，但少叶硬叶兰叶较宽而短，先端仅稍2裂或近于不

图6　硬叶兰*Cymbidium mannii*（A：植株；B：花；C：植株基部；D：果。江延庆提供）

图7　少叶硬叶兰 *Cymbidium paucifolium*（卢思聪提供）

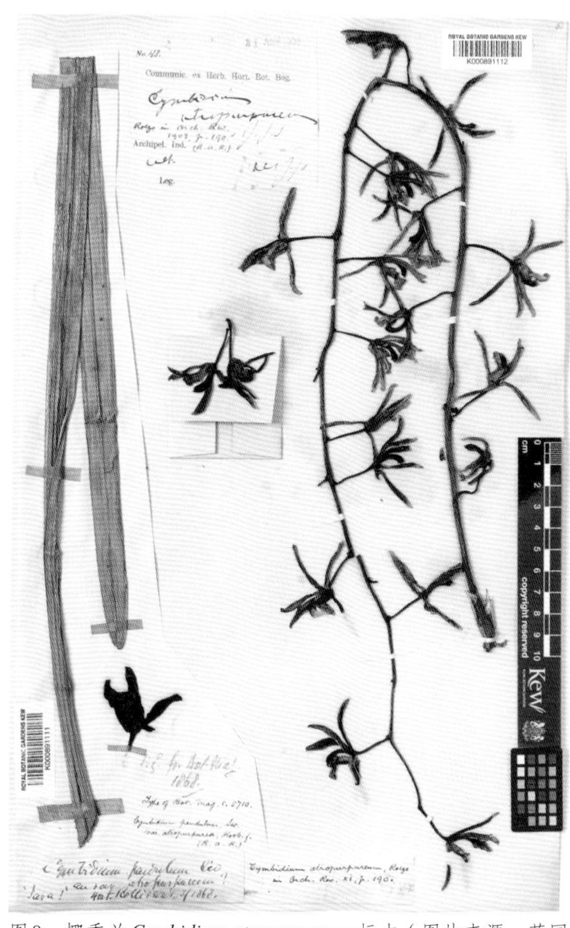
图8　椰香兰 *Cymbidium atropurpureum* 标本（图片来源：英国邱园的“Plants of the World Online”；编号K000891111）

裂；花序只有6～11花；唇盘上的2条褶片在中部不断开，易于区别。

4. 椰香兰*Cymbidium atropurpureum*（Lindl.）Rolfe, *Orchid Rev*. 11: 190. 1903.［Type: ?Java, cult. *Rollissons*（Neotype K）］.

附生植物。假鳞茎卵圆形，稍两侧压扁，包藏于叶基内。叶7～9枚，带形，先端2裂。花葶从叶基部发出，下垂，着花7～33朵，革质，椰香味；花苞片三角形；萼片黄褐色，中萼片近直立，边缘外卷；侧萼片下垂，斜镰状，与中萼片等大；花瓣紫红色；唇瓣白色具紫色斑点，3裂，侧裂片直立，唇盘具多个乳头状凸起，并具2条S形褶片；蕊柱深栗色，有时先端较浅；蕊柱具翅；花粉团2个，深裂（图8）。花期3～5月。

生长于海拔100～1 200m的林中树上或林下岩石上。在我国主要分布于海南。泰国、越南、马来西亚、菲律宾和印度尼西亚也有分布。濒危等级LC。

5. 密花硬叶兰 *Cymbidium puerense* Z.J.Liu &

图9　密花硬叶兰 *Cymbidium puerense*（A：开花植株；B：花朵正面观。图片来源：Lan 等，2018）

S.R.Lan, nom. nov., *Phytotaxa* 357(1): 71-71. 2018. ［Type: China, Yunnan, Puer, 2017, *Z.J. Liu 10626*（Holotype: NOCC）］. Replaced name: *Cymbidium densiflorum* Liu & Lan, *Phytotaxa* 345: 54. 2018, nom. illeg., non. *Cymbidium densiflorum* Griff. in *Notulae* 3: 337. 1851; Lindl. in *J. Linn. Soc.* 3: 28. 29. 1858［Typc: India. Assam: Khasia, Myrung, *Griffith 229* (K)］.

附生植物。假鳞茎卵形，包藏于宿存的叶基部。叶3～5枚，菱形，厚革质，坚挺。花葶从假鳞茎基部侧生，下垂，具花30～40朵；花苞片卵形披针形；萼片和花瓣为紫褐色，边缘淡黄色；唇瓣基部和边缘白色，中部有黄色斑点和紫红色斑纹；蕊柱棕红色；侧萼片略倾斜，窄椭圆形，顶端具突齿；花瓣狭卵形—椭圆形，顶端尖；唇瓣倒卵形，3裂，基部微裂；侧裂片直立，卵形至三角形；唇盘有两个平行褶皱，顶端稍融合；蕊柱略弧形；花粉团2个，有裂隙。花期11～12月（图9）。

密花硬叶兰与少叶硬叶兰*C. paucifolium*相似，但密花硬叶兰植株较大，有尖尖的斜叶顶端；较长的密集花序，较大的花苞片和紫褐色花，侧萼片狭椭圆形，斜生，顶端有齿，花瓣狭卵形至椭圆形。基于核*nrITS*和质体*matK*、*rbcL*、*trnG*、*trnL*和*atpI*序列数据的分子研究表明：密花硬叶兰与少叶硬叶兰*C. paucifolium*为近源。生长于海拔1 200m潮湿阴凉山坡上常绿阔叶林树上，主要分布在我国云南。

该种最初发表时用名为*Cymbidium densiflorum* Z.J.Liu & S.R.Lan in Lan et al.（2018: 54）， nom. illeg., non Griffith （1851: 337），这是2018年2月发表的一个后出同名（合格发表但非法；加词由"densi-"和"-florum"构成，意指花密集）。同年更名为*Cymbidium puerense* Z.J.Liu & S.R.Lan in Lan & Liu（2018: 71），为2018年发表的后出同名的新称；加词是普洱的拼音+"-ense"。

6.冬凤兰*Cymbidium dayanum* H. G. Reichenbach, *Gard. Chron.* 1869: 710. 1869［Type: Assam, cult. *Day*（Holotype W; isotype K）］.

附生植物。假鳞茎近梭形，稍两侧压扁，包藏于宿存的叶基内。叶4～9枚，带形，坚纸质，

图10　冬凤兰*Cymbidium dayanum*（卢思聪提供）

基部有节。花葶自假鳞茎基部叶鞘内发出，外弯或近下垂；疏生5～9朵花，一般无香气；花苞片近三角形；花梗和子房花后仍继续延长；萼片与花瓣中央具1条栗色纵带；唇瓣栗色，基部与中裂片中央有白色晕；唇盘上具2条密被腺毛的纵褶片延伸至中裂片基部；蕊柱稍弧曲；花粉团2个，有裂隙（图10）。蒴果椭圆形。花期8～10月，果期翌年10～11月。

生长于海拔300～1 600m的疏林中树上或溪谷旁岩壁上，生长在阳光充足，不太热，通风良好的地方。在我国主要分布于福建、台湾、广东、海南、广西和云南。印度、缅甸、越南、老挝、柬埔寨、泰国、马来西亚、印度尼西亚、菲律宾、日本也有分布。濒危等级UV。

7.夏凤兰*Cymbidium aestivum* Z. J. Liu & S. C. Chen, *J. Wuhan Bot. Res.* 22: 323. 2004［Type: China, Yunnan, Mengla, *Z.J. Liu 200234*（Holotype, SZWN）］.

附生植物。假鳞茎近梭形，稍两侧压扁，包藏于宿存的叶基内。叶带形，纸质，基部有节。花葶发自假鳞茎基部，花序通常疏生10～13花；花苞片披针形，花梗在果期继续延长，无香气；唇盘上具2条具毛的纵褶片；花粉团2个，有裂隙。花期6～8月，果期翌年7～9月。附生于海拔1 500～1 600m林中溪谷旁长满苔藓的岩石上。主要分布于我国云南勐腊县和普文等。

本种与冬凤兰*C. dayanum*相近，但花大，萼片长4.2～4.8cm；萼片与花瓣呈淡紫褐色；花苞片披针形，长1～1.5cm；唇瓣中裂片长度约为其全长

图11 黎氏兰 *Cymbidium lii*（A：开花植株；B：花。图片来源：Huang 等，2017）。

的3/5，故甚易区别于冬凤兰濒危等级NT。

8.黎氏兰*Cymbidium lii* M.Z.Huang, J. M. Yin & G. S.Yang, *Phytotaxa* 314(2): 289-293. 2017［Type: China, Hainan, Wanning, Jianling, 2016, *Huang 160521001*（Holotype & paratype ATCH）］.

附生植物。根状茎分支，假鳞茎茎状，两侧稍压扁。叶先端急尖，外弯。花葶自叶基部发出，2～3个，近直立，具花10～22朵；花小，花梗和子房浅红棕色，萼片黄绿色；唇瓣红色，基部略带奶油黄色，3裂，中裂片中部亮黄色，侧裂片密生奶油色条纹；侧裂片直立，几与蕊柱等长；唇瓣具2条纵褶延伸至中裂片基部，唇瓣基部与蕊柱基部边缘离生；蕊柱直立；花粉团2个，有裂隙。2季花，花期5～6月和8～9月。与冬凤兰*C. dayanum*和*C. aestivum* 相似，但显著区别于：黎氏兰的根状茎分支，假鳞茎棒状，中裂片圆形，褶片光滑（图11）。

主要分布在我国海南，生长在当地棕榈树的树冠底部，海拔800～1 000m的山谷中。它不同于兰属的其他植物，蔓延的根状茎总是使它保持在不断升起的棕榈冠上，而不是与腐烂的叶柄一起脱落。目前只在中国海南万宁发现一个仅17株的野生居群，按照World Conservation Union Red List Categories and Criteria（IUCN, 2012），黎氏兰应被列为濒危植物种。

9. 多花兰*Cymbidium floribundum* Lindley, *Gen. Sp. Orchid*. Pl. 162. 1833（Lectotype: Icon. in R. Hort. Soc. London）.

附生或极罕为地生植物。假鳞茎近卵球形，稍两侧压扁，包藏于宿存的叶基内。叶常5～6枚，带形，纸质，具半透明叶脉，基部有节。花葶发自假鳞茎基部叶鞘内，近直立或外弯，一般短于叶；花序通常密生10～40朵花，常略有香气；萼片与花瓣浅红棕色或偶见浅绿黄色，极罕灰褐色；唇瓣白色，侧裂片和中裂片上有淡紫红色斑，唇盘上具2条顶端略靠合的纵褶片；蕊柱稍弧曲；花粉团2个，有裂隙，三角形。蒴果近长圆形（图12）。花期4～8月，果期翌年7～9月。

生长于海拔100～3 300m的林中或林缘树上，或溪谷旁透光的岩石上。在我国主要分布于浙江、江西、福建、台湾、湖北、湖南、广东、广西、四川、贵州、云南。印度、尼泊尔、泰国、越南也有分布。濒危等级VU。

10. 果香兰*Cymbidium suavissimum* Sander ex C. H. Curtis, *Gard. Chron., ser.* 3, 84: 137. 1928

图12 多花兰 *Cymbidium floribundum*（卢思聪提供）

图13 果香兰*Cymbidium suavissimum*（丁长春提供）

[Lectotype: Icon. In Gard. Chron., loc. cit.: fig.67. (1928), chosen by Du Puy & Cribb (1988)].

地生或半附生植物。假鳞茎近卵形，两侧稍压扁，包藏于宿存的叶基内，幼嫩时被紫色鞘包围。叶5～7枚，带形，纸质，较软，基部有节。花葶发自假鳞茎基部，近直立，花密生20～50朵，有水果香气；花苞片小；萼片与花瓣通常浅黄绿色；蕊柱基部两侧具2个小耳；花粉团2个，有裂隙（图13）。花期7～8月。

在我国主要分布于贵州西南部和云南西部。缅甸和越南也有分布。生于海拔700～1 100m的疏林中。濒危等级VU。

多花兰*C. floribundum*与果香兰不仅叶片的形态相似，而且花葶均直立，着花均50余朵，易混淆。主要区别有：

（1）花色、花香不同。多花兰的花为红褐色，而果香兰为黄绿色；多花兰无香气，而果香兰有香气。

（2）花期不同。一般多花兰比果香兰早开花1个月左右。

（3）株叶有异。多花兰假鳞茎不明显；而果香兰之假鳞茎长而硕大。多花兰叶较少而短；果香兰之叶数较多，且长且宽。多花兰叶基关节明显、全缘；而果香兰叶基套合、全缘。

11. **滇兰*Cymbidium dianlan*** H. He, nom., *Phytotaxa* 391(2): 149–149. 2019［Type: China, Yunnan, *Liu 6039* (Holotype NOCC)］. Replaced name: -*Cymbidium yunnanense* G.Q.Zhang & S.R.Lan in Zhang et al. (2019: 155; as "*C. yunnanensis*"), nom. illeg., not Schlechter (1919: 74)［Type: -China. Yunnan: (without further specified location), 1200-1 400m, trees and rocks at forest margins and in forest, 7 March 2012, *Liu 6039* (Holotype, NOCC)］.

地生植物。株高40～60cm。假鳞茎卵形，双侧压扁，包藏于叶基内，基部有节。花序密生，着花多达10朵，生于假鳞茎基部的鞘内；萼片、花瓣和蕊柱白色，带淡紫色斑纹；唇瓣白色，侧裂片密布紫色斑，中裂片有较大的紫红色斑点；花瓣狭长圆形，顶端钝圆。唇瓣3裂，倒卵形；侧裂片直立，半卵形；中裂片近圆形；唇盘具2褶皱；蕊柱稍弧曲；花粉团2个，三角形（图14）。花期4月。

图14 滇兰*Cymbidium dianlan*开花植株（图片来源：Zhang 等，2019）。

生于海拔1 200～1 400m的林下，目前只在我国云南发现分布，为我国特有。

该种最初发表时用名为"云南兰*Cymbidium yunnanensis* G. Q. Zhang & S. R. Lan"［*Phytotaxa* 387(2): 149–157. 2019］，但由于与1919年发表的*Cymbidium yunnanense* Schltr.重名（Repert. Spec. *Nov. Regni Veg. Beih.* 4: 74.1919），于是更名为"滇兰*Cymbidium dianlan* H.He"［*Phytotaxa* 391(2): 149–149. 2019］.

根据形态学和分子系统发育分析，滇兰与多花兰*C. floribundum*相近，它们都有菱形叶，唇瓣3裂，花粉团2个，蕊柱稍弧形，侧裂片直立。但它株型矮小，花柄较短；萼片、花瓣和蕊柱白色具淡紫色斑点，唇瓣白色，侧裂片密生淡紫色斑点，中裂片具大的紫红色斑点。基于核*nrITS*和质体*matK*、*rbcL*序列进行了系统发育分析，结果也支持滇兰作为兰属一个新种，将其归为多花组。

12. 福兰*Cymbidium devonianum* Paxton, *Paxton`s Mag. Bot.* 10: 97. 1843 [Type: Icon. in Paxton, loc. cit. (1843)].

地生或半附生植物。假鳞茎近圆柱形，包藏于宿存的叶基内。叶2～4枚，近直立，矩圆状倒

图15　福兰*Cymbidium devonianum*（A：植株；B：花芽；C：开花植株；D：花序；E：花。丁长春提供）

披针形，革质，基部明显具柄，叶柄腹面有槽，基部有节。花葶从假鳞茎基部发出，下垂或外弯，花苞片卵状披针形；花浅褐色，萼片与花瓣具浅紫色脉和细斑点；唇瓣近菱形或近倒卵状菱形，有浅紫色晕，基部具浅紫色细斑点，不裂或有时具不明显3裂，近中部或中裂片基部有2枚胼胝体；有短的蕊柱足；花粉团2个，有裂隙（图15）。花期3～4月。

生长于海拔1 200～1 700m的林中树上或石头上。在我国主要分布于云南。印度、不丹、尼泊尔、泰国和越南也有分布。濒危等级LC。

13.西藏虎头兰*Cymbidium tracyanum* L. Castle, *J. Hort. Cottage Gard., ser.* 3, 21: 513. 1890［Type: cult. *Tracy* (Holotype not located)］.

附生植物。假鳞茎椭圆状卵形或矩圆状卵形，大部分包藏于宿存的叶基内。叶5～8枚或更多，带形，基部有节。花葶发自假鳞茎基部叶鞘内，外弯或近直立，具花10余朵，有香气；花苞片卵状三角形；花瓣镰刀状，稍扭转；唇瓣3裂，基部与蕊柱基部边缘合生，侧裂片直立，中裂片下弯；蕊柱上半部具翅，腹面中部以下具短毛；花粉团2个，三角形，有裂隙。蒴果椭圆形（图16）。花期9～12月，果期翌年10～12月。

生长于海拔1 200～1 900m的林中树上，或小溪旁岩石上。在我国主要分布于贵州、云南和西藏。缅甸、泰国也有分布。濒危等级LC。

14.金蝉兰*Cymbidium gaoligongense* Z. J. Liu & J. Yong Zhang, *J. Wuhan Bot. Res*. 21: 316. 2003［Type: China, Yunnan, Baoshan, *Z.J. Liu 2582* (Holotype, SZWN)］.

附生植物。假鳞茎椭圆状卵形或狭卵形，包藏于宿存的叶基内。叶6～11枚，基部明显二列，带形，革质，基部有节。花葶发自假鳞茎基部叶鞘内，近直立或外弯，约具10枚鞘；常具花8～10朵，花香味浓郁；花苞片卵状三角形，花瓣镰刀状；唇瓣3裂，基部与蕊柱基部合生，侧裂片直立，中裂片下弯，边缘强烈皱波状；唇盘基部被疏毛，具2条密生长毛的褶片；蕊柱两侧具翅；花粉团2个，有裂隙（图17）。花期9～12月。

主要分布于我国云南西部保山、高黎贡山等海拔1 500m左右的林中。

本种形态与西藏虎头兰*C. tracyanum*相近，但

图16　西藏虎头兰*Cymbidium tracyanum*（丁长春提供）

图17 金蝉兰 *Cymbidium gaoligongense*（卢思聪提供）

本种花较小，花朵直径仅7cm左右，且唇瓣上没有紫点或紫斑，二者区别明显。

15.黄蝉兰***Cymbidium iridioides*** D. Don, *Prodr. Fl. Nepal.* 36. 1825［Type: Nepal, *Wallich*（Holotype BM）］.

附生植物。假鳞茎椭圆状卵形至狭卵形，两侧压扁，多少包藏于宿存的叶基内。叶6～10枚，带形，革质，基部有节。花葶发自假鳞茎基部叶鞘内，具花3～17朵，有香气；花苞片近三角形；萼片与花瓣有棕色纵条纹，唇瓣浅黄色，侧裂片上有红棕色条纹，中裂片上具同色斑；花瓣稍呈镰刀状，不扭转；唇瓣3裂，基部与蕊柱基部合成，侧裂片直立，中裂片强烈下弯，唇盘具2条纵褶片，褶片被毛并在上半部增厚。蕊柱弧曲，腹面基部被毛；花粉团2个，有裂隙，近三角形。蒴果近椭圆形（图18）。花期8～12月，果期翌年10～12月。

生长于海拔900～2 800m的林中树木上或林下岩石上。在我国主要分布于四川、云南、西

图18 黄蝉兰 *Cymbidium iridioides*（丁长春提供）

图19　川西兰 *Cymbidium sichuanicum*（A、C：开花植株；B：植株基部；D：花。江延庆提供）

藏。尼泊尔、不丹、印度、缅甸也有分布。濒危等级VU。

16.川西兰*Cymbidium sichuanicum* Z. J. Liu & S. C. Chen, *Gen. Cymbidium China*, 82. 2006［Type: China, Sichuan, Mao Xian, *Z.J. Liu 3027* (Holotype SZWN)］.

附生植物。假鳞茎近矩圆形，包藏于叶基之内。叶5～8枚，带形，革质，基部有节。花葶发自假鳞茎基部，基部具7～9枚鞘，具花10～15朵，稍芳香；花苞片披针形，花梗红褐色。萼片与花瓣黄绿色，有浅紫红色晕，具紫红色纵条纹；唇瓣3裂，基部与蕊柱基部合生；蕊柱弧曲，腹面被毛，具狭翅；花粉团2个，有裂隙。花期2～3月（图19）。

生长于海拔1 200～1 600m的林中树上或林缘岩石上。主要分布于我国四川西部。濒危等级NT。

川西兰与黄蝉兰*C. iridioides*相近，区别点在于川西兰叶较宽，宽2.0～2.5cm；花瓣倒卵状矩圆形，宽1.7～1.9cm；唇瓣中裂片上有紫红色纵条纹和不规则短条纹；蕊柱较长，上部紫红色。

17.长叶兰*Cymbidium erythraeum* Lindley, *J. Proc. Linn. Soc., Bot.* 3: 30. 1858［Type: Sikkim, *J.D. Hooker 229* (Holotype K)］.

附生植物。假鳞茎卵球形，两侧压扁，包藏于宿存的叶鞘内。叶5～11枚，2列，带形，基部有节。花葶发自假鳞茎基部叶鞘内，较纤细，近直立或外弯，具花3～7朵或更多，有香气；萼片与花瓣绿色，有明显的红棕色纵条纹和斑点；唇瓣浅黄色，中裂片有红棕色斑点和1条中央垂直的短条纹；花瓣镰刀状，舌形；唇瓣3裂，基部与蕊柱基部边缘合生，侧裂片直立，近基部有乳突；中裂片心形至肾形，多少下弯；唇盘上具2条被毛的纵褶片；蕊柱浅黄绿色，有翅，腹面近基部具毛；花粉团2个，有裂隙，近三角形。蒴果梭状椭圆形（图20）。花期10月至翌年1月，果期约1年以后。

生于海拔1 400～2 800m的林中或林缘树上或林下岩石上。在我国主要分布于四川、云南和西藏。尼泊尔、不丹、印度、缅甸也有分布。濒危等级UV。

图20　长叶兰 *Cymbidium erythraeum*（卢思聪提供）

18.大围山兰*Cymbidium daweishanense* G. Q. Zhang & Z. J. Liu, *Phytotaxa* 374: 254. 2018［Type: China, Yunnan, 2015, *Z.J. Liu 8663* (Holotype NOCC)］.

地生植物。株高仅45～60cm。假鳞茎卵形，双侧压缩，包藏于叶基部。叶5～11枚，带状，先端锐尖，基部有节。花葶发自假鳞茎基部，外弯或近直立，具花9～13朵，芳香；花苞片7～9，叶状；唇瓣白黄色，侧裂片紫红色；唇3裂，下弯，具白色短柔毛，外形近椭圆卵形，由基部延伸至中裂片基部；侧裂片直立，中裂片心形到肾状，稍下弯，唇瓣基部与蕊柱基部离生；蕊柱弧形，无毛，且背面有许多紫色的斑点；花粉团2个，有裂，三角形；果荚梭状至椭球形（图21）。花期11～12月。主要分布于我国云南大围山。

大围山兰与大花亚属大花组的长叶兰*C. erythraeum*相似，但大围山兰花朵偏小，唇瓣基部与蕊柱基部离生，蕊柱无毛，有紫色斑点，花期冬季。这些特点与大花组其他物种明显不同。2015年11月，Liu等在我国云南森林中发现大围山兰的分布，其生长于海拔1 200～1 400m的林中或林缘的树上或岩石上。目前仅在我国发现，为我国特有种。

nrITS、*rbcL*和*matK*序列同源性分析结果显示，大围山兰与大花亚属腋花组的莎草兰*C. elegans*和昌宁兰*C. changningense*亲缘关系最近。

19.黄花长叶兰*Cymbidium flavum* Z. J. Liu & J. Yong Zhang, *Orchidee (Hamburg)* 53: 94. 2002［Type: China, Wenshan, *Z.J. Liu 21128* (Holotype PE; isotype SZWN)］.

附生植物。假鳞茎近卵形，两侧压扁，包藏于宿存的叶鞘内。叶5～12枚，2列，带形，基部有节。花葶发自假鳞茎基部，近直立，具花4～22朵，花有香气；花苞片三角形；萼片绿黄色，花瓣黄色，唇瓣白色，侧裂片有黄色条纹，中裂片具散生黄色斑点；花瓣宽线形，镰刀状，唇瓣3裂，基部与蕊柱基部边缘合生；蕊柱具狭翅，有短的蕊柱足；花粉团2个，有裂隙，三角形。花期10～12月。

据*Flora of China*（2009）记载为长叶兰的变种*C. erythraeum* var. *flavum* (Z. J. Liu & J. Yong Zhang) Z. J. Liu, S. C. Chen & P. J. Cribb, comb. et stat. nov.。生于海拔2 400～2 800m常绿阔叶壳斗科林中树上。主要分布于我国云南东南部和西部（高黎贡山、文山）。CITES保护Ⅱ级。

本种模式是栽培植物。刘仲健于2001年夏季

图21　大围山兰*Cymbidium daweishanense*（A：开花植株；B：花朵。图片来源：Zhang 等，2018）

收集自云南东南部的文山市，同年11月初于温室中开花。后来，刘仲健等人又从文山和腾冲采到许多该种标本（刘仲健 等，2006）。

20.虎头兰*Cymbidium hookerianum* H. G. Reichenbach, *Gard. Chron*. 1866:7. 1866［Type: cult. *Veitch* (Holotype W)］.

附生植物。假鳞茎狭椭圆形或狭卵形，多少包藏于宿存的叶基内。叶4～6枚，带形，基部有节。花葶发自假鳞茎下部，外弯或近直立，具花6～14朵，有香气；花苞片卵状三角形；萼片与花瓣苹果绿色或浅黄绿色，基部具深红色斑点；唇瓣白色至乳黄色，侧裂片上有栗色斑点与条纹，中裂片具1条短的、断开的中线；唇瓣3裂，基部与蕊柱基部边缘合生；蕊柱弧曲，腹面近基部处具乳突或少量短毛；花粉团2个，有裂隙，近三角形（图22）。蒴果狭椭圆形。花期1～4

图22　虎头兰*Cymbidium hookerianum*蕾期植株（江延庆提供）

月，果期翌年2～5月。

生于海拔1 100～2 700m的林中树上或溪谷旁岩石上。在我国主要分布于广西、四川、贵州、云南和西藏。尼泊尔、不丹、印度也有分布。濒危等级EN。

21.滇南虎头兰 *Cymbidium wilsonii* (Rolfe ex E. T. Cook) Rolfe, *Orchid Rev.* 12: 79. 1904［Type: China, Yunnan, cult. *Veitch*, Wilson Cym. Sp. 2 (Holotype K)］.

附生植物。假鳞茎狭卵形，两侧压扁。叶7～10枚，带形，基部有节。花葶近直立或外弯，具花5～15朵，有香气；花苞片三角形，很小；萼片与花瓣绿色或浅绿色，唇瓣乳黄色，侧裂片具栗色条纹，中裂片具1条栗色长中线；唇瓣3裂，基部与蕊柱基部边缘合生；侧裂片直立，具短毛；中裂片具乳突和短毛，边缘波状；唇盘具2条被毛纵褶片；蕊柱顶端具宽翅；花粉团2个，有裂隙，三角形（图23）。花期2～4月。

生长于海拔约2 000m的林中树上。主要分布于我国云南南部（蒙自）。濒危等级CR。

此种与虎头兰*C. hookerianum*相似，但叶较宽，蕊柱较短，萼片与花瓣上有不甚明显的红褐色纵脉，可以区别。但上述特征又与黄蝉兰*C. iridioides*相近，故有人认为本种可能是它与虎头兰之间的杂种。

22.碧玉兰*Cymbidium lowianum* (H. G. Reichenbach) H. G. Reichenbach, *Gard. Chron., n.s.*, 11: 332. 1879［Type: Burma, Boxall cult. *Low* (Holotype W)］.

附生植物。假鳞茎狭椭圆形，稍两侧压扁，包藏于宿存的叶基内。叶5～7枚，带形，基部有

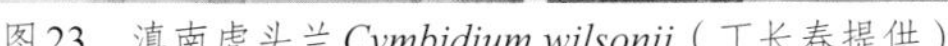

图23　滇南虎头兰*Cymbidium wilsonii*（丁长春提供）

节。花葶发自假鳞茎基部叶鞘内，具花10 ~ 20朵或更多，无香气；萼片与花瓣苹果绿色或浅绿色，具浅红棕色纵脉；唇瓣浅黄色，中裂片先端边缘具1个红色至浅栗色的V形斑块和1条同色中线；唇瓣3裂，基部与蕊柱基部边缘合生，侧裂片直立，顶端被毛，中裂片心形，边缘啮蚀状并稍呈波状；唇盘具2条短褶片；蕊柱弧曲，具翅，腹面基部具乳突或短毛；花粉团2个，有裂隙，三角形（图24）。花期3 ~ 5月。

生长于海拔1 300 ~ 1 900m的林中树上或溪谷旁岩石上。在我国主要分布于云南。缅甸和泰国也有分布。濒危等级EN。

（1）浅斑碧玉兰 *Cymbidium lowianum* var. *iansonii* (Rolfe) P. J. Cribb & Du Puy, *Kew Bull.* 40: 432. 1985［Type: Myanmar, cult. *Low* (Holotype K)］.

花朵直径10 ~ 11.5cm，唇瓣黄至白色，中裂片在前端有一个大的V形浅褐色斑。采自云南地区海拔1 900m的林下。

（2）白玉蝉兰*Cymbidium lowianum* var. *changningense* X. M. X, *J. South China Agri. Uni.* 26(4): 120–121. 2005

白玉蝉兰是碧玉兰的一个新变种，此新变种区别于原变种在于花葶较短，近直立，具花3 ~ 7朵；花较大，直径10 ~ 11cm，有香味；唇3裂，褶片较短；蕊柱具狭翅；花粉团2个，花期2 ~ 3月。采自中国云南昌宁海拔1 700m的林中（图25）。

（3）长苞蝉兰*Cymbidium lowianum* var. *ailaoense*, *J. South China Agri. Univ.* 26(4): 121–122. 2005

长苞蝉兰是碧玉兰的一个新变种。此新变种区别于原变种在于花苞片线状披针形，长1.0 ~ 2.2cm。此性状在兰属附生种类中是罕见。花粉团2个。花期2 ~ 3月。采自中国云南哀牢山海拔1 600m的林中（徐向明 等，2005b）（图26）。

23.薛氏兰*Cymbidium schroederi* Rolfe, *Gard. Chron., ser.* 3, 37: 243. 1905［Type: Vietnam, cult. *Schroeder* (Holotype not located)］.

附生植物。假鳞茎近椭球体，两侧压扁。叶

图24　碧玉兰 *Cymbidium lowianum*（丁长春提供）

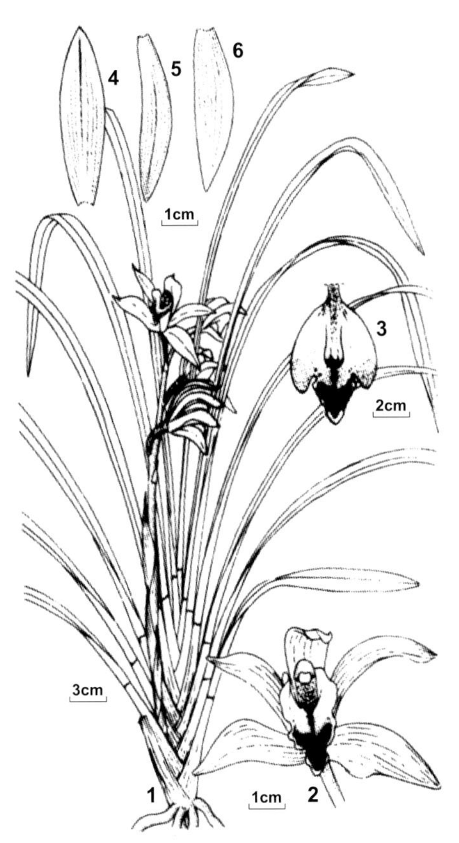

图25　白玉蝉兰 *Cymbidium lowianum* var. *changningense*（1：开花植株；2：花；3：唇瓣正面观；4～6：萼片。图片来源：徐向明 等，2005a）

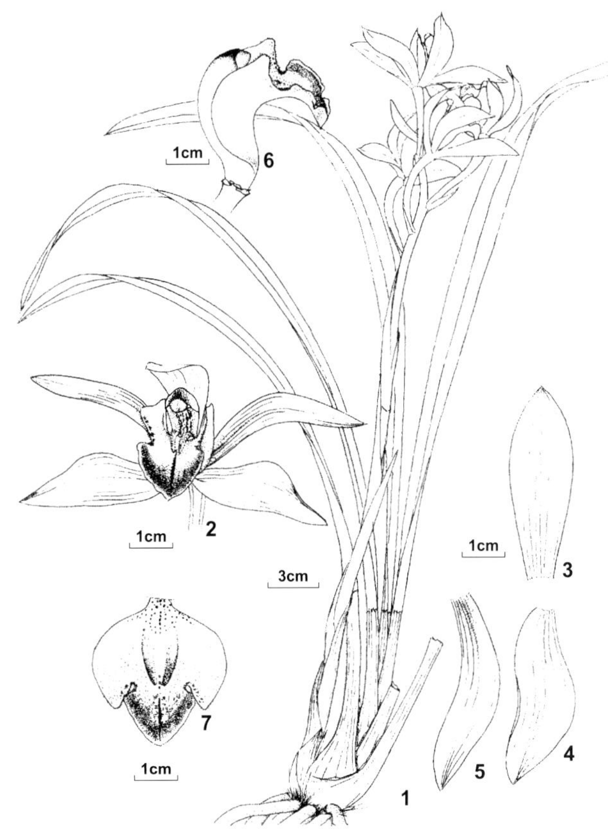

图26　长苞蝉兰 *Cymbidium lowianum* var. *ailaoense*（1：开花植株；2：花；3～5：萼片；6：唇瓣和蕊柱侧面观；7：唇瓣正面观。图片来源：徐向明 等，2005b）

图27　美花兰 *Cymbidium insigne*（卢思聪提供）

6～8枚，带形，基部有节。花序发自假鳞茎基部，具花14～25朵，没有香味；花苞片三角形；萼片与花瓣浅绿色或浅黄绿色，稍有不规则浅棕色脉纹和斑点；唇瓣浅黄色至近白色，侧裂片具红棕色条纹，中裂片具红棕色V形斑块和1条同色中线；蕊柱腹面具红棕色纵条纹；唇瓣3裂，基部与蕊柱基部边缘合生，唇盘具2条被毛褶片；蕊柱具翅，基部具细毛；花粉团2个，有裂隙。花期3～6月。

附生于海拔1 000～1 600m的林中树上。在我国主要分布于云南东南部。越南北部也有分布。濒危等级EN。

24.美花兰*Cymbidium insigne* Rolfe, *Gard. Chron., ser.* 3, 35: 387. 1904［Type: Vietnam, *Bronckart*

图28 独占春 *Cymbidium eburneum*（A：丁长春提供；B：卢思聪提供）

43 (Holotype K)］.

地生或附生植物。假鳞茎卵形或狭卵形，稍两侧压扁，包藏于宿存的叶基内。叶6～9枚，带形，基部有节。花葶发自假鳞茎基部，具花4～12朵或更多，无香气；花苞片近三角形，萼片与花瓣白色或稍带粉红色，唇瓣白色，常具浅紫色斑点与条纹；唇瓣3裂，基部与蕊柱基部边缘合生；蕊柱弧曲，具翅；花粉团2个，具裂隙，三角形至方形（图27）。花期11～12月。

生长于海拔1 700～1 850m的林中多石草丛中或岩石上或潮湿、多苔藓岩壁上。在我国主要分布于海南。越南与泰国也有分布。濒危等级CR。

25.独占春*Cymbidium eburneum* Lindley, *Bot. Reg.* 33: t.67. 1847［Type: Meghalaya (Khasia Hills), cult. *Loddiges* (Holotype K)］.

附生植物。假鳞茎近梭形或卵形，两侧压扁，包藏于宿存的叶基内，新假鳞茎每2～3年长出1次。叶6～11枚，带形，先端2裂，基部2列套叠，基部有节。花葶发自叶腋，具1花或罕有2（～3）朵；花较大，稍有香气；萼片与花瓣白色，唇瓣白色，有1个黄色中央斑块；唇瓣3裂，基部与蕊柱基部边缘合生；蕊柱具狭翅，近无毛；花粉团2个，有裂隙，近方形。蒴果近椭圆形（图28）。花期2～5月，果期翌年3～6月。

在我国主要分布于海南、广西和云南。尼泊尔、印度、缅甸也有分布。生于溪谷旁岩石上，海拔300～2 000m。国家二级保护。

龙州兰*Cymbidium eburneum* var. ***longzhouense*** Z. J. Liu & S. C. Chen, *Acta Phytotax. Sin.* 44: 179. 2006.为独占春的变种［Type: China, Guangxi, Longzhou, *Z.J. Liu 3032* (Holotype, SZWN)］。附生植物。与独占春主要区别：花瓣和萼片白色，外表面常成粉红色；唇白色，在侧面裂片和中裂片上有明显的紫色粉红色斑驳。花期4月。主要分布于我国广西海拔800m开阔的林下岩石上。

26.象牙白 *Cymbidium maguanense* F. Y. Liu, *Acta Bot. Yunnan.* 18: 412. 1996［Type: China, Yunnan, Maguan, *F.Y. Liu 88004* (Holotype lost); Lectotype: China, Yunnan, Maguan, *Z.J. Liu 2776* (SZWN)］.

附生植物。假鳞茎圆筒状卵形或近圆筒形，包藏于宿存的叶基内。叶8～9枚，2列，带形，基部有节。花葶1～2，从叶腋发出，花序柄具数枚鞘，具花2～5朵；花白色或淡粉红色，有香气；唇瓣中裂片具1个黄色中央斑块，蕊柱淡紫红色至粉红色；唇瓣3裂，基部与蕊柱基部边缘合生；侧裂片直立，略围抱蕊柱，密生白色短毛；唇盘具2

图29　象牙白 *Cymbidium maguanense*（王涛提供）

图30　昌宁兰 *Cymbidium changningense*（A-B：开花植株；C：植株基部；D-F：花。丁长春提供）

条纵褶片；蕊柱略弧曲；花粉团2个，有裂隙，近卵形（图29）。花期10～12月。

生长于海拔1 000～1 800m的林中树上。分布于我国海南、云南。濒危等级CR。

此种在《中国植物志》第十八卷（1999）中曾被归并于大雪兰。后来刘仲健等从云南的马关和麻栗坡采到此种大量活植株。象牙白假鳞茎呈粗圆筒状，明显不同于大雪兰的茎状假鳞茎。因未能在中国科学院昆明植物研究所的标本馆和植物园中找到模式标本或活植株，所以另选模式（刘仲健 等，2006）。

27. 昌宁兰***Cymbidium changningense*** Z. J. Liu & S. C. Chen, *Acta Bot. Yunnan*. 27: 378. 2005［Type: China, Yunnan, Changning, Mangshui, *Z.J. Liu 2708* (Holotype SZWN)］.

附生植物。假鳞茎狭卵形，两侧压扁。叶10～13枚，2列，带形，先端2裂，基部有节。花葶发自叶腋，外弯，具花3～7朵，花苞片三角形，有香气；唇瓣中裂片有一个V形紫红色斑块和一条紫红色细中线；唇瓣3裂，基部与蕊柱基部两侧边缘合生；唇盘具2条褶片；蕊柱具翅；花粉团2个，有裂隙，三角形（图30）。花期2～3月。

生于林缘树上或荫蔽岩石上；海拔1 700m。主要分布于我国云南西部。CITES保护Ⅱ级。

虽然此植物花的形状与色泽与碧玉兰有相似之处，但有明显不同：昌宁兰叶10～13（非5～7）枚，花葶腋生，花明显较大，萼片与花瓣长度达6.3～7.1cm，唇瓣侧裂片前端有一个紫红色斑块，以及唇瓣中裂片的V形斑块，无毛。昌宁兰与独占春*C.eburneum*有明显的亲缘关系，区别在于昌宁兰花序具3～7花；萼片与花瓣浅绿黄色或奶黄色；唇瓣中裂片具1个V形的紫红色斑块（刘仲健 等，2005）。

图31 大雪兰*Cymbidium mastersii*标本（图片来源：英国邱园的“Plants of the World Online”；编号K000891131）

28.大雪兰***Cymbidium mastersii*** Griffith ex Lindley, *Edwards's Bot. Reg.* 31: t. 50. 1845［Type: cult. Loddiges (Holotype K)］.

附生植物。假鳞茎茎状，有时不断延长可达1m，完全包藏于2列的叶基内。叶随茎的延长而不断长出，可达15～17枚或更多，2列，带形，近革质，先端2列，基部有节。花葶1～2个，从叶腋发出，具花2～10朵，通常不完全开放，白色，有香气；萼片与花瓣背面常带粉红色，唇瓣侧裂片与中裂片具浅紫色斑，中裂片基部具浅黄色斑，唇盘具黄色褶片；花粉团2个，有裂隙（图31）。蒴果梭状椭圆形。花期10～12月，果期翌年11～12月。

生长于海拔1 600～1 800m的林中树上或林下岩石上。在我国主要分布于云南。印度、缅甸、泰国也有分布。濒危等级EN。

29. 丽花兰***Cymbidium concinnum*** Z. J. Liu & S. C. Chen, *Acta Phytotax. Sin.* 44: 179. 2006［Type: China, Yunnan, Lushui, Pianma, *Z.J. Liu 2918* (Holotype SZWN)］.

附生植物。假鳞茎近卵形，两侧压扁，包藏于宿存的叶基内。叶13～18枚，带状，革质，基部有节。花葶从叶腋发出，下部具数枚鞘，疏生18～22朵花，完全开放，有香气，乳黄色；萼片与花瓣具浅紫色的、由细斑点组成的纵脉纹；唇瓣3裂，基部与蕊柱基部边缘合生，侧裂片具浅紫红色条纹，中裂片具1个V形的紫红色斑块和1个同色的短中线；蕊柱具翅，腹面被毛；花粉团2个，有裂隙（图32）。花期10～11月。

生长于海拔2 300m的阔叶林中树上。主要分布于我国云南西部。CITES保护Ⅱ级。

30.江城兰***Cymbidium jiangchengense*** Y. L. Peng, S. R. Lan & Z. J. Liu, *Phytotaxa* 408: 82. 2019［Type: China, Yunnan, *Y.L. Peng F001* (Holotype FAFU)］.

石上附生植物。假鳞茎圆筒状，似茎，包藏于叶基部。叶皮质，狭长圆形，顶端尖。花序1～2，生于叶腋；花序着花2朵；花苞片卵形；花柄绿色；花紫红色，芳香；唇瓣白色，花瓣披针形；侧萼片类似倒卵形披针形，略斜，唇瓣椭圆

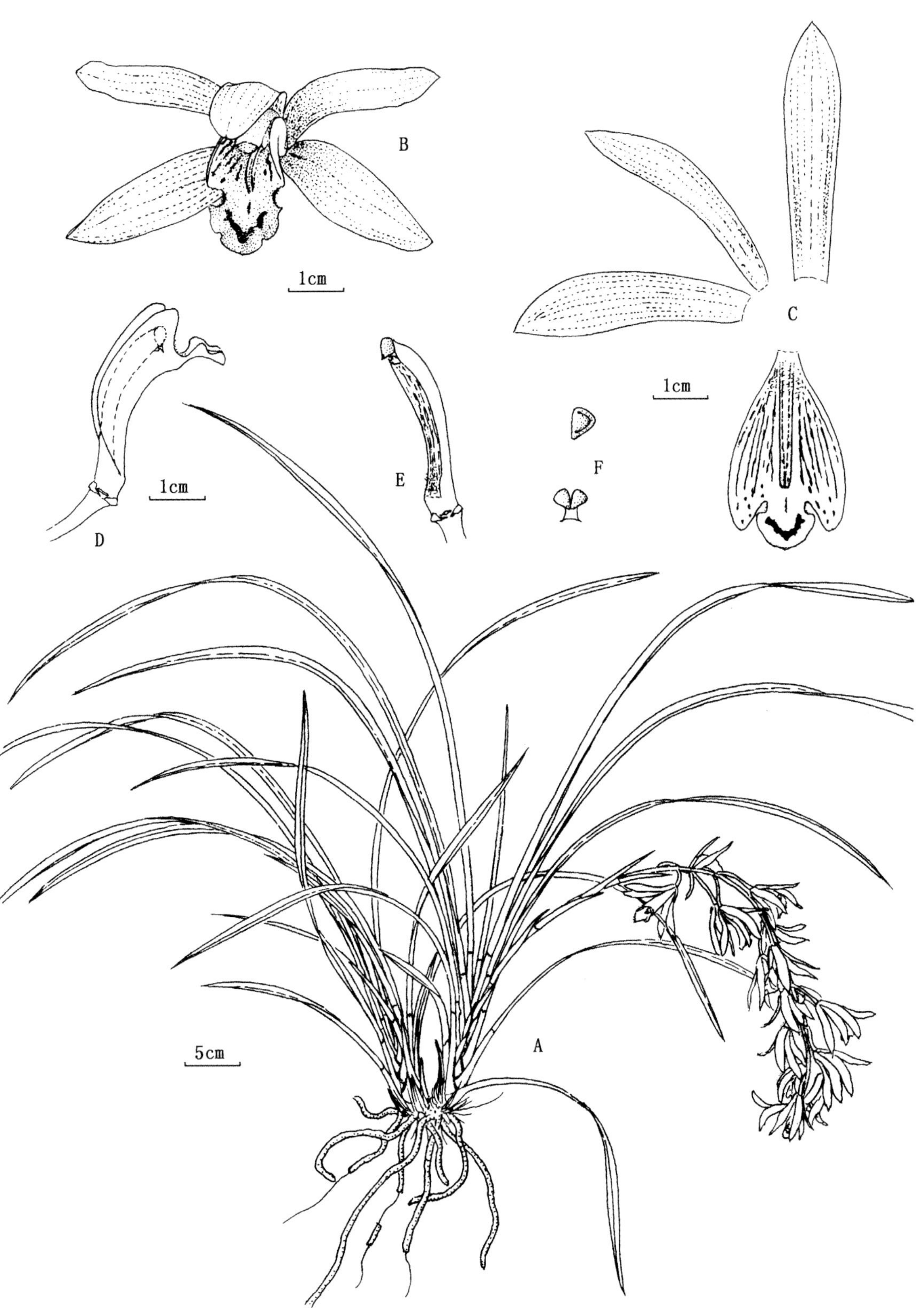

图32 丽花兰*Cymbidium concinnum*（A：开花植株；B：花；C：背萼片，侧萼片，花瓣和唇瓣；D：唇和蕊柱侧面观；E：蕊柱；F：花粉团。图片来源：刘仲健 等，2006）

形，3裂，基部与蕊柱基部边缘融合；侧裂片直立，围抱蕊柱，密被白毛；中裂片，轻微弯曲，边缘波动状，黄色胼胝体密集多毛；唇盘槽状，纵褶片从基部延伸到中裂片基部；顶端膨胀形成两个胼胝体；蕊柱稍弧曲，有翅；花粉团2个，具裂隙（图33）。花期10～11月。

主要分布于我国云南海拔1 200～1 400m的开阔林下。国家二级保护。

31.巍山兰 ***Cymbidium weishanense*** X. Yu & Z. J. Liu, *Phytotaxa* 500(1): 045–050. 2021［Type: China, Yunnan, Weishan, *X. Yu F001* (Holotype FAFU)］.

附生或地生植物。假鳞茎偏椭圆形，双侧稍微压扁，包藏于叶基部。叶8～14枚。花葶由叶腋生出，具花5～27朵，清香，黄白色；萼片和花瓣具浅黄色绿色条纹；唇瓣侧裂片具浅紫红色条纹，中裂片具紫红色斑点；蕊柱具翅，腹部具毛；花粉团2个，有裂隙（图34）。花期10～12月。

2020年10月，广东省汕头的谭徐生先生和福建泉州的张清海先生寄了几张在云南省巍山县发现的兰属植物的照片，询问是否是丽花兰 *C. concinnum*。通过照片辨认发现，与丽花兰相似，但在花型和花色等特征方面有明显区别。同年10月28日，Yu等在云南巍山县，海拔800m的常绿阔叶林下发现巍山兰的分布。基于*nrITS*、*matK*和*rbcL*序列比对分析，结果支持巍山兰作为

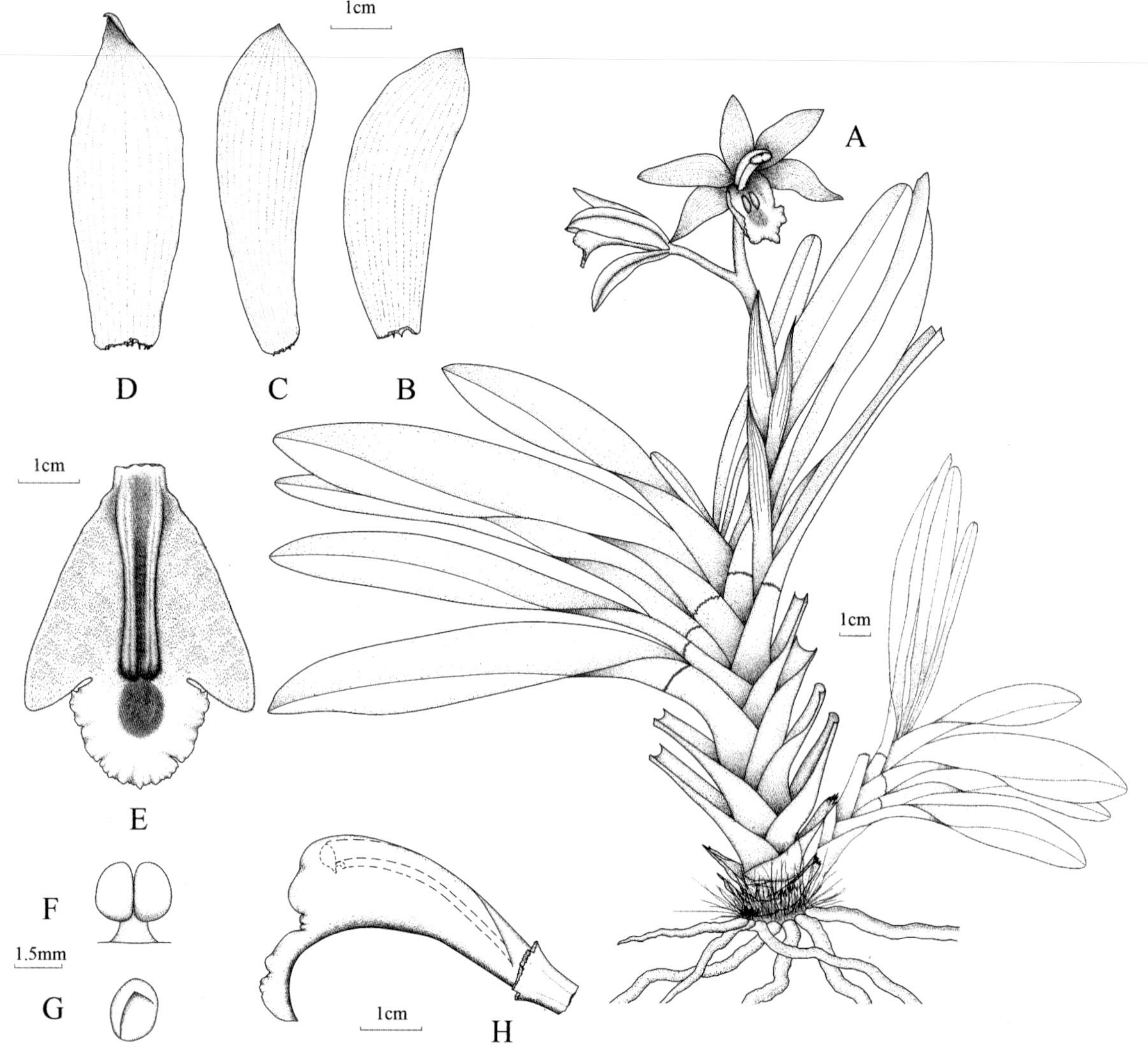

图33　江城兰*Cymbidium jiangchengense*（A：开花植株；B：侧萼片；C：花瓣；D：背萼片；E：唇瓣；F：花粉团；G：花粉块；H：唇和蕊柱侧面观。图片来源：Peng 等，2019）

图34　巍山兰 *Cymbidium weishanense*（图片来源：Yu 等，2021）

一个新种，但由于*nrITS*序列比对分析的支持率较低，推测其可能是丽花兰*C. concinnum*与美花兰*C. insigne*或其他相关种的天然杂交种。国家二级保护。

32.麻栗坡长叶兰*Cymbidium*×*malipoense* L. J. Chen, H. B. Zhou & Z. J. Liu, *Plant Sci. J.* 38(2): 181–184. 2020［Type: China, Shenzhen Key Laboratory for Orchid Conservation and Utilization, *H.B. Zhou 0001* (Holotype NOCC)］.

附生植物。假鳞茎近梭形或卵形，两侧压扁，包藏于宿存的叶鞘内。叶9～13枚，带形，先端渐尖，基部2列套叠。花葶发自叶腋，近直立，具花2～4朵；花苞片卵状三角形；花具香气；萼片和花瓣浅黄绿色，具浅紫红色的纵条纹和斑点；唇瓣白色，侧裂片有紫红色条纹，中裂片具浅紫红色斑点，唇盘上有黄色褶片；蕊柱浅紫红色；萼片狭矩圆状倒披针形，先端急尖；花瓣呈镰刀状宽线形，先端钝尖；唇瓣轮廓为宽椭圆状卵形，3裂，基部与蕊柱基部边缘合生；侧裂片直

07

图35　麻栗坡长叶兰 *Cymbidium*×*malipoense*（图片来源：陈利君 等，2020）

立，半卵形，具细柔毛；中裂片卵状肾形；唇盘上具2条被毛的纵褶片，褶片延伸至中裂片基部；花粉团2个，有裂隙，三角形（图35）。花期12月。主要分布于我国云南省麻栗坡县。国家二级保护。

植株的形态特征介于兰属植物大花组的长叶兰（*C. erythraeum*）和腋花组的龙州兰（*C. eburneum* var. *Longzhouense* Z.J. Liu & S.C. Chen）之间，但该种与长叶兰、龙州兰具有较显著的区别特征，认为该物种可能是长叶兰和龙州兰的天然杂交种，归为大花亚属腋花组。

本种与长叶兰的区别：本种的花葶自叶腋发出；萼片和花瓣浅黄绿色，具浅紫红色的纵条纹和斑点；唇盘具黄色褶片；蕊柱浅紫红色；中裂片卵状肾形。长叶兰的萼片和花瓣绿色，有红褐色脉纹和不规则斑点；中裂片心形到剑形；唇盘密被毛。

本种与龙州兰的区别：本种萼片和花瓣浅黄绿色，具浅紫红色的纵条纹和斑点；侧裂片有紫红色条纹；蕊柱浅紫红色。龙州兰萼片和花瓣白色，外表面略带粉红色；唇瓣白色，侧裂片和中裂片具有紫红色斑点。

33.文山红柱兰 *Cymbidium wenshanense* Y. S. Wu & F. Y. Liu, *Acta Bot. Yunnan.* 12: 291. 1990［Type: China, SE Yunnan, Wenshan, March 1989, *Liu 8801* (Holotype KUN)］.

附生植物。假鳞茎卵形，稍两侧压扁，包藏于宿存的叶基内。叶6～9枚，带形，基部有节。花葶发自假鳞茎基部，具花3～7朵；花较大，通常有香气；花苞片三角形，浅紫色至浅黄色；萼片与花瓣白色，背面常稍有浅紫红色晕；唇瓣白色，具暗紫色或浅紫褐色条纹和斑点；蕊柱上部紫红色；唇瓣3裂，基部与蕊柱基部边缘合生；蕊柱稍弧曲，中部以下疏被短毛；花粉团2个，有裂隙，近梨形（图36）。花期2～3月。

生长于海拔1 500m的林中树上。在我国主要分布于云南。越南也有分布。濒危等级CR。

34.五裂红柱兰*Cymbidium quinquelobum* Z. J. Liu & S. C. Chen, *Acta Bot. Yunnan*. 28: 13. 2006［Type: China, Yunnan, Maguan, *Z.J. Liu 2848*

图36 文山红柱兰 *Cymbidium wenshanense*（A：花序；B：花；C：开花植株；D：植株基部。卢思聪，丁长春提供）

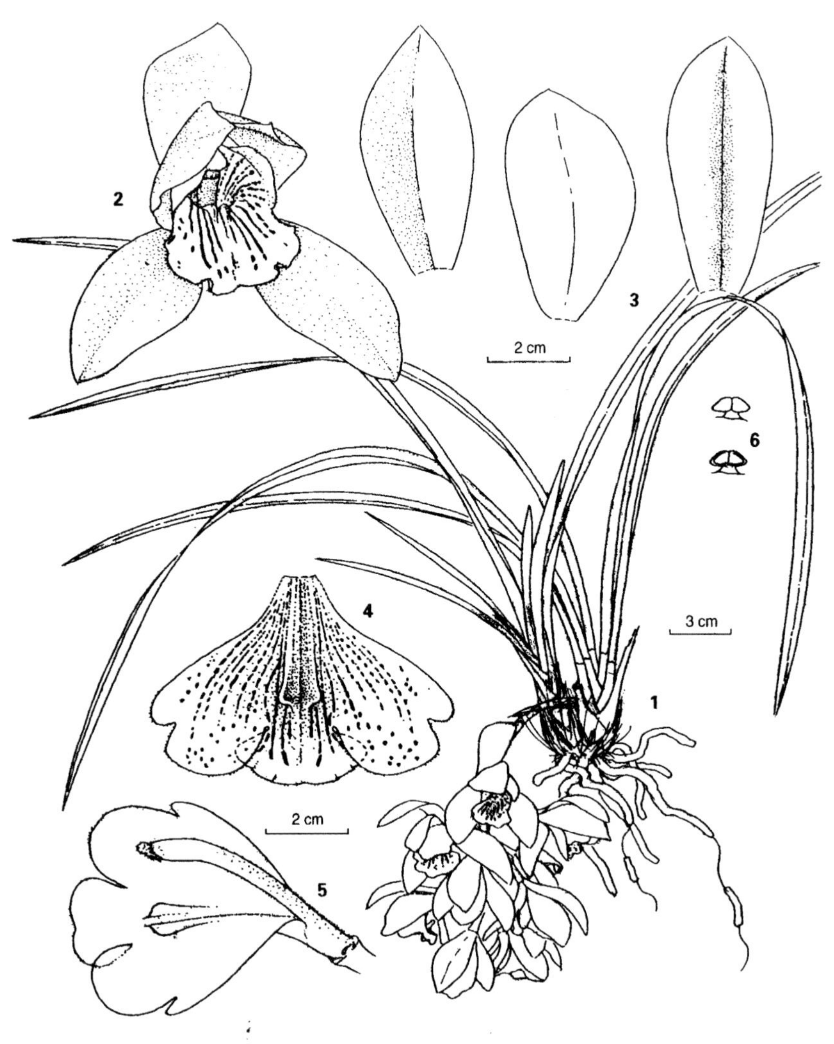

图37　五裂红柱兰*Cymbidium quinquelobum*［1：带花植株；2：花；3：中萼片(右)、花瓣(中)、侧萼片(左)；4：唇瓣；5：唇瓣与蕊柱，示基部合生的管；6：花粉块，正面(上)与背面(下)。图片来源：刘仲健等，2006］

(Holotype SZWN)］.

附生植物。假鳞茎卵形，包藏于宿存的叶基内。叶4～8枚，2列，带形，基部有节，薄革质，具关节。花葶发自假鳞茎基部，花序柄具鞘，具花5～12朵；花大，半开放，芳香；萼片白色，背面常带浅紫红色晕；花瓣白色，偶有紫红色斑点；唇瓣浅黄色，有紫褐色条纹与斑点，唇盘具2条黄色纵褶片，褶片之间具3条纵脊；褶片延伸至近中裂片基部并在顶端膨大和汇合成胼胝体，胼胝体3裂，稍被毛；蕊柱稍弧曲，具狭翅，被毛；花粉团2个，有裂隙，近梨形（图37）。花期2～3月。

生长于海拔1 500m的林中树上。主要分布于我国云南。CITES保护Ⅱ级。

据*Flora of China*（2009）记载为文山红柱兰*C. wenshanense*的变种。与文山红柱兰相似，与之不同的是五裂红柱兰唇5裂，唇瓣基部与蕊柱基部边缘融合。

35.莎草兰 *Cymbidium elegans* Lindley, *Gen. Sp. Orchid*. Pl. 163.1833［Type: Nepal, Gossaingsthan, *Wallich 7354* (Holotype K)］.

附生植物。假鳞茎近卵形，两侧压扁，包藏于宿存的叶基内。叶6～13枚，2列，带形，基部有节。花葶发自假鳞茎下部，密生20～35花，花从花序顶端向下开放；花苞片小，花下垂，不完全开放，呈狭钟形，乳黄色至浅黄绿色，稍有香气；唇瓣3裂，基部与蕊柱基部边缘合生；蕊柱近

图38　莎草兰 *Cymbidium elegans*（丁长春提供）

基部被疏毛，具狭翅；花粉团2个，有裂隙，近棒状倒卵形（图38）。花期10～12月。

生长于海拔高度为1 700～2 800m的林中树上或岩壁上。在我国主要分布于四川南部、云南和西藏东南部。尼泊尔、不丹、印度、缅甸也有分布。濒危等级EN。

36. 泸水兰***Cymbidium lushuiense*** Z. J. Liu, S. C. Chen & X. C. Shi, *Shenzhen Sci. Technol*. 139: 200. 2005［Type: China, Yunnan, Lushui, *Z.J. Liu 2570* (Holotype SZWN)］.

石附生植物。假鳞茎卵状矩圆形，两侧稍压扁，包藏于宿存的叶基内。叶8～16枚，2列，带形，先端渐尖或有时2裂，基部有节。花葶自假鳞茎基部发出，外弯或下垂，密生花18～26朵；花苞披针形；花下垂，不完全开放，呈宽钟形，稍有香气；萼片淡黄绿色具紫色晕，花瓣乳黄色，唇瓣乳黄色，基部白色，褶片鲜橙黄色；萼片狭倒卵状矩圆形，先端急尖；花瓣狭矩圆形，先端急尖；唇瓣倒卵状楔形，3裂，基部与蕊柱基部两侧边缘合生2～3mm；侧裂片常有细乳突；中裂片先端稍扩大并2裂而内弯，中央密生短毛，边缘稍波状；唇盘基部肥厚，被疏毛，具2条纵褶片从基部延伸至近中裂片基部；纵褶片疏被短毛，基部分开并具浅槽，顶端略膨大并合生；蕊柱近基部疏被短毛，边缘具狭翅；花粉团2个，有裂隙。花期12月至次年1月。

现主要分布于我国云南西部泸水地区，生长于海拔2 300m阔叶林下的岩石上。CITES保护Ⅱ级。

据*Flora of China*（2009）记载为莎草兰*C. elegans*的变种。与莎草兰相近，但泸水兰具向心开放的花序，唇瓣上的2条纵褶片在顶端合生且略膨大，褶片下部两侧各具1条3～5mm的狭披针形附属物，易于区别（刘仲健 等，2006）。

37.垂花兰*Cymbidium cochleare* Lindley, *J. Proc. Linn. Soc., Bot.* 3: 28. 1858［Type: Sikkim, *J.D. Hooker 235* (Holotype K; Isotypes K)］.

附生植物。假鳞茎通常近梭形，稍压扁，包藏于宿存的叶基内。叶9～18枚，2列，带形，基部有节。花葶发自假鳞茎基部，下垂，具花13～22朵；花下垂，从花序顶端顺序向下开放，不完全开放，钟状，稍有香气；萼片与花瓣茶褐色，唇瓣黄绿色，密生紫红色细斑点，3裂，基部与蕊柱基部边缘合生；蕊柱纤细；花粉团2个，有深裂隙（图39）。花期11月至翌年1月。

生于阴湿密林中树上，海拔300～2 000m。在我国主要分布于云南和台湾（台北、高雄）。印度也有分布。濒危等级UV。

38.钟花兰*Cymbidium codonanthum* Yuting Jiang, L. Ma & S. Chen, *Phytotaxa* 453(3): 275–283. 2020［Type: China, Yunnan, Dehong Dai Jingpo Autonomous Prefecture, Mangshi Town, *L. Ma F007* (Holotype FAFU)］.

附生植物。假鳞茎卵形，稍双侧扁平，包藏于叶基部。叶7～8，狭长，顶端尖，基部有节。花葶从假鳞茎基部伸出，直立，紫绿色，有鞘，具花3～7朵，花苞片钟形，呈绿色；花梗和子房呈紫色；萼片和花瓣呈淡黄绿色，有紫色斑点；唇瓣白色，略带淡紫红色；蕊柱白色；萼片长圆形至椭圆形，顶端尖；花瓣倒卵形至披针形，顶端尖；侧萼片和花瓣向前突出；侧萼片稍斜；唇瓣宽倒卵形，基底融合；侧叶直立，长圆形；蕊柱白色，弧形，花粉团2个，有裂隙（图40）。花期10～11月。

生于海拔1 600～1 800m的林下岩石上，目前仅在中国云南德宏发现其原始分布，为中国特有植物。国家二级保护。

图39　垂花兰*Cymbidium cochleare*（丁长春提供）

图40　钟花兰*Cymbidium codonanthum*（图片来源：Jiang 等，2020）。

钟花兰在形态上与垂花兰*C. cochleare*相似，但它的几种形态特征显著区别于垂花兰，钟花兰花序明显短于垂花兰，且花朵3～7，数量少于垂花兰的13～22朵；钟花兰唇瓣白色，略带淡紫红色，垂花兰的唇瓣黄绿色，有小且浓密的紫红色斑点；钟花兰唇盘顶端明显扩张。基于*nrITS*、*matK*和*rbcL*序列进行了系统发育分析，结果也支持钟花兰作为兰属一个新种的地位，将其归为兰属莎草组。

39. 斑舌兰*Cymbidium tigrinum* E. C. Parish ex Hooker, *Bot. Mag*. 90: ad t. 5457. 1864［Type: Burma, Moulmein, Mulayit, *Parish 144* (Holotype K)］.

附生植物。假鳞茎近球形或卵球形，裸露，基部具若干枚鞘。叶通常4枚，生于假鳞茎顶端或罕有1枚侧生，基部收狭成明显的柄，基部有节。花葶发自假鳞茎基部，花序具花2～5朵，稍有香气；萼片与花瓣黄绿色，近基部具紫褐色斑点；唇瓣白色，侧裂片具浅紫褐色晕，中裂片具红棕色斑点和横的短条纹；唇瓣3裂，基部与蕊柱基部边缘合生；蕊柱具狭翅；花粉团2个，有裂隙。斑舌兰植株整体看起来像一个蜂巢（图41）。花期3～6月。

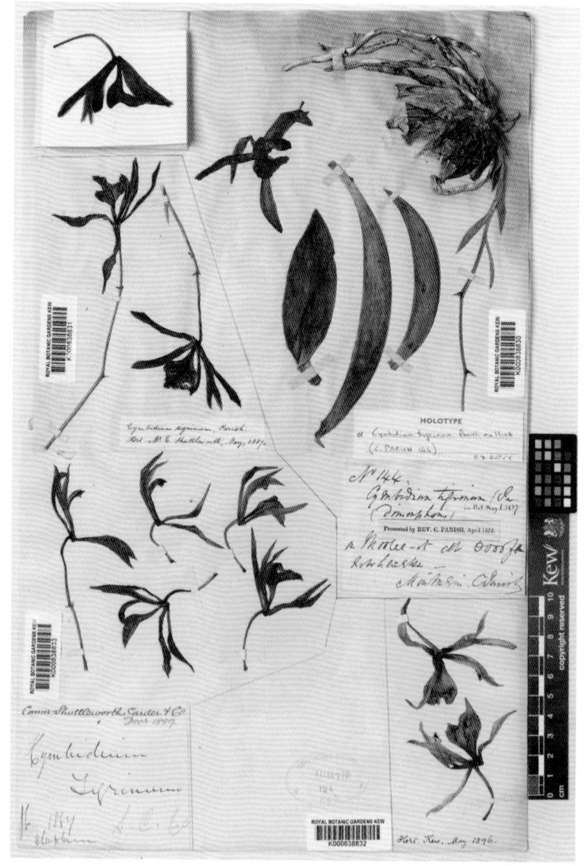

图41　斑舌兰*Cymbidium tigrinum*标本（图片来源：英国邱园的“Plants of the World Online”；编号K000838830）

在我国主要分布于云南西部。印度东北部与缅甸也有分布。濒危等级CR。

本种W. J. Hooker于1864年在缅甸由Charles Samuel Pollock Parish收集的标本中描述，它是一种岩生植物，生长于海拔1 500～2 700m之间的开阔森林中的岩石和裂缝上，光照充足且凉爽的地方。

40. 保山兰*Cymbidium baoshanense* F. Y. Liu & H. Perner, *Orchidee (Hamburg)* 52: 61. 2001［Type:

China, Yunnan, Longling, *L.M. Zuo 98002* (Holotype KUN)].

附生植物。假鳞茎椭圆状卵形，两侧压扁，多少包藏于宿存的叶鞘内。叶3～7枚，2列，倒披针形，基部具明显叶柄，基部有节。花葶发自假鳞茎基部，具花6～9朵，有香气；萼片与花瓣浅绿黄色至浅褐黄色，唇瓣白色，中裂片先端边缘有1个紫红色的V形斑块和中央1条同色中线；褶片浅黄色，具紫红色斑点；唇瓣3裂，基部与蕊柱基部边缘合生；蕊柱黄色；花粉团2个，有裂隙，三角形。花期3月。

生长于海拔1 600～1 700m的林中树上。主要分布于我国云南西南部。濒危等级NT。

41. 莎叶兰 *Cymbidium cyperifolium* Wallich ex Lindley, *Gen. Sp. Orchid.* Pl. 163. 1833 [Type: India, Khasia Hills, Sylhet, *Wallich 7353* (Holotype K)].

地生或半附生植物。根被密毛。假鳞茎小，包藏于宿存的叶基内，每2年长出新假鳞茎。叶9～20枚，2列，带形，基部有节。花葶发自叶腋，直立，具花3～7朵，有香气；萼片与花瓣常浅黄绿色或苹果绿色，具5～7条红棕色或紫色纵条纹，唇瓣浅黄绿色至浅黄色，3裂，侧裂片具紫色条纹，中裂片具紫色斑点或斑块；蕊柱稍弧曲，具狭翅；花粉团4个，成2对。蒴果狭椭圆形（图42）。花期10月至翌年2月。

图42 莎叶兰 *Cymbidium cyperifolium* 标本（图片来源：英国邱园的"Plants of the World Online"；编号K000857144）

生长于海拔900～1 600m的林下排水良好、多石的地上或岩石缝中。在我国主要分布于广东、海南、广西南部、贵州西南部、云南东南部。尼泊尔、不丹、印度、缅甸、泰国、越南、柬埔寨、菲律宾也有分布。濒危等级UV。

送春*Cymbidium szechuanicum* Y. S. Wu & S. C. Chen, *Acta Phytotax. Sin.* 11: 33. 1966假鳞茎每2年生出新假鳞茎；叶9～13，稍2列，2列在基部等长，具狭窄的约1cm膜质边缘。花葶发自叶腋。花期2～4月。主要分布于贵州、四川、云南等西南地区。

据*Flora of China*（2009）记载送春*Cymbidium szechuanicum* Y. S. Wu & S. C. Chen为莎叶兰*C. cyperifolium* Wallich ex Lindley的变种*Cymbidium cyperifolium* var. *szechuanicum* [Y. S. Wu & S. C. Chen) S. C. Chen & Z. J. Liu (*Acta Phytotax. Sin.* 41(1): 83–84, 2003.]

42. 建兰*Cymbidium ensifolium* (L.) Sw., *Nova Acta Regiae Soc. Sci. Upsal., ser.* 2, 6: 77. 1799 [Type: China, Guangdong, *Osbeck s.n.* (Holotype, LINN)].

Syn: *Epidendrum ensifolium* L., *Species Plantarum* 2: 954. 1753.

地生兰。又称四季兰。假鳞茎卵形，包藏于宿存的叶基内。叶2～4枚，带形，基部有节。花葶从假鳞茎基部发出，直立，具花3～13朵，常有香气；花色泽变化大，常为浅黄绿色而有紫色斑；蕊柱稍弧曲，具狭翅；花粉团4个，成2对，宽卵形。蒴果狭椭圆形（图43）。花期6～10月，果期翌年7～11月。

生于海拔600～1 800m的疏林下、灌丛、山谷旁或草丛中。在我国主要分布于安徽、浙江、江西、福建、台湾、湖南、广东、海南、广西、四

图43　建兰 *Cymbidium ensifolium*（A-B：花果同期；C：果序。王涛提供）

图44　墨兰 *Cymbidium sinense*（丁长春提供）

图45　秋墨兰 *Cymbidium haematodes*（丁长春提供）

川、贵州和云南。缅甸、泰国、老挝、越南、柬埔寨、马来西亚、新加坡、印度尼西亚、菲律宾等地区也有分布，北至日本。其分布纬度多在北纬21°~28°，比墨兰纬度高，比春兰和蕙兰分布纬度低，与寒兰的分布大抵相同。濒危等级UV。

43. **墨兰*Cymbidium sinense*** (Jackson ex Andrews) Willdenow, *Sp*. Pl. 4: 111. 1805 (Type: Icon. in Andr., *Bot. Rep*. 3: t. 216. 1802).

Syn: *Epidendrum sinense* Jacks. ex Andrews, *Species Plantarum. Editio quarta* 4: 111. 1805.

地生植物。又称报岁兰、报春兰等。假鳞茎卵形，包藏于宿存的叶基内。叶3~5枚，带形，薄革质，深绿色，基部有节。花葶从假鳞茎基部发出，具花10~20朵或更多，一般有较浓的香气；花通常为暗紫色或浅紫褐色，具较浅色泽的唇瓣；唇瓣不明显3裂，侧裂片直立，多少围抱蕊柱，具细乳突状毛；蕊柱稍弧曲，具狭翅；花粉团4个，成2对，宽卵形。蒴果狭椭圆形（图44）。花期10月至翌年3月，果期约1年后。

生长于海拔300～2 000m林下、溪谷旁排水良好的荫蔽处。在我国主要分布于安徽、江西、福建、台湾、广东、海南、广西、四川、贵州和云南。印度、缅甸、越南、泰国、日本也有分布。濒危等级VU。

44. 秋墨兰***Cymbidium haematodes*** Lindley, *Gen. Sp. Orchid. Pl.* 162. 1834.

地生植物。又称秋榜。假鳞茎包藏在叶基内。叶2～5枚，拱形，叶较宽阔，50～200cm×0.8～1.7cm，一般边缘无锯齿。通常花葶长于叶，具花9朵，花苞片可达20mm；花瓣和萼片淡黄色至亮黄色，具明显的红棕色条纹，基部条纹渐浅；唇瓣中裂片具细红点；萼片稍倒卵形，先端稍尖；侧萼片下垂，稍倾斜；花瓣等宽或稍窄于萼片；唇瓣基部与蕊柱分离，3浅裂；侧裂片狭窄近椭圆；中裂片三角形近椭圆，边缘波状，不弯曲，先端圆或钝形（图45）。花期9～10月，果期11月至翌年4月。此种在体态与花的形态上更接近墨兰。CITES保护Ⅱ级。

生长于海拔500～1 900m的林下，在我国主要分布于海南和云南。在印度、印度尼西亚、老挝、新几内亚岛、斯里兰卡、泰国等地也有分布。

45. 落叶兰 ***Cymbidium defoliatum*** Y. S. Wu & S. C. Chen, *Acta Phytotax. Sin.* 29: 549. 1991［Type: China, Guizhou, cult. *Beijing BG* (Holotype PE)］.

地生植物。鳞茎小，常数个排成1列。叶2～4枚，自然条件下冬季落叶，在生长期只有最前面的1个假鳞茎具叶，基部有节。花葶发自假鳞茎基部，具花2～4朵，有香气；花粉团4个，成2对（图46）。花期6～8月。

图46　落叶兰 *Cymbidium defoliatum*（A：开花植株；B、D：花；C：植株基部。丁长春提供）

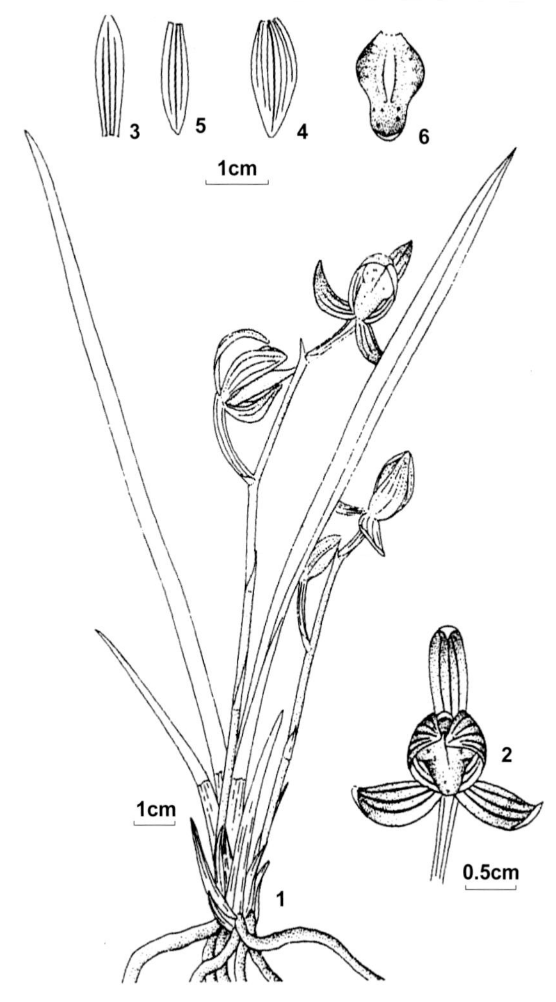

图47 细花兰*Cymbidium micranthum*（1：开花植株；2：花；3：主萼片；4：侧萼片；5：花瓣；6：唇瓣正面观。刘仲健和陈心启，2004b）

主要分布于我国贵州、四川和云南。生长的海拔高度为1 800m。本种在西南各地常见栽培于温室中。濒危等级EN。

46. 细花兰*Cymbidium micranthum* Z. J. Liu & S. C. Chen, J. Wuhan Bot. Res. 22: 500. 2004［Type: China, Yunnan, Maguan, *Z.J. Liu 2705* (Holotype SZWN)］.

地生植物。假鳞茎狭卵形，包藏于宿存的叶基内。叶1～4枚，近直立，带形，基部有节。花葶发自假鳞茎基部叶鞘内，近直立，纤细，具多鞘，具2或3花，花小；花苞片披针形；唇瓣具不明显3裂，唇盘上有2条肉质纵褶片；蕊柱稍弧曲；花粉团4个，成2对。花期12月。

生于灌木丛生、多腐殖质的山坡上，海拔1 500m。主要分布于我国云南东南部。CITES保护Ⅱ级。

与珍珠矮*C. nanulum*略相近，但不具延长的根状茎，有长1.0～1.5cm的假鳞茎，叶在中部以下多少对折，有关节，唇瓣顶端内弯，蕊柱长1～1.2cm，易区别。

47. 寒兰*Cymbidium kanran* Makino, *Bot. Mag. (Tokyo)* 16: 10. 1902［Type: Japan, cult., *Makino* (Holotype, MAK)］.

地生植物。假鳞茎狭卵形，包藏于宿存的叶基内。叶3～8枚，带形，深绿色，边缘常有细齿，基部有节。花葶发自假鳞茎基部，直立，具花5～12朵，常具浓香；唇瓣不明显3裂；蕊柱稍弧曲，具狭翅；花粉团4个，成2对，宽卵形。蒴果狭椭圆形（图48）。花期6～12月，果期翌年8～12月。

生长于海拔400～2 400m的林下、溪谷旁或稍荫蔽、湿润、多石之土壤上。在我国主要分布于安徽、浙江、江西、福建、台湾、湖南、广东、海南、广西、四川、贵州和云南。日本、韩国和朝鲜也有分布。濒危等级VU。

48. 丘北冬蕙兰*Cymbidium qiubeiense* K. M. Feng & H.Li., *Acta Bot. Yunnan*. 2: 334. 1980［Type: China, Yunnan, Qiubei, 1800m, *P.Y. Qiu 59140* (Holotype KUN)］.

地生植物。假鳞茎较小，卵形，包藏于紫褐色的宿存叶基和叶鞘内。叶常2～3枚，着生于假鳞茎近顶端，带形，边缘有细锯齿，基部收狭为长柄，基部有节。花葶从假鳞茎基部发出，疏生花5～6朵，有香气；萼片与花瓣绿色，花瓣基部具暗紫色斑；唇瓣白色，侧裂片具红色晕，中裂片具紫色斑点；唇瓣不明显3裂，侧裂片直立；蕊柱稍弧曲；花粉团4个，成2对（图49）。花期10～12月。

生长于海拔700～1 800m的林下。主要分布于我国贵州和云南。濒危等级EN。

在天然产地发现了丘北冬蕙兰与寒兰、兔耳兰和豆瓣兰生长在一起。新杂种紫纹冬蕙兰（*Cymbidium*× *purpuratum*）叶片形态、叶片数量、萼片与寒兰相似，花苞片、花瓣、唇瓣与丘北冬蕙兰相似；兔耳冬蕙兰（*Cymbidium*× *latifolium*）叶片

图48　寒兰 *Cymbidium kanran*（丁长春提供）

图49　丘北冬蕙兰 *Cymbidium qiubeiense*（丁长春提供）

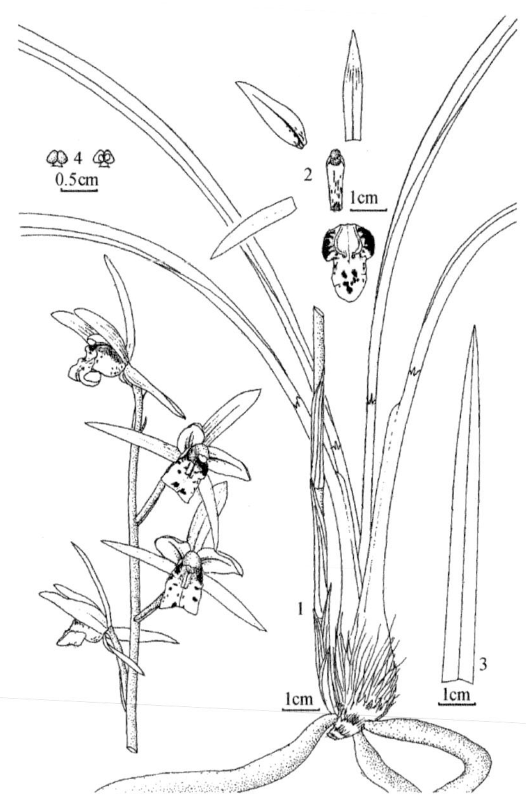

图50　紫纹冬蕙兰 *Cymbidium*×*purpuratum*（1.开花植株；2.萼片、花瓣、唇瓣和蕊柱；3.叶端；4.花粉团。图片来源：陈丽君 等，2007）

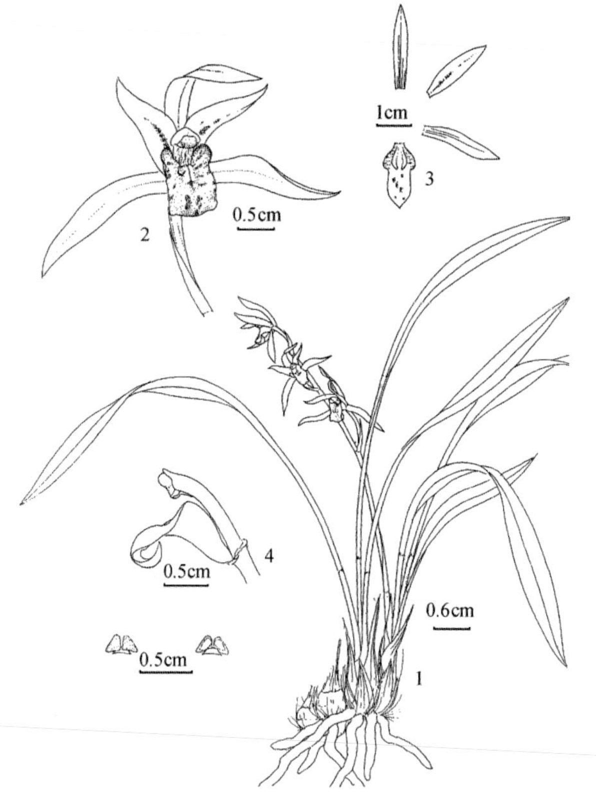

图51　兔耳冬蕙兰 *Cymbidium*×*latifolium*（1.开花植株；2.花；3.萼片、花瓣和唇瓣；4.蕊柱和唇瓣侧面观；5.花粉团。图片来源：陈丽君 等，2007）

和花序柄与兔耳兰相似，花与丘北冬蕙兰相似；独花冬蕙兰（*Cymbidium* × *uniflorum* T. C. Yen）叶片形态、花序柄与丘北冬蕙兰相似，花形态、叶柄无关节，与豆瓣兰相似。发表于“华南农业大学学报，2007，28（2）：83–84.”

（1）紫纹冬蕙兰 *Cymbidium* × *purpuratum*

主要分布于云南丘北县海拔1 200m林下。形态介于寒兰和丘北冬蕙兰之间，其叶片形态、叶片数量、萼片与寒兰相似，花苞片、花瓣、唇瓣与丘北冬蕙兰相似；花粉团4个，成2对；花期11月至翌年2月（图50）。

（2）兔耳冬蕙兰 *Cymbidium* × *latifolium*

主要分布于云南广南县海拔1 300m林下。形态介于兔耳兰和丘北冬蕙兰之间，其叶片和花序柄与兔耳兰相似，花与丘北冬蕙兰相似；花粉团4个，成2对，每对1大1小；花期11月至翌年2月（图51）。

（3）独花冬蕙兰 *Cymbidium* × *uniflorum* T. C. Yen, Icon. *Cymbid. Amoy.* A: 2，1964.

主要分布于云南广南县海拔1 200m林下。形

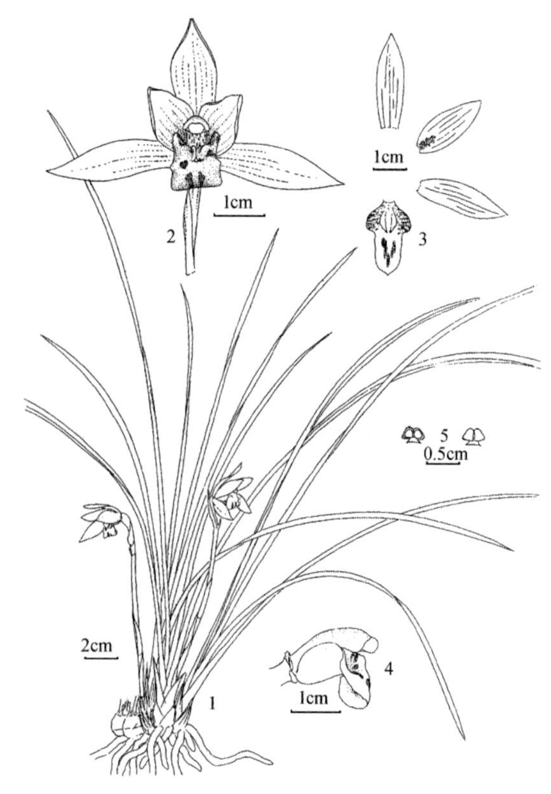

图52　独花冬蕙兰 *Cymbidium*×*uniflorum*（1.开花植株；2.花；3.萼片、花瓣和唇瓣；4.蕊柱和唇瓣侧面观；5.花粉团。图片来源：陈丽君 等，2007）

态介于豆瓣兰和丘北冬蕙兰之间，其叶片形态、花序柄与丘北冬蕙兰相似，花形态与豆瓣兰相似，叶柄无关节；花粉团4个，成2对；花期11月至翌年2月（图52）。

49. 峨眉春蕙*Cymbidium omeiense* Y. S. Wu & S. C. Chen, *Acta Phytotax. Sin.* 11: 32. 1966［Type: China, Sichuan, EmeiShan, cult. Y.L. Fee (Holotype PE, destroyed). Neotype: China, Sichuan, EmeiShan, *Z.J. Liu 22319* (PE)］.

地生植物。植株矮小，假鳞茎小或不明显。叶4～5枚，带形，边缘稍具细锯齿，基部具不明显关节。花葶发自近植株基部，具3～4花，通常每年开2次花，有香气，浅黄绿色；萼片下半部具浅紫红色中脉，花瓣具浅紫红色条纹；花粉团4个，成2对。花期3～4月和9～10月。

生于林中排水良好之地。主要分布于我国四川、广西、湖北、云南等地。模式标本为栽培植物，采自四川峨眉山。后来的研究表明，该种可能是以大花蕙兰为亲本的杂交变种（*Flora of China*，2009）。濒危等级NT。

50.春兰*Cymbidium goeringii* (Rchb. f.) Rchb. f., *Ann. Bot. Syst.* 3: 547. 1852［Type: Japan, *Goering 592* (Holotype W)］.

地生植物。假鳞茎小，卵形，包藏于宿存的叶基内。叶4～7枚，带形，边缘不具或稍具细齿，近基部多少对折而呈V形，基部有节。花葶发自近假鳞茎基部，直立，花序具单朵花，罕2朵；花苞片多少围抱子房；花通常浅黄绿色并具浅紫褐色脉，

图53　春兰*Cymbidium goeringii*（A：自然生境；B：果　刘振华 提供；C-F：花　王涛提 供）

质地薄，常有香气；蕊柱具宽翅；花粉团4个，成2对。蒴果狭椭圆形。花期1～3月（图53）。

生长于海拔300～2 200m的林下多石山坡、林缘、林中透光处，在台湾可达3 000m。在我国主要分布于陕西、甘肃、江苏、安徽、浙江、江西、福建、台湾、河南、湖北、湖南、广东、广西、四川、贵州、云南等地。日本、韩国与朝鲜也有分布。濒危等级VU。

51. 长叶兔耳兰 ***Cymbidium* × *oblancifolium*** Z. J. Liu & S. C. Chen, *Forestry Stud. China* 3: 23. 2001.

地生植物。假鳞茎长圆状卵球形或卵球形，稍压扁，具2～4鞘，鞘为浅棕色披针形。叶通常3，逐渐缩小向基部；叶亮皮质，倒披针形，渐尖；叶柄V形，腹部有凹槽。花葶从假鳞茎基部产生，花4朵；苞片线状披针形。花梗和子房绿色；花淡绿色–黄色，萼片和花瓣上有5条淡绿色条纹，花瓣下半部分中央有一条棕紫色的线，唇侧裂片和裂片中部有棕紫色的斑纹，柱体的腹面棕紫色；萼片长圆状或狭倒卵状长圆形，先端急尖；花瓣狭椭圆形长圆形，稍围抱蕊柱；唇卵形，3裂，侧裂片直立，围抱蕊柱；中裂片宽卵形–长圆形或宽卵形，下弯，先端短渐尖。花期11月。

主要分布于我国四川南部、台湾等。引种栽培后其性状稳定，繁殖率高，具有较好的观赏价值（刘仲健 等，2001）（图54）。

长叶兔耳兰性状介于兔耳兰*C. lancifolium* 和建

图54　长叶兔耳兰 *Cymbidium* × *oblancifolium*（1.开花植株；2.叶；3.花；4.花器官解剖。图片来源：刘仲健 & 陈心启，2001）

兰*C. ensifolium*之间，可能是这两种天然杂交的产物。长叶兔耳兰与建兰的不同之处在于有剑状叶，30 ~ 60cm长，基部没有叶柄，花葶20 ~ 40cm长。

52. 施甸兰*Cymbidium shidianense* G. Z. Chen, G. Q. Zhang & L. J. Chen, *Phytotaxa* 399: 105. 2019［Type: China, Yunnan, Shidian, *Liu 5828* (Holotype NOCC)］.

原产于中国云南。2011年，深圳兰科中心研究人员在云南进行兰科植物资源调查时，在施甸采集到了一株兰属植物标本。中心研究人员通过对标本数据及分子鉴定等分析后，最终确定为中国植物新种。由于其模式标本采集地位于施甸，于是将其命名为“施甸兰”。

通过*nrITS*、*rbcL*和*matK*标记系统发育树分析结果显示，施甸兰与腋花组（sect. *Eburnea*）莎叶兰*C. cyperifolium*亲缘关系较近。但通过形态学特征分析，施甸兰的假鳞茎甚大，叶5 ~ 6枚，带状，坚挺，先端渐尖，边缘有锯齿，基部有节。萼片与花瓣浅绿色具深色脉纹、宽很多，唇瓣中裂片具V形斑块；花葶发自植株基部的叶鞘内，常2花；花粉团块4个，成2对。花期2 ~ 3月（图55）。

53. 豆瓣兰*Cymbidium serratum* Schlechter, *Repert. Spec. Nov. Regni Veg. Beih.* 4: 73. 1919［Type: China, Guizhou, *Esquirol s.n.* (Holotype

图55　施甸兰*Cymbidium shidianense*（图片来源：Chen 等，2019）

图56　豆瓣兰*Cymbidium serratum*（丁长春提供）

B)］.

地生植物。假鳞茎小，卵形，根粗厚。叶3～5枚，带形，着生于假鳞茎近顶端，边缘常具齿，叶脉半透明，近基部处无关节。花葶从假鳞茎基部发出，具1花，极罕2花，质地厚，无香气；萼片与花瓣绿色，具紫红色中脉与若干细侧脉；唇瓣白色，具紫红色斑；蕊柱浅绿色，腹面具紫红色斑与条纹；唇瓣3裂，侧裂片直立，中裂片外弯；蕊柱具狭翅；花粉团4个，成2对（图56）。花期2～3月。

生长于海拔1000～3 000m的林下或排水良好的山坡。在我国主要分布于贵州、湖北、四川、云南和台湾。朝鲜和日本亦有分布。濒危等级NT。

豆瓣兰与春兰相似，又称“线叶春兰”，但与春兰有显著不同：豆瓣兰叶狭窄但无节，花葶显著长于春兰，其花瓣和萼片绿色，无香气。

54. **莲瓣兰*Cymbidium tortisepalum*** Fukuyama, *Bot. Mag. (Tokyo)* 48: 304. 1934［Type: China, Taiwan, *Fukuyama 3983* (Holotype KANA)］.

地生植物。我国云南白族和纳西族群众称为“小雪兰”，台湾兰界称为“菅草兰”“卑亚兰”。假鳞茎小，椭圆形或卵形，连结成丛，包藏于宿存的叶基内。叶5～10枚，带形，质柔软，叶缘有细锯齿，基部常合抱对折，横切面呈V形，基部无关节。花葶发自近假鳞茎基部处，直立或稍倾斜，具3～7朵花，有香气；花常浅绿黄色或稍带白色，唇瓣3裂不明显，侧裂片直立，具紫红色条纹，边绿色较深；中裂片有紫色斑点，端反卷，唇瓣上有2条平行的褶片（图57）。花粉团4个，成2对。花期12月至次年3月。

生长于海拔800～2 500m的松、杉、栎类的次生林下、草丛中或多石的灌丛下。主要分布于我国贵州、四川、台湾与云南等地。濒危等级VU。

据*Flora of China*（2009）记载莲瓣兰的一变种春剑*Cymbidium tortisepalum* var. *longibracteatum* (Y. S. Wu & S. C. Chen) S. C. Chen & Z. J. Liu（*Acta Phytotax. Sin.* 41: 81. 2003），叶坚挺，近直立。花苞片明显长于带梗子房，通常围抱子房。花期1～3月。生于多石与灌木丛生的山坡；海拔1 000～1 200m。主要分布于我国广西北部、贵

图57　莲瓣兰*Cymbidium tortisepalum*（A-B：开花植株　江延庆提供；C-F：花　丁长春提供）

图58 蕙兰 *Cymbidium faberi*（付其迪提供）

州、湖北西部、湖南、四川和云南。

55. **蕙兰*Cymbidium faberi*** Rolfe, *Bull. Misc. Inform. Kew* 1896: 198. 1896 (Type: China, Zhejiang, Mt. Tientai, *Faber 94*, in part ［lectotype K, chosen by Du Puy & Cribb (1988)］.

地生植物。假鳞茎不明显。叶5～8枚，带形，近直立，叶脉半透明，边缘有锐锯齿，近基部无关节。花葶发自假鳞茎基部，近直立或稍外弯，花序柄具多枚鞘，具花5～11朵或更多；花通常浅黄绿色，唇瓣具浅紫红色斑，浓香；蕊柱稍弧曲，具狭翅；花粉团4个，成2对（图58）。花期3～5月，果期翌年4～6月。

生长于海拔700～3 000m的林下湿润、排水良好的地方。在我国主要分布于陕西、甘肃、安徽、浙江、江西、福建、台湾、河南、湖北、湖南、广东、广西、四川、贵州、云南和西藏等

图59　珍珠矮 *Cymbidium nanulum*（A：植株；B：幼果；C-D：花。丁长春提供）

地。尼泊尔、印度也有分布。濒危等级LC。

56. 珍珠矮*Cymbidium nanulum* Y. S. Wu & S. C. Chen, *Acta Phytotax. Sin.* 29: 551. 1991［Type: China, Yunnan, near Liuku, cult. *D.P. Yu 0066* (Holotype PE)］.

地生植物。常单生。地下有肉质的根状茎，无明显的假鳞茎。根状茎常具圆筒形，具多节，常有短分枝，后期逐渐腐烂。叶2～3枚，带形，直立，近基部无关节。花葶从植株基部发出，疏生花3～4朵，有香气，花通常浅黄绿色；萼片与花瓣具5条浅紫红色纵条纹；唇瓣侧裂片具浅紫红色条纹，中裂片具浅紫红色斑；花粉团4个，成2对（图59）。花期6～8月，果期次年7～9月。

生长于海拔1 000～1 700m的林下多石地上。主要分布于我国海南、贵州和云南等地。濒危等级EN。

57. 奇瓣红春素*Cymbidium teretipetiolatum* Z. J. Liu & S. C. Chen, *Orchidee* (*Hamburg*) 53: 338. 2002［Type: China, Yunnan, Simao Pref., nr. Jiangcheng, *Z.J. Liu 220210* (Holotype PE; isotype SZWN)］.

地生植物。地下常有1条根状茎，有时根状茎呈珊瑚状，甚长。假鳞茎卵形，具节。叶3～5枚，带形，基部有柄，叶柄无关节。花葶发自假鳞茎基

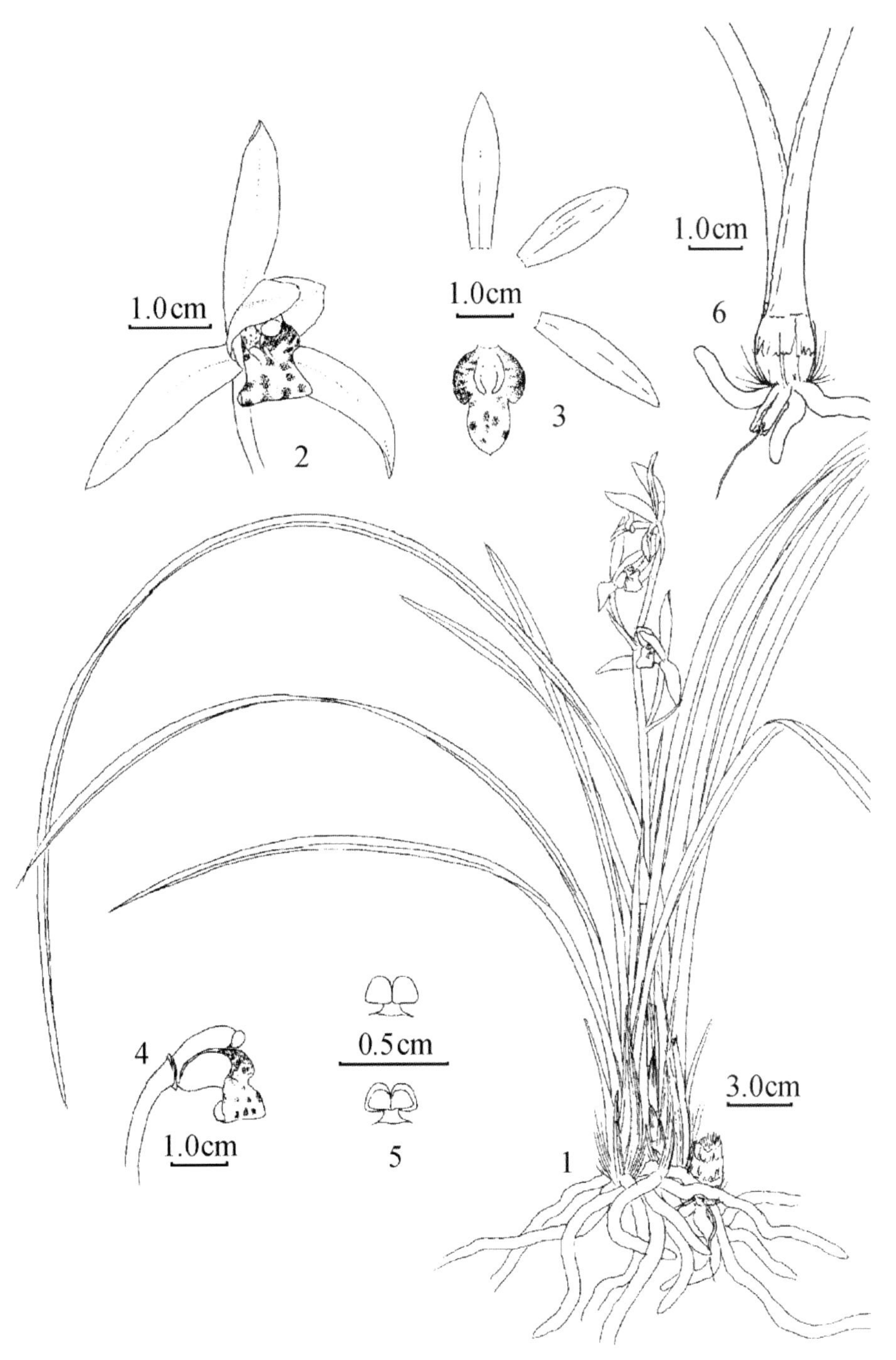

图60 怒江兰 *Cymbidium*×*nujiangense*［1：带花植株；2：花；3：中萼片、花瓣、侧萼片与唇瓣；4：唇瓣与蕊柱（侧面观）；5：花粉粉块；6：无关节的叶片基部。图片来源：周旭平 等，2007］

部，具花2～4朵，无香气；萼片与花瓣白绿色，有浅棕色或浅粉红色晕，具绿色脉；唇瓣色泽与萼片、花瓣相似，但略浅，侧裂片基部边缘有红色斑点；唇瓣不裂或不明显3裂；蕊柱稍弧曲，浅绿色，顶端象牙白色；花粉团4个，成2对。蒴果狭椭圆状。花期1～2月，果期翌年2～3月。

生长于海拔1 000m的疏林中。主要分布于我国云南。濒危等级VU。

58. 怒江兰 ***Cymbidium*×*nujiangense*** X.P. Zhou, S. P. Lei & Z. J. Liu, *J. South China Agri. Univ*. 28(2): 87–88. 2007［Type: China, Yunnan, Lushui, Laowo, 2005, *Z.J. Liu 3039* (Holotype SZWN)］.

地生植物。假鳞茎小，有4～5节，包藏于叶基内。叶6～9枚，外弯，边缘有细锯齿，基部无关

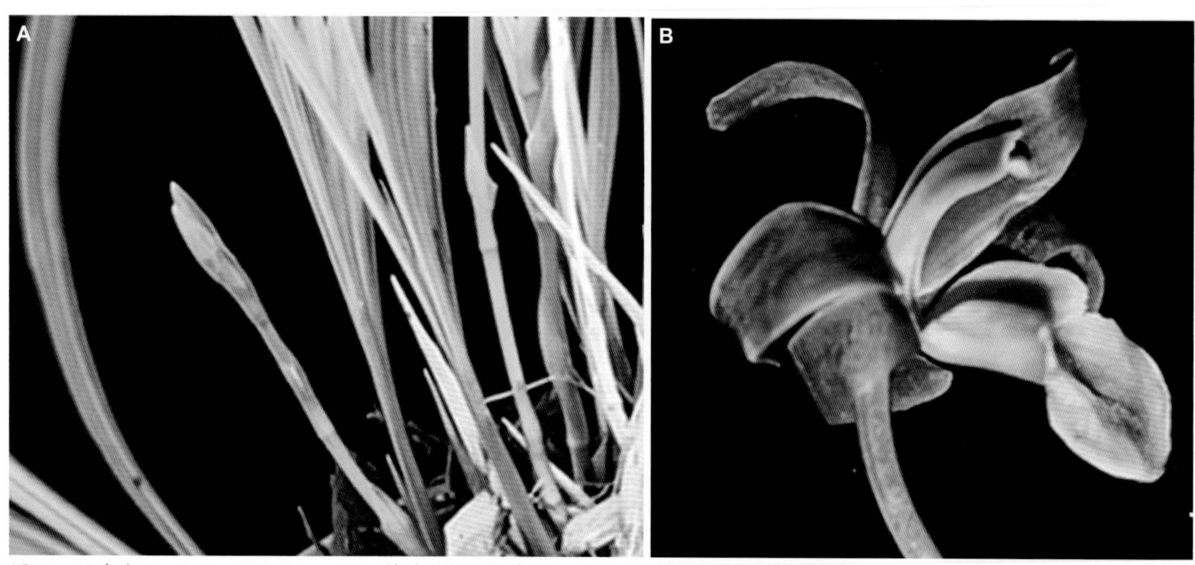

图61 西畴兰 *Cymbidium xichouense*（A：植株基部和花葶；B：花朵。图片来源：Xu 等，2021）

节。花葶发自假鳞茎基部，近直立，具花2～5朵，有香气；花苞片披针形，通常为花梗和子房长度的2/3；萼片与花瓣常绿色，在基部偶见紫斑；唇瓣浅黄绿色并有紫褐色斑；蕊柱浅黄绿色，腹面有紫褐色斑；萼片狭椭圆状矩圆形，先端短渐尖；花瓣狭卵形，先端急尖；唇瓣轮廓为近卵形，3裂；侧裂片直立，围抱蕊柱，半卵形；中裂片强烈外弯，近卵圆形，边缘多少波状，先端钝，上面具细乳突；唇盘上具2条纵褶片，延伸至中裂片基部，近顶端向内弯；蕊柱两侧边缘有狭翅。花粉团4个，成2对。花期2～3月（图60）。

现发现主要分布于我国云南西部泸水市老窝乡，生长于海拔1 900m石灰岩地区灌木草丛坡上，与杏黄兜兰、送春、莲瓣兰、离萼杓兰等混生。国家二级保护植物。

该种可能是送春*Cymbidium cyperifolium* var. *szechuanicum* (Y. S. Wu & S. C. Chen) S. C. Chen & Z. J. Liu［*Acta Phytotax. Sin.* 41(1): 83–84. 2003］和莲瓣兰*C. tortisepalum*之间的天然杂交种。在野外分布区，它们都在同一山坡上混生在一起。怒江兰与送春的区别在于：叶近基部处无关节，花葶发自假鳞茎基部（非腋生）；与后者的区别在于：叶较宽，通常在基部二列套叠并具膜质边缘，花苞片亦明显较短。此外，怒江兰在体态与花的特征方面与蕙兰*C. faberi*亦有若干相似之处，区别点在于怒江兰有一个小而明显的假鳞茎，叶脉不透明（周旭平 等，2007）。

59. 西畴兰*Cymbidium xichouense* X. Y. Xu, C. C. Ding & S. R. Lan, *Phytotaxa* 484 (3): 291–297. 2021［Type: China, Yunnan, the junction of Xichou Country and Maguan, *X.Y. Xu F001* (Holotype FAFU)］.

地生植物。假鳞茎卵形，包藏于叶基部。叶4～5枚，深绿色，顶端渐尖，基部收缩成长叶柄；叶柄紫黑色，基部无关节。花葶由假鳞茎基部生长，直立，具花2～3朵；花苞片披针形，绿色；花芳香；萼片和花瓣为绿色；唇瓣白色至绿色；花粉团4个，成2对（图61）。花期10～11月。

生长于海拔800～1 800m的密林下、开阔的森地或林缘，主要分布于我国云南省西畴县和马关县。国家二级保护植物。

西畴兰在形态上与丘北冬蕙兰*C. qiubeiense*相似，但它的几种形态特征显著区别于丘北冬蕙兰：花葶绿色，唇瓣白绿色，侧裂片略带棕绿色，唇盘上有3条纵褶片。丘北冬蕙兰花葶紫色，唇瓣基部有暗紫色斑，唇盘上有2条纵褶片从基部延伸至接近中裂片基部。基于*nrITS*和*matK*序列进行了系统发育分析，结果也支持西畴兰作为兰属一个新种，将其归为建兰亚属无关节组subgenus *Jensoa*。

60. 黑唇兰*Cymbidium atrolabium* X. Y. Liao, S. R. Lan & Z. J. Liu, *Phytotaxa* 423: 89. 2019.［Type:

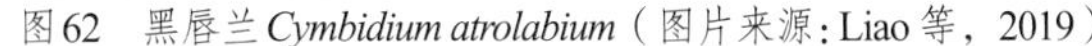

图62　黑唇兰 *Cymbidium atrolabium*（图片来源：Liao 等，2019）

图63　小蕙兰 *Cymbidium brevifolium*（图片来源：Zhou 等，2020）

China, Yunnan, Yunlong, *X.Y. Liao F001* (Holotype FAFU)].

地生植物。假鳞茎椭球形或卵圆形，包藏于叶基之内。叶4～6枚，线形，横截面呈V形。花葶从假鳞茎基部生出，直立，具花2朵；蕊柱腹部有深紫色的条纹；花粉团4个，成2对。花期2～3月（图62）。与莲瓣兰*C. tortisepalum*相似，它们都有拱形叶，微弧形蕊柱，小假鳞茎。然而，不同之处是黑唇兰花序深紫色，花较小，深紫色的唇瓣，萼片和花瓣中间有深紫色的条纹。莲瓣兰花大，3～7朵，有香气。花期3～4月。

目前仅发现分布于我国云南西部，海拔2 300m处的草原山坡、开阔的森林或森林边缘。国家二级保护植物。

61. 小蕙兰*Cymbidium brevifolium* Z. Zhou, S. R. Lan & Z. J. Liu, *Phytotaxa* 464 (3): 236–242. 2020 [Type: China, Hubei, Suizhou, *Z. Zhou F001* (Holotype FJFC)].

地生植物。植株矮小，丛生。无明显的假鳞茎，具密集的横枝。叶狭线形，基部无关节，非落叶。花葶从植株基部发出；花粉团4个，成2对。花期7月至翌年4月。它的所有特征均明显区别于兰属其他所有种。直到2020年7月，研究者才发现有开花的植株。经过详细的形态学研究，发现这些植物的特征是花序比叶子长很多，大而向上开的花，管状唇瓣，中裂片3裂底部半凹状（图63）。

目前发现分布于中国湖北、四川和河南，生长在有沙质和多岩石的山坡上。国家二级保护植物。

62. 兔耳兰 *Cymbidium lancifolium* Hooker, *Exot. Fl.* 1: ad t. 51. 1823 [Type: Nepal, *Wallich s.n.*, cult. Shepherd (Holotype K)].

地生或附生植物。假鳞茎常多少簇生，近圆柱形或狭纺锤形，稍两侧压扁，具节，多少裸露，顶端聚生2～6枚叶。叶倒披针状长圆形至狭椭圆形，边缘具细锯齿，基部收狭成柄，叶柄有节。花葶侧生，从假鳞茎下部或上部的节上发出，直立，具花2～6朵，较少减退为单花或具更多的花；花通常白色至浅绿色，有时萼片与花瓣上有浅紫褐色中脉，唇瓣上有浅紫褐色斑；唇瓣稍3裂；花粉团4个，成2对。蒴果狭椭圆形（图64）。花期5～8月，果期翌年6～9月。

生长于海拔300～2 200m的疏林下、竹林下或溪谷旁的岩石上。在我国主要分布于浙江、福

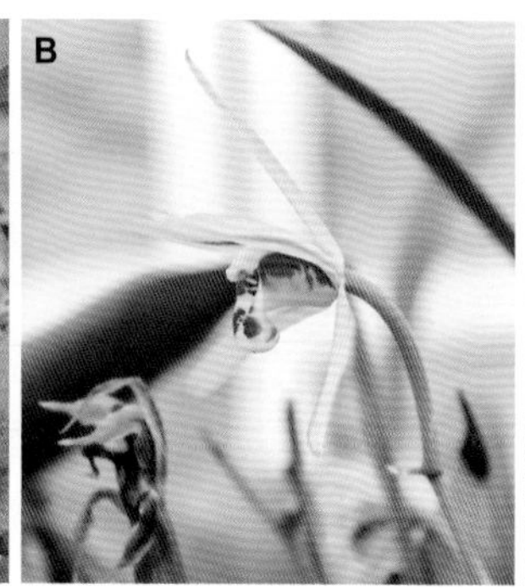

图64　兔耳兰 *Cymbidium lancifolium*（A-B：花；C：果。江延庆提供）

建、台湾、湖南、广东、海南、广西、四川、贵州、云南和西藏。尼泊尔、印度、不丹、缅甸、泰国、老挝、越南、柬埔寨、马来西亚、新加坡、印度尼西亚、菲律宾、日本和新几内亚岛也有分布。濒危等级LC。

63. 长茎兔耳兰 *Cymbidium recurvatum* Z. J. Liu, S. C. Chen & P. J. Cribb, *Fl. China* 25: 278. 2009［Type: China, Yunnan, Baoshan, Xishan, 2005, *Z.J. Liu 3043* (Holotype NOCC)］.

地生植物。假鳞茎常2～3个簇生，茎状，直立，圆筒状，肉质，具6～8节。鞘披针形，不脱落。叶2～4枚，生于近茎顶端处；叶柄有关节。花葶侧生，发自假鳞茎近顶端的节上，通常具单花，萼片淡黄绿色，下半部具紫色中脉；花瓣白色，具紫色中脉和紫色斑块；唇瓣侧裂片紫色，中裂片白色并有2～3个紫色斑块；花粉团4个，成2对。花期8～9月。

生长于海拔1 700m的灌木林下排水良好的坡地上。在我国主要分布于云南西南部保山。泰国也有分布。CITES保护Ⅱ级。

64. 二叶兰*Cymbidium rhizomatosum* Z. J. Liu & S. C. Chen, *J. Wuhan Bot. Res*. 20: 421. 2002［Type: China, Yunnan, Malipo. Cult., *Z.J. Liu 2559* (Holotype, SZWN)］.

地生植物。地下具1个近于直立的根状茎和若干肉质根，根状茎圆筒状具节，具小疣状分枝。叶2枚，基生，花后萌发，狭椭圆形至椭圆形，薄革质。花葶发自根状茎近顶端的节上，直立，具花（1或）2或3朵。花浅绿色近白色，花瓣基部有浅紫红色中线；唇瓣和蕊柱具浅紫红色斑；唇瓣具不明显3裂。花粉团4个，成2对。蒴果狭椭圆形（图65）。花期8～9月和11～12月。其近缘种为兔耳兰。

生长于海拔1 500m的疏林中腐殖质丰富处。主要分布于我国云南东南部的麻栗坡、广南等地。

65. 两季兰*Cymbidium biflorens* D.Y.Zhang, S. R. Lan & Z. J. Liu, *Phytotaxa* 428 (3): 271–278. 2020［Type: China, Yunnan, Malipo, August 2019, *Zhang F001* (Holotype FAFU)］.

地生植物。无叶和假鳞茎。根状茎珊瑚状。花葶由根状茎最上部节点生出，直立，具花1～2朵；花瓣具一条紫红色的中心线，唇部和蕊柱具紫红色斑点；花粉团4个，成2对（图66）。花期7～8月和10～11月。

生于林下黄土性土壤。2019年8月，Zhang等在我国云南东南部麻栗坡发现，应为分布狭窄的特有物种。国家二级保护植物。

图65　二叶兰 *Cymbidium rhizomatosum* 幼苗和植株基部（图片来源：Tu 等，2020）

图66　两季兰*Cymbidium biflorens*（图片来源：Tu 等，2020）

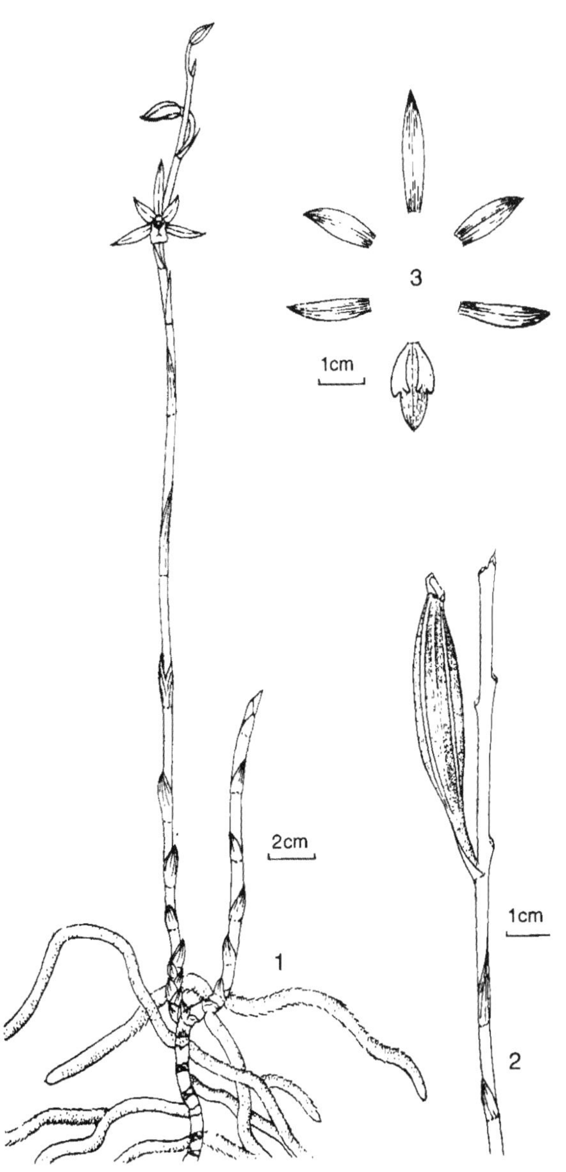

图67　多根兰*Cymbidium multiradicatum*（1：带花植株；2：具果实植株；3：中萼片、花瓣、侧萼片和唇瓣。图片来源：刘仲健 & 陈心启，2004c）

两季兰*C. biflorens*与二叶兰*C. rhizomatosum*相似，都有狭窄的倒卵形—椭圆形萼片，顶端渐尖，稍椭圆形花瓣，中裂片卵形。但不同之处在于两季兰无叶，根状茎珊瑚状，花开2季，花葶较短，花序具花1～2朵，绿色花有较长的花梗和子房，花瓣和唇瓣不完全开放。基于*nrITS*和*matK*序列进行系统发育分析，结果也支持两季兰作为兰属一个新种的地位。

66. **多根兰*Cymbidium multiradicatum*** Z. J. Liu & S. C. Chen, *Acta Bot. Yunnan*. 26: 297. 2004［Type: China, Yunnan, Malipo, *Z.J. Liu 2614* (Holotype SZWN)］.

腐生植物。无绿叶，亦无假鳞茎。地下有1条近于直升的根状茎和多条根，根被毛。根状茎肉质，有时有分枝，有节，多少具小疣状突起。花葶发自根状茎上，具花3～10朵；花浅紫红色或浅黄色，萼片背面有紫色斑；唇瓣3裂，侧裂片近直立，中裂片稍下弯，先端边缘皱波状；蕊柱稍弧曲；花粉团4个，成2对。蒴果狭椭圆形（图67）。花期6～7月，果期翌年7～8月。

生长于海拔1 500m的密林中腐殖质丰富处。主要分布于我国云南东南部麻栗坡。濒危等级

图68　大根兰 *Cymbidium macrorhizon* 花朵（图片来源：Tu 等，2020）

NT。其近亲种为大根兰。

67. **大根兰 *Cymbidium macrorhizon*** Lindl., *Gen. Sp. Orchid. Pl.* 162. 1833［Type: India, Kashmir, *Royle* (Holotype K)］.

腐生植物。无绿叶，亦无假鳞茎，地下具1条近直立的根状茎和1～2条很短的根；根状茎肉质，常分枝，具节。花葶自根状茎上发出，直立，具花2～5朵；花白色带浅黄色，在萼片与花瓣上有1条浅紫色的中线，唇瓣具浅紫色斑；唇瓣稍3裂；蕊柱稍弧曲，具狭翅；花粉团4个，成2对（图68）。花期6～8月，果期翌年7～9月。国家二级保护植物。

生长于海拔700～1 500m的林下，有时海拔可达2 500m。在我国主要分布于四川、贵州和云南。尼泊尔、巴基斯坦、印度、缅甸、越南、老挝、泰国、日本也有分布。濒危等级NT。

2.2　濒危与保育

2.2.1　中国兰属种质资源的濒危与保护

我国有丰富的野生兰属种质资源，是世界兰属植物分布中心之一，但随着全球性“兰花热”的兴起，中国兰价格暴涨，成千上万的人上山淘兰，中国的兰花资源遭到多次重大破坏。20世纪80年代，我国台湾流行墨兰，一些不法分子深入到广东、福建、广西、云南等野生墨兰分布区进行扫荡式采挖盗挖。90年代，莲瓣兰、春剑和春兰等细叶兰开始在国外流行，福建、贵州、湖北、四川、云南、浙江等地春兰遭受毁灭性破坏。我国特有的莲瓣兰和春剑的野生资源也完全被破坏，种群数量迅速下降。21世纪初，我国大陆春兰、蕙兰市场兴起。影响区域扩大为全国性的，一些偏远山区也未能幸免，我国野生兰花资源在经历这些破坏后几近瓦解。

由于人为干扰和破坏，导致兰属植物数量急剧减少，许多种类由于过度采集而变得区域性濒危或灭绝。例如，四川罗霄山脉3种兰属植物春兰、寒兰、建兰属于易危种（VU），其中建兰列入广州市重点保护野生植物名单中，广东象头山国家级自然保护区的建兰、多花兰、墨兰等也被IUCN红色名录列为易危级。由此可见，揭示其致濒机制、制定保育策略，已经成为兰属保育工作的重中之重。

除过度采集外，生境的丧失也是兰科植物濒临灭绝的主要原因之一。兰科植物对生态系统的变化极为敏感，由于对传粉者的高度专一性和依赖性，而生境的破坏可能首先影响到传粉者。兰科植物和共生真菌之间具有复杂的相互关系，生境的破坏同样会对兰科植物生长环境中共生真菌群落结构造成影响和改变，进而影响兰科植物的生长和分布。近百年来全球气候在显著变暖，将会或正在对物种的分布产生重要影响。研究发现，气候变暖将会对春兰和蕙兰的适宜生境范围和面积产生影响，研究预测2070年春兰的适宜生境面积将会有所减小，而蕙兰的适宜生境面积将会增加，且整体有向北迁移的趋势（梁红艳 等，2018）。

从古至今，历代兰花从业者都在为兰花资源收集做出贡献。尤其到20世纪90年代末，我国政府更加重视兰花种质资源的保护。1999年把春兰列入《中华人民共和国农业植物新品种保护名录（第一批）》。2001年把兰属列入《中华人民共和国农业植物新品种保护名录（第三批）》，2001年底正式启动的全国野生及自然保护区建设工程，在《全国野生动植物保护及自然保护区建设规划》（2001—2050）中，兰科植物被列为15个重点保护野生动植物类群之一。2005年底，国家林业局等部门批准在深圳建立“全国野生动植物保护及自然保护区建设工程——兰科植物种质资源保护中心”，我国兰科主要濒危物种的基因库也同时建立。深圳兰科植物保护中心（以下简称“兰科中心”）的建立为我国野生兰花保护起到巨大的推动作用。

近年，兰科中心成为国家级兰科植物种质资源保护研究机构、我国主要濒危兰科种质资源保育和生物多样性科普基地。主要工作为收集保存兰科植物原生种质，开展濒危兰科植物人工繁育、野外恢复与保育生物学研究。在物种保护方面，建立了兰科植物种质资源库、兰科植物专类标本馆、兰科植物专业组培室和保育标准化温室。并取得了丰硕的科研成果，参与出版《中国兰属植物》（2006）等著作，同时在国内外知名学术刊物上发表学术论文，已发现新种100多个；先后荣获国家有关部委、广东省、深圳市级科技奖多次。

2006年中国兰科植物保育委员会工作会议首次在北京召开，标志着新时期我国兰界进一步向可持续发展的道路迈进，国兰文化得到更新的注释（海霞，2006）。2018年成立中国野生植物保护协会兰花专业委员会，兰科中心主任陈建兵为首届兰花专业委员会主任。中国野生植物保护协会兰花专业委员会的成立对我国兰科植物的多样性保护与合理有序开发利用具有深远意义，为兰科植物的保育研究工作与产业化进程以及整合有利的资源，营造了良好的合作交流环境。

“中国特色兰科植物保育与种质创新及产业化关键技术”荣获2019年国家科学技术进步奖二等奖。其中，福建农林大学作为第一完成单位，开展兰属繁殖生物学、遗传多样性种质保存、创新等研究，创新多个兰属植物快速繁殖和试管开花技术；福建连城兰花股份有限公司作为合作完成单位，开展兰属植物繁育及生产工作。着重保护兰属植物种质资源，建立国家级国兰种质资源库，对开展兰属植物新品种选育、种苗快繁、工厂化栽培、病虫害防治、种质资源保护等方面的工作做出了贡献，建立从生产到销售一系列的标准和流程。

由于兰科植物的珍稀性，其保护在中国越来越受到重视。2021年，在国家林业和草原局、农业农村部以2021年第15号公告公布的《国家重点保护野生植物名录》中，仅以科数量统计，兰科数量占据比例最大，且兰属（所有种，兔耳兰未列入名录，除外）为二级以上保护，其中美花兰和文山红柱兰被列入一级保护。

世界各国都有大量的机构和民间社团致力于兰科植物的保护和利用，全球的植物园则更是有把兰科植物作为重点展示和研究的植物类群的传统，世界上约1/3的植物园有兰科植物收集展示区和相关的研究项目。一些重要的植物园，如我国的国家植物园（北园，http://www.chnbg.com/）、中国科学院西双版纳热带植物园（http://www.xtbg.ac.cn/）、中国科学院华南植物园（http://www.scib.ac.cn/），以及美国的纽约植物园（New York Botanical Garden, https://www.nybg.org/）、英国皇家植物园邱园（Royal Botanic Gardens, Kew Gardens, https://www.kew.org/）、新加坡植物园（Singapore Botanic Gardens, https://www.nparks.gov.sg/sbg；上述植物园网址同于2022年9月1日访问）等都有相当规模的兰科植物收集区，并有相关的研究团队开展兰科植物的研究和保护。

2.2.2 人工萌发技术

兰科植物保护的基础是对其生境的保护、管理和恢复，而基于繁殖技术、共生真菌学研究开展兰科植物的回归，被证明是有效的综合保护策略。人工萌发技术体系的建立是濒危植物保护的重要环节之一。

兰属植物一个果实中的种子可达数万至数十万，甚至百万粒。而且种子极其细小、不含胚乳以及自身体内缺乏营养物质等自身生物学“瓶颈”，是造成野生兰属资源濒危的另一重要原因。种皮为一层透明的薄壁细胞，有加厚的环纹。经过组织化学鉴定，种皮细胞壁未木质化和

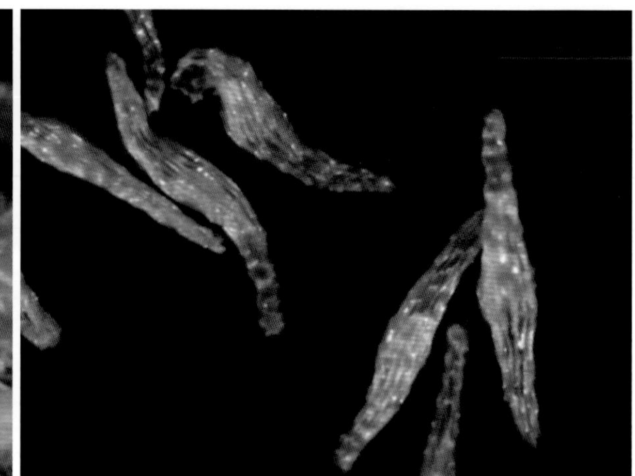

图69　春兰种子（王涛提供）

木栓化。种皮表面覆盖着一层很薄的膜状物质，用解剖针容易刺破，影响种子透水透气。种胚由几百个尚未分化的胚细胞组成，胚发育停止在球形胚阶段，有胚柄，无胚乳。胚的发育程序在品种间和品种内有很大差异。发育好的种子比较饱和，发育差的比较细小，甚至没有胚。经过组织化学染色，发现胚细胞仅有脂类作为营养物质，不含淀粉，这些因素都直接影响种子的萌发（图69）。由于种胚多半不成熟或发育不全，所以种子降落在地上不易萌发长成植株。尤其是盆栽的地生兰如春兰、蕙兰、建兰和墨兰等。

（1）非共生萌发

由于绝大多数兰属植物的种子缺乏胚乳，种子萌发时需要外界提供营养，自然萌发率极低。余迪求等（1996）利用建兰未成熟种子在添加NAA的MS培养基上，成功诱导出原球茎并建立了无性繁殖系，萌发率可高达92.3%。对于一些难以萌发的种类开展非共生萌发，播种前对种子进行适当的预处理可能会在一定程度上消除抑制种子萌发的因素，提高种子萌发率。常见的预处理方法有：低温处理，例如4 ℃放置8周后接种，蕙兰种子萌发率显著提高（杨宁生 等，1994）；化学溶液浸泡处理，例如用0.1mol/L的NaOH处理兰属寒兰、多花兰等一些种类的种子10～30分钟，萌发率可提高10倍以上（段金玉 等，1982）；物理方法处理，例如剪破建兰、蕙兰种皮后萌发率显著提高（段金玉 等，1982；田梅生 等，1985）。

（2）共生萌发

兰花种子储存的养分非常少，在自然环境中需与真菌共生才能萌发，且萌发率极低。在环境适当时，兰花种子吸水萌发，胚膨大突破种皮，但尚无光合作用的能力。种子无胚乳养分不足，在野生状态下，如无菌根真菌感染形成共生的菌根，则无法继续发育成原球茎（或根状茎），进而生长形成小苗。兰属植物种子的共生萌发，是在获得对兰属植物种子萌发有效真菌的基础上，在人工基质中播种并接种共生真菌，利用真菌共生来促进种子萌发并生长为幼苗。共生萌发不仅能简化幼苗生长过程，大大降低生产成本，更重要的是能显著提高幼苗回归到自然环境后的存活率和幼苗生长速度（图70）。

获得对种子萌发有效的共生真菌是开展兰属植物种子共生萌发的关键。主要从蕙兰、多花兰、春兰、寒兰、硬叶兰、西藏虎头兰、碧玉兰、墨兰、兔耳兰等兰属植物根部分离获得可培养的菌根真菌，主要有角担菌科Ceratobasidiaceae，胶膜菌科Tulasnellaceae和蜡壳菌科Sebacinaceae真菌，隶属于担子菌门Basidiomycota，伞菌纲Agaricomycetes。蓝举民等（2016）在蕙兰、春兰根部提取真菌制成混合的真菌诱导子，发现能使春兰种子萌发率提升15%～30%。笔者从野生春兰根部分离获得野生春兰菌根真菌胶膜菌属真菌（*Tulasnella* spp.），将其与春兰成熟种子进行人工共培养萌发，结果发

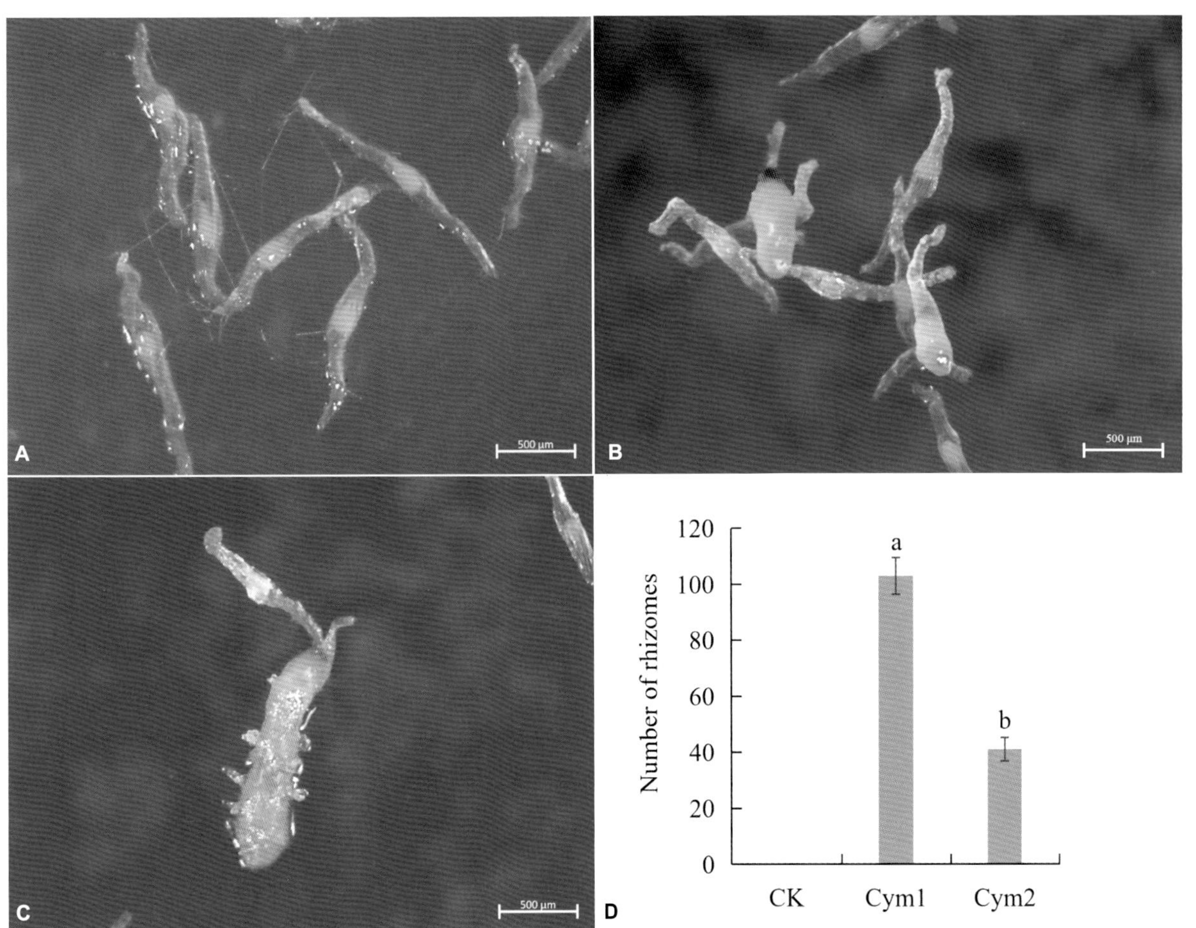

图70　春兰种子共生萌发不同阶段（a）种胚膨大阶段，（b）种胚消解种胚萌发形成白色根状茎阶段，（c）绿色根状茎形成阶段；（d）相比于非共生萌发种子，胶膜菌株在寡营养培养基上可显著促进野生春兰种子共生萌发（Wang等，2022）

现，相比于非共生萌发种子，胶膜菌株在燕麦培养基上可显著促进野生春兰种子共生萌发，并成功获得春兰共生根状茎（Wang 等，2022）。

但由于成年植株根中的菌根真菌可能存在器官和时期特异性，存在对种子萌发的促进效果不显著的现象。兰科植物共生真菌大都是腐生菌，主要来源于土壤、枯枝落叶、生物残体等，通过原地萌发的技术，获得种子在其原生境中萌发形成的原球茎，进而从原球茎中分离共生真菌，可以达到诱捕环境中对种子萌发起促进作用的共生真菌的目的。在此基础上发展的迁地萌发技术，就是在兰科植物的原生境中收集成年植株周围的土壤、树皮、枯枝落叶、腐殖质等作为种子萌发的基质，在实验室条件下进行种子萌发和原球茎的诱导。盛春玲等（2012）对西双版纳石灰山森林中广泛分布的硬叶兰开展了种子迁地共生萌发研究，诱导种子成功萌发，成功获得了原球茎，并从中筛选出了对硬叶兰种子萌发有效的瘤菌根菌属*Epulorhiza*真菌，为进一步开展硬叶兰种苗繁育和野外回归奠定了基础，也为我国兰属植物的综合保育提供了新的思路和研究案例。

2.2.3　濒危兰花的野外回归与保育

《野生动植物濒危物种国际贸易公约》（CITES）明文规定将全世界范围内的所有野生兰科植物列为保护对象。全世界范围内的兰花保护组织机构都积极响应号召开展兰科植物保护工作。从遗传分类、人工繁育再到野外救护，全方面地对兰科资源进行收集和保护。而野外救护主要包括就地保护、迁地保护以及野化再引入3种常用方式。建立自然保护区是就地保护最常采用的方式；迁地保护则是将珍稀濒危兰科植物从原地迁出后移入植物园等地进行特殊保护管理；野化再引入是将濒危植物重新引入到它们的原生生境或适宜其生存的野外自然环境中，使其能长期、自行在此环境中生存下去。对于很多具有较高观赏、药用等经济价值的兰科植物，过度采集是导致其濒临灭绝的主要原因，对于这些种类来说，基于野化再引入技术的回归是有效和必要的保护策略。

开展濒危兰科植物野化再引入工作存在诸多难点，如种苗质量的选择、内生真菌的筛选、再引入地点的选择、野生生境的评价以及生境适应性等。因此，在开展再引入技术工作之前可设置一个过渡阶段，即模拟原生生境试验，这一方面可通过人工调控的手段减少兰属根状茎对实验室栽培环境的影响，另一方面可初步分析出兰属成熟度、真菌种类、生境条件以及接菌时间等对再引入技术的影响，以期在适宜的时机和野生生境下开展再引入工作。模拟原生生境下兰属根状茎共生培养除了可以作为一种在自然环境下进一步筛选兰属有益内生真菌的有效方法之外，还可能为其他濒危野生兰科植物的再引入工作提供一系列可行性技术手段。

关于兰属植物再引入研究方面，我国相关研究还在起步阶段，例如盛春玲等人（2012）在硬叶兰方面开展了一系列的再引入工作并取得一定成效。西南科技大学李杰教授团队通过在实验室内模拟春剑原生生境，对春剑接菌时间、有益内生真菌的种类、原生生境环境以及适应性等各方面进行研究，找到最适于春剑野外生长的生物学特性和适宜于春剑生长、繁衍后代的模拟原生境环境，为春剑再引入技术提供实践基础（张巧，2019）。

3 观赏价值与文化

3.1 观赏价值

兰属的属名*Cymbidium*来自希腊语“kymbos”，意指像船一样的唇瓣。兰属是兰科植物的重要类群，具有重要的文化、社会、经济和科研价值。

兰属植物中的部分地生种类又被称为中国兰，主要是春兰、蕙兰、墨兰、建兰、寒兰、春剑、莲瓣兰等。广义的中国兰则包括所有在中国有分布的兰属植物。中国兰的观赏性极高，既有韵、色、姿、清、雅、香、艺等普通鉴赏要素，也有“喻兰明德”“致兰得子”“纫兰为佩”等一些传统文化内涵，是我国传统名贵花卉，我国十大名花之一，深受我国广大民众及东方文化所影响地区人民的喜爱。在中国传统文化中，中国兰也一直备受推崇，兰与梅、竹、菊并称花中“四君子”。

中国兰文化历史悠久，文化蕴涵深厚，与中华民族历史文化紧紧相连，是高洁、典雅的人文精神和爱国、坚贞不屈的优秀人格品质的象征，是几千年来中华民族文化的凝练，兰品即人品是中国兰文化的精髓。古代文人雅士在养兰和品兰过程中，以兰言志，以兰寄情，不断陶冶情操，完善品德。儒家学说的创始人、大思想家孔子在观察兰花时感叹“芝兰生于幽谷，不以无人而不芳”的幽贞品格，颂兰为“王者香”。又有“与善人交，如入芝兰之室，久而不嗅其香，与之俱化也”。孔子在兰的自然属性与儒家的人格特征之间找到契合，自此，拉开了中国兰文化的开篇，兰花也因而被称为“文人之花”和“人格之花”。

中国兰的鉴赏特点在于形意结合，即中国兰的植物学特征与中国传统文化的联系。中国兰品种曾以素心为上，暗喻中国人崇尚清清白白做人，干干净净为官；兰花品种以幽香为上，暗喻不以无人而不芳，淡泊名利；花品端正，暗喻为人端庄、正直、正派；等等。兰花的高贵脱俗、秀丽多姿和阵阵幽香引得历代诗人墨客常为之吟诵绘画。兰文化是中国传统文化中的一颗璀璨明珠。

在我国漫长栽兰历史的进程中，我国古人在诗歌、绘画中常以兰来抒情写怀，涌现大量的珍贵墨宝。与此同时，在爱兰、植兰、赏兰、咏兰等兰事活动中，无不深深地点染上文化的精砚，从它的植物性升华到语言性，从语言性进而升华到它的文化性。在世界数不清的名贵花卉中，兰花成为最早记入历史典籍的花卉之一，形成了一部深邃悠远的中国兰文化。兰文化融入我们的文化、民俗、经济以及日常生活中，成为中华民族传统文化的重要组成部分。正是历代文人们的借物抒情、借物言志，给中国兰这类植物披上了独具人类情志的色彩，使“兰”成为一个具有一定理想内容、感情色彩的文化观念，成为一个色彩绚烂的文化符号。借兰花的魅力，抒发自己的情怀，并把兰文化与做人的情操、做人的道德标准联系在一起。随着时代的变迁，人们的审美观点也在不断地进步，在完善品德追求个性化的当下，人们更加向往人与自然的和谐统一，但对兰品质的追求却始终如一。

一个“兰文化”专用词汇，以特定的个体或团体，在不同的历史背景、地理条件、经济基础、社会阶层等综合因素下，通过自身体会和总结，得到的审美哲学和意识形态。东方兰文化以中国兰文化最为源远流长，还孕育了日本兰文化和韩国兰文化，形成了独具东亚特色的兰文化。

3.2 兰文化史

中国是世界四大古老文明中心之一，拥有悠长灿烂的历史文化，同样，兰花栽培及兰文化记载的历史亦十分悠久。“兰”字在古籍上出现已有将近3 000年的历史，最早的可见于《诗经》。孔子曾赞兰花“芝兰生于幽谷，不以无人而不芳”，并誉之为“王者之香”。伟大的爱国诗人屈原更是在《离骚》中以兰花比拟品格的高洁“绿叶兮素枝，芳菲菲兮袭余、余既滋兰之九畹兮，又树蕙之百亩”。其他如《左传》《越书》《楚辞》《蜀志》《晋书》等对兰花均有记载。这些名句被广泛传播，并在儒家的各种典籍中被广泛地引用。但我国人民认识、记载、栽培中国兰最早起于何时，古籍上记载的“兰”是否为今日之中国兰？从国兰发展的历史来看，秦汉以前，对“兰”是什么样的植物这个问题，似乎没有太多的议论，虽然有人疏注为“香草”，也没有引起更大的论争。到了宋明两朝，“古兰非今兰”的论调鹊起，主要是有关孔子时代对兰的描述，有不同的看法。

“古兰是否为近日之国兰”之争

有研究者认为，春秋时代的卫国在河南北部（今滑县一带），鲁国在山东，孔子在河南北部到山东途中是不可能看到繁茂的野生兰花。因此孔子所说的“王者香”之兰，《左传》“刈兰而卒”之兰等古代的兰，并不是今天的中国兰，实指菊科的草本植物泽兰。但也有人认为，孔子说的芝兰生幽谷是对当时兰花生态环境十分贴切的描述，而且当时的气候比今天温暖，河南一带还生长竹子，有竹子的山地很大可能有兰花自然分布。因此，孔子当时路经深林幽谷时见到兰花独茂并不稀奇，他所说的芝兰非常可能为当今所称的中国兰。

还有学者认为《楚辞》中的兰混指中国兰及非兰科植物。于是众多研究者从文字、文学、历史年代、植物地理分布、植物学特征描述及相关医学、农学等方面探讨中国兰历史。周建忠在《兰文化》（2001）认为《楚辞》中的幽兰是中国兰的最早记载；李潞滨（2001）从多方面对历代和当代颇有争议的中国兰历史进行了探讨，明确提出孔子的《倚兰操》中所记载的兰即为现代意义上的兰花，例如，①从文字学角度分析，“兰”字从造字之初就明确指中国兰属植物。②我国记载中国兰的历史应至少从《左传》记载兰的时代，即春秋计起，约2 700年。《左传》之兰、孔子之兰、屈原之兰均为今人所谓中国兰，尤其孔子之兰不可能为泽兰属植物。③我国栽培中国兰的历史，应当至少从春秋时代计起，约2 500年。④“兰草”与“草兰”有根本区别。兰草曾在一定历史时期专指泽兰属植物；草兰即今日之兰，春秋时指中国兰，今常特指春兰。而陈心启和吉占和（1998）与吴应祥和吴汉珠（1998）认为中国最早涉及真正兰花的记载是唐代末年唐彦谦的《咏兰》。

马性远和马扬尘在《中国兰文化》（2008）一书中提出“植物兰与文化兰”的概念，“植物兰”指植物学中单子叶植物纲的兰科植物，中国兰即国兰，是指兰科兰属植物的部分地生兰，主要有地生的春兰、蕙兰、建兰、寒兰和墨兰等。他们认为孔子幽谷遇到的兰，应该是“植物兰”；《文子》中记载的“兰芷以芳，不得见霜”，“丛兰欲茂，秋风败之”之兰，“勾践种兰渚山”的兰，屈原佩戴的兰，也是“植物兰”；汉晋南北朝文人雅士欣赏的兰，唐宋时期进入宫廷、庭院的兰和明清时期进入百姓家的兰，均是“植物兰”。

“文化兰”起源于何时较难界定。但目前发现，文字中最早出现“文化兰”应是在《左传》和《史记》里的“燕姞梦兰”，“梦兰”象征瑞兆。郑文公的小妾燕姞梦见家祖将一支兰花送与她，说这是她的儿子。后来燕姞果然生下一子，取名为兰。兰公子就是后来的郑国国君郑穆公。孔子言“与善人居，如入芝兰之室，久而不闻其香，及与之化矣。”，将兰喻为善人，点名兰的高尚品德，进一步提升了“文化兰”的文化品位。屈原在《九歌》和《离骚》中的“兰”和“蕙”都是“文化兰”，指屈原济世之志和爱国之情。《晋书文苑传》记载中散大夫罗含（292—372）老年辞职返家时，“白雀栖集堂宇，兰菊盛开庭院”，这是对罗含高尚德行的赞颂。《世说新语言语》里谢玄（343—388）将优秀人才比喻为“芝兰玉树”，《蜀志》和《典略》记载的“曹操杀杨修曰：芳兰当门，不得不除”，在刘备和曹操眼中，杨修是“芳兰”之材。后来刘向《说苑》中的“十步之内，必有芳兰”，陶潜的“幽兰生前庭”，李白的“兰生不当户，别是闲庭草”中的兰，均喻指“优秀人才”。

“古兰是否为近日之国兰”的争论，很多研究者仍在继续考证。在中国人心目中“文化兰”是一种崇高、美好的象征，人们记住的是兰花的阵阵幽香和它“不以无人而不香”的优秀品德。中华文明历史上留下的赞美兰花的诗、词、赋、画、曲等就充分证明了这一点。中国兰文化的发展与其时代背景密不可分。

3.2.1 先秦时期的兰

我国古籍中有关兰的最早记事是西周的“燕姞梦兰”，《左传》和《史记》中都记载了“燕姞梦兰”的故事。春秋之后，“兰”字见于许多文字，例如《易经 · 系辞》《礼记 · 内则第十二》《文子》等。与此同时，春秋战国时期，另有“孔子赞兰”“勾践种兰”和“屈原佩兰”等重要兰事。《乐府诗集》记录了孔子在最困难的时期从兰花身上汲取精神力量，为其成就伟业提供了心理支持。《越绝书》记载了“勾践种兰渚山”，为中国兰文化添加了“奋发图强、自强不息”的一笔。屈原《离骚》的记载提升了兰花的品德，使中国兰成为“坚守节操，洁身自好”的代名词。这些记载，奠定了国兰的文化品位和发展方向。

3.2.2 魏晋时期的兰

魏晋南北朝是中国历史上大动荡、战乱频起的时期。社会形态的变异带来了意识形态和文化心理上的转变，诞生了与时代相应的情驰神纵的魏晋风骨。高洁、优雅的兰花正好与魏晋风骨相吻合，兰花也因此受到文人士大夫的喜爱和尊敬。王羲之的《兰亭序》，陶渊明的《碣[1]石调 · 幽兰》，表达了古代文人雅士孤芳自赏的心理状态。

1 碣，读作：jié，该字的主要字义是指圆顶的石碑，如：残碑断碣，墓碣。

3.2.3 唐宋时期的兰

唐朝是我国封建社会的鼎盛时期，国家强盛统一，文化交流频繁。兰花也被带入宫廷进入帝皇视野，引起最高统治者的重视，唐太宗李世民（599—649）是中国第一位咏兰的皇帝，著诗有《芳兰》。兰花逐渐进入文人、百姓家，艺兰活动成为百姓的一种民间文化。

宋代是中国艺兰史上的鼎盛时期，艺兰相关书籍很多，例如陶谷的《清异录》、黄庭坚的《书幽芳亭》、范成大的《次韵温伯种兰》、赵时庚的《金漳兰谱》、王贵学的《王氏兰谱》、陈景沂的《全芳备祖》、以及赵孟坚[2]的《春兰图》等。

黄庭坚在《书幽芳亭》中对兰和蕙做了区分："一干一花，香有余者，兰；一干五七花，香不足者，蕙。"，这可能是中国古代早期关于兰花分类方法之一，他的这一论断成为中国兰花发展史上的一个分水岭。

南宋赵时庚1233年的《金漳兰谱》第一次将兰花分成了白兰和紫兰两大类，所指紫兰主要是今之墨兰，而白兰即多为今之建兰中的素心，并叙述了32个园艺品种，也是我国最早介绍兰花瓣型的兰谱。

后来王贵学的《王氏兰谱》（1247）对兰花的品评描述更为详备，他在"品第"一节中又增补至40个兰花园艺品种，对兰蕙品种作了更详细的描述。1256年陈景沂编著的《全芳备祖》对兰花做了较为详细的记述，此书全刻本现被收藏于日本皇宫厅库，1979年日本将影印本送还我国。《金漳兰谱》《兰谱》中记载，宋时品兰将兰分为上品、中品、下品、奇品等。由于兰花的普及，宋代画兰也逐渐盛行起来。宋代首次出现了以兰花为题材的画作。赵孟坚是当时较有名的画家，他的作品《春兰画卷》真迹，被认为是我国现存最早的兰花题材名画，现收藏在北京故宫博物院内。赵孟坚是宋宗室的后裔，宋亡后，他隐居画兰，以示清高，兰花也逐渐成为忠贞的象征。

元代开始重视江浙兰蕙，孔静斋在《至正直记》中提及江浙兰花的养护方法，其中叙述的兰花习性和栽培要领，至今仍有一定参考价值。元代开始出现了"斗兰"现象。元末明初时，江浙地区仍崇尚建兰之素心，对盛产在当地的兰蕙品种还熟视无睹。陶望龄在《养兰说》中说："会稽多兰，而闽产者贵"。直到明中期，由于江浙兰蕙花幽草巧"堪能入画"而被重视，并开始盛行。元、明、清而下，有关兰花的专著、诗词、绘画等就更多了。

3.2.4 明清时期的兰

明清时期是中国兰文化发展史上一个非常重要的时期。中国兰文化的核心内容"瓣型理论"就诞生于这一时期。成书于明永乐十年（1412）的《南中幽芳录》可能是以兰谱的形式记载云南兰蕙的最早史料，其真实地再现了祖国西南地区兰花养植与鉴赏的概貌，而这一兰谱的传世，标志着我国少数民族地区有了自己撰写的兰艺著作，从客观上改变了兰界以往一讲兰谱就称江浙、两广的陈规。该书对碧玉兰、大雪素、金镶玉、小雪素、金丝莲、黄建素、大贡品等兰蕙的产地与分布，生态习性，根茎和叶鞘，叶色、叶态、叶质、叶片数，花葶形态、着花数量、开花时间，花色、花型、花香等做了较准确的描述。并将38种云南兰花的花形作了"五瓣如梅""花形似蝶""如解蟹爪"之类的形象比喻，是第一部较完整的形成瓣型鉴赏理论的兰谱，为后来的兰花瓣型理论打下了基础。

明代李时珍的《本草纲目》对薰草（蕙草）、兰草和泽兰分别描写，并指出："兰花亦生于山中，与三兰迥别。兰花生近处者叶如麦门冬而春花，生福建者叶如营茅而秋花"。不仅把兰花和其他兰草的区别说清楚了，而且也把春兰和建兰的区别指出来了，并分别说明其药性。王象晋的《群芳

2 赵孟坚（1199—1264）字子固，号彝斋，是宋朝开国皇帝赵匡胤的第十二世孙。他能诗，善书法，工画兰。他的画兰起手诀："龙须凤眼致清幽，花叶参差莫并头。鼠尾钉头皆合格，斩腰断臂亦风流。"颇为人称颂，所画兰花后人称为绝艺。

谱》（1630）也有关于兰、蕙的叙述。

明代杰出的地理学家徐霞客，以毕生的精力写成了《徐霞客游记》一书，他深入云南各地考察，对云南所产兰蕙给予了很高的赞誉，如到笻（qióng）竹寺时描述“开亭而入，如到众香国中也”。

明代冯京第在《兰史》中将兰的品位与挑选人才的“九品十八级中正制”联系起来，第一次将兰花分成等级。明中期起江浙兰蕙开始盛行，但兰界缺乏统一认定标准。一直到清初，鲍绮云在《艺兰杂记》中根据前人的经验提出“瓣型”的概念，将孔子关于“君子”的标准作为品兰的文化标准，“人以端严为重，兰亦以端严为贵，不独以罕见而为世所珍”这一理论，成了后来“瓣型理论”的基石，赏兰至此才有了品评的标准。

清顺治年间（1644—1660）在江苏出现春兰‘翠钱梅’，它是中国兰花史上有文字记录的第一支兰花，也是第一支瓣型花，从此兰花有了“梅瓣”的称呼。康熙初年出现兰花‘玉梅’，康熙五年又出现兰花‘峰巧’。清乾隆年间（1735—1795）兰花界迎来标准的梅瓣花‘宋梅’，成了“瓣型理论”中标准梅瓣的范本。其端正的花容、厚实的花瓣、圆整的中宫、翠玉般的花色，令人叫绝。此品由浙江绍兴宋锦旋选出，因此人们又称它为‘宋锦旋梅’，简称‘宋梅’。它的一切特征，都成了梅瓣兰花的标准。后来又出现了‘程梅’‘万和梅’（关顶）、‘宜兴梅’‘大陈字’‘大一品’等。

清初期的《艺兰杂记》确定了花瓣的形状以及兰叶花苞的挑选规则，开启了春兰瓣型学的先河，形成了国兰瓣型理论的雏形。到清乾隆时期对选育品种的外瓣、捧瓣、舌瓣都有了严格的要求。

清嘉庆年间朱克柔著述的《第一香笔记》（1796）是清代的一部重要兰著，形成了瓣型八品说。分为四卷：卷一为花品和本性；卷二为外相及培养；卷三为防护和杂说；卷四为引证及附录。清代编成的《古今图书集成》，在博物汇编草木典（卷81—84）内，记载了有关兰花的书籍及其内容，并且详录了古代名人所写的有关兰花的诗词歌赋。

嘉庆年间（1796—1820）发掘出标准的春兰水仙瓣品种‘龙字’，人们将它与‘宋梅’并称为“国兰双璧”。此后，又陆续出现更多的梅、荷、水仙素心瓣等国兰新品种。顾茂实的《续兰谱》记载江浙兰蕙百余只，每品都附有诗歌描写。清中后期，杜文澜的《艺兰四说》记载江浙兰蕙90余品种。1876年袁世俊编著的《兰言述略》将瓣型花进行优劣排序，依次为“梅瓣素、水仙素、荷花素、梅瓣、水仙、荷花、团瓣素、超瓣素、柳叶素”。

艺兰界对兰蕙的花器官的形状、颜色等方面进行全面研究，艺兰家们创造了许多兰花专业用语来描述兰花的品位，如：外三瓣，主、副瓣；豆壳捧，猫耳捧；刘海舌，龙吞舌；子芽，抽箭；收根放角，紧边结圆等等。艺兰家经过长期的摸索，逐渐从花苞的形态、质地、颜色即能判断出花开后的状态，从箨（tuo）壳形状、质地、颜色，判断出兰花的稳定性，能事先从未开花的“粗花”中挑选出“细花”。

到清中期，“瓣型理论”已基本完善，成为鉴别江浙兰蕙的唯一标准。随着瓣型理论的逐渐形成，“品兰为雅，艺兰为尚”的养兰、玩兰从文化人的休闲活动，逐渐发展为江南一带特有的文化活动。从乾隆时期开始，苏州、无锡、上海等地出现大型“兰会”，会吸引许多艺兰家参与，或买卖，或互相交换。刘雅农的《豫园梦影》、王韬的《瀛壖杂记》以及《上海园林志》都有关于“花会”的记载。

活跃的兰事活动，催生了许多兰花著作，如《兰言》《艺兰记》《艺兰四说》《兰蕙镜》《兴兰谱略》《兰蕙真传》《树蕙篇》《兴兰集》《心兰集》《岭南兰言》《王者香集》《品兰说》《兰蕙图谱》《艺兰说》《朱氏兰蕙图谱》《养兰说》《采芳随笔》等，在理论上进一步完善了瓣型理论，奠定了中国兰花的鉴赏标准。其中袁世俊的《兰言述略》记有“花品花性、种类培养、名贵杂说、纪事附录”等4卷，将兰花分为9品，与当时选人才的九品相对应。区金策的《岭南兰言》较为详细地讲述了兰花“称谓、培养、位置、栽种、防护、鉴别、格理、众谈、艺兰”等内容，对岭南地区栽兰有独到的见解。浙江绍兴人许霁楼著述了《兰蕙同心录》，被认为是一部承前启后的艺兰佳作，是第一本有兰花墨线图的兰谱，第一次以线墨白描的手法勾勒出瓣型花的图样，以绘图的形式记录了50多个兰花名品。清末期，“瓣型理论”将上品花规定为“梅”“荷”“水仙”与“素”4类。

3.2.5 民国时期的兰

民国时期，中国虽历经了社会动荡，但在建立共和后的20余年时间里，江南地区社会环境相对安定，而且江南地区兰花资源丰富，大量兰花品种被发现选出，据1923年杭州人吴恩元编著的《兰蕙小史》记载，民国初年的十余年间就选育了近百个兰蕙新种。这是第一本印有兰花照片的书，第一次用摄影技术记录了兰花的风貌。对于春兰、蕙兰，继承了前人兰花的分类方法，分春兰的梅瓣、荷瓣、水仙瓣、素心瓣和蝶瓣；分蕙兰为赤壳、绿壳、赤绿壳。形成了早期的兰花瓣型鉴赏理论。

这一时期，艺兰活动在江南民间广泛流传，各地兰展也多举行，1922年展出的数种珍品竟至一花千金。兰花像古玩一样成为人们追逐的对象，江南的一些社会底层穷苦人看到挖到好兰能卖大钱，于是将挖兰卖兰作为一种副业，希望能发家致富改变命运。1937年日本侵华战争爆发，许多名贵兰蕙毁于战火，只有少量品种幸存。

3.2.6 新中国建设及改革开放时期的兰

1949年中华人民共和国成立后，人们生活逐渐恢复正常，百业苏醒，兰花也逐渐回归到人们的生活之中。1951年在西湖边的广化寺内建立了国内第一家兰室浙江杭州花圃，爱好兰花的朱德为杭州兰室题匾“国香室”“同赏芬芳”。1952年我国台湾士林园艺分所育成‘美龄兰’参加美国洛杉矶花展荣获冠军。1956年广州市红十字会送出10余种名兰参加澳大利亚红十字会在墨尔本举办的奥林匹克兰花展，深受展会欢迎。同年，中国科学院植物研究所北京植物园兰花室开始莳养兰花，由吴应祥和卢思聪负责，并开展相关研究。其他城市园林部门也纷纷筹建兰圃，无锡园林部门在城中公园建起兰园，随后，上海植物园兰花室，无锡兰苑，苏州沧浪亭公园兰室，厦门市中山公园兰园开始筹建。1959年春，北京中山公园举办北京历史上第一次兰展，朱德、宋庆龄、陈毅等参加开幕式。1962年举办了新中国成立后上海的第一次兰展。

60年代中期，我国台湾地区的兰花产业欣欣向荣。我国台湾地区气候温热，空气潮湿，是养兰的理想环境。台湾几乎家家养兰，一盆兰花的价钱相当于普通百姓一个月工资。1960年台北市儿童园举办了第一次全省性兰展。70年代后台湾兰花得到飞速发展，当时台湾拥有15万个以上的小型国兰兰园，中国兰文化蓬勃发展。何应钦曾提倡“养兰既聚乐又聚财”。80年代开始，台湾将兰花作为一个精致农业产业发展，成为出口农业的主力军。1989年，在台湾达摩庙附近发现并培育成功的新品种‘达摩兰’，曾被视为举世无双的极品。当时台湾流行“墨兰叶艺”“墨兰花艺”和“墨兰奇叶”，主要书刊有《兰友》，月刊《中国兰》《士林兰花》《兰》等。各方资金和科研机构大量参与，兰花产业迅速膨胀，由于供过于求，国兰市场在90年代中期崩溃，随即市场被蝴蝶兰*Phalaenopsis*取而代之。

20世纪70年代后期，浙江地区养兰业慢慢恢复。1983年，浙江省绍兴市成立中国大陆第一个兰花组织——绍兴市兰花协会。1983年兰花被选定为绍兴市市花。1987年中国花卉协会在广东顺德成立兰花分会，选举产生了中国兰花协会首届理事。同年3月14～25日，中国兰花协会首次派出代表团参加在日本东京举办的“第十二届世界兰花博览会”，这是改革开放以来，我国兰花界与世界的最初交流。继后，先后多次组团赴日本参加东京兰花展览，派员赴英国、泰国、新西兰、韩国、美国进行考察交流。1988年春，浙江省杭州花圃派员参加在美国费城举办的“世界兰花博览会”，‘龙字’等国兰品种被参观人员抢购一空。改革开放后的中国首届兰花博览会于1988年在广州举办，也是首次全国大型兰展，大会期间中国花卉协会兰花分会（Orchid Branch of China

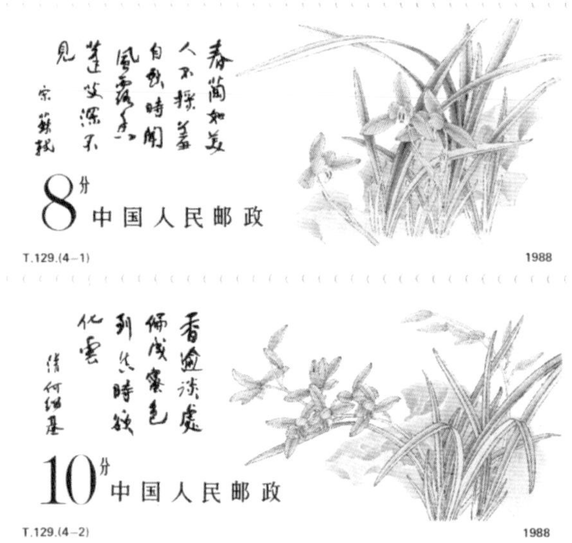

图71　1988年发行《中国兰花》邮票（编号T129）

图72　1988年发行《中国兰花》小型张（编号T129M）

Flower Association）[3]成立。同年，中国植物学会兰花分会在北京成立。80~90年代，中国兰文化呈现蓬勃发展的景象。有邓承康的《养兰》和沈渊如、沈荫椿的《兰花》出现。在兰花研究方面，有植物学家王伏雄先生的兰花形态发生和胚胎发育；云南植物所段金玉先生的兰花种子萌发；北京大学生物系进行兰花花粉的研究等。至于兰花的组织培养和无菌播种快速繁育的研究，则遍及全国各地的研究机构和园林单位。兰花工业化生产在我国也开始起步。

1988年12月25日，中国邮电部发行《中国兰花》特种邮票（编号T129），4枚联印[4]：第一枚4-1，‘龙字’（春兰水仙瓣类），邮资8分，配诗宋代苏轼的《题杨次公春兰》上阙：“春兰如美人，不采羞自献。时闻风露香，蓬艾深不见。”第二枚4-2，‘大一品’（传统蕙兰老八种之首），邮资10分，配诗清代何绍基的《素心兰》：“香逾淡处偏成蜜，色到真时欲化云。”第三枚4-3，‘银边墨兰’（又名拜岁兰，中国内地传统名种），邮资20分，配诗唐代李世民的《芳兰》：“日丽参差影，风传轻重香。会须君子折，佩里作芬芳。”第四枚4-4，‘大凤尾’（素心建兰类），邮资50分，配诗明代张羽的《咏兰叶》：“泛露光偏乱，含风影自斜。俗人那解此，看叶胜看花。”（图71）。

同时，中国邮电部还发行《中国兰花》小型张（编号T129M），邮资2元，图案为红莲瓣（云南多花型春兰传统品种），配以朱德元帅的《咏兰》，全诗：幽兰吐秀乔林下，仍自盘根众草旁。纵使无人见欣赏，依然得地自含芳[5]（图72）。1997年，为纪念第七届中国兰花博览会，邮电部门首次为博览会发行纪念封，并限量发行兰花邮票一套。

---

3 中国花卉协会兰花分会于1987年1月9日成立，是中国花卉协会下属的由兰花及相关行业的企事业单位和个人组成的分支机构。分会的宗旨是弘扬中华兰文化，保护兰花资源，繁荣兰花经济，促进兰花产业发展。

4 邮票规格：60mm×27mm；整张枚数：20（5×4）4枚联印；设计者：龚文桢；题字：沈鹏；印制厂：北京邮电厂。

5 小型张配的是现代诗，区别于前面的古诗，朱德作为现代爱兰名人的典范，邮票创作设计中加上离现代人更近的爱兰名人，显得亲近，对于整个兰花邮票形成贯古通今的主线作用很大。

1993年，中国第三届花卉博览会举办海峡两岸兰蕙交流会，自此开始，海峡两岸同胞通过兰蕙交流拉近情感距离。1995年，兰花分会组织“国兰万里行”活动，秘书长何清正率海峡两岸兰友从广州乘专车出发，经广东大半个养兰地区后直驱闽西与厦门，历时7天。此后，多地相继成立兰花协会、兰花学会、兰花研究会等组织，各地自发举办兰展，兰文化研讨会。全国兰花博览会与各地兰花展览会的成功举办，推动了花卉市场的繁荣，促进兰花产业的迅速发展，显示出中国兰文化的勃勃生机，进一步弘扬了中国兰花文化。

为了宣传兰花、报道兰事活动，交流艺兰心得，弘扬中国兰文化，中国兰花协会主办了《中国兰花》（双月刊）与《兰花信息》（月刊）杂志，标志着中国兰花协会拥有面向全国发行的刊物。以及后来中国兰花学会主办的《兰》杂志，为后来兰花著作打下基础。同时期诞生了一系列兰花专著，有吴应祥编著《中国兰花》（1991），卢思聪编著《中国兰与洋兰》（1994）、《大花蕙兰》等，刘仲健等著《中国兰属植物》（2006），以及陈心启主编《国兰及其品种全书》（2011）等。进入新世纪以来，国内涌现了全彩印的兰花期刊：浙江杭州先后出版《兰蕙》和《兰苑》，四川出版《兰花世界》，南方日报创办《兰花宝典》等。

1999年由著名书法家马丽生撰写的《百兰图》[6]，荟萃了古今书法大师的精华，将我国古老灿烂的兰文化展现得淋漓尽致，尽善尽美。100个不同书法的兰字，集正、草、隶、篆、行和甲骨文为一幅，璀璨夺目，熠熠生辉。正体端庄稳重，草体潇洒风流，隶体规范秀丽，篆体典雅浑厚，行体挥洒自如，还有甲骨文古朴深邃。用不同风格的书法形式构成的《百兰图》，不仅在书法艺术中独树一帜，也是我国兰文化中的一朵奇葩。这样一幅兰文化的艺术瑰宝，传文、墨书载于《中国当代书法家辞典》等权威典籍（王靖宇，2006）（图73）。

21世纪初，中国大陆的兰花事业步入快速发展期。2006年浙江省绍兴市将“艺兰”列入非物质文化遗产保护名录。2007年1月26日至28日，由中国花卉协会、中国植物协会、中国国际文化艺术中心、中国少数民族文化艺术促进会、国际中国书画家交流促进会、香港中华兰花协会、澳门兰艺会、台湾省国兰联合总会主办的首届中国兰文化大展系列活动在北京隆重举行。此次盛会主题为“展国兰、迎奥运、促统一、献爱心”，分别在北京人民大会堂举行开幕式，在钓鱼台国

图73　图片源于王靖宇（2006）

6 在《百兰图》的下部，马丽生先生用蝇头小楷注释：人们常见的书画中有百寿图、百子图、百福图、百花图、百鸟图等，在国内外流传很广，兹有碧龙兰苑苑主李映龙先生委托我书写一幅《百兰图》，从古至今无此范本，以盛情难却，于1997年至1999年，历时两年多，查阅甲骨文、金文、殷周鼎、秦锺、古籀彙（zhòu huì）、六书通、六书篆、汉乙瑛碑、礼器碑、郑文公碑、以及唐宋元明清诸著名书法家碑帖，尤其是书圣王羲之的《兰亭序》，认真观摩，得一百兰字。此幅《百兰图》为古今中外首创，——寥寥数语，记述了耄耋老人书创《百兰图》的艰辛历程，令人肃然起敬。

4. 专题报道

魅力中国兰

首届中国兰文化大展系列活动1月26日至28日在京成功举办

唤起人们珍惜野生兰花资源意识

用书画展现中国兰文化的博大精深

308位养兰名家捐赠“希望之星”助学金

图74　2007年2月6日《中国花卉报》专题报道

宾馆举行中国国际兰文化暨兰花产业发展与野生兰花保育研讨会，在中国人民革命军事博物馆举行中国兰文化书画大展。参加此次活动的有海峡两岸暨香港、澳门养兰人士，及特邀韩国养兰名家代表，和美国、英国、德国、日本、澳大利亚等国著名兰科专家学者，以及首都各界知名人士共800多人。大会期间，举行了向中华慈善总会捐资修建国内首座“国兰慈善小学”，及向希望工程捐助300位“希望之星”的仪式，并发起建立首个中国兰文化博物馆（2007年2月6日《中国花卉报》）。整个活动在国内外引起强烈反响，促进了国际兰花和兰文化的交流，创造了弘扬中国兰文化和发展兰花产业的不朽辉煌（李晓龙，2006）（图74）。

在中国兰花业蓬勃发展的同时也付出了极其沉痛的资源代价。20世纪80年代，我国兰花资源遭到国外势力的无情掠夺。80年代，农民大肆上山采挖野生兰属植物，低价出口国外，出口创汇。90年代末，我国的春兰、蕙兰遭到疯狂的挖掘，造成野生兰花资源面临濒危甚至部分绝灭。虽然各地林业部门采取一些保护措施，但由于力度小，还是造成了无可挽回的损失，一些普通山区，野生兰花几近绝迹。另外，兰花市场的恶意炒作，严重破坏了中国兰资源，被恶意炒高的某些中国兰价格大幅下降，使中国兰市场迅速进入低谷。

澳门兰事活动与文化

澳门虽不是产兰区，但种兰养兰的风气和内地一样，有悠久的历史。溯自明清时代始，士大夫阶层日渐流行的养兰活动，澳门多受熏陶，晚清时期，澳门不少名媛大宅都有兰花种植。

新中国成立后，为繁荣市场，推广旅游，吸引游客，1975年由澳门娱乐有限公司主办的澳门首次兰花展览，在著名的葡京酒店举办。主办方从杭州运来春兰四大名品——‘宋梅’‘龙字’‘十圆’‘万字’，及夏蕙名品‘程梅’‘大一品’等，这些在华南少见而又少有种植的名兰，清雅幽香，风姿秀美，首次亮相澳门，使观众耳目一新。这次兰展激发了澳门人民栽种和欣赏兰花的兴趣。葡京酒店兰花展览的10年后，一批热心的爱兰人士，于1985年春在红窗门街华侨报赵斑斓文化艺术馆举办“1985年澳门兰花展”。翌年继续举办“1986年澳门兰花展”，获得顺德兰友参与，又得到澳门书画界友人的支持，期间在场馆内举办雅聚，成为一时佳话。以后的很多年，春节期间举办兰展，大受民众欢迎，获得政府民政部门的认同和重视，于是每年定期举办兰展，成为澳门市民文化生活的一部分。

澳门回归后，特区政府有感于兰花活动的正面社会效益，继续并加强与澳门兰艺会合作，推动兰事活动。在2005年和2009年，为了庆祝澳门回归五周年及十周年，在政府支持和赞助下，由澳门兰艺会与民政总署协同举办了两次规模盛大的海峡两岸暨香港、澳门兰花博览会，为澳门市民及外地游客留下良好印象，亦得到各地兰界的好评（邓组基，2014）。

澳门兰艺会还经常组织会员到各地拜访兰

友、兰园，参观兰展，交流兰花知识，分享养兰心得，提升栽种技术，推广兰花文化。

3.2.7 21世纪新时期的兰

2005年底，国家林业局等部门批准在深圳建立“兰科植物种质资源保护中心”，我国兰科主要濒危物种的基因库也同时建立。保护中心及各地资源圃的建立为我国野生兰花资源保护起到巨大的推动作用。

21世纪初，中国互联网业取得长足发展。2001年前后，我国兰花网站诞生，主要有《中国兰花交易网》《东方兰花网》《世界兰文化交流会》等，共同搭建了中国兰花网上信息平台的雏形。《东方兰花网》《世界兰文化交流会》等还推出相应的微信公众号。这些兰花网站、著作、公众号等为中国兰花的普及及推广做出了积极贡献。

中国兰花博览会（简称“兰博会”）创办于1988年，由中国兰花协会、中国兰花学会和广州人民政府联合举办。中国兰博会于广州举办了首届后每两年举办一次，第二届于1990年在福建厦门举办，后来从1994年开始每年举办一届，至此从未间断过，迄今已举办30届，全国兰博会集兰花展览、兰文化交流、兰花交易、兰花用品展销、经贸洽谈、旅游观光等为一体，是最高规模的兰事盛会，具有极大的吸引力与凝聚力，也有一定的权威性，使国家级品牌兰花博览会饮誉国内外。这是改革开放后，在中国前辈兰人们与兰花爱好者的共同努力下才迎来的兰界辉煌。

随后全国各地各级兰花博览会层出不穷，如雨后春笋般地涌现出来。2019年2月，第29届中国（惠水·好花红）兰花博览会在贵州省黔南布依族苗族自治州惠水县好花红村开幕，本次展会参展兰花6 000盆。全国兰花博览会与各地兰花展览会的成功举办，将会推动花卉市场的繁荣，促进兰花产业的迅速发展，显示出中国兰文化的勃勃生机，进一步弘扬中国兰文化。

2022年1月25日，北京冬奥村运行团队主任沈千帆代表北京冬奥村，将绘有国兰的北京市非物质文化遗产——火绘葫芦，赠送给国际奥委会北京2022年冬奥会协调委员会主席胡安·安东尼奥·萨马兰奇。中国兰花象征着“富贵、平安、吉祥、如意”。萨马兰奇表示感谢并称将珍惜这份来自北京冬奥村的特别礼物（图75）。

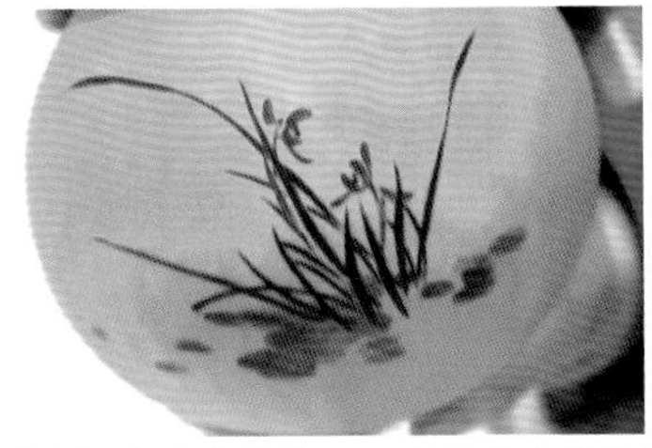

图75 北京冬奥村将绘有中国兰的火绘葫芦，赠送给国际奥委会北京2022年冬奥会协调委员会主席（图片来源：央视新闻报道）

4 栽培起源与海外传播

4.1 栽培起源与简史

兰属植物的分布受气候条件和地理条件决定和限制。我国地跨广大温带、亚热带和部分热带地区，是全球兰属植物的分布中心。日本、朝鲜、东南亚至印度和尼泊尔等地亦有一定分布。分布于我国的兰属小花型地生种，俗称国兰，其原变种、变种、天然杂交种数量繁多，在我国有悠久的栽培历史，有学者认为其可能是世界上最早栽培的兰花之一（Du and Cribb, 2007）。

我国何时开始栽培兰花，很难考证。关于兰花的栽培起源目前有“史前”说、“春秋”说、“战国”说、“汉代”说、“晋代”说和“唐代”说等（周建忠，2001）。古代人民起初是从采集野生兰花为主，至于人工栽培兰花，可能从宫廷开始。史书记载，魏晋时期兰花从宫廷栽培逐渐扩大到士大夫阶层的私家园林，用于点缀庭苑，美化环境；正如曹植《清夜游西苑》诗中“秋兰被长堤”之句的描述。多数学者认为我国开始栽培兰花至少可以追溯到唐朝末年（舒迎澜，1993；陈心启和吉占和，1998），唐末至五代十国至宋朝尤盛。周建忠（2001）认为兰花的山野栽培始于春秋，庭院栽培始于战国，宫廷栽培始于晋朝，兰场栽培始于唐朝，并从唐朝开始盆栽，逐渐发展到一般庭园和花农培植。如极负盛名的唐诗人李白写有“幽兰香远风，蕙草留芳根”等诗句。据《汗漫录》载，诗人王维对养兰颇有心得，他总结的艺兰经验“用黄磁斗，养以绮石，累年弥盛”，是艺兰的最早记载之一。唐代兰溪种兰大户陈氏编著的《种兰篇》，对兰花的品种、花期、分株等作了详细记录。这一种兰专著，经专家考证认定，它比世界上现存最早的种兰专著《金漳兰谱》要早330多年，有学者认为《种兰篇》是我国记载最早的兰花著作，同时代的散文《植兰说》也谈到兰花喜清淡不喜重肥[7]。

北宋陶谷的《清异录》谈到南唐时人们在种兰时已注意选择泥土，注意追肥了。黄庭坚在《幽芳亭》中提出用沙石养兰，并用喝过的淡茶汁灌浇兰花，进一步深化了“艺兰”的理念。其在《幽芳亭》中对兰花所作的描述，可以说是相当准确的了。他写道：“兰蕙丛出，莳以沙石则茂，沃以汤茗则芳，是所同也。至其发花，一干一花而香有余者兰，一干五七花而香不足者蕙。蕙虽不若兰，其视椒则远矣，世论以为国香矣。”这是对春兰和蕙兰的确切而科学的描述，也可能是首次用蕙来称呼真正的兰花。范成大在《次韵温伯种兰》中谈及兰花栽培后要带苔藓，已注意到兰花的盆面装饰。宋寇宗奭著《本草衍义》也说：“兰叶阔且韧，长及一、二尺，四时常青，花黄绿色，中间瓣上有细紫点，春芳者为春兰，色深。秋芳者为秋兰，色淡。”对兰花的形态作了较确切的描述。

应特别指出的是南宋末年出现的两本兰谱：赵时庚作《金漳兰谱》（1233）与王贵学编著的《王氏兰谱》（1247）亦是我国古代专述建兰的双璧，前后记载品种数十个，并介绍了较为详细的栽培方法。《金漳兰谱》分为5部分：叙兰容质、品质高下、天地爱兰、坚性封植、灌溉得宜，主要介绍了产于漳州、泉州、瓯越等地的32个兰花品种，并叙述了兰花的品评、爱养、封植和灌溉等方面的经验。《王氏兰谱》对兰花的栽种各法描述更为详备，书中有品第、灌溉、分拆、泥沙等章节，记述名品50种。明代王世贞品评认为，王贵学的《王氏兰谱》在诸家兰谱中最

7《植兰说》“或种兰荃，鄙不遄茂。乃法圃师，汲秽以溉。而兰荃洁净，非类乎众莽。苗既骤悴，根亦旋腐”。这里所总结的种兰经验，与今天的情况是相符的。说的是栽培兰花不应像给蔬菜施肥那样施人粪尿，否则根会腐烂。这在后来的多种兰谱中得到确认。也有学者认为《植兰说》是迄今所知对兰花栽培方法最早的记述。

好。后来周履靖校正的《兰谱奥法》以栽培法描述为主，分为“分种法、栽花法、安顿浇灌法、浇水法、种花肥泥法、去除蚁虱法和杂法”等七部分。吴攒编著的《种艺必用》对兰花的栽培做了介绍。还有鹿亭翁撰《兰易》，同样记述了兰花的形态与栽培特点。在宋代另有一本《兰谱奥法》，作者究竟是谁，有待于考证。其内容对兰花栽培方法说得很详细，共分：分种法、栽花法、安顿法、浇灌法、浇水法、种花法、种花肥泥法、去除蚁虱法、杂法等9部分。

明代张应文的《兰谱》是另一部兰谱，他自己认为这本兰谱是补充《金漳兰谱》和《王氏兰谱》之不足。内容分为“列品，封植，杂说”三部分。他在兰的修理（修剪）方面叙述十分详细。

明代鹿亭翁的《兰易》、簟溪子的《兰易十二翼》和《兰史》3本著作，载在《四库全书》的总目中，作为一部书。“四库提要”认为鹿亭翁为宋人，而簟溪子则为宋以后的一个名为冯京第的别号。后经余喜锡的“四库提要辩证”指出，这3本著作都是出于明末冯京第之手，鹿亭翁和簟溪子都是他的名。根据王毓瑚先生的意见，书的体裁属于明末文人游戏小品一类；作者在养兰方面的著述仍有参考价值。《兰易十二翼》指出：“喜日而畏暑；喜风而畏寒；喜雨而畏潦；喜润而畏湿，养兰宁干毋湿；喜干而畏燥；喜土而畏厚，宜浅土；喜肥而畏浊；喜树荫而畏尘；喜人而畏虫；喜取胜族而畏离母，兰之分不得已也，极盛则分，极衰则分，皆不得已而分也；喜培植而畏骄纵”。簟溪子在《兰史》中将兰分为七品，即上上、上中、上下，中上、中中、中下、下上。他认为“兰为王者香，王者香不应有下中和下下”，所以非“九品”。后为兰作“本纪”“世家”“列传”。

明代《滇志》在记述巡官朱泰祯赴赵州（今凤仪）时，提到白兰旁侧还有墨兰数株，可见早于明代中期，云南就已引种墨兰了。这可能是云南艺兰史上第一次提到有关墨兰的文字记载，可知当时兰花种植已很普遍，外地的来访者对其亦能引起浓厚兴趣。

元代，孔氏《至正直记》中记述了有关兰花习性和栽培要点，至今仍有一定的参考价值。其后明朝杨安道的《南中幽芳录》收录当时云南栽培兰花品种38个（其中个别品种不属兰科兰属植物），同期王象晋的《群芳谱》、王世懋的《学圃杂疏》等，都有关于兰蕙的记述。明代高濂的《兰谱》中“培兰四戒”：春不出宜避春之风雪，夏不日避炎日之销烁，秋不干宜常浇也，冬不湿宜藏之地中，不当见水成冰。这“春不出、夏不日、秋不干、冬不湿”12字，多为以后栽兰所引用。

清代也是兰花栽培非常兴旺的时期，兰花园艺品种多有产生，兰花著作更多。清朝鲍依云撰《艺兰杂记》，将兰花区分出梅瓣、荷瓣、水仙瓣三种瓣型，这种瓣型的辨别及一些栽培方法仍为现今艺兰界所应用。有关艺兰的记载在陈淏子（扶摇）的《花镜》（1688）、汪灏等的《广群芳谱》（1708）、吴其濬的《植物名实图考长编》（1848）等书中都有记述。此时艺兰名家辈出，并有许多关于兰花的专著。有朱克柔的《第一香笔记》（1796）、吴传法的《艺兰要诀》（1811）、屠用宁的《兰蕙镜》（1811）、张光照的《兴兰谱略》（1816）、杨復明的《兰言四种》（1861）、许羹梅的《兰蕙同心录》（1865）、袁世俊的《兰言述略》（1876）等。

清末，广东文人区金策晚年写成《岭海兰言》，主要对广州地区栽兰的总结。但因其晚年贫困潦倒，未能付印。书稿在兰花爱好者手中辗转传抄，直至1981年由任子青先生找到几种抄本，后经数年心血校正和注释，在1985年终于完成并付印。《岭海兰言》分上下两卷，上卷有序言、绪论、称谓、培养、位置、栽种、防护、鉴别、格理、众谈、艺兰僮课、艺兰备物共12章。下卷则分述兰种和附录（类兰及非兰植物）。他养兰对用水、浇水、光线、通风、用土、用盆、分苗、防病虫等都要求严格，对岭南地区栽兰有独特见解。

近代以来，也出版了一些兰花书籍，如吴恩元的《兰蕙小史》是第一本印有兰花照片的书。全书搜集了100多种兰花名品的照片或图。他将前人的植兰方法及本人的心得体会都写在书中。直至今日，仍被大多数艺兰者所应用。著名画家于照的

《都门艺兰记》（1929）主要叙述在其在北京地区养兰的体会。夏诒彬的《种兰法》（1930）记载了各种地生兰和附生兰，是普及性质的书，主要内容有种类、栽培方法、病虫防治等。

中华人民共和国成立后，随着人民生活的改善，园艺事业的发展，有关兰花的专著也不断出现，如褚友仁的《我的搞兰生活》（油印本），姚毓缪、褚友仁的《兰花》、柳子明的《中国著名的几种花卉》、四川成都园林管理局的《四川的兰蕙》等，都对兰花品种有较系统和详细的记载归纳。60年代严楚江的《厦门兰谱》（1964），对厦门栽培的建兰、墨兰等做了系统的品种分类并总结了栽培经验。70年代中国科学院植物研究所编著的《中国高等植物图鉴》第五册，对兰花的形态分类有更详细的记述。现代植物学家唐进教授、汪发缵教授，多年研究兰科植物，他们的《东亚兰科研究资料》，比较系统地整理了包括兰属在内的东亚兰科植物，为以后的兰科研究奠定了基础。80年代又有吴应祥、陈心启发表《国产兰属分类研究》。吴应祥先生的著作《中国兰花》（1991，1993）是对中国兰属植物研究的一个较全面的总结，受到普遍的欢迎。台湾著名兰花专家彭双松先生在他的力作《台湾兰蕙新辑》中，对型艺中的精品，作了图文并茂的介绍和分析。另外有刘仲健著《中国兰花观赏与培育及病虫害防治》（1998）、《中国兰花水晶艺研究及水晶名品鉴赏》（2002）、《中国兰花色叶艺研究及色叶复合艺名品鉴赏》（2003）等，以及刘仲健、徐公明著《中国兰花奇花艺研究及奇花名品鉴赏》（2000）等著作。

刘清涌编著的《中国兰花名品珍品鉴赏图典》一书（2006年），共收录1 288个国兰园艺栽培品种。书中对每一品种，据花叶形态的观赏价值、社会影响及栽培数量，用星号数量示其名贵程度。此后10年间，兰花新品珍品迭出，作者于2016年完成对此书的修订，在《中国兰花名品珍品鉴赏图典》（修订版）中，删去500余种品位相对较低的品种，增补500余种近年流行或有影响力的高品位品种。

纵观中国的兰花概况，主要观赏种类的分布以东南、西南地区为多，西北渐少。以中国幅员之大，产兰地域之广，大抵可分为4个大区，各产兰区各有特点。一是江浙产兰区，所产春兰、蕙兰名品多，兰花栽培历史较悠久，兰花文化积累丰厚，兰花海外贸易一直呈平稳上升的态势。二是闽台两广产兰区，墨兰、建兰名品多，兰花栽培历史较悠久，有一定的兰花文化积累，其传统兰外贸批量大。三是云贵川渝产兰区，莲瓣兰、春剑、春兰、豆瓣兰、建兰名品多，云南大理兰花栽培历史较悠久，川渝等其他地区栽培历史较短。四是其他省产兰区，所产名兰较少，兰花栽培历史较短，兰花文化积累相对不多。

依照2021年政府工作报告中“实施生物多样性保护重大工程，持续开展大规模国土绿化行动，推进生态系统保护和修复，让我们的家园拥有更多碧水蓝天”系列指导精神，中国特有兰花资源的保护与产业化发展是社会政治、经济、文化、自然发展的必然要求。遵照习近平总书记提出的构建生物多样性保护共同体，既要重视兰花产业的发展，更要重视兰文化建设，促进兰花文化产业可持续发展，加强濒危兰花多样性保护与回归，为兰花产业提供精神动力；进一步加强科学研究，推动科技成果转化，为兰花产业提供智力支持，促使我国兰文化及兰花产业健康持续发展。

4.2 海外传播

4.2.1 兰属植物在欧美

从文化角度上讲，很多国家对兰花也是十分崇尚。兰花不仅有它的文化性，而且有它的经济性。当今不少国家的兰花事业都发展较快，第一次世界大战后，英国和日本养兰居先。第二次世界大战后，美国的兰花事业也有了较大的发展，兰花成了美国人民最喜爱的花卉之一。

在欧洲，栽培兰属植物是在18世纪后期才开始的，最早可能由英国传入。J. Fothergii于1728年在我国发现建兰（*C. ensifolium*），1778年将其携带至英国，这可能是欧洲最早有的东亚兰科植物。在1780年，Vere Kensington将缅甸产的纹瓣兰［*C. aloifolium* (Linnaeus)，当时用名

Cymbidium pendulum (Roxb.) Sw.］通过英国引入欧洲。此后，在亚洲及大洋洲陆续有兰属植物发现，并被送至英国，其中在中国有分布的主要有福兰*C. devonianum*、独占春*C. eburneum*、碧玉兰*C. lowianum*、大雪兰*C. mastersii*、美花兰*C. insigne*、斑舌兰*C. tigrinum*、西藏虎头兰*C. tracyanum*等；然后通过英国传播至欧、美各地。

根据I. Lohschutz的统计，输往欧洲的兰属植物大多是采自印度、缅甸等地的附生兰，仅少数采于澳大利亚及菲律宾等。1904—1905年由越南引进欧洲不少新的兰属植物，如美花兰、越南红柱兰（*C. erythrostylum* Rolfe）、帕氏兰（*C. parishii* Rchb. f.）和独占春等。兰属中的地生兰类大多花小且颜色素雅，在英国最初是不受人们重视的，但自1889年由独占春（母本）与碧玉兰（父本）杂交培育获得的第一个人工杂交种（*C. eburneum* × *lowianum*）在英国Backingnan Chelsea的Veitch苗圃开花，地生兰逐渐引起英国人注意。11年后，再一个兰属人工杂交兰*C. hookerrianum* × *elegans*在法国被培育成功并开花。1902年，2个以碧玉兰为亲本的杂交兰开花。同年，Frederick Wigan成功培育获得了*C. eburneum* × *tracyanum*，R.L. Measures培育获得了*C. lowianum* × *tigrinum*杂交兰；1906年，又有两株*C. eburneum*杂交兰开花；1907年，英国的Messrs Armstrong和Brown采用与碧玉兰*C. lowianum*回交的方法，成功培育了*C. Eburneo-lowianum*（Du and Cribb, 2007）。由于很多兰属植物易于栽培，花香，且杂交植物提供了花朵丰富的颜色变化，部分种类可以盆栽或切花，一些东方兰属植物在英国逐渐受到欢迎。

此后，随着杂交育种技术的发展，不断有新的杂交种出现。1904年仅有4个杂交种，1908年有88个杂交种，到1915年杂交种增加至170多个。在杂交育种上，欧洲用作亲本的大多数是大花类型的，如美花兰、碧玉兰、西藏虎头兰、多花兰、独占春、虎头兰、文山红柱兰等。它们比较容易杂交和获得杂交后代，是有价值的优良亲本。它们的最初杂交后代主要有：*Cymbidium pauwelsii*（美花兰 × 碧玉兰），*Cymbidium* × *albanense*（红柱兰 × 美花兰），*Cymbidium doris*（美花兰 × 西藏虎头兰），*Cymbidium coningsbyanum*（美花兰 × 虎头兰），*Cymbidium* Minuet（多花兰 × 美花兰），*Cymbidium coningsbyanum*（美花兰 × 虎头兰），*Cymbidium gattonense*（碧玉兰 × 西藏虎头兰），*Cymbidium lowio-grandiflorum*（碧玉兰 × 虎头兰），*Cymbidium* × *rosefieldense* hort.（虎头兰 × 西藏虎头兰；Orchid Rev. 20: 57, 1912），*Cymbidium wignianum*（独占春 × 西藏虎头兰）等。

其中的亲本美花兰*C. insigne*表现出明显的杂交优势，可以将优良特性遗传给后代，如花序近直立、多花、花大且持久，呈珍珠白至淡粉色的花色等，并且易与本属的其他种杂交。20世纪初，以美花兰作为育种亲本是兰属植物育种史上最重要的事件。1911年，Messrs F. Sander等培育获得以美花兰为亲本的人工杂交兰*C.* Gottianum (*insigne* × *eburneum*)，和Pauwels培育的*C.* Pauwelsi (*insigne* × *lowianum* var. *concolor*)。同年，Westonbirt的George Holford培育出*C.* Alexanderi (*insigne* × *eburneo-lowianum*)，在当时曾获得英国皇家园艺学会（Royal Horticultural Society）颁发的3个一级证书（First Class Certificates，FCCs），被认为是兰属植物育种史上的重大突破。*C.* Alexanderi杂交兰因纪念为兰花育种做出突出贡献的H.G.Alexanderi而命名，其成功培育为早期兰属植物杂交育种实现丰富的花色和株型育种目标建立了新的标准。

兰属杂交育种的另一重要亲本碧玉兰*C. lowianum*，在原生境其颜色和形态变异丰富，1879年从缅甸引入英国。1901年，在*Orchid Guide*中碧玉兰及其变异品种被以105 Shillings（先令，英国1971年以前的货币单位，为一镑的1/20）的价格售卖。1917年Sander通过将*C. lowianum* var. *concolor*与*C.* Alexanderi杂交，筛选获得新杂交品种*C.* President Wilson。碧玉兰及其变异品种为杂交爱好者提供了丰富的颜色选择和晚花品种，而且具有较大的弧形花序，是切花生产的良好材料，例如杂交品种*C.* California和*C.* Dorama.

独占春*C. eburneum*虽生长缓慢，但其较早的杂交品种如*C.* Caroll于20世纪90年代末在日本出现，其美丽紧凑的叶型使其盆栽特别受日本人欢迎，后来传播至欧美。之后以独占春与散氏兰（*C. sanderae*）杂交，又培育出类似性状的杂交品种*C.* Tussock（*eburneum* × *sanderae*）。

西藏虎头兰*C. tracyanum*花大且芳香，花瓣淡黄色，萼片具间断的深红色纵纹，唇乳黄色，有深红色斑点和条纹。在兰属植物杂交育种的早期，以西藏虎头兰为亲本产生的杂交后代花期较短，花色品质不高，其作为亲本杂交曾不被看好。但它的一个明显特质是，它的花有独特的斑点，曾因此被英国皇家园艺学会授予优秀奖。尽管存在不足，但西藏虎头兰在许多杂交品种的遗传中仍具特色，比如1969年Orchids of Santa Barbara培育的*C.* Solana Beach，就遗传了西藏虎头兰亲本的斑点，并将其传递给它的后代，为兰属植物花色育种提供了新颖的遗传特性。

原产自中国的多花兰*C. floribundum*，引入英国后即作为杂交育种的优良亲本，在培育小、微型兰花方面亦有很大突破。1933年，Sidney Alexander将其与美花兰*C. insigne*杂交，培育出小/微型杂交兰品种*C.* Minuet，同期Sander培育出*C.* Pumander (×Louis Sander)，两者都遗传了多花兰*C. floribundum*的矮生特性。20世纪40年代以来多花兰杂交育种迅速崛起，被广泛用于小、微型兰属植物的杂交育种。从60年代开始，欧美兰花商看到小型兰花的市场潜力，扩大生产了一系列新的小、微型兰属杂交品种。后来市场倾向大花型兰花，多花兰对兰花杂交育种的市场影响才稍稍减弱，但其对兰花杂交育种仍具有重要的价值。

斑舌兰*C. tigrinum*，株高通常不超过20cm，穗状花序下垂，花瓣橄榄绿，具醒目的白紫色唇。作为微型兰属植物杂交育种亲本之一，它有一些性状独特的杂交后代，如由美国California的Loy Stewart Orchids公司培育的*C.* Tiger Cub（× Alexanderi 'Westonbirt' FCC/RHS）。

福兰*C. devonianum*春季开花，其叶宽大、总状花序下垂，着生许多深色的小花。花朵簇生，萼片和花瓣通常呈深橄榄绿色，带有深红色斑点，唇瓣呈深紫色。亦被成功地用于育种并生产，主要有英国培育的*C.* Bullbarrow（×Western Rose），Devon Carousel（× Carousette），Devon Flute（×Magic Flute）。同期，澳大利亚的Ross Tucker培育出了一些福兰的杂交品种，它们是对兰属植物育种亲本很有价值的补充，特别是1992年培育出的多花序杂交品种*C.* Kiwi Cutie（×Robin）和*C.* Pacific Sparkle（×Red Beauty）。

建兰*C. ensifolium*，在东亚、南亚和邻近的岛屿上发现了各种不同的品种，最重要的性状是其花朵具清新香味，作为香花育种亲本其在远东地区的育种中很受欢迎。不仅其香味传递给它的后代，而且建兰在夏末开花，这对花期调控杂交育种的实现是很优良的性状。著名的建兰杂交品种是1957年由美国Dos Pueblos培育的*C.* Peter Pan（×Moretta），至今仍作为盆栽植物种植。另一重要的建兰杂交品种是，1978年由美国加利福尼亚州的Rod McLellan培育的*C.* Golden Elf（×Enid Haupt），其易开花，且获得了珍贵的纯黄色花朵性状。

这些亲本在我国都有分布，但它们不都是从我国首先引种的，因为在缅甸、印度等地也有分布。这些杂交种的花多、花大、花期长、色美，作为切花很受欢迎。因而，杂交新品种每年都有大量增加，目前已数以万计了。新的优良杂交品种不断代替比较差的老品种。组织培养等快速繁殖技巧的发展和应用，促使从事兰花栽培的企业、公司等遍及全球各地。

对于兰属的分类工作，最初描述和定名的是瑞典植物学家O. Swartz，他在1799年建立了兰属，比我国记载兰花的宋代赵时庚《金漳兰谱》约迟560多年。自19世纪以来，欧洲的兰花学者也做了不少工作。1833年J. Lindley对兰属进行了整理。1903年英国科学家Rolfe第一次对中国兰科植物做了分类的整理工作，其中包括了9种原产我国的兰属植物。1919年德国兰花学者R. Schlechter发表了《中国日本兰科引论》，总结了产于东亚的兰属植物33种；其中有30种在我国有分布。1924年，他又对全世界的兰属做了分类研究，建立了属以下的分类群（组）。此后，欧美各国陆续有栽培兰花和描述兰花的书刊出现，其中维迟纳（C. L. Withner）的*The Orchids*（1959年）是比较全面的。自1893年英国的R. A. Rolfe创刊*Orchid Review*

图76　英国纪念封邮票，(左起)石斛(*Dendrobium*)、万代兰(*Vanda*)、碧玉兰(*C. lowianum*)、兜兰(*Paphiopedilum*)、石斛(*Dendrobium*)

图77　早田文藏1914年3月22日在台北观音山采集的建兰标本(图片来源于吴永华的《早田文藏：台湾植物大命名时代》)

以来，其他多个国家陆续有兰花相关期刊创刊，其中主要有美国的*American Orchid Society Bulletin*和*Orchid Digest*，联邦德国的*Die Orchideen*，西班牙的*Orquideologe*，马来西亚的*Malayan Orchid Review*，澳大利亚的*Australian Orchid Review*等。20世纪60年代欧洲已盛行，无数的兰花爱好者和职业栽培者已遍及世界各国。各国也参加了第一次国际性的世界兰花大会，以后定期（每3年）举行一次，进行有关兰花的学术交流和商业活动，以促进兰花业的发展。从1978年开始，每届开会的同时所在国都发行了一套兰花纪念邮票。其中，第14届世界兰花大会（1993）在英国的格拉斯哥召开，并发行一张纪念封，其中有兰属植物碧玉兰（*C. lowianum*）（图76）。

4.2.2　兰花缔结的中日友谊

纵观华夏数千年历史，文人墨客，以中国兰为题材，创作了大量的诗文与绘画。据统计，目前全世界博物馆收藏的中国兰画卷，至少有南宋、元、明、清的137幅（陈心启，2020），数量之多令人惊叹。而这种源远流长的爱兰之风，对日本爱兰栽兰的历史也有深远的影响。

近代日本学者田边贺堂的《兰栽培之枝节》中认为：建兰由中国秦始皇使者徐福携带到日本，素心兰由中国唐代时期传到日本。台湾著名兰花专家彭双松先生（1988）在《台湾兰蕙新辑》中也认为日本广泛栽培的‘骏河兰’是由秦朝徐福带入日本的。但两者都没有可靠的文献记载。这些说法，是否真实，还有待考证。但在我国栽兰盛行的宋明时代，是完全有可能将我国兰花输往日本的。而在日本国内也有野生春兰、寒兰等兰属植物分布。

日本有关兰花的名著及其作者，也大都展现出与中国文化的深厚渊源。日本最早的兰花专著是宣英的《兰养》（1700）和松冈恕庵[8]的《怡颜斋兰品》（1728，1772）。其中，《怡颜斋兰品》成书于1728年，全书分上下两卷，上卷包含建兰、剑兰、蕙兰等兰属植物。松冈恕庵是一位通晓汉文，精于儒学，能用中文写诗纪事的专家。书中涉及许多中国文人对兰花的题咏和中国本草学家对兰花的考证。此书于1772年还出了中文版，对中国兰界也有重大的影响。由于中日两国兰界的频繁交流，相互影响，在国兰中有许多种类的名称是中日共用的。例如，寒兰原是日本名，其学名*Cymbidium kanran* Makino是由日本植物学家牧野富太郎（Makino）[9]命名的，Kanran就

8 松冈恕庵（1668—1746），名玄達，字成章，别號怡颜齋，是日本江戶時代著名的本草学家与博物学家，著有《梅品》《樱品》《菌品》《竹品》《兰品》《茶品》《石品》等。他精于儒学，通晓汉文，能用中文写诗记事。他在《怡颜斋兰品》中不仅涉及了对中国重要的著作《金漳兰谱》《遵生八笺》（1591）、《本草纲目》（1578）等的考证，而且对杜兰（石斛）、箸兰（虾脊兰）、真珠兰（金粟兰）等多种不同的”兰”类，予以绘图澄清。他的研究，对中、日兰花界都有较大的影响（陈心启，2007）。

9 牧野富太郎（1862—1957），1893年担任东京帝大理科大学助手，1896年被派到台湾采集，采集1个多月，标本达3 000余份近千种。1912—1939担任东京帝大讲师。广泛采集植物并发表许多新种，出版图鉴以普及植物知识，对日本本草学与植物分类学的发展贡献巨大。著作主要有《牧野日本植物图鉴》《日本高山植物图谱》《牧野富太郎选集》五卷等（吴永华，2016）。

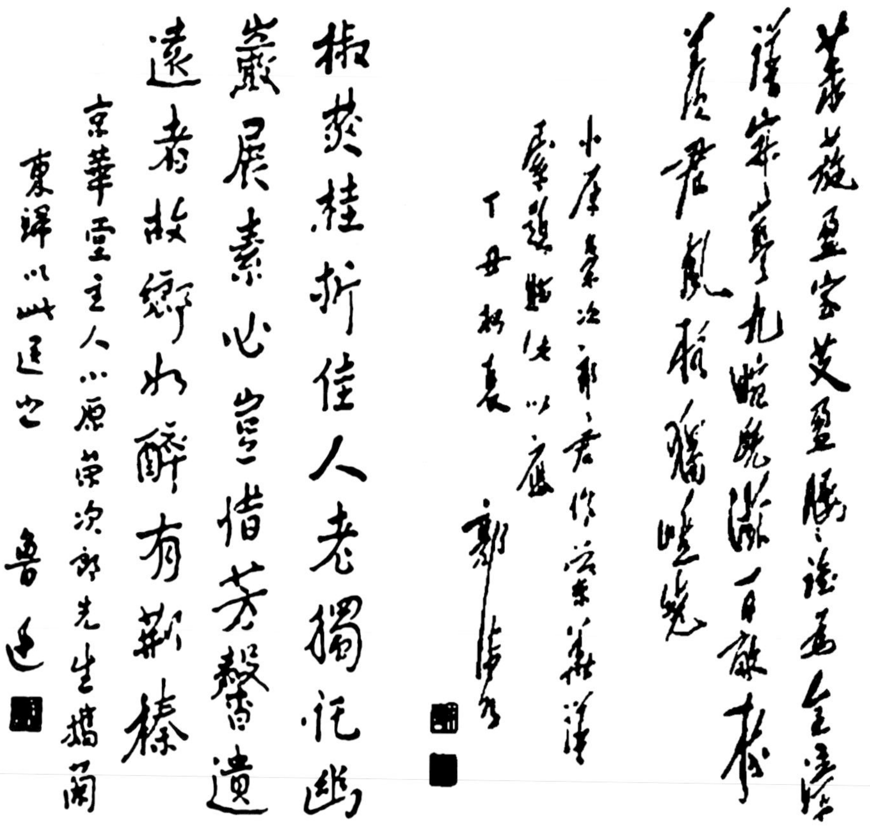

图78　题词截图源于陈心启先生（2007）的“首届中国兰文化大展系列活动”

是寒兰的日本人的读音。这个名称被中日两国民间广泛认同和采用（陈心启，2020）。

近代日本植物学家极爱兰，如Hayata（早田文藏），Makino（牧野富太郎）和Fukuyama（福山）等学者对日本和中国台湾的兰花进行了不少研究，发表了很多新种（吴永华，2016）。早田文藏1914年3月第5次来台湾，在台北观音山采集到建兰标本，藏于台湾大学数位人文研究中心（图77）。后来，其在1916年将在中国台湾采集到兰属植物命名为九华兰（*Cymbidium oiwakense* Hayata；吴永华，2016），实为蕙兰（*C. faberi* Rolfe）的同物异名。在台湾植物志中还有一些以“早田”为学名或中文名称的植物，兰科有俄国植物学家L.V. Averyanov命名的早田兰（*Hayata tabiyahanensis* (Hayata) Aver.，2009）等。

艺兰发源于我国，外传至日本。日本对中国兰的兴趣最浓，其历史渊源也是由中国开始。日本直到德川幕府时代（1785）建兰‘加冶屋’出现，始将兰蕙欣赏范围扩展至线艺类，并且发展出灿烂线艺兰文化。现今日本栽兰已自成体系，发展为号称“东洋兰”的基地。自20世纪30年代起，日本栽兰的人渐多，有关兰谱和书刊也不断出现。1935年石井勇义的《东洋兰图谱》出现；1937—1938年日本兰花商人专门经营中国兰蕙，曾将中国的兰蕙品种销售到日本，受到日本上层社会的欢迎，并撰写了介绍中国兰花的日语专著《兰华谱》，此书获得鲁迅先生和郭沫若先生的题词[10]（陈心启，2007）。鲁迅先生题词“椒焚桂折佳人老，独托幽岩展素心。岂惜芳馨遗远者，故乡如醉有荆榛。”；郭沫若先生题词“室艾盈腰，谁为金漳谱寂寥。九畹既滋百亩树，羡君风格独。”（图78）

《兰华谱》的作者小原荣次郎曾经早年游学中国，在上海等地居住了近20年，一生爱兰养兰，回国后还曾多次从中国浙江、福建一带将兰花名品引入日本栽培。在《兰华谱》中，对兰花的栽培及我国传统兰花品种记载甚详。此后，山三次和永野芳夫在1960年著有《春兰谱》。另外，还有一些日本的兰著典籍，如：久须美兰林著《养难养说》，渡

10　鲁迅题词中未写明年代，估计可能是1936年，亦即小原荣次郎携带兰花回日本之前，在中国请求鲁迅题词的。鲁迅于1936年逝世，题词中有：“京华堂主人小原荣次郎先生携兰东归以此送之”之句，表明是鲁迅辞世前不久所题。这或许是这位文豪最后的遗墨，故弥足珍贵。这两幅题词不仅是对小原荣次郎的认可，也是对兰花的赞喻。题词中诗句高雅，寓意深刻，书法流畅，读起来令人心潮起伏，是兰界不可多得的墨宝（陈心启，2007）。

边华山画《华山翁兰竹画谱》，铁翁禅师画《铁翁兰竹谱》，小原京华堂的《趣味之友》《兰蕙要览》《兰花的解说》等。

1984年日本又出版了《中国兰》和《日本兰》两本书。这两本兰谱是诚文堂新光社出版的，有精美彩色照片和文字说明。在《中国兰》一书中对我国传统春兰、蕙兰名种介绍甚详，还转载我国的《兰蕙小史》。近年来，日本的兰花培育已进现代化、企业化管理，培育出不少兰花杂交新品种。

4.2.3 兰属植物在其他国家

至于朝鲜方面，艺兰也必不可少地成为朝鲜人民崇尚之物，中国兰已成为朝鲜人民作为高雅的花卉陈设于居室、寓所、大堂之中。更为令人称颂的是，他们将兰花作为一种高级的礼品来赠送。

东南亚地区，受我国华侨的影响较多，栽兰的历史也较早，喜爱也相似。除了栽培本地区所产的兰花之外，还有原产我国的建兰和墨兰等。最近数十年来，栽兰技术的提高，杂种兰花的不断出现，加上许多热带附生兰的引种和栽培，形成众多的栽兰企业、公司等，如泰国、新加坡的商品兰花已进入国际兰花市场，在世界兰花业中也有一定的地位。

5 主要观赏类群及其利用

1. 春兰*Cymbidium goeringii* (H. G. Reichenbach) H. G. Reichenbach

春兰以在春天里开花而得名，此名称后来被植物学家所认定。春兰是我国人民最早和最广泛栽培的兰花之一。并且春兰在我国的历史文化中，为中国兰中最有代表性的兰花。江浙春兰，春季开花，绝大多数一秆一花，花香纯正，为中国兰花香气的代表。花朵严谨，瓣型规范，花瓣玉质雅洁。春兰耐寒力强，花枝虽矮，花朵虽小，但开得很有精神，很有灵气。

江浙地区春兰栽培历史悠久，兰文化极为丰富，形成了以瓣型学说为主的兰花精致化鉴赏理论，对兰花花朵的各部分均有精细入微的鉴赏标准，选育了大量传统名品珍品。对春兰的品赏不同于其他兰花的品赏，甚至不同于对其他花卉的品赏。品赏其他花卉一般认为花朵越大、色彩越鲜艳就越有品赏价值。但中国春兰有其丰厚的历史文化，东方人的审美意趣使对春兰的品赏有其独特的意念。其主要内涵有：

（1）纯正的香味。春兰的兰香不但比其他花的花香纯正，即或在诸种的兰花中，春兰的兰香也要幽香，浓郁而纯正。兰为国香、天下第一香，多指的是春兰。“一香压千红”“寸心原不大，容得许多香。”“虽无艳色似娇女，自有幽香如德人”。研究发现，春兰花香挥发性化合物主要包含法尼醇、茉莉酸甲酯、(E)－β－法尼烯和橙花醇等，这些挥发性化合物大多属于萜类化合物。春兰花香萜类化合物生物合成关键基因编码1–脱氧基–D–木酮糖5–磷酸羟酸还原异构酶（1-deoxy-D-xylulose-5-phosphate reductoisomerase，DXR），1–脱氧基–D–木酮糖5–磷酸合酶（1-deoxy-D-xylulose-5-phosphate synthase，DXS），和法呢基焦磷酸合酶（farnesyl diphosphate synthase，FDPS）等，相对于其在花蕾期和盛开期的表达量，这些关键基因在初花期表达量较高（Ramya 等，2019）。

（2）端庄的瓣型。春兰品种分类按瓣型一般可分为梅瓣、荷瓣、水仙瓣和蝶瓣4类，而一般野生春兰则称之为竹叶瓣。梅瓣、荷瓣、水仙瓣的春兰名品，其花瓣端庄而严整，玲珑乖巧而富有灵气，是其他兰花瓣型的典范，其唇瓣也是中规中矩的。

（3）秀美的株型。叶片是兰花重要组成部分，也是兰花品赏的一个重要方面。春兰叶片呈抛物线型、环型、弓型等，错落有致，交叉而不零乱。国画师们常说画兰五叶三花，秀美即尽在其中。

兰花的花朵或叶片上出现黄、白等色彩的条缟状、斑点色异色，这种现象我国兰界称之为“艺”。艺的观赏主要针对叶而言，叶艺指观赏叶面的种种色泽和斑纹。凡是出艺的兰花，在同档品种的观赏价值上就能更高一个层次。现已发现的艺色有十多种，按各种艺色形态的区别又可分为爪艺、缟艺、中透艺、斑艺、锦艺、冠艺、晃艺、宝艺、琥珀艺等（陈心启 等，2011）。

（4）高雅的质感和色感。春兰的花朵令人想起天生丽质、玉质冰肌等词。即使是纯素色的素花，也是圣洁高雅，清新明净。近些年，通过人工杂交与选育，一些春兰品种花朵色彩丰富，特别是西部春兰，赤橙黄绿白粉紫各色俱全，还有少量黑色花出现。

和兰属中其他种类的兰花类似，春兰具有较好的杂交亲和性，是地生兰育种的重要亲本，也是培养有香味洋兰品种的重要资源。Choi和Chung（1992）以春兰为母本，获得了春兰和墨兰、春兰和兔耳兰的杂种F_1植株，杂种F_1花型和花色介于双亲中间，而香味和锯齿形叶缘表现为显性性状。Kyung等（1998）获得了寒兰和春兰杂种F_1植株。Choi等（1998）以春兰为母本，研究了春兰和建兰、寒兰、墨兰、蕙兰、纹瓣兰、石斛兰和蝴蝶兰的杂交亲和性。张志胜等（2001，2002）通过杂交获得墨兰和春兰杂种植株。张志胜和何清正（2002）获得了春兰和卡特兰的杂交种子，并通过种子萌发获得了再生植株。

与春兰近缘的豆瓣兰，其株型、花朵与春兰相似，花瓣较春兰厚实，色彩浓艳，多数没有香气，多赏其形色，豆瓣兰中瓣型花、色花珍品也受到人们的喜爱。与日本春兰类似，故日本、韩国人很欣赏中国的豆瓣兰。

关于春兰花型发育的分子调控研究，Xiang等（2012）通过分子克隆和转基因功能验证，发现春兰中FLOWERING LOCUS T（FT）同源基因*CgFT*参与春兰营养生长向生殖生长进而开花的转变。Yang等（2017）以春兰野生型‘宋梅’和多花瓣变异品种‘玉蝴蝶’为材料，开展miRNA和mRNA对花型发育的调控研究。研究结果发现，花发育相关miR156/SPL和miR167/ARF 模型参与春兰营养器官的发育调控，而miR319/TCP4-miR396/GRF调控链可能参与春兰多花瓣发育的细胞扩增过程。后来Xiang等（2018）研究验证B和E 型MADS-box在春兰花被形成中的重要作用，着重解析了春兰花型分子决定机制。研究发现，CgDEF3/CgDEF4/CgAGL6-3/CgGLO四聚体决定唇瓣的形成，而CgDEF1/CgAGL6-1/CgSEP2/CgGLO四聚体促进花瓣/萼片的形成。

春兰花期一般在春节前后，关于春兰受低温诱导开花的分子调控机制的研究也已有报道。广东省农科院朱根发教授课题组，通过比较转录组分析，鉴定出582个春兰响应冷诱导开花差异表达的unigenes，涉及代谢过程、开花时间、激素信号转导、胁迫反应和细胞周期等，其可能在春兰冬季开花调控中发挥作用。MADS-box基因家族的SVP亚组3个基因在冷诱导后其表达抑制最为显著。*SVP*基因的表达与冷诱导开花相关，比开花途径关键基因*CgAP1*、*CgSOC1*和*CgLFY*更早地响应低温，表明*CgSVP*基因可能在低温诱导春兰开花早期发挥作用。此外，CgSVP蛋白与CgAP1和CgSOC1相互作用，协同调控春兰冬季开花过程（Yang等，2019）。

韩国研究者Chung等（2021）首次报道了春兰基因组序列，研究利用PacBio、Illumina双末端测序和Hi-C技术构建了春兰染色体水平的基因组图谱。春兰基因组包含大量的重复序列。而且研究发现，小兰屿蝴蝶兰基因组（Cai 等，2015）中被报道的*MADS*基因家族的*Mβ*基因也存在于春兰基因组中，这再次证明了*Mβ*基因在所有兰科植物中没有丢失。春兰基因组序列的发表和功能基因的预测鉴定，为比较基因组学研究提供了宝贵的资源。

2. 建兰*Cymbidium ensifolium* (L.) Sw.

建兰因在福建较早被栽培观赏推广而得名，此名称也被后来的植物学家所认定。建兰一般在初夏至秋末开花，有的较早开花，俗称夏兰。有的较迟开花，俗称秋兰。有的一年夏秋间可开2～3次花，俗称四季兰。建兰在我国资源丰富，也较易栽培，适应性广，其栽培历史为我国兰花诸品类中较早的，至少在隋唐、五代时就已有栽培观赏。南宋末年赵时庚的《金漳兰谱》记载了21个兰花品种，其中一半以上是建兰。可见建兰有书可见的比春兰、蕙兰等记载还要早。自宋以后，元、明、清、民国各代各地有的兰书中也有关于建兰的记载。而记载最为全面、详细的要数清末民国初广东南海人区金策的《岭海兰言》，其记载了70多个建兰品种。

建兰适应性广，易栽培，繁殖力强，对齿舌兰环斑病毒（ORSV）和蕙兰花叶病毒（CyMV）的侵染有一定的抗性（Paek 等，1997），一年多次开花，叶艺和花艺变异类型丰富，是进行中国兰花育种的优异亲本。建兰的香味、紧密的生长特性、易开花习性和花葶直立的性状具有较强的遗传传递能力，和兰属附生种类的兰花亲和性高，是培育小型大花蕙兰新品种的优良亲本之一（Paek等，1990；Chai等，1998）。建兰花期为7～10月，而其他兰属兰花的花期多为冬春季，因此，建兰是兰花花期育种的重要亲本，以建兰作母本已育成了终年可以开花的兰花杂交种*C. Peter Pan*（Rogerson，1991；Carpenter，1992）。

建兰品种在花色、花型、叶艺、株型和香味等方面存在较大差异。不同品种叶片长度变异范围一般为30～50cm，有些立叶和垂叶品种的叶长可达70～90cm，而一些矮种的叶长仅为5～18cm。叶宽度变异范围一般为0.8～2.5cm。建兰的花通常为5～9朵，但个别品种的花朵数可达16～18朵。建兰一变种为焦叶兰var. *yakibaran* Makino (Somoku-Dzusetsu, ed. 3 4: 1182, 1912)，与建兰原变种（*C. ensifolium* var. *ensifolium*）不同，焦叶兰叶边缘黄白色，花序轴紫色，花期5～7月。

建兰品种丰富，其品种分类主要为：

依瓣型分类主要有梅瓣、水仙瓣、荷瓣、蝶瓣和各种奇瓣等类型。

（2）建兰花色丰富多彩，主要分为素心和色花。国兰中舌面无红点者皆为素心，建兰以素心闻名，其品味通常依瓣型、瓣色来衡量。

（3）建兰叶艺品种繁多，几乎包括了线艺、

图79　建兰各种变异花型（图片来源：Ai et al., 2021）

水晶艺和图斑艺的各种类型。建兰叶片的着生姿态也多种多样，有立叶、斜立叶、弧垂叶、环垂叶、汤匙叶和翻卷叶等多种类型；叶尖的形状有长尖、钝尖、圆尖、翘尖、勾尖和阴阳尖等多种类型。

建兰基因组测序研究结果显示，建兰的花部器官发育有其独特调控模式，不局限于传统的开花植物的ABC模型。建兰的花型为花器官同源异型突变类型，与*MADS-box*基因的异常表达相关：当C类基因*CeAG-1*和*CeAG-2*在合蕊柱中的表达下调，将导致合蕊柱不能正常发育，出现多花被片的分枝花序，形成“多瓣”花型（图79b）；当C类基因*CeAG-1*和*CeAG-2*在花瓣中异位表达，花瓣将发育成合蕊柱形态，形成“梅瓣”和“水仙瓣”花型（图79d）。当E类基因*CeSEP*-2在唇瓣中表达下调，将导致唇瓣构造消失，恢复为花瓣形态，形成“非整齐对称花”（图79c）。当*CeAP3-1*、*CeAP3-2*、*CeAP3-3*、*CeAP3-4*和*CeAGL6-2*在花瓣和萼片中异位表达，将导致花瓣和萼片出现唇瓣状的形态和色彩，形成“三星蝶”和“外蝶”花型（图79e，f）。

建兰叶艺变异是叶绿素缺乏所致，光合作用代谢途径相关基因表达量下调抑制了光合蛋白复合物的合成，从而形成黄化和白化叶片。而当花发育有关的*MADS-box*基因表达增加时，叶片呈现出花瓣的形态，形成“叶蝶”（Ai et al.，2021）。

3. 墨兰*Cymbidium sinense* (Jackson ex Andrews) Willdenow

墨兰株型大，花高出架，根繁叶茂，叶片宽大，直立性强，花葶长，着花数目多，浓香或甜香、淡香，是一种观赏价值极高的兰花。少数生长于海南省和近越边境的墨兰种类少香或无香，叶和花瓣较薄，色彩却较明丽。一般来说，花期在春节前后的称为报岁兰，花期在春末或秋末的称为春榜、秋榜，合称榜墨。

墨兰叶色浓绿、花姿优雅，花幽香高洁，且其花期恰逢中国传统节日春节，又称报岁兰，备受中国和受中国文化影响的亚洲国家人们的喜爱。南宋末期赵时庚《金漳兰谱》中描述墨兰：“色深紫，有十五萼，干紫英红，色映入目，如翔鸾翥凤，千态万状；叶则高大刚毅劲节，苍然可爱。”墨兰因其丰富的瓣型、叶色以及香气特征使得其成为研究兰科植物进化的理想材料。

墨兰栽培观赏始于明代，发展至清代中期至民国时期，栽培观赏墨兰已遍布闽粤台地区。改革开放后，栽培观赏之风盛行。墨兰栽培品种类型丰富，叶艺、花艺、形艺品种齐全，花期差异大。据不完全统计，已定名的墨兰品种超过1 000个。秋墨（var. *autumale* Y.S. Wu）为墨兰一变种，花期早，一般在9月开花。彩边墨兰（var. *margicoloratum* Hay.）为墨兰的另一个变种，其叶片边缘有黄色或白色线条，该变种出芽慢，繁殖困难。

墨兰和其他兰属兰花的杂交亲和性高，而且通过环境控制和激素处理能够获得杂交种子。因此，墨兰是兰花杂交育种中较常采用的杂交亲本之一（Chai and Chung，1991；Chai 等，1998），以墨兰为杂交亲本已培育出60多个杂交种（Everglades，1998；朱根发，2005），这些品种多数有香味。不同墨兰品种一般亲和力差异很大，如仙殿白墨和其他兰花杂交不易成功，而小香则易获得成功，目前通过杂交已获得近20个种间组合，利用墨兰和大花蕙兰杂交已培育出不用上山能在春节期间开花的兰花新品种‘日出’（张志胜 等，2005）。

墨兰品种分类主要分为：

传统墨兰类有“四大名兰”，即‘金嘴’‘银边’‘企墨’‘白墨’。

瓣型花类，墨兰的瓣型花出现较迟，早期栽培的品种以水仙瓣最佳，20世纪中后期才逐渐发掘出梅瓣、荷瓣、奇花等。

蝶花类，主要有‘华光蝶’‘花溪荷蝶’‘神雕’等。

色花类，墨兰花朵大多紫褐色，长期栽培出现诸多色彩变异，其中著名的有黑色品种‘墨韵生辉’‘黑了哥’，全花金黄色品种‘皇妃’等。

叶艺类，墨兰线艺的主要类型有爪、斑爪、曙斑爪、斑、缟、爪斑缟、覆轮、冠艺、鹤艺、锦艺、宝艺等。

型艺类，主要有墨兰矮种达摩线艺系列，例

如‘文山佳龙’‘达摩’等。

水晶类，主要有‘奇异水晶’‘凤来朝’‘水晶边’等。

广东省农科院朱根发课题组与福建农林大学刘仲健课题组等研究团队利用高质量的墨兰基因组精细图谱，进行了系统的比较基因组学研究，着重阐述了墨兰花型、花期、花色、花香和叶色等5个重要观赏性状的分子调控和进化机制（Yang等，2021）。

研究发现，（1）墨兰花型的调控主要由*MADS-like*基因的扩张和亚功能分化决定，新发现*P-code*基因的显著扩张，新发现4个*SEP*s基因中*CsSEP4*对墨兰合蕊柱发育的重要作用，并在拟南芥中证实对心皮发育的促进作用。

（2）兰属低温依赖的开花调控，发现它没有进化出多年生木本调控低温开花的*DAM*基因，而由*SVP*起主要作用。*SVP*有更广泛的蛋白结合活性，可与*AP1*和*SOC1*互作，响应低温，调控开花，且识别位点与十字花科中的保守位点不同。

（3）叶色的频繁变异主要原因可能是由于糖代谢途径中*CH1*亚族基因的严重收缩，造成糖代谢受阻，类囊体垛叠淀粉粒结构破碎，叶绿体解体造成叶色变异。

（4）墨兰的花色成分包括矢车菊素和飞燕草素，与蝴蝶兰中没有飞燕草素差异显著。造成成分差异的主要原因是*F3'5'H*基因在不同兰花中的表达差异，蝴蝶兰中*F3'5'H*不表达，但该基因蛋白序列在兰科植物中高度保守，底物识别位点完全一致，差异在于启动子上MYB结合位点不同。墨兰中存在更多的花色苷调控相关*MYB*基因，推测是导致墨兰花色素积累，开紫黑色花的主要原因。

（5）墨兰的特殊花香物质主要是倍半萜类，发现TPS合酶中b亚族显著扩张且基因表达模式与释香规律关联紧密，找出特殊香气物质合成的关键*TPS*基因。

4. 寒兰*Cymbidium kanran* Makino

寒兰是被广泛栽培的地生兰花之一，其株型修长文雅、气宇轩昂，花朵秀逸浓香，在日本、韩国和朝鲜也很受欢迎，被称为“兰花之王”。寒兰花蕾期看上去像一般的麦穗，建兰、墨兰看上去像谷穗。

寒兰一般在每年10月至翌年1月开花，在华东一带也称冬兰。在夏天开花的称夏寒兰。寒兰的花期差异较大，有的与建兰同期，有的与墨兰同期，也有的与春兰同期。由于同时开花，很容易自然杂交。因此，寒兰有不少天然种间杂交种，如苏芦寒兰是寒兰与墨兰的自然杂交种，它的花朵大，花被较寒兰肥厚多肉，香气浓。雪山红是寒兰和建兰的自然杂交种。

寒兰香味浓，花期差异大，较耐寒，花葶直立，花出架，杂交亲和性高，是进行兰花新品种选育的重要亲本。此外，相对其他多种兰属植物，寒兰自交或杂交种子萌发率较高，容易获得杂种后代植株，因此，在许多兰花育种特别是兰属兰花育种中，常以寒兰为亲本（Paek et al.，1990；Orchid Station，1995；Kyung et al.，1998；Choi et al.，1998）。

寒兰品种分类主要有：

瓣型花主要分为荷瓣、梅瓣、水仙瓣等。

蝶花主要品种有‘同形蝶’‘喜庆蝶’等。

奇花主要有‘万紫千红’‘武夷珍奇’等。

色花主要有素心、红花、黄花、黑化、紫花、绿花、复色花、水晶花等。

叶艺主要有‘虎碧水晶’‘秀丽江山’‘金玉满武夷’等。

5. 蕙兰*Cymbidium faberi* Rolfe

蕙兰以原产于浙江、江苏一带为最佳，栽培历史悠久，至少已有上千年，种质资源较为丰富，现有蕙兰品种300多个。按瓣型分为梅瓣、荷瓣、水仙瓣、奇瓣等类。结合鞘、花轴与苞片的颜色及其筋纹分为绿壳类、白绿壳类、赤壳类、赤转绿壳类等。蕙兰一秆多花，有时可开至八九朵至十余朵，故又有九花兰、九华兰、九节兰、九子兰之称。

产于江浙一带的蕙兰香气浓且纯。产于中南、西南乃至陕西、甘肃南部各地的蕙兰多数有香味，少数没有香气。蕙兰3～4月开花，一般比春兰晚，故又有夏蕙之称。

多数蕙兰花有香气，花朵数较多，耐寒性较强，是培育小型大花蕙兰和对其他中国兰花进行

07

品种改良的良好亲本。Choi等（1998）以春兰为母本，研究了春兰和蕙兰的杂交亲和性。结果认为春兰和蕙兰的杂交亲和性较低。至2004年，以蕙兰作亲本共培育出杂交种有*Cymbidium* Suzuka Orient、*Cymbidium* Eastern Rain、*Cymbidium* Golden Erica 等（朱根发，2005）。

中国自古就号称礼仪之邦。人们在鉴赏蕙兰时，在对蕙兰一些部位的命名时也暗含着中国人的传统礼仪文化，如‘抱拳捧’‘执圭舌’‘如意舌’等。中国文化讲究大道直行，光明正大。人们欣赏蕙兰的高大出架，秆高梗直，叶姿飘拂潇洒，这些和中国人欣赏的道德思想和行事方式不谋而合。出架，寓意着道德高尚，卓尔不群；欣赏蕙兰的叶姿时，也以飘逸、潇洒来形容，这也反映出中国传统文人待人接物的处世态度。

另外，国兰中蕙兰的花葶颜色突出，因此蕙兰一般也采用二级品种分类法。首先依据花葶的色泽进行分类，如绿葶绿花称绿蕙，赤葶赤花称赤蕙，赤葶绿花称赤转绿蕙。然后再根据不同的瓣型进行分类，如绿蕙荷瓣、绿蕙梅瓣、绿蕙水仙瓣，赤蕙荷瓣、赤蕙梅瓣、赤蕙水仙瓣，赤转绿蕙荷瓣、赤转绿蕙梅瓣、赤转绿蕙水仙瓣。

6. 莲瓣兰*Cymbidium tortisepalum* Fukuy.

莲瓣兰因其花瓣上常有7～9条平行脉，似莲花花瓣而得名。莲瓣兰花色素雅清丽，香味醇郁，叶形多样，花枝高，花朵较大，色、香、形均佳，多名品珍品，是一类不同于传统国兰的兰花，为中国兰花一大品系，是具有广阔利用前景的兰属资源。曾任《中国兰花》杂志副主编刘清涌在《秀美的兰花，人生的美事》一文中指出，莲瓣兰在中国的“兰花族谱”中是一个后起之秀，它有春兰之香，蕙兰之秀，建兰之蓬勃，其佳品，无论在株型、花型、花香、花色诸多方面都可登中国兰花的“大雅之堂”。云南省兰花协会秘书长刘兴邦（2002）称，云南“三江流域”特产的优秀种类莲瓣兰闻名遐迩，享誉中外，深得日本、韩国、中国台湾兰界的青睐（陈于敏 等，2005）。

21世纪初，莲瓣兰曾是兰苑中的一枝独秀，为名品兰花的宝贵基因资源，利用它已培育出数十个品种。莲瓣兰的一个变种春剑，因叶片劲健挺直如剑，又是在春天开花而得名。叶片较一般春兰和窄叶莲瓣兰宽，叶脉较粗，叶缘呈锯齿状。春剑花色甚多，蝶花和奇花也多，其花瓣一般比江浙春兰花瓣薄些，但花朵较大，每枝开花3～5朵，繁茂香郁。

莲瓣兰品种数量急速上升，价格一度持续走高，市场份额大。当时云南省莲瓣兰的交易数量大，几乎所有的兰花市场都有莲瓣兰出售，大型兰花交易市场莲瓣兰的上市率更高，如昆明北大门兰花博览交易中心交易的兰花中近80%是莲瓣兰。正所谓“物以稀为贵”，莲瓣兰因其优异品性越来越受到国内外兰界的重视，当地群众为追求经济效益挖掘野生莲瓣兰资源达到了疯狂的程度，他们穷山搜挖“竭泽而渔”，就地出售，这种杀鸡取卵的掠夺性采集造成莲瓣兰处于受严重威胁或濒危的状态。

“莲瓣兰”名称的由来

莲瓣兰时逢每年的元旦春节盛开，云南大理民间称之为“年拜兰”，其意为“拜年花”，给人们带来吉祥喜庆的气氛。同时，这种兰花的花瓣呈椭条形，酷似盛开的莲藕花瓣，因此民间定名为“莲瓣兰”，并延传下来。有研究者分析认为，莲瓣兰的称谓源于明朝永乐十年的《南中幽芳录》。依据《南中幽芳录》的记载，明朝初期，“荷瓣”与“莲瓣”两个词，已被广泛应用，“莲瓣兰”一词在民间也已广为使用。从民间使用到书面记载已日趋完善。到了清朝，“莲瓣兰”一词已有大量记载，更为普及。如清代光绪年间缩编的《续云南通志稿》中就始见有白莲瓣、绿莲瓣的记载，直到20世纪40年代前进一步从花色上加以区分，即白莲瓣、红莲瓣、绿莲瓣、黄莲瓣、藕色莲瓣、朱丝莲瓣等，一些叫法一直沿用至今（杨云，1999）。

而莲瓣兰作为植物界的一个物种被命名，是我国植物学家唐进、汪发瓒两位教授对云南兰科植物作了大量调查研究后正式定的拉丁学名“*Cymbidium lianpan* Tang et Wang.”，可惜当时未能在正式刊物发表。1984年中国科学院昆明植物研究所编撰的《云南种子植物名录》收录的25种云南兰属植物中，就记载了唐进、汪发瓒两教授的莲瓣兰这一种。1980年吴应祥、陈心启两位教授发表《国产兰属分类研究》以及吴教授编著的《中国兰花》均未能收录莲瓣兰作为国产兰属的一个种。1984年中国科学院昆明植物研究所编撰的《云南种子植物名录》出版，记载莲瓣兰是云南兰属植物33个种之一，归属为6个分类组中长苞组。在吴应祥先生1995年编著的《国兰拾粹》中，正式列入了莲瓣兰一种，从此莲瓣兰作为国产兰属的一个种得到国内兰界的公认，它的风采也更为世人所关注，在众多云南兰属植物中独领风骚。2002年陈心启教授经多方形态比对，莲瓣兰应和原在台湾发现的俾亚兰为同一种，并指出"莲瓣兰应作为种予以承认"学名为*Cymbidum tornsepalum* Fukuyama。

莲瓣兰作为国产兰属的重要一员，逐渐为国内兰界所熟知，还是近二三十年来的事情。随着中国兰协成立后连续十余次全国兰博会的举办，云南兰友纷纷把从莲瓣兰中选育的优良品种亮相兰博会，每次都赢得组委会大奖和全国各地兰友的赞许，莲瓣兰的知名度与日俱增。特别是由于其植株形态、开花性状、生活习性、栽培方法等与四川习惯栽培的春剑较为相似，而受到四川兰友的格外青睐，莲瓣兰中许多优秀的品种被引种到四川，获得了极大的发展。同时也由于其枝叶秀美，株型适中，花色丰富，环境适应能力强，发芽率高，易开花等优良性状而越来越受到全国各地兰友的喜爱。

7. 大花蕙兰*Cymbidium hybrids*

大花蕙兰又称喜姆比兰，是指兰属中的一些大花附生种及其衍生的栽培品种，现在观赏的大花蕙兰都是由原生种经过杂交或（和）染色体加倍形成的。大花蕙兰具有优良的观赏性状，和兰属植物杂交有较高的亲和性，是培育大花蕙兰新品种最重要的亲本材料。但由于大花蕙兰是经过反复杂交和染色体加倍育成的，其遗传基础十分复杂，有些大花蕙兰品种花粉育性很低，和其他兰花杂交很难获得杂交种子（张志胜 等，2001）。

大花蕙兰花大色艳，花多，花期较长，既可以作盆花又可以作切花，是当前兰花产业中最流行的种类之一。在园艺学上，通常按花色将大花蕙兰分为白花系、红花系、黄花系和绿花系四大系列。此外，近年来又培育出小花系和垂花系两大新系列。21世纪初大花蕙兰是世界上著名的"兰花新星"，日本和韩国是大花蕙兰的主要生产国，在欧洲，它被称为"新美娘兰"。

参与培育大花蕙兰的亲本主要包括独占春、碧玉兰、黄蝉兰、美花兰、多花兰、虎头兰、福兰、西藏虎头兰、滇南虎头兰、文山红柱兰、斑舌兰、长叶兰、柏氏象牙兰（*Cymbidium parishi*）、越南红柱兰（*C. erythrostylum*）、散氏兰（*C. sanderae*）等。近年来，为了培育小型大花蕙兰品种，兰属中的一些小花种如春兰、建兰、墨兰和寒兰等也作为亲本使用。

6 中国兰的产业化发展

6.1 早期的国兰产业

国兰的规模化生产最早发端于台湾地区。1982年，台湾地区开始规模化生产下山的野生春兰、寒兰、墨兰，并外销到日本，之后出口到韩国，1993年后出口量大增，并逐渐占了韩国市场，当时韩国的农场或商店都竞相进口国兰盆栽，一方面作为高档礼品花卉，一方面成为自用观赏的理想花卉。2004年我国台湾地区的国兰栽培面积达100hm^2，年产量约3100万苗，产值约

1.9亿元。外销出口时间主要集中在每年的9月至翌年6月。

20世纪90年代初期，大陆国兰之风最早盛行的广东、福建等地也开始规模化种植下山的墨兰、建兰、春兰等，销售到我国的台湾、香港和澳门等地，并外销出口到日本、韩国等国家。可以说，早期的国兰规模化生产是在破坏野生兰花资源的前提下实现的，尽管也使得部分兰商获得了可观的利润，但不是真正意义的国兰产业化，也不是我们应该提倡的。

自1988年中国兰花协会（1994年改名为中国花卉协会兰花分会）创办以来，一直倡导兰花进入寻常百姓家，经过几十年的不懈努力，国兰的产业化已初具规模，国兰作为年宵花和节日用花进入市场。近年来，市场对普通兰花的需求不断扩大，市场价格也相对比较稳定。

6.2 国兰育种

随着全球兰花市场的繁荣和出口贸易的发展，对于兰花育种技术的突破以及产业化升级的需求不断增加。促进国兰产业化发展，既要抓兰花挖掘与品种创新，又要抓商品兰产业化。从品种到产业，其中涉及多方面的技术集成。兰花资源的收集、保存和鉴评是育种的基础和前提，兰花资源的保存技术研究主要包括活体保存、离体保存和花粉贮藏保存等，几种保存方式互相补充、结合，以达到有效保护种质资源的目的。

种质资源是育种和产业发展的基础。早在1999年，由兰花分会策划并审查批准成立了我国第一个国兰品种园“莲瓣兰品种园”；2010年，在江苏金坛挂牌成立“中国蕙兰品种园”。还有，福建建兰样品园、武汉蕙兰样品园、云南莲瓣兰样品园和浙江春兰样品园等。同时，我国科学院系统的植物园大多设有兰科植物专类园或者保存温室，并开展了兰科植物的迁地保护工作。在中国花卉协会批准建设的两批69家国家花卉种质资源库中，兰花资源库10家。例如广东省农业科学院环境园艺研究所从20世纪 80年代初就开展了兰花种质资源收集与研究，建有国家墨兰种质资源库，收集保存各类兰花资源，并广泛开展了资源鉴评研究（朱根发 等，2020）。中国兰种质资源库和产业化基地的建立，对资源保护、种质创新、推广普及中国兰具有深远意义。

6.2.1 传统育种

目前我国兰花品种的选育仍以传统育种方式为主，主要包括选择育种（野生资源驯化筛选）、杂交育种等。通过野生资源的驯化筛选是兰花育种的常用手段。1993年由中国兰花协会和中国兰花学会共同组成兰花品种登记注册委员会，建兰‘华强素’成为第一个登记注册的国兰品种，标志着国兰登录注册工作正式开始。已登录的国兰品种涵盖春兰、蕙兰、寒兰、建兰、墨兰、莲瓣兰等多个类型。每年全国各地兰展上都会出现一批中国兰优良新品种，其中通过选择驯化育成的新品种仍占一定比例。

杂交育种是兰花育种中最普遍、有效的方法之一。兰花种间甚至有些属间杂交较容易成功，但由于兰花种子无胚乳、胚发育不全，萌发率低，早期的杂交育种非常困难，难以获得杂种后代植株。1899年Bemared开创了非共生萌发的先例，1922年Knudson发现糖类能代替真菌促进种子萌发，建立了无菌播种（胚培养）技术。这些关键技术的建立推动了兰属植物杂交育种工作的进步。

兰属植物的杂交育种是世界兰花育种工作的重点之一，特别是在商品化的大花蕙兰出现之后，大部分兰属植物的原生种都被用于培育大花蕙兰新品种。在英国皇家园艺学会上兰属植物杂交种大多为大花蕙兰杂交种，也有一部分中国兰作为亲本应用于大花蕙兰的杂交育种，一些优秀杂交种已实现了商品化。

四川省农业科学院生物技术研究所的吴汉珠、王续衍等在1986年之前进行了兰属植物种间和种内杂交育种工作，1989—1993年期间，培育出的新品种有十余个在历届中国兰花博览会展出，这是中国兰花育种历史上一个新起点。

在兰属植物已登录的杂交种中，品种间杂交占已登录的杂交种的99.7%，目前国内中国兰的品种间杂交也取得了一定的进展。各地利用杂交育种选出优良中国兰新品种也时有报道，市场上出现了一批春兰杂交新品种，如‘大宋梅’‘福娃梅’‘赛牡丹’等，这些品种大多是我国台湾的一些兰花企业育成的。这些杂交新品种有中国传统优良老品种宋梅、大富贵的品种特征，说明传统中国兰品种的优良基因能通过人工杂交有效遗传。

中国兰与大花蕙兰杂交能丰富中国兰花色、花期方面的特性，是中国兰杂交育种的重要研究内容之一。以春兰为母本，大花蕙兰为父本，进行种间杂交育种，大多数的杂交组合能成功坐果结籽，杂交种子无菌播种的萌发率明显高于春兰，可达80%以上；杂交种子萌发形成的原球茎、杂交苗、花型大多数介于春兰和大花蕙兰种间类型，并有香味。墨兰和大花蕙兰杂交，正反交成功率差异显著，墨兰和不同种类的大花蕙兰杂交，成功率明显不同（孙叶 等，2016）。

兰属植物种间杂交结实率高，属间杂交结实困难。目前登录的属间杂交种中建兰或具建兰血统的杂交种作亲本占了较大的比例，推测建兰作属间杂交具较高的亲和性（李枝林 等，2007）。

6.2.2 诱变育种

但鉴于传统育种存在的育种年限长、工作量大等实际问题，伴随着技术革新，出现了更多的育种方法。诱变育种是兰花育种的重要方法之一，其中的辐射诱变常常诱发植株白化、黄化、部分缺绿或矮化变异，这正好符合中国兰对叶艺品种和矮化品种追求的需要。辐射诱变和化学诱变处理都能用于诱导多倍体、单倍体等新种质资源（孙叶 等，2016）。例如，利用^{60}Co-γ辐照建兰、墨兰，诱变产生出叶片短小型、叶片旋转型、线艺叶型、并蒂花型、多花型、匍匐茎型等不同的变异类型（陈华 等，2005）；用0.1%秋水仙素处理墨兰×大花蕙兰的F_1原球茎48小时，获得植株粗壮、多叶，叶片变宽、变厚、墨绿色，矮化，线艺和叶艺等类型变异植株（张志胜 等，2005）。

6.2.3 现代分子生物学技术辅助育种

随着新一代大规模测序技术的迅速发展，兰科植物中已有墨兰（Yang 等，2021）、建兰（Ai 等，2021）、春兰（Chung 等，2021）、小兰屿蝴蝶兰（*Phalaenopsis equestris*；Cai 等，2015）、铁皮石斛（*Dendrobium officinale*；Zhang 等，2016）、深圳拟兰（*Apostasia shenzhenica*；Zhang等，2017）和白花蝴蝶兰（*Phalaenopsis aphrodite*；Chao等，2018）等物种完成了高质量的基因组测序与组装。

2017年广东省农科院、福建农林大学、深圳市兰科植物保护研究中心、华南师范大学等单位联合组成攻关团队，启动广东省自然科学基金研究团队项目“墨兰基因组项目”。经过共同努力和深入研究，于2021年在植物学领域国际知名期刊*Plant Biotechnology Journal*在线发表了题为“The genome of *Cymbidium sinense* revealed the evolution of orchid traits”的研究论文。该研究利用最新的测序技术和生物信息学分析方法，获得了一个高质量的染色体级别的墨兰基因组。该研究采用Nanopore 长片段测序+ Illumina HiSeq 4000二代测序数据校正+Hic建库测序染色体挂载等技术，对墨兰基因组进行了测序分析，分析结果显示墨兰染色体数目为2N=2X=40，基因组大小为4.25G，杂合度约1%，重复序列80%，属于高杂合复杂基因组。组装的墨兰基因组长度为3.52 Gb，染色体挂载率约97.79%，共注释到29 638个基因（Yang 等，2021）

2021年12月1日福建农林大学刘仲健课题组等单位合作完成的题为The *Cymbidium* genome reveals the evolution of unique morphological traits的研究成果在*Horticulture Research*在线发表。该研究组装的建兰基因组大小为3.62 Gb，染色体长度为83.29–235.64 Mb，共有3.21 Gb的基因组序列被定位到20条染色体上，完成了染色体水平的组装。研究报道，建兰基因组有29 073个蛋白质编码基因，含有71个miRNA、2 018个tRNA、782个rRNA和139个snRNA。古多倍化分析发现建兰经历了两次全基因组复制（WGD）事件，其中最近的一次是所有兰科植物共有的，而较早的一次是大多数单子叶植物共有的进化事件，建兰自身没有发生WGD（Ai 等，2021）。该成果完成了建兰全基因组测序和分析，揭示了建兰花器官发育、花型突变、花香合成及叶色突变等分子调控机制，是兰属植物进化研究中的重要创新。

2021年韩国蔚山国立科学技术研究所（Ulsan National Institute of Science and Technology，UNIST）等单位合作发表春兰基因组图谱，在*Molecular Ecology Resources*刊物在线发表。该研究组装的春兰基因组大小为3.99 Gb，将89.4%的序列定位到20条染色体上，初步完成了春兰基因组染色体水平的组装（Chung 等，2021）。

"墨兰、建兰、春兰基因组精细图谱"的绘就，将对中国兰的研究实现跨越性的突破，将大力推进墨兰、建兰等中国兰乃至所有兰科植物相关产业链的发展。对于促进兰科植物保护、兰花品种创新和提升我国在生物学、生物多样性等领域的研究水平具有重大意义，推进了中国兰科植物基因组测序技术的进一步发展，为兰花种业发展、开花调控以及花型发育模型研究提供了新材料、新路径和重要依据。

随着遗传和物理图谱构建技术以及多组学技术结合新型的分子生物学手段的应用，越来越多的兰科植物特异和功能性基因资源被发掘。福建农林大学与台湾成功大学热带植物研究所建立了 OrchidBase 3.0（Fu 等，2011），收集了包括兰科5个亚科的10种兰花，包括树兰亚科的墨兰、拟兰亚科的深圳拟兰（*A. shenzhenica*）和麻栗坡三蕊兰（*Neuwiedia malipoensis*）、香荚兰亚科的深圳香荚兰（*Vanilla shenzhenica*）和山珊瑚（*Galeola faberi*）、杓兰亚科的兜兰（*Paphiopedilum* spp.）和杓兰（*Cypripedium* spp.）、兰亚科的厚瓣玉凤兰（*Habenaria delavayi*）和长距舌喙兰（*Hemipilia forrestii*）和小兰屿蝴蝶兰（*P. equestris*）的花器官转录组数据，为现代育种学家提供了便利。近几年兰科植物高质量基因组图谱的发表，依托遗传多样性和亲缘关系、功能基因分离和验证以及遗传连锁图谱的构建等研究形成的兰花分子育种方法，为兰花育种提供了更多可能。

6.3 种苗高效繁育及规模化发展

在现代分子育种技术迅速发展的同时，与之相应的种苗高效繁育、设施栽培与标准化管理等产业化配套技术的研发与应用成效显著。

组织培养是选育植物优良品种快速繁殖的一种十分有效的方法，一般包含无菌系的获得、增殖、分化、生根壮苗等培养过程，其中基础培养基的选择、生长调节剂的种类和配比及有机添加物对植物组织培养各阶段有着重要影响。基于组织培养的种苗繁育技术一直是各类兰花的研究重点。国兰组织培养程序一般为：外植体—原球茎/根状茎—扩繁增殖—分化成苗—生根壮苗—炼苗移栽。

常用于国兰组培的基本培养基有MS（Murashige and Skoog）、VW（Vacin-Went）、KC（Knudson C）、White、B5及其优化改良型培养基等，同时依据植物种类和培养阶段添加植物生长调节剂组合成完整的诱导培养基，不同种类的兰花对培养基中无机盐的要求和固、液态培养形式不尽相同（陈心启和刘仲健，2003；陈心启 等，2011）。目前广泛使用的基本培养基多为MS，早在1989年孙安慈等报道了MS的液体培养基对比固体培养基更有利于素心建兰（*C. ensifolium* var. *susin yen*）和四季兰（*Cymbidium ensifolium* var. *siji lan*）根状茎的增殖培养。蕙兰和春兰离体培养在茎培养基中诱导率高且褐化少（孙芳 等，2012；于永畅，2014），其中春兰对培养基中无机盐浓度要求较低，若长时间继代培养1/2MS较适合（潘银萍 等，2010），蕙兰、墨兰则需要较高浓度的无机盐（陈丽 等，1999），而寒兰在B5+TDZ 0.5mg/L+NAA 0.25mg/L培养基上根状茎的诱导率达98.3%（朱国兵 等，2006）。

大花蕙兰等种胚以原球茎方式萌发，属于易繁殖的种类，大多均已建立了成熟的高效无菌播种技术。Morel（1960）利用大花蕙兰的茎尖诱导形成原球茎，培养出完整的小植株。黄磊等用春兰和大花蕙兰的杂交种子，经非共生萌发得到了无菌试管苗（黄磊 等，2004）。部分兰花种子可通过人工无菌萌发方式发芽，而萌发率因基因型而异。地生种的国兰，种子无菌萌发技术虽然取得较大进展，但萌发率普遍较低，还有待进一步提高。

除种子外，茎尖、侧芽、花芽、花梗等只要有生长点的组织器官都可能是兰花组织培养中原球茎的重要来源。20世纪80～90年代，国内开展了大量国兰茎尖与侧芽的组织培养工作。其中，王熊等（1981，1984）利用茎尖与侧芽，在建兰、蕙兰、春剑的多个园艺品种中获得大量的无性系。贾勇炯等（1998）也在建兰中利用腋芽获得无性系。2000年以来，黄萍萍等（2000）利用素心兰的新生芽获得大量幼苗。利用茎尖与芽，项艳等（2003）在墨兰中获得成功。冯兆光等（2017）以春兰'龙字'的侧芽为外植体，建立快繁体系。

国兰的花梗上带有芽，也可以作为外植体的来源，但国兰的花器官诱导成功率不高。其中，贾勇炯等（2000）以彩心建兰的幼嫩花枝上部茎节切段作为外植体，利用MS培养基诱导出了花芽和营养芽，建立彩心建兰无性系。张志胜等（1995）用下山墨兰的花芽诱导出了原球茎，诱导率为5%。曾宋君等（1998）以仙殿白墨（*C. sinense*）及其与象牙白、西藏虎头兰杂交的F_1代花芽为外植体，在MS、KC、VW、N6、White、B5培养基上均成功诱导出原球茎。利用春剑的花梗可以成功诱导出愈伤组织（2016）。花芽可伸长并开花，营养芽可被诱导产生簇生原球茎，进而分化形成多数兰苗。

兰属植物仍属于难繁殖的种类，大部分种类以根状茎方式繁殖，例如，孙志栋等（2006）用春兰的种荚成功诱导出根状茎，贾勇炯等（2000）利用建兰花枝茎节离体培养获得根状茎等，但周期长且出苗率有待提高，除少数种类外，大部分种类的组培快繁殖技术仍有待攻克（李慧敏，2014）。王求清等（2005）用春兰成年植株的根状茎成功诱导出完整植株。朱根发等（2005）发现建兰×纹瓣兰杂种胚的萌发具有杂种优势，介于大花蕙兰与其他多种国兰之间，萌发快且出苗率高；红蓝光合理配比，可显著提高兰花类原球茎、根状茎增殖和生根效率（任桂萍 等，2016；杨凤玺 等，2016）。

其他理化因子也可显著促进根状茎生长，例如La^{3+}（镧）可促进墨兰根状茎增粗，顶芽生长快且较粗壮（陈汝民 等，1997）；高压静电场处理可促进舟山春兰愈伤组织的生长（石戈 等，2006）；活性炭可明显抑制墨兰离体培养的分化，但在增殖和生根壮苗阶段可起到明显的促进作用（罗虹，1998）；在MS培养基中添加适量的萘乙酸（NAA）、6–卞基嘌呤（6–BA）和二氯苯氧乙酸（2, 4–D）比无激素的培养基显著地加速原球茎的形成和芽的分化（卢思聪 等，1982）。

兰属在组织培养中有试管开花的现象，但研究较少，仅在春兰、建兰（da Silva et al., 2014）、寒兰（朱国兵，2006）、春兰×大花蕙兰杂种（郑立明 等，2006）、大根兰中有报道（吴高杰 等，2011）。国兰实生苗正常栽培情况下通常需要4～7年才能开花，通过试管开花可将部分国兰的开花时间缩短至3个月。因此，试管开花使半年之内对国兰花的性状进行评估成为可能，大大缩短了杂交育种选育优良后代的时间，提高了育种效率，降低新品种选育的人力、物力和财力成本，为我国"兰花工业"开辟了新的技术途径（da Silva et al., 2014；漆子钰，2017）。

经过近30年的引进、消化和创新，蝴蝶兰的栽培技术日益完善，设施装备更加自动化和智能化，已建立了完善的以温度为主的开花调控技术，实现了周年开花和应节标准化生产的目标，代表了目前观赏兰花设施农业的最高发展水平。兰属的大花蕙兰（杂交兰）作为盆花，实现了适地适种的区域布局，及规模化的高效生产。墨兰、建兰、春兰、春剑、莲瓣兰等国兰的部分品种实现了产业化（朱根发 等，2020）。

以种质资源收集、新品种创制、产业化应用推广为基点，对其进行深入研究，以产业化创新促进兰属植物保护。建立国兰种质资源库和数据库，根据建兰、春兰和墨兰的观赏特性，构建了兰属植物资源的观赏评价体系，为种质资源鉴定和新品种选育提供了理论基础。制订了NY/T 878–2004《兰花（春剑兰）生产技术规程》、LY/T 1735—2008《建立生产技术规程与质量等级》、DB35/T 1196—2011《墨兰生产技术规程与质量要求》、和DB44/T 2185—2019《杂交墨兰栽培技术规程》等标准的颁布实施，集成了兰属植物标准化生产关键技术，推进了兰属植物完整产业链的建立和发展，丰富全国花卉市场品种种类，极大促进了国兰尤其是建兰的规模化生产，同时使野生兰属资源得到切实的保护。

6.4 新时代背景下国兰的产业化发展

传统中国兰产业模式，缺乏品种创新能力，市场已越来越小，无法有力促进中国兰产业的发展。中国兰文化是中国兰产业最大的无形资产，但目前中国兰文化的附加值仅在高档中国兰品种上体现，中低档中国兰品种仅开发了其园艺学价值，导致中国兰产业并未真正开发出文化附加值。随着时代的发展，中西方文化的交融，中国兰育种方向需要充分体现中国兰文化，秉承国兰瓣型理论，定向选育出更多的符合国兰瓣型理论的优良品种。中国兰精致素雅，气味幽香，但缺少色花品种，在此基础上融入国际化元素，对丰富中国兰的花色有十分重要的实际价值。中国兰瓣型结合花色、花期变化，能大大提高中国兰的观赏性，能拓宽中国兰的销售市场（孙叶 等，2016）。中国兰产业只有通过品种创新、技术创新，传承中国兰文化，培育出符合中国兰文化价值的优良新品种，通过快繁技术保证其群体规模，使中国兰优良品种进入大众消费市场，融入世界兰花产业体系，才能成为可持续发展的产业。

2019年2月，第九届中国兰花产业发展学术研讨会在贵州省惠水县举行。研讨会上，专家就花卉和兰花产业的行业现状和发展趋势，兰花病毒、兰花系统演化和分子调控等兰花资源和育种科技前沿及热点问题做了专业而翔实的报告，促进了协会和企业间的对话，推动了国内外兰花行业的交流与合作。2019年8月，在北京世园会国际馆举办了兰花国际竞赛，来自多个国家和地区的48家参赛方携手演绎了一场主题为“兰香清远、德音孔昭”的绝美兰花盛会竞赛，展现了我国传承悠远而又与时俱进的兰花文化。

在“互联网＋”大力倡导的今天，江富香等（2019）以广东省翁源县兰花产业发展为例，提出：兰花种植户应该积极利用现代信息手段，利用互联网的优势，将兰花和电子商务结合，使兰花产业能够带来更大的经济效益。

由于历史文化的积淀，不仅中国人有国兰情结，日本、韩国人也如此。因此，国兰不仅在国内有巨大的潜在市场，在东亚的潜在市场也很大。欧美的兰花爱好者众多，但大多数人都不了解国兰的文化价值，都用非常新奇的眼光看待国兰，这也是很大的潜在消费市场。要开发这一巨大市场，关键是如何去推介国兰文化和普及养兰赏兰知识，正确引导和培育国内外消费者的消费欲望。

重塑国兰精神，以现代中国兰文化推进国兰产业化。要建立现代国兰市场体系，除了正确引导国兰消费观念外，还要在主产地规划建设一级国兰交易市场，大力拓展国兰“网上商务”，制定市场法规，加强市场监管，杜绝坑蒙拐骗卖假兰的现象，维护国兰生产者和消费者的合法权益。

伴随兰花贸易产业的发展，各种兰花栽培器具、兰棚设施、肥料等的交易也日渐增多。兰花产业已发展为一个全方位的产业，成为精致农业产业的一部分。随着人民物质生活水平的日益提高，精神生活的更多追求，随着国际贸易、国际文化交流的日益频繁，这种独具特色的中国兰文化将进一步走向全国，飘香世界。

参考文献

陈华，林兵，潘宏，2005. 国兰辐射诱变效应研究初报[J]. 福建农业科技（4）：24-25.
陈利君，李利强，刘仲健，2007. 与丘北冬蕙兰相关的3个新天然杂种[J]. 华南农业大学学报，28（2）：83-84.
陈利君，周宏博，刘仲健，等，2020. 麻栗坡长叶兰，中国云南兰科一新杂种[J]. 植物科学学报，38（2）：181-184.
陈丽，潘瑞炽，陈汝民，1999. 墨兰原球茎生长的研究[J]. 热带亚热带植物学报（1）：59-64.
陈汝民，罗虹，叶庆生，等，1997. La^{3+}对墨兰根状茎生长的调节作用[J]. 植物学报，39（5）：483-485.
陈彤彦，2004. 中国兰文化探源[M]. 昆明：云南科技出版社.
陈心启，2011. 国兰及其品种全书[M]. 北京：中国林业出版社.
陈心启，刘仲健，2003. 兰属中若干分类群的订正[J]. 植物分类学报，41（1）：79-84.

陈心启，吉占和，2000. 中国兰花全书[M]. 2版. 北京：中国林业出版社.
陈心启，吉占和，1999. 中国野生兰科植物彩色图鉴[M]. 北京：科学出版社.
陈心启，2020. 兰花联结的中日友谊[N]. 光明日报（14版）.
陈于敏，王建军，2005. 滇西特有的珍稀兰属资源——莲瓣兰[J]. 云南农业大学学报，20（5）：746-748.
邓组基，2014. 澳门兰事活动与兰文化[J]. 中国兰花（2）：35-37.
冯兆光，李小东，徐兵，2017. 春兰‘龙字’的离体快繁技术研究[J]. 山东林业科技，48（2）：46-48.
海霞，2006. 北京：中国兰科植物保护委员会工作会在京召开[J]. 中国西部科技（15）：79.
黄磊，贺筱蓉，郑立明，等，2004. 促进兰花组培苗生长的墨兰菌根真菌研究初报[J]. 热带作物学报，25（1）：36-38.
黄萍萍，黄爱勤，2000. 素心兰组织培养技术研究[J]. 闽西职业大学学报（4）：68-69.
江富香，邱丽金，李航飞，2019. 翁源兰花电子商务发展研究[J]. 电子商务（10）：12-13.
贾勇炯，曹有龙，王水，2000. 彩心建兰花枝茎节离体培养的研究[J]. 四川大学学报：自然科学版，37（1）：94-97.
贾勇炯，陈放，林宏辉，等，1998. 建兰簇生原球茎的诱导及分化诸因素研究[J]. 四川大学学报（自然科学版），35（2）：258-262.
蓝举民，刘偲，龚明福，2016. 真菌诱导子对春兰种子萌发及组培苗成活的影响[J]. 农技服务，33（3）：101.
李灿，王永清，2016. 春剑花梗离体培养研究[J]. 安徽农业科学，44（4）：178-182
李富潮，1998. 广东兰属一新种[J]. 中山大学学报论丛（4）：15-16.
李慧敏，2014. 兰花组培快繁研究进展[J]. 农业研究与应用（1）：53-56.
李潞滨，高志民，卢思聪，2000. 兰花[M]. 北京：中国农业大学出版社.
李晓龙，2006. 兰文化大观[M]. 北京：中央文献出版社.
李枝林，王玉英，王卜琼，等，2007. 兰花远缘杂交育种技术研究[J]. 中国野生植物资源，26（4）：52-56.
李仁韵，2002. 兰韵[M]. 合肥：安徽科学技术出版社.
刘清涌，2016. 中国兰花名品珍品鉴赏图鉴[M]. 修订版. 福州：福建科学技术出版社.
刘仲健，1998. 中国兰花观赏与培育及病虫害防治[J]. 北京：中国林业出版社.
刘仲健，2002. 中国兰花水晶艺研究及水晶名品鉴赏[M]. 北京：中国林业出版社.
刘仲健，2003. 中国兰花色叶艺研究及色叶复合艺名品鉴赏[M]. 北京：中国林业出版社.
刘仲健，徐公明，2000. 中国兰花奇花艺研究及奇花名品鉴赏[M]. 北京：中国林业出版社.
刘仲健，陈心启，茹正忠，2006. 中国兰属植物[M]. 北京：科学出版社.
刘仲健，张建勇，李利强，2003. 金蝉兰，中国云南兰科一新种[J]. 武汉植物学研究，21（4）：316-318.
刘仲健，陈心启，2001. 中国兰属——天然杂种[J]. 中国林学（英文版），3（1）：23-25.
刘仲健，陈心启，2002a. 少叶硬叶兰，中国兰科一新种[J]. 武汉植物学研究，20（5）：350-352.
刘仲健，陈心启，2002b. 中国云南兰科一新种———二叶兰[J]. 武汉植物学研究，20（6）：421-423.
刘仲健，陈心启，2004a. 夏凤兰——云南兰科一新种[J]. 武汉植物学研究，22（4）：323-325.
刘仲健，陈心启，2004b. 细花兰，中国云南兰科一新种[J]. 武汉植物学研究，22（6）：500-502.
刘仲健，陈心启，2004c. 多根兰，中国云南兰科一新种[J]. 云南植物研究，26（3）：297-298.
刘仲健，陈心启，茹正忠，2005. 中国云南兰科一新种——昌宁兰[J]. 云南植物研究，27（4）：378-380.
刘仲健，陈心启，茹正忠，2006. 五裂红柱兰——云南兰科一新种[J]. 云南植物研究，28（1）：13-14.
刘仲健，陈心启，施晓春，2005. 泸水兰———中国云南兰科一新种[J]. 深圳特区科技（z1）：200-201.
刘仲健，张景宁，1998. 亚洲兰属植物五新种[J]. 华南农业大学学报，19（3）：114-118.
卢思聪，薛秀玲，1982. 建兰与多花兰杂交胚培养中植物激素的应用[J]. 种子，4（2）：3l.
卢思聪，石雷，2005. 大花蕙兰[M]. 北京：中国农业出版社.
卢思聪，张毓，石雷，等，2014. 世界栽培兰花百科图鉴[M]. 北京：中国农业大学出版社.
罗虹，1998. 活性炭对墨兰根状茎生长的影响[J]. 广东农业科学（1）：30-31.
马性远，马扬尘，2008. 中国兰文化[M]. 北京：中国林业出版社.
潘银萍，李承秀，王长宪，等，2010. 春荷鼎杂交根状茎的组培快繁的研究[J]. 中国农学通报（5）：209-212.
彭双松，1988. 台湾兰蕙新辑[M]. 苗栗：富蕙图书出版社.
漆子钰，2017. 春兰［*Cymbidium goeringii* (Rchb. f.) Rchb. f.］组培快繁及其试管开花影响因素研究[D]. 福州：福建农林大学.
任桂萍，王小菁，朱根发，2016. 不同光质的LED对蝴蝶兰组织培养增殖及生根的影响[J]. 植物学报，51（1）：81-88.
石戈，吴婷婷，2006. 高压静电场对舟山春兰愈伤组织生长的影响[J]. 浙江海洋学院学报：自然科学版，25（1）：89-92.
盛春玲，李勇毅，高江云，2012. 硬叶兰种子的迁地共生萌发及有效共生真菌的分离和鉴定[J]. 植物生态学报，36（8）：859-869.
松冈恕庵，1772. 怡颜斋兰品[M]. 平安：竹苞楼.
小原荣次郎，1937. 兰华谱[M]. 东京：小原京华堂刊印.
孙芳，李承秀，张林，等，2012. 春兰名品杂交后代快繁与分化研究[J]. 中国农学通报（10）：189-193.
孙志栋，陈惠云，葛红，等，2006. 中国春兰组织培养初探[J]. 安徽农学通报，12（1）：20.
孙叶，包建忠，刘春贵，等，2016. 中国兰人工育种研究进展及产业发展的思考[J]. 江苏农业科学，44（3）：1-4.
田梅生，王伏雄，钱南芬，等，1985. 四季兰离体萌发及器官建成的研究[J]. 植物学报，27（5）：455-459.
王靖宇，2006. 璀璨瑰宝百兰图[J]. 中国西部科技（21）：26-27.
王求清，余通平，2005. 春兰根状茎离体培养[J]. 园艺学报，32（5）：706-707.
王熊，1984. 兰花快速无性繁殖的研究及花芽分化的探讨[J]. 植物生理学报，10（4）：391-396.
王熊，陈季楚，刘桂云，等，1981. 建兰和秋兰原球茎的发生及其无性系的建立[J]. 植物生理学报，7（2）：203-207.
吴高杰，李璐，赖钟雄，2011. 兰花试管开花研究进展[J]. 中国农学通报，27（10）：67-72.
吴应祥，1993. 中国兰花[M]. 北京：中国林业出版社.
吴永华，2016. 早田文藏：台湾植物大命名时代[M]. 台北：台大出版中心.
项艳，於凤安，彭镇华，2003. 墨兰离体快繁研究[J]. 林业科学研究，16（4）：434-438.
徐向明，李利强，欧阳雄，2005a. 白玉蝉兰——碧玉兰的一个云南新变种[J]. 华南农业大学学报，26（3）：120-121.
杨凤玺，许庆全，朱根发，2016. 不同LED光质处理对莲瓣兰组培苗生长的影响[C] // 中国园艺学会. 中国观赏园艺研究进展2016. 北京：中国林业出版社.
杨云，1999. 大理古今名兰[M]. 昆明：云南科技出版社.
徐向明，李利强，欧阳雄，2005b. 中国云南兰科一新变种——长苞蝉兰[J]. 华南农业大学学报，26（4）：121-122.
于永畅，2014. 蕙兰‘大一品’组织培养技术及部分国兰品种抗寒性研究[D]. 泰安：山东农业大学.
余迪求，杨明兰，李宝健，1996. 建兰原球茎发生及其无性繁殖系建立[J]. 中山大学学报论丛（2）：17-22.
曾宋君，程式君，张京丽，等，1998. 墨兰及其杂种的组织培养与快速繁殖[J]. 广西植物，18（2）：153-156
张志胜，谢利，萧爱兴，等，2005. 秋水仙素处理兰花原球茎对其生长和诱变效应的影响[J]. 核农学报，19（1）：19-23.
张巧，2019. 春剑及其内生真菌共生发育研究[D]. 绵阳：西南科技大学.
张志胜，欧秀娟，1995. 墨兰的组织培养[J]. 园艺学报，22（3）：303-304.
中国科学院中国植物志编辑委员会，1999. 中国植物志：第十八卷[M]. 北京：科学出版社.
周建忠，2001. 兰文化[M]. 北京：中国农业出版社.
周旭平，雷嗣鹏，刘仲健，2007. 中国兰科一新杂种———怒江兰[J]. 华南农业大学学报，28（2）：87-88.
朱根发，王碧青，吕复兵，2005. 建兰与纹瓣兰种间杂种胚培养研究[J]. 热带亚热带植物学报，13（5）：447-450.
朱根发，杨凤玺，吕复兵，等，2020. 兰花育种及产业化技术研究进展[J]. 广东农业科学，47（11）：218-225.
朱国兵，2006. 寒兰快速繁殖技术及其试管成花的研究[D]. 南昌：南昌大学.
AI Y, LI Z, SUN W H, et al, 2021. The *Cymbidium* genome reveals the evolution of unique morphological traits[J]. Horticulture Research, 8(1): 255.
BERNARD N, 1899. Sur la germination du *Neottia nidus-avis*[J]. Comptes rendus hebdomadaires des séances de l'Académie des sciences,128: 1253-1255.
CAI J, LIU X, VANNESTE K, et al, 2015. The genome sequence of the orchid *Phalaenopsis equestris*[J]. Nature Genetics, 47(1): 65-72.
CHAO Y T, CHEN W C, CHEN C Y, et al, 2018. Chromosome level assembly, genetic and physical mapping of *Phalaenopsis aphrodite* genome provides new insights into species adaptation and resources for orchid breeding[J]. Plant Biotechnology Journal, 16(12): 2027-2041.
CHEN G Z, ZHANG G Q, HUANG J, et al, 2019. *Cymbidium shidianense* (Orchidaceae: Epidendroideae), a new species from China: evidence from morphology and molecular data[J]. Phytotaxa, 399(1): 100-108.
CHUNG O, KIM J, BOLSER D, et al, 2021. A chromosome-scale genome assembly and annotation of the spring orchid (*Cymbidium goeringii*)[J]. Molecular Ecology Resources, 22(3): 1168-1177.
CHEN X Q, LIU Z J, ZHU G H, et al, 2009. Flora of China (Orchidaceae): Vol. 25[M]. Beijing: Science Press.
DA SILVA J A T, KERBAUY G B, ZENG S, et al, 2014. In vitro flowering of orchids[J]. Critical Reviews in Biotechnology, 34(1): 56-76.
DU P U, CRIBB P, 1988. The genus *Cymbidium*[M]. London: Tiber press.
DU P U, CRIBB P, 2007. The genus *Cymbidium*[M]. Royal London: Botanic Gardens Kew.
FU C H, CHEN Y W, HSIAO Y Y, et al, 2011. OrchidBase: a collection of sequences of the transcriptome derived from orchids[J]. Plant Cell Physiology, 52: 238-243.
KNUDSON L, 1922. Nonsymbiotic germination of orchid seeds[J]. Botanical Gazette, 73(1):1-25.
HE H, 2019. *Cymbidium dianlan*, nom. nov. for *C. yunnanensis* G.Q. Zhang & S.R. Lan (Orchidaceae) from China[J]. Phytotaxa, 391(2):149.
HUANG M Z, LIU Z L, YANG G S, et al, 2017. An unusual new epiphytic species of *Cymbidium* (Orchidaceae: Epidedroideae) from Hainan, China[J]. Phytotaxa, 314 (2): 289-293.
JIANG Y T, MA L, LIN R Q, et al, 2020. *Cymbidium codonanthum* (Orchidaceae; Epidendroideae; Cymbidiinae), a new species from China: evidence from morphological and molecular analyses[J]. Phytotaxa, 453 (3): 275-283.
LAN S R, CHEN L J, CHEN G Z, et al, 2018. *Cymbidium densiflorum* (Orchidaceae; Epidendroideae; Cymbidieae): a new orchid species from China based on morphological and molecular evidence[J]. Phytotaxa, 345(1): 51-58.
LAN S R, LIU Z J, 2018. A new name in *Cymbidium* (Orchidaceae) for one mistakenly published as a later homonym[J]. Phytotaxa, 357(1): 71.
LIAO X Y, LIU X D, JIANG Y T, et al, 2019. *Cymbidium atrolabium* (Orchidaceae; Epidendroideae), a new species from China: evidence from morphological and molecular data[J]. Phytotaxa, 423(3): 87-92.

LONG C, DAO Z, LI H, 2003. A new species of *Cymbidium* (Orchidaceae) from Tibet (Xizang) China[J]. Novon, 13: 203-205.

MOREL G, 1960. Producing virus-free *Cymbidium*[J]. American Orchid Society Bulletin, 29: 495-497.

PENG Y L, ZHOU Z, LAN S R, et al, 2019. *Cymbidium jiangchengense* (Orchidaceae; Epidendroideae; Cymbidiinae), a new species from China: evidence from morphology and DNA sequences[J]. Phytotaxa, 408(1): 77-84.

RAMYA M, PARK P H, CHUANG Y C, et al, 2019. RNA sequencing analysis of *Cymbidium goeringii* identifies floral scent biosynthesis related genes[J]. BMC Plant Biology, 19: 337.

WANG T, WANG X J, GANG Y Q, et al, 2022. Spatial pattern of endophytic fungi and the symbiotic germination of *Tulasnella* fungi from wild *Cymbidium goeringii* (Orchidaceae) in China[J]. Current Microbiology, 79(5): 139.

XIANG L, LI X, QIN D, et al, 2012. Functional analysis of FLOWERING LOCUS T orthologs from spring orchid (*Cymbidium goeringii* Rchb. f.) that regulates the vegetative to reproductive transition[J]. Plant Physiology and Biochemistry, 58: 98-105.

XIANG L, CHEN Y, CHEN L, et al, 2018. B and E MADS-box genes determine the perianth formation in *Cymbidium goeringii* Rchb. f.[J]. Physiologia Plantarum, 162(3): 353-369.

XU X Y, DING C C, HU W Q, et al, 2021. *Cymbidium xichouense* (Orchidaceae; Epidendroideae), a new species from China: evidence from morphological and molecular data[J]. Phytotaxa, 484(3): 291-297.

YANG F X, GAO J, WEI Y L, et al, 2021. The genome of *Cymbidium sinense* revealed the evolution of orchid traits[J]. Plant Biotechnology Journal, 19(12): 2501-2516.

YANG F, ZHU G, WEI Y, et al, 2019. Low-temperature-induced changes in the transcriptome reveal a major role of *CgSVP* genes in regulating flowering of *Cymbidium goeringii*[J]. BMC Genomics, 20: 53

YANG F, ZHU G, WANG Z, et al, 2017. Integrated mRNA and microRNA transcriptome variations in the multi-tepal mutant provide insights into the floral patterning of the orchid *Cymbidium goeringii*[J]. BMC Genomics, 18: 367.

YU X, ZENG M Y, CHEN G Z, et al, 2012. *Cymbidium weishanense* (Orchidaceae; Epidendroideae), a new species from China: evidence from morphological and molecular data[J]. Phytotaxa, 500(1): 45-50.

ZHANG D Y, TU X, LIU B, et al, 2020. *Cymbidium biflorens* (Orchidaceae; Epidendroideae), a new species from China: evidence from morphological and molecular data[J]. Phytotaxa, 428(3): 271-278.

ZHANG G Q, CHEN G Z, LIU Z J, et al, 2018. *Cymbidium daweishanense* (Orchidaceae; Epidendroideae), a new species from China: evidence from morphological and molecular analyses[J]. Phytotaxa, 374(3): 249-256.

ZHOU Z, ZHANG D Y, CHEN G Z, et al, 2020. *Cymbidium brevifolium* (Orchidaceae; Epidendroideae), a new species from China: evidence from morphological and molecular data[J]. Phytotaxa, 464(3): 236-242.

ZHANG G Q, CHEN G Z, CHEN L J, et al, 2019. *Cymbidium yunnanensis*: a new orchid species (Orchidaceae; Epidendroideae) from China based on morphological and molecular evidence[J]. Phytotaxa, 387(2): 149-157.

ZHANG G Q, XU Q, BIAN C, et al, 2016. The *Dendrobium catenatum* Lindl. genome sequence provides insights into polysaccharide synthase, floral development and adaptive evolution[J]. Scientific Reports, 6: 19029.

ZHANG G Q, CHEN G Z, CHEN L J, et al, 2021. Phylogenetic incongruence in *Cymbidium* orchids[J]. Plant Diversity, 43(6): 452-461.

ZHANG G Q, LIU K W, LI Z, et al, 2017. The *Apostasia* genome and the evolution of orchids[J]. Nature, 549: 379-383.

致谢

由衷感谢马金双老师对本篇章分类学专业知识及内容撰写给出的宝贵建议！特别感谢卢思聪先生和刘仲健老师为本篇内容审稿，两位前辈提出了诸多的宝贵意见和建议，对内容的完善与学术质量的提升有很大帮助！本文使用云南丁长春老师诸多照片，特此致谢！向各位领导、老师和同事们给予的指导和帮助致以最衷心的感谢！

作者简介

王涛（女，1983年生），河北保定人，在河北大学完成海洋科学本科（2007），同年到河北农业大学攻读生物化学与分子生物学硕士（2010），在北京林业大学完成园林植物与观赏园艺博士学位（2014），毕业后到中国林业科学研究院林业研究所开展博士后研究工作；2018年入职北京市植物园植物研究所，主要从事濒危植物保育工作，主要研究方向：兰科植物遗传育种与菌根共生调控机制研究。

池森（女，1990年生），山西忻州人，在山西农业大学完成园林学本科（2012），在中国林业科学研究院获得风景园林硕士（2014）；2014年入职北京市植物园，主要从事植物信息管理，园林植物工程师；主要研究方向：兰属植物观赏特性及香气成分研究。

江延庆（男，1977年生），黑龙江哈尔滨人，在哈尔滨建筑大学完成建筑学专科（1999），中国信息管理学院获得经济管理专业本科（2003），中国人民大学攻读土地管理（房地产开发）硕士（2004）；主要从事产业园区的开发及特色植物的开发与应用。

园林之母
China

08

-EIGHT-

中国古老月季的贡献及其对园艺的影响

The Contribution and Effects on Horticulture of Old China Roses

崔娇鹏*

[国家植物园（北园）]

CUI Jiaopeng*

[China National Botanical Garden (North Garden)]

* 邮箱：cuijiaopeng@chnbg.cn

摘　要：本文概括介绍了有关中国古老月季类群在演化、分类及传播方面的相关内容。系统梳理了中国的古老月季品种类群的现状，综述了其在园艺研究方面最新的研究概况。其中，还以北京市植物园[现国家植物园（北园）]为例，介绍了建园以来在蔷薇资源收集及对外种质交流等方面的主要成果。

关键词：古老月季　分类　历史　园艺研究

Abstract: The chapter briefly introduced the contents on evolution, classification and migration of old China roses. The present situation of resources preserved and the newest progress of horticulture research on this group were summarized. At the same time, as an example, the main achievements on old rose resources collection and exchange at the Beijing Botanical Garden were outlined.

Keywords: Old roses, Classification, History, Horticulture research

崔娇鹏，2022，第8章，中国古老月季的贡献及其对园艺的影响；中国——二十一世纪的园林之母，第一卷：290–325页

1 何谓古老月季

隶属于蔷薇科蔷薇属家族的月季是观赏植物育种的两大奇观之一（陈俊愉，2001）。之所以称之为奇观，源于其种类浩繁多至35 000个品种（Modern Rose 12），而亲本仅仅来自10～15个野生种。这得益于该属丰富的遗传多样性，且种间较为容易杂交的特性。在这个无比兴旺的大家庭，古老月季成为承前启后的重要品种类群。那么，何谓古老月季？它源自对Old roses的英文直译，在国际上普遍将1867年作为古老月季与现代月季的分水岭，因为这一年，世界上第一个杂交茶香月季‘法兰西’（‘La France’）培育成功。自此，那些在‘法兰西’之后培育的被划分为现代月季，而之前所培育的就统称为古老月季。

2 古老月季与现代月季的关系

如上所述，现代月季和古老月季以首个杂交茶香月季品种的育成为边界，将月季品种划分成古老和现代，它体现的是时间节点的划分，与品种类群的形态性状并没有绝对的关联，正如王国良博士（2015）在《中国古老月季》这本专著中所述：“这个‘现代’，并非今天对时尚之称谓。”毋庸置疑，现代月季的选育是长久以来无数园丁辛勤劳作的成果，这个类群的创制和兴起是在古老月季品种类群的基础上不断地引入不同类群月季品种的优异特性反复杂交、回交并精心选育的结果。值得一提的是，在众多的古老月季类群中，中国古老月季连续四季开花，特有的茶香香味和优雅别致的花型为现代月季的成功选育提供了绝对关键性的基因，使得月季品种的面貌焕然一新，别具一格。

为了更直观地理解中国月季的独特贡献，在此引述专著《中国古老月季》关于首个茶香月季品种法兰西培育的谱系如下：“法兰西是月季品种Madame Falcot的实生苗，而Madame Falcot又是Safrano的实生苗，品种Safrano的亲本之一为Parks’ Yellow Tea-scented China Desprez，品种Parks’ Yellow Tea-scented China Desprez的亲本为Blush Noisette Parks’ Yellow Tea-scented China，其亲本同样包含茶香月季Parks’ Yellow Tea-scented China。”（王国良，2015）。可见，现代月季品种的演化非常复杂，而中国起源的古老月季品种则在这个选育过程中被反复多次应用。

3 古老月季类群与分类

明确了古老月季的定义及其与现代月季的关系后，古老月季这个大类到底包含了哪些品种类群？它们又在各自品种演化的历史进程中如何发展变化，又有哪些关键种、品种成为月季家族里最具代表性的品类？这些问题既饶有趣味，也值得细致探究。依据《中国花卉品种分类学》（陈俊愉，2001）、*Encyclopedia of Rose Science*（Roberts et al.，2003）和http://www.helpmefind.com（2022年1月5日访问），在综合不同的分类处理后，依据世界月季联合会蔷薇属园艺品种类群划分，将其分为3个大类和34个小类。其中，古老月季类群包含了19个小类（表1）。

表 1 蔷薇属园艺品种类群分类表

A1 Species roses 野生蔷薇（原种）Wild roses	A2 Old garden roses（OGr）古老月季		A3 Morden roses 现代月季	
B1 非藤本原种	Alba	白蔷薇	Floribunda and climbing floribunda	丰花月季
B2 藤本原种	Ayrshire	杂种田蔷薇（*Rosa arvensis* Hybrids）	Grandiflora and climbing Gr.	壮花月季
	Bourbon and climbing bourbon	波旁蔷薇	Hybrid Kordesii	杂种柯德斯月季
	Boursalt	布尔索蔷薇	Hybrid Moyesii	杂种血蔷薇
	Centifolia	百叶蔷薇（洋蔷薇）	Hybrid Musk	杂种麝香蔷薇
	Damask	大马士革蔷薇	Hybrid Rugosa	杂种玫瑰
	Hybrid bracteata	杂交硕苞蔷薇	Hybrid Wichurana	杂种光叶蔷薇
	Hybrid China and climbing hybrid China	月季花	Hybrid tea and climbing hybrid tea	杂交茶香月季
	Hybrid foetida	杂交异味蔷薇	Large-flowered climber	大花藤本月季
	Hybrid gallica	杂交法国蔷薇	Miniature and climbing min.	微型月季，微型藤本月季
	Hybrid multiflora	杂交多花蔷薇	Mini-Flora	迷你花型月季
	Hybrid Perpetual and Climbing HP	杂交长春月季	Polyantha and climbing pol.	多花矮灌月季
	Hybrid Sempervirens	杂交常绿蔷薇	Shrub	灌丛月季
	Hybrid Setigera	杂交草原蔷薇		

（续）

A1 Species roses 野生蔷薇（原种）Wild roses	A2 Old garden roses（OGr）古老月季		A3 Morden roses 现代月季	
B2 藤本原种	Hybrid Spinosissima	杂交密刺蔷薇		
	Moss and climbing moss	苔蔷薇		
	Noisette	诺伊赛特蔷薇		
	Portland	波特兰蔷薇		
	Tea and climbing tea	香水月季		

4 中国古老月季品种的起源和演化

地处北温带的中国，得天独厚的地理区位被世人公认为“园林之母”。可见其观赏植物资源的独特与多样。蔷薇属全球近200种，中国产95种，且65种是特有种。如上述分类，中国的古老月季主要指的是古老类群这个大类中的月季花、香水月季（表1中底色标注为黄色）及其杂交品种群。但需注意，部分其他古老品种类群也或多或少掺杂进了中国月季/中国蔷薇的基因，比如诺伊赛特蔷薇类、波旁月季等。当然，除月季和香水月季作为这个类群的明星品种外，像玫瑰、木香、多花蔷薇等在月季杂交育种过程中也起到过独特的作用，值得给予关注。本章讨论的核心还是以那些最初在杂交茶香月季品种培育过程中起到重要作用的原始育种亲本为主，因为这些种类对现代月季的产生和发展起到了最为深刻的影响和改变。

首先，我们需要明确一点，中国古老月季品种并非原生种，而是由中国古代先民经过长期栽培选育而成的品种。这些品种的原生祖先是哪些物种？目前学界比较认可的看法是：“分布于我国西南地区的单瓣月季花和大花香水月季。”“其中，单瓣月季花*Rosa chinensis* var. *spontanea*是月季花的原始种，产我国湖北、四川、贵州；大花香水月季*Rosa odorata* var. *gigantea*是香水月季的原始类型，单瓣，乳白色，花径8～10cm，芳香，一季开花，是蔓性的巨花蔷薇*Rosa gigantea* 和月季花自然杂交演化产生的”（张佐双 等，2006）。

然而，生物演化本身就是一个复杂而难解的谜团，所有的演化至今还无法精确还原。针对栽培品种，学界也仅仅从文字绘画及遗存的相关文物、历史文献、习俗应用等多个维度来进行推测和佐证。目前，古植物学家的考古学研究推测“蔷薇属植物是在南半球冈瓦纳古陆与北半球劳亚古陆分开后进化出来的。据报道，第一个蔷薇属植物的化石是1848年在奥地利发现的”（Harkness，2018）。中国作为蔷薇属植物重要的起源和分布中心，同样出土了不少蔷薇属植物的化石，古生物学者对其系统地位和种类特征也进行了相关研究，比如近年西南地区发现的*Rosa fortuita*，是最新的新世时代地层保存下来的蔷薇属叶片化石（苏涛 等，2015）。可见，古老的蔷薇属植物早在人类栽培利用它之前就已经经历了漫长岁月的演化历程。而在人类文明开启之后，伴随着早期针对植物在药用、食用方面的需求，逐渐由山野引种到宅前屋后，再慢慢从实用衍变为观赏。毋庸置疑，由于历史年代的久远，确切的时间难以考证，在此也只能是呈现基于当前研究而推测的一个大致样貌。

作为农业文明高度发展的古代中国，农耕历史源远流长，栽培花卉欣赏花卉的历史也非常悠久。同样，中国的蔷薇属植物栽培历史，最早可以追溯到汉武帝时代（前140—前87）（陈俊愉，1986）。耳熟能详的典故源自《贾氏说林》关于蔷薇别称“买笑花”[1]的记载。蔷薇的文字起源则更早，至少可以追溯到西周时期的《诗经》及汉代成书的《说文解字》。到了晋唐，描绘蔷薇品种的诗文逐渐增多，宋代则进入鼎盛时期，出现了世界上第一部月季专著《益部方物略记》，也是从那时起，“月季”一词首次出现在古代典籍之中，与之前的蔷薇称谓区别开来。可以推测，那时候栽培品种已经发展到一个相当高的水平，四季开花的品种开始成为人们庭前屋后装点的观赏植物。然而，从11世纪北宋记载月季开始到李时珍16世纪撰写《本草纲目》时止，月季的品种并不太多，大部分性状也非常接近，少有变异。直到19世纪，月季的花色才发生大量变异，品种开始越来越多，越来越珍奇（舒迎澜，1989）。在对大量遗存的古代文物、绘画还有诗文的详细考证后，王国良（2015）明确指出：“中国古老的蔷薇栽培历史至少有2000多年，而起源发祥之地则是我国西南的四川。长期的人工栽培加速了自然杂种的变异，而人工筛选，下籽之法的发明和无性繁殖技术的成熟加速了特异性状的稳定，使得一季开花的野生蔷薇由山野进入庭院，并不断变异固定，改良培育从而形成了当时蔚为壮观的品种类型。”随着分子生物学的深入研究，植物学家尝试利用分子技术从微观的视角解析中国古老品种的起源。目前，研究结果显示：茶香中国月季起源于大花香水月季和月季花间的杂交，且大花香水月季为可能的母本，月季花为父本（Meng et al.，2011）。

5 中国古老月季文化与谱录

历史上，中国古老月季品种盛极一时。事实上长久以来，中国的月季花品种一直领先于全球。尤其独具特色的月季花文化，更是中国人花卉欣赏独树一帜的体现，中国人历来赏花不仅仅局限于其表，而更注重其内涵。在中国，月季有很多别称，长春、胜春、月月红、斗雪红、瘦客等，常引申为长寿之花，赋予美好寓意。杨万里说：“只道花无十日红，此花无日不春风”，可见其花期之长（何小颜，1999）。汇编了我国古代典籍的《中华大典·生物学典·植物分典》对蔷薇类进行了详细的总结。从中可见，中国古代尽管并没有现代意义上的植物分类科学，但是已经将月季、蔷薇、玫瑰等种加以甄别，给予恰当的描述。譬如，《本草纲目》载：“月季处处人家多栽插之，亦蔷薇类也。青茎，长蔓，硬刺，叶小于蔷薇，而花深红，千叶厚瓣，逐月开放，不结子也。”清邹一桂在《小山画谱》中对玫瑰有如下描绘：“玫瑰，花深紫，似蔷薇而多刺。叶七出，肥苞开足而花扁，瓣上多白筋，黄芯攒簇，香味甜美，四月开。”玫瑰又名“徘徊花”。而名为“蔷薇”的种则又常被称作“山棘”“牛勒”“刺棘”“牛棘”“刺花”等别

1 即武帝（前140—前87）与丽娟赏花，蔷薇初开，态若含笑，于是武帝说：“此花绝胜佳人笑也。”丽娟说：“笑可买乎？”武帝答可，于是成为蔷薇为“买笑花”的缘起。

名，李时珍在《本草纲目》中解释道："此草蔓柔靡，依墙援而生，故曰墙蘼，其茎多棘此而勒人，牛喜食之，故有山棘，牛勒之名。其子成簇而生，如营星然，故谓之营实。"清陈淏子《花镜》载："野蔷薇，一名雪客，叶细而花小。其本多刺，蔓生篱落间。花有纯白、粉红二色，皆单瓣，不甚可观。但香最甜，似玫瑰，多取蒸作露。""藤本，青茎多刺，宜结屏种。花有五色，连春接夏而开。叶尖小而繁，经冬不大落，一枝开五六朵。"可见，当时人们已经对蔷薇类群中的不同种类有了非常科学的描述和认识。

中国人浪漫的人文情怀为不同的花木赋予了人格化的象征，遂有了"岁寒三友""四君子""十友"及花中"十二客""三十客""五十客"等种种说法（何小颜，1999）。也从其中看到不同花木在古人内心中品格高低的不同。尽管月季在中国传统文人文化中的地位无法与梅、菊、兰等传统名花比肩，但是，她花开四季、芬芳馥郁，且可入药的特点让她也独领风骚。由此引申出"富贵长春""四季平安""万寿长春"等寓意而常出现在人们日常生活中的很多用具中[2]，成为传统艺术装饰的重要内容（图1）。而蔷薇类群中的玫瑰、茶薇等种类更具生活气，作为茶点及提取香氛的原料历史非常久远，时至今日还是寻常人家餐桌上的美味和美容佳品。由此可见，月季雅俗共赏且拥有民众基础。

纵观古代历代花卉名著，月季散见于各类谱录中，描述常简略扼要，涉及的品种也不多，成书于1578年的《本草纲目》记载了月季花的药用价值，而月季的品种记载愈来愈详尽丰富的专著则发端于明代陈继儒（1757）所著的《月季新谱》一书，国家图书馆古籍馆目前保存的版本是清代评花馆主所作的《月季花谱》[3]（1862—1874），进入近代民国时期，专类月季的谱录已难觅，仅有1930年夏诒彬著的《种蔷薇法》。特别难得的是卢淮甫、戴沛锡主编的《月季名花谱》，在这本20世纪80年代初期汇编的月季品种谱录里详细记录了柳园溪馆藏本的《月季花谱》。然而，存世的谱录中，唯有《月季谱》的手抄本有一些品种较为详细的性状描述（舒迎澜，1989）。

附录《月季花谱》为评花馆主版本的原文，而宋司马温[4]所著的《月季新谱》仅摘录其中记载的品名如下：蓝田璧、银红牡丹、猩红海棠、珠盘托翠、新春绿柳、六朝金粉、水轮、春水绿波、绿牡丹、桃坞三品、杏红芍药、汉宫春色、杏红牡丹、映日荷花、西施醉舞、飞燕新妆、玉液芙蓉。若详细了解重要中国古代月季品种的性状，可参见《月季的起源与栽培史》一文（舒迎澜，1989）。此外，20世纪90年代，淮阴的朱仰石（1994）发掘考证了遗存于当地民间的近20个古老月季品种。花谱的挖掘和整理为后来古老月季品种的鉴定和搜集提供了非常宝贵的资料。

---

2 五彩十二月花卉纹杯，清康熙，高 4.9cm，口径 6.7cm，足径 2.6cm。
杯撇口、圈足。杯胎轻体薄，色彩清新淡雅，釉面细润洁白。十二月花卉纹杯以 12 件为一套，按照一年 12 个月分别在杯上描绘代表各月的花卉，再配以诗句加以赞美。其分别是：
一月 水仙 春风弄日来清书，夜月凌波上大堤。
二月 玉兰 金英翠萼带春寒，黄色花中有几般。
三月 桃花 风花新社燕，时节旧春浓。
四月 牡丹 晓艳远分金掌露，暮香深惹玉堂风。
五月 石榴花 露色珠帘映，香风粉壁遮。
六月 荷花 根是泥中玉，心承露下珠。
七月 兰花 广殿轻发香，高台远吹吟。
八月 桂花 枝生无限月，花满自然秋。
九月 菊花 千载白衣酒，一生青女香。
十月 芙蓉 清香和宿雨，佳色出晴烟。
十一月 月季 不随千种尽，独放一年红。
十二月 梅花 素艳雪凝树，清香风满枝。
每首诗后均有一方形篆体"赏"字印。杯外底署青花楷体"大清康熙年制"六字双行款。
（https://www.dpm.org.cn/collection/ceramic/227074.html）
3 谱录内容详见附件。
4 宋司马温 据考证，其作者很有可能就是北宋著名的政治家司马光。

图1　五彩十二月花卉纹杯（清）月季（十一月）

图2　南宋—马远《白蔷薇》图页绢本

图3　《九州如意图》—汪承霈

附件

《月季花谱》　评花馆主

月季花先止数种未为世贵是以考诸花圃种法既未精究吟咏亦属无多近得变种之法遂愈变愈多愈出愈妙始于清淮蔓延于大江南北且得高人雅士为之品题花则尽态竭妍名则标新角异而吴下月季之盛始超越古今矣至种数之多色相之富是与菊花并驾当谓菊花乃花中之名士月季为花中之美人名士多傲故但见赏于一时美人工媚故得邀荣于四季因而人之好月季者更盛于菊余亦有月季之癖栽种之法颇得其精因见同人之好此者间有种未得其法以致名花憔悴受屈多也特著历经试验之法以公同好

培壅

凡百花木无不全在培壅而月季则常常开花且性喜肥犹宜培壅力厚也其土能以山田二土封和拌以浓粪或将土先用火烧过置于日晒雨淋处随时取用最妙至寻常之土但在浇肥得法亦得好花其肥第一用隔年腊粪次则储粪至三四月后亦可用其肥断不可浇春则七粪三水夏则四粪六水秋则六粪四水冬则八粪二水无论有蕊无蕊每月宜浇二次其红种喜肥尤甚即多浇一二次亦无妨至十二月中天气晴和时尤宜浓粪放肥浇之则不但足以御寒不致落叶且来春得以早旺初春萌芽甫发及根下初出新枝时断不可浇粪浇则焦黑必须俟枝长叶老也至将开花时亦不浇浇则花心过盛反不能开落花后则又必须浇粪随时察其肥瘦而培壅之是在好之者神而明之也

浇灌

月季不宜过湿亦不宜过干盆面发白即浇以清水其水第用冬日腊水与黄梅雨水否则寻常雨水及石子数枚投入而搅澄之久储听用亦妙开花时浇以香茗则花更鲜明耐久

养胎

夏日炎热其花易开少瓣结蕊后宜移阴处或上用芦帘遮盖微令透日庶得慢开花大也

修剪

茂干抽条听其自然则杂乱无章不持有碍生趣且反不茂旺其枝或向下垂或向里生或两枝交互骈出或老梗枯朽均常按其向背量其疏密时加修剪庶得四面条达畅茂有致且剪后数日必获新枝此系屡验断不可惜而不剪也

避寒

月季虽不畏寒然不可令着霜雪霜降后宜上芦帘遮盖日则去之至大寒时或掘松土将盆半埋土内日夜均以芦帘遮护此足以御寒且得地气最妙法也或移进屋内然须向阳处遇天气晴和洒以清水至正月底出房

扦插

扦须在三四月间至七八月间雨天亦可插之他时皆不可扦其插枝之法须择半老旺枝于枝末用指甲刮去青皮数分插后宜置阴处半月后方可见日时以清水浇洒至一月后可用淡粪水浇之则两月后即可开花其土能用烧过者最妙土须拌砻糠灰或于盆底以糠灰铺之亦可大约十土一灰如由别处扦枝须于芋上或箩葡上则虽过夜入土亦无伤也贵品不易活者入土后用金汁半杯浇之无不活者金汁即粪清药店及花圃皆有

下子

闻近之变种皆由下子其红种系汉宫春白种系蜜波黄之子所下种变出者然下种莳苗甚难予未亲试未得其详故述以备博采

去虫

当以鱼腥水密洒花叶能去一切之虫如有细青虫猬集于枝不伤叶者一经鱼腥水即净又有青虫蛀先卷叶作茧后生息日繁专食花叶故一见叶卷即宜搜剔又有黄尾虫不食叶专伤梗为患尤甚宜时时留心又如壅以污物不但根间易生虫且梗上必生白虱故止宜净土也

名目

现新种时出就近时所有之佳品列于左

蓝田璧

此种不宜过肥每月二粪宜较他种更淡

金瓯泛绿　虢国淡妆　羽士妆

赤龙含珠　此种宜肥否则花甚细小

六朝金粉　水月妆　晓风残月　即新春楼

波罗蜜　此系淡黄尚有深黄甚多

春水绿波　此种最易脱叶宜为透风花时供于屋内夜必出露即免脱叶又此与晓风残月亦不宜过肥浇法与蓝田璧同

以上各种皆别有丰姿独开格韵为上品中之尤贵者月季多有色无香右品惟水月妆香气甚盛此种本本无特异以其香色兼擅是以列于贵品余春水绿波亦微有香气也

通草宝相　新红海棠　南海天竺　岳阳三醉　汉宫春晓

娇容三变　雨过天晴　珠盘托翠　银红牡丹　小玉楼

朱衣一品　大富贵　一捻红　西施醉舞　此种花心过盛每难开放不必浇肥

七宝冠　国色天香　飞燕新妆　洞天秋月　杏花天　冰轮　墨葵

紫骊珠　映日荷　宿雨含红　以上各种亦皆上品此外名目种数尚繁然不过微有区别不能具独异之姿尚有粗种皆不入谱

6 中国古代月季的传播

以前文所述《益部方物略记》这部典籍为佐证，绝大部分学者认为月季最早的文字记录出现于宋。而古老月季专家王国良博士指出：“唐（618—907）不仅有了月季文字的记载还出现了描绘月季的绘画作品。”他认为唐就应该有月季花的出现，而宋则是月季繁盛、大放异彩的朝代。不论哪种观点，毋庸置疑，中国月季至少在1 000多年前就花开华夏并开始被人欣赏和栽植。而国家间的往来交流也让它有机会能够在异域安家。正如Taylor（2009）在*The Global Migrations of*

*Ornamental Plants*一书里所述：“人们在往来的过程中，自然有种子的携带与传播，当这些物种在异域合适的条件下便可以安家落户。”显然，大量观赏植物的流传是因大航海时代的到来而越发频繁，使得越来越多的植物开始被西方的探险家们发掘并传播到世界各地。汉以来，中国的丝绸之路联通东西方文明和贸易。唐以来，文化输出交流对东亚文明产生深远影响，到了明朝，郑和驾船远航到遥远的国度彰显国力，所有这些历史事件联系在一起，可以发现对外交流带来的结果除了贸易和外交，植物的引种和传播也是很自然的事。当欧洲的殖民时代到来时，殖民地很多有价值的物种便随着殖民的过程不断被带到世界的各个角落。

那么，现在能够寻找到中国蔷薇属植物传播和影响世界的早期记载多始见于唐。众所周知，唐是中国封建社会高度发展的阶段，盛唐时期的中国对世界有着广泛和深刻的影响。其中，邻邦日本是深受其惠的国家之一。中国对其影响涉及方方面面，文化、宗教、绘画、文学、造园等不胜枚举。因此，在文化传输中，植物的交流与传播必然不足为奇。不难理解，中国植物输出日本要早于西方其他国家。早在12世纪，中国的蔷薇属植物就已传到日本。日本对月季的首次记录来自《万叶集》的一首诗（Harkness，2018）或许是在平安时代（794—1185）由遣唐使带到日本，在古代日本，汉语“蔷薇”在日语里拼作“soubi”。到了镰仓时代（1185—1333）也就是中国的宋朝，这时的月季在日本被称作庚申月季（日本主妇之友社，2019）。除月季，江户时期（1603—1868）之前金樱子、木香花等就已经传入日本（御巫由纪，2020）。一些原产中国的蔷薇品种则经由日本传往欧洲，比如1803年的粉团蔷薇和1804年的七姊妹、荷花蔷薇。可见，日本人引种中国古代月季的历史要较欧洲人早很多。

此外，也有资料记载：“早在宋代（960—1279），月季花就由我国的商船从南部著名交通口岸泉州经海路传至印度、斯里兰卡，以后再传遍全球。”（何小颜，1999）。这其中最为著名的西传品种就是中国的古老月季品种月月粉，它的传奇故事后面会进一步详述。

追溯某个具体品种的流传时不得不接受这样的事实，往往由于很多历史细节的遗漏缺失，时间和节点只能从现有搜集到的文献资料中的记录大致呈现出的一个概貌，梳理的过程异常复杂。其中，往往存在很多当时人们的认识局限和误解需要厘清。譬如，在19世纪中叶，西方从日本庭院中引种很多观赏植物，植物学家们以为这些植物是日本原产，因此将种加词错误的定名为“japonica”。著名的植物猎人威尔逊在他的著作*China Mother of Gardens*里评述：“在过去的日子里，甚至在一个世纪以前，我们对于中国的了解还相当肤浅，笼统地称之为“东印度群岛”（Indies），这个错误的地理名称已经永久地烙在了某些植物拉丁名的种加词indica中。”（包志毅，2017），这也成为中国的月季花曾被命名为*Rosa indica*的原因。此外，1733年荷兰的植物学家Gronovius将月季花命名为“Chineesche Eglantier Rosen”，这份标本如今保存在大英博物馆。而月季花真正的原生种应该是*Rosa chinensis* var. *spontanea*。印度的加尔各答植物园（Calcutta Botanical Garden）是积极搜集东方月季花的机构，并进口中国的植物转运到欧洲。因此，法国人将这种中国的月季花称为“Bengal Roses”。在德国、法国，中国月季的俗名仍被称作“Bengal Roses”（Harkness，1978）。

虽然相比日本，引种月季花和香水月季西方要晚许多，但却因东西方品种的结合才催生出现代杂交茶香月季的奇迹。接下来，重点介绍一下中国4个原种月季品种的西传。希格森[5]（Howard Higson）在文章*The history and legacy of the China Rose*[6]中记载：“在欧洲，关于中国月季最早的证据来自一幅佛罗伦萨画家Angelo Bronzino（1503—1529）所作的油画——Allegory with

5 Howard Higson：克里山植物园（Quaryhill Botanical Garden）的前任园艺主管。

6 此文发表于http://www.quarryhill.org网站。2012年，由于该主页已经更改为https://sonomabg.org/home.html，相关的文章目前已下线。

Venus and Cupid。1678年，意大利的Ferrara修道院耶稣会信徒Montaigne也描述了同样一种粉色中国月季花，据说可以周年开花。”于是，人们猜测也许这是传到欧洲最初的中国月季品种。但是我们无法确定这个粉花品种到底是不是月月粉。还有相当一部分学者倾向于月月粉这个品种是1751年由林奈学生Peter Osbeck在广东海关衙署的花园中搜集，并在1752年带到瑞典的乌普萨拉的说法。1793年，英国邱园的园长Joseph Banks（约瑟·班克斯）引种的月月粉品种同1751年Osbeck带回的很可能是同一个品种。James Colville（詹姆士·科尔维尔）将它命名为Pale China Rose，后来改为‘Old Blush’。Peter Harkness在《蔷薇秘事》这本专著里指出：“Colville命名的这个品种就是流传至今的月月粉（Old Blush），DNA的测试结果表明它是紫月季和大花香水月季的杂交后代。”他还指出：“1659年，托马斯·汉默爵士提到一种*Rosa sinensis*的蔷薇属植物，它以种子的形式从东印度群岛进入意大利。中国古老品种‘赤龙含珠’是使用紫月季的种子播种得到的子代。”（Harkness，2018）。

1798年，月月粉传往法国，成为非常成功的育种亲本，1800年，它传到北美，被培育出诺伊赛特（Noisette）蔷薇，进而又结合香水月季进一步培育出杂交茶香月季和杂交长春月季等风靡一时的品种群。它在月季的育种史上意义重大，由它为育种亲本产生了波旁蔷薇、诺伊赛特蔷薇、茶香月季、杂交茶香月季、丰花月季和其他种类。

著名学者C. C. Hurst（赫斯特）认为：1792—1824年间，中国的月月红、月月粉、彩晕香水月季和淡黄香水月季分别先后传往欧洲，带给欧洲月季品种革命性的改变。不但实现了期待已久的四季开花目标，还获得了特别的香味和花型。18世纪早期，伦敦皇家园艺学会林德利图书馆收藏了一幅由John Reeves 带回来的月季绘画作品就具备了上述的特点（Higson）。值得注意的是，在众多的植物采集家中John Reeves（约翰·里弗斯）（1774—1856）是负责向欧洲输送中国植物的重要人物，他就职于东印度公司，是东印度公司的茶叶巡查员。1812—1831年间他雇佣了一批中国画家为植物绘画，从而成为这些植物的珍贵记录，其中包括著名的彩晕香水月季（Harkness，2018）。可以说正是他搜集的这些绘画不仅在当时，也为今日了解中国的植物品种提供了非常重要的参考资料，不同于传统，这些绘画相当写实，具备了作为植物学研究所必需的科学性。

除了大名鼎鼎的‘月月粉’‘月月红’由Gilbert Slater（斯莱特）1792年引进，在英国名噪一时，它也被命名为‘Slater's Crimson China’。另外两个重要的中国古老月季，属香水月季品种：彩晕香水月季和淡黄香水月季，前者于1810年由A. Hume（休姆）从东印度引种，曾被命名为*Rosa indica* odorata后来改为*Rosa indica* fragrans。1824年，皇家园艺学会引种了淡黄香水，这个品种在法国被称为*Rosa indica* sulphurea，是18世纪众多黄色香水月季的一个重要祖先。但是，由于这两个品种只能在玻璃温室里栽培，抗性较弱，并不适合英国寒冷潮湿的天气，目前已经难觅踪迹（余蘅，2011）。

在中国的众多月季品种中，绿萼即*Rosa chinensis* ‘Viridiflora’在国外的很多月季园并不鲜见，然而，这个突变品种却认为是从美国传到欧洲的。早在1833年，它就被种植在南卡罗来纳州。1810年，一种微型月季传入英国，玛丽·劳伦斯在《英格兰栽培蔷薇》一书中对当时的蔷薇植物作了记录（Harkness，2018）。

最近，研究揭示了品种变色月季传播的路径：“1890年，它出现在意大利的北部，第九代维塔利亚诺·博罗梅奥亲王派植物猎人在留尼旺岛采集。”（Harkness，2018）。在蒸气帆船应用之前的16～18世纪初，当时欧洲通过海路抵达中国需要历经千难万险，且近半年的航行时间，在航线当中有一些岛屿成为补给停靠的港口，留尼旺岛便是这样的海港。当时，许多中国的观赏植物都是欧洲的植物采集家从广州一个名为“花地”的苗圃收集到，然后再运往欧洲的。因此，一些运输的植物被备份到一些途经的港口和地区是很自然的事，正如前面提到的印度加尔各答植物园就是这样一个中转中国植物的地方。因此，也不难解释中国的一些古老月季品种在流落异乡的途中变了姓名，甚至是被误传为当地的产物（余蘅，2011；范发迪，2018；Harkness，2018）。

当然，除了上面的几个重要的品种外，下面几种古老的蔷薇品种也非常值得关注，这些品种也是西方采集家引种的重要成果。1824年，威廉·克尔引种木香回伦敦，1870年，单瓣黄木香经过意大利进入欧洲，罗伯特·福琼从中国带回福琼重瓣黄月季（Fortune's Double Yellow）和另外两种攀缘月季，还有神秘的Five color rose。中国的缫丝花则是经由印度的加尔各答再传往英国的。黄刺玫是一种北方早春开花的蔷薇品种，早在1820年通过早期的绘画被西方人所知，1907年它的种子传入美国（Harkness，2018）。

上述中国古老月季品种经由不同的渠道流传国外，通过杂交进一步产生了不同的中国杂交品种群，并形成其他新的品种类群，最著名的是早期出现的诺伊赛特蔷薇和波旁月季。1802年，月月粉和麝香蔷薇结合产生了美国藤本月季Champney's pink（钱普尼粉），这个品种具有大马士革的香味和硕大半重瓣的粉色花朵，后来经由Charleston（查尔斯顿）苗圃的园丁Phillppe Noisette（菲利普·诺伊赛特）自花授粉获得了第一株诺伊赛特月季，波旁月季是月月粉和粉花大马士革杂交获得的后代，1815—1820年，它进一步发展产生了重复开花、株型紧凑、浓香、玫瑰色、半重瓣的杂交品种，它是粉色杂交茶香月季和后来杂交长春月季形成的基础。

近代以来，中国的很多植物直接或间接地被引种到欧洲，再传往世界。同时，一些西方国家新培育的品种又重新被引种回中国，成为获得追捧的对象。而这些新生的一代都或多或少继承了中国古代月季的遗传基因，陈俊愉先生非常形象地比喻这些品种是“回姥姥家的外孙女。”混血的中国月季被划分到杂交中国月季品种群，但值得注意的是它们已经不完全等同于中国古代的月季花。

7 中国古老月季品种的保存现状

曾经风靡和广泛栽培的中国古老月季品种在国内的现状可谓岌岌可危。为什么如此说？因为，现代月季的冲击真的是势不可挡。曾经著名的淡黄香水月季就已经消失难觅踪迹，从前文古代谱录也不难看到历史上的很多名种如今很大一部分已经散失，只能从残存的文字去想象它的样貌。而近代至今，曾存留的中国古老品种也渐渐从人们的视野中消失，很多已经难得一见，抑或也已经消失不在。下面从文献记载中对这部分宝贵的资源做进一步的整理，可以看到中国古老月季及其杂交类群（Hybrid China roses）目前存世的也不足百个。其中很多还是流传到国外之后形成的杂交后代，中国本土的古代品种已非常濒危，数量十分有限，同历史记载的名种形成鲜明的反差。作为文化和遗传资源来保护好现在还存活的品种具有非常现实的意义。古老的中国月季品种是历史的见证，文化的传承。而且，我们也能够从它们的身影中去感受岁月长河积淀给后世的那份遗产中的精神财富，试想当你在月月粉或绿萼前驻足观赏时，在1 000多年前的某个瞬间，有人也曾这样凝望着它们，此时你是否有种跨越时空的感受，而它便是你们之间的纽带。所以，在很多地区，越来越多的人开始搜集和保护这些具有历史价值、文化意义的古老品种，它们也常被人们称之为“遗产月季”。

表 2　国内外几个重要专类园中国古老月季品种资源收集情况表

品种	北京市植物园	City of Sakura Rose Garden[7] 佐仓月季园（日）	Sangerhausen Rose Garden[8] 桑格豪森月季园（德）
Alice Hamilton	是	是	是
Alice Hoffmann	是	是	否
Archduc Charles	是	是	否
Arethusa	否	是	是
Aurore	否	否	否
Beauty of Glenhurst	是	是	否
Beauty of Rosemawr	是	否	否
Beijing pink	否	否	否
Bébé Fleuri	否	是	是
Belle de Monza	否	是	否
Bengale Centfeuilles	否	否	否
Bengale Cerise	否	是	否
Bermuda's Kathleen	否	否	否
Bermuda's Yellow Mutabilis	是	是	是
Bloomfield Abundance	是	否	否
Camélia Rose	是	是	是
Cécile Brunner	是	否	否
Cécile Brünner Clg	是	否	否
Cels Multiflora	否	否	否
Charleston Graveyard	否	否	否
Chinensis minima	是	否	否
Cimitero Cinese	是	否	否
Contesse du Cayla	是	是	是
Cramoisi Supérieur Grimpant	是	是	是
Cramoisi Ë blouissant	否	是	是
Crimson Chinia	否	否	否
Cromois Saperieur	是	否	否
Ducher	否	是	否
Duke of York	否	是	否
Dutch Fork China	否	是	否
Elise Flory	否	否	否
Empress of China	否	是	否
Eugene de Beauharnais	否	是	否
Fellemberg	是	是	是
Fernandale red China	是	是	否
Fortune's Double Yellow	否	是	否
Fortune's Five Colored Rose	否	是	否
Five Yuan	否	是	否
Fulgens	是	否	否
General Labutère	是	否	否

7 文献来自该园 2009 年的品种收集名录。
8 德国乃至目前全球最重要的月季种质收集专类园，表中品种依据北京市植物园赵鹏女士实地调研分享的品种照片而整理，2013 年。

（续）

品种	北京市植物园	City of Sakura Rose Garden[7] 佐仓月季园（日）	Sangerhausen Rose Garden[8] 桑格豪森月季园（德）
Gloire des Rosomanes	是	是	否
Gräfin Estherazy	否	否	否
Gruss an Teplitz Hermosa	否	否	是
Hume's Blush Tea-scented China (Laos)	是	是	否
Ibrido di Castello	否	否	否
Indica Alba	否	是	否
Irène Watts	是	是	是
Irène Watts (Beales)	是	否	是
Jean Bach Sisley	是	是	是
L' Adimiration	否	是	否
Lady Brishane（Cramoisi Superrieur）	否	是	是
Le Vésuve	是	是	是
L' Ouche	否	是	是
Louis Philippe	是	是	否
Louis XIV	否	是	否
Mateo's Silk Butterflies	否	是	否
Martha Gonzales	否	是	否
Miss Lowe's Variety	否	是	否
Mme Laurette Messimy	是	是	否
Morey's Pink	否	是	否
Mrs Yamada	否	否	否
Mutabilis	是	是	是
Napoléon	是	否	否
Old Blush	是	是	是
Old Blush clg	是	是	是
Papillon (China)	否	否	否
Papa Hémeray	否	是	否
Perle d'or	否	否	否
Pink Pet	是	否	否
Pompon de Paris	否	是	否
Princesse de Sagan	否	是	否
Queen Mab	是	是	否
R. chinensis 'spontanea' pink form	是	否	否
R. chinensis 'spontanea' white form	是	否	否
R. Indica Major	是	否	是
R. x odorata	否	否	否
Red Smith Parish	是	是	否
Richelieu	否	否	否
Rival de Paestum	否	否	是
River's George IV	否	是	是
Rouletii	否	是	否
Rose de Bengale	否	是	否
Slater's Crimson China	否	是	是

（续）

品种	北京市植物园	City of Sakura Rose Garden[7] 佐仓月季园（日）	Sangerhausen Rose Garden[8] 桑格豪森月季园（德）
Sanguinea	否	是	是
Serratipetala	否	是	否
Smith Paris	否	是	否
Single pink China	否	是	是
Sophie's Perpetual	是	是	否
Spice Spring Butterfly	否	是	否
Unermüdliche	是	是	是
Velours épiscopal	否	否	否
White Cécile Brünner	否	否	否
白龙含珠	否	否	否
白长春	否	否	否
变色月季	是	是	否
彩晕香水	是	是	否
菜花黄	否	否	否
赤龙含珠	否	是	否
赤胆红心	否	是	否
春水绿波	是	否	否
大富贵	是	否	否
淡黄香水	否	否	否
淡云微雨	否	否	否
鹅掌金波	否	否	否
飞阁流丹	否	否	否
粉玉楼	否	是	否
佛见笑	否	否	否
湖中月	否	否	否
金粉莲	是	是	否
金瓯泛绿	是	是	否
橘红潮	否	否	否
橘囊	是	是	否
丽云桃花	否	否	否
绿萼	是	是	是
绿牡丹	否	否	否
蜜波黄	否	否	否
牡丹月季	是	否	否
南京粉	否	否	否
匍匐红	是	是	否
国色天香	否	是	否
青莲学士	是	是	否
秋水芙蓉	否	否	否
人面桃花	否	否	否
软香红	是	否	否
双翠鸟	否	否	否
睡美人	否	否	否

（续）

品种	北京市植物园	City of Sakura Rose Garden[7] 佐仓月季园（日）	Sangerhausen Rose Garden[8] 桑格豪森月季园（德）
四面镜	是	否	否
思春	否	否	否
赛昭君	否	是	否
桃坞春晓	否	否	否
天女冠	否	是	否
微球月季	是	否	否
小月季	否	否	否
香粉莲	否	是	否
猩红海棠	否	否	否
杏花春雨	否	否	否
阳春白雪	否	否	否
一季粉	是	是	否
一捧粉	否	否	否
一品朱衣	是	否	否
银背朱砂	否	否	否
银烛秋光	否	否	否
映日荷花	是	是	否
羽士妆	是	否	否
玉玲珑	是	否	否
玉祥	否	否	否
月玲珑	否	否	否
月月粉	是	是	是
月月红	是	是	否
云蒸霞蔚	是	是	否
紫香红	否	否	否
紫香绒	是	否	否
紫燕飞舞	否	是	否
紫燕飘翎	否	否	否

在表2中，依据近期的文献系统整理出大部分还有传承保留的种类，其中有相当一部分北京市植物园进行了引种、保存和展示。同时，对最具代表性的日本佐仓月季园（City of Sakura Rose Garden）和德国的桑格豪森月季园（Sangerhausen Rose Garden）中国古老月季品种类群的收集情况亦作了简要介绍。名录中的一些品种其来源和名称仍有待鉴定和核对，毕竟绝大部分的中国古老月季的形态特征仅有非常简略的描述，因此为鉴定核实带来了很大的困难，不排除一些文献和著述中的品种活体已经佚失而后人借用古名情况的存在。但不论怎样，这些资源的挖掘和保存仍旧是非常有价值的事，特别是对这些存世的品种要好好保存并传承下去。事实上，月季品种的新旧更替也反映了在不同时期和阶段，人们的欣赏需求和审美取向。而这往往决定了一些品种的命运，大量曾备受喜爱广为栽培的品种渐渐退出了历史舞台，那些幸运留存下的散落在一些历史的花园中，随着时间的流逝愈发显得弥足珍贵。

8 中国古老月季品种简介

下面针对目前全球范围内广泛栽培的中国古老月季系列品种，概括描述其主要的性状特征。其主要性状在参考《月季百科全书》（英文版）的同时，还参考了北京市植物园多年来收集引种中国古老月季品种的露地栽培记录。

8.1 中国古老月季[9]（*Chinas*）

小月季 *Rosa chinensis* ‘Minima’：中国月季微型变异品种，它是现代微型月季的主要亲本。它可能是1810年由毛里求斯传到英国的。植株、叶片及花朵均小型，淡粉色半重瓣。

变色月季 *R. chinensis* ‘Mutabilis’：‘Mutabilis’1894年前法属留尼旺岛的Gilberto Borromero（1859—1941）发现。花单瓣，花色由奶油色至橘红色，灌丛型，可连续开花，但不耐寒冷。2012年入选世界月季联合会评选的殿堂古老月季[10]品种。

月月红 *R. chinensis* ‘Semperflorens’：又名‘Slater's Crimson China’（1789,Gilbert Slater引种）/‘Old Crimson China’或‘Semperflorens’是最古老的中国月季品种，18世纪晚期传入欧洲。花深红色，重瓣，灌丛型，花期从初夏可持续到秋末，在温暖的地区冬季也可以持续不断开放。

月月粉 ‘Old Blush’：又名‘Parsons' Pink China’，它还有一个藤本变种。花淡粉色，半重瓣，常常几朵集生枝头，花中等大小，花径6～8cm，连续开花，灌丛型，花期长，在温暖的地区常年盛放。它亦入选殿堂古老月季品种，至今还深受人们的喜爱而广为栽培。

‘彩晕’香水月季 ‘Hume's Blush Tea-scented China’：又名休姆粉、屏东月季。为茶香月季古老品种，花重瓣，花径7cm左右，质地柔软，淡粉色，浓香，灌丛型，耐寒性较弱。

淡黄香水月季 ‘Parks’ Yellow Tea-scented China’：淡黄色，重瓣，可连续开花，是很多黄色月季的亲本。

单瓣月季花 *R. chinensis* var. *spontanea*：月季花的原种之一，大型藤本，一季花，花单瓣，花期早于月季，4月下旬开花，花色可由浅粉变化为深红色，另外有白色、粉色不同类型。

绿萼 *R. chinensis* ‘Viridiflora’：1845年引种到英国。1827年John Smith发现，1849年由费城的布斯特苗圃开始销售。绿色，花瓣萼片化，重瓣，花瓣80～100，花朵小，花径4～4.5cm，连续开花，花期长。栽培容易，适应性非常强。

一季粉：花浅粉色，半重瓣，花径6cm，花瓣17～20，生长强健，一季花，无花香。

软香红：花紫红色，基部淡粉红色，花中大，花径5cm，花瓣30，浓香，枝条柔软，抗病性强，勤花。

云蒸霞蔚：花色粉红，花瓣质地厚实，直立，健壮，花朵较大，花径约10cm，花瓣22。

玉玲珑：花白色，极重瓣，花瓣150～200，几无雄蕊，花中大，花径5cm左右，花末不能完全打开，花瓣质地较薄，如遇雨则会腐败，被日晒会产生红斑点，连续开花。香味不浓，极淡。

金粉莲：淡粉红色，重瓣，花瓣52～60，花中大，花径6cm，植株直立，勤花，抗病性中等，花瓣遇雨和日晒会变色产生斑点。

四面镜：花深粉红色，花瓣质地薄，杯状，花四分玫瑰型，重瓣，花瓣66～70，花径5.5cm，具香，抗病强。

橘囊：花色橘黄色，重瓣，花瓣60，花径5.5cm，植株健壮，香味浓郁，勤花。

羽士妆：淡粉色，长阔瓣，花中大，花径7.5～8cm，重瓣，花瓣63～65，强健，香味浓郁。

9 部分品种照片见文末附录。

10 殿堂古老月季（The Old Rose Hall of Fame）指的是那些在月季历史和育种谱系重要性方面长久流行的品种。目前为止，入选的月季品种仅12个。

8.2 中国杂交月季品种群（*Hybrid Chinas*）

'Archiduc Charles'：来源1837年法国的Laffay，为'Old Blush'的实生苗；淡粉色，半重瓣，花内瓣色浅，背瓣色深。叶片小深绿色，矮灌丛，生长势中等。

'Bloomfield'：灌丛月季，形成大型的圆锥花序，单朵花小约2cm，重瓣，几乎没有雄蕊，极浅粉，生长强健，在背风向阳的地点可以长成1.5m高的大型灌丛。

'Cécile Brunner'：藤本变种 **'Cécile Brunner' cl**，株型低矮，花色浅粉色，重瓣。1881年由法国里昂Pernet–Ducher培育，花型为微缩版的杂交茶香月季花型，叶片小型，植株优雅。

'Comtesse du Caÿla'：1902年法国的Guillot培育，亲本为'Rival de Paestum'×'Mme Falcot'，茶香月季品种，适宜在温暖的地区栽植，花色由橘色和粉色混合而成，复瓣，大花，成簇开在枝头，花枝较细弱。

'Cramoisi Supérieur'：1832年法国Coquereau培育。这是首批在欧洲培育成功的中国月季系列的一个品种，它的一个变种'Serratipetala'1912年由法国Vilfray培育。它的藤本品种由法国Couturier fils1885年培育。植株可达1m，小枝弯曲，花深红色，中心和背面花色白，适宜温暖的地区栽植，勤花。

'Fortunes's Double Yellow'：1845 年引入英国；这个品种以植物猎人Robert Fortune的名字命名，它是其在宁波的一个花园里发现并引种回英国；适宜温暖的地区栽植，花黄色，3～5朵成簇生长于枝头，叶偏小，枝刺弯曲，枝条柔软。

'Fellemberg'：小叶深绿色，花深粉红色，半重瓣，花瓣20，花径4.5cm，数朵形成松散的圆锥花序生于枝头，枝条弯曲拱形，刺密集，生长强健。

'Gloire des Rosomanes'：1825年法国Vibert培育。这是中国古老月季同*Rosa gallica*杂交首个可育的后代；花樱桃红色，半重瓣，花瓣15，花径6cm，杯状，灌丛型，生长强健。

'Gruss an Teplitz'：1897年匈牙利的Geschwind培育，亲本（**'Sir Joseph Paxton'**×**'Fellemberg'**）×（**'Papa Contier'**× **'Gloire des Rosomanes'**）；花猩红色，3～7朵簇生枝头，叶色较浅，株型较松散。

'Hermosa'：1834年法国Marchesseau培育，这个名字的意思表示美丽，可能是中国月季月月粉'Old Blush'与欧洲月季的杂交后代；花粉色，带有丁香紫的晕，花背的颜色较深，重瓣，花瓣45，花径4.5cm，3～7朵簇生枝头，叶色浅绿，枝条细弱，适宜温暖地区栽植。

'Irène watts'：法国Guillot于1896年培育，亲本'Mme Laurette Messimy'×unknown；植株矮小，生长强健，花浅粉色，重瓣，花瓣67，花径6～8cm，勤花。

'Louis Philippe'：1834年法国Guérin培育，名字来自法国国王（1830—1848），它与引入欧洲的中国月季非常相似；半重瓣，花瓣56，花径5cm，深粉红色，花心白色，花朵随着开放而变深，叶深绿，多刺。

'Louis XIV'：1859年法国Guillot Fils培育，是'Général Jacqueminot'的实生苗。花深红色，带深色晕，植株矮小，适宜温暖的地区栽植。

'Mme Laurette Messimy'：1887年法国的Guillot fils培育，亲本(**'Rival de Paestum'**×**'Mme Falcot'**)×**'Mme Falcot'**；粉色，花心杏色，半重瓣，花瓣20，花径6.5cm，枝条拱曲，较细弱。

'Papa Hémeray'：1912年法国Hémeray-Aubert培育，亲本**'Hiawatha'**×**'Old Blush'**；单瓣，粉色，花心白色，多朵聚集成簇，花色随开花进程变深，生长强健，叶色深绿，有光泽。

'Pompon de Paris'：它和它的藤本变种的起源并不清楚，可能是19世纪初在意大利栽培的中国古老月季的实生苗，据说当时是英国非常受欢迎的盆栽品种。重瓣，浅粉色，叶片中等大小，浅绿色，枝条之字形，生长强健，刺散生。

'Smith's Parish'：别名**Fortune's five coloured**，福琼1844年发现引种，1953年再发现。据说，这种一朵花有5种变幻颜色的月季已绝种，但由于在百慕大群岛史密斯牧师管辖的教区重新被发现而被命名为"史密斯帕里斯"。

'Sophie's perpetual'：别名**Dresden China**，1921年前培育，半重瓣，花色外轮为深粉紫色，逐渐向内轮变浅，3～7朵簇生在枝头，叶色深绿，但不耐修剪，生长中等，更适合在温暖地区栽植。

9 北京市植物园蔷薇属种质资源的收集与展示

北京市植物园蔷薇属资源的收集、专类园的建设和发展经历了不同阶段的变迁。植物园的月季专类园始建于1993年，占地面积7hm^2，共收集蔷薇属植物品种约1 500个，栽植月季80 000余株（魏钰 等，2017）。建园初期栽植了500个品种，北京市植物园完整的蔷薇属植物登记开始于1973年，至今已经有49年之久，具体的统计结果详见图4、图5。通过这些数据的整理发现该属引种的概况为：①蔷薇属收集包括两大类群。野外的野生种质和栽培品种，其中栽培品种又包含了现代月季类群和古老月季类群。②来源渠道多样。其中栽培品种主要来自美国、英国、新西兰、荷兰、意大利、比利时等月季育种发达的国家和地区，主要是月季苗木生产与育种公司，也有少量品种来自国外的植物园；而野生种质一部分来自植物园的种子交换，一部分直接由国外引种苗木。③野外调查采集的种类和数量上相对还非常有限，特别是野外调查引种断档时间最长达5年，

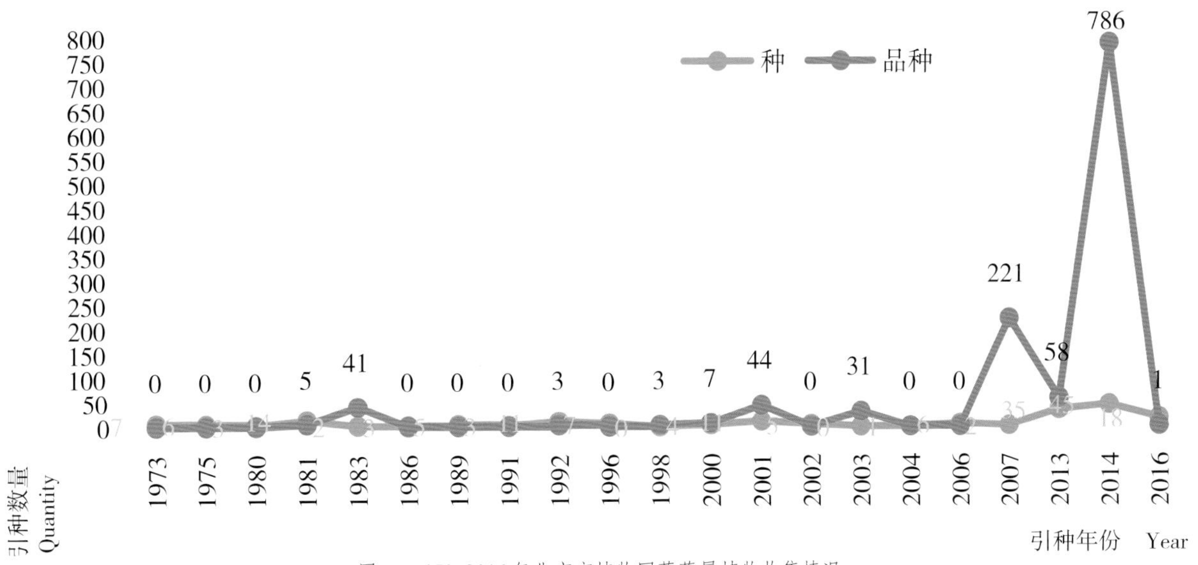

图4 1973–2016年北京市植物园蔷薇属植物收集情况

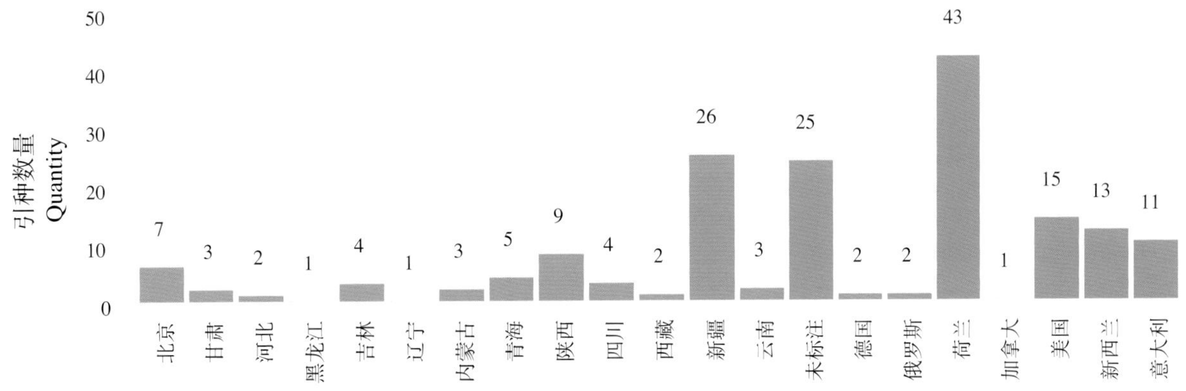

图5 北京市植物园蔷薇属原种引种情况

38 THE AUSTRALIAN ROSE ANNUAL

Rose Project in China

Regular readers of the Australian Rose Annual will be aware that Laurie Newman of Reliable Roses, Silvan, Victoria, commenced a rose project in China approximately two years ago. That project involved a donation of some 300 rose varieties and various cultivars to the Beijing Botanic Gardens dating from earliest civilisation to the present time, advice on the cultivation and growing of same, and talks to visitors to the Gardens about characteristics, as well as propagation, and more recently a donation of 400 *R. multiflora* understocks. The project is continuing, but for the moment readers may be interested to see the following photographs :

1. Laurie assisting Chinese Workers at the Gardens to plant the rootstocks which he transported (via quarantine) on his latest trip to China in July/August 2000.

Text and Photographs courtesy of Jean Newman.

THE AUSTRALIAN ROSE ANNUAL 39

2. Following a talk in Chinese given by Laurie on the classification of roses to visitors to the Gardens, he is afterwards seen here answering questions, with the assistance of an interpreter, Guo Ling, standing alongside him.

R *for roses that I grow*
O *the obsession with these plants*
S *is the scent that fills the air*
E *elation when a bud appears*
B *for beauty of each bloom*
U *the undeniable joy of each rose*
D *what a delight this garden is to me*

Lorraine Burns

图6 《澳大利亚月季年报》关于在中国开展月季项目的报道

并且引种地区碎片化，缺少统一且系统的调查和引种记录。相对于栽培品种而言，这一部分的工作还非常薄弱，将是未来植物园蔷薇属引种研究的重要内容（崔娇鹏，2017）。

为进一步提升月季园品种收集的水平，在2000年前后，澳大利亚月季育种人劳瑞·纽曼先生（Laurie Newman）先后赠送给北京市植物园约200个月季品种，包括其搜集多年的古老月季品种、原始种以及其培育的新品种。为此，植物园于2003年在月季园中专门开辟了近600m^{2}建立了“中澳友好园”，按照月季的发展进化和主要类别种植，包括原始种、中国月季系列、玫瑰系列和法国蔷薇系列等10余个类型，清晰地展示了月季的发展历史和主要类型，极大地丰富了北京市植物园月季园的种质资源及展示内容（魏钰 等，2017）。

在劳瑞先生的这个基础上，植物园在2010年后又紧密结合科研课题的研究进一步扩大古老月季品种的收集，并在园区进行展示。经过多年的经营和努力，2015年，北京市植物园月季园在法国里昂第十五届世界月季大会上评选为世界优秀月季园[11]，是截至目前国内第三个成功入选的月季专类园（另外，国内还有3个月季专类园先后入选，分别是深圳人民公园月季园、常州紫荆公园月季园及北京大兴世界月季主题公园）。

11 http://www.worldrose.org/index.html；世界优秀月季园的评选是由世界月季联合会组织月季专业人士对全球月季花园进行投票评选出最具魅力花园的认定活动，获选的月季花园无论是品种、栽培，还是设计，可以说都是成功的典范。

10 北京市植物园对外蔷薇属种质交流与输出

北京市植物园不但一直致力于资源的搜集，还积极参与国际交流与输出。长久以来，在国际植物园之间建立良好的联系，并坚持开展种子交换的工作。在观赏植物方面，同样起到了积极的桥梁作用。在新的历史背景条件下，北京市植物园一如既往，在持续引种搜集的同时也输出了部分中国自育的月季品种，特有的蔷薇品种和古老月季品种到国外，有力地宣传了当前我国在蔷薇属植物的引种和选育工作的成就。

10.1 实例1 比利时 Coloma Park

Coloma 公园位于比利时首都布鲁塞尔南10km之外的Sint-Pieters-Leeuw（圣彼得斯—莱乌），它是占地15hm^{2}的重要的现代月季花园。其中，2.2hm^{2}的面积上栽植了3 000种60 000株月季，花园规划为3个分区，其中之一就是古老月季品种区。而最大的分区则是依据国家和育种者展示来自世界各国的品种。2011年始，北京市植物园为协助该园新建园区的中国月季园搜集了40余个来自国内培育的种类和品种[12]。具体引种情况见表3：

图7 比利时 Coloma Park 新建的中国月季展示园

12 https://t.cnki.net/kns/search?dbcode=SCDB&kw=%E6%A4%8D%E7%89%A9%E5%9B%AD%20%E6%9C%88%E5%AD%A3%20%E6%AF%94%E5%88%A9%E6%97%B6&korder=SU; 据新华网布鲁塞尔 6 月 22 日电（记者王晓郡）报道：“来自北京市植物园的月季花 22 日在比利时著名的科洛马国际玫瑰园与公众见面。科洛马国际玫瑰园位于比利时首都布鲁塞尔西南 15km 处的科洛马城堡庄园。是欧洲品种最丰富的玫瑰花园，目前拥有来自 28 个国家的 3 200 个品种、共计 60 多万株玫瑰花。玫瑰园的创意者、长期担任比利时佛兰芒大区森林与自然保护局局长的马塞尔·沃森介绍说，2007 年陪同比利时菲利普王储访华时，他萌生在科洛马国际玫瑰园开辟中国月季花圃的想法。据他介绍，欧洲人最早在 17 世纪引入中国月季，并将其与当地野生玫瑰杂交，培育出良种玫瑰。科洛马城堡是比利时国家文化遗产。在中国月季花展期间，比利时中国文化艺术学会还在城堡里举办“神秘中国展”，向参观者展示中国传统家具、民族服饰、陶瓷、插花、书画、茶艺以及民乐表演。中国驻比利时大使廖力强和玫瑰园所在的圣彼得斯—莱乌市市长参加了中国月季花展剪彩仪式。”

表 3　Coloma Park 公园引种中国月季品种表

品种中文名	学名 / 品种名	类型[13]
疏花蔷薇	*Rosa laxa*	Sp.
藏边蔷薇	*Rosa webbiana*	Sp.
美蔷薇	*Rosa bella*	Sp.
重瓣黄花木香	*Rosa banksiae* var. *lutea*	Cl.
芙蓉石	'Furong Shi'	HT
桃花石	'Taohua Shi'	HT
堇青石	'Jinqing Shi'	HT
日光石	'Riguang Shi'	HT
虎晴石	'Huqing Shi'	HT
俏玉	'Qiao Yu'	HT
冰清	'Bing Qing'	HT
黑玉	'Hei Yu'	HT
红玉	'Hong Yu'	HT
往日情怀	'Wangri Qinghuai'	HT
云蒸霞蔚	'Yunzheng Xiawei'	China
橘囊	'Ju Nang'	China
软香红	'Ruanxiang Hong'	China
春水绿波	'Chunshui Lvbo'	China
思春	'Si Chun'	China
青莲学士	'Qinglian Xueshi'	China
羽仕妆	'Yushi Zhuang'	China
绿萼	*Rosa chinenesis* 'viridiflora'	China
牡丹月季	'Mudan Yueji'	China
紫香红	'Zixiang Hong'	China
月月粉	'Old Blush'	China
一品朱衣	'Yipin Zhuyi'	China
东方红	'Dongfang Hong'	HT
天山之光	'Tianshan Zhiguang'	S
天山桃园	'Tianshan Taoyuan'	S
天山白雪	'Tianshan Baixue'	S
天香	'Tian Xiang'	S
天山之星	'Tianshan Zhixing'	S
绿野	'Lv Ye'	HT

（续）

品种中文名	学名 / 品种名	类型[13]
绿星	'Lv Xing'	HT
花仙	'Hua Xian'	F
黄蔷薇	*Rosa hugonis*	Sp.
黄刺玫	*Rosa xanthina*	Sp.
单瓣缫丝花	*Rosa roxburghii* f. normalis	Sp.
红五月	'Hongwu Yue'	F
春潮	'Chun Chao'	F
燕妮	'Yan Ni'	HT
粉扇	'Fen Shan'	HT
奥运会	'Aoyun Hui'	HT

10.2　实例2 美国 Elizabeth Park Conservancy引种中国月季品种

伊丽莎白公园的 Helen S Kaman月季园[14]共有212个月季种植床和75株月季门廊，展示收藏特有月季品种150个。

关于伊丽莎白公园（Elizabeth Park）的简介

公园于1897年春对外开放，是美国最古老的公共月季园。1894年，Charles Pond 先生捐赠了他位于康涅狄格州Hartford（哈特福德市）的地产并以他妻子伊丽莎白的名字命名了这座公园。2013年，伊丽莎白公园与北京市植物园取得联络，希望能够交换月季品种种质，北京市植物园提供了搜集引种到的11个中国月季花品种（自育现代品种和古老品种），如表4所示。经过月季专家的精心培育，移栽到异国他乡后的月季花已经生长得非常健壮繁茂（图8）。

13 S– 灌丛月季；HT– 杂交茶香月季；F– 丰花月季；Sp.– 原种；Cl.– 藤本月季；China– 中国古老月季

14 https://www.elizabethparkct.org/

图8　引种1年后还处于检疫隔离期的中国自育月季‘华夏’在美国康涅狄格州盛开的情况

表4　Elizabeth Park 引种月季品种表

品种中文名	学名	类型
绿萼	*Rosa chinensis* ‘Viridiflora’	灌丛月季（中国古老品种）
金粉莲	*Rosa* ‘Jin Fenlian’	灌丛月季（中国古老品种）
四面镜	*Rosa* ‘Si Mianjing’	灌丛月季（中国古老品种）
冰清	*Rosa* ‘Bing Qing’	灌丛月季（自育切花品种）
小丁香	*Rosa* ‘Xiao Dingxiang’	微型月季
藤彩虹	*Rosa* ‘Cai Hong’Cl.	藤本月季
白钻石	*Rosa* ‘Bai Zuanshi’	微型月季
红豆	*Rosa* ‘Hong Dou’	微型月季
柔情似水	*Rosa* ‘Rouqing Sishui’	丰花月季
藤红帽	*Rosa* ‘Hong Mao’Cl.	藤本月季
华夏	*Rosa* ‘Hua Xia’	藤本月季

10.3 实例3 美国克里山植物园（Quarry Hill Botanical Garden）——蒋恩钿中国古老月季园

图9 蒋恩钿中国古老月季园俯瞰图（图片来自https://sonomabg.org/）

美国Quarry Hill Botanical Garden（克里山植物园，目前已更名为Sonoma Botanical Garden）规划建设的这个古老月季园是中国月季夫人蒋恩钿[15]女士在她故乡太仓之外又一处以她的名字来命名的月季花园。在中国的月季圈，蒋恩钿女士和月季的故事可谓是尽人皆知，她是中国月季界最有代表性的人物之一。这个花园收藏了亚洲原产的蔷薇和月季。2010—2011年奠基，2012年建成，这过程中得到了很多中国友人的协助，而中国原产的*Rosa chinensis* var. *spontanea*和*Rosa odorata* var. *gigantea* 两个野生种和四大原种月季品种中的三个品种在该园都有栽培展示。

图10 蒋恩钿中国古老月季园（马金双 摄）

15 蒋恩钿（1908—1975）江苏太仓人，毕业于清华大学，新中国成立初期协助天坛公园开展月季品种收集、栽培、鉴定等方面的工作，成就斐然，被誉为中国的“月季夫人”。

11 古老月季研究专家学者与相关机构简介

古典月季品种类群的兴旺和衰落起伏跌宕，如前所述，作为现代杂交茶香月季的重要育种亲本这些品种曾风靡一时，随后又渐渐被遗忘而由现代月季品种所取代，但随着时代的变迁，很多玫瑰爱好者开始重新审视这些历史品种，并发现了其独特的美和文化价值，渐渐开始拯救保护，搜集挖掘这些遗落的宝藏。这期间有一些学者、爱好者、机构开始关注并投入热情整理和研究这些资源。

11.1 重要的学者、专家

在研究中国古老月季方面，著名的学者王国良博士是重要的代表。王国良，出生于江苏宜兴，1983年南京林业大学毕业，并留学日本国立千叶大学，曾任江苏省林业研究院副院长，是中国迄今唯一一位获“世界玫瑰大师奖”殊荣的专家（王国良，2015）。他在国内针对古老月季的研究时间最长，成果最显著；编著出版专著《中国古老月季》并发表重要论文《中国月季的演化历程》，揭示中国月季的演化和发展。此外，王国良博士在世界月季联合会出版的专业期刊上也多次发表相关的研究成果，在中国古老月季的国际交流中起到了非常有意义的推动作用。如其发表的论文‘*TuWei*’: *A mysterious ancient rose variety in China*（2017.3 WFRS-Conservation and Heritage committee No.15）就是很有代表性的一个实例。

意大利海格·布里切特(Helga Brichet)女士（前任世界月季联合会主席）是世界著名的古老月季研究专家，同时也是世界月季联合会的前任主席。在其担任世界月季联合会主席时，她首次拜访了北京月季协会。在她的积极推动下开启了中国月季协会与世界月季协会的联系，使得中国的月季协会与世界有了更深入直接的交流。同时，她也积极支持和帮助国内外的月季界同仁彼此了解，获取资讯和动态，成为重要的沟通中外月季界的大使。当然，她也是一位月季研究专家，在诸如*Encyclopedia of Rose Science*等专著及专业期刊上发表文章，尤以古老月季的研究成果卓著。比较重要的论文包括：Three of the best things to come from China recently. newsletter of the World Federation of Rose Societies Heritage Rose Group,2010.10；Roses on the move – a lecture given at Vancouver 2009. Newsletter of the World federation of Rose Societies heritage rose group. October 2009. Volume 3 :30–35.

日本的御巫由纪（Yuki Mikanagi）博士是千叶县中央历史博物馆研究员（National History Museum and Institute,Chiba），世界月季联合会古老月季分会前任主席，日本Echigo Hillside 公园国际芳香月季测试评鉴成员之一。出生于日本千叶县，毕业于日本女子大学生物专业和千叶大学园艺专业，在千叶大学攻读研究生受到育种家Seizo Suzuki（铃木诚三）先生（1913—2000）的教诲和支持，特别在原生月季和古老月季的研究方面获益，完成了蔷薇属类群黄酮类物质的化学分类研究的博士论文；近期发表了日本中部爱知县地区*R. sambucina* 与*R. paniculigera*的一个新的杂交种*Rosa* × *mikawamontana* Mikanagi & H. Ohba（Rosaceae）（2011，J. Jap. Bot.）。她最近在中国出版了《时间玫瑰》的中译版，这是一本针对古老月季品种的科普性专著，全面系统介绍了古老月季类群和古老品种的情况及研究成果。此外，她还对日本本土的野生原种蔷薇属植物有着深入的研究。2015年7月她发表论文*Natural Habitats of wild roses in Japan and their conservation*（Newsletter WFRS Heritage No.12 July2015 P.2–4）；2019年出版日文版专著*The Handbook of Wild Roses In Japan*（2019 by Bun-ichi Sogo Shuppan，Tokyo，Japan.ISBN978-4-8299-8136-8.）

11.2 重要的国际组织和机构

11.2.1 世界月季联合会http://www.worldrose.org/downloads.html

世界月季联合会（World Federation of Rose Societies）是目前最权威、最重要的国际月季协会，1968年成立于英国伦敦。协会成立初衷主要是举办国际月季会议以便交流月季研究的相关咨询。第一次会议于1971年在新西兰举办。长久以来，协会的宗旨一直未变。在举办国际会议的同时开展月季展。此外，协会在增进月季研究，确立月季评价标准，统一月季名称、分类，进行月季国际奖项的评选，大力倡导国际间合作等各个方面都起到了非常重要的作用。中国月季协会于1997年正式加入了该组织（当时北京市植物园是北京月季协会和中国月季协会的依托单位）。张佐双会长在这项工作中发挥了非常重要的作用。世界月季联合会下设古老月季分会，一般情况下，每隔三年会召开世界月季大会、区域月季大会及古老月季大会等国际会议，是促进不同地域、国家、月季专家、爱好者、育种者以及管理人员之间进行月季学术、非学术等方面信息交流的重要平台。

11.2.2 古老月季基金会：https://www.heritagerosefoundation.org

古老月季基金会是成立于1986年的非营利组织，致力于保护古老月季。基金会的主要工作目标包括：①搜集起源于19世纪之前（含19世纪）早期的具有特殊历史、教育或基因价值的月季品种。②建立更多搜集展示古老月季的月季园。③调查、研究古老月季的情况，包括古老月季的历史、古老月季品种的鉴定、育种、繁殖、病虫及景观应用等。④传播出版古老月季的相关信息。⑤建立维护古老月季相关调查的研究书籍、期刊、研究报告、手稿、目录和其他文件的图书馆。⑥通过论坛、会议、培训、展示等途径为公众提供古老月季的相关知识，提升公众对古老月季的兴趣和认知。古老月季基金会的官方期刊*Rosa Mundi*出版了很多年，现在还可以在其网站浏览或下载。此外，*Rose Annual*，*Newsletter*，都可以在线查阅或订购。这些资料为了解世界各地的古老月季品种、收藏家和古老月季相关的研究工作带来极大的便利。

11.2.3 澳大利亚古老月季协会（Heritage Roses in Australia）https://www.heritageroses.org.au/

在林林总总、规模不一的古老月季协会中，很多是区域性的组织，而且很多都分布在北半球的发达地区，事实上，澳大利亚、新西兰作为南半球月季发达的地区在古老月季资源和研究方面都非常具有代表性。澳大利亚古老月季协会成立于1979年，其宗旨立足于对古老庭院月季品种的保护、栽培和研究，涵盖范围包括不再广泛栽培的品种，具有历史意义的品种、种和杂交后代。协会将热爱和收集古老月季的人汇聚一堂，不但收集挽救那些澳大利亚殖民时期花园中遗存的月季品种，还致力于保护澳大利亚培育的月季。协会每年会出版4期期刊，期刊不但在世界各地的月季协会间交流，电子版还由位于堪培拉的国家图书馆收录。同时，协会每两年举行一次会议，会议举办地在不同州轮换举办。

12 中国古老月季在生物学研究方面的重要贡献

通过前面章节的详细介绍，从园艺史的视角系统梳理中国古老月季在月季育种进程中的重要价值。不难发现，中国的古老品种不仅具有丰富的遗传多样性，在观赏性、抗性及育种遗传力等方面具有诸多优势和独特性。与此同时，从近期的研究报道，还发现中国古老月季也成为观赏园艺木本类植物研究中的一个热点，通过新的技术和新方法，新的生物学机制也经由这些品种作为模型材料得以揭示和阐述，为更好理解生物学的一些生命现象提供非常重要的观点和阶段成果。这里将重点侧重部分应用中国的月季品种所开展的相关生物学的基础性研究，为更全面认识和理解这些现象背后的机理提供参考，也再次通过这些研究来重新审视和认识这些品种的重要价值。

12.1 蔷薇基因组的破解（'Old Blush'）

'Old Blush'（月月粉）是最古老的中国月季品种之一，它将四季开花等优良的基因通过定向杂交育种传递给现代月季，可以毫不夸张地说，如今的栽培品种都或多或少传承了它的基因。月季作为世界上最重要的栽培花卉，经济价值无与伦比。为了加速月季新品种的培育，利用基因操控等先进的分子生物学技术改良特定的性状成为目前研究的重心。破译基因组成为组学时代生物学研究的基础，为了更好地解析植物的遗传规律、基因功能、调控机制，基因组的解析就是所有这些工作的前提(Smulders et al., 2019)。目前，蔷薇属植物中已经破译的物种除了'月月粉'，还有单瓣月季花（未公开发表）、多花蔷薇（第一个被组装成功的蔷薇品种）（Zheng et al., 2021）、亮叶蔷薇（Zhao et al., 2019）等（https://www.ncbi.nlm.nih.gov/genome/?term=Rosa）。然而'月月粉'这个古老月季独特的遗传背景，及其在月季育种谱系中的作用使得它的全基因组组装和成功破译为未来月季在分子层面的研究和性状改良提供了非常有利的工具和参考。可见，将月季作为木本观赏植物模式物种已经在科学界形成了新的共识(Debener et al., 2009)，特别是中国古老月季在开花习性、花型、花香等表型性状的多样性将为揭示连续开花、花香合成代谢调控、花瓣数量等功能基因提供了非常重要的遗传资源（Hibrand et al., 2018；Raymond Olivier et al., 2018；李树斌，2019）。

12.2 月季花香合成的解析

中国的月季花与欧洲传统的大马士革蔷薇花香截然不同。当中国的'淡黄'香水月季和'彩晕'香水月季品种传到欧洲，由于这些种类散发的花香带着一股茶的味道，西方人形容为"茶香"，这也成为'彩晕'香水月季英文名字Hume's Blush Tea-scented China的缘由。由于现代生物技术的进步，人们得以了解："典型的月季花香，含量最多的是单萜醇和苯乙醇，香水月季的香气主要成分为芳香族化合物，如 3, 5–二甲氧基甲苯（DMT）和 1, 3, 5–三甲氧基苯（TMB）等"（石少川 等，2015），而这两类物质被认为是中国月季特有的成分。Scalliet等（2008）在对中国月香味成分演化的研究中指出："DMT，是现代月季的主要花香成分，这个物质带给月季品种茶香的味道，除了现代月季品种外只有中国的蔷薇种类才具有苯甲酯的合成，而合成最后催化步骤涉及到的甲氧基转移酶（OOMT）基因仅仅存在于中国的月季品种中。"宴慧君等（2004）利用'月月粉'的转录组数据则进一步分析了在不同开花阶段与香味代谢途径相关基因的表达情况，为进一步解析和香味相关基因的挖掘提供了数据基础。值得一提的还有，Magnard等（2015）在*Science*上发表了月季花香重要组成成分单萜生物合成代谢的一个新途径，Nudix 脱氢酶，定位于细胞质内，是月季花香单萜合成通路的一部分。

从远古到现代，月季花一直令人着迷而长盛不衰。不论是东方还是西方，蔷薇属作为重要的观赏植物类群它的重要价值是多方面的，不同风土和文化滋养了不同的月季品种与文化审美，近代的互通交融更让月季成为花园里名副其实的“花后”。任凭时光荏苒，历史遗存的财富不该被湮没遗忘，其影响和价值将一直延续并泽被后世。重新梳理这段历史并非停留止步于已有的成绩，而是借鉴过往，警醒未来，要好好珍惜保存好已有的“财富”，积极探索，利用发掘身边还没有开发的宝藏，从而让中国的月季再次在国际界绽放异彩。

参考文献

彼得·哈克尼斯，2018. 蔷薇秘事. [M] 王晨，张超，付建新，译. 北京：商务印书馆.

陈俊愉，1986. 月季花史话 [J]. 世界农业（8）：51-53.

陈俊愉，2001. 中国花卉品种分类学 [M]. 北京：中国林业出版社.

陈俊愉，2007. 世界园林的母亲 全球花卉的王国 [J]. 森林与人类（5）：6-7.

崔娇鹏，2017. 北京植物园蔷薇属种质资源的引种、筛选与评价 [C]// 中国植物园（20）：185-190.

范发迪，2018. 知识帝国——清代在华的英国博物学家 [M]. 袁剑，译. 北京：中国人民大学出版社.

费砚良，刘青林，葛红，2008. 中国作物及其野生资源近缘植物——花卉卷 [M]. 北京：中国农业出版社.

何小颜，1999. 花与中国文化 [M]. 上海：人民出版社.

李淑斌，王炜佳，吴高琼，等，2019. 月季组学及其开花习性和花香性状研究进展 [J]. 园艺学报，46（5）：995-1010.

简·基尔帕特里克，2011. 异域盛放：倾靡欧洲的中国植物 [M]. 余蘅，译. 广州：南方日报出版社.

卢淮甫，戴沛锡，1983. 月季名花谱 [M]. 江苏：常州市月季花协会.

罗桂环，1994. 近代西方人在华的植物学考察和收集 [J]. 中国科技史料，15（2）：17-31.

罗桂环，2000. 西方对“中国——园林之母”的认识 [J]. 自然科学史研究，19（1）：72-88.

罗桂环，2004. 从“中央花园”到“园林之母”西方学者的中国感叹 [J]. 生命世界（3）：20-29.

日本主妇之友社，2019. 蔷薇花图鉴 [M]. 梁玥，译. 南京：江苏凤凰科学技术出版社.

石少川，王芳，刘青林，2015. 月季花发育及品质相关性状分子基础研究进展 [J]. 园艺学报，42（9）：1732-1746.

舒迎澜，1989. 月季的起源与栽培史 [J]. 中国农史（2）：64-70.

王国良，2015. 中国古老月季 [M]. 北京：科学出版社.

威尔逊，2017. 中国乃世界花园之母 [M]. 包志毅，等译. 北京：中国青年出版社.

魏钰，马艺鸣，杜莹，2017. 科学内涵与艺术外貌的有机结合——北京植物园月季园的规划建设 [J]. 风景园林（5）：36-43.

吴征镒，吕春朝，2017. 中华大典·生物学典·植物分典 [M]. 昆明：云南教育出版社.

余树勋，1992. 月季 [M]. 北京：金盾出版社.

俞德浚，1985. 我国花卉植物资源 [J]. 作物品种资源（4）：1-8.

俞德浚，1962. 中国植物对世界园艺的贡献 [J]. 园艺学报 1（2）：99-108.

御巫由纪，2020. 时间的玫瑰 [M]. 药草花园，译. 王国良，审定. 北京：中信出版社.

张佐双，朱秀珍，2006. 中国月季 [M]. 北京：中国林业出版社.

朱仰石，1994. 淮阴古老月季品种初探 [J]. 中国园林，10（2）：51-53.

American Rose Society, 2007. *Modern Roses* 12 [M]. Pediment Publishing.

BRICHET H, 2009. Roses on the move: a lecture given at Vancouver 2009[C]// Newsletter of the world federation of rose societies heritage rose group, 3:30-35.

BRICHET H, 2010.Three of the best things to come from China recently[C]. Newsletter of the world federation of rose societies heritage rose group, 10:14-15.

DEBENER Th, LINDE M, 2009. Exploring complex ornamental genomes: The rose as a model plant.[J]Critical reviews in plant science, 28:4,267-280.

ELLIOTT C, ELLIOTT D, 2008.1867 and all that[C]// WFRS-conservation and heritage committee,No.12:8-9.

HARKNESS J,1978.*Roses* [M]. J.M.Dent & Sons Ltd London Toronto Melbourne.

HIBRAND SAINT-OYANT L, RUTTINK T, HAMAMA KIROV L, et al, 2018. A high-quality genome sequence of *Rosa chinensis* to elucidate ornamental traits[J]. Nature plants: 4:473-484. Https://doi.org/10.1038/s41477-018-0166-1.

MAGNARD J L, ROCCIA A, CAISSARD J C, et al, 2015. Biosythesis of monoterpene scent compounds in roses[J]. Science, 349（6234）:81-83.

MENG J, FOUGÈRE-DANEZAN M, Zhang L B, et al, 2011. Untangling the hybrid origin of the Chinese tea roses: evidence from DNA sequences of single-copy nuclear and chloroplast genes[J]. Plant systematic evolution, 297:157-170. DOI 10.1007/s00606-011-0504-5.

QUEST-RITSON C B, 2011.Encyclopedia of roses [M]. Dorling Kindersley Limited,80 Strand,London WC2R 0RL.

RAYMOND O, GOUZY J, JUST J, et al, 2018. The Rosa genome provides new insights into the domestication of modern roses[J]. Nature genetics, 50:772-777.

ROBERTS A, DEBENER T, GUDIN S, 2003. Encyclopedia of rose science[M]. Academic Press.1st edition.

SCALLIET G, PIOLA F, DOUADY CHRISTOPHE J, et al, 2008.Scent evolution in Chinese roses[J]. PANS, 15(15):5927-5932.

SCHRAMM D, 2020. Fortune's Five Roses[C]// Newsletter of the world federation of rose societies heritage rose group, 9:9-11.

SMULDERS MARINUS J M, ARENS P, BOURKE P, et al, 2019. In the name of the rose: a roadmap for rose research in the genome era [J]. Horticulture reaserch, 6:65.

SPRIGGS I R, 2001 Rose Project in China [J]. The australian roses annual:38-39.

SU T, HUANG Y, J, MENG J, et al, 2016.A miocene leaf fossil record of *Rosa* (*R. fortuita* n. sp.) from its modern diversity center in SW China[J]. Palacoworld, 25:104-115.

TAN J R, WANG J, LUO L, et al, 2017.Genetic relatongships and evolution of old Chinese garden roses based on SSRs and chromosome diversity[J]. Scientific reports, 7:1-10. DOI:10.1038/s41598-017-15815-6.1-10.

TAYLOR J M, 2009.The global migrations of ornamental plants[M]. Missouri Botanical Garden Press.

WANG G L, 2017.'TuWei': A mysterious ancient rose variety in china.[C]// Newsletter of the world federation of rose societies heritage rose group, 3:15-18.

YAN H J, ZHANG H, CHEN M, et al, 2014.Transcriptome and gene expression analysis during flower blooming in Rosa chinensis 'Pallida'[J]. Gene, 540:96-103. DOI.org/10.1016/j.gene.2014.02.008.

ZHAO L, ZHANG H, WANG Q, G, et al, 2019.The complete chloroplast genome of *Rosa lucidissima*, a critically endangered wild rose endemic to China[J]. Mitochondrial DNA part B, 4:1, 1826-1827, DOI: 10.1080/23802359.2019.1613198.

ZHENG T C, LI P, LI L, et al, 2021.Research advances in and prospects of ornamental plant genomics[J]. Horticulture research8:65, https://doi.org/10.1038/s41438-021-00499-x.

http://www.helpmefind.com/(accessed by December24, 2021)

http://www.iplant.cn/foc (accessed by December24, 2021)

http://www.worldrose.org/index.html(accessed by December24, 2021)

https://www.elizabethparkct.org/(accessed by December24, 2021)

https://www.heritagerosefoundation.org/(accessed by December24, 2021)

https://www.heritageroses.org.au/(accessed by December24, 2021)

https://www.ncbi.nlm.nih.gov/genome/?term=Rosa(accessed by December24, 2021)

https://sonomabg.org/rosegarden.html(accessed by December24, 2021)

https://www.dpm.org.cn/collection/ceramic/227074.html?hl=%E5%8D%81%E4%BA%8C%E6%9C%88%E8%8A%B1%E7%A5%9E%E6%9D%AF&from=singlemessage&isappinstalled=0(accessed by February22, 2022)

https://www.dpm.org.cn/collection/ceramic/227074.html(accessed by June 22, 2022)

致谢

感谢赵世伟博士多年来在中国古老月季研究过程中的指导和帮助，特别是对种质资源收集及对外交流方面给予的大力支持；感谢马金双博士对文章内容提出针对性且中肯的修改意见；感谢姜洪涛先生及赵鹏女士分享的海外植物园（日本及德国）中国古老月季品种收集的相关信息。

作者简介

崔娇鹏（1980—）籍贯辽宁省铁岭市，1998—2002年就读于北京林业大学园林学院园林专业，获学士学位；2002—2005年于北京林业大学园林植物与观赏园艺专业研究生毕业，获农学硕士学位。毕业至今先后在北京市植物园温室中心、种苗中心及植物研究所任职。2014年获园林绿化专业高级工程师，长期在北京市植物园从事园林植物相关的引种、繁育与栽培管理的基础性工作，重点收集栽培的类群包括菊属和蔷薇属，并开展了相关资源的迁地保护、资源圃建设、离体保存技术及展示应用等方面的研究工作。

08

13 附录：古老月季品种图片

图11 ‘月月粉’（‘Old Blush’）

图12 ‘月月红’

图13 ‘四面镜’

图14 ‘软香红’

图15 ‘玉玲珑’

图16 ‘映日荷花’

图17 ‘彩晕’香水月季

图18 ‘云蒸霞蔚’

图19 ‘绿萼’*Rosa chinensis* ‘Viridiflora’

图20 ‘一季粉’

图21 重瓣黄花木香 *Rosa banksia* f. *lutea*

图22 变色月季 *Rosa chinensis* ‘Mutabilis’

08

图23　单瓣月季花 *R.chinensis* var. *spontanea*

图24　'橘囊'

图25　'青莲学士'

图26　'Archiduc Charles'

图27　'Alice Hamilton'

图28　'Alice Hoffmann'

图 29　'Beauty of Rosemawr'

图 30　'Bloomfield Abundance'

图 31　'Comtesse du Cayla'

图 32　'Camélia Rose'

图 33　'Cécil Brünner Cl.'

图 34　'Cramoisi Supérieur'

图 35 'Fernandale red China'

图 36 'Fellemberg'

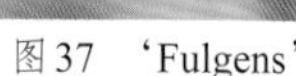

图 37 'Fulgens'

图 38 'General Labutère'

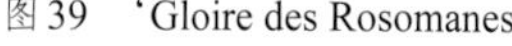

图 39 'Gloire des Rosomanes'

图 40 'Hermosa'

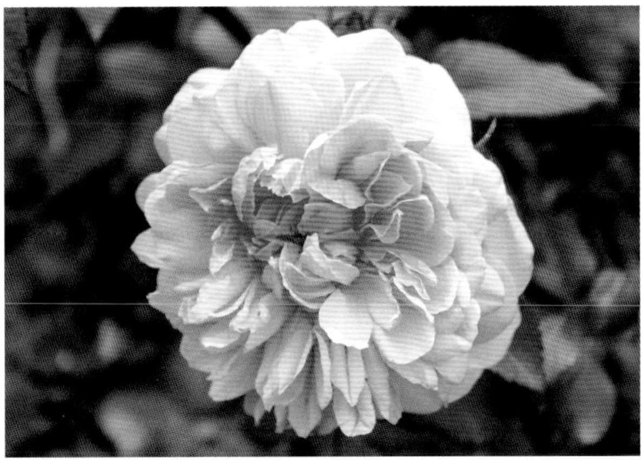

图 41 'Irène Watts'

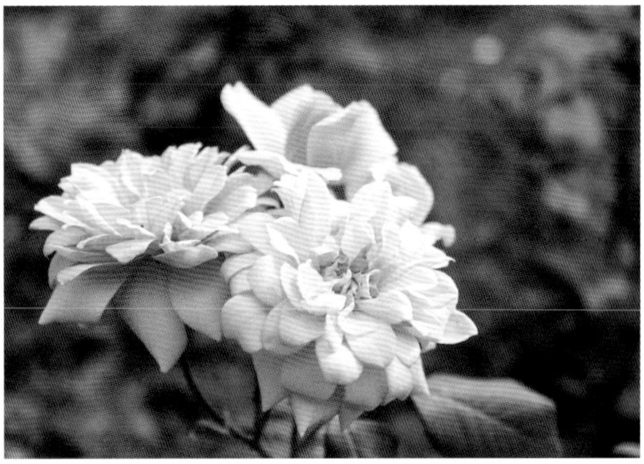

图 42 'Perle d'or'

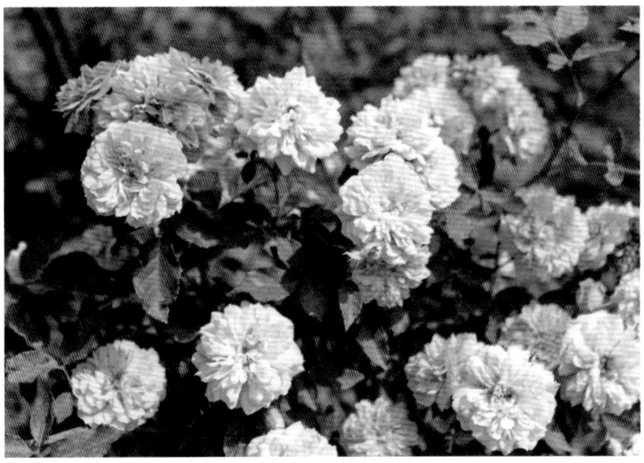

图 43 'Pink Pet'

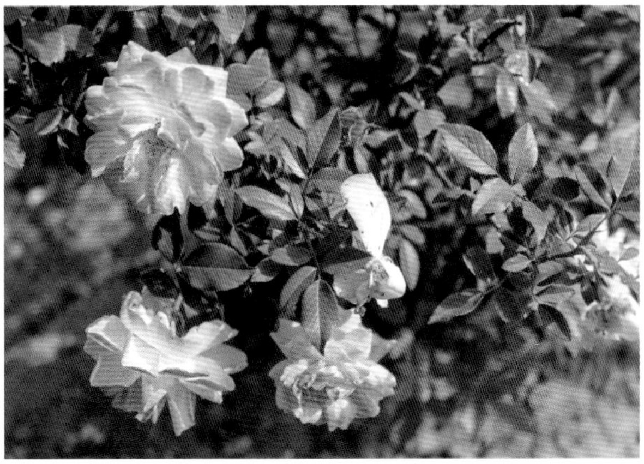

图 44 'Rosa Indica'

图 45 'Red Smith Parish'

园林之母
China

09

-NINE-

梅的应用栽培历史、文化及研究进展

Application and Cultivation History, Culture and Research Progress of *Prunus mume*

孙　宜[*]
[国家植物园（北园）]

SUN Yi [*]
[China National Botanical Garden (North Garden)]

[*] 邮箱：sunyi72@163.com

摘　要：梅原产中国，是我国十大名花之一。文章对梅的应用栽培历史、文化及研究进展进行了综述。人类对梅的应用起源于果实，距今7 000—7 500年前梅的果实即作为祭祀用品。梅的起源与栽培演化分为野梅—果梅—花果兼用梅—花梅。我国植梅起源于商代，花梅的兴起始于汉初。梅文化是在长期植梅、赏梅过程中形成，与梅花相关的诗词、乐曲、绘画、民俗、瓷器等广为流传，是中华民族的瑰宝。古代梅的发展以艺梅为主，近现代对梅的研究主要集中在种质资源、育种与分类。我国植物学者对梅的研究也从宏观逐渐转向微观，对梅花的器官、形态等进了基因分子水平的研究。中国的梅花先后传入日本、韩国、法国、美国等国家，对世界范围内的梅花推广与发展有着重要的作用。

关键词：梅　应用　栽培　历史　文化　发展

Abstrct: *Prunus mume*, native to China, is one of the top ten famous flowers in China. This paper reviews the application, cultivation history, culture and research progress of *Prunus mume*. The application of Mei originated from fruit, 7000 to 7500 years ago, Mei fruit was used as sacrificial supplies. The origin and cultivation evolution of Mei can be divided into wild Mei—fruiting Mei—flower and fruiting Mei—flower Mei. Mei planting in China originated in the Shang Dynasty, and the flower Mei began in the early Han Dynasty. Mei culture is formed in the process of planting and appreciating Mei flower for a long time. Poems, music, painting, customs and porcelain related to Mei were widely spread and they are the treasure of the China. Mei in ancient was mainly artistic Mei and the research on Mei in modern mainly focused on germplasm resources, breeding and classification. The research on Mei has gradually changed from macro to micro and the organs and morphology of Mei were studied at the gene and molecular level. Mei has been introduced into Japan, Korea, France, the United States and other countries, which plays an important role in the promotion and development of Mei all over the world.

Keywords: *Prunus mume*, Application, Cultivation, History, Culture, Progress

孙宜，2022，第9章，梅的应用栽培历史、文化及研究进展；中国——二十一世纪的园林之母，第一卷：326–355页

梅（*Prunus mume*），隶属于蔷薇科李属（广义），小乔木，稀灌木。2004年出版的《中国植物志》按照狭义概念分属，梅花被分到杏属，学名为“*Armeniaca mume*”。2018年由被子植物系统发育研究组（Angiosperm Phylogeny Group，缩写为APG系统）编辑的《中国维管植物科属词典》中将梅归为李属（李德铢，2018），学名为“*Prunus mume*”。关于蔷薇科李亚科的分类，300多年来一直是分分合合的状态，不同学者亦有不同的倾向性。赵旭明等对李属（广义）及其相近类群共47种植物的花器官进行研究，对64个花器官形态数据进行了UPGMA聚类分析，结果表明支持将桃属（*Amygdalus* Linn.）、杏属（*Armeniaca* Mill.）、李属（*Prunus* Linn.）、樱属（*Cerasus* Mill.）、稠李属（*Padus* Mill.）、桂樱属（*Laurocerasus* Tourn. ex Duh.）和臭樱属（*Maddenia* J. D. Hook. et Thoms）归入广义李属内（赵旭明 等，2021）。APG系统是以DNA测序为基础的分子系统，更具科学性，是目前比较权威的分类方法（刘文哲 等，2017）。因此，本书中梅按照《中国维管植物科属词典》中对梅的描述使用“*Prunus mume*”作为梅的学名。

梅原产中国，是我国的十大名花之一，在我国有悠久的栽培历史。梅因其用途分为果梅和花梅。果梅是以采收果实为目的，多用于食品加工。常见的有蜜饯、梅子酒等食品。花梅即是我们常说的梅花，是以观赏花朵为目的。梅花的树姿多样，色彩美丽。树形分为直枝类、垂枝类和类似龙爪槐的龙游类。梅树干紫褐灰色，有不规则纵驳纹。小枝绿色、光滑。叶片卵形或椭圆形，先端尾尖，基部宽楔形至圆形，叶边常具小锐锯齿。花单生或2朵同生于1芽内，清香，先于叶开放；花梗短，长1～3mm；花萼亦有纯绿、绿紫相间和绛紫色三种色彩；花白、淡粉、粉、粉红、紫红色，还有奇特的跳枝类，即一树白花中偶有几枝开出粉色花朵，或是白色的花瓣上偶有粉色条块；单瓣或重瓣。果实近球形，黄色或绿白色，被柔毛。核椭圆形，表面具蜂窝状孔穴。

花期冬春，北京地区多为3月中至4月中。

梅

Prunus mume (Siebold) Siebold & Zucc. Flora Japonica 1: 29, pl. 11. 1836.

= *Armeniaca mume* Siebold, Verhandelingen van het Bataviaasch Genootschap van Kunsten en Wetenschappen 12(1): 69. 1830. Type: Japan, *Siebold s. n.* (Holotype L, Isotype: K, P (fide Vidal, 1968).

1 梅的应用与栽培历史

1.1 梅的应用历史

人类对园林植物的应用及其栽培历史，多先从采用野生产品开始，继而人为地栽种、选育，栽培有经济价值和观赏价值的植物（陈俊愉，2010）。

人们对梅最早的应用是其果实。1979年裴李岗遗址发掘中，在居住区第2层发现了梅、酸枣和核桃的碳化果核。考古结果证明距今7 000 ~ 7 500年间，河南新郑一带确有野生梅树存在。在中华大陆地下挖掘出距今7 000多年的梅核，是非常伟大的发现。这一发现证明，梅树、酸枣是世界果树中应用历史最悠久的树种（李庆卫 等，2007）。陈俊愉院士推断在距今7 000 ~ 7 500年前（裴李岗文化时期），梅果实可能主要用于祭祖（陈俊愉，2010）。

梅果用于调味，亦是早期梅应用的另一重要方式。上海崧泽遗址，其历史可追溯到6 000多年前，是上海地区最早的人类居住区之一。1962年发表《上海青浦县崧泽遗址的试掘》论文，其后附有浙江农业大学农学系种子教研组完成的“崧泽遗址与古代种籽鉴定初步意见”，其内描述“果核B2–48系蔷薇科果实的内果皮碎片，甚坚厚，表面有小孔，分布均匀。可能是野生型杏梅”（陈俊愉，2010）。陈俊愉院士认为“其坚厚，表面有小孔，分布均匀”是梅核的典型特征，而非杏梅，而且那时杏梅恐未出现。因此推断在距今6 000年前，上海附近即有野梅分布，并且推测那时的先民可能就已经采摘梅果用于烹调了。

以上对梅果实的应用只是根据考古结果进行的科学推断，真正有史料记载对梅的应用最早是殷商时代（约公元前16—前11世纪），那时梅果实即作为酸料应用。《尚书・说命》中记载殷高宗赞许傅说：“若做和羹，尔惟盐梅”（陈俊愉，1989）。他的意思为：傅说作为宰相，对殷国而言就好比是做汤其必不可少的盐和梅。那个年代还未发明醋，所以即用梅果作为酸味剂进行烹调。现今，云南大理一带的白族和丽江一带的纳西族仍然保持用野生梅子炖肉炖鸡的殷商古风（陈俊愉，1989）。1975年考古发现安阳殷墟在一具食器铜鼎中有一枚炭化梅核（陈俊愉，1996），进一步验证了《尚书・说命》中的说法。20世纪60年代，湖北江陵望山一号和二号楚墓中也发现了梅核。后来人们在湖南长沙马王堆西汉墓的出土文物中，许多陶罐里盛有保持完好的梅核和梅干。同时出土的竹简上刻有“梅”“脯梅”“元梅”等字样。查“脯梅”“元梅”都是当时梅子加工制品的名称（陈俊愉，1985）。这就进一步说明了距今2 000多年前已经开始对梅果进行了深加工。

综上所述，我们先人对梅的早期应用为单纯地采集果实，用于祭祀或是做酸料。《中华大典・生物学典・植物分典》中记录，早在秦汉时期的《尔雅》中即有梅：“梅，柟。时，英梅。”东汉许慎的《说文解字》中的梅称为“楳”。三国吴陆玑编著的《毛诗草木鸟兽虫鱼疏》中记载木本植物34种，其中即有梅（柟）。晋郭义恭的《广志》中亦提到梅（蓀）（吴征镒，2017）。南北朝时，梅‘始以花闻’（杨万里，和梅诗序），梅花的应用由最初的食用开始转为观赏。文人墨客对梅花的喜爱进一步促进了赏梅之风。大庾梅岭、罗浮梅花村、西湖孤山、苏州邓尉、杭州西溪是古代著名的赏梅胜地（程杰，2011）。现今梅花在我国颇为盛行，各种各样的梅园、梅山等赏梅佳地不断建成。著名的有武汉磨山、无锡梅园、南京梅花山、成都草堂寺、杭州孤山、超山及灵峰、国家植物园（北园）梅园、青岛梅园、中山公园梅园、北京鹫峰等。每年早春，一树树梅花傲霜怒放、暗香浮动、姿态万千，吸引着大量的游客前去观赏，“踏雪寻梅”是赏梅的最佳境界。

1.2　梅的栽培简史

梅的起源与演化大体分为以下几个阶段：野梅—野梅果的应用—种植果梅—花果兼用梅—梅花（陈俊愉，1996）。

1.2.1　早期果梅的引种种植及品种选育

通常认为，我国植梅的历史大约始于商代，已有4 000年的历史了。当时植梅不为赏花，而是为了采果作酸料。春、秋战国时期爱梅之风盛行，梅花和梅子成了馈赠和祭祀的礼品。《山海经》卷五《中山经》中多次提到梅，应为野生的果梅。唐苏敬等《新修本草》、宋唐慎微《证类本草》、元王祯《农书》、明朝朱橚的《救荒本草》、刘文泰等的《本草品汇精要》、李时珍的《本草纲目》、徐光启的《农政全书》、李中立的《本草原始》及清朝鄂尔泰、张廷玉等的《授时通考》、稽璜等的《续通志》、吴其濬的《植物名实图考》等著作中均对梅果的食用和药用价值进行了记载（吴征镒，2017）。观赏梅花的兴起，大致使于汉初。《西京杂记》中记载“汉初修上林苑，远方各献名果异树，有朱梅、胭脂梅”。又云“亦有制为美名以标奇丽。梅七：朱梅、紫叶梅、紫华梅、同心梅、丽枝梅、燕梅、猴梅。”说明早在公元前2世纪西汉时，培育的梅的品种已达7个。7个梅品种中可能已有果花兼用的品种，不可能有专供观赏的梅花品种（褚孟嫄，1999）。

西汉末年扬雄作《蜀都赋》云：“被以樱、梅，树以木兰。”可见约在2 000年前，梅已作为园林树木用于城市绿化了。陈俊愉院士认为当时所用之梅，很可能是花果兼用种，或是将果梅品种用于绿化中（陈俊愉，2010）。

魏晋时期，花果兼用梅渐多。陆凯于北魏景明二年（501），把一枝梅花装在信袋里，暗暗捎给江南好友范晔。其内赋诗一首：折梅逢驿使，寄与陇头人。江南无所有，聊赠一枝春。这是最早咏梅的诗句。陆凯对从果梅或花果兼用梅中分化出梅花用于观赏传情这一过程做出了历史性的贡献（陈俊愉，1989）。

1.2.2　观赏梅花的出现

以梅为写作对象，在中国古代文学史上由来已久，最早可以追溯到《诗经》。《诗经》中《召南·摽有梅》：“摽有梅，其实七兮。求我庶士，迨其吉兮。摽有梅，其实三兮。求我庶士，迨其今兮。摽有梅，顷筐塈之。求我庶士，迨其谓之。”诗中只是把梅果当作一种劳动果实来记录，用来表达少女怀春，对爱情的追求与向往，从文学角度来说不能算是真正的咏梅之作。

到南北朝时（420—589），杨万里的《和梅序诗》中提到“梅始以花闻天下”，开始了赏梅花之风（陈俊愉，1989）。对梅的应用也开始从主要食果而转向观花。赏梅、咏梅的诗文逐渐增加。南朝宋文学家鲍照作《梅花落》：“中庭多杂树，偏为梅咨嗟。问君何独然？念其霜中能作花，露中能作实。摇荡春风媚春日，念尔零落逐风飚，徒有霜华无霜质。”诗中表达了作者对梅的赞许之意。咏梅诗人中，南朝梁人何逊（？—518）最受推崇。晚清著名学者俞曲园在《十二月花神议》中，更是将何逊奉为正月梅花的男花神。何逊咏梅的最佳诗作《咏早梅》：“兔园标物序，惊时最是梅。衔霜当路发，映雪拟寒开。枝横却月观，花绕凌风台。朝洒长门泣，夕驻临邛杯。应知早飘落，故逐上春来。”梁简文帝萧纲作《梅花赋》有云：“梅花特早，偏能识春。或承阳而发金，乍杂雪而披银。……春风吹梅畏落尽，贱妾为此敛佳丽。貌婉心娴，怜早花之惊节，讶春光之遣寒。夹衣始薄，罗里初单。……”他描述的是美貌女子早春赏梅之景（陈俊愉，1989）。梁元帝萧绎（508—554）曾作《咏梅》诗，通过对梅花的观赏，借景抒怀，表达了对往日恋人的思念。庾信诗作《梅花》，没有直接赞赏梅花，而是写了寻梅未见梅的失望、惆怅的心情。从一个独特的角度来表达了对梅花的喜爱之情。南朝诗人谢燮（525—589）的诗作《早梅》，用拟人的手法表现出梅花不畏严寒、不甘落后的精神气节。

自汉（公元前206）至南北朝止，是我国栽培梅花的初盛时期（陈俊愉，1989），当时可能已经出现了用于观赏的梅花品种（褚孟嫄，1999）。

1.2.3 艺梅渐盛期

以梅花为主题的诗词、歌赋、绘画等艺术形式称之为艺梅。隋（581—618）、唐（618—907）至五代（907—960），是艺梅渐盛时期，此时期出现了大量的咏梅诗作。代表人物是唐代名臣宋璟和他的《梅花赋》。梅花自强不息、坚忍不拔、不畏严寒、独立早春的精神在这首诗里得以深刻地体现。从此梅花名声大振，梅便成为中华之魂的象征（陈俊愉，2010）。自此咏梅之风大起，咏梅名作不断涌现。如李商隐的《忆梅》和《十一月中旬至扶风界见梅花》、杜甫的《江梅》、刘禹锡的《庭梅咏寄人》、王维的《杂诗》和白居易的《忆杭州梅花因叙旧游寄萧协律》等。梅花的入画始于唐代，多作为鸟类的陪衬，边鸾的《梅花鹡鸰图》、于锡的《雪梅双雉图》；萧悦5幅作品中的《梅竹鹌鹑图》（周武忠 等，2011）。在那个时代梅花已成为文人画匠所喜爱表达的题材，文人墨客对梅的喜爱也促进了梅花的栽培应用。

1.2.4 艺梅兴盛期

宋（1127—1279）、元（1271—1368）两朝，是我国古代艺梅的兴盛时期。除梅花诗词及梅文外，梅画、梅书也纷纷问世。同时，艺梅技艺大有提高，梅花的花色品种显著增多。北宋名家林逋的诗句“疏影横斜水清浅，暗香浮动月黄昏。”已成为咏梅的千古佳句。王安石的《梅花》和王冕的《墨梅》作为咏梅的经典诗词，已被编入小学的语文课本中。宋元时代，专门记录梅的书籍多有出现，这是艺梅兴旺发达的反映（陈俊愉，2010）。北宋张师证的《倦游杂录》中有一段描写了在大庾岭上植梅的故事，诗云：“英江今日掌刑回，上得梅山不见梅。辍俸买将三十本，清香留与雪中开。”（吴征镒，2017）。南宋诗人范成大所著的《梅谱》是我国也是全世界第一部以记录梅花品种为主的专著（陈俊愉，1989）。该书共记载梅花11种：江梅、早梅、官城梅、消梅、古梅、重叶梅、绿萼梅、百叶缃梅、红梅、鸳鸯梅、杏梅。南宋张镃于1194年专门撰写了如何欣赏梅花的书籍《梅品》，书中详细列举了58条赏梅的基本标准。这两部著作成为梅文化的两朵奇葩。南宋末年，宋伯仁编制的《梅花喜神谱》是中国第一部专门描绘梅花形态的木刻画谱。梅花绘画方面，宋代扬无咎尤善画墨梅，他笔下的梅花疏朗空灵，风格独特。王冕一生挚爱梅花，他画的梅花密枝繁，生机盎然，对今后画梅影响极大。南宋三大梅书《梅谱》《梅品》和《梅花喜神谱》的问世，反映出那时赏梅、艺梅的盛况（陈俊愉，2010）。元末明初学者陶宗仪在《辍耕录》中记载：“初，燕（今北京）地未有梅花，吴闲闲宗师全节时为嗣师，新从江南移至，护以穹庐，扁（匾）曰‘漱芳亭’。”吴全节从江南移来梅花，时间大约在大德末年或大初年（1307—1308）（程杰，2008），从此改变了燕地无梅的格局。

1.2.5 艺梅昌盛时期

明、清时，艺梅规模与水平持有发展，梅花品种续有增多，艺梅达到昌盛时期。明王象晋《群芳谱》记载梅花品种已达19种之多。清陈淏子的《花镜》中记载有梅花品种21个。明代咏梅之风有增无减，杨慎、焦宏、高启、唐寅诸名家，俱有梅花诗；徐渭、姚涞、刘基等，则均有梅花文赋。咏梅诗人中，高启写梅花诗作最佳最多，人称“高梅花”。他写有30多首梅花诗（林地，2019）。明清两代关于梅的书、文、诗、画等文化层面也有新的发展和提升。在绘画创作上“扬州八怪”中，金农、李方膺以擅画梅花而著称。据史料记载，明万历年间北京西郊香山碧云寺已有梅花栽培了。明代《宛署杂记》收录了御史朱孟震的《游西山诸刹记》，其中就有关于盆栽梅花的描述：“万历丁丑（1577）日近暮，舆夫行不前，促之行，至碧云……时春已半，盆梅盛开，暗香袭衣袂，玉色灿然，恍惚若罗浮故人，千里会面，又奇矣!”（许联瑛，2015）。清代（1644—1911）北京地区盆梅和地栽梅花的记录已不乏多见（许联瑛，2015），在《清高宗（乾隆）御制诗文全集》中，有三首咏梅的诗，其中两首反映了在紫禁城和圆明园内有露地栽植的梅花，但均作了人工搭棚的防寒处理，而另一首诗所记述的则是在香山，将盆栽的梅花移栽在庭院中，七年后长到八尺高，于阴历四月初开花。据诗序所称，是“其天自全”并未采取防寒措施。这说明在清乾隆年间，北京既有露地栽植的梅花。《清高宗（乾隆）御制诗文全集》第三集，八十一卷中，《梅》诗作于乾隆三十四年（1769），诗中记载在香山雨香馆院内曾有梅花露地栽植；第四集，二十卷中有诗《咏静怡轩前

图1 《清高宗（乾隆）御制诗文全集》（黄亦工 摄）

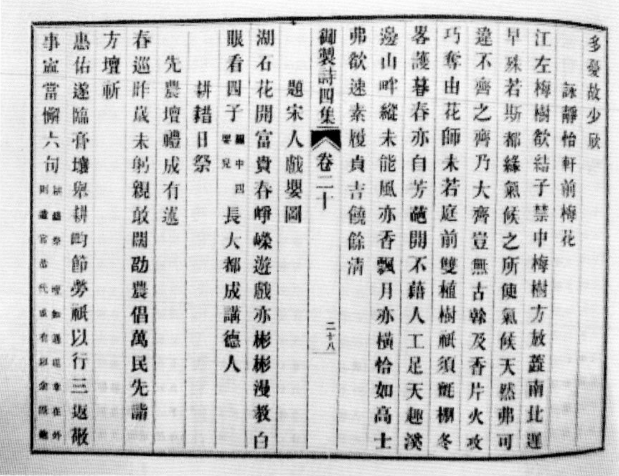
多憂故少歟
詠靜怡軒前梅花
江左梅樹歛結子禁中梅樹方放蘤南北遲
早殊若斯都緣氣候之所使氣候天然弗可
違不齊之齊乃大齊豈無古榦及香片火攻
巧奪由花師未若庭前雙植樹秖須氈棚冬
冪護暮春亦自芳葩開不藉人工足天趣淡
邊山畔縱未能風亦香飄月亦橫恰如高士
弗欲速素履貞吉饒餘清
御製詩四集 卷二十 二十八
題宋人戲嬰圖
湖石花開富貴春崢嶸遊戲亦彬彬漫教白
眼看四子長大都成講德人
耕耤日祭
先農壇禮成有述
春巡昨歲未躬親敢闕劭農倡萬民先請
方壇祈
惠佑遂臨耆壤臬耕畇節勞秖以行三返敬
事寧當懈六旬

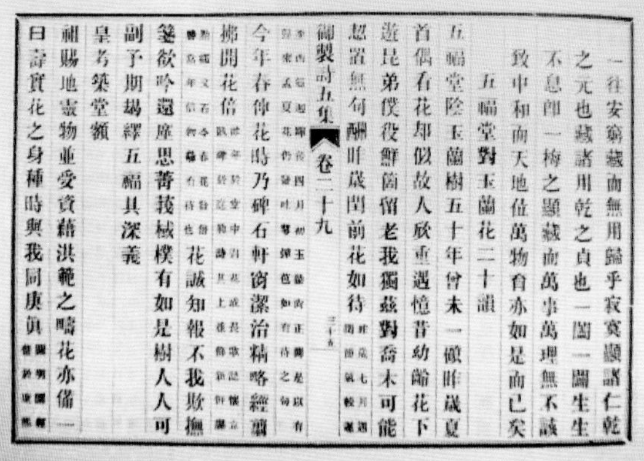
一往安窮藏而無用歸乎寂寞顯諸仁乾
之元也藏諸用乾之貞也一闔一闢生生
不息即一梅之顯藏而萬事萬理無不該
致中和而天地位萬物育亦如是而已矣
五福堂對玉蘭花二十韻
五福堂陛玉蘭樹五十年曾未一覯昨歲夏
首偶看花却似故人欣重遇憶昔幼齡花下
遊昆弟僕役鮮箇留老我獨茲對喬木可能
恝置無句酬旰歲閏前花如待
御製詩五集 卷二十九 三十五
今年春仲花時乃碑石軒窗潔治精略經[illegible]
擁開花倍花誠知報不我欺撫
鑒欲吟還廑思善護械樸有如是樹人人可
副予期揭繹五福具深義
皇考樂堂額
祖賜地靈物並受資藉洪龐之曠花亦備一
曰壽實花之身稱時與我同庚貞

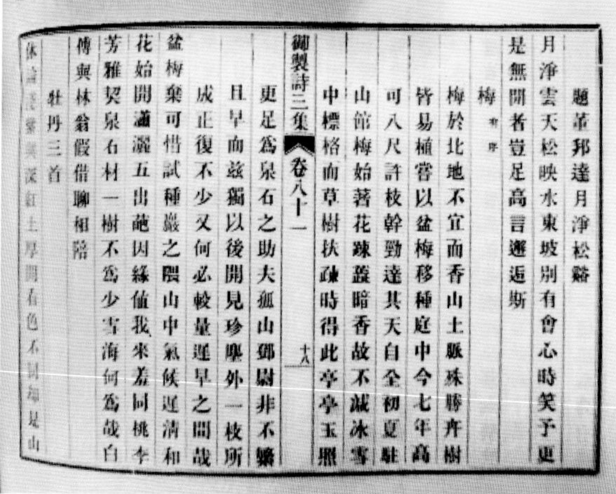
題董邦達月淨松谿
月淨雲天松映水東坡別有會心時笑予更
是無聞者豈足高言邂逅斯
梅 有序
梅於北地不宜而香山土脈殊勝卉樹
皆易植嘗以盆梅移種庭中今七年高
可八尺許枝幹勁達其天自全初夏駐
山館梅始著花疎蘤暗香故不減冰雪
中標格而草樹扶疎時得此亭亭玉照
御製詩三集 卷八十一 十八
更足爲泉石之助夫孤山鄧尉非不繁
且早而茲獨以後開見珍塵外一枝所
成正復不少又何必較量遲早之間哉
盆梅棄可惜試種巖之隈山中氣候遲清和
花始開瀟灑五出葩因緣値我來羞同桃李
芳雅契泉石材一樹不爲少雪海何爲哉白
傅輿林翁假借聊相陪
牡丹三首

图2 《清高宗（乾隆）御制诗文全集》中的梅花诗（黄亦工 摄）

梅花》作于乾隆三十九年（1774），诗中记载在紫禁城建福宫花园（明朝时被烧毁，后建静怡轩）内有梅花栽植；第五集，二十九卷中的《淳化轩对庭梅作》诗作于乾隆五十二年（1787），诗中记载的梅花植于圆明园长春园（含经堂）内。道光二十八年（1848）出版的《植物名实图考》，由吴其濬编著，全书共记录我国19个省区植物1 750种（含变种）。其中两处提到了梅，一为梅，另一为梅的变种贺正梅，并配有手绘图释（王锦绣 等，2021）。晚清时期叶基桢撰写的《植物学》，其第四篇《植物分类学》第二章《蔷薇科・梅》中对梅的生物学特性进行了详细地描写（吴征镒，2017）。

1.2.6 梅花持续发展阶段

近、现代时期梅花的发展由艺梅转为科学研究，主要集中在梅花种质资源调查、育种及分类的研究，并建立用于梅花品种收集、观赏的各类梅园及梅种质资源圃。1943—2002年期间，陈俊愉等学者对我国的野生梅花种植资源及梅花栽培品种进行了细致地调研。1947年，陈俊愉出版《巴山蜀水记梅花》，其中记述了四川梅花品种35个。1949年黄岳渊、黄德邻著《花经》中提到从日本引进垂枝、跳枝、龙游、朱砂品种梅花（陈俊愉，2009）。1989 年陈俊愉出版《中国梅花品种图志》，对137个梅花品种进行记载（吴中伦和汪菊渊，1990）。1996年陈俊愉出版《中国梅花》，对190个梅花品种的生物学性状进行了记载（陈俊愉，1996）。2002年，陈俊愉确定梅花品种323个（陈俊愉，2002）。关于梅花的专著也相继出版，2001年，《南京梅谱》出版，记载南京梅花山的梅花品种230个（王学智，2001）；2010年，在《中国梅花品种图志》（陈俊愉，1989）、《中国梅花》（陈俊愉，1996）及5本《梅国际登录年报》的基础之上，陈俊愉再次修订出版《中国梅花品种图志》（中英双语版）（陈俊愉，2010）；2012年出版《无锡梅花》，其中收录记载无锡梅园内的梅花品种250个；2013年《云南梅谱》发行出版，该书记录了云南地区野生、半野生梅品种21种，名梅与古梅78种，栽培梅花品种141个；2015年《北京梅花》出版，记载了北京地区栽培的梅花品种125个。国内梅花的专著先后出版了10多本（李长伟 等，2020）。

2 梅的种质资源与分布

2.1 梅种质资源

梅自然变异多，再加之人工育种，现已培育出越来越多的梅花品种，大大地丰富了梅种质资源。

梅种质资源的类型主要有野梅、半野梅、果梅和花果兼用梅（陈俊愉，2010）。包满珠于1989—1990年期间3次去四川、云南和西藏地区进行梅花资源调查，发现了许多野生、半野生及花果兼用的梅品种（包满珠，1991）。野梅指未受到人为干扰，生长于野外自然植被中的梅。包括洱源西山野梅、西藏野梅、贵州野梅、景德野梅、黄山野梅、罗田野梅、陕西城固野梅、贵州荔波野梅、木里野梅、冕宁野梅等；半野梅指天然分布，但多少受到人为干预，主要分布于溪谷、村旁、路边。包括长梗梅（曲梗梅）、毛梅、小果梅、威宁野小梅、赫章野小梅、杏梅、常绿梅、桃梅、品字梅、常绿长梗梅、蜡叶梅等。果梅主要集中于广东、云南、四川、台湾等南方地区，以果实加工为经济产业，促进了果梅的育种与引种工作，果梅品种丰富。有部分梅品种花美丽，结果多，既可观花又可作为果梅栽培。这些品种主要有‘双套’‘鸳鸯’‘品字’‘五子’等（包满珠，1993，陈俊愉，2010）。

梅是长寿的花木之一，百年以上树龄的梅不足为奇。王其超于1982—1992年10年间对云南、安徽、湖北、浙江、广东5省的古梅进行了调查，确定树龄百年以上的梅有33株（王其超，1992）。国际上惯以100年树龄作为古树的标准，陈俊愉对云南省境内的梅进行调查，发现百年树龄的梅几乎遍布全省，因此针对此结果将古梅的年龄起点定为200年（陈俊愉，2010）。

2.2 梅的自然分布与栽培分布

通过植物学者多年来对梅的研究及对野梅资源系统地调查，对梅在我国的自然分布进行了总结。梅在我国的分布范围非常广泛，四川西南部、云南西北及西藏东部交界地区野梅呈连续分布。怒江、澜沧江、金沙江、雅砻江所夹的沟谷由南到北，野梅呈连续分布，东西则间断分布（陈俊愉，2010）。由此推断川、滇、藏交界的横断山区是梅的自然分布中心和遗传多样性中心（包满珠，1990，1991，1993；陈俊愉，2010），梅的自然分布是以此处为中心逐渐向东、东南、东北呈扇面形扩展，涉及四川、云南、西藏、湖北、贵州、湖南、广东、广西、江西、安徽、浙江、江苏、福建、陕西、台湾等（包满珠，陈俊愉，1994）。

中国是否是梅的唯一原产地？日本、朝鲜等其他国家是否有梅的自然分布一直颇有争议。我国学者包满珠经考证后认为梅为中国原产，日本、朝鲜野外的梅花是由中国传入后野化而成的（包满珠，1991）。日本学者宫泽文吾等认为在日本的大分、宫崎有野梅分布，而上原敬二则对是否为野生持怀疑态度（陈俊愉，2010）。日本植物志英文版*Flora of Japan Volume IIb*（2001版）中描述“梅在日本偶有逸生或归化”（Yasuhiro Endo，2001），由此可以判断梅在日本没有自然分布。据*Flora Cambodge Laos et Vietn.*（1968版）记载“梅可能在越南北部有分布”，书中不能确定越南确实存在梅的自然分布。越南与我国的广西和云南接壤，《广西植物志》记载“梅在广西有零星栽植”（俞德浚 等，2005），说明无自然分布；《云南植物志》中记载梅在云南各地均栽培，梅的变种长梗梅产大理、宾川、昆明、嵩明及越南北部和老挝北部（周丽华，2006），说明越南的长梗梅只是出产，并非原产。云南、广西均无梅原产，进一步证明越南亦不可能是梅的原产地。中国是梅原产地这点已毋庸置疑。

梅花的栽培分布，3 000多年来多在长江及淮河流域，大致北以黄河、南以珠江为界。梅花作为我国的名花，自古深受人们的喜爱，只要条件允许的地方都有梅的栽培（陈俊愉，2010）。梅花在长江流域栽培最广、发展最为突出，最有名的赏梅佳地也出自此处，如：南京梅花山、无锡梅园、武汉磨山梅园、杭州孤山、超山及灵峰等，每年早春，一树树梅花傲霜怒放、暗香浮动、姿态万千，吸引着大量的游客前去观赏。随着抗寒育种技术的发展、栽培水平的提高，梅的栽培分布逐渐北移。陈俊愉等学者一直致力于“南梅北移”的工作，经过多年的不断努力，现山东、河南、河北及北京已广泛栽植梅花。甚至辽宁沈阳、吉林、黑龙江、内蒙古赤峰亦有梅花栽植，这些寒冷地区栽植的梅花以杏梅、樱李梅为主。

北京本无梅花的野生分布，所种植的梅花均为引种或育种而来。北京作为中国的首都，是政治与文化中心，城市园林种植梅花更利于梅文化的发扬光大。将梅花引入北京的最初记载为元代，元末明初学者陶宗仪在《辍耕录》中记载：“初，燕（今北京）地未有梅花，吴闲闲宗师全节时为嗣师，新从江南移至，护以穹庐，扁（匾）曰‘漱芳亭’。”吴全节从江南移来梅花，时间大约在大德末年或至大初年（1307—1308）（程杰，2008），从此改变了燕地无梅的格局。据史料记载，西郊香山碧云寺在明万历年间已有梅花栽培了。在《清高宗（乾隆）御制诗文全集》中，有三首咏梅的诗，其中两首反映了在紫禁城和圆明园内有露地栽植的梅花，而另一首诗所记述的则是在香山，将盆栽的梅花移栽在庭院中，七年后长到八尺高，于阴历四月初开花。中华人民共和国成立后，随着梅花抗寒驯化、育种工作的发展，北京地区栽培的梅花品种越来越多。国家植物园（原北京市植物园）从20世纪80年代以来一直致力于梅花的引种工作，并取得显著成效。迄今为止已经进行了8次梅花引种工作，并建立北京地区第一个梅花专类园，园内收集展示梅花品种79个（孙宜和包峥焱，2020）。随着各个公园大量种植梅花，北京的赏梅景点不断增加，目前香山公园、紫竹院公园、国家植物园（北园）、中山公园、龙潭公园、明城墙遗址公园、鹫峰等广泛种植梅花，成了京城早春的赏梅胜地。

3 梅文化

与梅花相关的民俗、文学、诗词、歌曲、绘画等艺术形式统称为“梅文化”（薛世 等，2009），梅花被赋予一些人类的意志或精神，即标志着梅文化的开始。梅文化是在长期植梅、赏梅过程中形成的，是中华民族的瑰宝。

据史料记载，梅文化起源于7 000多年前的中原地区，那时是以梅果作为托物言志的对象。安阳殷墟出土的梅核为当时祭祖所用（陈俊愉，2010），这是人类最早对梅赋予的精神崇拜。《诗经·国风·召南·摽有梅》中生动地描述了古代中原地区的女子借梅果掉落，感慨自己青春流逝，却嫁娶无期的心情。“摽有梅，其实七兮。求我庶士，迨其吉兮。摽有梅，其实三兮。求我庶士，迨其今兮。摽有梅，顷筐塈之。求我庶士，迨其谓之。”《诗经·小雅·四月》有“山有嘉卉，侯栗侯梅。废为残贼，莫知其尤！”作者借栗子树、梅树来感慨自己悲惨的境遇。

随着历史的变迁、朝代的更替、物质文明和精神文明的发展，人们对梅花的喜爱和研究亦促进了梅文化的发展。

3.1 梅与文学

梅的观赏价值很高，其树干苍劲古朴、花美丽芳香，且凌寒独开。这种不畏严寒、斗寒吐艳的特性被古代文人雅士赋予了人格，将自己的内心感受寄予梅花，以诗词歌赋的形式表达出来。这种含蓄地表述，为梅花赋予了灵魂，使得梅花不仅仅是一种植物，而更是心灵的寄托。

东晋陆凯的《赠范晔》：“折梅逢驿使，寄予陇头人，江南无所有，聊赠一枝春。”把梅花作为报春使者赠予友人。南朝宋诗人鲍照的《梅花落》是比较早的一首咏梅诗，他是第一位赋予梅人文内涵的诗人（柳英 等，2013）。“中庭杂树多，偏为梅咨嗟。问君何独然？念其霜中能作花，露中能作实。摇荡春风媚春日，念尔零落逐寒风，徒有霜华无霜质。”此诗借梅花来比喻那些位低志高、刚直不阿的君子，在诗中梅花被赋予了坚忍不拔的高洁品质。南朝梁高祖武皇帝萧衍（464—549）《子夜四时歌·春歌》：“兰叶始满地。梅花已落枝。持此可怜意。摘以寄心知。”诗中把梅枝作为传情之物。梁简文帝萧纲《雪里觅梅花》：“绝讶梅花晚，争来雪里窥。下枝低可见，高处远难知。俱羞惜腕露，相让到腰羸。定须还剪彩，学作两三枝。”生动地描述了女子们对梅花的喜爱之情。梁元帝萧绎《咏梅诗》：“梅含今春树，还临先日池。人怀前岁忆，花发故年枝。”诗人借咏梅来抒发思念之情。南朝齐梁时期的何逊也有一首《咏早梅》诗："兔园标物序，惊时最是梅。衔霜当路发，映雪拟寒开。枝横却月观，花绕凌风台。朝洒长门泣，夕驻临邛杯。应知早飘落，故逐上春来。"诗中描写梅花不畏严寒、凌霜傲雪，诗人将梅花化身为自己，表现出不趋炎附势、独立不群的品格。

唐朝，咏梅诗作渐多，是咏梅的成熟期。《全唐诗》中有咏梅诗102首，多作于中唐以后（李荷蓉，2008）。诗作中更多侧重于写梅的精神世界，通过刻画梅花不畏严寒的特性来寄托个人的意志（陈小芒，2003）。唐初宋璟（663—738）曾作《梅花赋》赞颂梅花，其中有云："……或憔悴若灵均，或歆傲若曼倩，或妩媚若文君，或轻盈若飞燕……"将梅花比作君子和美人（刘峰，2020），其中"独步早春，自全其天"成为赞美梅花的名句。张九龄的《庭梅咏》："芳意何能早，孤荣亦自危。更怜花蒂弱，不受岁寒移。朝雪那相妒，阴风已屡吹。馨香虽尚尔，飘荡复谁知。"诗中作者借梅花来抒发自己在逆境中仍不改节操的气节。张谓、王维、白居易、柳宗元、卢照邻、杜牧、崔道融、李商隐等都有咏梅之作。晚唐著名诗僧齐己的《早梅》被后人称之为神妙隽永（刘峰，2020），这首诗完美地阐述了梅花精神。诗曰："万木冻欲折，孤根暖独回。前村深雪里，昨夜一枝开。风递幽香去，禽窥素艳来。明年如应律，先发映春台。"诗中用"孤根暖独回"和"昨夜一枝开"把梅花不畏严寒、傲然独立的个性表现得淋漓尽致。朱庆余的《早梅》诗中"堪把依松竹，良涂一处栽"可以说是"岁寒三友"的雏形（柳英 等，2013）。

宋、元时期是梅花诗词文化的鼎盛时期。此时梅花色品种显著增多，广泛种植，受到人们的喜爱。宋朝重文嗜雅，而梅花正好象征文人的清冷高洁，因此文人更是爱梅成癖、咏梅成风，这是宋代咏梅作品众多的原因（李荷蓉，2008）。《全宋诗》收录的咏梅题材诗有4 700多首（柳英 等，2013），《全宋词》和《全宋词补辑》中专咏花卉的词中，咏梅第一，有1 157首，其次是咏荷、咏桂，分别有173首和172首（黄杰，2005）。其中最为著名的是北宋名家林逋的《山园小梅》，其中"疏影横斜水清浅，暗香浮动月黄昏"被誉为咏梅的千古佳句。

北宋著名文学家苏轼的咏梅诗有46首（林晓青，2018），《和秦太虚梅花》中的"竹外一枝斜更好"更是被清代诗人沈德潜誉为写梅的最佳之句（邱占勇，1999）。陆游一生写了168首咏梅诗，算是咏梅的大家（徐梅，2012），最为脍炙人口的应算是《卜算子·咏梅》："驿外断桥边，寂寞开无主。已是黄昏独自愁，更着风和雨。无意苦争春，一任群芳妒。零落成泥碾作尘，只有香如故。"这首诗通篇写梅，实则字字写自己（陆游）。通过描写梅花在遭遇种种困苦后仍不忘初心，即使粉身碎骨仍要留芳于世的精神，来暗喻诗人虽终身坎坷、屡受打击仍忠贞爱国的情怀（李彩霞 等，2016）。王安石创作的《梅花》："墙角数枝梅，凌寒独自开。遥知不是雪，为有暗香来。"亦是流传至今。元代咏梅诗较少，以王冕的两首咏梅诗最为著名，《墨梅》："吾家洗砚池头树，个个花开淡墨痕。不要人夸好颜色，只流清气满乾坤。"《白梅》："冰雪林中著此身，不同桃李混芳尘。忽然一夜清香发，散作乾坤万里春。"元代诗人王旭创作的一首咏梅词《踏莎行·雪中看梅花》生动地描述了雪中赏梅的情趣与意境。"两种风流，一家制作。雪花全似梅花萼。细看不是雪无香，天风吹得香零落。虽是一般，惟高一着。雪花不似梅花薄。梅花散彩向空山，雪花随意穿帘幕。"元代散曲咏物之作不多，《全元散曲》中明确咏梅之作仅有43篇（程杰，2008）。贯云石的《双调·清江引·咏梅》是一首优美的咏梅言志散曲。一共四首，句句描写梅花纯洁高雅的品格。"其一：南枝夜来先破蕊，泄露春消息。偏宜雪月交，不惹蜂蝶戏。有时节暗香来梦里。其二：冰姿迥然天赋奇，独占阳和地。未曾着子时，先酿调羹味，休教画楼三弄笛。其三：芳心对人娇欲说，不忍轻轻折，溪桥淡淡烟，茅舍澄澄月，包藏几多春意也。其四：玉肌素洁香自生，休说精神莹。风来小院时，月华人初静，横窗好看清瘦影。”元代后期散曲作家张久可的《中吕·满庭芳·野梅》“风姿澹然，琼酥点点，翠羽翩翩。罗浮旧日春风面，邂逅神仙。花自老青山路边，梦不到白玉堂前。空嗟羡，伤心故园，何日是归年。”写出作者怀才不遇的尴尬境地。乔吉的《双调·水仙子·寻梅》“冬前冬后几村庄，溪北溪南两履霜，树头树底孤山上。冷风来何处香？忽相逢缟袂绡裳。酒醒寒惊梦，笛凄春断肠。淡月昏黄。”借描写寻梅的情景来抒发失意心绪。

明清时期梅花诗词文化得以延续。徐谓，唐寅（唐伯虎），扬州八怪中的金农、郑燮多有咏梅名篇。乾隆十六年（1751），41岁的乾隆第一次来到扬州，见到了久慕盛名的“淮东第一观”（大明寺），挥笔写下情景交融的《辛未春仲平山堂》，诗曰：“梅花才放为春寒，果见淮东第一观。馥馥清风来月牖，枝枝画意入云栏。蜀冈可是希吴苑，永叔何曾逊谢安。更喜翠峰馀积雪，平章香色助清欢。”《咏梅九首》是高启创作的一组咏物诗，共有9首。其一“琼姿只合在瑶台，谁向江南处处栽。雪满山中高士卧，月明林下美人来。寒依疏影萧萧竹，春掩残香漠漠苔。自去何郎无好咏，东风愁寂几回开？”高启将梅花比作“隐士”与“仙人”（于红慧，2020）。柯潜《雪中见梅花》：“溪桥倚棹雪晴时，一树寒梅玉满枝。我道梅花开太早，梅花却笑我归迟。”用有趣的笔触描写了诗人对梅花的喜爱之情。

民国时，梅花被确定为国花，把梅花精神与民族命运联系起来，对梅之崇拜可见一斑（柳英 等，2013）。新中国成立后，咏梅诗词文化进一步繁荣。1960年12月，陈毅元帅一首《冬夜杂咏·红梅》“隆冬到来时，百花迹已绝。红梅不屈服，树树立风雪”，用简练直白的文字描述出梅的傲雪风骨。毛泽东的《卜算子·咏梅》“风雨送春归，飞雪迎春到，已是悬崖百丈冰，犹有花枝俏。俏也不争春，只把春来报，待到山花烂漫时，她在丛中笑。”整首诗磅礴大气、乐观豁达，把传统咏梅诗词提高到一个新的审美层次（柳英 等，2013）。

3.2 梅与绘画

梅花枝干古朴、树姿风雅、花朵秀丽，是绘画的上好题材。我国画梅艺术经历了从宫廷到民间、从工笔填色到水墨写意的演变过程，经过历代画家不断发展完善，梅花绘画成为我国梅文化的重要构成部分（程大锋，2009）。

梅花入画始于唐代，多与鸟类、菊花、海棠等花卉共同入画，属于花鸟画范畴，绘画方法多为工笔。与梅花相关的绘画主要有边鸾的《梅花鹤鸰图》；于锡的《雪梅双雉图》；萧悦的《梅竹鹌鹑图》。五代时期，藤昌佑、徐熙等开始以梅花为主题作画。现存五代关于梅花的主要绘画作品有藤昌佑的《拒霜花鹅图》《梅花鹅图》和《梅花图》；徐熙的《梅竹双禽图》《雪梅宿禽图》和《雪梅会禽图》；唐希雅的《梅竹杂禽图》《梅竹百劳图》《梅竹五禽图》《梅雀图》。墨梅是梅花绘画中的一种，最早始于北宋画僧释仲仁。据传，他所居住的寺庙周围种植了很多的梅树，“每逢花发时，辄床据其下，吟咏终日，人莫能知其意。月夜未寝，见疏影横于其纸窗，萧然可爱，遂以笔戏摹其影。”他曾画了许多梅花的画作，可惜未能保存下来。他著有《华光梅谱》，深刻地影响着后世画家关于梅的创作［喜仁龙（Osvald Sirén），2021］。此时画梅最著名的画家有杨无咎、汤正仲、徐禹功等。杨无咎将墨梅技法发扬光大，有《雪梅图》《四梅花图》载于后世。南宋的赵孟坚最善画梅，其做《岁寒三友图》将松、竹、梅放在一起，创“岁寒三友”之格，堪称世宝。元代时期水墨画法已经完善、成熟。比较著名的梅画作品有赵孟頫的《墨梅图》、管道升（赵孟頫妻子）的《图绘宝鉴》、吴镇的《四友图》、画梅高手邹复雷的《春消息图卷》、王冕的《南枝早春图》。王冕酷爱梅，为了能够更好地展现梅花的姿态，传说每当梅花盛开的月夜，他总是彻夜观察窗纸上的花影（喜仁龙，2021）。明代时期画梅的画家以王元章、孙从吉、周德元三人最为著名。王谷祥，嘉靖八年进士，擅书画诗词，他的一幅梅花作品现收藏于瑞典首都斯德哥尔摩的国家博物馆内。明末出版的《十竹斋书画谱》，具有教材性质的画册，其中专门有一卷收录和讲述梅花的画作（喜仁龙，2021）。清代，关于梅花的绘画最为繁盛。著名的画家道济、石涛、八大山人、项圣谟、许仪、陈舒、扬州八怪等均有大量的梅花画作。扬州八怪中的高凤翰以画梅著称，擅长墨梅写意，其代表作有《层雪缎香图》和《野趣图》，同为扬州八怪的金农则善画彩梅，其作有《玉壶春色图》（周武忠 等，2011）。清康熙年间，1679年首次出版的《芥子园画传》，第二部分于1701年出版。此书是一部非常经典的入门绘画教科书，第二部分卷三为梅谱，书中对梅的树形、树干、枝条及花的画法进行了阐述（喜仁龙，2021）。

近代著名的画家吴昌硕，一生酷爱梅花，他的梅花绘画铁骨铮铮，气质非凡，传世作品众多，如《梅石图》《梅花图》《梅兰》《红梅》等。董寿平，以画松、竹、梅、兰著称，朱砂红梅堪称一绝；陆俨少，擅画山水与梅花，他画的梅花，每一件几乎都会有一两块石头与梅花相伴，笔下的梅花，豪爽、奔放，又有阳刚豁达之美；关山月，擅长山水、人物、花鸟，尤以画梅著称，世称“关梅”，其作多为巨幅作品，气势磅礴；王雪涛，我国著名的花鸟画家，其梅花画作构图奇妙，清新秀丽。

3.3 梅与音乐

梅花题材音乐的出现早于梅花文学与绘画，乐曲中对梅花的认知与表达大致经历了悲情感发、审美欣赏和品格赞颂3个阶段（程杰，2006）。

与梅有关的音乐最早出现于先秦时代，《摽有梅》为当时华夏民族的民歌。先秦至南北朝时期与梅花有关的乐曲除了《摽有梅》外，还有《梅花落》《大梅花》《小梅花》。这四首乐曲中，梅并不是直接表现的主体，而是借落花、落果来表达季节的变化，曲调忧伤、悲凉（程杰，2006）。

唐宋时期士大夫阶层不断壮大，梅花清幽、高雅的品格正好满足了士大夫对高雅脱俗品格的追求，从而使得梅文化得到高度发展。与梅花相关的文学、绘画作品倍增，以梅为主题的音乐也开始大量出现。这一时期的梅乐主要有《望梅花》《落梅香》《岭头梅》《红梅花》《落梅花》《早梅芳》《雪梅香》《折红梅》《赏南枝》《梅花曲》《梅花引》《一剪梅》《东风第一枝》《玉梅令》《暗香》《疏影》《高溪梅令》《角招》《莺声绕红楼》《翠羽吟》等。在这时期梅花相关题材的乐曲中，梅花成为表现主体，通过乐曲表现出对梅花的花色、花香的赞美、喜爱之情，曲调也由前期的悲凉转为欢欣喜庆为主（程杰，2006）。

元、明、清时期，以梅花为题材的乐曲较唐宋少，但亦有亮色，就是琴曲《梅花三弄》，全曲表现了梅花洁白，傲雪凌霜的高尚品性，颂扬其坚贞的气节和崇高的情操。

近代以梅花为主题的歌曲主要有《红梅赞》《梅花》《梅花雪》《一剪梅》《梅花泪》等，其中由阎肃作词，羊鸣、姜春阳、金砂作曲的爱国歌曲《红梅赞》，曲调朴实婉转优美，在民间广为传唱。

3.4 梅与其他文化艺术形式

梅文化在长期的发展过程中，衍生出多种门类的艺术创作。梅花除了在文学、绘画、音乐领域受到瞩目外，在工艺、民俗等方面都有运用与演绎。梅花图案在唐宋时期首先出现在瓷器上，西安出土的三彩女陶俑，额上印有梅花纹。梅花作为独立题材装饰瓷器出现于宋代，元代瓷器上有单独描绘梅花的画面，多附以芭蕉、山石做陪衬。明代中期至清代，中国陶瓷发展成熟，陶瓷装饰手法种类多样，梅花纹的使用也更加丰富多彩（汪冲云，2010）。

梅花融汇于人们的生活之中，形成了丰富的民俗文化。古人以梅花、梅果作为馈赠友人的礼物。《金陵志》云：“宋武帝刘裕的女儿寿阳公主，日卧于含章殿檐下，梅花落于额上，成五出花，拂之不去，号梅花妆，宫人皆效之。”这是梅花妆容的开端。《九九消寒图》是古人们为捱过寒冷冬季而流行的记日游戏。就是画一枝梅花，有不着色的花瓣共81瓣，自冬至日起每日给一枚花瓣涂色，全部涂满，游戏结束，表明天气变暖，可以开始出门耕作。这就是我国民间数九习俗的起源（高金燕，2017）。在我国民间，梅花具有象征寓意。五瓣象征五福，分别是和平、快乐、顺利、长寿和幸福。“喜鹊登梅”是我国传统的吉祥图案之一，象征吉祥、好运。我国自1977—1998年先后8次发行过带有梅花图案的邮票（许联瑛，2015）。

4 梅在国外引种栽培

梅原产中国，其栽培范围较广，亚洲国家主要有日本、朝鲜、韩国等。梅于公元前2世纪引种到朝鲜（谷悦，2014），韩国、朝鲜植梅以药用、食用为主。唐代中期（710—784）梅由遣唐使从中国带去日本（郑青，2004），当时引进的品种少，只有白梅，公元1000年左右，日本才有红梅出现（李树华，2007）。当时随着梅的引入，中国的贵族文化、赏花习俗也被带进了日本。这也进一步促进了梅花在日本的发展，江户时代（1750）就已培育出400～500个梅花品种（安亨在，2013）。日本梅花品种记录始于1901年，小川安村记录342个梅花品种，浅井敬太郎在《梅的研究》中记载506个品种（安亨在，2013）。20世纪初，宫粉型梅花传入欧洲，一位法国人以紫叶李为母本，宫粉型梅花为父本进行了种间杂交，获得‘美人’梅，后在法国、欧美等国及新西兰进行推广，受到重视（陈俊愉和陈瑞丹，2007）。

目前，英国、美国、德国、法国、意大利、新西兰、巴西、泰国等国家也有梅花栽培（陈俊愉，2010）。梅花自19世纪中期被引入英国后，并未受到重视，直到19世纪末才开始在欧洲栽培，但是并不普及。美国在梅花应用方面相对于欧洲则更为普及（刘青林和袁丽丽，2011）。梅花在美国栽培主要集中在加利福尼亚州，尤其是华裔、日裔和韩裔居住区栽植梅花最多。美国梅花的来源主要是早期华工带入、我国台湾移民带入或自日本、欧洲引入。美国人喜爱颜色鲜艳的植物，所以梅花多以朱砂类和‘美人’梅为主（黄国振，2001）。李庆卫2012—2013年对美国栽植的梅花品种进行了调查，研究表明美国国内栽植的梅花品种有34个，大多为引入，少量是自育品种（李庆卫，2013）。

5 梅研究进展

梅原产中国，由最原始的野生状态经过人们长期地栽培、选育逐步演化成花梅，即我们现在俗称的“梅花”。梅最早被人们关注是由于其果实可作为酸味剂，而后出现人工栽培果梅，随着文明的发展、物质的丰富，人们对精神需求的增长，观赏梅花逐步盛行，梅品种越来越多。

我国近代时期开始对梅花进行科学、系统地研究，早期有名的学者首推曾勉（1901—1988）。1942年曾冕发表关于梅花的英文专论《中国的国花——梅花》，成为我国近代园艺学家涉足梅花繁多变种类型研究的首创之作。1945年汪菊渊、陈俊愉发表《成都梅花品种分类》，为梅花分类研究打下了基础。1962年陈俊愉将历年记载、整理的231个梅花品种进行了分类，中国梅花分类基础更加扎实（陈俊愉，2010）。改革开放后，梅花的品种分类、引种、育种工作得到良好的发展，成果非常显著。育种工作主要是品种个体变异、实生苗选育、芽变育种、杂交育种等方式，1980年陈俊愉、赵守边从‘凝馨’中分离出花期早10天的新品种，定名为‘早凝馨’（陈俊愉，2002）。陈俊愉于1955 年在华中农学院播种天然授粉梅子，从中分批选出‘华农朱砂’‘华农晚粉’‘华农玉蝶’‘华农宫粉’等9个新品种，武汉中国梅花研究中心近年通过实生选种，共选出50多个新品种（陈俊愉，2002）。陈俊愉1957年开始致力于北京梅花引种驯化工作，1958年从播种苗中选出‘北京小’梅和‘北京玉蝶’2个抗寒品种（陈俊愉，2002）。1982—1985年，张启翔等人进行了大量梅花品种间杂交及远缘杂交，利用梅和杏进行杂交育种，从中选育出‘燕杏’梅、‘花蝴蝶’和‘山桃白’梅（王翠梅 等，2015）。并从天然杂种中选育出‘送春’。陈瑞丹等以‘淡丰后’做母本与‘北京玉蝶’进行杂交，获得‘香瑞白’梅（唐桂梅 等，2020）。随着梅花育种技术的成熟，越来越多的梅花品种被培育成功，丰富了我国梅花的种质资源。

陈俊愉院士（1917—2012）是中国梅花的代表人物，热爱梅花，一生从事梅花事业，是南梅北移的带头人。在野梅调查、品种收集整理、梅花抗寒育种、品种登录及梅花国际交流、培养人才等方面具有杰出贡献。1989 年陈俊愉出版《中国梅花品种图志》，引起国内外重视（陈俊愉，2002）。1998年陈俊愉成为国际园艺学会批准的中国首个梅品种国际登录权威（International Cultivar Registration Authority，简称ICRA）专家，并成立梅品种国际登录中心（International Cultivar Registration Centre for Mei，简称ICRCM），对世界范围内的梅花品种进行确认登录（刘晓倩和张启翔，2008）。栽培植物品种国际登录（International Cultivar Registration of Cultivated Plants）是由国际园艺学会命名与登录委员会（Commission for Nomenclature and Registration）掌握的一种世界性命名规定（陈俊愉，2012）。负责新品种审核登记的组织被称为国际登录权威机构，确定一至数人为登录专家（代理人）作为国际品种登录工作的组织者和登录审批者。权威机构与登录专家合称国际登录权威（褚云霞 等，2017）。栽培植物国际登录权威主要分布在美国和英国，中国有9个，分别为梅花、木樨属（桂花）、莲属（莲花）、竹属、蜡梅属、姜花属、枣属、海棠、沙漠玫瑰属。梅花是中国第一个荣获品种国际登录权的园艺栽培植物，这一成就使中国梅花步入国际品种登录的行列，也说明我国梅的科学研究及梅花产业处于世界领先水平（李长伟 等，2020），从此，中国梅花研究进入了更高的阶段。《梅品种国际登录年报》（中英文版）从1999年开始至2006年共出版5册，北京市植物园分别于2004、2005年共对18个梅花品种进行了国际登录。截止到2017年梅品种国际登录中心共对486个梅品种进行了国际登录，1998—2012年，陈俊愉登录了393个，2013—2017年，包满珠、张启翔继续登录了93个品种，这期间登录的梅花品种自育越来越多（陈瑞丹 等，2017）。

梅花种质资源的研究成果在梅花育种、生理、遗传等方面具有重要作用（唐桂梅 等，2020），植物学者对梅花的研究也从宏观逐渐转向微观。对梅花的器官、形态等进了基因分子水平的研究，骆江伟、徐宗大、张启翔等先后开展了梅花花器官cDNA文库的构建及相关*MADS-box*、*PmAP3*、*PmPI*、*PmAG*基因克隆的研究（骆江伟，2009；徐宗大，2015；张启翔 等，2018）。王立平等对采用顶空固相微萃取（HS-SPME）和气-质联用（GC/MS）技术6个梅花品种的香气成分进行分析，得出苯甲醛占比最大，为香气的主导成分（王立平 等，2003）。金荷仙等对7个梅花品种的香气成分进行了研究，涉及除单瓣品种群、龙游品种群、杏梅品种群和美人品种群外的其他7个品种群，采用活体植株动态顶空套袋采集法和TCT/GC/MS技术，结果表明乙酸苯甲酯是影响梅花香气浓淡的重要化学成分（金荷仙 等，2005）。曹慧等采用固相微萃取（SPME）–气相色谱质谱（GC-MS）联用技术分析白梅和宫粉梅两种不同品种梅花的香气成分，结果显示乙酸苯甲酯是最主要的香气成分（曹慧 等，2009），与金荷仙等的研究结果一致。2012年，张启翔领衔的北京林业大学国家花卉工程技术研究中心与深圳华大基因研究院、北京林福科源花卉有限公司合作共同完成了梅花全基因组测序，构建了世界首张梅花全基因精细图谱，这是全球首个开花观赏植物的基因组序列图。项目以西藏野生梅花为研究材料进行基因组测序，获得31 390多个注释基因，研究首次发现催生梅花香气的乙酸苯甲酯的*BEAT*基因家族在梅花家族中显著扩张，从而使梅花具有独特的香气（程堂

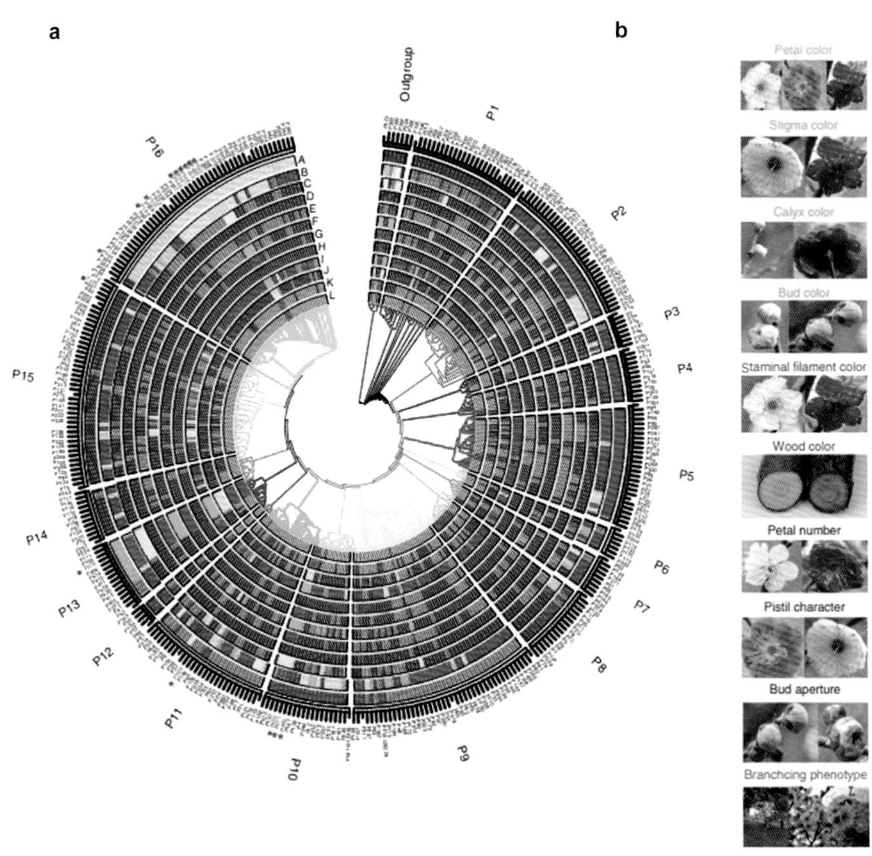

图3 348个梅花品种的系统发育树和10个重要观赏性状。a：系统发育树包含16个亚群和一个外类群，不同的颜色代表不同的亚群。分支颜色对应外圆样本ID的颜色。从圆外到圆内的（A–L）代表种群结构、品种群和花色、柱头颜色、花萼颜色、花蕾颜色、花丝颜色、木质部颜色、花瓣数、雌蕊特征、花蕾孔径和株型。每个圈的颜色代表性状的表型。b：10个重要观赏性状的示例（引自张启翔 等，2018）

仁，2013）。2018年4月27日，张启翔领衔的北京林业大学国家花卉工程技术研究中心与青岛华大基因研究所、深圳华大生命科学研究院及美国宾夕法尼亚州立大学等单位通力合作，共同完成了首个梅花全基因组重测序研究，构建完成了世界首张梅花全基因组变异图谱。

全基因组重测是对已知基因组序列物种的不同个体的基因进行测序，分析种群及个体之间的差异，以确定与植物驯化、改良相关的关键基因组区域，是定向育种的重要理论框架。项目对333株梅花、15株野生梅花、山杏、山桃和李开展全基因组重测序研究，发现梅花基因组中有3 364个特有基因，与梅花的花色、花香等观赏性状形成有关。梅花全基因组重测序的完成将为分子标记辅助育种的研究提供重要的理论框架，对梅花重要观赏性状的遗传解析具有里程碑的作用（何金儒，2018）。

2021年12月3日，张启翔教授团队在*New Phytologist*发表了关于龙游梅高质量基因组组装及曲枝性状形成机制方面的论文。课题组完成了‘玉蝶龙游’高质量基因组de novo组装。并通过Hi-C技术，将基因组锚定到8条染色体上，锚定率98.85%，获得质量优良的梅花基因组图谱。较之前基于二代测序的野生梅花基因组，新版基因组实现数量级的提高。以‘玉蝶龙游’上的直立枝和曲枝的茎尖和叶芽为材料进行转录组分析，发现与细胞分裂、细胞发育和植物激素相关的基因在曲枝性状的形成中起着重要作用。课题组为了探究李属在蔷薇科中的系统发育位置，从13个蔷薇科基因组中选取单拷贝基因并基于不同进化模型计算，结果表明李属物种形成时间约为41.2Mya ~ 61.9Mya。进化结果显示梅花与杏的关系比其他物种更为密切，这两个物种的祖先大约在10.8Mya发生了分离，上述结果表明梅花是李属中最新分化的物种。

6 著名梅园介绍

梅花自古至今深受人们的喜爱，各类梅花专类园、梅山等赏梅佳地不断建成。南京梅花山、武汉东湖磨山梅园、无锡梅园和上海淀山湖梅园被誉为“中国的四大梅园”。除此之外，草堂寺、杭州孤山、超山及灵峰等亦是赏梅佳地。有名的梅园大多集中于南方，北方赏梅之地当首推国家植物园（北园）梅园。

6.1 南京梅花山

南京梅花山有“天下第一名山”之称，位于南京市中山门外的紫金山南麓世界文化遗产明孝陵内，始建于1929年，占地面积1 533亩，有近500个梅花品种，30 000余株梅树，被称为“天下第一梅山”和“中国第一梅花山”。以品种奇特著称，为四大梅园之首，每年春季举办“中国南京国际梅花节”。

1929年中山陵建成后，为了纪念孙中山先生在梅花山种植梅花。新中国成立后，梅花山成为春季赏花景区，继续栽植新的梅花品种。70年代后期，继续引种栽植100多个梅花品种。1982年南京市正式确定梅花为市花，80年代后期，“中山陵园梅花研究中心”成立，梅花种植面积和新品种不断增加。1992年以来，梅花山东侧开辟了一座新梅园——梅花谷。梅花谷面积72 309m^2，新植梅树2 500多株，园内开辟人工水面6 672m^2。2005年，梅花谷与梅花山合并，形成了一座自成一体的自然山水型梅花专类园。目前，梅花山园内地栽梅花已达3.5万多株，盆栽梅花6 000多株，包括11个品种群的近400个梅花品种（连梅，2015）。探梅、赏梅是南京的民俗，而南京植梅与赏梅的历史悠久，历六朝不衰。每当春季梅花盛开之时，梅花山的万株梅花竞相开放，层层叠叠，云蒸霞蔚，繁花满山，一片香海，前来探梅、赏梅者多达四五十万人，来此赏梅的游客络绎不绝。

6.2 无锡梅园

无锡梅园，全名无锡荣氏梅园，位于西郊的东山、浒山南麓，南临太湖、北依横山，是太湖风景区的重要组成部分，占地81亩，有梅树4 000多株，盆梅2 000余盆。梅园扩展面积为812亩，40多个品种。梅园内除种植各个品种群的梅树外，还有造型优雅、虬枝倒悬、枯树老干、疏影横斜的梅桩艺术盆景。梅园以老藤、古梅、新桂、奇石为著名。

无锡梅园始建于1912年，当时中国民族工业之首荣德生购买了进士徐殿遗留一处桃园旧址，以后数年他又在横山与浒山间购地150亩，种植梅3 000株。陆续建造了天心台、香雪海、诵豳堂、招鹤亭、乐农别墅、念劬塔、宗敬别墅、豁然洞等景点。梅园兴造于中国园林从古典向现代的转型阶段，也正值历史上多难兴邦的关键时期。当时梅园为荣家的私家别墅，但同时也对外开放，成为赏梅胜地（韦凌，2009）。1955年，原国家副主席荣毅仁先生遵照其父荣德生之遗愿，把梅园捐献给了地方政府（郭明友，2014）。无锡市政府接手梅园后又向东扩建50hm^2，建立看松鹤园、中日梅文化观赏园、横山吟风阁、梅溪、花溪、古梅奇石圃等景点（孙美萍，2012）。2011年，在陈俊愉院士的支持下，梅园向北扩建200亩，建立“梅品种国际登录园”，种植国际梅花登录品种381个共2 000余株。梅园中的主要景点有梅园刻石、洗心泉、米襄阳拜石、天心台、揖蠡亭、清芬轩、香海、诵豳堂、招鹤亭、小罗浮、念劬塔、豁然洞、开原寺、松鹤园、小金谷、吟风阁。无锡梅园把太湖之秀、横山之翠巧妙地作为背景以衬托梅花之美，构成一幅天然图画。早春季节，梅花盛开，这里一片“香雪海”，香气馥郁，沁人心脾。

6.3 武汉磨山梅园

武汉磨山梅园位于东湖名胜区磨山景区南麓，三面临水，地理位置得天独厚，是著名的赏梅胜地。1956年建成，占地1 200余亩，栽植了11个梅花品种群的340种2万多株梅花，收集品种数量占国内梅花品种的60%以上，成为世界上保存梅花品种最多、最全的种质资源库，其中有163个梅花品种进行了梅品种国际登录。80年代至90年代初建成“冷艳亭”“暗香桥”“水清桥”“梅花岗”“梅花观止”等景点。1991年成立的中国梅花研究中心就建于东湖磨山梅园，主要开展梅花科学研究、科普教育、人才培训等工作。1999修建了国内一流的梅花展览馆“一枝春”馆，在馆内不仅可以看到各种蜡梅、梅花的品种，还可以学习如何辨别品种。2002—2003年新植梅树近千株，其中大梅树200余株。2012年，梅园内的蜡梅园进行扩建升级，收集了20余个品种500余棵蜡梅。梅园栽植蜡梅3 000余株，成为全国蜡梅品种最多的地方。2020年国家林业和草原局公布的第二批国家花卉种质资源库名单中，东湖生态旅游风景区磨山管理处国家梅花种质资源库榜上有名（连梅，2020）。现园内有妙香国、江南第一枝、花溪、放鹤亭、梅友雕像、冷艳亭等景点，其中妙香国为中国梅文化馆所在地。东湖梅园自1983年开始每年举办梅花节，早春吸引了大量的国内外游客前去赏梅。

6.4 上海淀山湖梅园

上海青浦淀山湖梅园又称“梅坞春浓”，坐落于上海市青浦区淀山湖风景区内，始建于1979年，占地190亩，栽植梅花5 000余株，品种达40多个，以老梅、古梅著名。每当3月上旬春寒料峭之际，红、白、粉各色梅花竞开，暗香浮动，是上海市最大的赏梅胜地。淀山湖原名薛淀湖，有“东方日内瓦湖”之誉，位于青浦城西15km，跨上海青浦、江苏昆山，上接阳澄湖，西通太湖。梅园内建有运用中国传统园林艺术再现的红楼胜景大观园。园内四周是一组江南仿古建筑，配以奇花异卉，古树秀竹，别具幽雅情调。“东方绿舟”为主要赏梅景点之一，其内栽植了数千株嫁接在老梅桩的梅花树，为景区增添了一道独特的风景。梅园里有座冷香亭，在此能独赏一株罕见珍贵的“银红台阁”老梅。

6.5 国家植物园（北园）梅园

梅园始建于2002年，占地4hm^2，其中水面约0.8hm^2。其地处植物园西北方向，樱桃沟入口以南区域，西北两面靠山，具有背风向阳的小气候环境。梅园利用原有地形，因地制宜作自然式栽植。栽植梅花品种80余个共1 100余株，隶属10个梅花品种群。梅园内基调品种为抗寒性强的杏梅品种群与美人品种群的梅花品种，如‘丰后’梅、‘美人’梅等；同时也栽植了一些奇特、优秀的梅花品种，如跳枝品种群的‘复瓣跳枝’梅、绿萼品种群的‘变绿萼’梅、朱砂品种群的‘江南朱砂’梅、垂枝品种群的‘单粉垂枝’梅、宫粉品种群的‘淡桃粉’梅等。2017年梅花文化馆建成，用于纪念对梅花事业做出巨大贡献的已故中国工程院资深院士、北京林业大学教授陈俊愉先生，同时也用于普及梅花知识，弘扬梅花文化。在北京每年3月下旬至4月中旬，不同品种的梅花次第开放，湖光山色间一派春意盎然的景象。徜徉在梅林花海之中，梅树那古朴的树姿、清丽的花朵与幽幽的暗香，给人带来视觉与精神上的双重享受。

6.6 国外梅园介绍

梅花自唐代传入日本后，深受当地人民的喜爱，在日本得到很好的发展。早在1804年佐原菊坞即在东京郊外的寺岛村建立了面积1hm^{2}的梅园，植梅360株。与龟户梅园、蒲田梅园和梅屋敷梅园一起形成了当时东京的赏梅胜地（吴涤新，1995）。受到国土面积的影响，日本梅园与我国梅园相比更偏于小巧、精致。李艳梅等对日本13个主要的赏梅景点进行了介绍，包括公园（水户偕乐园梅林、绫部山梅林、大阪城公园、枚冈公园梅林、信州伊那梅苑、丸子梅园、秋间梅林）、神社（太宰府天满宫、北野天满宫、道明寺天满宫、结城神社梅园）和展示盆梅的庆云馆。绫部山梅林面积最大，栽植梅花2.5万株，为日本西部最好的梅园（李艳梅 等，2011）。

梅花因其高洁的品格在韩国被誉为“清客”，古往今来受到文人、墨客的喜爱。从宫阙时期开始把梅花植于庭院，韩国梅花研究院的院长安亨在先生2012年发表文章专门介绍了韩国的古梅。韩国现有树龄100年以上的古梅83株，其中600年以上的古梅3株（安亨在，2012）。

7 梅花品种介绍

梅共分为11个品种群，分别为单瓣（江梅）品种群（Single Flowered Group）、宫粉品种群（Pink Double Group）、玉蝶品种群（Alob-plena Group）、黄香品种群（Flavescens Group）、绿萼品种群（Green Calyx Group）、朱砂品种群（Cinnabar Purple Group）、跳枝（洒金）品种群（Versicolor Group）、龙游品种群（Tortuosa Group）、垂枝品种群（Pendulous Group）、杏梅品种群（Apricot Mei Group）、美人（樱李）品种群（Meiren Group）（陈俊愉和陈瑞丹，2007，2009；陈俊愉，2010）。

7.1 单瓣品种群

小枝绿色或具明显的绿底色；花单瓣，花色白、粉、紫红等；萼片绛紫色或绿底洒红晕；花清香，果熟时黄色。

‘江梅’：花白色，单瓣；北京地区花期3月下旬（图4）。

7.2 宫粉品种群

小枝绿色或具明显的绿底色；花重瓣，花粉、或深粉色；萼片多绛紫色或绿底洒红晕；花清香，果熟时黄色。

‘老人美大红’梅：花桃粉色、瓣色不均、重瓣，甜香；北京花期3月下旬（图5）。

‘大宫粉’梅：花粉色、重瓣，甜香；北京地区花期3月下旬（图6）。

‘南京红’梅：花粉色、重瓣，有杏花香；北京地区花期3月中下旬（图7）。

‘豫西早宫粉’梅：花玫红色、重瓣；北京地区花期3月中下旬（图8）。

‘淡桃粉’梅：花粉色、重瓣，淡杏香；北京地区花期3月下旬至4月初（图9）。

‘虎丘晚粉’梅：花粉色、重瓣，甜香；北京地区花期3月下旬至4月上旬（图10）。

‘小宫粉’梅：花粉色、重瓣，甜香；北京地区花期3月下旬（图11）。

‘贵阳粉’梅：花粉色、重瓣；北京地区花期3月下旬（图12）。

‘人面桃花’梅：花粉色、重瓣，杏花香；北京地区花期3月下旬至4月初（图13）。

‘小欧宫粉’梅：花淡粉色、重瓣；北京地区花期3月下旬（图14）。

图4 ‘江梅’（包峥焱 摄）

图5 ‘老人美大红’梅（包峥焱 摄）

图6 ‘大宫粉’梅（孙宜 摄）

图7 ‘南京红’梅（包峥焱 摄）

图8 ‘豫西早宫粉’梅（包峥焱 摄）

图9 ‘淡桃粉’梅（孙宜 摄）

图10 ‘虎丘晚粉’梅（孙宜 摄）

图11 ‘小宫粉’梅（孙宜 摄）

图12 ‘贵阳粉’梅（包峥焱 摄）

图13 ‘人面桃花’梅（孙宜 摄）

图14 ‘小欧宫粉’梅（包峥焱 摄）

图15 ‘华农玉蝶’梅（孙宜 摄）

图16 ‘北京玉蝶’梅（孙宜 摄）

图17 ‘三轮玉蝶’梅（孙宜 摄）

7.3 玉蝶品种群

小枝绿色或具明显的绿底色；花重瓣，白色；萼片多绛紫色或绿底洒红晕；花清香，果熟时黄色。

‘华农玉蝶’梅：花白色，花梗下弯；北京地区花期3月下旬（图15）。

‘北京玉蝶’梅：花白色，重瓣，花瓣紧叠，清香；北京花期4月上中旬（图16）。

‘三轮玉蝶’梅：花白色、重瓣，清香；北京地区花期3月底至4月上旬（图17）。

‘素白台阁’梅：花白色，重瓣，偶有台阁状，清香；北京地区花期3月下旬至4月初（图18）。

7.4 黄香品种群

小枝绿色或具明显的绿底色；花单瓣或重瓣，淡黄色；萼片多绛紫色或绿底洒红晕；花清香，果熟时黄色。

7.5 绿萼品种群

小枝绿色或具明显的绿底色；花单瓣或重瓣，白色；萼片纯绿色；花清香，果熟时黄色。

‘二绿萼’梅：花白色，重瓣，清香；北京地区花期3月下旬（图19）。

‘小绿萼’梅：花白色，重瓣，清香；北京地

图18 ‘素白台阁’梅（孙宜 摄）

图19 ‘二绿萼’梅（包峥焱 摄）

图20 ‘小绿萼’梅（包峥焱 摄）

图21 ‘豫西变绿萼’梅（包峥焱 摄）

区花期3月下旬至4月初（图20）。

‘豫西变绿萼’梅：花白色，重瓣，花瓣皱，萼片多；北京地区花期3月下旬至4月上旬（图21）。

‘复瓣绿萼’梅：花白色，复瓣，清香；北京地区花期3月下旬至4月上旬（图22）。

‘变绿萼’梅：花大，白色，重瓣，萼片多，清香；北京地区花期3月下旬至4月上旬（图23）。

7.6 朱砂品种群

小枝绿色或具明显的绿底色；枝条新生木质部紫红色；花单瓣或重瓣，紫红色；萼片绛紫色；果熟时黄色。

‘江南朱砂’梅：花玫红色，重瓣，着花繁密；北京地区花期3月下旬至4月初（图24）。

‘豫西朱砂’梅：花粉色，重瓣，着花繁密；北京地区花期3月中下旬（图25）。

‘单瓣朱砂’梅：花玫红色，单瓣，花型整齐；北京地区花期3月下旬（图26）。

‘舞朱砂’梅：花深玫粉色，重瓣，花瓣飞舞，着花繁密；北京地区花期3月下至4月上旬（图27）。

‘骨红大朱砂’梅：花淡粉色，重瓣；北京地区花期3月下至4月上旬（图28）。

‘小红朱砂’梅：花玫粉色，重瓣，清香，着花繁密；北京地区花期3月下旬（图29）。

图22 ‘复瓣绿萼’梅（孙宜 摄）

图23 ‘变绿萼’梅（孙宜 摄）

图24 ‘江南朱砂’梅（孙宜 摄）

图25 ‘豫西朱砂’梅（孙宜 摄）

图26 ‘单瓣朱砂’梅（包峥焱 摄）

图27 ‘舞朱砂’梅（包峥焱 摄）

7.7 跳枝品种群

小枝绿色或具明显的绿底色；花单瓣或重瓣，同色花中偶有其他颜色的花，或花瓣上有条纹或斑点；果熟时黄色。

‘复瓣跳枝’梅：花白色，重瓣，偶有单枝花粉色，或花瓣部分粉色；北京地区花期3月下旬至4月上旬（图30）。

7.8 龙游品种群

小枝绿色或具明显的绿色底；枝条自然扭曲。

‘龙游’梅：花白色，重瓣，清香；北京冬季包裹防寒，花期为2月下旬至3月中旬（图31）。

7.9 垂枝品种群

枝条自然下垂或斜垂。

‘单碧垂枝’梅：花白色，单瓣，萼片绿色，清香；北京地区花期3月下旬至4月初（图32）。

‘单粉垂枝’梅：花淡粉色，单瓣，清香；北京地区花期3月下旬至4月初（图33）。

‘锦红垂枝’梅：花玫红色，重瓣，淡香；北京地区花期3月下旬（图34）。

‘开运垂枝’梅：花玫粉色，重瓣，近无香，着花繁密；北京花期3月底至4月上旬（图35）。

图28 ‘骨红大朱砂’梅（包峥焱 摄）

图29 ‘小红朱砂’梅（包峥焱 摄）

图30 ‘复瓣跳枝’梅（孙宜 摄）

图31 ‘龙游’梅（包峥焱 摄）

图32 ‘单碧垂枝’梅（包峥焱 摄）

图33 ‘单粉垂枝’梅（包峥焱 摄）

7.10 杏梅品种群

小枝紫红色；花被丝托肿大，萼片绛紫红色，强烈反卷。花无香或有微弱异香；果实成熟时黄色。

‘花蝴蝶’梅：枝条横伸，树姿飘逸；花淡粉、单瓣，淡香，着花繁密；北京花期3月中下旬（图36）。

‘中山杏’梅：花白色，单瓣，浓杏花香，着花繁密；北京地区花期3月下旬（图37）。

‘燕杏’梅：花白色，单瓣，雌蕊突出，无香，着花繁密；北京地区花期3月下旬至4月初（图38）。

‘杨贵妃’梅：花大，浅粉红色，重瓣，杏花香；北京地区花期3月下旬（图39）。

7.11 美人品种群

小枝紫红色；花被丝托略肿大，花梗长；叶紫红色，果实成熟时紫红色。

‘美人’梅：花水粉色，重瓣，有香味，花梗长；北京地区花期较晚，4月上中旬（图40、图41）。

图34 ‘锦红垂枝’梅（包峥焱 摄）

图35 ‘开运垂枝’梅（包峥焱 摄）

图36 ‘花蝴蝶’梅（孙宜 摄）

图37 ‘中山杏’梅（孙宜 摄）

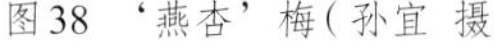

图38 ‘燕杏’梅（孙宜 摄）

图39 ‘杨贵妃’梅（孙宜 摄）

图40 ‘美人’梅景观（孙宜 摄）

图41 ‘美人’梅（孙宜 摄）

09

参考文献

安亨在，2012. 韩国的古梅及名梅[J]. 北京林业大学学报，34（S1）：21-27.

安亨在，2013. 韩国梅花品种[J]. 北京林业大学学报，35（S1）：144-149.

包满珠，1990. 我国横断山区的野梅资源[J]. 中国园林，6（4）：19-21.

包满珠，1991. 我国川、滇、藏部分地区野梅种质资源及梅的系统学研究[D]. 北京：北京林业大学.

包满珠，1993. 我国川、滇、藏部分地区野梅种质资源及其开发利用[J]. 华中农业大学学报，12（5）：498-501.

包满珠，陈俊愉，1994. 中国梅的变异与分布研究[J]. 园艺学报，21（1）：81-86.

曹慧，李祖光，王妍，等，2009. 两种梅花香气成分的分析及QSRR研究[J]. 分析科学学报，25（2）：130-134.

陈俊愉，1985. 梅花史话[J]. 农业世界（11）：50-53,57.

陈俊愉，2002. 梅花研究六十年[J]. 北京林业大学学报，24（5）：224-229.

陈俊愉，2012. 从梅国际品种登录到中国栽培植物登录权威规划[J]. 北京林业大学学报，34（S1）：1-3.

陈俊愉，1989. 中国梅花品种图志[M]. 北京：中国林业出版社.

陈俊愉，1996. 中国梅花[M]. 海口：中国海南出版社：197.

陈俊愉，2010. 中国梅花品种图志[M]. 北京：中国林业出版社：208.

陈俊愉，陈瑞丹，2007. 关于梅花*Prunus mume*的品种分类体系[J]. 园艺学报，34（4）：1055-1058.

陈俊愉，陈瑞丹，2009. 中国梅花品种群分类新方案并论种间杂交起源品种群之发展优势[J]. 园艺学报，36（5）：693-

700.
陈瑞丹，包满珠，张启翔，2017. 国际梅品种登录工作 19 年——业绩与前景[J]. 北京林业大学学报，39（S1）：1-4.
陈小芒，2003. 廖文华略论咏梅诗的文化意蕴[J]. 闽江学院学报，24（6）：23-26.
程大锋，2009. 梅文化资源及其开发利用研究[D]. 南京：南京农业大学.
程杰，2006. 中国梅花题材音乐的历史演进[J]. 江苏行政学院学报（2）：27-33.
程杰，2008. 中国梅花审美文化研究[M]. 成都：巴蜀书社：578.
程杰，2011. 古代五大梅花名胜的历史地位和文化意义[J]. 闽江学刊，3（1）：107-113.
程堂仁，2013. 中国梅花研究获突破性进展全基因组测序完成研究论文在国际权威杂志发表[J]. 中国花卉园艺（2）：8.
褚孟嫄，1999. 中国果树志・梅卷[M]. 北京：中国林业出版社：206.
褚云霞，陈海荣，邓珊，等，2017. 观赏植物品种国际登录现状[C]// 2017年中国观赏园艺学术研讨会论文集：19-25.
高金燕，2017. 民间记日习俗“九九消寒图”的价值和意义[J]. 通化师范学院学报，38（9）：24-30.
谷悦，2014. 寒冬飞雪食梅花[J]. 中国食品（1）：114-117.
郭明友，2014. 论无锡梅园的审美特征与历史价值[J]. 中国园林（12）：91-94.
何金儒，2018. 世界首个梅花全基因组重测序研究完成[J]. 中国园艺文摘（11）：45.
黄国振，2001. 美国的梅花栽培及‘美人’梅之引入中国[J]. 北京林业大学学报，23(S1)：40-41.
黄杰，2005. 宋词与民俗[M]. 北京：商务印书馆：406.
金荷仙，陈俊愉，金幼菊，2005. 南京不同类型梅花品种香气成分的比较研究[J]. 园艺学报，32（6）：1139.
李彩霞，付翠，2016. 从认知视角探索中国古典诗词隐喻翻译——以陆游词《卜算子・咏梅》英译比读为例[J]. 海外英语，23：109-110,117.
李长伟，杨波，汪诗珊，等，2020. 南京梅花国际登录新品种及梅花栽培管理技术研究[J]. 中国园林，36（S1）：44-47.
李荷蓉，2008，李清照咏梅词与宋代梅文化[J]. 河南大学学报（社会科学版），48（3）：84-89.
李庆卫，2013. 美国梅花初步研究[J]. 北京林业大学学报，35（S1）：128-132.
李庆卫，陈俊愉，张启翔，2007. 河南新郑裴李岗遗址地下发掘炭化果核的研究[J]. 北京林业大学学报，29（增刊1）：59-61.
李树华，2007. 日本的赏梅、赏樱文化及其园林应用[J]. 北京林业大学学报，29（S1）：62-68.
李艳梅，李漫莉，刘青林，2011. 日本梅园赏析[J]. 中国花卉园艺（2）：48-49.
连梅，2015. 南京梅花山：传播中国梅文化[J]. 中国花卉园艺（19）：24-25.
连梅，2020. 湖北省武汉市东湖风景区磨山管理处国家梅花种质资源库建科研和赏花为一体的梅花宝库[J]. 中国花卉园艺（23）：20-21.
林地，2019. 梅花诗人高梅花[J]. 黑龙江粮食（2）：53.
林晓青，2018. 苏轼与朱熹咏梅诗词比较研究[J]. 兰州教育学院学报，34（2）：21-23,53.
刘峰，2020. 寒凝大地发春华——历代咏梅诗欣赏[J]. 对联（2）：23-25.
刘青林，袁丽丽，2011. 梅花在美国的引种栽培[J]. 中国园艺文摘（2）：44-45.
刘文哲，赵鹏，2017. APG IV 系统在植物学教学中的应用初探[J]. 高等理科教育（4）：104-109.
刘晓倩，张启翔，2008. 国内梅花资源与育种研究进展[J]. 山东林业科技（2）：63-65.
柳英，钟晓红，蔡雁平，2013. 中国梅花诗词文化特点与梅花造景艺术浅探[J]. 中国园艺文摘（10）：108-109,102.
骆江伟，2009. 梅花花器官 cDNA 文库的构建及其 PmAP3、PmPI、PmAG 基因的克隆[D]. 武汉：华中农业大学.
邱占勇，1999. 宋人咏梅诗的三种境界[J]. 辽宁工程技术大学学报（社会科学版），1（1）：71-73.
孙美萍，2012. 在传承中发展在发展中传承百年无锡梅园绽新枝[J]. 北京林业大学学报，34（S1）:13-15.
孙宜，包峥焱，2020. 梅花引种与繁殖技术初探[J]. 中国植物园（23）：48-56.
唐桂梅，黄国林，曾斌，等，2020. 梅花种质资源研究进展[J]. 湖南农业科学（5）：108-111,114.
汪冲云，2010. 惹袖尚余香半日向人如诉雨多时——浅谈清代瓷上梅花纹饰[J]. 陶瓷研究，30（1）：29-31.
王翠梅，董然然，王一兰，等，2015. 梅与山桃远缘杂交亲和性初步研究[J]. 西北植物学报，35（5）：957-962.
王锦秀，汤彦承，吴征镒，2021.《植物名实图考》新释[M]. 上海：上海科学出版社：2050.
王利平，刘扬岷，袁身淑，2003. 梅花香气成分初探[J]. 园艺学报，30（1）：42-42.
王其超，1992. 中国古梅研究十年[J]. 北京林业大学学报，14（S4）：42-50.
王学智，2001. 南京梅谱[M]. 南京：南京出版社：136.
韦凌，2009. 无锡梅园趣话[J]. 文化交流（2）：67-69.
吴涤新，1995. 梅文化在日本的传承[J]. 北京林业大学学报，17（S1）：8-11.
吴征镒，2017. 中华大典・生物学典・植物分典[M]. 昆明：云南教育出版社：43144.
吴中伦，汪菊渊，1990.《中国梅花品种图志》评介[J]. 中国园林（4）：13.
喜仁龙，2021, 西洋镜：中国园林[M]. 北京：北京日报出版社：644.
徐梅，2012. 浅论陆游咏梅诗中的“一”与“多”[J]. 邢台学院学报，27（3）：85-87.
徐宗大，2015. 梅花花器官发育相关 MADS-box 基因的功能分析[D]. 北京：北京林业大学.
许联瑛，2015. 北京梅花[M]. 北京：科学出版社：348.
薛世，王树栋，2009. 中国梅文化及梅花在园林造景中的应用[J]. 北京农学院学报，24,（1）：69-72.
俞德浚，陆玲娣，古粹芝，2005. 广西植物志[M]. 南宁：广西科学技术出版社：947.

于红慧，2020. 论高启的咏梅诗[J]. 厦门教育学院学报，12（4）:15-20.

赵旭明，吴保欢，王永刚，等，2021. 基于花器官形态特征的广义李属植物的数量分类[J]. 植物资源与环境学报，30（3）: 20-28.

郑青，2004. 日本花道起源初探[J]. 北京林业大学学报（社会科学版），3（4）：16-18.

周丽华，2006. 云南植物志[M]. 北京：科学出版社.

周武忠，郑德东，2011. 中国梅花画的历史与技法[J]. 艺术百家（5）：162-166.

ENDO Y, 2001. Flora of Japan [M]. Tokyo：KODANSHA LTD: 127-128.

VIDAL J E, 1968. Rosaceae, *Flora du Cambodge,* Du Laos et Du Vietnam [M]. Paris: Museum National D’Histoire Naturelle: 161-163.

ZHANG Q X，ZHANG H，SUN L D，et al, 2018. The genetic architecture of floral traits in the woody plant *Prunus mume*[J]. Nature Communications，9（2）：69-79.

致谢

感谢马金双教授对本章写作的精心指导与帮助，马老师为我提供了很多有用的参考资料，并及时对文中出现的问题提出修改意见。同时，感谢黄亦工教授、包峥焱高级工程师为文章提供的精美照片，感谢本文中所引用的各位学者的专著及论文，感谢领导的支持、同事的帮助。在文章完成之际，对给予我帮助的人致以衷心的感谢。

作者简介

孙宜，女，正高级工程师。1972年12月生，籍贯天津。1994年毕业于南京农业大学观赏园艺专业。1994年7月入职北京市植物园。1994—2000年从事植物组织培养的研究工作；2001年至今，从事木本植物的引种、繁育及应用推广工作，重点对梅花及紫薇、凌霄、紫藤等植物进行专项研究。

09

园林之母
China

10

-TEN-

茜草科滇丁香属

***Luculia* Sweet, Rubiaceae**

李叶芳[*] 关文灵[**]
（云南农业大学）

LI Yefang[*] GUAN Wenling[**]
(Yunnan Agricultural University)

[*] 邮箱：593228699@qq.com
[**] 邮箱：gwenling2008@sina.com

摘　要：滇丁香属隶属于茜草科，约5种，中国有3种，其在茜草科中的系统位置有待进一步探讨。研究表明，滇丁香属所有种类均为典型的花柱二型植物。该属植物由于具有极高的观赏价值而被世界各地引种栽培。然而在中国，虽然研究者对其繁殖技术、香气化学成分及育种等方面开展了研究，但滇丁香属植物的栽培并不普遍，其致命的茎腐病和不耐寒的习性是制约其栽培应用的重要因素。因此，开展茎腐病发病机制和防控技术研究及抗性育种研究将成为今后滇丁香属主要的研究方向。本章主要就滇丁香的研究和引种进展给予简要综述。

关键词：滇丁香　分类　观赏特性　引种栽培　繁殖　育种

Abstract: The genus *Luculia* Sweet., with about 5 species in word and 3 species in China, belongs to the family Rubiaceae, but its systematic position in the family Rubiaceae needs to be further explored. Studies have shown that all species of the genus *Luculia* Sweet. are typical styloid plants. This genus has been widely introduced and cultivated in gardens all over the world because of its extremely high ornamental value. However, in China, although researchers have carried out research on its reproduction technology, aroma chemical composition and breeding, the cultivation of *Luculia* is not common, and its deadly stalk rot and cold intolerance habit restrict its cultivation and application. Therefore, research on the pathogenesis and control technology of stem rot and research on resistance breeding will become the main research direction of *Luculia* in the future. This article mainly gives a brief overview of the research and introduction progress of *Luculia*.

Keywords: *Luculia*, Classification, Ornamental characteristics, Introduction and cultivation, Reproduce, Breeding

李叶芳，关文灵，2022，第10章，茜草科滇丁香属；中国——二十一世纪的园林之母，第一卷：356-371页

1　滇丁香概述

1.1　分类地位

根据《中国植物志》记载，滇丁香属（*Luculia* Sweet）隶属于茜草科（Rubiaceae）金鸡纳族（Trib. Cinchoneae DC.）（罗献瑞 等，1999）。最新研究成果，滇丁香属隶属于滇丁香族（Luculieae），与流苏子族（Coptosapelteae）构成姐妹关系（李德铢 等，2020）（图1），但分子系统发育分析（Bremer et al., 1999）表明，该属处于茜草科系统树的基部，均不属于茜草科已知的3个亚科，因此滇丁香属在茜草科中的系统位置有待进一步探讨（陈之端 等，2019）。DNA条形码研究：BOLD网站有该属5种36个条形码数据，GBOWS网站已有3种91个条形码数据（李德铢 等，2020）。

1.2　识别特征

灌木或乔木。叶对生，具柄；托叶在叶柄间，锐尖，脱落。花美丽，红色或白色，芳香，具短花梗，组成顶生、多花伞房状聚伞花序或圆锥花序；萼管陀螺形，裂片5；花冠高脚碟状，冠管伸长，喉部稍膨大，裂片5，开展，覆瓦状排列，在每一裂片间的内面基部有或无2个片状附属物；雄蕊5枚，着生在冠管上，花丝极短，花药内藏或顶端伸出；子房下位，2室，内藏或伸出，柱头2裂。蒴果室间开裂为2果爿；种子多数，种皮微皱，种子两端延长为狭翅，翅具齿。花粉粒3孔沟，网状纹饰。染色体2n=44（罗献瑞 等，1999；李德铢 等，2020）。

1.3　种类与分布

滇丁香属*Luculia* Sweet, The British Flower Garden, 2, 0. 145, 1826。本属约5种；分布于亚洲南部至东南部。我国有3种1变种。

产于广西、云南、西藏、贵州。本属模式种

是馥郁滇丁香［*Luculia gratissima*（Wall.） Sweet］（吴征镒，2006；罗献瑞 等，1999；李德铢 等，2020）。云南是滇丁香属植物最丰富的地区，具有国内的所有种类。但根据*Flora of China*（Hutchinson）的描述，花冠裂片间是否有显著的瓣状突起是滇丁香属下分种的主要依据，据此推测，中国也许只有2个种（Chen & Taylor，2011）。

分种检索表（Chen & Taylor，2011）

1a. 花冠筒30～50mm；花冠裂片12～15mm宽，近圆形至宽椭圆形，花冠裂片基部无片状附属物 …………………………………………………… **馥郁滇丁香*Luculia gratissima* (Wall.) Sweet**

1b. 花冠筒25～32mm；花冠裂片9～15mm宽，倒卵形到近圆形，通常在花冠裂片内面基部的每一边有1片状附属物。

2a.花序轴、萼管和果实无毛或疏生硬毛或具柔毛 ………………………… **滇丁香*L. pinciana* Hook.**

2b.花序轴、萼管和果实密被绒毛 ……………………………… **鸡冠滇丁香*L. yunnanensis* S. Y. Hu.**

1.4 主要观赏类群（属与种）介绍

1.4.1 滇丁香

Luculia pinciana Hook.，Botanical Magazine 71: pl. 4132. 1845. TYPUS: Material cultivated in England, from Nepal ≡ *Luculia intermedia* Hutch.，Plantae Wilsonianae 3(2): 408. TYPUS: China,Yunnan, Mengtsze, mountain forests, 2 000～2 300m,

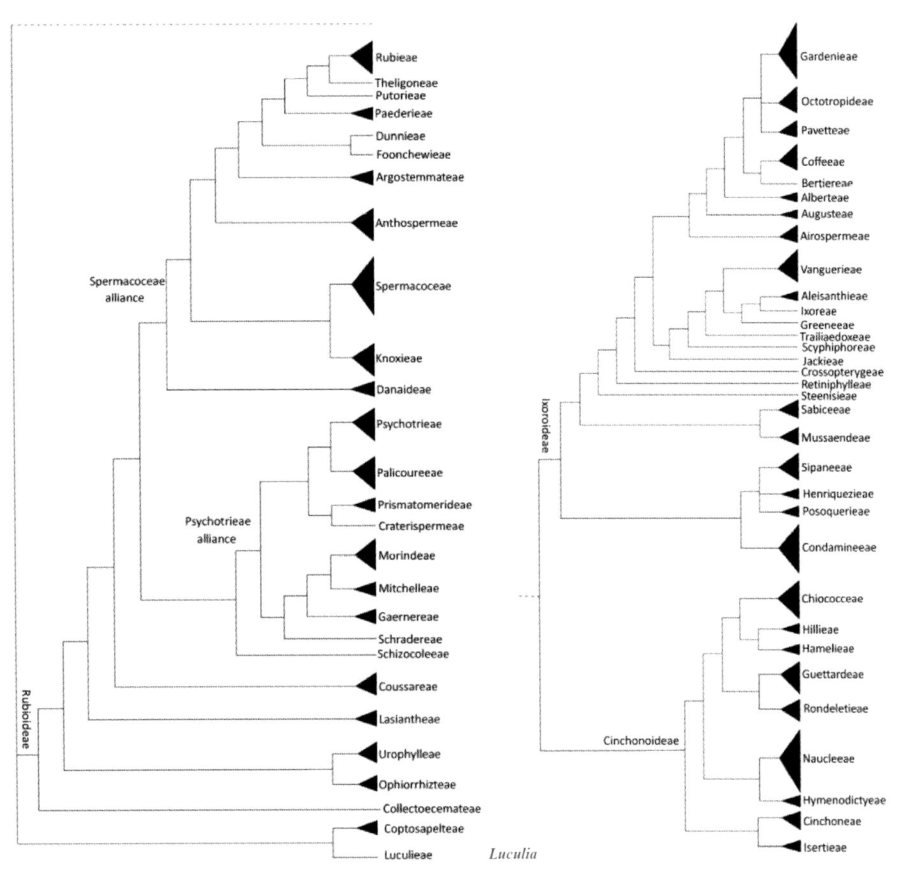

图1　茜草科分子系统框架图（李德铢，2020）

December 1894. *W. Hancock 262* flowers.

J.Hutchinson 在对*Luculia intermedia* Hutchins.的原始记载中（Sargent，1916），提出其花冠裂片间具有活瓣状突起而与本种不同。但参阅本种的原始描述和原图版，在花冠裂片间亦具有同样的活瓣状突起，故《中国植物志》将其归并于本种。

1a. 滇丁香（原变种）

Luculia pinciana Hook.var. ***pinciana***

别名：露球花，藏丁香，丁香叶，丁香，丁香花叶，隔山香，桂丁香。

主要形态特征：高2～10m；小枝有明显的皮孔。叶纸质，长圆形、长圆状披针形或广椭圆形，长5～22cm，宽2～8cm，顶端短渐尖或尾状渐尖，基部楔形或渐狭，全缘，上面无毛。伞房状的聚伞花序顶生；总花梗和花梗无毛；花芳香；花冠红色，少为白色，高脚碟状，花冠裂片间的内面基部有2个片状附属物；雄蕊着生在冠管喉部，内藏或稍伸出；柱头顶端2裂，内藏或稍伸出。蒴果近圆筒形或倒卵状长圆形，有棱；种子多数，近椭圆形，两端具翅。花、果期3～11月。

分布：产于广西西部和西北部，贵州荔波，云南，西藏墨脱、察隅。生于海拔600～3 000m处的山坡、山谷溪边的林中或灌丛中。国外分布于印度、尼泊尔、缅甸、越南。

1b. 毛滇丁香（植物分类学报）（变种）

Luculia pinciana var. ***pubescens*** W.C.Chen，Acta Phytotaxonomica Sinica 22（2）: 139. 1984.≡*Luculia intermedia* Hutch.var. *pubescens* W.C.Chen. TYPUS: China, Yunnan,Shuangjiang, Taiping, in silvis, 1 760m, 12 Sept 1957，*J.S. Xin 858*（SCBI）.

本变种和原变种不同的是小枝和总花梗有柔毛。花果期4～12月。

产于广西那坡、云南、西藏墨脱。生于海拔650～1 800m处的山坡或山谷溪边的林中或灌丛中。模式标本采自云南双江。

1.4.2 鸡冠滇丁香

Luculia yunnanensis S.Y. Hu，Journal of the Arnold Arboretum 32（4）: 398–399. 1951. TYPUS:China: Yunnan: Shangba Xian, 2 300～2 500m. *H.T. Tsai 56598*（A）.

主要形态特征：通常高约3.5m；小枝有皮孔，被柔毛。叶革质或纸质，倒披针形或倒披针状长圆形，长5.5～18cm，宽2～5.5cm，顶端渐尖，基部楔形或渐狭，全缘，上面无毛。伞房状的聚伞花序顶生，多花，总花梗和花梗均被绒毛；花芳香；花冠红色，高脚碟状，裂片间的内面基部有2个片状附属物；雄蕊5枚，稍伸出；柱头肉质，2裂，伸出。蒴果长圆状倒卵形，被柔毛，有棱；种子多皱纹，具翅，白色。花、果期3～11月。

分布：产于云南贡山、福贡、碧江、景东。生于海拔1 200～3 200m处的山地林中或灌丛中。模式标本采自云南福贡。

1.4.3 馥郁滇丁香

Luculia gratissima（Wall.）Sweet.，The British Flower Garden, 2: pl. 145. 1826. ≡ *Cinchona gratissima* Wall. in Roxb. Flora Indica; or descriptions of Indian Plants 2: 154–156. 1824. TYPUS: Nipal, Sikkim, India.

主要形态特征：高达5m；树皮淡褐色；小枝有皮孔，幼嫩时淡红色，有疏柔毛。叶纸质或薄革质，卵状长圆形、椭圆形或椭圆状倒披针形，长5～15cm，宽2～6cm，顶端渐尖，基部楔形或短尖，全缘，上面无毛。伞房状的聚伞花序大，顶生；总花梗被疏柔毛；花大而芳香；花冠红色，高脚碟状，长约5cm；雄蕊着生于冠管内；花柱丝状，柱头大，2裂，内藏。蒴果倒卵状长圆形，被疏柔毛或毛以后脱落，长约2cm。花、果期4～11月。

分布：产于云南西部和西南部、西藏墨脱，数量稀少；生于海拔800～2 400m处的山地林中或灌丛中。国外分布于印度东北部、尼泊尔、不丹、缅甸、泰国、越南等地。

1.5 滇丁香属海内外引种栽培历史

滇丁香属植物在云南民间作为中药材和庭院观赏花木具有悠久的历史，早在大约16世纪60年代明代云南本草学家兰茂编著的《滇南本草》中就有记述："丁香叶，即家中盆内栽者是也。味苦、辛，性微温。芳香入肺，止肺寒咳嗽、或咳血、或痰上带血。单剂，蜜炙，煎服。”（朱兆云，赵毅，2011）。根据附图及说明，“丁香叶”即为滇丁香属植物。作为观赏植物，清朝吴其濬所著《植物名实图考》有记载：“香生云南圃中，大本如藤，叶如枇杷，叶微尖而光。夏开长筒花，如北地香成簇，而五瓣团团，大逾红梅，柔厚娇嫩，又似秋海棠。中有黄心两三点，有色鲜香，故不甚重（吴其濬，2015）。”据此推测，在明清时期，我国云南园圃中就有滇丁香的栽培。目前在云南的昆明、大理等地的植物园、公园及私人庭院有零星栽培应用，也有少量盆花生产销售。部分企业从2004年起致力于滇丁香的引种驯化及规模化开发，但因茎腐病严重而失败。由于极高的观赏价值，世界各地将滇丁香属作为观赏树种进行引种栽培（Zhou & Wang，2011）。在1990年以前，新西兰北部地区的花园中，已经广泛引种栽培来自喜马拉雅地区的馥郁滇丁香（*L. gratissima*）（Murray，1990）；英国爱丁堡植物园于1996年从云南高黎贡山引种了滇丁香。澳大利亚、南非、美国和日本等国家，也都引种栽培馥郁滇丁香（朱洲，吕元林，2003）。由此可见，滇丁香属植物对世界园林具有重要贡献。

1.6 滇丁香属观赏价值和用途

滇丁香属植物为常绿灌木，其叶片翠绿光亮；花朵密集，排成绣球状的伞房状聚伞花序，硕大而丰满，花序量大；花色多变，为白色、粉白、粉红至玫红色，花具有浓郁的芳香，单株花期长达数月，可以从春季开到冬季，是具有广阔推广前景的花灌木，既可以配置于庭院和城市绿地，也可植于森林公园林缘地带，适合营造自然景观，发展生态旅游。经整形矮化后可作为盆花观赏。由于其花枝修长，吸水性较好，也是很好的木本切花资源（李世峰，宋杰，2020）。据观察，滇丁香花期极长，其单朵花开放时间约15天，有的可达30天之久。单株及一个居群内不同植株的花期可从3月初直至12月底，部分地区可达翌年1月中下旬。同株的花期和果期重叠，即坐果的同时，又不断有新花序形成和开放（马宏 等，2009；毕波 等，2005）。芳香是滇丁香属植物的主要观赏特征，研究表明，滇丁香的花香成分中共包含39种物质，其主要成分为苯环类化合物和萜类（Li et al.，2016）。鸡冠滇丁香的花香成分中共包含40种成分，其主要成分为萜类物质，占86%以上，其次为苯环类化合物（Li et al.，2017）。

关于滇丁香属植物的药用价值，吴征镒主编的《新华本草纲要》有详细记载：根有活血调经、消炎止痛、降压功能。可用于治疗月经不调、风湿疼痛、跌打损伤、偏头痛、心慌等，外用可治毒蛇咬伤；花、果有止咳化痰功能，可用于治疗百日咳、慢性支气管炎、肺结核；叶有消肿功能，可敷外伤肿痛（吴征镒，1991）。据《西藏植物志》载：滇丁香根、花、果入药，可治百日咳、慢性支气管炎、肺结核、月经不调、痛经、风湿疼痛、偏头疼、尿路感染、尿路结石、病后头昏、心慌；外用可治毒蛇咬伤（吴征镒，2006）。现代植物化学研究和药理证实：滇丁香属植物具有药用价值。国内学者在1982年从滇丁香中分离出具有镇痛作用的丹皮酚成分（周法兴 等，1982）。迄今为止，从滇丁香中共鉴定出50余种化合物，主要为脂肪族化合物、萜类化合物和芳香族化合物等。其萜类化合物具有消肿、抗炎、止痛等作用（康文艺 等，2007；Li et al.，2016，2017）。在对滇丁香属的香气成分研究中发现，滇丁香花香成分中苯环类物质的相对含量较高，达51.61%以上（Li et al.，2016），鸡冠滇丁香花香挥发物中萜类物质相对含量较高，达64.67%以上（Li et al.，2017），与滇丁香花香成分差异大，两者花香各具特色。对滇丁香抑菌和抗耐药菌株活性的研究表明，滇丁香乙醇浸膏对金黄葡萄球菌敏感菌株、枯草芽孢杆菌、乙型溶血型链球菌、白色念球菌具有抑菌或杀菌的作用，对大肠埃希菌敏感菌株未见明显抑菌和杀菌作用（康文艺 等，2002）。

1.7 滇丁香属开花生物学特性研究

滇丁香属所有种类均为典型的花柱二型植物（柱高二态），即同种植物既有具长花柱的针型花植株（花柱长，柱头伸出花冠管，花药生于花冠管口略低的位置），也有具短花柱的线型花植株（花柱短，柱头藏于花冠管内，花药位于花冠管口略高的位置），不同花型的柱头和花药存在垂直高度上的相互对应关系（马宏 等，2009）。周伟等利用谱系地理学的方法对二型滇丁香不同类型（单态和二态）种群花部形态进行比较，单态种群雌雄异位距离小于二态种群，个体间存在高度的雌雄生殖器官的非法重叠，为异型花柱植物种群扩张方式的研究提供了新思路（周伟 等，2015）。马宏等从花部特征和长、短柱型植株的繁育系统特点等方面对花柱二型植物滇丁香进行了研究，结果表明：针型花植株的单株花序数明显较多，而花冠管和柱头裂片长却明显较短。认为，在自然条件下，滇丁香为虫媒花植物，其中针型花和线型花所接受的亲和性花粉分别为异株同型花和异型花提供。滇丁香不仅是形态意义而且是功能意义上的花柱二型植物（马宏 等，2009）。万友名等对滇丁香进行了生殖生物学的研究，以及长花柱型滇丁香小孢子发生及雄配子体发育的研究，表明二型花柱花所接受的亲和性花粉分别为异株同型花或异型花提供，证明滇丁香在形态意义上和功能意义上都是花柱二型植物（万友名，2010）。

国外学者Murray等人对馥郁滇丁香花的生物学特性研究表明，该种长花柱和短花柱两种类型的花之间存在显著差异，其中短花柱类型花的花冠直径、花冠管长及柱头长均优于长花柱类型。短花柱类型的柱头细胞较长花柱类型长，并且花粉粒也比长柱花类型的大。两种类型花的柱头均为湿柱头，在柱头的表面都能分泌蛋白质、脂类及多糖类分泌物质，然而，在短柱花类型的柱头表面上的乳突上较长柱花密被着更多的分泌物质，并且短花柱类型的柱头乳突的表皮比长柱花类型的更具有规则。通过人工控制杂交实验发现，馥郁滇丁香属于自交不亲和，原因在于两裂片柱头分叉处的细胞组织阻碍了花粉管延花柱的伸长（Murray，1990）。毕波等人对文山州西畴县东北部法斗乡的滇丁香群居进行观察，其花期为3～11月，其中5～10月为盛花期，花序密集而繁茂，花色艳丽而芳香。3月22日左右开花，约20天后达到盛花期，开花时间可持续7天左右，之后整株树花瓣开始谢落，进入末花期，约15天后再次开始开花，如此反复，在花期内植株上始终有花开放（毕波 等，2005）。同株的花期和果期往往重叠，即坐果的同时，又不断有新花序形成和开放。同一植株仅包括一种类型的花朵。针型花和线型花植株花期基本一致（马宏 等，2009）。经笔者对西藏墨脱县一滇丁香居群的观察，其花序到元旦仍然在盛开。昆明金殿公园人工滇丁香种群开花期从4月下旬开始至12月下旬结束，历时8个月。群体内植株间、植株内花序间、花序内单花间开花均有交错，这就最大限度地延长开花期从而保障传粉的成功。不同时期开花结实的果实其成熟期不一致，早期开花结实的果实成熟期短，晚期结实的果实成熟期长，但是，不同时期结实的果实成熟后其种子萌发无显著差异（万友名，2010）。

2　滇丁香栽培、繁殖与应用

2.1　滇丁香属繁殖

滇丁香属植物繁殖较为容易，可通过播种、枝条扦插、组培等手段繁殖。

播种繁殖：滇丁香属植物结实率高，种子产量大，播种较为容易，因此适合采用播种方法大规模繁殖育苗。冬春季果实成熟后采集种子，可随采随播。暂时不用的种子可用牛皮纸袋包好，放入4℃的冰箱内长期保存。其种子不存在物理休眠现象，只要条件适合，种子均可萌发。种子千粒重为（62.9+0.44）mg，直径为（0.05+0.01）mm，种子连翅长为（3.83+0.36）mm（张光飞 等，2003）。研究表明，光照明显促进滇丁香种子的萌发，种子萌发最适温度为25℃，在此温度条件下，其种子12～14天开始萌发，2～3周萌发完全，种子发芽率可达98%（宋杰 等，2010）。GA_3具有替代光而使滇丁香种子萌发的作用，经250mg/L GA_3 处理24小时，在15～30℃区间，有光和黑暗都具有较好萌发效果（张光飞 等，2003）。

田间育苗时，基质选用市场上常见的经过灭菌泥炭和珍珠岩，比例为2：1，将其混合均匀用草炭作为基质进行播种，将种子均匀撒在基质上，由于种子细小并需要光照，播后不用覆盖基质，苗盘上覆盖无纺布保湿。播种后用底部浸润法补水，保持播种基质湿润，适合的发芽温度为23～26℃，10～15天可发芽，出苗率可达80%～90%。对于鸡冠滇丁香，经浓度为100mg/L 赤霉素预处理液浸种6小时，显著提高鸡冠滇丁香种子发芽率、发芽势和发芽指数，发芽起始天数亦显著缩短。鸡冠滇丁香种子萌发最适温度为25℃，最适基质为草炭土、珍珠岩、蛭石按体积比2：1：1的混合基质，最适光照条件为露地搭的双层50%的遮光网（万友名 等，2010）。

枝条扦插繁殖：滇丁香扦插方法是在生长季采用其半木质化枝条作为插条，老枝中空，不适合做插条。插条用200mg/kg的ABT2处理2小时后扦插；其次是用200mg/kg的NAA或国光生根处理2小时后扦插。在规模化生产中，采用国光生根2000mg/kg快速蘸根2～5分钟的方法，也可达到生根率90%左右的效果。扦插基质选用市场上常见的经过灭菌泥炭和珍珠岩按1：1比例混合。扦插期间需要保持较高的空气湿度（80%～90%），基质温度20～25℃，约30天开始生根（杨晓琴 等，2010）。

组培快繁：通过顶芽或茎段作为外植体进行无菌培养，可建立起组培快繁体系，实现规模化快速繁殖。对滇丁香芽的分化和增殖效果较好的培养基配方为MS+6-BA 3.0mg/L+NAA 0.03mg/L，最好的生根培养基为1/2 MS+NAA 2.0mg/L +AC 0.3%（王俐 等，2005）。通过滇丁香种子无菌萌发获得无菌苗，再经过增殖培养及生根培养，也能建立滇丁香离体快繁技术体系。滇丁香组织培养较为容易，这对滇丁香的无性系新品种培育及规模化生产极为有利。

2.2 滇丁香属植物栽培

生态习性：滇丁香属植物适应温暖湿润的气候，分布区空气湿度通常在80%以上，成年植株可耐-5℃的短期低温，幼苗耐寒力弱，一般要求5℃以上的越冬温度。气温连续3～5天在0℃以下，或者连续降霜，植株会受到冻害；在严寒下叶色会变成棕红色，并引起过早落叶（毕波 等，2005）。滇丁香属植物较喜光，在全光照条件下长势良好，株型紧凑饱满；也有一定耐阴能力，在树荫下可正常生长。适生于疏松、排水良好的土壤，不耐积水。

栽培养护：滇丁香幼苗较耐阴，育苗场地需要搭建遮阳网，随着苗木的生长逐渐增加透光度。栽培基质建议选用粗泥炭土、珍珠岩和椰糠块按2：1：1比例混合。滇丁香是既喜湿又怕涝的植物，平时管理中浇水要本着见干见湿的原则。滇丁香茎腐病极为严重，会造成植株大规模死亡，一般在高温多湿的雨季发病严重，霉腐菌是滇丁香茎腐病的致病原因，病害表现为：发病初期植株叶片由绿变红直至脱落，后期茎基部由绿变黄、变褐，整株萎蔫死亡。因此，病害防治极为重要，雨季应加强通风排湿，控制基质水分；避免采用喷灌方式浇水，建议采用滴灌；定期用广谱性杀菌剂喷洒植株叶片和喷淋植株基部进行防治；发病死亡的植株及其栽培基质要及时清理销毁。

2.3 滇丁香属种质创新与园艺品种选育

有关滇丁香属植物新品种的选育始于野生种的变异单株选择。中国林业科学研究院资源昆虫研究所先后从馥郁滇丁香的变异株中选育出‘香妃’（万友名 等，2018）和‘香波’两个新品种，从滇丁香野生种群的天然变异植株中选育出‘红福’‘金雨点’两个新品种（马宏 等，

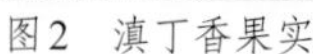
图2　滇丁香果实

图3　滇丁香花朵

图4　滇丁香花蕾

图5　滇丁香花序

图6　滇丁香花序

图7　滇丁香花序

图8　滇丁香花序背面

2018；刘秀贤 等，2019）。通过杂交选育出‘天香’‘香魂’两个品种。云南农业大学景观花卉研究室通过化学诱变，获得了四倍体、六倍体。

2.4　滇丁香属的开发前景

国产的滇丁香属3个种均具有极高的观赏价值，是极其珍贵的观花闻香型的观赏植物资源，既可用于环境美化，又可用于盆栽或作切花之用，开发潜力巨大。但是该类植物具有不耐霜冻、茎腐病严重等特点，严重制约了产业化开发。因此，今后应重点在茎腐病发病机理及防控技术、耐寒抗病园艺品种的选育等各方面开展研究，可在广泛收集资源的基础上，通过杂交、诱变等手段开展育种工作，选育出高抗、园艺性状优良的新品种，实现资源的合理利用。

图9　滇丁香叶片

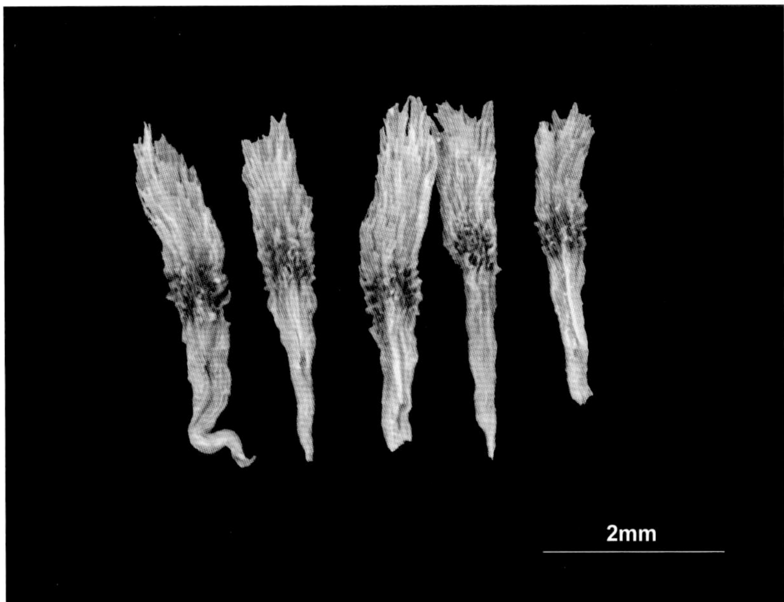

图10　滇丁香种子

图11　滇丁香种苗生产

10

图12　滇丁香居群（摄于西藏墨脱）

图13　滇丁香盆栽

图14　滇丁香植株（摄于西藏墨脱）

图15　滇丁香品种‘红福’花序（马宏提供）

图16　滇丁香品种‘红福’盆栽（马宏提供）

图17　滇丁香品种‘金雨点’（马宏提供）

图18　馥郁滇丁香品种‘香波’（马宏提供）

图19　馥郁滇丁香品种‘香妃’（马宏提供）

图20　杂交品种‘天香’（马宏提供）

图21　杂交品种‘香魂’（马宏提供）

图22　馥郁滇丁香开花植株（李世峰 提供）

图23　鸡冠滇丁香子房

图24　鸡冠滇丁香花序背面

图25　鸡冠滇丁香花朵

图26　鸡冠滇丁香花序

图27　鸡冠滇丁香花序

图28　鸡冠滇丁香花朵

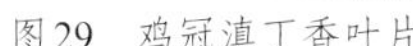

图29　鸡冠滇丁香叶片

图30　鸡冠滇丁香种子

图31　鸡冠滇丁香居群（摄于云南独龙江）

图32　鸡冠滇丁香植株（摄于云南独龙江）

参考文献

毕波，陈强，常恩福，等，2005. 滇丁香物候观测及其观赏、利用价值[J]. 广西林业科学，34（3）: 27-28.

陈之端，路安民，刘冰，等，2019. 维管植物生命之树[M]. 北京：科学出版社.

康文艺，杨小生，赵超，等，2007. 中型滇丁香挥发油化学成分分析[J]. 天然产物研究与开发，14（1）：39-41.

康文艺，杨小生，赵洪芳，等，2002. 中型滇丁香抑菌及抗耐药菌株作用的研究[J].. 天然产物研究与开发，14（5）：40-42.

李德铢，2020. 中国维管植物科属志：下卷[M]. 北京：科学出版社.

李世峰，宋杰，2020. 特色野生花卉——滇丁香[J]. 中国花卉园艺（2）：41.

刘秀贤，马宏，万友名，等，2019. 滇丁香新品种'金雨点'[J]. 园艺学报，46(1)：199-200.

罗献瑞，高蕴璋，陈伟球，等，1999. 中国植物志：第71卷 第1分册[M]. 北京：科学出版社.

马宏，万友名，刘秀贤，等，2018. 红花滇丁香新品种'红福'[J]. 园艺学报，45(10)：2067-2068.

马宏，王雁，李正红，等，2009. 滇丁香的繁育系统研究[J]. 林业科学研究，22（3）：373-378.

宋杰，关文灵，桂敏，2010. 光照和温度对中型滇丁香种子萌发的影响[J]. 西部林业科学，39（3）: 73-75.

万友名，马宏，刘秀贤，等，2018. 馥郁滇丁香新品种"香妃"[J]. 园艺学报，45（11）：2271-2272.

万友名，2010. 滇丁香生殖生物学研究[D]. 北京：中国林业科学研究院.

万友名，王雁，李正红，等，2010. 不同处理条件对鸡冠滇丁香种子萌发的影响[J]. 安徽农业科学，38（4）：1811-1813.

王俐，龙春林，杨德，2005. 滇丁香茎段的离体培养[J]. 云南农业大学学报，20（3）：446-447.

吴征镒，2006. 云南植物志：第15卷[M]. 北京：科学出版社.

吴征镒，1991. 新华本草纲要[M]. 上海：上海科学技术出版社.

吴其濬，2015. 植物名实图考[M]. 侯士良，崔瑛，贾玉梅，等校注. 郑州：河南科学技术出版社.

杨晓琴，王程熹，童亚丽，等，2010. 滇丁香非试管智能化快繁技术研究[J]. 西部林业科学，39（4）：69-73.

张光飞，苏文华，闫海忠，2003. 光照和温度对滇丁香种子萌发的影响[J]. 亚热带植物科学，32（1）：14-16.

周伟，李德铢，王红，2015. 二型花柱植物滇丁香二态和单态种群间花部形态变异模式[J]. 植物分类与资源学报，37(5)：513-521.

周法兴，覃光德，梁培瑜，1982. 滇丁香镇痛成分丹皮酚的分离[J]. 中草药（6）：6.

朱洲，吕元林，2003. 庭园绿化新秀滇丁香[J]. 植物杂志（5）：34.

朱兆云，赵毅，2010. 滇南本草：第3卷[M]. 昆明：云南科技出版社.

CHEN T, TAYLOR C M, 2011. Flora of China:Vol. 19[M]. Beijing: Science Press; St, Louis: Missouri Botanical Garden Press.

LI Y Y, WAN Y M, SUN Z H, et al, 2017. Floral scent chemistry of *Luculia yunnanensis* (Rubiaceae), a species endemic to China with sweetly fragrant flowers[J]. Molecules, 22(6): 879.

LI Y Y, M H, WAN Y M, et al, 2016. Volatile organic compounds emissions from *Luculia pinceana* flower and its changes at different Stages of flower development[J]. Molecules, 21(4): 531.

MURRAY B G, 1990. Heterostyly and pollen-tube interactions in *Luculia gratissima* (Rubiaceae)[J]. Annals of Botany,65:691-698.

ZHOU W, LI D Z, WANG H, 2011. A set of novel microsatellite markers developed for a distylous species *Luculia gratissima* (Rubiaceae)[J]. International Journal of Molecular Sciences,12(10): 6743-6748.

致谢

感谢马宏研究员提供滇丁香园艺品种照片；感谢李世峰研究员提供馥郁滇丁香照片。

作者简介

李叶芳，女，1974年生，讲师，硕士。2010年毕业于云南农业大学园林植物与观赏园艺专业，获硕士学位。主要从事园林植物育种和栽培研究，主持和参与科研项目12项，发表学术论文25篇，主编教材和专著3部，获得国家发明专利授权3项，实用新型专利2项，获得花卉新品种2个。

关文灵，通讯作者，男，1970年生，教授，博士。1990—1994年就读于华中农业大学林学系，获学士学位。2005—2009年攻读作物遗传育种专业博士学位，获农学博士学位。现任云南农业大学园林园艺学院教授，硕士研究生导师，园林植物与观赏园艺学科带头人。兼任云南省现代农业花卉苗木产业技术体系岗位专家，园林学会古树名木分会委员会委员（常务理事），云南省风景园林行业协会专家委员会委员。主要从事园林植物种质资源利用、花卉苗木繁育生产和生态修复等方面的研究和教学工作。主持国家自然科学基金及省部级以上科研项目15项，获得国家发明专利授权3项、实用新型专利2项；获得花卉新品种3个，获得软件著作权1项；主编教材和专著9部；参与制定地方行业标准1项，获得云南省科技进步二等奖和三等奖各1项。

10

园林之母
China

11

-ELEVEN-

木樨科丁香属

***Syringa* of Oleaceae**

孟　昕*
[国家植物园（北园）]

MENG Xin*
[China National Botanical Garden (North Garden)]

* 邮箱：mengxin@chnbg.cn

摘　要：本章通过对丁香属植物的系统与分类研究、国内外栽培史及收集应用情况的介绍，阐述了中国丁香被植物猎人引种到世界各地后，相关人物和机构以其为亲本进行的新品种选育和应用推广的过程，表明了原产中国的丁香属植物对世界园林做出的巨大贡献。

关键词：丁香　系统　分类　中国

ABSTRACT: Through the research on the system and taxonomy, cultivation history, collection and application of the Chinese *Syringa*, this chapter introduced how experts and institutions used it as a parent to breed after it was spread to the world by plant hunters. It shows that Chinese lilacs have made a great contribution to the world garden.

Keywords: *Syringa,* System, Taxonomy, China

孟昕，2022，第11章，木樨科丁香属；中国——二十一世纪的园林之母，第一卷：372–411

1 丁香属植物的系统及分类

1.1　丁香属的特征

Syringa Linn. Sp. Pl. 9，1753 et Gen. Pl. ed. 5, 9 1754; Knobl. in Engl. & Prantl, Nat. Pflanzenfam. 4(2): 7. 1895, excl. Sect. Sarcocarpıon; McKelvey, Lilac 9. 1928; Pringle in Baileya, 21(3): 101. 1981.

丁香属为木樨科（Oleaceae）多年生落叶灌木或小乔木。小枝近圆柱形或带四棱形，具皮孔。冬芽被芽鳞，顶芽常缺。叶对生，单叶，稀复叶，全缘，稀分裂；具叶柄。花两性，聚伞花序排列成圆锥花序，顶生或侧生，与叶同时抽生或叶后抽生；具花梗或无花梗；花萼小，钟状，具4齿或为不规则齿裂，或近截形，宿存；花冠漏斗状、高脚碟状或近辐状，裂片4枚，开展或近直立，花蕾时呈镊合状排列；雄蕊2枚，着生于花冠管喉部至花冠管中部，内藏或伸出；子房2室，每室具下垂胚珠2枚，花柱丝状，短于雄蕊，柱头2裂。果为蒴果，微扁，2室，室间开裂；种子扁平，有翅；子叶卵形，扁平；胚根向上。染色体基数x=23，或22、24。

本属模式种：欧丁香 *Syringa vulgaris* L.（图1）及标本图片（图2）。

1.2　丁香的名称来源

丁香一词的中文名来源于花朵的形态特征，据明代高濂（1573—1620）所著《草花谱》中记载：丁香“花如细小丁，香而瓣柔，色紫……”（高濂，1591），故此命名。此外丁香又有许多别称，宋代张景修以十二种名花比作十二客，丁香为其一，名“素客”。清代厉荃在《事物异名录・花卉・丁香》中写道：“江南人谓丁香为百结花”。从古到今，诗人在写丁香花时，往往赋予其愁绪的情结，故此丁香花在我国又别名百结花、素客、情客等。

在我国，丁香广义上认为是指分布及栽培广泛的紫丁香（*Syringa oblata* Lindl.），及其变种白丁香（*Syringa oblata* var. *alba*）。在欧美等国，丁香多泛指欧丁香（*Syringa vulgaris* L.），同时丁香也不再具有忧愁哀婉的气质，而被称之为“灌木皇后”，与之相伴的是拥有喜庆热烈气氛的、大大小小的丁香节日和人们迎接春天的狂欢。

丁香属的拉丁名“*Syringa*”来源于希腊文“syrinx”，意为“中空的，管子”，是1576年法国植物学家洛贝尔（Mathias de l’Obel, 1538—

图1　欧丁香（孟昕2011年拍摄于北京市植物园）

图2　欧丁香标本，1893年（孟昕2018年拍摄于爱丁堡植物园标本馆）

ICON. STIRPIVM TOMVS II. 101

Glans vnguentaria, Cathartica, ſiliquata.
A. 414. T. 118. Tom. 2.

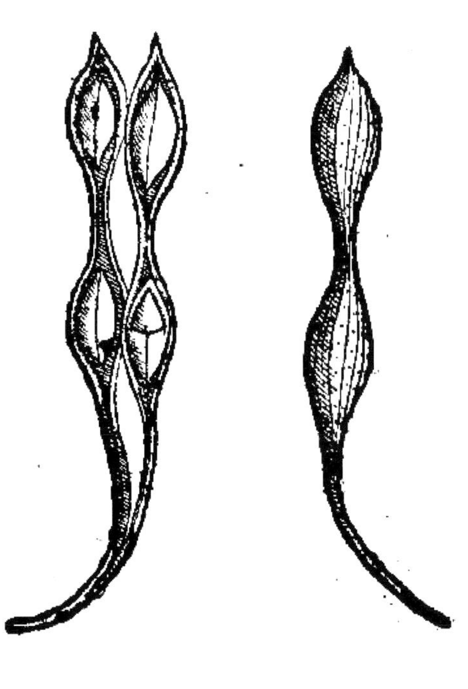

Syringa cærulea Luſitanica, Lilac Matthioli. L. 540. T. 119. Tom. 2.

Gg iij

图 3　*Syringa caelulea Lusitanica*（图片来源：Icones stirpium, seu Plantarum tam exoticarum, quam indigenarum）

1616）命名的，他将欧丁香称为“*Syringa caelulea Lusitanica*”（McKelvey，1928）（图3）。1753年瑞典植物学家林奈（Carl von Linné）发表的《植物种志》（*Species Plantarum*），统一采用双名法——属名加种加词来命名植物，现有的欧丁香双命名则是由林奈提出命名的*Syringa vulgaris* L.，vulgaris 的意思是“普通的，寻常的，属于群众的”，所以欧丁香的英文名被称作Common Lilac。

英文名Lilac来源于阿拉伯语“ليلك”（“lilak”），意思为“蓝色”。1590年，欧洲丁香曾被记录为法国丁香、西班牙丁香等异名，从奥斯曼花园（Ottoman garden）通过巴尔干半岛、伊斯坦布尔到达西欧，丁香的英文旧名称包括pipe-tree、pipe-privets、blue-pipe等，这是由于丁香枝条很容易被制作成中空的管径（图4）。

1.3　丁香属的系统与分类

1.3.1　系统与分类

18世纪，人类为了追求自然法则的认知而产生的传统分类学，20世纪70年代末随着基因技术的逐渐成熟，人们依据DNA检测研究判定植物

图4　丁香烟斗 lilac pipe（孟昕提供）

类群间亲缘关系，但是形态分类是否能够被新的分类方法一刀切也值得商榷。伴随着分类学技术方法的不断进步，木樨科丁香属的属下分类修订一直是分类学家探讨的内容。丁香属的物种数量逐渐明朗，丁香的类别也逐渐减少到最准确的数字。从1753年至今，分类学家一直在孜孜不倦地对丁香属进行研究：

1753年：瑞典植物学家林奈（Carl von Linné，1707—1778），记录了在欧洲栽培的2种1变种丁香，即欧丁香（*S. vulgaris*）、花叶丁香（*S. persica*）和裂叶丁香（*S. persica* var. *laciniata*）。

1837年：苏格兰植物学家、爱丁堡首席园丁唐（George Don，1798—1856）将丁香属归于丁香族（Syringeae）（Marilyn，2013）。

1824年：瑞士植物学家康多勒（Augustin Pyramus de Candolle，1778—1841）记录了6种（Augustin，1824）：*S. vulgaris*、*S. dubia*、*S. persica*、*S. josikae*、*S. emodi*和*S. villosa*，其中*S. dubia*被认为是什锦丁香（*S. chinensis*）的异名。他提出将丁香属归于木樨科丁香族，同时包括雪柳属（*Fontanesia*）、连翘属（*Forsythia*）和翼轴元春花属（*Nathusia*）。

1872年：最早的分类学记录是德国植物学家科赫（Karl Koch，1809—1879）提出的将丁香属分为2亚属，Subgenus *Syringa*和Subgenus *Ligustrina*（Kreusch, 1996）。

1895年：德国植物学家克诺布劳赫（Emil Friedrich Knoblauch，1864—1936）将丁香属归于丁香族（Syringeae）（Knoblauch，1895），认为包括*Forsythia*和*Nathusia*。

1906年：英国植物学家赫姆斯利（William Botting Hemsley，1843—1924），根据四川的标本发表了羽叶丁香（*S. pinnatifolia*）（Hemsley，1906）。

1910年：德国植物学家施奈德（Camillo Karl Schneider，1876—1951）在Karl Koch提出的基础上将丁香属分为2亚属2组2亚组（Schneider, 1910）：

Subgenus *Eusyringa* K. Koch.

Sect. *Vulgares* C. K. Schneid.

Subsect. *Euvulgares* C. K. Schneid.

Subsect. *Pubescentes* C. K. Schneid.

Sect. *Villosae* C. K. Schneid.

Subgenus *Ligustrina* (Rupr.) K. Koch.

同年，施奈德发表了4个新种：*S. potaninii*、*S. reflexa*、*S. wolfii*、*S. komarowii*。他在1903—

1917年间记录了丁香属植物24种，发表了10余个新分类群。将*S. giraldii*处理为变种*S. affinis* var. *giraldii*，将*S. rotundifolia*处理为*S. amurensis*的异名，他还将丁香属24种分为2亚属2组2亚组，为该属的分类奠定了基础。1911年发表的新种超过14个，包括*S. julianae*、*S. sargentiana*、*S. tetanoloba*、*S. rehderiana*、*S. wilsonii*和*S. meyeri*。1917年将*S. sargentiana*处理为变种*S. komarowii* var. *sargentiana*，并认为*S. tetanoloba*、*S. rehderiana*、*S. wilsonii*种的等级也不明显。

1911年：日本植物学家中井猛之进（Takenoshin Nakai，1882—1952），在1911—1938年期间，对日本、朝鲜半岛和我国东北部的丁香属分类进行了研究，发表了7个新分类群（Nakai，1911）。

1920年：德国植物学家英格尔海姆（Alexander von Lingelsheim，1874—1937）对现有发表的40多个种中的30个种进行了描述，将丁香属归于木樨科丁香族，只是丁香族包括的类群不一，丁香属可分2组2亚组和2系，包括*Forsythia*和*Schrebera*（Lingelsheim, 1920）。

1928年：美国植物学家凯尔维（Susan Delano McKelvey，1883—1964）完成了丁香属的分类专著*The lilacs*：*A Monograph*，文中对丁香属的名称及分类进行了详细考证，做出了分类处理（McKelvey，1928），她认为丁香属有28种，分为2组2系2亚系；并对部分品种进行了异名处理。

1934年：著名植物病理学家陈善铭（1909—1993），在植物学杂志上发表的《中国之丁香》，记载了中国原产的丁香22种，对其分类、分布、栽培、繁殖作了详尽的论述（陈善铭，1934）。

1945年：德裔美籍树木学家雷德尔（Alfred Rehder，1863—1949）在*Notes on some cultivated trees and shrubs*将丁香分为2个亚属和4个系列（Rehder，1945）。

1988年：神父菲亚拉（John Leopold Fiala，1924—1990）出版的*Lilacs*一书中将丁香分为2亚属4系，介绍了丁香23个种及杂交种（Fiala，1988），如什锦丁香、朝阳丁香、关东丁香等。

1990年：臧淑英、刘更喜出版的《丁香》是国内第一部关于丁香属植物的专业书籍，提出将丁香分为2个亚属和4个组32种丁香（臧淑英，1990）。

1992年：张美珍对中国的丁香属分类进行了修订，完成了《中国植物志》（61卷）丁香属的编写。原书籍认为全世界有丁香属植物约19种，英文版中国植物志（*Flora of China*）（15卷）记载全世界大约有20种，两者之间区别主要是朝阳丁香的认定，现已被认定为紫丁香的亚种，这是我国主要参考的丁香属分类系统。

1995年：英国植物学家格林（Peter Shaw Green，1920—2009）等人认为本属与女贞属的关系最密切（Green，1995），主张取消丁香族（Syringeae），将本属归入木犀榄族（Oleeae）而靠近女贞属；认为*S. amurensis* 和*S. pekinensis*是日本丁香*S. reticulata* 的一个亚种。

1998年：Ki-Joong Kim和Robert K. Jansen通过质体DNA测定证实了Rehder的分组系列（Kim，1998），并提出丁香与女贞属的特征相似性，其以叶绿体DNA和核DNA标记研究了60个丁香及相关物种的系统发育及系谱关系，建议将女贞和丁香合并为一个属；对丁香属叶绿体DNA和核糖体DNA的限制性酶切位点进行分析，加上*Pubescentes*、*Villosae*、*Ligustrina*共4组。北京丁香和日本丁香的cDNA测定标志其为2个独立的种。

2000年：臧淑英、崔洪霞编著出版的我国第二部较为全面的丁香专类著作《丁香花》，提出丁香分为27种（臧淑英，2000）。

2002年：Li、Alexander和Zhang通过核糖体DNA、ITS和ETS区域序列的证明NrDNA显示女贞属是丁香属同源，建议合并处理（Li，2002）。

2008年：Fiala和Vrugtman明确了现有体系的分类模式，分类学家们从形态学、群体抽样方法、系统发育DNA等方法对丁香属的分类进行了进一步的修订（Fiala，2008）。

2008年：Chen（2008）对松林丁香（*S. pinetorum*）复合体内各学者发表的5个新种进行了分类修订。根据居群取样、性状分析和主坐标分析结果，圆叶丁香（*S. wardi*）、皱叶丁香（*S. mairei*）、*S. rugulosa*和川西丁香（*S. chuanxiensis*）被处理为松林丁香的异名，其中*S. mairei*为新异名。此复合体只有一种，即松林丁香。

2009年：Chen et al.（2009）对中国巧玲花14个种群以及中国、韩国的17个植物标本进行的详细形态学研究显示出连续变异，指出subsp. *patula*，subsp. *microphylla*，以及其他形态的*S. pubescens* 都是基于海拔地理位置而产生的差异，应为一个物种。

2012年：Li和Golaman等人通过NrDNA和cDNA基因测定将分类系统更新为6个（图5），将女贞属归入到丁香属下，分别是巧玲花系、红丁香系、拟女贞系、羽叶丁香系、欧丁香系和女贞系。有cDNA证据表明羽叶丁香（*S. pinnatifolia*）大约14.46Mya之前从单叶的紫丁香系列演变而来的，由于其独特的羽状复叶而单独将其分类。红丁香*S. villosa*是第二年轻的系列，大约9.6Mya ~ 11.2Mya，*S. emodi*作为该系列中一个独特的遗传物种，它比其他物种更古老；巧玲花系是最年轻的系列，紧随红丁香*S. villosa* 系列之后，大约9.6Mya（Li，2012）。

2019年：现任丁香注册官美国的马克·德巴尔博士（Mark L. DeBard）等人在2008年Fiala & Vrugtman确定的分类基础上，结合Li（2002）、Li（2012）等的研究成果，支持从丁香属内衍生出女贞组系。在传统上定义上，女贞属和丁香亚属是并系的，丁香属内仅包含女贞亚属。这次马克博士提出的这个综合而又简约的分类，取消了亚

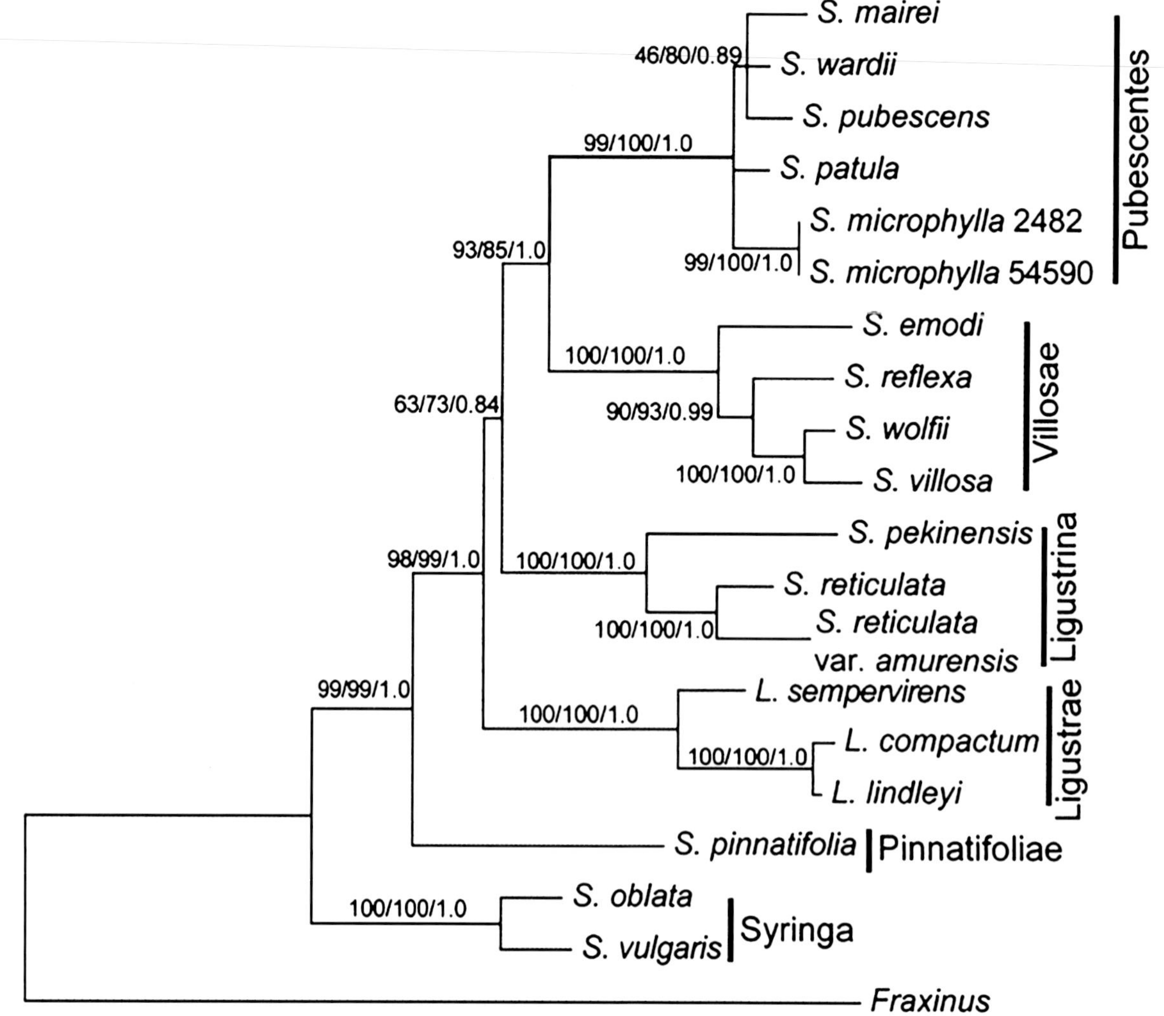

图5　丁香系统树*

*从核 ETS 和 ITS 以及质体 matK、ndhF、trnL-F、trnL-rpl32 和 trnS-G 的组合数据集生成的丁香和女贞的单个最大似然树(ML)。最大简约 (MP) 和贝叶斯树与 ML 树一致，分支上的数字代表 MP/ML/ 贝叶斯推理 (BI) 分析的支持指数。

属这一层级，直接将丁香分为5个组系，将女贞属直接划分到丁香属下，合并调整了很多种。如下所示：

2019 Genus Syringa Taxonomy

Series Syringa

» *S. vulgaris* L.

» *S. oblata* Lindl.

• subsp. *oblata*

• subsp. *dilatata* (Nakai) P.S.Green & M.C.Chang

» *S. protolaciniata* P.S.Green & M.C.Chang

» *S. pinnatifolia* Hemsley

» *S. afghanica* C.K.Schneid.

» *S.* ×*chinensis* Schmidt ex Willd. (pro sp.) (*S. protolaciniata* ×*S. vulgaris*)

» *S.* ×*diversifolia* Rehder (*S. oblata* × *S. pinnatifolia*)

» *S.* ×*hyacinthiflora* Rehder (*S. oblata* × *S. vulgaris*)

» *S.* ×*laciniata* Miller (pro sp.) (*S. protolaciniata* ×*S.*? uncertain)

» *S.* ×*persica* L. (pro sp.) (uncertain)

Series Ligustrae L.

» *S. amurense* Carrière

» *S. ibota* Siebold

» *S. japonicum* Thunb.

» *S. lucidum* W.T. Aiton » S. obtusifolium Siebold & Zucc.

» *S. ovalifolium* Hassk.

» *S. quihoui* Carrière

» *S. robustum* (Roxb.) Blume

» *S. sempervirens* (Franch.) Lingelsh

» *S. sinense* Lour.

» *S. tschonoskii* Decne.

» *S. vulgare* L.

Series Ligustrina (Rupr.) K.Koch

» *S. pekinensis* Rupr.

» *S. reticulata* (Blume) H.Hara

• subsp. *reticulata*

• subsp. *amurensis* (Rupr.) P.S.Green & M.C.Chang

Series Pubescentes (C.K.Schneid.) Lingelsh

» *S. pubescens* Turcz.

• subsp. *microphylla* (Diels) M.C. Chang & X.L. Chen

• subsp. *patula* (Palib.) M.C.Chang & X.L.Chen

• subsp. *pubescens* Turcz.

» *S. pinetorum* W.W.Smith

Series Villosae C.K.Schneid

» *S. emodi* Wall. ex Royle

» *S. villosa* Vahl

• subsp. *villosa* Vahl

• subsp. *wolfii* C.K.Schneid.

» *S. josikaea* J.Jacq. ex Rchb.

» *S. komarowii* C.K.Schneid.

• subsp. *komarowii*

• subsp. *reflexa* (C.K.Schneid.) P.S.Green & M.C.Chang

» *S. tomentella* Bureau & Franch.

• subsp. *tomentella*

• subsp. *sweginzowii* Koehne & Lingelsh.

• subsp. *yunnanensis* Franch.

» *S. tibetica* P.Y.Bai

» (S. Villosae Group)

» *S.* × *henryi* C.K.Schneid. (*S. josikaea* × *S. villosa* subsp. *villosa*)

» *S.* × *josiflexa* Preston ex J.S.Pringle (*S. josikaea* × *S.komarowii* subsp. *reflexa*)

» *S.* × *nanceiana* McKelvey (*S.* ×*henryi* × *S. tomentella* subsp. *sweginzowii*)

» *S.* × *prestoniae* McKelvey (*S. komarowii* subsp. *reflexa* × *S.villosa* subsp. *villosa*)

» *S.* × *swegiflexa* Hesse ex J.S.Pringle (*S. komarowii* subsp. *reflexa* × *S. tomentella* subsp. *sweginzowii*)

11

1.3.2 近年来国内外的分类学研究

丁香属的自然分布仅限于北半球温带东南部地区，两种欧洲物种与亚洲其他地区之间存在分离。由于形态变异和种间杂交，该属的分类一直很复杂，而且随着时间的推移一直在变化，物种数量在22~30之间徘徊（Kochieva，2004）。在丁香的分类上，多数学者以主要形态特征为依据，在属下面分成亚属、组系及种三级来区分。从Lingelsheim（1920）记录了30种，McKelvey（1928）承认28种，Fiala（1988）的23种，到张美珍（1992）的19种，*Flora of China*（1996）的20种，再到臧淑英（2000）的27种，最新的2019年丁香协会的Mark L. DeBard又提出包含女贞属下的物种增至26种，植物学家们不断地从形态分类到分子植物学等众多角度进行佐证。近年来的研究中，许多权威文章使用详细的形态学调查和种群抽样方法，以及系统发育DNA研究，丁香分类进一步得到明晰。

在国内，1998年，孙振雷等对丁香属种及变种过氧化物酶同工酶进行了分析，利用生物技术分析暴马丁香、紫丁香、红丁香及白丁香4种间的亲缘关系；陈新露（1999）等采用随机扩增多态DNA（RADP）标记分析了15个丁香品种的DNA扩增产物，其研究选用了16个随机引物，共扩增出96条带，其中55条带为可重复性条带，有价值条带大小多在517~1 636pb之间，这些标记足以区分这些丁香品种。风信子丁香和其亲本欧丁香相似度61.5%，证实了分子标记技术的可实施性。同时丁香属植物形态比较研究也对分类有着重要作用，姜丽等（2001）对暴马丁香与北京丁香，红丁香与辽东丁香，小叶丁香与蓝丁香，裂叶丁香与羽叶丁香等相似种的形态及识别特征的研究；李吉宁（2000）对贺兰山丁香、紫丁香、北京丁香等丁香叶片运用光镜进行比较解剖学观察；明军、顾万春等（2006）对我国分布最为广泛的以紫丁香天然林分布区抽取的4个天然群体和1个栽培群体为拟似群体，进行了其表型多样性分析，结果表明紫丁香表型性状存在着丰富的群体间、群体内变异；Chen et al.（2007，2008a，2008b，2008，2009）不断地对巧玲花、皱叶丁香、松林丁香等进行了修订，直到2008年的12种。

随着国外分类学者Green et al.（1995）、Green（2004，2006，2011）的进一步的研究，到2006年确定了大约20个有效物种。除了上述系统内提到的之外，Inka（2013）利用多态性微卫星标记对75个丁香品种进行测定，基于丁香的等位基因谱的树状图，与基于形态特征的分组可用的谱系信息一致，新标记对于区分常见的丁香栽培品种很有价值；Lendvay（2016）对匈牙利丁香的系统地理学进行的分析，认为其主要分布在温带喀尔巴阡山脉的森林，并且限制在罗马尼亚和乌克兰两个不相交的地区共25个小种群，中新世和更新世化石的遗迹表明该物种在中欧的长期存在，是第三纪孑遗植物。

1.3.3 植物志中丁香属的分类

在不同国家植物志的记载中，丁香属的分类和拉丁名等描述略有不同，《欧洲植物志》中记载欧洲主要为2种：匈牙利丁香（*S. josikaea*)（1830）和欧丁香（*S. vulgaris*）(1753)，欧丁香曾异名为*Syringa rhodopea* Velen;《阿富汗植物志》中记载本属约30种，分布于东亚中国、朝鲜、日本、欧洲东南部到喜马拉雅等地区，本国主要产6种：*S. afghanica* C.K.Schneid、*S. emodi* Wall. ex Royle、*S. laciniata* Mill、*S.* × *persica* L、*S. villosa* Vahl、*S. vulgaris* L。亚洲主要分布的国家有阿富汗、印度、日本、克什米尔地区、韩国、尼泊尔、巴基斯坦等。

根据《中国植物志》及英文版记载，丁香约19种，不包括自然杂交种，东南欧产2种，日本、阿富汗各产1种，喜马拉雅地区产1种，朝鲜和我国共具1种1亚种1变种，其余均产我国，主要分布于西南及黄河流域以北地区，故我国素有丁香之国之称。《中国植物志》中丁香属按照3级分类方式，在种的基础上设2组4系。其中，短花冠管组在花冠管长度等形态上与其他类有明显的差别，但染色体和果实形态高度一致，因此独立为一个亚属1个组系。中国主要观赏类群分类如下：

长花冠管组 Sect. Syringa

花冠紫色、红色、粉红色或白色，花冠管远比花萼长；花药全部或部分藏于花冠管内，稀全部伸出。下分4系，我国均产。

（一）顶生花序系 Ser. Villosae (Schneid.) Rehd.

花序自枝端顶芽发出。花药黄色。果实光滑或具少量疣。除匈牙利丁香外我国均有分布：

1. 藏南丁香 *S. tibetica* P.Y.Bai

2. 红丁香 *S. villosa* Vahl

• 辽东丁香 subsp. *wolfii* (C. K. Schneider) Jin Y. Chen & D. Y. Hong

3. 西蜀丁香 *S. komarowii* Schneid.

4. 毛丁香 *S.tomentella* Bureau & Franchet

• 四川丁香 subsp. *sweginzowii* （Koehne & Lingelsh.）Jin Y. Chen & D. Y. Hong

• 云南丁香 subsp. *yunnanensis* （Franch.）Jin Y. Chen & D. Y. Hong

5. 匈牙利丁香 *S. josikaea* J.Jacq. ex Rchb.

（二）巧玲花系 Ser. Pubescentes (Schneid.) Lingelsh.

叶片具毛，叶背无毛者罕见。花序发自枝端之侧芽，或多或少被有绒毛。花药常为淡蓝紫色，罕为黄色。果实多疣，罕有光滑者。本组包括的种类有：

1. 巧玲花 *S. pubescens* Turcz.

• 小叶丁香（巧玲花）subsp. *microphylla* (Diels) M.C. Chang & X.L. Chen

• 关东丁香（巧玲花）subsp. *patula* (Palib.) M.C.Chang & X.L.Chen

2. 松林丁香 *S. pinetorum* W.W. Smith

3. 皱叶丁香 *S. mairei* (H. Leveille) Rehder

4. 蓝丁香 *S. meyeri* Schneid.

（三）欧丁香系 Ser. Syringa

叶片光滑或仅徒长枝之幼叶有毛，单叶或羽状复叶，花序自枝端之侧芽发出，无顶芽。花序初期被毛或光滑。花香。花药黄色。果实光滑。本组包括的种类有：

1. 欧丁香 *S.vulgaris* L.

2. 紫丁香 *S.oblata* Lindl.

• 朝阳丁香 subsp. *dilatata* (Nakai) P.S.Grcen & M.C.Chang

3. 华丁香 *S. protolaciniata* P.S.Green & M.C.Chang

（四）羽叶丁香系 Ser. Pinnatifoliae

羽状复叶，小叶片下面无毛。花序由侧芽抽生；花药黄色。果光滑。仅1种，产于我国。

羽叶丁香 *S. pinnatifolia* Hemsley

短花冠管组——Sect. Ligustrina

本组形态特征介于丁香属与女贞属之间，其果实为蒴果，形态似丁香属植物之果实，而花具有突出的雄蕊和白色的小花，并具有一种特殊的香味而更类似女贞。花序由枝端之侧芽抽出，花萼短筒形，具4裂片，宿存。花冠筒短，稍突出于花萼，花冠4裂瓣片。花药黄色。果实光滑，有时多疣，2室，每室具种子1～2枚。包括：

日本丁香 *S. reticulata* (Blume) Hara

我国主要产其下的2个亚种：

• 暴马丁香 subsp. *amurensis* (Ruprecht) P. S. Green & M. C. Chang

• 北京丁香 subsp. *pekinensis* (Ruprecht) P. S. Green & M. C. Chang

1.3.4 原产中国的丁香种及品种介绍

中国是丁香属植物栽培种类的起源中心，欧美所培育的丁香花园艺品种也多以中国的野生种为材料。常见的品种有“Chinese”丁香系列，这个其实是基于法国鲁昂杂交的什锦丁香“*S. × chinensis*”系列，它们可长成2～5m高的圆形灌木，花序较长，花穗密集。风信子丁香“Hyacinthiflora”系列，这是基于欧丁香（*S. vulgaris*）和中国原产的紫丁香（*S. oblata*）之间的杂交后代，它们继承了原产中国的紫丁香早花的特性，开花较早，大约比普通欧丁香早两周，生长健壮。基于红丁香组Villosae组内杂交选育的晚花品种系列，主要是指育种家普雷斯顿女士（Isabella Preston）于1913—1930年在加拿大培育的杂交品种，它们包括*S. × prestoniae* 和 *S. × josiflexa*等品系。此外，还有基于巧玲花组Pubescente丁香的杂交后代，这些品种都有或多或少的毛叶，包括一些优秀的品种，如‘帕里宾’蓝丁香（*S. meyer*i ‘Palibin’），其高度仅1.5m，很多迷你的丁香都诞生在这个品系里。

红丁香

Syringa villosa Vahl, Enum, Pl. 1: 38. 1804; DC. Prodr, 8:283, 1844.——*S.* emodi rosea Cornu in Rev. Hort. 1888: 492. 1888.

TYPUS: CHINA, montibus crica Pekin, *d' Incarville 50* (Typus: P).

落叶灌木，高3 ~ 4m。小枝粗壮，具皮孔，幼时平滑无毛或疏生有短柔毛。叶宽椭圆形至长椭圆形，长5 ~ 18cm，顶端短渐尖，基部楔形至近

图6　红丁香（孟昕2011年拍摄于北京市植物园）

圆形，表面暗绿色，背面苍白或淡绿，通常近中脉处有短柔毛，罕平滑无毛；叶柄长1～1.5cm。圆锥花序由顶芽抽生，长8～18cm，密集，花序轴通常有短柔毛；花冠管近柱形，长1～2cm，花冠裂片开展，顶端钝，堇紫色、粉红色至白色，芳香；花药着生于花冠管口处或稍凸出。蒴果长1～1.5cm，顶端稍尖或钝，平滑。花期5月上中旬；9月果熟；10月中下旬落叶（图6）。

分布于辽宁、河北、山西、陕西。多生长于海拔1 200～2 700m的林缘、山谷、河边或阳坡灌木丛中。喜阳，稍耐阴，耐寒、耐旱性也很强，是一个长势强健、开花繁茂的种类。能结实，种子出苗率可达90%左右。本种枝叶茂密、花美而香，在园林中孤植于草坪或丛植于路边、角隅或成片栽植于林缘都能产生良好的观赏效果。本种含2个亚种：红丁香（subsp. *villosa* Vahl）和辽东丁香［subsp. *wolfii* (C. K. Schneider) J. Y. Chen & D. Y. Hong］。

红丁香*S. villosa*是挪威植物学家巴尔（Martin Vahl，1749—1804）在1805年根据采自北京的标本发表的新种。大约在18世纪中叶，汤执中神父（Pierre Nicolas d'Incarville，1706—1757）在北京近郊百花山采到种子，而后由布莱彻尼特（Bretschneider）在1878—1882年期间，将种子引到欧洲及美国阿诺德树木园，并进行了播种栽培。常见的以其为亲本的杂交后代有亨利丁香和普港（普雷斯顿）丁香系列：

品系1：亨利丁香系列 *S.×henryi*

亨利丁香系列是匈牙利丁香和红丁香的杂种，巴黎植物园的杂交品种，1890年首次在法国国家园艺协会上展出。Camillo Schneider在1910年对亨利丁香进行描述，并以此命名。与父母本相比花药位置、颜色、花序大小有所变化，尤其是花序轴长28～30cm，比父母本多了10cm左右。常见的有1975年培育的夏日白'Summer White''Julia'等。

亲本匈牙利丁香广泛分布在欧洲的喀尔巴阡山及阿尔卑斯山。生长于海拔490～700m的向阳坡地，沿河谷与赤杨、柳树属植物混生。性喜阳光充足及湿润气候，抗逆性强。开花繁茂，也是园林中的优良花木。匈牙利丁香在1827年间在欧洲已有栽培。1876年，美国阿诺德树木园从彼得堡植物园引入了此种，现欧、美各国园林中多已广泛应用。现匈牙利丁香被认定为濒危物种(Lendvay，2016)。

品系2：普港（普雷斯顿）丁香系列 *S.× presoniae*

普港（普雷斯顿）丁香是顶生花序，落叶灌木，高可达3～4m。叶卵状长椭圆形至长椭圆状披针形，全缘，叶微皱，叶脉明显；叶长8～15cm，顶端渐尖，基部楔形，表面平滑无毛，深绿色，背部浅绿色，沿叶柄基部叶脉有白色细绒毛，叶柄长1～2cm。圆锥花序由顶芽生出，花冠管近圆柱形，长1～2cm，花冠裂片向前开展，顶端钝，蓝紫色、粉色至白色；花药着生于花冠管口处。小枝及干茎都较为粗壮，黑灰色，光滑，花香比欧洲丁香较淡。1920年，在加拿大渥太华Dominion中心试验农场，Isabella Preston女士将红丁香*S.villosa*与垂丝丁香*S.reflexa*杂交后得到了一个全新的抗寒的晚花杂交种，以她的名字将之命名为普港（普雷斯顿）丁香。

藏南丁香

Syringa tibetica P. Y. Bai, Acta Bot. Yunnan. 1 (1):151, f. 1. 1979.

TYPUS: CHINA, Xizang, Gyirong Xian, alt. 3 200m, 19 June 1972, *Xizang-Medic. Exped. 345* (Typus: HNWP, PE).

小乔木，高2.5～4m。枝灰棕色，无毛，具皮孔，小枝红褐色，密被短柔毛，皮孔长圆形，明显，呈淡白色。叶片长圆形或长圆状椭圆形，长7～10cm，宽3.5～5cm，先端急尖或短渐尖，基部楔形至近圆形，上面黄绿色，沿中脉和侧脉密被或疏被短柔毛，其余近无毛或疏被短柔毛，下面苍白色，密被短柔毛或仅沿叶脉被短柔毛，中脉和侧脉在上面平，下面微凸起，侧脉4～7对，细脉在上面凹入，下面不明显；叶柄扁平，密被短柔毛。圆锥花序由顶芽抽生，长7～13cm；花序轴、花梗、花萼密被短柔毛；花梗长1～2mm；花萼长2～3mm，萼齿呈三角状卵形，或为不规则波状浅齿；花冠白色，花冠管长5～7mm，裂片反折，披针形，先端向内弯呈兜状而具喙；花丝长

图7　藏南丁香（图片来源于中国植物图像库）

约1mm，花药黄色，长圆形，长约2mm，全部露在花冠管外。果未见。花期6月（图7）。

分布于中国西藏等地，生长于海拔2 900～3 200m的地区，常生于山地林缘或山麓，目前尚未由人工引种栽培。

西蜀丁香

Syringa komarowii C. K. Schneider, Fedde, Rep. Sp. Nov. 9: 82. 1911 et Ill. Handb-Laubh. 2: 783, f. 489 b-c, 490 s-u. 1911, 2: 1064. 1912 et in Sargent, Pl. Wils. 1: 301. 1912.

TYPUS: CHINA, Szetschwan, 18 July 1893, *Herb. Hort. Bot. Petrop. Mit russischen Bezeichnungen* s. n. (Typus: B destroyed).

落叶灌木，高3～5m。幼枝棕褐色，被短柔毛，老枝灰褐色，无毛，有白色皮孔。叶片卵状长椭圆形至椭圆状披针形，长6～13cm，宽2～7cm，先端渐尖，基部楔形，叶面深绿色，背面绿黄色，被短柔毛或至少脉上被毛，全缘；叶柄长1.5～2cm，背面具疏长柔毛。圆锥花序由顶芽抽出，微下垂，长6～12cm，花序轴疏生短柔毛或无毛；花萼钟状，长2～2.5mm，疏被短柔毛至无毛，顶端有不等裂浅齿或有时近平截；花冠外面紫红或淡紫，内面色淡或近白色，花冠裂片近直立，顶端微向内弯曲，花冠管漏斗状，长6～12mm；花药着生于花冠管口部稍下或微凸出，或位于花冠管喉部0～2mm处。蒴果长圆形，长1.5～2cm，顶端尖，表面疏生皮孔或不明显。花期5月上中旬，可延续10～12天；8～9月果熟；10月下旬到11月初落叶（图8）。

分布于云南及四川西北部、甘肃南部、陕西南部。生长在海拔1 800～3 000m的高山疏林或林缘、向阳坡地灌丛等。性喜阳，耐寒、耐旱，长势强健，是西南山区较为常见的美丽花木，在北方园林中可广泛应用。

苏联于1911年有引种，最初是为俄罗斯圣彼得堡植物园收集的，猜测可能是植物探险家Potanin收集的，植物材料被送到了圣彼得堡花园。施耐德（Schneider）根据植物园的资料对其进行了描述和命名，指出它于1893年7月18日在中国四川省收集。本种1910年引入美国阿诺德树木园，现欧美许多国家均有栽培。

毛丁香

Syringa tomentella Bureau & Franch. Journ. de Bot. 5: 103. 1891.

TYPUS: CHINA, Se-tchuen, Ta-tsien-lou, July 1890, *M. Bonvalot & H. Orleans* s.n. (Typus: P).

落叶灌木，高3m。幼枝棕褐色，疏生短柔毛，老枝褐色，具皮孔，被毛或无毛。叶椭圆形至长椭圆状披针形，长3～10cm，顶端尖或渐尖，基部楔形，叶面暗绿色，叶脉疏生短柔毛，

图8　西蜀丁香（陈进勇，2004年拍摄于峨眉山）

11

图9　毛丁香（孟昕，2019年拍摄于四川康定）

叶脉基部常呈红色，背面淡绿色，被有短柔毛；叶柄长1cm，有短柔毛。顶芽抽生圆锥花序，小花多数无梗或具短梗；萼有毛；花淡紫色或近于白色；花冠管长1cm，稍呈斗状，花冠裂片椭圆状披针形，顶端渐尖；花药黄色，稍伸出于花冠管口处。蒴果长1～1.5cm，顶端渐尖，表面光滑。花期5月上中旬，可延续10～12天；8月中下旬果熟；11月初落叶（图9）。

分布于云南、四川之高山地区。多生在海拔2 400～4 000m的山坡丛林或林缘。性喜阳，耐阴、耐寒、耐旱，但喜冬季温湿、夏季凉爽的气候，喜土壤湿润而排水良好的环境。1891年法国植物学家弗朗谢（Adrien René Franchet，1834—1900）等人根据四川康定的标本发表了毛丁香（*S.tomentella*），并根据采自云南的标本发表了云南丁香（*S. yunnanensis*）；1910年德国植物学家克内（Bernhard Adalbert Emil Koehne，1848—1918）和亚历山大（Alexander von Lingelsheim，1874—1937）根据来自四川的栽培植物发表了四川丁香（*S. sweginzowii*）；现在，四川丁香［subsp. *sweginzowii*（Koehne & Lingelsh.）Jin Y. Chen & D. Y. Hong］和云南丁香［subsp. *yunnanensis*（Franch.）Jin Y. Chen & D. Y. Hong］，被修订为毛丁香的亚种。本种在1905年引入美国栽培，在欧洲园林中也多有应用。

巧玲花

Syringa pubescens N. S. Turczaninow, Bull. Soc. Nat. Moscou13:73.1840.

TYPUS: CHINA, Hebei, 1831, *Kirilov* s.n. (Typus: LE)

落叶灌木，高1～3m。幼枝无毛，略呈四棱形，疏生皮孔。叶圆卵形、椭圆状卵形、菱状卵形或卵形，长3～7cm，宽1～5cm，顶端急尖或钝尖，基部宽楔形，有时近圆形，全缘，具睫毛；叶疏生柔毛或沿叶脉有柔毛；叶柄长5～10mm，被柔毛或无毛。圆锥花序由侧芽发出，长5～10cm，花序轴四棱形，无毛，花梗无毛；花冠紫色或淡紫色，径约8mm，花冠管近柱形，长

1～1.5cm；花药着生于冠管中部略靠上，紫色；花具浓香。蒴果圆柱形，长1～1.5cm，先端钝，表面密被明显皮孔。花期4月中下旬至5月上旬；8～9月果熟；10月下旬落叶（图10）。

分布于辽宁、河北、河南、山西、陕西、甘肃、青海等地。多生于海拔800～2 000m的向阳山坡、山沟灌木丛中或路旁、崖石边等地。性喜阳光充足，喜土壤疏松，特别喜土壤湿润而排水良好，但也较耐寒、耐旱、耐瘠薄。

1880年，巧玲花首先引入法国巴黎植物园及英国皇家植物园邱园栽培；1882年，美国阿诺德树木园也引种了此种。1900年，俄国植物学家弗拉基米罗维奇（Palibin Ivan Vladimirovich，1872—1949）发表了*Ligustrum patulum*，后被中井猛之进（Takenoshin Nakai，1882—1952）在1938年归并成*S. patula*，最终该品种被Green认定为关东巧玲花（*Syringa pubescens* subsp. *patula*）。1901年，德国植物学家迪尔斯（Friedrich Ludwig E. Diels，1874—1945），根据乔治福斯特陕西秦岭的标本发表了小叶丁香（*S. microphylla*）；1941年，我国静生生物调查所的唐进（1897—1984）根据山西太谷的标本发表了（*S. trichophylla*），后被修订为小叶巧玲花；1955年，苏联植物学家斯克沃尔佐夫（Alexey Konstantinovich Skvortsov，1920—2008）等人根据雾灵山的标本发表了雾灵丁香（*S. wulingensis*），后被修订为巧玲花；现在，同组内的小叶丁香subsp. *microphylla* (Diels) M. C. Chang & X. L. Chen 和关东巧玲花subsp. *patula* (Palib.) M. C. Chang & X. L. Chen被认定为巧玲花的亚种。

巧玲花株型相对于欧丁香系，尤其是蓝丁香和小叶丁香系列，植株更加紧凑矮小。育种家们经过不断杂交选育，推出了经典迷你丁香系列——Tinkerbelle®。比如市场上畅销的矮丁香品种*S.* ‘Bailbelle’，它是‘帕里宾’蓝丁香和‘骄傲’小叶巧玲花之间的杂交后代。圆形、直立、迷你的落叶灌木，通常高1～1.5m。树型紧凑，叶色深绿，花蕾酒红色，盛开时展现出甜美芬芳的淡粉色花朵，中花期。2001获得了美国植物专利。

皱叶丁香

Syringa mairei (H. Leveille) Rehder, Journ. Arn. Arb. 15: 302. 1934; ——Syringa rugulosa McKelvey in Journ. Arn. Arb. 6: 153. 1925 et Lilac 148. 1928.

图10　巧玲花（孟昕，2021年拍摄于北京妙峰山）

11

图11　皱叶丁香（陈进勇，2005年拍摄于四川小金）

TYPUS: CHINA, Yun-Nan, Tcha-Ho (Eshan Xian, Chahe Xiang), alt. 2 600m, July 1914, E. E. *Mairei 104* (Typus: E).

灌木或小乔木，高约2m。小枝淡褐色，圆柱形，密被短柔毛，疏生皮孔，老枝棕褐色，无毛。叶片革质，卵形、宽椭圆形至近圆形，或倒卵形，长2 ~ 9cm，宽2 ~ 5cm，先端锐尖、凸尖或钝，基部楔形、宽楔形至近圆形，叶缘具睫毛，上面绿色，疏被或密被短柔毛，下面绿白色，密被柔毛，中脉和侧脉在上面凹入，下面凸起，细脉在上面明显凹入使叶面呈皱缩；叶柄长2 ~ 7mm，密被柔毛。圆锥花序由侧芽抽生，稀顶生，长6 ~ 14cm；花序轴密被短柔毛或较疏，皮孔明显；近无梗；花萼红紫色，密被微柔毛或较疏，长约2mm，萼齿先端锐尖、渐尖或钝；花冠紫红色，盛开时呈白色，花冠管近圆柱形，细弱，长0.6 ~ 1.1cm，裂片展开，卵形至长圆状椭圆形，长3 ~ 5mm，先端有时内弯略呈兜状而具喙；花药黄色，长3 ~ 3.5mm，位于距花冠管喉部0 ~ 1mm处。果长圆状披针形，长1 ~ 2cm，宽3 ~ 5mm，先端渐尖，皮孔不明显。花期7月，果期7 ~ 11月（图11）。

1915年，法国植物学者莱韦耶（Augustin Abel Hector Léveillé，1864—1918）发表*Ligustrum mairei*，后被Rehder在1934年合并至*S. mairei*。1989年，曲式曾和陈新露发表了川西丁香（*S. chuanxiensis*），后被修订为皱叶丁香。皱叶丁香产于四川西部、云南北部、西藏东南部，生1 900 ~ 2 600m的山坡或路边灌丛。模式标本采自云南东北部的岔河。目前栽培应用较少。

松林丁香

Syringa pinetorum W. W. Smith, Not. Bot. Gard. Edinb. 9: 132. 1916;——S. wardii W. W. Smith in Not. Bot. Gard. Edinb. 9: 132. 1916.

TYPUS: CHINA, Yunnan, Lijiang Range, in open pine forests, Lat. 27º 40′ N., alt. 10 000 ~ 11 000 ft., June 1914, *G. Forrest 12472* (Typus: E).

落叶灌木，高1 ~ 3m。幼枝圆柱形，灰褐色，被白色短柔毛，老时变无毛。叶片通常卵形，长1.5 ~ 2.5cm，宽8 ~ 12cm，顶端急尖，稀钝，基部楔形至宽楔形，全缘，具睫毛，叶面深绿色，被疏毛或近无毛，背面淡绿，初时沿中脉及侧脉被白色疏柔毛，后变无毛；中脉叶面凹陷，背面突出，侧脉3～4对，叶面不明显，背面微突出；叶柄长2～5mm，被疏柔毛。圆锥花序由侧芽抽出，长5～11cm，被白色短柔毛；花梗短，约1mm；花萼钟形，长约1.5mm，无毛，3～5裂，裂片不等大，三角形，具缘毛；花白色或淡紫色，花冠管长8～9mm，顶端稍膨大；花冠4裂，向外开展裂片椭圆形，先端钝，向内弯曲而略呈钩状，花药黄色，着生于花冠管喉部稍下0～3mm处，花丝与花冠管贴生。花期5～6月；果未见（图12）。

松林丁香仅在云南有野生，特别在丽江、中甸一带较多；多生长于海拔2 200～3 600m的山坡或山谷之松林下。性喜阳光充足，喜冬季温暖、夏季凉爽之环境条件，但也有一定的耐阴、耐寒、耐旱性能，畏夏季湿热。

松林丁香的种子是1914年由乔治福斯特采到后，再由英国皇家爱丁堡植物园送美国阿诺德树木园引种栽培的，目前栽培应用较少。

紫丁香

Syringa oblata Lindley, Gard. Chron. 1859: 868. 1859;——S. vulgaris Linn. var. oblata Franch. in Rev. Hort. 1891: 330. 1891.

TYPUS: CHINA, north of the country, *Fortune* s. n. (Typus: CGE)

落叶灌木或小乔木，高可达4m。枝条平滑无毛，较粗壮。叶薄革质或厚纸质，圆卵形至肾形，通常宽大于长，长3～10cm，宽3～11cm。无毛，顶端短尖，基部心形至截形；叶柄长1～2cm。圆锥花序发自侧芽，长6～15cm，花冠紫色、蓝紫色或淡粉红色，直径1.3cm；花冠管长1～1.5cm，冠裂片4，向外开展或反卷，先端稍尖；花药着生于花冠管中部或中部以上。蒴果长圆形，长1～2cm，微扁状，面平滑，褐色，顶端尖。花期4月中下旬；7～8月果熟；10月中下旬落叶（图13）。

广泛分布在吉林、辽宁、内蒙古、河北、山西、陕西、山东、甘肃、青海、四川等地。生长

图12　松林丁香（陈进勇，2005年拍摄于丽江）

11

在海拔300～2 600m山坡或山沟之灌木丛中。性喜阳，但稍耐阴，耐寒、耐旱性强。朝阳丁香subsp. *dilatata* (Nakai) P.S.Green & M.C.Chang 被列为亚种。

紫丁香分布于我国12个省份，最早的收集多为园林应用。早在1831年就被俄国人本格（Alexander von Bunge，1803—1890）提及在我国古典园林中应用十分广泛，但是错误地将其认定是什锦丁香。1846年，罗伯特·福琼（Robert Fortune，1813—1886）在上海的一个花园里发现了紫丁香，1853—1856年，在罗伯特·福琼第三次到中国旅行时把紫丁香带到了英国，在后来的旅途中，他发现紫丁香在北京、河北、山西、陕西、湖南（北部）等地广泛生长，甚至长在黄土高原上，具有多元化且极其广阔的分布区域。1858年英国植物学家林德利（John Lindley，1799—1865）根据福琼从中国引种的栽培植物最早描述了上海庭院内的紫丁香，但该描述不符合有效发表的标准。林德利在1859年提到："中国人告诉我它来自北方，在北京的花园中很常见……它的总体轮廓更像树；叶子也非常醒目，叶片大而厚，扁圆形。该物种大量开花，紫色的花束非常具有观赏性。有一种白色品种*S.oblata* var. *alba*同样有趣，这两个品种都非常耐寒……"。1858年法国植物学家卡里埃（Élie Abel Carrière）对紫丁香发表了有效的描述。

紫丁香在被引入欧美各国后，现在不仅广泛栽培，而且因为其早花、秋色叶、芳香、抗性强等特点，吸引了无数育种家对其的选育，杂交出许多优良的园艺品种。

风信子丁香系列*S.* × *hyacinthiflora*

欧洲选育的丁香园艺品种中，仅以紫丁香为亲本选育的品种达1 000种之多。紫丁香与欧丁香的形态特征极为接近，但花期比欧丁香要提前1～2周，在欧洲经常发芽了后又被倒春寒给冻掉了新芽。法国育种家勒穆瓦纳（Victor Lemoine，1823—1911）想到了把紫丁香的花粉刷到他经常用作杂交母本的重瓣欧丁香的柱头上，期望可以延长花园里丁香的整体花期。这个杂交使他得

图13　紫丁香（孟昕，2004年拍摄于北京市植物园）

到了一个影响深远的杂交种：*S. × hyacinthiflora* ‘Plena’（1876）。Hyacinthiflora的意思是“开风信子花的”或者“蓝紫色的花”。在17～18世纪，大概是因为种质资源有限，欧丁香杂交种鲜有出现，但是在这两百多年的栽培过程中，大量的实生苗逐渐出现了变异，比如白花个体、重瓣个体、深紫色个体等，育种数量大大提升。风信子丁香均在春天有良好的抗性表现，叶片偏心形，宽大于或者等于长。例如，市场上常见的‘伊万杰琳’风信子丁香（*S. × hyacinthaflora* ‘Evangeline’），是早春盛开的丁香花栽培品种，由加拿大苗圃工斯金纳（Frank Skinner）于1934年推出，它带有重瓣洋红色的花朵，通常4月下旬在纽约盛开，同时还散发出独特而浓郁的香气。这些早花的风信子系列，结合了紫丁香的早花性和欧丁香的耐寒性的双优点，并且比欧丁香具有更高的耐热性。风信子丁香具有多样性和丰富的色彩，在种植丁香花园时，将其各种常见的欧丁香系列、巧玲花系列、普港（普雷斯顿）丁香系列等混合在一起栽植，早、中、晚花期连接，每年春天至少可以让丁香盛开6周。

华丁香

Syringa protolaciniata P. S. Green & M. C. Chang, Kew Mag. 6(3): 121. 1989 ——*S. × laciniata* auct. non Mill. 1768: auct. mult.

TYPUS: CHINA, Gansu, Pu Dao Yuan, scattered on steep slopes, 20 May 1988, *M.-C. Chang & a Q- X. Wang 124*08 (Holotype: K, isotype: SHM).

落叶灌木，高0.5～3m。枝直立或稍拱曲，棕褐色，无毛，疏生皮孔；小枝稍呈四棱形，红褐色，外有薄膜状剥裂。叶全缘或分裂，长1～4cm，宽0.4～2.5cm，无毛；枝条上部或花枝上的叶常多呈全缘叶，枝条下部和树冠下部枝条上的叶常具3～9羽状深裂，叶片和裂片均为披针形、长圆状椭圆形或倒卵形，先端锐尖或钝尖，基部楔形，叶背具明显之黑色腺点。花序由侧芽抽生，长2～10cm，并由多对排列在枝条顶部，形成顶生之圆锥花丛；花冠淡紫色或紫色；花冠管近圆柱形，长0.7～1.2cm；花药黄绿色，位于距花冠管喉部0～2mm处。果长圆形至长卵形，具四棱，长0.8～1.5cm，宽2～4mm，先端突尖、锐尖或钝，皮孔不明显。花期4～6月；果熟6～8月（图14）。

主要分布在甘肃东南部，青海东部也有野生。多生长在海拔800～1 200m的山坡疏林下或林缘。性喜阳、喜温暖湿润，但也耐阴、耐寒、耐旱。欧美温带国家广有栽培。我国1950年后有栽培。

羽叶丁香

Syringa pinnatifolia Hemsley, Gard. Chron. ser. 3, 39:68. 1906 et Fedde, Rep. Sp. Nov. 4: 365, 1907. ——*S. pinnatifolia* var. *alashanensis* Ma & S. Q. Zhou, Fl. Intramongolica 5: 412. 1980.

TYPUS: CHINA, Sichuan, Mupin, thickets, 2 200–2 400m, Oct. 1910, *E. H. Wilson 4082* (Typus: K).

落叶灌木，高达3m。小枝灰褐色，纤细，

图14　华丁香（陈进勇，2006年拍摄于甘肃泾川）

11

图15　羽叶丁香（孟昕，2019年拍摄于四川康定）

无毛。奇数羽状复叶，长5～9cm；总叶轴具窄狭翅；小叶7～9（11）枚，卵形至卵状披针形，长1～3cm，宽0.5～1cm；小叶柄长约1mm；有时小叶基部下延，顶端尖，基部楔形，或近圆形，全缘，具细睫毛，表面绿色，背面淡绿色；中脉表面不明显，背面略凸起，两面均无毛。圆锥花序侧生，长4～7cm；花梗无毛；花萼小，钟状，长1.5～2mm，先端具不规则锯齿，无毛；花白色或淡粉红色，冠管细长，长约1cm，花冠裂片卵圆形，长约3mm，顶端钝；花药黄色，着生于花冠管中部或稍上。蒴果细圆柱状，长8～13mm，顶端尖，平滑。花期4月中下旬至5月；果期8～9月（图15）。

秦岭南、北坡均有分布，北坡见于陕西鄠邑区涝峪、太白山，南坡仅见于佛坪县都督河，青海循化、四川、内蒙古贺兰山等也有分布。多生在海拔2 000～2 700m的山坡疏林中或河谷、石滩等地。本种是丁香属中稀有而珍贵的种类。1904年，由威尔逊引种到美国阿诺德树木园栽植，现欧美国家已有栽培。我国20世纪80年代后期才开始引种栽培。羽叶丁香和紫丁香亲缘关系较近（崔洪霞，2004），1929年，阿诺德树木园分类学家雷德尔（Alfred Rehder）指出，羽叶丁香可能被附近的紫丁香进行了天然授粉，幼苗出现白花异型叶片的品种，其开花早，花后期然后变成褐色，叶片独特，一片大叶子上旁边有2～3片较小的叶子，被称为异叶丁香（*S.* × *diversifolia*）。

日本丁香

Syringa reticulata (Bl.) H. Hara, J. Jap. Bot. 17: 21,1941. ——*Ligustrum reticulatum* Blume, Mus. Bot. 1: 313,1851.

TYPUS: Japan, L0005411 (Typus: L).

落叶灌木或小乔木，是暴马丁香［subsp. *amurensis* (Rupr.) P.S.Green & M.C.Chang］和北京丁香（*S. reticulata* subsp. *pekinensis*）的原种。高达12m，树干直径可达30cm，是丁香类最大的物种。

小枝近圆柱形或带四棱形，具皮孔。冬芽被芽鳞，顶芽常缺。叶对生，单叶，全缘，具叶柄。花两性，聚伞花序排列成圆锥花序，顶生或侧生，花萼小，钟状，花冠漏斗状、高脚碟状或近辐状，子房2室，花柱丝状，短于雄蕊，柱头2裂。果为蒴果，种子扁平，有翅。因叶面有稍凹陷的脉纹的粗糙质感，所以学名意译网脉丁香。与暴马丁香的区别在于叶片大型，长可达14～15cm，宽9cm，宽卵形，叶基圆形或微心形；叶背具短柔毛，沿中脉尤密。果皮具稀疏皮孔（图16）。

其亚种北京丁香作为亲本的选育的品种较多，北京丁香为落叶灌木或小乔木，高达5m。叶卵形至卵状披针形，纸质，长4～10cm，无毛，顶端渐尖，基部楔形；背面侧脉不隆起或略隆起。圆锥花序由侧芽抽生，长8～15cm，无毛；花冠白色，辐状，直径5～6mm；花冠管很短，和花萼长度略同；花丝细长，雄蕊短于花冠裂片或与花冠裂片等长。蒴果矩圆形，长0.9～2cm，平滑或具稀疏皮孔。5月下旬至6月初开花，花期可延续12～20天；9月果熟；10月下旬落叶。

分布于河北、河南、山西、陕西、内蒙古、甘肃、青海。多生长于海拔600～700m的向阳坡或山沟，北京山区野生很多。性喜阳，但也稍耐阴，耐寒、耐旱；要求土壤湿润。本种开花繁茂且结实很多，种胚发育很好，因此播种繁殖发芽率高，可达90%以上。

北京丁香的第一位发现者目前不确定，但是有几位植物探险家的收集资料有据可查：如1742年的汤执中，1831—1840年的波里吉，1850年百隆（Blume）发表了*Ligustrum reticulatum*，后被Hara在1941年修订为日本丁香（*S. reticulatum*）；1857年奥地利籍俄国植物学家弗朗茨（Franz Josef Ruprecht，1814—1870）发表了暴马丁香（*S. amurensis*异名）和北京丁香

图16　日本丁香（孟昕，2010年拍摄于北京市植物园）

11

（*S. pekinensis*异名）；1863年的阿曼德大卫神父也描述了这个物种。第一次引种到国外的是法国人埃米尔（Emil Bretschneider）在北京山区收集到的种子，并于1880年送到巴黎植物园，1881年英国邱园，1885年德国植物园，1882年美国阿诺德树木园。1889年，北京丁香首次在阿诺德树木园开花，并于1902年赠送给加拿大安大略省的渥太华中央农场；1995年，格林（Peter Shaw Green）和张美珍将其修订为日本丁香的亚种；2001年，根据形态学、地理信息和NrDNA序列等数据，Li、Alexander和Zhang支持北京丁香仍为亚种，这一结论在2008年被Fiala & Vrugtman所支持。

1900年至今，植物学家们尝试用北京丁香和其他系的欧丁香、红丁香、紫丁香、匈牙利丁香等进行杂交，除了有些能产生不育种子外，均未获得成功。比较知名的北京丁香相关品种有：

‘金园’丁香 *S.* ‘Jin Yuan’

1953年北京市植物园在河北涿鹿县的西灵山采集北京丁香的种子，同年进行播种，将其中113株5年生苗于1958年定植于北京市植物园丁香园内，编号为1864：53。20世纪60年代初，北京市植物园职工发现其中一株开花为黄色。崔纪如等人对其进行多年观察，发现该株开黄花的性状稳定，经多年繁殖试验，现已获得大量苗木。2003年经专家鉴定，正式命名为‘金园’丁香（图17）。

‘中国雪’丁香*S.* ‘Morton’，商品名‘CHINA SNOW’

由Joseph Rock1926年从甘肃采种播种选育而来，本种由于极度耐寒，树皮优美，树型高大美丽，母株至今还在莫顿植物园生长良好，高达12m。

图17 ‘金园’丁香（孟昕，2010年拍摄于北京市植物园）

2 丁香在中国

我国是丁香的栽培起源中心，按照《中国植物志》记录，本属植物除分布在欧洲、亚洲其他国家和地区的欧洲丁香、匈牙利丁香、阿富汗丁香这3种丁香外，其余我国均有产地分布，现今世界各地栽培的丁香几乎涵盖本属的所有种类，其中大多数种类都起源于我国。在地理分布上，丁香的野外分布从东南欧、亚洲和喜马拉雅山脉西部到我国的山区。在我国，丁香北起黑龙江，南到云南，东到辽宁，西至川藏，中部以秦岭地区为其分布中心，跨越15个省（自治区、直辖市），同时跨越了亚热带、暖温带、温带甚至达寒温带的边缘，其中西南部的川、滇、藏地区是我国丁香的重要分布区，也是特有种最多的地区，主要有藏南丁香、云南丁香、西蜀丁香、毛丁香、四川丁香、松林丁香、紫丁香、羽叶丁香；秦岭、青海、甘肃及内蒙古地区是丁香属在西北至中部的重要分布区，华北山区特有的野生种仅1种红丁香，同时巧玲花、羽叶丁香、四川丁香、西蜀丁香、紫丁香及其变种也有分布；东北山区特有的野生种类仅有蓝丁香1种，但现存数据记载需要进一步考证。

在野外生存的丁香喜欢林地边缘山丘上或开阔森林中排水良好的土壤，也有部分栖息在山地峡谷中，大部分在阳光充足、肥沃、富含腐殖质、排水良好的土壤中生长良好。丁香属植物在其原产地大多生长在800～3 800m的山地，分布在亚热带地区的种类则多生长在高海拔地区的林缘或林下；而分布在暖温带、温带和寒温带边缘地区的种类，分布的海拔高度也随之下降。

在丁香属的起源演化上，崔洪霞（2014）指出，丁香属起源于中国西南，并以此为中心，主要沿中国西南—西北—华北—东北—朝鲜半岛—日本和中国西南—中亚—欧洲的路径散布。近缘种之间存在着遥远的地理隔离，中国原产的华丁香与分布在我国西北及中亚的花叶丁香、欧洲特有种欧丁香均为近缘种，表明欧洲丁香的散布与中国西北的种类有着密切的联系。化石记录紫丁香在中新世时的华中地区已有存在，说明该属至少在中新世时完成了由西南向华中的演化、辐射。我国西南的顶生花序原种丁香，在向西北、东北的迁移中衍生出侧生花序的进化种，稀疏的聚伞花序排列成大型的圆锥花序，花色从单一的紫色演变成白色、粉色、蓝色、黄色等；叶片也有单叶、复叶、全缘、深裂等变化，树型有1m左右的花灌木到10m的大乔木等形态变化。

2.1 丁香栽培历史

我国也是最早栽培丁香花的国家，丁香花在我国已有1 000多年的栽培历史。据早期文献考证，在唐宋时期就已开始有丁香花的栽培应用，最早的栽培记录可追溯到唐代后期，唐段成式《酉阳杂俎》续集卷九《支直上》记载：“卫公平泉庄有黄辛夷、紫丁香”，是指公元618—907年，当时有宰相李德裕位于洛阳的平泉山庄将紫丁香从南方引种栽培欣赏的记载；宋代花艺水平取得了突飞猛进的进步，原平泉山庄变成了千余种花卉的李氏仁丰园，1082年周师厚在《洛阳花木记》中记载丁香花别名百结花，当时洛阳园林中可以见到“丁香障”，就是在土岗上用栽培很密的丁香花点缀假山园景的一种配置方法。唐宋期间还流传了很多佳作，如唐代杜甫《江头四咏·丁香》中写到“丁香体柔弱，乱结枝犹垫”，陆龟蒙《丁香》中的“殷勤解却丁香结，纵放繁枝散诞春”，李商隐《代赠》中的“芭蕉不展丁香结，同向春风各自愁”；宋代李清照在《摊破浣溪沙·揉破黄金万点轻》中写到“梅蕊重重何俗甚，丁香千结苦粗生”，洪遵、王安石所做的诗词中，均对丁香花有记载。到了明清，随着生产和文化的发展，皇家园林、私人庭院及寺庙的建设也达到了兴盛时期。在当时的

图18　垂丝丁香（孟昕，2010年拍摄于北京市植物园）

图19　云南丁香（陈进勇，2005年拍摄于香格里拉）

图20　匈牙利丁香（孟昕，2011年拍摄于北京市植物园）

图21　什锦丁香（孟昕，2007年拍摄于北京市植物园）

图22　四川丁香（孟昕，2021年拍摄于北京市植物园）

图23　蓝丁香（孟昕，2007年拍摄于北京市植物园）

各种园林、寺庙、庭园及私人宅院中，到处都可见到有丁香花点缀于石旁、角隅、路边、庭前，丁香花作为园林的配景树得到了广泛的应用。此时，人们在丁香花的生态习性及栽培繁殖方法诸方面也积累了丰富的经验。1591年明代高濂撰写的《草花谱》中，记载了丁香名称的由来以及繁殖方法是“接、种俱可”。1688年清代陈淏子的《花镜》中，记载了丁香的习性是“畏湿而不宜大肥”，繁殖是“接、分俱可”。1848年吴其濬《植物名实图考》中，记载了丁香的栽培与分布是“北地尤多”。

2.2 近代丁香的研究栽培与应用

国内栽培丁香的历史比较久远，但对栽培品种的系统收集和培育起步较晚，现有的品种种类及数量不多，丁香的园林应用苗木集中在紫丁香、白丁香、北京丁香、红丁香这几种之间。原产中国的大部分丁香品种被发表认定基本是在1880—1900年期间集中发现的，少部分在1910—1925年被发现。这个时期亚洲地区的丁香探索依赖于国内外植物探险家、传教士和植物学家的冒险得以完成。近几年我国的园林工作者也意识到花卉自育的重要性，在国内开展了许多丁香的研究，主要在系统分类、种子生物学、开花生物学、营养繁殖、杂交育种、园林应用、药用价值等方面，同时，品种收集和育种工作也在逐步开展。

2.3 丁香相关书籍著作

1934年，陈善铭的《中国之丁香》，记载了中国原产的丁香22种，对其分类、分布、栽培、繁殖作了详尽的论述，被认为是中国第一篇全面而科学地论述丁香的文献。陈嵘先生所著《中国树木分类学》中，记述了中国所产丁香25种。1990年，陈俊愉院士主编的《中国花经》中，将丁香列为我国20种名花之一。1974年，《中国高等植物图鉴》中，1986年，吴征镒先生主编的《西藏植物志》中，发表了藏南丁香；1990年，臧淑英、刘更喜编纂的《丁香》是一本集多年调查、记载、采集、引种、栽培选育与开发利用于一体的综合性专著，记录丁香32种；1990年，张美珍在《中国植物志》第六十一卷，对丁香属植物种及变种进行修订，共记述了21种。2009年刘更喜、马文乾编著的《西宁丁香花》对西宁地区10余种常见丁香的形态特征、栽培管理、科研成果等方面进行了论述，并收集了与丁香有关的文学作品等相关信息。2000年臧淑英、崔洪霞编写的《丁香花》一书对丁香属的各个方面进行了全面丰富的介绍。此外，西藏、云南、四川等各地植物志也有丁香的相关记载介绍。

2.4 丁香花作为市花的城市

丁香是我国的传统名花，是北方城市中不可缺少的园林植物。黑龙江、青海等6个省（自治区）中11座城市将其列为市花，黑龙江省更是将其列为省花，大力推动了丁香花卉产业的发展。

表1 丁香为市花、省花的城市

	省（自治区）	城市
1	山西省	大同市、忻州市
2	内蒙古自治区	呼和浩特市、乌海市、锡林浩特市[县级]
3	吉林省	松原市
4	黑龙江省	哈尔滨市、齐齐哈尔市
5	青海省	西宁市
6	新疆维吾尔自治区	昌吉市[县级]、塔城市[县级]

国内收集推广丁香新品种的单位，具有代表性的有中国科学院植物研究所北京植物园、国家植物园（北园）、哈尔滨园林科学研究所、黑龙江省森林公园、西宁市林业科学研究所、呼和浩特植物园等。品种多以原种收集为基础，如蓝丁香、紫丁香、红丁香等，园艺品种以自育品种和欧美引种为主，国内自育品种集中在中国科学院植物研究所北京植物园自育‘罗兰紫’‘紫云’等品种，哈尔滨自育‘金翠’‘涌霞’‘流光溢彩’等品种，国家植物园（北园）的‘金园’丁香等，欧美品种如‘凯瑟琳’欧丁香、‘感动’欧丁香等。

主要以丁香为市花的城市介绍如下：

哈尔滨

19世纪初，随着中东铁路的修建，哈尔滨侨居了数十万斯拉夫人和犹太人，并带来了丁香花，到了20世纪，满城的丁香花盛开，丁香城由此得名。1988年4月12日，哈尔滨市人大二次会议做出了《关于丁香花为哈尔滨市花的决定》。如今已建成的大大小小丁香公园数十个，值得一提的有两个必去地点，一是位于哈尔滨市道里群力新区的群力丁香园，入口处高大美丽的丁香仙子雕塑散发着琉璃的光芒，她手拿一束五瓣丁香，据说找到了五瓣丁香就象征着找到了美好、幸福的爱情。公园内仅是丁香家族内最高大的暴马丁香就有400余株，丁香品种约36种，多是常见的紫丁香、白丁香、小叶丁香、欧丁香、蓝丁香等品种，也有部分早年间收集的俄国品种。另一个观赏丁香去处是丁香科技博览园，现有品种30余种，有紫丁香、白丁香、红丁香、什锦丁香、朝阳丁香、关东丁香、辽东丁香等，还有从小兴安岭、完达山森林里移栽来的野生暴马丁香等。

哈尔滨丁香科研工作以园林科研所和黑龙江省森林植物园为首，均在早期工作的基础上开展了一系列育种研究，园林科研所与中国科学院植物研究所北京植物园加强合作，逐步开展品种收集工作，收集‘罗兰紫’‘玲珑’‘天府信步’等30余种丁香并推广应用；黑龙江省森林植物园在丁香栽培过程中发现了金叶白花、金叶紫花的紫丁香变异和关东丁香的变异，2018年以来成功申报了金叶紫花的紫丁香品种和金叶的巧玲花系的7个品种，具有极大的市场推广价值。

西宁

丁香花象征吉祥富贵，是西宁市各族人民喜爱的花卉之一，1985年被选为西宁市花。西宁市种植了数十万株丁香，组成了一条条城市景观大道，西宁市区栽植的丁香主要以紫丁香、白丁香、小叶丁香和暴马丁香等为主，品种达到16种、数量达上千万棵，占全市花灌木栽植总量的70%。西宁植物园内也建成了丁香专类园，将西宁16个丁香品种全部收集其中。值得称赞的是西宁市林业科学研究所，新建成国家级丁香国家林木种质资源库，保存丁香种质资源近百份，储备各丁香种（品种）苗木5万余株，面积80亩，让西宁“丁香之城”名副其实，为丁香种质在今后的繁育与应用研究中提供基础保证。

呼和浩特

丁香在呼和浩特市有悠久的栽培历史。据调查，呼和浩特著名的喇嘛寺院旧城席力图召栽植的紫丁香是明代种植的。1986年11月28日，呼和浩特市第八届人民代表大会常委会第15次会议讨论通过，选定以丁香作为市花，极大地推动了丁香事业在呼和浩特的发展。1999年5月在呼和浩特植物园成功地举办了呼和浩特首届丁香节。呼和浩特植物园现由于规划调整，已变更成乌兰夫公园，原品种收集工作受到影响，在专家们的努力下，从北京市植物园、中国科学院植物研究所北京植物园、长春植物园、西宁植物园、沈阳树木园进行了引种，栽培有裂叶丁香、花叶丁香、羽叶丁香、蓝丁香、关东丁香、暴马丁香等丁香属原种，‘香雪’‘波峰’‘罗兰紫’‘晚花紫’‘紫云’‘红堇’什锦丁香等丁香品种。丁香属植物的多数种类在呼和浩特表现出极好的生态适应性，其中有些引回种类的生长和开花表现明显优于引种地。如什锦丁香在北京一年只春季开1次花，引入呼和浩特栽培，每年春花由4月下旬至5月下旬，秋花自7月下旬可一直开到9月初；辽东丁香在北京炎热的夏季，叶片焦边，长势弱，在呼和浩特则长势强健，花繁叶茂，未发生任何病虫害，说明丁香属植物的多数种更适合呼和浩特这样夏无酷暑、较为冷凉的气候。

3 丁香在世界

据《中国植物志》记载，丁香除中国外，日本产1种（日本丁香）、阿富汗产1种（阿富汗丁香），欧洲东南部产2种（欧洲丁香及匈牙利丁香），主要分布在喀尔巴阡山及阿尔卑斯山地区。欧美大多数栽培的丁香以来自东欧和亚洲山区的丁香为基础。欧洲最早栽培丁香的有奥地利（1563）、法国（1777）等，主要是欧丁香和花叶丁香（又名波斯丁香）。欧美丁香的文字记录仅限于过去的100多年，欧丁香500多年，花叶丁香300多年，什锦丁香200多年。早在1620年前后，我国原产的一些丁香花开始通过丝绸之路经波斯（今伊朗）传入欧洲。到了19世纪中叶，随着传教士、植物收集家来华的频繁活动而开始了对我国原产丁香花种类的广泛收集，许多种类陆续传入欧美各国。由于他们的活动，在短短的五六十年间，就引去了我国原产的丁香花20种左右。我国丰富的丁香花资源对欧、美各国的园艺事业起了重要作用，使得这些国家从一个丁香花资源贫乏甚至没有丁香花的地区变成了丁香花栽培种类丰富的地区。

植物猎人在中国最开始的丁香探索，最早可以追溯到1742年，法国传教士汤执中神父，原名Pierre Nicolas d'Incarville，在1750年北京的一座山上首次发现了北京丁香（*S. pekinensis*）和红丁香（*S. villosa*）。在他发现的80年后，也就是1831年，俄国植物学家本格（Alexander von Bunge）将此丁香品种的标本送回国；10年后，俄国植物学家基里洛夫（Porhrij Kirilov，1801—1864）1840年在河北省发现了美丽的巧玲花（*S. pubescens*），并随之将种子和植物材料加上之前发现的北京丁香和红丁香的种子一同送回到国内。几年后，在罗伯特·福琼（Robert Fortune）的第三次中国的旅行中，他将在中国园林中已经广泛应用的华北紫丁香（*S. oblata*）和它的白花品种（*S. oblata* 'Alba'）活植株送回到英国。同一时期，另外的两个俄国植物学家，马克（Richard Maack）和卡尔（Karl Ivan Maximowica）分别发现了暴马丁香（*S. amurensis*异名），这100年是在中国丁香品种收集的最初阶段，6种丁香得以命名发现。

1860年是一个分水岭，这时英法联军侵占北京，太平天国运动兴起，中国陷入了内忧外患，战败的清王朝被迫开放内陆和洋人进行贸易，这个时期对于中国的满清官吏来说动荡不安，但是对于植物猎人来说，却是个好机会能够深入到中国内地，很多的植物猎人来到中国中西部和高原等地寻找新植物，也包括丁香。丁香品种的收集工作主要在中国西部城市开展，如甘肃、四川、云南和西藏地区，对于植物猎人来说，来到这里就像到麦加朝圣一般，在对这几个省（自治区）进行考察后，13种丁香被发现，远远多于中国的其他省份。

3.1 部分植物猎人介绍

丁香的最初鉴定工作主要由法国、俄国和英国的传教士和大使馆武官进行，1866年后，植物猎人的方式发生了很大的改变，由原来的冒险家爱好者盲目地收集转变为植物学家的定向寻找，更多的专业人士加入到这个队伍中来，有目的地搜寻新物种，丁香的很多种类也是通过这些植物猎人被引种到世界各地。这些知名的植物猎人有：苏格兰人Geogre Forrest，英格兰人Joseph Hooker，俄国人Carl Maximowicz，Grigory Nikolayevich Potanin，Nicolai Mikhailovich Przewalski，美国人Ernest Henry Wilson，荷兰籍美国人Frank Meyer，法国人Armand David等。部分植物猎人介绍：

3.1.1 谭卫道（Armand David, 1826—1900）

谭卫道1826年出生于法国Pyrenees山脉附近

的一个小村庄Espelette，在天主教会的培养下成为一名具有丰富植物学背景的传教士。1862—1874年他被派遣到中国，是第一个到我国青藏高原山区进行采集的博物学者。他带了很少的行李，工作环境很艰苦，但是他工作非常认真，一共收集到了2 000多种植物，直到1874年因疾病的困扰才回到法国，从事植物教学工作。我国的大熊猫和珙桐，都是他采集之后被外国人命名的。1863年，他在北京的山上发现了北京丁香并进行了详细的描述。

同期，法国传教士Abbé Pierre Jean Marie Delavay (1834—1895)，在云南的森林里发现了云南丁香（*S. yunnanensis*），意大利传教士Giuseppe Giraldi (1848—1901)，在1891年收集到了紫丁香（*S. oblata* var. *giraldii*），1896年在陕西收集到了小叶丁香（*S. microphylla*）。

3.1.2 威尔逊（Ernest Henry Wilson, 1876—1930）

英国著名的中国植物采集家，经常被称作“中国威尔逊”，但他不喜欢这个称呼，1899—1918年先后5次来中国，是1860年以来最出名的植物猎人。威尔逊1876年出生，从小喜爱植物，在伯明翰植物园和邱园学习过，在他23岁的时候，在维奇公司的雇佣下愉快地来到中国进行物种收集，开始了他传奇的植物猎人的一生。威尔逊背着很重的相机到处拍照，在中国拍摄的一些照片，多为第三次和第四次中国行。在来中国之前他见到美国阿诺德树木园的创始者查理博士，他给了威尔逊很多关于在中国引种的宝贵意见，两人成为好友，最后他离开维奇为阿诺德工作。威尔逊第一次来中国是寻找珙桐，并成功带回了906种植物标本。第二次在维奇的雇佣下又来到中国。1910年，这是威尔逊第四次到中国采集植物之行，从英国乘火车从莫斯科至北京。6月1日到达湖北宜昌，故地重游；4日，威尔逊离开宜昌古城；10日，他在兴山县响滩村发现紫丁香。随着四川等地的深度探寻，他又发现了羽叶丁香、四川丁香和美丽的垂丝丁香，并将种子带回。仅仅这次旅行他就给维奇带回了4种新丁香。在阿诺德树木园强大资金的支持下，威尔逊带回大量的丁香种子和植株，在他1917年第五次旅行时从朝鲜带回了朝阳丁香，1924年带回了他曾在1904年发现的羽叶丁香的种子。威尔逊是“第一个打开中国西部花园的人”，在长达12年的采集时间里，他从古老的东方中国，为西方引入了大量的新植物，并拍下了数不清的珍贵照片，在西方园艺界引发了一场“革命”。

3.1.3 波塔宁（Grigory Nikolayevich Potanin, 1835—1920）

俄国杰出的作家、科学家、旅行家和植物收集者。1876—1893年曾经到亚洲进行过4次旅行，1884—1886年到达了中国北方，经北京到达呼和浩特、青藏高原等地。1885年，在陕西省收集到了*S. oblata* var. *giraldii*，随后几年在植被丰富的甘肃发现了山丁香，在四川的最后一次考察中他发现了西蜀丁香，但是这次旅行他妻子死了，结束了他最后一次中国之旅。美丽秋色树种的青麸杨（*Rhus potaninii*）和石龙子科康定滑蜥（*Scincella potanini*）就是以他的名字命名的。

3.1.4 约瑟夫·洛克（Joseph Rock, 1884—1962）

洛克1885年出生于维也纳，1913年加入美国籍，是一位天才学者和语言学家。1907年他被任命为夏威夷大学中文和植物学的教授，并担任美国农业部的经济植物收集专家。工作的关系使得他有机会到中国云南、甘肃等地进行考察，他非常喜爱物种丰富的中国，尤其是甘肃，在他为阿诺德树木园工作期间，在游历中国时拍摄了大量珍贵的照片。1909—1957年间，他发现了上百种新物种，送回了数千种的植物标本、种子等材料，包括北京丁香和圆叶丁香（*S. wardii*）等。

3.1.5 迈耶（Frank Nicholas Meyer, 1875—1918）

蓝丁香（*S. meyeir*）就是以它的发现者Meyer的名字命名的丁香，最初发现的蓝丁香是生长在中国的花园里。迈耶是荷兰人，后入美国籍，他热爱户外考察，1905—1918年，受美国农业部的派遣先后4次到中国进行植物的搜集与考察，大规模引种了黄豆、高粱、水果、蔬菜等，以及丁香、蔷薇、榆树等观赏植物。在1915年，他在甘肃发现了*S. laciniata*，之前有人曾经错误地认为它是花叶丁香（*S. persica*），在发现的同时，他还将美丽的白丁香送到了华盛顿的国家植物园，并将之前发现的红丁香进行了商业推广。

3.1.6 乔治·傅礼士（福里斯特）（George Forrest, 1873—1932）

苏格兰爱丁堡植物园的采集家，1904年，他32岁来到了我国的川藏地区，在这局势动荡的28年里，他先后7次来到中国云南、四川等地采集植物，搜集了至少3万种植物，他引种的杜鹃花在欧美赫赫有名。1906年，他发现了云南丁香并采种在英国推广。在爱丁堡的标本馆里，可以看到他在中国采集的云南丁香、西蜀丁香、垂丝丁香、小叶丁香、北京丁香、紫丁香等标本，保存品相完好，记录清晰可见。

3.2 植物猎人行动活跃期

一种植物的获得从来都不是轻而易举的事情，18～20世纪初，是西方植物猎人在中国最活跃的时期，他们在殖民政策的引导下，探险家们冒着生命危险，在当时物资匮乏、动乱不断的局势中搜集着植物标本，将原产中国的丁香资源引种到了世界各地，对欧美各国的园林事业起了重要作用，快速推动了丁香属植物的园林应用和科学研究。经过之后近百年的品种选育，丁香已经由最初的十余种衍变成一个可达2 600个品种的丰富类群，比如曾派遣大量植物猎人来中国的美国阿诺德树木园，如今以丰富的丁香栽培品种数量为荣，园内栽植的丁香品种数量在百种以上。由此可见，丁香与植物猎人的探险息息相关，正是由于他们的努力，美丽的丁香花在世界各地竞相开放。

表2　部分植物猎人和他们收集的丁香*

年代	植物猎人	国籍	地点	丁香种类	备注
1742	Pierre Nicolas d'Incarville	法国	北京山区	*S. pekinensis*	
1750	Pierre Nicolas d'Incarville	法国	北京山区	*S. villosa*	
1831	Alexander von Bunge	俄国	北京	丁香标本	送回圣彼得堡
1831	Porhrij Kirilov	俄国	北京山区	*S. pekinensis*	种子送回圣彼得堡
1835	Porhrij Kirilov	俄国	北京山区	*S. villosa*	植物材料送圣彼得堡
1840	Porhrij Kirilov	俄国	河北	*S. pubescens*	
1853—1856	Robert Fortune	英国	中国的花园	*S. oblata* & *S. oblata* var. *alba*	植物材料送回英国
1855	Richard Maack and Karl Ivan Maximowicz	俄国		*S. reticulala* var. *amurensis.*	两人分别发现
1863	Pere Armand David	法国	北京山区	*Syringa pekinensis*	
1885	Grigory Nikolayevich Potanin	俄国	陕西、甘肃	*S. oblata* var. *giraldii*、*S. potaninii*	
1887	Abbe Jean Marie Delaval	法国	云南	*S.yunnanensis*	
1891—1894	Grigory Nikolayevich Potanin	俄国	四川	*S. komarowii*	
1891	Rev. Guiseppe Giraldi	意大利	陕西	*S. oblata* var. *giraldii*	
1896	Rev. Guiseppe Giraldi	意大利	陕西	*S. microphylla*	
1901	Ernest H. Wilson	英国	湖北	*S. julianae* /*S. reflexa*	
1904	Ernest H. Wilson	英国	四川西部	*S. pinnatifolia*/*S. sweginzowii*	种子送回维奇公司
1906	George Forrest	苏格兰	云南	*S. yunnanensis*	种子并推广
1907—1908	Ernest H. Wilson	英国			为阿诺德树木园带回原来发现丁香的种子

（续）

年代	植物猎人	国籍	地点	丁香种类	备注
1908	Frank N. Meyer	美国	河南	*S. meyeri* & *S. oblata* var. *alba*	将插条带回美国
1909—1911	Ernest H. Wilson	英国			第四次来中国，为阿诺德带回种子和照片
1913—1915	Frank N. Meyer	美国			送回已发现的材料和种子
1917	Ernest H. Wilson	英国	朝鲜半岛	*S. oblata* var. *dilatata*	
1922—1923	Joseph Hers	比利时		*S. microphylla* & *S. julianae* 'Hers'	送回标本到欧洲和美国
1924—1925	Ernest H. Wilson	英国		*S. pinnatifolia* 等	第五次来中国，将种子送回阿诺德
1934	Harry Smith	瑞典	四川	*S. tigerstedtii*	
1980	Peter Bristol	美国	四川	*S. oblata*	种子送到霍顿树木园

*数据来自https://www.tropicos.org 和The *Lilac*。

3.3 欧美著名的丁香收集研究机构

目前，北美是丁香花收集栽培最多的地方，加拿大皇家植物园，美国的布鲁克林植物园、阿诺德树木园、明尼苏达大学风景树木园，俄罗斯莫斯科国立大学植物园等都有大量的收集展示。

美国在19世纪末开始以欧丁香、朝阳丁香和中国原种丁香为主的栽培收集，伴随着大量的实生苗中逐渐出现了变异，以及更多中国原产种如红丁香、蓝丁香、云南丁香等被植物猎人收集。近百年来，欧美各国的丁香品种选育工作成果显著，重瓣、晚花、大花、复色、金叶等品种的出现都是遗传多样性的体现。

欧洲有着悠久的丁香育种传统，大多数栽培品种来自欧洲丁香（*S. vulgaris*）。早在法国勒穆瓦纳家族在丁香育种方面取得巨大飞跃之前，人们就知道丁香有几种颜色变化，比如白色花和深紫色丁香花。英国的紫色品种被称为苏格兰丁香，因为它于1683年首次在詹姆斯·萨瑟兰的爱丁堡花园中生长。在法国，它生长在马利城堡的花园中，因此被称为马利丁香。1820年左右，育种家们开始有意开展人工杂交育种来丰富花色，丁香花的园林应用也在法国开始流行。这一发展在19世纪下半叶获得了巨大的推动，当时最著名的雷蒙家族使用了十几个可用的品种来进行育种计划，这导致数百个新品种问世，其中许多品种今天仍然是商业交易的支柱品种。

3.3.1 阿诺德树木园 Arnold Arboretum

美国哈佛大学阿诺德树木园是北美最古老的公共树木园，从19世纪末开始，在首位主任萨金特（Charles S. Sargent）的带领下，从北美植物到亚洲植物，开展了大量的收集引种、科研育种等工作，建立了颇具特色的丁香花专类园，根据花的大小和颜色等园艺特点，定植了收集培育的丁香种及品种达179个品种、500株以上，这些经过筛选定植的丁香品种是当今许多杂交种的亲本。阿诺德树木园以这批种质资源为基础，在1928年出版了以分类及栽培起源为内容的专著*The Lilac*。自1908年以来，阿诺德树木园每年都会举办“丁香星期日”庆祝丁香花的到来，每年春天，颜色各异、气味芬芳的不同品种丁香错落盛开，花期持续超过5周。

1906年，萨金特主任雇佣了威尔逊（Ernest H. Wilson）赴中国采集植物种子和标本。当时的威尔逊已经是一个颇有名气的植物猎人，在这之前他已经为邱园两次赴中国采集植物。从1907年到1919年间，威尔逊三次来到中国，为阿诺德树木园带回了大量的植物种子和标本。在威尔逊前后，阿诺德树木园也组织或资助了其他人多次赴中国或东亚的考察及采集活动，其中，大名鼎鼎的洛克（Joseph Rock）也曾在20世纪20年代为阿诺德树木园从中国带回了超过2万份的植物标本以及大量的种子和照片。大量的植物和标本被源源不断地从中国带回，极大丰富了阿诺德树木园的活植物收集和标本馆馆藏，使阿诺德树木园成为当时研究中国和东亚植物的绝佳场所。

3.3.2 莫斯科国立大学植物园 Moscow State University Botanical Garden

莫斯科国立大学植物园是俄罗斯收藏丁香最多的植物园之一，也是纬度最高的丁香专类收集园，这里耐寒的、大花的丁香品种应有尽有。它的品种收集基于园林应用中最常见也是当地表现最佳的欧丁香品种这一类群，还包括风信子丁香这类早花杂交系列。在外国品种中，以勒穆瓦纳家族的品种为主，这些杰出的法国育种者的品种现已成为经典。植物园现收集包括130个品种，包含20种外来选择的晚花种间杂种，这些品种是在米罗诺维奇（V. D. Mironovich）的带领下，将红丁香、垂丝丁香等晚花品种，以及其杂交系列josiflex（*S.×josiflexa*）和 Preston（*S.× prestoniae*）的丁香等栽培完成的。莫斯科国立大学植物园引以为傲的是苏联杰出的丁香育种者拉科列斯尼科夫（L. Kolenikov）的丁香品种，他是斯大林奖获得者，同时他还获得了国际丁香育种者协会的金奖，其中包括经典的粉色重瓣大花品种‘莫斯科之美’，以及被米罗诺维奇于1986年命名的‘女儿塔玛拉’‘十月五十周年’‘伟大胜利’和‘莫斯科大学’等优秀品种。

3.3.3 明尼苏达大学风景树木园 The Minnesota Landscape Arboretum

极端低温达–40℃的明尼苏达大学风景树木园的丁香园中共种植166个种和品种，保存标本179份。云南丁香、什锦丁香、小叶丁香、蓝丁香、紫丁香、北京丁香、暴马丁香在那里均生长良好。明尼苏达大学风景树木园广泛引种世界各地的丁香花，实行免费采取插条及种子，使很多低温严酷的城市能在此引种、推广，从而提高了环境美化的作用。它由原苗圃主人Leon Snyder的儿子Lee Snyder设计和种植。该系列包含几种不同类型的丁香及其栽培品种，包括欧洲杂交种、中国的原种、普雷斯顿系列、日本丁香等。丁香在明尼苏达州表现很好，虽然许多丁香在夏天结束时会因为高温高湿而发霉，然而它们在5月和6月的芬芳和美丽壮观的花朵还是很震撼的。

3.3.4 加拿大皇家植物园 Royal Botanic Garden

皇家植物园的丁香最早栽植于Cootes Paradise东岸，约230株，1959年以适应403号高速公路的开发移至植物园。皇家植物园树木园紧依Hamilton湖湾，主要栽植丁香、木兰、紫荆、山茱萸、杜鹃、常绿植物以及连翘等，而最引以为豪的是拥有众多品种的丁香专类园。1964年，汉密尔顿的科林·奥斯本（Colin Osborne）为了纪念他的妻子，成立了凯蒂·奥斯本（Katie Osborne）丁香信托基金，用于丁香的品种收集和维护。这里丁香谷区域展示了从原生于中亚、欧洲等地的20多个原生丁香物种，以及植物园引种繁殖培育的400多个丁香品种500余株。在入口处丁香步道，科普展示了丁香的育种体系和特点，以及丁香育种史上的重大发展。在更丰富的地形应用上，丁香园林栽植多样化，错落有致。每年5月末植物园都在这里举行盛大的丁香节，丁香盛开的时候，丁香谷里面绚烂多彩，芬芳满园，赏心悦目，同时还有游艺、展览、音乐，还有美食，是每年的重大盛事之一。丁香植物研究工作始于1950年，除了育种学、栽培学、分类学等研究，皇家植物园还承担了丁香属的国际登录的工作40余年，目前此项工作交接给国际丁香协会来继续完成。

3.3.5 布鲁克林植物园 Brooklyn Botanic Garden

2019年搬迁的丁香园位于奥斯本花园和克兰福德玫瑰园之间一条的蜿蜒小径上，展示了100多种（品种）丁香花，最早的品种可追溯到1914年的历史收藏，以及其扩繁的后代。丁香园的栽植床，是根据原丁香第一次繁殖或在科学文献中被记载到的时间，或者按栽培品种和杂交品种的发展时代安排来定植展示的。在这里能看到从1880年之前至今的不同时期的丁香品种，尤其是古老的丁香花树，树姿优美，粗糙、古老的树皮诉说着近百年的历史，其中包括39种由法国著名育种家人勒穆瓦纳在20世纪初培育的品种，他以重瓣杂交品种而闻名，每朵小花上都有两层花瓣，使花朵看起来更饱满。随着20世纪园艺趋势的变化，不同的特征变得越来越受追捧，收藏品包括来自不同时代的各种育种者的品种。受家庭园艺的影响，迷你的巧玲花系的品种，棒棒糖似的高接独干丁香花也开始流行。丁香花通常在4月下旬开始盛开，并在母亲节时达到顶峰，白色、紫色、蓝色、粉红色的芳香花朵可持续盛开到5月底。

3.3.6 罗切斯特高地公园 Rochester Highland Park

1888年，乔治和帕特里克在罗切斯特（纽约州北部）郊区缓缓起伏的丘陵区域建立了一个80 000m^{2}的苗圃，现在称为高地公园，它被认为是美国最早的市政植物园之一，知名公园设计师弗雷德里克负责了高地公园的最终开发，如今的高地公园占地面积达155英亩（0.63km^2）。1892年，莱尼（Calvin C. Laney）和邓巴（John Dunbar）在高地公园种植了第一批丁香花，有20个变种，其中一些是当地巴尔干山（Balkan Mountain）本地植株的后代，这些丁香被早期殖民者带到了美洲大陆，目前现存最古老的丁香是1897年的‘总统’丁香。邓巴在担任公园园艺师期间，逐渐扩大了收藏范围，并将多个新品种进行推广。1916年邓巴推广的深天蓝色品种‘林肯总统’仍然被认为是蓝色丁香中最好的。邓巴的继任者斯莱文（Bernard H. Slavin）将高地公园建成了世界上最大的丁香收藏地之一，如今展出数量约为1 200株500多个品种。‘罗切斯特’丁香是1963年推出的乳白色品种，来纪念这座已成为丁香同义词的城市。

3.3.7 英国邱园和爱丁堡植物园 UK Botanical Gardens

在历史文献和诗歌中可以查询到邱园历史上建有丁香花园，但目前的丁香园是1993年完全翻新的展示区，保留了许多20世纪初收集的原种和杂交种。在英国邱园木樨科的区域内，数十株2～4m高的丁香品种在5月竞相开放，根据它们的栽培和繁殖历史，分为10个独立的栽植床。主要展示了欧丁香、匈牙利丁香、云南丁香、喜马拉雅丁香等原种丁香，以及什锦丁香、风信子丁香系列、‘帕里宾’蓝丁香等巧玲花品系的园艺品种100余株。

爱丁堡植物园地处苏格兰高地，与我国西南地区的气候类型相近，收集的丁香品种数量较少，在本部园区内没有单独分区空间来展示丁香品种，而主要展示从中国等地收集到的原种，如园内中国坡区域种植了云南丁香、欧丁香等；在爱丁堡植物园的分园道客植物园，该植物园位于爱丁堡西北，冬季气温偏低，是4个分园中最冷的植物园，空气湿度较小，这里种植的乔木和灌木更喜欢寒冷干燥的条件，收集了杜鹃花属、针叶树种、栒子类植物，西蜀丁香在这里茁壮成长，绽放出美丽硕大的花序。值得一提的是植物园的标本馆，收集了大量的丁香花的标本和模式标本。

3.4 部分丁香相关人物简介

3.4.1 约翰·菲亚拉（John Leopold Fiala，1924—1990）

美国俄亥俄州的约翰·菲亚拉（John Leopold Fiala）神父（图24），一生培育了50多个品种的丁香和40多个山楂品种，是20世纪最伟大的育种家之一。他在密歇根州的乡间别墅中从祖母那里学习园艺，在家里的小农场里，丁香、山楂、萱草等植物被大量种植。他25岁起对丁香产生了浓厚的兴趣，开展了大量的育种工作，选育了包含欧丁香、风信子丁香、巧玲花、西蜀丁香、辽东丁香等优秀的园艺品种。在20世纪50年代的时候，他受到秋水仙素诱导多倍体相关文献的启发，推出了很多著名的重瓣品种，如‘Agincourt Beauty’‘Rochester’等。同时，他也是丁香协会的创始成员，该协会授予他4项奖项，分别是荣誉和成就奖（1976）、会长奖（1980）、主任奖（1985）和阿奇·麦基恩奖（1989）。在丁香

图24 John Fiala神父（孟昕提供）

品种中，有一种白花，重瓣欧丁香学名*Syringa vulgaris* 'Fiala Remembrance'的园艺品种，就是为纪念他而在1990年命名的。

多年来，菲亚拉神父的书*Lilacs: The Genus Syringa*堪称丁香圣经。同样值得推荐的书还有Jennifer Bennett 的*Lilacs for the Garden*，而最早由Susan McKelvey 的著作*The Lilac: A Monograph*（The Macmillan Company，1928 年）早已绝版，而且对大多数人来说，孤本价格高得令人望而却步。*Lilacs: The Genus Syringa*原版于1988年由Timber Press出版，并于2002年推出了平装复印本，如果你喜欢丁香花，并愿意进行深入学习的话一定不要错过。

3.4.2 维克多·勒穆瓦纳(Victor Lemoine, 1823—1911)

法国园艺家维克多·勒穆瓦纳（Victor Lemoine）（图25）是一位著名且多产的花卉育种家，19世纪中叶在法国培育紫丁香品种方面发挥了重要作用，创造了许多当今仍在应用的丁香品种。勒穆瓦纳出生在法国洛林的德尔梅，是园丁苗圃工人的后代。大学毕业后，他花了几年时间在当时较为领先的园艺机构旅行和工作，特别是在比利时 Louis van Houtte的苗圃进行的工作和学习积累了大量丰富的经验。勒穆瓦纳家族数十年的育种工作，包含了勒穆瓦纳和儿子埃米尔（Emile）以及他的孙子Henri三代人的努力。截止到1968年苗圃关闭时，据统计由他们培育的丁香品种多达214个，包括著名的密花品种'Monique Lemoine'，大花品种'Flora'，德国品种'Andenken an Ludwig Spath'；比利时品种'Herman Eilers'（Stepman de Messemaeker）等，都是流传至今广泛应用的经典品种。如今法国丁香这个词已经变成了所有重瓣丁香品种的广义统称，而无论其起源如何。勒穆瓦纳不满足于欧丁香间的重瓣杂交育种，他将原产中国的早花品种紫丁香（*Syringa oblata*）添加到他的收藏中，并开始将这种植物与欧丁香（*Syringa vulgaris*）杂交，引入了风信子丁香（*S.* ×*hyacinthiflora*）这一优秀的品系。之后，育种家弗兰克·莱斯·斯金纳（Frank Leith Skinner）也一同为风信子丁香做出了贡献。比如'少女的微笑'这个粉红色的品种*S.*×*hyacinthiflora* 'Maiden's Blush'，其香味就非常出色。

图25 Victor Lemoine（孟昕提供）

11

图26 Isabella Preston（孟昕提供）

图27 Freek-Vrugtman（孟昕提供）

3.4.3 伊莎贝拉·普雷斯顿 (Isabella Preston, 1881—1965)

伊莎贝拉·普雷斯顿（Isabella Preston）女士（图26）被称为“观赏园艺女王”，普港（普雷斯顿）丁香（*Syringa×presoniae*）就是由其杂交创造出一组全新的红丁香组的晚花品系，这些丁香非常耐寒，并且是在考虑到加拿大气候的情况下有意培育的，是加拿大对丁香世界的巨大贡献。在她的职业生涯中，大约生产了200个植物杂交种，有百合、丁香、海棠、牡丹和玫瑰等，她经常以莎士比亚故事中的女性命名许多栽培品种。普雷斯顿小姐的晚花品种中有80多个被记录在国际丁香登记册中。在新品种中，栽培品种‘Audrey’ ‘Elinor’和‘Isabella’分别于1939年、1951年和1941年获得英国皇家园艺学会颁发的优异奖；‘Bellicent’于1946年获得一等证书。这些美丽的普港（普雷斯顿）丁香，和它们的亲戚欧丁香有显著的差异，具有明显不同的花朵、叶子形状和香味，从花、叶、生长习性、香味都有所不同，普港（普雷斯顿）丁香的花期比欧洲丁香要晚一周甚至更长，叶多为披针形，叶片多皱，叶脉明显，枝干较粗，冠幅也较大。花色为粉色到浅紫粉色，颜色很相似，树型有所不同，有的树型是直立向上的，有的则是下垂的圆锥花序。由于颜色的相似，所以仅仅只有很少一部分被带到专业的丁香种植苗圃，也很少有一个地方拥有所有她命名的杂种。普港（普雷斯顿）丁香在欧洲及美洲市场上应用广泛，夏初各色芳香扑鼻的圆锥花序观赏性极高，可广泛应用于草坪、花园、居住区，具有速生、抗旱抗寒和抗污染等优点，是良好的景观配植树种。

3.4.4 弗里克·弗鲁格特曼 (Freek Vrugtman, 1927—2022)

弗里克·弗鲁格特曼（Freek Vrugtman）（图27）是荷兰裔加拿大园艺家和植物学家，拥有康奈尔大学园艺硕士学位，在他的领域中获得了众多著名奖项。他曾担任安大略省汉密尔顿皇家植物园的馆长，也曾在《国际栽培植物命名法规》的编辑委员会任职，1976—1992年一直负责国际栽培品种注册局的丁香注册的工作，并负责维护国际丁香品种登记。2008年，弗鲁格特曼对约翰·菲亚拉神父的书*Lilacs*进行了大幅修订和扩展，增加了波兰和俄罗斯的丁香收集工作和大量的图片，使得这本经典图书再次大放异彩，每个爱好者都人手必备。2019年，在作为丁香注册员工作了40个年头后，弗鲁格特曼被授予名誉注册员，并指导下一任注册官德巴尔博士（Dr. Mark L. DeBard，MD）来继续完成这一光荣的使命。

3.5 国际丁香协会介绍

国际丁香协会（International Lilac Society，ILS）是成立于1971年的非营利组织，超过23个国家和地区的人们加入了这个组织。主要会员为丁香爱好者、苗圃经营者以及科研院校等个人和企业，致力于丁香的品种登录管理、公众教育、宣传推广、科普研究等工作，促进公众对丁香属的更广泛的理解和认知。丁香品种登录是其重要的工作之一，截止到2021年，已有2 600个丁香品种被认定。

丁香品种登记工作要从Susan Delano McKelvey女士在1928年12月于纽约出版的第一本专著*The Lilac*开始，1936，在柏林召开的第十二届国际命名委员会提议使用McKelvey的这本书作为丁香属的品种名称的标准。1941年，美国园艺品种协会丁香分会和植物园协会联合对北美种植的丁香进行了调查，研究结果发表在1942年4月亚瑟·霍伊特·斯科特园艺基金会的调查报告上。调查报告对丁香制定了颜色分类，有助于按颜色对紫丁香品种进行分组。在1958年第十五届国际园艺大会上，确定了丁香属登录由美国宾夕法尼亚州斯沃斯莫尔学院的亚瑟霍伊特斯科特园艺基金会承担。1974年，在第十九届国际园艺大会上加拿大皇家植物园被指定为丁香属登录机构，Freek Vrugtman 被任命为注册官。丁香品种名称登记表先后在Arnoldia（1963—1966），植物园和植物园公报（1967—1984）和园艺学报HortScience（1988年至今）上公布。2019年5月，国际丁香协会 (ILS)被国际园艺科学学会（International Society for Horticultural Science，ISHS）任命作为国际栽培品种注册机构（International Cultivar Registration Authorities，ICRA），取代了加拿大皇家植物园。

丁香协会主要负责维护丁香属的国际栽培品种名称登记簿。本着统一性、准确性和栽培植物命名稳定性的工作原则，在国际园艺学会（ISHS）命名和注册委员会的指导下，根据The International Code of Nomenclature for Cultivated Plants（ICNCP）注册新品种名称。有关品种名称注册的信息可以在ISHS网站的ICRA页面上查看。丁香属国际注册和品种名称核对表是一个全球性的丁香数据库，近3 500个条目，大约有2 600个已知品种。这些，超过1 700个已建立并接受名称（已被文献中描述），超过1 100个名称受The Register保护。同时，ILS还拥有包含1 490个不同品种的照片和颜色数据库等可供查阅。

目前，在丁香协会注册的品种中，我国共有17条品种记载，主要是以中国科学院植物研究所北京植物园为首。1982年，中国科学院植物研究所北京植物园的臧淑英老师团队以紫丁香为母本，佛手丁香为父本，申请了新品种‘罗兰紫’‘蓝梦’，1989年推出‘长筒白’‘春阁’‘晚花紫’‘香雪’‘紫云’5个品种；1989年以巧玲花和小叶丁香进行杂交获得夏季开花的巧玲花系的‘四季蓝’；1999年崔洪霞老师的‘华彩’，2004年国际登录‘Zhangzhiming’。位于一条马路之隔的北京市植物园在2003年登录了通过播种选育的金色黄花丁香‘金园’丁香（图6），2006年陈进勇团队杂交选育‘紫玉’‘紫霞’2个重瓣品种。近年来，国内丁香选育工作进展迅速，截至2021年，在国家林业和草原局植物新品种保护办公室的记录中可以看到，北京、黑龙江、辽宁、内蒙古4地均开展了新品种的申报工作，推出了‘涌霞’‘金色时光’‘华彩’等20余种彩叶、重瓣等性状独特、表现优异的品种，参与育种者既有传统的科研院校和植物园，也有民企公司加入进来，这就说明，在不久的未来，新品种选育不再停留在“科研”阶段，科研成果被进一步转化，新的创新育种将会和市场接轨，同法国著名的雷蒙公司一样，凭借着既懂育种，又懂市场的专家们敏锐的眼光，严格的筛选，更多具有市场竞争力、适应国内地域气候的品种将会被推出，原产中国的丁香不再会有“殷勤解却丁香结，纵放繁枝散诞春”这种寓意忧愁不为人知的感慨，而是北方春天不可多得的、香味扑鼻的、姹紫嫣红的见证。

参考文献

陈善铭，1934. 中国之丁香[J]. 中国植物学杂志（1）：159-168.

陈新露，陈振峰，韩劲，1999. 随机扩增多态DNA（RAPD）标记用于丁香品种遗传分析及品种分类[J]. 西北植物学报（2）：169-176.

崔洪霞，蒋高明，臧淑英，2004. 丁香属植物的地理分布及其起源演化[J]. 植物研究，24（2）：141-145.

姜丽，赵伟，张德富，2001. 几种易混淆丁香的形态特征及其识别[J]. 北方园艺（4）：61-62.

李吉宁，苏建宇，李志刚，等，2000. 三种丁香叶片的比较解剖学观察[J]. 宁夏农林技（增刊）：36-39.

明军，顾万春，2006. 紫丁香表型多样性研究[J]. 林业科学研究，19（2）：199-204.

曲式曾，1989. 中国丁香属植物新资料[J]. 植物研究（9）：39-41.

孙振雷，刘海学，雷虹，等，1998. 丁香属种、变种过氧化物酶同工酶分析[J]. 哲里木畜牧学院学报（3）：16-19.

臧淑英，崔洪霞，2000. 丁香花[M]. 上海：上海科学技术出版社.

臧淑英，刘更喜，1990. 丁香[M]. 北京：中国林业出版社.

张美珍，1992. 中国植物志：第61卷　丁香属[M]. 北京：科学出版社：50-84.

AUGUSTIN S H, 1824. Tableau monographique des plantes de la flore du Brésil méridional appartenant au groupe (classe Br.) qui comprend les Droséracées, les Violacées, les Cistées et les Frankeniées[J]. Mémoires du Muséum d'Histoire Naturelle, 11: 445-498.

BLUME C L, 1850. Ord. Oleaceae[J]. Museum botanicum Lugduno-Batavum, sive, Stirpium exoticarum novarum vel minus cognitarum ex vivis aut siccis brevis expositio et description, 1(20): 313.

CHEN J Y, 2008. A taxonomic revision of *Syringa* L. (Oleaceae) Cathaya[J]. Annals of the Laboratory of Systematic and Evolutionary Botany and Herbarium, Institute of Botany, Chinese Academy of Sciences, 17-18: 1-170.CHEN J Y, ZHANG Z S, HONG D Y, 2007. A new status and typification of six names in *Syringa* (Oleaceae) [J]. Acta Phytotaxonomica Sinica, 45(6): 857-861.

CHEN J Y, ZHANG Z S, HONG D Y, 2008a. Two new combinations in *Syringa* (Oleaceae) and lectotypification of *S. sweginzowii*[J], Novon, 18: 315-318.

CHEN J Y, ZHANG Z S, HONG D Y, 2008b. Taxonomic revision of *Syringa pinetorum* complex (Oleaceae) [J]. Journal of Systematics and Evolution, 46(1): 93-95.

CHEN J Y, ZHANG Z S, HONG D Y, 2009, A taxonomic revision of the *Syringa pubescens* complex (Oleaceae), Annals of the Missouri Botanical Garden, 96(2): 237-250.

CHUNG G Y, CHANG K S, CHUNG J M, et al, 2017. A checklist of endemic plants on the Korean Peninsula[J]. Korean Journal of Plant Taxonomy, 47(3): 264-288.

DECAISNE M J, 1879. Monographie de genres *Ligustrum* et *Syringa*[J], Nouvelles archives du Muséum d'histoire naturelle, 2(2): 1-45.

DIELS E L, 1901. Die flora von central-China[J]. Botanische Jahrbücher für Systematik, Pflanzengeschichte und Pflanzengeographie, 29: 531-532.

FIALA J L, 1988. Lilacs the genus *Syringa*[M]. Portland, Oregon: Timber Press.

FIALA J L, VRUGTMAN F, 2008. Lilac: A gardener's encyclopedia[M]. Portland, Oregon: Timber Press.

GREEN P S, CHANG M C, 1995. Some taxonomic changes in *Syringa* L. (Oleaceae), Including a revision of Series Pubescentes[J]. Novon, 5: 329-333.

GREEN P S, 2004. Oleaceae[M]// Kubitzki K. The families and genera of vascular plants volume VII, flowering plants. Dicotyledons: Lamiales (except Acanthaceae including Avicenniaceae), Berlin: Springer, 296-306.

GREEN P S, 2006. World checklist of Oleaceae manuscript[M]. London: Royal Botanic Gardens, Kew.

GREEN P S, 2011. Oleaceae, The European Garden Flora, Volume IV: Dicotyledons: Aquifoliaceae to Hydrophyllaceae[M]. 2nd. ed Cambridge: Cambridge University Press: 435-453.

GREEN P S, FLIEGNER H J, 1991. When is a privet not a lilac? [J]. The Kew Magazine, 8(2): 58-63.

HEMSLEY W B, 1906. A new Chinese lilac with pinnate leaves[J]. The Gardeners' chronicle, 3(39): 68-69.

KIM K J, JANSEN R K, 1998. A chloroplast DNA phylogeny of lilacs (*Syringa,* Oleaceae): plastome groups show strong correlation with crossing groups[J]. American Journal of Botany, 85(9): 1338-1351.

KNOBLAUCH E, 1895. Oleaceae[M]// Engler A Prantl K, Die natürlichen Pflanzenfamilien nebst ihren Gattungen und wichtigeren Arten insbesondere den Nutzpflanzen bearbeitet unter Mitwirkung zahlreicher hervorragender Fachgelehrten IV. Teil. Abteilung 2, Leipzig: Verlag von Wilhelm Engelman, 1-16.

KOCHIEVA E Z, RYZHOVA1 N N, MOLKANOVA O I, et al, 2004. The genus *Syringa*: molecular markers of species and cultivars[J]. Russian Journal of Genetics, 40(1): 30-32.

KOEHNE E, LINGELSHEIM A, 1910. *Syringa sweginzowii*[J]. Repertorium Specierum Novarum Regni Vegetabilis. Centralblatt für Sammlung und Veroffentlichung von Einzeldiagnosen neuer Pflanzen, 8: 9.

KREUSCH J, KOCH F, 1996. Auflichtmikroskopische charakterisierung von gefäßmustern in hauttumoren[J]. Der Hautarzt, 47(4): 264-272.

LINNÉ C V, 1753. Species plantarum: exhibentes plantas rite cognitas ad genera relatas, cum diferentiis specificis, nominibus trivialibus, synonymis selectis, locis natalibus, secundum systema sexuale digestas[M]. Holmiæ (Stockholm): Impensis Laurentii Salvii.

Li J H, HUERTAS B G, YOUNG J D, et al, 2012. Phylogenetics and diversification of *Syringa* inferred from nuclear and plastid DNA sequences[J]. Castanea, 77(1): 82-88.

LENDVAY B, PEDRYC A, CORNEJO C, et al, 2016. Phylogeography of *Syringa josikaea* (Oleaceae): Early pleistocene divergence from East Asian relatives and survival in small populations in the Carpathians[J]. Biological Journal of the Linnean Society, 119(3): 689-703.

LI J H, ALEXANDER J H, ZHANG D L, 2002. Paraphyletic *Syringa* (Oleaceae): evidence from sequences of nuclear ribosomal DNA ITS and ETS regions[J]. Systematic Botany, 27(3): 592-597.

LINDLEY J, 1859. *Syringa oblata*. Gard. Chron [J]. The Gardener's Chronicle And Agricultural Gazette, October 29: 868

LINGELSHEIM, A, 1920. Oleaceae-Oleoideae-Fraxineae[J]. Das Pflanzenreich: Regni Vegetablilis Conspectus, IV 243: 1-61.

MARILYN REID, 2013. The Scottish Botanist George Don (1764-1814)[M]. Privare published: CreateSpace Independent Publishing Platform.

MCKELVEY S D, 1928. The lilac: A Monograph [M]. New York: The MaCmillan Company.

NAKAI T, 1911. Notulæ ad plantas Japoniæ et Koreæ [J]. The Botanical Magazine, 25(289): 62.

PALIBIN J, 1900. Conspectus Florae Koreae part II[J]. Acta Horti Petropolitani, 18(2):156.

PALOVAARA I J, ANTONIUS K, LINDÉN L, et al, 2013. Microsatellite markers for common lilac (*Syringa vulgaris* L.) [J]. Plant Genetic Resources, 11(3): 279-282.

REHDER A, 1945. Notes on some cultivated trees and shrubs[J]. Journal of The Arnold Arboretum, 26(1): 67-78.

REHDER A, 1934. Notes on the ligneous plants described by Léveillé from eastern Asia[J]. Journal of the Arnold Arboretum, 15(4): 302-303.

RUPRECHT F J, 1858. Die edeltannen von pawlowsk[J], Bulletin de la Classe physico-mathématique de l'Académie impériale des sciences de Saint-Pétersbourg, 17: 261-270.

SCHNEIDER C K, 1910. Species et formae novae generis *Syringa*[J]. Repertorium Novarum Specierum Regni Vegetabilis, 9: 79-82.

TANG T, 1941. A new species of *Syringa* in Shanxi[J]. Bulletin of the Fan Memorial Institute of Biology Botany ser., 10: 288.

ZHANG M Z, QIU L Q, GREEN P S, 1996. Flora of China: 15[M]. Beijing: Science Press & St. Louis: Missouri Botanical Garden: 280-286.

致谢

本章在撰写过程中，得到了中国园林博物馆陈进勇博士，国家植物园（北园）马金双老师、魏钰园长、李菁博、仇莉、周达康、牛雅静等人的大力支持，还有很多未提到的给予我热心帮助的朋友们，从而使本文得以完成。在此，对以上所有指导、帮助和支持过我的单位和个人表示衷心感谢！

作者简介

孟昕，籍贯北京，出生于1980年9月。于2002年毕业于北京农学院园艺专业，获学士学位，于2008年毕业于波兰波兹南生命科学大学种子科学与技术专业，获硕士学位。2002年8月至今在北京市植物园［现国家植物园（北园）］园艺中心工作，现任园林绿化高级工程师。主要从事园林绿化、丁香属植物种质资源收集、园林植物栽培养护管理、花卉环境布展和科研等工作。多次参与丁香引种、育种和种质资源保存等相关课题并发表相关论文数篇。

11

China

12

-TWELVE-

神秘而又多姿多彩的东方之花——菊花

Chrysanthemum: Mysterious and Colorful Oriental Flower

张蒙蒙[1*]　牛雅静[1**]　黄　河[2***]

［[1]国家植物园（北园）；[2]北京林业大学］

ZHANG Mengmeng[1*]　NIU Yajing[1**]　HUANG He[2***]

［[1]China National Botanical Garden (North Garden); [2]Beijing Forestry University］

[*] 邮箱：mengmengzhang818@sina.com

[**] 邮箱：paeonia205@126.com

[***] 邮箱：101navy@163.com

摘　要： 菊花是中国传统名花，起源于中国，后传播到全世界，成为世界著名花卉。中国是世界菊属种质资源的分布中心，约有22个种，其中包含13个特有种，为菊花起源提供了种质资源基础。菊属植物资源形态、地理分布、生境和倍性等丰富多样，种间杂交易结实，是多姿多彩的菊花品种形成的遗传基础。研究者从比较形态学、种间杂交试验、细胞学和分子生物学水平对菊花起源进行了多维度的探究，认为菊花是“栽培杂种复合体”，毛华菊、野菊、紫花野菊、甘菊等野生种质资源是其主要起源亲本。我国的菊花栽培从夏代开始萌芽，到东晋栽培家菊的初始发展，宋代进入渐盛，明清逐渐到达兴盛，再到现代的受挫与再发展，其间菊花从具有食用、药用价值的植物转变为具有审美价值的文化载体，也从中国传播到了全世界，在世界花卉园艺界大放异彩。在中国菊花发展的历史长河中，古代文人墨客种菊、赏菊、咏菊、采菊、插菊、画菊，并赋予其不同品格，这是菊花被称为东方之花的文化基础。能人巧匠通过嫁接、绑扎、摘心等栽培技术，将菊花与造型艺术结合，发展出独具民族特色的中国造型艺菊。同时不断培育新品种，使得菊花的花色、花期、花型等性状逐渐丰富，至今品种类型多姿多彩，形成2系5类30型的分类系统。

关键词： 起源中心　发展与传播　菊花文化　造型艺菊　品种分类

Abstract: Chrysanthemum (*Chrysanthemum* × *morifolium*) is an important traditional flower. It originated in China and was later spread to other countries, becoming a world-famous flower. China is the distribution center of *Chrysanthemum* germplasm resources in the world, with about 22 species, including 13 endemic species, which provide material basis for the origin of chrysanthemum. In addition, the species are rich in morphology, geographical distribution, habitat and ploidy, and it is easy to cross between species, which are the genetic basis for the diversity of chrysanthemum varieties. Based on the comparative morphology, taxonomy, interspecific hybridization, cytology and molecular biology, researchers explored the origin of chrysanthemum, and concluded that chrysanthemum is a “hybrid cultigens complex”. Wild species of *Chrysanthemum* genus, including *C. vestitum*, *C. indicum*, *C. zawadskii* and *C. lavandulifolium*, are the main origin parents of cultivated chrysanthemum. However, the origin of chrysanthemum is still mysterious, and many questions need to be resolved. In China, chrysanthemum has a long history of cultivation, from the beginning in the Xia Dynasty, to the cultivation of garden chrysanthemum in Eastern Jin Dynasty, a gradually boom period in the song Dynasty, a prosperous period in the Ming and Qing Dynasties, and then to setbacks and re-development period in the modern times. With the development of cultivation history, Chinese chrysanthemum has gradually gained aesthetic value in addition to its practical value. At the same time, it has spread from China to the whole world and shines in the world of ornamental horticulture. The ancient literati endowed chrysanthemum with different characters by planting, appreciating, chanting, collecting, arranging and painting chrysanthemum, which is the cultural basis for chrysanthemum to be called the Flower of the East. Skilled craftsmen combine chrysanthemum with plastic art through cultivation techniques such as grafting, tying, and pinching to develop a unique Chinese modeling art with national characteristics. At the same time, new varieties are constantly cultivated, making chrysanthemum gradually various in flower color, period, type and other characteristics. So far, the chrysanthemum varieties are extremely rich, forming a classification system of 2 lines, 5 categories and 30 types.

Keywords: Origin center, Development and spread, Chrysanthemum culture, Modeling art of chrysanthemum, Variety classification

张蒙蒙，牛雅静，黄河，2022，第12章，神秘而又多姿多彩的东方之花——菊花；中国——二十一世纪的园林之母，第一卷：412-461页

1 中国菊属植物简介

全球菊属植物约有41种（Oberprieler et al., 2007），英文版中国植物志（*Flora of China*, Lin et al., 2011）记载菊属植物有37种，主要分布于中国、俄罗斯、日本、朝鲜、韩国和蒙古等亚洲温带地区。中国是世界菊属种质资源的分布中心，约有22个种，其中包含13个特有种，主要基因中心位于安徽、河南、湖北和江西。中国菊属植物种类繁多，种下变异丰富，生境多样，分布范围广泛，远缘杂交容易，为家菊的起源提供了极其丰富的种质资源。

1.1 菊属分类地位

亚灌木或多年生草本。叶互生，叶不分裂或一回或二回掌状或羽状分裂。头状花序单生茎顶，或在茎顶排成伞房或复伞房花序。总苞杯状，极少为钟状。总苞片4～5层，边缘膜质，白色、褐色或深褐色，或中外层苞片叶质化成边缘羽状浅裂或圆裂。花托凸起成半球状或圆锥状，无托毛。边缘舌状花雌性，可育，1层或多层（栽培品种中常多层），黄色、白色或红色。中央盘心花较多，两性，可育，花冠黄色，管状，顶端5浅裂。花药基部钝，顶端附片披针状卵形或长椭圆形。瘦果近圆柱形或倒卵球形，有5～8条纵脉纹，无冠毛。

根据《中国植物志》记载，菊属（*Chrysanthemum*）隶属菊科（Compositae）管状花亚科（Carduoideae）春黄菊族（Anthemideae）菊亚族（Chrysantheminae），下级分类为苞叶组（Sect Chlorochlamys）和菊组（Sect Dendranthema）。苞叶组包含银背菊（*C. argyrophyllum*）和蒙菊（*C. mongolicum*）两个种，其余种均属于菊组。菊组有5个系：拟亚菊系有异色菊（*C. dichrum*）和拟亚菊（*C. glabriusculum*）两种；野菊系包括小红菊（*C. chanetii*）、野菊（*C. indicum*）、菊花（*C. morifolium*）、楔叶菊（*C. naktongense*）、菱叶菊（*C. rhombifolium*）和毛华菊（*C. vestitum*）；甘菊系包括阿里山菊（*C. arisanense*）、甘菊（*C. lavandulifolium*）和委陵菊（*C. potentilloides*）；山菊系包括黄花小山菊（*C. hypargyrum*）和小山菊（*C. oreastrum*）；红花系包括细叶菊（*C. maximowiczii*）和紫花野菊（*C. zawadskii*）。但关于菊属植物的分类地位，国内外不同学者有着不同的观点，有待于进一步研究。

英文版中国植物志（*Flora of China*, Lin et al., 2011）记载全世界春黄菊族植物约有110个属1 750个种，在中国分布的春黄菊族有包括菊属在内的29个属364个种。春黄菊族不同属间形态具有相似性，使得属的划分较难，属间分类关系仍不清晰。其中亚菊属（*Ajania*）、北极菊属（*Arctanthemum*）和栎叶亚菊属（*Phaeostigma*）与菊属的亲缘关系最近。Muldashev（1981；1983）和Bremer等（1993）将其均分为各自独立的属。石铸等（1983）把亚菊属和菊属分为两个独立的属，把栎叶亚菊属归为菊属。菊属与亚菊属间不仅形态具有相似性，而且杂交容易，存在大量自然和人工杂交种，Yu等（2009）基于ITS和ETS序列的分析将菊属和亚菊属归为一个属。Ohashi和Yonekura（2004）提出将亚菊属、北极菊属和栎叶亚菊属归为一个属。Liu等（2012）通过对单拷贝核基因*CDS*基因以及7个cpDNA位点（*psbA-trnH*、*trnC-ycf6*、*ycf6-psbM*、*trnY-rpoB*、*rpS4-trnT*、*trnL-F*和*rpL16*）的分析，也支持将菊属和亚菊属合并。菊属与春黄菊族内近缘属的界定尚无定论。

菊属植物种间杂交容易，共同的自然分布区内有杂交现象发生（林镕和石铸，1983），甚至自然分布区并不重叠的种间人工杂交也能成功（周树军和汪劲武，1997），说明菊属植物隔离机制并不完全，使得种间种界的划分较难。菊属中的部分种类起源于自然杂交，甚至存在渐渗杂交现象，种间存在连续的形态变异，且形态易受环境影响，使得菊属植物种界划分更为困难。如小红菊、紫花野菊、楔叶菊和细叶菊的区分依据为叶片外形和叶片的羽裂程度，但不同生态和地理居群间叶片形态变异呈现一定的连续性，使得这4个物种间的划分非常困难，万仟（2011）认为紫花野菊、小红菊、楔叶菊和细叶菊尚未达到物种水平，可能只是不同的生态型。菊属植物的多倍化现象使得细胞学对形态学的分类意义受到限制。在湖北神农架地区发现的神农香菊，形态与甘菊接近，且为二倍体，周树军等（1996）将其作为甘菊变种，而杜冰群等（1989）认为其与野菊的染色体数目及核型十分相似，是野菊变种。

1.2 中国菊属植物种类与分布

菊属植物是天然异花授粉植物，具有相同倍性的种间以及四倍体与六倍体物种间杂交较易（李辛雷 等，2008），在自然界也发现了大量野菊与甘菊、毛华菊与野菊、毛华菊与甘菊等种间杂交种（赵惠恩和陈俊愉，1999），新种和变种不时出现。同时，菊属植物的生态环境也呈多样性，同种植物不同生态和地理居群间在形态上也存在差异。以下关于菊属植物形态和分布的描述，除标明参考文献外，均引自《中国植物志》（林镕和石铸，1983）及英文版中国植物志（*Flora of China*, Lin et al., 2011）。中文版《中国植物志》记载了包括菊花在内的17个种。英文版中国植物志（*Flora of China*）记载了不包括菊花在内的22个种。以下描述了包括菊花在内的共计23个种的形态和分布，除此之外，还包含了新发现的变种。

1a. 外层或中外层苞片叶质，羽状浅裂或半裂。

2a. 叶不分裂或大头羽裂，背面灰白色，密被厚而贴伏的长柔毛 ………… 20.银背菊（*C. argyrophyllum*）

2b. 中下部茎叶二回羽状或二回掌式羽状分裂，背面绿色，无毛或几无毛 ………… 21.蒙菊（*C. mongolicum*）

1b. 全部总苞片草质，边缘白色、褐色、棕褐色或黑褐色，膜质。

3a. 头状花序直径0.5～1cm，舌状花舌片长1～3mm。

4a. 叶二回羽状分裂，头状花序多，在茎枝顶端排成复伞房花序 … 18.拟亚菊（*C. glabriusculum*）

4b. 叶羽状全裂，头状花序1～3个 ………… 19.异色菊（*C. dichrum*）

3b. 头状花序直径1.5～5cm，舌状花舌片长5mm以上。

5a. 叶二回掌状或掌式羽状分裂，二回羽状碎裂，或二回三出羽状全裂。

6a. 舌状花白色、粉色或紫红色。

7a. 叶二回掌状或掌式羽状分裂，或二回三出羽状全裂，头状花序单生茎端，极少2～5个头状花序 ………… 10.小山菊（*C. oreastrum*）

7b. 叶片二回羽状碎裂，头状花序多数，在茎枝顶端排列成不十分规则的聚伞花序，极少单生。

8a. 叶二回分裂为羽状圆裂或羽状半裂，二回裂片三角形或斜三角形，宽达3mm ………… 16.紫花野菊（*C. zawadskii*）

8b. 叶二回分裂为全裂或几全裂，二回裂片线形、狭线形或狭线状披针形，宽1～2mm ………… 17.细叶菊（*C. maximowiczii*）

6b. 舌状花黄色或杏黄色。

9a. 头状花序单生茎顶，外部总苞片5～7mm。

10a. 叶片二回掌状或掌式羽状分裂，或二回三出羽状全裂，茎不分枝 ……………………………………………………9.黄花小山菊（*C. hypargyrum*）

10b. 叶片一到二回羽状深裂，茎中部以上有疏松分枝。

11a. 头状花序直径1～1.5cm，对生苞片椭圆形，5～7mm×3～4mm，边缘有粗糙锯齿 …………………………………………………… 14.叶状菊（*C. foliaceum*）

11b. 头状花序直径2.4～3cm，对生苞片线形，20～25mm×2～5mm，全缘 ……………………………………………………15.长苞菊（*C. longibracteatum*）

9b. 头状花序几个至很多，成聚伞花序，外部总苞片2.5～4mm。

12a. 叶片两面均被有浓密或稀疏的短柔毛 ………………… 11.甘菊（*C. lavandulifolium*）

12b. 叶片上面绿色，有稀毛或几无毛，下面灰白色，被密厚的短柔毛。

13a. 外层苞片线形或线状倒披针形，顶端圆形膜质扩大，苞片外面被稠密的短柔毛 …………………………………………………… 12.委陵菊（*C. potentilloides*）

13b. 外层苞片卵形、长卵形，顶端不为圆形膜质扩大，仅外层苞片基部或中部有稀疏短柔毛 ……………………………………………13.阿里山菊（*C. arisanense*）

5b. 叶边缘浅波状疏锯齿或边缘有单齿，或3～7掌状或羽状浅裂或半裂或3～7掌式羽状浅裂、半裂或深裂。

14a. 著名观赏栽培或药用栽培。叶裂片顶端圆或钝 …………… 23.菊花（*C.* × *morifolium*）

14b. 野生植物。叶裂片顶端尖。

15a. 舌状花黄色 ……………………………………………… 3.野菊（*C. indicum*）

15b. 舌状花白色、粉色或紫色。

16a. 舌状花紫色，叶片1.5cm×1cm，浅羽状半裂 ………… 22.小叶菊（*C. parvifolium*）

16b. 舌状花白色或粉色，极少紫色，叶片与以上不同。

17a. 叶边缘浅波状疏锯齿或边缘有单齿或全缘，下面被密厚短柔毛。

18a. 叶片3.5～7cm×2～4cm，边缘有浅波状锯齿 ………… 1.毛华菊（*C. vestitum*）

18b. 叶片1～1.4cm×0.7～1.5cm，全缘或有单齿……… 2.菱叶菊（*C. rhombifolium*）

17b. 叶3～7掌状或羽状分裂，或3～7掌式羽状分裂。

19a. 根状茎粗且肉质，变湿后瘦果不脱落 ………………… 6.北极菊（*C. arcticum*）

19b. 根状茎非肉质，变湿后脱落。

20a. 头状花序3个或更多，成不规则聚伞花序（中国大陆）。

21a. 叶片肾形、半圆形、圆形或宽卵形，基部微心形或平截 …………………………………………………… 4.小红菊（*C. chanetii*）

21b. 叶椭圆形、长椭圆形或卵形，基部楔形或宽楔形 ……………………………………………………5.楔叶菊（*C. naktongense*）

20b. 头状花序单生，花梗长至20cm（中国台湾）。

22a. 植株直立，叶片羽状浅裂，裂片圆锯齿状或有齿，舌状花舌片长6mm ……………………………………… 7.蓬莱油菊（*C. horaimontanum*）

22b. 植株蔓生，叶片3或5掌裂，裂片近全缘，舌状花舌片长15mm ………………………………………………… 8.森氏菊（*C. morii*）

1.2.1 毛华菊

Chrysanthemum vestitum (Hemsl.) Stapf, Journal of the Linnean Society, Botany, 23(157): 439. 1888. TYPUS: CHINA, Hubei, Ichang & immediate neighborhood, *A. Henry 1115, 3102* (Typus: K).

多年生草本，有匍匐根状茎。茎直立，被稠密短柔毛。叶长3.5 ~ 7cm，宽2 ~ 4cm，边缘自中部以上有浅波状疏钝锯齿，叶柄长0.5 ~ 1cm。叶两面异色，背面密被短柔毛。头状花序直径2 ~ 3cm，3 ~ 13个在茎枝顶端排成疏松的伞房花序。总苞碟状，4 ~ 5层，苞片边缘褐色膜质。舌状花白色，盘心花黄色（图1）。瘦果，花果期8 ~ 11月。2n=6x=54。

毛华菊为中国特有种，产于中国河南西部、湖北西部和东部以及安徽西部等低山山坡和丘陵地，海拔340 ~ 1 500m。

除模式变种外，周杰和陈俊愉（2010）还发现了毛华菊新变种——阔叶毛华菊（*C. vestitum* var. *latifolium* J. Zhou & Jun Y. Chen）。与模式变种相比，阔叶毛华菊匍匐生长，分枝较少，叶圆形、卵圆形，附厚绒毛，长4 ~ 7cm，宽3 ~ 5cm。头状花序直径较大，约4.5 ~ 5.0cm。主要分布在安徽西部大别山东麓。

1.2.2 菱叶菊

Chrysanthemum rhombifolium (Y. Ling & C. Shih) H. Ohashi & Yonekura, Journal of Japanese Botany 79(3): 190. 2004. *Dendranthema rhombifolium* Y. Ling & C. Shih, Bulletin of Botanical Laboratory of North-Eastern Forestry Institute 6: 2. 1980. TYPUS: CHINA, Chongqing, Wushan, *K. H. Yang 65653* (Typus: PE).

半灌木，高1.5m。茎枝及接花序处被白色稠密短柔毛。叶主要为菱形，长1 ~ 1.4cm，宽0.7 ~ 1.5cm，边缘每侧各有一个三角形或斜三角形

图1 毛华菊（张蒙蒙 摄）

图2 菱叶菊（周厚林 摄）

图3 菊花脑（牛雅静 摄）

图4 野菊（崔娇鹏 摄）

的钝齿或浅钝裂。叶腋常有发育的腋芽或叶簇或形成短枝。叶两面异色，背面被稠密短柔毛。头状花序直径1.5～2cm，在茎枝顶端排成疏松伞房花序。总苞碟状，苞片4层。舌状花白色，顶端3浅裂齿（图2）。花期10月。2n=2x=18。

中国特有种。产于重庆东部（巫山县）。多生长于山坡灌丛中，海拔600～800m。

1.2.3 野菊

Chrysanthemum indicum Linnaeus, Species Plantarum 2: 889. 1753. TYPUS: INDIA, *Linnaeus 1012.15* (Typus: LINN).

多年生草本，有地下长或短匍匐茎。茎直立或铺散。叶卵形、长卵形或椭圆状卵形，羽状半裂、浅裂或分裂不明显而边缘有浅锯齿。基部截形或稍心形或宽楔形，叶柄长1～2cm，柄基无耳或有分裂的叶耳。两面同色或几同色，淡绿色。头状花序直径1.5～2.5cm。总苞片约5层，苞片边缘白色或褐色宽膜质。舌状花黄色，舌片长10～13mm，顶端全缘或2～3齿（图4、5）。瘦果。花期6～11月。2n=4x=36。

野菊变种有尖裂野菊（*C. indicum* var. *acutum*）、葫芦岛野菊（*C. indicum* var. *huludoensis*）（张贵一 等，1994）、烟台野菊（*C. yantaiense*）（Chen et al.，2018）、神农香菊（*C. indicum* var. *aromaticum*）（刘启宏和张树藩，1983）、菊花脑（*C. nankingense* Hand.-Mazz）（图3）。且野菊与甘菊接近，两种间的种间杂交种普遍存在。

印度、日本、朝鲜、俄罗斯等地均有分布。中国东北、华北、华中、华南及西南各地均有分布，几乎遍布全国，海拔100～2 900m。多生于山坡草地、灌丛、河边水湿地、滨海盐渍地、田边及路旁。

1.2.4 小红菊

Chrysanthemum chanetii H. Léveillé, Repertorium Specierum Novarum Regni Vegetabilis, 9 (222—226): 450. 1911. TYPUS: CHINA, Tché-Ly [Hebei], Montagnes du Hiu-Yang, September 1908, *L. Chanet 422* (Typus: E).

多年生草本，有地下匍匐根状茎。茎直立或

图5 野菊（牛雅静 摄）

图6 小红菊（牛雅静 摄）

图7 楔叶菊（张蒙蒙 摄）

基部弯曲，自基部或中部分枝。叶肾形、半圆形、近圆形或宽卵形，长宽略等长，通常3～5掌状或掌式羽状浅裂或半裂。头状花序直径2.5～5cm，通常仅在茎枝顶端排成疏松伞房花序。总苞碟形，苞片4～5层。舌状花白色、粉红色或紫色，顶端2～3齿裂（图6）。瘦果。花果期7～10月。2n=4x=36或2n=6x=54（陕西）（陈俊愉，2012）。

俄罗斯、朝鲜等也有分布。中国产黑龙江、吉林、辽宁、河北、山东、山西、内蒙古、陕西、甘肃、青海（东部）。生于草原、山坡林缘、灌丛及河滩与沟边。

1.2.5 楔叶菊

Chrysanthemum naktongense Nakai, Botanical Magazine, Tokyo 23 (273): 186. 1909. TYPUS: KOREA, Kyöng-san: Nak-tong, *T. Uchiyama s.n.* (TI).

多年生草本，有地下匍匐根状茎。叶长椭圆形、椭圆形或卵形，掌式羽状或羽状3～7浅裂、半裂或深裂。叶腋常有簇生较小的叶。全部茎叶基部楔形或宽楔形，有长柄。头状花序2～9个在茎枝顶端排成疏松伞房花序。总苞碟状，苞片5层。舌状花白色、粉红色或淡紫色（图7）。花期7～8月。2n=18（大青山），2n=36或2n=72（张家口）（陈俊愉，2012）。

俄罗斯、朝鲜也有分布。中国产黑龙江、吉林、辽宁、内蒙古及河北。生于草原，海拔1 400～1 720m。在与小红菊共同分布区，二者有杂交现象的发生。

1.2.6 北极菊（*Flora of China*，2011）

Chrysanthemum arcticum Linnaeus, Species Plantarum 2: 889, 1753. *Linnaeus 1012.16* (Typus: LINN).TYPUS: Gmelin, 1752.

多年生草本，高10～30cm。根状茎厚且为肉质。茎直立，分枝少。基生叶或下部叶多；叶柄长；叶片椭圆形到近圆形，表面无毛或近无毛，掌状或羽状3～7裂，通常裂至叶片中部，基部叶楔形，边缘锯齿状或全缘。茎枝顶端叶片线形。1～5个头状花序组成复合花序；花梗长。总苞片干膜质，边缘黑褐色或褐色。舌状花白色。

俄罗斯及北美也有分布。中国主要分布在河北。生长于石沙地、滨海草地等。

1.2.7 蓬莱油菊

Chrysanthemum horaimontanum Masamune, Transactions of the Natural History Society of Formosa, 29: 26. 1939. TYPUS: Taiwan, 25 October 1936, *K. Mori 119187* (Typus: TAI).

多年生草本，高40cm。茎基多分枝，丛生状。叶近革质，羽状分裂，上面被稀疏短柔毛，下面灰白色，被稠密短柔毛。头状花序直径

2.0cm，舌片花白色，舌片长6cm。花期10月。2n=18（陈俊愉，2012）。

中国特有种，产自台湾中部山区。生于石质山坡，海拔1 200 ~ 1 400m。

1.2.8 森氏菊

Chrysanthemum morii Hayata, Icones plantarum formosanarum nec non et contributiones ad floram formosanam, 8: 61. 1919. TYPUS: Tait ō , Chakan, January 1980, *U. Mori* (TI).

多年生草本，高30 ~ 40cm。有匍匐根状茎，分枝较少。叶全形倒卵形，掌状或掌式羽状分裂或三裂，茎中部叶多二回羽状分裂。全部叶两面异色，上面绿色，被稀疏短柔毛；下面灰绿色，被稠密厚实的贴伏短柔毛。花头直径2.5 ~ 3cm，多单性，舌状花白色，舌片长15cm。花期10月。2n=72（陈俊愉，2012）。

中国特有种。产自台湾东部。生于石灰岩山坡悬崖上，海拔300 ~ 2 400m。

1.2.9 黄花小山菊

Chrysanthemum hypargyrum Diels, Botanische Jahrbücher für Systematik, Pflanzengeschichte und Pflanzengeographie, 36 (5, Beibl. 82): 104. 1905. TYPUS: CHINA, Shaanxi, Taibai Shan, *Giraldi 2902* (Typus: B?).

多年生草本，有地下匍匐根状茎。茎直立，不分枝。基生叶扇形或宽卵形，二回掌状或掌式羽状分裂，一二回全部全裂。茎叶小，与基生叶同形，上部茎叶常羽裂，最上部叶3裂。基生叶的叶柄长达2cm。头状花序单生茎顶。总苞浅碟形，苞片4层，边缘棕褐色或褐色膜质。舌状花黄色，舌片长6 ~ 12mm。花期9月。2n=36。

中国特有种。产四川（康定）和陕西（太白山）。生于山坡草甸，海拔1 400 ~ 3 850m。

1.2.10 小山菊

Chrysanthemum oreastrum Hance, Journal of Botany, British and Foreign 16(184): 108. 1878.

图8 小山菊（周繇 摄）

12

图9　甘菊（张蒙蒙 摄）

图10　委陵菊（刘冰 摄）

TYPUS: CHINA, Wu-Tai-Shan, July 1876, *Hancock 37* (K000891706).

多年生草本，有地下匍匐根状茎。茎直立，单生，不分枝。叶菱形、扇形或近肾形，二回掌状或掌式羽状分裂，一二回全部全裂。全部叶有柄。头状花序单生茎顶。总苞浅碟状，苞片4层，边缘棕褐色或黑褐色宽膜质。舌状花白色、粉红色。舌片顶端3齿或微凹（图8）。瘦果。花果期6～8月。2n=18（小五台山）或2n=54（长白山）。

俄罗斯等地也有分布。中国分布于河北、山西（五台山）、吉林（长白山）以及内蒙古锡林郭勒盟。生于草甸，海拔1 800～3 000m。

1.2.11　甘菊

Chrysanthemum lavandulifolium (Fischer ex Trautvetter) Makino, Botanical Magazine, Tokyo 25 (288): 11. 1911. *Pyrethrum lavandulifolium* Fischer ex Trautvetter, Trudy Imperatorskago S.-Peterburgskago Botaničeskago Sada 1(2): 181. 1872. TYPUS: JAPAN, Tokyo, Musashi, November 1910, T. Makino (MAK).

多年生草本，有地下匍匐茎。茎直立，自中部以上多分枝或仅上部伞房状花序分枝。叶卵形、宽卵形或椭圆状卵形，二回羽状分裂，一回全裂或几全裂，二回为半裂或浅裂。头状花序多数在茎枝顶端排成复伞房花序。总苞碟形，苞片约5层，边缘白色或浅褐色膜质。舌状花黄色，端全缘或2～3个不明显的齿裂（图9）。瘦果。花果期5～11月。2n= 2x=18或2n=36。

日本、韩国等地也有分布。在中国分布极广，吉林、辽宁、河北、山东、山西、陕西、甘肃、青海、新疆（东部）、江西、江苏、浙江、四川、湖北及云南，中国大部分地区均有分布。生于山坡、岩石上、河谷、河岸、荒地及黄土丘陵地，海拔630～2 800m。

甘菊种下有甘野菊（*C. lavandulifolium* var. *seticuspe*）、毛叶甘菊（*C. lavandulifolium* var. *tomentellum*）和隐舌甘菊（*C. lavandulifolium* var. *discoideum*）3个变种。甘野菊叶大而质薄，两面无毛或几乎无毛，是一类湿生或偏湿生生态型，分布于东北、河北、陕西、甘肃、湖北、湖南、江西、四川和云南。毛叶甘菊叶长椭圆形或长卵形，下面被稠密的长或短柔毛，产云南。隐舌甘菊舌状花短，长1mm，总苞片3层，产四川西部康定地区，生于山坡，海拔2 700m。

1.2.12　委陵菊

Chrysanthemum potentilloides Handel-Mazzetti, Acta Horti Gothoburgensis 12(9): 261. 1938. TYPUS: CHINA, Shanxi, 23 August 1935, *P. Licent S. J. 12663* (Typus: PE).

多年生草本，有地下匍匐茎。茎直立，粗壮，而且有粗壮分枝。叶宽卵形、卵形、宽三角状卵形，二回羽状分裂。一回为全裂，侧裂片2对；二回为半裂、深裂、浅裂，二回裂片椭圆形，边缘有锯齿，叶两面异色，柄基有抱茎分裂的叶耳。头状花序在茎枝顶端排成伞房花序或复伞房花序。总苞碟状，苞片4层，边缘白色或褐色膜质。舌状花黄色（图10）。花期8～10月。2n=2x=18。

中国特有种。产山西南部、陕西东部和西北部。生于低山丘陵地。

1.2.13 阿里山菊

Chrysanthemum arisanense Hayata, Icones plantarum formosanarum nec non et contributiones ad floram formosanam 6: 26. 1916. TYPUS: Arisan, in rupibus rara, December 1914, *U. Faurie 1427* (Typus: TAI).

多年生草本，自中部分枝或仅上部有伞房状花序短分枝，茎枝被稠密短柔毛。叶全形卵形，二回羽状分裂，一回全裂或几全裂，侧裂片1～2对；二回为浅裂、半裂，末回裂片斜三角形。叶柄长1～2cm。头状花序多数在茎枝顶端排成复伞房花序。总苞碟状，苞片约4层，全部苞片边缘白色或褐色宽膜质。舌状花黄色（图11）。2n=2x=18。

中国特有种。产台湾，生长于山坡开阔的岩石上、路边和森林边沿或高山草地，海拔1 600～3 200m（陈俊愉，2012）。

图11 阿里山菊（林秦文 摄）

1.2.14 叶状菊（石铸 等，1999）

C. foliaceum (G. F. Peng, C. Shih & S. Q. Zhang) J. M. Wang & Y. T. Hou, Guihaia 30: 816. 2010. *Dendranthema foliaceum* G. F. Peng, C. Shih & S. Q. Zhang, Acta Phytotaxonomica Sinica 37(6): 600. 1999. TYPUS: CHINA，Shandong, Jinan, Kaiyuansi, 4 October 1997, *G. F. Peng 97-1003* (Typus: PE).

多年生草本，茎直立。基生叶及下部茎叶未见；中部茎叶几无柄，卵形或宽卵形，二回羽状深裂，一回侧裂片2对，末回侧裂片椭圆形或锯齿状；上部茎叶小，全形椭圆形或卵形，羽状深裂或3深裂，羽片边缘有锯齿。头状花序下的苞叶椭圆形，羽状深裂；头状花序单生枝端。总苞碟形，苞片3层，顶端圆形，边缘透明膜质；边缘舌状花橘黄色，顶端3齿；中央两性管状花多数，橘黄色。瘦果。

中国特有种。形态与甘菊接近，但本种头状花序有羽状深裂的苞叶。分布于山东济南。

1.2.15 长苞菊（石铸 等，1999）

Chrysanthemum longibracteatum (C. Shih, G. F. Peng & S. Y. Jin) J. M. Wang & Y. T. Hou, Guihaia 30: 816. 2010. *Dendranthema longibracteatum* C. Shih, G. F. Peng & S. Y. Jin, Acta Phytotaxonomica Sinica 37(6): 598. 1999. TYPUS: CHINA, Shandong, Jinan, Qianfoshan, 1 October 1995, *G. F. Peng 95101* (Typus: PE).

多年生草本。茎直立，自中部以上稀疏长分枝。基生叶与下部茎叶未见；中部茎叶全形卵形、宽卵形或长椭圆形，几无柄，二回羽状深裂，一回侧裂片2对，末回侧裂片椭圆形；上部茎叶小，羽状深裂或3深裂，在头状花序下苞叶多数，线形，边缘全缘。头状花序单生枝端。总苞碟形，苞片3层。舌状花橘黄色，管状花多数，橘黄色。瘦果。

中国特有种。形态与甘菊接近，但本种头状花序之下有多数线形、边缘全缘的苞叶。分布于山东济南。

1.2.16 紫花野菊

Chrysanthemum zawadskii Herbich, Additamentum ad Floram Galiciae 44. 1831. TYPUS: CHINA, Peking.

多年生草本，有地下匍匐茎。茎直立，分枝斜升，开展。全部茎枝中下部紫红色，有稀疏短柔毛。叶卵形、宽卵形、宽卵状三角形或几菱形，二回羽状分裂。头状花序通常2～5个在茎枝顶端排成疏松伞房花序，极少单生。总苞浅碟状。总苞片4层，全部苞片边缘白色或褐色膜质。舌状花白色或紫红色（图12）。花果期7～9月。2n=6x=54或2n=72。

本种分布极广，从东欧到日本均有分布（陈俊愉 等，2012）。中国主要分布在黑龙江、吉林、辽宁、河北、山西、内蒙古、陕西、甘肃及安徽等地。生于草原及林间草地、林下和溪边，海拔850～1 800m。

1.2.17 细叶菊

Chrysanthemum maximowiczii Komarov, Izvěstija Imperatorskago Botaničeskago Sada Petra Velikago 16: 179. 1916. TYPUS: Soviet Union, Leningrad (Typus: LE).

二年生草本，有地下匍匐根状茎。茎单生，直立。叶全形卵形、宽卵形，二回羽状分裂，一回为全裂，侧裂片常2对；二回为全裂或几全裂。二回裂片线形、狭线形，长渐尖。头状花序2～4个在茎枝顶端排成疏松伞房花序，极少单生。总苞浅碟形，苞片4层，边缘浅褐色，但通常白色膜质。舌状花白色，粉红色，顶端3微钝齿（图13）。花期7～9月。2n=18。

俄罗斯及朝鲜也有分布。中国主要分布于东北及内蒙古。生于山坡、湖边和沙丘上，海拔1 250m。

1.2.18 拟亚菊

Chrysanthemum glabriusculum (W. W. Smith) Handel-Mazzetti, Symbolae Sinicae 7(4): 1112. 1936. *Tanacetum glabriusculum* W. W. Smith, Notes from the Royal Botanic Garden, Edinburgh 10 (49-50): 202. 1918. TYPUS: CHINA, Yunnan, September 1913, *G. Forrest 11302* (Typus: E).

多年生草本。茎直立，自中部分枝，分枝开展。叶全形卵形、倒卵形或椭圆形，二回羽状分裂；一回全裂、几全裂或深裂，侧裂片2对；二回为深裂或半裂；末回裂片披针形或长斜三角形。全部叶两面异色。头状花序多数在茎枝顶端排成复伞房花序。总苞钟状，苞片4层，全部苞片沿中脉或仅基部或仅外层外面被稀疏短柔毛，边缘褐色或白色膜质。舌状花黄色，顶端2～3齿或全缘（图14）。花期9～10月。2n=18或2n=54。

中国特有种。产云南（西北部）、四川（西部）及陕西秦岭（终南山）。生于山坡，海拔940～2 600m。

图12 紫花野菊（王海 摄）

图13 细叶菊（张润堂 摄）

图14 拟亚菊（朱仁斌 摄）

1.2.19 异色菊

Chrysanthemum dichroum (C. Shih) H. Ohashi & Yonekura, Journal of Japanese Botany 79(3): 188. 2004. *Dendranthema dichrum* C. Shih, Bulletin of Botanical Laboratory of North-Eastern Forestry Institute 6: 8. 1980. TYPUS: CHINA, Hebei, Neiqiu, *C. Y. Liou 1291* (Typus: PE).

多年生草本。主茎平卧或斜升，裸露，褐色；上部多次分枝。叶偏斜椭圆形或偏斜长椭圆形，羽状分裂；侧裂片1～2对，全缘，或侧裂片仅一侧边缘有一个锯齿，而顶裂片边缘一侧有2个锯齿，边缘另侧有一个锯齿。花序下部的叶线形，不裂。全部叶基部渐狭成楔形短柄。头状花序小，单生枝端，有长花梗，或枝生2～3个头状花序，但并不总形成规则伞房花序。总苞碟状，苞片3层，边缘宽膜质。舌状花黄色（图15）。瘦果。花果期8月。2n=18，36。

中国特有种。产河北西南部（内丘）。生于山坡。

1.2.20 银背菊

Chrysanthemum argyrophyllum Y. Ling, Contributions from the Institute of Botany, National Academy of Peiping 3: 465. 1935. TYPUS: CHINA, Honan, Lushih-hsien, Laochunshan, 14 August 1935, *K. M. Liou 5116* (Typus: PE).

多年生草本。茎粗壮，分枝粗壮，有地下匍匐茎。基生叶较小，圆形或近肾形；下部及中部茎叶圆形、扁圆形、宽椭圆形、宽卵形、倒披针形，基部心形或平截，边缘锯齿或重锯齿，或叶

图15 异色菊（林秦文 摄）

12

椭圆形或倒披针状椭圆形，大头羽状深裂，侧裂片3～5对。上部叶渐小，倒披针形或倒长卵形，大头或几大头羽状深裂。叶两面异色。头状花序3～4个在茎枝顶端排成伞房花序。总苞碟状，苞片5层。舌状花白色（图16）。瘦果。花果期8～9月。2n=54。

中国特有种。产河南西北部和陕西东南部。生于山坡岩石上，海拔1 440～2 140m。

1.2.21 蒙菊

Chrysanthemum monogolicum Y. Ling, Contributions from the Institute of Botany, National Academy of Peiping 3: 463. 1935. TYPUS: CHINA, Suiyuan (Mongolie intérieure), Walashan, Tapakow, 12 September 1934, *T. P. Wang 2494* (Typus: PE).

多年生草本，有地下匍匐根状茎。茎通常簇生。中下部茎叶二回羽状或掌式羽状分裂，全形宽卵形、近菱形或椭圆形，一回为深裂，侧裂片1～2对；二回为浅裂，三角形；上部茎叶长椭圆形，羽状半裂，裂片2～4对。头状花序2～7个在茎枝顶端排成伞房花序，极少单生。总苞碟状，苞片5层。舌状花粉红色或白色（图17）。瘦果。花果期8～9月。2n=18，36，54，72。

俄罗斯及蒙古也有分布。中国产内蒙古。生于石质山坡，海拔1 500～2 500m。

1.2.22 小叶菊

Chrysanthemum parvifolium C. C. Chang, Bulletin of the Fan Memorial Institute of Biology: Botany 7: 159. 1936. TYPUS: CHINA, Guizhou, *Cavalerie 4233* (Typus: P).

草本，可高达100cm以上，茎浅褐色，中部以上有伞形分枝，分枝较细，节间短于叶片。叶片卵圆形，长1.5cm，宽1cm，背面密被柔毛，上面被短柔毛，浅羽状分裂。舌状花紫色，较小；管状花黄色（图18）。

中国特有种。分布于贵州。生长于岩石边坡或河边。

1.2.23 菊花

Chrysanthemum morifolium Ramat., Journal d'Histoire Naturelle 2: 240. 1792.

多年生草本，高60～150cm。茎直立，分枝或不分枝，被柔毛。叶卵形至披针形，长5～15cm，羽状浅裂或半裂，有短柄，叶下面被白色短柔毛。头状花序直径2.5～20cm，大小不一。总苞片

图16 银背菊（崔娇鹏 摄）

图17 蒙菊（牛雅静 摄）

图18 小叶菊（张蒙蒙 摄）

多层，外层外面被柔毛。舌状花颜色各种。管状花黄色。

本种为人工栽培种，自然界中未发现其野生种类型。其栽培品种极为丰富，花色、花型变化多样。

1.3 中国菊属植物多样性与应用前景

菊属植物中菊花是观赏价值最高、研究最深入、园林应用最广泛的种类。除用作盆花、切花外，在每年秋季全国各地的菊展活动中，传统大菊、小菊等各种栽培类型以及案头菊、大立菊、悬崖菊、盆景菊等各种造型艺菊均有展示，甚是壮观。近年甘菊在园林中也有应用，如国家植物园（北园）卧佛寺坡道和树木园。其余菊属植物多处于野生状态，园林中应用较少。除用作观赏外，菊属植物还具有极高的药用和食用价值。菊花、甘菊、毛华菊、紫花野菊、菊花脑、蒙菊、楔叶菊、委陵菊、小红菊等11种3变种及9栽培变种均可药用（王德群 等，1999）；菊花脑多用作蔬菜；杭菊、怀菊、滁菊和亳菊是重要的茶用菊花；近现代还开发了菊花酒、菊花糕点、菊花粥等各种食品。菊属植物资源的保育和开发是实现其应用价值的基础。本节将以菊属植物的观赏价值为主，概述菊属植物资源的多样性及应用前景。

1.3.1 菊属资源的多样性

菊花栽培品种3万余个，其花型、花色等性状变异丰富，被誉为花卉育种的一大奇迹。但菊花是栽培种，在野外并未发现其野生种类型，它的主要亲本为毛华菊、野菊、紫花野菊及其他近缘菊属植物。这些菊属野生资源的多样性和复杂性，是菊花品种资源丰富多样的遗传基础，也是改良菊花性状的重要遗传资源。

菊属植物在种间甚至种内水平上均表现出形态多样性。如小山菊、黄花小山菊、银背菊、楔叶菊、蒙菊、异色菊以及部分小红菊和毛华菊均具有盆栽和地被植物的优良性状；黄花小山菊和银背菊为矮生植物；分布于高山草甸的小红菊呈垫状；异色菊分枝和叶片密集生长，是很好的地被植物资源（Zhao et al.，2009）。菊属植物种内变异也非常丰富。王文奎等（1999）野外调查发现，毛华菊的舌状花花瓣形状、花瓣数目、花色以及花朵大小等均有丰富的种下变异。如发现舌状花中有匙瓣类和管瓣类以及混合瓣类，即使是最典型的平瓣类舌状花，也出现畸形扭曲、顶端有较深齿裂等变异。除常见的白色花外，毛华菊中也有粉色、淡紫色、黄色等变异。毛华菊丰富的花型、花色等性状变异，是研究菊花花型、花色等性状演化的重要突破口。野菊在株形、叶形、叶序、伞房花序以及茎叶毛被性等性状上均表现出多样性，存在许多生态和地理居群。如山东、河北等滨海地区的野菊，植株匍匐生长，是培育地被菊的优良资源；安徽天柱山地区的一种野菊类型，全株密被绒毛；江西庐山产野菊叶背被毛较多；而南京产野菊（菊花脑）叶背光滑无毛或仅脉上有稀疏的细毛（汪劲武 等，1993）。甘菊的形态变异主要有两种类型：一种类型叶裂片细，头状花序较小；另一种类型叶裂片较宽，头状花序稍大，且头状花序较稀疏（汪劲武 等，1993）。紫花野菊也是一个多型种，遗传多样性

丰富（张鲜艳 等，2011），其形态多样性有待系统地调查研究。形态的多样性给菊属植物系统发育研究和分类学的工作造成一定困难。

在中国，菊属内不同物种的地理分布表现出很大差异。野菊和甘菊的分布极其广泛，几乎遍布全国。有些菊属植物呈间断分布。毛华菊分布于安徽大别山、湖北神农架和河南伏牛山；紫花野菊从东北地区、内蒙古、河北等北方地区越过数省跳到安徽黄山和浙江西天目山的高海拔地区（王德群 等，1999）；黄花小山菊产自四川康定和陕西太白山；小山菊分布于河北、山西五台山和内蒙古锡林郭勒盟。也有仅分布于特定区域的种类。如神农香菊仅分布于湖北神农架的2 000m以上高山上，裂苞菊和线苞菊仅在山东济南有发现，而蒙菊仅分布于内蒙古部分地区。

生境的多样性使得菊属植物对环境变化具有较强的适应性，抗性极强。从沟谷、林下到比较干旱的山坡、岩缝，紫花野菊都能生长。蒙菊仅分布在高海拔地区的石质山坡，耐干旱、耐瘠薄。野菊和甘菊多分布于路边、林缘等处，近些年发现的分布于滨海地区的野菊和甘菊类型，耐盐性强，且株形呈匍匐状（张贵一 等，1994），是培育耐盐碱和地被菊新品种的优良资源；楔叶菊开花极早，为早花种质资源，且抗寒、抗旱；神农香菊、蒙菊均具有特殊的香气，是培育香花品种的优良资源；分布于河南地区的毛华菊抗旱性非常强（赵惠恩和陈俊愉，1999），是培育抗旱性菊花的优良种质资源；菊花脑适应性极强，可自播繁殖，成为能与野生杂草竞争的人工地被（陈俊愉 等，2012）。

多倍体化是菊属植物进化最重要的方式之一。细胞学研究结果表明，菊属植物的染色体基数x=9，但体细胞染色体数目变异范围非常大，从2n=18到2n=198，其中既有二倍体物种（阿里山菊、蓬莱油菊、细叶菊、蒙菊、委陵菊和菱叶菊），又有四倍体（黄花小山菊和野菊）、六倍体（银背菊、拟亚菊、毛华菊和紫花野菊）和八倍体（森氏菊）物种。甚至同一物种的不同居群间以及同一物种同一居群的不同植株间倍性也不同。西安和黄山的野菊多为四倍体，而武汉地区的野菊却是二倍体（杜冰群 等，1989）；甘菊为二倍体，野外偶见四倍体类型；异色菊为二倍体，偶有四倍体类型；小山菊中有二倍体和六倍体类型；小红菊有四倍体和六倍体类型；楔叶菊有二倍体和八倍体类型；紫花野菊有四倍体、六倍体和八倍体类型（Lee et al., 1969）。菊属植物分布有重叠，种间杂交容易，多倍体的产生可能与种内不同居群间或种间杂交有关。菊属植物的多倍化有助于探讨各类群间的系统关系，但菊属植物多倍化与性状和生境间的相关关系有待进一步研究。

1.3.2 远缘杂交改良菊花性状

丰富多样的菊属植物不仅抗性强，而且还有很多栽培菊花品种中缺少的性状，如匍匐生长、芳香等。菊属植物为异花授粉植物，染色体倍性相同或相近的种间杂交更易成功（戴思兰和陈俊愉，1996）。远缘杂交不亲和性保证了物种的稳定，也成为菊属植物进化的源泉。在野外发现了很多菊属植物的种间杂交种，人工杂交也获得了远缘杂交子代，因此远缘杂交是利用菊属植物优良性状的重要手段。

远缘杂交能丰富物种的基因库，为选择提供基础，培育出新的菊花类型。地被菊即是菊花与毛华菊、小红菊、野菊、甘菊、紫花野菊等野生、半野生菊属植物通过远缘杂交产生的新的菊花栽培类型（王彭伟和陈俊愉，1990；Chen et al., 1995），其植株低矮或匍匐生长、抗寒和抗旱性强、可露地栽植越冬。将地被菊与长白山野菊、山野菊以及多个菊花品种反复杂交，获得抗寒、抗寒、耐盐碱、耐粗放管理的北京夏菊系列（陈俊愉，2007）。以野菊与紫花野菊杂交，获得抗性强的北京小菊（Chen，1985）。野生菊花脑与野菊及栽培菊花杂交，育成耐高温高湿、具有香味的小花型菊花新品种（陈秀兰和李慧芬，1993）。远缘杂交将菊属植物的优良性状引入菊花，丰富了菊花的品种类型。由于目前对野生菊属植物资源调研和收集力度不够，加上栽培菊花与野生菊属植物远缘杂交存在障碍，导致大量野生菊属资源的优良性状没有得到很好的开发和利用，抗性菊花新品种的培育有待进一步加强。

2 中国菊花起源、发展及其对世界的贡献

2.1 菊花起源研究进展

菊花起源于中国，证据确凿，毋庸置疑（陈俊愉，2012）。东晋陶渊明开始栽培菊花，这是关于菊花栽培的最早记录（陈俊愉，2012），这里讨论的菊花起源也是此时及稍后形成的老菊花品种。作为杂交起源种，菊花的主要起源亲本在中国均有分布。从宋代开始，中国古人便开始了菊花的育种工作，为世界各地的菊花育种提供了原始材料。至明清时期，从宫廷私院到寻常百姓家，菊花在中国种植已非常普遍，并逐渐积累了嫁接、摘心、绑扎等栽培技术，菊花会、菊花赛甚为壮观，各类艺菊频出。在菊花栽培的历史长河中，古代文人墨客更是给菊花赋予了丰富的文化内涵，使这种东方之花具有了中华民族的特色。到了现代，随着新技术、新方法的发展，研究者通过比较形态学与分类学、种间杂交、细胞学以及分子水平的研究，进一步阐述了菊花起源问题。研究结果认为，菊花主要由在我国安徽、湖北、河南等地长期人工选择以及天然种间杂交中的一些特殊变异类型而来；毛华菊和野菊是原始菊花的基本杂交亲本，紫花野菊、甘菊和菊花脑等随后也在不同程度上参与了菊花起源（陈俊愉，2005）。

2.1.1 比较形态学及分类学研究

自然界中没有发现菊花的直接野生种，目前研究者们普遍认为，较原始的菊花是由野生菊属植物天然杂交再经人工选择形成，而后通过不断杂交选择形成现在复杂多样的品种群（Chen，1985）。因此，首先要在野生菊属植物的分布区内找到天然杂交种，对其亲本及杂交种的形态进行比较观察，寻找菊花起源亲本。菊属植物种下变异丰富，种间亲缘关系不清，给菊花起源研究带来困难。研究者以观测和比较形态学性状为基础，对在中国分布较广泛的野菊、甘菊、毛华菊和紫花野菊等野生菊属植物的形态特征和演化关系进行了研究。

野菊和甘菊在我国多数省份均有分布，二者均是多型性的种。甘菊和野菊在菊花起源中起到怎样的作用呢？野菊在中国很早便已引起古人的关注，南北朝陶弘景在《本草经集注》中将菊划分为真菊和野菊，东晋以前记载的“菊”均为野菊这一物种。东晋陶渊明开始栽培家菊这一杂交复合体，是我国也是世界上发现并栽培菊花的最早记录（陈俊愉，2012）。汪劲武等（1993）对不同地区收集的野菊和甘菊进行形态学和细胞学的研究，发现从形态特征和核型特征看，野菊和甘菊都是多型种，没有直接的演化关系，两者很可能是由同一祖先演化来的两个近缘种。毛华菊分布在河南西部、湖北西部以及安徽西部，研究者在其分布区内发现了毛华菊和阔叶毛华菊两种类型（戴思兰，1994；赵鹏，1995），两者在叶形方面存在明显差异。毛华菊是否是菊花的杂交亲本之一呢？除了营养器官的变异外，毛华菊在舌状花形态、花瓣数目、花朵大小和花色等方面存在丰富的变异，这些形态变异与栽培菊花的花型变异极为相似（王文奎 等，1999），证明毛华菊可能是菊花的亲本之一。紫花野菊分布也极为广泛，其开花期、花色和花径等性状变异非常多，开花期从9月中旬到10月末均有，花色多为白色，少有粉色，偶有黄色（Kim et al., 1989）。

研究者基于形态学研究的基础对菊属植物间的亲缘关系进行了探究。戴思兰等（1995）采用数量分类学方法对原产中国的菊属部分野生种、栽培菊花品种及杂交种进行亲缘关系研究，发现毛华菊与菊花的亲缘关系最近，其次是野菊，紫花野菊较远，其采用分支分析方法对12种原产中国的菊属植物及菊花栽培品种和部分杂种一代植株的性状进行分析，揭示出毛华菊和菊花是菊属

植物中进化程度较高的种（戴思兰和陈俊愉，1997）。但由于菊属植物在不同环境条件下的形态变异丰富，且菊花起源历史悠久，多个菊属植物很有可能在不同的时期内、以不同的方式参与了菊花的起源，仅依靠形态特征很难解释清楚菊花的起源问题。

2.1.2 基于种间杂交进行菊花起源研究

菊属植物是天然异花授粉植物，自交结实率非常低，在自然界中种间杂交现象广泛存在（林榕和石铸，1983），这些种间杂种是研究菊花起源的重要材料。同时，人工种间杂交试验也是研究菊花起源的有效手段（戴思兰，1994）。研究者采用远缘杂交技术，对菊花的起源方式和起源亲本进行了初步的探讨，验证杂交是菊花起源的主要方式，并筛选出毛华菊、野菊、紫花野菊、甘菊等主要杂交亲本。

赵惠恩和陈俊愉（1999）在皖豫鄂苏四省发现了大量毛华菊与野菊、野菊与毛华菊、毛华菊与甘菊、野菊与甘菊的天然杂交种，验证了菊花起源于天然种间杂交的观点，为菊花起源研究取得植物材料。人工杂交后代变异丰富，许多后代与菊花的性状极其相似，进一步证明杂交在菊花起源中的重要性。20世纪60年代开始，陈俊愉先生带领团队通过人工远缘杂交的技术手段开展了大量菊花起源研究工作。如陈俊愉和梁振强将尖叶野菊与小红菊杂交，获得在花色、舌状花数等形态上与‘滁菊’和‘五九菊’极其相似的杂种，命名为‘北京菊’。野菊与紫花野菊的杂种苗也表现出栽培菊花的性状。以早菊与小红菊、甘菊和野菊等野生菊属植物不断杂交和回交，选育出地被菊（王彭伟和陈俊愉，1990）。

杂交是菊花起源的重要方式，多数菊属植物间的远缘杂交较易获得杂交种，哪些物种在菊花起源中起关键作用呢？吉庆萍（1987）发现毛华菊、阔叶毛华菊、野菊和紫花野菊均有可能参与菊花起源，其中毛华菊、阔叶毛华菊和野菊极易产生天然杂种，在菊花起源中起到重要作用，而紫花野菊与野菊间亲和力较差。在紫花野菊与野菊的共同分布区内，也极少发现二者的天然杂交种。戴思兰和陈俊愉（1996）选择7个菊属野生种进行了正交设计的人工种间杂交试验，对杂种F_1植株的形态变异进行分析，结果表明毛华菊与野菊种间杂交易成功，且杂种F_1代形态变异较多，而以紫花野菊为亲本的杂交组合结实率低且杂种F_1代变异较少。推测毛华菊、野菊和紫花野菊是菊花杂交起源的重要亲本。明代王象晋在《群芳谱》中指出：“‘九华’菊：此品乃渊明所赏。……瓣两层者，曰‘九华’白瓣黄心。……昔渊明尝言：‘秋菊盈园’”，证明‘九华’菊是一种非常原始的菊花类型。周杰（2009）通过对菊属植物进行4年的远缘杂交试验表明，杂交是菊花起源的主要方式，其中毛华菊、野菊、紫花野菊、甘菊、异色菊等在菊花起源的过程中起到不同程度的作用，其杂交后代的主要性状接近‘九华’菊。依据以上研究者的研究成果推测出毛华菊和野菊在菊花起源中起到重要作用，同时紫花野菊、小红菊、甘菊和菊花脑等其他种也不同程度参与了菊花起源。

2.1.3 细胞学研究

染色体是遗传物质的载体，染色体数目和结构的变异是菊属植物进化的主要内容之一。对菊属植物的细胞学研究发现，多倍体化是菊属植物进化的主要途径，同时可能存在染色体变异等多种可能的途径。对野菊、甘菊、小红菊、委陵菊和毛华菊等5种菊属植物的核型研究发现，四倍体和六倍体植株的染色体对形态各异，间接说明菊属植物的多倍体多为异源多倍体，结合形态特征与地理分布特点，作者认为多倍体化是菊属野生种进化的主要途径（汪劲武 等，1991）。但菊属植物的演化过程可能是通过多条途径进行的。王文奎（2000）采用染色体原位杂交技术，对菊属植物的亲缘关系以及菊花的起源进行了探讨，认为栽培菊花与毛华菊的亲缘关系更近，与甘野菊、菊花脑和野菊的亲缘关系较远，与紫花野菊则更远，而菊属植物间的亲缘关系较近。认为菊花起源是处于属内高度网状的系统发育式样背景下的，杂交和异源多倍化是菊花起源的主要途径，同时还存在染色体水平上的变异等多种可能的途径。

研究者也通过观察菊属植物间杂交种的减数分裂过程，来推测菊属植物间的演化关系。陈发棣等（1996）对甘菊、菊花脑、南京野菊、尖叶野菊和毛华菊等5种野生菊属植物间杂种F_1的减数分裂期进行染色体配对分析，认为菊属的系统演化是一个从低倍到高倍异源多倍体化的过程。减数分裂染色体配对结果表明，毛华菊极有可能是由野菊与另一个二倍体菊杂交而成。药用菊滁菊及四倍体观赏小菊‘小黄菊’较为原始，将其与野菊和毛华菊杂交，观察F_1的减数分裂过程发现，野菊和毛华菊与这两种菊花品种的亲缘关系可能较近（陈发棣 等，1998）。推测这两种栽培菊花可能是由野菊和毛华菊直接演化而来。崔娜欣等（2006）对菊花脑、四倍体菊花脑、甘菊、异色菊、栽培菊花品种‘黄英’及其种间杂种的减数分裂过程的染色体行为进行研究，认为异色菊在进化上可能较菊花脑和甘菊更原始，而异色菊与甘菊的亲缘关系最近。菊花脑和甘菊及其近缘种可能是‘黄英’的一个染色体组的供体，菊花脑或其近缘种可能是滁菊的一个染色体组的供体。

2.1.4 分子水平研究

由于仅基于表型的研究存在受环境影响较大、不稳定等局限性，对遗传物质DNA的直接测定则是一种更为直接的研究方法。一种方法是以分子标记技术来探究菊花起源。戴思兰等（1998）利用RAPD分析技术，对7个菊属野生种、14个栽培菊花品种和5个种间杂种进行了分析，提出野菊、毛华菊和菊花脑是栽培菊花的主要亲本，而紫花野菊与栽培菊花的亲缘关系较远。周春玲和戴思兰（2002）利用AFLP技术，对菊属植物12个分类群进行分析，结果表明滁菊和亳菊两个栽培品种与毛华菊、野菊、甘菊的亲缘关系较近，紫花野菊次之，小红菊最远。野生菊属植物间，野菊、甘菊和菊花脑间的亲缘关系极近，其种间种质渗入频繁发生，说明菊属植物可能是网状系统发育式样。对杭白菊、滁菊和怀菊等药用菊品种的研究发现，药用菊品种比观赏菊品种更接近菊属野生种（陈发棣 等，1996）。因此，茶用菊、药用菊和古老菊花品种是研究菊花起源的重要材料。周杰（2009）的研究中引入了药用菊品种。其采用ISSR分子标记对86份菊属植物进行分析，认为毛华菊与大菊、药菊亲缘关系最近，宜昌野菊、紫花野菊、菊花脑次之，菊花的主要进化方式为从野生菊到药用菊到观赏菊。

另一种方法是以保守的基因序列作为标记来探究菊花起源问题。Zhao等（2003）对nrDNA ITS序列和叶绿体的*trn T-trn L*，*trn L-trn F*基因进行分析，ITS序列分析认为，供试材料中毛华菊、野菊、甘菊和朝鲜菊与栽培菊品种亲缘关系最近，紫花野菊可能不是菊花的祖先种。叶绿体基因序列分析发现，栽培菊花与甘菊的叶绿体基因序列完全相同，甘菊可能是野菊的供体或者是栽培菊花原始品种的直接供体。而栽培菊花品种与毛华菊的亲缘关系较远。Ma等（2016）以低拷贝核基因*LFY*基因为参考，对菊花的起源进行了探究。*LFY*基因在菊属植物间高度保守，均包含3个外显子和2个内含子。系统发育分析结果发现，同一菊花品种的*LFY*基因会被分类到2–3个类群里，说明杂交和多倍体化是菊花起源的主要方式。其研究结果认为，不同的菊花品种可能有不同的祖先，野菊、紫花野菊和菊花脑可能是很多菊花品种的直接祖先，推测毛华菊也可能是一些菊花品种的祖先，但是是以间接的方式参与到菊花起源中。

综合以上多种研究方法的研究结果可知，菊花为“栽培杂种复合体”（hybrid cultigen complex）。关于菊花起源问题，多数研究者赞成杂交和异源多倍化是菊花起源的主要途径，毛华菊与栽培菊花的亲缘关系较近，是菊花起源的重要亲本。但关于其他菊属植物在菊花起源中的重要性以及何时以何种方式参与到菊花起源中，还需要进一步的研究。采用单一研究方法很难澄清菊花的起源问题，需将基于形态、杂交、细胞、分子等技术结合起来进行综合分析。

2.2 中国菊花发展历史

2.2.1 萌芽期

夏代颁行的农事历书《夏小正》中记载："鞠，草也。鞠荣而树麦，时之急也。"这是关于菊花最早的文字记录，距今已有近4 000年的历史。《月令篇·季秋之月》中记载："鸿雁来宾……鞠有黄华……"两者均描述了菊花秋季开花的特性，此时的"鞠"还是开黄色花的野菊。战国时期爱国诗人屈原的诗词中有三处关于菊花的描述："朝饮木兰之坠露兮，夕餐秋菊之落英"（《离骚》）；"春兰兮秋菊，长无绝兮终古"（《九歌·礼魂》）；"播江丽与滋菊兮，愿春日以为糗芳"（《九章·惜诵》）。此时已开始食用菊花，并将其作为贡品用以祭祀。成书于秦汉之际的《神农本草经》中记载了菊花的药用价值。汉代盛洪之《荆州记》中记载了野菊的引种栽培，但仍以药用为目的："郦县菊水，太尉胡广，久患风羸，常汲饮此水，后疾逐瘳。此菊甘美，广后收此菊实播之京师，处处传植。"后汉《本草经》中记载："菊有筋菊，有白菊花、黄菊花"。三国时期钟会《菊花赋》中记载："芳菊始荣，纷葩晔晔，或黄或青。"两篇文学作品中均有了关于菊花花色的描述，说明此时人们开始关注菊花的花色，但菊花仍处于野生状态。从夏代到三国时期是菊花发展的萌芽期，菊花开始进入人们的生活，有了实用价值。

2.2.2 初始期

由于具有秋季开花的特性以及药用价值，菊花具有了傲霜独立和长寿的意象，引得诗人纷纷种菊和咏菊。除实用价值外，菊花也开始成为观赏的对象。魏晋时期曹丕将菊花与传统节日重阳节联系在一起："岁往月来，忽复九月九日……惟芳菊纷然独荣，非夫含乾坤之纯和，体芬芳之淑气，孰能如此？"此后每到重阳必有菊花。史铸《百菊集谱》中记载菊花品类'九华'菊："此品乃渊明所赏之菊也。"记载了东晋时期田园诗人陶渊明开始将菊花引入庭院中种植。"采菊东篱下，悠然见南山""秋菊有佳色，浥露掇其英""三径就荒，松菊犹存"其诗句描述了当时种菊、赏菊和食菊的景象。陶渊明赋予菊花的品格对后世乃至今日都有着深远的影响。受陶渊明的影响，唐代文人墨客开始种菊、赏菊、咏菊，出现大量描述菊花的诗词歌赋。王勃《九日》："九日重阳节，开门有菊花"，刘禹锡《和令狐相公玩白菊》："家家菊尽黄，梁园独如霜"，描述了当时菊花种植范围之广。唐朝时菊花除了黄色外，也有了其他颜色。李商隐《咏菊诗》："暗暗淡淡紫，融融冶冶黄。"记载了紫色的菊花。晚唐时期白色菊花更受喜爱，李商隐《九日》、许棠《白菊》、司空图《白菊三首》和《白菊杂书》等均是咏赞白菊。从晋代到唐朝是菊花发展的初始期，文人墨客开始在庭院中栽植菊花，出现黄、白、紫等花色的菊花，有了种菊、赏菊、咏菊、簪菊等菊事活动。但此时人们更多的是关注菊花的寓意，借菊花来表达自身的品格和情怀。

2.2.3 渐盛期

到了宋代，除借菊咏志外，人们开始重视菊花本身的美，菊花发展进入渐盛期。宋代时期随着栽培园艺的发展，菊花品种和栽培技术都有显著发展，文学作品中也开始细致描述菊花的姿态、颜色、栽培方法、鉴赏标准等。北宋《东京梦华录》记载了开封重阳菊展中的菊花品种："黄白色蕊若莲房，曰'万铃菊'，粉红色曰'桃花菊'，白而檀心曰'木香菊'，黄色而圆者曰'金龄菊'，纯白而大者曰'嘉容菊'。"南宋《梦粱录》记载临安菊花已从达官贵族传入寻常百姓家："禁中与贵家皆此日赏菊，士庶之家，亦市一二株玩赏。其菊有七八十种，且香耐久。"随着菊花品种的增多和种菊技术的发展，菊谱出现。刘蒙《刘氏菊谱》是中国乃至世界上第一部菊花专著，共记载36个菊花品种。其后又有7部菊谱：史正志《史氏菊谱》、范成大《范村菊谱》、胡融《图形菊谱》、沈竞《菊谱》、马揖《晚香堂菊谱》、文保雍《菊谱》和史铸《百菊集谱》。其中《百菊集谱》内容最为丰富，不仅汇集了宋代菊花专谱，还包含了与菊花有关的种艺、故事、杂说、方术以及诗词歌赋等。《百菊集谱》记载菊花品种163个，还指出菊花并非只有秋菊，“菊之开也，四季泛而有之”，说明此时菊花品种类型之丰富。从菊谱记载中可以看出，宋代人已经掌握了嫁接、摘心等栽培技术，也开始认识到菊花品种的变异。《范村菊谱》中有关于菊花嫁接和摘心技术的描述。“一本开花形模各异，或多叶或单叶，或大或小，或如金铃，往往有六、七色，以成数曰之十样”记载的便是嫁接而成的“十样菊”。“吴下老圃，伺春苗尺许时，掇去其颠，数日歧出两枝，又掇之。每掇益歧，至秋，则一干所出数千百朵……”则是关于摘心技术的描述。刘蒙《刘氏菊谱》中记载：“花大者为甘菊，花小者为野菊。若种园蔬肥沃之处，复同一体，是小可以变大，苦可变为甘也。如是则单叶变为千叶亦有之矣”，开始关注到栽培中植株的变异。元代菊花进一步发展，杨维桢《黄花传》中记载菊花品种160个。熊梦祥《析津志》中记载了当时簪菊的习俗：“至是时，上位，宫中诸太宰皆簪紫菊、金莲于帽，又一年矣。”

2.2.4 兴盛期

明清时期，菊花的品种数量和栽培技艺达到顶峰，出现集中种植菊花的“菊圃”“菊畦”等，人们也越来越关注菊花本身的美。随着北京成为全国政治文化中心，北京也成了当时的艺菊中心。从王公贵族到普通百姓，种菊、赏菊异常流行。明清时期的菊谱数量也最多。明代有23部菊谱，其中有专门的栽培技艺谱，此时的艺菊栽培技术已基本成熟。明代末期菊花品种已非常丰富，菊谱中对菊花品种和栽培方法的描述也更为详细。王象晋《群芳谱》中记载菊花品种最多，达274个。高濂《遵生八笺》中总结了菊花栽培方法：分苗法、扶植法、和土法、浇灌法、捕虫法、摘苗法、雨旸法、接花法。

清代王振世《扬州揽胜录》中记载：“每岁重阳前后，村妇担菊入城，填街绕陌，均以教场为聚集之所。其运出之菊，岁以万计。次则北门之傍花村、绿杨村、冶春诗社，产菊亦颇盛”，这是清代种菊盛况的缩影。至清代，种菊技艺更加细致成熟，菊花育种技术逐渐完善，菊花品种迅速增加。清代共有35部菊谱，记载了高超的栽培技术以及利用种子进行育种的技术。清代肖清泰《艺菊新编》中详细描述了菊花种植技术。汪灏《广群芳谱》中记载菊花品种192个，计楠《菊说》中记载菊花品种236个，还有关于菊花播种繁殖的记载。叶天培《菊谱》记载其所育品种逾万，详细描述了很多新的菊花类型。邹一桂《洋菊谱》和许兆熊《东篱中正》中还有关于从国外引进品种的记载。

2.2.5 受挫与再发展期

清朝以后，中国内忧外患，菊花发展受挫。至中华人民共和国成立后，才得以恢复发展。如今每年秋季全国各地均有菊花展览，盛况空前，深受人民喜爱。自1982年第一届全国菊展开始，每3年举办一届全国菊展，展示菊艺技术、推出菊花新品、传播菊花文化，对菊花的发展起到很好的推动作用。特别是中国风景园林学会菊花研究会成立以来，统一审定菊花品种名称、探讨菊花品种分类、组织学术交流等，促进了全国菊花品种的统一，挽救了众多中国传统菊花名品，提高了全国菊花栽培技术水平。北京林业大学、南京农业大学、中国农业大学等科研机构的菊花研究者从菊花起源、菊花文化、菊花栽培技术、菊花新品种选育、菊花观赏性状遗传机理等方面深入开展研究，将菊花发展推入新的高度。李鸿渐等（1993）从全国各地收集菊花品种6 000余份，整理出3 000个品种，并著有《中国菊花》一书，对菊花栽培技术进行了全面的总结。薛守纪在《中国菊花图谱》中收集明清至近代中国传统名菊和近年自育新品种600余种，并详细介绍了各类艺菊栽培技法。张树林和戴思兰《中国菊花全书》总结了中国菊花发展历史与文化、中国的菊属植物及其分布、菊花品种起源及其演化、菊花品种分类研究、中国菊花育种与栽培技术研究，并采用大量精美的图片展示了中国菊花品种的丰富多彩。陈俊愉等《菊花起源》一书从人工远缘杂交、种质渗入、形态分类、连续选择与人工培育和细胞与分子水平等5个方面对菊花起源问题进行探讨，确认毛华菊及其变种阔叶毛华菊和野菊及其生态型是家菊的主要杂交亲本，菊花起源研究取得了阶段性成果。随着分子生物学技术的发展及其在菊花研究中的应用，菊花将进入新的发展阶段。

2.2.6 菊花在世界的传播与回流

菊花在中国起源，而后传到日本、欧洲、美洲等地，对世界菊花产生了巨大影响。关于菊花何时传入日本，说法不一。国内多数学者认为菊花经由朝鲜传入日本，但何时传入朝鲜未知。Spaargaren和Geest（2018）认为公元400—1800年间，中国菊花由中国移民或佛教僧徒传入日本。刘慎谔认为，中国菊花在清顺治年间（1644—1662）传入日本。菊花传入日本后，与当地文化结合，形成了具有日本民族特色的菊文化。美国著名学者鲁思·本尼迪克特（Ruth Benedict）的《菊与刀》一书，充分展示了日本的民族精神，菊花在日本文化中多象征着伤感、淡雅和威严。最开始传入日本时，菊花是高贵身份的象征，受到日本皇室的喜爱，成为皇室家纹——“菊纹章”，并以一枝具有16个花瓣的菊花作为菊花宝座形印章和日本天皇的头饰，皇家的“菊花命令”成为国家骑士的最高命令。随着菊花从宫廷走向民间，赏菊也就成了仅次于赏樱的民间赏花活动，创造了菊事活动 “幸福节”（即菊花节）。中国重阳节作为贵族的宫廷活动被引入日本，赏菊、饮菊花酒、咏菊也成为重要的菊事活动。江户时期（1803—1867）日本菊花迅速发展，除栽培技艺的提高外，也开始培育具有日本特色的品种，如伊势菊（图19）、江户菊（图20）、嵯峨菊（图21）、肥厚菊和一字菊等。艺菊栽培方面，菊人形和盆景也非常具有特色（图22至图25）。随着日本特色菊花品种的出现，日本菊花也开始回流到中国，具体年代未知。尤其是近年来，易栽培、易规模化生产、适应性强的日本大菊品种大量流入中国，受到中国菊花生产者的喜爱。如今，日本已成为世界上最主要的菊花生产国和消费国，中国云南、海南等地的切花菊也主要出口日本。

中国菊花传入西方国家的时间较晚。1689年，荷兰人雅各布·布雷恩（Jacob Brayne）记载了荷兰从中国引入黄、红、白、紫、深红和

图19 日本伊势菊（张蒙蒙 摄）

图20 日本江户菊（牛雅静 摄）

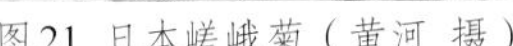
图21 日本嵯峨菊（黄河 摄）

图22 日本大立菊（马金双 摄）

图23 日本悬崖菊（马金双 摄）

古铜色等6个花色的菊花品种，出版《伟大的东方名花——菊花》一书，赞颂了中国的菊花，是欧洲第一个提到菊花的人。1789年，法国人皮埃尔·布朗卡尔（Pierre Blancard）第一次将中国菊花品种在法国栽培成活，命名为‘Old Purple’。而后，大量的中国菊花品种传入法国和英国。1795年，菊花首次在英国开放。1798年，约翰·史蒂文斯（John Stevens）将菊花从英国带到美国。1882年，托马斯·皮克特（Thomas Pockett）开始在澳大利亚种植英国的菊花品种。

菊花传入西方国家后，逐渐受到重视，英国和美国菊花协会不断向园丁普及菊花知识，菊花业余爱好者和育种者通过杂交培育出数不胜数的菊花品种推入市场，菊花逐渐受到西方人的狂热喜爱。Crook（1942）便曾这样描述："菊花是东方之花，就像月季是西方之花一样。"西方关于菊花杂交和选种的最早的记录，是由罗伯特·福琼（Robert Fortune）于1827年完成的。至1843—1846年间，罗伯特·福琼又将大立菊和舟山菊从中国引入到英国，但没有受到很高的重视，直到引入法国后才被广泛种植并用于大量杂交育种中，受西方国家喜爱的小花型菊花逐渐形成（Emsweller et al.，1937）。随着菊花在西方国家的广泛传播，发展出了一批极具盛名的专业菊花育种和生产公司，如荷兰Dummen Orange（橙色多盟）集团旗下的Fides（菲德斯）、德国Brandkamp公司、ROYAL van ZANTEN公司、美国Hummert公司、Yoder Brothers公司、Ball公司等。

图24 日本大菊（魏钰 摄）

图25 日本菊花造型（魏钰 摄）

西方菊花育种公司的育种方向多集中在中小花型的多头切花菊、小花型的盆栽和露地菊花，培育了大量花色艳丽、花型独特的适合室内应用的菊花品种。近年这些品种回流到中国市场，也深受喜爱，逐渐走入中国百姓家。除室内观赏外，菊花在中国多用于室外工程，国内菊花育种者也通过杂交的育种方法，将国外品种应用到品种改良中，使得国内外的菊花品种优缺点互补，逐渐丰富中国菊花的品种类型，培育符合中国市场的菊花新品种。

2.3 中国菊花文化及其发展

从陶渊明时期种植的野菊发展成如今千变万化的品种群的历史长河中，菊花被赋予了众多别名，这些别名正是菊花文化的浓缩和象征。菊最早为“鞠”，这是由甲骨文演化而来。因其秋季开花的特性，菊花有了“冷香”“节华”“鞠华”等别名。因其具有延年益寿的功效，菊花有了“寿客”“傅延年”等别名。“东篱”“傲霜花”“霜下杰”“晚节”“黄金甲”“四君子”之一等雅名体现了菊花高贵的品格。此外，古代文学作品中还有“黄华”“黄花”“九华”“书华”“日精”“更生”“金英”“金蕊”“帝女花”“女华”“女茎”“女节”“阴成”等别名，均指代菊花，体现出菊花文化的深厚和多彩。

2.3.1 中国菊花文化的内涵

从夏代首次有菊花的文字记载到现如今丰富多样的品种的历史过程中，受历代思想观念的影响，中国古代人赋予了菊花丰富的文化内涵。古人首先关注的是菊花秋季开花的自然特性，将其作为物候的标志。随着中医药学的发展，菊花作为药材开始体现其药用和食用价值。从陶渊明开始种菊，到唐宋菊花品种逐渐丰富，再到明清赏菊达到鼎盛，菊花产生了审美价值，人们逐渐关注菊花本身的美。在其秋季开花的自然特性和延年益寿的药用价值基础上，文人墨客把菊花带入文学作品中，借菊花表达情感，同时赋予其刚正不阿的高洁品格、傲霜独立的品格、归居田园的隐士情怀以及不屈不挠的民族气节等意象，使得菊花的文化内涵进一步提升。

菊花的实用价值

菊花首先有其实用价值，而后才被赋予文化意义。菊花的实用价值主要包括物候标志、药用和食用等方面。以农耕生活为主的古代，古人最先注意到菊花秋季开花的特性。《礼记·月令》记载：“季秋之月……鞠有黄华”。此时的“鞠”应是野菊，这是将菊与物候联系起来的最早的记载。史正志《菊谱序》：“菊有黄花，北方用以准节令，大略黄花开时节候不差。江南地暖，百卉造作无时，而菊独不然。”菊花在百花凋谢的秋季盛开的生物学特性，使其成为时令的标志，用来指导农业生产。《汲冢周书·时训解》中就有相关记载：“寒露后十日，菊有黄华，菊无黄华，土不稼穑。”

菊花全身是宝，是一种药食同源植物，药用和食用功能历史悠久。南宋胡少沦《菊谱序》记载了菊花的“七美”：“尝试述其七美，一寿考，二芳香，三黄中，四后凋，五入药，六可酿，七以为枕，明目而益脑，功用甚博。”南宋史正志《菊谱》记载：“苗可以菜，花可以药，囊可以枕，酿可以饮。”二者均记载了菊花的药用和食用功能。《周礼·秋官·司寇第五》最早记载了菊花的药用功能："蝈氏掌去鼃黽，焚牡蘜，以灰洒之则死。"《神农本草经》中记载菊花为上等的药材，可延年益寿。南朝梁陶弘景《名医别录》、南朝盛弘之《荆州记》、明代李时珍《本草纲目》、明代朱橚《普济方》等均记载了菊花的药用功能，有"明目""去头风""醒脑""散风""清热"等功效。杭菊、贡菊、亳菊和滁菊为传统四大药菊。除直接入药外，饮用菊花酒、菊花茶也被认为具有延年益寿的功效。晚唐皎然《九日与陆处士羽饮茶》"九日山僧院，东篱菊也黄。俗人多泛酒，谁解组茶香"，首次记载以菊做茶。至今，菊花茶仍是重要的饮品，以黄山贡菊和杭白菊最为有名。菊花枕在古代也颇为流行，既有保健作用，也是一种风雅之举。

先秦时期的屈原《离骚》中最早记载菊花可食用："朝饮木兰之坠露兮，夕餐秋菊之落英。"屈原通过食菊来表达自身的高洁品格，后世文人墨客受此影响，多以食菊为高雅之举，而普通人食菊多为充饥或治病。宋代林洪饮食典籍《山家清供》记载："采紫茎黄色正菊英，以甘草汤和盐少许焯过，候饭少熟，投之同煮，久食可以明目延年。"范成大在《范村菊谱》中将菊分为可食用和不可食用两种："陶隐居谓菊有二种，一种茎紫气香，味甘，叶嫩可食，花微小者为真菊；青茎细叶作蒿艾气，味苦，花大，名苦薏，非真菊也。今吴下惟甘菊一种可食，花细碎，品不甚高。"之后，多部文学作品中具有菊花食用方法的记载，可做蔬菜、做粥、做面食、做汤、做酒、做茶等。

菊花的审美价值

菊花从实用到审美价值的转变，缘于文人墨客对它的赞美。屈原 "朝饮木兰之坠露兮，夕餐秋菊之落英"，通过食菊来表达自身高洁的品格。三国时期魏国钟会《菊花赋》对菊花的美进行了详细的描述："挺葳蕤于苍青兮，表壮观乎金商。延蔓蓊郁，绿陂被冈。缥干绿叶，青柯红芒。芳实离离，晖藻煌煌。威风扇动，照耀垂光。" 陶渊明"采菊东篱下"开始栽培菊花。此时的菊花还是野菊，没有真正的菊花品种。除黄色外，唐代菊花中出现的白色和紫色引起唐人的喜爱和赞美，出现大量咏赞的诗词。随着园艺栽培技术的发展，宋代出现大量观赏菊花品种，人们开始关注菊花本身的美。赏菊、菊花展览等活动日渐兴盛。到了明清时期，赏菊活动达到鼎盛，塔菊、悬崖菊等艺菊出现。

菊花的意象

古代文人多以诗明志，菊花进入文学作品后，便有了品格。屈原在《离骚》中记载："朝饮木兰之坠露兮，夕餐秋菊之落英"，《九章・惜诵》中云："播江丽与滋菊兮，愿春日以为糗芳。"从此，菊花便有了高洁的品格。屈原在《九歌・礼魂》中记载了以菊花祭祀鬼神的习俗："春兰兮秋菊，长无绝兮终古。"说明菊花是神圣的物品，否则不能作为祭祀贡品。菊花的神圣之处正是源于其具有延年益寿的功效。北宋周敦颐将菊比作"花之隐者"，也表明了菊花的高贵。

秋季万物凋零，多给人以悲凉感。而菊花正值秋季开花，古人多感叹菊花耐寒，傲霜独立、不屈不挠也就成了咏菊诗的基本格调。陶渊明以松菊对比，说明菊花不惧严寒的君子品格："芳菊开林耀，青松冠岩列。怀此贞秀姿，卓为霜下杰。"魏晋时期曹丕"惟芳菊纷然独荣"。三国时期魏国钟会《菊花赋》中云："何秋菊之可奇兮，独华茂乎凝霜"，元稹《菊花》："不是花中偏爱菊，此花开尽更无花"等，均赞赏菊花凌霜傲骨的品格。

东晋田园诗人陶渊明一句"采菊东篱下，悠然见南山"，赋予菊花悠然自得的隐士情怀。这种躬耕田园的隐居生活对后世郁郁不得志的文人墨客产生了深远的影响，成为后世咏菊诗词的主题。到了唐代，郁郁不得志的文人士大夫更是表现出对清新宁静的隐逸生活的向往，出现大批诗歌歌颂菊花远离世俗、淡泊宁静的品格。如白居易《知足吟》："樽中不乏酒，篱下仍多菊。是物皆有余，非心无所欲。"杜甫《赤谷西崦人家》："鸟雀依茅茨，藩篱带松菊。如行武陵暮，欲问桃花宿。"皎然《寻陆鸿渐不遇》："移家虽带郭，野径入桑麻。近种篱边菊，秋来未着花。叩门无犬吠，欲去问西家。报道山中去，归来每日斜。”

宋代文人除了歌颂菊花傲霜独立和隐士情怀外，还赞扬了其经霜不落的特性，是宋代人保持民族气节的象征。朱淑真《黄花》：“土花能白又能红，晚节由能爱此工。宁可抱香枝上老，不随黄叶舞秋风。”郑思肖《画菊》中“宁可枝头抱香死，何曾吹落北风中”的诗句充分体现了这一意象。

2.3.2 菊花相关的花事活动

从屈原和陶渊明开始，菊花就被赋予了优良的品格，出现了大量咏诵菊花的诗词歌赋。到了宋代，菊花从皇家园林和私人园林开始走入寻常百姓家，种菊、赏菊等多种活动日渐丰富，甚至出现菊花买卖市场和菊花展览。明清时期，种菊、赏菊活动更为兴盛，文人以菊结友，开菊社，赏菊，咏菊、采菊、插菊等。菊花品种日益增多，栽培技术也更加成熟，出现艺菊等多种栽培形式。随着菊花品种的增多，开始有人编撰菊花专著。第一部菊花专著刘蒙的《菊谱》记载了26个菊花品种，南宋史铸《百菊集谱》记载了163个菊花品种。

宋代开始，随着种菊和赏菊的日渐兴盛，大量的绘画作品中出现菊花。如宋代朱绍宗的《菊丛飞蝶》（图26）、王十朋《采菊图》（图27）、明代唐寅《东篱赏菊图》和《陶渊明和菊》、清代时意大利画家郎世宁《圆明园菊花迷宫图》、虚谷《瓶菊图》（图28）、钱维诚《盛菊图》等画作，均从侧面表现出当时人们种菊和赏菊的盛况。除此以外，在陶瓷、玉器的摆件和实用器具上，以及皇家和寺庙建筑上，也有菊花造型的出现，进一步说明菊花的受喜爱程度（图29至图37）。

重阳节是菊事活动最为丰富的中国传统节日。菊花的花期正好与重阳节重叠，随着菊花从实用转变为观赏，历代文人墨客又赋予其各种美好的意象，重阳节与菊花逐渐联系在一起。魏晋时期曹丕的《九日与钟繇书》中云：“岁往月来，忽复九月九日……是月律中无射，言群木百草无有射地而生。惟芳菊纷然独荣，非夫含乾坤之纯和，体芬芳之淑气，孰能如此？故屈平悲冉冉之将老，思餐秋菊之落英。辅体延年，莫斯之贵。”表达菊花在“群木百草”凋零的“九月九日”开放，具有耐寒的优良品质，且具有“延年”的功效。自此，菊花与重阳节便有了不可分割的联系。重阳节饮菊花酒、簪菊、赠菊等菊事活动多寓意延年、长寿。随着文人墨客对菊花品格的赞赏，饮酒、簪菊多成了高雅之举。除此之外，重阳节的菊事活动还用来表达思乡之情。如唐代王维《九月九日忆山东兄弟》：“独在异乡为异客，每逢佳节倍思亲。遥知兄弟登高处，遍插茱萸少一人。”

2.4 中国造型艺菊的类型及其特色

随着嫁接、绑扎、摘心等栽培技术的逐渐成熟以及菊花品种的逐渐增多，中国人民将菊花与造型艺术结合起来，发展出独具民族特色的中

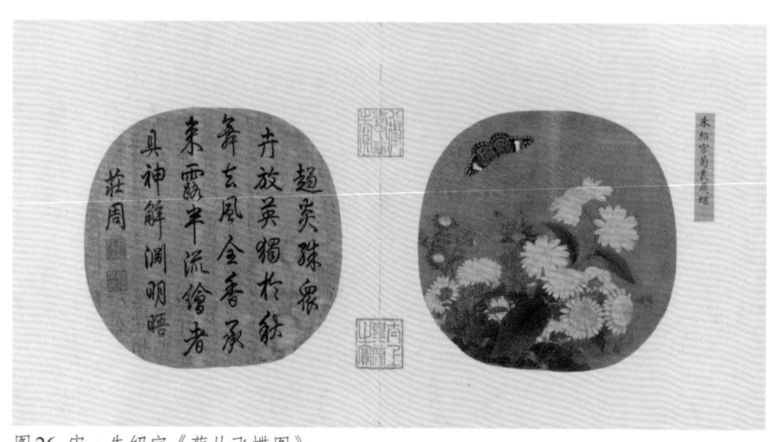

图26 宋·朱绍宗《菊丛飞蝶图》

图27 南宋《丛菊图》

图28 清·虚谷《瓶菊图》

图29 元·景泰款掐丝珐琅缠枝莲纹龙耳瓶

图30 宋·当阳峪窑白釉剔花缠枝菊纹缸

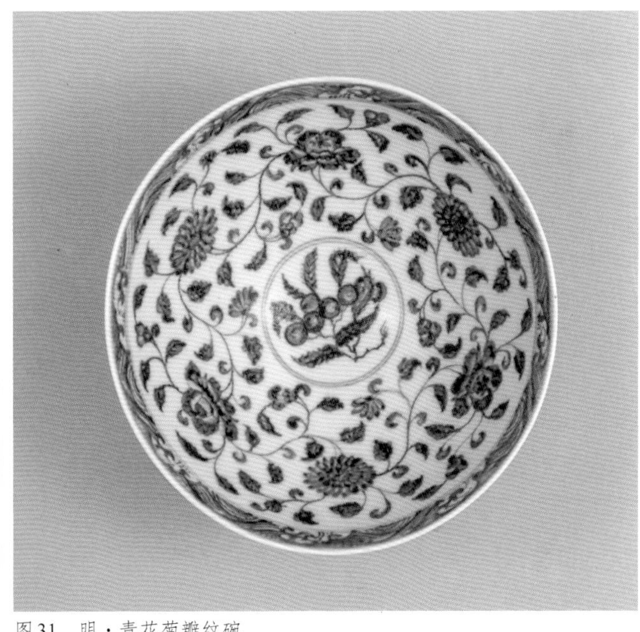

图31 明·青花菊瓣纹碗

图32　清·黄地粉彩菊花纹圆花盆

图33　清·粉彩菊花鹌鹑图瓷鼻烟壶

图34　清·点翠菊花纹头花

图35　清·宝蓝色缎绣折枝菊花纹袷便袍

图36　清·紫檀木嵌染牙菊花图宝座

图37　清·汪心农菊香膏墨（现已无人制）

国造型艺菊。造型艺菊是古代“菊花会”“赛菊会”以及现代菊展的重要内容，充分展示栽培人员高超的栽培技艺和艺术修养。根据栽培方式的不同，可分为独本菊、多本菊、案头菊、大立菊、什锦菊、悬崖菊、小菊盆景和菊花造型等。中国造型艺菊是中国传统文化的重要组成部分，栽培技术难度较大、对技术人员要求较高，同时观赏性和艺术性也极强。

2.4.1 独本菊

独本菊即一本一花，是具有中国特色的栽培方式，也最能体现中国菊花品种的丰富多彩和中国艺菊栽培技术的高超。独本菊的单株观赏价值要求高，且要能充分体现品种的典型特征，因此在栽培和鉴赏时具有严格的标准：一是选择品种时既要注重外观审美，更要注重观赏的意境，名实相符；二是在栽培养护时精细到位，植株、叶片和头状花序不仅要完好无损，还要充分体现品种特有性状，不使用任何调控措施；三是株姿、头状花序和叶片要赏心悦目，有玩味深沉的意境（薛守纪，2004）（图38）。其中，丈菊是一种独特的独本菊类型（图39）。

独本菊的品种名称也是中国艺菊的一大特色。既要概括出不同观赏特色，又要有观赏意境，起到画龙点睛的作用。独本菊命名常以花型和花色为依据，借助诗词典故、古代佳人、动植

图39　丈菊（张蒙蒙 摄）

图38　独本菊（张蒙蒙 摄）

图40　多本菊（张蒙蒙 摄）

图41　案头菊（张蒙蒙 摄）

物、风景名胜、名山大川等，既体现品种特征，又包含中国传统文化，丰富了菊花观赏的内涵和情趣。如中国传统名菊‘帅旗’，内红外金的舌状花平展或下垂，犹如迎风招展的红旗，颇具动感。‘千手观音’花色洁白如玉，舌状花管瓣，先端开口五裂，伸展似千手，因此得名。‘曲江春色’源自唐朝杜甫《哀江头》：“少陵野老吞声哭，春日潜行曲江曲。江头宫殿锁千门，细柳新蒲为谁绿。”‘绿鹦鹉’‘绿牡丹’‘粉白狮子’‘墨蟹’等是以动植物命名。‘太真含笑’‘杨妃出浴’等是以古代佳人命名。‘洛神’‘醉卧湘云’‘文经武纬’等以典故命名。‘黄鹤楼’‘黄河’‘黄山云雾’‘柳浪闻莺’等以风景名胜、名山大川命名。

2.4.2　多本菊

多本菊又有三本菊和三杈九顶菊之分（图40）。三本菊又称品字菊、三才菊（天、地、人），一本三枝，是艺菊的传统栽培类型。三杈九顶菊寓意“三多九如”（多福多寿多子），一本五到九枝，多者十余枝。多本菊具有中国传统文化内涵，要求花叶整齐、神形一致，用于展览、庭院观赏等。多本菊宜选择花型丰满、枝干挺拔、花色艳丽、花期持久的品种（薛守纪，2004）。

2.4.3　案头菊

案头菊即“矮壮独本菊”（图41），于1982年上海首届全国菊展亮相，之后迅速普及全国。通过栽培措施、施用矮壮素等使茎高不超过15cm，栽植于内径10cm的盆内，摆放于桌几案头或阳台等狭小空间，小巧精致，别有趣味。案头菊宜选择株型低矮、节间密、花型丰厚、叶片舒展、对矮壮素敏感的大菊品系（薛守纪，2004）。

2.4.4　大立菊

大立菊即单株上能开数百朵甚至上千朵菊花的造型艺菊，要求花朵大小一致、花期一致、整齐绑扎成平盘型、半圆型、蘑菇顶型、半球型或斗笠型等各种造型，是栽培技术与观赏艺术相结合的艺菊类型，观赏价值极高（图42）。其中，直径达4m以上、花朵数千的为大型立菊；直径达1.5～2.5m、花朵数百至上千的为中型立菊；直径约1m、花朵在数百左右的为小型立菊。宋代范成大《范村菊谱》记载：“吴下老圃，伺春苗尺许时，掇去其颠，数日歧出两枝，又掇之。每掇益歧，至秋，则一干所出数千百朵……”此时便已有小立菊的栽培。经历代栽培技术的不断发展，目前大立菊栽培已非常成熟，以广东小榄地区的大立菊栽培技术影响最大。大立菊培育多以黄花蒿（*Artemisia annua*）和青蒿（*A. carvifolia*）为砧木，采用嫁接法，经多次摘心、嫁接和绑扎而成。宜选择生长势强、分枝性强、节间长、枝条柔韧、开花期长且整齐、花色艳丽的品种。

2.4.5　什锦菊

什锦菊是指以黄花蒿或青蒿为砧木，在单株

图42　大立菊（魏钰 摄）

图43　什锦大菊（上）和什锦小菊（下）（季玉山 摄）

上嫁接多个菊花品种，使其成为层次分明、具有自然树冠的树菊造型艺菊（图43）。宋代人便已掌握菊花嫁接技术，《东坡杂记》记载："近时都下菊品至多，皆以他草接成，不复与时节相应。始八月，尽十月，菊不绝于市。"什锦菊造型以嫁接技术为基础，嫁接的品种要求开花期一致、花型接近、花期较长、花色协调。什锦菊开花时多个品种同时开放，五彩缤纷，别具一格。

2.4.6　悬崖菊

悬崖菊造型以小菊系为材料，经反复摘心和定型，模拟小菊匍匐悬垂生长的自然形态，多与假山、岩石搭配，或置于水边，形成高山流水、龙飞凤舞的景象（图44）。株高3～5m的为大型悬崖菊，宜选择生长势强、分枝性强、节间长、花朵直径3cm左右、舌状花为一到二轮的匙瓣品种。株高1.5m左右的为中悬崖菊，宜选择节间较短、叶子较小的品种。株高1m以内的为小悬崖菊（薛守纪，2004）。悬崖菊要求整体丰满、首尾匀称、花色艳丽、全株花期一致。

2.4.7 小菊盆景

小菊盆景是以自然纯朴、颇具野趣的小菊为材料，运用传统的盆景技艺，表现千年大树苍劲古朴的优雅形象，或用山石、古木衬托，表现悬崖峭壁、丘陵起伏和旷野平原的大自然景观（薛守纪，2004）。元代开始就有以菊花作盆景造型的记录（胡一民和华标，1997），清代苏灵著《盆玩偶录》将菊花作为最适宜制作盆景的一种草本花卉。小菊盆景在品种选择上要求能多年生长、主茎直立性强、侧枝横向伸展、叶小而紧凑、花径小、花期长等（图45）。

2.4.8 菊花造型

菊花造型多以小菊为材料，采用嫁接、修剪、牵引、绑扎等栽培技术，形成动物、人物、器物或建筑物等多种造型菊，是菊花栽培中的一种独特的栽培形式（图46至图48）。清朝《中山文史·小榄菊花大会史记》："其花式甚多，如三丫六顶式，双飞蝴蝶式，扭龙头式，扒龙舟式，林林总总，不一而足。"可见当时的菊花造型样式之丰富，造型技艺之精湛。发展至今日，菊花造型技艺更成熟，造型类型更丰富。

图44　悬崖菊（牛雅静 摄）

图45　小菊盆景（张蒙蒙 摄）

图46　孔雀造型（张蒙蒙 摄）

图47　塔菊造型（魏钰 摄）

图48　龙菊造型（魏钰 摄）

12

3 菊花品种分类

3.1 中国菊花品种主要性状的演化历程

关于中国传统菊花品种主要性状的演变历程，多从古籍中求证得来。依据古籍记载，花色、花径等性状的演化历程已较为清楚，但关于瓣型的演化历程仍存在较大争议。除此以外，研究者也利用形态比较等方法对演化历程进行了推测。如戴思兰通过分支分类学的研究，推测出早期栽培菊花的形态特征（戴思兰和陈俊愉，1997），在比较各种菊属野生种及其人工杂种以及栽培品种的形态特征后，对其形态演化趋势也进行了推测：较原始的类型具异形叶，其他的则全部为茎生；叶裂从二回羽状深裂向一回羽状裂，再向全缘发展；叶基从心形到楔形，叶片端部从尖形到圆形演变；花序从小花单瓣向大花重瓣演变；花色从黄色到白色、淡紫色、红色系演变。关于菊花演化历程的争议之处，仍需进一步求证古籍或加入其他方法进行研究。

3.1.1 菊花花色的演化分析

《礼记·月令篇》中记载："季秋之月……鞠有黄华。"黄色是菊花最原始的颜色，秦代以前只有黄色的菊花。到了汉代便有了白菊。随着艺菊的渐盛和栽培技艺的发展，唐代菊花的颜色已非常丰富，包括黄色、白色、紫色、红色等，其中白色在中唐时期出现，稀有且珍贵，到晚唐时期才盛行。紫色也是非常名贵的品种。唐朝陈藏器《本草拾遗》中也记载了菊花花色的演变："白菊生平泽，紫者白之变，红者紫之变也。"到了宋代，菊花颜色已五彩纷呈，且出现了复色品种。但宋代菊花中仍以黄色品种最多，占一半以上，其次为白色，紫色、复色等花色表现出原始性。明清时期增加了红色、橙色和粉色等，绿色和复色品种增加。在历代菊花品种中，绿色和墨色均为稀有品种。

3.1.2 菊花花径的演化分析

关于菊花花径的演化，多数研究者有比较统一的结论，认为菊花从早期记载的花径较小的小菊逐渐演化为花径较大的传统大菊，同时保留了小菊类型。王子凡（2010）以寸*为单位，对宋明清三个朝代的菊花花径演化进行了分析，认为宋代中国菊花品种的花径为一寸左右，明代为二寸左右，至清代则四寸左右的品种增多，且仍保留一些小菊品种。戴思兰和陈俊愉（1997）采用分支分类法推测出菊花花序从小花向大花演变。

3.1.3 菊花花期的演化分析

自从进入古人视野开始，菊花便与秋季联系在了一起，成了秋季时令的象征。《礼记·月令篇》中记载："季秋之月……鞠有黄华。"战国时期屈原有诗云："朝饮木兰之坠露兮，夕餐秋菊之落英"（《离骚》）、"春兰兮秋菊，长无绝兮终古"（《九歌·礼魂》），均描述了菊花秋季开花的特性。宋代便有了"夏菊"即"五月菊"的描述。宋自逊有《五月菊》云："东篱千古属重阳，此本偏宜夏日长。"《范村菊谱》中也有关于夏菊的记载："五月菊，花心极大。……红白单叶，绕承之，每枝一花，径二寸，叶似茼蒿。夏中开，近年院体画草虫喜以此菊写生。"明代李时珍《本草纲目》中记载："菊之品凡百种……又有夏菊、秋菊、冬菊之别。"

3.1.4 菊花瓣型的演化分析

菊花的瓣型可分为平瓣、匙瓣、管瓣、桂瓣和畸瓣5种类型。刘蒙《菊谱》中便有平瓣及托桂型的记载。范成大《范村菊谱》中出现管瓣（筒

---

* 1 寸 =3.33cm。

叶）的记载。关于菊花瓣型的演化关系，争议较大，基本有两种观点。一种观点认为，平瓣是最原始的瓣型，进而演化为其他瓣型。陈俊愉（2001）分析认为，菊花瓣型沿舌状花演化，从平瓣演化为匙瓣，再到管瓣，同时舌状花数量增加，直至整个花序都是舌状花；沿筒状花演化，则花心小花逐渐伸长，端部开裂或呈星芒状，形成桂瓣，而舌状花维持原状，直至全部消失，整个花序全由桂瓣组成。另一种观点则认为，各类瓣型同源，由“原始筒状花”平行演化而来。张树林（1965）在详细观察了各种形态的菊花花瓣及同一类型花瓣的不同分化阶段的形态后，提出菊花各类花瓣为同源，组成菊花花型的平瓣、匙瓣、管瓣、桂瓣以及筒状花均由“原始筒状花”（即分化初期的筒状花）直接演化而来。筒状花为最原始的形态，平瓣的舌状花为最进化的形态，桂瓣、管瓣和匙瓣的进化程度介于两者之间。基于形态数据（刘春迎和王莲英，1995）、AFLP分子标记（吴在生 等，2007）、ISSR分子标记（雒新艳 等，2013）等多种方法的聚类分析结果均表明，平瓣、匙瓣和管瓣的亲缘关系较近，而与桂瓣类的亲缘关系较远。基于此推测，桂瓣类是大菊最原始的类群，平瓣、管瓣和匙瓣类是原始的桂瓣类在舌状花形态不同演化方向上的表现，畸瓣类出现最晚（雒新艳 等，2013）。

3.2 中国菊花品种分类系统

3.2.1 菊花品种分类研究

依据自然花期分类

依据自然花期可将菊花分为夏菊（6~9月开花）、秋菊（10~11月开花）、冬菊（12月到翌年1月开花，需短日照和加温设施）和四季菊（日中性菊花，可四季开花）。

依据花径分类

依据花径可将菊花分为大菊（花径在10cm以上）、中菊（花径在6~10cm之间）和小菊（花径在6cm以下），其中大菊和中菊常合并为大菊。除花径大小有区别外，大菊和小菊在花的繁密度、叶的厚薄、叶的缺刻和锯齿以及染色体数等方面均有明显差异（张树林，1965）。

依据瓣型和花型分类

菊花瓣型和花型最为复杂，对两者的划分争议也最大。中国具有代表性的分类方法有以下几种：7类瓣型，30个花型（汤忠皓，1963）；3类瓣型，25个花型（张树林，1965）；30个花型（李真和徐慧梅，1989）；5类瓣型，42个花型（李鸿渐和邵建文，1990）；5类瓣型，30种花型（中国菊花研究会，1993）。其中，中国菊花研究会的分类方法应用最广泛，其以传统大菊为对象，将瓣型分为平瓣类、匙瓣类、管瓣类、桂瓣类和畸瓣类。其中平瓣类包含6种花型：宽带型、荷花型、芍药型、平盘型、翻卷型和叠球型；匙瓣类包含6种花型：匙荷型、雀舌型、蜂窝型、莲座型、卷散型和匙球型；管瓣类包含11种花型：单管型、翎管型、管盘型、松针型、疏管型、管球型、丝发型、飞舞型、钩环型、璎珞型和贯珠型；桂瓣类包含4种花型：平桂型、匙桂型、管桂型和全桂型；畸瓣类包含3种花型：龙爪型、毛刺型、剪绒型。

依据花色分类

菊花花色丰富多彩，包含了除蓝色系外的几乎所有色系。丰富的花色使得菊花花色的分类更为困难，加之研究方法的不同，目前有多种菊花花色分类系统。张树林（1965）提出将菊花花色分为黄色、白色、紫色、粉色、红色、茶色、绿色和杂色等色系，将两种及两种以上的颜色统称为杂色。李鸿渐和邵建文（1990）将菊花花色分为8类色系：黄色、白色、绿色、紫色、红色、粉红色、双色和间色。其对两种及两种以上的颜色进行了划分，双色是指花瓣正面与背面色不同，间色是指花序上有不同色的花瓣或花瓣上有不同色的条纹、斑点。中国菊花研究会（1993）将菊花花色分为白色、黄色、红色、紫色、粉色、绿色、棕色和复色系等8类色系。除以上形态分类法以外，研究者还采用数量分类法对花色进行分类。白新祥（2007）使用目视测色法、RHSCC比色和色差仪测色三种方法对281个大菊品种的花色进行评价，将菊花花色分为红色、橙色、黄色、绿色、白色、粉色、紫色、灰色和复色等9类色系。洪艳等（2012）利用色差仪对811个传统大菊品种的花色表型进行测定，利用

ISCC-NBS色名表示法对花色进行准确定义，将纯色菊花品种分为9类色系：白色、黄色、红色、紫色、粉色、橙色、黄绿色、棕色和墨色，未对两种及两种以上颜色品种进行分析。目前，汪菊渊先生于1982年提出的将菊花的花色划分为白色、黄色、红色、紫色、粉色、绿色、棕色和复色等8类色系的划分方法应用最多。

3.2.2 现今常用分类系统

目前，中国菊花研究会的菊花品种分类系统应用最广泛，接受度最高。其第一级分类标准为花径，第二级分类标准为瓣型，第三级分类标准为花型，将菊花品种分为2系5类30型。具体分类方案如下（花型的描述参考薛守纪《中国菊花图谱》）：

1. 大菊系

（1）平瓣类

①宽带型：舌状花宽平瓣1轮，平展直伸或带状下垂。盘状花正常、外露。品种如‘帅旗’（图49）‘红十八’‘黄十八’‘锦袍元帅’等。

②荷花型：舌状花平瓣2～6轮，合抱。盘状花正常，盛开时外露。品种如‘墨荷’‘洹水黑旋风’（图50）‘玉壶春’等。

③芍药型：舌状花平瓣多轮，内外轮近等长。外轮瓣直出，内轮瓣向心内抱。盘状花稀少，盛开时不外露或微露。品种如‘金背大红’‘墨牡丹’（图51）‘太真含笑’等。

④平盘型：舌状花多轮至重轮，狭长平展直出，外轮瓣长而中、内轮瓣层层缩短，全花顶

图49　菊花品种‘帅旗’（张蒙蒙 摄）

图50　菊花品种‘洹水黑旋风’（张蒙蒙 摄）

图51　菊花品种‘墨牡丹’（张蒙蒙 摄）

图52　菊花品种‘玉兰荷’（张蒙蒙 摄）

部稍平如盘状，心花正常，盛开半露到不露。品种如‘玉兰荷’（图52）‘胭脂点雪’‘唐宇风华’‘平湖秋月’等。

⑤翻卷型：舌状花平瓣多轮，间或有匙瓣，外翻内卷。盘状花少，盛开时不外露或微露。品种如‘梅林飞雪’（图53）‘卖炭翁’‘梅花鹿’等。

⑥叠球型：舌状花平瓣多轮，外轮瓣间有匙瓣或管瓣，内轮排列紧密整齐呈球形，或疏松呈半球形，内抱或乱抱。盘状花稀少，盛开时不外露。品种如‘冬云’（图54）‘高原锦云’‘冰心在抱’‘温玉’等。

（2）匙瓣类

①匙荷型：舌状花多轮，全花拱状匙瓣，整齐，顶平似荷，或略呈球状，心花正常或稀少，露心。品种如‘文笔夕裳’（图55）‘骄阳风荷’‘灰鹤’‘红衣锦绣’等。

②雀舌型：舌状花多轮，外轮匙瓣直伸，瓣端匙口的底部扩大、端尖，形如雀舌，心花发达或稀少。品种如‘瑶台玉凤’‘紫雾凝霜’‘金鸡红翎’（图56）等。

③蜂窝型：舌状花多轮，短匙瓣，全花呈球形，短小瓣近直伸，排列整齐，露出瓣口如铃口状，全形如蜂窝。品种如‘绣花婆’（图57）‘万管笙歌’‘蜜藏蜂洞’等。

④莲座型：舌状花匙瓣多轮，外轮长，内轮短，内抱呈莲座型，盘状花不发达，盛开时外露或微露。品种如‘日落金山’（图58）‘紫气东

图53 菊花品种‘梅林飞雪’（张蒙蒙 摄）

图54 菊花品种‘冬云’（张蒙蒙 摄）

图55 菊花品种‘文笔夕裳’（张蒙蒙 摄）

图56 菊花品种‘金鸡红翎’（张蒙蒙 摄）

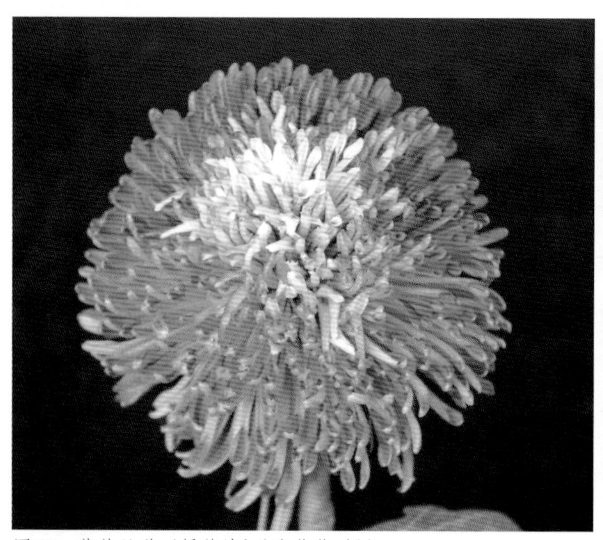
图57 菊花品种‘绣花婆’（张蒙蒙 摄）

图58 菊花品种‘日落金山’（张蒙蒙 摄）

图59 菊花品种‘关东大侠’（张蒙蒙 摄）

图60 菊花品种‘黄骠神骏’（张蒙蒙 摄）

来’‘朱笔点元’‘火焰红莲’等。

⑤卷散型：舌状花多轮，多为狭匙瓣或狭平瓣，内轮卷曲，内抱或散抱，外轮长而飘垂，总为内卷外散，盛开时盘状花外露或微露。品种如‘关东大侠’（图59）‘长风万里’‘山舞银蛇’‘钢铁意志’等。

⑥匙球型：舌状花匙瓣，间有平瓣，多轮，排列整齐，花瓣内曲，合抱呈球形或外轮下垂。盘心花稀少，盛开时不外露。品种如‘黄骠神骏’（图60）‘童发娇容’‘虎踞龙盘’‘鹭峰霁雪’等。

（3）管瓣类

①单管型：舌状花1至1轮半，中粗直管，间或有钩拱短瓣如射线状，心花发达，显著，或内有数轮短曲瓣，形如颈饰。品种如‘镜中女’‘粉猥仙’‘月明星稀’（图61）。

②针管型：舌状花多轮，细管如针，辐射直伸或下垂，末端不卷曲。盘状花稀少或缺如，盛开时不露心。品种如‘春水绿波’（图62）‘光芒万丈’‘太白醉酒’‘白鹤银针’等。

③翎管型：舌状花管瓣多轮，中管直伸，内外轮近等长，盘状花稀少或缺如。品种如‘碧海宝风’（图63）‘黄香梨’‘灰鹤展翅’‘香白梨’等。

④管盘型：舌状花中管瓣多轮，外轮较长，直伸，内轮短，内曲，盘状花稀少或缺如，盛开

时不外露。品种如‘渔娘蓑衣’（图64）‘桃红柳绿’‘风裳水佩’‘豆绿衣裳’等。

⑤松针型：舌状花管瓣多轮，细管长如松针，直伸，盘状花稀少或缺如，盛开时不外露。品种如‘粉松针’（图65）‘绿松针’‘白松针’‘秀玉松针’等。

⑥疏管型：舌状花管瓣，中直管多轮，疏松直伸或下垂，内外轮近等长，盘状花稀少。品种如‘玉楼人醉’（图66）‘文经武纬’‘玉树临风’‘千尺飞流’等。

⑦管球型：舌状花中管瓣，多轮，弯曲多封头，旋抱呈球形。盘状花稀少或缺如，盛开时不外露。品种如‘黄管球’‘黄夔龙’‘粉夔龙’（图67）。

⑧丝发型：舌状花管瓣，细管，长而下垂，弯曲或扭捻，盘状花稀少或缺如，盛开时不外露。品种如‘十丈珠帘’（图68）‘千丝万缕’‘银龙分水’等。

⑨飞舞型：舌状花管瓣疏松，外轮长飘垂，内轮渐短内抱。品种如‘下里巴人’‘醉卧湘云’（图69）‘彩云追月’等。

⑩钩环型：舌状花管瓣间有匙瓣和平瓣，多轮，尖端弯曲扣成环状或钩状，内抱或乱抱，外轮下垂。盘状花不显著，盛开时外露或微露。品种如‘凤凰振羽’‘碧玉勾盘’（图70）‘泥金九连环’等。

⑪贯珠型：舌状花管瓣，细管尖端卷曲扣珠，外轮长，平伸或下垂，内轮短，盘状花稀

图61　菊花品种‘月明星稀’（张蒙蒙 摄）

图62　菊花品种‘春水绿波’（张蒙蒙 摄）

图63　菊花品种‘碧海宝风’（张蒙蒙 摄）

图64　菊花品种‘渔娘蓑衣’（张蒙蒙 摄）

12

少，盛开时不外露。品种如‘沽水流霞’‘赤线金珠’‘飞珠散霞’（图71）等。

（4）桂瓣类

①平桂型：舌状花平瓣，1～2轮，盘状花星管状。品种如‘滦水雅桂’（图72）‘银盘托桂’‘芙蓉托桂’‘状元托桂’等。

②匙桂型：舌状花匙瓣，1～2轮，盘状花显著，星管状。品种如‘镜中女’（图73）‘大红托桂’‘金簪托桂’‘红簪托桂’等。

③管桂型：舌状花管瓣，1～2轮，盘状花显著，星管状。品种如‘藕粉托桂’（图74）‘蕊珠宫’‘雀舌托桂’‘乘龙折桂’等。

④全桂型：全部花瓣为桂瓣，星状。品种如‘桂鉴’‘金雀声喧’。

（5）畸瓣类

①龙爪型：舌状花管瓣，间有平瓣，尖端开张呈龙爪状。盘状花稀少或显著。品种如‘盘龙金爪’（图75）‘千手观音’‘朱紫蛟龙’‘梦笔生花’等。

②毛刺型：舌状花为平瓣、匙瓣或管瓣，1至多轮，瓣上密生毛刺，盘状花显著或稀少。品种如‘紫毛’（图76）‘蜜献蜂忙’‘瑞雪丰年’‘麻姑献瑞’等。

③剪绒型：瓣短宽尖端开裂，似剪绒。品种如‘紫燕翻飞’（图77）‘粉剪绒’‘金绣球’‘天下一品’等。

图65　菊花品种‘粉松针’（季玉山 摄）

图66　菊花品种‘玉楼人醉’（张蒙蒙 摄）

图67　菊花品种‘黄夔龙’（张蒙蒙 摄）

图68　菊花品种‘十丈珠帘’（张蒙蒙 摄）

图69　菊花品种‘醉卧湘云’（张蒙蒙 摄）

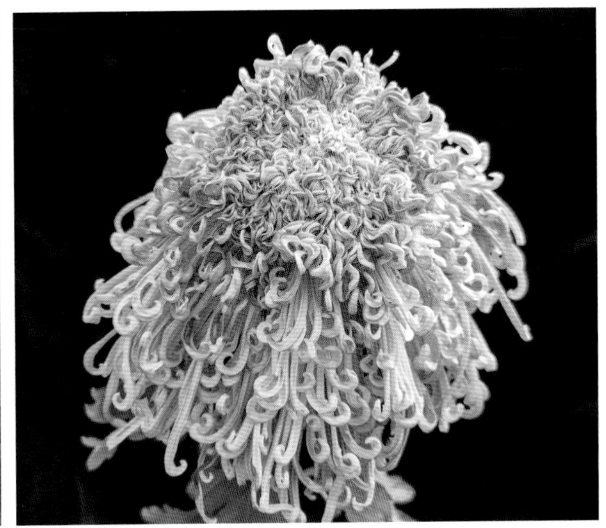
图70　菊花品种‘碧玉勾盘’（张蒙蒙 摄）

图71　菊花品种‘飞珠散霞’（张蒙蒙 摄）

图72　菊花品种‘滦水雅桂’（张蒙蒙 摄）

12

图73　菊花品种‘镜中女’（张蒙蒙 摄）

图74　菊花品种‘藕粉托桂’（张蒙蒙 摄）

图75　菊花品种‘盘龙金爪’（张蒙蒙 摄）

图76　菊花品种‘紫毛’（张蒙蒙 摄）

图77　菊花品种‘紫燕翻飞’（张蒙蒙 摄）

图78　单瓣和半重瓣小菊（张蒙蒙 摄）

图79　重瓣小菊（张蒙蒙 摄）

图80　蜂窝小菊（张蒙蒙 摄）

2. 小菊系

（1）平瓣类

①单瓣小菊（图78）

②重瓣小菊（图79）

③蜂窝小菊（图80）

④扭瓣小菊（图81）

⑤畸瓣小菊（图82）

（2）桂瓣类

①托桂小菊（图83）

②金星小菊

（3）管瓣类

①管匙小菊（图84）

图81　扭瓣小菊（张蒙蒙 摄）

图82　畸瓣小菊（张蒙蒙 摄）

图83　托桂小菊（张蒙蒙 摄）

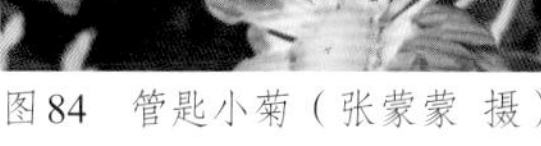

图84　管匙小菊（张蒙蒙 摄）

3.3 国外菊花品种分类系统

中国菊花品种分类系统注重品种的演化关系，反映由低级向高级的变化趋势，同时更注重菊花的花韵，独具中国特色。除中国外，对菊花品种进行分类研究的国家有日本、英国和美国。但其分类系统都较为简单，侧重实用性。

日本的菊花品种分类系统为2组、3种、19型（Ministry of Agriculture，Forestry and Fisheries of Japan，2012）。首先以头状花序形态变异的复杂性作为第一级分类标准，分为普通菊组和畸形菊组（舌状花歧裂或有毛）。再以花径大小为第二级分类标准，分为大（花径大于18cm）、中（花径为9～18cm）、小（花径小于9cm）3种。再以花型为第三级分类标准分为19花型：圆球型、半球型、弛球型、扁球型、粗管型、中管型、细管型、针管型、一文字型、莲花型、丁子菊、狂菊、肥厚菊、伊势菊、嵯峨菊、蓟形菊、单瓣菊、蜂窝菊和具壳蜂窝菊。

英国菊花品种分类系统更为简单，分为3类10型（National Chrysanthemum Society of the United Kingdom，2013）。以花期作为第一级分类标准，分为早花、10月露地开花和晚花（温室中11月开花）3类。以花型为第二级分类标准，分为Incurved（圆球型）、Incurving（莲座型）、Reflexed（反卷型）、Anemones（托桂型）、Singles（单瓣型）、Pompons（蜂窝型）、Spidery，plumed and feathery （蜘蛛型及毛羽型）、Koreans（原菊型）、Dwarf lilliputs（纽扣型）、Cascade（悬崖型）。

美国菊花品种分类系统为4类13型（National Chrysanthemum Society of the United States of America，2012）。首先以花型为第一级分类标准，划分为13种花型：Regular incurve（整齐反卷型）、Irregular incurve（不整齐反卷型）、Intermediate incurve（中等反卷型）、Reflex（翻卷型）、Decorative（装饰型）、Pompon（蜂窝型）、Single & Semi-double（单瓣和半重瓣型）、Anemone（托桂型）、Spoon（匙瓣型）、Quill（管瓣型）、Spider（蜘蛛型）、Brush & Thistle（刷子和蓟型）、Unclassified（其他）。然后以花径大小为第二级分类标准，分为超大型（花径大于8英寸*）、大花型（花径为6～8英寸）、中花型（花径为4～6英寸）、小花型（花径小于4英寸）。

3.4 菊花品种分类研究中存在的问题

3.4.1 品种众多，整理困难

菊花遗传背景复杂，采用有性杂交、芽变育种、辐射诱变等多种育种手段已获得数以万计的菊花新品种。这些品种间性状差异较小，给品种分类带来困难。除此之外，众多菊花品种使得品种收集和整理工作异常困难，造成同名异物和同物异名现象，使得众多古老品种和珍稀名贵品种丢失。中国传统菊花品种是中国菊花中最具特色的资源，但对其研究和利用的力度还远远不够，亟需加大保护和整理力度。

3.4.2 复杂性状难以定义

对表型性状的准确定义是菊花品种分类和鉴定的基础，而菊花DUS测试指南中并未对性状进行数量化和标准化描述，使得性状观测易受观测人主观因素的影响。瓣型、花型、开花期等复杂性状受到多个因素的影响，简单的将其分为几级不利于性状的观测。Zhang等（2018）将菊花开花期进行数量化定义，分为极早花期类型（日照时数≥13.5小时开花）、早花期类型（日照时数为13.5～12.0小时开花）、中花期类型（日照时数为12.0～11.0小时开花）、晚花期类型（日照时数为11.0～10.0小时开花）和极晚花期类型（日照时数＜10.0小时开花）5种类型。Song等（2018）采用概率分级和判定系数对菊花瓣型进行了数量化定义，分为平瓣（花冠筒长/舌状花长介于0～0.2之间）、匙瓣（花冠筒长/舌状花长介于0.2～0.6之间）、管瓣（花冠筒长/舌状花长介于0.6～1.0之

* 1 英寸 =2.54cm。

间）。然后进一步将3种瓣型分为3型：直型、曲型和畸型。最终将舌状花分为3类9型：直平、曲平、畸平、直匙、曲匙、畸匙、直管、曲管和畸管。这样便可参考数值对开花期和瓣型进行观测和记录。菊花花型的变化更为丰富，其受到花瓣类型、花瓣数量、花瓣长宽比、内中外三层花瓣长度比以及花瓣弯曲变化等多个因素的影响（张树林，1965）。目前，对菊花花型还没有准确的定义，使得菊花花型的划分争议仍较大，需对各因素进行综合分析，找到主要依据。

参考文献

白新祥，2007. 菊花花色形成的表型分析[D]. 北京：北京林业大学.

陈发棣，陈佩度，李鸿渐，1996. 几种中国野生菊的染色体组分析及亲缘关系初步研究[J]. 园艺学报，23（1）：67-72.

陈发棣，陈佩度，房伟民，等，1998. 栽培小菊与野生菊间杂交一代的细胞遗传学初步研究[J]. 园艺学报，25（3）：101-102.

陈俊愉，2001. 中国花卉品种分类学[M]. 北京：中国林业出版社.

陈俊愉，2005. 中国菊花过去和今后对世界的贡献[J]. 中国园林，21（9）：73-75.

陈俊愉，2007. "北京夏菊" 神州盛开[J]. 农业科技与信息（现代园林）（3）：48.

陈俊愉，2012. 菊花起源[M]. 合肥：安徽科学技术出版社.

陈秀兰，李惠芬，1993. 小花型菊花新品种的选育[J]. 植物资源与环境，2（1）：37-40.

崔娜欣，陈发棣，赵宏波，等，2006. 几种菊属植物及其种间杂种减数分裂行为观察[J]. 园艺学报，33（5）：1033-1038.

戴思兰，1987. 中国栽培菊花起源的综合研究[D]. 北京：北京林业大学.

戴思兰，钟杨，张晓艳，1995. 中国菊属植物部分种的数量分类研究[J]. 北京林业大学学报，17（4）：9-15.

戴思兰，陈俊愉，1996. 菊属7个种的人工种间杂交试验[J]. 北京林业大学学报，18（4）：16-22.

戴思兰，陈俊愉，1997. 中国菊属一些种的分支分类学研究[J]. 武汉植物学研究，15（1）：27-34.

戴思兰，陈俊愉，李文彬，1998. 菊花起源的RAPD分析[J]. 植物学报，40（11）：76-82.

杜冰群，刘启宏，朱翠英，等，1989. 两种菊属植物的核型研究[J]. 武汉植物学研究，7（3）：293-296.

洪艳，白新祥，孙卫，等，2012. 菊花品种花色表型数量分类研究[J]. 园艺学报，39（7）：1330-1340.

胡一民，华标，1997. 论我国元代的盆景技艺[J]. 中国园林，13（5）：50-51.

吉庆萍，1987. 有关中国菊花起源的实验与探讨[D]. 北京：北京林业大学.

李鸿渐，邵健文，1990. 中国菊花品种资源的调查收集与分类[J]. 南京农业大学学报，13（1）：30-36.

李鸿渐，1993. 中国菊花[M]. 南京：江苏科学技术出版社.

李辛雷，陈发棣，赵宏波，2008. 菊属植物远缘杂交亲和性研究[J]. 园艺学报，35（2）：257-262.

李真，徐惠梅，1989. 菊花品种分类初步研究[J]. 安徽农学院学报（4）：282-284.

林镕，石铸，1983. 中国植物志：第76卷　第1分册[M]. 北京：科学出版社.

刘春迎，王莲英，1995. 菊花品种的数量分类研究（1）[J]. 北京林业大学学报，17（2）：79-87.

刘启宏，张树藩，1983. 神农架菊属一新变种[J]. 武汉植物学研究，1（2）：237-238.

雒新艳，王晨，戴思兰，等，2013. 基于ISSR标记的大菊品种资源遗传多样性分析[J]. 中国农业科学，46（11）：2394-2402.

石铸，傅国勋，1983. 中国植物志：第67卷 第1分册[M]. 北京：科学出版社.

石铸，彭广芳，张素芹，等，1999. 中国菊属二新种[J]. 植物分类学报，37（6）：72-74.

汤忠皓，1963. 中国菊花品种分类的探讨[J]. 园艺学报，2（4）：411-420.

万仟，2011. 紫花野菊物种复合体的谱系地理学研究[D]. 北京：北京大学.

汪劲武，杨继，李懋学，1991. 国产五种菊属植物的核型研究[J]. 云南植物研究，13（4）：411-416.

汪劲武，杨继，李懋学，1993. 野菊和甘菊的形态变异及其核型特征[J]. 植物分类学报，31（2）：140-146.

王德群，梁益敏，刘守金，1999. 中国药用菊属植物种质资源[J]. 安徽中医学院学报，18（2）：40-43.

王彭伟，陈俊愉，1990. 地被菊新品种选育研究[J]. 园艺学报，17（3）：223-228.

王文奎，周春玲，戴思兰，1999. 毛华菊花朵形态变异[J]. 北京林业大学学报（3）：95-98.

王文奎，2000. 菊花起源的染色体原位杂交研究[D]. 北京：北京林业大学.

王子凡，2010. 中国古代菊花谱录的园艺学研究[D]. 北京：北京林业大学.

吴在生，李海龙，刘建辉，等，2007. 65个菊花栽培品种遗传多样性的AFLP分析[J]. 南京林业大学学报（自然科学版），31（5）：67-70.

薛守纪，2004. 中国菊花图谱[M]. 北京：中国林业出版社.

张贵一，于丽杰，刘玉晶，1994. 东北菊属的新变种[J]. 植物研究，14（2）：152-153.

张树林，1965. 菊花品种分类的研究[J]. 园艺学报，4（1）：35-46，61，62.

张树林，戴思兰，2013. 中国菊花全书[M]. 北京：中国林业出版社.

张鲜艳，陈发棣，张飞，等，2011. 不同地理居群野生菊资源的遗传多样性分析[J]. 南京农业大学学报，34（1）：29-34.

赵惠恩，陈俊愉，1999. 皖豫鄂苏四省野生及半野生菊属种质资源的调查研究[J]. 中国园林，15（3）：61-62.

赵鹏，1995. 毛华菊的物种生物学研究[D]. 北京：北京师范大学.

中国菊花研究会，北京市园林局，1993. 全国菊花品种分类[C]. 汪菊渊. 中国菊花研究论文集（1990—1992），北京：58-60.

中华人民共和国农业部. 植物新品种特异性、一致性和稳定性测试指南-菊花：NY/T 2228—2012[S]. 北京：2012.

周春玲，戴思兰，2002. 菊属部分植物的AFLP分析[J]. 北京林业大学学报，24（5）：72-76.

周杰，2009. 关于中国菊花起源问题的若干实验研究[D]. 北京：北京林业大学.

周杰，陈俊愉，2010. 中国菊属一新变种[J]. 植物研究，30（6）：649-650.

周树军，臧得奎，赵兰勇，1996. 菊属一新组合[J]. 植物研究，16（3）：296-297.

周树军，汪劲武，1997. 10种菊属（*Dendranthema*）植物的细胞学研究[J]. 武汉植物学研究，15（4）：289-292.

BREMER K, 1993. The genetic monograph of the Asteraceae-Anthemideae[M]. Bulletin of the Natural History Museum. Botany series, 23: 71-177.

CHEN J Y, 1985. Studies on the origin of chinese florist's chrysanthemum[J]. Acta Horticulturae, 167(38): 349-361.

CHEN J Y, WANG S Q, WANG X C, 1995. Thirty years studies on breeding ground-cover chrysanthemum new cultivars[J]. Acta Horticulturae, 404: 30-36.

CHEN J T, ZHONG J, SHI X J, et al, 2018. *Chrysanthemum yantaiense*, a rare new species of asteraceae from China[J]. Phytotaxa, 374(1): 92-96.

CROOK C B, 1942. Genetic studies of chrysanthemums[D]. MS Thesis, Kansas State University.

EMSWELLER SL, 1937. Improvement of flowers by breeding[M]. Yearbook of the United States Department of Agriculture: 890-998.

HUYLENBROECK J V, 2018. [Handbook of Plant Breeding] Ornamental crops volume 11 || Chrysanthemum[M]. 10.1007/978-3-319-90698-0(Chapter 14) 319-348.

KIM J Y, HONG Y P, HAN I S, 1989. Studies on the native *Chrysanthemum spp*. in Korea: Studies on the characteristics, geographical distribution and line selections of wild grown *Chrysanthemum zawadskii* in Korea[J]. The Research Reports of the Rural Development Administration (*Korea R.*), 31(2 Horticulture): 59-66.

LEE Y N, 1969. A cytotaxonomic study on *Chrysanthemum zawadskii* complex in Korea[J]. Polyploidy, korean Journal of botany, 12 (3): 223-228.

LIN Y R, SHI Z, HUMPHRIES C J, et al, 2011. Anthemideae[M]// Wu Z Y, Raven P H, Hong D Y, eds., Flora of China Volume 20-21 (Asteraceae), Science Press (Beijing) & Missouri Botanical Garden Press (St. Louis).

LIU P L, WAN Q, GUO Y P, et al, 2012. Phylogeny of the genus *Chrysanthemum* L.: evidence from single-copy nuclear gene and chloroplast DNA sequences[J]. PLoS ONE, 7(11): e48970. doi: 10.1371/journal.pone.0048970.

MA Y P, CHEN M M, WEI J X, et al, 2016. Origin of *Chrysanthemum* cultivars - Evidence from nuclear low-copy *LFY* gene sequences[J]. Biochemical Systematics and Ecology, 65: 129-136.

MASUDA Y, YUKAWA T, KONDO K, 2009. Molecular phylogenetic analysis of members of *Chrysanthemum* and its related genera in the tribe Anthemideae, the Asteraceae in East Asia on the basis of the internal transcribed spacer (ITS) region and the external transcribed spacer (ETS) region of nrDNA[J]. Chromosome Botany, 4(2): 25-36.

Ministry of Agriculture, Forestry and Fisheries of Japan, 2012, Chrysanthemum (*Chrysanthemum* × *morifolium* Ramat.) [M]. Tokyo: Ministry of Agriculture, Forestry and Fisheries of Japan.

MULDASHEV A A, 1981. A new genus *Phaeostigma* (Asteraceae) from the East Asia[J]. Botanicheskii Zhurnal, 66(4): 584-588.

MULDASHEV A A, 1983. A critical review of the new genus *Ajania* (Asteraceae-Anthemideae)[J]. Botanicheskii Zhurnal, 68(2): 207-214.

National Chrysanthemum Society of the United States of America, 2012. Handbook on chrysanthemum classification [M]. Washington: National Chrysanthemum Society.

National Chrysanthemum Society of the United Kingdom, 2013. Chrysanthemum classification [M]. Available from www.chrysanthemums direct. co. uk.

OBERPRIELER C, VOGT R, WATSON LE, 2007. Tribe Anthemideae Cass. (1819)[M]// Kadereit JW, Jeffrey C, editors. The families and genera of vascular plants 8. Berlin, Heidelberg: Springer: 342-374.

OHASHI H, YONEKURA K, 2004. New combinations in *Chrysanthemum* (Compositae-Anthemideae) of Asia with a list of Japanese species[J]. Journal of Japanese Botany, 79(3): 186-195.

SONG X B, GAO K, FAN G X, et al, 2018. Quantitative classification of the morphological traits of ray florets in large-flowered chrysanthemum[J]. HortScience: a publication of the American Society for Horticultural Science, 53(9): 1258-1265.

ZHANG M M, HUANG H, WANG Q, et al, 2018. Cross breeding new cultivars of early-flowering multiflora chrysanthemum based on mathematical analysis[J]. Hortscience, 53(4): 421-426.

ZHAO H E, WANG X Q, 2003. The origin of garden chrysanthemums and molecular phylogeny of *Dendranthema* in China based on nucleotide sequences of nrDNA ITS, *trn*T-*trn*L and *trn*L-*trn*F intergenic spacer regions in cpDNA[J]. Molecular Plant Breeding (Z1): 597-604.

ZHAO H E, LIU Z H, HU X, et al, 2009. Chrysanthemum genetic resources and related genera of *Chrysanthemum* collected in China[J]. Genetic Resources and Crop Evolution, 56(7): 937.

致谢

感谢国家植物园（北园）教授级高工魏钰和高级工程师崔娇鹏、青岛农业大学讲师王海和北京市菊花大师季玉山先生提供图片，感谢国家植物园（北园）首席科学家马金双研究员提供照片并对文稿提出宝贵意见。

作者简介

张蒙蒙（女，1989年生），山东德州人，于山东农业大学获得学士学位（2012年），随后考入北京林业大学，硕博连读，2018年获得博士学位。2018年11月至今在北京市植物园［现国家植物园（北园）］植物研究所工作，目前主要从事菊属种质资源收集、保存和菊花新品种选育等相关研究工作。

牛雅静（女，1986年生），山西高平人，分别于北京林业大学获得学士（2009）和硕士（2012）学位；2012年8月至2016年3月于北京市花木有限公司工作；2016年8月至2018年11月于北京市门头沟区黑山公园工作；2018年11月至今在北京市植物园［现国家植物园（北园）］管理处工作，主要从事菊属种质资源引种、栽培、育种和园内菊展相关工作。

黄河（男，1985年生），山东济南人，2012年获北京林业大学园林植物与观赏园艺专业博士学位，2012年至今在北京林业大学园林学院观赏园艺教研室任讲师、副教授。讲授园林植物遗传育种学、花卉分子生物学和草坪与地被植物应用。先后主持国家自然科学基金青年、面上项目3项，北京市自然科学基金青年、面上项目3项，以第一和通讯作者发表SCI论文15篇。主要研究方向为菊花及其近缘野生种的资源调查收集及育种工作，并进行观赏植物花色、花型、器官发育的分子调控机制研究。

12

园林之母
China

13

-THIRTEEN-

哈佛大学与中国植物分类学的历史渊源

Historical Origins of Harvard University and Plant Taxonomy in China

马金双*

［国家植物园（北园）］

MA Jinshuang*

[China National Botanical Garden (North Garden)]

* 邮箱：jinshuangma@gmail.com

摘　要：本文详细回顾了哈佛大学植物分类学以及阿诺德树木园的历史，特别是与中国植物分类学历史渊源和有关的人物及其工作，以及对中国植物分类学发展的影响。

关键词：哈佛大学　阿诺德树木园　中国植物分类学　历史渊源

Abstract: The history of plant taxonomy at Harvard University and the Arnold Arboretum is reviewed in detail, especially with the historical origins of plant taxonomy in China and the related scientists and their work, as well as their influence on the development of plant taxonomy in China.

Keyworks: Harvard University, Arnold Arboretum, Plant taxonomy in China, Historical origin

马金双，2022，第13章，哈佛大学与中国植物分类学的历史渊源；中国——二十一世纪的园林之母，第一卷：462-489页

哈佛大学（Harvard University）不仅是世界一流学府，而且在植物学界和园林学界闻名于世，特别是其著名的阿诺德树木园（Arnold Arboretum of Harvard University）[1]，以及“中国”威尔逊（“Chinese” Wilson）和他的《中国——园林之母》（威尔逊，2015，2017）。然而，近代中国植物分类学的发展与哈佛大学密不可分。本文系统地回顾了哈佛与中国植物分类学百余年的有关简史、相关代表人物及其与中国植物分类学的历史渊源。

1 哈佛大学的植物分类学代表人物

著名的哈佛大学（Harvard University）和麻省理工学院（Massachusetts Institute of Technology，MIT，简称麻省理工）一样，不仅同属于私立大学，而且都位于美国东北部新英格兰（New England）[2]麻州首府波士顿（Boston）地区（俗称大波士顿），但地理范围并不属于波士顿市（位于查理斯河南岸）管辖，而属于剑桥镇（Cambridge，查理斯河北岸）。

进入19世纪，特别是随着地理发现与考察之后，学术界对植物的认识有了本质性变化；不仅仅有达尔文物种起源以及进化论的形成与问世，而且人类对植物的利用已经从基本的食用、药用、林木以及蔬果等基本需求，开始走向当代生活的奇花异草、观赏庭院、休闲娱乐、优雅健康，进而大规模以园林为主要目的的世界范围引种进入欧美等发达国家。学术界很多同时代的世界著名人物之间都有着广泛的联系，包括英国的胡克（Joseph Dalton Hooker，1817—1911）、华莱士（Alfred Russel Wallace，1823—1913）、达尔文（Charles Robert Darwin，1809—1882）以及美国的格雷（Asa Gray，1810—1888）；他们彼此互相交流，取长补短，共同受益。格雷不仅仅是当时美国著名的植物分类学界泰斗，而且执教哈佛植物学三十年（1843—1873），并系统地整理了

1 http://www.arboretum.harvard.edu/.

2 新英格兰在美国本土的东北部地区，包括6个州，由北至南分别为缅因州、佛蒙特州、新罕布什尔州、马萨诸塞州（麻省）、罗得岛州、康涅狄格州。马萨诸塞州（麻省）首府波士顿是该地区的最大城市以及经济与文化中心。

东亚——北美植物关系（Gray，1859，1860）。尽管东亚与北美植物的相似性或者关系早在18世纪林奈时代就已经存在并被多人提及（Boufford & Spongberg，1983；Li，1952，1955；Raven，1972），但是格雷首次系统地整理了东亚和北美间的植物类群及其关联（White，1983；Wood，1972），其内涵直到分子生物学的今天仍然是学界研究的热点之一。而哈佛植物分类学教授格雷的继承者、阿诺德树木园首任主任萨金特（Charles S. Sargent，1841—1927）更是不遗余力，任职半个多世纪期间（1873—1927）不仅亲赴东亚考察并研究，而且雇佣多位得力助手，全力以赴引种亚洲温带的物种，不仅为阿诺德树木园的发展奠定了坚实基础（Hay，1995），而且发展与东亚，特别是与中国植物学界的联系，直至今天（左承颖，2021；Madsen，1998）。

1.1 格雷（Asa Gray，1810—1888）

格雷出生于纽约州北部的索奎特（Sauquoit）农家，自幼酷爱博物学并博览群书，中学时代就开始采集标本并请教专家，尽管1831年毕业于医学院校，但是并没有真正从医，因为特别喜欢植物分类学，以致毕业之后成为纽约植物分类学家托雷（John Torrey[3]，1796—1873）的助手进而走上了植物分类学之路；几经努力，1838年成为密执安大学的首任植物学教授，也是美国首位大学里的植物学教授（图1）。他不但采集标本，而且海内外旅行并购买图书资料。1842年在哈佛大学任教（Fisher Professor of Natural History），不仅仅是教授植物学，还要负责植物园；然而由于教学活动不多，他则集中采集与分类学研究，并与托雷一起从事《北美植物志》（*Flora of North America*，1838—1843）的编撰工作；待萨金特接替植物园工作之后，格雷则专注后续的《北美植物志》的续编（*Synoptical Flora of North America*，1878—1895）（Bakery，1988）。1864年格雷将自己的20万份标本和2.2万多藏书全部捐给哈佛（条件是学校成立标本室并建设植物园）。哈佛大学因而成立了植物系，其标本室命名为Gray Herbarium（代号GH），其图书即今日哈佛大学植物学图书馆的一部分（Gray Library）。

图1　格雷（哈佛大学阿诺德树木园提供）

1.2 萨金特（Charles Sprague Sargent，1841—1927）

萨金特出生于波士顿富商家庭，自幼对园艺格外感兴趣，1862年毕业于哈佛大学生物系，然后从军参加美国的内战，1865年退役之后游历欧洲三载，查阅植物标本、收集图书资料，1872年被格雷指定为哈佛大学博思学院（Bussey Institution；Wilson，2006）[4]的园艺学教授（Anonymus，1936；Sax，1947），1873年成为

13

3 美国著名植物学家，纽约植物研究先驱、哥伦比亚大学植物学教授、美国最老的植物学学会 The Torrey Botanical Society 创始人（1867—）、首版《北美植物志》（*Flora of North America*，1838—1843）作者。

4 1872 年成立于波士顿南郊牙买加平原（Jamaica Plain，波士顿下属的镇名）的美国著名农业与园艺学院，起初主要是本科生，1907 年则接收研究生，特别是遗传学领域，成为美国农业等领域重要的人才摇篮；1930 年随着部分人员的退休以及部分人员与实验室合并于位于剑桥与哈佛校园的理学院合并，于 1936 年正式关闭并转入应用生物学研究；其土地则成为今日的树木园。

图2 萨金特（哈佛大学阿诺德树木园提供）

哈佛大学新成立的阿诺德树木园首任主任（直至1927年过世）（图2）。树木园成立初期，萨金特1878年便与美国著名的景观设计大师奥姆斯特德（Frederick L. Olmsted，1822—1901）[5]规划树木园并建设道路以及植物的引种栽培规划，并于1892年完成以亨纽维尔（Horatio H. Hunnewell[6]，1810—1902）命名并至今仍在使用的阿诺德树木园游客中心（Hunnewell Building）。与此同时，萨金特为树木园的发展，不断与世界范围的相关人员联系，除上述提到的当时著名的植物学家外，还包括曾任沙俄驻华使馆的医生贝勒（Emil V. Bretschneider，1833—1901）[7]，更有贝勒不断寄送北京附近的植物（包括标本和种子等）（芦迪，2018），还受到当时在华海关从事兼职采集的爱尔兰人韩尔礼（Augustine Henry，1857—1930）[8]的鼓励（叶文，马金双，2012；马金双，叶文，2013；Nelson，1983），开始对中国植物产生强烈的好奇心，并于1882年树木园成立十周年时收到了来自中国的第一批种子（王思玉，1987）。之后，萨金特特别是继承格雷东亚植物对阿诺德树木园的重要性，不断组织并开展采集、研究以及引种和品种选育工作，开辟了哈佛关于东亚植物学研究的新篇章并持续至今。他任期内雇佣很多人赴东亚，特别是杰克（John G. Jack，1861—1949）、迈耶（Frank N. Meyer，1875—1918）、珀登（William Purdon，1880—1921）、洛克（Joseph F. C. Rock，1884—1962）以及埃尔（Joseph Hers，1884—1965）从中国采集；当然，最著名的是他果断地雇佣英国人威尔逊（1876—1930），更是名扬欧美植物学界（Hovde，2002；Howard，1956）。截至树木园成立50年（1922），萨金特已经收集5 000 ~ 6 000种乔灌木，其中，1 000多种来自亚洲（Sargent，1922；Trelease，1928）。除此之外，阿诺德树木园在萨金特的领导下，标本馆、图书馆以及研究队伍，已经引领美国的植物学研究并进入当时的世界先进行列。今年是阿诺德成立150年[9]并有纪念活动（Walecki，2022）。

萨金特主政阿诺树木园半个多世纪，将白手

5 美国19世纪下半叶最著名的规划师和风景园林师；他的设计覆盖面极广，从公园、城市规划、土地细分到公共广场、半公共建筑、私人产业等，对美国的城市规划和风景园林具有不可磨灭的影响。被认为是美国风景园林学的奠基人，是美国最重要的公园设计者。波士顿著名的翡翠项链（Emerald Necklace）便是其一。详细参见：Beveridge & Rocheleau，2021，*Frederick Law Olmsted Designing the American Landscape*，280 pages，Rizzoli，New York.

6 美国铁路金融家、慈善家、业余植物学家和19世纪美国最杰出的园艺家之一。

7 贝勒生于拉脱维亚的里加，毕业于爱沙尼亚的多尔帕特大学（University of Dorpat，今塔尔图大学，Universitas Tartuensis）并获得医学博士学位，1862年进入沙俄外交部工作，1866年作为沙俄驻华使馆医生来华直至1884年返回。在华期间，研修中西文献，并开展采集与调查，从此走上学术道路。他涉猎广泛，不仅精通中文，而且还有历史、考古，特别是对中国药用和经济植物及其历史的研究为世界瞩目。他发表很多与中国植物有关的工作，而学界最为著名的当然是于伦敦出版的两卷本多达1 167页的《欧洲人在华的植物学发现史》（Bretschneider，1898），至今仍为该领域的经典名著。

8 爱尔兰人，1880年于爱丁堡取得从医的资格；1881至1900年服务于中国海关，从1885年至1900年的15年间先后在湖北宜昌(1885—1889）、海南海口（1889）、台湾高雄（1892—1894）、云南蒙自（1896—1897，1899—1890）和思茅（1898—1899）等地大规模采集植物，其标本数量达158 000份（15 700多号），所涉物种数目达6 000多（约占今日中国维管束植物物种总数的五分之一）；其中包括5个新科37个新属1 726个新类群（包括种下等级）。他在中国采集与发现的植物数量，不要说业余采集人员，就是专业采集家也无人可比。回国后赴法国学习林学，和Henry J. Elwes（1846—1922）合著英伦的著名树木学专著 *The Trees of Britain and Ireland*（1–7卷，1906—1913），1907年进入剑桥大学林学系先后任高级讲师和教授，1913年回爱尔兰任都柏林大学林学系第一任主任兼教授直至1926年退休。

9 详细参见纪念网址（https://arboretum.harvard.edu/arnold 150/；2022年4月27日进入）。

起家的树木园变成世界著名的植物学机构，既离不开他的卓越领导才能，更离不开各位的真诚奉献；特别是对树木种类的收集与研究，使其成为北温带木本植物杰出圣地（Howard，1972）。萨金特不仅聪明能干，而且交际广泛、视野开阔；在任期间不仅展示了杰出的社交才能，而且在学术界拥有重要一席。他是美国公认的森林和树木学领域的鼻祖，领导了当时的首次美国森林调查，并主持和编撰《公园与森林》（*Garden and Forest*，1888—1897）、《哈佛大学阿诺德树木园出版物》（*Publications of Arnold Arboretum*，1874—1926）、《哈佛大学阿诺德树木园杂志》（*Journal of The Arnold Arboretum*，1919—1927），更有多达14卷的《北美树木志》（*Silva of North America*，1891—1902），以及在他领导下完成的三卷本《威尔逊采集植物志》（*Planatae Wilsonianae*，1911—1917）、雷德尔主编的五卷本《布莱德利植物学文献目录》（*Bradley Bibliography*，1911—1918），以及后期的《北美栽培耐寒乔灌木手册》（*Manual of Cultivated Trees and Shrubs hardy in North America*，1927，1940）等。晚年他捐献自己收藏的6 000多本（部）资料（包括稀有类）给了树木园，成为哈佛大学阿诺德树木园图书馆今日收藏的核心。1927年故去时还捐款给树木园支持图书馆，后人则在此基础上设立萨金特基金会。

1.3 梅尔（Elmer Drew Merrill，1876—1956）

梅尔生于缅因州的东奥本农村，高中毕业后1894年进入缅因学院（1897年更名为缅因州立大学），1898年毕业于母校助教一年，同时整理自

图3 梅尔（哈佛大学阿诺德树木园提供）

13

已采集的标本并修研究生学分（1904年获得母校硕士学位），1899年进入美国农业部工作，1902年开始以植物学家（Botanist）身份服务于菲律宾农业局和林业局（图3）。梅尔在菲律宾22年（至1924年），离任时为菲律宾科学局局长，并兼任菲律宾大学教授，对菲律宾的植物学以及农业和林业乃至科学和教育做出了杰出的贡献。1904年在马尼拉建立标本馆，离任时收集的植物标本已达27万份；创建菲律宾科学杂志（*The Philippine Journal of Science*，1906—），并完成当地的植物记述（Merrill，1923—1926）。梅尔从一个普通植物学家最后升为菲律宾科学局局长，并成为亚太地区植物学公认的权威；回国后担任加州大学农业学院院长和农业实验站站长（伯克利，1924—1929年），纽约植物园园长（1929—1935年，兼哥伦比亚大学植物学教授），1935年以近60岁高龄来到了哈佛大学并成为植物收藏的总监（1935—1945）、哈佛大学阿诺德树木园阿诺德教授（Arnold Professor）、主任（1936—1946年；1946—1956年为名誉主任）（Robbins，1958）。

梅尔抵达哈佛时，哈佛共有大小与植物学相关而且又各自独立的机构或单位多达9个[10]；近处在剑桥和波士顿的牙买加平原以及麻州西部，远处则在海外的古巴，而且这些机构与单位历史和背景错综复杂，山头林立、各自为政，管理极不容易。梅尔人脉广泛、施政有方，不仅管理有佳，而且行动雷厉风行，虽然身兼数职，还与海内外进行广泛联系并进行学术研究（包括负责学术刊物等）；一方面梅尔说服各方，积极对现有机构进行整合，另一方面又各处筹款，规划合并重复而又相似的图书馆和标本馆，特别是三个大的阿诺德树木园、格雷标本馆和隐花植物的合并。遗憾的是由于第二次世界大战之中财政困难，直到战后他的宏图才得以实现（Schultes，1957）。新的综合标本馆和图书馆大楼于1953年落成，1954年容纳上述三个机构正式进入，即今日位于剑桥的哈佛大学植物标本馆和图书馆（Harvard University Herbaria and Library）[11]。

梅尔的职业生涯中撰写了近500篇（部）出版物，描述了约3 000个新的植物类群（特别是亚洲，包括中国华南），并为他先后服务和管理的机构收集了超过100万份标本。对于东亚来说，他与位于华盛顿国家植物标本馆的和嘉（Egbert H. Walker，1899—1991）[12]合作，整理出首部《东亚植物学文献目录》（A Bibliography of Eastern Asiatic Botany，1938[13]）及其补编（A Bibliography of Eastern Asiatic Botany Supplement I，1961；马金双，2011），成为今日东亚研究必不可少的参考文献。然而，梅尔对于哈佛更大的贡献则是继承格雷和萨金特的方向，不仅延续东亚植物研究与引种，而且帮助中国并与很多中国学者合作（特别是广东以及海南的植物）并保持终生友谊。1916年，当时在菲律宾工作的梅尔受美国教会学校岭南学堂的邀请来广州，协助组建植物标本室，并于广州附近采集标本，使其成为后来岭南大学植物标本室的基础；1922年，梅尔受金陵大学植物学教授史德蔚（Albert N. Steward，1897—1959）[14]邀请来南京，为该校植物标本室进行规划、帮忙鉴定所采集的标本，并与东南大学任教的植物学教授陈焕镛、胡先骕、钱崇澍相识，由此开始与中国植物学家建立长期的联系，包括赠送图书资料以及交换标本，还有帮助中国学者采集、鉴定标本以及学术研究等。

梅尔回到美国之后才开始直接培养中国留学生，第一位是毕业于加州斯坦福大学的裴鉴

10 The Arnold Arboretum in Jamaica Plain，Massachusetts (1872—); the Atkins Gardens and Research Laboratories in Cuba (now the Cienfuegos Botanical Garden, 1899—); the Botanical Museum in Cambridge, Massachusetts (1858—); the Bussey Institution adjacent to the Arboretum in Jamaica Plain (1872—1936); the Farlow Library and Museum (1919—, FH) , the Economic Botany Collections of the Oakes Ames (1918-), the Gray Herbarium in Cambridge (1864—, GH); the Harvard Forest in Petersham, Massachusetts (1907—), and, the Maria Moors Cabot Foundation for Botanical Research (1937—1987）。

11 常缩写为 HUH，但并不是标本馆标准缩写代码。

12 美国著名东亚文献专家。

13 *A Bibliography of Eastern Asiatic Botany*，Elmer D. Merrill & Egbert H. Walker，719 p，1938；Jamaica Plain：The Arnold Arboretum of Harvard University；and *A Bibliography of Eastern Asiatic Botany Supplement I*，Egbert H. Waker，552 p，1960；Wasington DC：American Institute of Biological Sciences。

14 俄勒冈农学院农学本科与硕士、哈佛生物学博士；1921 年来华任教南京金陵大学，1950 年回母校工作。

（1930）[15]，到达哈佛之后则有陈秀英[16]（1942）以及众所周知的李惠林（1942）[17]和胡秀英（1949）[18]等。与此同时，梅尔还与早年在中国的同仁保持密切联系，特别是陈焕镛、胡先骕等，包括资助中国的野外采集、交流文献和研究心得。陈焕镛1930年创办*Sunyatsenia*，梅尔不但支持赞成，而且亲自撰写长文发表首卷首期首篇。在国际上，梅尔更是不遗余力地支持中国植物学发展，如1930年的剑桥国际植物学大会，推荐陈焕镛和胡先骕在分类学专业委员会任职，后又特别组织中国植物的专题讨论（Hu，1938）。1956年梅尔过世，远在中国的好友并没有忘记他对中国植物学的贡献（尽管当时一边倒地学习老大哥的背景下），中国科学院华南植物研究所掌门人陈焕镛还在《科学通报》上撰文特别纪念（陈焕镛，1956）[19]。

图4　鲍棣伟（鲍棣伟提供）

1.4　鲍棣伟（David Edward Boufford, 1941—）

哈佛大学当代东亚植物学家鲍棣伟出生于新英格兰的新罕布什尔州基恩，本科生物学毕业于基恩州立大学（优等生，1973），硕士毕业于北卡大学（1975），博士毕业于圣路易斯华盛顿大学（密苏里植物园，1975，导师雷文，Peter H. Raven，1936—）[20]。鲍棣伟博士毕业后曾短暂在卡内基自然历史博物馆工作，1980年参加中美神农架考察（美方五位考察队员之一），1981年来到哈佛大学从事研究至今，其重点就是继承哈佛老一辈的传承，特别是东亚和北美植物的植物类群和区系，发表论著200多篇（部）。鲍棣伟自1980年以来（至2019年）四十年间先后40多次来华采集（标本采集号达45 670号，他本人估计至少50%以上采自中国，尽管很多是采集队而非他一个人）、考察遍及中国80%的省份。其中，采集涉及17个省（自治区、直辖市），并参加无以计数的各类学术活动。特别是考察横断山区的项目受到美方国家自然科学基金的资助，使得15位中国学生和学者得以赴美研究，并建立了横断山多样性网址[21]（The Biodiversity of HENGDUAN Maintains and adjacent areas of south-central China: http://hengduan.huh. harvard. edu/fieldnotes，1998—）。他对东亚植物分类学研究工作非常投入，先后参加并承担《中国植物志》*Flora of China*（1988—2013）、《日本植物志》*Flora of Japan*（1993—2020）、《台湾植物志》*Flora of Taiwan*（第二版，1994—2003）、《韩国植物志》*Flora of Korea*（2001—）的编撰与编辑工作，同时承担很多与东亚相关植物学期刊的编辑任务；难能可贵的是他与极多的中国学者保持着紧密联系，包

15 Chien PEI, 1932, The Verbenaceae of China, *Memoirs of the Science Society of China*, 1(3): 1–193, pl. 32。
16 Luetta CHEN, 1943, A revision of the genus *Sabia* Colebrooke, *Sargentia* 3: 1–75
17 HuiLin Li，1942，The Araliaceae of China，*Sargentia* 2：1-134。
18 ShiuYing Hu，1949-1950，The Genus Ilex in China，*Journal of the Arnold Arboretum* 30：233-344，& 348-387，1949，31：39-80，214-240，& 242-263，1950。
19 陈焕镛 1915—1919 年在哈佛，而梅尔此时在菲律宾，不是梅尔的学生，是萨金特时代杰克的学生。
20 美国当代著名植物学家、中国科学院外籍院士，中国植物志英文版（*Flora of China*，1994—2013）共同主编；长期执掌密苏里植物园（1971—2010）。
21 该网址可查询 1993—2019 年间考察队采自横断山地区的各类物种标本达 54352 号，其中被子植物 43250 号，裸子植物 306 号，蕨类和拟蕨类 2237 号，苔藓 5185 号及菌物 3374；每一号都有物种的名称，图像、标本以及动态采集地址。

括与其合作或帮助他们获得相关资料或者帮忙审阅稿件。他没有亲自带过中国留学生，也几乎没有怎么亲自引种中国活植物，但他与中国学者的联系超过世界上任何一个植物学家；他不仅仅是当代北美研究中国植物的杰出代表，也是当今世界上精通中国植物的著名学者。

2 哈佛大学采集与研究中国植物的代表人物

萨金特主持树木园工作期间，不仅招揽了大量的人才，而且培养他们使其成为世界著名的学者（Rolins，1951；Sutton，1970），如国人比较熟悉的著名人物：加拿大人杰克（John Jack，1861—1949）、德国人雷德尔（Alfred Rehder，1864—1949）、英国人威尔逊（Ernest H. Wilson，1876—1930）。萨金特还有雇佣荷兰出生的迈耶（Frank N. Meyer，1875—1918)、奥地利出身的洛克（Joseph F. C. Rock，1884—1962）、英国人珀登（William Purdon，1880—1921）、比利时人埃尔（Joseph Hers，1884—1965）等从中国采集，不仅为阿诺德树木园的后来奠定了坚实基础，也为世界园林界做出了杰出贡献（基尔帕特里克，2011；Cox，1945；Kilpatrick，2007）。

2.1 杰克（John George Jack，1861—1949）

杰克出生于加拿大魁北克沙托圭（Chateauguay），父亲是农场主，而且母亲受过相关园艺教育，从小在家学习，并热爱大自然，喜欢观察并采集，而且请教专家，为此结识了时任加拿大麦吉尔大学的著名学者John William Dawson（1820—1899），并成为好友及人生导师。1882年杰克开始为期连续三年的冬天来到哈佛听课，学习昆虫学、动物学、植物学等；1883年夏天开始在新泽西Elbert Sillick Carman（1836—1900）的农场工作，后者不仅是《乡村纽约人》（*The Rural New Yorker*）的编辑（1876—1899）而且从事过经济植物和树木栽培；这些经历奠定了杰克的基础。1886年通过好友拜访哈佛的萨金特，并获得在树木园工作的机会（尽管薪水有限），但不久他的植物学知识和才能获得萨金特的首肯并获得加薪。来到了哈佛之后，杰克在工作的同时继续进修，凡是哈佛与植物学有关的课程都学习，因而不断提高自己。随着知识的增加、水平的提高，杰克的才华得以进一步展示；特别是他为人和蔼、授课亲切而又实用，很快成为萨金特的得力助手。经过萨金特提议，杰克于1890年被聘为树木栽培学（Arboriculture）讲师，然后是林学（Forestry）讲师，同时兼职麻省理工的讲师多年。杰克非常熟悉北美的木本植物，而且好学上进；1891年和1904年先后有游历欧洲各地植物园，采集标本，学术研究；1905年杰克自费赴远东考察一年，先后到过日本、朝鲜和中国；1908年升任树木学助理教授，1935年以74岁高龄从树木园正式退休（Pearson，2014；Sax，1949）（图5）。正是对东亚植物的兴趣，杰克任职期间接收了好几位中国学生，不仅在校期间帮助，而且与他们保持终生友情。其实萨金特执政时期，哈佛大学才开始接受中国学生，但基本上都是萨金特的助手携带，特别是杰克带过的中国学生在植物分类学里面至少有陈焕镛（1890—1971）于1919年获得硕士学位，陈嵘（1888—1971）于1924年获得硕士学位；更有胡先骕（1894—1968）于1924年获得硕士学位、1925年获得博士学位，此乃中国植物学哈佛大学首位博士。众所周知，这些人都是中国植物学的先驱，他们为后来中国植物学事业的发展做出了奠定性的工作。

图5　杰克（哈佛大学阿诺德树木园提供）

图6　雷德尔（哈佛大学阿诺德树木园提供）

2.2　雷德尔（Alfred Rehder, 1864—1949）

雷德尔（图6），德国人，生于德国萨克森的瓦尔登堡的园艺世家，从小受到自然的熏陶并进过体校，但还是跟随父亲学艺，后到柏林大学跟随August W. Eichler（1839—1887）[22]和Paul F. A. Ascherson（1834—1917）[23]学习植物学，之后受雇于达姆施塔特和哥廷根等地的植物园作为园丁负责人，同时进行相关的研究与写作并发表文章；1895年作为副主编加入位于爱尔福特（Erfort）当时德国著名的《穆勒的德国园林杂志》（*Moller's Deutsche Gartner Zeitung*，1886—），任职三年发表100多篇文章。1898年，34岁的雷德尔来到美国东北部，计划6个月为《穆勒的德国园林杂志》进行树木学研究同时为德国政府调查美国东北部果树的生长和葡萄的栽培。他写信请萨金特安排在树木园的夏天实习机会，不久萨金特发现他的杰出能力，并要求他正式加入树木园。期间，雷德尔还给美国著名的园艺学家、康奈尔大学农学院创建人贝利（Liberty H. Bailey，1858—1954）主编的《美洲园艺百科》（*Cyclopedia of American Horticulture*）和德国的《穆勒的德国园林杂志》撰写树木学文章。1901年萨金特委任雷德尔整理《布拉德利文献目录》（*The Bradley Bibliography: a guide to the literature of the woody plants of the world published before the beginning of the twentieth century*，volumes 1-5，1911—1915 & Index，1918）。他游历欧洲各地，收集资料，终于完成五卷本多达10万条的3 895页巨著（包括1900年之前世界上所有木本植物的文献）；然后在萨金特的领导下和威尔逊等编写著名的三卷本《威尔逊采集植物志》[24]（*Plantae Wilsonianae*，1911—1917）；1913年获得哈佛荣

22 19世纪著名德国植物学家，曾任格拉茨理工大学教授、基尔大学教授，1878年为柏林洪堡大学标本室主任；他制定了根据植物的种系发生学分类的艾希勒植物分类法，是第一位将植物分为孢子植物和种子植物的人，也是第一位将种子植物分为裸子植物和被子植物，并分出双子叶植物和单子叶植物的人。恩格勒分类法正是在艾希勒植物分类法的基础上制定的，并在欧洲乃至世界被广泛使用。
23 柏林大学植物群落学教授。
24 中文常将其翻译为《威尔逊植物志》，但是这里使用的是Plantae而不是Flora；在此使用“采集植物志”，以示区别。

誉硕士学位；1918年雷德尔升任阿诺德树木园标本馆馆长（Curator），至1940年退休任期22年间标本馆增加30万份标本；1919年全力以赴协助萨金特创刊《阿诺德树木园杂志》（*Journal of the Arnold Arboretum*，1920—1990，尽管雷德尔的名字1926年和1927年才作为编辑和高级编辑出现）；1927年他完成著名的《北美栽培耐寒乔灌木手册》（*Manual of Cultivated Trees and Shrubs Hardy in North America*，Rehder，1927）并于退休时完成修订版（Rehder，1940）。1927年首版记载北美栽培植物112科468属1 350种及2 468变种；1940年第二版记载113科486属2 535种及2 685变种，此外，还提及25属1 400种和540个杂交种；该书记载的物种很多来自中国。1928年他花了接近十年时间，系统整理了法国人莱韦耶（A. A. Hector Léveillé，1864—1918）发表的有关中国木本植物[25]，连续14次在*Journal of the Arnold Arboretum*（1929—1937）上报道[26]。1934年雷德尔加入哈佛教授行列（Faculty），并被任命为树木学副教授（尽管没有具体的教学任务），直到1940年为哈佛服务四十年后，76岁正式退休。然而，退休之后雷德尔还有更宏伟的工程，他的最后著作《北美栽培耐寒乔灌木手册》的续篇——《北半球冷温带地区栽培耐寒乔灌木文献目录》（*Bibliography of cultivated trees and shrubs hardy in the cooler temperate regions of the Northern Hemisphere*，1949）1949年正式出版，为其职业生涯画上完美句号。雷德尔从1883年发表首篇文章（德文报刊）到1949年过世，一生发表文章1 000多篇（部），是世界上公认的北温带木本植物权威（Pearson，2013）。

2.3 威尔逊（Ernest Henry Wilson，1876—1930）

威尔逊出生于英国的奇平坎普登；作为家中长子，很早就辍学并进入当地的苗圃学徒；1892年进入伯明翰植物园同时在技术学校学习并获得奖励，1897年进入皇家植物园邱园使得他有机会出席植物学讲座并研究丰富的活植物。这使得他对植物学产生兴趣，所以决定进入位于南肯辛顿的皇家学院（Royal College of Sciences），希望将来成为一个植物学教师。这时韩尔礼正在说服邱园以及哈佛等派专门人员赴中国采集（Nelson，1983），于是英国著名的维奇苗圃（Veitch Nurseries）[27]决定资助，时任邱园主任推荐了威尔逊，于是开启了他的考察生涯（Rehder，1930，1936）。

第一次于1899—1902年在鄂西等地采集珙桐等（基地湖北宜昌）；第二次是1903—1905年四川等地采集绿绒蒿（基地四川嘉定，今乐山）。回到英国之后在邱园整理标本[28]，1906年成为帝国学院（Imperial Institute）的植物学助理。由于引种成功，引起哈佛萨金特的注意，并被雇佣到阿诺德再次赴中国。第三次于1907—1909年赴湖北和四川引种木本植物（基地宜昌和嘉定），第四次于1910—1911再次赴四川等地（基地松潘以及康定）引种百合和采集针叶树种子等（Clausen，Hu，1980）。然而，由于考察途中遇到落石砸断右小腿，临时担架三天才回到成都医治；经过3个月的康复，还是留下后遗症——右腿残疾，并结束采集返回。威尔逊前后4次11年间从中国湖北和四川等地引种1 500多类群，采集标本更是数万份；其中第一和第二次总计约2 000包种子和苗木，标本5 000多份；第三和第四次植物标本4 700号65 000份（标本记录分别是1～1 474号和4 000～4 644号），种子1 593包，苗木168包，照片850张。1914—1915年威尔逊又回到东亚，但主要是在日本本土各地采集与引种樱花和杜鹃等观赏植物，采集2 000号标

25 法国人，曾于印度任教，后回法国并根据Emile M. Bodinier，Julien Cavalerie，Joseph H. Esquirol，Edouard-Ernest Maire，Urbain J. Faurie，Emile J. Taquet等人在中国云南、贵州、四川等地采集的标本发表有了大量的"新种"。遗憾的是作者的描述与命名不仅简单而且错误极多，甚至科属都有严重的问题，以致给后人造成极大的不便。他的标本后来被爱丁堡植物园购得，成为后人重新研究的好材料。

26 详细参见：马金双，2022，东亚高等植物分类学文献概览，第二版，第145–146页；高等教育出版社。

27 维奇苗圃是19世纪欧洲最大的、世界著名的家族经营苗圃（参见Heriz-Smith, 1988a、1988b、1989 & 1993）.

28 由于以采集引种活植物和种子为主，期间的标本采集以及记录并不是很完整，且后人的整理也不尽详细。

图7　威尔逊（哈佛大学阿诺德树木园提供）

图8　威尔逊（左）和萨金特（右）（哈佛大学阿诺德树木园提供）

本和600张照片。1917和1919年再次回到远东，从小笠原群岛（Bonin，Ogasawara）到琉球群岛（Liukiu），从济州岛（Quelpart，Jeju）到郁陵岛（Dagelet，Ulleung），从朝鲜到我国东北，再南下台湾，登阿里山和玉山；为哈佛采集标本3 628号达3万份，照片1 300多张。1920—1922年又代表阿诺德树木园进行国际旅行——出访旧大陆诸多国家（大洋洲、亚洲、非洲和欧洲等十多个国家）以及植物园，采集各地的植物并拍摄照片（图7、图8）。

威尔逊一生从中国采集达16 000号，很多是新类群（Rehder，1936）。以威尔逊等采集的标本为主体，哈佛大学阿诺德树木园首任主任萨金特主编的三卷本《威尔逊采集植物志》（*Plantae Wilsonianae*，1911—1917），记载木本植物100科429属2 716种640变种或变型，其中新属521新种356新变种和新变型为威尔逊所采集。威尔逊直接从中国的引种采集，极大地丰富了欧美园林，很多物种成为其精品（Howard，1980；Nelson，1983），而且这些植物在威尔逊之前西方是不知道的。因此，西方人常称威尔逊为“中国的”威尔逊（“Chinese” Wilson）！100多年过去了，威尔逊所引种的植物至今仍有很多在欧美的园林中健康地成长，而那些植物的后代更是在北温带乃至世界无数园林中（包括私人花园）盛开怒放（何晓燕，包志毅，2005；刘琨，2016）。

威尔逊一生笔墨不断，作品颇多，特别是植物分类学以及园艺学工作（王康，2022）。众所周知，有关中国植物的书籍包括《一个博物学家在华西》（*A Naturalist in Western China*，Wilson，1913）、《植物采集》[29]（*Plant Hunting*，Wilson，1927）、《中国——园林之母》（*China: Mother of Gardens*，Wilson，1929；威尔逊，2015，2017）等。不管是作为植物猎人，还是摄影家，还是学者、演说家、活动家，威尔逊都是十分成功。正因为如此，1916年获得哈佛荣誉硕士学位，1930年获康州三一学院的博士学位，更有无数的奖项与荣誉。1919年成为哈佛大学阿诺德树木园助理园长（Assistant Director），1927年萨金特故去后他又成为阿诺德树木园的主管（Keeper），负责树木园的日常运行以及所有相关工作。遗憾的是，1930年10月15日于麻州西部

13

29 也有人翻译为《植物猎奇》。

伍斯特（Worcester）驾车坠入沟谷，夫妇同时遇难[30]。威尔逊在世界园艺界的地位无人与之相提并论，英美学术界在他逝世之后出版的有关书籍就是明显的例证：Edward I. Farrington，1931，*Ernest H. Wilson, Plant Hunter*，197 p；Boston：The Stratford Com；Daniel J. Foley，1969，*The flowering world of 'Chinese' Wilson*，334 p；New York：Macmillan；Roy W. Briggs，1993，*Chinese Wilson：a life of Ernest H. Wilson 1876—1930*，154 p；London：HMSO；Mark Flanagan & Tony Kirkham，2009，*Wilson's China, a Century On*，256 p；London：Kew Publishing。

2.4 迈耶（Frank Nicholas Meyer, 1875—1918)

迈耶（荷兰文：Frans Nicholaas Meijer）生于荷兰阿姆斯特丹，家境促使他14岁就在阿姆斯特丹植物园当助理，并受到著名植物学家德弗里斯（Hugo de Vries，1848—1935）在法语、英语以及植物学上帮助，8年便升为园丁负责人（图9）。1901年迈耶来到了美国，由于有了荷兰的经历，很快在华盛顿找到了工作。之后4年他为美国农业部先后在美国、墨西哥和古巴采集、研究、引种。1904年，美国农业部外国引种部负责人费尔柴尔德（David Grandison Fairchild，1869—1954）派遣迈耶赴中国为美国农业部采集引种；通过费尔柴尔德与萨金特沟通，迈耶同时也为哈佛大学阿诺德树木园采集有观赏价值的乔灌木和标本，并为树木园拍摄植物与景观。1905年迈耶开始了为期13年的东方考察生涯。迈耶1905年9月经过日本、烟台、天津抵达北京，首次旅行长达两年半时间，足迹遍及华北、东北、内蒙古、蒙古、朝鲜半岛、西伯利亚，直到1908年夏天返回美国（其中，1907年2月在上海与威尔逊相识并成为好朋友）；第二次1909年通过欧洲和西伯利亚铁路，来到中亚各地采集（包括中国新疆），1912年4月12日启航由欧洲回到美国（乘坐的轮船Mauretania号仅仅晚于Titanic号一天）！在美国短暂停留之后，他又第三次启程来华，而且还增加了为美国林业病理办公室（The US Office of Forest Pathology）寻找栗枯病（Chestnut blight）是否起源亚洲的任务；考察范围包括陕西、山西、河南以及甘肃、康藏和青海，1915年经北京、杭州、上海和日本回到美国。迈耶的第四次也是最后一次是1916年来华，目的是收集具有抗火疫病（Fire blight，*Bacillus amylovrus*，淀粉芽孢杆菌）的秋子梨（野梨）（*Pyrus ussuriensis*，秋子梨，*P. calleryana*，豆梨）；1917年他在长江流域的宜昌至荆门一带采集了大量野生豆梨；1918年5月顺长江而下，经汉口赴上海；1918年6月1日夜间从船上失踪[31]，第二天他的尸体于30英里（约48km）之外的芜湖发现[32]。

图9　迈耶（哈佛大学阿诺德树木园提供）

迈耶的4次（1905—1908，1909—1911，

30 有记载是探望纽约州北部日内瓦的女儿回程途中，有记载是从加拿大蒙特利尔回程途中（因为20世纪30年代，波士顿与蒙特利尔之间（现在的）快车道还没有开通，而往返必须经过纽约州北部）。中文文献中关于出席女儿婚礼的说法显然不对，因为他们女儿是逝世前一年结婚的（Rehder，1930）。

31 掉下去还是跳下去至今不明。

32 后葬于上海外国人墓地。

1912—1915，1916—1918）采集，横跨东亚至中亚甚至西伯利亚，引种约2 500个类群（特别是有关作物、蔬菜、果树、杂粮等），以及上千的植物标本和照片，为美国的农业以及哈佛树木园做出了杰出贡献。

2.5 洛克（Joseph Francis Charles Rock, 1884—1962）

洛克出生于奥地利维也纳，父亲是一个波兰伯爵的管家，6岁时母亲过世后由父亲和姐姐带大；家人希望他成为牧师，但是洛克更爱自然，而且富有语言天赋（图10）；10岁跟随父亲赴埃及，学会了阿拉伯语，16岁时就在维也纳大学讲阿拉伯语课，后来他自学中文；洛克青春期便背叛家庭成为牧师而喜欢探索未知世界到处流浪；先在欧洲游历了几年后于1905年移居美国，起初在南方得克萨斯州学习英文，后由于气候原因于1907年来到夏威夷。他在外语方面有着非凡的能力，当到达夏威夷时已经能够比较熟练地掌握数种语言，包括德、英、法、西、意、拉以及中文；在那里他先后在学校教授拉丁文和博物学，1908年受雇于农业部门开展林业采集和调查，后来逐渐通过自学成为夏威夷的植物学专家；1911年加入夏威夷学院任教（1913年归化入籍美国），1919年任系统植物学教授（1920年夏威夷学院改为夏威夷大学）。洛克抵达夏威夷之后就开始采集并建立了夏威夷的第一个植物标本馆（HAW，并一直担任其负责人，直到1920年）。在此期间，他与海内外广泛联系并交流标本，且自费旅行海外采集与引种。1919年洛克受聘于美国农业部赴印度和缅甸寻找治疗麻风病的印度大风子（*Hydnocarpus kurzii*），并成功引种至夏威夷；1922—1924年又受雇于美国国家地理和史密森学会，赴云南西部采集高山植物，特别是获得多达近8万的植物标本（即美国国家标本馆，US）以及大量的鸟类标本，而且为美国的《国家地理》等刊物撰写过多篇文章（1922—1935）。两次成功考察，使其名声大震！于是哈佛大学阿诺德树木园和比较动物博物馆（Museum of Comparative Zoology）资助他于1924—1927年在中国西部采集，特别是川康以及黄河流域的甘肃和青海等地。3年时间，洛克采集了2万多份植物标本以及1 000

图10　洛克（哈佛大学阿诺德树木园提供）

多份鸟类标本，还引进大量的活植物。他的植物标本极其多而且现存欧美多地，特别是美国的哈佛大学植物标本馆。1927—1930年美国国家地理学会和史密森学会等资助并考察云南和四川，采集了数千份植物和鸟类标本；1930—1932年哈佛大学比较动物博物馆又资助考察滇西北，并获得大量的动物标本；1932—1933年，加州大学植物园又资助他采集植物种子与苗木并获得了成功，包括很多著名的观赏植物；而且与从前的活植物引种一样，与欧美等地的很多植物园分享。1934年之后，他则以丽江为基地自费致力于纳西族文化的收藏与研究，并发表过很多有关成果；然而他多年积累的收藏与手稿在加尔各答开往美国的邮轮被日本鱼雷炸毁而不幸葬身阿拉伯海；他又不顾一切返回丽江重新整理。1945—1950年又受哈佛燕京学社（Harvard-Yenching Institute）的资助，使得他终于完成《中国西南古纳西王国》（*The Ancient Na-khi Kingdom of Southwest China*, Harvard-Yenching Monograph 8: 1–274, pl. 1–152 & 9: 275–554, pl. 153–256, 1947）。1948年他离开中国之后先在印度和意大利之间徘徊希望有机会再回丽江，但是最后还是回到夏威夷，1955年被夏威夷主教博物馆（Bishop Museum）聘为荣誉研究员，1962年夏威夷大学授予他荣誉理学博士学位，不久由于心脏病发作故去（Chock，1963）。他的两卷本《纳西文—英文百科词典》（*A Na-Khi-English Encyclopedic Dictionary*, *Serie Orientale Roma* 28: 508, pl. 1-28, and 29: 589, pl. 57; 1962 & 1963）最终在意大利罗马出版。洛克被认为是夏威夷植物学之父；2009年，夏威夷大学马诺阿（Manoa）植物标本馆以他的名字命名为洛克植物标本馆（HAW）。

2.6 珀登（William Purdon，1880—1921）

珀登（图11），英国人，早年受园艺训练并在英国维奇和邱园等机构工作；1909年，哈佛大学阿诺德树木园主任萨金特想雇佣更多的采集人员赴中国，特别是自然条件比美国新英格兰地区还要耐寒的中国北方；于是，维奇和哈佛联合于1909—1912年间资助珀登在中国西北进行考察采集（Heriz-Smith，1993）。珀登1919年经上海北上，然后在北京、河北、内蒙古、山西、陕西、甘肃（甘南）等地区进行考察，尽管引种不如威尔逊等那么突出，但也完成任务，包括采集并引种一些著名的植物；而且他还关注人类学、少数民族以及风土人情等，并拍摄了很多的照片。1914—1915年，他和英国人法勒（Reginald John Farrer[33]，1880—1920）又在中国的西北部考察青海和藏区，采集并引种观赏植物；完成任务之后法勒回到了英国，而珀登则留在了中国，并受雇于林业部门从事苗圃和造林工作，直到1921年病故于北平的法国医院。

图11　珀登（哈佛大学阿诺德树木园提供）

33 著名园艺学家、植物采集家和作家，撰写 *The Garden of Asia* (1904), *My Rock Garden* (1907), *Farrer, Reginald* (1907). *Sundered Streams: the history of a memory that had no full stops*, *In Old Ceylon* (1908), *Alpines and Bog Plants* (1908), *In a Yorkshire Garden* (1909), *Among the Hills* (1910), *The Dolomites. King Laurin's Garden* (1913), *On the Eaves of the World* (1917), *The English Rock Garden* 2 vols (1919), *The Rainbow Bridge* (1921)；1920 年于缅甸考察过世。

2.7 埃尔（Joseph Hers，1884—1965）

埃尔[34]，比利时人，生于那慕尔（Namur）；1905年作为比利时译员来华，后参与中比合作的陇海铁路，后在河南林业和上海的国际法庭工作；经珀登推荐受萨金特的委托，特别是1919—1924年在西方采集比较薄弱的中国中部（江苏、河南、陕西、甘肃等地）进行采集与引种，先后为哈佛大学阿诺德树木园拍摄数百张照片，采集2 000多植物标本并引种400多植物材料[35]。与此同时，还为法国和比利时的植物园引种，并发表过相关文章（Hers，1922，1923a，1923b）。

3 中国植物分类学与哈佛

中国植物分类学起步阶段与哈佛大学有着千丝万缕的联系，特别是第一代学者：中国植物分类学者的第一篇文章就是钱崇澍于哈佛发表（1916）；哈佛大学培养了中国第一批植物分类学（树木学）硕士陈焕镛（1919）、钟心煊（1920）、陈嵘（1923）和胡先骕（1924），哈佛还培养了中国第一个植物分类学博士胡先骕（1925）、中国第一个植物分类学女博士陈秀英（1942）、中国第一个分类学博士且服务于美国并成为植物园主任的李惠林（1972—1979）、中国第一个植物分类学博士在哈佛服务一生的胡秀英（1949—1976）。

3.1 钱崇澍（1883—1965，Sung-Shu CHIEN）

钱崇澍（1883—1965，浙江海宁人）（图12），1910年赴美，1911—1915在美国伊利诺伊大学自然科学院获得学士学位，1915年入哈佛大学，1916年回国先后受聘于江苏甲种农业学校、南京金陵大学、东南大学、清华大学、北京大学、厦门大学、四川大学和复旦大学，并长期在中国科学社生物研究所任教授兼植物部主任，参加编写我国第一本大学教科书（《高等植物学》，1922）；1916年在哈佛发表的宾夕法尼亚毛茛的两个亚洲近缘种（*Rhodora* 18：189—190）是中国人用拉丁文为植物命名的第一篇文献；1948年当选为中央研究院士；1949年被任命为中国科学院植物（分类）研究所研究员兼第一任所长（1950—1965）；1955年当选为中国科学院首批学部委员；1959—1965年与陈焕镛共同担任《中国植物志》编辑委员会第一届共同主编。

3.2 陈焕镛（1890—1971，Woon-Young CHUN）

陈焕镛（祖籍广东，生于香港）（图13），1905年赴美国华盛顿州西雅图读中学，1909年入麻州农学院学习森林学和昆虫学，1912年转入纽约州立大学林学院，1915年毕业获学士学位，并进入哈佛大学学习树木学，1919年获硕士学位并返国；1922年发表《中国经济树木》（*Chinese Economic Trees*，Chun，1922），1929年于广州中山大学农学院创建农林植物研究所并设立植物标本室（IBSC）并任主任，1930年创办*Sunyatsenia*（Zhao et al., 2016）；1935年与广西大学于广西梧州合办广西大学植物研究所并兼任所长（1935—1938），1935年当选中央研究院评议会评议员；1954年中山大学农林植物研究所更名为中国科学院华南植物研究所且任所长（1954—1971），并兼广西分所所长（1954—1958，1958—1961）；

34 视为英文则翻译为赫斯。
35 有关埃尔的资料非常有限而且记载不一（包括2 000多是采集号还是采集份数还是采集物种也不能够确定），有待进一步研究。

图12 钱崇澍（胡宗刚提供）

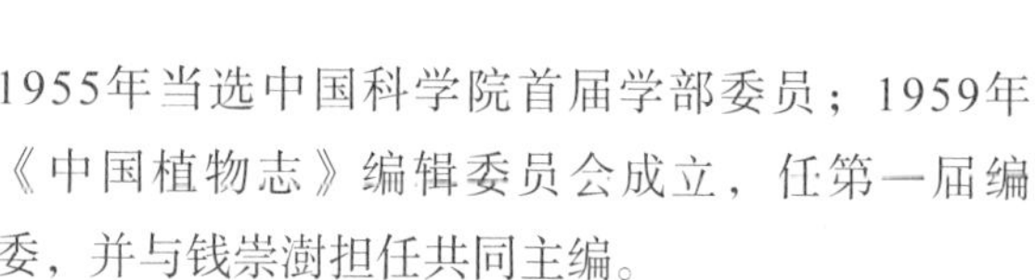

1955年当选中国科学院首届学部委员；1959年《中国植物志》编辑委员会成立，任第一届编委，并与钱崇澍担任共同主编。

3.3 钟心煊（1893—1961，Hsin-Hsuan CHUNG）

钟心煊（江西南昌人），1913年赴美国留学伊利诺伊大学，次年转入哈佛大学，1917年入研究生，1920年毕业获硕士学位。1920年回国创办南开大学生物系，1922年创办厦门大学植物系并建立植物标本馆（AU），1924—1925年发表《中国乔灌木名录》（*A Catalogue of Trees and Shrubs of China*）（Chung，1924—1925）；1931年到国立武汉大学生物系任教（特别是植物生态学）。

3.4 陈嵘（1888—1971，Yung CHEN）

图13 陈焕镛（黄瑞兰提供）

陈嵘（浙江安吉人），1906年赴日本留学，1909—1913年在北海道帝国大学林科学习，回国后于1913年创办并任浙江省甲种农业学校校长，1915—1922年任江苏省第一农业学校林科主任；1916年发起组织中华农学会，1917年支持发起林学会；1923—1924年赴美国哈佛大学学习树木学，获硕士学位，1925年赴德国萨克逊林学院进修，同年回国任金陵大学森林系教授、主任，直至1952年院系调整并转赴北京任中央林业部林业科学研究所所长。1937年出版《中国树木分类学》（陈嵘，1937）。

3.5 胡先骕（1894—1968, Hsien-Hsu HU）

胡先骕（江西新建人）（图14），1913年入美国加利福尼亚大学学习农业（后转为植物学），1916年11月以优秀成绩获农学士学位，1917年受聘为江西省庐山森林局副局长，1918年7月受聘国立南京高等师范学校农林专修科植物学教授，1922

图14 胡先骕（胡晓江提供）

年，与秉志（1886—1965）[36]和杨杏佛（1893—1933）[37]在南京创办了中国科学社生物研究所，首开中国现代生物学研究的先河；这也是中国第一个现代纯科学研究机构；1923年国立南京高等师范学校并入国立东南大学任农科的植物学教授兼生物学系主任，同年再次赴美深造，在哈佛大学攻读植物分类学，1924年获得硕士学位、1925年完成《中国有花植物志属》（*Synopsis of Chinese Genera of Phanerogams*）并获博士学位，随即回国仍任教于国立东南大学；1928年与秉志等人在尚志学会和中华教育文化基金会的支持下，于北平创办静生生物调查所，秉志任所长兼动物部主任，胡先骕任植物部主任，并受聘在北京大学和北京师范大学讲授植物学，1932年接替秉志任所长，1934年创办庐山森林植物园并派秦仁昌任主任，1938年派俞德浚会同蔡希陶创建云南省农林植物研究所并兼任所长，1940年赴江西泰和就任国立中正大学首任校长，1946年返回北平主持静生生物调查所工作；1948年入选首届中央研究院院士，同年与国立中央大学森林学系郑万钧教授联合发表著名"活化石"水杉；新中国成立后任中国科学院植物研究所研究员（胡宗刚，2008；马金双，2008）。

3.6 陈秀英（1908—1949，Luetta Hsiu-Ying CHEN）

陈秀英（女，福州南台，今仓山人），1930年毕业于福州华南学院，后在广州岭南大学理学院生物系任教并于1935—1936年发表有关学术文章（Chen，1935a，1935b），为中国首位发表植物分类学研究成果的女性学者；1936年留学美国俄亥俄州的欧柏林学院（Oberlin College）研修植物学，于1938年获硕士学位；同年入哈佛大学，于1942年获得博士学位，成为哈佛大学植物分类学第一个中国女博士（马金双，2020）；"二战"时曾服务于中国战区医务部门，"二战"后（与美国人梅特卡夫[38]结婚）于1947年赴欧柏林学院任教（1949年6月7日病逝）。

3.7 李惠林（1911—2002，Hui-Lin LI）

李惠林（江苏苏州人），1930年本科毕业于东吴大学生物系，1932年硕士毕业于北平燕京大学生物系；1940年赴美求学，1942年获哈佛大学博士学位，1943—1945年于宾夕法尼亚大学及费城科学院从事马先蒿属及玄参科研究，1946年返回母校东吴大学任教，1947年受聘于台湾大学植物系主任，1948年创刊*Taiwania*；1950年赴美在弗吉尼亚大学博伊斯分校从事玄参科细胞学研究，1951年在史密

36 原名翟秉志，满族，祖籍吉林，河南开封府驻防正蓝旗满洲旗籍举人；动物学家，中国近代生物学的主要开拓者和奠基人之一；参与发起组织中国第一个民间科学团体中国科学社，刊行中国最早的综合性学术刊物《科学》杂志。

37 江西清江县（今江西省樟树市）人，祖籍江西玉山，近代经济管理学家，辛亥革命社会活动家，中国人权运动先驱，中国管理科学先驱。

38 Franklin P. Metcalf（1892—1955），美国人，1923—1928年任教于福建协和学院，1930—1940年任教于岭南大学，期间在福建、广东、海南及中南半岛等地采集1万多号6万多份（A、BM、C、FJFC、FNU、M、MICH、MO、MSC、NF、P、S、SYS、US），并建立福建协和学院生物系植物标本室（今福建师范大学植物标本室，FNU）。

森学会研究东亚和北美的植物区系关系，1952年赴宾夕法尼亚大学及附属的莫里斯树木园从事杜鹃花的细胞学研究，1958年晋升为宾夕法尼亚大学副教授，1963年晋升为正教授，同年出版英文版《台湾木本植物志》（Li，1963），1964年当选台湾“中央研究院”院士，1971年任莫里斯树木园执行园长，1972年转为正式园长，1974年任宾夕法尼亚大学巴群植物学及园艺学讲座教授，1975—1979年主编第一版《台湾植物志》（英文版）。

3.8 胡秀英（1908—2012，Shiu-Ying HU）

胡秀英（女，江苏徐州人），1929—1933年于南京金陵女子学院本科，1934—1937年于广州岭南大学获得硕士学位（导师：莫古礼[39]），1938—1946年任教于成都华西联合大学，1946年赴美哈佛大学（Radcliffe College）攻读博士学位，1949年毕业（导师：梅尔）后任职于哈佛大学阿诺德树木园直至1976年退休。胡秀英是梅尔在哈佛任职期间的最后一个中国学生，且毕业后留在哈佛并终生从事研究直至退休，是哈佛历史上第一位任职的中国植物学家。胡秀英20世纪50年代初期编撰《中国植物名称索引》（The Hu Card Index），后被中国植物志英文版项目数字化[40]；曾发起编研《中国植物志》项目并出版锦葵科（Hu，1955）。1968年胡秀英应邀赴香港中文大学兼职（直到1975年），讲授植物学、采集植物、建立标本室，开启香港植物研究新篇章，为《香港植物志》的完成奠定了坚实基础（胡秀英 等，2003）。胡老擅长冬青科（博士论文），并在很多类群有建树，特别是兰科和菊科等。改革开放之后，胡秀英多次回内地讲学，足迹遍及大江南北、长城内外，为改革开放初期的中国植物分类学带来新鲜血液（陈孟玲，1996；胡秀英，1981，1987）。胡老退休后在哈佛时曾接待过很多中国访问学者，晚年定居香港，并担任香港中文大学植物学荣誉研究员，而且一直从事香港植物以及食用和药用植物研究（胡秀英 等，2003）。胡老故去之后，香港中文大学植物标本馆（CUHK）命名为“胡秀英植物标本馆”以示纪念（But，2012）。

3.9 王启无（1913—1987，Chi-Wu WANG）

王启无（天津人），1933年毕业于清华大学，1933—1943年任职于静生生物调查所，特别是在云南等地采集而闻名中外植物学界；1943—1946年在国立广西大学任副教授，1946年赴美留学，1947年于耶鲁大学获得硕士学位，1953年于哈佛大学获得博士学位[41]，并于哈佛大学阿诺德树木园参加胡秀英领衔的《中国植物志》项目；后从事林木遗传育种工作，于1954年受聘于佛罗里达大学、1959年受聘于明尼苏达读大学，1960年之后又受聘于爱达荷大学[42]；特别是在博士论文基础上在哈佛大学出版其著名的英文版《中国森林》（*The Forest of China*，Wang，1961）。

哈佛归来的第一代留学生培养了中国植物分类学的新生代：唐进（1897—1984）、耿以礼（1897—1975）、秦仁昌（1898—1986）、蒋英（1898—1982）、孙雄才（1898—1964）、方文培（1899—1983）、汪发缵（1899—1985）、吴韫珍（1899—1942）、张肇骞（1900—1972）、陈封怀（1900—1993）、郑万钧（1904—1983）、俞德浚（1908—1986）、侯宽昭（1908—1959）、蔡希陶（1911—1981）、何景（1912—1978）、杨衔晋（1913—1984）、张宏达（1914—2016）、李树刚（1915—1998）、傅书遐（1916—1986）、马毓泉（1916—2008）、吴征镒（1916—2013）、耿伯介（1917—1997）和王文采（1926—）等，以及他们的学生们。特别是很多都是首部《中国植物志》编写的主力。

---

39 Floyd A. McClure（1897—1970），美国人，1919—1940 年于岭南学堂（岭南大学）任教并研究竹子；在海南、广东（以及香港）和广西以及越南采集植物版本 20 000 号（A，SYS，US）；在华期间，同时受雇于美国农业部，并向美国大规模引种竹子（详细参见吴仁武，2022）。

40 参见 http://flora.huh.harvard.edu/HuCards/（2022 年 3 月 30 日进入）。

41 Chi-Wu WANG, 1953, The forest vegetation of continental eastern Asia and its development; Advisor: Hugh M. Raup（1901—1995）.

42 1979 年 3 月 5 日至 4 月 20 日在南京林产工业学院系统讲林木遗传育种学，并于 5 月随同国家林业部邀请的爱达荷大学林业代表团访问昆明和北京等地。

正是几代人坚持不懈的努力，完成了国家植物志以及几十部地方植物志，并培养了新的接班人（戴尔特迪西，2007；哈斯，1993；基尔帕特里克，2011；Del Tredici，2007；Hass，1988）。可以毫不夸张地说，对于中国植物分类学的影响，世界上没有一个机构可以与哈佛相比。

4 哈佛大学植物标本馆与植物图书馆

众所周知，植物园、标本馆和图书馆是植物分类学不可分割的三要素。哈佛大学阿诺德树木园之所以今天能够享誉于世界植物学界，离不开与它同时发展的标本馆（图15）和图书馆。哈佛大学植物标本馆和图书馆（Harvard University Herbaria & Library，https://huh.harvard.edu/）20世纪50年代经过整合之后移入位于剑桥神学院路22号的新的办公楼，今日其核心由500多万的标本馆和25万多部藏书的植物学图书馆以及现代实验室组成。

植物标本馆包括阿诺德树木园标本馆（Herbarium of Arnold Arboretum，A）、艾莫斯经济植物标本馆（Economic Herbarium of Oakes Ames，ECON），艾莫斯兰花植物标本馆（Oakes Ames Orchid Herbarium，AMES），隐花植物标本馆（Farlow Herbarium，FH）[43]、格雷植物标本馆（Gray Herbarium，GH）和新英格兰植物俱乐部植物标本馆（New England Botanical Club Herbarium，NEBC）等[44]。尽管所有的标本馆各自的缩写继续使用，但维管束植物标本已经于20世纪80年代混合后统一按新系统存放，只是位于同一个大楼的隐花部分由于特性不得不单独存放；而位于波士顿牙买加平原的阿诺德树木园则主要是活植物以及栽培植物标本及有关的图书[45]。标本馆除上述具体实体标本之外，还有完善的植物学者和植物学出版物数据库以及正在进行的标本数字化等信息资源（详细参见：https://kiki.huh.harvard.edu/databases/specimen_index.html）。

植物学图书馆是哈佛大学图书馆的一部分，因而也称为哈佛大学植物学图书馆（Botanical Library）[46]；目前藏书量25万多册[47]。植物学图书馆包括位于剑桥的阿诺德树木园图书馆（The Arnold Arboretum Library）、隐花植物的图书馆（The Farlow Reference Library of Cryptogamic Botany）、经济植物图书馆（The Economic Botany Library of Oakes Ames）、格雷图书馆（The Gray Herbarium Library）、兰花植物图书馆（The Oakes Ames Orchid Library）以及位于牙买加平原的阿诺德树木园园艺图书馆（The Arnold Arboretum Horticultural Library）。哈佛植物学图书馆收藏极为丰富，其范围不仅仅是世界性而且特别富有珍稀以及孤本等；其中位于剑桥的阿诺德树木园图书馆特别富有旧大陆植物出版物，而格雷标本馆则侧重北美植物。特别应该提到的是各类档案与照片，各个图书馆的收藏可谓丰富、完整、系统、全面且开放。21世纪的今天，研究东亚植物与园林等，哈佛大学植物学图书馆不仅仅是难得的资源，更是离不开的参考。

13

---

43 Cryptogamic Botany，实为苔藓和真菌，蕨类则单独存放。

44 此外还有木材、古植物和著名的玻璃花（详细参见其网址）。

45 其他所有的标本（仍然是原来的缩写：A）和图书于20世纪50年代迁移至剑桥。尽管当年很多哈佛植物学相关人员赞成有关机构的合并，但剑桥工程完成之后，有关人员以有损Arnold原意并不赞成将标本馆和图书馆从树木园的所在地牙买加平原移至剑桥，导致双方长期争论不解最后不得不诉讼法律，最后麻州高等法院以3：2赞成，总算解决了这一耗时多年（1945—1966）的纠纷（详细参见：https://arboretum.harvard.edu/wp-content/uploads/2020/07/I_A_3_2012.pdf，2022年3月30日进入）。

46 哈佛大学图书馆目录早已上线，并可检索，部分还有网络版数字化服务；详细参见网址（https://hollis.harvard.edu/primo-explore/search?vid=HVD2&sortby=rank&lang=en_US）。

47 目前网上没有具体数字，本文根据现任图书馆负责人韦德（Gretchen Wade）女士提供的数字（2022年4月12日邮件）。

图15　哈佛大学植物标本馆（2018年，马金双 摄）

图16 哈佛大学阿诺德树木园游客中心（Hunnewell Building；马金双 摄）

5 阿诺德树木园的活植物收藏

哈佛大学阿诺德树木园位于波士顿南郊的牙买加平原镇（Jamaica Plain），离波士顿市中心大约10km；占地281hm^2。1892年落成并至今一直使用的游客中心（图16），包括图书馆和标本馆和科普教室（位于最北部入口处，位于Arborway Gate；参见图17最上方）。21世纪初建立了研究与行政楼，特别是包括新型的实验室等（位于最南端的Weld Hill；参见图17左下方；不对外开放）。1872年成立至今已经走过150年历史。据其网址记载有记录以来，共117次大规模的野外引种，其中美国45次，中国25次，日本11次。经过150年的积累，阿诺德树木园今天共有活植物112科406属2 187种104亚种335变种63变型和1 407栽培品种、种间杂交431个和属间杂交14个，总计10 397条引种记录计15 835植株（截至2022年1月）。其中温带北美和亚洲的木本植物尤为突出（Rehder，1946），尤其是针叶树，共计8科30属195种又556个分类群1 770植株；另外，蔷薇科有3 644条引种记录，包括绣线菊（*Spiraea*）、蔷薇（*Rosa*）、苹果（*Malus*）、梨（*Pyrus*）、樱（*Prunus*）和花楸（*Sorbus*）等。特别是中国植物的收藏非常丰富（Sponberg，1990），目前的10 397条数据库里面共有3 444条来自中国，如著名的水杉（*Metasequoia*）、金钱松（*Pseudolarix*）、云杉（*Picea*）、落叶松（*Larix*）等，很多都长成参天大树；还有木樨科的丁香（*Syringa*）和连翘（*Forsythia*）、山茶科紫荆（*Stewartia*），忍冬科的忍冬（*Lonicera*）、猬实（*Kolkwitzia*）和七子花属（*Heptacodium*），槭树科的槭树（*Acer*）、安息香科的银钟花属（*Halesia*）、卫矛科的卫矛（*Euonymus*）、杜鹃花科的杜鹃（*Rhododendron*）等。在树木园的核心地区还建有中国小道（Chinese Path，位于Bussey Hill），两侧

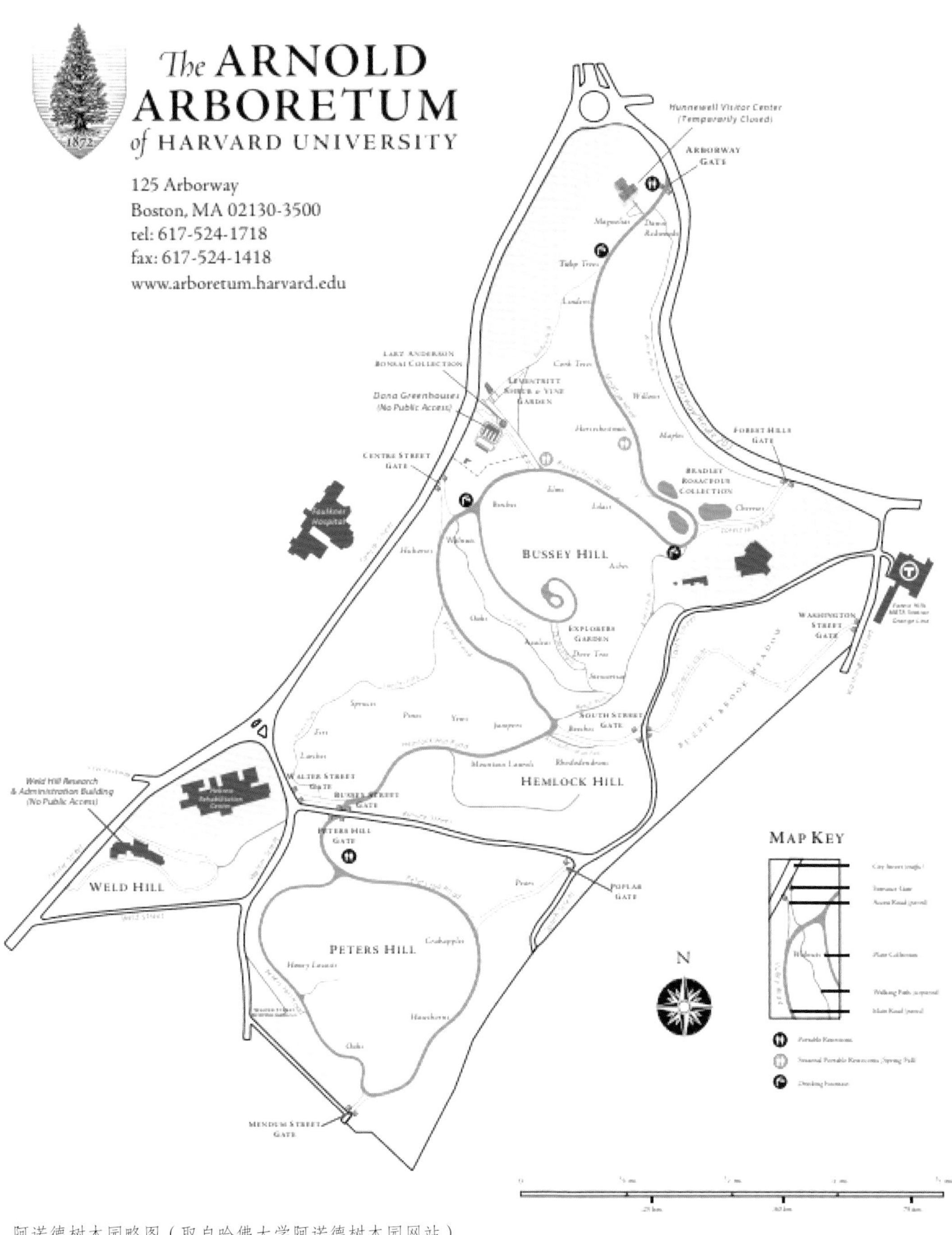

图17　阿诺德树木园略图（取自哈佛大学阿诺德树木园网站）

有大量来自中国的特有植物，如珙桐（*Davidia*）、流苏（*Chionanthus*）、牡丹（*Paeonia*）等。阿诺德树木园网上有详细的引种情况介绍，包括引种信息（https://arboretum.harvard.edu/plants/plant-introductions/）、学名数据库（https://arboretum.harvard.edu/plant-search）和图像数据库（http://arboretum.harvard.edu/plants/image-search/）等，还有历年来的各类考察等均可在线查阅。

除了引种活植物、栽培与驯化，还有科学研究，特别是近年来新落成的研究大楼，内部设施齐全，而且实验仪器先进，研究队伍日益壮大。除此之外，阿诺德树木园的科学普及也是非常著名，每年都设有很多讲座，面向社会（包括收费和免费项目），内容丰富多彩，参与者极多；非常值得借鉴（金飚，2012）。

6 今日情怀

纵观百年历史，中国植物分类学的第一代学者的成长以及中国植物分类学的起步与后来的发展离不开哈佛大学。

20世纪90年代初期密苏里植物园时任主任雷文博士领衔的英文版《中国植物志》（*Flora of China*，1994—2013），哈佛大学植物标本馆是海外的重要五个合作中心之一（其他包括皇家植物园邱园和爱丁堡植物园、加利福尼亚州科学院、巴黎自然历史博物馆）且至今维护《中国植物志》英文版数据库与网络（http://flora.huh.harvard.edu/china/；1993—）。

从标本采集、活植物收集到信息数字化，从《园林之母》到《中国植物志》，哈佛历史上从未间断对中国植物学发展的影响。改革开放之后，美国（哈佛大学）的植物学者再次踏上中国领土（Bartholomew et al.，1983）且成功引种（Dosmann，Del Tredici，2003），揭开了哈佛重回中国的序幕，直至今天的北美中国植物考察联盟多年的考察、引种与研究，从未间断（Aiello，Dosmann，2010；Kim et al., 2010；Meyer，2010；殷茜，2022）。

21世纪的今天，鲍棣伟博士领衔的横断山考察团，特别受到了美国国家自然科学基金会和美国国家地理的资助，不仅采集大量的标本与照片，而且于1998年就建立了横断山生物多样性网站（The Biodiversity of HENGDUAN Maintains and adjacent areas of south-central China: http://hengduan.huh.harvard.edu/fieldnotes，1998—），无疑是当今信息化时代中国最好的植物资源网络化与数据化的代表。

自1981年5位参加1980年中美神农架联合考察的中国学者，作为美国植物学家首次来华之后的回访，分别赴美国华盛顿、纽约和波士顿研修一年[48]，揭开了中国植物学家访美的序幕（马金双，2020）。40多年间，众多中国植物分类学者到访美国，特别是位于东岸的哈佛大学植物标本馆和阿诺德树木园，不仅完成英文版《中国植物志》等项目，还进行了其他分类学研究与学术交流及合作。

100年前，中国——园林之母的美称，通过哈佛得以闻名于世；百年后的今天，特别是通过几代人的不懈努力，先后完成两版《中国植物志》（Ma，Clemants，2005；Zhang，Gilbert，2015）和几十部省市区植物志（刘全儒 等，2007；Du et al., 2020），并开展中国植物的全方位的研究。中国对世界植物学的贡献，哈佛可谓功不可没（罗桂环，李昂，2011）。

参考文献

陈焕镛，1956. 纪念植物学家梅尔博士[J]. 科学通报（12）：73，33.

陈孟玲，1996. 美籍华人之光——胡秀英博士[J]. 植物杂志（5）：36-38.

陈嵘，1937. 中国树木学[M]. 1 086页；南京：中国农学会；修订版，1 191页，1953. 南京：中国图书. 补订版，1 191页，1957. 上海：科学技术出版社.

戴尔特迪西，2007. 阿诺德树木园：1915-1948年间中美两国的植物学桥梁[J]. 金荷仙，郭岚，王伟，译. 中国园林（2）：51-55.

哈斯，1993. 陈焕镛与阿诺德树木园[J]. 许兆然，译. 植物学通报，10（4）：32-42.

何晓燕，包志毅，2005. 英国引种家威尔逊引种中国园林植物种质资源及其影响[J]. 浙江林业科技，25（3）：56-61.

胡秀英，1981. 植物学学术讲座（一）[J]. 华南农学院学报，2（1）：22-29.

胡秀英，1981. 植物学学术讲座（二）[J]. 华南农学院学报，2（2）：93-103.

胡秀英，1981. 植物学学术讲座（三）[J]. 华南农学院学报，2

48 中国科学院植物研究所陈心启（未参加野外考察，代替汤彦承）赴纽约的纽约植物园，江苏省中国科学院植物研究所暨南京中山植物园贺善安和中国科学院昆明植物研究所张敖罗赴华盛顿的国家树木园，而中国科学院植物研究所的应俊生和中国科学院武汉植物研究所的郑重则赴哈佛大学阿诺德树木园。

（3）：68-76.
胡秀英，1981. 植物学学术讲座（四）[J]. 华南农学院学报，2（4）：93-98.
胡秀英，1987. 国外植物学家二三事[J]. 武汉植物学研究，5（2）：197-204.
胡秀英，2003. 秀苑撷英（胡秀英教授论文集）[M]. 香港：商务印书馆：349.
胡宗刚，2008. 胡先骕先生年谱长编[M]. 南昌：江西教育出版社：688.
基尔帕特里克，2011. 异域盛放——倾靡欧洲的中国植物[M]. 俞蘅，译. 广州：南方日报出版社：287.
金飚，2012. 哈佛大学阿诺德树木园的公共教育及其启示[J]. 教育探索（11）：152-153.
刘全儒，于明，马金双，2007. 中国地方植物志评述[J]. 广西植物，27（6）：844-849.
刘琨，2016. 欧内斯特威尔逊在华作物引种活动研究[J]. 江苏理工学院学报，22（6）：41-44.
芦迪，2018. 俄籍汉学家贝勒的植物学文献研究与采集获得考述[J]. 自然科学史研究，37（1）：36-54.
罗桂环，李昂，2011. 哈佛大学阿诺德树木园对我国植物学早期发展的影响[J]. 北京林业大学学报（社会科学版），10（3）：1-8.
马金双，2008. 新书介绍：《胡先骕先生年谱长编》[J]. 植物分类学报，46（5）：793-794.
马金双，2011. 东亚高等植物分类学文献概览[M]. 北京：高等教育出版社：505.
马金双，2021. 东亚高等植物分类学文献概览[M]. 2版. 北京：高等教育出版社：694.
马金双，2020. 中国植物分类学纪事[M]. 郑州：河南科技出版社：665.
马金双，叶文，2013. 书评：In the Footsteps of AUGUSTINE HENRY and His Chinese Plant Collectors[J]. 植物分类与资源学报，35（2）：216-218.
王思玉，1987. 阿诺德树木园的“中国之路”展览[J]. 植物杂志（4）：41.
威尔逊，2015. 中国——园林之母[M]. 胡启明，译. 广州：广东科技出版社：305.
威尔逊，2017. 中国乃世界花园之母[M]. 包志毅，主译. 北京：中国青年出版社：580.
叶文，马金双，2012（2014）. 书评：重复的脚印——两个爱尔兰青年相距百年的中国之旅[J]. 仙湖，11（3-4）：56-58.
左承颖，2021. 近代美国在华植物采集活动研究[D]. 北京：中国人民大学.
AIELLO T S, DOSMANN M S, 2010. By the numbers: Twenty Years of NACPEC Collections [J]. Arnoldia, 68(2): 20-39.
ANONYMOUS, 1936. The Bussey Institution of Harvard University, Founded 1872 (sic) -Closed June 30, 1936 [J]. Genetics, 21: 295-296.
BAKER J G, 1888. Synoptical Flora of North America: The Gamopetalae [J]. Nature, 12: 242-243.
BARTHOLOMEW B, BOUFFORD D E, CHANG A L, et al, 1983. The 1980 Sino American Botanical Expedition to western Hubei Province, People's Republic of China [J]. Journal of the Arnold Arboretum, 64: 1-103.
BOUFFORD D E, SPONGBERG S A, 1983. Eastern Asian eastern North American phytogeographical relationships a history from the time of Linnaeus to the twentieth century [J]. Annals of the Missouri Botanical Garden, 70: 423-439.
BRETSCHNEIDER E V, 1898. History of European Botanical Discoveries in China:Vols. 1 & 2 [J]. London: Sampson, Low, Marston and Com: 1167.
CHEN L (H.-Y.), 1935a. Eucalyptus on Lingnan campus [J]. Lingnan Agricultural Journal, 1(4): 153-154.
CHEN L (H.-Y.), 1935b. Diospyros in southeast China [J]. Lingnan Science Journal, 14: 665-683.
CHIEN S S, 1916. Two Asiatic Allies of *Ranunculus pensylvanicus* [J]. Rhodora, 18 (213): 189-190.
CHOCK A K, 1963. J. F. Rock [J]. Taxon, 12(3): 89-102.
CHUNG H H, 1924-1925. A Catalogue of Trees and Shrubs of China [J]. Memoirs of Science Society of China, 1: 1-271.
CLAUSEN K S, HU S Y, 1980. Mapping the Collecting Localities of E. H. Wilson in China [J]. Arnoldia, 40(3): 139-145.
COX E H M, 1945. Plant hunting in China, A history of Botanical exploration in China and the Tibetan Marches [M]. London: Collings Clear Type Press: 230, 24.
DEl TREDICI P, 2007. The Arnold Arboretum: A Botanical Bridge Between the United States and China from 1915 through 1948 [J]. Bulletin of the Peabody Museum of Natural History, 48 (2): 261-268.
DOSMANN M, Del TREDICI P, 2003. Plant Introduction, Distribution, and Survival, A Case Study of the 1980 Sino-American Botanical Expedition [J]. BioScience, 53: 588-597.
DU C, LIU Q R, WANG Y, et al, 2020. Introduction to the Local Floras of China [J]. Journal of Japanese Botany, 95(3): 177-190.
GRAY A, 1859. Diagnostic characters of new species of phanerogamous plants collected in Japan by Charles Wright, Botanist of the U.S. North Pacific Exploring Expedition, with observations upon the relations of the Japanese flora to that of North America, and of other parts of the Northern Temperate Zone [J]. Memoirs of the American Academy of Arts and Sciences, 6: 377-452.
GRAY A, 1860. Botany of Japan and its relations to that of Central and Northern Asia, Europe, and North America [J]. Proceedings of the American Academy of Arts and Sciences, 4: 130-135.
HASS W J, 1988. Transplanting botany to China, the cross-cultural experience of Chen Huanyong [J]. Arnoldia, 48: 9-25.
HAY I, 1995. Science in the Pleasure Ground: A History of the Arnold Arboretum [M]. Boston: Northeastern University Press: 349.
HERIZ-SMITH S, 1988a. The Veitch Nurseries of Killerton and Exeter c. 1780 to 1863. Part I [J]. Garden History, 16(1): 41-57.
HERIZ-SMITH S, 1988b. The Veitch Nurseries of Killerton

and Exeter c. 1780-1863. Part II [J]. Garden History, 16(2): 174-188.

HERIZ-SMITH S, 1989. James Veitch &Sons of Exeter and Chelsea, 1853—1870 [J]. Garden History, 17(2): 135-153.

HERIZ-SMITH S, 1993. James Veitch & Sons of Chelsea and Robert Veitch & Son of Exeter, 1880-1969 [J]. Garden History, 21(1): 91-109.

HERS J, 1922. Le culte des arbres en Chine [J]. Bulletin de la Société Dendrologique de France, Paris, 45: 104-109.

HERS J, 1923a. Notes sur les saules et peupliers de la Chine du Nord [J]. Bulletin de la Société Dendrologique de France, 49: 152-159.

HERS J, 1923b. Coniferes [J]. Bulletin de la Société Dendrologique de France, 49: 170.

HOVDE K, 2002. Biographical portrait, charles sprague sargent (1841—1927) [J]. Forest History Today, Spring: 38-39.

HOWARD R A, 1956. Elmer drew merrill [J]. Journal of the Arnold Arboretum, 37(3): 197-216.

HOWARD R A, 1972. Scientists and scientific contributions of the Arnold Arboretum [J]. Arnoldia, 32(2): 49-58.

HOWARD R A, 1980. E. H. Wilson as a Botanist I [J]. Arnoldia, 40 (3):102-138.

HOWARD R A, 1980. E. H. Wilson as a Botanist II [J]. Arnoldia, 40 (4): 154-193.

HU H H, 1938. Recent progress in Botanical exploration in China [J]. Journal of Royal Horticultural Society, 63: 381-389.

HU S Y, 1955. Flora of China, Family 153, Malvaceae [M]. Massachusetts: Arnold Arboretum of Harvard University: 80.

KILPATRICK J, 2007. Gifts from the gardens of China - the introduction of Traditional Chinese Garden Plants to Britain 1698-1862 [M]. London: Frances Lincoln Ltd: 288.

KIM K, BACHTELL K, WANG K, 2010. Planning Future NACPEC Plant Exploration, Challenges and Opportunities [J]. Arnoldia, 68(2): 40-47.

KOBUSHK C E, 1950. Alfred Rehder, 1863-1949 [J]. Journal of The Arnold Arboretum, 31(1): 1-38.

LI H L, 1952. Floristic relationships between Eastern Asia and Eastern North America [J]. Transactions of the American Philosophical Society, 42: 371-429.

LI H L, 1955. Luigi Castiglioni as a pioneer in plant Geography and plant introduction [J]. Proceedings of the American Philosophical Society, 29(2): 51-56.

MA J S, CLEMANTS S, 2005. A history and review of the Flora Reipublicae Popularis Sinicae (FRPS, Flora of China, Chinese Edition) [J]. Taxon, 55(2): 451-460.

MADSEN K, 1998. Notes on Chinese-American Botanical Collaboration [J]. Arnoldia, 58(4)/59(1): 12-16.

MERRILL E D, 1923-1926. An enumeration of Philippine flowering plants: Vols. 1 [M]. Philippines, Bureau of Science, Manila, 18: 463 (1923-1925).

MERRILL E D, 1923-1926. An enumeration of Philippine flowering plants: Vols. 2 [M]. Philippines, Bureau of Science, Manila, 18: 530 (1923).

MERRILL E D, 1923. An enumeration of Philippine flowering plants [M]. Philippines, Bureau of Science, Manila, 3: 628.

MERRILL E D, 1926. An enumeration of Philippine flowering plants:Vols. 4 [M]. Philippines, Bureau of Science, Manila, 18: 515.

MEYER P W, 2010. The return to China, mother of gardens [J]. Arnoldia, 68(2): 4-11.

NELSON E C, 1983. Augustine Henry and the exploration of the Chinese flora [J]. Arnoldia, 43(1): 21-38.

PEARSON L, 2013. Remembering Alfred Rehder [J]. Arnoldia, 70(2): 17-24.

PEARSON L, 2014. John George Jack, dendrologist, education, plant explorer [J]. Arnoldia, 71(4): 1-11.

RAVEN P H, 1972. Plant species disjunctions, A summary [J]. Annuals of the Missouri Botanical Garden, 59(2): 234-246.

REHDER A, 1930. Ernest Henry Wilson [J]. Journal of the Arnold Arboretum, 11(4): 182-192.

REHDER A, 1936. Ernest Henry Wilson (1876-1930) [J]. Proceedings of the American Academy of Arts and Sciences, 70(10): 602-604.

REHDER A, 1946. On the history of the introduction of Woody Plants into North America [J]. Arnoldia, 6(4/5): 23-29.

ROBBINS W J, 1958. Elmer Drew Merrill 1875-1956 [J]. Biographical Memoir, National Academy of Sciences, 32: 273-333.

ROLINS R C, 1951. The end of a generation of Harvard Botanists [J]. Taxon, 1(1): 3-5.

SARGENT C S, 1922. The fifty years of the Arnold Arboretum [J]. Journal of the Arnold Arboretum 3(3): 127-171.

SAX K, 1947. The bussey institution [J]. Arnoldia, 7(3): 13-16.

SAX K, 1949. John George Jack, 1861-1949 [J]. Journal of the Arnold Arboretum, 30(4): 345-347.

SCHULTES R E, 1957. Elmer Drew Merrill, An appreciation [J]. Taxon, 6(4): 89-101.

SPONGBERG S A, 1990. A reunion of trees [M]. Cambridge: Harvard University Press: 270.

SUTTON S B, 1970. Charles sprague sargent and the Arnold Arboretum [M]. Cambridge: Harvard University Press: 382.

TRELEASE W, 1928. Biographical Memoir of Charles Sprague Sargent [J]. National Academy of Sciences Biographical Memoirs, 12: 247-270.

WALECKI N K, 2022. Arnold Arboretum Turns 150 - a look back at the Arboretum's history and the millennia to come [J]. Harvard Magazine, March-April 2022 issue (vol. 124, no. 4, Rooted).

WANG C W, 1961. The forest of China with a survey of grassland and desert vegetation [M]. Cambridge: Harvard University: 313.

WHITE P S, 1983. Eastern Asian-Eastern North American Floristic Relations, The plant community level [J]. Annuals of the Missouri Botanical Garden, 70(4): 734-747.

WILSON E H, 1913. A Naturalist in Western China with Vasculum, Camera, and Gun: Vols. 1 [M]. London: Methuen & Com: 251.

WILSON E H, 1913. A Naturalist in Western China with Vasculum, Camera, and Gun: Vols. 2 [M]. London: Methuen & Com: 229.

WILSON E H, 1927. Plant hunting: Vols. 1 [M]. 1. Boston: The Stratford Com: 248.

WILSON M J, 2006. Benjamin Bussey, Woodland Hill, and the Creation of the Arnold Arboretum [J]. Arnoldia, 64(1): 2-9.

WOOD C E, 1972. Morphology and phytogeography, The classical approach to the study of Disjunctions [J]. Annuals of the Missouri Botanical Garden, 59(2): 107-124.

ZHANG L B, GILBERT M G, 2015. Comparison of classifications of vascular plants of China [J]. Taxon, 64: 17–26.

ZHAO W Y, WANG X K, FAN Q, et al, 2016. Contributions to the botanical journal *Sunyatsenia* from 1930 to 1948 [J]. Phytotaxa, 269 (4): 237–270.

附录：哈佛有关植物学的出版物简介

哈佛历史上不仅从事中国植物的采集工作，更重要的是他们不断地研究并发表很多研究成果。就植物类群而言，木本植物，特别是具有观赏价值的类群，尤为突出（但并不意味着没有其他类群）。哈佛有关的植物学出版物也和世界上其他国家或地区一样，由于历史等种种原因，期刊名称频繁地变更或者开始新的期刊或者结束旧的期刊，历史上不同时期各自的出版物既不同又互相关联。对此简介如下。

Harvard Papers in Botany（HPB，1989—），半年刊，一般每年6月和12月发表；该刊是目前哈佛唯一的植物学学术刊物，基本上接替哈佛大学植物学领域已经停刊的下列刊物：

Botanical Museum leaflets, Harvard University (Volumes 1 – 30, 1932 – 1986).

Occasional Papers of the Farlow Herbarium of Cryptogamic Botany (Numbers 1 – 19, 1969—1987).

Contributions from the Gray Herbarium of Harvard University (Numbers 1 – 214, 1891—1984).

Farlowia: A Journal of Cryptogamic Botany (Volumes 1 – 4, 1943—1955).

从第8期（2003）开始，HPB还包括：

Journal of the Arnold Arboretum (Volumes 1 – 71, 1920—1990)和*Journal of the Arnold Arboretum Supplementary Series* (Number 1, 1991)。这个刊物历史上曾经发表诸多有关中国植物的文章。

此外，哈佛历史上还有如下与植物学相关的出版物：

Harvard Botanical Memoirs (Vol. 1 – 9, 1880—1908).

Sargentia (Numbers 1 – 8, 1942—1949).

Contributions from the Arnold Arboretum of Harvard University (Numbers 1 – 11, 1932—1938).

Bulletin of Popular Information - Arnold Arboretum, Harvard University (Volumes 1 – 63, 1911—1914 ; New Series, Volumes 1 – 12, 1915—1926 ; Series 3, Volumes 1 – 6 , 1927—1931; Series 4, Volumes 1 – 8, 1933—1940)。1941年梅尔将这个刊物更名为*Arnoldia*（Volume 1+，1941+，季刊，每年4期），实为今日哈佛阿诺德树木园著名的科普刊物。

还有新英格兰植物俱乐部（New England Botanical Club；2021年更改为新英格兰植物学会，New England Botanical Society）的出版物*Rhodora, Journal of The New England Botanical Club*（1898—），因为中国学者的首篇分类学文章就发表于此（Chien，1916）。

致谢

感谢鲍棣伟博士提供相关信息；感谢哈佛大学树木园主任弗里德曼（Ned Friedman）教授和图书馆主管皮尔森（Lisa Pearson）女士提供相关照片。

作者简介

马金双，男，吉林长岭人（1955年生），分别于东北林学院获得学士学位（1982）和硕士学位（1985）、北京医科大学获得博士学位（1987）；先后于北京师范大学（1987—1995）、哈佛大学植物标本馆（1995—2000）、布鲁克林植物园（2001—2009）、中国科学院昆明植物研究所（2009—2010）、中国科学院上海辰山植物科学研究中心（上海辰山植物园，2010—2020）、北京市植物园［现国家植物园（北园）］（2020年12月至今）从事教学与研究；专长都市植物、植物分类学历史、植物分类学文献及外来入侵植物，特别是马兜铃属、关木通属、大戟属、卫矛属和“活化石”水杉（2000年至今维护水杉网址：www.metasequoia.org，2000—2018年；www.metasequoia.net，2019年至今）等。

China

14

-FOURTEEN-

邱园的历史、现状与未来——兼述中国植物对邱园的影响

The Brief History, Current Situation, and Future Prospects of the Royal Botanic Gardens Kew with an Introduction of the Special Influence of Chinese Plants on the Gardens

李 波*
（江西农业大学生态科学研究所）

LI Bo*
(Research Centre of Ecological Sciences, Jiangxi Agricultural University)

* 邮箱：hanbolijx@jxau.edu.cn

摘　要：英国皇家植物园邱园是世界上最著名的植物园之一，也是当代最重要的植物分类学和园艺学国际研究中心之一。本文简要地介绍了邱园的建造历史、主要建筑、特色专类园等，重点回顾了邱园引种中国植物的简史及中国植物对邱园乃至西方园林界的贡献，并对邱园的各类科学收藏品，如各种标本、绘图、文献、档案、DNA库、种子库等做了概括性介绍。同时，结合作者的访学经历、研究心得、资料收集等，对邱园的发展现状进行了简单评述，并展望了其未来。

关键词：邱园　园林之母　棕榈温室　植物分类学　园艺学

Abstract: The Royal Botanic Gardens Kew is one of the most famous botanical gardens in the world and one of the most important international research centers for plant taxonomy and horticulture. This paper briefly introduced its construction history, main buildings, and specialized collection gardens, and paid a particular attention to the introductory history of Chinese plants and their contribution and influence to the Kew and other Western gardens. The various scientific collections at Kew, such as specimens, drawings, documents, archives, DNA bank, and seed bank, were overviewed too. Meanwhile, based on what he has seen, heard and thought, the author provided his brief commentary of the current situation and future development prospects of the Kew Gardens.

Keyworks: Kew gardens, Mother of gardens, Palm house, Plant taxonomy, Horticulture

李波，2022，第14章，邱园的历史、现状与未——兼述中国植物对邱园的影响；中国——二十一世纪的园林之母，第一卷：490–511页

提起邱园，中国的普通读者可能并不一定知道它是什么、在哪里，即便略有所闻，只怕它的形象也是模糊的。然而，如果提到“万园之园”圆明园，我想没有哪个中国人不知道。历史上的圆明园已不复存在，但是邱园却真实存在，并可以当得起世界现存园林“万园之园”的美誉。实际上，全世界从事植物与菌物相关研究和利用的各行各业的工作者们都深知其名；而在国内所有从事植物分类、系统进化、观赏园艺和生物多样性保护的专业学者们的心中，邱园的名号很可能更是“圣殿”般的存在。

究竟何为邱园？它的中文全称是“英国皇家植物园邱园”，英文名称是The Royal Botanic Gardens，Kew，或通常简称为Kew Gardens。正如其英文名称中的“Royal”和“Gardens”的复数形式一起所暗示的那样，邱园实际上是历史上多座英国皇家园林的统称[1]。今日的邱园是一座历史悠久的、享誉全球的大型综合性植物园，集自然、文化、历史、科研、教育及生物多样性保护于一体，并于2003年被联合国教科文组织作为文化遗产列入《世界遗产名录》。它坐落在伦敦西南角的泰晤士河畔，从1759年初建时的3.5hm^{2}发展成今日所见的逾130hm^{2}的世界最大的植物园之一（徐艳文，2013）。从曾经三面环水的一片荒滩成长为世界园林艺术发展史上最辉煌的代表之一，从高墙大院的皇室私产华丽变身为国际最著名的植物学研究机构之一，其一草一木、一墙一瓦无不诉说着260多年的历史和成就。其在全世界范围内引种、栽培的植物数量之巨、代表的种类之全，冠绝全球，恰从一个浓缩的时空侧面映射了其曾经所被定位的“大英帝国的花园”的狂野抱负与昔日荣光；馆藏的各类标本、经济植物制品、种子、图书和期刊、手稿和档案、图片和绘画等资源足以撑起一座举世独一无二的“植物科学博物馆”。站在21世纪的路口，凭借厚重的历史积淀，它与全球100多个国家超过400个研究机构的广泛合作，鳞次栉比的各类科研项目的设计与实施，使“邱园的未来”充满了值得期待的无限可能。

1 为了叙述的方便，文中用到第三人称指代邱园的时候仅称呼为“它”而不是“它们”。

1 大英帝国的花园：邱园建造简史及园区概览

18世纪早期，大概相当于中国清朝的康熙后期及雍正年间，在大不列颠岛的南部，被誉为英国“母亲河”的泰晤士河（The Thames）在沃野百里的英格兰平原上蜿蜒流淌，入海口处正孕育着一个飞速建设和发展的国际大都市——伦敦（London）。在伦敦上游不远处的泰晤士河畔，作为伦敦郊区的里士满（Richmond）是皇室成员、朝臣及贵族们建造奢华宅邸的首选之地。在这些皇室成员中，有一位便是当时的威尔士亲王（Prince of Wales）乔治，即后来的英国国王乔治二世（King George II）。

里士满有一个地方叫“邱”（Kew）。据考证，这个地名在1327年已经出现，当时拼写为Cayho，由古法语词kai（意为“码头”，后来演化为现代法语词quai和英语词quay）和古英语词hoh（意为“突出之地”，现代英语用spur一词表示这个意思）构成，意思是“突出之地边的码头”。在英语中，所谓“突出之地”，可以是一道山脉两边的支脉，也可以是一条河流曲流所包围的凸岸。Cayho这个地方正好处在泰晤士河的一个河湾的凸岸处，由此得名。后来，它的发音有所简化，拼写也就成了更简单的Kew。

就在邱这个地方，乔治亲王买下了一大片带状农田，并兴建了几处宫殿和房舍，这里便成了“邱园农场”（Parker and Ross-Jones，2013）。这处资产连同威尔士亲王的封号随后都被乔治二世的儿子弗雷德里克亲王（Prince Frederick）所继承。弗雷德里克和他的妻子奥古斯塔王妃（Princess Augusta）翻新了农场，美化了庭院，扩建了宫殿，使得邱园的面貌焕然一新，他们便是邱园的第一代主人。

1751年，弗雷德里克逝世，奥古斯塔接管了邱园，在她的管理下，邱园的角色逐渐开始发生变化。1759年，奥古斯塔雇佣了一位名叫威廉·艾顿（William Aiton）的苏格兰植物学家来打理并扩建邱园内的“本草园”，这被视为邱园作为皇家植物园建设的起点。奥古斯塔下令，这座植物园应当“囊括地球上已知的一切植物”（帕克和罗斯—琼斯，2020）。一个雄心勃勃的植物园建造计划出炉了，一座将来举世瞩目的皇家园林也便这样诞生了。此时的中国，正值乾隆朝的鼎盛时期，“万园之园”的圆明园已经经过康熙、雍正和乾隆三朝的建设而基本完成。两座皇家园林地跨东、西两半球，分别矗立在两个古老帝国的首都的近郊，却拥有了截然不同的命运。1860年，圆明园被英法联军一把大火烧为废墟，而当时的邱园却正在园长威廉·胡克（William Hooker）的带领下蓬勃发展。最终，邱园这座依靠网罗自世界各地的奇花异草装点的“大英帝国的花园”终于以世界文化遗产的身份，华丽地、文明地出现在了世人的眼前。

罗马不是一天建成的，邱园亦是如此。经过262年的建造，邱园目前所呈现的是一个占地逾130hm^{2}的综合性植物园（图1），总体呈一块三明治形状，南北长约2km，东西宽800m。园区东北至西北是一条最长的边界，沿泰晤士河岸自然弯曲；东南至西南是一条近似直线的边界，围墙之外是邱园大道。园区主要有4个大门，东边的大门是正门，即维多利亚门（Victoria Gate）（图1A），西大门是布伦特福德门（Brentford Gate）（图1B），伊丽莎白门（Elizabeth Gate）是北门（图1C），最南边则是狮门（Lion Gate）（图1D）。园内的建筑主要有三类：一类是标识邱园为“世界文化遗产地”的40余座历史建筑或遗迹，代表性的有邱宫（Kew Palace）、威廉国王神殿（King William's Temple）、皇家厨房（Royal Kitchens）、风神庙（Temple of Aeolus）、月神庙（Temple of Arethusa）、钟楼（The Campanile）、大宝塔（Great Pagoda）、日本门（Japanese Gateway）等；第二类是奠定其科学地

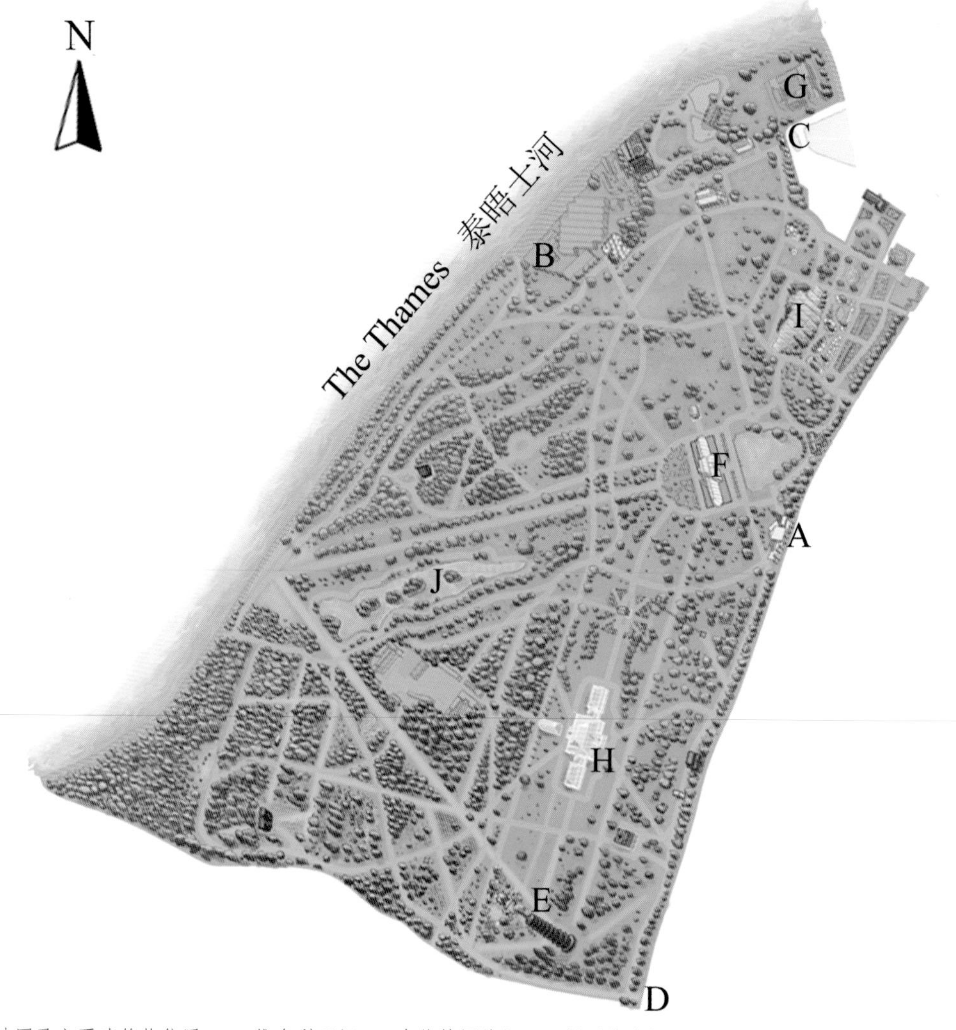

图1 邱园地图及主要建筑物位置。A. 维多利亚门；B. 布伦特福德门；C. 伊丽莎白门；D. 狮门；E. 大宝塔；F. 棕榈温室；G. 标本馆；H. 温带温室；I. 威尔士王妃温室；J. 邱湖（地图引自https://www.joemoon.co.uk/maps/rbg-kew.html）

位的各类科研、保育及展示性温室，代表性的有棕榈温室（Palm House）、温带温室（Temperate House）、睡莲温室（Waterlily House）、戴维斯高山温室（Davies Alpine House）、威尔士王妃温室（The Princess of Wales Conservatory）等；第三类则是各类艺术、景观或办公建筑，稍早期开建的有乔德雷尔实验室（Jodrell Laboratory）、标本馆（Herbarium）和玛丽安·诺思画廊（Marianne North Gallery），其他多数建设时间都较晚，如雪莉·舍伍德植物艺术馆（The Shirley Sherwood Gallery of Botanical Art）、萨克勒廊桥（Sackler Crossing）、树梢步道（The Treetop Walkway）、蜂巢（The Hive）等。与这些亭台楼阁搭配、彰显整座植物园风光与美景的是来自世界各地的奇花异草和林木藤蔓，它们或被精心栽培在各类温室中、或被零星用来装点各处景观，更多的则是被根据种类、习性或产地设计为26个专业园（周文静，2006），代表性的有水生园、树木园、岩石园、地中海植物园、日本风景园、分类园、果蔬园、杜鹃园、竹园、玫瑰园、禾草园、栎树园、小檗园、松柏园等。如果邱园是一本书，那么书中承载的就是历史的厚重，并散发着科学的光芒。限于篇幅，我们只能沿着时间的链条，以标志性建筑或景观的建设及全球植物的收集为线索，简单地浏览邱园这部“巨著”的内容并粗略地感受其魅力。

1759年，奥古斯塔王妃，也即乔治三世（King George III）的母亲，在邱园内创建了一个

图2　大宝塔外景（李波 摄）

3.5hm^2的植物园，这是邱园作为皇家植物园建设的起点，奥古斯塔王妃也被视为邱园的奠基者。

1762年，邱园最著名的中国式建筑——大宝塔建设完成。该塔位于邱园西南角，雪松景观大道（Cedar Vista）的终点，毗邻狮门（图1E），是一座八角形砖塔，高约50m，是俯瞰邱园全景的绝佳场所（图2）。该塔由威廉·钱伯斯爵士（Sir William Chambers）根据他在游历中国时所见到的寺庙砖塔式样而设计建造（朱建宁和卓荻雅，2019），是送给奥古斯塔王妃的礼物。大宝塔塔顶及塔身的诸多木质结构曾严重腐朽或损坏；2018年，该塔经过5年的修复，重新对外开放。

1768年，邱园首次收到来自南半球的植物种子，由约瑟夫·班克斯（Joseph Banks）随库克船长（Captain Cook）开展远洋航行期间采集并寄回邱园。班克斯返回英国后，成为邱园的第一位非官方主管。在他的推动下，邱园开始涉足经济植物学，并在全球采集、引种有商业价值的植物。也是在他的说服下，乔治三世派出常驻人员

图3 杜鹃花谷一角（左）及作者留影（右）（文香英 摄）

到中国，开始有目的地收集、引种中国植物。正是班克斯，为邱园引入了玉兰［*Yulania denudata*（Desr.）D. L. Fu］、紫玉兰［*Y. liliiflora*（Desr.）D. L. Fu］、草绣球［*Cardiandra moellendorffii*（Hance）Migo］及第一株牡丹（*Paeonia suffruticosa* Andr.）。

1772年，弗朗西斯·马森（Francis Masson）作为邱园的第一位专业植物采集者（邱园官网将其称为“职业植物猎人”），从南非采回几千株植物，其中便包括邱园截至目前最古老的一棵栽培植物——面包非洲铁（*Encephalartos altensteinii* Lehm.），它是产自东开普（Eastern Cape）的泽米铁科（Zamiaceae）大型裸子植物，外形酷似棕榈类植物。定居邱园以来，这棵铁树只在1819年结过一个球果。

1773年，被邱园记载为“多才多艺”的卡普尔·布朗（Capability Brown）建设了凹地步道（Hollow Walk），并沿步道两侧栽培了山月桂（*Kalmia latifolia* L.）。1848—1850年，约瑟夫·胡克（Joseph Hooker）全面考察了喜马拉雅南坡的植物，将采集到的大量杜鹃花属（*Rhododendron* L.）植物寄回邱园，栽种在步道两侧。1911年，最著名的“植物猎人”之一、《中国——园林之母》（*China—Mother of Gardens*）一书的作者厄尼斯特·亨利·威尔逊（Ernest Henry Wilson）从中国西部山区采回的杜鹃花也被栽种于此。这些杜鹃花茁壮成长，并在春季繁花似锦般绽放，将这一幽谷打造成了邱园今天最令人叹为观止的一处景观——杜鹃花谷（Rhododendron Dell）（图3）。该谷位于邱园正西面园区的中央，靠近布伦特福德门，其外便是泰晤士河。

1795年，邱园树木园开始建立，最初占地仅有2hm^2。到1904年，树木园已扩建到121.5hm^2，大致奠定了现代所见的邱园边界和范围。园中主要栽培亚热带、温带与寒带的乔木与灌木，各种树木基本按照科、属的范围进行群落化种植，是集中了解某些木本类群物种多样性及形态特征的绝佳场所。截至目前，记录在册的乔木有10 917个引种号，代表着2 153种，各种灌木则有8 254号3 526种，其中裸子植物的松科（Pinaceae）和柏科（Cupressaceae），被子植物中的桦木科（Betulaceae）、忍冬科（Caprifoliaceae）、卫矛科（Celastraceae）、壳斗科（Fagaceae）、木兰科（Magnoliaceae）、木樨科（Oleaceae）、蔷薇科（Rosaceae）、无患子科（Sapindaceae）及木本竹子的引种数量和种类相对占优势。

1838年时，鉴于之前连续两届王室（乔治四世George IV和威廉四世William IV）都对植物学缺乏兴趣，邱园的建设资金严重不足，杰出的植物学家、“兰科植物分类学之父”约翰·林德利（John Lindley）向王室提交报告，宣称邱园应该成为“国家植物园”，向全球的10余座殖民地植物园提供物资，并引种和扩散“新颖且有价值的植物”。

1840年，林德利的报告起了作用。在英国皇家园艺学会（Royal Horticultural Society）及其主席威廉·卡文迪什（William Cavendish）的努力下，邱园从王室移交给政府，正式地从私人的皇家园林脱胎成为国家植物园。威廉·胡克爵士（Sir William Hooker）被任命为第一任园长，邱园首次向公众开放。胡克园长是一位平民园长，他以工作勤奋和性格随和而著称。在他的领导下，邱园确立了“欢乐园”和“科研机构”的双重身份，注重收集能发展新产业的经济植物及观赏、食用和药用植物，为邱园之后成长为国际著名植物学研究机构奠定了基础（Parker and Ross-Jones，2013）。也是在他任上，邱园集中建造了一批重要的研究性温室。他在1865年去世，园长的职位传给了他的儿子，即前文提及的约瑟夫·胡克。

1848年，棕榈温室建设完工，这是邱园最具标志性的建筑，也是世界上最重要的维多利亚时代玻璃—钢结构的建筑之一，位于邱园正门——维多利亚门入口不远处（图1F）。这座温室的建设借鉴了当时造船业的技术，其顶部巨大的铁质拱架相当于一艘底朝天的船体的肋骨，并用60根半拱形的铁架支撑（图4）。彼时的大英帝国正值国力鼎盛时期，作为战利品搬运而来的热带棕榈树被栽种于此。该温室被打造成了热带植物展示室，早期依靠12台锅炉烧煤加热，现在依靠科技手段精确控制温度和湿度，以营造类似热带雨林的气候条件。这里展示了将近1 050种热带植物，并按照产地分为非洲、美洲和大洋洲植物展区，其中最具特色的收集是棕榈科（Arecaceae）植物，棕榈温室因此得名。该温室是全球最重要

图4　棕榈温室（李波 摄）

14

的棕榈科植物多样性展示中心，其中约1/4的种类在野生环境下已经濒临灭绝。许多棕榈科植物已在此生长逾百年，温室顶端密闭的空间已经严重限制了部分植株的生长，其中最高的一株是1843年从智利移栽的智利酒棕榈［*Jubaea chilensis*（Molina）Baill.］，高20余米，被视为世界上最高的室内植物。伊丽莎白女王非常喜欢这座温室，在1959年和2009年参加邱园建园200和250周年纪念活动时都参观了该温室。

1852年，睡莲温室建成，它是当时世界上最宽的单拱温室。它的建设最初是为了用来栽培采自南美洲亚马孙流域的王莲［*Victoria amazonica*（Poepp.）Sowerby］，一种美丽的睡莲科（Nymphaeaceae）巨型植物，其拉丁属名*Victoria*用以致敬当时“日不落帝国”的缔造者、“大不列颠及爱尔兰联合王国女王和印度女皇”——维多利亚女王（Queen Victoria，1837—1901年在位）。然而，栽在这间温室的王莲却从未开过花，最终被移栽到1987年建成的威尔士王妃温室。睡莲温室里最大的成就莫过于成功繁育并保存了世界上最细小的睡莲（叶长只有约1cm）——卢旺达睡莲（*Nymphaea thermarum* Eb. Fisch.）。这种睡莲的野生居群已经在2008年灭绝（邵青，2014），但是它的部分植株和种子在灭绝前被送到了邱园和德国波恩植物园。植物学家们一直无法在室内让这种睡莲的种子萌发，意味着即便仍有部分栽培植株存活于世，这种奇特的植物终将会灭绝消失。奇迹发生在2009年，睡莲温室的园艺学家卡洛斯·马格达莱纳（Carlos Magdalena）博士在各种尝试失败后，终于找到了卢旺达睡莲种子萌发的条件，即该种子不能像其他睡莲种子一样播种于深水中，而要悬浮在水面浅层并通气，因为它萌发的时候需要二氧化碳来帮助。这种纤小的睡莲终于在人类的帮助下得以继续存活。目前，邱园繁育的50余株卢旺达睡莲是该物种最大的人工居群（图5）。

1853年，标本馆开建，这是邱园持续建设时间最长的建筑群。伴随着全球植物源源不断地被

图5　卢旺达睡莲（李波 摄）

收集到邱园，植物标本的数量也开始急剧增加，标本馆平均每30年就要扩建一次，最早建成的是C耳房（Wing C），1877年完工。此后，1902年和1932年分别建成B耳房和A耳房，1969年建成D耳房，最新的E耳房在2010年建成。标本馆建筑群位于邱园园区之外的西北角，毗邻泰晤士河（图1G）。站在标本馆3楼咖啡厅，泰晤士河沿岸风景便可以尽收眼底，出了标本馆往西走不到50m，就可经伊丽莎白门而进入植物园。笔者曾于2017—2018年在标本馆研修一年，行文至此，怀念之情油然而生。目前，邱园标本馆标本藏量位居世界前列（截至2021年底，馆藏量约70万），这里已成了全球植物分类学研究的重要中心之一。

图6　温带温室全景俯瞰（李波 摄）

1859年，温带温室（图1H）开始建设，并于1863年对外开放，但是直至1899年方才完全建成。这座温室目前是邱园最大的温室，也曾经是世界上最大的植物温室，全长183m，面积4 880m^2。和棕榈温室一样，温带温室也是维多利亚时代玻璃—钢结构建筑的杰出代表，并且是全球现存的最大的该类型建筑。2018年，温带温室经过5年的大规模修复后重新开放。开放的首日，恰逢中国科学院华南植物园副研究员、国际植物园保护联盟（BGCI）中国办公室执行主任文香英老师访问邱园，笔者陪她一起参观了该温室。温带温室保存的植物主要按照地理分布进行分区布置（图6）：北翼展示亚洲温带植物；北边八角亭展示澳大利亚和太平洋岛屿植物；南边八角亭展示南非欧石南属（*Erica* L.）和山龙眼科（Proteaceae）植物；南翼展示南地中海和非洲植物；中部展示高大的亚热带树木和棕榈科植物。温带温室正东面便是玛丽安·诺思画廊。

1876年，乔德雷尔实验室开建，它是由慈善家托马斯·乔德雷尔（Thomas J. P. Jodrell）捐资建设的，最初仅有4间实验室和1个会议室，目的是研究植物病理学及经济植物学，有着强烈的为帝国提供科技服务的属性。到了1963年，实验室的研究人员和科研项目都增加到了无法容纳的地步，于是旧楼被拆除，取而代之的是一栋两层楼的实验室，并安装了当时最先进的植物生理学、

图7　岩石园（左）及戴维斯高山温室（右）一角（李波 摄）

解剖学、细胞学和生物化学研究器材。发展到今天，乔德雷尔实验室成了邱园的综合科技服务中心，其内的研究团队所涉足的领域基本覆盖了当前国际植物学发展的主要方向，并在许多研究中起到引领作用。

1882年，岩石花园（Rock Garden）对外开放。此时的邱园，在世界各地收集的高山植物已经超过3 000种，时任园长威廉·西塞尔顿—戴尔（William Thiselton-Dyer）[2]设计了这座巨大的岩石花园，以一条157m长的蜿蜒小径贯穿其中，模仿了干涸河床的样子，各种高山植物被尽可能仿照原生境的样子高低错落地布置在小径周边的石山或砂石中（图7）。1912年，岩石园的规模已经饱和，于是被大规模扩建。由于缺少足够的石块，园丁们不得不用其他建筑拆毁的木料和废弃的圆木、树桩来伪装成岩石景观。目前，岩石园占地超过0.4hm^2，是世界上最古老、面积最大的同类型植物园。园区内按照植物的地理分布设计了6个区域，分别种植欧洲阿尔卑斯山和比利牛斯山、中亚草原和喜马拉雅山区、北美山地和草原、智利巴塔哥尼亚高原、地中海和非洲南部山地峡谷以及澳大利亚和新西兰山地的植物。在岩石园旁边，2006年建成开放的戴维斯高山温室（Davies Alpine House）——邱园最小的温室——对后来收集的一些耐贫瘠、耐寒、耐旱、耐风的特色高山植物进行了集中展示（图7）。截至目前，岩石园和高山温室展示的植物累计有6 300余份，超过3 400个种。

1901年，邱园的第一处玫瑰藤架开始搭建，位于岩石花园和草本植物园之间的过道上。1959年庆祝建园200周年时，曾经的草本植物园被设计成了分类园，即按照科属分布和进化顺序栽种相应的植物，主要还是以草本植物为主。贯穿分类园区的主干道上，大致相当于最早的玫瑰藤架的位置，建起了今日所见的玫瑰藤架。这是一处浪漫芳香的幽静道路，晴朗的日子，总能遇到喜悦的新人在此拍摄婚纱照。

1987年，威尔士王妃温室（图1I）建成开放。这个温室正是为了纪念邱园的奠基者奥古斯塔王妃而建，是截至目前邱园最复杂最先进的公共温室，采用了最先进的电脑控制系统，创造了从干旱到热带的10个气候区，以便适应不同气候类型植物的生长。该温室保存的植物种类多样性极高，每类植物都尽可能按照其自然生境和生长状态布置，其中的沙漠植物、食虫植物、水生植物、热带雨林附生植物特色鲜明，尤其是食虫植物的种类和数量令人叹为观止，总计有175种572个引种记录。被子植物中几类著名的食虫植物，如猪笼草属（*Nepenthes* L.）、茅膏菜属（*Drosera* L.）、捕虫堇属（*Pinguicula* L.）、瓶子草属（*Sarracenia* L.）和狸藻属（*Utricularia* L.）在这里均有集中展示，而且同属的物种被尽可能地栽种在一起。我曾不止一次地对着玻璃橱窗边拍照边感叹，"如果做这些属分类和进化研究的同行看到他/她所关心的植物被如此集中地从世界各地收集并展示在这里，眼中会泛起多么激动的泪花？"

2006年，邱湖（图1J）（The Lake）上的萨克勒廊桥建成开放，为邱园增添了一处横穿邱湖并欣赏沿岸植物的景观。

2008年，树梢步道在一片壳斗科树林中建成开放。该步道类似于中国西双版纳望天树景区的空中走廊，可以在离地几层楼的高度上换个视角观看林冠的概貌。

2016年，邱园安装了蜂巢（The Hive），一种大型网格状的雕塑型建筑，层层叠叠的六边形玻璃及投影使人如同置身于时空隧道般炫目。该处景观成了邱园的一处新的网红打卡地标。

通过简要的历史回顾可以发现，邱园的主要建筑和场馆基本上都是在19世纪后半叶如火如荼建成的，这部建设历史背后，所折射的正是大英帝国的兴衰。

2 约瑟夫·胡克（即小胡克）的女婿。

2 邱园与中国植物：世界园林之母的贡献

如果说邱园的围墙和建筑构筑起来的是邱园的骨骼，那么布满邱园的来自世界各地的植物则是其筋肉和血液，赋予了她勃勃生机。邱园到底从世界各地收集了多少种植物呢？这是一个连邱园管理者也无法回答的问题。在邱园官网上可以检索到的信息是，目前登记在案的引种记录有6.8万余宗，所代表的物种超过2.7万个，而另有一些不知数据来源的科普资料上记载着邱园的引种植物超过5万种。哪个数据更接近真实呢？据笔者所知，邱园的引种植物家底远没有查清楚，很多记录在案的引种信息不一定仍有活植物存在，而有些静悄悄生长的植物又未必有准确的引种记录。如果我们从上文邱园的历史简况中可以窥测到为它在19世纪日新月异般的蓬勃发展提供支撑的“日不落帝国”的“光辉历史”的话，那么我们可以想象当时全球各个角落的植物纷沓而来的规模和数量是何其壮观，而远涉千山万水、九死一生来到异域的植物又有多少能够被准确记载？这样再重新审视邱园的植物引种数，只怕其官网推测的2.7万种是最保守的估算。

尽管邱园的建造史长达260余年，完全算得上是最古老的全球现存植物园之一，然而其植物的引种史却更加久远。早在邱园以皇家植物园的身份登上历史舞台之前，异域的植物便已经被收集来装点了这片庄园所在的土地。几百年下来，最终邱园所收集的植物无论是曾经活过的还是目前仍然活着的，很可能确实难以用准确的数字来量化。但是如果要明确地指出，是哪里的植物为邱园注入了灵魂，并助其成长为世界园林百花园中的璀璨明星，这个答案却是可以定性的，那便是中国植物。因为，中国是当之无愧的“世界园林之母”，正如上文提及的威尔逊的著作《中国——园林之母》（Wilson，1929；威尔逊，2015）（注：英文原版1929年出版，中文版由中科院华南植物园资深研究员胡启明先生2015年翻译出版[3]）中所定性的那样“中国的确是园林的母亲，因为在一些国家中，我们的花园深深受益于她所具有的优质品位的植物，从早春开花的连翘、玉兰，到夏季绽放的牡丹、蔷薇，再到秋天傲霜的菊花；从现代月季的亲本、温室杜鹃、樱草，到食用的桃子、橘子、柚子和柠檬等，这些都是中国贡献给世界园林的丰富资源。事实上，美国或欧洲的园林中，无不具备中国的代表植物，而且这些植物是乔木、灌木、草本、藤本行列中最好的……”

在另一本著作——英国博物学家简·基尔帕特里克（Jane Kilpatrick））2007年出版的《异域盛放：倾靡欧洲的中国植物》（*Gifts from the Gardens of China*）（注：中文翻译版2011年出版）中，作者在前言中绘声绘色地写道：“试想，如果没有玉兰、连翘、锦带花、绣球花、棣棠花和大花铁线莲，也没有诸如荷包牡丹、牡丹、菊花、虎百合等类似品种的多年生植物，我们的花园将会是何等的寂寞。试想，如果没有活色生香的十大功劳、蜡梅、灌木忍冬、瑞香和皱皮木瓜等，冬天的花园又会是何等的萧瑟。”尽管书中记载的是中国植物旅居欧洲的历史，但是文中提及的这些代表性植物哪一个不是在当下的邱园随处可见呢？如果把这段话转换为“如果没有中国的植物，邱园将会是多么地寂寞和萧瑟”（基尔帕特里克，2011），我想也是完全成立的。这恰是中国植物为邱园注入灵魂的最生动的侧面写照。

笔者在筹备本文写作过程中，通过邱园的朋友多方联系，想得到中国植物种类在邱园中的具体统计数字，得到的答复是4 645种，但是这个数

3 另有浙江农林科技大学包志毅2017年翻译的《中国乃世界花园之母》，中国青年出版社。

字是根据采集标签上明确备注了产地为“China”的内部数据库上检索统计出来的。很显然，这个数字也是被高度低估了的。当我想让他们提供一个更完全的数据估测，不仅限于近代登记制度完善以来的数据库记录，还包括18世纪末至20世纪初期的“植物猎人”们大规模采集回去的历史记录，也即200年来邱园中出现过的中国植物的种类，他们的答复是一种隐晦的、略显保守的不确定。也就是说，栽种在邱园的中国植物究竟有多少种，同样是一个连邱园管理者也无法回答的问题。其实这道理很好理解，只要我们大致了解中国植物是什么时候、以什么方式来到的邱园，那么便可以理解为什么无法统计出具体数字。

有些历史是众所周知的。14世纪前后，连接中国与欧洲的陆上丝绸之路中断，随后的15世纪到17世纪的大航海时代开辟了中欧贸易的海上新航线，东西方文化和贸易的交流得以延续。随商船来到中国的大量欧洲传教士一方面承担着传播基督教义的责任，一方面将中国的风土人情介绍回欧洲。传教士们撰写的各种各样关于中国的文章激发起了欧洲人强烈的好奇心。其中最著名的来华传教士之一当属意大利籍天主教耶稣会士利玛窦（Matteo Ricci, S. J.），他在1582年从中国澳门登陆，辗转由南向北，最后定居在当时大明帝国的都城北京，直到1610年去世。他在去世前曾将其在中国的所有经历，包括一切所见所闻所想记载了下来。这些手稿随后被比利时籍耶稣会士金尼阁（Nicolas Trigault）整理为5卷本的《基督教远征中国史》（*De Christiana expeditione apus Sinas ab Societate Iesu suscepta, ex P. Matthaei Ricci commentariis Libri V, auctore P. Nicolao Trigautio, Belga*），并于1615年在德国出版，此后并被翻译为法语、德语、西班牙语、英语、汉语等多个版本广泛流传，其中便包括1983年中国大陆的中译本《利玛窦中国札记》（利玛窦和金尼阁，1983）。此书的出版为当时的欧洲了解古老的中国打开了一扇好奇的窗口，引起了欧洲各个学术界的轰动，园艺界也不例外，因为书中写道“毋庸置疑，这个世界上，除了这个王国，再也找不到其他拥有如此丰富动植物品种的国家了！”这样的评价吸引了一批又一批欧洲的植物爱好者、采集者、探险家以及商人、船员等各路人马，他们携带着探索的好奇心、经济动机以及为帝国荣耀收集植物的殖民主义心理等混杂的心情，大肆搜刮中国的各类花卉、水果、蔬菜及野生植物。

英国商船也是在这样的背景下远渡重洋，终于在1636年首次到达了中国的澳门，并成功开展了贸易。一年之后，由6艘商船组成的更大的船队来了。其中一个商人名叫彼得·芒迪（Peter Mundy），他被澳门所见到的植物和花园深深吸引，并在日记中写道：“许多走廊和庭院里都装饰着花草，或摆放着栽种在各式花盆里的小型花木。长在岩石上的小树尤为引人注目，人们将岩石置于盘里或其他容器中，水浸过了树根及部分树干，树会越长越大，我所见过的有些树长到三或四英尺高。”其实，通过描述我们很容易就知道这只是中国千百年来早已成熟了的园艺技术——盆景。而对于初见中国植物的英国人而言，这是一个“惊奇”的发现。芒迪还记载道：“有一种名为‘茶’的饮料，是用某种药草煮出来的水，需趁热喝，据说它对健康有益”。大约20年后，茶叶就被进口到了英国，并出现在伦敦各地咖啡厅中，而这是英国人以前从未喝过的中国饮料。从此之后，“喝茶”迅速成了英国权贵们的新宠。这一时尚的风潮很快就变得一发不可收拾，使得茶叶需求量与日俱增，这导致了中英间巨大的贸易逆差。经济问题的持续积累终于引发了政治和军事问题在1840年火山般的爆发，当然这是后话，也是另外一个故事。

目光再回到17世纪，到了其90年代，越来越多的英国人开始在利益的驱动下造访东方的中国，而广东、福建沿海的植物也开始源源不断地流入英国的花园。商人们开始组建“英国联合公司”，意欲在福州、厦门建立办事处，以期在中国沿海开展持续的贸易活动。而英国本土的植物爱好者们则成立了“圣殿咖啡屋植物俱乐部”，经常聚在一起讨论新发现的中国植物，也努力游说要去海外的人尽可能多地寄来植物标本或种子。石竹（*Dianthus chinensis* L.）、翠菊［*Callistephus chinensis* (L.) Nees］、臭椿［*Ailanthus altissima* (Mill.) Swingle］、侧柏［*Platycladus orientalis* (L.) Franco］及银杏（*Ginkgo biloba* L.）的种子便相继被寄回英国并被种植成功。此时，来自中国的植物也成了昂贵的商品。

18世纪初，自发组织起来的英国联合公司被取消，取而代之的是笔者无法用主观的语言来形容其历史行为的享有英王钦定特权的英国东印度公司（British East India Company，简称BEIC）。享有贸易垄断地位的东印度公司一方面贩卖着中国的奢侈品，尤其是茶叶，并专门在中国广东建立贸易点来使用白银换取茶叶；另一方面，公司的成员也在国内雇主的金钱驱使下借机大肆收集中国的植物和标本。起初，中国工艺品或绘画中的美丽花朵，如梅花、玉兰、茶花、牡丹、菊花、绣球等，在英国人看来这纯粹是中国人的想象，因为他们还不能相信世界上存在如此美妙的植物。然而，到了1796年，几十年间被引进英国的中国植物不但颠覆了英国人对植物的认识，而且用中国植物装点起来的彼时的邱园，令时任主管、前文提及的约瑟夫·班克斯发出了骄傲的、略带狂妄的宣言："我们的国王在邱园，中国的皇帝在承德，虽两地相隔，却在相同之树荫下，扶树遣怀；虽在各自的花园，却欣赏着相同的芳菲。"（基尔帕特里克，2011）。由此侧面，便可以想象东印度公司自1711年主导中英贸易后的几十年间，通过各种"非法的""私人的"途径搜罗而去的中国植物的种类和数目已是何等的惊人了。

尽管中国植物要经过几个月的海上运输，在炎热、寒冷、风暴、海风的交替折磨下，多数都半途夭折，但也有一些顽强的植物和种子被成功带回了英国，并最终在贵族们的花园中安家落户，其中就包括苘麻（*Abutilon theophrasti* Medicus）、白木香［*Aquilaria sinensis* (Lour.) Spreng.］、朱砂根（*Ardisia crenata* Sims）、山茶（*Camellia japonica* L.）、菊花［*Chrysanthemum morifolium* (Ramat.) Hemsl.］、铁线莲（*Clematis florida* Thunb.）、朱蕉［*Cordyline fruticosa* (L.) A. Cheval.］、春兰［*Cymbidium goeringii* (Rchb. f.) Rchb. F.］、瑞香（*Daphne odora* Thunb.）、溲疏（*Deutzia scabra* Thunb.）、鸢尾（*Iris tectorum* Maxim.）、圆柏（*Juniperus chinensis* L.）、卷丹（*Lilium tigrinum* Ker Gawler）、海棠［*Malus spectabilis* (Ait.) Borkh.］、千里香［*Murraya paniculata* (L.) Jack.］、桂花［*Osmanthus fragrans* (Thunb.) Loureiro］、芍药（*Paeonia lactiflora* Pall.）、杜鹃（*Rhododendron simsii* Planch.）、刺莓（*Rubus rosifolius* Smith）、虎耳草（*Saxifraga stolonifera* Curt.）、麻叶绣线菊（*Spiraea cantoniensis* Lour.）等。

尤其值得一提的是月季花（*Rosa chinensis* Jacq.），它是现代月季的原始亲本之一，在某种意义上可以说是最重要的亲本。在月季花从中国传入欧洲之前，欧洲人已经利用本土的法国蔷薇等种和从中亚辗转引栽的麝香蔷薇等种杂交出了突蕨蔷薇等品种群，但主要只有粉红色系，而且绝大多数品种花期局限于春末夏初。但从18世纪末开始，月季花及其杂交种香水月季［*Rosa* ×*odorata*（Andr.）Sweet］的品种陆续传入欧洲，不仅提供了大红色等新的色系，更重要的是引入了常年开花的特性，从而为现代月季的培育奠定了极为重要的种质基础。而在中国月季品种的引入工作上，英国人出力甚多。月季花的一个重要品种"月月红"（花为大红色），就是由英国园艺师吉尔伯特·斯莱特（Gilbert Slater）在1791年引入（一说1789年前后），并因此在国际上定名为'Slater's Crimson China'（直译是"斯莱特氏猩红中国"月季）。邱园很快就种植了这个品种，今天大英博物馆就有一份"月月红"标本，采自邱园栽培的植株。

与"月月红"的引入差不多同时，1792年，另一个古老月季品种"月月粉"香水月季也从中国引入了英国。根据园艺史家考证，这个品种的材料很可能是由马戛尔尼（George Macartney）率领的英国来华外交使团中一位叫斯汤顿（George Staunton）的爱尔兰植物学家从广州寄给班克斯的。园艺师约翰·帕森斯（John Parsons）从班克斯那里得到了这个品种，在自家花园里种到开花，其绵长的花期令英国园艺界大喜过望。后来这个品种一度被命名为‘Parsons' Pink China’（直译即“帕森斯氏粉红中国”月季），很快传到法国、美国等地，并由美国园艺师把它与麝香蔷薇杂交，育出了“诺伊塞特”（Noisette）系列月季，成为1867年育成的杂交茶香月季（最早的现代月季）的重要祖先亲本之一。自此以后，现代月季在全世界园艺中都大放异彩；时至今日，连月季花的故乡——中国的花店也都要购买西方园艺师所培育出的品种。

此后半个世纪，东印度公司职员与专业的园丁、邱园及皇家园艺协会等群体形成的非正式的利益联盟继续大肆搜集中国的植物，并基本垄断了西方引进中国植物的渠道。两次鸦片战争后，更多的通商口岸的开放使得中国北方及内陆的植物被掳上了开往英国的货船，最终成功落户英国及邱园的有糯米条（*Abelia chinensis* R. Br.）、醉鱼草（*Buddleja lindleyana* Fort.）、紫斑风铃草（*Campanula punctata* Lamarck）、三尖杉（*Cephalotaxus fortunei* Hook. f.）、唇柱苣苔（*Chirita sinensis* Lindl.）、杉木［*Cunninghamia lanceolata* (Lamb.) Hook.］、白鹃梅［*Exochorda racemosa* (Lindl.) Rehd.］、连翘［*Forsythia suspensa* (Thunb.) Vahl］、栀子（*Gardenia jasminoides* Ellis）、迎春花（*Jasminum nudiflorum* Lindl.）、忍冬（*Lonicera japonica* Thunb.）、十大功劳［*Mahonia fortunei* (Lindl.) Fedde］、桔梗［*Platycodon grandiflorus* (Jacq.) A. DC.］、金钱松［*Pseudolarix amabilis* (J. Nelson) Rehd.］、李叶绣线菊（*Spiraea prunifolia* Sieb. et Zucc.）、棕榈［*Trachycarpus fortunei* (Hook.) H. Wendl.］、锦带花［*Weigela florida* (Bunge) A. DC.］、紫藤［*Wisteria sinensis* (Sims) DC.］等，以及各类品种的牡丹。英国园艺师们曾热情欢迎中国植物的到来，为此倾心，视同己出，并充分利用中国的植物资源，培育出风靡了全世界的杜鹃、月季、茶花、牡丹、菊花、玉兰等花卉的许多杂交品种。

与此同时，具有讽刺意味的是，正当中国的植物被精心遴选培育并装点英国园林的时候，滋养这些植物的古老大地却在劫难逃。1860年，中国的皇家园林圆明园被英法联军抢掠一空并付之一炬，而《天津条约》签订后，中国被迫进一步扩大开放。此后，搜集中国植物的不再仅仅是英国人了。伴随着中国腹地的门户大开，整个华夏大地的植物终被以更加凶悍的方式所掳走。最终被带到国外的植物种类和数目也是无法估算的，但是我们可以通过另一个侧面窥视到这种规模，即在中国植物分类学前辈们筚路蓝缕地编纂中国人自己的植物志时，发现近2/3的物种名称的模式标本是存在海外的。

站在21世纪的路口回望邱园——这座被中国植物赋予灵魂的植物园，当几代园长的接力努力终于将这座全球瞩目的皇家园林绚丽地呈现在世人眼前的时候，以今日之眼光打量邱园发展繁荣并鼎盛的过程，我们很难再想起“殖民地”“掠夺”“偷盗”等字眼，但是当我回想起在玫瑰园中穿行时，陪朋友在杜鹃谷漫步时，站在珙桐树下拍照时，脑海中曾经多次浮现过的矛盾的思辨再次翻涌了起来。想到原生的、珍奇的植物是如何漂洋过海用以装点并成就了人家的花园，心中掠过一丝淡淡的惆怅，可是当看到原产地已经或行将灭绝的植物竟然神奇地在另一个远方的角落茁壮地成长而得以保全时，心中又有些许欣慰。我曾亲眼目睹过邱园的园丁们为了一种植物的存活和繁殖而在一个完整的春、夏、秋、冬里所做的各种努力，也一次次惊叹于所拍摄的美丽的小花竟然是由原产地最不起眼的路边小花培育而来。抛开沉甸甸的历史，仅仅站在一棵植物的角度而言，邱园这座曾经的“大英帝国的花园”确实是可以称之为“植物的天堂”。

3 植物科学博物馆：邱园的收藏品与科学价值

历史的车轮滚滚向前，邱园绝大部分时间都在和平而繁荣地被建设着。伴随着世界各地植物被源源不断地以各种途径引种到邱园的过程中，与活植物相关的各种标本、制品、研究资料、艺术作品也在不断地累积中，这些资源被整理、研究和挖掘的过程为植物学、植物分类学、植物资源学、植物病理学、园艺学等学科的发展做出了卓越的、不可替代的贡献，从而使邱园成了国际最著名的植物学研究机构之一。

邱园数量最多的藏品是各类标本，其中植物腊叶标本超过700万份，真菌干燥标本125万余份，并仍以每年3.8万份的数量持续增加。这些标本代表着多少具体的物种目前仍是未知数，而将所有标本数字化作为公共产品向全球科学家开放是挖掘这些标本价值的金钥匙。然而，由于馆藏量太大，研究和挖掘这些标本科学价值的活动显得滞后许多。绝大多数标本都静静地躺在标本柜一个又一个冰冷的盒子中（图8），等待着被翻看或被拍照的一天。截至目前，被数字化的植物标本仅占总数的12%左右，所鉴定出的物种已有18.75万种之多，所代表的属超过维管植物总属数的95%；被数字化了的真菌标本比例高一点，也仅有40%左右，包含5.2万余种，覆盖了真菌60%左右的属。将邱园所有馆藏标本完成数字化并能向全球学者开放目前看来是个任重道远的过程。笔者曾在标本馆C耳房南边靠窗的一个办公桌边研究一年，看着馆员们日复一日地迟到早退、每半小时或一小时一次的喝咖啡聊天、每人每天登记二三十份标本的信息便算完成工作量，再看到即便是已经数字化的标本在邱园标本馆网站上能够开放获取的也是经过了严重压缩后分辨率大幅降低的照片，意识到当下的邱园标本馆正在经历着一场与其巅峰辉煌时誓要采遍全球的开拓精神不对称的一种慵懒的、保守的内卷。

图8　标本馆内景（李波　摄）

然而，不可否认的是，邱园丰富的标本馆藏曾在历代分类学者的研究整理下，为世界各地植物分类学的后起发展奠定了基础。其中，特别值得提及的便是关于中国植物最早的全面整理，正是主要以邱园的标本记录为依据。1886—1905年，瑞典植物学家弗朗西斯·福布斯（Francis Forbes）和时任邱园标本馆管理员威廉·赫姆斯利（William Hemsley）耗时20年，分别在林奈学会会刊（*The Journal of the Linnean Society*）第23卷（1886—1888）、第26卷（1889—1902）和第36卷（1903—1905）累计20期内容上，以“An enumeration of all the plants known from China Proper, Formosa, Hainan, the Corea, the Luchu Archipelago, and the island of Hongkong: together with their distribution and synonymy”为

题，系统地整理出当时中国的植物名录，即以*Index Florae Sinensis*而为中国植物分类学界所知，总共记载维管植物8 271种，其中4 230种被认为是中国特有种，并据此推断中国的维管植物种类超过1.2万种。该名录基本可以算作是中国第一代植物分类学者们了解中国植物概貌的第一份权威资料，也激发了中国学者以此为基础调查、完善、编研本国植物志的雄心，为最终的80卷126册《中国植物志》的顺利完成擘画了最原始的蓝图。

即便时至今日，世界各地的植物分类学者要开展专科专属或某个地区植物类群的研究，邱园的馆藏标本都是必须要去全面查阅的。正是这个原因，笔者在开展唇形科（Lamiaceae）豆腐柴属（*Premna* L.）的分类研究时，以访问学者的身份在标本馆工作了一整年。而目前由中国科学院院士洪德元先生组织的《泛喜马拉雅植物志》的编研过程中，一批又一批的国内分类学者前往邱园标本馆，继续挖掘着标本中沉睡的信息。可以这样说，邱园标本馆就是一座浓缩的地球上植物和真菌的宝箱，它们保藏的科学秘密需要全世界科学家共同努力来开启。

除了干燥的标本，邱园还保存了超过7.6万份酒精浸泡的植物标本，代表着370个科超过2.98万种，其中棕榈科、兰科和多肉植物的收藏最为集中。此外，另有超过1 250份真菌浸制标本。这些浸制标本的数量是全球同类标本中规模最大的，对于研究相关类群的立体形态和结构提供了绝佳的材料和视角。值得一提的是，浸制标本是邱园所有收藏中唯一一类全部完成数据采集、并可以通过标本馆目录（Kew Herbarium Catalogue，http://apps.kew.org/herbcat/gotoHomePage.do）检索相关信息的藏品，只可惜所有的照片尚未开放，总令人有隔靴搔痒之感。在可供检索的信息中，采自中国的浸制标本总计42科110属350份左右。

邱园科学收藏品中另一个特色是超过15万份的玻片标本，包括4万余份花粉标本、3.6万份木材解剖标本、1.05万份真菌标本，以及其他一些植物叶表皮、叶横切、根的横切与纵切，及染色体玻片。与腊叶标本类似，这些玻片标本代表了多少具体的物种也是未知的。在已经整理并录入数据库的37%的藏品中，已包含了3.06万多种。依据部分解剖标本的比较研究，时任乔德雷尔实验室主任的亚历克斯·梅特卡夫（Alex Metcalfe）与劳伦斯·乔克（Laurence Chalk）合作于1950年出版了2卷本的《双子叶植物解剖学研究》（*Anatomy of the Dicotyledons: Leaves, Stem, and Wood, in Relation to Taxonomy, with Notes on Economic Uses*）。此后，一系列《单子叶植物解剖学研究》（*Anatomy of the Monocotyledons*）专著不断问世，自1960年的第1卷禾本科到目前2014年已经出版的第10卷兰科，这一系列著作已经成了植物解剖学领域的经典教材和工具书。可以预见的是，所有玻片标本中信息的挖掘与研究，还将产生大量有价值的科学成果。邱园管理层和科学中心显然也意识到了这些藏品的价值，并从2015年开始，计划用10年左右的时间，将所有玻片标本数字化并向全球科学家开放。然而，非常具有邱园办事效率特色的是，截至目前数字化的玻片仅有不到1 000份，真可谓是九牛之一毛。

与各类实物标本中所承载的无字天书信息相比，邱园的另一类藏品所蕴藏的信息被挖掘和利用的程度要深得多，这便是各类文献档案和艺术收藏。邱园图书馆收集有全球范围内涉及植物学、真菌学、生态学、园艺学、进化生物学等领域的30多万册图书和期刊，涉及语种超过90种，其中所有涉及野生植物分类和命名、分类系统、植物名录或植物志等方面的收集是图书馆的核心任务定位，同时配合以截至目前数量仍未统计出来的标本缩微照片，邱园图书馆的馆藏所蕴含的是关于全球植物物种的信息（图9）。正是在图书馆的资料和数据支撑下，邱园影响力最大的出版物、持续出版近100年的巨著——《邱园索引》（*Index Kewensis*）得以面世。《邱园索引》这套丛书自1895年开始出版，直到1981年连续出版了18册。正如其副标题*An Enumeration of the Genera and Species of Flowering Plants*所标识的含义，这套索引的目的是将自林奈1753年发表的《植物种志》（*Species Plantarum*）以来的、世界上所有发表过的有花植物的科、属、种的名

图9　图书馆内景（李波 摄）

称、作者、原始文献、分布范围以及名称的变动等所有信息记录在案，为全世界从事被子植物分类研究的学者提供了最全面的物种信息，为植物分类学的发展做出了不可磨灭的贡献。此后，得益于电脑和网络的技术发展，以《邱园索引》为主要数据依托，并整合了哈佛大学标本馆（The Harvard University Herbaria）的格雷卡片索引（Gray Card Index，GCI）和澳大利亚国家标本馆（The Australian National Herbarium）的澳大利亚植物名称索引（the Australian Plant Names Index，APNI）的、世界上第一个植物物种名称数据库被开发出来，即2000年上线的国际植物名称索引（International Plant Names Index，IPNI，https://www.ipni.org/）。截至目前，该数据库共收录全球维管植物科级及以下等级名称信息超过166.49万条，并以平均每年6 000条以上的速度持续增加和更新，成了植物分类学领域访问率最高、影响力最大的数据库之一。

在收集正式出版的书籍与期刊之外，邱园图书馆还收藏着700多万份手稿和档案，内容涵盖了邱园历代植物分类学家未发表的手稿、研究笔记、学术通信、野外记录、相册或影集、邱园的建设和规划历史及图纸、植物引种记录、标本入库及借出登记等，范围之广、内容之多，承载着的是关于邱园的人、物、事的方方面面的故事和历史，也是邱园亟待挖掘的一座档案信息宝库。除此之外，邱园艺术中心收藏的20多万份图片和绘画赋予了邱园浓厚的艺术气息。藏品的时间跨度超过200年，既有18世纪末的铅笔或钢笔线条图，也有19世纪的浪漫主义水彩画，乃至于现代的三维立体画；既有世界各地自然风光的风景画，也有朦胧抽象的植物写真。然而，真正使邱园的艺术藏品焕发出科学光芒的则是大量的细致入微的植物科学绘图，它们比例精确、栩栩如生、须毫毕现，完美地将植物的形态与结构以艺术的形式传播。这些植物绘图支撑起来的是全世界运营最久、出版时间最长的植物学期刊——《柯氏植物图说》（*Curtis's Botanical Magazine*）。该刊自1787年开始出版， 至今已累计出版超过210卷，其中的植物彩色绘图是科学与艺术的完美结合。即便时至今日，高科技的摄影技术日新月异，邱园所引领的植物绘图或艺术画，依然执行着照片所不能替代的科学功能。

经济植物制品的收藏是邱园的另一个特色。超过10万件物品展示的是世界各地的人们从古至今利用植物而生存的方方面面，囊括了衣、食、住、行、药、玩等各个活动中令人眼花缭乱的各种制品或材料，而且每年仍以1 000件左右的速度继续增加着藏品的数量。粗略统计，这些藏品来源于2万个左右的物种，尤其是被子植物制品占了绝大多数，其中以棕榈科（Arecaceae）、菊科（Asteraceae）、大戟科（Euphorbiaceae）、豆科（Fabaceae）、桑科（Moraceae）、禾本科（Poaceae）及茜草科（Rubiaceae）等类群的植物制作的生活用品、食品或药品是收藏的重点。另外，印度、马来西亚、澳大利亚、巴西、英国、美国及热带非洲地区的各种植物制品的收藏也是亮点。经济植物制品的收集生动地揭示了人类的生存是如何地离不开植物世界，把邱园的科学收藏提升到了人文思考的高度。

如果说，以上所有的藏品不论科学价值高低，其来源都或多或少带有一点“殖民时代”色彩的话，以下两类科学收藏则是邱园在20～21世纪之交的新时代展现担当、引领潮流、并努力通过广泛的国际合作为科学事业的发展做贡献的典范，其一是千年种子库（The Millennium Seed Bank），其二是DNA库（DNA Bank）。

早在1965年，邱园的植物病理学部就开始关注植物种子的研究和收藏，尤其是有重要经济价值或特殊用途的植物种子。此时的种子收藏仍然带有“为帝国服务”的色彩。到了1973年，邱园已经开始有计划地建造专业的种子收藏馆，并探索种子保存条件。馆址选在了韦克赫斯特庄园（Wakehurst Place），也即韦园。该园位于英国东南部的苏塞克斯（Sussex）郡，占地超过500hm^2，是一处充满原生植物的大型野生植物园。韦园于1965年被邱园租来（注：此处的邱园指的是邱园管理机构，其下管理着两处植物园，一处即是本文主旨所论述的、位于里士满泰晤士河畔的邱园植物园的，另一处则是此处的韦园），并作为邱园的分园。1997年，在惠康基金会（Wellcome Trust）的资助下，韦园内建设了一系列高科技低温储藏室，并于2000年建成，这便是千年种子库（图10）。千年种子库是全世界种子收集、保存和研究的先驱，引领着全球生物多样性保护事业的发展，其核心目的是以负责任的态度为我们的后代保存尽可能多的植物资源、并通过全球合作来减缓物种多样性丧失的速度。千年种子库建设计划代表了世界上最宏伟的植物保护项目，倾注了科学界践行人与自然和谐共存理念的大量心血。

在此计划的强烈感召下，全球94个国家160余个科研机构积极配合邱园进行种子收藏，第一阶段目标，即保存世界上10%的种子植物的种子，仅用

图10　千年种子库外景（左）及内景（右）（分别引自*Kew Science Collections Strategy* 2018—2028和*Kew Science Strategy* 2021—2025）

9年时间就完成了，并于2007年4月，种子库中的种子收藏数突破10亿粒。建设至今，千年种子库的种子收藏无论种类还是数量均位居全球首位，并代表着地球上最集中的活体种子和植物多样性。截至目前，种子库中收藏的种子有8.58万多份、超过24亿粒，代表了全球4万余个种子植物，并仍以每年5 000份的数量在持续增加收藏量。与此同时，种子库每年为科学界提供研究样品1 200余份，每年累计接待科研访问人员2 300人次，为鼓励世界范围内的植物保护、改善种子保存技术的各方面研究、促进种子科学的发展、维持和提高公众对生物多样性保护的兴趣等方面做出了突出贡献。

邱园的DNA库建设在全球也是开创性、引领性的。早在1992年，第一个植物DNA序列——叶绿体基因组中的*rbcL*基因序列被正式引入植物分类学研究中，邱园就敏锐地意识到现代植物分子系统学蓬勃发展的时代即将来临。同年，邱园DNA库正式开始建设。经过近30年的积累，邱园DNA库的规模是全球同类库中最大的，目前保存着大约6万份植物DNA，代表着超过3.5万个物种，其中裸子植物全部科、被子植物绝大多数科及超过一半的属，及部分苔藓和蕨类植物均有代表，平均每年仍有2 000份新增DNA入库。依托这些海量的DNA资源及广泛的国际合作，邱园乔德雷尔实验室的马克·切斯（Mark Chase）与原哈佛大学标本馆（现密苏里植物园）的彼得·斯蒂文森（Peter Stevens）及乌普萨拉大学（Uppsala University）的科雷·布雷默（Kåre Bremer）一起倡议成立了国际被子植物系统发育研究组（The Angiosperm Phylogeny Group），并于1998年基于分子系统学研究结果提出了被子植物新分类系统，即APG 系统（The Angiosperm Phylogeny Group，1998）。此后，在马克·切斯的领导下，APG 系统分别经过2003、2009及2016年的完善和更新，目前已经是第四版，并通过被子植物系统发育网站（Angiosperm Phylogeny Website，http://

www.mobot.org/mobot/research/apweb/）实时更新。APG系统完全重塑了学术界对被子植物许多目、科和属间分类和亲缘关系的认知，是当前被子植物的主流分类系统。此外，邱园DNA库中对豆科和兰科样品给予了格外关注，几乎所有属都有代表性植物的DNA采集，在国际豆科及兰科植物系统发育研究中扮演了重要角色。

通过对邱园各类收藏的简要介绍，我清晰地感受到了其藏品的丰富、历史积淀的深厚、及对植物科学发展所奠定的影响，同时我也意识到邱园对这些收藏所蕴含的历史、科学及艺术信息的挖掘还十分有限。这些藏品是静止的、无言的，正默默等待着懂它们的科学家来唤醒其所承载着的博物馆式的海量信息，并最终使它们释放出更加耀眼的科学光芒。而这，正是邱园当下及将来所应该重点关注和开发的。

行文至此，必须收笔；寥寥数字，抛砖引玉。邱园是一部巨著，它承载着近代植物学和园艺学发展的总体脉络，值得关注它的人细细品读；邱园是一个蹒跚的老人，她走过了260余年的光辉历程，侧面见证了世界历史的沧海桑田；邱园又是一位年轻的姑娘，由全球各地的奇花异草装扮着美丽容颜，浓缩着这个蓝色星球的植物之美、生命之美；邱园是一座富丽堂皇的宫殿，焕发着历史、科学和人文共同铸造的艺术光芒；邱园也是一个科学的宝库，期待着全球植物学家前来开启。邱园是古老的，也是年轻的；它是英国的，也是世界的。它是世界园林建造史的奇迹，是当今世界的“万园之园”。然而，曾经、现在乃至将来，赋予邱园灵魂的，恰是世界园林的母亲——中国。

参考文献

基尔帕特里克，2011. 异域盛放：倾靡欧洲的中国植物 [M]. 俞衡，译.广州：南方日报出版社.

利玛窦，金尼阁，1983. 利玛窦中国札记 [M]. 何高济，王遵仲，李申，译.上海：中华书局.

帕克，罗斯-琼斯，2020. 邱园的故事 [M]. 陈莹婷，译.上海：上海文化出版社.

邵青，2014. 世界上最小的睡莲——侏儒卢旺达睡莲 [J]. 生命世界，9: 82-83.

威尔逊，2015. 中国——园林之母 [M]. 胡启明，译.广州：广东科技出版社.

徐艳文，2013. 迷人的英国皇家植物园——邱园 [J]. 中国花卉园艺，21: 54.

周文静，2006. 英国皇家植物园邱园 [J]. 花木盆景（花卉园艺），1: 54-55.

朱建宁，卓荻雅，2019. 威廉·钱伯斯爵士与邱园 [J]. 风景园林，26（3）: 36-41.

KILPATRICK J, 2007. Gifts from the gardens of China the introduction of traditional Chinese garden plants to Britain 1698-1862 [M]. London: Frances Lincoln Ltd.

PARKER J, ROSS-JONES, K. 2013. The story of Kew gardens in Photographs [M]. London: Royal Botanic Gardens, Kew.

The Angiosperm Phylogeny Group, 1998. An ordinal classification for the families of flowering plants [J]. Annals of the Missouri Botanical Garden, 85 (4): 531-553.

WILSON E H, 1929. China, mother of gardens [M]. Boston: The Startford Com.

致谢

承蒙英国皇家植物园邱园标本馆馆长Alan Paton博士及园艺中心Tom Freeth博士提供大量的数据和资料、上海师范大学廖帅博士研究生协助检索文献、北京市植物园马金双博士及上海辰山植物园刘夙博士审阅全文并提出修改建议，在此一并致谢。

作者简介

李波，1984年生于宁夏回族自治区吴忠市，2002—2009年就读于南昌大学生命科学与食品工程学院，获得理学学士和硕士学位；2012年于中国科学院华南植物园植物学专业获理学博士学位；2012年至今任教于江西农业大学，现任江西农业大学生态科学研究所副研究员，获聘“青年教授”“未来之星”人才岗；2017—2018年英国皇家植物园邱园访问学者。主要从事唇形目及蓼科系统发育重建及部分类群（荞麦属、豆腐柴属、牡荆属、蓼属等）的分类学修订工作。

14

China
园林之母

15

香格里拉高山植物园的发展历程（1999—2022）

The Development History (1999—2022) of Shangri-la Alpine Botanical Garden

方震东*
（香格里拉高山植物园）

FANG Zhendong*
(Shangri-la Alpine Botanical Garden)

* 邮箱：1246288594@qq.com

摘　要：本文全面地介绍了香格里拉高山植物园的发展历程，内容包括从提出项目建议、启动建设、运营管理、发挥的功能到取得的成效等方面，以供读者借鉴、参考和提出批评意见。

关键词：香格里拉　高山植物园　云南　中国

Abstract: This paper gives a comprehensive introduction to the development history of Shangri-La Alpine Botanical Garden, including the project proposal, construction, operation and management, functions and achievements, so as to provide reference and criticism for the readers.

Keywords: Shangri-La, Alpine Botanical Garden, Yunnan, China

方震东，2022，第15章，香格里拉高山植物园的发展历程（1999—2022）；中国——二十一世纪的园林之母，第一卷：512-551页

香格里拉植物园区位于云南省香格里拉市建塘镇（城区北郊10km处），国道214线旁，有环纳帕海公交车经过；地理经纬度：东经99°38′26.26″~ 99°38′3.86″，北纬27°53′57.89″ ~ 27°54′37.69″。园区占地1 005亩，就地保护维管束植物620种，迁地保护400余种。园区已建成迎宾园、野生蔷薇园、迷宫园、续建杓兰保存收集区、杜鹃园、香雪药园、腋花杜鹃矮灌丛区、湿生草甸园、珍稀树木园、域外植物区、大田试验区、科普展览馆和苗圃等十余个主题展区。

经过20余年的发展，植物园现有25名固定员工，设有园艺部、科研部、旅游部和后勤部（财务、办公、人力资源等）；植物园由理事会领导下的园长负责制。

香格里拉高山植物园从1999年提出项目建议并得到立项批复，2001年启动建设，2005年向公众开放。2006年至今，经历了三届理事会管理。其间取得了哪些成绩、发挥了什么作用、遇到哪些挑战、为什么要建这样的一个植物园？是很多人关心和关注的话题。虽然前期相关媒体记者和作家采访都有所涉及，但是相关内容都没有得到充分和全面的认识和报道。所以，实时总结并记载下来，不仅是对目前工作的总结，更重要的是下一步如何发展并能够对国家植物园事业提供借鉴。

1 始作俑者

据我所知，提出建设中甸（2001年12月17日后更名为香格里拉）高山植物园的始作俑者至少有4人。一位是我国著名植物学家、园艺学家、中国科学院昆明植物研究所冯国楣（1917—2007年）先生。我在相关科考报告的建议中看到他呼吁政府应在中甸舞凤山一带建立高山植物园，以加强我国在高海拔地区的植物学研究。冯国楣先生是中国最著名的植物采集者之一，出版过《云南杜鹃花》（冯国楣，1983）和《中国杜鹃花》（冯国楣，1988，1995，1999）等。他到过中甸，石膏山乌头是以他采集的模式标本命名的一个乌头变种。我在云南大学生物系图书馆就拜读过冯先生的《云南杜鹃花》，对他非常崇敬，向往着像他一样能走遍云南的崇山峻岭。我1986年毕业分配到迪庆藏族自治州（简称迪庆州）科委高原生物研究所工作后申请的第一个科研课题——“迪庆州野生花卉资源普查”，很大程度上就受到冯先生的影响。

20世纪90年代初期，滇西北的大门再次向外

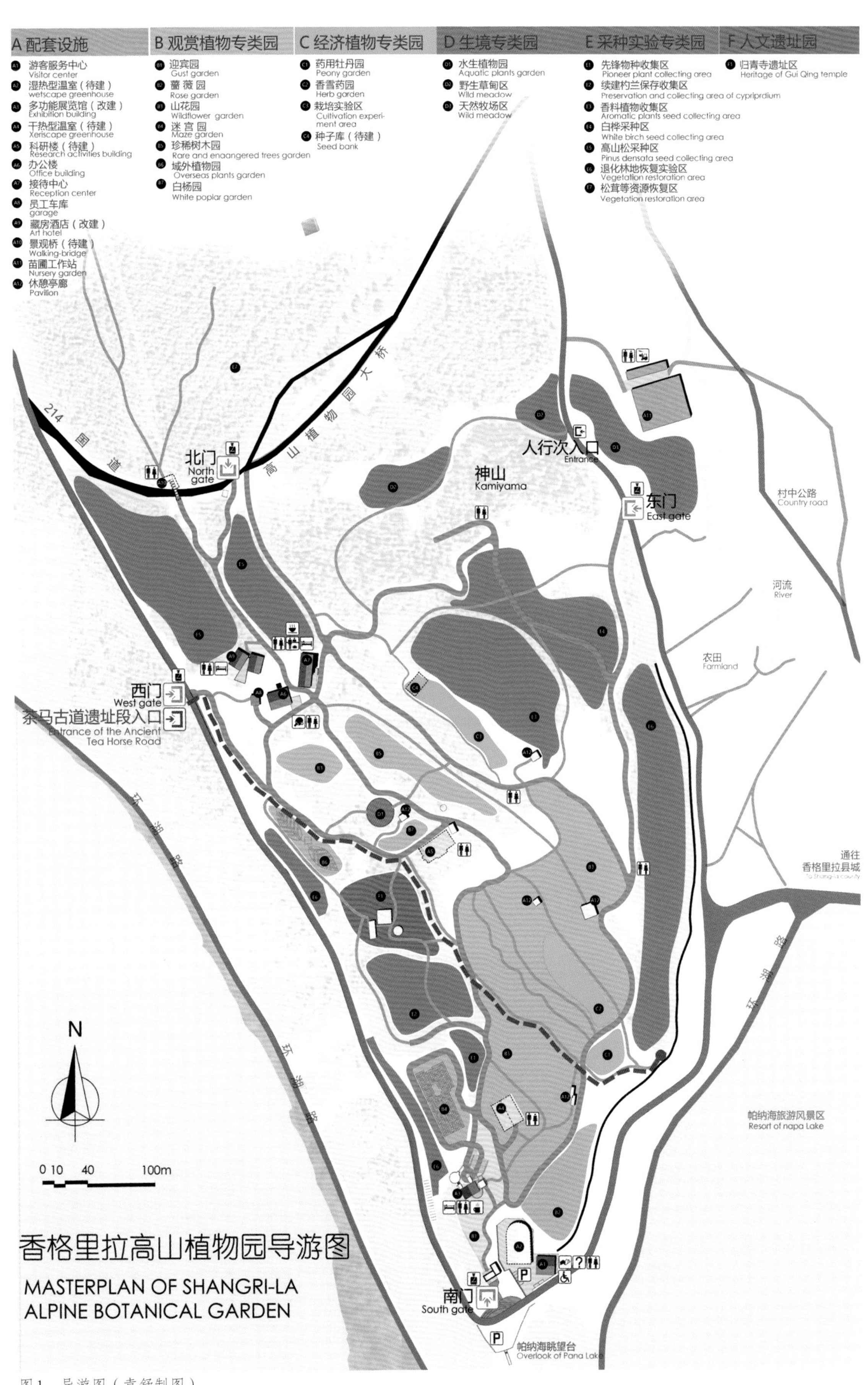

图1　导游图（袁舒制图）

15

国人打开，国外的植物学、园艺学者得以重新进入。他们如饥似渴地采集各种名花种苗，为欧洲的园林寻找原始驯化材料，并且最终在爱丁堡植物园建成了一个中国植物专类园。该植物园有一位研究杜鹃花分类的专家叫张伯伦（David Franklin Chamberlain，1941—），1996年前后找到我和时任州林业局局长的和强，咨询我们对在中甸建立一个高山植物园的看法和意见，我俩都表示了赞同和欢迎。之后，张伯伦及爱丁堡皇家植物园的人又找到了中国科学院昆明植物研究所的负责人，决定与其合作在丽江玉龙雪山建高山植物园。此事也就成为后话。

之后，我从和强口中得知时任中国科学院华南植物园的赵南先（1959—）所长也找到他，俩人当年就在现高山植物园所在的贡宾社提出在此建设类似高山植物园的构想。1999年6月29日，迪庆州人民政府对迪庆州九届人大第五次会议和强代表的第11号建议作出答复，同意建立中甸高山植物园。

1997年，我接受了中国科学院昆明植物研究所植物园管开云（1953—）园长的委托，负责迪庆300余种野生花卉的引种驯化任务，目的之一是为1999世界园艺博览会高山馆提供展览材料。1999年，200余种高山野生花卉在世博园展览大温室高山馆展出，引起了广泛关注。这是我和格桑花卉公司同事们的一项引种繁育试验成果。通过引种繁育，更加了解了各种野生花卉的繁育特性，坚定了我们开发利用当地野生植物资源的信心。原先的想法又萌生出来了——在中甸建立一个高山植物园，以便长期观察和研究植物的繁育特性，驯化野生植物，为产业化开发提供种源和技术储备。

项目一经提出来，便得到了时任县农业局局长熊灿坤和州县领导的同意和支持。1999年底项目建议书编制出来后，在省发改委组织了论证和评审，并得到同意立项的批复。省发改委、省环保厅、省18办都及时安排了项目前期经费。2000年8月12日，县人民政府批复同意成立中甸高山植物园建设项目领导小组和中甸高山植物园建设项目办公室，阿堆县长任组长，我任办公室主任，公司其他业务骨干任办公室成员。

建议书批复后，随后就是项目选址、编制可行性研究报告等一系列工作了。一切都是我这个科研工作者没有接触过的新领域，我这个受命的筹建办主任也只好边干边学了。

2 项目选址

建设植物园，选址很关键。2000年6月初，我去深圳仙湖植物园参加了全国植物学大会。会上遇见了时任中国科学院植物研究所副所长兼植物园园长的付德志（1952—）学兄。跟他汇报了我受命筹建中甸高山植物园的情况后，他马上来了精神。在他的召集下，会后马不停蹄，深圳仙湖植物园陈潭清（1941—）主任和主任助理李勇（1967—）、中国科学院昆明植物园园长管开云、云南大学陆树刚（1957—）教授、澳大利亚国家植物园本·华莱士（Benjamin John Wallace，1947—）主任等人都飞来中甸，参加植物园选址。迪庆州发改委曹永恒副主任、中甸县陈俊明副县长和杨永红副县长、县农业局熊灿坤局长、县土管局领导及相关专家都参加了选址工作。初步确定了3个地点：尼打木山地、舞凤山和衮青寺遗址。

2001年，县政府及环保、林业等部门叫停了在纳帕海面山上挖沙采石的破坏行为。衮青寺遗址南端也遭到了毁坏，环境保护刻不容缓。4月5

图2　2000年植物园选址合影。从左至右依次为尹春涛、谢鸿妍、曹永恒、杨永宏、陈俊明、李承汉、和中华、孙敬朝（方震东 摄）

日，中甸县人民政府副县长陈俊明召集中甸县土管局、云南中甸高山植物园筹建办、中甸县人民政府办公室、中甸物业管理公司等单位的人员勘察纳帕海北端面湖山地。大家认为有必要在寺庙旧址及其周围，建立“寺庙遗址和杓兰属植物就地保护地（或区）”，设立为云南中甸高山植物园的一个分园（勘察纪要）。陈俊明副县长建议我们把植物园的分园建在这片面山上，等到今后有钱了再启动主园区建设。我觉得基本可行，就是缺水，但可以通过引水工程解决。说干就干，虽然建设资金还没有落实，我说服了公司领导，用省级部门安排的资金实施南大门、围墙、围栏和引水工程，起到先期的保护作用。

为此，我们抓紧编制了《中甸高山植物园杓兰就地保护分园建设项目可行性研究报告》。2001年7月23日，中甸高山植物园杓兰就地保护分园建设项目由中甸县计委批准立项。同意先期启动建设中甸高山植物园杓兰就地保护分园，资金由中甸高山植物园筹建办自行筹集。接批复后，我们委托州设计院完成了大门、围墙等工程设计，并完成了招标。

3 启动建设

2001年8月27日，中甸高山植物园杓兰就地保护分园举行奠基仪式，正式破土动工。参加奠基典礼的有关领导有中国科学院植物研究所付德志副所长、中国科学院昆明植物研究所植物园主任管开云研究员、迪庆藏族自治州副州长刘建华、彭耀文，中甸县人民政府代县长马文龙，中甸县委副书记杨正义，迪庆州人民政府接待处寸继先处长，云南格桑花卉有限公司熊灿坤总经理，云南省花产联徐唯曜先生，噶玛噶举派的传承人仲巴活佛等人。

建设过程中，得到周俊（1932—2020）院士的提醒。他说“吴老现在手越来越抖了，你赶快去请他为植物园题名，留下他的真迹”。所以我专程去昆明植物研究所吴征镒（1916—2013）院士家里，请他写下了“中甸高山植物园杓兰就地保护分园”15个字，请当地书法家和发奎先生按真迹放大，再由鹤庆的石匠镌刻在大门立柱上。

2002年5月6日，根据中甸县更名为香格里拉县的有关要求，中甸高山植物园也相应地更名为“香格里拉高山植物园”。2013年，原吴老的题字被云南大学赵浩茹（1939—）先生的题字所覆盖，永远地被封印在植物园大门立柱内部了。

在完成了大门、围墙、围栏和引水工程后，2002年6月8日，“香格里拉高山植物园杓兰就地保护分园”和“云南野生生物种质资源保护基地”正式挂牌。云南省人民政府生物资源开发创新办公室戴云昆副主任、中国科学院昆明植物研究所周浙昆（1957—）研究员、美国大自然保护协会Bob Mosley和陈吉先生，及地方有关领导出席了挂牌仪式。

有了围墙、围栏和引水工程的建设资金，其

图3　2001年8月27日奠基仪式，从左到右依次是七林农布、和卫泽、熊灿坤、管开云、寸继先、杨正义、付德志、刘建华、仲巴、彭耀文、马文龙等人（木劲光 摄）

图4　2005年6月8日开园仪式，从左到右依次是乌达拉（Utala）、保护国际官员、马文龙、许再富、安东尼、齐扎拉、大自然保护协会官员、史天俊、省花产联官员、赵晓东、张霞等（方震东 摄）

他建设内容如何筹钱的问题又摆到了我和筹建办人员的面前。在相当长的一段时期里，由于国家没有植物园建设的专项资金，建设资金基本上依靠多渠道筹集。直到2010年《中共中央国务院关于加快四川、云南、甘肃、青海四省藏区经济社会发展的意见》出台后，园区建设项目才正式列入藏区专项。

2003年6月8日，香格里拉县三江并流办公室资助30万元资金，植物园科普展览馆及观景塔破土动工，该建筑规划设计由云南理工大学翟辉、柏文峰教授负责，运用“预应力学原理”设计及施工。

2004年7月27日，国家、省、州发改委和州农牧局投资106万元，补助植物园基础设施建设。

2004年7月18日，香格里拉高山植物园“综合节能科研办公楼”在杓兰分园破土动工。建筑面积1 200m^2，美国大自然保护协会（TNC，The Nature Conservancy）向美国蓝月基金会（BLUE MOON FUNDATION）争取投入12.6万美元，植物园筹建办自筹40万元人民币。美国大自然保护协会唐乐天负责协调各方工作，概念设计由荷兰必雅设计所的杰克（Tjerk Reijenga）负责完成，施工设计由云南理工大学翟辉教授、柏文峰副教授主持完成。

2005年6月8日，香格里拉高山植物园正式向公众开放。前来参加开放仪式的有迪庆藏族自治州州长齐扎拉，中国摄影家罗晓韵，云南省花卉产业联合会史天俊会长、张霞处长、袁立峰处长，保护国际（CI）孙珊、美国大自然保护协会中国代表处（TNC）唐碧霞、和强，云南省林业厅赵小东处长，香格里拉县县长马文龙，州发改委主任和仕聪，州科技局局长白嘎、和卫泽，州林业局副局长谢红芳，香格里拉县林业局局长杨学光，香格里拉摄影协会理事会成员及州县有关部门领导及众多个人。

2006年1月，启动实施“云南香格里拉高山植物种质资源保护与繁育基地建设项目”。国家发改委、国家林业局下达种苗工程预算内资金120万元，云南省发改委配套45万元。完成植物园苗圃基地管理房及配套工程建设。

2007年4月，云南香格里拉高山植物园建设项目获得“阿拉善SEE·TNC生态奖”三等奖。评委会对此项目的评语是：该植物园建成了我国以引种、收集和研究高山花卉、高山药用植物和珍稀濒危特有植物为主要内容的生物多样性保育中心，该项目打破了中国至今为止没有一个展示高山、亚高山植物园的记录，为中国生物多样性保护提供了一个重要的案例。

2008年9月24日，举行滇沪对口帮扶香格里拉高山植物园园林与旅游景观建设工程项目启动暨香格里拉高山植物园国家AA级景区挂牌仪式，栽植纪念树等活动。该工程于2009年7月31日竣工，上海市人民政府资助100万元，建成了植物园观景亭、园林走廊、旅游厕所、陡崖挡墙和植物集中展示区。

2012年8月，州县发改局、财政局下达2012年藏区专项（第一批）中央预算内资金1 550万元，香格里拉高山植物园建设项目正式启动。2015年1月16日，州、市财政将本项目2014年云南省藏区专项省级配套资金400万元下达。2016年9月止，本项目完成了所有单项工程竣工验收和审计工作。建成以下基础设施并已投入使用。①3.8km防火及旅游观光车道；②专家工作接待楼1 415m^2；③公众信息访问中心567m^2；④苗圃管理房二层温室400m^2；⑤苗圃温棚及阴棚2 400m^2；⑥植物迷宫展区3 000m^2；⑦域外植物区2 500m^2；⑧接待藏房463m^{2}及其他配套基础设施。

2021年，植物园生态恢复工程公司投入资金46万元，建成生态恢复育苗温室512m^2。

2021年，我园委托云南福龙设计事务所有限公司，在《香格里拉高山植物园总体规划（2018—2025）》、一期项目可行性研究报告等重要文件的基础上，编制了《香格里拉高山植物园二期工程建设项目可行性研究报告》，并于年底上报给香格里拉市发改局。

图5 2015年6月8日在完成国家投入的“香格里拉高山植物园建设工程”后，园区举行了再次开放仪式。第一排从左到右依次是方震东、蒲向红、松建华、杨宇明、孙航、蔡武成、谢守成、蔡红生、文香英、肖徐、欧晓昆等人（李红 摄）

4 园区规划

按照常规思路，国内一些新植物园区的建设，一般是按照项目规划——项目编制——项目建设——管理运营。而我们筹建办当时面临的主要问题是资金上的困难，没有能力拿出一笔不菲的费用去聘请国内高水平的机构来帮助我们完成一项高水平的规划。因此，我们采取边建设边规划的思路实施项目建设。也是因为园区没有一次性到位的建设资金，这样给我们充分理解园区功能配置、建设内容及布局、建设和设计原则、建设风格、节能环保格等多种因素留下了充裕的思考时间。我们在对待园区规划和建设上也是首先把园区当成一张白纸，慢慢地做加法，成熟一项添加一项。

2000年前后，美国大自然保护协会来滇西北开展生物多样性保护的工作，在昆明设立了代表处。负责人牛红卫女士是个热心人，她知道我在筹建植物园的情况后，给予了筹建办多项支持。当时一个国际著名的咨询机构叫麦肯锡公司，在北京有分支机构，他们来迪庆做大自然保护协会的项目时，牛红卫就请他们为植物园免费做了一个《香格里拉高山植物园商业计划书》。虽然我也曾到访过几个欧美的植物园，看了他们的计划书后也是受益匪浅。计划书确实体现了一流机构的一流水平，有许多值得借鉴的地方。

2003年3月26日，“香格里拉高山植物园杓兰就地保护分园规划及设计研讨会”在香格里拉县城召开，与会专家有来自荷兰的建筑设计师杰克（Tjerk Reijenga），昆明理工大学建筑系的翟辉、柏文峰等教授、国际竹籐协会的专家、美国大自然保护协会专家和地方计委、城建局领导。

2005年12月21日，由香格里拉县人民政府牵头、香格里拉高山植物园主办对由昆明理工大学建筑学系唐文教授主持的“香格里拉高山植物园景观规划项目”进行了终期评审。会议邀请了县人大、政协、发改委、林业局、科协、民族事务办公室、建设局、规划局、大自然保护协会及州相关部门专家领导对该项目进行了评审。会议上规划通过了评审，形成了评审意见。

2017—2018年，在前期规划、已实施项目的可研和设计的基础上，我园规划专家袁舒对植物园已建和拟建基础设施和专类园进行了进一步规划，形成了《香格里拉高山植物园总体规划（2018—2025）》文本，用以指导后续的园区建设，并上报给香格里拉市规划局，后规划局合并到市国土资源局。我个人负责对这个规划提出指导意见和对文字把关。

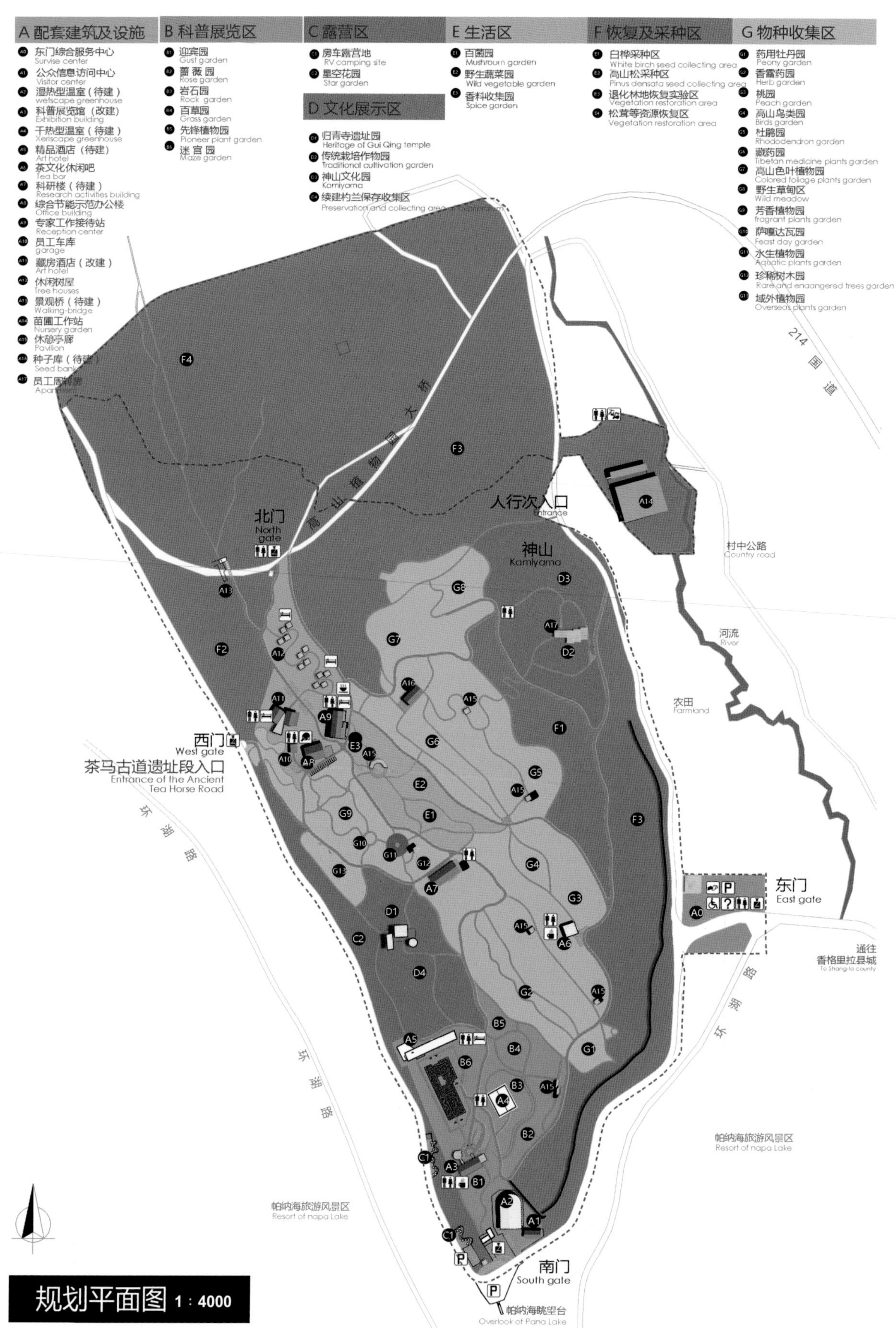

图6 香格里拉高山植物园规划总平面图（2018—2025）（袁舒 制图）

5 园区管理

园区建设起来了，如何运营和管理又是一项极具挑战的工作。

2004年11月26～28日，结合格桑花卉公司改制，筹建办邀请国内专家和领导在迪庆宾馆召开了“2004香格里拉高山植物园发展恳谈会”。参加会议的有来自保护国际（CI）、美国大自然保护协会（TNC）、中国科学院植物研究所（北京）、中国科学院昆明植物研究所、中国科学院华南植物园、中国科学院西双版纳热带植物园、云南省花卉产业联合会、云南省社会科学院、云南省生物多样性与传统知识研究会、四川贡嘎雪山国家级自然保护区管理局等机构的16位代表，以及来自迪庆藏族自治州政府、香格里拉县政府、白马雪山国家级自然保护区管局、州农牧局、州科技局、州发改委、州外事招商局、州林业科学研究所、县林业局等单位的与会代表9人参加了恳谈会。会议对香格里拉高山植物园机构设立的多种形式及方案进行了讨论，最后建议香格里拉高山植物园可以设立为共建事业单位或民营非企业。

方案报请香格里拉县人民政府后，因当时县级财政困难，一时解决不了编制，批复同意设立为民办非企业单位。2005年11月8日，香格里拉高山植物园登记注册成立为民办非企业单位，登记部门为香格里拉县民政局，业务主管部门为香格里拉县林业局。由我担任法人。实行理事会领导下的园长负责制和全员劳动合同聘用制。2006—2010年，属第一届理事会管理阶段；2011—2019年，属第二届理事会管理阶段。2020—2025属第三届理事会管理阶段。

在2004年底的恳谈会上，与会代表共同讨

图7　2004年11月26日，香格里拉高山植物园发展恳谈会在迪庆藏族自治州宾馆召开

15

论，为香格里拉高山植物园设立了愿景和目标。其愿景是：建立一个长期稳定、公众喜爱及可持续运转的开放性植物园，为中国横断山区的植物多样性保护、研究、利用、科普、公众体验、生态旅游促进和加强国内外学术交流服务。目标是：①建立保障中国高山、亚高山珍稀物种的种质资源基地，为珍稀、濒危和特有物种提供就地和迁地保护的场所。②建立横断山区植物多样性保护研究和植物科学综合研究基地，为物种保育和资源植物的开发利用创造条件，为中、外植物及园艺科学工作者提供研究场所。③建立横断山区植物科学知识普及基地，为当地居民提供休闲、受教育的环境，为地方政府及民间社团举办科普活动提供场所。④建立展示当地生物多样性特色和文化特色的景区景点，促进生态旅游发展，提高当地知名度，树立香格里拉品牌形象。

在接到县政府、县林业局和县民政局同意成立本机构的批复文件之后，筹建办聘请法律顾问和相关专家，按照国家民政部《民办非企业单位登记管理暂行条例》（1999）和科技部《科技类民办非企业单位登记审查与管理暂行办法》（2000）的规定，共同起草了《香格里拉高山植物园章程》（2005）。顺利完成了注册等级。章程在之后的几次理事会会议上都得到了修订，但是在大的方向上没有更改。在之后的过程中，理事会和园区管理高层，严格遵照植物园章程和管理制度履行管理职责。园区实行理事会领导下的园长负责制和全员劳动合同聘用制。为了把公益性活动与经营性行为分开，更加符合政府部门的管理要求，2009年园区成立了香格里拉市高山植物园生态恢复工程有限责任公司。即把绿化和生态恢复等经营性项目主要由公司承担。

2007年，南方周末记者刊发的一则消息《院士上书总理批示难奈悲凉命运——三峡珍稀植物园根归何处》引起了我的高度重视："尽管向秀发耗尽家财，尽管包括3位两院院士在内的一批中国顶级植物学家奔走呼吁，尽管温家宝总理在2005年就专门对此作出批示，也未能使这个'避难所'起死回生。在这个1 200亩的园子里，聚集了176种、上万株珍稀植物，它是'三峡珍稀植物

图8　2020年1月18日第三届理事会

避难所’——2007年6月9日，植物园‘停止了生产活动’”。

我想香格里拉高山植物园不能重蹈覆辙。为了养人、养植物和支付老百姓每年的土地补偿费，我和员工们算是开足了马力，想方设法找科研和技术咨询服务项目、找工程，用科研和工程项目的人员经费、项目结余经费开工资、支付贡宾社老百姓的土地租金。园区运营和管理从早期的“科研养园”走上了“科研养园+工程养园”的道路。最终期望的目标是实现“科研养园+工程养园+以园养园”的可持续发展道路。园区建立后，紧紧围绕保护、科研、科普、野生植物驯化和旅游功能的发挥开展了大量工作。

6 保护功能

与内地城市所建的植物园略有不同，园区启动建设的时候原地保留有少受扰动的社区神山和寺院遗址，有放牧扰动形成的原生草本植被，和人工挖砂采石形成的10余个沙坑和道路。因此，我们在建园初期确定的保护和建设原则是就地保护园区现有原生植被、植物群落和原生物种，利用挖砂采石形成的沙坑和道路建设园区所需的房屋、道路和植物专类园，以就地和迁地保护相结合的原则开展园区物种保育和引种收集。现园区就地保护管理香格里拉高原的620余种维管束植物，110种真菌，藻类、地衣和苔藓还没有完成编目，迁地保护400余种国内外野生和栽培物种。同时，园区建立后，野生动植物物种和数量得到逐步恢复和回归。现阶段园区初步识别出两栖爬行类11种、访花昆虫89种、蚂蚁6种、鸟类100余种、哺乳动物6种，小型啮齿类4种。2015年，毛冠鹿首次进入园区；2021年，园区首次发现有豪猪进入；2022年4月，首次拍摄到猕猴在园区内的视频。

园区自2001年起持续开展迁地保育香格里拉高原特色野生花卉、药用植物、食用野生蔬菜及当地特有植物。新增滇牡丹（*Paeonia delavayi*）、黄牡丹（*Paeonia delavayi* var. *lutea*）、大花黄牡丹（*Paeonia ludlowii*）、云南金莲花（*Trollius yunnanensis*）、阿尔泰金莲花（*Trollius altaicus*）、云南紫菀（*Aster yunnanensis*）、巴塘紫菀（*Aster bathangensis*）、粉红香水月季（*Rosa odorata* var. *erubescens*）、红果树（*Stranvaesia davidiana*）、小叶栒子（*Cotoneaster microphyllus*）、芳香棱子芹（雪山野当归*Pleurospermum aromaticum*）、川滇金丝桃（*Hypericum forrestii*）、光核桃（*Amygdalus mira*）、卷叶贝母（*Fritillaria cirrhosa*）、暗紫贝母（*Fritillaria unibrecteata*）、粗茎贝母（*Fritillaria crassicaulis*）、梭砂贝母（*Fritillaria delavayi*）、纤维鳞毛蕨（*Dryopteris sinofibrillosa*）等种类。园区内扩大种植，共栽尼泊尔黄花木（*Piptanthus nepalensis*）5 900株、小叶栒子（*Cotoneaster microphullus*）5 376株、镇康栒子（*Cotoneaster chengkangensis*）456株、光核桃幼树2 100株、桦叶荚蒾（*Viburnum betulifolium*）小苗322株、中甸刺玫300株、皱叶报春（*Primula bullata*）3 000袋苗、川滇小檗（*Berberis jamesiana*）1 200株、毛花忍冬（*Lonicera trichosantha*）1 400株、中甸乌头（*Aconitum piepunense*）10 000余株。

根据我园开展中甸刺玫和中甸乌头迁地保护的成功保护案例，我在2018年山东烟台举行的

图9　园区迁地保护的香格里拉市特有物种——中甸刺玫（*Rosa praelucens*）

"首届中国野生植物保护大会"上首次提出了"应对型迁地保护"和"预测型迁地保护"的概念，介绍了开展这两种迁地保护类型的方法和技术路线，丰富了迁地保护的理论和技术支撑，为迁地保护工作如何有序开展提供了理论和方法上的借鉴。

7 科研功能

香格里拉高山植物园建立以来，每年接待国内外著名大学、植物园、研究所、保护机构的科学家、研究生、志愿者、实习生来香格里拉开展科研合作与交流、志愿者服务等活动。极大推动了当地科研活动展开和提高了科研水平。园区开展科研项目的方式有3种：自主科研、合作科研和提供科研条件平台。园区自主以及合作开展过的科研项目如下。

2004年7月6日，云南省林业科学研究所、迪庆藏族自治州林业科学研究所与香格里拉高山植物园筹建办签订合作协议，开展"滇西北退化林地植被恢复研究"，在杓兰分园内造林面积为300

亩。课题主持人：张俊峰；州林科所成员：郭华、薛阳富、刘中杰；植物园筹建办参与人员：李红、肖茂荣。

2004年8月9日，香格里拉高山植物园与美国密歇根大学崔谊博士、美国夏威夷大学安东尼博士签署合作备忘录，在高山植物园内开展3年期性的香格里拉松茸采集与产量变化监测及孢子散发试验研究。

2004年至今，持续开展了多项建设项目的生态环境影响调查评估工作。如德贡公路、丽—香铁路、托八水电站、香德二级公路、维德二级公路、泸水—腾冲二级公路、腾冲云峰山、大理宾川鸡足山、丽江老君山、迪庆境内的多座矿山和水电站等。积累了样方数据、植物标本及照片等科研资料，编制了区域性的植被图和植物名录，提供了针对各个建设项目的环评咨询技术意见和建议。

2005年至今，植物园牵头持续开展“Gloria全球气候变化与高山植被变化监测与研究”项目。建立了香格里拉大雪山、德钦闰子雪山、德钦梅里雪山、维西麻季哇雪山、玉龙老君山5个项目区的永久性监测山峰共17座。2012年完成了德钦闰子雪山、香格里拉大雪山全球定位监测山峰（Gloria）的第二次重复监测；2013年，完成了维西碧罗雪山麻季哇的第二次重复监测；2016年，完成了全球定位监测山峰的第二次重复监测；2019年完成了德钦闰子雪山、香格里拉大雪山全球定位监测山峰（Gloria）的第三次重复监测；2020年，完成了维西碧罗雪山麻季哇的第三次重复监测。大自然保护协会中国代表处资助了多期科研经费。奥地利维也纳大学专家和大自然保护协会的生态学家参加指导监测山峰的建立，美国密苏里植物园专家长期参与野外监测和内业研究等工作。

图10　2006年在德钦梅里雪山说拉垭口北部建立长期定位监测山峰

15

2006年4～10月开展省财政厅下达的“香格里拉外来物种入侵监测与生态系统健康状况评估”项目。我园通过《迪庆报》发布了“紫茎泽兰入侵迪庆南部河谷的有害植物”预警，引起了当地政府部门的重视并采取了清除措施。

2006年8～12月启动州科技局下达的“温性、寒温性山区裸地植被恢复的速生植物选择、繁育技术研究与工程示范”项目，完成2006年度品种筛选、采种和播种工作。

2007—2013年，组织实施迪庆科技计划项目“暖性落叶阔叶林中云南大百合的种群保育、栽培技术研究与示范推广”“香格里拉高山植物园标本馆数据化”“香格里拉大黄的扩大栽培与应用开发研究”项目。

2009年4月7日，布莱蒙基金会支持10万美元，支持植物园开展“滇西北裸露地植被恢复研究、示范和气候变化监测”项目，2009年建立了维西塔城乡响鼓箐、维西巴迪乡阿尺打嘎村澜沧江边两个裸露地试验示范区域，完成滇西北裸露地先锋植物群落调查、采种地规划、采种等工作。

2011年8月23日，云南省人民政府外事办公室批复同意我园接受美国布莱蒙基金会“滇西北裸露地表植被恢复研究、示范与监测”项目的备案申请。2011年9月15日，我园与布莱蒙基金会签署了该项目的合作协议，项目执行期：2011年9月1日至2012年9月1日，资助金额10万美元。项目主要内容：通过建立高山区植被恢复示范样点，恢复高山药用植物及野生花卉多样性，并积累数据，出版成果。

2012年3月4日，我园与香格里拉天保工程领导小组签订“香格里拉县天宝工程二期2011年度公益林建设项目人工造林施工合同书”，该项目资助60万元。我园启动园区内外裸露地表植被恢复及荒坡造林工作。

2014—2015年，与西南林业大学向建英团队合作开展“川贝母种质资源保存和开发利用关键技术研究”项目：①撒种17万粒，做不同梯度的出苗率实验；②在植物园园区内做川贝母的野外栽培实验；③种川贝母种球5 000多株；④收集22个不同区域的川贝母鳞茎、3个不同区域的种子；⑤人工授粉成功139个种子；⑥消毒、沙藏、实验处理、观察、记录各个阶段川贝母的现象和变化。承担云南省碧塔海省级自然保护区管理所“碧塔海自然保护区的野生花卉调查与图谱编辑”课题。2016年印刷了《碧塔海自然保护区的野生花卉图鉴》（内部刊印）。

2014—2016年，与云南省林业科学研究院王娟团队合作，开展“滇牡丹产业化关键技术研究与示范”项目：①滇牡丹育苗试验，选择不同月份进行育苗；②移栽滇牡丹12 500株；③滇牡丹采种共55kg（带壳）；④续签滇牡丹延期项目；⑤完成延期项目工作：小中甸耕地25亩，种凤丹23 000株，植物园种7 000株，平插、施肥小中甸15 000株凤丹，完成植物园内就地保护的30亩滇牡丹的修枝、清理、施肥；⑥滇牡丹种子消毒、沙藏、实验处理、施肥、除草、防病虫害、观察、记录各个阶段的现象和变化。

2014—2017年，承担完成“香格里拉大黄的应用开发研究与产业化试点项目”，并通过验收和完成成果登记。

2015年，承担中国科学院昆明植物所的子课题“迪庆州受威胁本土植物的调查与资源收集”项目。共调查20种（20个样方），其中香格里拉19种，德钦1种。

2015—2017年，开展国际植物园保护联盟资助的“滇西北、藏东南受威胁杜鹃花物种保护及社区生计改善项目”和云南省环保厅资助的“滇西北杜鹃花属受威胁种类调查评估、繁育及种群恢复”项目。共做样方124个，采集标本1 159号（约500份）。重新发现极危物种朱红大杜鹃（*Rhododendron griersonianum*）在腾冲境内的分布，开展了种子育苗和扦插育苗工作。承担省科技厅“迪庆干暖河谷公共裸露地表生态修复治理研究与工程示范”项目。在德钦澜沧江羊咱桥—永芝河入口处段两岸，建立了50hm^{2}植被恢复工程试验、监测和示范。项目验收结果为良。

2015—2019年，承担中国科学院植物研究所的子课题“《中国植被志》编研—杜鹃灌丛植被志”的调查和编研课题，通过验收。

2016年，我园承担“东旺乡特色经济及产业发展规划”任务，两次到东旺乡开展调查、收集资料和征求意见工作，完成规划编研任务。

2017—2018年，开展州级科技计划“迪庆傈僳族药用植物调查项目”。2021年，《迪庆傈僳族药用植物图鉴》由云南民族出版社出版。总共整理药用植物521种。开展标本数据化项目，共完成标本挑选、鉴定、拍照和录入10 000份标本，已顺利提交中国科学院植物研究所，上线。

2018年，云南省科技计划三年行动计划项目“香格里拉川贝母良种繁育基地建设与示范”正式实施。播撒暗紫贝母70万粒，川贝母2万粒，该项目致力于研究出贝母的人工种植方法，培育出适宜推广种植的品种，为百姓种植产业提供种源和技术服务。

2018—2020年，参加全国第四次药用植物普查项目，承担贡山县、洱源县和鲁甸县的三个普查子项目，顺利通过验收。

2018—2021年，承担完成云南省科技厅“德钦县高山峡谷区重大地质灾害隐患治理工程技术研究”课题任务。植被组野外共调查样方32个，了解到该地区的生物生长、分布、受影响情况，通过该项目研究提出以生物措施防治地质灾害的方法，从而减少地质灾害的发生。

2018—2019年，实施中铁二局“丽香铁路绿色通道示范段植被恢复试验示范工程”。总共实施28 530m^2，并对该试验区做了恢复前的本底监测和恢复后的第一次监测，对14个物种的种子萌发情况进行观察，了解影响生物生长因素，该项目将为往后类似高寒地区的生态植被恢复工程提供科学依据，并奠定实践基础。

2018—2021年，实施完成云南省科技计划“迪庆州乡村‘美丽绿篱’建设与示范”项目，验收结果为良。实施云南省环保资金项目“滇西北高山区工程扰动后的仿自然恢复工程技术研究与运用示范”项目。

2019—2021年，承担北京出版集团“中国生态博物丛书——藏东南卷”编撰工作，已交稿。

2020—2021年，承担西南林业大学“普达措国家公园本地资源调查项目子项目：植被调查、湿地植物调查和种子植物调查”。承担州级科技计划项目“迪庆藏中草药材资源圃建设及相关技术研究”课题。

2021—2022年，承担迪庆藏族自治州生态环境局《迪庆生物多样性》大型精品画册编研及出版项目。承担哈巴雪山自然保护区管理局“气候变化影响下哈巴雪山珍稀濒危植物种质资源保存与人工繁育技术研究”项目。承担纳帕海隧洞工程项目指挥部“香格里拉市纳帕海防洪整治隧道工程项目植物迁地保护工程”。

科研条件平台建设方面取得以下成绩。

2019年8月31日，华中师范大学黄双全教授团队联合我园申报教育部“云南香格里拉高原复合生态系统教育部野外科学观测研究站”，成功获批。

2019年，我园申报云南省科技厅“巢志茂专家工作站”，成功获批。

2020年，我园申报云南省科技厅“云南香格里拉森林草甸湿地生态系统野外科学观测研究站”，成功获批。2021年，该站申请加入云南省生态监测网络。

2020年，我园申报2021年云南省科协系统院士专家工作站“黄双全专家工作站”，成功获批。

持续完善我园植物标本馆建设和管理。完成迪庆州级科技计划和中国科学院植物研究所“植物标本数字化”项目，采集、制作和收藏3万余号植物标本，其中1万号标本上线CHV中国数字植物标本馆，可供国内外专家学者在线查阅。

8 科普功能

植物园为城市居民、大中小学生、国内外游客提供学习、体验与休闲的场所。自2005年6月8日正式向公众开放以来，已经成功举办了17期不同题材的科普展览，承办了5次学术研讨会，共接待当地公众、游客、大中小学生及外来科研人员210 000余人次，为当地旅游局、旅行社培训导游人员2 200余人次。

园区每年2～3月，在科普展览馆举办室内花卉、书法、奇石和摄影展；4～5月，在域外植物区举办露地球根花卉展；4～10月为园区花季，郁金香、水仙、报春、杜鹃、杓兰、角蒿、点地梅、百合、绿绒蒿、翠雀、蔷薇、马先蒿、乌头、龙胆等类高原花卉竞相开放；9～11月是园区观果季，各种栒子、山楂、荚蒾、小檗的果实诱人；常年可供观鸟和观赏四季风光。园区提供观花游、观果游、观鸟游、亲子游、摄影游等服务。

植物园通过编印植物、生态、生物多样性科普画册、台历和展板等多种形式开展公益科普活动。①2003—2021年相继编印《2004迪庆珍稀植物》《2005迪庆观赏兰科植物》《2006 香格里拉的雪莲花》《2007迪庆杜鹃花》《2008香格里拉的观果植物》《2009香格里拉的报春花》《2010香格里拉的龙胆》《2011香格里拉的绿绒蒿》《2012香格里拉的马先蒿》《2013香格里拉的紫堇》《2014香格里拉之红景天》《2015香格里拉之虎耳草》《2016香格里拉高山植物园之

图11　2018年5月22日与政府部门、学校合作，开展科普宣教活动

花》《2017香格里拉的蔷薇》《2018香格里拉植物园花境》《2019香格里拉的铁线莲》《2020中国西南的杜鹃属植物群落》《2021香格里拉之百合》和《2022香格里拉之菌类》台历，每期编印1 600册，免费向公众赠送。我负责组织编撰、摄影及资金筹措等工作。②2005年编写《香格里拉的植物多样性（植物及植被）》（综合卷），由云南美术出版社出版发行，个人负责撰文、摄影及资金筹措。③2005年，编印制作了《松茸的故乡——香格里拉野生菌类展》46块展板；《海拔4 000以上世界——高山生态摄影展》97块展板；2007年编印制作了《香格里拉的生物多样性宣传展览》展板18块；2012年编印制作《迪庆——观赏园艺植物大本营》8块展板。个人负责撰文、配图、设计、资金筹措、举办展览等工作。④2010年4月3日，编印《滇西北裸露地表植被恢复研究、示范与监测项目简介》1 000册。目的在于宣传和推广生态植被恢复的新理念、新方法和新模式，防止外来物种入侵，保护滇西北的生物多样性。2010年6月15日，与香格里拉摄影协会、迪庆藏族自治州科学技术协会合作，编印《香格里拉摄影—香格里拉的植被生态景观》（总第3期）1 200册。均向政府部门、相关企业等免费发送。⑤2009年，编写《普达措国家公园的生物多样性解说词》4.3万字；2010年编写《香格里拉—尼西—塔城导游词》2万字。

9 成果转化

植物园本身是一个科学理念、知识和技术成果的孵化器和转化器。

根据某地植物区系=某地植物群落物种总和的条件假设，我于2004年开发了“一体化的植物群落—区系调查法（An Integrated Method For Plant Community And Flora Survey）”。即基于植物群落调查的方法，一次性完成植被和植物区系调查的任务和目标，解决了植物区系调查无规律和方法可依、植物和植被分开调查的现象。该方法首先运用于2005年保护国际在川西的生物多样性调查评估项目中的植物和植被调查部分，随后运用于滇西北的道路、矿山、水电站等建设项目的环境影响调查评估工作中，取得了良好的运用效果并进一步得到完善。

随着建设项目环境影响调查评估项目的开展，我们逐渐认识到滇西北工程建设项目造成的裸露地表日益增加。裸露地表上的植被恢复问题和滇西北的生物多样性保护问题成为我园重点关注的两个生态问题。如何开展裸露地表上的植被恢复同时又能够兼顾保护当地生物多样性的目标，是我们当时思考的关键问题。看到一些绿化公司把城区市政绿化工程的做法搬到野外做生态植被恢复，导致外来物种入侵，产生了异化、园林化的景观，造成了当地植物区系的“污染”等现象，我认为野外的植被恢复不能这样做，应该另辟蹊径。所以，在2008年，针对“维西塔城滇金丝猴公园道路边坡植被恢复与植物区系修复”项目，我们提出“使用当地的物种进行植被恢复、植物区系修复与重建”的理念，短期效果与长期保护和恢复目标相结合的原则，以实现对当地生物多样性的保护。在项目理念、原则和目标的指引下，我们编制了该项目植被恢复工程实施方案，并严格按照方案实施，过程中根据监测结果做了微调，最终取得了项目预期的效果，实现了成果转化。在随后实施的多项野外植被恢复工程中，我们进一步把项目理念简化为“使用当

图12 驯化成功的拉萨大黄（*Rheum lhasaense*）示范性推广到农户种植，助力乡村振兴（2019年8月14日）

地物种恢复当地植被和区系”，归纳提炼了“植被生态恢复的技术流程”，开发了适应不同气候区和不同地理环境的植被恢复物种的“种子配方”。通过多项工程的实施，实现了我园植被恢复技术成果的运用和转化。从我园开展第一个植被恢复工程项目至今，已累计实施了10余项野外植被恢复工程，使用当地物种100余种，恢复裸露地表面积300余公顷。2022年5月，由云南科技出版社出版了《滇西北裸露地表植被恢复研究》一书。

野生植物驯化繁育方面，我园先后引种400余种野生花卉、药材、蔬菜、珍稀濒危、当地特有和极小种群物种，开展繁育研究和驯化培育。成功驯化的中甸刺玫（*Rosa praelucens*）、中甸角蒿（*Incarvillea zhongdianensis*）、三色马先蒿（*Pedicularis tricolor*）、尼泊尔黄花木（*Piptanthus nepalensis*）、圣诞玫瑰（*Helleborus thibetanus*）、小叶栒子（*Cotoneaster microphyllum*）、中甸山楂（*Cratagus chungtinensis*）、桦叶荚蒾（*Viburnum betulifolium*）、云南沙棘（*Hippophae rhamnoides* subsp. *yunnanensis*）等物种，在当地市政绿化和野外生态恢复工程中得到推广和运用。驯化培育的拉萨大黄（*Rheum lhasaense*）、雪山野当归（*Pleurospermum aromaticum*）、波棱瓜（*Herpetospermum pedunculosum*）等药用植物，在当地推广到农户示范种植。中甸乌头（*Aconitum piepuense*）、中甸翠雀（*Delphinium yuanum*）、中甸绿绒蒿（*Meconopsis zhongdianensis*）等当地特有和极小种群物种，通过繁育实现了迁地保护。这些事实很好地诠释了我园“以繁育实现保护，以繁育实现利用”的理念。

10 社区发展

植物园建设的园地原属于集体林地，归属于香格里拉市建塘镇解放村贡宾社。园区自2001年建设围墙和围栏后，限制了社区群众放牧和挖沙采石，因此，园区建立以后社区发展成了园区管理机构的一项责任。贡宾村民小组位于纳帕海环湖公路东北入口处，全村有67户人家，340人，耕地面积441.4亩；拥有大小牲畜牛、马、猪、羊分别为167、138、96、70头。从2017年起园区每年兑现给该社区的土地补偿金达27万元/年；园区季节性临时用工使用本社村民平均达1200人次/年，社区群众因此受益8.4万元/年；2017年起，香格里拉大黄开始推广到社区农户种植，也将进一步给社区群众带来经济收益。

图13　2001年社区群众参与园区引水工程建设

11 获得荣誉和品牌

迄今，获得以下品牌和荣誉：①云南生物多样性保护教育基地。②云南省科学普及教育基地。③云南野生生物种质资源保护基地。④中华全国供销合作总社昆明食用菌研究所示范基地。⑤香格里拉高山植物园国家AA级景区。⑥大自然保护协会生态建筑示范基地。⑦迪庆藏族自治州州级文物保护单位。⑧“云南香格里拉高山植物园建设项目”获得“阿拉善SEE·TNC生态奖”三等奖。⑨荣获第一届“云南省科学技术普及奖”先进集体称号（2015）。

参考文献

方震东，2016. 平凡人也能做公益——香格里拉市高山植物园法人方震东的公益观，中国领导干部论坛[M]. 北京：中共中央党校出版社.

方震东，2017. 我的成长经历，迪庆文史资料：第十一辑[R]. 香格里拉：迪庆州政协.

方震东，海仙，刘琳，等，2022. 滇西北裸露地表植被恢复研究[M]. 昆明：云南科技出版社.

冯国楣，1983. 云南杜鹃花[M]. 昆明：云南人民出版社：155.

冯国楣，1988. 中国杜鹃花：第一册[M]. 北京：科学出版社：199.

冯国楣，1995. 中国杜鹃花：第二册[M]. 北京：科学出版社：239.

冯国楣，1999. 中国杜鹃花：第三册[M]. 北京：科学出版社：179.

李灿光，2021. 迪庆傈僳族药用植物图鉴[M]. 昆明：云南民族出版社.

致谢

回顾植物园二十余年的成长历程，有数不胜数的个人和机构在我们最困难的时候及时给予关心、帮助和支持。对此，我们将永远心存感激，无以回报，只有加倍努力工作来表达感恩之心！借此机会，感谢香格里拉植物园建立以来，各个部门的员工以及各位的付出，历史不会忘记。

作者简介

方震东，男，汉族，1964年生于云南维西。1986年毕业于云南大学生物系，获学士学位；1994年毕业于云南大学生态学与地植物学研究所，获硕士学位；1986—1995年，工作于迪庆藏族自治州高原生物研究所；1995—2000年，在云南格桑花卉有限责任公司工作；2000年2月任香格里拉（中甸）高山植物园筹建办主任，负责香格里拉高山植物园的筹建工作；2005年11月8日任香格里拉高山植物园（民办非企业单位）首届理事长及植物园园长；2011年1月至2019年12月任该园第二届理事长兼园长；2020年1月至今任该园第三届理事长。个人荣获云南省人民政府特殊津贴、首届迪庆“十大创业之星”“云南省最美科技工作者”称号和省委、州委联系专家。

图14　召开研讨会

图15　遗址立碑完工照

图16　香雪药园的中甸翠雀（*Delphinium yuanum*）

图17　迎宾区的景天点地梅

图18　迷宫区的中甸角蒿（*Incarvillea zhongdianensis*）

图19 植物园迷宫区（小央宗 摄）

图20 毒红菇［*Russula emetica*（Schaeff.）Pers.］

图21　东方陀螺菌（*Gomphus orientalis* R.H. Petersen & M. Zang）

图22　黄褐鹅膏（*Amanita hemibapha* var. *ochracea* Zhu L. Yang）

15

图23　东方陀螺菌（*Gomphus orientalis* R.H. Petersen & M. Zang）

图25　野生蔷薇园中迁地保育的中甸刺玫

图24　衮钦寺遗址

图26　展览馆前的小叶栒子

图27　迷宫区的刺叶点地梅

图28　翘鳞肉齿菌［*Sarcodon imbricatus* (L.) P. Karst.］

图29　深褐枝瑚菌［*Ramaria fuscobrunea* Corner］

图30　毛钉菇［*Turbinellus floccosus* (Schwein.) Earle ex Giachini & Castellano］

图31　中外专家考察植物繁育——苗圃育苗温室

图32　开展生态恢复工程——大唐罗平山风电基地植被恢复施工

图33　三色马先蒿花境

图34　美国布莱蒙基金会官员视察植被恢复示范工程项目成效

图35　香雪药园的中甸乌头

图36　香雪药园的黄牡丹

图37　香雪药园的滇牡丹

图38　衮青寺遗址的西藏杓兰（*Cypripedium tibeticum*）

图39　休息走廊的澳大利亚游客

15

China
园林之母

16

-SIXTEEN-

威尔逊与园林之母——中国

Ernest Henry Wilson and Mother of Gardens, China

王　康*
［国家植物园（北园）］

WANG Kang*
［China National Botanical Garden (North Garden)］

* 邮箱：wangkang@chnbg.cn

摘　要：英格兰植物猎人厄尼斯特·亨利·威尔逊（Ernest Henry Wilson）在1899—1918年间先后5次进入中国考察采集中国植物，行程路线涉及今天的云南、湖北、江西、重庆、四川、辽宁、台湾等地。本文通过对威尔逊采集记录、路线地图、发表的文章与著作以及前人的工作等内容进行研究，整理概括了威尔逊的生平、采集的路线、拍摄的照片、采集的植物及其对植物学和观赏园艺学的影响。

关键词：威尔逊　植物　湖北西部　四川西部　台湾

Abstract: Ernest Henry Wilson, the plant hunter from England, made five expeditions to China between 1899 and 1918, and collected plants and specimens in Yunnan, Hubei, Jiangxi, Chongqing, Sichuan, Liaoning and Taiwan. Research on Wilson's field notes, specimens, maps and routes, papers and works, predecessor's articles, helps a better and clear understanding on his life, colleting locations, the photos, plants, and the deep influence in the horticultural world globally.

Keywords: Wilson, Expedition, Plants, Western Hupeh, Western Szechuan, Taiwan

王康，2022，第16章，威尔逊与园林之母——中国；中国——二十一世纪的园林之母，第一卷：552-575页

1 威尔逊的一生

1876年2月15日，厄尼斯特·亨利·威尔逊（Ernest Henry Wilson，1876—1930）出生于英格兰西南部格洛斯特郡（Gloucestershire）乔平坎普登镇（Chipping Campden）的一个铁路工人家庭，在7个兄弟姐妹中，排行老大。在他出生后不久，全家就迁到了索利赫尔市（Solihull）的郊区雪莉小镇，那里非常靠近当时的英国第二大城市伯明翰，父母做起了花卉生意。威尔逊一家并不富裕，这使得他13岁就早早辍学，在当地的一家苗圃做了学徒，开启了他的职业生涯。

1892年，16岁的威尔逊受雇于伯明翰植物园，成为一名园丁。他白天工作，晚上利用业余时间在伯明翰市技术学校（Birmingham Municipal Technical School）学习植物学，因为植物学成绩优异，获得了女王奖。

1897年1月，威尔逊开始在皇家植物园邱园（Royal Botanic Gardens, Kew）工作。因为一篇在针叶树（Conifers）方面的优秀论文，获得了约瑟夫胡克奖。1898年10月，他离开邱园，开始在南肯辛顿的皇家科学学院学习，期许将来成为一名植物学教师。然而，此时的维奇苗圃公司（James Veitch & Sons）正在寻找合适的人选前往中国收集植物，邱园主任威廉·特纳·西塞尔顿戴尔（William Turner Thiselton-Dyer，1843—1928）举荐了威尔逊。

1899—1902年，威尔逊作为维奇（Veitch）公司的植物猎人第一次进入中国，主要目标物种是珙桐（*Davidia involucrata*）。显然，威尔逊的工作很出色，于是又有了1903—1905年的第二次中国采集

图1　威尔逊（哈佛大学阿诺德树木园提供）

活动，这次主要是寻找全缘叶绿绒蒿（*Meconopsis integrifolia*）。之后，作为美国哈佛大学阿诺德树木园的植物猎人，在1907—1909年间、1910—1911年间和1917—1918年间，第三次、第四次和第五次进入中国，主要目的是为了收集裸子植物、木本植物、球根花卉，并系统性采集标本。

威尔逊因为在中国湖北、四川等地区的四次植物采集活动而名声大噪，他的工作也受到了阿诺德树木园的高度重视。在1914—1915年间访问了日本，对园艺栽培的樱花和杜鹃做了调查与研究；在1917—1919年间，再次对东亚地区的植被进行了考察与标本采集，尤其是针叶树种，在日本植物学家的帮助下，他造访了琉球群岛、小笠原群岛、朝鲜半岛、中国台湾和东北地区。

20世纪20年代初，威尔逊在欧美及其殖民地地区的植物界，尤其是当时的园艺界，已经是家喻户晓的植物猎人。1919年，威尔逊被任命为哈佛大学阿诺德树木园的副主任（Assistant Director）（Rehder, 1930；Howard，1980）。为了和全世界的植物园和植物学家建立联系，扩大阿诺德树木园的影响力，同时也为了考察热带地区的裸子植物，在1920—1922年间，威尔逊以阿诺德树木园副主任的身份访问考察了澳大利亚、新西兰、新加坡、马来西亚、缅甸、印度、斯里兰卡、肯尼亚、南非、法国、英国。

1927年，阿诺德树木园首任主任查尔斯·斯普拉格·萨金特（Charles Sprague Sargent，1841—1927）去世，威尔逊被任命为阿诺德树木园的Keeper一职（Rehder, 1930；Howard，1980），该职位与副主任（Assistant Director）相当，同时也是一种更令人尊重的荣誉称号。阿诺德树木园的主任（Director）需由哈佛大学教授担任，萨金特的继任者是专注于兰科植物的欧克斯·埃姆斯教授（Oakes Ames，1874—1950）。

1930年10月15日，威尔逊夫妇在探望出嫁独女之后，返回波士顿的途中遭遇车祸（Rehder，1930），夫妻二人不幸遇难，威尔逊先生享年54岁，威尔逊夫人享年58岁，皆安葬于加拿大蒙特利尔皇家墓地（Mont-Royal Cemetery）。

威尔逊于1902年6月8日与艾伦·甘德斯顿（Ellen Ganderston，1872—1930）成婚，婚后育有一女。女儿名为缪丽尔·普里姆罗斯·威尔逊（Muriel Primrose Wilson，1906—1976），出生于1906年5月21日，1929年4月与纽约州立农业试验站（New York State Agricultural Experiment Station，NYSAES）的乔治·刘易斯·斯雷特（George Lewis Slate，1899—1976）成婚。乔治·斯雷特是一位果树栽培与育种学家，主业专注于浆果植物的栽培选育及其技术推广，业余爱好则倾心于栽培选育坚果植物与百合属植物。威尔逊的孙辈仅有一女，名为芭芭拉·艾伯特（Barbara Abbott）；曾孙辈有4人，具体不详。

在威尔逊的故乡出生地乔平坎普登镇，人们为了纪念这位杰出的植物猎人，建立一个威尔逊纪念园，园区内栽培了很多威尔逊从中国引种至欧美的、目前已经颇为常见的观赏植物。

2 威尔逊五次进入中国的时间和路线

2.1 第一次：珙桐之旅（1899—1902）

在维奇公司的库姆伍德苗圃（Coombe Wood Nursery）受训6个月后，威尔逊于1899年4月11日乘船离开利物浦，4月23日抵达波士顿。在阿诺德树木园逗留了5天，主要是学习如何处理、包装、运输植物的种子、接穗、球茎和植株等，之后乘坐火车横穿美洲大陆抵达美国西海岸。5月6日再次登船离开旧金山，于6月3日抵达香港。

为了获得珙桐的信息，在当时的交通情况

下，威尔逊需要途经越南北部地区进入中国境内，赴云南思茅会见韩尔礼（Augustine Henry，1857—1930）。6月14日他独自离开香港，乘船经海防（Haiphong）于6月20日抵达河内（Hanoi），在耽搁几日之后，经安沛（Yenbay）于6月29日抵达中越边境的老街（Laokai）。

然而，由于当时国内的义和团运动以及其他原因，在老街滞留了8周以后，威尔逊于8月23日启程经河口（Hokou）口岸进入中国境内，9月1日抵达蔓耗（Manhou），9月4日到达蒙自。9月8日威尔逊再次启程，与骡队一起跋山涉水，经普洱（Puerh），于9月24日抵达思茅，终于与韩尔礼见面。

在思茅短暂逗留以后，10月16日，威尔逊与韩尔礼一同启程，于11月2日晚赶回蒙自。与韩尔礼朝夕相处的数周时间里，威尔逊不仅获得了关于采集珙桐的信息，韩尔礼还向他传授了湖北和四川一带的植被情况、风土人情，也提供了在宜昌可以提供帮助和雇佣人力的联系人，这些使威尔逊受益匪浅。1899年11月13日，威尔逊与韩尔礼在蒙自依依惜别，11月16日回到老街，11月26日中午回到香港，之后并无波澜。

经过休整和充分准备，威尔逊自香港经上海于1900年2月24日抵达湖北宜昌（Ichang）。由于义和团运动的原因，1900年的中国局势仍然动荡，对一个外国人的考察和采集工作是有很大风险的，但今天看来，威尔逊当时并没有受到太大的影响。

他以宜昌为大本营，按照韩尔礼提供的采集路线和信息，以珙桐为主要收集目标在湖北西部开始了他的采集工作，向北，他的足迹到达过兴山县（Hsing-shan Hsien）、房县（Fang Hsien）和保康县（Pao-kang Hsien），主要是今天的神农架自然保护区及其周边地区；向西，沿长江而上，威尔逊到达过秭归县（Kui）、巴东县（Patung Hsien）、奉节县（Kui-chou，夔州）；陆路向西，到达过长阳县（Chang-yang Hsien）和建始县（Chienshi Hsien）。

由于威尔逊的雇主维奇公司对采集工作的要求更侧重于繁殖材料，虽然也要求采集相应的凭证标本，但对采集时间、地点、植物特征等信息的记录要求不高；另外，这一次的采集记录本也没有得到良好保存，至今没有发现。因此，目前还原当时的采集时间和地点存在较多困难。

根据维奇公司收到的邮寄清单和现存的标本，威尔逊第一次采集活动使用了两套编号：植物材料（主要是种子）为1～1 310号；标本编

图2　终年积雪的大炮山，威尔逊摄于1908年7月7日（哈佛大学阿诺德树木园提供）

号为1～2 800号，这些号码从1899年的越北地区（Tonkin，东京）和中国云南南部按顺序开始。

1901年底至1902年初，威尔逊利用冬季时间处理种子和标本并结束为期近3年的采集工作，从上海乘船回国；返程途中短暂访问了巴黎自然博物馆的标本馆，于1902年4月回到伦敦。

2.2 第二次：全缘叶绿绒蒿之旅（1903—1905）

1903年1月威尔逊再次离开英格兰赶往中国，这次维奇公司给他下达的任务是采集全缘叶绿绒蒿（*Meconopsis integrifolia*）。

在这一次为期两年的采集活动中，威尔逊把大本营从宜昌前置到乐山（Kiating-Fu，嘉定府）、康定（Tachien-lu，打箭炉）和松潘（Songpan）。4月下旬离开宜昌，12月回到宜昌。

威尔逊和他的考察队从宜昌出发，乘船沿长江逆流而上，途经秭归（Kui，归州）、巴东（Patung）、巫山（Wushan）、奉节（Kui-Fu，夔府）、云阳（Yung-Yang）、万州（Wan，万县）、忠县（Chung Hsien）、丰都（Feng-Tu）、涪陵（Fu-Chau，涪州）、长寿（Chang-Shou）、重庆（Chung-king）、泸州（Lu Chou）、宜宾（Sui Fu，叙州府）等地，最终沿岷江逆流而上抵达乐山，沿途食宿、补给并考察植物采集标本。

他在2年的时间里，先后3次以康定为目的地进行了采集和考察：1903年6月30日在瓦山（Wa-shan）考察采集4天以后，经汉源（Fulin，富林）、沿大渡河（Tung Valley，铜河）逆流而上，在雅加埂（Ya-chia-k'an）见到全缘叶绿绒蒿后抵达康定；1904年行走了另外两条路线，一是经雅安（Ya Chou，雅州）、天全（Tientsuan）、宝兴（Mupin，穆坪）、瓦斯沟（Wassu-kou）至康定；另一条线是经过荥经（Yung Ching Hsien）、清溪（Tsing Ki）、宜东、桌子山、化林坪（Hua-ling-ping）、泸定抵达康定。

威尔逊在这两年间还先后2次以松潘为目的地进行了采集与考察：1903年8月10日至9月23日从乐山出发，沿岷江经眉州（Mei-chou）、都江堰（Kuan Hsien，灌县）、茂县（Mao Chou，茂州）至松潘；1904年8～9月间经成都（Chengtu Fu）、绵阳（Mien Chou，绵州）、江油（Chungpa，中坝）、平武（Lungan Fu，龙安府）至松潘。另外，在1903年10～11月间，威尔逊还对峨眉山进行了专程考察与采集。

1904年12月8日，威尔逊结束这次任务，离开乐山，经重庆回到宜昌。根据现存的采集记录，威尔逊第二次采集活动共采集了510号种子，编号为1 400～2 910号，共采集了2 420号标本，编号为3 000～5 420号。

1905年初启程，途经上海回国，3月回到英格兰。

2.3 第三次：裸子植物之旅（1907—1909）

由于前两次在中国的采集任务完成得非常成功，威尔逊受到美国哈佛大学阿诺德树木园的青睐，高价聘请他再赴中国，回访之前的考察路线，主要采集裸子植物以及具有观赏价值的木本植物，并对植物进行拍照，采集更多标本，用于对中国植被的研究；另外，还有一些资金来源希望他能够帮助收集兰花、蕨类植物、百合花的球茎等。

1907年2月4日，威尔逊抵达上海，2月26日抵达宜昌。3月开始，威尔逊便以宜昌为中心，考察路线呈现出辐射状，大部分考察线路和地点都是对前两次的重复，主要涉及宜昌、兴山、长阳、巴东、五峰（长乐）、房县等地。另外，在6～8月间，他顺长江而下至九江（Kui-Kiang）考察了江西（Kiangsi）庐山（Kuling，牯岭）。

1908年初，威尔逊再次沿长江逆流而上至乐山，并以此为大本营展开收集工作。5月11日离开乐山，经青神（Ching-Shin）、眉州、彭山（Peng-shan）、黄水（Huang-Shui）抵达成都，稍作停留后，之后经新都（Hsin-tu）、什邡（Shih-fang）、绵竹（Mien Chu），土门（Tu-men）、茂县后抵达汶川（Wen Chung），在瓦寺（Wassu）采集几日后，经都江堰（Kuan Hsien，灌县）、郫县（P'i Hsien）于6月4日返回成都。

威尔逊与他的考察队在成都休整十日后，于6月

图3 抵达康定后，采集队员和背夫的集体合影，威尔逊摄于1908年7月9日（哈佛大学阿诺德树木园提供）

15日再次启程，经都江堰、漩口（Hsuan-kou）、牛头山（Niu-tou Shan）、卧龙关（Wu-lung Kuan）、巴郎山（Pan-lan Shan）、日隆关（Reh-lung-kuan）、达维（Ta-wei）、小金（Monkong Ting，懋功厅）、丹巴（Romi-chango，诺米章谷）、大炮山（Ta-p'aoshan）等地，于7月9日下午抵达康定，在康定逗留数日期间，于7月13～20日考察了磨西镇（Moshi-mien）和雅加埂，7月30日离开康定，经瓦斯沟（Wassu-kou）、泸定、化林坪、宜东、青溪、雅安、邛崃（Kiung Chou，邛州）、新津（Hsinshin）等地，于8月12日返至成都。

在返回乐山休整几周以后，9月4日威尔逊再次出发，一路经由夹江（Kia-kiang）、洪雅（Hong-ya）、柳江（Liu-ch'ang，柳镇）、东岳（Tung-to-ch'ang）、柳新乡（Kuang-yin-pu，观音铺）、柴达山（Tsaoshan）、病灵祠（Ping-ling-shih）到达瓦屋山（Mt. Wa-wu），阴霾多雨且多雾的天气让威尔逊在瓦屋山的收获甚微，心情沮丧。之后一路跋涉，9月15日艰难到达仰天池（Yang-tien-tsze），后面的路程相对平坦，经马烈（Malie）、汉源（Fulin，富林）、金河口（Tatien-chih，大天池）等地，于9月24日回到乐山。

同年10月，威尔逊再次赴汶川和茂县采集，主要采集目标是岷江百合（*Lilium regale*）的鳞茎。11月中旬清王朝光绪皇帝和慈禧太后在两天内相继去世，威尔逊担心时局因此而有动荡，决定立刻结束采集工作，尽快离开中国。

根据现存的采集记录，威尔逊第三次采集活动使用了新的编号，从1开始，至3 817号结束，标本和种子都在同一个编号里，拍摄照片720张。

1909年2月回到宜昌，将所有的采集所得整理打包装船经汉口至上海，交付托运。之后，威尔逊于4月25日抵达北京，月底从哈尔滨乘坐火车返回欧洲，途中在莫斯科、圣彼得堡、柏林、巴黎等地逗留并查阅标本，于5月17日抵达伦敦。

2.4 第四次：岷江百合之旅（1910—1911）

1910年3月，威尔逊携妻女从波士顿乘船抵达英国（Briggs, 1993），他稍作停留之后，把妻女安顿给居住在伯明翰的母亲和妹妹们，乘坐火车横跨欧洲到莫斯科，再从那里乘坐火车到达北京，一路奔波赶到宜昌已经是6月1日。

6月4日从宜昌出发，计划从陆路前往目的地——成都。考察路线如下：从兴山进入神农架（Sheng-neng-chia）林区，期间也进入房县和巴东境内，走出湖北进入巫峡县（Taning，大宁）已经是6月23日，之后进入云阳县境内，途经开县（Kai Hsien）、宣汉县（Tunghsiang Hsien，东乡县）、平昌县（Chiangkou，江口）、仪陇县（Yilung Hsien）、阆中市（Paoning Fu，保宁府）、三台县（Tungchuan Fu，潼川府），于7月27日抵达成都，用时54天。

在成都休整数日以后，威尔逊8月8日再次启程前往松潘，这次沿途经过什邡县（Shihfang Hsien）、绵竹（Mienchu Hsien）、安县（An Hsien）、北川（Shihch'an Hsien，石泉县）等地，最后经过松潘县白羊乡（Peh-yangch'ang，白羊场）、平武县泗耳乡、土地梁（Tu-ti-liang）、水晶堡（Shui-ching-pu）、小河营（Hsao-ho-ying）、施家堡（Shuh-chia-pu）、三舍驿（San-tsze-yeh）、黄龙（Wang Lung-ssu，黄龙寺）等地，于8月23日到达松潘。两天后，离开他最喜欢的松潘城，沿岷江而下，沿途标注了岷江百合（*Lilium regale*）的生长位置，等待秋天来挖取。然而，在9月3日的行进中，由于山体塌方他的右腿被石块砸中，不幸骨折，伤势严重。由于这个事故，他的采集任务也戛然而止。在成都治疗期间，他雇佣的中国工人还去了之前考察过的很多地方帮助采集了一些植物标本和繁殖材料，其中也包括岷江百合的球茎。

根据现存的采集记录，威尔逊第四次采集编号为4 000～4 744号，拍摄照片374张。1911年2月，他返回湖北宜昌，整理采集所得，交付托运后，从上海乘船返回美国，3月抵达波士顿。

2.5 第五次：中国台湾和东北（1917—1918）

威尔逊的腿疾在美国得到了很好的治疗，但

图4 1911年2月11日，威尔逊离开宜昌时给采集队的核心成员拍照留念（哈佛大学阿诺德树木园提供）

还是落下了终身残疾。康复之后，1914年，他携夫人和女儿，对日本的栽培植物进行了为期一年左右的调查与研究，主要是为阿诺德树木园引种樱花和杜鹃的栽培品种。

之后，在1917—1919年间，威尔逊在日本植物学家的帮助下，造访了琉球群岛、小笠原群岛、朝鲜半岛、中国台湾和东北地区。

1917年在考察朝鲜半岛植被的间隙，威尔逊曾短暂进入我国东北地区。从采集记录来看，他7月19日抵达大连（Darien），采集了两份标本，采集号为8 789和8 790；7月20日在旅顺（Port Arthur），采集了24分标本，采集号为8 791～8 814；7月22～23日在沈阳（Mukden）北陵采集了5份标本，采集号为8 815～8 819。

在1918年里，威尔逊曾两次抵达我国台湾考察和采集。第一次为1月底至4月初，主要围绕阿里山和大雪山采集，主要涉及嘉义（Kagi）、台南（Tainan）、南投（Nanto）、台北（Taihoku）、新竹（Shinchiku）等地，标本号为9 634～10 325。

1918年10月10日，威尔逊的第二次采集从台北的石门（Sekitei）开始，之后，又从嘉义进入阿里山（Arisan），时间是10月16～31日；11月上旬在屏东（Hoshun，恒春），11月17～20日在台东（Pinan，卑南），11月22～26日在花莲（Karenko），12月3～7日在南投（Nanto），12月12～13日回到台北，他绕了台湾岛一整圈，采集了很多裸子植物的种子和标本，并拍摄了近百张照片，标本号为10 757～11 239。

3 威尔逊拍摄的图片

威尔逊一生拍摄了5 000多幅正片和5 000幅负片。其中，1907—1909年间第三次来中国拍摄了720幅照片，1910—1911年间第四次来中国拍摄了374幅照片，第五次进入中国时，1917年在东北地区没有

图5　1918年威尔逊在中国台湾采集植物时的集体合影，具体拍摄时间与地点不详（哈佛大学阿诺德树木园提供）

拍摄照片，1918年在台湾拍摄了近百幅照片。

威尔逊拍摄的照片不仅记录了很多观赏植物，他还用镜头记录下百年前中国的地理风貌、市井生活和风土人情。今天看来，这些照片在植物学、生态学和社会学等方面具有很高的研究价值。

中国科学院成都生物所印开蒲研究员通过对威尔逊拍摄照片拍摄老地点的寻找，并在原来拍摄地点重新拍摄新照片后进行对比，真实展现了中国西部百年的环境变迁，并著书成册，出版了《百年追寻——见证中国西部环境变迁》一书（印开蒲 等，2010）。无独有偶，英国皇家植物园邱园的两位植物学家马克·弗兰纳坎（Mark Flanagan）和托尼·科克汉姆（Tony Kirkham）做了同样的工作，出版了*Wilson's China A Century On*一书（Flanagan & Kirkham，2009），书中以西方人的视角记述了在威尔逊考察路线发生的变化，包括古树、人文、自然环境以及普通百姓的日常生活。

4 威尔逊的著作与论文

威尔逊一生笔耕不辍，撰写了很多文章和著作，既有面向园艺爱好者通俗易懂的文章，也有严谨的学术文章。

威尔逊的文章最早出现在1902年9月27日出版的周刊杂志*the Gardeners' Chronicle*上，那是一篇题为*The Public Gardens, Shanghai*的文章，介绍了当时上海公园里栽培的植物。1905年开始，他将采集记录中的文字进行整理后投稿给相关的期刊，主要内容是介绍在中国考察采集过程中的所见所闻。后来这些文章积少成多，再经过梳理，最终集结成册，1913年出版了*A Naturalist in western China, with vasculum, camera, and gun*，中文常翻译为《一位博物学家在华西》或《一个带着标本箱、照相机和火枪在中国西部旅行的自然学家》（Wilson, 1913）；1929年此书再版时，删掉了与植物无关的几个章节，增加了介绍宜昌地区植物的内容，书名改为*China, Mother of Gardens*（Wilson, 1929），中文翻译为《中国——园林之母》。这本书是威尔逊作品中最为著名的一本，在世界范围内产生深远影响。在国内有两个翻译版本，一本是胡启明研究员翻译，2015年由广东科技出版社出版（威尔逊，2015），另一本是包志毅教授翻译，2017年由中国青年出版社出版（威尔逊，2017）。

4.1 威尔逊的著作

威尔逊擅长记录生活与工作中的点点滴滴，积少成多，经过整理与编撰，最终出版成册。他的著作主要涉及植物学、博物学和园艺学，文字并不华丽，更显平实，但能奉献给读者翔实的信息，即使放在百余年后的今天，仍然还有很高的参考价值。威尔逊正式出版的著作按照时间顺序罗列如下表所示：

Wilson, E. H., 1911. Field notes relating to plants collected on the Arnold arboretum second expedition to western China, 1910. London, Edinburgh, Dublin and New York: Thomas Nelson and Sons.
Wilson, E. H. & Sargent, C. S., 1912. Vegetation of western China; A series of 500 photographs, with index by E. H. Wilson and introduction by C. S. Sargent. London: Printed for Arnold arboretum.
Wilson, E. H., 1913. A naturalist in western China, with vasculum, camera, and gun. 2 volumes. London: Methuen & co., ltd.; New York: Doubleday, Page & Co.
Wilson, E. H., 1916. The Cherries of Japan. Cambridge: University Press.
Wilson, E. H., 1916. The Conifers and Taxads of Japan. Cambridge: University Press.
Wilson, E. H., 1917. Aristocrats of the garden. Garden City NY: Doubleday, Page & Company.

（续）

Wilson, E. H., 1920. The romance of our trees. Garden City, NY: Doubleday, Page & Company.
Wilson, E. H. & Rehder, A., 1921. A monograph of Azaleas: Rhododendron subgenus Anthodendron. Cambridge, University Press.
Wilson, E. H., 1925. America's greatest garden: the Arnold arboretum. Boston, Mass.: The Stratford company.
Wilson, E. H., 1925. The Lilies of eastern Asia: A monograph. London: Dulau & Company, LTD.
Wilson, E. H., 1926. Aristocrats of the garden. [2nd edition]. Boston: The Stratford Company.
Wilson, E. H., 1927. Plant hunting. 2 volumes. Boston, Mass.: The Stratford Company.
Wilson, E. H., 1928. More aristocrats of the garden. Boston, Mass.: The Stratford Company.
Wilson, E. H., 1929. China, mother of gardens. Boston, Mass.: The Stratford Company.
Wilson, E. H., 1930. Aristocrats of the trees. Boston, Mass.: The Stratford Company.
Wilson, E. H., 1931. If I were to make a garden. Boston, Mass.: The Stratford Company.

4.2 威尔逊的植物学论文

自1906年开始，威尔逊结合考察采集活动逐渐开始撰写与植物学相关的学术性论文，主要涉及植物分类学、植物地理学、植物生态学等。主要类群涉及裸子植物、杜鹃花属、蔷薇属等。在参与编写*Plantae Wilsonianae*（《威尔逊采集植物志》）过程中（Sargent, C. S. 1911—1917），主要关注具有观赏价值的木本植物。威尔逊的学术论文主要发表在*Journal of the Arnold arboretum*上，具体情况如下表所示：

Journal of the Arnold arboretum
Wilson, E. H., 1919. A phytogeographical sketch of the ligneous flora of Korea. 1(1): 32-43.
Wilson, E. H., 1919. The Bonin Islands and their ligneous vegetation. 1(2): 97-115;
Rehder, A. & Wilson, E. H. 1919. New woody plants from the Bonin Islands. 1(2):115-121.
Wilson, E. H., 1920. The Liukiu Islands and their ligneous vegetation. 1(3):171-186.
Wilson, E. H., 1920. Four new Conifers from Korea. 1(3): 186-190.
Wilson, E. H., 1920. Camphor, Cinnamomum camphora Nees & Ebermaier. 1(4): 239-242.
Wilson, E. H., 1920. A phytogeographical sketch of the ligneous flora of Formosa. 2(1): 25-41.
Wilson, E. H., 1921. The 'Indian Azaleas" at Magnolia gardens. 2(3): 159-160;
Wilson, E. H., 1921. Notes from Australasia I. 2(3): 160-163.
Wilson, E. H., 1922. Notes from Australasia II. 2(4): 232-236.
Wilson, E. H., 1922. Notes from Australasia III, 3(1): 51-55.
Wilson, E. H., 1923. The Rhododendrons of Northeastern Asia exclusive of those belonging to the subgenus Anthodendron, 4(1): 33-56.
Wilson, E. H., 1923. Northern Trees in Southern Lands. 4(2): 61-90.
Wilson, E. H., 1923. The Hortensias, Hydrangea macrophylla DC. and Hydrangea serrata DC. 4(4): 233-246.
Wilson, E. H., 1924. The Rhododendrons of Hupeh. 5(2): 84-107.
Wilson, E. H., 1924. A new species of Reevesia. 5(4): 233-235.
Wilson, E. H., 1925. The Rhododendrons of Eastern China, the Bonin and Liukiu Islands and of Formosa, 6(3): 156-186.
Wilson, E. H., 1925. Rhododendron chrysocalyx. Lev, & Vaniot. 6(4): 200-201.
Wilson, E. H., 1926. The Taxads and Conifers of Yunnan. 7(1): 37-68.
Wilson, E. H., 1926. Thuja orientalis Linnaeus. 7(2): 71-74.
Wilson, E. H., 1926. Ligneous Plants Collected in New Caledonia by C. T. White in 1923 - Gymnospermae. 7(2): 76-85.
Wilson, E. H., 1926. Taiwania cryptomerioides Hayata. 7(4): 229-231.
Wilson, E. H., 1926. Magnoliaceae Collected by J. F. Rock in Yunnan and Indo-China. 7(4): 235-239
Wilson, E. H., 1927. Juniperus procera Hochst. 8(1): 1-2.
Rehder, A. & Wilson, E. H., 1927. An Enumeration of the ligneous plants of Anhwei. 8(2): 87-129; 8(3): 150-199; 8(4): 238-240.
Wilson, E. H., 1927. The Arnold Arboretum expedition to north central Asia. 8(3): 200-202.

（续）

Rehder, A. & Wilson, E. H., 1928. Enumeration of the Ligneous Plants Collected by J. F. Rock on the Arnold Arboretum Expedition to Northwestern China and Northeastern Tibet. 9(1): 4-27; 9(2-3): 37-125.
Wilson, E. H., 1928. Podocarpus falcata R. Br. 9(4): 143-144.
Wilson, E. H., 1929. Widdringtonia juniperoides. 10(1): 1-2.
Wilson, E. H., 1930. Thuja orientalis and Juniperus chinensis. 11(3): 135-136.

除了以上发表在*Journal of the Arnold arboretum*论文的以外，威尔逊还有一些论文发表在其他刊物，如下表所示：

Hemsley W. B. & Wilson, E. H., 1906. Some new Chinese Plants. Kew Bull. Misc. Inf. 1906: 147-163.
Wilson, E. H., 1906. Huang-ch'i (Astragalus Henryi, Oliv., and other species). Kew Bull. Misc. Inf. 1906: 382.
Wilson, E. H., 1906. Chinese Rhubarb. Chemist & Druggist 69: 371-373.
Hemsley W. B. & Wilson, E. H., 1907. A new Chinese Rhododendron. Kew Bull. Misc. Inf. 1907: 244-246
Wilson, E. H., 1907. T'Ang-shen (Codonopsis tangshen Oliv.). Kew Bull. Misc. Inf. 1907: 9.
Wilson, E. H., 1908. The Chinese Flora. Jour. Roy. Hort. Soc. 33: 395-400
Hemsley W. B. & Wilson, E. H, 1910. Chinese Rhododendron: determinations and descriptions of new species. Kew Bull. Misc. Inf. 1910: 101-120.
Wilson, E. H., 1913. The "wood-oil" trees of China and Japan. Bulletin of the Imperial institute, 11: 441-461.

4.3 威尔逊发表的园艺学文章

与学术性论文相比，威尔逊在英美园艺杂志上发表的文章则产量更高，读者多，受众广泛。他的考察日记和往来书信主要发表在*The Gardeners' Chronicle*上，其中有一个题为“Leaves from my Chinese note-book”的专栏，这是特意为威尔逊设立的，定期摘录刊登威尔逊的考察日记，在1905—1906年间颇受欧美园艺爱好者的喜爱。具体情况列表如下：

The Gardeners' Chronicle
Wilson, E. H., 1902.The Public Gardens, Shanghai. III. 32: 225-226.
Wilson, E. H., 1905. Meconopsis intergrifolia. III. 37: 291.
Wilson, E. H., 1905. Astilbe grandis. III. 38: 426.
Wilson, E. H., 1905-06. Leaves from my Chinese note-book. III. 37: 337-338, 356-357, 382-384; 38: 4-5, 24, 65-66, 94-95, 124-125, 146-147, 174, 202-203, 245-246, 266-267, 277, 323-324, 355, 388-389, 420-422, 459; 39: 12-13, 27-28, 60, 101, 138-139, 165-166, 179-180, 258-259, 293-294 331-332, 340-342, 402-403, 419-420.
Wilson, E. H., 1906. The Chinese magnolias. III. 39:234.
Wilson, E. H., 1906. Astilbe astilboides. III. 40: 25.
Wilson, E. H., 1906. Jasminum primulinum: its history and culture. III. 40: 44.
Wilson, E. H., 1906. The primulas of China. Ill, 40: 191-192.
Wilson, E. H., 1906. Primula Cockburniana. III. 40: 248.
Wilson, E. H., 1907. The genus Enkianthus. III. 41:311, 344, 363.
Wilson, E. H., 1907. A letter from China. III. 41: 422
Wilson, E. H., 1907-09. Plant collecting in China. III. 42: 344; 44: 394; 45: 24-25.
Wilson, E. H., 1908. Letters from China. III. 43: 121
Wilson, E. H., 1911. New or noteworthy plants. III. 50: 102.
Wilson, E. H., 1911. Osmanthus armatus, Diels. III. 50: 113-114.
Wilson, E. H., 1912. Two new Chinese cotoneasters. III. 51: 2-3.
Wilson, E. H., 1912. Lilium Sargentiae. III. 51: 385-386.
Wilson, E. H., 1913. Lilium regale (syn. L. myriophyllum Hort. non Franch.). III. 53: 416.
Wilson, E. H., 1914. Mr. Wilson's Botanical Explorations in Japan. III. 56: 308-309
Wilson, E. H., 1916. The wistarias of China and Japan. III. 60; 61-62.

（续）

Wilson, E. H., 1917. Letters from Japan. III. 61: 249; 62: 57, 137.
Wilson, E. H., 1919. Viburnum bitchiuense and V. Carlesii. III. 66:285.
Wilson, E. H., 1923. Pieris taiwanensis. III. 73: 63.
Wilson, E. H., 1923. Rhododendron obtusum album. III. 73: 227.
Wilson, E. H., 1923. Rhododendron phoeniceum var. tebotan. III. 73: 255.
Wilson, E. H., 1923. Magnolia kobus var. borealis. III. 73: 301.
Wilson, E. H., 1923. Pentactina rupicola. III. 73: 331.
Wilson, E. H., 1923. Kolkwitzia amabilis. III. 74: 7.
Wilson, E. H., 1923. Rhododendron dauricum var. mucronulatum. III. 74: 41.
Wilson, E. H., 1923. Spiraea trichocarpa. III. 74: 87.
Wilson, E. H., 1923. Ilex geniculata. III. 74: 235.
Wilson, E. H., 1923. Symplocos paniculata. III. 74: 262-263.
Wilson, E. H., 1930. Viburnum lobophyllum. III. 88: 316.

1909年，威尔逊开始在美国哈佛大学阿诺德树木园工作，仍然坚持向*The Gardeners' Chronicle*投稿，但更多地把园艺学方面的科普性文章投给了美国的园艺期刊，这也使得威尔逊在美国园艺界更受欢迎。下面列举了一些刊登威尔逊文章较多的几份杂志：

Flora & Sylva
Wilson, E. H., 1905. The Chinese tulip-tree (Liriodendron chinense). 3: 202-204.
Wilson, E. H., 1905. Clematis montana var. rubens. 3: 252.
Wilson, E. H., 1905. Gymnocladus canadensis -- the American coffee tree. 3: 313-315.
Wilson, E. H., 1905. New and little-known lilies. 3: 328-330.
Wilson, E. H., 1905. Buddleia. 3: 334-340.
Garden
Wilson, E. H., 1905. A beautiful new hardy flower (Meconopsis integrifolia). 67: 286-287.
Wilson, E. H., 1924. New and rare conifers. 88: 124-125. 141-142, 166-167.
Wilson, E. H., 1924. Rare and noteworthy plants. 88: 333. 373-374.
Wilson, E. H., 1925. Acer griseum.89: 20.
Wilson, E. H., 1925. The flowering dogwoods. 89: 286-288.
Wilson, E. H., 1925. The birches. 89: 682-683, 697-698, 719-720.
Wilson, E. H., 1926. A noble Chinese tree. 90: 249-250.
Wilson, E. H., 1926. The spiney elm, a new introduction. 90: 377.
Wilson, E. H., 1926. Pterocaryas or wing-nuts. Garden 90: 431-432.
Transactions of the Massachusetts Horticultural Society
Wilson, E. H., 1910. Plant collecting in the heart of China. 1910: 13-24.
Wilson, E. H., 1912. My fourth expedition to China, being some account of the Arnold Arboretum's second expedition in quest of new of new plants. 1912: 159-169.
Wilson, E. H., 1916. Flowers and gardens of Japan. 1916: 17-24.
Horticulture
Wilson, E. H., 1910. Plant novelties from China. 11: 5, 37-38, 69, 105-106, 145-146, 181-182, 221-222, 257-258, 293-294, 329-330, 367-368, 433-434, 473-474.
Wilson, E. H., 1911. New Chinese plants. Horticulture 14: 626-628.
Wilson, E. H., 1929. Leaves from a plant hunter's notebook. (No. 1). n. ser. 7: 51; (No. 2) 76; (No. 3) 103-104; (No. 4) 129, (No. 5) 193-194; (No. 6) 333; (No. 7) 358.
Wilson, E. H., 1929. The ''Siberian'' elm. n. ser. 7: 283.

Wilson, E. H., 1929. A new Stewartia from Korea. n. ser. 7: 398.
Wilson, E. H., 1929. The curious silk-tree from Asia. n. ser. 7: 471.
Garden Magazine
Wilson, E. H., 1914. Four Interesting Old Trees. 19: 48-50.
Wilson, E. H., 1919. The Romance of Our Trees. 30: 90-95, 144-148, 213-219, 267-271.
Wilson, E. H., 1919. The Cedar of Lebanon. 30: 178-183.
Wilson, E. H., 1920. The Kurume Azaleas of Japan. 31: 38-39.
Wilson, E. H., 1920. The Romance of Our Trees. 31: 48-53, 115-119, 194Wilson, E. H., 198, 259-263, 317-320, 381-384.
Wilson, E. H., 1920. English Gardens Revisited. 32:194.
Wilson, E. H., 1921. A Few Hours in Colombo, Ceylon. 32: 332-334.
Wilson, E. H., 1923. Travel tales of a plant collector. 36: 264-268, 309-311; 37: 35-38, 127-130, 185-189, 247-252, 326-330, 384-387;
Wilson, E. H., 1923. Travel tales of a plant collector. 38: 35-39, 101-105, 170-173.
Wilson, E. H., 1923. The "Indian Azaleas" at Magnolia Gardens. 38: 152.
Wilson, E. H., 1924. Travel tales of a plant collector. 38: 285-287, 355-359.
Wilson, E. H., 1924. Where Orchids are at home. 39: 215-219, 357-360.

其中，1919—1920年间发表在*Garden Magazine*上的10余篇文章集结成册，出版了*The romance of our trees*一书（Wilson, 1920）。

The American Rose annual
Wilson, E. H., 1916. Some new Roses introduced by the Arnold arboretum during the past decade. 1916: 37-41.
Wilson, E. H., 1923. Roses in Australia. 8: 118-120.
Wilson, E. H., 1924. What Roses does America need? 9: 23-25.
Rhododendron society notes
Wilson, E. H., 1922. The rhododendrons of northeastern Asia from the Altai Mountains in central Siberia to the Pacific Ocean, including the countries of Manchuria, Korea and Japan. 2: 93-106.
Wilson, E. H., 1923. The Rhododendrons of Hupeh Province, central China. 2: 160-174.
Wilson, E. H., 1924. The Rhododendrons of the Bonin and Liukiu Islands and of Formosa. 2:228-240.
Wilson, E. H., 1925. The Rhododendrons of eastern China. 3: 18-28.
Wilson, E. H., 1926. Azaleas in the Arnold arboretum. 3:73-76.
Wilson, E. H., 1927. Identification of the rhododendrons collected by J. F. Rock on the Arnold arboretum expedition to northwestern China, 1924-27. 3: 160.
Country life
Wilson, E. H., 1923. Oriental Cherries. 53: 511-514.
Wilson, E. H., 1923. Oriental Crabapples. 54: 9-12.
Wilson, E. H., 1923. Hawthorns. 54: 681-683.
Wilson, E. H., 1924. American Crabapples. 55: 26-28.
Wilson, E. H., 1924. The Magnolias. 55: 214-216, 252-253.
Wilson, E. H., 1924. The modern Rose. 56: 648-650, 679-681.
Wilson, E. H., 1924. Wild Roses. 56: 848-850.
Wilson, E. H., 1925. Hardy Azaleas. 57: 339-340, 444-445.
Wilson, E. H., 1925. Viburnums, pt. 1. 57: 1038-1040.
Wilson, E. H., 1925. Viburnums, pt. 2. 58: 25-27.
House and Garden
Wilson, E. H., 1924. The royalty of spring, 45(3): 61-63,116, 118.
Wilson, E. H., 1924. Early flowering trees and shrubs. 45(4): 62-63, 114, 118, 122.
Wilson, E. H., 1924. Hardy climbers for the garden. 45(5): 70-71, 120, 122, 124.

（续）

Wilson, E. H., 1924. Wild Roses for the garden. 45(6): 66-67, 130, 132, 134.
Wilson, E. H., 1924. The brilliant gaiety of Azaleas. 46(1): 56-57, 100, 102, 104.
Wilson, E. H., 1924. The best hardy Conifers. 46(2): 50-51, 102, 104, 106, 108.
Wilson, E. H., 1924. Hawthorns for ornamental planting. 46(3): 70-71, 124, 126, 130,132.
Wilson, E. H., 1924. Green carpets for various grounds. 46(4): 66-67, 106, 108, 110.
Wilson, E. H., 1924. Mid-season flowering trees and shrubs. 46(5): 64-65, 138, 140, 142.
Wilson, E. H., 1924. Fruiting trees and shrubs. 46(6): 60-61, 114, 120, 122.
Wilson, E. H., 1925. The beauty of the Barberries. 47(1): 76-77, 110, 114, 116.
Wilson, E. H., 1925. Winter beauty in the woody plants. 47(2): 80-81, 106, 108, 110, 114.
Wilson, E. H., 1925. The Cherries of Japan. 47(3): 92-93, 114, 116, 122.
Wilson, E. H., 1925. The Dogwoods and their great variety. 47(4): 78-79, 100, 102, 104.
Wilson, E. H., 1925. Honeysuckles in bush and vine. 47(5): 90-91, 114, 116.
Wilson, E. H., 1925. The glory of the Lilies. 47(6): 66-67, 116, 118, 124.
Wilson, E. H., 1925. The excellent family of Viburnums. 48(l): 66-67, 108, 110, 114, 116.
Wilson, E. H., 1925. The architecture of trees. 48(2): 72-75, 108, 110, 112.
Wilson, E. H., 1925. The family of Euonymus. 48(3): 90-91, 148, 154.
Wilson, E. H., 1925. Good bulbs from South Africa. 48(4): 72-73, 136, 138, 140.
Wilson, E. H., 1925. From Australia come Acacias. 48(5): 92-93, 120, 122.
Wilson, E. H., 1925. Curious fruits from many plants. 48(6): 66-67, 120, 122, 124.
Wilson, E. H., 1926. Pecans and other Nut trees. 49(1): 74, 75, 118, 122.
Wilson, E. H., 1926. Some Yews and low-growing Conifers. 49(2): 82, 83, 150, 154.
Wilson, E. H., 1926. Twelve best shrubs for ten regions. 49(3): 101, 166.
Wilson, E. H., 1926. The best street trees for town betterment. 49(3): 112, 182, 186, 188.
Wilson, E. H., 1926. The coming of Kurume Azaleas. 49(4): 112-113, 142.146, 148.
Wilson, E. H., 1926. Spring beauty in the garden. 49(5): 116, 117, 150, 154, 156, 170.

以上仅收集了1924—1926年间威尔逊在园艺杂志*Home and Garden*上发表的一些文章，后来他仍持续在该杂志上发表50余篇短文，直至1930年去世。这些文章的手稿后来经过他的女儿和友人的整理，于1931年出版他的遗作，即*If I were to make a garden*一书（Wilson, 1931）。不仅这些，威尔逊还在其他园艺期刊上发表文章，现罗列如下：

Wilson, E. H., 1905. wanderings in China. Jour. Roy. Hort. Soc., 29: 656-662.
Wilson, E. H., 1911. The kingdom of flowers. An account of the wealth of trees and shrubs of China and of what the Arnold Arboretum, with China's help, is doing to enrich America. National geographic magazine, 22: 1003-1035.
Wilson, E. H., 1916. A century of certified plants introduced from China. Jour. Roy. Hort. Soc., 42: 35-38.
Wilson, E. H., 1918. The vegetation of Korea. Transactions of the Korea branch of the Royal Asiatic society, 9: 1-16.
Wilson, E. H., 1919. A summary report on the forests, forest trees, and afforestation in Chosen (Korea). Transactions of the Royal Scottish arboricultural society, 33: 44-51.
Wilson, E. H., 1919. Citizens of Tokyo ---save your cherry trees. Sakura, 1(2): 4-6.
Wilson, E. H., 1920. Kurume Azaleas. Bulletin of the Massachusetts horticultural society, no. 3.
Wilson, E. H., 1922. Indigenous forest trees of Kenya. 2 pt. The Farmers journal of East Africa, 4(8): 17-20; 4(10): 17-20.
Wilson, E. H., 1923. Acacias. Bulletin of the Massachusetts horticultural society, no. 11.
Wilson, E. H., 1924. Harvard's tree museum. Museum work, 6: 147-152.
Wilson, E. H., 1925. New plants from China. American forests and forest life, 31: 85-86, 91.
Wilson, E. H., 1925. Wildrosen. Gartenschonheit, 6: 106-109.
Wilson, E. H., 1927. Charles Sprague Sargent. Harvard graduates' magazine, 35: 605-615.

（续）

Wilson, E. H., 1928. Plant crabapples for beauty in flower and fruit. Garden club of America Bulletin, no. 23:14-17.
Wilson, E. H., 1928. Korean plants in gardens. New flora and silva, 1(1): 9-21.
Wilson, E. H., 1929. Broad-leaved evergreens. Ladies' home journal, 46: 13.
Wilson, E. H., 1929. Good shrubs for every garden. Ladies' home journal, 46: 203.
Wilson, E. H., 1930. The island of Formosa and its flora. New flora and silva, 2: 92-103.

4.4 威尔逊发表的其他文章

除了发表与植物相关的科学论文和科普文章以外，作为博物学家，威尔逊还涉猎广泛，也曾发表少量其他领域的文章，列举如下：

Wilson, E. H., 1905. Western China, a field for the sportsman. The Field, The Country Gentleman's Newspaper, 106: 109.
Wilson, E. H., 1925. Among the head-hunters of Formosa. the Country gentleman, 90 (7): 7, 34.
Wilson, E. H., 1925. Price of the Regal Lily. the Country gentleman, 90(36): 11, 145.

5 威尔逊采集的植物对世界的影响

5.1 *Plantae Wilsonianae*对植物学的影响

1913—1917年，查尔斯·斯普拉格·萨金特（Charles Sprague Sargent）担任主编，阿尔弗雷德·瑞德（Alfred Rehder，1863—1949）和威尔逊参与编写，出版了*Plantae Wilsonianae*（《威尔逊采集植物志》），共3卷，描述了我国中西部木本植物3 356个种和变种，其中有近900个新类群，其中新种有270个左右。《威尔逊采集植物志》是当时研究中国木本植物最广博的参考书。

萨金特在研究威尔逊的采集成果和编著《威尔逊采集植物志》的过程中，结合长期对北美和东亚植物的研究，于1913年率先在威尔逊的专著*A Naturalist in western China, with vasculum, camera, and gun*（《一个带着标本箱、照相机和火枪在中国西部旅行的自然学家》）序言部分发表了关于东亚——北美间断分布植物种属的文章，即："A comparison of eastern Asiatic and eastern North American woody plants"（Sargent C S, 1913），1919年胡先骕先生（1894—1968）将其翻译并以《中美木本植之比较》为题在中国《科学》杂志上发表（胡先骕，1919），这篇文章在植物区系地理学上具有重要意义。

根据目前的统计，以威尔逊名字命名并合格发表的植物名称超过60个，如下表所示。

中文名	学名	中文名	学名
狭叶五加	*Acanthopanax wilsonii*	绒叶木姜子	*Litsea wilsonii*
三峡槭	*Acer wilsonii*	峨山蛾眉蕨	*Lunathyrium wilsonii*
云南蓍	*Achillea wilsoniana*	川香草	*Lysimachia wilsonii*
聚叶沙参	*Adenophora wilsonii*	川西吊石苣苔	*Lysionotus wilsonii*
天师栗	*Aesculus wilsonii*	华西臭樱	*Maddenia wilsonii*
岩居点地梅	*Androsace wilsoniana*	西康玉兰	*Magnolia wilsonii*

（续）

中文名	学名	中文名	学名
川西当归	*Angelica wilsonii*	束花通泉草	*Mazus wilsoni*
西南楤木	*Aralia wilsonii*	峨眉含笑	*Michelia wilsonii*
川中南星	*Arisaema wilsonii*	树头芭蕉	*Musa wilsonii*
一点血秋海棠	*Begonia wilsonii*	圆齿荆芥	*Nepeta wilsonii*
金花小檗	*Berberis wilsonae*	紫菊属	*Notoseris wilsonii*
小勾儿茶	*Berchemiella wilsonii*	绢毛稠李	*Padus wilsonii*
小叶杭子梢	*Campylotropis wilsonii*	镰叶西番莲	*Passiflora wilsonii*
台湾三尖杉	*Cephalotaxus wilsoniana*	魏氏马先蒿	*Pedicularis wilsonii*
鄂西卷耳	*Cerastium wilsonii*	华西蝴蝶兰	*Phalaenopsis wilsonii*
川桂	*Cinnamomum wilsonii*	青杄	*Picea wilsonii*
香槐	*Cladrastis wilsonii*	椅杨	*Populus wilsonii*
疏网凤丫蕨	*Coniogramme wilsonii*	香海仙报春	*Primula wilsonii*
川鄂黄堇	*Corydalis wilsonii*	台湾黄杉	*Pseudotsuga wilsoniana*
华中山楂	*Crataegus wilsonii*	西南臀果木	*Pygeum wilsonii*
滇南虎头兰	*Cymbidium wilsonii*	卵叶猫乳	*Rhamnella wilsonii*
广东石斛	*Dendrobium wilsonii*	山鼠李	*Rhamnus wilsonii*
威尔逊溲疏	*Deutzia wilsonii*	湖北单花杜鹃	*Rhododendron wilsoniae*
长刺卫矛	*Euonymus wilsonii*	川麸杨	*Rhus wilsonii*
川西龙胆	*Gentiana wilsonii*	新紫柳	*Salix neowilsonii*
无毛老鹳草	*Geranium wilsonii*	紫柳	*Salix wilsonii*
湖北算盘子	*Glochidion wilsonii*	鹤庆五味子	*Schisandra wilsoniana*
鄂西天胡荽	*Hydrocotyle wilsonii*	兴山景天	*Sedum wilsonii*
川鄂金丝桃	*Hypericum wilsonii*	山白树	*Sinowilsonia henryi*
尾叶冬青	*Ilex wilsonii*	瓦山槐	*Sophora wilsonii*
白花凤仙花	*Impatiens wilsonii*	华西花楸	*Sorbus wilsoniana*
大花木蓝	*Indigofera wilsonii*	陕西绣线菊	*Spiraea wilsonii*
鄂西箬竹	*Indocalamus wilsoni*	小叶安息香	*Styrax wilsonii*
黄花鸢尾	*Iris wilsonii*	光皮梾木	*Swida wilsoniana*
川西火绒草	*Leontopodium wilsonii*	西南荚蒾	*Viburnum wilsonii*
大果野丁香	*Leptodermis wilsoni*	网脉葡萄	*Vitis wilsonae*
川鄂橐吾	*Ligularia wilsoniana*	栉齿黄鹌菜	*Youngia wilsoni*

5.2 威尔逊引种的代表性观赏植物

威尔逊引种至欧美的观赏植物受到园艺界的青睐，很多物种及其衍化的品种至今仍被广泛使用。其中有超过100种曾经赢得过伦敦皇家园艺协会（the Royal Horticultural Society of London）的一级证书（the First-Class Certificate）或优秀奖（Awards of Merit）。

1931年美国园艺学家爱德华·法林顿（Edward I. Farrington）撰写了一本纪念威尔逊的书（Farrington，1931），书名为*Ernest H. Wilson Plant Hunter*。在书中，他整理罗列了在欧美园艺中威尔逊引种的植物，并附有生产和销售这些苗木的苗圃，这些物种如下表所示。

学名	中文名（现学名）	地点	年份
Abelia engleriana	蓪梗花	四川	1908
Abelia schumannii	小叶六道木 *Abelia parvifolia*	华西	1915

（续）

学名	中文名（现学名）	地点	年份
Abies fargesii	巴山冷杉	华中	1901
Abies faxoniana	岷江冷杉 *Abies fargesii* var. *faxoniana*	华西	1911
Acanthopanax henryi	糙叶五加 *Eleutherococcus henryi*	华中	1901
Acanthopanax setchuenensis	蜀五加 *Eleutherococcus leucorrhizus* var. *setchuenensis*	华西	1904
Acer griseum	血皮槭	华中	1901
Acer davidii	青榨槭	华中	1902
Acer tetramerum	毛叶枫 *Acer stachyophyllum*	湖北	1901
Aconitum hemsleyanum	瓜叶乌头	—	—
Aconitum wilsonii	乌头 *Aconitum carmichaelii*	—	—
Actinidia chinensis	中华猕猴桃	华西	1900
Aesculus wilsonii	天师栗 *Aesculus chinensis* var. *wilsonii*	华中、华西	1908
Ampelopsis micans	蓝果蛇葡萄 *Ampelopsis bodinieri*	华中	1900
Ampelopsis watsoniana	羽叶蛇葡萄 *Ampelopsis chaffanjonii*	华中	1900
Anemone hupehensis	打破碗花花	华中	1910
Anemone vitifolia	野棉花	中国	—
Aristolochia heterophylla	大叶马兜铃 *Aristolochia kaempferi*	华西	1904
Artemisia lactiflora	白苞蒿	中国	—
Astilbe davidii	腺萼落新妇 *Astilbe rubra*	—	—
Astilbe grandis	大落新妇	—	—
Astilbe koreana	大落新妇 *Astilbe grandis*	朝鲜	1917
Berberis aggregata prattii	短锥花小檗 *Berberis prattii*	中国	1904
Berberis atrocarpa	黑果小檗	华西	1909
Berberis candidula	单花小檗	—	—
Berberis gagnepainii	湖北小檗	华西	1904
Berberis julianae	豪猪刺	华中	1900
Berberis polyantha	刺黄花	华西	1904
Berberis sargentiana	刺黑珠	华中	1907
Berberis triacanthophora	芒齿小檗	华中	1907
Berberis vernae	匙叶小檗	中国西北	1910
Berberis verruculosa	疣枝小檗	华西	1904
Berberis wilsonae	金花小檗 *Berberis wilsoniae*	华西	1903
Buddleja asiatica	白背枫	华西	1908
Buddleja davidi magnifica	大叶醉鱼草 *Buddleja davidii*	华中	1900
Buddleja davidi wilsoni	大叶醉鱼草 *Buddleja davidii*	中国	1900
Buxus microphylla koreana	日本黄杨	朝鲜	1919
Catalpa fargesii	灰楸	华西	1900
Celastrus angulatus	苦皮藤	中国、日本	1900
Celastrus loeseneri	短梗南蛇藤 *Celastrus rosthornianus*	华中	1907
Celastrus rugosus	灰叶南蛇藤 *Celastrus glaucophyllus*	华西	1908
Cercidiphyllum japonicum sinense	连香树 *Cercidiphyllum japonicum*	华中、华西	1907
Cercis racemosa	垂丝紫荆	华中	1907
Citrus ichangensis	宜昌橙 *Citrus cavaleriei*	中国西南部	1900
Cladrastis sinensis	小花香槐	华中、华西	1901
Cladrastis wilsonii	香槐	华中	1907
Clematis acutangula	毛茛铁线莲	中国	1903
Clematis armandii	小木通	华中、华西	1900
Clematis chrysocoma sericea	金毛铁线莲 *Clematis chrysocoma*	康定	1900

16

（续）

学名	中文名（现学名）	地点	年份
Clematis montana rubens	红花绣球藤	中国	1900
Clematis montana wilsonii	晚花绣球藤	中国	1900
Cornus kousa chinensis	四照花 *Cornus kousa* subsp. *chinensis*	中国	1907
Corydalis thalictrifolia	石生黄堇 *Corydalis saxicola*	—	—
Corydalis tomentella	毛黄堇	—	—
Corydalis tomentosa	毛黄堇 *Corydalis tomentella*	—	—
Corydalis wilsonii	川鄂黄堇	—	—
Corylopsis veitchiana	红药蜡瓣花	华中	1900
Cotoneaster acutifolius villosulus	密毛灰栒子 *Cotoneaster villosulus*	湖北西部	1900
Cotoneaster apiculatus	细尖栒子	华西	1910
Cotoneaster dammeri	矮生栒子	华中	1900
Cotoneaster divaricatus	散生栒子	华中、华西	1907
Cotoneaster henryanus	大叶柳叶栒子	华中	1901
Cotoneaster horizontalis perpusillus	小叶平枝栒子	华西	1908
Cotoneaster hupehensis	华中栒子 *Cotoneaster silvestrii*	华中、华西	1907
Cotoneaster racemiflorus soongoricus	准噶尔栒子 *Cotoneaster soongoricus*	华西	1910
Cotoneaster salicifolius floccosus	柳叶栒子 *Cotoneaster salicifolius*	华西	1908
Cotoneaster salicifolius rugosus	皱叶柳叶栒子	华中	1907
Cunninghamia konishii	台湾杉木	中国台湾	1918
Cypripedium luteum	黄花杓兰 *Cypripedium flavum*	华西	1910
Cypripedium tibeticum	西藏杓兰	华中	1904
Daphne retusa	凹叶瑞香	华西	1901
Davidia involucrata	珙桐	华西	1904
Deutzia longifolia elegans	长叶溲疏 *Deutzia longifolia*	华西	1908
Deutzia longifolia veitchii	长叶溲疏 *Deutzia longifolia*	华西	1903
Deutzia wilsonii	威氏溲疏	华西	1901
Dicentra macrantha	黄药 *Ichtyoselmis macrantha*	—	—
Dipelta floribunda	双盾木	华中	1902
Dipelta ventricosa	云南双盾木 *Dipelta yunnanensis*	华西	1904
Dipteronia sinensis	金钱槭	华中	1900
Euptelea franchetii	领春木 *Euptelea pleiosperma*	湖北	1900
Euonymus aquifolium	冬青沟瓣木 *Glyptopetalum aquifolium*	华西	1908
Euonymus sanguineus	石枣子	华西	1900
Euonymus wilsonii	长刺卫矛	华西	1904
Evodia henryi	臭檀吴萸 *Tetradium daniellii*	湖北	1908
Evodia hupehensis	臭檀吴萸 *Tetradium daniellii*	华中	1907
Exochorda giraldii wilsonii	绿柄白鹃梅	华中	1907
Fagus engleriana	米心水青冈	华中	1911
Fagus longipetiolata	水青冈	华中、华西	1911
Fagus lucida	光叶水青冈	—	1911
Forsythia ovata	卵叶连翘	朝鲜	1917
Fortunearia sinensis	牛鼻栓	华中	1907
Gaultheria veitchiana	红粉白珠 *Gaultheria hookeri*	华西	1908
Hanabusaya asiatica	金刚风铃	朝鲜	1917
Hydrangea sargentiana	紫彩绣球	华中	1907
Hydrangea xanthoneura wilsonii	挂苦绣球 *Hydrangea xanthoneura*	华西	1909
Ilex pernyi	猫儿刺	华中、华西	1900

（续）

学名	中文名（现学名）	地点	年份
Ilex pernyi manipurensis	长叶枸骨 *Ilex georgei*	华西	1913
Ilex wilsonii	尾叶冬青	—	—
Indigofera amblyantha	多花木蓝	中国	1908
Iris wilsonii	黄花鸢尾	中国	缺
Jasminum primulinum	野迎春 *Jasminum mesnyi*	华西	1900
Juglans cathayensis	胡桃楸 *Juglans mandshurica*	—	1903
Juniperus conferta	海滨杜松	日本	1915
Kolkwitzia amabilis	猬实	中国	1901
Ligularia clivorum	齿叶橐吾 *Ligularia dentata*	中国、日本	—
Ligularia veitchiana	离舌橐吾	华西	1905
Ligularia wilsoniana	川鄂橐吾	—	—
Ligustrum henryi	丽叶女贞	—	1901
Lilium davidii	川百合	华西	1910
Lilium henryi	湖北百合	—	—
Lilium leucanthum chloraster	宜昌百合 *Lilium leucanthum*	中国	1901
Lilium philippinense formosanum	台湾百合 *Lilium formosanum*	中国台湾	1918
Lilium regale	岷江百合	华西	1910
Lilium sargentiae	泸定百合	华西	1910
Lilium speciosum gloriosoides	药百合	中国台湾	1918
Lilium willmottiae	兰州百合 *Lilium davidii* var. *willmottiae*	华西	1910
Liriodendron chinense	鹅掌楸	华中	1901
Lonicera chaetocarpa	刚毛忍冬 *Lonicera hispida*	华西	1904
Lonicera henryi	淡红忍冬 *Lonicera acuminata*	华西	1908
Lonicera maacki podocarpa	金银忍冬 *Lonicera maackii*	华中、华西	1900
Lonicera nitida	亮叶忍冬 *Lonicera ligustrina* var. *yunnanensis*	华西	1908
Lonicera pileata	蕊帽忍冬 *Lonicera ligustrina* var. *pileata*	—	1900
Lonicera prostrata	毛花忍冬 *Lonicera trichosantha*	华西	1904
Lonicera tragophylla	盘叶忍冬	华西	1900
Magnolia delavayi	山玉兰 *Lirianthe delavayi*	中国	1900
Magnolia wilsonii	西康天女花 *Oyama wilsonii*	华西	1908
Malus theifera	湖北海棠 *Malus hupehensis*	中国	1900
Malus toringoides	变叶海棠	华西	1904
Meconopsis integrifolia	全缘叶绿绒蒿	华西	1906
Meconopsis punicea	红花绿绒蒿	西川西北部	1903
Meliosma beaniana	珂南树 *Meliosma alba*	华中	1908
Meliosma veitchiorum	暖木	华中	1901
Neillia sinensis	中华绣线梅	华中	1901
Parthenocissus thomsoni	华西俞藤 *Yua thomsonii* var. *glaucescens*	华中	1900
Philadelphus purpurascens	紫萼山梅花	华西	1904
Philadelphus subcanus wilsonii	毛柱山梅花 *Philadelphus subcanus*	—	—
Photinia davidsoniae	贵州石楠 *Photinia bodinieri*	华中	1900
Picea ascendens	麦吊云杉 *Picea brachytyla*	华西	1910
Picea asperata	云杉	华西	1910
Picea koyamae	科亚马云杉	朝鲜	1914
Picea wilsonii	青杆	华中	1908

（续）

学名	中文名（现学名）	地点	年份
Pieris taiwanensis	马醉木 *Pieris japonica*	中国台湾	1917
Pleione pogonioides	独蒜兰 *Pleione bulbocodioides*	华西、湖北	1903
Populus lasiocarpa	大叶杨	中国	1904
Populus wilsonii	椅杨	华西	1907
Potentilla fruticosa veitchii	伏毛银露梅 *Potentilla glabra* var. *veitchii*	中国	1902
Primula chungensis	中甸灯台报春	—	—
Primula cockburniana	鹅黄灯台报春	—	—
Primula pulverulenta	粉被灯台报春	—	—
Primula veitchii	多脉报春 *Primula polyneura*	—	—
Primula vittata	偏花报春 *Primula secundiflora*	—	—
Primula wilsonii	香海仙报春	—	—
Prunus dielsiana	尾叶樱桃	中国	1907
Prunus mira	光核桃	华西	1910
Pyrus calleryana	豆梨	华中	1908
Quercus aquifolioides	川滇高山栎	康定	1910
Rehmannia angulata	裂叶地黄 *Rehmannia piasezkii*	湖北西北部	1910
Rehmannia henryi	湖北地黄	—	—
Rheum alexandrae	苞叶大黄	康定	1903
Rhododendron ambiguum	问客杜鹃	华西	1904
Rhododendron amesiae	紫花杜鹃	华西	1908
Rhododendron argyrophyllum	银叶杜鹃	华西	1904
Rhododendron calophytum	美容杜鹃	华西	1904
Rhododendron concinnum	秀雅杜鹃	华西	1904
Rhododendron discolor	喇叭杜鹃	华中	1900
Rhododendron fargesii	粉红杜鹃 *Rhododendron oreodoxa* var. *fargesii*	华中	1901
Rhododendron flavidum	川西淡黄杜鹃	华西	1905
Rhododendron hunnewellianum	岷江杜鹃	华西	1908
Rhododendron intricatum	隐蕊杜鹃	华西	1904
Rhododendron keiskei	阴地杜鹃	日本	1905
Rhododendron lutescens	黄花杜鹃	华西	1904
Rhododendron micranthum	照山白	湖北西部	1901
Rhododendron morii	玉山杜鹃	中国台湾	1918
Rhododendron obtusum japonicum	钝叶杜鹃	日本	1917
Rhododendron oldhamii	砖红杜鹃	中国台湾	1918
Rhododendron orbiculare	团叶杜鹃	华西	1904
Rhododendron polylepis	多鳞杜鹃	华西	1904
Rhododendron pseudochrysanthum	阿里山杜鹃	中国台湾	1918
Rhododendron rubropilosum	台红毛杜鹃	中国台湾	1918
Rhododendron sargentianum	水仙杜鹃	四川西部	1904
Rhododendron souliei	白碗杜鹃	华西	1905
Rhododendron thayerianum	反边杜鹃	华西	1910
Rhododendron websterianum	毛蕊杜鹃	华西	1908
Rhododendron weldianum	黄毛杜鹃 *Rhododendron rufum*	华西	1910
Rhododendron weyrichii	韦里奇杜鹃	韩国	1918

（续）

学名	中文名（现学名）	地点	年份
Rhododendron williamsianum	圆叶杜鹃	华西	1908
Rhododendron willmottiae	威尔莫杜鹃	华西	1904
Ribes longeracemosum	长穗茶藨子	华西	1908
Rodgersia aesculifolia	七叶鬼灯檠	—	—
Rodgersia sambucifolia	西南鬼灯檠	中国	—
Rodgersia tabularis	大叶子 *Astilboides tabularis*	中国	—
Rosa bella	美蔷薇	华北	1910
Rosa helenae	卵果蔷薇	华中	1907
Rosa moyesii	华西蔷薇	华西	1903
Rosa omeiensis	峨眉蔷薇	四川	1901
Rosa willmottiae	小叶蔷薇	华西	1904
Rubus corchorifolius	山莓	日本、中国	1907
Rubus coreanus	插田泡	朝鲜、日本或中国	1906
Rubus henryi	鸡爪茶	华中、华西	1900
Rubus henryi bambusarum	竹叶鸡爪茶 *Rubus bambusarum*	华中	1900
Rubus innominatus	白叶莓	华中、华西	1901
Rubus irenaeus	灰毛泡	华中、华西	1900
Rubus playfairii	蛇泡筋 *Rubus cochinchinensis*	华西	1907
Rubus tricolor	三色莓	华西	1908
Rubus wilsonii	湖北悬钩子	华中	1901
Salix bockii	秋华柳 *Salix variegata*	—	1908
Salix magnifica	大叶柳	华西	1908
Sambucus schweriniana	血满草 *Sambucus adnata*	华西	1910
Sarcococca humilis	双蕊野扇花 *Sarcococca hookeriana* var. *digyna*	华西	1907
Sarcococca ruscifolia	野扇花	华西	1901
Sargentodoxa cuneata	大血藤	华中、华东	1907
Schizophragma integrifolium	钻地风	华中、华西	1901
Senecio tanguticus	华蟹甲 *Sinacalia tangutica*	华西	1905
Sinofranchetia chinensis	串果藤	华中、华西	1907
Sinowilsonia henryi	山白树	华中、华西	1908
Sophora wilsonii	瓦山槐	华西	1908
Sorbaria arborea	高丛珍珠梅	华中、华西	1908
Sorbus sargentiana	晚绣花楸	华西	1908
Spiraea henryi	翠蓝绣线菊	华中、华西	1900
Spiraea mollifolia	毛叶绣线菊	华西	1909
Spiraea sargentiana	茂汶绣线菊	华西	1909
Spiraea trichocarpa	毛果绣线菊	朝鲜	1919
Spiraea veitchii	鄂西绣线菊	华中、华西	1900
Spiraea wilsonii	陕西绣线菊	华中、华西	1900
Staphylea holocarpa	膀胱果	华中	1908
Stewartia koreana	朝鲜紫茎 *Stewartia pseudocamellia* var. *koreana*	朝鲜	1917
Stranvaesia davidiana undulata	波叶红果树	华中、华西	1901
Styrax hemsleyanus	老鸹铃	华中	1900
Styrax wilsonii	小叶安息香	华西	1908

（续）

学名	中文名（现学名）	地点	年份
Sycopsis sinensis	水丝梨	华中、华西	1907
Syringa dilatata	朝阳丁香 *Syringa oblata* subsp. *dilatata*	朝鲜	1917
Syringa julianae	小叶巧玲花 *Syringa pubescens* subsp. *microphylla*	华西	1900
Syringa pinnatifolia	羽叶丁香	华西	1904
Syringa reflexa	西蜀丁香 *Syringa komarowii*	华中	1904
Syringa velutina	关东巧玲花 *Syringa pubescens* subsp. *patula*	朝鲜	1917
Taiwania cryptomerioides	台湾杉	中国台湾	1917
Taxus chinensis	红豆杉 *Taxus wallichiana* var. *chinensis*	华中、华西	1908
Thalictrum dipterocarpum	偏翅唐松草 *Thalictrum delavayi*	华西	-
Thea cuspidata	尖连蕊茶 *Camellia cuspidata*	中国	1901
Thuja koraiensis	朝鲜崖柏	朝鲜	1917
Tilia oliveri	粉椴	华中	1900
Tsuga yunnanensis	云南铁杉 *Tsuga dumosa*	华西	1908
Ulmus wilsoniana	春榆 *Ulmus davidiana* var. *japonica*	华中	1910
Vaccinium praestans	樱桃越橘	日本北部	1914
Viburnum davidii	川西荚蒾	华西	1904
Viburnum henryi	巴东荚蒾	华中	1907
Viburnum lobophyllum	桦叶荚蒾 *Viburnum betulifolium*	华中、华西	1901
Viburnum rhytidophyllum	皱叶荚蒾	华中、华西	1900
Viburnum theiferum	茶荚蒾 *Viburnum setigerum*	华西	1901
Viburnum wilsonii	桦叶荚蒾 *Viburnum betulifolium*	华西	1908
Vitis flexuosa parvifolia	葛藟葡萄 *Vitis flexuosa*	华中	1900

5.3 如何评价威尔逊

威尔逊是一位成功的植物猎人，在欧美植物学界和园艺界更是一位颇具影响力的传奇人物，他的故事、书籍、引种的植物以及他拍摄的照片都给西方人了解神秘的东方打开了一扇巨大的窗户。然而，他在东亚，尤其在中国，又是一位颇具争议的人物，并在相当长的一段时间里，很多人认为他是侵略者、植物强盗或偷窃者。今天，通过对他留下的日记、书信以及同时代人对他的评价，我们也许需要重新审视这位传奇人物，尤其是要结合当时的社会时代背景，做出合理的评价。

19世纪末20世纪初，中国处于半封建半殖民地时期，与很多列强签订了丧权辱国的不平等条约，国力羸弱，加之官僚腐败，阶级矛盾突出，民不聊生，社会动荡。而彼时的英美处于世界强国之列，经济基础雄厚，科学技术发达，因此，使得威尔逊在历史的大潮里能够有机会把自己对植物的热爱投入到职业追求中，这是历史的必然垂青了他个人的幸运。

今天的审视者站在自己的角度去看待历史上的人物总是片面的、偏颇的，甚至是扭曲的。所以，从普通人的本性来看一个人，往往会更客观，也更能诠释人性本身。

威尔逊是一个小人物，家境贫寒，很早就出来就业，受教育程度不高，但是，从他的身上我们很清晰地看到一位敬业且勤奋的植物猎人，并自始至终保持着良好的契约精神。这两个难能可贵的性格特点使威尔逊劳有所获，并且收获颇丰。对他个人来说，成就了他的人生与家庭；对他的雇主来说，也是利润丰厚；对他的中国雇员来说，合作愉快，收入优厚；对于我国来说，也开启了植物资源开发与利用的大门，同时也促进了中国植物学和园艺学的发展。

威尔逊对植物的审美与观赏园艺的需求高度契合，这也使得他成为植物猎人的最佳人选。他在评判野生植物是否具有观赏价值的原则和标准上，今天仍然适用于野外采集活动中。

尽管威尔逊长期出差在外，对妻女照顾欠佳，但是，今天从他的书信和奋斗史来看，他仍然是一个期盼稳定家庭生活的绅士，一生中都深深地爱着他的夫人与女儿。威尔逊还是家中的长子长兄，在手头稍有宽裕的情况下，经常寄钱回英国给他的母亲和妹妹们。

如果您深入地了解威尔逊的一生，可能把他称为“植物猎人”更为妥当。

参考文献

萨金特，1919. 中美木本植物之比较[J]. 胡先骕，译. 科学，5（5）：478-491；5（6）：623-836.

威尔逊，2105. 中国——园林之母[M]. 胡启明，译. 广州：广东科技出版社.

威尔逊，2107. 中国乃世界花园之母[M]. 包志毅，译. 北京：中国青年出版社.

印开蒲，等，2010. 百年追寻：见证中国西部环境变迁[M]. 北京：中国大百科全书出版社.

BRIGGS R W, 1993. ‘Chinese’ Wilson: A life of Ernest H. Wilson, 1876—1930[M]. London: HMSO.

CONNOR S, 2005. The nature of eastern Asia: botanical and cultural images from the Arnold Arboretum Archives[J]. Arnoldia, 63(3): 34-44.

FARRINGTON E I, 1931. Ernest H. Wilson, plant hunter: with a list of his most important introductions and where to get them[M]. Boston: The Stratford Company.

FLANAGAN M, KIRKHAM T, 2009. Wilson’s China a century on[M]. Richmond: Royal Botanical Garden, Kew.

FOLEY D J, 1969. The flowering world of “Chinese” Wilson[M]. London: Macmillan.

HOWARD R A, 1980. E. H. Wilson as a botanist[J]. Arnoldia, Part I, 40(3): 102-138; Part II, 40(4): 154-193.

REHDER A, 1930. Ernest Henry Wilson[J]. Journal of the Arnold Arboretum, 11: 181-192.

REHDER A, 1936. Ernest Henry Wilson (1876-1930) [J]. Proceedings of the American Academy of Arts and Sciences, 70: 602-604.

SARGENT C S, 1911—1917. Plantae Wilsonianae: an enumeration of the woody plants Collected in western China for the Arnold Arboretum of Harvard University during the years 1907, 1908, and 1910[M]. Cambridge: University Press.

SARGENT C S, 1913. A comparison of eastern Asiatic and eastern North American woody plants, in E. H. Wilson, A naturalist in western China[M]. 1: xvii-xxvii.

TOZER E, 1994. On the trail of E.H. Wilson [J]. Horticulture, 72(9): 50-59.

VEITCH J H, 1906. Hortus veitchii: A history of the rise and progress of the nurseries of Messrs. James Veitch and Sons[M]. London: J. Veitch & Sons.

WILSON E H, 1913. A naturalist in Western China, with vasculum, camera, and gun: Vol. 2 [M]. London: Methuen & Co., Ltd.

WILSON E H, 1913. A naturalist in western China, with vasculum, camera, and gun: Vol. 2 [M].New York: Doubleday, Page & Co.

WILSON E H, 1903-1911. Diary, 10handwritten volumes.

WILSON E H, 1917. Aristocrats of the garden[M]. Garden City: Doubleday, Page & Company.

WILSON E H, 1920. The romance of our trees[M]. Garden City: Doubleday, Page & Company.

WILSON E H, 1927. Plant hunting: Vol. 2 [M]. Boston: The Stratford Company.

WILSON E H, 1929. China, mother of gardens[M]. Boston: The Stratford Company.

WILSON E H, 1930. Aristocrats of the trees[M]. Boston: The Stratford Company.

WILSON E H, 1931. If I were to make a garden[M]. Boston: The Stratford Company.

WILSON E H, REHDER A, 1921. A monograph of Azaleas: *Rhododendron* subgenus *Anthodendron*[M]. Cambridge: University Press.

WILSON E H, 1932. Aristocrats of the garden[M]. Boston: The Stratford Company.

致谢

感谢马金双博士在撰写过程中提供的文献及信息帮助；感谢美国哈佛大学阿诺德树木园（Arnold Arboretum of Harvard University）图书馆Lisa Pearson女士授权使用威尔逊的照片以及Michael Dosmann博士给予的帮助。

作者简介

王康，安徽人，1971年生，1994年毕业于安徽农学院，1997年毕业于北京林业大学，获硕士毕业，2009年于中国科学院植物研究所获得博士学位。1997年至今一直在北京市植物园［现国家植物园（北园）］工作，1999—2004年间曾先后在美国长木（Longwood）花园、纽约植物园、斯考特（Scott）树木园、英国邱园工作和学习。一直从事科学普及、野生植物资源调查、物种保育和植物引种驯化工作，长期坚持参加和组织国内外植物资源考察和采集活动，国际自然保护联盟物种生存委员会委员。为“王康聊植物”微信公众号原创作者，2015年荣获国家林业局和中国林学会共同颁发的“梁希科普人物奖”。目前，担任国家植物园（北园）科普馆馆长一职。

园林之母
China

17

-SEVENTEEN-

北美中国植物考察联盟的采集

Collections of North America-China Plant Exploration

殷　茜*
[国家植物园（北园）]

YIN Qian*
[China National Botanical Garden (North Garden)]

* 邮箱：yinqian@chnbg.cn

摘　要： 北美-中国植物考察联盟（North America-China Plant Exploration Consortium，NACPEC）是北美专注于在植物多样性极为丰富的中国植物区系中，开展植物考察采集活动的民间组织。1993—2018年25年间，联盟共开展采集活动16次，共计98人次，涉及23个单位，61人，从中国采集植物达1 592种次，涉及148科和273属，共计718个不重复的植物分类群（未鉴定到种的有86个种次，有重复引种的分类群共计307种）。这些植物中的很大一部分在北美各成员单位间广泛分享，为在北美已栽培的中国植物基因库的扩大、植物观赏属性的优化、抗逆性抗病虫性等机能的提升起到了积极作用。联盟的采集活动，再次证明现代中国仍然是当之无愧的“世界园林之母”。

关键词： 北美-中国植物考察联盟　植物采集　观赏植物　中国本土植物

Abstract: North America-China Plant Exploration Consortium (NACPEC) is a non-governmental organization focusing on carrying out plant investigation and collection activities in the flora of China with extremely rich plant diversity. During 25 years period from 1993 to 2018, NACPEC carried out 16 collection activities, a total of 98 collectors, involving 23 insititutions and 61 individuals. Total number of accessions that NACPEC collected from China is 1592, involving 148 families and 273 genera, a total of 718 non repetitive plant taxa (86 accessions were not identified and 307 taxa were introduced repeatedly). A large part of these plants were widely held among the member institutions in North America, which has played a positive role in the expansion of the genetic pool of cultivated Chinese native plants of North America, the optimization of plant ornamental properties, and the improvement of stress resistance, disease and insect resistance. The collection activities of NACPEC have once again proved that modern China continues to indeed fully deserve the “Mother of Gardens”.

Keywords: NACPEC; Plant collection; Ornamental plants; Chinese native plants

殷茜，2022，第17章，北美中国植物考察联盟的采集；中国——二十一世纪的园林之母，第一卷：576–616页

1 概述

成立于1991年的北美—中国植物考察联盟（North America-China Plant Exploration Consortium，简称“联盟”），致力于收集、繁育和研究原生生境中的植物，并在此过程中选择最终能够成功引种的潜在物种。联盟是一个专注在植物多样性极为丰富的中国植物区系中开展植物考察采集活动的民间组织，成员之间紧密的合作关系为广泛收集、分配和评估目标植物提供了一个理想的平台。

1.1 联盟的目标

①扩大栽培品种的基因库，尤其是延长抗寒性、增强活力、提高对压力环境的适应能力，以及提高抗虫性和抗病性。②保护珍稀植物。③优化植物观赏属性。④评估和引进适当的新物种。⑤增加对中国植物多样性的了解。⑥增强国内和国际间植物学机构的合作。

1.2 联盟的成员单位

哈佛大学阿诺德树木园（The Arnold Arboretum of Harvard University），豪登树木园（The Holden Arboretum），长木花园（Longwood Gardens），宾夕法尼亚大学莫里斯植物园（The Morris Arboretum of the University of Pennsylvania），莫顿植物园（The Morton Arboretum），美国国家植物园（United States National Arboretum），加拿大不列颠

哥伦比亚大学植物园（University of British Columbia Botanical Garden），美国农业部木本园林植物种质资源库（USDA Woody Landscape Plant Germplasm Repository）。

1993—2018年25年期间，联盟共在中国开展采集活动16次，共计98人次，涉及23个单位，61人，采集植物达1 592种次，涉及148科和273属，共计718个不重复的植物分类群（未鉴定到种的有86个种次，有重复引种的分类群共计307种）。各分类群及其被重复引种次数信息详见附录1。

2 联盟的成立与简史

北美与韩国合作开展植物考察的成功经验，为联盟的诞生提供了参考模式。20世纪60年代至80年代，美国与韩国的植物学机构开展过多次合作，从早期一次性的采集，到后期在较大地理范围内开展系列采集，都为跨国采集活动积累了经验。美韩合作成功的关键在于：摸索出一套各机构在计划和开展采集过程中的协作原则，这为与中国合作的植物考察与采集活动，提供了切实可行的参考模式。

1972年中美相互隔绝的局面被打破，随着中国逐步开放，20世纪80年代末，美方的中国之旅变为可行。美方首先与中方建立邮件联系，探讨与中国植物园会面，以制定合作计划和协议的可能性，1991年联盟组织正式成立了，同年秋天，联盟创始成员访问了中国6个城市的若干植物和林业机构，以期促成植物考察与采集合作。中国的主办机构包括中国林业科学研究院、中国科学院植物研究所北京植物园、黑龙江省林业科学院、长春森林植物园、西安植物园和南京中山植物园等；中美双方共同商讨目标植物范围、潜在收集区域、旅行计划和获得官方许可的详细细节。

在中国专业机构的建议和鼓励下，联盟初步制定了五年考察计划，随着后续工作的成功开展，人们对联盟的兴趣与日俱增。1991年成立之初，只有美国国家植物园、豪登树木园和宾夕法尼亚大学莫里斯植物园加入联盟，1992年，美国的长木花园和莫顿植物园加入，不久，美国的哈佛大学阿诺德树木园和加拿大的不列颠哥伦比亚大学植物园等机构也相继加入。

联盟通过科研项目、促进与支持中方学生和学者赴美交流、向中方机构提供北美野生或栽培植物种质资源等多种方式，与中方开展合作。项目资金主要依赖于联盟成员机构的经费，以及美国农业部农业研究服务部（Agriculture Research Service of the United States Department of Agriculture）下属的国家植物种质系统（National Plant Germplasm System）的额外支持。

联盟优先考虑的目标区域是横跨中国北部的广阔地理弧，代表了与美国东北部平行，气候为夏季炎热而冬季寒冷的地区。优先考虑的目标物种是在美国已知和已栽培的优良中国植物，这些物种的遗传多样性可能会受惠于新的引种收集。

人类探索、发现、收集和移栽植物的历史，与农业一样古老——是基因遗传的一部分。如今，植物采集者面临的挑战是，在不破坏环境的前提下继续植物采集，可若没有实地栽培，科研人员就难以找到可靠方式来预测某种植物的生存是否会出现问题；植物园是解决这一问题的理想场所，植物在植物园内的生长周期相对不受干扰，新植物的引种遵行必要的流程（包括潜在入侵性在内的一系列测试）。因此，依托植物园为主体而建立的这样的联盟便应运而生。选择与中国合作，开展中国境内的植物采集，主要基于以下两方面的原因。

塑造园林景观的需要。由于世界环境持续恶化，人们比以往任何时期更需要耐受性好、适应性强的植物来塑造景观。例如：在北美，因病虫害和其他胁迫因素的出现，很多城市已经不再能种植包括美国榆（*Ulmus americana*）、加拿大铁杉（*Tsuga canadensis*）、糖槭（*Acer saccharum*）、美国白梣（*Fraxinus americana*）和美国红梣（*Fraxinus pennsylvanica*）等在内的当地本土植物，北美各地急需更能承受环境压力的非入侵植物来取代它们，而这些目标植物中的一部分，作为种或杂交种，就来自中亚和东亚地区。

扩展基因池的需要。厄尼斯特·亨利·威尔逊（Ernest Henry Wilson）在1929年著有的《中国——园林之母》（*China, Mother of Gardens*）一书，记录了中国植物物种对西方园林的重要性。1899—1910年间，威尔逊在中国广泛开展植物采集，许多经由他手的植物引种，成为西方园林和城市栽培植物的重要组成部分，广泛应用于植物杂交和选择；威尔逊在中国的植物采集，极大扩展了西方世界对中国植物区系的了解。然而在美国，许多重要的中国植物都是有限种子收集的后代，只代表了每个物种一小部分的遗传多样性和潜力，在某些情况下，所有植物都来自一株或几株植物的种子，在多代繁殖之后，人们观察到了近亲繁殖的表征。因此，扩展这些植物的基因池变成了一个急需开展的工作。

本文详述了1993—2018年25年间，联盟在中国的采集引证信息（包括时间、地点、参与单位以及人员和引种情况）。

2.1 1993年黑龙江

参加人员有：莫顿树木园（Morton Arboretum）的克里斯·巴克特尔（Kris Bachtell），豪登树木园（The Holden Arboretum）的彼得·布里斯托尔（Peter Bristol），宾夕法尼亚大学莫里斯树木园（Morris Arboretum of the University of Pennsylvania）的保罗·迈耶（Paul Meyer），黑龙江省林业科学院的高世新和刘军。具体采集时间、地点及物种如下表：

8月31日，哈尔滨市平山镇			
胡桃楸	*Juglans mandshurica*	茶条槭	*Acer ginnala*
东北槭	*Acer mandshuricum*	乌苏里鼠李	*Rhamnus ussuriensis*
毛榛	*Corylus mandshurica*	纤维鳞毛蕨	*Dryopteris sinofibrillosa*
辽椴	*Tilia mandshurica*	瘤枝卫矛	*Euonymus pauciflorus*
9月1日，哈尔滨市平山镇			
	Crataegus pinnatifida var. *psilosa*	葛枣猕猴桃	*Actinidia polygama*
珍珠梅	*Sorbaria sorbifolia*	东北山梅花	*Philadelphus schrenkii*
山葡萄	*Vitis amurensis*	瓜叶乌头	*Aconitum hemsleyanum*
山荆子	*Malus baccata*	黄檗	*Phellodendron amurense*
白桦	*Betula platyphylla*	落新妇	*Astilbe chinensis*
紫椴	*Tilia amurensis*	北重楼	*Paris verticillata*
鸡树条	*Viburnum sargentii*	蒙古栎	*Quercus mongolica*
毛榛	*Corylus mandshurica*	草芍药	*Paeonia obovata*
香杨	*Populus koreana*	日本丁香	*Syringa reticulata*
光萼溲疏	*Deutzia glabrata*	瘤枝卫矛	*Euonymus pauciflorus*
9月2日，哈尔滨市平山镇			
水榆花楸	*Sorbus alnifolia*	条叶龙胆	*Gentiana manshurica*
朝鲜槐	*Maackia amurensis*	苋属	*Amaranthus* sp.
修枝荚蒾	*Viburnum burejaeticum*	南美月见草	*Oenothera odorata*

（续）

五角枫	*Acer mono*	柳属	*Salix* sp.
秋子梨	*Pyrus ussuriensis*	反枝苋	*Amaranthus retroflexus*
荻	*Miscanthus sacchariflorus*	刺五加	*Acanthopanax senticosus*
9 月 5 日，哈尔滨市			
木槿属	*Hibiscus* sp.		
9 月 8 日，宁安县江山娇林场			
三花槭	*Acer triflorum*	瘤枝卫矛	*Euonymus pauciflorus*
五角枫	*Acer mono*	珍珠梅	*Sorbaria sorbifolia*
东北槭	*Acer mandshuricum*	刺五加	*Acanthopanax senticosus*
花楷槭	*Acer ukurunduense*	升麻属	*Cimicifuga* sp.
五味子	*Schisandra chinensis*	鸡树条	*Viburnum sargentii*
东北溲疏	*Deutzia amurensis*	修枝荚蒾	*Viburnum burejaeticum*
东北山梅花	*Philadelphus schrenkii*	青楷槭	*Acer tegmentosum*
髭脉槭	*Acer barbinerve*	草芍药	*Paeonia obovata*
朝鲜槐	*Maackia amurensis*		
9 月 9 日，宁安县江山娇林场			
三花槭	*Acer triflorum*	东北百合	*Lilium distichum*
	Paris mandshurica	无梗五加	*Acanthopanax sessiliflorus*
毛山楂	*Crataegus maximowiczii*	秋子梨	*Pyrus ussuriensis*
光叶山楂	*Crataegus dahurica*	黄芦木	*Berberis amurensis*
暴马丁香	*Syringa reticulata* var. *mandshurica*	山刺玫	*Rosa davurica*
紫椴	*Tilia amurensis*	山刺玫	*Rosa davurica*
龙须菜	*Asparagus schoberioides*	榛	*Corylus heterophylla*
东北茶藨子	*Ribes mandshuricum*	辣蓼铁线莲	*Clematis mandshurica*
稠李	*Prunus padus*	日本乌头	*Aconitum japonicum*
9 月 10 日，宁安县江山娇林场			
线叶石韦	*Neoniphopsis linearifolia*	山荆子	*Malus baccata*
辽东桤木	*Alnus sibirica*		
9 月 11 日，宁安县江山娇林场			
日本丁香	*Syringa reticulata*	卫矛	*Euonymus alatus*
山葡萄	*Vitis amurensis*	石蚕叶绣线菊	*Spiraea chamaedryfolia*
杉松	*Abies holophylla*	山葡萄	*Vitis amurensis*
软枣猕猴桃	*Actinidia arguta*	山丹	*Lilium pumilum*
9 月 12 日，宁安县江山娇林场			
朝鲜槐	*Maackia amurensis*	花楸树	*Sorbus pohuashanensis*
9 月 13 日，宁安县江山娇林场			
杜松	*Juniperus rigida*	瘤枝卫矛	*Euonymus pauciflorus*
山丹	*Lilium pumilum*	水榆花楸	*Sorbus alnifolia*
胡枝子属	*Lespedeza* sp.	绣线菊	*Spiraea salicifolia*
一叶萩	*Securinega suffruticosa*	芍药	*Paeonia lactiflora*
迎红杜鹃	*Rhododendron mucronulatum*		
9 月 14 日，宁安县江山娇林场			
臭冷杉	*Abies nephrolepis*	蔷薇属	*Rosa* sp.
花楸树	*Sorbus pohuashanensis*		

（续）

9月15日，宁安县江山娇林场			
臭冷杉	*Abies nephrolepis*		
9月16日，宁安县江山娇林场			
黄花落叶松	*Larix olgensis*	红皮云杉	*Picea koraiensis*
蒙古栎	*Quercus mongolica*	萱草属	*Hemerocallis* sp.
卵果鱼鳞云杉	*Picea jezoensis*		
9月21日，五营区丰林自然保护区			
狗枣猕猴桃	*Actinidia kolomikta*	楤木	*Aralia elata*
刺五加	*Acanthopanax senticosus*	红松	*Pinus koraiensis*
9月22日，五营区丰林自然保护区			
东北溲疏	*Deutzia amurensis*	假升麻	*Aruncus sylvester*
9月24日，俄罗斯边境（金教授赠送）			
新疆五针松	*Pinus sibirica*		

2.2 1994年河北与北京

参加人员有：莫顿树木园（Morton Arboretum）的克里斯·巴克特尔（Kris Bachtell），美国国家植物园（United States National Arboretum）爱德华·加维（Edward Garvey），宾夕法尼亚大学莫里斯树木园（Morris Arboretum of the University of Pennsylvania）的里克·勒万多夫斯基（Rick Lewandowski），以及豪登树木园（The Holden Arboretum）的查尔斯·图布辛（Charles Tubesing）。具体采集时间、地点及物种如下：

9月13日，河北兴隆县雾灵山镇			
无梗五加	*Acanthopanax sessiliflorus*	梣属	*Fraxinus* sp.
花曲柳	*Fraxinus chinensis* var. *rhynchophylla*	溲疏属	*Deutzia* sp.
锦带花	*Weigela florida*		
9月14日，河北兴隆县雾灵山云岫谷			
北京丁香	*Syringa pekinensis*	角蒿	*Incarvillea sinensis*
小花溲疏	*Deutzia parviflora*		*Carpinus turczaninovii*
锦带花	*Weigela florida*	北乌头	*Aconitum kusnezoffii*
六道木	*Abelia biflora*	五味子	*Schisandra chinensis*
三裂绣线菊	*Spiraea trilobata*	东陵绣球	*Hydrangea bretschneideri*
蒙古栎	*Quercus mongolica*	兴安升麻	*Cimicifuga dahurica*
小叶华北绣线菊	*Spiraea fritschiana* var. *parvifolia*	软枣猕猴桃	*Actinidia arguta*
秋海棠	*Begonia evansiana*	东北茶藨子	*Ribes mandshuricum*
山荆子	*Malus baccata*	蒙古栎	*Quercus mongolica*
东陵绣球	*Hydrangea bretschneideri*	胡桃楸	*Juglans mandshurica*
太平花	*Philadelphus pekinensis*	鹅耳枥属	*Carpinus* sp.
葛罗枫	*Acer davidii* subsp. *grosseri*	黑弹树	*Celtis bungeana*
蒙椴	*Tilia mongolica*		
9月15日，北京市密云区云蒙山			
玉竹	*Polygonatum odoratum*	大叶铁线莲	*Clematis heracleifolia*
照山白	*Rhododendron micranthum*	大叶铁线莲	*Clematis heracleifolia*
蒙古栎	*Quercus mongolica*	韭	*Allium tuberosum*

（续）

山葡萄	*Vitis amurensis*	榛	*Corylus heterophylla*
细叶沙参	*Adenophora paniculata*	薄皮木	*Leptodermis oblonga*
9 月 17 日，北京市延庆区松山长峪沟			
六道木	*Abelia biflora*	山荆子	*Malus baccata*
大叶铁线莲	*Clematis heracleifolia*	黄紫堇	*Corydalis ochotensis*
北京丁香	*Syringa pekinensis*	射干	*Belamcanda chinensis*
羽叶铁线莲	*Clematis pinnata*	马蔺	*Iris lactea*
雀儿舌头	*Leptopus chinensis*	山丹	*Lilium pumilum*
9 月 18 日，北京市延庆松山大庄科村			
驴欺口	*Echinops latifolius*	一把伞南星	*Arisaema consanguineum*
关东巧玲花	*Syringa patula*	溲疏属	*Deutzia* sp.
沙梾	*Cornus bretschneideri*	蒙椴	*Tilia mongolica*
东陵绣球	*Hydrangea bretschneideri*	六道木	*Abelia biflora*
秦艽	*Gentiana macrophylla*	细叶小檗	*Berberis poiretii*
白蜡树	*Fraxinus chinensis*	土庄绣线菊	*Spiraea pubescens*
五角枫	*Acer mono*	白杜	*Euonymus bungeanus*
照山白	*Rhododendron micranthum*	蒙古荚蒾	*Viburnum mongolicum*
9 月 19 日，北京延庆松山森林公园			
大花溲疏	*Deutzia grandiflora*	榛	*Corylus heterophylla*
甘肃山楂	*Crataegus kansuensis*	落新妇	*Astilbe chinensis*
万昌桦	*Betula davurica*	坚桦	*Betula chinensis*
热河黄精	*Polygonatum macropodium*	黑弹树	*Celtis bungeana*
狭苞橐吾	*Ligularia intermedia*	黄荆	*Vitex negundo*
陕甘花楸	*Sorbus koehneana*		*Carpinus turczaninovii*
无梗五加	*Acanthopanax sessiliflorus*		
9 月 20 日，北京延庆松山大西沟			
龙须菜	*Asparagus schoberioides*	水榆花楸	*Sorbus alnifolia*
毛榛	*Corylus mandshurica*	花楸树	*Sorbus pohuashanensis*
大果榆	*Ulmus macrocarpa*	刺五加	*Acanthopanax senticosus*
华北鳞毛蕨	*Dryopteris laeta*	鸡树条	*Viburnum sargentii*
荚果蕨	*Matteuccia struthiopteris*	石竹	*Dianthus chinensis*
黑果栒子	*Cotoneaster melanocarpus*	棉团铁线莲	*Clematis hexapetala*
兴安升麻	*Cimicifuga dahurica*	山刺玫	*Rosa davurica*
卫矛	*Euonymus alatus*	山丹	*Lilium pumilum*
9 月 24 日，北京市门头沟区百花山三岔沟			
北马兜铃	*Aristolochia contorta*	辽椴	*Tilia mandshurica*
美蔷薇	*Rosa bella*		
9 月 25 日，北京门头沟区百花山大木场			
石竹	*Dianthus chinensis*	山丹	*Lilium pumilum*
楼斗菜属	*Aquilegia* sp.	六道木	*Abelia biflora*
中亚卫矛	*Euonymus przewalskii*	狭苞橐吾	*Ligularia intermedia*
马蔺	*Iris lactea*	美蔷薇	*Rosa bella*
驴欺口	*Echinops latifolius*	毛榛	*Corylus mandshurica*
红丁香	*Syringa villosa*	白桦	*Betula platyphylla*

（续）

红丁香	*Syringa villosa*	万昌桦	*Betula davurica*
刺果茶藨子	*Ribes burejense*	花楸树	*Sorbus pohuashanensis*
9 月 26 日，北京市门头沟区百花山傲峪沟			
类叶升麻	*Actaea asiatica*	铃兰	*Convallaria keiskei*
关东巧玲花	*Syringa patula*	花楸树	*Sorbus pohuashanensis*
北京丁香	*Syringa pekinensis*		*Sorbus* putative hybrid (*S. discolor* x *S. pohuashanensis*)
9 月 27 日，北京市门头沟区百花山皇城峪			
中华蹄盖蕨	*Athyrium sinense*	北乌头	*Aconitum kusnezoffii*
蒙椴	*Tilia mongolica*	鹿药	*Smilacina japonica*
	Carpinus turczaninovii	兴安升麻	*Cimicifuga dahurica*
9 月 28 日，北京市门头沟小龙门望日坨			
硕桦	*Betula costata*	照山白	*Rhododendron micranthum*
花楸树	*Sorbus pohuashanensis*	白蜡树	*Fraxinus chinensis*
9 月 29 日，北京市门头沟小龙门大南沟			
北京花楸	*Sorbus discolor*	五角枫	*Acer mono*
东北茶藨子	*Ribes mandshuricum*		
10 月 3 日，北京市水果摊收集到栽培品种			
中华猕猴桃	*Actinidia chinensis*		

2.3 1994年湖北省武当山

参加人员有：美国国家植物园（United States National Arboretum）凯文·康拉德（Kevin Conrad），宾夕法尼亚大学莫里斯树木园（Morris Arboretum of the University of Pennsylvania）保罗·迈耶（Paul Meyer），长木花园（Longwood Gardens）的威廉·托马斯（R. William Thomas），哈佛大学阿诺德树木园（Arnold Arboretum of Harvard University）的彼得·德尔·特雷迪奇（Peter Del Tredici），丹江口市科学技术委员会的邓志东和曾家福，南京中山植物园的郝日明，南京中山植物园的毛才良、吕晔以及章其发。具体采集时间、地点及物种如下：

9 月 12 日，保康县关山			
刺楸	*Kalopanax septemlobus*	缝叶卫矛	*Euonymus fimbriatus*
乌桕	*Sapium sebiferum*	化香树	*Platycarya strobilacea*
	Lagerstroemia septemlobus	楸	*Catalpa bungei*
烟管荚蒾	*Viburnum utile*	山胡椒	*Lindera glauca*
栓皮栎	*Quercus variabilis*	白皮松	*Pinus bungeana*
短柄枹栎（异名）	*Quercus serrata* var. *brevipetiolata*		
9 月 13 日，保康县关山北部			
榔榆	*Ulmus parvifolia*	飞蛾槭	*Acer oblongum*
崖花子	*Pittosporum truncatum*	檵木	*Loropetalum chinense*
牛鼻栓	*Fortunearia sinensis*	山槐	*Albizia kalkora*
卷叶黄精	*Polygonatum cirrhifolium*	圆柏	*Juniperus chinensis*
山胡椒	*Lindera glauca*	双盾木	*Dipelta floribunda*
李	*Prunus salicina*	算盘子	*Glochidion puberum*
黄连木	*Pistacia chinensis*		*Diospyros kaki* var. *sylvestris*
中华猕猴桃	*Actinidia chinensis*		

（续）

9 月 17 日，湖北省武当山			
油松	*Pinus tabulaeformis*	长叶冻绿	*Rhamnus crenata*
栗	*Castanea mollissima*	秦连翘	*Forsythia giraldiana*
满山红	*Rhododendron mariesii*	华空木	*Stephanandra chinensis*
大花溲疏	*Deutzia grandiflora*	中国旌节花	*Stachyurus chinensis*
鄂北荛花	*Wikstroemia pampaninii*	川鄂金丝桃	*Hypericum wilsonii*
9 月 18 日，湖北省武当山			
湖北紫荆	*Cercis glabra*	小升麻	*Cimicifuga japonica*
大果冬青	*Ilex macrocarpa*	毛肋杜鹃	*Rhododendron augustinii*
领春木	*Euptelea pleiosperma*		*Euonymus vagens*
青榨槭	*Acer davidii*		*Euonymus vagens*
灰叶梾木	*Cornus poliophylla*	金银忍冬	*Lonicera maackii*
马桑绣球	*Hydrangea aspera*	照山白	*Rhododendron micranthum*
大百合属	*Cardiocrinum*	宜昌荚蒾	*Viburnum erosum*
油点草	*Tricyrtis macropoda*	青钱柳	*Cyclocarya paliurus*
香果树	*Emmenopterys henryi*	七叶树	*Aesculus chinensis*
君迁子	*Diospyros lotus*	糙叶五加	*Acanthopanax henryi*
卫矛	*Euonymus alatus*	垂枝泡花树	*Meliosma flexuosa*
东方荚果蕨	*Matteuccia orientalis*		
9 月 19 日，湖北省武当山			
糙叶五加	*Acanthopanax henryi*	西南卫矛	*Euonymus hamiltonianus*
宜昌荚蒾	*Viburnum erosum*	全缘灯台莲	*Arisaema sikokianum*
大叶铁线莲	*Clematis heracleifolia*	高乌头	*Aconitum sinomontanum*
一把伞南星	*Arisaema consanguineum*	血皮槭	*Acer griseum*
省沽油	*Staphylea bumalda*	锥栗	*Castanea henryi*
9 月 20 日，湖北省武当山东部			
水青冈	*Fagus longipetiolata*	猫儿屎	*Decaisnea fargesii*
猫儿刺	*Ilex pernyi*	建始槭	*Acer henryi*
七叶鬼灯檠	*Rodgersia aesculifolia*	金缕梅	*Hamamelis mollis*
小果珍珠花	*Lyonia ovalifolia* var. *elliptica*	闽楠	*Phoebe bournei*
革叶耳蕨	*Polystichum neolobatum*	山白树	*Sinowilsonia henryi*
紫茎	*Stewartia sinensis*	胡颓子	*Elaeagnus pungens*
青榨槭	*Acer davidii*	三尖杉属	*Cephalotaxus*
海州常山	*Clerodendrum trichotomum*	白木乌桕	*Sapium japonicum*
	Zanthoxylum moll	四照花	*Cornus kousa* var. *chinensis*
五角枫	*Acer mono*	川陕鹅耳枥	*Carpinus fargesiana*
野茉莉	*Styrax japonicus*		
9 月 21 日，湖北省武当山			
野鸦椿	*Euscaphis japonica*	蕨类	
三枝九叶草	*Epimedium sagittatum*	蕨类	
齿叶橐吾	*Ligularia dentata*	万年青	*Rohdea japonica*
蕨类			
9 月 23 日，前往盐池河镇			
蕨类			

（续）

9月24日，武当山西侧			
思茅槠栎（异名）	*Quercus glandulifera* var. *brevipetiolata*	烟管荚蒾	*Viburnum utile*
满山红	*Rhododendron mariesii*	细弱栒子	*Cotoneaster gracilis*
杜鹃	*Rhododendron simsii*	唐棣	*Amelanchier sinica*
山胡椒	*Lindera glauca*	照山白	*Rhododendron micranthum*
长柱金丝桃	*Hypericum longistylum*	槲栎	*Quercus aliena*
太平花	*Philadelphus pekinensis*	豆梨	*Pyrus calleryana*
射干	*Belamcanda chinensis*	花椒属	*Zanthoxylum*
黄檀	*Dalbergia hupeana*	小叶石楠	*Photinia parvifolia*
匍匐栒子	*Cotoneaster adpressus*	榔榆	*Ulmus parvifolia*
日本紫珠	*Callicarpa japonica*	海金沙	*Lygodium japonicum*
山槐	*Albizia kalkora*		
9月25日，盐池河北部山地			
黄荆	*Vitex negundo*	柘	*Cudrania tricuspidata*
檵木	*Loropetalum chinense*	宜昌荚蒾	*Viburnum erosum*
猬实	*Kolkwitzia amabilis*	日本紫珠	*Callicarpa japonica*
石楠	*Photinia serrulata*	皂荚	*Gleditsia sinensis*
湖北算盘子	*Glochidion wilsonii*	细叶水团花	*Adina rubella*
铁坚油杉	*Keteleeria davidiana*	冷地卫矛	*Euonymus frigidus*
9月26日，盐池河西部			
油茶	*Camellia oleifera*	绒毛钓樟	*Lindera floribunda*
枫香树	*Liquidambar formosana*	闽楠	*Phoebe bournei*
湖北山楂	*Crataegus hupehensis*	锥栗	*Castanea henryi*
黄连木	*Pistacia chinensis*	冬青	*Ilex purpurea*
川鄂鹅耳枥	*Carpinus henryana*		
9月28日，浪河—白杨坪			
小木通	*Clematis armandii*	华山矾	*Symplocos chinensis*
白马骨	*Serissa serissoides*	牛鼻栓	*Fortunearia sinensis*
崖花子	*Pittosporum truncatum*	栓皮栎	*Quercus variabilis*
岩栎	*Quercus acrodonta*	榔榆	*Ulmus parvifolia*
紫藤	*Wisteria sinensis*	枳椇	*Hovenia acerba*
飞蛾槭	*Acer oblongum*	铁仔	*Myrsine africana*
绣球绣线菊	*Spiraea blumei*	大叶贯众	*Cyrtomium macrophyllum*
全缘火棘	*Pyracantha atalantioides*	小木通	*Clematis armandii*
猫乳	*Rhamnella franguloides*	白背叶	*Mallotus apelta*
9月29日，恩施市白杨坪镇			
百合属	*Lilium* sp.	柄果海桐	*Pittosporum podocarpum*
油麻藤	*Mucuna sempervirens*	百两金	*Ardisia crispa*
天南星属	*Arisaema*	瓦韦	*Lepisorus thunbergianus*
白辛树	*Pterostyrax psilophyllus*	白背枫	*Buddleja asiatica*
湖北枫杨	*Pterocarya hupehensis*	灰叶安息香	*Styrax calvescens*
黑壳楠	*Lindera megaphylla*	金钱蒲	*Acorus gramineus*
9月30日，浪河—武当山			
西南卫矛	*Euonymus hamiltonianus*	血皮槭	*Acer griseum*

（续）

10月1日，武当山西北部			
武当玉兰	*Magnolia sprengeri*	假升麻属	*Aruncus* sp.
香果树	*Emmenopterys henryi*	尖连蕊茶	*Camellia cuspidata*
鸡爪槭	*Acer palmatum*	大果榉	*Zelkova sinica*
溪畔落新妇	*Astilbe rivularis*	忍冬属	*Lonicera*
阔叶十大功劳	*Mahonia bealei*	湖北紫荆	*Cercis glabra*
大叶榉	*Zelkova schneideriana*	三尖杉属	*Cephalotaxus*
10月9日，南京中山植物园			
草芍药	*Paeonia obovata*	复羽叶栾	*Koelreuteria bipinnata* var. *integrifolia*
青城细辛	*Asarum chingchengense*	榧属	*Torreya* sp.
黄山紫荆	*Cercis chingii*	夏蜡梅	*Calycanthus chinensis*
福建紫薇	*Lagerstroemia limii*	黄山玉兰	*Magnolia cylindrica*

2.4 1995年陕西

参加人员有：美国国家植物园（United States National Arboretum）爱德华·加维（Edward Garvey），宾夕法尼亚大学莫里斯树木园（Morris Arboretum of the University of Pennsylvania）里克·勒万多夫斯基（Rick Lewandowski），西安植物园的崔铁成。具体采集时间、地点及物种如下表：

4月4日，汉中市佛坪自然保护区			
四川杜鹃	*Rhododendron sutchuenense*	芫花 *	*Daphne genkwa*
郁香忍冬 *	*Lonicera phyllocarpa*	三桠乌药 *	*Lindera obtusiloba*
木香花 *	*Rosa banksiae*	异色溲疏 *	*Deutzia discolor*
4月5日，佛坪县南部磨石沟			
三枝九叶草	*Epimedium sagittatum*	灰绿黄堇 *	*Corydalis adunca*
黄瑞香 *	*Daphne giraldii*	大叶紫堇 *	*Corydalis temulifolia*
望春玉兰 *	*Magnolia biondii*	南黄堇 *	*Corydalis davidii*
毛肋杜鹃 *	*Rhododendron augustinii*	中国旌节花 *	*Stachyurus chinensis*
淫羊藿 *	*Epimedium brevicornu*	野杏 *	*Prunus armeniaca* var. *ansu*
密蒙花 *	*Buddleja officinalis*	悬钩子蔷薇 *	*Rosa rubus*
阔叶十大功劳 *	*Mahonia bealei*	三枝九叶草 *	*Epimedium sagittatum*
铁筷子 *	*Helleborus thibetanus*		
4月6日，汉中佛坪自然保护区、岳坝林区			
宝兴报春	*Primula moupinensis*	阔叶十大功劳	*Mahonia bealei*
萱草属	*Hemerocallis* sp.	蕨类	
麦冬	*Ophiopogon japonicus*	蕨类	
麦冬	*Ophiopogon japonicus*	陕西紫茎 *	*Stewartia shensiensis*
双叶细辛 *	*Asarum caulescens*	多脉鹅耳枥 *	*Carpinus polyneura*
川东紫堇 *	*Corydalis acuminata*	火棘 *	*Pyracantha fortuneana*
宝兴报春 *	*Primula moupinensis*	巴东栎 *	*Quercus engleriana*
假豪猪刺 *	*Berberis soulieana*	柔毛淫羊藿 *	*Epimedium pubescens*
阔叶十大功劳 *	*Mahonia bealei*	麦冬 *	*Ophiopogon japonicus*
4月9日，汉中碑坝镇			
山茶或冬青属	*Camellia olerfera* or *Ilex* sp.	宝兴报春	*Primula moupinensis*
猫儿刺	*Ilex pernyi*	光绣球属	*Hydrangea* sp.

（续）

杜鹃花属	*Rhododendron* sp.	软条七蔷薇	*Rosa henryi*
越橘属	*Vaccinium* sp.	红果树	*Stranvaesia davidiana*
粗榧	*Cephalotaxus sinensis*	四川冬青 *	*Ilex szechwanensis*
醉鱼草状荚蒾 *	*Viburnum buddleifolium*	红豆杉 *	*Taxus chinensis*
冷杉属 *	*Abies* sp.	照山白 *	*Rhododendron micranthum*
粉白杜鹃 *	*Rhododendron hypoglaucum*	荚蒾属 *	*Viburnum* sp.
冷杉属 *	*Abies* sp.	双蕊野扇花 *	*Sarcococca hookeriana* var. *digyna*
毛肋杜鹃 *	*Rhododendron augustinii*	红果树 *	*Stranvaesia davidiana*
米心水青冈 *	*Fagus engleriana*	软条七蔷薇 *	*Rosa henryi*
绣球属 *	*Hydrangea* sp.	山胡椒属 *	*Lindera* sp.
香叶子 *	*Lindera fragrans*	青榨槭 *	*Acer davidii*
4 月 10 日，汉中碑坝镇			
草莓属	*Fragaria* sp.	火棘	*Pyracantha fortuneana*
悬钩子蔷薇	*Rosa rubus*	美丽马醉木	*Pieris Formosa*
杜鹃 *	*Rhododendron simsii*	鸢尾属 *	*Iris* sp.
铁坚油杉	*Keteleeria davidiana*	湖北紫荆 *	*Cercis glabra*
龙里冬青	*Ilex intermedia* var. *fangii*	球核荚蒾 *	*Viburnum propinquum*
尾叶冬青	*Ilex wilsonii*	烟管荚蒾 *	*Viburnum utile*
4 月 11 日，返回汉中市的途中			
顶花板凳果 *	*Pachysandra terminalis*	陕西紫茎 *	*Stewartia shensiensis*
黄杨 *	*Buxus sinica*		
4 月 14 日，安康市平利县八仙森林站化龙山			
四川冬青	*Ilex szechwanensis*	铁杉	*Tsuga chinensis*
粗榧	*Cephalotaxus sinensis*	灯笼树	*Enkianthus chinensis*
侧金盏花属	*Adonis szechuanensis*	灯笼树 *	*Enkianthus chinensis*
血皮槭 *	*Acer griseum*	粗榧 *	*Cephalotaxus sinensis*
铁杉 *	*Tsuga chinensis*		
4 月 15 日，安康市平利县八仙镇龙山村			
血皮槭	*Acer griseum*	金钱槭	*Dipteronia sinensis*
槭属	*Acer* sp.	君迁子	*Diospyros lotus*
光绣球属	*Hydrangea* sp.	小木通 *	*Clematis armandii*
合轴荚蒾 *	*Viburnum sympodiale*	皱叶荚蒾 *	*Viburnum rhytidophyllum*
4 月 16 日，岚皋县东南部			
蜡梅	*Chimonanthus praecox*		
4 月 17 日，安康—西安			
蜡梅 *	*Chimonanthus praecox*	单瓣白木香 *	*Rosa banksiae* var. *normalis*
毛叶山木香 *	*Rosa cymosa* var. *puberula*		

注：*仅采集标本

2.5 1996年秦岭

参加人员有：美国国家植物园（United States National Arboretum）凯文·康拉德（Kevin Conrad），宾夕法尼亚大学莫里斯树木园（Morris Arboretum of the University of Pennsylvania）里克·勒万多夫斯基（Rick Lewandowski），芝加哥植物园（Chicago Botanical Garden，代表长木花园Longwood Gardens）的詹姆斯·奥尔特

（James Ault），诺福克植物园（Norfolk Botanical Gardens）的金坤洙（Kunso Kim），以及西安植物园的崔铁成。具体采集时间、地点及物种如下表：

9月6日，汉中市佛坪县			
领春木	*Euptelea pleiosperma*		
9月7日，汉中市佛坪县			
大叶华北绣线菊	*Spiraea fritschiana* var. *angulata*	五角枫	*Acer mono*
宜昌荚蒾	*Viburnum erosum*	照山白	*Rhododendron micranthum*
华北绣线菊	*Spiraea fritschiana*		*Abelia macroptera*
白檀	*Symplocos paniculata*	铁杉	*Tsuga chinensis*
宽叶油点草	*Tricyrtis latifolia*	厚朴	*Magnolia officinalis*
豫陕鳞毛蕨	*Dryopteris pulcherrima*	锐齿槲栎	*Quercus aliena* var. *acuteserrata*
楔叶泡吹	*Meliosma cuneifolia*	桦叶荚蒾	*Viburnum betulifolium*
异色溲疏	*Deutzia discolor*	小升麻	*Cimicifuga japonica*
9月8日，汉中市佛坪县三官庙			
粉花绣线菊	*Spiraea japonica*	短尾铁线莲	*Clematis brevicaudata*
山胡椒属	*Lindera* sp.	猫儿屎	*Decaisnea fargesii*
一把伞南星	*Arisaema consanguineum*	异色溲疏	*Deutzia discolor*
狭叶五味子	*Schisandra lancifolia*	鹿药	*Smilacina japonica*
淫羊藿属	*Epimedium* sp.	青荚叶	*Helwingia japonica*
类叶升麻	*Actaea asiatica*	梾木	*Cornus macrophylla*
野百合	*Lilium brownii*	象南星	*Arisaema elephas*
升麻	*Cimicifuga foetida*	细辛属	*Asarum* sp.
升麻	*Cimicifuga foetida*	一把伞南星	*Arisaema consanguineum*
四照花	*Cornus kousa* var. *chinensis*	藏刺榛	*Corylus ferox* var. *tibetica*
繁花藤山柳	*Clematoclethra hemsleyi*	四萼猕猴桃	*Actinidia tetramera*
猕猴桃藤山柳	*Clematoclethra actinidioides*	垂丝丁香	*Syringa reflexa*
狭叶冬青	*Ilex fargesii*	毛叶槭	*Acer stachyophyllum*
篦齿槭	*Acer pectinatum* ssp. *Maximowiczii*	华中五味子	*Schisandra sphenanthera*
红毛七	*Caulophyllum robustum*	七叶鬼灯檠	*Rodgersia aesculifolia*
毛叶槭	*Acer stachyophyllum*	垂丝丁香	*Syringa reflexa*
武当玉兰	*Magnolia sprengeri*	厚圆果海桐	*Pittosporum rehderianum*
9月9日，汉中市佛坪县			
中华青荚叶	*Helwingia chinensis*	毛叶山桐子	*Idesia polycarpa* var. *vestita*
双盾木	*Dipelta floribunda*	桦叶荚蒾	*Viburnum betulifolium*
米面蓊	*Buckleya henryi*	南赤瓟	*Thladiantha nudiflora*
淫羊藿属	*Epimedium* sp.		
9月11日，汉中市佛坪县岳坝森林站			
庙台槭	*Acer miyabei* subsp. *miaotaiense*	异叶榕	*Ficus heteromorpha*
野鸦椿	*Euscaphis japonica*	蜀五加	*Acanthopanax setchuenensis*
猫儿屎	*Decaisnea fargesii*	杜鹃兰	*Cremastra mitrata*
荚蒾	*Viburnum dilatatum*	类叶升麻	*Actaea asiatica*
山白树	*Sinowilsonia henryi*	包橡（异名）	*Quercus glandulifera*
望春玉兰	*Magnolia biondii*	水栒子	*Cotoneaster multiflorus*
五味子属	*Schisandra* sp.	中华秋海棠	*Begonia sinensis*

（续）

海州常山	*Clerodendrum trichotomum*	满山红	*Rhododendron mariesii*
铁筷子	*Helleborus thibetanus*	牛姆瓜	*Holboellia grandiflora*
鸢尾属	*Iris* sp.	满山红	*Rhododendron mariesii*
华蟹甲	*Sinacalia tangutica*	三尖杉	*Cephalotaxus fortunei*
竹叶花椒	*Zanthoxylum armatum*	枹栎	*Quercus glandulifera* var. *brevipetiolata*
打破碗花花	*Anemone hupehensis*	满山红	*Rhododendron mariesii*
八角枫	*Alangium chinense*	满山红	*Rhododendron mariesii*
血满草	*Sambucus adnata*	李	*Prunus salicina*
中华秋海棠	*Begonia sinensis*	萱草	*Hemerocallis fulva*
淫羊藿属	*Epimedium* sp.	湖南木姜子	*Litsea hunanensis*
		淫羊藿属	*Epimedium* sp.
9 月 14 日，汉中市南郑县黎坪林场			
缫丝花	*Rosa roxburghii*	华中山楂	*Crataegus wilsonii*
油茶	*Camellia oleifera*	刺梗蔷薇	*Rosa setipoda*
悬钩子蔷薇	*Rosa rubus*	平枝栒子	*Cotoneaster horizontalis*
大花卫矛	*Euonymus grandiflorus*	狭叶花椒	*Zanthoxylum stenophyllum*
黄精	*Polygonatum sibiricum*		
9 月 15 日，汉中南郑县黎坪林场			
糙皮桦	*Betula utilis*	野百合	*Lilium brownii*
刺梗蔷薇	*Rosa setipoda*	油点草	*Tricyrtis macropoda*
水栒子	*Cotoneaster multiflorus*	杜鹃	*Rhododendron simsii*
北重楼	*Paris verticillata*	大叶醉鱼草	*Buddleja davidii*
北重楼	*Paris verticillata*	巴山松	*Pinus henryi*
龙头黄芩	*Scutellaria meehanioides*	青榨槭	*Acer davidii*
鸡树条	*Viburnum sargentii*	领春木	*Euptelea pleiosperma*
草芍药	*Paeonia obovata*	杜鹃	*Rhododendron simsii*
枹栎	*Quercus glandulifera*	紫茎	*Stewartia sinensis*
9 月 16 日，汉中南郑县黎坪林场			
假升麻	*Aruncus sylvester*	锈毛绣球	*Hydrangea fulvescens*
绿叶胡枝子	*Lespedeza buergeri*	荚蒾属	*Viburnum* sp.
水青冈属	*Fagus* sp.	大百合	*Cardiocrinum giganteum*
苹婆槭	*Acer sterculiaceum* ssp. *franchetii*	龙里冬青	*Ilex intermedia* var. *fangii*
紫茎	*Stewartia sinensis*	须蕊铁线莲	*Clematis pogonandra*
羽脉野扇花	*Sarcococca hookeriana*	建始槭	*Acer henryi*
淫羊藿属	*Epimedium* sp.	满山红	*Rhododendron simsii*
9 月 17 日，汉中市南郑林业局黎坪林场大垭			
蜡莲绣球	*Hydrangea strigosa*		
9 月 19 日，汉中市留坝林业局庙台子林场张良庙旅游区			
刺叶高山栎	*Quercus spinosa*	锐齿槲栎	*Quercus aliena* var. *acuteserrata*
六道木	*Abelia biflora*	类叶升麻	*Actaea asiatica*
蜀五加	*Acanthopanax setchuenensis*	藏南槭	*Acer campbellii* ssp. *wilsonii*
绣球绣线菊	*Spiraea blumei*	少脉椴	*Tilia paucicostata*
松潘乌头	*Aconitum sungpanense*	淫羊藿属	*Epimedium* sp.
山胡椒	*Lindera glauca*		

（续）

9 月 20 日，汉中市留坝林业局庙台子林场光华山			
狭叶冬青	*Ilex fargesii*	桦叶荚蒾	*Viburnum betulifolium*
湖北花楸	*Sorbus hupehensis*	荚蒾	*Viburnum dilatatum*
挂苦绣球	*Hydrangea xanthoneura*	五裂槭	*Acer oliverianum*
紫斑风铃草	*Campanula punctata*	桦叶荚蒾	*Viburnum betulifolium*
松潘乌头	*Aconitum sungpanense*		
9 月 23 日，安康市宁陕县宁西林业局首阳山			
秀雅杜鹃	*Rhododendron concinnum*		
9 月 24 日，安康市宁陕县宁西林业局蒲河林场			
青檀	*Pteroceltis tatarinowii*	淫羊藿属	*Epimedium* sp.
大百合	*Cardiocrinum giganteum*	陕西荚蒾	*Viburnum schensianum*
竹叶楠	*Phoebe faberi*	升麻	*Cimicifuga foetida*
绿叶甘橿	*Lindera neesiana*	景天属	*Sedum* sp.
老鸦糊	*Callicarpa bodinieri* var. *giraldii*	稠李	*Prunus padus*
三尖杉	*Cephalotaxus fortunei*		
9 月 25 日，安康市宁陕县宁西林业局菜子坪林场西沟			
千金榆	*Carpinus cordata*	太白山橐吾	*Ligularia dolichobotrys*
石枣子	*Euonymus sanguineus*	湖北花楸	*Sorbus hupehensis*
毛花槭	*Acer erianthum*	巴山冷杉	*Abies fargesii*
小叶巧玲花	*Syringa giraldiana*	单叶细辛	*Asarum himalaicum*
离舌橐吾	*Ligularia veitchiana*	芍药	*Paeonia lactiflora*
粉背溲疏	*Deutzia hypoglauca*	龙胆属	*Gentiana* sp.
直穗小檗	*Berberis dasystachya*	四川冬青	*Ilex szechwanensis*
类叶升麻	*Actaea asiatica*	杜鹃花属	*Rhododendron* sp.
繁花藤山柳	*Clematoclethra hemsleyi*	头花杜鹃	*Rhododendron capitatum*
粉花绣线菊	*Spiraea japonica*	小木通	*Clematis armandii*
华山松	*Pinus armandii*	天南星属	*Arisaema* sp.
梾木	*Cornus macrophylla*	铁杉	*Tsuga chinensis*
红桦	*Betula albosinensis*		*Acer caudatum* ssp. *multiserratum*
黄花鸢尾	*Iris wilsonii*	铁杉	*Tsuga chinensis*
9 月 26 日，安康市宁陕县宁西林业局菜子坪林场县城			
小升麻	*Cimicifuga japonica*	细辛属	*Asarum* sp.
黄精属	*Polygonatum* sp.	鹿药	*Smilacina japonica*
铁杉	*Tsuga chinensis*		
9 月 27 日，安康市宁陕县宁西林业局菜子坪林场首阳山			
冠果忍冬	*Lonicera stephanocarpa*	六叶龙胆	*Gentiana hexaphylla* var. *pentaphylla*
	Acer caudatum ssp. *multiserratum*	秀雅杜鹃	*Rhododendron concinnum*
川鄂小檗	*Berberis henryana*	美蔷薇	*Rosa bella*
须蕊铁线莲	*Clematis pogonandra*	湖北花楸	*Sorbus hupehensis*
芍药	*Paeonia lactiflora*	离舌橐吾	*Ligularia veitchiana*
七筋姑	*Clintonia udensis*	离舌橐吾	*Ligularia veitchiana*
北重楼	*Paris verticillata*	细辛属	*Asarum* sp.
高乌头	*Aconitum sinomontanum*	青榨槭	*Acer davidii*
扭柄花	*Streptopus obtusatus*	铁杉	*Tsuga chinensis*

（续）

金背杜鹃	*Rhododendron clementinae* subsp. *aureodorsale*	铁杉	*Tsuga chinensis*
美花铁线莲	*Clematis potaninii*	粗榧	*Cephalotaxus sinensis*
伏毛银露梅	*Potentilla glabra* var. *veitchii*	莲叶橐吾	*Ligularia nelumbifolia*
头花杜鹃	*Rhododendron capitatum*	美花铁线莲	*Clematis potaninii*
毛果铁线莲	*Clematis peterae* var. *trichocarpa*		
10 月 4 日，甘肃省天水市小陇山林业局党川林场			
粗榧	*Cephalotaxus sinensis*	华榛	*Corylus chinensis*
黄花木	*Piptanthus concolor*	栎属	*Quercus* sp.
打破碗花花	*Anemone hupehensis*	升麻	*Cimicifuga foetida*
挂苦绣球	*Hydrangea xanthoneura*	天南星属	*Arisaema* sp.
木梨	*Pyrus xerophila*	千金榆	*Carpinus cordata*
中华绣线梅	*Neillia sinensis*	铁线莲属	*Clematis* sp.
铁线蕨	*Adiantum capillus-veneris*	黄精	*Polygonatum sibiricum*
多花木蓝	*Indigofera amblyantha*		
10 月 5 日，甘肃省天水市小陇山林业局党川林场			
白刺花	*Sophora davidii*	侧柏	*Platycladus orientalis*
探春花	*Jasminum floridum* subsp. *giraldii*	兰香草	*Caryopteris incana*
毛果铁线莲	*Clematis peterae* var. *trichocarpa*	暴马丁香	*Syringa reticulata* var. *mandshurica*
白皮松	*Pinus bungeana*	水栒子	*Cotoneaster multiflorus*
10 月 6 日，甘肃省天水市小陇山林业局观音林场			
毛叶槭	*Acer stachyophyllum*	五角枫	*Acer mono*
四照花	*Cornus kousa* var. *chinensis*	粉椴	*Tilia oliveri*
秦岭花楸	*Sorbus tsinlingensis*	大叶醉鱼草	*Buddleja davidii*
灯台树	*Cornus controversa*	锐齿槲栎	*Quercus aliena* var. *acuteserrata*
苹婆槭	*Acer sterculiaceum* ssp. *franchetii*	红皮椴	*Tilia dictyoneura*
10 月 7 日，甘肃省天水市小陇山林业局麦积山植物园			
串果藤	*Sinofranchetia chinensis*	马桑绣球	*Hydrangea aspera*

2.6　1997年长白山

参加人员有：宾夕法尼亚大学莫里斯树木园（Morris Arboretum of the University of Pennsylvania）保罗·迈耶（Paul Meyer），莫顿树木园(Morton Arboretum)的克里斯·巴克特尔（Kris Bachtell），哈佛大学阿诺德树木园（Arnold Arboretum of Harvard University）的彼得·德尔·特雷迪奇（Peter Del Tredici），长木花园（Longwood Gardens）的杰夫·林奇（Jeff Lynhch），豪登树木园（The Holden Arboretum）的查尔斯·图布辛（Charles Tubesing），沈阳应用生态研究所的王先礼、曹伟、赵树清和钟林生，南京中山植物园的盛宁，以及长白县林业局的孙龙兴。具体采集时间、地点及物种如下表：

9 月 1 日，沈阳			
黑弹树	*Celtis bungeana*		
9 月 4 日，鸭绿江沿岸			
东北山梅花	*Philadelphus schrenkii*	朝鲜当归	*Angelica gigas*
大叶子	*Astilboides tabularis*	尖叶茶藨子	*Ribes maximowiczianum*

（续）

臭冷杉	*Abies nephrolepis*	修枝荚蒾	*Viburnum burejaeticum*
毛榛	*Corylus mandshurica*	乌苏里沙参	*Adenophora sublata*
毛山楂	*Crataegus maximowiczii*	髭脉槭	*Acer barbinerve*
钻天柳	*Chosenia arbutifolia*	关东巧玲花	*Syringa pubescens* subsp. *patula*
9 月 5 日，长白镇			
斑叶稠李	*Prunus maackii*	辽东丁香	*Syringa wolfii*
紫椴	*Tilia amurensis*		*Lonicera tatarinovii*
青楷槭	*Acer tegmentosum*	山刺玫	*Rosa davurica*
剪秋罗	*Lychnis fulgens*	刺蔷薇	*Rosa acicularis*
髭脉槭	*Acer barbinerve*	刺参	*Oplopanax elatus*
紫花枫	*Acer pseudosieboldianum*	小楷槭	*Acer tschonoskii* var. *rubripes*
花楸树	*Sorbus pohuashanensis*	花楷槭	*Acer ukurunduense*
雷公藤	*Tripterygium regelii*	黄心卫矛	*Euonymus macropterus*
红瑞木	*Cornus alba*	类叶升麻	*Actaea asiatica*
9 月 6 日，长白镇			
花楸树	*Sorbus pohuashanensis*	深山唐松草	*Thalictrum tuberiferum*
草芍药	*Paeonia obovata*	东北百合	*Lilium distichum*
宽叶杜香	*Ledum palustre* var. *dilatatum*	毛百合	*Lilium dauricum*
朝鲜崖柏	*Thuja koraiensis*	小萱草	*Hemerocallis dumortieri*
橐吾属	*Ligularia* sp.	山刺玫	*Rosa davurica*
接骨木	*Sambucus williamsii*	欧亚绣线菊	*Spiraea media*
卵果鱼鳞云杉	*Picea jezoensis*	兴安藜芦	*Veratrum dahuricum*
9 月 8 日，鸭绿江沿岸			
水曲柳	*Fraxinus mandshurica*	紫花枫	*Acer pseudosieboldianum*
五角枫	*Acer mono*	东北百合	*Lilium distichum*
胡桃楸	*Juglans mandshurica*	大落新妇	*Astilbe grandis*
紫花枫	*Acer pseudosieboldianum*	雷公藤	*Tripterygium regelii*
斑叶稠李	*Prunus maackii*	拂子茅	*Calamagrostis epigejos*
东北土当归	*Aralia continentalis*	宽叶蔓乌头	*Aconitum volubile* var. *latisectum*
花楷槭	*Acer ukurunduense*	人参	*Panax ginseng*
东北槭	*Acer mandshuricum*	人参	*Panax ginseng*
五味子	*Schisandra chinensis*	红松	*Pinus koraiensis*
白桦	*Betula platyphylla*	黑弹树	*Celtis bungeana*
9 月 9 日，长白山			
岳桦	*Betula ermanii*	七筋姑	*Clintonia udensis*
臭冷杉	*Abies nephrolepis*	东北溲疏	*Deutzia amurensis*
花楷槭	*Acer ukurunduense*	大落新妇	*Astilbe grandis*
刺五加	*Acanthopanax senticosus*	榛	*Corylus heterophylla*
卷柏	*Selaginella tamariscina*	剪秋罗	*Lychnis fulgens*
髭脉槭	*Acer barbinerve*	抚松乌头	*Aconitum fusungense*
细辛	*Asarum heterotropoides*		
9 月 10 日，回到 9 月 4 日的收集点，鸭绿江沿岸			
榛	*Corylus heterophylla*	兴安杜鹃	*Rhododendron dauricum*
胡枝子	*Lespedeza bicolor*	草本威灵仙	*Veronicastrum sibiricum*

（续）

乌头属	*Aconitum* sp.	青楷槭	*Acer tegmentosum*
朝鲜淫羊藿	*Epimedium koreanum*	紫椴	*Tilia amurensis*
深山唐松草	*Thalictrum tuberiferum*	关东巧玲花	*Syringa pubescens* subsp. *patula*
万昌桦	*Betula davurica*	黄心卫矛	*Euonymus macropterus*
黄花落叶松	*Larix olgensis*	硕桦	*Betula costata*
东北桤木	*Alnus mandshurica*	钻天柳	*Chosenia arbutifolia*
锦带花	*Weigela florida*	钻天柳	*Chosenia arbutifolia*
白桦	*Betula platyphylla*		
9 月 11 日，回到 9 月 10 日的收集点			
暴马丁香	*Syringa reticulata* var. *mandshurica*	白八宝	*Hylotelephium pallescens*
修枝荚蒾	*Viburnum burejaeticum*	单穗升麻	*Cimicifuga simplex*
五角枫	*Acer mono*	偃松	*Pinus pumila*
9 月 12 日，长白山			
朝鲜崖柏	*Thuja koraiensis*	西伯利亚刺柏	*Juniperus sibirica*
9 月 14 日，长白山			
红松	*Pinus koraiensis*		
9 月 15 日，长白山			
鸡树条	*Viburnum sargentii*	辽东桤木	*Alnus sibirica*
三花槭	*Acer triflorum*	三花槭	*Acer triflorum*
辽椴	*Tilia mandshurica*	东北槭	*Acer mandshuricum*
紫花枫	*Acer pseudosieboldianum*	毛榛	*Corylus mandshuric*
卷边柳	*Salix siuzevii*		
9 月 16 日，环湖			
刺蔷薇	*Rosa acicularis*	玉蝉花	*Iris ensata*
笃斯越橘	*Vaccinium uliginosum*	地榆属	*Sanguisorba* sp.
越橘	*Vaccinium vitis-idaea*	柴桦	*Betula fruticosa*
杜香	*Ledum palustre*	高山杜鹃	*Rhododendron parvifolium*
朝鲜龙胆	*Gentiana uchiyamae*	粉枝柳	*Salix rorida*
金露梅	*Potentilla fruticosa*	软枣猕猴桃	*Actinidia arguta*
9 月 17 日，长白山			
辽东桤木	*Alnus sibirica*	戟叶耳蕨	*Polystichum tripteron*
粗茎鳞毛蕨	*Dryopteris crassirhizoma*	兴安杜鹃	*Rhododendron dauricum*
鹿药	*Smilacina japonica*	东北红豆杉	*Taxus cuspidata*
千金榆	*Carpinus cordata*	东北槭	*Acer mandshuricum*
光萼溲疏	*Deutzia glabrata*	类叶升麻	*Actaea asiatica*
红毛七	*Caulophyllum robustum*		
9 月 18 日，长白山			
长白松	*Pinus sylvestris* var. *sylvestriformis*	软枣猕猴桃	*Actinidia arguta*
红松	*Pinus koraiensis*		
9 月 20 日，沈阳应用生物研究所			
天女花	*Magnolia sieboldii*		

2.7 1999年四川

参加人员有：美国国家植物园（United States National Arboretum）爱德华·加维（Edward Garvey）和肖恩·贝尔特（Shawn Belt），长木花园（Longwood Gardens）的杰里·斯蒂茨（Jerry Stites）。具体采集时间、地点及物种如下表：

10月4日，汶川县卧龙大熊猫自然保护区			
卵叶钓樟	*Lindera limprichtii*	阿里山五味子	*Schisandra arisanensis*
荚蒾属	*Viburnum* sp.	云南铁杉	*Tsuga dumosa*
10月5日，汶川县			
铁杉	*Tsuga chinensis*	刺蔷薇	*Rosa acicularis*
铁杉	*Tsuga chinensis*	四蕊槭	*Acer tetramerum*
陕甘花楸	*Sorbus koehneana*	四萼猕猴桃	*Actinidia tetramera*
10月7日，阿坝藏族羌族自治州自然保护区米亚罗			
铁杉	*Tsuga chinensis*	铁杉	*Tsuga chinensis*
锐角槭	*Acer acutum*		
10月9日，丹巴县			
辣椒	*Capsicum annuum*	辣椒	*Capsicum annuum*
10月10日，丹巴县牦牛谷			
矩鳞铁杉	*Tsuga chinensis* var. *oblongisquamata*	刺叶耳蕨	*Polystichum acanthophyllum*
白背铁线蕨	*Adiantum davidii*	天南星属	*Arisaema* sp.
10月11日，丹巴县牦牛谷			
矩鳞铁杉	*Tsuga chinensis* var. *oblongisquamata*	栽秧花	*Hypericum beanii*
皱叶醉鱼草	*Buddleja crispa*		
10月12日，丹巴县牦牛谷			
矩鳞铁杉	*Tsuga chinensis* var. *oblongisquamata*		
10月13日，康定县甘孜藏族自治州			
矩鳞铁杉	*Tsuga chinensis* var. *oblongisquamata*		
10月14日，康定县甘孜藏族自治州			
矩鳞铁杉	*Tsuga chinensis* var. *oblongisquamata*	矩鳞铁杉	*Tsuga chinensis* var. *oblongisquamata*
10月16日，甘孜藏族自治州泸定县海螺沟冰川公园			
云南铁杉	*Tsuga dumosa*		
10月18日，凉山彝族自治州冕宁县元宝山			
美丽马醉木	*Pieris formosa*	云南铁杉	*Tsuga dumosa*
云南铁杉	*Tsuga dumosa*	凤仙花属	*Impatiens* sp.
10月20日，凉山彝族自治州德昌县			
矩鳞铁杉	*Tsuga chinensis* var. *oblongisquamata*	矩鳞铁杉	*Tsuga chinensis* var. *oblongisquamata*

2.8 2002年山西

参加人员有：莫顿树木园（Morton Arboretum）的克里斯·巴克特尔（Kris Bachtell），宾夕法尼亚大学莫里斯植物园（Morris Arboretum of the University of Pennsylvania）的安东尼·艾罗（Anthony Aiello），美国国家植物园（United States National Arboretum）卡罗尔·博德隆（Carole Bordelon），芝加哥植物园（Chicago Botanical Garden）的彼得·布里斯托尔（Peter Bristol），以及北京市植物园的唐宇丹。具体采集时间、地点及物种如下表：

9 月 14 日，交城县庞泉沟地区			
大火草	*Anemone tomentosa*	土庄绣线菊	*Spiraea pubescens*
太平花	*Philadelphus pekinensis*	灰栒子	*Cotoneaster acutifolius*
党参	*Codonopsis pilosula*	菊科未知种	Unknown Composite
9 月 15 日，交城县庞泉沟地区			
红桦	*Betula albosinensis*	毛榛	*Corylus mandshurica*
草芍药	*Paeonia obovata*	花楸树	*Sorbus pohuashanensis*
水栒子	*Cotoneaster multiflorus*	西北栒子	*Cotoneaster zabelii*
东北茶藨子	*Ribes mandshuricum*	伏毛银露梅	*Potentilla glabra* var. *veitchii*
黄瑞香	*Daphne giraldii*		
9 月 16 日，交城县庞泉沟地区			
东陵绣球	*Hydrangea bretschneideri*	毛榛	*Corylus mandshurica*
沙梾	*Cornus bretschneideri*	草芍药	*Paeonia obovata*
陕西荚蒾	*Viburnum schensianum*	华北绣线菊	*Spiraea fritschiana*
青榨槭	*Acer davidii*	西北栒子	*Cotoneaster zabelii*
蒙古栎	*Quercus mongolica*		
9 月 17 日，方山县北武当山			
虎榛子	*Ostryopsis davidiana*	北京丁香	*Syringa pekinensis*
灌木铁线莲	*Clematis fruticosa*	油松	*Pinus tabulaeformis*
河北木蓝	*Indigofera bungeana*	水栒子	*Cotoneaster multiflorus*
9 月 18 日，交城县庞泉沟地区			
华北落叶松	*Larix gmelinii* var. *principis-rupprechtii*	青杄	*Picea wilsonii*
白杄	*Picea meyeri*		
9 月 20 日，沁源县太岳山			
山梅花	*Philadelphus incanus*	流苏树	*Chionanthus retusus*
大叶铁线莲	*Clematis heracleifolia*	河南海棠	*Malus honanensis*
桦叶荚蒾	*Viburnum betulifolium*	陕西荚蒾	*Viburnum schensianum*
碎花溲疏	*Deutzia parviflora* var. *micrantha*	槲树	*Quercus dentata*
石枣子	*Euonymus sanguineus*	连翘	*Forsythia suspensa*
	Spiraea aff. *trilobata*	荚蒾属	*Viburnum* sp.
照山白	*Rhododendron micranthum*	毛叶水栒子	*Cotoneaster submultiflorus*
元宝槭	*Acer truncatum*	朝鲜淫羊藿	*Epimedium koreanum*
9 月 22 日，阳城县蟒河国家级自然保护区边缘的桑林村			
橿子栎	*Quercus baronii*	毛叶水栒子	*Cotoneaster submultiflorus*
荆条	*Vitex negundo* var. *heterophylla*		
9 月 23 日，阳城县横河			
山茱萸	*Cornus officinalis*	三花槭	*Acer triflorum*
华山松	*Pinus armandii*	槲栎	*Quercus aliena*
山荆子	*Malus baccata*		
9 月 24 日，阳城县蟒河山			
	Magnolia aff. *denudata*		*Cornus* aff. *poliophylla*
栾树	*Koelreuteria paniculata*	小花扁担杆	*Grewia biloba* var. *parviflora*
橿子栎	*Quercus baronii*	黄连木	*Pistacia chinensis*
栓皮栎	*Quercus variabilis*	麻栎	*Quercus acutissima*
槲栎	*Quercus aliena*	苦参	*Sophora flavescens*

（续）

9 月 25 日，蟒河自然保护区			
青檀	*Pteroceltis tatarinowii*	匙叶栎	*Quercus dolicholepis*
	Zanthoxylum alatum var. *planspinum*		*Acer* aff. *henryi*
木姜子	*Litsea pungens*	北枳椇	*Hovenia dulcis*
红豆杉	*Taxus chinensis*	栾树	*Koelreuteria paniculata*
山白树	*Sinowilsonia henryi*	山槐	*Albizia kalkora*

2.9　2005年甘肃

参加人员有：莫顿树木园（Morton Arboretum）的克里斯·巴克特尔（Kris Bachtell），宾夕法尼亚大学莫里斯植物园（Morris Arboretum of the University of Pennsylvania）的安东尼·艾罗（Anthony Aiello），美国国家植物园（United States National Arboretum）的马丁·斯坎隆（Martin Scanlon），甘肃农业大学林学院的孙学刚、刘晓娟和张伟，还有北京市植物园的王康。具体采集时间、地点及物种如下表：

9 月 18 日，莲花山国家森林公园			
蒙古栎	*Quercus mongolica*	茶条槭	*Acer ginnala*
少脉椴	*Tilia paucicostata*	桦叶荚蒾	*Viburnum betulifolium*
桦叶四蕊槭	*Acer tetramerum* var. *betulifolium*	荚蒾属一种	*Viburnum* sp.
北京花楸	*Sorbus discolor*	北京丁香	*Syringa pekinensis*
一把伞南星	*Arisaema consanguineum*		
9 月 19 日，临潭县莲花山			
莛子藨	*Triosteum pinnatifidum*	南川绣线菊	*Spiraea rosthornii*
灰栒子	*Cotoneaster acutifolius*	糙皮桦	*Betula utilis*
细枝绣线菊	*Spiraea myrtilloides*	红桦	*Betula albosinensis*
桃儿七	*Sinopodophyllum hexandrum*	陇东海棠	*Malus kansuensis*
直穗小檗	*Berberis dasystachya*	桦叶四蕊槭	*Acer tetramerum* var. *betulifolium*
冷地卫矛	*Euonymus frigidus*	岷江冷杉	*Abies fargesii* var. *faxoniana*
9 月 21 日，舟曲县茶岗乡白龙江森林站			
铁杉	*Tsuga chinensis*	黄杨	*Buxus sinica*
匍匐栒子	*Cotoneaster adpressus*	麦吊云杉	*Picea brachytyla*
华椴	*Tilia laetevirens*	领春木	*Euptelea pleiosperma*
鬼灯檠	*Rodgersia aesculifolia*	桦叶荚蒾	*Viburnum betulifolium*
9 月 22 日，舟曲县茶岗乡白龙江森林站			
无柄杜鹃	*Rhododendron watsonii*	角翅卫矛	*Euonymus cornutus*
	Acercaudatum ssp. *multiserratum*	四蕊槭	*Acer tetramerum*
显脉荚蒾	*Viburnum nervosum*	优美双盾木	*Dipelta elegans*
篦齿槭	*Acer pectinatum* ssp. *maximowiczii*	顶花板凳果	*Pachysandra terminalis*
西北蔷薇	*Rosa davidii*	刺榛	*Corylus ferox*
泡花树	*Meliosma cuneifolia*	连香树	*Cercidiphyllum japonicum*
9 月 23 日，舟曲县沙滩林场			
篦齿槭	*Acer pectinatum* ssp. *maximowiczii*	莼兰绣球	*Hydrangea longipes*
葛罗槭	*Acer davidii* subsp. *grosseri*	甘肃荚蒾	*Viburnum kansuense*（仅有标本）
千金榆	*Carpinus cordata*		*Carpinus turczaninovii*
披针叶榛	*Corylus fargesii*	聚花荚蒾	*Viburnum glomeratum*
蕨类			

（续）

9 月 25 日，迭部县腊子沟			
青杄	*Picea wilsonii*	金露梅	*Potentilla fruticosa*
水栒	*Cotoneaster multiflorus*	莼兰绣球	*Hydrangea longipes*
华椴	*Tilia laetevirens*		*Acercaudatum* ssp. *multiserratum*
平枝栒子	*Cotoneaster horizontalis*	象蜡树	*Fraxinus platypoda*
9 月 26 日，迭部县洛大镇磨沟森林区域			
连香树	*Cercidiphyllum japonicum*	铁杉	*Tsuga chinensis*
白蜡树	*Fraxinus chinensis*	黄果冷杉	*Abies recurvata* var.*ernestii*
华榛	*Corylus chinensis*	黄花木	*Piptanthus concolor*
棣棠花	*Kerria japonica*	陕西荚蒾	*Viburnum schensianum*
栾树	*Koelreuteria paniculata*		
9 月 27 日，迭部县腊子沟			
秦连翘	*Forsythia giraldiana*	少脉椴	*Tilia paucicostata*
橿子栎	*Quercus baronii*	川甘槭	*Acer yui*
9 月 28 日，迭部县姜坝沟			
蒙古荚蒾	*Viburnum mongolicum*（蜡叶标本）	六道木	*Abelia biflora*
9 月 29 日，迭部县卡坝乡、白云村			
	Osteomeles schwerinіae var. *microphylla*	齿叶扁核木	*Prinsepia uniflora* var. *serrata*
准噶尔栒子	*Cotoneaster soongoricus*	密枝圆柏	*Juniperus convallium*
9 月 30 日，迭部县姜坝沟、益哇乡			
甘西鼠尾草	*Salvia przewalskii*	花叶海棠	*Malus transitoria*
青杄	*Picea wilsonii*	大果圆柏	*Juniperus tibetica*
10 月 2 日，和政县罗家集镇三岔沟村			
珠毛蟹甲草	*Cacalia roborowskii*	鸡树条	*Viburnum sargentii*
10 月 3 日，和政县松鸣岩风景区			
黄毛杜鹃	*Rhododendron rufum*	毛裂蜂斗菜	*Petasites tricholobus*
中亚卫矛	*Euonymus przewalskii*	香荚蒾	*Viburnum farreri*
毛叶绣线菊	*Spiraea mollifolia*		
10 月 4 日，康乐县药水峡			
聚花荚蒾	*Viburnum glomeratum*	小叶金露梅	*Potentilla parvifolia*

2.10 2008年甘肃、陕西

参加人员有：莫顿树木园（Morton Arboretum）的克里斯·巴克特尔（Kris Bachtell），宾夕法尼亚大学莫里斯植物园（Morris Arboretum of the University of Pennsylvania）的安东尼·艾罗（Anthony Aiello），美国国家植物园（United States National Arboretum）的克里斯·卡利（Chris Carley），北京市植物园的王康，太白山森林公园的李建军，西安植物园的黎斌以及白根录。具体采集时间、地点及物种如下表：

9 月 16 日至 9 月 17 日，甘肃省天水市			
连香树	*Cercidiphyllum japonicum*	粗榧	*Cephalotaxus sinensis*
锐齿槲栎	*Quercus aliena* var. *acuteserrata*	青榨槭	*Acer davidii*
金钱槭	*Dipteronia sinensis*	篦齿槭	*Acer pectinatum* ssp. *maximowiczii*
红皮椴	*Tilia dictyoneura*	山楂属	*Crataegus* sp.
建始槭	*Acer henryi*		

（续）

9 月 21 日，陕西省眉县营头镇红河谷森林公园			
华椴	*Tilia chinensis*	太白深灰槭	*Acer caesium* subsp. *giraldii*
华椴	*Tilia chinensis*	巧玲花	*Syringa pubescens*
篦齿槭	*Acer pectinatum* ssp. *maximowiczii*	秦岭梣	*Fraxinus paxiana*
9 月 22 日，陕西省眉县营头镇红河谷森林公园			
金钱槭	*Dipteronia sinensis*	水曲柳	*Fraxinus mandshurica*
秦岭梣	*Fraxinus paxiana*	莼兰绣球	*Hydrangea longipes*
领春木	*Euptelea pleiosperma*	苦枥木	*Fraxinus insularis*
宿柱梣	*Fraxinus stylosa*	山白树	*Sinowilsonia henryi*
葛罗槭	*Acer davidii* subsp. *grosseri*	宿柱梣	*Fraxinus stylosa*
9 月 23 日，陕西省眉县营头镇红河谷森林公园			
苦枥木	*Fraxinus insularis*	水曲柳	*Fraxinus mandshurica*
木姜子	*Litsea pungens*	苦枥木	*Fraxinus insularis*
四照花	*Cornus kousa* var. *chinensis*		
9 月 24 日，陕西省眉县汤峪镇下板寺和太白山森林公园			
象南星	*Arisaema elephas*	秦岭梣	*Fraxinus paxiana*
华椴	*Tilia chinensis*	四蕊枫	*Acer stachyophyllum* ssp. *betulifolium*
9 月 25 日，陕西省眉县汤峪镇太白山森林公园			
四蕊枫	*Acer stachyophyllum* ssp. *betulifolium*	苦枥木	*Fraxinus insularis*
水曲柳	*Fraxinus mandshurica*	莼兰绣球	*Hydrangea longipes*
红豆杉	*Taxus chinensis*	山白树	*Sinowilsonia henryi*
云南大百合	*Cardiocrinum giganteum* var. *yunnanense*		
9 月 26 日，陕西省户县朱雀挂天瀑布			
秦岭梣	*Fraxinus paxiana*	苦枥木	*Fraxinus insularis*
		蜡枝槭	*Acer ceriferum*
9 月 28 日，陕西省柞水县营盘镇黄花岭			
锐齿槲栎	*Quercus aliena* var. *acuteserrata*		
华榛	*Corylus chinensis*		
9 月 29 日，陕西省长安区南五台			
苹婆槭	*Acer sterculiaceum* ssp. *franchetii*	七叶树	*Aesculus chinensis*
9 月 30 日，陕西省长安区沣峪秦岭梁			
水曲柳	*Fraxinus mandshurica*	白蜡树	*Fraxinus chinensis*
水曲柳	*Fraxinus mandshurica*		

2.11 2010年陕西、河北、北京

参加人员有：宾夕法尼亚大学莫里斯植物园（Morris Arboretum of the University of Pennsylvania）的安东尼·艾罗（Anthony Aiello），哈佛大学阿诺德树木园（Arnold Arboretum of Harvard University）的迈克尔·多斯曼（Michael Dosmann），北京市植物园的王康、崔志浩、周达康、董之洋、刘恒星和肖春国。具体采集时间、地点及物种如下表：

9 月 18 日，陕西省眉县营头镇红河谷森林公园			
东陵绣球	*Hydrangea bretschneideri*		*Acer caudatum* ssp. *multiserratum*
篦齿槭	*Acer pectinatum* ssp. *maximowiczii*		*Acer caesium* ssp. *giraldii*
太白杜鹃	*Rhododendron purdomii*		

17

（续）

9月19日，陕西省眉县营头镇红河谷森林公园			
	Acer caesium ssp. *giraldii*	聚花荚蒾	*Viburnum glomeratum*
莼兰绣球	*Hydrangea longipes*	秦岭梣	*Fraxinus paxiana*
巧玲花	*Syringa pubescens*	莼兰绣球	*Hydrangea longipes*
瓦韦属	*Lepisorus* sp.	苦枥木	*Fraxinus insularis*
华椴	*Tilia chinensis*		
9月20日，陕西省眉县营头镇红河谷森林公园			
苦枥木	*Fraxinus insularis*	蜡枝槭	*Acer ceriferum*
血皮槭	*Acer griseum*	棣棠花	*Kerria japonica*
9月21日，陕西省眉县汤峪太白山森林公园			
	Styrax hemsleyana	华榛	*Corylus chinensis*
红豆杉	*Taxus chinensis*	鹿药	*Smilacina japonica*
苦枥木	*Fraxinus insularis*		*Carpinus turczaninovii*
9月23日，陕西省柞水县营盘村黄花岭			
铁木	*Ostrya japonica*	槭属	*Acer* sp.
蜡枝槭	*Acer ceriferum*	小叶青皮槭	*Acer cappadocicum* var. *sinicum*
刺叶高山栎	*Quercus spinosa*	中国旌节花	*Stachyurus chinensis*
陕甘枫	*Acer shenkanense*	毛花槭	*Acer erianthum*
9月24日，陕西省柞水县营盘村黄花岭			
毛花槭	*Acer erianthum*		
9月25日，陕西省长安区南五台			
蒙古荚蒾	*Viburnum mongolicum*		
9月26日，陕西省西安市，于大清真寺西端礼拜堂附近			
湖北紫荆	*Cercis glabra*		
9月28日，河北省蔚县白乐镇金河口（小五台）			
紫丁香	*Syringa oblata* var. *oblata*	白蜡树	*Fraxinus chinensis*
蒙椴	*Tilia Mongolica*		
9月29日，北京市门头沟区清水镇百花山			
白蜡树	*Fraxinus chinensis*	蒙椴	*Tilia mongolica*
小叶梣	*Fraxinus bungeana*	小叶梣	*Fraxinus bungeana*
北乌头	*Aconitum kusnezoffii*		

2.12 2011年陕西和甘肃

参加人员有：莫顿树木园（Morton Arboretum）的金坤洙（Kunso Kim），宾夕法尼亚大学莫里斯树木园（Morris Arboretum of the University of Pennsylvania）保罗·迈耶（Paul Meyer），北京市植物园的王康、周达康、权键和崔志浩，天津花苗木服务中心的王婷，宝鸡植物园的白芳芳以及天水市林业科学研究所的裴慧敏。具体采集时间、地点及物种如下表：

9月20日，陕西省长安区五台镇南五台			
湖北紫荆	*Cercis glabra*	苦枥木	*Fraxinus insularis*
秦岭槭	*Acer tsinglingense*		*Carpinus turczaninovii*
大叶朴	*Celtis koraiensis*	红柄白鹃梅	*Exochorda giraldii*

（续）

槲栎	*Quercus aliena*		
9 月 21 日，陕西省柞水县营盘村黄花岭牛背梁			
梾木	*Cornus macrophylla*	少脉椴	*Tilia paucicostata*
灯台树	*Cornus controversa*	楔叶泡吹	*Meliosma cuneifolia*
四照花	*Cornus kousa* var. *chinensis*	七叶鬼灯檠	*Rodgersia aesculifolia*
少脉椴	*Tilia paucicostata*		
9 月 22 日，陕西省柞水县营盘村黄花岭牛背梁			
蒙古栎	*Quercus mongolica*	梣属	*Fraxinus* sp.
建始槭	*Acer henryi*	四川木姜子	*Litsea moupinensis* var. *szechuanica*
千金榆	*Carpinus cordata*	黑弹树	*Celtis bungeana*
金钱槭	*Dipteronia sinensis*		
9 月 23 日，陕西省长安区秦岭顶			
华山松	*Pinus armandii*	水曲柳	*Fraxinus mandshurica*
红桦	*Betula albosinensis*		
9 月 24 日，陕西省眉县汤峪镇			
峨眉蔷薇(别名)	*Rosa sericea* ssp. *omeiensis*	水曲柳	*Fraxinus mandshurica*
北京花楸	*Sorbus discolor*		*Acer caudatum* ssp. *multiserratum*
秦岭蔷薇	*Rosa tsinglingensis*	秦岭梣	*Fraxinus paxiana*
刚毛忍冬	*Lonicera hispida*	篦齿槭	*Acer pectinatum* ssp. *maximowiczii*
华椴	*Tilia chinensis*	苦枥木	*Fraxinus insularis*
四蕊枫	*Acer stachyophyllum* ssp. *betulifolium*		
9 月 25 日，陕西省眉县营头镇红河谷森林公园			
粗枝绣球	*Hydrangea robusta*	蜡枝槭	*Acer ceriferum*
山白树	*Sinowilsonia henryi*		
9 月 26 日，陕西省眉县营头镇红河谷森林公园			
川赤芍	*Paeonia anomala* subsp. *veitchii*	扁刺蔷薇	*Rosa sweginzowii*
华椴	*Tilia chinensis*	太白深灰槭	*Acer caesium* ssp. *giraldii*
9 月 27 日，陕西省眉县营头镇红河谷森林公园			
四蕊枫	*Acer stachyophyllum* ssp. *betulifolium*	藏刺榛	*Corylus ferox* var. *tibetica*
挂苦绣球	*Hydrangea xanthoneura*	单穗升麻	*Cimicifuga simplex*
9 月 29 日，陕西省宝鸡市凤县通天河森林公园			
辽东丁香	*Syringa wolfii*	杜鹃花属	*Rhododendron* sp.
青杆	*Picea wilsonii*		
9 月 30 日，陕西省宝鸡市凤县嘉陵江源头风景区			
华中五味子	*Schisandra sphenanthera*	串果藤	*Sinofranchetia chinensis*
千金榆	*Carpinus cordata*	苦枥木	*Fraxinus insularis*
	Carpinus henryana var. *simplicidentata*	老鸹铃	*Styrax hemsleyanus*
10 月 2 日，甘肃省天水市麦积山			
五味子	*Schisandra chinensis*	建始槭	*Acer henryi*
篦齿槭	*Acer pectinatum* ssp. *maximowiczii*	刺叶高山栎	*Quercus spinosa*
10 月 3 日，甘肃省天水市党川镇			
四照花	*Cornus kousa* var. *chinensis*	天南星	*Arisaema consangunemm*
榛	*Corylus heterophylla*		*Acer miyabei* subsp. *miaotaiense*
铁线莲属	*Clematis* sp.	水曲柳	*Fraxinus mandshurica*

（续）

10月4日，党川镇观音林场			
篦齿槭	*Acer pectinatum* ssp. *maximowiczii*	苦枥木	*Fraxinus insularis*
青榨槭	*Acer davidii*	望春玉兰	*Magnolia biondii*
粉椴	*Tilia oliveri*	双盾木	*Dipelta floribunda*
青榨槭	*Acer davidii*		
秦岭槭	*Acer tsinglingense*		
10月5日，甘肃省陇南市徽县高桥镇和高桥林场王家沟			
红豆杉	*Taxus wallichiana* var. *chinensis*	望春玉兰	*Magnolia biondii*
10月6日，甘肃省徽县嘉陵镇和两当县杨店镇			
狭叶梣	*Fraxinus baroniana*	白皮松	*Pinus bungeana*
10月7日，陕西省宝鸡植物园			
飞蛾槭	*Acer oblongum*		

2.13　2015年血皮槭资源调查项目

参加人员有：莫顿树木园（Morton Arboretum）的克里斯·巴克特尔（Kris Bachtell），宾夕法尼亚大学莫里斯植物园（Morris Arboretum of the University of Pennsylvania）的安东尼·艾罗（Anthony Aiello），哈佛大学阿诺德树木园（Arnold Arboretum of Harvard University）的迈克尔·多斯曼（Michael Dosmann），以及北京市植物园的王康。具体采集时间、地点及物种如下表：

9月3日，陕西省眉县营头镇红河谷森林公园			
血皮槭	*Acer griseum*		
9月4日，甘肃省天水市秦州区，娘娘坝长河镇			
山白树	*Sinowilsonia henryi*		
9月5日，甘肃省徽县嘉陵江三滩			
狭叶梣	*Fraxinus baroniana*	飞蛾槭	*Acer oblongum*
9月6日，甘肃省徽县嘉陵江三滩、四川省南江县光雾山			
狭叶梣	*Fraxinus baroniana*	血皮槭	*Acer griseum*
飞蛾槭	*Acer oblongum*	血皮槭	*Acer griseum*
三尖杉	*Cephalotaxus fortunei*	血皮槭	*Acer griseum*
马桑绣球	*Hydrangea aspera*	血皮槭	*Acer griseum*
血皮槭	*Acer griseum*	血皮槭	*Acer griseum*
血皮槭	*Acer griseum*		
9月8日，重庆城口县高楠镇岭楠木村			
血皮槭	*Acer griseum*	血皮槭	*Acer griseum*
血皮槭	*Acer griseum*	血皮槭	*Acer griseum*
血皮槭	*Acer griseum*	血皮槭	*Acer griseum*
血皮槭	*Acer griseum*	血皮槭	*Acer griseum*
血皮槭	*Acer griseum*	血皮槭	*Acer griseum*
血皮槭	*Acer griseum*	血皮槭	*Acer griseum*
血皮槭	*Acer griseum*	血皮槭	*Acer griseum*
血皮槭	*Acer griseum*	血皮槭	*Acer griseum*
血皮槭	*Acer griseum*	血皮槭	*Acer griseum*

（续）

血皮槭	*Acer griseum*	血皮槭	*Acer griseum*
血皮槭	*Acer griseum*	血皮槭	*Acer griseum*
9 月 9 日，陕西省安康平利县，龙山村			
血皮槭	*Acer griseum*	披针叶榛	*Corylus fargesii*
血皮槭	*Acer griseum*		
9 月 11 日，河南省宝天曼景区			
血皮槭	*Acer griseum*	血皮槭	*Acer griseum*
血皮槭	*Acer griseum*	血皮槭	*Acer griseum*
血皮槭	*Acer griseum*	血皮槭	*Acer griseum*
血皮槭	*Acer griseum*	血皮槭	*Acer griseum*
血皮槭	*Acer griseum*	血皮槭	*Acer griseum*
臭常山	*Orixa japonica*	血皮槭	*Acer griseum*
血皮槭	*Acer griseum*	血皮槭	*Acer griseum*
血皮槭	*Acer griseum*	血皮槭	*Acer griseum*
血皮槭	*Acer griseum*	血皮槭	*Acer griseum*
9 月 12 日，河南省西峡县太平镇细辛村、栾川县栾川镇			
血皮槭	*Acer griseum*	血皮槭	*Acer griseum*
血皮槭	*Acer griseum*	血皮槭	*Acer griseum*
血皮槭	*Acer griseum*	血皮槭	*Acer griseum*
血皮槭	*Acer griseum*		
9 月 14 日，山西省晋城市阳城县蟒河镇，蟒河风景区			
血皮槭	*Acer griseum*	血皮槭	*Acer griseum*
血皮槭	*Acer griseum*	血皮槭	*Acer griseum*
血皮槭	*Acer griseum*	血皮槭	*Acer griseum*
血皮槭	*Acer griseum*	血皮槭	*Acer griseum*
9 月 16 日，陕西省西安市曲江新西安植物园苗圃			
血皮槭	*Acer griseum*	血皮槭	*Acer griseum*

2.14 2016年四川

参加人员有：宾夕法尼亚大学莫里斯植物园（Morris Arboretum of the University of Pennsylvania）的安东尼·艾罗（Anthony Aiello），哈佛大学阿诺德树木园（Arnold Arboretum of Harvard University）的迈克尔·多斯曼（Michael Dosmann），中国科学院成都生物研究所的高云东，黄龙自然保护区的田长宝以及北京市植物园王康。具体采集时间、地点及物种如下表：

9 月 13 日，黄龙风景区			
细梗蔷薇	*Rosa graciliflora*	柳属	*Salix* sp.
华西蔷薇	*Rosa moyesii*		
9 月 14 日，黄龙风景区			
太白深灰槭	*Acer caesium* subsp. *giraldii*	陕西荚蒾	*Viburnum schensianum*
华西花楸	*Sorbus wilsoniana*	川赤芍	*Paeonia anomala* subsp. *veitchii*
陇蜀杜鹃	*Rhododendron przewalskii*	莛子藨	*Triosteum pinnatifidum*
卫矛属	*Euonymus* sp.	卷叶黄精	*Polygonatum cirrhifolium*

（续）

9月15日，黄龙风景区			
狭叶冬青	*Ilex fargesii*	短序荚蒾	*Viburnum brachybotryum*
木姜子属	*Litsea* sp.	金钱槭	*Dipteronia sinensis*
毛花槭	*Acer erianthum*	四川蜡瓣花	*Corylopsis willmottiae*
卫矛属	*Euonymus* sp.	厚朴	*Magnolia officinalis*
华椴	*Tilia chinensis*		
9月16日，黄龙风景区			
红荚蒾	*Viburnum erubescens*	狭叶冬青	*Ilex fargesii*
火烧兰属	*Epipactis* sp.	黑果茵芋	*Skimmia melanocarpa*
铁杉	*Tsuga chinensis*	灰叶花楸	*Sorbus pallescens*
9月17日，黄龙风景区			
短叶锦鸡儿	*Caragana brevifolia*		
9月19日，平武县			
灯笼树	*Enkianthus chinensis*	直角荚蒾	*Viburnum foetidum* var. *rectangulatum*
厚朴	*Magnolia officinalis*	川黔千金榆	*Carpinus fangiana*
中华青荚叶	*Helwingia chinensis*	水红木	*Viburnum cylindricum*
9月20日，平武县			
缫丝花	*Rosa roxburghii*		
9月21日，松潘县			
四川丁香	*Syringa sweginzowii*	云杉	*Picea asperata*

2.15 2017年四川

参加人员有：哈佛大学阿诺德树木园（Arnold Arboretum of Harvard University）的迈克尔·多斯曼（Michael Dosmann）、安德鲁·加平斯基（Andrew Gapinski）、乔恩·肖（Jon Shaw），北京市植物园的王康、权键以及中国科学院成都生物研究所的黎怀成。具体采集时间、地点及物种如下表：

9月21日，四川省绵阳市平武县泗耳乡泗耳村			
湖北海棠	*Malus hupehensis*	领春木	*Euptelea pleiosperma*
甘肃枫杨	*Pterocarya macroptera*	秦岭梣	*Fraxinus paxiana*
四川红杉	*Larix mastersiana*	五裂槭	*Acer oliverianum*
兰科某种	Orchidaceae	铁杉	*Tsuga chinensis*
滇黄精	*Polygonatum kingianum*		
9月22日，四川省绵阳市平武县泗耳乡泡子沟			
沙梾	*Cornus bretschneideri*	云南大百合	*Cardiocrinum giganteum* var. *yunnanense*
东陵绣球	*Hydrangea bretschneideri*	竹叶楠	*Phoebe faberi*
大落新妇	*Astilbe grandis*	华椴	*Tilia chinensis*
七叶鬼灯檠	*Rodgersia aesculifolia*	刺叶冬青	*Ilex bioritsensis*
巴东栎	*Quercus engleriana*	昌化鹅耳枥	*Carpinus tschonoskii*
9月23日，四川省绵阳市平武县泗耳乡杜平坝			
连香树	*Cercidiphyllum japonicum*	米心水青冈	*Fagus engleriana*
连香树	*Cercidiphyllum japonicum*	花楸属	*Sorbus* sp.
毛叶吊钟花	*Enkianthus deflexus*	珙桐	*Davidia involucrata* var. *involucrata*
香桦	*Betula insignis*		

（续）

9 月 24 日，四川省绵阳市平武县泗耳乡泗耳村			
五味子	*Schisandra chinensis*	五裂槭	*Acer oliverianum*
长叶溲疏	*Deutzia longifolia*	狭翅桦	*Betula fargesii*
华椴	*Tilia chinensis*	巴东栎	*Quercus engleriana*
9 月 26 日，四川省绵阳市平武县水田乡“珙桐谷”			
珙桐	*Davidia involucrata* var. *involucrata*		
9 月 27 日，四川省绵阳市平武县沙坝子、阔达乡，四川黄龙丹云峡			
宜昌百合	*Lilium leucanthum*	灯台树	*Cornus controversa*
灯台树	*Cornus controversa*	宜昌百合	*Lilium leucanthum*
华山松	*Pinus armandii*		

2.16 2018年湖北

参加人员有：哈佛大学阿诺德树木园（Arnold Arboretum of Harvard University）的安德鲁・加平斯基（Andrew Gapinski），莫顿树木园（Morton Arboretum）的马特・洛戴尔（Matt Lobdell），长木花园（Longwood Gardens）的彼得・扎勒（Peter Zale），吉首大学的梁承远、张代贵，北京市植物园的王康、权键。具体采集时间、地点及物种如下表：

9 月 13 日，湖北宣恩县椿木营乡			
卵果蔷薇	*Rosa helenae*	猫儿屎	*Decaisnea fargesii*（*Decaisnea insignis*）
中华猕猴桃	*Actinidia chinensis*		
9 月 14 日，湖北鹤峰县燕子乡新行村、湖北五峰土家族自治县			
香果树	*Emmenopterys henryi*	望春玉兰	*Magnolia biondii*
灯台莲	*Arisaema engleri*（*Arisaema bockii*）	建始槭	*Acer henryi*
青榨槭	*Acer davidii*	保靖淫羊藿	*Epimedium baojingense*
长柄槭	*Acer longipes*	宜昌荚蒾	*Viburnum erosum*
长梗黄精	*Polygonatum filipes*	毛萼红果树	*Stranvaesia amphidoxa*
金缕梅	*Hamamelis mollis*	三峡槭	*Acer wilsonii*
红柴枝	*Meliosma oldhamii* var. *oldhamii*	野茉莉	*Styrax japonicus*
中华槭	*Acer sinense*	玉兰	*Magnolia denudata*
水青冈	*Fagus longipetiolata*		
9 月 15~16 日，湖北五峰后河风景区			
青钱柳	*Cyclocarya paliurus*	鹅掌楸	*Liriodendron chinense*
紫果槭	*Acer cordatum*	米心水青冈	*Fagus engleriana*
五裂槭	*Acer oliverianum*	喇叭杜鹃	*Rhododendron fortunei* subsp. *discolor*
雷公鹅耳枥	*Carpinus viminea*	灯笼树	*Enkianthus chinensis*
川鄂鹅耳枥	*Carpinus henryana*	华西花楸	*Sorbus wilsoniana*
腺萼马银花	*Rhododendron bachii*	五尖槭	*Acer maximowiczii*
一把伞南星	*Arisaema consanguineum*	武当玉兰	*Magnolia sprengeri*
茶荚蒾	*Viburnum setigerum*	血皮槭	*Acer griseum*
华千金榆	*Carpinus cordata* var. *chinensis*	血皮槭	*Acer griseum*
血皮槭	*Acer griseum*	葛罗枫	*Acer davidii* subsp. *grosseri*
白辛树	*Pterostyrax psilophyllus*	天师栗	*Aesculus wilsonii*

（续）

多花黄精	*Polygonatum cyrtonema*	五角枫	*Acer mono*
湖北百合	*Lilium henryi*	化香树	*Platycarya strobilacea*
建始槭	*Acer henryi*	云贵鹅耳枥	*Carpinus pubescens* var. *pubescens*
降龙草	*Hemiboea subcapitata*		
9月17日，湖北巴东县下谷坪			
冬青叶鼠刺	*Itea ilicifolia*	草珊瑚	*Sarcandra glabra*
小梾木	*Cornus quinquenervis*	长蕊杜鹃	*Rhododendron stamineum*
臭荚蒾	*Viburnum foetidum*	滇黄精	*Polygonatum kingianum*
细点根节兰	*Calanthe alismifolia*		
9月18日，湖北竹山县、湖北神农架大九湖景区、兴山县			
四川槭	*Acer sutchuenense*		*Epimedium* sp.
皱叶荚蒾	*Viburnum rhytidophyllum*	烟管荚蒾	*Viburnum utile*
9月19日，湖北神农架			
芬芳安息香	*Styrax odoratissimus*	连翘	*Forsythia suspensa*
川鄂淫羊藿	*Epimedium fargesii*	大果冬青	*Ilex macrocarpa*
山拐枣	*Poliothyrsis sinensis*	青檀	*Pteroceltis tatarinowii*
蝟实	*Kolkwitzia amabilis*	七叶一枝花	*Paris polyphylla*
云南双盾木	*Dipelta yunnanensis*	水丝梨	*Sycopsis sinensis*
红茴香	*Illicium henryi*	醉鱼草状荚蒾	*Viburnum buddleifolium*
中华青荚叶	*Helwingia chinensis*	湖北黄精	*Polygonatum zanlanscianense*
扁担杆	*Grewia biloba*	庙台槭	*Acer miyabei* subsp. *miaotaiense*
米面蓊	*Buckleya henryi*		
9月20日，湖北神农架			
川榛	*Corylus heterophylla* var. *sutchuanensis*	牛鼻栓	*Fortunearia sinensis*
万寿竹	*Disporum cantoniense*	槲栎	*Quercus aliena*
短柄枹栎（异名）	*Quercus serrata* var. *brevipetiolata*		
9月21日，湖北神农架			
美丽马醉木	*Pieris formosa*	血皮槭	*Acer griseum*
神农架淫羊藿	*Epimedium shennongjiaensis*	金钱槭	*Dipteronia sinensis*
血皮槭	*Acer griseum*	白粉青荚叶	*Helwingia japonica* var. *hypoleuca*
扇脉杓兰	*Cypripedium japonicum*	多花黄精	*Polygonatum cyrtonema*
血皮槭	*Acer griseum*	小果珍珠花	*Lyonia ovalifolia* var. *elliptica*
血皮槭	*Acer griseum*	满山红	*Rhododendron mariesii*
野茉莉	*Styrax japonicus*	粉白杜鹃	*Rhododendron hypoglaucum*
血皮槭	*Acer griseum*	管花鹿药	*Maianthemum henryi*
红果树	*Stranvaesia davidiana*	鄂西粗筒苣苔	*Briggsia speciosa*
巴东栎	*Quercus engleriana*	美脉花楸	*Sorbus caloneura*
湖北枫杨	*Pterocarya hupehensis*		
9月22日，湖北神农架，兴山县龙门河			
蚊母树	*Distylium racemosum*	大花黄杨	*Buxus henryi*
血皮槭	*Acer griseum*	巴东荚蒾	*Viburnum henryi*
京梨猕猴桃	*Actinidia callosa* var. *henryi*	一把伞南星	*Arisaema consanguineum*
紫弹树	*Celtis biondii*	野扇花	*Sarcococca ruscifolia*
芬芳安息香	*Styrax odoratissimus*	灯台莲	*Arisaema engleri*（*Arisaema bockii*）
星毛蜡瓣花	*Corylopsis stelligera*	半边月	*Weigela japonica* var. *sinica*

（续）

血皮槭	*Acer griseum*	木鱼坪淫羊藿	*Epimedium franchetii*
交让木	*Daphniphyllum macropodum*		
9 月 23 日，湖北神农架			
粉椴	*Tilia oliveri*	铁杉	*Tsuga chinensis*
西蜀丁香	*Syringa komarowii*	陇东海棠	*Malus kansuensis*
花南星	*Arisaema lobatum*	粉红杜鹃	*Rhododendron oreodoxa* var. *fargesii*
神农架铁线莲	*Clematis shenlungchiaensis*	四川槭	*Acer sutchuenense*

3 小结

联盟的目标植物，主要出于对其环境适应性、保护价值和观赏特性的综合考量。槭属（*Acer* sp.）植物是收集频率最高的一个属，因为中国是槭属植物多样性的分布中心，其他高频收集的植物类群包括：荚蒾属（*Viburnum* sp.）、栎属（*Quercus* sp.）、卫矛属（*Euonymus* sp.）、杜鹃花属（*Rhododendron* sp.）、苹果属（*Malus* sp.）、椴属（*Tilia* sp.）、榛属（*Corylus* sp.）、梓属（*Catalpa* sp.）植物等；属于具有特殊意义收集的植物类群包括：梣属（*Fraxinus* sp.），这个专类的收集，用以解决北美本土梣属植物病虫害流行的问题；铁杉属（*Tsuga* sp.），同样铁杉属的收集并不是因为该属植物的生物多样性，而是因为1910年作为唯一个体引入北美的铁杉（*Tsuga chinensis*），面临着严重的遗传瓶颈问题，而该铁杉对肆虐北美本土铁杉属植物的铁杉球蚜（HWA）表现出抗性。

联盟采集的目标植物，主要是乔木和灌木，但某些草本植物也可以成为目标，例如在中国多样性分布集中、观赏价值较高的一些淫羊藿属（*Epimedium* spp.）植物。植物收集的材料类型主要是种子，某些情况下也包括幼苗和插条。

这些收集的植物已在联盟成员中广泛分享，用于研究和利用。联盟的经验是：有针对性的收集，而非广泛性或随机性的收集，可以极大地增加所持有植物的种质资源多样性。

多年来，联盟专注于重新收集优良园林植物的新基因材料，在联盟成员和不少非成员单位之间共享了数以百计的植物。随着考察的开展，联盟越来越深入地了解着这些目标物种，对它们进行观测和研究以满足新兴的需求，其他的一些单株植物作为可能的栽培引种，也正在引起关注。除了具备优异花园属性的植物之外，采集中其貌不扬的"丑小鸭"，也许在未来的某一天，会被发现含有抗病、抗虫或抗癌的化合物，这些收集的价值将以我们无法想象的方式，在未来几十年甚至几个世纪里持续体现。

联盟可能是世界上最成功、基础最广泛、周期最长的专业植物采集合作组织，25年的植物采集活动证明：现代中国仍然是当之无愧的"园林之母"。

附录1：重复引种的分类群以及引种次数

序号	中文名	学名	次数
1	血皮槭	*Acer griseum*	81
2	铁杉	*Tsuga chinensis*	17
3	苦枥木	*Fraxinus insularis*	12
4	华椴	*Tilia chinensis*	11
5	青榨槭	*Acer davidii*	10
6	五角枫	*Acer mono*	10
7	篦齿槭	*Acer pectinatum* ssp. *maximowiczii*	9
8	水曲柳	*Fraxinus mandshurica*	9
9	花楸树	*Sorbus pohuashanensis*	9
10	毛榛	*Corylus mandshurica*	8
11	蒙古栎	*Quercus mongolica*	8
12	照山白	*Rhododendron micranthum*	8
13	矩鳞铁杉	*Tsuga chinensis* var. *oblongisquamata*	8
14	建始槭	*Acer henryi*	7
15	类叶升麻	*Actaea asiatica*	7
16	一把伞南星	*Arisaema consanguineum*	7
17	秦岭梣	*Fraxinus paxiana*	7
18	草芍药	*Paeonia obovata*	7
19	满山红	*Rhododendron mariesii*	7
20	山白树	*Sinowilsonia henryi*	7
21	桦叶荚蒾	*Viburnum betulifolium*	7
22	六道木	*Abelia biflora*	6
23	长尾槭	*Acer caudatum* ssp. *multiserratum*	6
24	千金榆	*Carpinus cordata*	6
25		*Carpinus turczaninovii*	6
26	粗榧	*Cephalotaxus sinensis*	6
27	四照花	*Cornus kousa* var. *chinensis*	6
28	榛	*Corylus heterophylla*	6
29	水栒子	*Cotoneaster multiflorus*	6
30	金钱槭	*Dipteronia sinensis*	6
31	领春木	*Euptelea pleiosperma*	6
32	白蜡树	*Fraxinus chinensis*	6
33	东陵绣球	*Hydrangea bretschneideri*	6
34	莼兰绣球	*Hydrangea longipes*	6
35	鸡树条	*Viburnum sargentii*	6
36	刺五加	*Acanthopanax senticosus*	5
37	东北槭	*Acer mandshuricum*	5
38	飞蛾槭	*Acer oblongum*	5
39	三花槭	*Acer triflorum*	5
40	黑弹树	*Celtis bungeana*	5
41	连香树	*Cercidiphyllum japonicum*	5
42	湖北紫荆	*Cercis glabra*	5
43	大叶铁线莲	*Clematis heracleifolia*	5
44	山丹	*Lilium pumilum*	5
45	望春玉兰	*Magnolia biondii*	5
46	山荆子	*Malus baccata*	5
47	槲栎	*Quercus aliena*	5
48	锐齿槲栎	*Quercus aliena* var. *acuteserrata*	5
49	杜鹃	*Rhododendron simsii*	5
50	七叶鬼灯檠	*Rodgersia aesculifolia*	5
51	山刺玫	*Rosa davurica*	5
52	五味子	*Schisandra chinensis*	5
53	鹿药	*Smilacina japonica*	5
54	北京丁香	*Syringa pekinensis*	5
55	红豆杉	*Taxus wallichiana* var. *chinensis*	5
56	蒙椴	*Tilia mongolica*	5
57	少脉椴	*Tilia paucicostata*	5
58	宜昌荚蒾	*Viburnum erosum*	5
59	陕西荚蒾	*Viburnum schensianum*	5
60	臭冷杉	*Abies nephrolepis*	4
61	髭脉槭	*Acer barbinerve*	4
62	太白深灰槭	*Acer caesium* ssp. *giraldii*	4
63	蜡枝槭	*Acer ceriferum*	4
64	葛罗枫	*Acer davidii* subsp. *grosseri*	4
65	毛花槭	*Acer erianthum*	4
66	五裂槭	*Acer oliverianum*	4
67	紫花枫	*Acer pseudosieboldianum*	4
68	四蕊枫	*Acer stachyophyllum* ssp. *betulifolium*	4
69	花楷槭	*Acer ukurunduense*	4
70	软枣猕猴桃	*Actinidia arguta*	4
71	红桦	*Betula albosinensis*	4
72	白桦	*Betula platyphylla*	4
73	升麻	*Cimicifuga foetida*	4
74	小木通	*Clematis armandii*	4
75	灯台树	*Cornus controversa*	4

（续）

序号	中文名	学名	次数
76	华榛	*Corylus chinensis*	4
77	猫儿屎	*Decaisnea insignis*	4
78	灯笼树	*Enkianthus chinensis*	4
79	瘤枝卫矛	*Euonymus pauciflorus*	4
80	狭叶冬青	*Ilex fargesii*	4
81	山胡椒	*Lindera glauca*	4
82	阔叶十大功劳	*Mahonia bealei*	4
83	北重楼	*Paris verticillata*	4
84	青杄	*Picea wilsonii*	4
85	华山松	*Pinus armandii*	4
86	红松	*Pinus koraiensis*	4
87	巴东栎	*Quercus engleriana*	4
88	东北茶藨子	*Ribes mandshuricum*	4
89	关东巧玲花	*Syringa pubescens* subsp. *patula*	4
90	紫椴	*Tilia amurensis*	4
91	云南铁杉	*Tsuga dumosa*	4
92	修枝荚蒾	*Viburnum burejaeticum*	4
93	烟管荚蒾	*Viburnum utile*	4
94	山葡萄	*Vitis amurensis*	4
95	无梗五加	*Acanthopanax sessiliflorus*	3
96	庙台槭	*Acer miyabei* subsp. *miaotaiense*	3
97	毛叶槭	*Acer stachyophyllum*	3
98	苹婆槭	*Acer sterculiaceum* ssp. *franchetii*	3
99	青楷槭	*Acer tegmentosum*	3
100	北乌头	*Aconitum kusnezoffii*	3
101	中华猕猴桃	*Actinidia chinensis*	3
102	山槐	*Albizia kalkora*	3
103	辽东桤木	*Alnus sibirica*	3
104	大落新妇	*Astilbe grandis*	3
105	万昌桦	*Betula davurica*	3
106	三尖杉	*Cephalotaxus fortunei*	3
107	钻天柳	*Chosenia arbutifolia*	3
108	小升麻	*Cimicifuga japonica*	3
109	兴安升麻	*Cimicifuga dahurica*	3
110	沙梾	*Cornus bretschneideri*	3
111	梾木	*Cornus macrophylla*	3
112	东北溲疏	*Deutzia amurensis*	3
113	异色溲疏	*Deutzia discolor*	3
114	双盾木	*Dipelta floribunda*	3
115	香果树	*Emmenopterys henryi*	3
116	三枝九叶草	*Epimedium sagittatum*	3
117	卫矛	*Euonymus alatus*	3
118	米心水青冈	*Fagus engleriana*	3
119	牛鼻栓	*Fortunearia sinensis*	3
120	狭叶梣	*Fraxinus baroniana*	3
121	中华青荚叶	*Helwingia chinensis*	3
122	马桑绣球	*Hydrangea aspera*	3
123	挂苦绣球	*Hydrangea xanthoneura*	3
124	四川冬青	*Ilex szechwanensis*	3
125	胡桃楸	*Juglans mandshurica*	3
126	栾树	*Koelreuteria paniculata*	3
127	离舌橐吾	*Ligularia veitchiana*	3
128	东北百合	*Lilium distichum*	3
129	朝鲜槐	*Maackia amurensis*	3
130	厚朴	*Magnolia officinalis*	3
131	武当玉兰	*Magnolia sprengeri*	3
132	泡花树	*Meliosma cuneifolia*	3
133	麦冬	*Ophiopogon japonicus*	3
134	芍药	*Paeonia lactiflora*	3
135	太平花	*Philadelphus pekinensis*	3
136	东北山梅花	*Philadelphus schrenkii*	3
137	美丽马醉木	*Pieris Formosa*	3
138	白皮松	*Pinus bungeana*	3
139	黄连木	*Pistacia chinensis*	3
140	宝兴报春	*Primula moupinensis*	3
141	青檀	*Pteroceltis tatarinowii*	3
142	橿子栎	*Quercus baronii*	3
143	刺叶高山栎	*Quercus spinosa*	3
144	栓皮栎	*Quercus variabilis*	3
145	毛肋杜鹃	*Rhododendron augustinii*	3
146	刺蔷薇	*Rosa acicularis*	3
147	美蔷薇	*Rosa bella*	3
148	悬钩子蔷薇	*Rosa rubus*	3
149	水榆花楸	*Sorbus alnifolia*	3
150	北京花楸	*Sorbus discolor*	3
151	湖北花楸	*Sorbus hupehensis*	3
152	中国旌节花	*Stachyurus chinensis*	3
153	紫茎	*Stewartia sinensis*	3
154	红果树	*Stranvaesia davidiana*	3
155	暴马丁香	*Syringa reticulata* var. *mandshurica*	3
156	辽椴	*Tilia mandshurica*	3
157	粉椴	*Tilia oliveri*	3
158	榔榆	*Ulmus parvifolia*	3
159	聚花荚蒾	*Viburnum glomeratum*	3
160	蒙古荚蒾	*Viburnum mongolicum*	3
161	锦带花	*Weigela florida*	3

（续）

序号	中文名	学名	次数
162	糙叶五加	*Acanthopanax henryi*	2
163	蜀五加	*Acanthopanax setchuenensis*	2
164	茶条槭	*Acer ginnala*	2
165	四川槭	*Acer sutchuenense*	2
166	四蕊槭	*Acer tetramerum*	2
167	桦叶四蕊槭	*Acer tetramerum* var. *betulifolium*	2
168	秦岭槭	*Acer tsinglingense*	2
169	高乌头	*Aconitum sinomontanum*	2
170	松潘乌头	*Aconitum sungpanense*	2
171	四萼猕猴桃	*Actinidia tetramera*	2
172	七叶树	*Aesculus chinensis*	2
173	打破碗花花	*Anemone hupehensis*	2
174	象南星	*Arisaema elephas*	2
175	灯台莲	*Arisaema engleri (Arisaema bockii)*	2
176	假升麻	*Aruncus sylvester*	2
177	龙须菜	*Asparagus schoberioides*	2
178	落新妇	*Astilbe chinensis*	2
179	中华秋海棠	*Begonia sinensis*	2
180	射干	*Belamcanda chinensis*	2
181	直穗小檗	*Berberis dasystachya*	2
182	硕桦	*Betula costata*	2
183	糙皮桦	*Betula utilis*	2
184	米面蓊	*Buckleya henryi*	2
185	大叶醉鱼草	*Buddleja davidii*	2
186	黄杨	*Buxus sinica*	2
187	日本紫珠	*Callicarpa japonica*	2
188	油茶	*Camellia oleifera*	2
189	辣椒	*Capsicum annuum*	2
190	大百合	*Cardiocrinum giganteum*	2
191	云南大百合	*Cardiocrinum giganteum* var. *yunnanense*	2
192	川鄂鹅耳枥	*Carpinus henryana*	2
193	锥栗	*Castanea henryi*	2
194	红毛七	*Caulophyllum robustum*	2
195	蜡梅	*Chimonanthus praecox*	2
196	单穗升麻	*Cimicifuga simplex*	2
197	毛果铁线莲	*Clematis peterae* var. *trichocarpa*	2
198	须蕊铁线莲	*Clematis pogonandra*	2
199	美花铁线莲	*Clematis potaninii*	2
200	繁花藤山柳	*Clematoclethra hemsleyi*	2
201	海州常山	*Clerodendrum trichotomum*	2
202	七筋姑	*Clintonia udensis*	2
203	披针叶榛	*Corylus fargesii*	2
204	藏刺榛	*Corylus ferox* var. *tibetica*	2
205	灰栒子	*Cotoneaster acutifolius*	2
206	匍匐栒子	*Cotoneaster adpressus*	2
207	平枝栒子	*Cotoneaster horizontalis*	2
208	毛叶水栒子	*Cotoneaster submultiflorus*	2
209	西北栒子	*Cotoneaster zabelii*	2
210	毛山楂	*Crataegus maximowiczii*	2
211	青钱柳	*Cyclocarya paliurus*	2
212	黄瑞香	*Daphne giraldii*	2
213	珙桐	*Davidia involucrata* var. *involucrata*	2
214	光萼溲疏	*Deutzia glabrata*	2
215	大花溲疏	*Deutzia grandiflora*	2
216	石竹	*Dianthus chinensis*	2
217	君迁子	*Diospyros lotus*	2
218	驴欺口	*Echinops latifolius*	2
219	朝鲜淫羊藿	*Epimedium koreanum*	2
220	冷地卫矛	*Euonymus frigidus*	2
221	西南卫矛	*Euonymus hamiltonianus*	2
222	黄心卫矛	*Euonymus macropterus*	2
223	中亚卫矛	*Euonymus przewalskii*	2
224	石枣子	*Euonymus sanguineus*	2
225		*Euonymus vagens*	2
226	野鸦椿	*Euscaphis japonica*	2
227	水青冈	*Fagus longipetiolata*	2
228	秦连翘	*Forsythia giraldiana*	2
229	连翘	*Forsythia suspensa*	2
230	小叶梣	*Fraxinus bungeana*	2
231	宿柱梣	*Fraxinus stylosa*	2
232	金缕梅	*Hamamelis mollis*	2
233	铁筷子	*Helleborus thibetanus*	2
234	大果冬青	*Ilex macrocarpa*	2
235	猫儿刺	*Ilex pernyi*	2
236	马蔺	*Iris lactea*	2
237	棣棠花	*Kerria japonica*	2
238	铁坚油杉	*Keteleeria davidiana*	2
239	猬实	*Kolkwitzia amabilis*	2
240	黄花落叶松	*Larix olgensis*	2
241	狭苞橐吾	*Ligularia intermedia*	2
242	野百合	*Lilium brownii*	2
243	宜昌百合	*Lilium leucanthum*	2
244	木姜子	*Litsea pungens*	2
245	檵木	*Loropetalum chinense*	2
246	剪秋罗	*Lychnis fulgens*	2

（续）

序号	中文名	学名	次数
247	小果珍珠花	*Lyonia ovalifolia* var. *elliptica*	2
248	陇东海棠	*Malus kansuensis*	2
249	顶花板凳果	*Pachysandra terminalis*	2
250	川赤芍	*Paeonia anomala* subsp. *veitchii*	2
251	人参	*Panax ginseng*	2
252	闽楠	*Phoebe bournei*	2
253	竹叶楠	*Phoebe faberi*	2
254	卵果鱼鳞云杉	*Picea jezoensis*	2
255	油松	*Pinus tabulaeformis*	2
256	黄花木	*Piptanthus concolor*	2
257	崖花子	*Pittosporum truncatum*	2
258	化香树	*Platycarya strobilacea*	2
259	卷叶黄精	*Polygonatum cirrhifolium*	2
260	多花黄精	*Polygonatum cyrtonema*	2
261	滇黄精	*Polygonatum kingianum*	2
262	黄精	*Polygonatum sibiricum*	2
263	金露梅	*Potentilla fruticosa*	2
264	伏毛银露梅	*Potentilla glabra* var. *veitchii*	2
265	斑叶稠李	*Prunus maackii*	2
266	稠李	*Prunus padus*	2
267	李	*Prunus salicina*	2
268	湖北枫杨	*Pterocarya hupehensis*	2
269	白辛树	*Pterostyrax psilophyllus*	2
270	火棘	*Pyracantha fortuneana*	2
271	秋子梨	*Pyrus ussuriensis*	2
272	包橡（异名）	*Quercus glandulifera*	2
273	思茅槠栎（异名）	*Quercus glandulifera* var. *brevipetiolata*	2
274	短柄枹栎（异名）	*Quercus serrata* var. *brevipetiolata*	2
275	头花杜鹃	*Rhododendron capitatum*	2
276	秀雅杜鹃	*Rhododendron concinnum*	2
277	兴安杜鹃	*Rhododendron dauricum*	2
278	粉白杜鹃	*Rhododendron hypoglaucum*	2
279	软条七蔷薇	*Rosa henryi*	2
280	缫丝花	*Rosa roxburghii*	2
281	刺梗蔷薇	*Rosa setipoda*	2
282	华中五味子	*Schisandra sphenanthera*	2
283	串果藤	*Sinofranchetia chinensis*	2
284	珍珠梅	*Sorbaria sorbifolia*	2
285	陕甘花楸	*Sorbus koehneana*	2
286	华西花楸	*Sorbus wilsoniana*	2
287	绣球绣线菊	*Spiraea blumei*	2
288	华北绣线菊	*Spiraea fritschiana*	2
289	粉花绣线菊	*Spiraea japonica*	2
290	土庄绣线菊	*Spiraea pubescens*	2
291	陕西紫茎	*Stewartia shensiensis*	2
292	野茉莉	*Styrax japonicus*	2
293	芬芳安息香	*Styrax odoratissimus*	2
294	巧玲花	*Syringa pubescens*	2
295	垂丝丁香	*Syringa reflexa*	2
296	日本丁香	*Syringa reticulata*	2
297	红丁香	*Syringa villosa*	2
298	深山唐松草	*Thalictrum tuberiferum*	2
299	朝鲜崖柏	*Thuja koraiensis*	2
300	红皮椴	*Tilia dictyoneura*	2
301	油点草	*Tricyrtis macropoda*	2
302	莛子藨	*Triosteum pinnatifidum*	2
303	雷公藤	*Tripterygium regelii*	2
304	醉鱼草状荚蒾	*Viburnum buddleifolium*	2
305	荚蒾	*Viburnum dilatatum*	2
306	皱叶荚蒾	*Viburnum rhytidophyllum*	2
307	黄荆	*Vitex negundo*	2

附录2：历年采集活动的代表照片

图1　1994年9月湖北武当山景观（Paul Meyer 摄）

图2　1997年9月吉林长白山景观（Paul Meyer 摄）

图3　2010年月陕西省眉县营头镇红河谷森林公园景观（Paul Meyer 摄）

图4 2015年9月重庆城口县高楠镇岭楠木村景观（Paul Meyer 摄）

图5 2016年9月四川省阿坝藏族羌族自治州松潘县黄龙风景区景观（Paul Meyer 摄）

图6　2017年9月四川省绵阳市平武县泗耳乡泗耳村景观（Paul Meyer 摄）

图7　2018年9月湖北神农架景观（王康 摄）

参考文献

AIELLO A S, DOSMANN M S, 2010. By the numbers: twenty years of NACPEC collections [J]. Arnoldia, 68(2): 20-39.

BACHTELL K B, SIEGEL O, 2010. Chinese ashes *Fraxinus* spp. [J]. Arnoldia, 68(2): 73-74.

MEYER P W, 2010. Manchurian fir *Abies holophylla* [J]. Arnoldia, 68(2): 55-56.

MEYER P W, 2010. Paperbark maple *Acer griseum* [J]. Arnoldia, 68(2): 48-50.

MEYER P W, 2010. The return to China, mother of gardens [J]. Arnoldia, 68(2): 4-11.

致谢

感谢国家植物园（北园）马金双博士、王康博士，对本章撰写给予的指导、启发对参考文献和图片的提供，对地名、人名等的校正，以及在论文审阅时提出的宝贵修改意见，在此一并致谢！

作者介绍

殷茜（女，江苏南京人，1985年生），于南京农业大学植物保护专业获得学士（2007年）和硕士学位（2010年），2010年任职于江苏省中国科学院植物研究所园艺科普中心，先后从事植物保护、植物科普教育、珍稀濒危植物引种保育等工作。2020年获得高级实验师职称，2021年任职于北京市植物园科普馆，从事科普教育工作。参与国家科技部专项、科技部科技基础性专项、江苏省基础研究计划等课题。以主要完成人授权发明专利1项，实用新型专利3项，在各级刊物上发表研究论文12篇，其中SCI收录4篇，出版过《遗世独立——珍稀濒危植物手绘观察笔记》《笔落草木生》等科普读物共4本，所著著作获得2020年度中国科普作家协会优秀科普作品奖银奖，获得全国科普讲解大赛三等奖，江苏省青春建功“十三五”开局年有为青年荣誉称号，南京市科普讲解大赛一等奖等荣誉。

植物中文名索引
Plant Names in Chinese

A
阿尔泰金莲花 525
暗紫贝母 525

B
巴塘紫菀 525
白丁香 374
柏科 132
柏木 134
柏木属 132
斑舌兰 236
保山兰 236
暴马丁香 395
‘北京丁香’梅 395
‘北京玉蝶’梅 347
碧玉兰 223
篦齿苏铁 36
扁柏属 149
变绿萼 348
变色月季 307
波棱瓜 532

C
‘彩晕’香水月季 307
叉孢苏铁 44
叉叶苏铁 30
昌宁兰 227
长柄叉叶苏铁 29
长茎兔耳兰 252
长叶兰 220
长叶苏铁 48
长叶兔耳兰 244
陈氏苏铁 39
川滇金丝桃 525
川滇小檗 525
川西兰 220
垂花兰 235
春兰 243
刺叶点地梅 544
粗茎贝母 525

D
大百合 173
大根兰 254
大宫粉 345
大花黄牡丹 525
大姥百合 178
大围山兰 221
大雪兰 228
‘大而粉’云南大百合 179
单瓣月季花 307
‘单瓣朱砂’梅 348
‘单碧垂枝’梅 350
‘单粉垂枝’梅 350
单羽苏铁 40
淡黄香水月季 307
‘淡桃粉’梅 345
德保苏铁 26
地中海柏木 116
滇丁香 360
滇兰 216
滇牡丹 550
滇南虎头兰 223
滇南苏铁 42
东方陀螺菌 539
冬凤兰 214
豆瓣兰 245
豆梨 474
毒红菇 538
独占春 226
多根兰 253
多花兰 215
多歧苏铁 26
多羽叉叶苏铁 31

E
峨眉春蕙 243
二绿萼 347
二叶兰 252

F
芳香棱子芹 525
粉红香水月季 525
风信子丁香系列 392
福建柏 160
福建柏属 160
福兰 217
‘复瓣绿萼’梅 348
‘复瓣跳枝’梅 350
馥郁滇丁香 360

G
干香柏 137
‘骨红大朱砂’梅 348
光核桃 525
贵阳粉 345
贵州苏铁 43
果香兰 215

H
寒兰 240
黑唇兰 250
亨利丁香系列 385
红丁香 384
红果树 525
红花姥百合 178
红桧 154
虎丘晚粉 345
虎头兰 222
花蝴蝶 352
花叶丁香 378
华丁香 393
华农玉蝶 347
桦叶荚蒾 525
黄蝉兰 219
黄褐鹅膏 539
黄花长叶兰 221
黄牡丹 550
灰干苏铁 35
蕙兰 247

J
鸡冠滇丁香 360

建兰 237
剑阁柏木 147
剑苏铁 50
江城兰 228
‘江梅’ 345
‘江南朱砂’梅 348
金蝉兰 218
金粉莲 307
金钱松 104
金钱松属 104
‘金园’丁香 396
‘锦红垂枝’梅 350
景天点地梅 536
橘囊 307
巨柏 138
卷叶贝母 525

K
‘开运垂枝’梅 350
宽叶苏铁 47

L
‘老人美大红’梅 345
黎氏兰 215
丽花兰 228
莲瓣兰 246
两季兰 252
辽东丁香 385
裂叶丁香 378
‘龙游’梅 350
泸水兰 234
‘绿萼’梅 307
落叶兰 239

M
麻栗坡长叶兰 231
毛滇丁香 360
毛丁香 387
毛钉菇 545
毛花忍冬 525
梅 328
美花兰 225
‘美人’梅 352
密花硬叶兰 213
岷江柏木 144
墨兰 238

N
‘南京红’梅 345
尼泊尔黄花木 525
怒江兰 249

O
欧丁香 374

P
攀枝花苏铁 32
普港（普雷斯顿）丁香系列 385

Q
奇瓣红春素 248
荞麦叶大百合 176
巧玲花 388
翘鳞肉齿菌 544
丘北冬蕙兰 240
秋墨兰 239
秋子梨 474

R
人面桃花 345
日本扁柏 125
日本大百合 177
日本丁香 394
软香红 307

S
‘三轮玉蝶’梅 347
三色马先蒿 547
少叶硬叶兰 212
深褐枝瑚菌 545
圣诞玫瑰 532
施甸兰 245
石山苏铁 38
四川丁香 388
四川苏铁 44
四面镜 307
松林丁香 390
苏铁 33
‘素白台阁’梅 347
莎草兰 233
莎叶兰 237
梭砂贝母 525

T
台东苏铁 34
台湾扁柏 159
台湾苏铁 41
谭清苏铁 44
兔耳兰 251

W
巍山兰 230
文山红柱兰 232
纹瓣兰 211
五裂红柱兰 232
‘舞朱砂’梅 348

X
西畴兰 250
西蜀丁香 386
西藏柏木 142
西藏杓兰 551
西藏虎头兰 218
细花兰 240
夏凤兰 214
纤维鳞毛蕨 525
象牙白 226
‘小宫粉’梅 345
‘小红朱砂’梅 348
小蕙兰 251
‘小绿萼’梅 347
‘小欧宫粉’梅 345
小叶栒子 543
小月季 307
匈牙利丁香 382
锈毛苏铁 37
薛氏兰 224

Y
‘燕杏’梅 352
‘杨贵妃’梅 352
椰香兰 213
一季粉 307
银杉 092
印度大风子 475
硬叶兰 211
羽士妆 307
羽叶丁香 393
玉玲珑 307
‘豫西变绿萼’梅 348
‘豫西早宫粉’梅 345
‘豫西朱砂’梅 348
月月粉 307
月月红 307
云南大百合 175
云南丁香 388
云南金莲花 525
云南沙棘 532
云南紫菀 525
云蒸霞蔚 307

Z
藏南丁香 385
珍珠矮 248
镇康栒子 525
中甸刺玫 525
中甸翠雀 536
中甸角蒿 537
中甸绿绒蒿 532
中甸山楂 532
中甸乌头 548
中山杏 352
钟花兰 235
皱叶报春 525
皱叶丁香 389
紫丁香 391

植物学名索引
Plant Names in Latin

A

Aconitum piepunense 548
Amanita hemibapha var. *ochracea* 539
Amygdalus mira 525
Androsace bulleyana 536
Androsace spinulifera 544
'Archiduc Charles' 308
Armeniaca mume 328
Aster bathangensis 525
Aster yunnanensis 525

B

Berberis jamesiana 525
'Bloomfield' 308

C

Cardiocrinum cathayanum 176
Cardiocrinum cordatum 177
Cardiocrinum cordatum f. *rubrum* 178
Cardiocrinum cordatum var. *glehnii* 178
Cardiocrinum giganteum 173
Cardiocrinum giganteum var. *yunnanense* 175, 179
Cathaya argyrophylla 092
'Cécile Brunner' 308
Chamaecyparis 149
Chamaecyparis formosensis 154
Chamaecyparis obtusa var. *formosana* 159
Chamaecyparis obtusa 125
'Comtesse du Caÿla' 308
Cotoneaster chengkangensis 525
Cotoneaster microphullus 543
'Cramoisi Supérieur' 308
Crataegus chungtienensis 532
Cupressaceae 132
Cupressus 132
Cupressus chengiana 144
Cupressus duclouxiana 137
Cupressus funebris 134
Cupressus gigantea 138
Cupressus jiangeensis 147
Cupressus sempervirens 116
Cupressus torulosa 142
Cycas balansae 47
Cycas bifida 30
Cycas chenii 39
Cycas debaoensis 26
Cycas dolichophylla 48
Cycas ferruginea 37
Cycas guizhouensis 43
Cycas hongheensis 35
Cycas longipetiolula 29
Cycas multifrondis 31
Cycas multipinnata 26
Cycas panzhihuaensis 32
Cycas pectinate 36
Cycas revoluta 33
Cycas segmentifida 44
Cycas sexseminifera 38
Cycas simplicipinna 40
Cycas szechuanensis 44
Cycas taitungensis 34
Cycas taiwaniana 41, 42
Cycas tanqingii 44
Cymbidium aestivum 214
Cymbidium aloifolium 211
Cymbidium atrolabium 250
Cymbidium atropurpureum 213
Cymbidium baoshanense 236
Cymbidium biflorens 252
Cymbidium brevifolium 251
Cymbidium changningense 227
Cymbidium cochleare 235
Cymbidium codonanthum 235
Cymbidium concinnum 228
Cymbidium cyperifolium 237
Cymbidium daweishanense 221
Cymbidium dayanum 214
Cymbidium defoliatum 239
Cymbidium devonianum 217
Cymbidium dianlan 216
Cymbidium eburneum 226
Cymbidium elegans 233
Cymbidium ensifolium 237
Cymbidium erythraeum 220
Cymbidium faberi 247
Cymbidium flavum 221
Cymbidium floribundum 215
Cymbidium gaoligongense 218
Cymbidium goeringii 243
Cymbidium haematodes 238
Cymbidium hookerianum 222
Cymbidium insigne 225
Cymbidium iridioides 219
Cymbidium jiangchengense 228
Cymbidium kanran 240
Cymbidium lancifolium 251
Cymbidium lii 215
Cymbidium lowianum 223
Cymbidium lushuiense 234
Cymbidium macrorhizon 254
Cymbidium maguanense 226
Cymbidium ×*malipoense* 231

Cymbidium mannii 211
Cymbidium mastersii 228
Cymbidium micranthum 240
Cymbidium multiradicatum 253
Cymbidium nanulum 248
Cymbidium×*nujiangense* 249
Cymbidium×*oblancifolium* 244
Cymbidium omeiense 243
Cymbidium paucifolium 212
Cymbidium puerense 213
Cymbidium qiubeiense 240
Cymbidium quinquelobum 232
Cymbidium recurvatum 252
Cymbidium rhizomatosum 252
Cymbidium schroederi 224
Cymbidium serratum 245
Cymbidium shidianense 245
Cymbidium sichuanicum 220
Cymbidium sinense 238
Cymbidium suavissimum 215
Cymbidium teretipetiolatum 248
Cymbidium tigrinum 236
Cymbidium tortisepalum 246
Cymbidium tracyanum 218
Cymbidium weishanense 230
Cymbidium wenshanense 232
Cymbidium wilsonii 223
Cymbidium xichouense 250
Cypripedium tibeticum 551

D

Delphinium yuanum 536
Dryopteris sinofibrillosa 525

F

'Fellemberg' 308
Fokienia 160
Fokienia hodginsii 160
'Fortunes's Double Yellow' 308
Fritillaria cirrhosa 525
Fritillaria crassicaulis 525
Fritillaria delavayi 525
Fritillaria unibrecteata 525

G

'Gloire des Rosomanes' 308
Gomphus orientalis 539
'Gruss an Teplitz' 308

H

Helleborus thibetanus 532
'Hermosa' 308
Herpetospermum pedunculosum 532
Hippophae rhamnoides subsp. *yunnanensis* 532
'Hume's Blush Tea-scented China' 307
Hydnocarpus kurzii 476
Hypericum forrestii 525

I

Incarvillea zhongdianensis 537
'Irène watts' 308

L

Lonicera trichosantha 525
'Louis Philippe' 308
Louis XIV' 308
Luculia gratissima 360
Luculia pinciana var. *pinciana* 360
Luculia pinciana var. *pubescens* 360
Luculia yunnanensis 360

M

Meconopsis zhongdianensis 532
'Mme Laurette Messimy' 308

O

'Old Blush' 307
'Old Crimson China' 307

P

Paeonia delavayi 550
Paeonia delavayi var. *lutea* 550
Paeonia ludlowii 525
'Papa Hémeray' 308
'Parks' Yellow Tea-scented China' 307
'Parsons' Pink China' 307
Pedicularis tricolor 547
Piptanthus nepalensis 525
Pleurospermum aromaticum 525
'Pompon de Paris' 308
Primula bullata 525
Prunus mume 328
Pseudolarix 104
Pseudolarix amabilis 104
Pyrus calleryana 474
Pyrus ussuriensis 474

R

R. chinensis 'Mutabilis' 307
R. chinensis 'Semperflorens' 307
R. chinensis var. *spontanea* 307
R. chinensis'Viridiflora' 307
Ramaria fuscobrunea 545
Rosa chinensis 'Minima' 307
Rosa odorata var. *erubescens* 525
Rosa praelucens 525
Russula emetica 538

S

Sarcodon imbricatus 544
'Semperflorens' 307
'Slater's Crimson China' 307
'Smith's Parish' 308
'Sophie's perpetual' 308
Stranvaesia davidiana 525
Syringa 'Jin Yuan' 396
Syringa × *henriy* 385
Syringa × *hyacinthiflora* 392
Syringa josikaea 382
Syringa komarowii 386
Syringa mairei 389
Syringa oblata 391
Syringa oblata var. *alba* 374
Syringa persica 378
Syringa persica var. *laciniata* 378
Syringa pinetorum 390
Syringa pinnatifolia 393
Syringa × *presoniae* 385
Syringa protolaciniata 393
Syringa pubescens 388
Syringa reticulata 394
Syringa reticulata subsp. *amurensis* 395
Syringa reticulata subsp. *pekinensis* 395
Syringa tibetica 385
Syringa tomentella 387
Syringa tomentella subsp. *sweginzowii* 388
Syringa tomentella subsp. *yunnanensis* 388
Syringa villosa 384
Syringa villosa subsp. *wolfii* 385
Syringa vulgaris 374

T

Trollius altaicus 525
Trollius yunnanensis 525
Turbinellus floccosus 545

V

Viburnum betulifolium 525

中文人名索引
Persons Index in Chinese

A
埃尔 477
埃尔威斯 159

B
包志毅 561
鲍棣伟 469
贝勒 466
本多静六 150

C
蔡霖生 147
陈焕镛 002, 477
陈俊愉 125, 340, 430
陈嵘 002
陈榕 478
陈心启 199
川上泷弥 149

D
德布赖齐 151
邓恩 161
迪克卢 137
董桂阳 002
董爽秋 002

E
厄尔 126
恩德利歇尔 134
恩格勒 128

F
法尔容 126
法勒 476
方震东 534
菲奇 190
冯国楣 514
佛朗哥 133
福琼 004, 134
付德志 516
傅兰雅 002
傅礼士 005
傅立国 130

G
格雷 465
管开云 516

H
韩尔礼 466, 556
汉密尔顿 143
和嘉 468
河合钵太郎 163
阂通知 147
亨利 149
胡启明 561
胡先骕 002, 478, 567
胡秀英 145, 480
黄双全 529
黄庭坚 198
霍金斯 161

J
吉占和 260
江泽平 130
杰克 470
金敦 · 沃德 005

K
柯蒂斯 190
克里斯滕许斯 130

L
赖神甫 137
兰思仁 199
雷德尔 471
雷文 469
李德铢 128
李鸿渐 433
李惠林 130, 479
李善兰 002
李学勇 159
李勇 516
廖文波 165
林奈 130
林镕 002
刘波 125
刘建全 129
刘蒙 432
刘慎谔 002
刘易斯 127
刘仲健 196
卢思聪 263
陆树刚 516
罗晓韵 519
洛克 475

M
迈耶 474

梅尔 163, 467
摩里逊 150
莫古礼 163
牧野富太郎 188, 274

N
牛红卫 521
诺思 190

P
彭镜毅 152
皮尔格 130
珀登 476
普莱斯 156

Q
钱崇澍 002, 477
屈原 432

S
萨金特 005, 465
森丑之助 150
史德蔚 468
斯帕克 149
斯汤顿 134
松村任三 150
孙珊 519

T
陶渊明 429
图内福尔 133
托马斯 161

W
王豁然 130
王康 600
王启无 480
威尔逊 005, 123, 188, 472
威廉臣 002
维尔莫兰 137
沃利克 187
吴应祥 199
吴征镒 518

X
希尔巴 145
徐俊森 154
薛守纪 433

Y
杨永 129
印开蒲 561

Z
早田文藏 150, 274
赵能 147
赵翼 165
曾勉 340
翟辉 519
郑仁华 164
郑万钧 145
钟心煊 478
周东雄 164
周俊 518
周浙昆 518
朱根发 276

西文人名索引
Persons Index

A

Abbott, Barbara 555
Aiello, Anthony 599
Ames, Oakes 555

B

Bachtell, Kris 580
Boufford, David E. 469
Bretschneider, Emil V. 466

C

Chamberlain, David F. 516
CHEN, Luetta H. Y. 479
CHEN, Yung 478
CHIEN, Sung-Shu 477
Christenhusz, Maarten J. M. 130
CHUN, Woon-Young 477
CHUNG, Hsin-Hsun 478
Conrad, Kevin 584
Curtis, William 190

D

De L'Obel, Mathias 374
DeBard, Mark L. 379
Debreczy, Zsolt 151
Delavay, Pierre J. M. 137
Ducloux, Pere, F. 137
Dunn, Stephen T. 161

E

Earle, Christopher J. 126
Elwes, Henry J. 159
Endlicher, Stephan L. 134
Engler, Gustav H. A. 128

F

Farjon, Aljos 126
Farrer, Reginald J. 476
Farrington, Edward I. 568
Fiala, John L. 406
Fitch, Walter H. 190
Flanagan, Mark 561
Forrest, George 005, 403
Fortune, Robert 004, 134
Franco 133
Fryer, John 002

G

Ganderston, Ellen 555
Garvey, Edward 587
Gray, Asa 465

H

Hamilton, Francis B. 143
Hayata, Bunzo 150
Henry, Augustine 149, 466, 556
Hers, Joseph 477
Hodgins, A. E. 161
Honda, Seiroku 150
HU, Hsien-Hsu 478
HU, Hsiu-Ying 480

J

Jack, John G. 470

K

Kawai, Shitarō 163
Kawakami, Takiya 149
Kingdon Ward, F. 005
Kirkham, Tony 561

L

Lemoine, Victor 407
Lewandowski, Rick 588
Lewis, John 127
LI, Hui-Lin 479
Lindley, John 198, 392
Linnaeus, Carolus 130

M

Makino, Tomitarô 188
Matsumura, Jinzo 150
McClure, Floyad A. 163
McKelvey, Susan D. 379
Meijer, Frans N. 474
Merrill, Elmer D. 163, 467
Meyer, Frank N. 474
Meyer, Paul 592
Mori, Ushinosuke 150
Morrison, W. 150
Mosley, Bob 518

N

North, Marianne 190

P

Pilger, Robert K. F. 130
Preston , Isabella 408
Price, William R. 156
Purdon, William 476

R

Raven, Peter H. 469
Rehder, Alfred 471, 567
Reijenga, Tjerk 519
Rock, Joseph F. C. 475

S

Sargent, Charles S. 005, 465, 555
Silba, John 145
Slate, George L.
Staunton, George L. 134
Steward, Albert N. 468

T

Thiselton-Dyer, William T. 554
Thomas, Hugh H. 161
Tournefort, Joseph P. 133

V

Vilmorin, Maurice de 137
Vrutgman, Freek 408

W

Walker, Egbert H. 468
Wallace, Benjamin J. 516
Wallich, Nathanial 187
WANG, Chi-Wu 480
Williamson, Alexander 002
Wilson, Ernest H. 005, 123, 188, 402, 472, 554
Wilson, Muriel P. 555